★ ★ ★
"十三五"
国家重点图书出版规划项目
ICT认证系列丛书

华为技术认证

HCNP路由交换
学习指南

朱仕耿 编著

U0381777

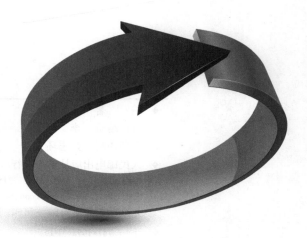

人民邮电出版社
北　京

图书在版编目（CIP）数据

HCNP路由交换学习指南 / 朱仕耿编著. -- 北京：
人民邮电出版社，2017.9
（ICT认证系列丛书）
ISBN 978-7-115-46400-2

Ⅰ. ①H… Ⅱ. ①朱… Ⅲ. ①计算机网络－路由选择
－指南②计算机网络－信息交换机－指南 Ⅳ.
①TN915.05-62

中国版本图书馆CIP数据核字(2017)第166681号

内 容 提 要

本书是配套华为 HCNP-R&S 的学习指导用书，全书共包含 14 章，内容包括路由基础、RIP、OSPF、IS-IS、路由重分发、路由策略与 PBR、BGP、以太网交换、以太网安全、STP、VRRP、组播、MPLS 与 MPLS VPN、附录：习题答案。

通过学习本书，读者不仅能够熟悉 HCNP-R&S 中的知识要点，更加能将理论与实际相结合，做到知其然而又知其所以然。全书内容丰富，书中的每一章不仅介绍了理论知识的详细内容，还穿插了丰富的案例，让读者能够快速掌握相关技术或协议在实际网络中应用。

◆ 编　著　朱仕耿
　　责任编辑　李　静
　　责任印制　彭志环
◆ 人民邮电出版社出版发行　　北京市丰台区成寿寺路 11 号
　　邮编　100164　　电子邮件　315@ptpress.com.cn
　　网址　http://www.ptpress.com.cn
　　北京建宏印刷有限公司印刷
◆ 开本：787×1092　1/16
　　印张：45.5　　　　　　　　　　2017 年 9 月第 1 版
　　字数：1 080 千字　　　　　　　2025 年 1 月北京第 39 次印刷

定价：159.00 元

读者服务热线：(010)53913866　印装质量热线：(010)81055316
反盗版热线：(010)81055315
广告经营许可证：京东市监广登字 20170147 号

序

云计算、大数据、物联网等 ICT 技术的风起云涌，推动着 ICT 产业跨越式发展。数字化日益成为全球经济发展的新动能，ICT 从过去以提高效率为主的支撑系统向驱动价值创造的生产系统转变，成为企业业务发展的引擎和核心竞争力。数字化重构成为企业维持生产和经营、实现商业成功的必由之路。

应对数字化转型，企业面临最大的挑战是缺乏新型的优秀 ICT 技术人才。华为预测，未来 5 年，华为所领导的全球 ICT 产业生态系统对人才的需求将超过 80 万。与此同时，企业对人才的需求结构也将发生新的改变：从单一技术能力到融合型技术能力；从技能精通到复合创新；从静态学习到动态成长。社会对 ICT 岗位需求的快速变化，促使我们每一个人为能力提升和职业转型做好准备。华为以构建良性 ICT 人才生态链为己任，注重对 ICT 人才的培养，积极完成新技术趋势下的能力储备，不断在全球范围内推出适应技术趋势和企业需求的认证产品，同时通过一系列创新和实践，例如华为人才联盟，促进 ICT 生态系统中人才的可持续流动。

教材是构建 ICT 良性人才生态的核心，在教材开发方面，华为持续大力投入，与院校教师、行业专家等联合编写 ICT 系列教材，希望能为读者提供学习精品，助力读者快速完成知识积累和技能提升。

"不积跬步，无以至千里。"想开启 ICT 领域大门，就要从所有网络应用的基础——路由交换网络开始。此次出版的《HCNP 路由交换学习指南》一书阐述了网络高级知识和技能原理，是已出版的《HCNP 路由交换实验指南》一书的姊妹篇。本书的内容架构很好地吻合了《HCNP 路由交换实验指南》一书中的实验内容，又恰当地匹配了 HCNP-R&S 认证的核心知识点。无论是技术质量水平，还是语言描述，本书都堪称精品：原理描述清晰而精准，所举示例形象而精妙，由浅入深地引导读者建立起对路由交换系统全面而清晰的认识，同时有效地帮助读者掌握好 HCNP-R&S 认证考试中的知识要点。

最后，祝愿读者朋友们在 ICT 行业大展鹏程，实现梦想，创造美好未来！

前　言

特别声明

本书旨在帮助读者学习并理解 HCNP-R&S 中的知识要点及难点。需特别强调的是，HCNP-R&S 认证包括但不限于：网络基础知识，华为路由器与交换机产品知识，TCP/IP 协议簇，路由协议，访问控制，eSight、Agile Controller 产品介绍，SDN、VXLAN、NFV 的基础知识，QoS，网络安全的基础知识，以及 PDIOI 等，对于希望考取 HCNP-R&S 的读者，除了需掌握本书所涵盖的内容，还应该对其他知识点有一个基本的了解。

本书内容组织

本书共计 14 章，其中第 1 章介绍了 IP 路由基础；第 2 章至第 4 章分别介绍了 3 个常用的 IGP 协议：RIP、OSPF 以及 IS-IS；第 5 章及第 6 章介绍了路由的进阶内容：路由重分发、路由策略以及 PBR；第 7 章介绍了 BGP 协议；第 8 章至第 10 章介绍的是以太网的相关技术；第 11 章介绍的是用于实现网络高可靠性的 VRRP 协议；第 12 章介绍的是 IP 组播；第 13 章介绍的是 MPLS 与 MPLS VPN 技术；第 14 章为附录，该章收录的是本书所有习题的答案。

第 1 章　路由技术

路由是数据网络中非常重要且基础的一个知识模块。本章首先介绍了关于路由的一些基本概念，包括路由表、路由优先级以及度量值等，然后重点讲解了静态路由的配置，以及一些部署时需注意的事项。此外，本章还详细地介绍了路由查询中的最长前缀匹配原则、路由汇总、黑洞路由以及路由表与 FIB 表的关系。本章也为后续的内容做了很好的铺垫。

第 2 章　RIP

RIP 是典型的距离矢量路由协议，也是最先得到广泛使用的 IGP 协议，其工作机制相对简单，因此一直以来都作为数通领域入门动态路由技术的协议。本章首先介绍了 RIP 的基本概念，例如 RIP 路由的更新机制、RIP 路由的度量值等，随后重点讲解了 RIP 的防环机制和 RIPv2 的相关协议特性。最后，本章介绍了 RIPv2 在华为数通产品上的配置及实现。

第 3 章　OSPF

OSPF 是当前业界使用得最为广泛的 IGP 协议之一，深入学习 OSPF 的工作机制及相关原理是非常有必要的。本章系统地讲解了 OSPF 的一些基本概念，例如 Router-ID、LSDB、度量值、网络类型、DR/BDR、区域以及路由器角色等。LSA 是 OSPF 中非常核心的知识点，在 HCNP-R&S 中，我们要求大家必须掌握常见的 LSA 类型，本章通过一个 OSPF 网络示例，将这些不同的 LSA 类型进行串讲，使得读者能够从宏观及微观两个层面来理解 LSA。此外，关于 OSPF 的几种特殊区域，本章也做了详细介绍。本章还介绍了 OSPF 的一些重要的协议特性，包括路由汇总、Virtual Link、默认路由通告、报文认证、转发地址、防环机制以及路由类型。

第 4 章　IS-IS

与 OSPF 类似，IS-IS 也是典型的链路状态路由协议，在服务提供商网络中，IS-IS 有着广泛的应用。本章首先介绍了与 IS-IS 相关的几个常见的术语，然后系统地讲解了 IS-IS 的相关概念和协议特性，最后通过几个案例帮助大家掌握 IS-IS 在华为数通产品上的基本配置。

第 5 章　路由重分发

在现实中，同一个网络中同时存在两种以上的路由协议的情况是非常常见的，此时路由重分发便有可能被用于实现路由信息在不同的路由协议之间的互操作。本章首先介绍了路由重分发的概念以及部署要点，然后通过 3 个典型的案例，分别介绍路由重分发的 3 个主要的应用场景。

第 6 章　路由策略与 PBR

路由策略是一套用于对路由信息进行过滤、属性设置等操作的方法，通过对路由的控制，可以影响数据流量转发操作，而 PBR（策略路由）指的是基于策略的路由，初学者很容易对这两个概念产生混淆。本章为读者分别介绍路由策略与 PBR。其中，关于路由策略这一知识模块，本章介绍了 3 个重要的工具，它们分别是 Route-Policy、Filter-Policy 以及 IP 前缀列表。

第 7 章　BGP

BGP 几乎是当前唯一被用于在不同 AS 之间实现路由交互的 EGP 协议。BGP 适用于大型的网络环境，例如运营商网络，或者大型企业网等。在 HCNP-R&S 中，BGP 是非常重要的一个知识模块，也是一个知识难点。本章首先介绍了 BGP 的基本概念，其中包括 BGP 对等体类型、IBGP 水平分割规则、BGP 同步规则、BGP 路由通告原则、BGP Router-ID、BGP 路由表，以及 BGP 路由发布等，这些内容将帮助读者初步了解 BGP，也为本章后续的小节进行铺垫。随后，本章着重介绍了 BGP 中非常重要的一个知识模块：路径属性。本章将常用的 BGP 路径属性逐一进行介绍。接下来，本章通过一系列案例帮助大家掌握 BGP 在华为数通产品上的配置及实现。对于 BGP 的两个高级知识点：路由反射器及联邦，本章也安排了专门的小节进行介绍。最后，本章介绍了 BGP 中另一个非常重要的知识模块：BGP 路由优选规则。

第 8 章　以太网交换

随着行业的发展及技术演进，以太网逐渐占据了局域网技术的主导地位，现如今我们所见到的局域网几乎都是采用以太网技术实现的，因此掌握以太网交换技术是非常有必要的。本章首先介绍了二层交换的基本原理，以及 VLAN 的相关概念及其配置，然后介绍了实现 VLAN 之间通信的几种方法。接着，本章还对交换技术中的 MUX VLAN 及 VLAN 聚合做了介绍。最后，本章讲解了层次化的园区网络架构，系统地介绍了典型园区网中的各个模块。

第 9 章　以太网安全

本章介绍了以太网中的几个安全概念，以及常用的几个技术，其中包括交换机 MAC 地址表管理、接口安全、MAC 地址漂移以及 DHCP Snooping。

第 10 章　STP

对于任何一个商用网络来说，冗余性几乎都是一个必须考虑的问题，生成树技术是一种用于在交换网络中解决二层环路问题，同时确保网络冗余性的技术。本章分别对生成树中的 STP、RSTP 以及 MSTP 进行了介绍。随着园区网络的发展，生成树技术已经逐渐无法适应新的需求，它们的短板也逐渐显现，本章的最后部分介绍了用于替代生成树的几种方案。

第 11 章　VRRP

可靠性是衡量一个网络健壮程度的重要指标，VRRP 使得多台同属一个广播域的网络设备能够协同工作，实现设备冗余，并提高网络的可靠性。本章对 VRRP 的基本概念及工作机制进行了详细介绍，此外还通过几个案例介绍了 VRRP 的几种主要应用场景，其中"VRRP+MSTP 典型组网方案"承接了本书前面章节中的相关内容，为读者介绍了园区网络中的一个重要的组网方案。

第 12 章　组播

组播是一种一对多的通信方式，在多媒体直播、培训、线上会议以及金融证券等领域有着广泛的应用。组播是 HCNP-R&S 中的另一个知识难点。本章首先介绍了组播网络的架构，以及组播 IP 地址、组播 MAC 地址等概念，让读者对组播网络先有一个基本的认知。然后，本章介绍了 IGMP 协议，以及业界使用得最为广泛的组播路由协议 PIM，本章通过两个小节分别介绍 PIM 的两种工作模式：PIM-DM 和 PIM-SM。接着，本章介绍了 RP 的发现机制。SSM 作为组播中的一个高级知识点，也在本章中做了介绍。最后，本章还详细讲解了 IGMP Snooping。

第 13 章　MPLS 与 MPLS VPN

MPLS 与 MPLS VPN 是服务提供商网络中的常用技术，对于许多初学者而言，MPLS 与 MPLS VPN 显得晦涩难懂，本章循序渐进、由浅入深地介绍了这些技术。本章首先介绍了 MPLS 与 LDP，然后详细地讲解了 MPLS VPN 技术。

第 14 章　附录：习题答案

本书在每一章的最后一节中都安排了相应的习题，用于帮助读者进行自测，也用于帮助读者巩固所学知识。本章的内容是全书所有习题的答案。

适用读者对象

本书是一本配套华为 HCNP-R&S 的学习指导用书，涵盖了 HCNP-R&S 中的知识要点和难点，非常适合于学习和备考 HCNP-R&S 认证的读者朋友。对于网络行业的从业人员，或者对网络技术感兴趣的读者，本书也是一本非常不错的参考书籍。为了达到最佳的学习效果，建议读者在学习本书之前先行学习并掌握 HCNA-R&S 中的相关知识点。

本书阅读说明

1．对于超出本书知识范围或难度的内容，本书会以"超出了本书的范围"等文字进行明确的提示，读者如果希望进一步了解这些内容，可以自行寻找相关资料深入学习。

2．本书所描述的内容并未涉及 IPv6，因此除非特别说明，否则 IP 指的是 IPv4。

3．当本书介绍用于实现特定功能命令的格式时，例如 **peer** *peer-address* **as-number** *as-number*，针对命令的表现方式约定如下：

（1）需按原样输入的关键字或命令采用**粗体**表示，例如以上所提及的命令中的 **peer** 及 **as-number** 关键字，用户在输入该命令时，需将这两个关键字按原样输入，而不能替换成别的内容；

（2）需根据实际情况输入具体值的参数，采用斜体表示，例如以上所提及的命令中的 *peer-address* 和 *as-number*，用户在输入该命令时，需在这两个参数对应的位置输入具体的值。

4．在本书的每个案例中，对于设备的配置命令或命令执行后所输出的结果都采用灰色背景突出显示，在这些段落中可能会出现"#"标记，该标记表示注释。

5．在本书中，每一章的最后一节均为习题部分，读者可以使用这些习题检验自己的学习成果，并在第 14 章 附录：习题答案中找到参考答案。

6．在本书中，对于以太网链路、PPP 链路等链路，不在图形上做区分，统一采用"本书所用的图标"中给出的线条进行描述，读者可以根据链路两端的接口类型来判断链路的类型。

本书所用的图标

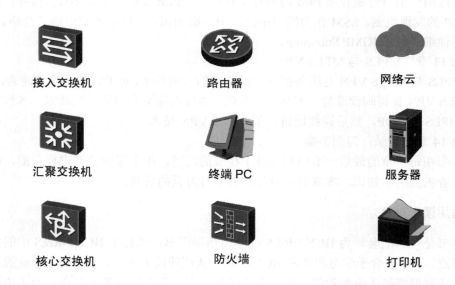

接入交换机　　　　　路由器　　　　　网络云

汇聚交换机　　　　　终端 PC　　　　　服务器

核心交换机　　　　　防火墙　　　　　打印机

链路

本书作者

朱仕耿（HCIE #2471）是华为高级工程师、网络培训讲师，拥有十多年数通交付及技术支持经验、数通能力建设经验，熟悉企业网络相关技术及行业解决方案，拥有丰富的培训产品开发、资料开发和市场开发经验，拥有大量理论授课及项目实战授课经验。

本书技术审校

江永红是通信与电子系统专业的博士。江永红博士在华为工作已近 20 年，现为华为资深技术专家，曾在国内外高校从事过多年的教学工作，对于知识的学习及传授方法有着深刻的领悟。此外，江永红博士在 ICT 人才培养及认证体系建设方面也有着丰富的经验和独到的见解。感谢江永红博士在本书的编写及审核过程中给予的指导和帮助，同时感谢刘洋、闫建刚等在书籍的编写过程中给予的悉心指导和帮助。

目　　录

第1章
路由基础

1.1 路由的基本概念

1.2 静态路由

1.3 动态路由协议及分类

1.4 最长前缀匹配

1.5 路由汇总

1.6 黑洞路由

1.7 路由表与FIB表

1.8 习题

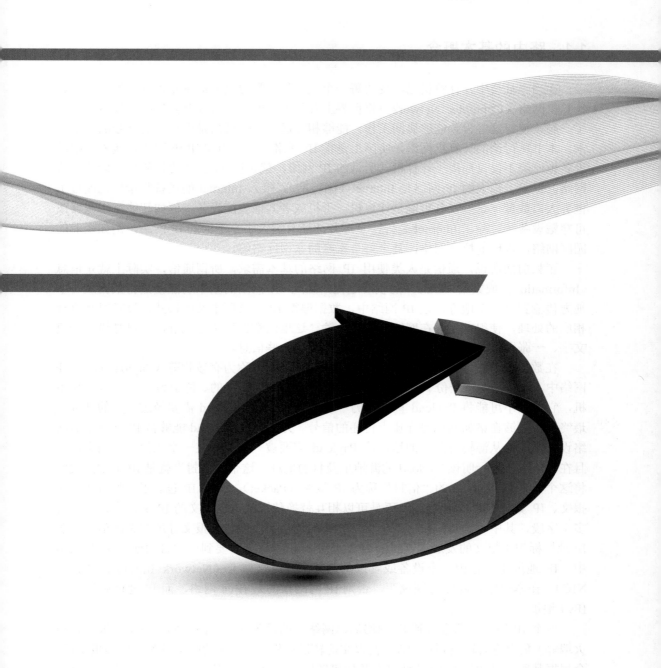

1.1　路由的基本概念

在当今社会中，计算机已经变成每一个人工作、学习及生活中不可分割的一部分。计算机网络（Computer Network）将世界上各种类型的计算机以及其他终端设备连接在了一起，使得这些设备能够协同工作，能够相互通信——通信是现代人类社会的基本需求。本书所讨论的计算机网络，实际上是指 IP 网络，也称为 TCP/IP 网络，接入网络的设备也已经不仅仅局限于计算机。所谓的 IP 网络，就是以 TCP/IP 协议簇为基础的通信网络。世界上最大的 IP 网络是 Internet（因特网），接入 Internet 的设备数量早已超过了世界人口数量，这些设备可能是计算机、手机或者其他智能设备，例如智能家用电器或可穿戴设备等。除了 Internet 之外，全球各地还有大大小小不同的 IP 网络，例如企业的园区网络，学校的校园网络，甚至每个家庭的家用网络等。

正如前面所说，通信是人类使用 IP 网络的基本需求，所谓通信，实际上就是信息（Information）或数据（Data）的收发过程，因此 IP 网络的基本功能便是将数据从一个地方传输到另一个地方。在 IP 网络中，数据遵循 IP 协议所定义的格式，设备对其进行相应的处理，使得它能够在网络中进行传输。这里的数据简单地理解，可以是描述一段文字、一张图片、一个网页，或者一个文档等的一些信息。

在数据通信模型中，通信双方所交互的实际数据被称为有效载荷（Payload）。在 IP 网络中，A 主机要将一份 Payload 发送给在同一个 IP 网络中的、位于另一个角落的 B 主机，它显然不可能将 Payload 直接"扔"给 B 主机，该 Payload 需要经过一定的处理，最终变成能够在诸如网线等介质上传递的信号。为了确保 Payload 能够被 IP 网络中的网络设备顺利地从源转发到目的地，该 Payload 需要被"放置"在一个"信封"当中，并且在"信封"上标明该 Payload 的源地址及目的地址。这个"信封"就是 IP 头部，我们将这个包裹着 Payload 的"信封"称为 IP 报文（Packet），或者 IP 包。通常情况下，IP 报文、IP 数据包、IP 包这些术语是可以相互替换使用的。在报文的 IP 头部中，包含着多个字段，其中"源 IP 地址"及"目的 IP 地址"字段便包含报文寻址的关键信息。源 IP 地址标识了报文的发送源，目的 IP 地址则标识了报文所要到达的目的地。在 IP 网络中，IP 地址用于标识一个设备或者设备的某个网络接口卡（Network Interface Card，NIC）。在本书中，除非特别说明，否则 IP 网络指的是 IPv4 网络，而 IP 地址则指的是 IPv4 地址。

一个 IP 报文从源进入到 IP 网络后，网络中的设备（例如路由器、三层交换机及防火墙等）负责将其转发到目的地。在报文的转发过程中，沿途的网络设备收到该报文后，会根据其所携带的目的 IP 地址来判断如何转发这个报文，最终将报文从恰当的接口发送出去。这个过程被称为路由（Routing）。实际上，路由行为不仅仅发生在路由器上，三层交换机、防火墙、负载均衡器甚至主机等设备均可执行路由操作，只要该设备支持路由功能。路由技术是数据通信领域中的一块基石，它在网络中扮演着非常重要的作用。学习完本节之后，我们应该能够：

- 理解路由的概念及其意义；

- 理解路由表的概念，学会查看路由表；
- 理解路由优先级、度量值的概念及其意义。

1.1.1 路由的基本概念

IP 网络最基本的功能就是为处于网络中不同位置的设备之间实现数据互通。为了实现这个功能，网络中的设备需具备将 IP 报文从源转发到目的地的能力。以路由器为例，当一台路由器收到一个 IP 报文时，它会在自己的路由表（Routing Table）中执行路由查询，寻找匹配该报文的目的 IP 地址的路由条目（或者说路由表项），如果找到匹配的路由条目，路由器便按照该条目所指示的出接口及下一跳 IP 地址转发该报文；如果没有任何路由条目匹配该目的 IP 地址，则意味着路由器没有相关路由信息可用于指导报文转发，因此该报文将会被丢弃，上述行为就是路由。

注意
　　具备路由功能的设备不仅仅有路由器，三层交换机、防火墙等设备同样能够支持路由功能，此处使用路由器作为典型代表进行讲解。

如图 1-1 所示，当路由器 R1 收到一个 IP 报文时，路由器会解析出报文的 IP 头部中的目的 IP 地址，然后在自己的路由表中查询该目的地址，它发现数据包的目的地址是192.168.20.1，而路由表中存在到达 192.168.20.0/24 的路由，因此 R1 根据路由条目所指示的出接口及下一跳 IP 地址将报文转发出去。

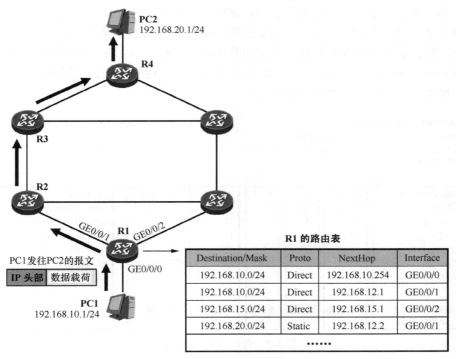

图 1-1　路由及路由表的基本概念

每一台具备路由功能的设备都会维护路由表，路由表相当于路由器的地图，得益于这张地图，路由器才能够正确地转发 IP 报文。路由表中装载着路由器通过各种途径获知的路由条目，每一个路由条目包含目的网络地址/网络掩码、路由协议（路由的来源）、出接口、下一跳 IP 地址、路由优先级及度量值等信息。路由表是每台支持路由功能的设备进行数据转发的依据和基础，是一个非常重要的概念。

值得注意的是，路由是一种逐跳（Hop-By-Hop）的行为，也就是说，数据从源被发出直至其到达目的地的过程中，沿途的每一台路由器都会执行独立的路由查询及报文转发动作，因此处于传输路径上的路由器都需要拥有到达目的网段的路由，否则该报文将在中途被丢弃。另外，数据通信往往是一个双向的过程，大多数的应用需要在通信双方之间相互发送数据，因此为了保证应用及业务的正常运行，工程师在建设网络时需充分考虑数据的双向可达性，也就是在往返方向考虑路由信息的完整性和准确性。在图 1-1 所示的例子中，假设 PC1 及 PC2 使用 R1—R2—R3—R4 这条路径传输数据，若要求 PC1 发往 PC2 的数据能够正确到达 PC2，则需确保 R1、R2、R3 及 R4 都拥有到达 192.168.20.0/24 的路由信息。同理，若要求 PC2 能够正常地向 PC1 发送数据并且沿着相同的路径传输数据，则 R4、R3、R2 及 R1 都需拥有到达 192.168.10.0/24 的路由信息。

1.1.2　路由表

任何一台支持路由功能的设备要想正确地执行路由查询及数据转发的操作，就必须维护一张路由表。路由表可以理解为是设备将报文转发到特定目的地所依据的一张"地图"。在具备路由功能的华为数据通信产品上查看路由表的命令是 **display ip routing-table**。图 1-2 展示了一个路由表的示例，路由表中的每一行就是一个路由条目（或者路由表项）。在一个实际的网络中，路由器的路由表可能包含多个路由条目。在一个大型的网络中，路由器的路由表可能包含大量的路由条目。每个路由条目都采用目的网络地址（Destination Network Address）及网络掩码（Netmask）进行标识。从路由表的输出可以看出，每个路由条目都包括多个信息元素。

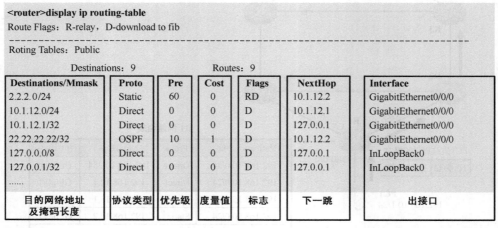

图 1-2　查看设备的路由表

路由表中每个信息元素的含义如下。

- **目的网络地址/网络掩码（Destination Network Address/Netmask）**：路由表相当于路由器的地图，而每一条路由都指向网络中的某个目的网络（或者说目的网段）。目的网络的网络地址（目的网络地址）及网络掩码（路由表中的"Destination/Mask"列）用于标识一条路由。以图 1-2 所示的路由表为例，2.2.2.0/24 就标识了一个目的网络，其中目的网络地址为 2.2.2.0，掩码长度为 24（或者说网络掩码为 255.255.255.0），这就意味着路由器拥有到达 2.2.2.0/24 的路由信息。

> **注意**
>
> 所谓的掩码长度指的是网络掩码中连续的二进制"1"的个数，例如某条路由的掩码长度为 30，那么该路由的网络掩码是 255.255.255.252，两者表达的意思是一致的，因此 192.168.0.0 与 255.255.255.252 等同于 192.168.0.0/30。

- **路由协议（Protocol）**：表示该路由的协议类型，或者该路由是通过什么途径学习到的。路由表中的"Proto"列显示了该信息。例如 2.2.2.0/24 这条路由，"Proto"列显示的是 Static，这意味着这条路由是通过手工的方式配置的静态路由。再如 22.22.22.22/32 这条路由，这是一条主机路由（网络掩码为 255.255.255.255），而这条路由的"Proto"列显示的是 OSPF，则表明该条路由是通过 OSPF 这个路由协议学习到的。"Proto"列如果显示 Direct 则表明该条路由为直连路由，也就是这条路由所指向的网段是设备的直连接口所在的网段。

- **优先级（Preference）**：路由表中路由条目的获取来源有多种，每种类型的路由对应不同的优先级，路由优先级的值越小则该路由的优先级越高。路由表中的"Pre"列显示了该条路由的优先级。当一台路由器同时从多种不同的来源学习到去往同一个目的网段的路由时，它将选择优先级值最小的那条路由。例如，路由器 A 配置了到达 1.1.1.0/24 的静态路由，该条静态路由的下一跳为 B，同时 A 又运行了 RIP，并且通过 RIP 也发现了到达 1.1.1.0/24 的路由，而该条 RIP 路由的下一跳为 C，此时 A 分别通过静态路由及 RIP 路由协议获知了到达同一个目的地——1.1.1.0/24 网段的路由，A 会比较静态路由与 RIP 路由的优先级，由于缺省时静态路由的优先级为 60，而 RIP 路由的优先级为 100，显然静态路由的优先级值更小，因此最终到达 1.1.1.0/24 的静态路由被加载到路由表中（静态路由在路由选择中胜出），当 A 收到去往该网段的数据包时，它将数据包转发给下一跳 B。

- **开销（Cost）**：Cost 指示了本路由器到达目的网段的代价值，在许多场合它也被称为度量值（Metric），度量值的大小会影响到路由的优选。在华为路由器的路由表中，"Cost"列显示的就是该条路由的度量值。直连路由及静态路由缺省的度量值为 0，此外，每一种动态路由协议都定义了其路由的度量值计算方法，不同的路由协议，对于路由度量值的定义和计算均有所不同。

- **下一跳（Next Hop）**：该信息描述的是路由器转发到达目的网段的数据包所使用的下一跳地址。在图 1-2 显示的路由表中，2.2.2.0/24 路由的"NextHop"列显示 10.1.12.2，这意味着如果该路由器收到一个数据包，经过路由查询后发现数据包的目的地址匹配 2.2.2.0/24 这条路由，则该路由器会将数据包转发给 10.1.12.2 这个下一跳。

● **出接口（Interface）**：指示的是数据包被路由后离开本路由器的接口。还是以2.2.2.0/24 路由举例，这条路由的"Interface"列显示的是 GE0/0/0，这意味着如果该路由器收到一个数据包且经过路由查询后发现数据包的目的地址匹配该路由，则该路由器会将数据包转发给 10.1.12.2 这个下一跳地址，并从 GE0/0/0 接口送出。

1.1.3　路由信息的来源

任何一台支持路由功能的设备都需要维护路由表以便正确地转发数据，在一个实际的网络中，一台路由器的路由表往往包含多条路由，这些路由可能从不同的来源获取。如图 1-3 所示，路由表中路由信息的来源可归为三类，分别是直连路由、静态路由及动态路由协议。路由表中"Proto"列显示了该条路由是从什么来源获取到的。

直连路由	静态路由	动态路由协议

路由条目的来源

IP 路由表

Destinations/Mask	Proto	Pre	Cost	Flags	NextHop	Interface
192.168.12.0/24	Direct	0	0	D	192.168.12.1	GigabitEthernet0/0/0
192.168.2.0/24	Static	60	0	D	192.168.12.2	GigabitEthernet0/0/0
192.168.23.0/24	RIP	100	1	D	192.168.12.2	GigabitEthernet0/0/0

图 1-3　路由信息的来源

路由器能够自动获取本设备直连接口的路由并将路由写入路由表，该种路由被称为直连路由（Direct Route），直连路由的目的网络一定是路由器自身某个接口所在的网络。直连路由的发现是路由器自动完成的，无需人为干预。在图 1-4 所示的网络中，当我们完成三台路由器的接口 IP 地址配置并激活接口后，路由器将自动发现直连接口的路由。以 R2 为例，由于 GE0/0/0 接口配置了 IP 地址 192.168.12.2/24，它能够根据这个 IP 地址及网络掩码判断出该接口处于 192.168.12.0/24 网段，于是它在路由表中创建一条直连路由，路由的目的网络地址及掩码长度为 192.168.12.0/24，由于该条路由为直连路由，因此协议类型为 Direct。另外路由优先级为 0（直连路由的优先级最高），度量值也为 0（直连网络就在"家门口"，因此度量值为 0），出接口为 GE0/0/0，下一跳 IP 地址为其自身接口的 IP 地址 192.168.12.2。同理，R2 还会发现 192.168.23.0/24 这条直连路由。

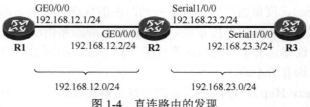

图 1-4　直连路由的发现

值得注意的是，一个接口的直连路由被加载到路由表的前提是该接口的物理状态（Physical Status）及协议状态（Protocol Status）都必须是 Up 的。接口的物理及协议状态

可以通过 **display ip interface brief** 命令查看：

```
<R2>display ip interface brief
Interface                  IP Address/Mask        Physical      Protocol
GigabitEthernet0/0/0       192.168.12.2/24        up            up
GigabitEthernet0/0/1       unassigned             down          down
GigabitEthernet0/0/2       unassigned             down          down
NULL0                      unassigned             up            up(s)
Serial1/0/0                192.168.23.2/24        up            up
Serial1/0/1                unassigned             down          down
```

以上输出的就是 R2 各个接口的 IP 地址、物理状态及协议状态。以 R2 的 Serial1/0/0 接口为例，如果该接口所连接的线缆被拔除，则接口的物理及协议状态都将变成 Down（关闭），此时接口的直连路由也就从 R2 的路由表中消失。现在考虑另一种情况，如果 R2 及 R3 采用 PPP（Point-to-Point Protocol，点对点协议）链路互联，即 R2 的 Serial1/0/0 与 R3 的 Serial1/0/0 接口均采用 PPP 作为数据链路层封装协议，并且这段链路使用 PPP 认证，R3 作为 PPP 认证方，若此时 R2 接口上配置的用于 PPP 认证的用户名或密码有误，就会导致 PPP 认证不成功，这样一来 R2 及 R3 的 Serial1/0/0 接口就会出现物理状态为 Up 但是协议状态为 Down 的情况。当出现这种情况时，路由器认为该接口不可用，当然，该接口的直连路由也就不会出现在路由表中。

路由器能够自动发现直连路由并将路由加载到路由表，但是对于非直连的网络，网络管理员就需要想办法让路由器知晓了。为了让路由器能够到达远端网络（非直连网络），最简单的方法是为路由器手工配置静态路由（Static Route）。通过这种方式维护路由表项虽然简单直接，但是可扩展性差，如果在规模较大的网络中完全使用静态路由，配置工作量就会很大，而且静态路由无法根据网络拓扑的变化作出动态响应，这也是其一大弊端。另一种方法是使用动态路由协议（Dynamic Routing Protocol）。一旦路由器激活动态路由协议，它们就相当于拥有了"交谈"的能力，设备之间可以交互信息从而自动计算或发现网络中的路由。

1.1.4　路由的优先级

通过前文的讲解大家已经了解到，路由器可以通过多种方式获得路由条目：自动发现直连路由、手工配置静态路由或通过动态路由协议自动学习到动态路由。当路由器从多种不同的途径获知到达同一个目的网段（这些路由的目的网络地址及网络掩码均相同）的路由时，路由器会比较这些路由的优先级，优选优先级值最小的路由。

如图 1-5 所示，R2 与 R1 使用 RIP 交互路由信息，R2 又通过 OSPF 与 R3 建立邻接关系，于是 R2 同时从 RIP 及 OSPF 都学习到了去往 1.1.1.0/24 的路由，这两条路由来自两个不同的动态路由协议并且分别以 R1 和 R3 作为下一跳。R2 最终选择 OSPF 的路由加载到路由表，也就是将 R3 作为实际到达 1.1.1.0/24 的下一跳，因为 OSPF 内部路由的优先级值比 RIP 更小，故路由则更优。此时 R2 的路由表中到达 1.1.1.0/24 的路由只会存在一条，那就是通过 OSPF 获知的路由，而关于该网段的 RIP 路由则"潜藏"了起来，当这条 OSPF 路由失效时，RIP 路由才会浮现并被 R2 加载到路由表中。

不同的路由协议或路由种类对应的优先级见表 1-1。这是一个众所周知的约定（对于不同的厂商，这个约定值可能有所不同，表 1-1 中罗列的是华为数通产品的约定）。

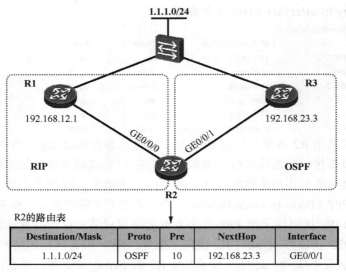

R2的路由表

Destination/Mask	Proto	Pre	NextHop	Interface
1.1.1.0/24	OSPF	10	192.168.23.3	GE0/0/1

图 1-5　路由优先级影响路由优选

表 1-1　　　　　　　　　　　　路由与优先级的对应表

路由类型	优先级
直连路由	0
OSPF 内部路由	10
IS-IS 路由	15
静态路由	60
RIP 路由	100
OSPF ASE 路由	150
OSPF NSSA 路由	150
IBGP 路由	255
EBGP 路由	255

1.1.5　路由的度量值

　　影响路由优选的因素除了路由优先级之外，还有一个重要的因素，那就是度量值（Metric）。路由表中"Cost"这一列显示的就是该条路由的度量值，因此度量值也被称为开销，本书统一使用度量值一词来描述这个概念。所谓度量值就是设备到达目的网络的代价值。直连路由的度量值为 0，这点很好理解，因为路由器认为这是自己直连的网络，也就是在"家门口"的网络，从自己家走到家门口自然不需要耗费任何力气。另外，静态路由的度量值缺省也为 0，而不同的动态路由协议定义的度量值是不同的，例如 RIP路由是以跳数（到达目的网络所需经过的路由器的个数）作为度量值，而 OSPF 则以开销（与链路带宽有关）作为度量值。

　　在图 1-6 所示的网络中，所有的路由器都运行了 RIP。R1 将直连网段 1.1.1.0/24 发布到了 RIP 中，如此一来，R5 将会分别从 R3 及 R4 学习到 RIP 路由 1.1.1.0/24，从 R3学习到的 1.1.1.0/24 路由的跳数为 3，而从 R4 学习到的路由的跳数为 2，因此 R5 认为从

R4 到达目标网段要"更近一点",于是它将 R4 通告过来的 RIP 路由加载到路由表,这样,当 R5 转发到达该目标网段的数据时,会将其发往 R4。当 R5—R4—R1 这段路径发生故障时,R5 可能丢失 R4 所通告的 1.1.1.0/24 路由,此时 R3 通告的路由将会被 R5 加载进路由表,如此一来,到达 1.1.1.0/24 的数据流量将会被 R5 引导到 R3—R2—R1 这条路径。

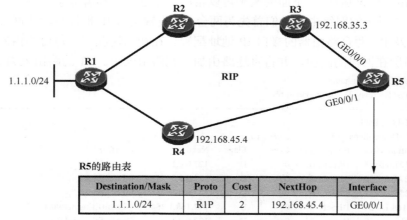

R5的路由表

Destination/Mask	Proto	Cost	NextHop	Interface
1.1.1.0/24	R1P	2	192.168.45.4	GE0/0/1

图 1-6 度量值对路由优选的影响

度量值是一个影响路由优选的重要因素,正因为如此,在实际的项目中,我们经常利用度量值来实现各种路由策略,从而影响数据流的走向。

综上所述,一台路由器可以同时通过多种途径获得路由信息,当出现到达同一个目的网段的路由通过多种不同的途径学习到的情况时,路由器会比较路由的优先级,选择优先级值最小的路由。而当路由器从多个不同的下一跳,通过同种路由协议获知到达同一个目的网段的路由时,它则会进行度量值的比较。当然有些路由协议的路由优选机制会更加复杂一些,例如 OSPF 或 BGP,在执行路由优选时就并不只是单纯地比较度量值这么简单了。

1.2 静态路由

静态路由(Static Route)是指网络管理员通过手工配置的方式为路由器创建的路由,通过这种方式,网络管理员可以非常简单、便捷地让路由器获知到达目的网络的路由。学习完本节之后,我们应该能够:

- 理解静态路由的概念并掌握其配置;
- 理解默认路由的概念及其应用场景;
- 理解浮动静态路由的概念并掌握其配置;
- 掌握静态路由与 BFD 及 NQA 联动的方法及配置;
- 了解静态路由在书写时的一些注意事项。

1.2.1 静态路由的基本概念

路由器能够自动发现直连路由并将其加载到路由表中,而对于到达非直连网络的路由，路由器就必须通过其他途径来获取，静态路由是一种最直接、最简单的方法。所谓静态路由，也就是网络管理员使用手工配置的方式为路由器添加的路由，通俗的说法是，网络管理员通过手工配置的方式告诉路由器："你要到达目的地 X，需把数据包从接口 Y 扔出去给下一跳 Z"。在网络中部署静态路由后，网络设备之间无需交互特别的协议报文（不像动态路由协议那样）。下面的例子可以帮助大家进一步理解静态路由。

在图 1-7 所示的网络中，我们首先为两台 PC 设置网卡 IP 地址及默认网关地址，然后完成 R1 及 R2 两台路由器的接口 IP 地址配置。在初始情况下，每台路由器都自动学习直连接口所在网段的路由，并将直连路由加载到路由表中。R1 的路由表如下：

```
<R1>display ip routing-table
Route Flags: R - relay, D - download to fib
------------------------------------------------------------------------------
Routing Tables: Public
        Destinations : 10        Routes : 10
Destination/Mask    Proto   Pre  Cost    Flags   NextHop         Interface
    127.0.0.0/8     Direct  0    0       D       127.0.0.1       InLoopBack0
    127.0.0.1/32    Direct  0    0       D       127.0.0.1       InLoopBack0
127.255.255.255/32  Direct  0    0       D       127.0.0.1       InLoopBack0
  192.168.1.0/24    Direct  0    0       D       192.168.1.254   GigabitEthernet0/0/1
192.168.1.254/32    Direct  0    0       D       127.0.0.1       GigabitEthernet0/0/1
192.168.1.255/32    Direct  0    0       D       127.0.0.1       GigabitEthernet0/0/1
 192.168.12.0/24    Direct  0    0       D       192.168.12.1    GigabitEthernet0/0/0
192.168.12.1/32     Direct  0    0       D       127.0.0.1       GigabitEthernet0/0/0
192.168.12.255/32   Direct  0    0       D       127.0.0.1       GigabitEthernet0/0/0
255.255.255.255/32  Direct  0    0       D       127.0.0.1       InLoopBack
```

从 R1 的路由表可以看出，它此时仅仅发现了直连接口的路由。

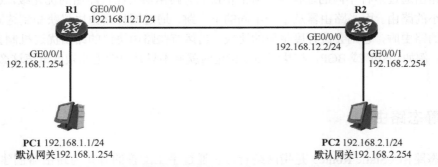

图 1-7　部署静态路由使得 PC1 与 PC2 能够相互通信

R2 的路由表如下：

```
<R2>display ip routing-table
Route Flags: R - relay, D - download to fib
------------------------------------------------------------------------------
Routing Tables: Public
        Destinations : 10        Routes : 10
Destination/Mask    Proto   Pre  Cost    Flags   NextHop         Interface
    127.0.0.0/8     Direct  0    0       D       127.0.0.1       InLoopBack0
    127.0.0.1/32    Direct  0    0       D       127.0.0.1       InLoopBack0
127.255.255.255/32  Direct  0    0       D       127.0.0.1       InLoopBack0
  192.168.2.0/24    Direct  0    0       D       192.168.2.254   GigabitEthernet0/0/1
192.168.2.254/32    Direct  0    0       D       127.0.0.1       GigabitEthernet0/0/1
```

192.168.2.255/32	Direct	0	0	D	127.0.0.1	GigabitEthernet0/0/1
192.168.12.0/24	**Direct**	**0**	**0**	**D**	**192.168.12.2**	**GigabitEthernet0/0/0**
192.168.12.1/32	Direct	0	0	D	127.0.0.1	GigabitEthernet0/0/0
192.168.12.255/32	Direct	0	0	D	127.0.0.1	GigabitEthernet0/0/0
255.255.255.255/32	Direct	0	0	D	127.0.0.1	InLoopBack0

　　与 R1 类似,R2 的路由表中此时也仅有直连路由。现在 R1 能够与 R2 直接通信,因为两者直接相连,而当 PC1 要发送数据给 PC2 时,它通过将目的 IP 地址(PC2 的 IP 地址为 192.168.2.1)与本地网卡的 IP 地址及网络掩码进行运算,发现该目的 IP 地址是本地网段之外的一个地址,因此它意识到需要将发往 PC2 的报文先发送给自己的默认网关,由于 PC1 的默认网关被设置为 R1 的 GE0/0/1 接口的 IP 地址,于是 PC1 将数据包发送给 R1。当 R1 收到这个数据包后,它在自己的路由表中查询报文的目的 IP 地址,结果发现并没有能够匹配该地址的路由条目,因此数据包被丢弃。显然,到目前为止 PC1 是无法与 PC2 互访的。那么如何才能够使得 R1 正常地转发这个数据包呢?当然需要 R1 的路由表中拥有相关的条目来做指示才行。最简单的一种方式是使用手工配置的方式为 R1 添加到达 192.168.2.0/24 的路由条目,也就是为 R1 创建一静态路由。静态路由的配置非常简单:

```
[R1]ip route-static 192.168.2.0 24 GigabitEthernet 0/0/0 192.168.12.2
```

　　在设备的系统视图下,使用 **ip route-static** 命令即可为其创建静态路由。上面的命令将为 R1 的路由表添加一条静态路由,这条静态路由的目的网络地址及掩码长度为 192.168.2.0/24,出接口为 GE0/0/0 且下一跳 IP 地址是 192.168.12.2。这条命令等同于 **ip route-static 192.168.2.0 255.255.255.0 GigabitEthernet 0/0/0 192.168.12.2**。于是 R1 的路由表变成了:

```
<R1>display ip routing-table
Route Flags: R - relay, D - download to fib
------------------------------------------------------------------------
Routing Tables: Public
         Destinations : 11         Routes : 11
```

Destination/Mask	Proto	Pre	Cost	Flags	NextHop	Interface
127.0.0.0/8	Direct	0	0	D	127.0.0.1	InLoopBack0
127.0.0.1/32	Direct	0	0	D	127.0.0.1	InLoopBack0
127.255.255.255/32	Direct	0	0	D	127.0.0.1	InLoopBack0
192.168.1.0/24	Direct	0	0	D	192.168.1.254	GigabitEthernet0/0/1
192.168.1.254/32	Direct	0	0	D	127.0.0.1	GigabitEthernet0/0/1
192.168.1.255/32	Direct	0	0	D	127.0.0.1	GigabitEthernet0/0/1
192.168.2.0/24	**Static**	**60**	**0**	**D**	**192.168.12.2**	**GigabitEthernet0/0/0**
192.168.12.0/24	Direct	0	0	D	192.168.12.1	GigabitEthernet0/0/0
192.168.12.1/32	Direct	0	0	D	127.0.0.1	GigabitEthernet0/0/0
192.168.12.255/32	Direct	0	0	D	127.0.0.1	GigabitEthernet0/0/0
255.255.255.255/32	Direct	0	0	D	127.0.0.1	InLoopBack0

　　从以上输出可以看出,R1 的路由表里出现了一个新增的条目——192.168.2.0/24,这样一来,当 R1 收到 PC1 发往 192.168.2.1 的数据包时,它发现路由表中有一个静态路由条目匹配该数据包的目的 IP 地址,于是它将该数据包从 GE0/0/0 接口送出并转发给下一跳 192.168.12.2。当这个数据包到达 R2 后,后者也在其路由表中查询目的 IP 地址 192.168.2.1,它发现该地址在本地路由表中有路由条目相匹配,而且该路由为直连路由,因此 R2 将数据包根据路由条目的指示从 GE0/0/1 接口转发出去,最终数据包到达 PC2。

　　R1 增加了这条静态路由后,PC1 就能够与 PC2 正常地交互数据了吗?PC1 就能够 ping 通 PC2 了吗?答案是否定的,为什么呢?这是因为两个设备要实现正常的双向通信,必须保证双向路径可达。到目前为止，从 PC1 发往 PC2 的数据包确实是能够到达 PC2 的，但是从 PC2 回程的数据包却无法回到 PC1。回程数据包的目的 IP 地址是 192.168.1.1，这个数据包首先被 PC2 发往自己的默认网关，也就是 R2，后者查询路由表，却没有发现匹配该目的地址的路由，于是只能将数据包丢弃。因此，为了使得 PC1 与 PC2 之间能够相互通信，还需要再做一步操作，就是在 R2 上也增加一条路由，路由的目的网络地址及掩码长度是 192.168.1.0/24，下一跳 IP 地址当然就是 R1 的接口地址——192.168.12.1 了。R2 的配置如下：

```
[R2]ip route-static 192.168.1.0 24 192.168.12.1
```

值得注意的是，在上述配置中，我们并没有指定路由的出接口，在本场景中是不会有问题的，R2 会根据下一跳 IP 地址 192.168.12.1 进行递归运算，也就是在路由表中查询到达 192.168.12.1 的路由，从而找到这个 IP 地址对应的出接口，并最终得到 192.168.1.0/24 路由的出接口——GE0/0/0。

此时 R2 的路由表如下：

```
<R2>display ip routing-table
Route Flags: R - relay, D - download to fib
------------------------------------------------------------------
Routing Tables: Public
          Destinations : 11        Routes : 11
Destination/Mask    Proto   Pre  Cost      Flags   NextHop         Interface
      127.0.0.0/8   Direct  0    0         D       127.0.0.1       InLoopBack0
      127.0.0.1/32  Direct  0    0         D       127.0.0.1       InLoopBack0
127.255.255.255/32  Direct  0    0         D       127.0.0.1       InLoopBack0
    192.168.1.0/24  Static  60   0         RD      192.168.12.1    GigabitEthernet0/0/0
    192.168.2.0/24  Direct  0    0         D       192.168.2.254   GigabitEthernet0/0/1
  192.168.2.254/32  Direct  0    0         D       127.0.0.1       GigabitEthernet0/0/1
  192.168.2.255/32  Direct  0    0         D       127.0.0.1       GigabitEthernet0/0/1
   192.168.12.0/24  Direct  0    0         D       192.168.12.2    GigabitEthernet0/0/0
   192.168.12.2/32  Direct  0    0         D       127.0.0.1       GigabitEthernet0/0/0
 192.168.12.255/32  Direct  0    0         D       127.0.0.1       GigabitEthernet0/0/0
255.255.255.255/32  Direct  0    0         D       127.0.0.1       InLoopBack
```

如此一来，PC1 及 PC2 互相通信就没有问题了。

如果网络的规模比较小，全网部署静态路由似乎没有什么问题，但是在一个大型网络中，如果完全使用静态路由来实现数据互通，工作量就太大了，毕竟大型网络中包含的网段数量非常多，这意味着如果要确保网络中的每台设备都能够到达全网各个网段，网络管理员就不得不配置大量的静态路由。另外一个更重要的问题是，静态路由无法根据网络拓扑的变更作出动态调整，因此，在大规模网络中往往采用动态路由协议或者静态路由与动态路由协议搭配的方式来打通路由。

1.2.2　静态路由配置须知

大家都知道，使用 **ip route-static** 命令可以为设备添加静态路由，在该命令中需要指定静态路由的目的网络地址、网络掩码（或掩码长度）、下一跳 IP 地址及出接口等信息。在为设备创建静态路由时，关于下一跳 IP 地址及出接口的配置有几个细节是需要注意的。

针对不同的出接口类型，静态路由的配置要求是不同的。

（1）如果出接口为 BMA（Broadcast Multiple Access，广播型多路访问）类型，则静

态路由需指定下一跳 IP 地址。

以太网接口就是一种非常典型的 BMA 类型的接口，BMA 接口接入一个广播网络，该网络中往往还同时接入了多台设备，因此如果仅仅为静态路由指定出接口，那么路由器将无法判断究竟该将数据包发往哪一个下一跳设备。在图 1-8 中，R1 及 R2 通过 GE0/0/0 接口连接到一台以太网交换机上，现在我们要为 R1 配置一条到达 2.2.2.0/24 的静态路由，由于 R1 的出接口 GE0/0/0 是一个 BMA 接口，因此根据要求必须在该静态路由中指定下一跳 IP 地址，所以可以使用如下配置：

```
[R1]ip route-static 2.2.2.0 255.255.255.0 GigabitEthernet0/0/0 10.1.12.2
```

或者如下配置：

```
[R1]ip route-static 2.2.2.0 255.255.255.0 10.1.12.2
```

以上两种方式都指定了具体的下一跳 IP 地址，因此都是可行的。

而如果将静态路由改写为：

```
[R1]ip route-static 2.2.2.0 255.255.255.0 GigabitEthernet0/0/0
```

那么 R1 可能就无法到达 2.2.2.0/24 了，正如上面所说，它并不知道要将到达该网段的报文转发给哪一个下一跳设备。这里其实存在一个有趣的细节，在完成上面这条静态路由的配置后，R1 会认为 2.2.2.0/24 这个网段从自己的 GE0/0/0 接口出去即可到达，换句话说，R1 认为该目标网段是 GE0/0/0 接口的直连网段，加上该接口是一个 BMA 接口，因此，当 R1 转发到达 2.2.2.0/24 的数据包时（例如到达 2.2.2.2），会从该接口广播 ARP Request 报文，用于查询处于本地直连网段中的（至少 R1 是这么认为的）2.2.2.2 的 MAC 地址。R2 会收到这个 ARP Request，缺省情况下它是不会回应的，毕竟 R2 的 GE0/0/0 接口的 IP 地址不是 2.2.2.2。所以，此时 R1 无法将目的 IP 地址为 2.2.2.2 的数据包转发出去（因为它无法获得关于 2.2.2.2 的 MAC 地址）。这也是为什么要求当静态路由的出接口为 BMA 接口时必须为该路由指定下一跳 IP 地址的原因。当然在这个场景中可以通过一个小伎俩来解决 R1 配置了上述静态路由后到 2.2.2.0/24 不可达的问题，那就是在 R2 的 GE0/0/0 接口上激活 ARP 代理（ARP-Proxy）功能：

```
[R2]interface GigabitEthernet 0/0/0
[R2-GigabitEthernet0/0/0]arp-proxy enable
```

R2 完成上述配置后，它的 GE0/0/0 接口即激活了 ARP 代理功能，当该接口再收到 R1 发送的、用于请求 2.2.2.2 的 ARP Request 时，由于 R2 自己直连着 2.2.2.0/24 网段，因此它将回应这个 ARP Request，并且以自己的 GE0/0/0 接口的 MAC 地址（替代 2.2.2.2 对应的真实 MAC 地址）进行回应，如此一来，R1 会在其 ARP 表中创建一个表项，将 IP 地址 2.2.2.2 与 R2 的 GE0/0/0 接口的 MAC 地址进行绑定。此时，当 R1 转发到达 2.2.2.2 的数据时，它将数据帧的目的 MAC 地址设置为 R2 的 GE0/0/0 接口 MAC，然后发送出去，R2 收到这个数据帧后，将数据帧解除封装，然后解析数据包 IP 头部中的目的 IP 地址并进行路由查询，发现目的 IP 地址就在本地直连网段中，于是重新封装数据帧，然后将其转发到目的地。从上述过程可以看出，实际上 ARP 代理行为颇有点 "ARP 欺骗" 的味道。

虽然上述方法可以解决 R1 的静态路由存在的问题，但依然并非一个推荐的方法。因此当出接口为 BMA 接口时，在配置静态路由时需指定下一跳 IP 地址。

（2）如果出接口为 P2P（Point-to-Point，点对点）类型，则静态路由仅需指定出接口。P2P 类型的接口仅与一台设备对接。在图 1-8 中，R1 安装了一个广域网接口卡，并通过该接口卡上的广域网接口 Serial1/0/0 与 R4 直连，链路两端的接口均采用 PPP 封装，因此 R1 的 Serial1/0/0 是一个典型的 P2P 接口。此时要为 R1 配置一条静态路由，使其能够到达 4.4.4.0/24，那么 R1 可以采用如下配置：

```
[R1]ip route-static 4.4.4.0 24 Serial 1/0/0
```

也就是说，R1 仅需在该静态路由中指定出接口即可（当然，也可以指定出接口及下一跳 IP 地址）。

（3）如果出接口为 NBMA（Non-Broadcast Multiple Access，非广播多路访问）类型，则静态路由需指定下一跳 IP 地址。

采用帧中继（Frame Relay）封装的接口是一种典型的 NBMA 类型接口，这种接口同样能够连接一台或多台设备，但是并不支持广播。拥有帧中继接口的路由器维护着一张帧中继映射表，用于存储帧中继链路对端设备的 IP 地址及本地 DLCI（Data Link Connection Identifier，数据链路连接标识）的对应关系。当路由器要通过帧中继接口向链路对端的某台路由器发送数据时，路由器在帧中继映射表中查询下一跳 IP 地址（帧中继链路对端的设备 IP 地址）及 DLCI 的映射，并为数据包进行帧中继的封装，在帧头中写入 DLCI 号，数据包被送入帧中继网络后，DLCI 号用于确保数据能够顺利到达对端。综上，由于路由器使用的帧中继接口可以连接多台设备，而且在通过帧中继接口发送数据时，需要用到数据包下一跳 IP 地址对应的 DLCI，因此在为其配置静态路由时，如果出接口类型为 NBMA，则必须指定下一跳 IP 地址。

在图 1-8 中，R1 的 Serial1/0/1 通过帧中继链路与 R3 建立连接，R3 的 IP 地址是 10.1.13.3，此时 R1 已经通过广域网服务提供商得到这个 IP 地址对应的 DLCI 并且完成了帧中继接口的相关配置。现在 R1 需要部署静态路由，使自己能够到达 3.3.3.0/24，那么可以采用如下配置：

```
[R1]ip route-static 3.3.3.0 255.255.255.0 10.1.13.3
```

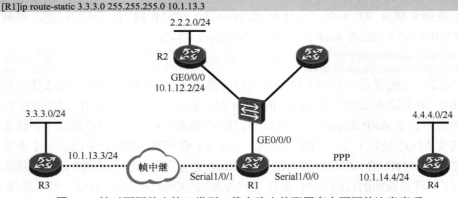

图 1-8　针对不同的出接口类型，静态路由的配置存在不同的注意事项

1.2.3　默认路由

图 1-9 展示了一个企业的网络，GW1、GW2 及 GW3 是该企业各个站点的网关路由器，这些路由器各下联一台以太网交换机，同时上联出口路由器 OR。以太网交换机连接着终端用户，出口路由器则连接着 Internet。在该场景中，以 OR 为例，由于其连接着 Internet，是整个网络的出口，因此它将负责把内网到达 Internet 的数据包转发出去，当

然网络管理员不太可能在 OR 上配置到达 Internet 的明细路由，毕竟整个 Internet 包含的网段实在太多了，要想让 OR 获知到达整个 Internet 的路由显然不现实。在这种场景中，使用默认路由（Default Route）是一个非常不错的解决办法。默认路由也被称为缺省路由，是目的网络地址及网络掩码均为 0 的路由，即 0.0.0.0/0 或者 0.0.0.0 0.0.0.0。这是一条非常特殊的路由，所有的目的 IP 地址都能被这条路由匹配。

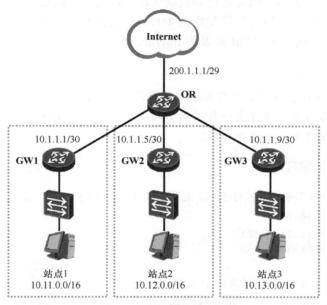

图 1-9　默认路由的应用

　　如果在 OR 上部署静态路由，那么它可以采用如下配置：

```
[OR]ip route-static 0.0.0.0 0.0.0.0 200.1.1.1
[OR]ip route-static 10.11.0.0 16 10.1.1.1
[OR]ip route-static 10.12.0.0 16 10.1.1.5
[OR]ip route-static 10.13.0.0 16 10.1.1.9
```

　　OR 创建了 4 条静态路由，其中 **ip route-static 0.0.0.0 0.0.0.0 200.1.1.1** 命令为 OR 创建了一条静态的默认路由，该路由的下一跳为 200.1.1.1（OR 到达 Internet 的下一跳 IP 地址）。借助这条路由，路由器能够将访问 Internet 的数据转发出去。而去往三个站点内网的数据包到达 OR 时，报文会优先匹配 10.11.0.0/16、10.12.0.0/16 及 10.13.0.0/16 这三条静态路由，并被送达相应站点的网关路由器，而目的地址为其他网段的报文（包括访问 Internet 的报文）则被默认路由匹配，被送往 200.1.1.1。

　　本书曾经提到，所有的目的 IP 地址都能够被默认路由匹配，那么在 OR 完成上述 4 条静态路由的配置后，当其收到去往某个站点的数据包时，为什么 OR 不会将该数据包转发到 200.1.1.1，而是将其转发到相应站点的网关路由器呢？以发往站点 1 的 10.11.1.1 这个 IP 地址的报文为例，当 OR 收到该报文时，它会在路由表中查询该报文的目的 IP 地址，结果发现静态路由 10.11.0.0/16 及 0.0.0.0/0 都匹配该地址，最终 OR 会选择 10.11.0.0/16 路由来指导报文转发，这其实是"最长前缀匹配原则"作用的结果，因为 10.11.0.0/16 路由与目的 IP 地址 10.11.1.1 的匹配程度更高。关于"最长前缀匹配原则"，本书将在本章相应的小节中介绍。从以上描述可以看出，默认路由的匹配优先级实际上是最低的，如果路由表中存在默认路由，则只有当路由器没有发现匹配报文目的 IP 地址的任何具体路由之后，才会使用这条默认路由来转发数据，因此默认路由的下一跳又被视为"最后的求助对象"。

对于 GW1、GW2 及 GW3 这三台网关路由器来说，也可以分别配置静态默认路由，它们只需将默认路由的下一跳配置为 OR 即可实现数据的全网可达。当它们转发到达其他站点的报文时，报文的目的地址能够被默认路由匹配，因此被送往 OR，并由 OR 进一步转发到目的站点，而当它们转发到达 Internet 的报文时，报文的目的地址也匹配默认路由，并被送往 OR，再由 OR 转发到 Internet。

> **注意**　默认路由在实际的项目中有着广泛的应用。当然，默认路由不仅可以通过静态的方式实现，动态路由协议同样支持默认路由的动态下发，关于这部分内容本书将在专门讲解动态路由协议的章节中进行介绍。

1.2.4　浮动静态路由

在图 1-10 所示的网络中，对于 R2 而言，要去往 10.9.9.0/24，通过 R1 及 R3 都可达。R2 配置了如下静态路由：

```
[R2]ip route-static 10.9.9.0 24 10.1.12.1
[R2]ip route-static 10.9.9.0 24 10.1.23.3
```

这两条静态路由的目的网络地址及网络掩码都相同，而且分别采用不同的下一跳地址，在这种情况下，R2 会比较这两条路由的优先级，由于这两条路由都是以手工的方式配置的静态路由，因此优先级缺省都是60，此外两条路由的度量值也都为 0，因此这两条到达 10.9.9.0/24 的路由将被同时加载到 R2 的路由表：

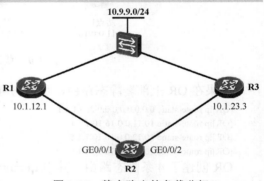

图 1-10　静态路由的负载分担

```
<R2>display ip routing-table
Route Flags: R - relay, D - download to fib
------------------------------------------------------------------------------
Routing Tables: Public
         Destinations : 11        Routes : 12
Destination/Mask      Proto   Pre  Cost    Flags    NextHop      Interface
    10.1.12.0/24      Direct  0    0       D        10.1.12.2    GigabitEthernet0/0/1
    10.1.12.2/32      Direct  0    0       D        127.0.0.1    GigabitEthernet0/0/1
  10.1.12.255/32      Direct  0    0       D        127.0.0.1    GigabitEthernet0/0/1
    10.1.23.0/24      Direct  0    0       D        10.1.23.2    GigabitEthernet0/0/2
    10.1.23.2/32      Direct  0    0       D        127.0.0.1    GigabitEthernet0/0/2
  10.1.23.255/32      Direct  0    0       D        127.0.0.1    GigabitEthernet0/0/2
    10.9.9.0/24       Static  60   0       RD       10.1.23.3    GigabitEthernet0/0/2
                      Static  60   0       RD       10.1.12.1    GigabitEthernet0/0/1
......
```

　　这种现象被称为路由的等价负载分担。最终的结果是，R2 转发到达 10.9.9.0/24 的流量时，有可能会同时采用 R1 及 R3 作为下一跳。负载分担带来的利好是路由器能够在多条路径上进行流量的分担，从而避免某条链路带宽消耗过大而其他链路空载的情况，提高了链路的利用率。但是在某些情况下，我们可能会希望 R2 发往 10.9.9.0/24 的流量始终走单边（如 R1），当 R1 宕机或 R1—R2 之间的互联链路发生故障时，R2 能够自动将流量切换到 R3，这该如何实现？

　　通过部署浮动静态路由（Floating Static Route）可以轻松地实现上述需求。大家已经知道使用 **ip route-static** 命令可以为设备添加静态路由，在缺省情况下，这条命令所添加的静态路由的优先级为 60，而该值实际上是可以自定义的，例如，将 R2 的配置修改为：

```
[R2]ip route-static 10.9.9.0 24 10.1.12.1                    #该路由的优先级为缺省值 60
[R2]ip route-static 10.9.9.0 24 10.1.23.3 preference 80      #该路由的优先级被设置为 80
```

　　在上述配置中，R2 添加了两条静态路由，它们的目的网络地址及掩码长度都是 10.9.9.0/24，下一跳分别为 10.1.12.1 及 10.1.23.3，留意到下一跳为 R1 的静态路由并没有指定优先级，因此该条路由的优先级为缺省的 60，另一条静态路由则使用 **preference** 关键字指定了优先级 80。这样一来，这两条路由中优先级值较小的路由将最终被加载到路由表并作为数据转发的依据，另一条优先级为 80 的路由则"潜藏"起来，并不出现在路由表中：

```
<R2>display ip routing-table
Route Flags: R - relay, D - download to fib
------------------------------------------------------------------
Routing Tables: Public
        Destinations : 11        Routes : 11
Destination/Mask    Proto   Pre  Cost      Flags  NextHop         Interface
    10.1.12.0/24    Direct  0    0         D      10.1.12.2       GigabitEthernet0/0/1
    10.1.12.2/32    Direct  0    0         D      127.0.0.1       GigabitEthernet0/0/1
    10.1.12.255/32  Direct  0    0         D      127.0.0.1       GigabitEthernet0/0/1
    10.1.23.0/24    Direct  0    0         D      10.1.23.2       GigabitEthernet0/0/2
    10.1.23.2/32    Direct  0    0         D      127.0.0.1       GigabitEthernet0/0/2
    10.1.23.255/32  Direct  0    0         D      127.0.0.1       GigabitEthernet0/0/2
    10.9.9.0/24     Static  60   0         RD     10.1.12.1       GigabitEthernet0/0/1
......
```

　　此时当 R2 转发到达 10.9.9.0/24 的报文时，由于路由表中只存在一条匹配的路由，因此报文将始终被转发给 R1。当 R1 宕机，或者 R1—R2 之间的链路发生故障时，**ip route-static 10.9.9.0 24 10.1.12.1** 这条静态路由失效，而 **ip route-static 10.9.9.0 24 10.1.23.3 preference 80** 也就浮现出来了，浮动静态路由因此得名。此时 R2 的路由表如下：

```
<R2>display ip routing-table
Route Flags: R - relay, D - download to fib
------------------------------------------------------------------
Routing Tables: Public
        Destinations : 8        Routes : 8
Destination/Mask    Proto   Pre  Cost      Flags  NextHop         Interface
    10.1.23.0/24    Direct  0    0         D      10.1.23.2       GigabitEthernet0/0/2
    10.1.23.2/32    Direct  0    0         D      127.0.0.1       GigabitEthernet0/0/2
    10.1.23.255/32  Direct  0    0         D      127.0.0.1       GigabitEthernet0/0/2
    10.9.9.0/24     Static  80   0         RD     10.1.23.3       GigabitEthernet0/0/2
......
```

　　现在当 R2 转发到达 10.9.9.0/24 的报文时，报文被转发给 R3，如图 1-11 所示。

所以浮动静态路由是一种不错的路由备份机制，在某种程度上提高了静态路由的灵活度，在实际的网络部署中有着广泛应用。一个典型的例子就是在拥有多出口的网络中部署出口路由，例如一个园区网的出口路由器连接着 A、B 两个运营商提供的出口链路，我们希望内网外出的流量默认走 A 运营商提供的出口，当该出口发生故障时，则自动切换到 B 运营商提供的出口。要实现这个需求，可以在出口路由器上配置两条默认路由，并将指向 B 运营商的那条默认路由的优先级值调得稍微大一些。

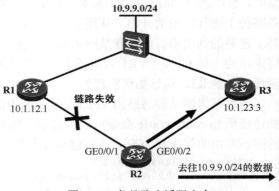

图 1-11　备份路由浮现出来

1.2.5　案例 1：静态路由与 BFD 联动

静态路由配置起来非常方便、简单，然而其短板也是非常明显的——它无法根据拓扑的变化作出动态响应。在图 1-12 中，R2 通过以太网链路分别连接到出口路由器 R1 及 R3。在 R1 与 R2 之间隔着一台以太网交换机，这台以太网交换机不做任何配置，在该网络中仅发挥数据帧透传的作用。

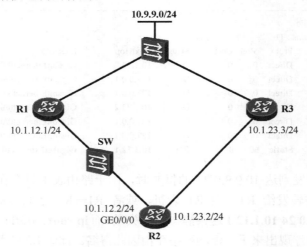

图 1-12　静态路由无法根据拓扑的变化作出动态响应

现在，网络的需求是 R2 能够访问 10.9.9.0/24，而且在网络正常时，R2 将到达 10.9.9.0/24 的数据包转发给 R1，而且当 R1 发生故障时，或者 R1 与 R2 之间的某段链路发生故障时，R2 自动将数据包的转发路径进行切换，将到达该网段的数据包转发给 R3。这个案例在 1.2.4 节中已经介绍过了，配置很简单：

```
[R2]ip route-static 10.9.9.0 24 10.1.12.1
[R2]ip route-static 10.9.9.0 24 10.1.23.3 preference 80
```

然而仅仅依靠上述配置是不够的，经过测试您会发现，当 R2 的 GE0/0/0 接口发生故障或者 SW 与 R2 互联的链路发生故障时，R2 都能够感知到，此时 GE0/0/0 接口的物理状态会切换为 Down，使用该接口作为出接口的静态路由 **ip route-static 10.9.9.0 24 10.1.12.1** 也就失效了，R2 会将其从路由表中删除，随后备份路由 **ip route-static 10.9.9.0 24 10.1.23.3 preference 80** 将会浮现出来。在这个过程中，从 R2 发往 10.9.9.0/24 的数据流量可以实现平滑切换。但是如果 R1 发生故障或者 R1 与 SW 互联的链路发生故障时，R2 是无法感知的。在这种情况下，R2 的路由表中 10.9.9.0/24 路由的下一跳依然是 10.1.12.1，而其实 10.1.12.1 已经不可达。这么一来，备份路由 **ip route-static 10.9.9.0 24 10.1.23.3** 也就无法浮现，从 R2 到达 10.9.9.0/24 的数据流量当然就会中断。

造成上述问题的根本原因是，静态路由无法感知到网络拓扑的变化并作出动态响应。有一些技术或机制可以改良静态路由以便解决上述问题，BFD（Bidirectional Forwarding Detection，双向转发检测）就是这类技术之一。实际上，BFD 是一种实现网络可靠性的机制，它可被用于快速检测网络中的链路状况、IP 可达性等。BFD 可以与多种协议或机制进行联动，以确保它们更加可靠地工作，例如静态路由、OSPF、IS-IS、BGP、VRRP、PIM 及 MPLS LSP 等。

在图 1-12 中，可以在 R1 及 R2 上部署 BFD 来检测双方直连接口的 IP 连通性。BFD 在 R1 及 R2 之间开始工作后，两者便会周期性地交互 BFD 报文，当 R1 及 R2 之间的连通性产生问题时，双方的 BFD 报文交互也将发生问题，此时 R1 及 R2 都能通过 BFD 感知到网络的变化。而当我们在 R2 上配置静态路由时，可将下一跳为 R1 的静态路由与 BFD 进行联动，当 BFD 的检测状态为 Up 时，这条静态路由能够正常工作，而当 BFD 检测状态为 Down 时，与之关联的静态路由会立即失效，从而使得备份路由能够浮现。

R1 的配置如下：

```
#激活 BFD 功能：
[R1]bfd
[R1-bfd]quit

#创建一个 BFD 会话，会话名称为 ab（该名称可自定义），对端 IP 地址为 10.1.12.2：
[R1]bfd ab bind peer-ip 10.1.12.2
[R1-bfd-session-ab]discriminator local 10          #该 BFD 会话的本地标识符
[R1-bfd-session-ab]discriminator remote 20         #该 BFD 会话的远端标识符
[R1-bfd-session-ab]commit                          #提交配置
```

需注意的是，在 R1 的 BFD 会话中，**discriminator local** 需与 R2 的 **discriminator remote** 相同，而它的 **discriminator remote** 需与 R2 的 **discriminator local** 相同。另外，BFD 会话的名称只具有本地意义，双方无需相同。

R2 的配置如下：

```
[R2]bfd
[R2-bfd]quit

[R2]bfd ba bind peer-ip 10.1.12.1
[R2-bfd-session-ba]discriminator local 20
[R2-bfd-session-ba]discriminator remote 10
[R2-bfd-session-ba]commit
[R2-bfd-session-ba]quit

#将下一跳为 R1 的静态路由与 BFD 会话 ba 进行联动：
[R2]ip route-static 10.9.9.0 24 10.1.12.1 track bfd-session ba
#配置浮动静态路由，下一跳为 R3：
```

```
[R2]ip route-static 10.9.9.0 24 10.1.23.3 preference 80
```

完成上述配置后，R1 及 R2 便会进行 BFD 报文的交互。首先看一下 R2 的 BFD 状态：

```
<R2>display bfd session all
--------------------------------------------------------------------------------
Local  Remote   PeerIpAddr        State      Type          InterfaceName
--------------------------------------------------------------------------------
20     10       10.1.12.1         Up         S_IP_PEER     -
--------------------------------------------------------------------------------
  Total UP/DOWN Session Number : 1/0
```

BFD 的状态是 Up 的，因此与该 BFD 联动的静态路由此时将出现在路由表中。R2
的路由表如下：

```
<R2>display ip routing-table
Route Flags: R - relay, D - download to fib
------------------------------------------------------------------------------
Routing Tables: Public
         Destinations : 11        Routes : 11
Destination/Mask     Proto   Pre  Cost   Flags   NextHop       Interface
       10.1.12.0/24   Direct  0    0      D       10.1.12.2     GigabitEthernet0/0/0
       10.1.12.2/32   Direct  0    0      D       127.0.0.1     GigabitEthernet0/0/0
     10.1.12.255/32   Direct  0    0      D       127.0.0.1     GigabitEthernet0/0/0
       10.1.23.0/24   Direct  0    0      D       10.1.23.2     GigabitEthernet0/0/1
       10.1.23.2/32   Direct  0    0      D       127.0.0.1     GigabitEthernet0/0/1
     10.1.23.255/32   Direct  0    0      D       127.0.0.1     GigabitEthernet0/0/1
        10.9.9.0/24   Static  60   0      RD      10.1.12.1     GigabitEthernet0/0/0
......
```

现在将 R1 连接 SW 的接口关闭，以便模拟 R1 发生故障的情况，R2 将弹出如
下日志：

```
Aug 29 2015 12:29:39-08:00 R2 %%01BFD/4/STACHG_TODWN(l)[2]:BFD session changed to Down. (SlotNumber=0,
Discriminator=335544320, Diagnostic=DetectDown, Applications=None, ProcessPST=False, BindInterfaceName=None,
InterfacePhysicalState=None, InterfaceProtocolState=None)
```

由于 R1 与 R2 之间的连通性已经出现了问题，BFD 很快便能感知到，从上述日志
的输出可以看出，BFD 的状态已经切换为 Down，查看一下会话状态：

```
<R2>display bfd session all
--------------------------------------------------------------------------------
Local  Remote   PeerIpAddr        State      Type          InterfaceName
--------------------------------------------------------------------------------
20     10       10.1.12.1         Down       S_IP_PEER     -
--------------------------------------------------------------------------------
  Total UP/DOWN Session Number : 0/1
```

由于静态路由 **ip route-static 10.9.9.0 24 10.1.12.1 track bfd-session ba** 与该BFD会话
进行了联动，因此一旦会话状态为 Down，该条静态路由立即失效，如此一来，浮动路
由便会出现在路由表中：

```
<R2>display ip routing-table
Route Flags: R - relay, D - download to fib
------------------------------------------------------------------------------
Routing Tables: Public
         Destinations : 11        Routes : 11
Destination/Mask     Proto   Pre  Cost   Flags   NextHop       Interface
       10.1.12.0/24   Direct  0    0      D       10.1.12.2     GigabitEthernet0/0/0
       10.1.12.2/32   Direct  0    0      D       127.0.0.1     GigabitEthernet0/0/0
     10.1.12.255/32   Direct  0    0      D       127.0.0.1     GigabitEthernet0/0/0
```

10.1.23.0/24	Direct	0	0	D	10.1.23.2	GigabitEthernet0/0/1
10.1.23.2/32	Direct	0	0	D	127.0.0.1	GigabitEthernet0/0/1
10.1.23.255/32	Direct	0	0	D	127.0.0.1	GigabitEthernet0/0/1
10.9.9.0/24	**Static**	**80**	**0**	**RD**	**10.1.23.3**	**GigabitEthernet0/0/1**
......						

此时，从 R2 发往 10.9.9.0/24 的数据被转发给了 R3，流量实现了平滑切换。

当 R1 连接 SW 的接口从故障中恢复后，R1 与 R2 之间的 BFD 继续工作，并且状态切换为 Up，此时下一跳为 R1 的静态路由将重新出现在路由表中，从 R2 发往 10.9.9.0/24 的数据流量会切换回 R1。

1.2.6　案例 2：静态路由与 NQA 联动

在 1.2.5 节中，大家掌握了使用 BFD 来弥补静态路由无法动态响应网络拓扑变更这一短板的方法，除此之外，还有一个颇有用处的工具——NQA（Network Quality Analysis，网络质量分析），也可以实现类似的功能。NQA 是一个非常强大的工具，主要用于网络性能检测及运行状况分析。通过在设备上部署 NQA，网络管理员可以对网络的响应时间、网络抖动、丢包率等信息进行统计，从而能够实时采集到网络的各项运行指标。NQA 支持 DHCP、DNS、FTP、HTTP、ICMP、SNMP、TCP、Trace、UDP 等各种测试机制，功能十分丰富。当然，NQA 也能完成基本的 IP 可达性测试（例如使用 ICMP 测试机制），并且将测试结果与静态路由进行联动。在部署静态路由与 NQA 联动时，只需配置静态路由的设备支持 NQA 即可。

还是以图 1-12 的案例为例，依然是相同的需求，此时只需要在 R2 上部署一个 NQA 的实例，使用 ICMP 测试机制探测到 R1（10.1.12.1）的可达性，并将测试结果与下一跳为 R1 的静态路由进行联动即可。当 NQA 检测到 10.1.12.1 可达时，静态路由生效，当检测到其不可达时，静态路由失效，此时浮动路由将出现在路由表中。

首先在 R2 上创建一个 NQA 的 ICMP 测试实例：

```
[R2]nqa test-instance admin test1
[R2-nqa-admin-test1]test-type icmp
[R2-nqa-admin-test1]destination-address ipv4 10.1.12.1
[R2-nqa-admin-test1]frequency 6
[R2-nqa-admin-test1]probe-count 2
[R2-nqa-admin-test1]interval seconds 2
[R2-nqa-admin-test1]timeout 2
[R2-nqa-admin-test1]start now
```

在以上配置中，admin 是测试实例的管理者名称，test1 是测试实例名，这两个名称都是自定义的。**Test-type** 命令定义了该测试实例使用的测试机制为 ICMP；**destination-address** 定义的是测试对象的 IP 地址；**frequency** 定义的是每一轮测试的时间间隔（单位为秒）；**probe-count** 命令定义了每一轮测试的探测次数；**interval seconds** 定义了在每一轮测试当中每个探测报文的发送间隔（单位为秒）；而 **timeout** 则定义了每一次探测的超时时间（单位秒）。最后 **start now** 命令使该测试实例开始执行。

接下来为 R2 配置静态路由，将静态路由 **ip route-static 10.9.9.0 255.255.255.0 10.1.12.1** 与 admin test1 这个 NQA 实例进行联动，然后再另外配置一条浮动静态路由：

```
[R1]ip route-static 10.9.9.0 255.255.255.0 10.1.12.1 track nqa admin test1
[R1]ip route-static 10.9.9.0 255.255.255.0 10.1.23.3 preference 80
```

完成上述配置后，首先查看一下 NQA 实例的探测结果：

```
<R2>display nqa results
 NQA entry(admin, test1) :testflag is active ,testtype is icmp
  1. Test 1 result    The test is finished
   Send operation times: 2              Receive response times: 2
   Completion:success                   RTD OverThresholds number: 0
   Attempts number:1                    Drop operation number:0
   Disconnect operation number:0        Operation timeout number:0
   System busy operation number:0       Connection fail number:0
   Operation sequence errors number:0   RTT Status errors number:0
   Destination ip address:10.1.12.1
   Min/Max/Average Completion Time: 40/40/40
   Sum/Square-Sum   Completion Time: 80/3200
   Last Good Probe Time: 2015-08-29 16:18:17.8
   Lost packet ratio: 0 %
  2. Test 2 result    The test is finished
   Send operation times: 2              Receive response times: 2
   Completion:success                   RTD OverThresholds number: 0
   Attempts number:1                    Drop operation number:0
   Disconnect operation number:0        Operation timeout number:0
   System busy operation number:0       Connection fail number:0
   Operation sequence errors number:0   RTT Status errors number:0
   Destination ip address:10.1.12.1
   Min/Max/Average Completion Time: 40/40/40
   Sum/Square-Sum   Completion Time: 80/3200
   Last Good Probe Time: 2015-08-29 16:18:23.8
   Lost packet ratio: 0 %
  3. Test 3 result    The test is finished
   Send operation times: 2              Receive response times: 2
   Completion:success                   RTD OverThresholds number: 0
   Attempts number:1                    Drop operation number:0
   Disconnect operation number:0        Operation timeout number:0
   System busy operation number:0       Connection fail number:0
   Operation sequence errors number:0   RTT Status errors number:0
   Destination ip address:10.1.12.1
   Min/Max/Average Completion Time: 30/40/35
   Sum/Square-Sum   Completion Time: 70/2500
   Last Good Probe Time: 2015-08-29 16:18:29.8
   Lost packet ratio: 0 %
```

从上述输出可以看到，R2 已经完成了三轮测试，每一轮测试的结果都是成功的（Success）。使用 **display nqa history** 命令可以查看到每一次探测的结果：

```
<R2>display nqa history
 NQA entry(admin, test1) history:
 Index   T/H/P    Response   Status    Address      Time
   1     1/1/1     40ms      success   10.1.12.1    2015-08-29 16:18:15.866
   2     1/1/2     40ms      success   10.1.12.1    2015-08-29 16:18:17.856
   3     2/1/1     40ms      success   10.1.12.1    2015-08-29 16:18:21.866
   4     2/1/2     40ms      success   10.1.12.1    2015-08-29 16:18:23.896
   5     3/1/1     40ms      success   10.1.12.1    2015-08-29 16:18:27.806
   6     3/1/2     30ms      success   10.1.12.1    2015-08-29 16:18:29.826
```

由于当前每一轮 NQA 检测的都是成功的，因此与该 NQA 实例联动的静态路由也是活跃的，此时它出现在 R2 的路由表中：

```
<R2>display ip routing-table
Route Flags: R - relay, D - download to fib
-------------------------------------------------------------------------
Routing Tables: Public
        Destinations : 11        Routes : 11
Destination/Mask    Proto   Pre  Cost     Flags   NextHop       Interface
    10.1.12.0/24    Direct  0    0        D       10.1.12.2     GigabitEthernet0/0/0
    10.1.12.2/32    Direct  0    0        D       127.0.0.1     GigabitEthernet0/0/0
    10.1.12.255/32  Direct  0    0        D       127.0.0.1     GigabitEthernet0/0/0
    10.1.23.0/24    Direct  0    0        D       10.1.23.2     GigabitEthernet0/0/1
    10.1.23.2/32    Direct  0    0        D       127.0.0.1     GigabitEthernet0/0/1
    10.1.23.255/32  Direct  0    0        D       127.0.0.1     GigabitEthernet0/0/1
    10.9.9.0/24     Static  60   0        RD      10.1.12.1     GigabitEthernet0/0/0
......
```

到达 10.9.9.0/24 的流量被 R2 转发给了 R1。

现在将 R1 连接 SW 的接口关闭，来模拟 R1 发生故障的情景。

```
<R2>display nqa results
... ...
    4. Test 20 result     The test is finished
    Send operation times: 2                 Receive response times: 0
    Completion:failed                       RTD OverThresholds number: 0
    Attempts number:1                       Drop operation number:0
    Disconnect operation number:0           Operation timeout number:2
    System busy operation number:0          Connection fail number:0
    Operation sequence errors number:0      RTT Status errors number:0
    Destination ip address:10.1.12.1
    Min/Max/Average Completion Time: 0/0/0
    Sum/Square-Sum   Completion Time: 0/0
    Last Good Probe Time: 0000-00-00 00:00:00.0
    Lost packet ratio: 100 %
```

此时 R2 的 NQA 实例检测失败（failed），如此一来，与该实例联动的静态路由失效，浮动路由出现在了路由表中：

```
<R2>display ip routing-table
Route Flags: R - relay, D - download to fib
-------------------------------------------------------------------------
Routing Tables: Public
        Destinations : 11        Routes : 11
Destination/Mask    Proto   Pre  Cost     Flags   NextHop       Interface
    10.1.12.0/24    Direct  0    0        D       10.1.12.2     GigabitEthernet0/0/0
    10.1.12.2/32    Direct  0    0        D       127.0.0.1     GigabitEthernet0/0/0
    10.1.12.255/32  Direct  0    0        D       127.0.0.1     GigabitEthernet0/0/0
    10.1.23.0/24    Direct  0    0        D       10.1.23.2     GigabitEthernet0/0/1
    10.1.23.2/32    Direct  0    0        D       127.0.0.1     GigabitEthernet0/0/1
    10.1.23.255/32  Direct  0    0        D       127.0.0.1     GigabitEthernet0/0/1
    10.9.9.0/24     Static  80   0        RD      10.1.23.3     GigabitEthernet0/0/1
......
```

此时，到达 10.9.9.0/24 的流量被 R2 平滑地切换到了 R3。

而当 R1 的接口恢复后，R2 到 10.1.12.1 的 IP 可达性也跟着恢复了，NQA 实例又能够检测成功，因此与该实例联动的静态路由又再次出现在了路由表中，到达 10.9.9.0/24 的流量被 R2 重新切换到 R1。

1.2.7　案例 3：A 与 B 互 ping 的问题

在网络维护过程中，大家可能时常会碰到一些"奇怪"的问题，其实，许多问题只要深入挖掘、仔细分析，是能够找到科学及合理的解释的。有这么一个小问题相信不少读者曾经遇到过："A 能 ping 通 B，但是 B 无法 ping 通 A"。

"A 能 ping 通 B，但是 B 无法 ping 通 A"的一个典型场景是在防火墙组网中位于两个不同安全区域（Security Zone）的主机构成的拓扑。在图 1-13 所示的网络中存在一台防火墙，PC1 及 PC2 分别处于防火墙的两个不同安全区域中。PC1 位于安全级别较高的可信赖区域（Trust），而 PC2 则位于安全级别较低的非可信赖区域（Untrust），为了保证 Trust 区域内 PC 的安全，可在防火墙上部署安全策略，允许 Trust 区域内的 PC 主动向 Untrust 区域内的 PC 发起访问，反之则禁止。因此在这个环境中，当 PC1 主动访问 PC2 时，去程流量能够被防火墙检测通过并放行（因为安全策略允许了这些流量），而 PC1 访问 PC2 后所触发的、PC2 发送的回程流量，也能够被防火墙放行，因此在这个场景中，PC1 是能够 ping 通 PC2 的。然而 PC2 是无法主动向 PC1 发起访问的，换句话说，PC2 是无法 ping 通 PC1 的。PC2 主动访问 PC1 时所产生的流量由于不被防火墙的安全策略所允许，因此将被防火墙直接丢弃。读者可能会有疑惑：为什么 PC2 响应 PC1 的访问时所产生的回程流量能够被防火墙放行，而 PC2 主动访问 PC1 的流量则无法穿越防火墙？流量的方向同样是从 Untrust 区域到 Trust 区域，为什么会区别对待？实际上这与防火墙的工作机制有关，目前行业中多数的防火墙都是状态化防火墙，当一个会话的首包顺利通过防火墙的安全检查并被其转发时，防火墙会为该会话动态地产生一个状态化信息——会话表项（Session Table Entry），该表项包含着这个会话的五元组信息（源 IP 地址、目的 IP 地址、协议类型、源端口号及目的端口号），而回程流量由于拥有相匹配的五元组信息，因此防火墙根据会话表项的查询判断出该流量为一个已知会话的回程流量，于是将其放行，如图 1-14 所示。而 PC2 主动访问 PC1 时，防火墙查询会话表后发现并无相匹配的表项，而且安全策略又禁止了这些流量，因此 PC2 主动发往 PC1 的流量被丢弃，这就是 PC2 无法 ping 通 PC1 的原因。

图 1-13　在防火墙组网中 A 与 B 互 ping 的问题

图 1-14　PC1 能够 ping 通 PC2

除了防火墙组网经常容易出现"A 能 ping 通 B,但是 B 无法 ping 通 A"的现象(当然在防火墙组网中,这是正常现象,也是符合业务需求的现象)外,纯路由器组网也可能会遇到类似的现象。在图 1-15 中,网络管理员在 R1 上使用 **ping 1.1.1.1** 命令测试到 PC 的可达性时,发现结果是成功的,但是从 PC 却无法 ping 通 R1 的接口地址 10.1.12.1。网络故障定位能力是一个网络从业人员必备的基本素质,在面对网络中出现的故障时,最重要的是要有清晰的思路。

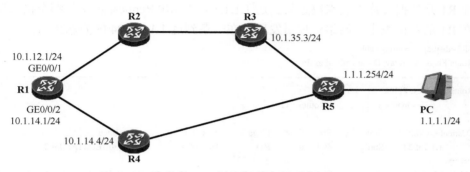

图 1-15 R1 能够 ping 通 PC,而 PC 无法 ping 通 R1

尝试在 PC 使用 **tracert 10.1.12.1** 命令测试一下:

```
PC>tracert 10.1.12.1

traceroute to 10.1.12.1, 8 hops max
(ICMP), press Ctrl+C to stop
 1   1.1.1.254    47 ms   31 ms   16 ms
 2    *    *    *
 3    *    *    *
 4    *    *    *
 5    *    *    *
 6    *    *    *
 7    *    *    *
 8    *    *    *
```

我们发现只有第一跳设备即 R5 做了回应,因此需进一步检查网络中相关设备的路由表。首先 PC 将默认网关设置为 1.1.1.254,当 PC ping 10.1.12.1 时,其产生的 ICMP Request 报文的源 IP 地址为 1.1.1.1,而目的 IP 地址为 10.1.12.1,这个报文首先是被发往 PC 的默认网关 R5,而 R5 则通过在自己的路由表中查询到达 10.1.12.1 的路由来确定如何转发这个报文,在 R5 的路由表中存在如下路由:

```
<R5>display ip routing-table
Route Flags: R - relay, D - download to fib
------------------------------------------------------------------------
Routing Tables: Public
         Destinations : 15        Routes : 15

Destination/Mask    Proto   Pre   Cost    Flags   NextHop      Interface

      10.1.12.0/24  Static   60    0       RD      10.1.35.3    GigabitEthernet0/0/1
… …
```

那么,当 R5 收到去往 10.1.12.1 的报文时,会将其转发给 R3。而网络管理员检查

R3 的路由表后发现，R3 并没有到达目的网段的路由，因此报文在 R3 处被丢弃。这就是 PC 无法 ping 通 R1 的原因。但是为何反过来，R1 却能 ping 通 PC 呢？对于 R1 而言，有两个接口连接到了这个网络，这两个接口的 IP 地址分别是 10.1.12.1/24 及 10.1.14.1/24，那么当 R1 ping PC 时，使用的源 IP 地址究竟是哪一个？实际上，在 R1 上执行 **ping 1.1.1.1** 命令时，它所产生的 ICMP Request 报文的源 IP 地址缺省即该报文的出接口的 IP 地址，也就是说，这个 ICMP Request 报文从哪个接口发出，缺省其源 IP 地址即该接口的 IP 地址。而 R1 是依据其路由表来决定将到达 1.1.1.1 的 ICMP Request 报文从哪个接口发出。

在 R1 的路由表中，网络管理员发现存在一条到达 1.1.1.0/24 的静态路由：

```
<R1>display ip routing-table
Route Flags: R - relay, D - download to fib
------------------------------------------------------------------------------
Routing Tables: Public
         Destinations : 11        Routes : 11

Destination/Mask    Proto    Pre   Cost    Flags    NextHop        Interface
    1.1.1.0/24      Static    60    0       RD      10.1.14.4      GigabitEthernet0/0/2
… …
```

因此当 R1 ping PC 时，其产生的 ICMP Request 报文的源 IP 地址为 10.1.14.1。而 PC 在回应这个 ICMP Request 报文时，所产生的 ICMP Reply 报文的源 IP 地址为 1.1.1.1，目的 IP 地址为 10.1.14.1。

报文的传输路径如图 1-16 所示。

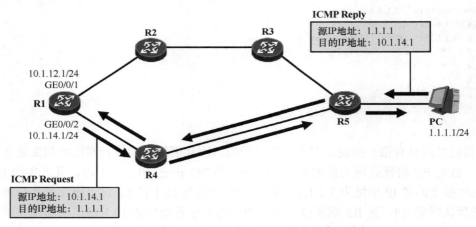

图 1-16　从 R1 ping PC 时，ICMP 报文的交互路径

由于处于该转发路径上的路由器都拥有到达目的网段的路由，因此 R1 可以 ping 通 PC。所以看似简单的 A 访问 B，B 访问 A，实际上报文的源 IP 地址及目的 IP 地址是不同的，转发路径也是不同的。

1.2.8　案例 4：静态路由在以太网接口中的写法及路由器的操作

大家已经知道，使用 **ip route-static** 命令可以为设备添加静态路由，本书在"静态路由配置须知"一节中也已经介绍过静态路由在配置时的一些注意事项，实际上，当出接口为 BMA 类型（例如以太网接口）时，静态路由的不同书写方法将导致路由器执行不同的操作。

在图 1-17 中，R1、R2 及 R3 预备采用静态路由实现各个网段的互通，我们将围绕 R1 到达 3.3.3.0/24 这一目标，来看看当 R1 采用不同的静态路由配置时路由器的操作过程。

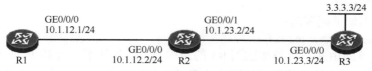

图 1-17　静态路由的不同写法将影响路由器的操作

1. 配置场景一

当 R1 采用如下配置时：

```
[R1]ip route-static 3.3.3.0 24 10.1.12.2
```

这是一种非常典型、也是通常推荐的静态路由配置方法，该路由指定了明确的下一跳 IP 地址。这条静态路由书写完成后，R1 会将其添加到路由表中，由于该条静态路由并未指定出接口，因此 R1 继续在路由表中查询到达该路由下一跳 IP 地址 10.1.12.2 的路由，它发现该 IP 地址是本地接口 GE0/0/0 所直连的网段中的地址，于是将路由 3.3.3.0/24 关联到出接口 GE0/0/0。R1 的这个操作被称为递归（Recursion）查询，也被称为路由迭代。

此时假设 R1 收到去往 3.3.3.3 的报文，它会将报文从 GE0/0/0 接口转发出去，并且报文被转发给 10.1.12.2。

2. 配置场景二

当 R1 采用如下配置时：

```
[R1]ip route-static 3.3.3.0 24 GigabitEthernet 0/0/0
```

该条静态路由只关联了出接口，而并未指定下一跳 IP 地址信息。完成上述配置后，R1 将认为 3.3.3.0/24 从 GE0/0/0 接口出去即可到达，由于没有明确的下一跳 IP 地址信息，因此当其转发到达 3.3.3.0/24 的报文时（以目的主机 3.3.3.3 为例），它将直接从 GE0/0/0 接口发送 ARP Request 广播数据帧，试图获知 3.3.3.3 对应的 MAC 地址。此时如果 R2 的 GE0/0/0 接口激活了 ARP-Proxy，并且其存在到达 3.3.3.0/24 的路由，则 R2 会回应 R1 关于 3.3.3.3 的 ARP Request，并且以自己 GE0/0/0 接口的 MAC 地址进行回应。如此一来，R1 即可将到达 3.3.3.3 的数据帧转发给 R2，再由后者进一步转发。当然，如果 R2 没有在 GE0/0/0 接口上激活 ARP-Proxy，那么在本环境中，R1 所发出的 ARP Request 将势必无法收到任何回应，它自然也就无法将到达 3.3.3.3 的流量顺利转发出去。

3. 配置场景三

当 R1 采用如下配置时：

```
[R1]ip route-static 3.3.3.0 24   GigabitEthernet 0/0/0 10.1.23.3
```

该静态路由既指定了下一跳 IP 地址又指定了出站接口，因此这条路由拥有了足够的转发信息，它将被直接加载到 R1 的路由表中——虽然，初始时 R1 的路由表中并没有到达 10.1.23.0/24 的任何路由信息。此时 R1 认为 3.3.3.0/24 可以通过 GE0/0/0 接口所直连的 10.1.23.3 到达，因此 R1 并不会在路由表中对下一跳地址 10.1.23.3 进行递归查询。

当有去往 3.3.3.0/24 的流量到达 R1 时，R1 将直接在 GE0/0/0 接口上发送 ARP Request，尝试请求 10.1.23.3 这个 IP 地址对应的 MAC 地址。此时如果 R2 的 GE0/0/0 接口激活了 ARP-Proxy，则会以自己的接口 MAC 地址进行回应，数据帧则可以到达 R2，再由 R2 转发到目的地，否则数据帧无法被 R1 顺利发出。当然，这种静态路由的配置方式并不被建议。

4. 配置场景四

当 R1 采用如下配置时：

```
[R1]ip route-static 3.3.3.0 24 10.1.23.3
```

初始时，该路由并不会被加载到 R1 的路由表，因为其下一跳 IP 地址 10.1.23.3 无法经递归查询确认直连的出接口（该路由本身并未指定出接口，与此同时 R1 在路由表中也无法查询到去往 10.1.23.3 的路由）。

此时在 R1 上增加静态路由：**ip route-static 10.1.23.0 255.255.255.0 10.1.12.2**，则到达 3.3.3.0/24 及 10.1.23.0/24 的路由都会出现在 R1 的路由表中，R1 根据路由表将路由 3.3.3.0/24 的下一跳 10.1.23.3 进行递归查询，它能够找到匹配 10.1.23.3 的路由表项，并且该表项的下一跳 IP 地址为 10.1.12.2，进一步在路由表中查询 10.1.12.2，则发现该 IP 地址处于本地直连网段 10.1.12.0/24 中，且出接口为 GE0/0/0。因此 R1 获取了足够的转发信息，当其转发到达 3.3.3.3 的流量时，将其从 GE0/0/0 接口发出，下一跳为 10.1.12.2。

1.3   动态路由协议及分类

前面已经为大家介绍了路由器对于直连路由的发现过程，以及静态路由的概念和部署要点。对于一个小型网络，静态路由或许已经能够满足需求，但是在大中型网络中，由于网段数量特别多、网络拓扑复杂等原因，仅仅使用静态路由来实现数据互通显然是不太现实的——配置及维护工作量都太大，再者静态路由无法动态地响应网络拓扑变更。此时就需要考虑另一种方案——动态路由协议（Dynamic Routing Protocol）了。

当我们在路由器上激活了动态路由协议后，就相当于激活了路由器的某种能力，路由器之间就能够交互路由信息或者用于路由计算的数据，而当网络拓扑发生变更时，动态路由协议能够感知这些变化并且自动地作出响应，从而使得网络中的路由信息适应新的拓扑，这种动作完全由协议自动完成，无需人为干预。因此在一个规模较大的网络中，我们往往会使用动态路由协议，或者静态路由与动态路由协议相结合的方式来建设该网络。

动态路由协议有很多，而分类的方法也存在多种。基于协议算法不同，可以将动态路由协议分成两类：一类是距离矢量路由协议（Distance Vector Routing Protocol）；另一类是链路状态路由协议（Link State   Routing Protocol）。

1.3.1   距离矢量路由协议

距离矢量路由协议指的是基于距离矢量的路由协议，RIP 是最具代表性的距离矢量路由协议，本书将在"RIP"一章中介绍这个协议。"距离矢量"这个概念包含两个关键的信息："距离"和"方向"，其中"距离"指的是到达目标网络的度量值，而方向指的是到达该目标网络的下一跳设备。

　　每一台运行距离矢量路由协议的路由器都会周期性地将自己的路由表通告出去，其直连的路由器会收到这些路由信息，在学习前者通告的路由并更新自己的路由表后，它也会向自己直连的路由器通告其路由表，最终网络中的每台路由器都能获知到达各个网段的路由，这个过程被称为路由的泛洪（Flooding）过程。

　　下面粗略地看一下距离矢量路由协议的工作过程。在图 1-18 中，R1 及 R2 两台路由器直连。初始情况下 R1 及 R2 都只知道自己"家门口的情况"，也就是说，R1 及 R2 都自动发现了自己直连接口的路由。R1 在其路由表中写入 192.168.12.0/24 及 1.0.0.0/8 两条直连路由，而 R2 则在其路由表中写入 192.168.12.0/24 这一条直连路由。当然此刻 R2 是无法访问 1.0.0.0/8 的，因为在它的路由表中并没有任何能够到达这个网段的路由信息。

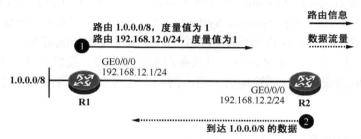

图 1-18　距离矢量路由协议的基本工作机制

　　在 R1 和 R2 上激活距离矢量路由协议后，R1 将已经发现的路由（1.0.0.0/8 及 192.168.12.0/24）通过路由协议报文通告给 R2，这两条路由各附带着一个度量值。以距离矢量路由协议的典型代表 RIP 为例，它使用跳数（Hop Count）作为路由的度量值，所谓跳数就是到达目的网段所需经过的路由器的个数，直连网段的度量值被视为 0 跳。R1 将两条直连路由通告给 R2 时，为路由设置的跳数为 1，因为："我家门口的这些网段对于我自己而言可以直接到达（只需 0 跳），现在别人要经过我来访问该网段，就需要加上我这一跳"。

　　由于 192.168.12.0/24 是 R2 自己的直连网段，因此 R2 会忽略 R1 通告过来的、到达该网段的路由更新，而 1.0.0.0/8 路由对于 R2 而言是未知的，因此 R2 将这条路由加载进路由表，同时为该条路由关联度量值：1 跳，并且把路由的通告者 R1 视为该条路由的下一跳。于是当 R2 要转发到达 1.0.0.0/8 的数据包时，就会将数据包发给下一跳路由器 R1。形象点的理解就是："R2 认为 1.0.0.0/8 可以通过 R1 到达，自己与该网段距离 1 跳路由器"，这就是"距离矢量"名称的由来。运行距离矢量路由协议的路由器并不了解网络的拓扑结构，该路由器只知道：

- 自己与目的网络之间的距离；
- 从哪个方向可到达目的网络。

1.3.2　链路状态路由协议

　　链路状态路由协议与距离矢量路由协议不同，运行链路状态路由协议的路由器会使用一些特殊的信息描述网络的拓扑结构及 IP 网段，这些信息被称为链路状态（Link State）信息，所有的路由器都会产生描述自己直连接口状况的链路状态信息。路由器将网络中所泛洪的链路状态信息都搜集起来并且存入一个数据库中，这个数据库就是 LSDB（Link-State Database，链路状态数据库），LSDB 可以视为对整个网络的拓扑结构及 IP 网段的描绘，所有路由器拥有对该网络的统一认知，接下来所有的路由器都基于 LSDB 使用特定的算法进行计算，计算的结果是得到一棵以自己为根的、无环的最短路径树，并将基于这棵树得到的路由加载到路由表中。典型的链路状态路由协议有 OSPF 及 IS-IS，关于这两个路由协议的详细内容，请阅读本书相关章节。

　　以上为大家展示的是基于协议算法的不同所进行的路由协议分类。实际上路由协议还存在其他分类方法，例如根据工作范围的不同，动态路由协议可分为两类：一类称为 IGP（Interior Gateway Protocol，内部网关协议），例如 RIP、OSPF、IS-IS 等；另一类称为 EGP（Exterior Gateway Protocol，外部网关协议），例如 BGP（Border Gateway Protocol）等。IGP 被用于在 AS（Autonomous System，自治系统）内部实现路由信息的交互，而 EGP 则被用于在 AS 之间实现路由信息的交互。关于 AS 的传统定义是，由一个单一的机构或组织所管理的一系列 IP 网络及其设备所构成的集合，我们可以简单地将 AS 理解为一个独立的机构或者企业所管理的网络，例如一家网络运营商的网络等。

1.4　最长前缀匹配

　　最长前缀匹配机制（Longest Prefix Match Algorithm）是目前行业内几乎所有的路由器都缺省采用的一种路由查询机制。当路由器收到一个 IP 数据包时，它会将数据包的目的 IP 地址与自己本地路由表中的所有路由表项进行逐位（Bit-By-Bit）比对，直到找到匹配度最长的条目，这就是最长前缀匹配机制。下面通过一个例子来详细地讲解这个机制。

　　在图 1-19 展示的网络中，路由器 R4的路由表中除了直连路由之外，还有三条路由，它们分别是 172.16.1.0/24、172.16.2.0/24 以及 172.16.0.0/16，这三个路由条目分别关联不同的出接口和下一跳 IP 地址。那么当 R4 收到一个到达 172.16.2.1 数据包时，它将把数据包转发给哪一台路由器呢？

　　大致上，R4 将进行如下操作。

　　（1）将报文的目的 IP 地址 172.16.2.1

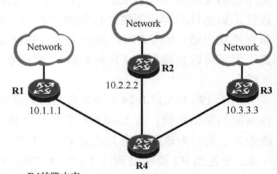

R4的路由表

	Destination/Mask	Proto	Pre	NextHop
①	172.16.1.0/24	Static	60	10.1.1.1
②	172.16.2.0/24	RIP	100	10.2.2.2
③	172.16.0.0/16	OSPF	10	10.3.3.3

图 1-19　观察 R4 的路由表

和路由条目 1 的目的网络掩码 255.255.255.0 进行"逻辑与"运算，将运算结果与路由条目 1 的目的网络地址的前面 24bit（比特，也就是二进制的位）进行比对，如图 1-20 所示，结果发现有两个比特位不相同，因此判断出这个目的 IP 地址与路由条目 1 不匹配。R4 将不会使用这条路由转发到达 172.16.2.1 的数据包。

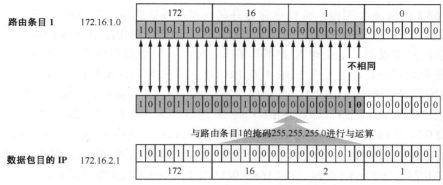

图 1-20　目的 IP 地址与路由条目 1 的目的网络掩码进行与运算，
运算结果与路由条目 1 的目的网络地址进行比对

（2）将目的 IP 地址 172.16.2.1 和路由条目 2 的目的网络掩码 255.255.255.0 进行"逻辑与"运算，将运算结果与路由条目 2 的目的网络地址的前面 24bit 进行比对，如图 1-21 所示，发现每一个比特位都是相同的，因此该目的 IP 地址匹配这条路由，而且匹配结果是 172.16.2.0/24，也就是说匹配长度为 24。

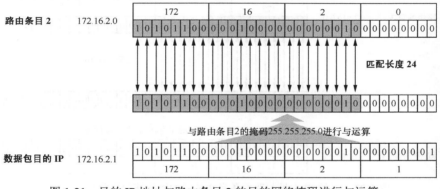

图 1-21　目的 IP 地址与路由条目 2 的目的网络掩码进行与运算，
运算结果与路由条目 2 的目的网络地址进行比对

（3）将目的 IP 地址 172.16.2.1 和路由条目 3 的目的网络掩码 255.255.0.0 进行"逻辑与"运算，将运算结果与路由条目 3 的目的网络地址的前面 16bit 进行比对，如图 1-22 所示，发现每一个比特位都是相同的，因此该目的 IP 地址匹配这条路由，而且匹配结果是 172.16.0.0/16，也就是说匹配长度为 16。

（4）有两条路由匹配目的 IP 地址 172.16.2.1，路由条目 2 的匹配结果为 172.16.2.0/24，而路由条目 3 的匹配结果为 172.16.0.0/16，因此条目 2 的匹配度更长，最终 R4 将采用路由条目 2 来转发到达 172.16.2.1 的数据包，这些数据包被转发给 R2。

经过上文的介绍，相信大家对最长前缀匹配机制有了一定的认知。实际上，目前行业内几乎所有厂商的路由器缺省都在使用该机制。而且，利用这个机制还能实现数据传输路径的冗余或负载分担。

在图 1-23 所示的某企业网络中，EBR-1 及 EBR-2 是两台企业边界路由器，它们连接着一个企业网络，在该网络中，存在着 192.168.0.0/24、192.168.1.0/24、192.168.2.0/24

及 192.168.3.0/24 4 个网段，两台企业边界路由器都具备到达上述网段的 IP 连通性。现在路由器 X 与 EBR-1 及 EBR-2 建立了连接，并且运行了 RIP，企业对 EBR-1 及 EBR-2 有着完全的操控权限，但是对 X 并不具备操控权限，只能简单地将路由信息通告给 X。现在，企业的要求是，通过在 EBR-1 及 EBR-2 上完成相应的配置，使得 X 将到达上述 4 个网段的数据包转发到 EBR-1，当 EBR-1 发生故障时，X 将数据包平滑地切换到 EBR-2。要实现上述需求非常简单，即让 EBR-1 向 X 通告到达 192.168.0.0/24、192.168.1.0/24、192.168.2.0/24 及 192.168.3.0/24 这 4 个网段的路由，而 EBR-2 仅向 X 通告一条 192.168.0.0/ 22 路由，实际上这条路由是这 4 个网段的汇总路由，可以简单地理解为 192.168.0.0/22 将 192.168.0.0/24、192.168.1.0/24、192.168.2.0/24 及 192.168.3.0/24 都囊括在内。关于汇总路由的概念，本书将在 1.5 节中详细介绍。完成上述部署后，X 的路由表中将出现 5 条 RIP 路由。在网络正常时，发往这 4 个网段的数据包在到达 X 后，根据最长匹配原则，报文的目的 IP 地址将被 EBR-1 所通告的 4 条路由所匹配，因此被 X 转发给 EBR-1，而当 EBR-1 或 EBR-1 与 X 之间的互联链路发生故障时，X 的路由表中原来 EBR-1 所通告的 4 条路由消失，仅剩 EBR-2 所通告的路由，因此到达这 4 个网段的数据包将被该路由匹配，从而被转发给 EBR-2，这就实现了数据转发路径的冗余。

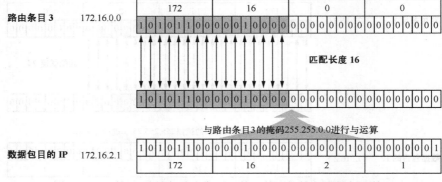

图 1-22　目的 IP 地址与路由条目 3 的目的网络掩码进行与运算，
运算结果与路由条目 3 的目的网络地址进行比对

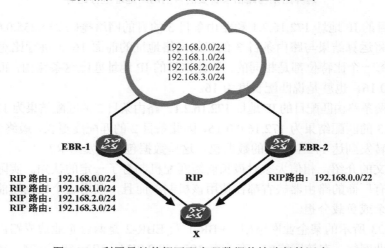

图 1-23　利用最长前缀匹配实现数据传输路径的冗余

1.5　路由汇总

随着业务对网络的需求不断增加，网络的规模在逐渐变大。对于一个大规模的网络来说，路由器或其他具备路由功能的设备势必需要维护大量的路由表项，为了维护臃肿的路由表，这些设备就不得不耗费大量的资源。当然，在一个规模更大的路由表中进行查询时，路由器也会显得更加吃力。因此在保证网络中的路由器到各网段都具备 IP 可达性的同时，如何减小设备的路由表规模就是一个非常重要的课题。一个网络如果具备科学的 IP 编址，并且进行合理的规划，是可以利用多种手段减小设备路由表规模的。一个非常常见而又有效的办法就是使用路由汇总（Route Summarization 或 Route Aggregation）。路由汇总又被称为路由聚合，是将一组有规律的路由汇聚成一条路由，从而达到减小路由表规模以及优化设备资源利用率的目的，我们把汇聚之前的这组路由称为精细路由或明细路由，把汇聚之后的这条路由称为汇总路由或聚合路由。

在图 1-24 所示的网络中，对于 R1 而言，如果要到达 R2 右侧的 192.168.1.0/24、192.168.2.0/24……192.168.255.0/24，自然是要有路由的，若手工为每个网段配置一条静态路由，这就意味着要给 R1 手工配置 255 条静态路由，显然工作量太大了，R1 的路由表也将变得非常臃肿。

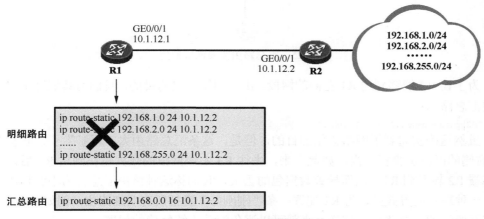

图 1-24　在 R1 上部署路由汇总

您可能会想到，在这个场景中如果不在 R1 上配置这些静态路由，而是使用一条指向 R2 的默认路由似乎就可以解决上述问题，通过这条默认路由，R1 能够到达 R2 右侧的所有网段，而且其路由表被极大地精简了。但是默认路由的"颗粒度"太大，无法做到对路由更为细致的控制，而且如果 R1 的其他接口还连接了一条出口链路并且已经在这个出口上使用了默认路由，那么这里只能另想他法了。

路由汇总可以很好地解决这个问题。原来需使用 255 条明细路由，而运用路由汇总的思想后，仅仅使用一条路由即可实现相同的效果，例如在 R1 上进行如下配置：

```
[R1]ip route-static 192.168.0.0 16 10.1.12.2
```
以上的配置便是在 R1 上创建一条静态的汇总路由，该路由的目的网络地址及掩码长度为 192.168.0.0/16。192.168.0.0/16 实际上是将 192.168.1.0/24、192.168.2.0/24……
192.168.255.0/24 这些网段都"囊括"在内了。在 R1 上使用这样配置，一个直接的好处
就是其路由表条目数量大大减少了。

　　路由汇总是一个非常重要的网络设计思想，通常在一个大中型网络的设计过程中，
必须时刻考虑网络及路由的可优化性，其中路由的可汇总性往往就是一个非常关键的指
标。在这个例子中实际上是部署了静态的路由汇总，当然，几乎所有的动态路由协议也
都支持路由汇总功能。

　　路由的汇总实际上是通过对目的网络地址和网络掩码的灵活操作实现的，形象的理
解就是，用一个能够囊括这些小网段的大网段来替代它们。然而汇总路由的计算是要非
常谨慎和精确的，否则可能导致路由的紊乱，如图 1-25 所示的例子。

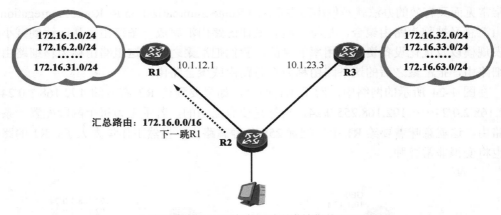

图 1-25　汇总路由需要谨慎把控

　　为了让 R2 能够到达 R1 左侧的网段，出于网络优化的目的，我们为其配置了一条静
态的汇总路由：

```
[R2]ip route-static 172.16.0.0 16 10.1.12.1
```

　　虽然这确实起到了网络优化的目的，但是，这条汇总路由太"粗犷"了，它甚至将
R3 右侧的网段也囊括在内，如此一来，去往 R3 右侧网段的数据包在到达 R2 后，就有
可能被 R2 转发到 R1，从而导致数据包的丢失，我们称这种路由汇总行为不够精确。因
此，一种理想的方式是，为 R2 配置一条"刚刚好"囊括所有明细路由（例如 R1 左侧的
这些网段）的汇总路由，这样一来就可以避免汇总不够精确的问题。

注意

　　一个网络能够部署路由汇总的前提是该网络中 IP 编址及网络设计具备一定的科
学性和合理性，如果网络规划得杂乱无章，路由汇总部署起来就相当困难甚至完全不具
备可实施性了。

　　那么如何进行汇总路由的精确计算呢？下面再来看一个例子：现有明细路由：
172.16.1.0/24、172.16.2.0/24……172.16.31.0/24，请计算出关于这些明细路由的、最精确
的汇总路由（换句话说，计算出一个掩码长度最长的汇总路由）。

　　大家要做的事情非常简单，将明细路由的目的网络地址都换算成二进制，然后排列起

来，找出所有目的网络地址中"相同的比特位"。由于这些明细路由的目的网络地址是连续的，因此实际上只要挑出首尾的两到三个目的网络地址来计算就足够了，具体的过程如下。

（1）将这些 IP 地址写成二进制形式，然后按图 1-26 所示进行排列，实际上只要考虑第三个 8 位组即可，因为只有它是在变化的。

（2）接着画一根竖线，要求是：这根线的左侧每一列的二进制数值都是一样的，而线的右侧则无所谓，可以是变化的，这根线的最终位置，就标识了汇总路由的掩码长度。注意，这根竖线可以从默认的掩码长度，例如 24 开始，一格一格地往左移，直到线的左端每一列数值都相等时即可停下，这时候，这根线所处的位置就刚刚好。这样一来就找出了所有明细路由的目的网络地址中共同的比特位。

（3）如图 1-26 所示，线的位置是 19，所以经计算得到汇总路由的目的网络地址及掩码长度 172.16.0.0/19，这就是一个最精确的汇总地址，换句话说，是一个掩码最长的汇总地址。

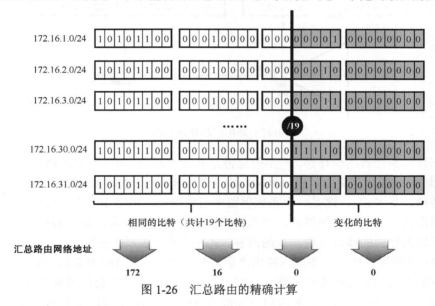

图 1-26　汇总路由的精确计算

因此，图 1-25 所示的例子，可以在 R2 上进行如下配置：

```
[R2]ip route-static 172.16.0.0 19 10.1.12.1
[R2]ip route-static 172.16.32.0 19 10.1.23.3
```

也就是将 R1 左侧的网段进行精确汇总，得到汇总网络地址及掩码长度：172.16.0.0/19，然后在 R2 上配置相应的静态汇总路由，将下一跳配置为 R1；将 R3 右侧的网段进行精确汇总，得到汇总网络地址及掩码长度：172.16.32.0/19，然后也在 R2 上配置相应的静态汇总路由，并将下一跳配置为 R3。

路由汇总是一个非常重要的网络优化思维，然而如果处理不当，也有可能带来数据转发的环路。在图 1-27 中，R1 左侧连接着 192.168.0.0/24、192.168.1.0/24 及 192.168.2.0/24 三个网段，为了让它们能够访问 Internet，R1 配置了指向 R2 的默认路由。而为了让这些网段访问 Internet 的回程流量能够顺利返回，又为了精简路由表，R2 配置了一条静态汇总路由 192.168.0.0/22，且下一跳为 R1。这样做看似没什么问题，但是却存在一个不小的隐患。考虑这样一种情况：有一个网络攻击者连接到了 R1，它开始向 R1 发送大量垃圾数据包，这些数据包的目的 IP 地址是 192.168.3.0/24 子网中的随机地址（该子网在 R1 上并不存在），以发往 192.168.3.1 的垃圾报文为例，该报文首先被发送到 R1，后者通过路由表查询后发现数据包的目的 IP 地址只能匹配默认路由，因此将其转发给默认路由的下一跳 R2，然而 R2 经过路由表查询后，发现数据包的目的 IP 地址匹配路由表中的汇总路由 192.168.0.0/22，因此又将数据包转发给 R1，R1 又将报文转发回 R2，至此就产生了环路，发往 192.168.3.1 的垃圾报文将不断地在 R1 与 R2 之间被来回转发，直到它们的 TTL（Time To Live）值递减到 0 时才被丢弃。设想一下，如果攻击者持续发送大量的垃圾数据包，那么 R1 及 R2 的性能必将受到极大的冲击，并且两者之间互联链路的带宽也将迅速被抢占，合法的网络流量势必受到影响，业务可能会出现卡顿甚至中断的现象。

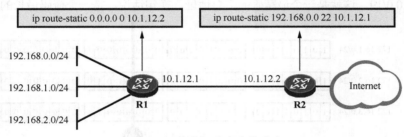

图 1-27　路由汇总存在的隐患

　　数据转发路径若出现环路，产生的危害是非常大的，针对本案例的解决办法很简单，在 R1 上增加一条黑洞路由：**ip route-static 192.168.0.0 22 Null0** 即可。这条路由的出接口非常特殊，是 Null0，这是一个系统保留的逻辑接口，当路由器在转发某些数据包时，如果使用出接口为 Null0 的路由，那么这些报文将被直接丢弃，就像被扔进了一个黑洞里。关于黑洞路由的概念及进一步的内容，本书将在 1.6 节中介绍。

　　在 R1 的配置中增加这条黑洞路由之后，当其收到发往 192.168.3.0/24 这个在 R1 上并不存在的网段的非法报文时，就会直接丢弃这些报文，而不会再转发给 R2 了，因为这些报文的目的地址匹配这条指向 Null0 的路由。当然，R1 如果收到目的地址为 192.168.0.0/24、192.168.1.0/24 及 192.168.2.0/24 这三个网段的数据包时，会把它们从相应的直连接口转发出去，而不会丢弃，因为这三个网段在 R1 的路由表中存在直连路由，而相比于黑洞路由，这些直连路由的掩码更长。

　　利用 Null0 路由来解决路由汇总场景中的数据转发环路问题，是一种有效且常见的解决方案。这个思路在部署路由汇总的时候非常关键。

1.6　黑洞路由

　　一般来说，一条路由无论是静态的或者是动态的，都需要关联到一个出接口，路由的出接口指的是设备要到达一个目的网络时的出站接口。路由的出接口可以是该设备的物理接口，如百兆、千兆以太网接口，也可以是逻辑接口，如 VLAN 接口（VLAN

Interface），或者是隧道（Tunnel）接口等。在众多类型的出接口中，有一种接口非常特殊，那就是 Null（无效）接口，这种类型的接口只有一个编号，也就是 0。Null0 是一个系统保留的逻辑接口，当网络设备在转发某些数据包时，如果使用出接口为 Null0 的路由，那么这些报文将被直接丢弃，就像被扔进了一个黑洞里，因此出接口为 Null0 的路由又被称为黑洞路由。

　　黑洞路由是一种颇有用处的路由。在图 1-28 中，R1 的 GE0/0/0 连接着一个终端网络，处于该终端网络的 PC 将默认网关设置为 R1 的 GE0/0/0 接口 IP 地址，而为了让 PC 能够访问 R2 右侧的服务器网络，我们在 R1 上配置了一条默认路由：

```
[R1]ip route-static 0.0.0.0 0.0.0.0 192.168.12.2
```

图 1-28　黑洞路由的部署案例

　　当 PC 访问本地网段 192.168.1.0/24 之外的资源（包括服务器网络中所有的网段）时，流量都会先被发往 R1，然后由 R1 转发给 R2。现在网络中出现这样一个需求：在服务器网络中，有一个特殊的网段——192.168.200.0/24 并不希望被 PC 访问，能否仅仅通过路由的配置来实现这个需求？答案是肯定的，使用黑洞路由便可。R1 可增加如下配置：

```
[R1]ip route-static 192.168.200.0 255.255.255.0 NULL0
```

　　使用上述命令可为 R1 增加了一条到达 192.168.200.0/24 的路由，而且该条路由的出接口是 Null0。完成上述配置后，先查看一下 R1 的路由表：

```
<R1>display ip routing-table
Route Flags: R - relay, D - download to fib
------------------------------------------------------------------------
Routing Tables: Public
         Destinations : 12        Routes : 12
Destination/Mask    Proto   Pre  Cost     Flags   NextHop         Interface
    0.0.0.0/0       Static  60   0        RD      192.168.12.2    GigabitEthernet0/0/1
    127.0.0.0/8     Direct  0    0        D       127.0.0.1       InLoopBack0
    127.0.0.1/32    Direct  0    0        D       127.0.0.1       InLoopBack0
127.255.255.255/32  Direct  0    0        D       127.0.0.1       InLoopBack0
  192.168.1.0/24    Direct  0    0        D       192.168.1.254   GigabitEthernet0/0/0
  192.168.1.254/32  Direct  0    0        D       127.0.0.1       GigabitEthernet0/0/0
  192.168.1.255/32  Direct  0    0        D       127.0.0.1       GigabitEthernet0/0/0
  192.168.12.0/24   Direct  0    0        D       192.168.12.1    GigabitEthernet0/0/1
  192.168.12.1/32   Direct  0    0        D       127.0.0.1       GigabitEthernet0/0/1
 192.168.12.255/32  Direct  0    0        D       127.0.0.1       GigabitEthernet0/0/1
 192.168.200.0/24   Static  60   0        D       0.0.0.0         NULL0
255.255.255.255/32  Direct  0    0        D       127.0.0.1       InLoopBack0
```

　　从路由表中，大家可以看到我们为 R1 所配置的黑洞路由。现在，当 PC 访问 192.168.200.0/24 时，数据包先被送到默认网关 R1，R1 通过路由表查询，发现数据包的目的 IP 地址匹配路由 192.168.200.0/24，而该条路由的出接口是 Null0，因此它将数据包直接丢弃。如此一来，PC 将无法再访问 192.168.200.0/24。实际上，这是一种实现流量过滤的简单而又有效的方法。

　　当然，黑洞路由除了在上述场景中使用，还能用于各种其他场景，例如：

- 在部署了路由汇总的网络中，用于防止数据转发出现环路。
- 在部署了 NAT（Network Address Translation，网络地址转换）的网络中，用于防止数据转发出现环路。
- 在 BGP 网络中，用于发布特定网段的路由。

1.7　路由表与 FIB 表

具备路由功能的华为数通产品（例如路由器、三层交换机等，下文以路由器为例进行讲解）都维护着两种非常重要的数据表：一是路由表（Routing table），也被称为路由信息库（Routing Information Base，RIB）；二是数据转发表，也被称转发信息库（Forwarding Information Base，FIB）。

首先每台路由器都维护着一张全局路由表，另外路由器所运行的每种路由协议也维护着该协议自己的路由表。对于全局路由表，大家已经非常熟悉了，使用 **display ip routing-table** 命令所输出的表格就是全局路由表。路由器可以通过多种途径获取路由信息，例如，它可以运行多种动态路由协议，而通过每一种动态路由协议所获知的路由信息首先存储于该协议自己的路由表中，然后路由器根据路由优先级和度量值等信息来进行路由的优选，并将被优选路由加载到全局路由表中。为了简便起见，本书后文如果不特别说明，路由表指的就是全局路由表。我们将路由表视为位于路由器的控制平面，如图 1-29 所示，实际上路由表并不直接指导数据转发，换句话说，路由器在执行路由查询时，并不是在路由表中进行报文目的地址的查询，真正指导数据转发的是 FIB 表，路由器将路由表中的活跃路由下载到 FIB 表，此后如果路由表中的相关表项发生变化，FIB 表也将立即同步。由于两张表的一致性，也因为路由表阅读起来更加直观，因此在绝大多数场合中，我们在阐述路由器数据转发过程时，会用"路由器通过查询路由表来决定数据转发的路径"这一说法，但是需要注意，实际上，路由器查询的是 FIB 表，位于控制层面的路由表只是提供了路由信息而已。

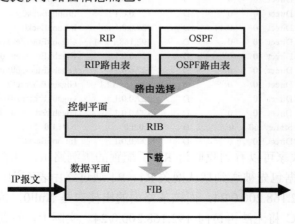

图 1-29　RIB 表与 FIB 表

FIB 表是位于路由器数据平面的表格，实际上它在外观上与路由表非常类似。FIB

的表项被称为转发表项,每条转发表项都指定要到达某个目的地所需通过的出接口及下一跳 IP 地址等信息。路由器将优选的路由存储在路由表中,而将路由表中活跃的路由下载到 FIB 表,并使用 FIB 表转发数据。路由表通常是存储在设备的动态内存中,例如 RAM(Random Access Memory,随机存取存储器),而 FIB 表中的数据则往往被存储在一个 ASIC(Application Specific Integrated Circuit,专用集成电路)中,这使得设备在 FIB 中进行数据查询时,可以实现相当高的速度。当然,用于存储 FIB 表的空间是有限的,因此在大型的网络中要关注设备的路由表规模,在保证数据可达的前提下,通过各种机制或手段来减小设备路由表的规模。

在图 1-30 所示的网络中,R3 的路由表如下:

```
<R3>display ip routing-table
Route Flags: R - relay, D - download to fib
------------------------------------------------------------------------
Routing Tables: Public
         Destinations : 17       Routes : 17
Destination/Mask    Proto   Pre   Cost    Flags   NextHop     Interface
       1.1.1.0/24   Static  60    0       RD      10.1.12.1   GigabitEthernet0/0/0
       4.4.4.0/24   RIP     100   1       D       10.1.34.4   GigabitEthernet0/0/1
       5.5.5.0/24   OSPF    10    1       D       10.1.35.5   GigabitEthernet0/0/2
      10.1.12.0/24  Static  60    0       RD      10.1.23.2   GigabitEthernet0/0/0
      10.1.23.0/24  Direct  0     0       D       10.1.23.3   GigabitEthernet0/0/0
      10.1.23.3/32  Direct  0     0       D       127.0.0.1   GigabitEthernet0/0/0
    10.1.23.255/32  Direct  0     0       D       127.0.0.1   GigabitEthernet0/0/0
      10.1.34.0/24  Direct  0     0       D       10.1.34.3   GigabitEthernet0/0/1
      10.1.34.3/32  Direct  0     0       D       127.0.0.1   GigabitEthernet0/0/1
    10.1.34.255/32  Direct  0     0       D       127.0.0.1   GigabitEthernet0/0/1
      10.1.35.0/24  Direct  0     0       D       10.1.35.3   GigabitEthernet0/0/2
      10.1.35.3/32  Direct  0     0       D       127.0.0.1   GigabitEthernet0/0/2
    10.1.35.255/32  Direct  0     0       D       127.0.0.1   GigabitEthernet0/0/2
      127.0.0.0/8   Direct  0     0       D       127.0.0.1   InLoopBack0
      127.0.0.1/32  Direct  0     0       D       127.0.0.1   InLoopBack0
127.255.255.255/32  Direct  0     0       D       127.0.0.1   InLoopBack0
255.255.255.255/32  Direct  0     0       D       127.0.0.1   InLoopBack0
```

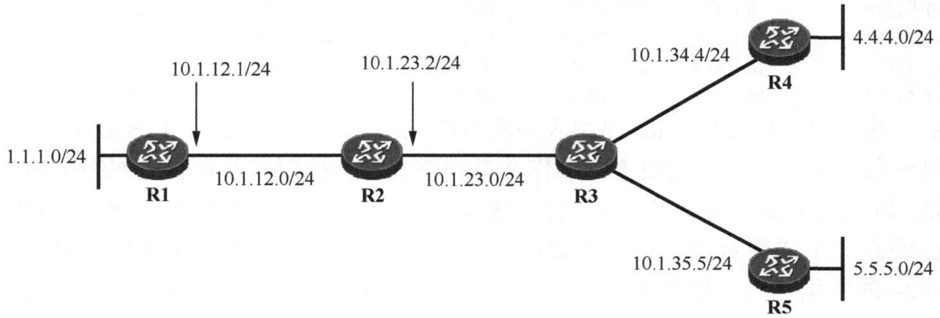

图 1-30　在 R3 上查看路由表及 FIB 表

从上述输出可以看出,R3 配置了两条静态路由,分别用于到达 1.1.1.0/24 及 10.1.12.0/24。另外,R3 还运行了 RIP 及 OSPF,并通过 RIP 学习到了 4.4.4.0/24 路由,通过 OSPF 学习到了 5.5.5.0/24 路由。除此之外,R3 还自动发现了直连接口的路由。上述所有的路由表项在 Flags 列中均有"D"标志,这意味着这些路由都已经下载(Download)到 FIB

表。留意 R3 上的两条静态路由，实际是按如下方式配置的：

```
[R3]ip route-static 10.1.12.0 255.255.255.0 10.1.23.2
[R3]ip route-static 1.1.1.0 255.255.255.0 10.1.12.1
```

到达 1.1.1.0/24 的这条静态路由的下一跳 IP 地址是 R1 的接口 IP 地址，该地址并非 R3 直连可达，显然，R3 不可能将到达该网段的数据包直接转发给 R1，因为它与 R1 没有直连，报文无法"隔空"发送过去，另外该条静态路由也没有明确出接口信息。因此 R3 需要在路由表中以下一跳地址 10.1.12.1 为目的地址进行查询，看看是否有与 10.1.12.1 匹配的路由表项，从而得到路由的出接口。R3 的这种行为被称为路由递归查询。由于这两条静态路由均没有指定出接口，因此都要执行递归操作得到出接口，所以在 R3 的路由表中，这两条路由在 Flags 列中均有"R"标志，R 意为 Relay（在此处理解为递归）。

现在再来看看 R3 的 FIB 表，使用 **display fib** 命令可以进行 FIB 的查看：

```
<R3>display fib
Route Flags: G - Gateway Route, H - Host Route,      U - Up Route
             S - Static Route,   D - Dynamic Route, B - Black Hole Route
             L - Vlink Route
------------------------------------------------------------------------
FIB Table:
Total number of Routes : 17
Destination/Mask     Nexthop      Flag   TimeStamp    Interface    TunnelID
10.1.35.255/32       127.0.0.1    HU     t[479]       InLoop0      0x0
10.1.35.3/32         127.0.0.1    HU     t[479]       InLoop0      0x0
10.1.34.255/32       127.0.0.1    HU     t[475]       InLoop0      0x0
10.1.34.3/32         127.0.0.1    HU     t[475]       InLoop0      0x0
10.1.23.255/32       127.0.0.1    HU     t[469]       InLoop0      0x0
10.1.23.3/32         127.0.0.1    HU     t[469]       InLoop0      0x0
255.255.255.255/32   127.0.0.1    HU     t[25]        InLoop0      0x0
127.255.255.255/32   127.0.0.1    HU     t[25]        InLoop0      0x0
127.0.0.1/32         127.0.0.1    HU     t[25]        InLoop0      0x0
127.0.0.0/8          127.0.0.1    U      t[25]        InLoop0      0x0
10.1.23.0/24         10.1.23.3    U      t[469]       GE0/0/0      0x0
10.1.34.0/24         10.1.34.3    U      t[475]       GE0/0/1      0x0
10.1.35.0/24         10.1.35.3    U      t[479]       GE0/0/2      0x0
10.1.12.0/24         10.1.23.2    GSU    t[622]       GE0/0/0      0x0
1.1.1.0/24           10.1.23.2    GSU    t[633]       GE0/0/0      0x0
4.4.4.0/24           10.1.34.4    DGU    t[1132]      GE0/0/1      0x0
5.5.5.0/24           10.1.35.5    DGU    t[1794]      GE0/0/2      0x0
```

从上述输出可以看出，R3 路由表中所有的表项都已经下载到了 FIB 表中，并且 R3 针对每一条路由都完成了递归查询操作并得到路由的出接口以及在直连网络中的下一跳 IP 地址。以 1.1.1.0/24 这条路由为例，在 FIB 表中，Nexthop 为 10.1.23.2，出接口为 GE0/0/0，显然已经完成了递归查询，这大大提高了路由执行的效率。现在当 R3 收到一个去往 1.1.1.0/24 的数据包时，便在 FIB 中进行查询，找到匹配项 1.1.1.0/24 后，即可将数据转发出去，而不用再进行递归操作。

1.8 习题

1.（单选）针对以下明细路由，如果想要部署路由汇总，那么最能精确囊括它们的汇总路由是（　　）。

10.1.192.0/24

10.1.193.0/24

10.1.194.0/24

……

10.1.206.0/24

10.1.207.0/24

    A．10.1.192.0/20　　　　　　　　　　B．10.1.192.0/18

    C．10.1.128.0/17　　　　　　　　　　D．10.1.0.0/16

2．（多选）以下关于路由的说法正确的是（　　）。

    A．路由是一种逐跳（Hop-By-Hop）的行为，也就是说数据从源被发出，直至其到达目的地的过程中，处于转发路径上的路由器都需要拥有到达目的网段的路由。

    B．在缺省情况下，静态路由的优先级比 OSPF 路由更高。

    C．在缺省情况下，直连路由及静态路由的度量值均为 0。

    D．配置静态路由时，如果该路由的出接口为以太网接口，则命令中必须指定明确的下一跳 IP 地址，否则通信将可能出现问题。

3．网络管理员在路由器上配置了一条静态路由，但是查看该路由器的路由表时却并未发现配置完成的静态路由，这种现象可能是什么原因造成的？

4．如果某台路由器的路由表如下所示，则当该路由器收到发往 10.9.9.33 的报文时，它会将报文转发给哪一个下一跳？为什么？

```
<R2>display ip routing-table
Route Flags: R - relay, D - download to fib
--------------------------------------------------------------------------
Routing Tables: Public
        Destinations : 11       Routes : 11
Destination/Mask        Proto     Pre   Cost    Flags   NextHop        Interface
        10.9.9.0/27     Static    60    0       RD      10.1.23.3      GigabitEthernet0/0/2
        10.9.9.0/24     Static    60    0       RD      10.1.12.1      GigabitEthernet0/0/1
        10.0.0.0/8      Static    60    0       RD      10.1.24.4      GigabitEthernet0/0/3
… …
```

5．在图 1-31 中，R1 配置了两条静态路由，PC 将默认网关设置为 R1。此时如果 PC 访问位于服务器网络中的 192.168.1.31，则去向流量抵达默认网关 R1 后，R1 会如何处理？为什么？

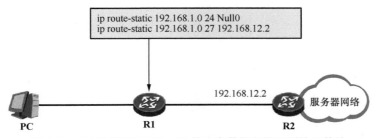

图 1-31　PC 访问 192.168.1.31 的去向数据包能否到达目的地

第2章
RIP

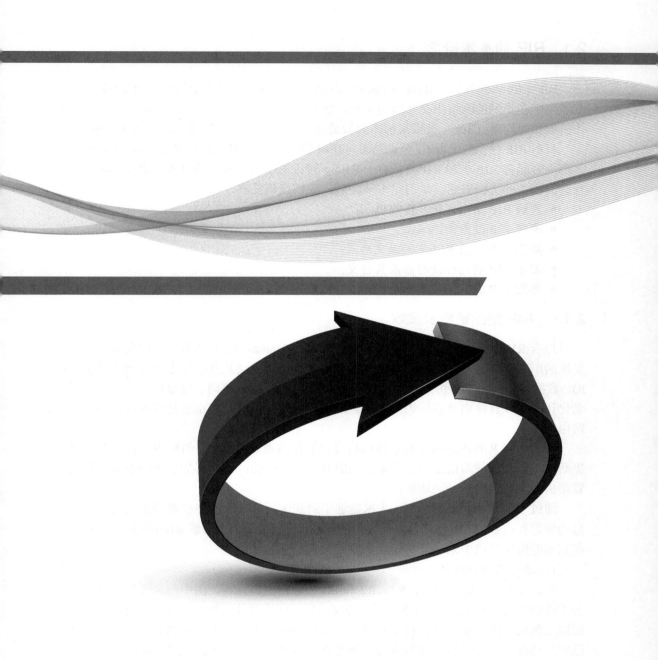

2.1 RIP 的基本概念

RIP（Routing Information Protocol，路由信息协议）是最典型的距离矢量路由协议，常被用于在小型的网络中交互路由信息，它是最先得到广泛使用的 IGP 协议，由于其工作机制相对简单，因此一直以来都作为数通领域入门动态路由技术的协议被大家所熟知。

目前 RIP 存在三个版本，分别是面向 IPv4 的 RIPv1 和 RIPv2，以及面向 IPv6 的 RIPng。本章内容涵盖 RIPv1 和 RIPv2，对于 RIPng 的讨论超出了本书的范围，请读者朋友们自行查阅相关的文档书籍。学习完本节之后，我们应该能够：

- 理解 RIP 路由更新及接收机制；
- 理解 RIP 度量值；
- 熟悉 RIPv1 及 RIPv2 的报文格式；
- 熟悉 RIP 的几种计时器及其含义；
- 熟悉 RIP 的 Silent-Interface 概念及配置。

2.1.1 RIP 路由更新及接收

每台 RIP 路由器都维护着一个 RIP 数据库（Database），在该数据库中保存着路由器发现的所有 RIP 路由，其中包括自己发现的直连路由以及从其他路由器收到的路由。在 RIP 数据库中的每个路由条目都包含：目的网络地址/网络掩码、度量值、下一跳地址、老化计时器以及路由状态标识等信息。RIP 数据库中的有效路由条目被加载到路由器的路由表中。

每台运行 RIP 的路由器周期性地将自己的路由表通告出去，当路由器收到 RIP 路由更新时，如果这些路由是自己并未发现的并且是有效的，则将其加载到路由表，同时设置路由的度量值和下一跳地址。

通过下面这个简单的示例，大家能够了解到运行了 RIP 的路由器是如何完成路由信息的学习和收敛的。当然这是一个微观的过程，旨在帮助大家理解 RIP 的基本工作机制，在真实的网络环境中未必能直接观测到相关现象。

1. 路由器初始启动

在图 2-1 所示的网络中，R1、R2 和 R3 三台路由器直连，图中每台设备的路由表显示了路由的目的网络地址/网络掩码、协议类型、度量值及出接口。现在我们在这三台路由器上激活 RIP 并观察路由的交互过程。在初始情况下，所有的路由器都能自动发现自己的直连路由，并且将直连路由写入路由表。以 R1 为例，它在其路由表中加载了 192.168.12.0/24 及 1.0.0.0/8 两条直连路由。在华为数通产品上，RIP 将直连路由的度量值视为 0 跳，因为该直连网段就在"家门口"。所谓的"0 跳"指的是到达该网段不需要经过任何一台路由器。

2. 初次交换路由信息

由于 R1、R2 及 R3 都运行了 RIP，因此它们都将自己路由表中的路由通过 RIP 协议报文周期性地从所有激活了 RIP 的接口通告出去（RIPv1 使用广播地址作为协议报文的目的 IP 地址，而 RIPv2 则使用组播地址）。对于 R2 而言，它会将自己的路由表从 GE0/0/0 和 GE0/0/1 接口通告出去。以 192.168.23.0/24 路由为例，R2 会将关于该路由的更新从 GE0/0/0 接口通告给 R1，它将该路由的度量值设置为 1 跳（0 跳加 1 跳，也就是加上"自己这一跳"）——RIP 路由器将自己路由表中的路由通告出去时将跳数加 1，而收到该路由更新的 RIP 路由器将路由安装到自己路由表时则使用这个度量值。R1 收到 R2 所通告的路由更新后发现 192.168.23.0/24 路由在其路由表中并不存在，于是将该路由"学习"过来，加载到路由表中，将路由的度量值设置为 1 跳（意思是自己要到达 192.168.23.0/24，需要经过一个 RIP 路由器），此外还将该路由的下一跳设置为路由的更新源 R2（它从路由更新报文的源地址获得 R2 的 IP 地址），出接口设置为 GE0/0/0。

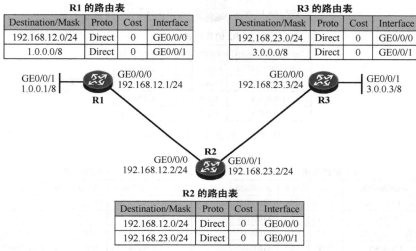

图 2-1　初始时，所有的路由器都自动发现了自己直连接口的路由

　　R3 也会在自己的 GE0/0/0 接口上收到 R2 通告的路由更新，并学习到路由 192.168.12.0/24，它将该条 RIP 路由加载到路由表中，并将路由的下一跳设置为 R2，出接口设置为 GE0/0/0，度量值设置为 1。而 R2 会在自己的 GE0/0/0 接口上收到 R1 通告的路由更新，在 GE0/0/1 接口上收到 R3 通告的路由更新，并最终学习到 1.0.0.0/8 及 3.0.0.0/8 路由，具体过程不再赘述。

　　经过这一轮路由通告及学习，R1 能够学习到 192.168.23.0/24 路由，R2 能够学习到 1.0.0.0/8 及 3.0.0.0/8 两条路由，而 R3 能够学习到 192.168.12.0/24 路由，如图 2-2 所示。

　　3. 路由完成收敛

　　由于运行 RIP 的路由器会周期性地将自己的路由表通告出去，因此在下一个更新周期到来时，所有路由器再次将自己的路由表通告出去。R1 收到 R2 通告的路由后发现路由 3.0.0.0/8 在路由表中并不存在，因此将该条路由学习过来，加载到路由表并关联度量值：2 跳，这意味着 R1 要到达 3.0.0.0/8 需要经过两个路由器。同理，另一边的 R3 也能够从 R2 学习到 1.0.0.0/8 路由。如此一来，三台路由器都拥有了到达全网各个网段的路由，如图 2-3 所示，而且设备的路由表此时已经稳定，这个阶段被称为"网络中的路由已经完成了收敛"。虽然网络中路由器的路由表已经稳定，但它们依然会周期性地将自己的路由表通过 RIP 通告出去，以确保路由的有效性。

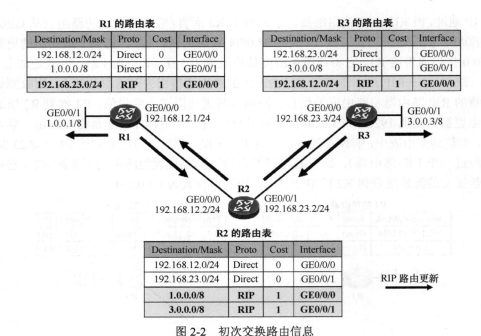

图 2-2　初次交换路由信息

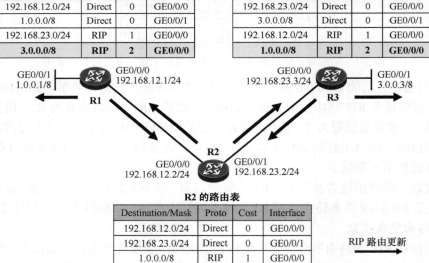

图 2-3　路由完成收敛，所有的路由器获知到达全网各个网段的路由

2.1.2　RIP 路由更新与路由表

RIP 是典型的距离矢量路由协议，在前面的小节中，大家已经初步了解了其基本工作机制，从单台 RIP 路由器的角度看，它只是简单地侦听直连的 RIP 路由器所通告的

RIP 路由更新，从该更新中发现 RIP 路由，并将学习到的路由加载到路由表中。另一方面，它也将自己路由表中的 RIP 路由通告出去，以便直连的 RIP 路由器能够学习到。实际上，对于 RIP 路由器而言，它并不知晓整个网络的拓扑结构。

　　在图 2-4 中，R1、R2、R3 及 R4 运行了 RIP，初始时，R1 及 R3 需通过 R2 实现连接。R1 将本地直连网段 192.168.1.0/24 发布到了 RIP，从而 R2 能够通过 RIP 学习到该条路由，它将路由加载到自己的路由表中，然后进一步通过 RIP 将该路由通告给 R3，同理，后者学习到路由后将其加载到自己的路由表中，然后通过 RIP 通告给 R4。最终，网络中的 4 台路由器都能学习到 192.168.1.0/24 路由。

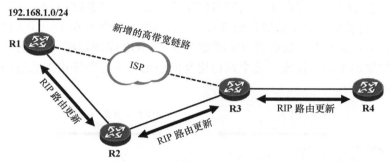

图 2-4　RIP 路由更新与路由表

　　现在 R1 及 R3 之间新增了一条高带宽链路，我们期望将 R3 发往 192.168.1.0/24 的流量引导到这条新增链路上。由于 R1 及 R3 并不是通过这段新增的链路直接相连（中间还有其他设备），因此无法在它们之间部署 RIP——直连的网络设备之间才能够通过 RIP 交互路由信息，于是我们在 R3 上配置了到达 192.168.1.0/24 的静态路由，下一跳从高带宽链路指向 ISP。由于静态路由的优先级值为 60，而 RIP 路由的优先级值为 100，显然，缺省情况下静态路由的优先级要比 RIP 路由更高，因此 R3 将到达 192.168.1.0/24 的静态路由取代原有的 RIP 路由加载到自己的路由表中。由于路由表中到达 192.168.1.0/24 的 RIP 路由消失，因此 R3 将此前通告给 R4 的该条 RIP 路由撤销，并且在此后其周期性从该接口发送的 RIP 路由更新中也不再包含这条路由。换句话说，R4 无法再通过 RIP 学习到该路由。此时就必须通过其他手段，确保 R4 能够拥有到达该网段的路由。

　　从本例大家能够更加直观地了解 RIP 的工作过程：从直连路由器收到 RIP 路由更新；将路由加载到路由表；将路由通告给其他直连路由器。

2.1.3　度量值

　　度量值是一个非常重要的概念。简单地说，所谓度量值就是指到达目的网络所需的代价或成本。每种路由协议都定义了路由的度量值，但是它们对度量值的规定可能不尽相同，例如有的路由协议使用到达目的网络沿途需经过的路由器个数作为路由的度量值，而有的协议则基于链路带宽计算路由度量值。度量值的大小将直接影响路由器对到达某个目的网段的路由（或者说路径）的优选。例如当一台路由器发现两条路径可以到达同一个目的地（或者说路由器从两个不同的下一跳学习到去往同一个目的网络的路由），并且这两条路由都是通过同一种路由协议发现的，那么通常情况下度量值更优的那条路由会被优选，而度量次优的路由则作为备份，只有当最优路由失效时，次优路由才会被使用。

RIP 以跳数（Hop Count）作为路由的度量值，所谓的跳数，就是到达目的网络所需经过的路由器个数，显然 RIP 的度量值需为非负整数，而且跳数越少，路由被认为越优。

在图 2-5 中，R1 到达直连网段 1.0.0.0/8 的度量值为 0。随着 RIP 更新周期的到来，它将该条路由从 GE0/0/0 接口通告出去，值得注意的是，在 R1 所通告的路由更新中，1.0.0.0/8 路由携带的度量值为 1，也就是说，R1 将该条路由的度量值加 1 后才通告给 R2。R2 收到 R1 通告的路由更新后，将 1.0.0.0/8 路由学习过来，加载到路由表中，并将路由的度量值设置为 1，也就是沿用 R1 所通告的度量值。接着 R2 将 1.0.0.0/8 路由从自己的 GE0/0/1 接口通告出去，而在 R2 所通告的路由更新中，该条路由的度量值被设置为 2 ——R2 将路由的度量值加 1 后通告给 R3。最后，R3 也能学习到 1.0.0.0/8 路由。华为路由器运行 RIP 后，认为本地直连路由的跳数为 0。当 RIP 路由器将一条路由通告出去时，路由的跳数被增加 1 跳，而收到这个路由更新的路由器将这条路由加载进路由表时度量值沿用该值。

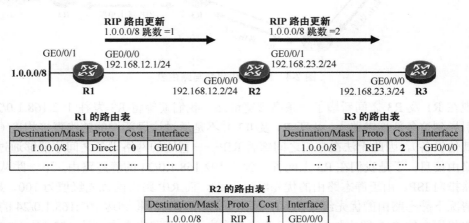

图 2-5　RIP 使用跳数作为路由的度量值

RIP 使用跳数作为度量值的设定使得路由器能够直观地知道自己距离目的网络的"远近"。在路由优选的过程中，通过比较度量值，RIP 会从可选路径中选择一条到达目的网络的最优路径，所谓最优也就是跳数最小。在图 2-6 中，假设所有路由器都运行了 RIP，则 R5 会将路由 5.0.0.0/8 通告给 R2 和 R4，通告时路由的度量值设置为 1 跳，在收到这条路由更新后，R2 会把这条路由通告给 R1 并告知度量值为 2 跳，如此一来，R1 便发现了一条到达 5.0.0.0/8 的路由。另一方面，R4 从 R5 学习到 5.0.0.0/8 路由后会进一步通告给 R3，而 R3 又会将其通告给 R1，这样 R1 又发现了另一条到达 5.0.0.0/8 的路由。此刻对于 R1 而言，有两条路由可以到达 5.0.0.0/8，那么 R1 就会进行最优路由的选择，拥有更少跳数的路由将被优选并最终被加载到路由表中作为数据转发的依据。因此在 R1 的路由表中，5.0.0.0/8 路由的下一跳是 R2。

通过跳数来度量到达目的网络的远近非常简单和直观，但是也存在一个明显的问题。在上文介绍的这个例子中，如果网络链路带宽不一致，RIP 的这种度量值的设计就可能导致路径选择不合理。如图 2-7 所示，网络中的链路带宽是不一致的，但是 RIP 并不关心链路的带宽，它只关心到达目的地沿途需经过的路由器个数，因此即使 R1—R3—R4—R5 这条路径的沿途链路带宽要比另一条路径高得多，但由于这条路径的跳数更大，因此它将永远不会被 R1 选择作为到达 5.0.0.0/8 的路径（除非另一条路径失效），这显然是不合理的。在这种场景中，网络管理员可以通过对 RIP 路由的度量值进行适当地调整——例如，将低带宽路径的 RIP 路由的度量值增加一个特定的量，使得其不被目标设备优选，进而影响数据流量的转发路径。

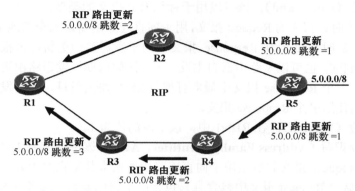

图 2-6　RIP 路由器优选跳数更少的路由

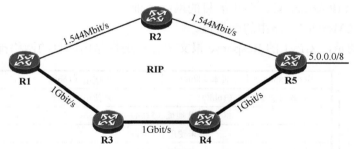

图 2-7　R1 依然优选 R2 通告过来的 5.0.0.0/8 路由，虽然经 R2 到达
该目的网段的路径是低带宽路径

2.1.4　报文类型及格式

　　RIP 的协议报文采用 UDP 封装，报文的源、目的端口均是 UDP520 端口。RIP 定义了两种报文，它们分别是请求（Request）报文和响应（Response）报文。RIPv1 和 RIPv2 在协议报文各个字段的定义中存在些许差异，这些差异实际上是两个版本工作机制的不同所造成的。Request 报文用于向邻居请求全部或部分 RIP 路由信息，而 Response 报文则用于发送 RIP 路由更新，在 Response 报文中携带着路由以及该路由的度量值等信息。

　　一旦路由器的某个接口激活 RIP 后，该接口立即发送一个 Request 报文和 Response 报文，并开始侦听 RIP 协议报文。随后接口开始 Response 报文的周期性发送。RIPv1 使用广播地址 255.255.255.255 作为协议报文的目的 IP 地址，而 RIPv2 则不同，它使用组播 IP 地址 224.0.0.9 作为协议报文的目的 IP 地址。当 RIP 路由器收到 Request 报文后，会使用 Response 报文进行回应，在该报文中携带对方所请求的路由信息。当 RIP 路由器收到 Response 报文后，会解析出该报文中所携带的路由信息，如果报文中的路由信息是自己尚未发现的，并且路由的度量值有效，则路由器将学习该路由并将路由加载进路由表，同时为这条路由关联度量值、出接口和下一跳信息。

1. RIPv1 的报文结构

RIPv1 报文（如图 2-8 所示）中各个字段的含义如下。

- **命令字段（Command）**：该字段用于标识 RIP 报文的类型。
  - ■ 值为 1 时该报文为 Request 报文，用于向直连路由器请求全部或部分路由信息。
  - ■ 值为 2 时该报文为 Response 报文，用于发送路由更新，该报文可以作为对 Request 报文的回应，也可以是路由器自主发送的，例如周期性发送路由更新或者触发性发送路由更新。一个 Response 报文中最多可携带 25 个路由条目，当待发送的路由数量大于该值时，需使用多个 Response 报文。
- **版本字段（Version）**：在 RIPv1 中，该字段的值为 1。
- **地址族标识符（Address Family Identifier，AFI）**：该字段值为 2 时表示 IP 协议。如果该报文为 Request 报文并且是用于向直连路由器请求其整张路由表，则该字段值被设置为 0，同时这个 Request 报文中包含且只包含一个路由条目，该路由的目的网络地址为 0.0.0.0，度量值为 16。
- **IP 地址（IP Address）**：路由的目的网络地址。
- **度量值（Metric）**：路由的度量值。

值得注意的是，RIPv1 的 Response 报文中并不携带路由的目的网络掩码。

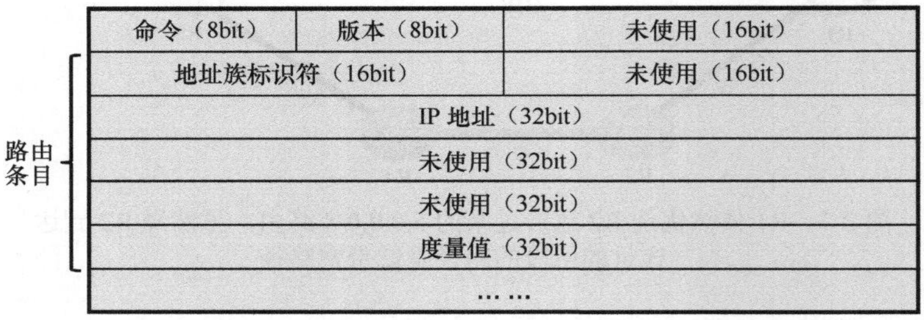

命令（8bit）	版本（8bit）	未使用（16bit）
地址族标识符（16bit）		未使用（16bit）
IP 地址（32bit）		
未使用（32bit）		
未使用（32bit）		
度量值（32bit）		
…… ……		

（左侧：路由条目）

图 2-8   RIPv1 报文格式

2. RIPv2 的报文结构

RIPv2 报文（如图 2-9 所示）中各个字段的含义如下。

- **命令字段（Command）**：与 RIPv1 类似，不再赘述。
- **版本字段（Version）**：在 RIPv2 中，该字段的值为 2。
- **地址族标识符（Address Family Identifier）**：与 RIPv1 类似，不再赘述。
- **路由标记（Route Tag）**：用于为路由设置标记信息，缺省为 0。当一条外部路由被引入 RIP 从而形成一条 RIP 路由时，RIP 可以为该路由设置路由标记，当这条路由在整个 RIP 域内传播时，路由标记不会丢失。
- **IP 地址（IP Address）**：路由的目的网络地址。

- **网络掩码（Netmask）**：RIPv1 路由器在通告路由时是不携带目的网络掩码的，这是因为在 RIPv1 的报文中并没有定义相应的字段，这使得 RIPv1 无法支持 VLSM（Variable Length Subnet Mask，可变长子网掩码）。RIPv2 在这一点上做了改进，定义了该字段用于存储路由条目的目的网络掩码，如此一来，RIPv2 便能够支持 VLSM。

- **下一跳（Next Hop）**：RIPv2 定义了该字段，使得路由器在多路访问网络上可以避免次优路径现象。一般情况下，在路由器所发送的路由更新中，路由条目的"下一跳"字段会被设置为 0.0.0.0，此时收到该路由的路由器将路由条目加载到路由表时，将路由的更新源视为到达目的网段的下一跳。在某些特殊的场景下，该字段值会被设置为非 0.0.0.0，本章将在"下一跳字段"一节中介绍该字段。

- **度量值（Metric）**：该路由的度量值。

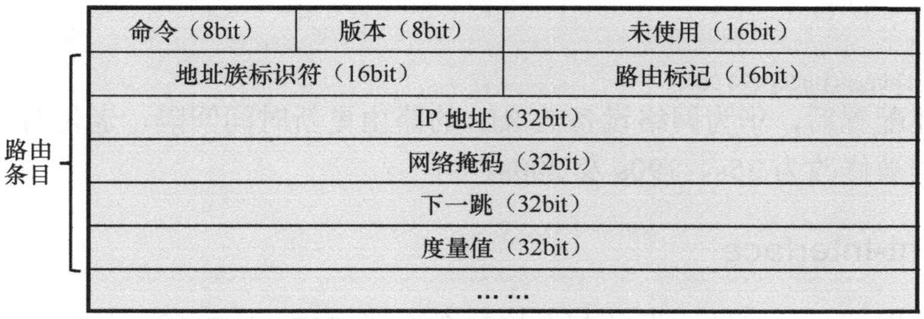

命令（8bit）	版本（8bit）	未使用（16bit）
地址族标识符（16bit）		路由标记（16bit）
IP 地址（32bit）		
网络掩码（32bit）		
下一跳（32bit）		
度量值（32bit）		
……		

图 2-9　RIPv2 的报文结构

2.1.5　计时器

RIP 定义了多个计时器，其中最重要的三个计时器如下。

- **更新计时器（Update Timer）**：该计时器的时间为 RIP 路由器周期性泛洪路由表（周期性在接口上发送 Response 报文）的时间间隔。在缺省情况下，路由器以 30s 为周期从已经激活 RIP 的接口向外发送 Response 报文。

如果一个网络中有多台 RIP 路由器接入，每台路由器所有激活 RIP 的接口如果在更新计时器超时后一齐泛洪 Response 报文，就有可能引发不必要的冲突或者使得同一时间内网络中充斥着大量的 RIP 广播或组播报文。为了避免这个问题，RIP 引入一个随机的偏移量，也就是路由器不以严格的 30s 为周期发送 RIP 报文，而是在该时间的基础上关联一个随机的、细小的偏移量（加/减 0～5s）。

- **老化计时器（Age Timer）**：每一条 RIP 路由都关联两个计时器，其中之一就是老化计时器（也被称为超时计时器）。当一条 RIP 路由被学习并加载到路由表时，路由器立即为该路由启动老化计时器（缺省 180s），该计时器被启动后即开始计时。此后每当更新周期来临时，路由器会再次收到该条路由的更新，老化计时器又被重置并重新开始计时。以华为 AR2200 路由器为例，若一条路由持续未被刷新并最终导致老化计时器超时，路由则变为不可用并从路由表中删除，虽然被立即从路由表中删除，但该条路由依然被保存在 RIP 数据库中（以便路由随时能够恢复），在老化计时器超时的同时，该路由的垃圾回收计时器也被立即启动。值得注意的是，对于老化计时器已超时的失效 RIP

路由，依然会被包含在路由器对外发送的 Response 报文中，只不过路由的度量值被设置为 16 跳，即不可达。

- **垃圾回收计时器（Garbage-Collect Timer）**：垃圾回收计时器缺省被设置为 120s。上文已经说到，当一条 RIP 路由的老化计时器超时，该条路由会变为不可用并被设备从路由表中删除，但是依然被保存在 RIP 数据库中，同时设备立即为该路由启动垃圾回收计时器。在垃圾回收计时器计数的这段时间，RIP 路由器在泛洪路由更新时将该条路由的度量值设置为 16 跳，以便告知其他路由器关于该网络的不可达情况。若连该计时器也超时，则路由便被彻底删除。

在 RIP 配置视图下，使用 **times rip** 命令可以修改上述三个计时器的时间值，该命令可指定三个参数，分别对应 RIP 的路由更新时间间隔、老化时间以及垃圾回收时间。例如：

```
[Huawei]rip 1
[Huawei-rip-1]timers rip 35 190 200
```

完成上述配置后，华为网络设备的 RIP 的路由更新时间间隔、老化时间以及垃圾回收时间将分别被修改为 35s、190s 及 200s。

2.1.6 Silent-Interface

在缺省情况下，一旦路由器的某个接口激活了 RIP，RIP 就开始在该接口周期性地发送 Response 报文，同时也在该接口上侦听 RIP 报文。

在图 2-10 所示的网络中，为了让 PC 与 R2 直连的 192.168.2.0/24 网段实现互通，就必须让 R2 学习到 192.168.1.0/24 路由，让 R1 学习到 192.168.2.0/24 路由。如果在 R1 及 R2 之间部署 RIP，那么对于 R1 而言，需要在其 GE0/0/1 及 GE0/0/2 接口上都激活 RIP。如此一来，R1 便会在这两个接口上发送 Response 报文，当然，也会在这两个接口上侦听 RIP 报文。R1 会将携带了 192.168.1.0/24 路由的 Response 报文从 GE0/0/2 接口发送出去，使得 R2 能够学习到该路由，它也会将 Response 报文（携带了 192.168.12.0/24 以及从 R2 学习到的路由）从 GE0/0/1 接口发送出去。但实际上，这些 RIP 报文对于其 GE0/0/1 接口所连接的网段来说是没有任何意义的——这里没有任何 RIP 路由器，因此 R1 在该网段中所发送的 Response 报文实际上给 PC 带来了额外的负担。

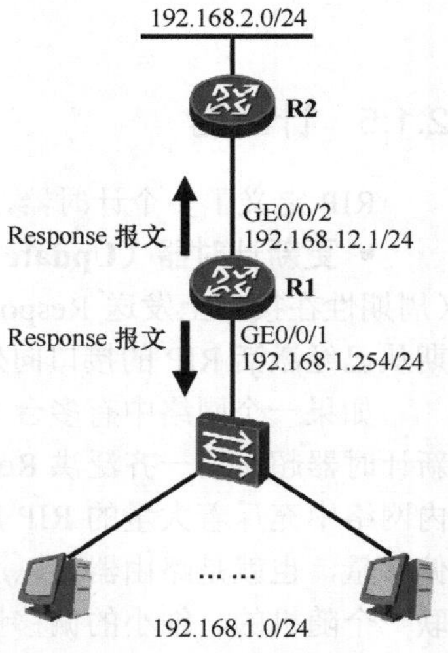

图 2-10   R1 的 GE0/0/1 接口一旦激活了 RIP，它便开始在该接口上周期性泛洪并侦听 RIP 报文

使用 Silent-Interface（静默接口）特性可以解决这个问题。一个 RIP 接口一旦被指定为 Silent-Interface，则该接口将不再发送 RIP 报文，而只是被动地接收 RIP 报文，也就是只收不发。所以在本例中，如果将 R1 的 GE0/0/1 接口激活 RIP 同时配置为 Silent-Interface，则 R1 不再向 GE0/0/1 接口发送 Response 报文，这就消除了 PC 为解析 RIP 报文所产生的资源损耗。

另一方面，虽然 GE0/0/1 接口被指定为 Silent-Interface，但是由于该接口已经激活了

RIP，因此当 R1 从其他接口发送 Response 报文时，依然会在报文中携带 192.168.1.0/24 路由信息，也就是说，将 GE0/0/1 接口设置为 Silent-Interface 并不妨碍 R2 通过 RIP 学习到该接口的路由。最后需强调的是，Silent-Interface 接口仅仅是不向外泛洪 Response 报文，但是它依然可以接收 Response 报文。

2.2　RIP 的防环机制

对于具备路由功能的网络设备来说，当其执行数据转发操作时，路由表是一个非常关键的指引，如果网络中的路由信息出现问题，那么设备的数据转发过程也势必受到影响。路由环路（Routing Loop）是一种在路由部署不恰当或网络规划不合理等情况发生后，很容易引发的一类问题。如果网络中的路由信息不正确，将导致去往某个目的地的数据包在设备之间不停地被来回转发，从而严重影响设备性能，并且大量消耗网络带宽，影响正常的业务流量，这种问题被称为路由环路问题。路由环路对于网络而言是具有严重危害的，任何一个网络规划、设计或交付人员都应该重视并且严格规避该问题。几乎所有的动态路由协议在协议设计时便考虑了路由环路的规避机制，RIP 也不例外。

学习完本节之后，我们应该能够：

- 理解 RIP 路由环路产生的背景；
- 了解 RIP 路由最大跳数的概念及意义；
- 熟悉 RIP 水平分割特性；
- 熟悉 RIP 毒性逆转特性；
- 熟悉 RIP 触发更新特性；
- 熟悉 RIP 毒性路由的概念及作用。

2.2.1　环路的产生

距离矢量路由协议只是简单地将自己的路由表周期性地通告出去，同时也将收到的有效路由加载到路由表中，并通过累加的度量值来体现到达目标网络的距离，因此运行距离矢量路由协议的路由器并不了解整个网络的拓扑结构，这些特点使得网络中非常容易出现路由环路。

在图 2-11 中，R1 及 R2 都运行了 RIP，当网络完成收敛后，R2 通过 RIP 学习到了 1.0.0.0/8 路由。现在 R1 的 GE0/0/1 接口发生了故障，R1 感知到这个拓扑变化并且立即在路由表中删除 1.0.0.0/8 路由。然而这个拓扑的变更对于 R2 来说此时并不知晓，R1 准备在下一个更新周期到来时通告该条路由的不可达情况。但是此时完全有可能出现的一种情况是，在 R1 通告这个更新之前，R2 的更新周期到了，它开始在自己的 GE0/0/0 接口上发送 Response 报文，该报文中包含 R2 路由表中的所有路由，其中就包括 1.0.0.0/8 路由，且该路由的跳数为 2（R2 自己到达该网段需经过 1 个路由器，因此它将路由更新出去时将跳数加 1）。R1 收到这个 Response 报文后，发现 1.0.0.0/8 竟然通过 R2 可达且跳数为 2，于是它将 1.0.0.0/8 路由加载到路由表，如图 2-12 所示。

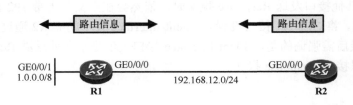

图 2-11　R2 通过 RIP 学习到了 1.0.0.0/8 路由

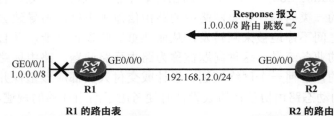

图 2-12　路由环路的形成

　　这就出现了路由环路。环路对网络来说危害是非常大的。对于目前的情况，如果 R2 收到一个发往 1.0.0.0/8 的数据包，经过路由表查询后，R2 发现自己有一条路由可以匹配该目的地址，并且下一跳为 R1，因此它将数据包转发给 R1，而 R1 经过路由表查询，发现到达 1.0.0.0/8 下一跳是 R2，于是数据包又被转发给 R2，如此反复，发往该网段的数据包就会在 R1、R2 之间不停地来回转发，直到报文的 TTL 值递减为 0。可以想象，如果数据流量特别大的话，这无疑将对路由器的性能造成极大损耗，当然，也可能将链路的带宽耗尽。

　　另一方面，由于 RIP 每隔 30s 泛洪一次路由表，因此 1.0.0.0/8 路由会在每个更新周期到来时随着 Response 报文在网络中不停地被泛洪。在 R1 的下一个更新周期到来时，它会把 1.0.0.0/8 路由通过 Response 报文再通告给 R2，R2 收到该报文后，刷新自己的路由表，将该路由的跳数更新为 3 跳，如图 2-13 所示。而当 R2 的更新周期到来时，它将在通告给 R1 的 Response 报文中继续携带 1.0.0.0/8 路由，而且跳数设置为 4。R1 收到该 Response 报文后刷新自己的路由表，将该路由的度量值更新为 4，如此反复。设想一下，如果 RIP 没有任何机制解决该问题，那么 1.0.0.0/8 路由岂不是会在网络中被不断地泛洪且其度量值也会持续累加到无穷大？

　　综上，路由环路的问题对于网络而言危害是巨大的，因此从网络设计、协议设计的角度都应该充分考虑到环路的隐患及可能性，并加以规避。

图 2-13　RIP 需防止 1.0.0.0/8 路由在网络中被无休止地传递

2.2.2　定义最大跳数

　　为了避免 RIP 路由在网络中被无休止地泛洪，RIP 定义了路由的最大跳数——15 跳，也就是说，RIP 路由的最大可用跳数为 15 跳，当一条路由的度量值达到 16 跳时，该路由被视为不可用，路由所指向的网段被视为不可达。

　　显然这是一种"无奈"的办法，虽然解决了路由被无限泛洪的问题，但是同时也在极大程度上限制了 RIP 所能够支持的网络规模。设想一下，如果一个网络的直径真的有 16 台路由器该怎么办？RIP 面对这样的网络也就显得力不从心了。另外，RIP 定义路由的最大跳数，虽然有效防止了 RIP 路由被无限泛洪，但是却并没有从根本上解决路由环路问题。

2.2.3　水平分割

　　水平分割（Split Horizon）的原理是，RIP 路由器从某个接口收到的路由不会再从该接口通告回去。这个机制在很大程度上消除了 RIP 路由的环路隐患。

　　在图 2-14 所示的网络中，R1 及 R2 运行了 RIP，现在 R1 将本地直连路由 1.0.0.0/8 发布到了 RIP，它将通过 Response 报文将该条路由通告出去，路由的度量值会被设置为 1。R2 将在自己的 GE0/0/0 接口上收到 R1 发送的 Response 报文，并学习到 1.0.0.0/8 路由，它将该条路由加载到自己的路由表中。当 R2 的更新周期到来时，如果 R2 的 GE0/0/0 接口没有激活水平分割，那么它将会在自己从该接口发送的 Response 报文中携带 1.0.0.0/8 路由，该路由的跳数被设置为 2。如此一来，R1 就会从 R2 收到原本由自己通告出去的 RIP 路由。当然，此时 R1 会优选自己本地直连的这条路由，因为它的优先级更高，但是当 R1 的直连网段 1.0.0.0/8 变成不可达时（关于该网段的直连路由将失效），它会错误地认为可以通过 R2 到达该网段，于是，环路就极有可能发生。这个问题的症结在于，R2 把 R1 告知它的路由信息又返还给了 R1，这就埋下了路由环路的隐患。

　　当 R2 的 GE0/0/0 接口激活水平分割后，R2 将不能把它从该接口收到的 RIP 路由再从这个接口通告出去，如图 2-15 所示，如此一来路由环路的问题就可以得到很好地规避。水平分割是距离矢量路由协议的路由防环专题中最重要的机制之一。

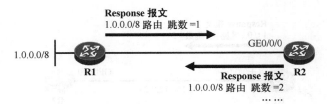

图 2-14　如果 R2 的 GE0/0/0 接口没有激活水平分割

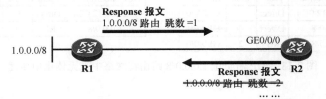

图 2-15　当 R2 的 GE0/0/0 接口激活水平分割后，R2 将不能把它从该
接口收到的 RIP 路由再从这个接口通告出去

　　在大多数场景下，水平分割能够很好地规避 RIP 路由环路，但是在某些特定的场景中，这个机制可能会引发一点小问题。如图 2-16 所示，R1、R2 及 R3 三台路由器通过帧中继网络互联，采用的是中心到分支（也被称为 Hub&Spoke）的部分互联模型，R1 与 R2 之间拥有一条互联的 PVC（Permanent Virtual Circuit，永久虚电路），R1 与 R3 之间存在另一条 PVC，但是 R2 及 R3 之间并没有直接互联的 PVC。需留意的是，R1 的 Serial1/0/0 接口承载了两条 PVC。三台路由器都激活了 RIP，最终 R1 能够通过 RIP 学习到 2.0.0.0/8 及 3.0.0.0/8 路由，但是 R2 只能学习到 1.0.0.0/8 路由，却无法学习到 3.0.0.0/8 路由，同理，R3 也只能学习到 1.0.0.0/8 路由，无法学习到 2.0.0.0/8 路由。

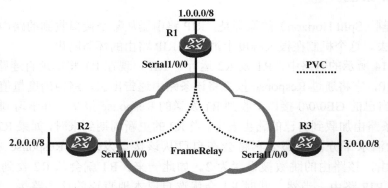

图 2-16　在 Hub&Spoke 模型的帧中继网络中，RIP 路由的传递问题

　　大家都知道，R2 会将包含 2.0.0.0/8 路由的 Response 报文从其 Serial1/0/0 接口发送出去，而 R3 也会将包含 3.0.0.0/8 路由的 Response 报文从其 Serial1/0/0 接口发送出去，最终 R1 会在自己的 Serial1/0/0 接口上收到这些 Response 报文，并学习到 2.0.0.0/8 及 3.0.0.0/8 路由。当 R1 的更新周期到来时，它也会发送 Response 报文，然而它从其 Serial1/0/0 接口发送的 Response 报文并不会携带 2.0.0.0/8 及 3.0.0.0/8 这两条路由——因为这两条路由都是在该接口上学到的，水平分割使然，所以最终 R2 无法学习到 3.0.0.0/8

路由，而 R3 无法学习到 2.0.0.0/8 路由。

在这种场景中，为了使网络中的路由器都能够学习到完整的路由信息，一个简单的方法是在 R1 的 Serial1/0/0 接口上关闭 RIP 水平分割（以华为 AR2220 路由器为例，在该场景中路由器会自动将这个接口的水平分割关闭），当然，这么做可能会增加产生路由环路的风险。另一个方法是，在 R1 的 Serial1/0/0 接口上创建两个子接口，将连接 R2 及 R3 的这两条 PVC 分别承载在这两个子接口上。

2.2.4　毒性逆转

毒性逆转（Poison Reverse）是另一种防止路由环路的有效机制，其原理是，RIP 从某个接口学到路由后，当它从该接口发送 Response 报文时会携带这些路由，但是这些路由度量值被设置为 16 跳（16 跳意味着该路由不可达）。利用这种方式，可以清除对方路由表中的无用路由。毒性逆转也可以防止产生路由环路。

在图 2-17 中，R1 及 R2 两台路由器运行了 RIP，彼此开始交互 RIP 路由。R1 将路由 1.0.0.0/8 通过 RIP 通告给 R2。如果 R2 激活毒性逆转，那么当它从 GE0/0/0 接口周期性发送 Response 报文时，报文中会包含从该接口学习到的 1.0.0.0/8 路由，但是路由的度量值被设置为 16 跳。

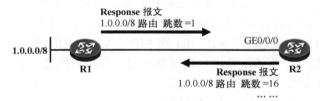

图 2-17　毒性逆转

由于 R2 到达 1.0.0.0/8 的 RIP 路由是通过 R1 获知的，这意味着 R1 自己可能直连该网段，或者通过其他路由器可以到达该网段。换而言之，R1 不会从 R2 到达 1.0.0.0/8，因为那样就可能出现环路，所以毒性逆转的思路是 R2 认为："既然这条路由是 R1 给我的，那么 R1 就不可能从我这里到达该网段，所以我就告诉 R1，这个网络从我这走是不可达的"。这条不可达路由可以彻底杜绝 R1 从 R2 到达 1.0.0.0/8 从而出现环路的可能性。

从上面的描述大家能看出，其实毒性逆转和水平分割是存在矛盾的，如果在 R2 的接口上同时激活水平分割和毒性逆转，则只有毒性逆转生效。综上，对水平分割通俗的理解就是："到达某个目的网段的路由既然是你告诉我的，那么我就不应该再说回给你听"，这是一种相对消极的举动。而毒性逆转则显得更加主动和积极："到达某个目的网段的路由是你告诉我的，那么我通过主动告诉你这个网段从我这走不通来杜绝你从我这走的可能"。从这个层面上理解，似乎毒性逆转在避免环路方面要比水平分割更加靠谱，但是它依然存在明显的缺点——增加了 Response 报文的"体积"。

如图 2-18 所示，R1 如果作为一台汇聚层设备，将一定规模的路由信息通过 RIP 通告给 R2，如果 R2 激活了毒性逆转，那么它除了将路由表中的其他路由通告给 R1 之外，还会把自己从 R1 接收的 RIP 路由再通告回给 R1 并且告知其路由不可达，R2 所发送的 Response 报文势必变得更加臃肿，这显然增加了链路带宽的损耗及设备负担。

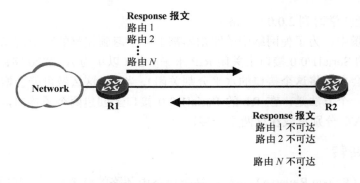

图 2-18　毒性逆转可能增加路由更新的负担

2.2.5　触发更新

大家已经知道，路由器会在激活了 RIP 的接口上周期性地发送 Response 报文，在缺省情况下，RIP 会以 30s 为周期进行报文发送，这在网络稳定的情况下是没有问题的，但是一旦拓扑出现变更，如果依然要等待下一个更新周期到来才发送路由更新，这显然是不合理的，而且也非常容易引发路由环路。

触发更新机制指的是，当路由器感知到拓扑发生变更或 RIP 路由度量值变更时，它无需等待下一个更新周期到来即可立即发送 Response 报文。例如图 2-19 描述的场景，R1、R2 及 R3 三台路由器运行了 RIP，R1 在 RIP 中发布 1.0.0.0/8 路由，它立即向 R2 发送一个 Response 报文，在该报文中包含这条路由以及路由的度量值。R2 收到这条路由更新后，将路由加载到自己的路由表，然后（无需等待下一个更新周期到来）立即向 R3 发送 Response 报文，将 1.0.0.0/8 路由通告给它。

图 2-19　1.0.0.0/8 路由通过 RIP 进行泛洪

现在由于某种原因，R1 通告的 1.0.0.0/8 路由的度量值发生了变化，由原来的 1 跳变为 2 跳，R1 向 R2 发送一个 Response 报文以便将这个变化通知给对方。由于 R2 是从该条路由的下一跳收到的 Response 报文，因此即使新的度量值要劣于 R2 路由表中已经存在的 1.0.0.0/8 路由的度量值，R2 也会立即刷新自己的路由表，并且无需等待下一个更新周期的到来，立即触发一个 Response 报文给 R3，如图 2-20 所示。R3 在收到该报文后，立即刷新自己的路由表。

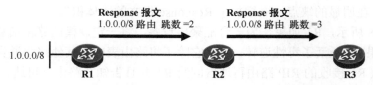

图 2-20　R2 无需等待更新周期的到来，立即向 R3 发送 Response 报文

2.2.6　毒性路由

前文已经提到，RIP 将 15 跳视为最大的可用跳数，这就意味着度量值为 16 跳的路由是不可达的。将度量值为 16 跳的路由包含在 Response 报文中进行泛洪，这在某些场合下是非常有用的，例如毒性逆转。另一种重要的用途是，当一个网络变为不可达时，发现这个变化的路由器立即触发一个 16 跳的路由更新来通知网络中的路由器——目标网络已经不可达，这种路由被称为毒性路由。

如图 2-21 所示，R1 的直连网段 1.0.0.0/8 因故障变为不可达，R1 将立即发送 Response 报文（触发更新机制使然）用于通告这个更新，在其发送给 R2 的这个 Response 报文中，包含着 1.0.0.0/8 路由，最重要的是这条路由的度量值被设置为 16。R2 收到这个 Response 报文后，就立即意识到该网段已经不可达了，于是将该路由从路由表中移除。值得注意的是，R2 虽然将该路由从路由表中删除，但是依然将其保存在 RIP 数据库中，同时为其启动垃圾回收计时器。

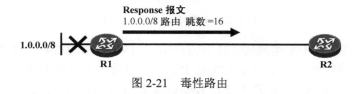

图 2-21　毒性路由

2.3　RIPv2

2.3.1　RIPv1 及 RIPv2

RFC1058（Routing Information Protocol）描述了 RIPv1，RIPv1 是一个典型的有类路由协议（Classful Routing Protocol）。RIPv1 不支持 VLSM，这使得它只能够在特定的网络环境中提供路由信息服务，与之相关的一个非常重要的因素是，RIPv1 的 Response 报文中所携带的路由信息只有 IP 地址（目的网络地址）而没有目的网络掩码，这就使得 RIPv1 在部署了 VLSM 的网络中工作时会出现问题。

图 2-22 展示了一个部署了 VLSM 的网络，R1 连接着主类网络 172.16.0.0/16 的一个子网——172.16.1.0/24，R3 连接着该主类网络的另一个子网——172.16.3.0/24。如此一来，172.16.0.0/16 这个 B 类地址的两个子网被 192.168.12.0/24 及 192.168.23.0/24 这两个 C 类网络地址段"隔开"了，这种网络又被称为"不连续的主类网络"。现在网络管理员将在 R1、R2 及 R3 上部署 RIPv1。

RIPv1 是有类路由协议，运行 RIPv1 的路由器所泛洪的 Response 报文中，路由信息是不携带目的网络掩码的，这就存在一个问题：如果 R1 要向外通告 172.16.1.0/24 这个子网，路由的目的网络地址是多少？对方收到这个路由而又缺少网络掩码信息，它该如何判断目标网络的掩码？RIPv1 定义了一套路由发送及更新规则，关于这些规则的描述超出了本书的范围。如果 RIPv1 路由器处于主类网络边界，当它将一个主类网络的子网路由通告到另一个主类网络时，会将前者自动汇总成主类路由进行通告。

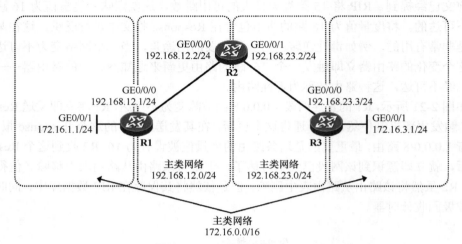

图 2-22　RIPv1 不支持 VLSM

　　在本例中，R1 处于主类网络 172.16.0.0/16 及 192.168.12.0/24 的边界，因此当它向 192.168.12.0/24 网络通告 172.16.1.0/24 这个子网路由时，会将该子网路由汇总成主类路由：172.16.0.0（注意 R1 将该路由通过 Response 报文通告给 R2 时是不携带目的网络掩码的）。R2 收到这条路由更新后，为 172.16.0.0 附上该地址的缺省掩码，也就是 255.255.0.0，因此最终 R2 将 172.16.0.0/16 路由加载到路由表中，该路由的下一跳为 R1。

　　值得注意的是，R1 及 R3 都处于主类网络边界，因此它们向 R2 发送的 Response 报文都将包含 172.16.0.0 路由（而且没有目的网络掩码信息），这将使得 R2 收到这两份 Response 报文后，将两条路由都加载到路由表中，如此一来，R2 的路由表中的 172.16.0.0/16 路由将在 R1 及 R3 这两个下一跳执行等价负载分担。这造成的一个直接结果是 R2 转发到达 172.16.3.0/24 的数据包时，有可能会将其送往 R1 从而导致通信故障。这就是 RIPv1 面对不连续的主类网络时存在的问题。解决这个问题的方法有几个，最为推荐的方法是使用 RIPv2 而不是 RIPv1。

　　RFC2453（RIP Version 2）描述了 RIPv2，其改进点包括使用组播的方式发送 RIP 报文；支持无类路由选择；在 Response 报文携带的路由信息中增加目的网络掩码；支持报文认证；增加下一跳特性；增加路由标记功能；支持手工路由汇总等。

　　相较于 RIPv1，RIPv2 最显而易见的改进点之一是该协议为无类路由选择协议，支持 VLSM。

2.3.2　报文发送方式

　　RIPv1 使用广播的方式发送协议报文，这些报文的目的 IP 地址为 255.255.255.255，这是一个广播 IP 地址，一个设备发送的广播报文将在设备所处的广播域中泛洪，这使得与其同处一个广播域的其他设备都将收到这个报文，并且耗费资源去处理这些报文——即使有些设备并不需要这些报文，例如广播域中的主机、服务器以及其他并未运行 RIP

的设备等，这些设备收到一个 RIPv1 报文后，需要将其进行层层解封装，直至看到报文的目的 UDP 端口号，然后发现本地并未侦听 UDP520 端口才会将该报文丢弃。

RIPv2 则采用组播地址 224.0.0.9 作为协议报文的目的 IP 地址，所有的 RIPv2 设备都会侦听该组播地址。采用这种方式发送协议报文，可以减少对广播域中其他设备的影响。

2.3.3　报文认证

RIPv2 支持报文认证功能，这使得 RIP 路由信息的交互更加安全。缺省时，RIP 路由信息的交互是缺乏安全性的，一旦设备的某个接口激活了 RIP，该接口即开始周期性地发送 Response 报文及侦听 RIP 报文，如果接口上收到 Response 报文，RIP 只进行简单的校验，例如检查报文的源 IP 地址与自己的接口 IP 地址是否在相同网段等，随后就将所收到的 Response 报文中的路由信息学习过来，这显然是存在一定的安全隐患的。

在图 2-23 所示的网络中，R1 及 R2 之间交互着 RIP 路由，现在 R3 连接到了交换机上，并且开始在广播域中泛洪 Response 报文，这些伪造的 Response 报文中携带着大量垃圾路由，这将造成 R1 及 R2 的路由出现紊乱，或者路由表被大量垃圾路由填充，设备资源也将被大量消耗。

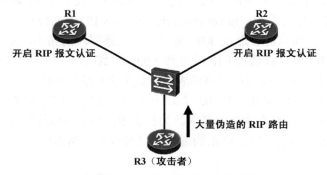

图 2-23　攻击者 R3 向网络中泛洪大量伪造的 RIP 路由

RIPv2 给出了解决方案：RIP 报文认证。通过在 R1 及 R2 的接口上激活 RIP 认证并在两端配置相同的认证口令，可使 RIP 报文的交互更为安全，只有当接口上收到的 RIP 报文中相关认证字段匹配本地配置的认证口令，该报文才被认为是有效的，否则被认为是非法报文并被丢弃。

RIP 认证是基于报文的，以简单（Simple）认证方式为例，路由器接口上配置 RIP 报文认证后，该接口发送的 RIP 报文将会携带认证信息，如图 2-24 所示。认证信息会占用报文的第一个路由项（该路由项的地址族标识符为 0xFFFF），此时一个 Response 报文可携带的最大路由条目数量从 25 条变成 24 条。

以华为 AR2200 路由器为例，支持以下几种 RIP 认证方式：
- 简单认证；
- MD5 认证（IETF 标准）；
- MD5 认证（私有标准）。

图 2-24　携带认证数据的 RIP 报文

2.3.4　下一跳字段

RIPv2 定义了"下一跳"字段，使得路由器在多路访问网络上可以避免次优路径现象。在图 2-25 所示的网络中，R1、R2 及 R3 连接在同一台以太网交换机上，R1 及 R3 运行 RIPv2，但 R2 并不支持 RIP。R2 直连着 2.0.0.0/8，为了让 R1 能够访问这个网段，我们在 R1 上部署了静态路由：**ip route-static 2.0.0.0 8 192.168.123.2**。现在为了让 R3 也能够访问 2.0.0.0/8，而且能够通过 RIP 学习到去往该网段的路由，R1 将静态路由引入 RIP。如此一来，R3 就能够通过 RIP 学习到 2.0.0.0/8 路由，然而由于该条路由是学习自 R1 的，因此 R3 将这条路由加载进路由表时，认为 R1 是其到达该网段的下一跳。这显然并非是最优的方案，因为从 R3 到达 2.0.0.0/8 的数据包将首先被转发给 R1，再由 R1 转发到 R2，这实际上是存在次优路径的。为什么 R3 不直接将数据发往 R2 呢？这是因为对于距离矢量路由协议而言，路由的通告者就被视为该路由的下一跳。

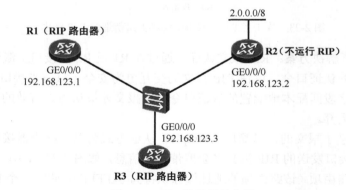

图 2-25　下一跳字段的应用

说明

在同一个网络拓扑结构中，如果存在两种不同的路由协议，由于不同路由协议的机理各有不同，对路由的理解也不相同，这就在网络中造成了路由信息的隔离。在路由协议的边界设备上，将某种路由协议的路由信息引入另一种路由协议中，这个操作被称为路由引入（Route Importation）或者路由重分发（Route Redistribution）。例如一台路由器如果既配置了静态路由，又运行了 RIP，那么其路由表中的静态路由对于 RIP 而言是外部路由，缺省时 RIP 域内的设备对于这些静态路由是无感知的，如果在该路由器上将静态路由引入 RIP，那么 RIP 域内的其他设备便能通过 RIP 学习到这些外部路由，这个操作就是路由引入。

RIPv2 增加了"下一跳"字段来解决这个问题，当 R1 将 2.0.0.0/8 路由通过 RIP 通告给 R3 时，Response 报文除了携带该路由的目的网络地址、目的网络掩码、度量值，还会设置"下一跳"字段，该字段的值为 R1 自己到达目标网段 2.0.0.0/8 的直连下一跳地址，也就是直连网段中的 192.168.123.2（R2 的接口地址）。

在大多数情况下，当 RIP 路由器发送路由更新时，路由的"下一跳"字段为 0.0.0.0，其他 RIP 路由器接收该路由更新后，将路由的通告者视为到达目的网段的下一跳。而在本场景中，R1 通过设置这个字段来告知路由接收者到达目的网段的具体下一跳地址，从而规避次优路径问题。如此一来，R3 收到这个 Response 报文后，将路由 2.0.0.0/8 加载进路由表，而路由的下一跳便设置为 192.168.123.2（该地址直连可达）。当 R3 收到去往该网段的数据包时，便会将其直接转发给 R2，而不会经由 R1 去转发。

2.3.5　路由标记

RIPv2 增加了"路由标记（Route Tag）"字段，使得从外部被引入 RIP 的路由能够携带特定的标记信息。我们将一系列连续的 RIP 路由器构成的网络称为 RIP 域，RIP 域内的路由器通过 **network** 命令向 RIP 发布的路由将会被整个域内的 RIP 路由器学习到，这些路由的"路由标记"字段值将被设置为 0。当一条外部路由，例如静态路由、OSPF 或 BGP 路由等，被重分发到 RIP 时，RIP 可以为该路由设置路由标记，此时执行重分发操作的路由器将向 RIP 域中泛洪用于描述该外部路由的 Response 报文，而在该 Response 报文中，被引入的外部路由会携带由网络管理员设置（或者协议自动设置）的路由标记，域内的 RIP 路由器学习到该路由后都能看到该标记，并且可以基于该标记执行路由策略等操作。

注意　本书将分别在"路由重分发"及"路由策略与 PBR"两章中分别介绍路由重分发以及路由策略的概念。

2.3.6　路由汇总

路由汇总是非常重要的一种思想，对网络优化的贡献是巨大的。一个大规模的网络中，路由器为了维护大量的路由信息不得不耗费过多的设备资源，为了减小设备的负担，同时保证网络中路由的可达性，部署路由汇总是非常推荐的解决办法。路由汇总指的是同一个网段内的不同子网路由在向外通告时汇总成一条路由的行为。路由汇总主要用于减小网络设备的路由表规模，进而减小网络中的路由更新的流量及设备资源消耗。在一个大型的网络中路由汇总几乎是必须考虑的一种网络优化手段。

以图 2-26 所示的网络为例，R1 连接着 172.16.1.0/24、172.16.2.0/24 及 172.16.3.0/24 等大量网段，如果 R1 将这些网段的路由信息通过 RIP 统统通告给 R2，那么 R2 的路由表将立即变得"臃肿"，而且为了更新这些路由又得占用掉不少链路带宽。仔细一看不难发现该网络是可以通过部署路由汇总来进行优化的。

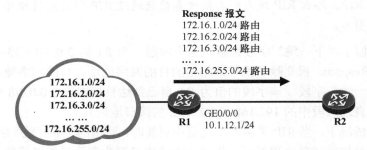

图 2-26　R1 将路由明细通告给 R2，R2 的路由表立即变得臃肿

如果我们在 R1 上部署路由汇总，如图 2-27 所示，使 R1 不再通告 172.16.0.0/16 的子网路由给 R2，而是通告汇总路由 172.16.0.0/16，那么 R2 的路由表将极大程度地被精简，当 R2 转发到达这些子网的报文时，可以使用这条汇总路由来指导转发。当然，需要谨记的是，部署路由汇总的前提是 IP 地址规划具备一定的合理性，如果网络中的 IP 地址规划非常紊乱且没有规律，那么路由汇总的部署势必存在极大的障碍。

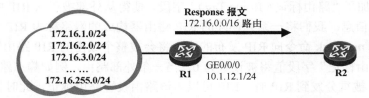

图 2-27　在 R1 上部署 RIP 路由汇总，使得它只向 R2 通告汇总路由

RIP 支持路由自动汇总，所谓路由自动汇总指的是如果 RIP 路由器处于主类网络边界，当它将一个主类网络的子网路由通告到另一个主类网络时，自动将该子网路由汇总成主类网络路由，只将主类网络路由通告给直连 RIP 路由器的行为。值得注意的是，RIP 路由自动汇总只能将明细路由汇总成主类网络路由，这在某些场景下会存在"颗粒度过大"的问题。

RIPv1 及 RIPv2 对于路由自动汇总的支持情况有所不同：

- 在 RIPv1 中，路由自动汇总功能缺省已被激活，而且不能被关闭；
- 在 RIPv2 中，路由自动汇总功能缺省已被激活，但是可以通过命令关闭。

以 RIPv2 为例，我们看看路由自动汇总的执行过程。在图 2-27 中，R1 及 R2 运行了 RIPv2，R1 激活了 RIP 路由自动汇总功能，172.16.1.0/24、172.16.2.0/24 等子网的主类网络地址及掩码长度是 172.16.0.0/16，而 R1 的 GE0/0/0 接口的主类网络地址及掩码长度是 10.0.0.0/8，显然 R1 处于两个主类网络的边界，因此当其向 R2 通告 172.16.0.0/16 的子网路由时，R1 将会执行路由自动汇总，将这些明细路由汇总成主类网络路由 172.16.0.0/16 通告给 R2。在路由汇总的执行过程中，只要存在一条明细路由，则该明细路由对应的主类网络汇总路由便会被通告，而如果所有的明细路由都失效，则 RIP 不再通告对应的汇总路由。

　　RIP 路由自动汇总对本地始发的 RIP 路由生效，也对其他路由器通告的 RIP 路由生效。如图 2-28 所示，如果在 R1 上关闭自动汇总功能，而 R2 激活该功能，则 R1 将向 R2 通告所有明细路由，R2 收到这些路由后，将它们加载到自己的路由表，当其向 R3 通告这些路由时，由于激活了路由自动汇总功能，因此它仅向 R3 通告汇总路由 172.16.0.0/16。

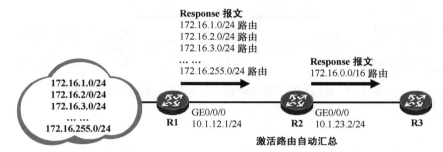

图 2-28　RIP 路由自动汇总功能对本地始发的 RIP 路由及其他路由器通告的路由均有效

　　路由自动汇总功能使用起来的确颇为方便，然而正如此前所讲，该功能在某些场景中应用时可能存在问题。如图 2-29 所示，R1、R2 及 R3 三台路由器均运行 RIPv2，其中 R1 及 R3 均处于主类网络边界。R1 左侧连接着 172.16.1.0/24、172.16.2.0/24……172.16.31.0/24 这一系列子网，当它从 GE0/0/0 接口发送关于这些子网的 RIP 路由更新时，会将这些子网路由汇总成主类路由 172.16.0.0/16 再进行通告，遗憾的是 R3 同样会执行这个动作，它也会向 R2 通告 172.16.0.0/16 汇总路由，如此一来，R2 将分别从 R1 及 R3 收到 172.16.0.0/16 路由的 RIP 更新。由于这两条汇总路由均从 RIP 获取，因此 R2 会根据度量值进行路由优选，如果它们的度量值相等，则 R2 会执行路由等价负载分担，也就是把这两条路由都加载到路由表中，这就会发生问题，因为到达 172.16.32.0/24 等子网的流量很有可能会被转发给 R1 从而造成流量丢失。

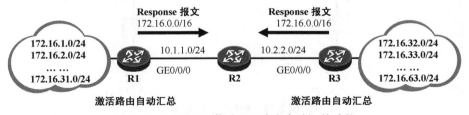

图 2-29　R1 及 R3 激活 RIP 路由自动汇总功能

　　造成这个问题的原因是路由自动汇总所产生的汇总路由的"颗粒度太大"，换句话说是汇总路由的掩码不够精确。而如果在 R1 及 R3 上关闭自动汇总，所有的明细路由又都会被全部通告给 R2，R2 的路由表将立即变得臃肿，这当然也不是我们希望看到的。那么如果希望减小设备路由表规模的同时，解决上面提到的颗粒度问题，该如何操作？答案是使用 RIP 手工路由汇总，也就是在 R1 及 R3 上首先关闭路由自动汇总，然后使用手工汇总来指定 RIP 通告的精确汇总路由。手工汇总的方式可以自定义汇总路由的目的网络地址及网络掩码，而不受地址类别的限制，如图 2-30 所示。R1 关闭 RIP 路由自动汇总后部署 RIP 路由手工汇总，使得它向 R2 通告汇总路由 172.16.0.0/19（与此同时明细路由将被抑制）；而 R3 也关闭 RIP 路由自动汇总并向 R2 通告另一条汇总路由：172.16.32.0/19。这两条汇总路由都精确地"囊括"了相应的明细路由，并且不会在 R2 上形成冲突，完美地解决了此前遇到的问题。

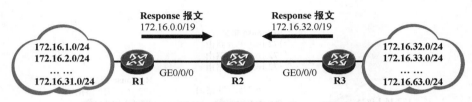

图 2-30　R1 及 R3 关闭 RIP 路由自动汇总，而使用手工汇总

2.4　RIPv2 的配置及实现

2.4.1　案例 1：RIPv2 基础配置

在图 2-31 所示的网络中，我们将在每台路由器上部署 RIPv2，使得网络中各个网段之间能够实现相互通信。

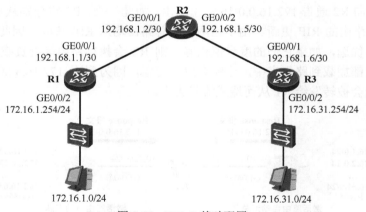

图 2-31　RIPv2 基础配置

R1 的配置如下：

```
[R1]rip 1
[R1-rip-1]version 2
[R1-rip-1]network 192.168.1.0
[R1-rip-1]network 172.16.0.0
```

在上述配置中，**rip** 命令用于创建一个 RIP 路由进程，而该命令后的数字 1 则为该 RIP 进程的进程 ID（Process-ID），Process-ID 如果不手工指定，则系统会自动为该进程

分配一个。Process-ID 用于在设备上标识 RIP 进程，如果一台设备同时运行多个 RIP 进程，则每个进程需使用本地唯一的 Process-ID 以便区分。同一台设备上所运行的不同 RIP 进程相互独立，设备在一个 RIP 进程内学习到的路由缺省不会自动注入另一个 RIP 进程。

在 RIP 配置视图下执行的 **version 2** 命令用于指定该进程所运行的 RIP 版本为 RIPv2。**Network** 命令用于在指定网段的接口上激活 RIP。值得注意的是，**network** 命令所指定的必须是主类网络地址，而不能是子网地址。例如 **network 192.168.1.0** 这条命令，将使得 R1 在 GE0/0/1 接口上激活 RIPv2，而 **network 172.16.0.0** 命令则使得 R1 在 GE0/0/2 接口上激活 RIPv2。当然，如果您使用 **network 172.16.1.0** 命令试图在 R1 的 GE0/0/2 口上激活 RIPv2，那么系统将会报错，因为 172.16.1.0 是一个子网地址，而不是主类网络地址。

R2 的配置如下：

```
[R2]rip 1
[R2-rip-1]version 2
[R2-rip-1]network 192.168.1.0
```

在 R2 的配置中，**network 192.168.1.0** 命令将在其 GE0/0/1 及 GE0/0/2 接口上都激活 RIPv2。

R3 的配置如下：

```
[R3]rip 1
[R3-rip-1]version 2
[R3-rip-1]network 192.168.1.0
[R3-rip-1]network 172.16.0.0
```

完成上述配置后，R1、R2 及 R3 便会开始在相关接口上发送 Request 及 Response 报文，并进行路由的学习。

使用 **display rip 1 interface** 命令，可以查看本设备有哪些接口激活了 RIP，以 R1 为例：

```
<R1>display rip 1 interface
-----------------------------------------------------------------------
Interface        IP Address       State     Protocol           MTU
-----------------------------------------------------------------------
GE0/0/2          172.16.1.254     UP        RIPv2 Multicast    500
GE0/0/1          192.168.1.1      UP        RIPv2 Multicast    500
```

从以上输出可以看出，R1 的 GE0/0/1 及 GE0/0/2 接口都在 RIP 进程 1 中被激活了。

路由器将通过 RIP 发现的路由都存储在 RIP 数据库中，使用 **display rip 1 database** 命令可以查看 RIP 进程 1 的数据库，以 R1 为例：

```
<R1>display rip 1 database
-----------------------------------------------------------------------
Advertisement State : [A] - Advertised
                      [I] - Not Advertised/Withdraw
-----------------------------------------------------------------------
    172.16.0.0/16, cost 0, ClassfulSumm
        172.16.1.0/24, cost 0, [A], Rip-interface
        172.16.31.0/24, cost 2, [A], nexthop 192.168.1.2
    192.168.1.0/24, cost 0, ClassfulSumm
        192.168.1.0/30, cost 0, [A], Rip-interface
        192.168.1.4/30, cost 1, [A], nexthop 192.168.1.2
```

从上述输出可以看出，R1 发现了直连网段 172.16.1.0/24 及 192.168.1.0/30，由于这两个网段是本地接口直连，因此它们的度量值都为 0。另外，R1 还通过 RIP 学习到路由

172.16.31.0/24 及 192.168.1.4/30，这两条路由的度量值分别是 2 跳及 1 跳。

现在，三台路由器都已经知晓了到达网络中各个网段的路由，R1 学习到的 RIP 路由如下：

```
<R1>display ip routing-table protocol rip
Route Flags: R - relay, D - download to fib
------------------------------------------------------------------------------
Public routing table : RIP
        Destinations : 2        Routes : 2

RIP routing table status : <Active>
        Destinations : 2        Routes : 2

Destination/Mask      Proto    Pre    Cost    Flags    NextHop          Interface

     172.16.31.0/24    RIP      100    2       D        192.168.1.2      GigabitEthernet0/0/1
     192.168.1.4/30    RIP      100    1       D        192.168.1.2      GigabitEthernet0/0/1

RIP routing table status : <Inactive>
        Destinations : 0        Routes : 0
```

R2 学习到的 RIP 路由如下：

```
<R2>display ip routing-table protocol rip
Route Flags: R - relay, D - download to fib
------------------------------------------------------------------------------
Public routing table : RIP
        Destinations : 2        Routes : 2

RIP routing table status : <Active>
        Destinations : 2        Routes : 2

Destination/Mask      Proto    Pre    Cost    Flags    NextHop          Interface

     172.16.1.0/24     RIP      100    1       D        192.168.1.1      GigabitEthernet0/0/1
     172.16.31.0/24    RIP      100    1       D        192.168.1.6      GigabitEthernet0/0/2

RIP routing table status : <Inactive>
        Destinations : 0        Routes : 0
```

R3 学习到的 RIP 路由如下：

```
<R3>display ip routing-table protocol rip
Route Flags: R - relay, D - download to fib
------------------------------------------------------------------------------
Public routing table : RIP
        Destinations : 2        Routes : 2

RIP routing table status : <Active>
        Destinations : 2        Routes : 2

Destination/Mask      Proto    Pre    Cost    Flags    NextHop          Interface

     172.16.1.0/24     RIP      100    2       D        192.168.1.5      GigabitEthernet0/0/1
     192.168.1.0/30    RIP      100    1       D        192.168.1.5      GigabitEthernet0/0/1

RIP routing table status : <Inactive>
        Destinations : 0        Routes : 0
```

如此一来，便实现了全网各个网段的互通。

2.4.2 案例 2：Silent-Interface

在图 2-32 所示的网络中，R1 及 R2 运行 RIPv2，为了使得 R2 能够通过 RIP 学习到去往 192.168.1.0/24 的路由，我们需要在 R1 的 GE0/0/1 接口上激活 RIPv2，但是，GE0/0/1 接口一旦激活 RIPv2，R1 便会周期性地从该接口发送 Response 报文，然而其直连的网段中并不存在其他的 RIP 路由器，因此这些 RIP 报文实际上造成了该网段内 PC 的额外负担。解决这个问题的办法非常简单，就是将 R1 的 GE0/0/1 接口配置为 Silent-Interface。

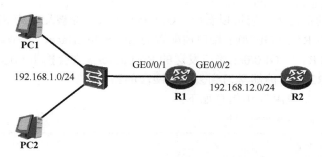

图 2-32 Silent-Interface 的配置

R1 的配置如下：

```
[R1]rip 1
[R1-rip-1]version 2
[R1-rip-1]network 192.168.1.0
[R1-rip-1]network 192.168.12.0
[R1-rip-1]silent-interface GigabitEthernet 0/0/1
```

在 R1 的配置中，**silent-interface GigabitEthernet 0/0/1** 命令用于将 GE0/0/1 接口配置为 Silent-Interface。如此一来，R1 将不会再从该接口发送 Response 报文。

R2 的配置如下：

```
[R2]rip 1
[R2-rip-1]version 2
[R2-rip-1]network 192.168.12.0
```

完成上述配置后，首先在 R1 上查看一下 RIP 进程 1 的全局信息：

```
<R1>display rip 1
Public VPN-instance
    RIP process : 1
        RIP version    : 2
        Preference     : 100
        Checkzero      : Enabled
        Default-cost   : 0
        Summary        : Enabled
        Host-route     : Enabled
        Maximum number of balanced paths : 8
        Update time    : 30 sec          Age time : 180 sec
        Garbage-collect time : 120 sec
        Graceful restart    : Disabled
```

```
BFD               : Disabled
Silent-interfaces :
GigabitEthernet0/0/1
Default-route : Disabled
Verify-source : Enabled
Networks :
192.168.1.0         192.168.12.0
Configured peers               : None
Number of routes in database : 2
Number of interfaces enabled : 2
Triggered updates sent        : 0
Number of route changes       : 0
Number of replies to queries : 1
Number of routes in ADV DB   : 2
```

在以上输出的信息中，您可以看到，GE0/0/1 接口已经被配置为 Silent-Interface。值得注意的是，虽然 R1 的 GE0/0/1 接口被配置为 Silent-Interface，但是该接口由于已经激活了 RIPv2，因此 R1 从 GE0/0/2 接口发送的 Response 报文会携带到达 192.168.1.0/24 的路由信息，因此 R2 也就能够学习到去往该网段的路由了。

R2 的路由表中，RIP 路由信息如下：

```
Route Flags: R - relay, D - download to fib
----------------------------------------------------------------------
Public routing table : RIP
        Destinations : 1          Routes : 1

RIP routing table status : <Active>
        Destinations : 1          Routes : 1

Destination/Mask    Proto    Pre    Cost    Flags    NextHop          Interface

    192.168.1.0/24    RIP      100    1       D        192.168.12.1     GigabitEthernet0/0/1

RIP routing table status : <Inactive>
        Destinations : 0          Routes : 0
```

2.4.3 案例 3：RIP 路由手工汇总

在图 2-33 中，GS_R1 及 GS_R2 为两台汇聚层路由器，这两台路由器分别下联 4 个终端网段，同时还上联核心层路由器 Core。为了让网络中的路由器都能够动态地学习到去往全网各个网段的路由，我们将在这三台路由器上部署 RIPv2。

GS_R1 的配置如下：

```
[GS_R1]rip 1
[GS_R1-rip-1]version 2
[GS_R1-rip-1]network 192.168.1.0
[GS_R1-rip-1]network 172.16.0.0
```

注意

在上述配置中，**network 172.16.0.0** 命令将会把 R1 的 GE2/0/0、GE2/0/1、GE2/0/2 及 GE2/0/3 接口都激活 RIPv2，因为这 4 个接口使用的 IP 网段是 172.16.0.0/16 内的子网。

Core 的配置如下：

```
[Core]rip 1
[Core-rip-1]version 2
[Core-rip-1]network 192.168.1.0
```

GS_R2 的配置如下：

```
[GS_R2]rip 1
[GS_R2-rip-1]version 2
[GS_R2-rip-1]network 192.168.1.0
[GS_R2-rip-1]network 172.16.0.0
```

完成上述配置后，首先查看一下每台路由器所学习到的 RIP 路由。

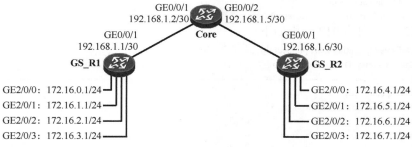

图 2-33　RIPv2 路由汇总

GS_R1 学习到的 RIP 路由如下：

```
<GS_R1>display ip routing-table protocol rip
Route Flags: R - relay, D - download to fib
------------------------------------------------------------------------
Public routing table : RIP
        Destinations : 5        Routes : 5

RIP routing table status : <Active>
        Destinations : 5        Routes : 5

Destination/Mask     Proto   Pre    Cost      Flags   NextHop       Interface

    172.16.4.0/24    RIP     100    2         D       192.168.1.2   GigabitEthernet0/0/1
    172.16.5.0/24    RIP     100    2         D       192.168.1.2   GigabitEthernet0/0/1
    172.16.6.0/24    RIP     100    2         D       192.168.1.2   GigabitEthernet0/0/1
    172.16.7.0/24    RIP     100    2         D       192.168.1.2   GigabitEthernet0/0/1
    192.168.1.4/30   RIP     100    1         D       192.168.1.2   GigabitEthernet0/0/1

RIP routing table status : <Inactive>
        Destinations : 0        Routes : 0
```

Core 学习到的 RIP 路由如下：

```
<Core>display ip routing-table protocol rip
Route Flags: R - relay, D - download to fib
------------------------------------------------------------------------
Public routing table : RIP
        Destinations : 8        Routes : 8

RIP routing table status : <Active>
        Destinations : 8        Routes : 8
```

Destination/Mask	Proto	Pre	Cost	Flags	NextHop	Interface
172.16.0.0/24	RIP	100	1	D	192.168.1.1	GigabitEthernet0/0/1
172.16.1.0/24	RIP	100	1	D	192.168.1.1	GigabitEthernet0/0/1
172.16.2.0/24	RIP	100	1	D	192.168.1.1	GigabitEthernet0/0/1
172.16.3.0/24	RIP	100	1	D	192.168.1.1	GigabitEthernet0/0/1
172.16.4.0/24	RIP	100	1	D	192.168.1.6	GigabitEthernet0/0/2
172.16.5.0/24	RIP	100	1	D	192.168.1.6	GigabitEthernet0/0/2
172.16.6.0/24	RIP	100	1	D	192.168.1.6	GigabitEthernet0/0/2
172.16.7.0/24	RIP	100	1	D	192.168.1.6	GigabitEthernet0/0/2

RIP routing table status : <Inactive>
    Destinations : 0   Routes : 0

GS_R2 学习到的 RIP 路由如下：

```
<GS_R2>display ip routing-table protocol rip
Route Flags: R - relay, D - download to fib
----------------------------------------------------------------------------
Public routing table : RIP
     Destinations : 5          Routes : 5

RIP routing table status : <Active>
     Destinations : 5          Routes : 5
```

Destination/Mask	Proto	Pre	Cost	Flags	NextHop	Interface
172.16.0.0/24	RIP	100	2	D	192.168.1.5	GigabitEthernet0/0/1
172.16.1.0/24	RIP	100	2	D	192.168.1.5	GigabitEthernet0/0/1
172.16.2.0/24	RIP	100	2	D	192.168.1.5	GigabitEthernet0/0/1
172.16.3.0/24	RIP	100	2	D	192.168.1.5	GigabitEthernet0/0/1
192.168.1.0/30	RIP	100	1	D	192.168.1.5	GigabitEthernet0/0/1

RIP routing table status : <Inactive>
    Destinations : 0   Routes : 0

现在，所有的路由器都已经获知了到达全网各个网段的路由。实际上这三台路由器的路由表是存在可优化的空间的。令人欣慰的是，这个网络的 IP 编址是科学且合理的，因此可以通过部署 RIP 路由汇总来简化网络中路由器的路由表。

RIPv2 是支持路由自动汇总的，在 RIP 的配置视图下，使用 **summary** 命令即可激活 RIPv2 的路由自动汇总功能。以华为 AR2220 路由器为例，缺省已经激活了 RIP 路由自动汇总。可以看一下 GS_R1 的 RIP 协议信息：

```
<GS_R1>display   rip
Public VPN-instance
    RIP process          : 1
    RIP version          : 2
    Preference           : 100
    Checkzero            : Enabled
    Default-cost   : 0
    Summary              : Enabled
    Host-route           : Enabled
    Maximum number of balanced paths       : 8
    Update time          : 30 sec        Age time     : 180 sec
```

```
        Garbage-collect time        : 120 sec
        Graceful restart            : Disabled
        BFD                         : Disabled
......
```

那么既然已经缺省激活了路由自动汇总，为什么在完成相应的配置后，在三台路由器上依然没有看到相关现象呢？这是因为如果接口激活了水平分割或毒性逆转，那么自动汇总功能将不会生效。这三台路由器的接口缺省已经激活了 RIP 水平分割，因此在这个场景中，在这些路由器的路由表中看到的依然都是明细路由。

以 GS_R1 为例，其 GE0/0/1 接口的 RIP 信息如下：

```
<GS_R1>display rip 1 interface GigabitEthernet 0/0/1 verbose
 GigabitEthernet0/0/1(192.168.1.1)
    State            : UP                 MTU       : 500
    Metricin         : 0
    Metricout        : 1
    Input            : Enabled            Output    : Enabled
    Protocol         : RIPv2 Multicast
    Send version     : RIPv2 Multicast Packets
    Receive version  : RIPv2 Multicast and Broadcast Packets
    Poison-reverse             : Disabled
    Split-Horizon              : Enabled
    Authentication type        : None
    Replay Protection          : Disabled
```

为了使 GS_R1 的 RIP 路由自动汇总生效，不向 Core 通告其直连的 4 个网段的明细路由，而只通告汇总路由，可以选择关闭其 GE0/0/1 接口的水平分割：

```
[GS_R1]interface GigabitEthernet 0/0/1
[GS_R1-GigabitEthernet0/0/1]undo rip split-horizon
```

如此一来，由于 GS_R1 处在 172.16.0.0/16 及 192.168.1.0/24 这两个主类网络的边界，因此当它向 192.168.1.0/24 网络通告 172.16.0.0/16 网络的子网路由时，它将通告主类网络路由 172.16.0.0/16（而不会通告明细路由）——这便是 RIP 路由自动汇总的效果。此时 Core 学习到的 RIP 路由如下：

```
<Core>display ip routing-table protocol rip
Route Flags: R - relay, D - download to fib
------------------------------------------------------------------
Public routing table : RIP
        Destinations : 6        Routes : 6

RIP routing table status : <Active>
        Destinations : 6        Routes : 6

Destination/Mask     Proto    Pre    Cost    Flags    NextHop         Interface

   172.16.0.0/16     RIP      100    1       D        192.168.1.1     GigabitEthernet0/0/1
   172.16.4.0/24     RIP      100    1       D        192.168.1.6     GigabitEthernet0/0/2
   172.16.5.0/24     RIP      100    1       D        192.168.1.6     GigabitEthernet0/0/2
   172.16.6.0/24     RIP      100    1       D        192.168.1.6     GigabitEthernet0/0/2
   172.16.7.0/24     RIP      100    1       D        192.168.1.6     GigabitEthernet0/0/2
   192.168.1.0/24    RIP      100    1       D        192.168.1.1     GigabitEthernet0/0/1

RIP routing table status : <Inactive>
        Destinations : 0        Routes : 0
```

您可能已经发现了，原先在 Core 的路由表中到达 GS_R1 所直连的 4 个终端网段的明细路由现在已经消失了，取而代之的是汇总路由 172.16.0.0/16，如此可见，GS_R1 的路由自动汇总功能生效了。

然而将接口的 RIP 水平分割关闭始终是存在一定的隐患的，因为 RIP 的路由防环在很大程度上依赖于水平分割。因此还是将 GS_R1 的 GE0/0/1 的水平分割开启，再另想他法。

实际上，在 RIP 配置视图下，使用 **summary always** 命令可以使得路由器无论水平分割或毒性逆转激活与否，都执行路由自动汇总。因此，调整 GS_R1 的配置如下：

```
[GS_R1]rip 1
[GS_R1-rip-1]summary always
```

将 GS_R2 的配置也做调整：

```
[GS_R2]rip 1
[GS_R2-rip-1]summary always
```

如此一来，GS_R1 及 GS_R2 都将执行路由自动汇总。然而正如本书在"路由汇总"一节中所讨论过的，在类似场景中，如果 GS_R1 及 GS_R2 都执行路由自动汇总，那么路由将在 Core 上产生问题。此时 Core 的路由表中的 RIP 路由如下：

```
<Core>display ip routing-table protocol rip
Route Flags: R - relay, D - download to fib
------------------------------------------------------------------
Public routing table : RIP
        Destinations : 1         Routes : 2

RIP routing table status : <Active>
        Destinations : 1         Routes : 2

Destination/Mask     Proto    Pre    Cost    Flags    NextHop         Interface

      172.16.0.0/16   RIP     100     1       D       192.168.1.1     GigabitEthernet0/0/1
                      RIP     100     1       D       192.168.1.6     GigabitEthernet0/0/2

RIP routing table status : <Inactive>
        Destinations : 0         Routes : 0
```

由于 GS_R1 及 GS_R2 都向 Core 通告汇总路由 172.16.0.0/16，并且这两条路由的度量值是相等的，因此 Core 将会把这两条 RIP 路由都加载到其路由表中，此时关于该目的网段，Core 将在 GS_R1 及 GS_R2 这两个下一跳执行等价负载分担。如此一来，以 172.16.1.0/24 为例，当 Core 转发到达该网段的数据包时，就有可能将其发往下一跳 GS_R2，从而导致报文丢失。

造成这个问题的根本原因在于，RIP 自动汇总产生的路由是不精确的，汇总路由的颗粒度太大，它只能是主类网络路由。因此，针对这个场景，手工路由汇总是一个更佳的方案。实际上，正如大家所看到的，这个网络的 IP 编址是非常科学的，GS_R1 所直连的 4 个终端网段：172.16.0.0/24 至 172.16.3.0/24 是连续的子网，可以使用 172.16.0.0/22 将它们刚好"囊括"住。同理，也可以使用 172.16.4.0/22 将 GS_R2 所直连的 4 个终端网段刚好"囊括"住。如此一来，GS_R1 仅需向 Core 通告汇总路由 172.16.0.0/22 即可，而 Core 便可以通过这条汇总路由到达 GS_R1 直连的 4 个终端网段，同理 GS_R2 仅需向 Core 通告汇总路由 172.16.4.0/22。

GS_R1 的手工路由汇总配置如下：

```
[GS_R1]interface GigabitEthernet 0/0/1
[GS_R1-GigabitEthernet0/0/1]rip summary-address 172.16.0.0 255.255.252.0
```

GS_R2 的手工路由汇总配置如下：

```
[GS_R2]interface GigabitEthernet 0/0/1
[GS_R2-GigabitEthernet0/0/1]rip summary-address 172.16.4.0 255.255.252.0
```

完成上述配置后，来看看 Core 的路由表中的 RIP 路由：

```
<Core>display ip routing-table protocol rip
Route Flags: R - relay, D - download to fib
------------------------------------------------------------------
Public routing table : RIP
        Destinations : 2        Routes : 2

RIP routing table status : <Active>
        Destinations : 2        Routes : 2

Destination/Mask    Proto   Pre   Cost   Flags   NextHop       Interface

     172.16.0.0/22    RIP    100    1      D      192.168.1.1   GigabitEthernet0/0/1
     172.16.4.0/22    RIP    100    1      D      192.168.1.6   GigabitEthernet0/0/2
```

2.4.4　案例 4：RIP 报文认证

在图 2-34 中，R1 及 R2 连接在一台交换机上，双方的接口均配置相同网段的 IP 地址并运行 RIPv2，开始交换 RIP 路由。在正常情况下，R1 应该能通过 RIP 从 R2 获知到达 192.168.2.0/24 的路由。此时网络中出现了一个攻击者 R3，R3 也接入到了交换机上，其接口也配置了相同网段的 IP 地址，并激活 RIPv2，随后 R3 开始向交换机泛洪 Response 报文。如果 R3 也通过 RIP 向网络中通告到达 192.168.2.0/24 的路由，那么 R1 的路由表势必受到影响。如果 R3 通告的 192.168.2.0/24 路由的度量值与 R2 所通告的该路由度量值相等，那么 R1 便会在这两个下一跳执行等价负载分担，当其收到去往该网段的数据包时，就有可能将它们转发到 R3，从而导致业务中断。当然，如果 R3 通告的路由的跳数比 R2 的更小，那么更将刷新 R1 的路由表，导致业务彻底中断。

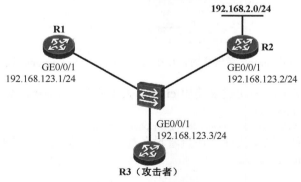

图 2-34　RIPv2 报文认证

RIPv2 支持报文认证，因此，只需要在 R1 及 R2 的接口上激活 RIP 报文认证，即可解决上述问题。

R1 的配置如下：

```
[R1]rip 1
[R1-rip-1]version 2
[R1-rip-1]network 192.168.123.0
[R1-rip-1]quit

[R1]interface GigabitEthernet 0/0/1
[R1-GigabitEthernet0/0/1]rip authentication-mode simple plain Hcnp123
```

R2 的配置如下：

```
[R2]rip 1
[R2-rip-1]version 2
[R2-rip-1]network 192.168.123.0
[R2-rip-1]network 192.168.2.0
[R2-rip-1]quit

[R2]interface GigabitEthernet 0/0/1
[R2-GigabitEthernet0/0/1]rip authentication-mode simple plain Hcnp123
```

在 R1 及 R2 的配置中，**rip authentication-mode simple plain Hcnp123** 命令用于在路由器的接口上激活 RIP 报文认证，**simple** 关键字表示认证的方式为简单认证，即明文认证，当使用这种认证方式时，RIP 路由器将口令 Hcnp123 以明文的形式在 RIP 报文中携带，如图 2-35 所示，这显然是不安全的，因为攻击者可以在网络中轻松地捕获 RIP 报文，并使用报文分析工具查看其中的明文口令。另外，命令中的 **plain** 关键字表示口令将以明文的方式存储在配置文件中，因此使用 **display** 命令查看设备的配置文件时，能直接看到我们所配置的口令：

```
<R1>display current-configuration interface GigabitEthernet0/0/1
[V200R003C00]
#
interface GigabitEthernet0/0/1
 ip address 192.168.123.1 255.255.255.0
 rip authentication-mode simple plain Hcnp123
```

```
Routing Information Protocol
  Command: Response (2)
  Version: RIPv2 (2)
  Routing Domain: 0
⊟ Authentication: Simple Password
   Authentication type: Simple Password (2)
   Password: Hcnp123
⊞ IP Address: 192.168.2.0, Metric: 1
⊞ IP Address: 192.168.123.0, Metric: 1
```

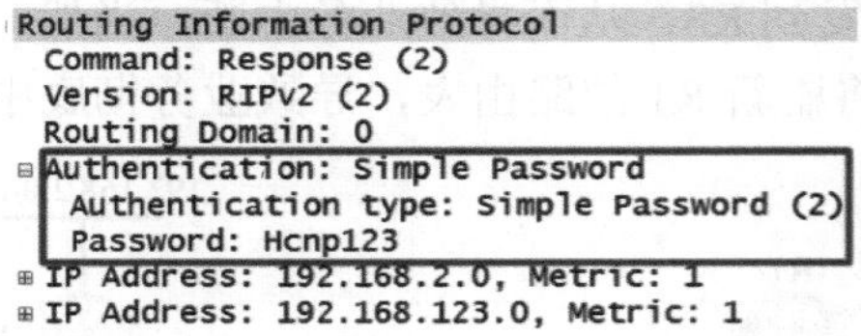

图 2-35 使用 simple 关键字时，口令以明文的方式在 Response 报文中呈现

这显然更加不安全，因此建议使用 **cipher** 关键字替代 **plain**，命令如下：

```
[R1]interface GigabitEthernet 0/0/1
[R1-GigabitEthernet0/0/1]rip authentication-mode simple cipher Hcnp123
```

使用如上方法配置报文认证，在查看设备配置时，是无法看到明文口令的：

```
[R1-GigabitEthernet0/0/1]display this
[V200R003C00]
#
interface GigabitEthernet0/0/1
 ip address 192.168.123.1 255.255.255.0
 rip authentication-mode simple cipher %$%$h2EU*,N:gR6&20UiT.)1wPgU%$%$
```

因此，**cipher** 关键字相比之下更加安全，然而虽然口令是以密文的形式存储在配置文件中，但是由于使用了 **simple** 关键字，故路由器在发送 RIP 报文时，口令依然是以明文的方式在 Response 报文中被携带。

　　在 R1 及 R2 配置了 RIP 报文认证后，两台路由器的接口将对接收的 RIP 报文进行认证，如果发现口令不匹配，那么收到的 RIP 报文将被丢弃。所以，R3 发送过来的、携带着非法路由信息的 Response 报文将被直接丢弃。尽管如此，正如前文所说，simple 这一报文认证方式是不够安全的，更加推荐的报文认证方式是 MD5。在接口视图下使用 **rip authentication-mode md5** 命令可激活基于 MD5 的 RIP 报文认证。在该条命令中，有两个关键字可供选择：**usual** 及 **nonstandard**，这两个关键字用于指定 MD5 的类型，其中 **usual** 关键字表示 MD5 认证报文使用通用报文格式（私有标准），**nonstandard** 关键字表示 MD5 认证报文使用非标准报文格式（IETF 标准）。

　　R1 的接口配置修改如下：

```
[R1]interface GigabitEthernet 0/0/1
[R1-GigabitEthernet0/0/1]rip authentication-mode md5 usual cipher HCNP@123
```

R2 的接口配置修改如下：

```
[R2]interface GigabitEthernet 0/0/1
[R2-GigabitEthernet0/0/1]rip authentication-mode md5 usual cipher HCNP@123
```

　　如此一来，R1 及 R2 的接口就开启了基于 MD5 的报文认证。此时，双方交互的 Response 报文中，HCNP@123 口令不再以明文的方式被携带，因此安全性得到了提升。

2.4.5　案例 5：配置接口的附加度量值

　　在图 2-36 所示的网络中，R1、R2、R3、R4 及 R5 运行了 RIP 路由协议，R5 在 RIP 中发布路由 192.168.5.0/24。R1 会分别从 R2 及 R3 学习到去往该网段的路由，从 R2 学习到的路由的度量值为 2 跳，而从 R3 学习到的路由的度量值为 3 跳。此外，R1 也向 RIP 发布路由 192.168.1.0/24，最终 R5 能够分别从 R2 及 R4 学习到该条 RIP 路由。

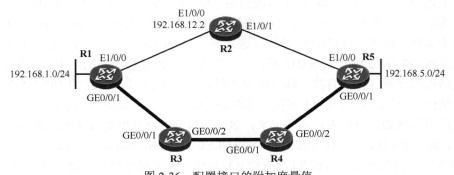

图 2-36　配置接口的附加度量值

　　现在，观察一下 R1 路由表中的 RIP 路由：

```
<R1>display ip routing-table protocol rip
Route Flags: R - relay, D - download to fib
------------------------------------------------------------
Public routing table : RIP
         Destinations : 4        Routes : 5

RIP routing table status : <Active>
```

```
        Destinations : 4          Routes : 5

Destination/Mask    Proto    Pre    Cost    Flags    NextHop          Interface

   192.168.5.0/24   RIP      100    2       D        192.168.12.2     Ethernet1/0/0
   192.168.25.0/24  RIP      100    1       D        192.168.12.2     Ethernet1/0/0
   192.168.34.0/24  RIP      100    1       D        192.168.13.3     GigabitEthernet0/0/1
   192.168.45.0/24  RIP      100    2       D        192.168.13.3     GigabitEthernet0/0/1
                    RIP      100    2       D        192.168.12.2     Ethernet1/0/0

RIP routing table status : <Inactive>
        Destinations : 0          Routes : 0
```

显然，R1 优选了 R2 通告过来的 192.168.5.0/24 路由，因为这条路由的度量值更小。同理，对于 192.168.1.0/24，R5 也会通过 RIP 获知到达该网段的路由，并且优选 R2 所通告的 RIP 路由。

如此一来，当 192.168.1.0/24 与 192.168.5.0/24 这两个网段的用户在进行通信的时候，双方互通的流量是走在 R1—R2—R5 这段低带宽链路上的，而 R1—R3—R4—R5 这一侧高带宽的链路则不会承载这两个网段互通的任何流量，这显然是不合理的。一个更加合理的设计是将双方互通的流量切换到高带宽链路上，而 R2 这一侧的链路则作为备份路径。

RIP 支持在接口上进行相应的配置，从而将该接口接收或发送的特定路由的度量值在原有的基础上增加一个自定义的值，目的是影响 RIP 路由的优选。

R1 的配置如下：

```
[R1]acl 2000
[R1-acl-basic-2000]rule permit source 192.168.5.0 0.0.0.0
[R1-acl-basic-2000]quit

[R1]interface Ethernet1/0/0
[R1-Ethernet1/0/0]rip metricin 2000 2
```

在上述配置中，ACL2000 用于匹配路由 192.168.5.0（Basic ACL 只能匹配路由的目的网络地址，而不能匹配路由的目的网络掩码），而接口视图下的 **rip metricin 2000 2** 命令则用于调整 RIP 接口的附加度量值，这条命令造成的影响是：当 R1 在 Ethernet1/0/0 接口上收到 192.168.5.0/24 这条 RIP 路由（也即 ACL2000 所匹配住的路由）的更新时，它会将该路由的度量值在原有的基础上增加 2 跳。由于 R2 通告给 R1 的 192.168.5.0/24 路由的度量值为 2 跳，因此当 R1 在接口 Ethernet1/0/0 上收到该条路由后，将其度量值增加 2 跳后再加载到其路由表，如此一来，该路由最终的度量值变为 4 跳，而这个度量值的调整，将使 R1 优选 R3 通告过来的 192.168.5.0/24 路由。现在，从 192.168.1.0/24 去往 192.168.5.0/24 的数据包将会被 R1 转发给 R3，这些流量将通过高带宽链路送往目的网段。

但这还不够，因为从 192.168.1.0/24 去往 192.168.5.0/24 的数据包走的是 R1—R3—R4—R5 这段路径，而从 192.168.5.0/24 去往 192.168.1.0/24 的数据包目前依然走的是 R5—R2—R1 这段低带宽路径，这种现象被称为数据的往返路径不一致。一个理想的场景是，从 A 到 B 的数据沿着一条路径转发，而从 B 到 A 的回程数据也沿相同的路径返回。为了实现这个目的，在本案例中，我们还需要再做调整，使得 R5 优选 R4 所通告的 192.168.1.0/24 路由（而不是优选 R2 通告的路由）。要实现这个目的，有两种方法：可以在 R5 的 Ethernet1/0/0 接口做配置，使其在该接口收到 192.168.1.0/24 路由时增加一定度量值，当然也可以在 R2 的 Ethernet1/0/1 接口做配置，使其在该接口发送 192.168.1.0/24 路由时增加一定度量值。后者的配置如下：

```
[R2]acl 2000
[R2-acl-basic-2000]rule permit source 192.168.1.0 0.0.0.0
[R2-acl-basic-2000]quit

[R2]interface Ethernet1/0/1
[R2-Ethernet1/0/1]rip metricout 2000 3
```

R2 的接口 Ethernet1/0/1 上所配置的 **rip metricout 2000 3** 命令，将使其在该接口发送 ACL2000 所匹配的路由时将路由的度量值增加 3 跳，因此原本 R2 从该接口通告给 R5 的 192.168.1.0/24 路由的度量值为 2 跳，经过上述配置后，它通告给 R5 的该条路由的度量值就变成了 4 跳，而相比于 R4 所通告的 192.168.1.0/24 路由（跳数为 3），R5 当然会优选后者通告过来的路由。如此一来就实现了 192.168.1.0/24 与 192.168.5.0/24 这两个网段之间的互通流量的转发路径管控，将流量引导到高带宽的路径上。

2.4.6 案例 6：配置 RIP 发布默认路由

在图 2-37 所示的网络中，Core1、Core2 及 Core3 为三台核心层路由器，它们分别下联着一些终端网络，同时又上联出口路由器 OR，OR 则连接着 Internet 出口线路。为了让网络中的各个网段实现数据互通，我们在这 4 台路由器上都运行了 RIPv2，另外，为了让 OR 路由器能够将访问 Internet 的数据包转发出去，又在 OR 上配置一条指向 Internet 的静态默认路由。然而 Core1、Core2 及 Core3 如何将下联终端网络访问 Internet 的流量转发到出口路由器 OR 呢？为了实现这个目的，可以在 Core1、Core2 及 Core3 上配置下一跳为 OR 的静态默认路由，然而这种方法是非常笨拙的，一来存在额外的手工配置量，二来静态的默认路由也无法根据网络拓扑的变化作出动态

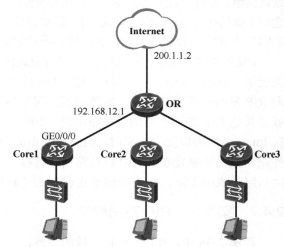

图 2-37　RIP 发布默认路由

响应。因此，一个更加推荐的方法是，通过 RIP 动态地传递默认路由——在 OR 上通过 RIP 下发默认路由，从而让网络中的 RIP 路由器都能动态地学习到这条默认路由。

OR 的关键配置如下：

```
#配置一条指向 Internet 的默认路由：
[OR]ip route-static 0.0.0.0 0.0.0.0 200.1.1.2

#下发 RIP 默认路由（注意，OR 的 RIP 配置未有全部贴出，network 命令被忽略）：
[OR]rip
[OR-rip-1]version 2
[OR-rip-1]default-route originate cost 1
```

在 RIP 配置视图中执行的 **default-route originate** 命令用于在 RIP 发布一条默认路由，**cost** 关键字用于设置该默认路由的度量值（缺省时该值为 0）。完成上述配置后，三

台核心层路由器便能够通过 RIP 学习到这条默认路由，以 Core1 为例：

```
<Core1>display ip routing-table protocol rip
Route Flags: R - relay, D - download to fib
------------------------------------------------------------------------

Public routing table : RIP
        Destinations : 5        Routes : 5

RIP routing table status : <Active>
        Destinations : 5        Routes : 5

Destination/Mask    Proto    Pre    Cost    Flags    NextHop         Interface

        0.0.0.0/0    RIP      100    2       D        192.168.12.1    GigabitEthernet0/0/0
……
```

如此一来，当 Core1 下联终端网络的用户访问 Internet 时，流量首先被送达 Core1，而 Core1 则根据这条默认路由，将流量转发给 OR，OR 再根据自己配置的静态默认路由将流量转发到 Internet。Core2 及 Core3 同理。然而这里有一个小小的问题，那便是当 OR 连接 Internet 的接口发生故障时，其指向 Internet 的静态默认路由将会失效（由于出接口失效，因此关联该出接口的静态默认路由也就不再可用），但此时 OR 依然会向 RIP 通告动态的默认路由，这样导致的结果是，三台核心层路由器依然会通过 RIP 学习到默认路由，因此当它们下联的终端用户访问 Internet 时，流量还是会被转发给 OR，然后在 OR 这里被丢弃。所以实际上此时三台核心层路由器将终端网络发往 Internet 的流量转发到 OR 是没有意义的。

OR 的配置可以做少许修改，可在 **default-route originate** 命令中增加 **match default** 关键字。在没有该关键字之前，无论 OR 的路由表中是否已经存在默认路由，它都始终向 RIP 发布一条默认路由。而使用该关键字后，只当 OR 的路由表中存在其他路由协议或者其他 RIP 进程产生的默认路由时，OR 才会向 RIP 发布默认路由。此时，当 OR 连接 Internet 的接口发生故障时，其路由表中的静态默认路由消失，OR 将立即使用一条毒性路由撤销原来发布的 RIP 默认路由，这样一来，三台核心层路由器纷纷将 RIP 默认路由从路由表中删除，之前的困惑也就得到了解决。

2.4.7　案例 7：RIP 路由标记

在图 2-38 中，R2 处于 RIP 域的边界，它直连着一个外部网络，在该外部网络中存在 A、B 两个业务，这两个业务使用不同的 IP 网段。现在 R2 配置了到达这两个业务网段的静态路由，为了让整个 RIP 域能够动态地学习到这些路由，R2 需要将静态路由重分发到 RIP。由于 RIP 域内的路由器基于某种需求需要在学习到这些到达外部网络的路由后，区分出到达 A、B 业务的路由，此时便可以在 R2 上完成相关操作，使得它将外部路由重分发到 RIP 时，为它们设置不同的路由标记。

以下是 R2 的配置示例：

```
[R2]ip route-static 10.1.1.0 24 31.1.1.21 tag 10
[R2]ip route-static 10.2.2.0 24 31.1.1.21 tag 10
[R2]ip route-static 11.1.1.0 24 31.1.1.21 tag 20
[R2]ip route-static 11.2.2.0 24 31.1.1.21 tag 20

[R2]rip
[R2-rip-1]import-route static
```

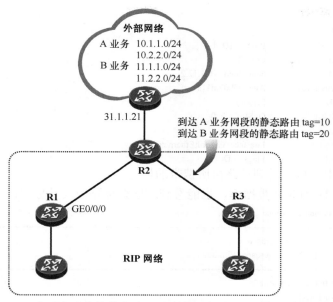

图 2-38　R2 将路由表中的静态路由重分发到 RIP，并且为这些路由设置标记

　　在以上配置中，R2 配置了 4 条静态路由，其中到达 A 业务网段的静态路由指定了标记值 10，而到达 B 业务网段的静态路由则指定了标记值 20，在 **ip route-static** 命令中使用 **tag** 关键字可设置该静态路由的标记值。另外，在 RIP 配置视图下执行的 **import-route static** 命令用于将 R2 路由表中的静态路由重分发到 RIP。当 R2 将静态路由重分发到 RIP 时，这些路由的标记值将会被一并携带，并且填充到 Response 报文的"路由标记"字段中。

　　完成上述配置后，RIP 域内的路由器即可通过 RIP 学习到这些路由，以 R1 的路由表为例：

```
<R1>display ip routing-table protocol rip
Route Flags: R - relay, D - download to fib
--------------------------------------------------------------------------
Public routing table : RIP
        Destinations : 12          Routes : 12

RIP routing table status : <Active>
        Destinations : 12          Routes : 12

Destination/Mask      Proto    Pre    Cost    Flags     NextHop        Interface

        10.1.1.0/24   RIP      100    1       D         10.1.12.2      GigabitEthernet0/0/0
        10.2.2.0/24   RIP      100    1       D         10.1.12.2      GigabitEthernet0/0/0
        11.1.1.0/24   RIP      100    1       D         10.1.12.2      GigabitEthernet0/0/0
        11.2.2.0/24   RIP      100    1       D         10.1.12.2      GigabitEthernet0/0/0
......
```

以 10.1.1.0/24 路由为例，查看一下它的详细信息：

```
<R1>display ip routing-table 10.1.1.0 verbose
Route Flags: R - relay, D - download to fib
--------------------------------------------------------------------------
Routing Table : Public
Summary Count : 1
```

```
Destination: 10.1.1.0/24
    Protocol: RIP              Process ID: 1
    Preference: 100            Cost: 1
    NextHop: 10.1.12.2         Neighbour: 10.1.12.2
        State: Active Adv      Age: 00h07m11s
        Tag: 10                Priority: low
        Label: NULL            QoSInfo: 0x0
    IndirectID: 0x0
    RelayNextHop: 0.0.0.0      Interface: GigabitEthernet0/0/0
        TunnelID: 0x0          Flags:  D
```

从以上输出中，可以看到该路由所携带的标记。

当然，查看 R1 的 RIP 数据库，也能看到这些外部路由及其标记：

```
<R1>display rip 1 database verbose
-----------------------------------------------------------------------
Advertisement State : [A] - Advertised
                      [I] - Not Advertised/Withdraw
-----------------------------------------------------------------------
    10.0.0.0/8, cost 0, ClassfulSumm
    10.1.1.0/24, cost 1, [A]
        NextHop : 10.1.12.2        Intf : GigabitEthernet0/0/0
        EntryID : 0xb50ea49c       Tag  : 10
        State    : RM Active
    10.2.2.0/24, cost 1, [A]
        NextHop : 10.1.12.2        Intf : GigabitEthernet0/0/0
        EntryID : 0xb4b77f04       Tag  : 10
        State    : RM Active
    11.0.0.0/8, cost 1, ClassfulSumm
    11.1.1.0/24, cost 1, [A]
        NextHop : 10.1.12.2        Intf : GigabitEthernet0/0/0
        EntryID : 0xb4b77e7c       Tag  : 20
        State    : RM Active
    11.2.2.0/24, cost 1, [A]
        NextHop : 10.1.12.2        Intf : GigabitEthernet0/0/0
        EntryID : 0xb4b77df4       Tag  : 20
        State    : RM Active
......
```

2.5　习题

1．（多选）以下关于 RIP 的选项，正确的有（　　）

　　A．RIP 报文载荷直接采用 IP 封装，协议号为 520。

　　B．RIPv1 使用广播的方式发送协议报文，而 RIPv2 则缺省使用组播的方式发送。

　　C．在华为路由器上，在系统视图下使用 **rip** 命令即可创建一个 RIP 进程，而且可以根据实际需要，创建多个 RIP 进程。

　　D．RIPv1 支持路由自动汇总，可以通过命令将缺省激活的自动汇总功能关闭。

2．（多选）关于 RIP 的计时器，以下说法正确的是（　　）

　　A．RIP 更新周期缺省为 30s，也就是说 RIP 每隔 30s（存在一定偏移量）在接口上泛洪一次 Response 报文。

B. 一条 RIP 路由如果老化计时器超时，那么该路由将保留在路由表一段时间，直到其垃圾回收计时器也超时，该路由才会被彻底删除。

C. 一条 RIP 路由如果老化计时器超时，但垃圾回收计时器没有超时，那么路由器依然按照原有度量值正常地向其他直连 RIP 路由器通告该路由，直到路由的垃圾回收计时器也超时。

D. 路由器学习到一条 RIP 路由并将该路由加载路由表的同时，会为其启动老化计时器，当下一个更新周期到来时，该路由器将再次收到路由更新源的 Response 报文，如果在该报文中再次看到这条路由，此时路由器将刷新路由的老化计时器。

3. 在图 2-39 中，R2 已经完成了 RIPv2 配置并在其 GE0/0/0 接口上激活了 RIPv2，如果 R1 采用如下配置：

```
[R1]rip 1
[R1-rip-1]version 2
[R1-rip-1]network 172.16.0.0
```

那么，R2 的路由表中，存在多少条 RIP 路由，它们分别是什么？

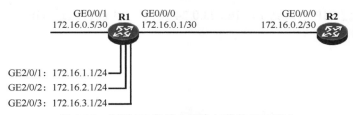

图 2-39 判断 R2 的路由表中加载的 RIP 路由

4. 在图 2-40 中，R1、R2 及 R4 已经完成了 RIPv2 配置（R1、R2 在其所有直连接口上都激活了 RIPv2），如果 R3 采用如下配置：

```
[R3]rip 1
[R3-rip-1]version 2
[R3-rip-1]network 10.0.0.0
[R3-rip-1]quit

[R3]interface GigabitEthernet 0/0/0
[R3-GigabitEthernet0/0/0]rip summary-address 10.0.0.0 255.255.248.0
```

那么，R4 的路由表中，存在多少条 RIP 路由，它们分别是什么？

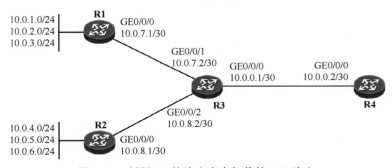

图 2-40 判断 R4 的路由表中加载的 RIP 路由

5．在图 2-41 中，R1 及 R3 已经完成 RIPv2 的配置，两者都在各自直连接口上激活了 RIPv2。R2 的 RIPv2 配置如下：

```
[R2]rip 1
[R2-rip-1]version 2
[R2-rip-1]network 192.168.12.0
[R2-rip-1]quit
[R2]rip 2
[R2-rip-2]version 2
[R2-rip-2]network 192.168.23.0
```

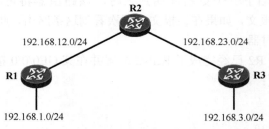

图 2-41　RIP 多进程

R1 能否通过 RIP 学习到 192.168.23.0/24 路由？R3 能否通过 RIP 学习到 192.168.12.0/24 路由？

为什么？

第3章
OSPF

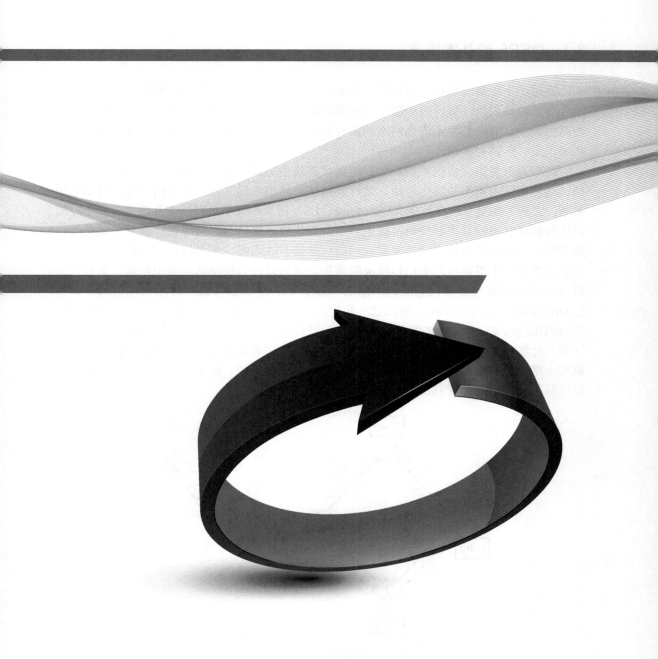

3.1　OSPF 的基本概念

回顾一下距离矢量路由协议的工作原理：运行距离矢量路由协议的路由器周期性地泛洪自己的路由表，每台路由器都从相邻的路由器学习到路由，并且将路由加载进自己的路由表中，而它们并不清楚网络的拓扑结构，只是简单地知道到达某个目标网段应该从哪里走、距离有多远。

与距离矢量路由协议不同，运行链路状态路由协议的路由器知晓整个网络的拓扑结构，这使得路由更不易发生环路。运行链路状态路由协议的路由器之间首先会建立邻居关系，之后开始交互链路状态（Link-State，LS）信息，而不是直接交互路由。您可以简略地将链路状态信息理解为每台路由器都会产生的、描述自己直连接口状况（包括接口的开销、与邻居路由器之间的关系或网段信息等）的通告，更通俗点的讲法是，每台路由器都产生一个描述自己家门口情况的通告。这些通告会被泛洪到整个网络，从而保证网络中的每台路由器都拥有对该网络的一致认知。路由器将这些链路状态信息存储在 LSDB（Link-State Database，链路状态数据库）之中，LSDB 内的数据有助于路由器还原全网的拓扑结构（如图 3-1 所示）。接下来，每台路由器都基于 LSDB 使用相同算法进行计算，计算的结果是得到一棵以自己为根的、无环的最短路径"树"。有了这棵"树"，事实上路由器就已经知道了到达网络各个角落的最优路径。最后，路由器将计算出来的最优路径（路由）加载到自己的路由表。

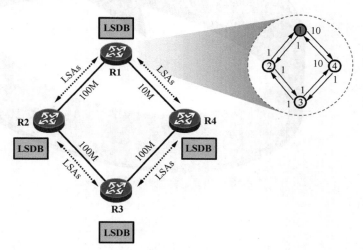

图 3-1　每台路由器都拥有相同的 LSDB

OSPF（Open Shortest Path First，开放式最短路径优先）是一种典型的链路状态路由协议，由 IETF（Internet Engineering Task Force，国际互联网工程任务组）的 OSPF 工作小组开发，是目前业内使用最为广泛的 IGP（Interior Gateway Protocol，内部网关协议）之一。OSPF 中的"O"意为"Open"，即开放的意思，所有的厂商都可以在其设备上实现 OSPF，当然，这些 OSPF 实现都需遵循公有标准。OSPF 支持 VLSM（Variable-length subnet，可变长子网掩码），支持路由汇总等，另外区域（Area）的概念引入使得 OSPF 能够支持更大规模的网络。当网络拓扑发生变更的时候，OSPF 可以快速地感知并进行路由的计算和重新收敛。目前 OSPF 主要有两个版本，一是 OSPFv2，该版本主要针对 IPv4，在 RFC2328（OSPF Version 2）中描述；另一个是 OSPFv3，该版本主要针对 IPv6，在 RFC2740（OSPF for IPv6）中描述。本书仅探讨 OSPFv2，除非特别说明，否则 OSPF 指的是 OSPFv2。

学习完本节之后，我们应该能够：

- 理解 OSPF Router-ID 的概念；
- 学会查看 OSPF 的三张表；
- 理解 OSPF 路由 Cost 的概念及作用；
- 熟悉 OSPF 的五种报文及其功能；
- 理解 OSPF 网络类型的概念及意义；
- 理解 OSPF DR、BDR 的概念及意义；
- 理解 OSPF 区域的概念，以及区域划分的意义，并熟悉多区域 OSPF 部署的注意事项；
- 熟悉各种 OSPF 路由器角色。

3.1.1　Router-ID

OSPF Router-ID（Router Identification，路由器标识）是一个 32bit 长度的数值，通常使用点分十进制的形式表现（与 IPv4 地址的格式一样，例如 192.168.200.1），用于在 OSPF 域（Domain）中唯一地标识一台 OSPF 路由器。我们把一系列连续的 OSPF 路由器组成的网络称为 OSPF 域，这些路由器采用相同的 OSPF 策略。OSPF 要求路由器的 Router-ID 必须全域唯一，即在同一个域内不允许出现两台 OSPF 路由器拥有相同的 Router-ID 的情况。

Router-ID 可以使用手工配置的方式进行设定。如果在创建 OSPF 进程时没有手工指定 Router-ID，则系统会自动选择设备上的一个 IP 地址作为 Router-ID。在华为的路由器上如果创建 OSPF 进程时没有手工指定 Router-ID，则路由器将为该进程分配一个缺省 Router-ID。当然在实际网络部署中，强烈建议大家手工配置 OSPF 的 Router-ID，因为这关系到协议的稳定性。一个常见的做法是，将设备的 OSPF Router-ID 指定为该设备的 Loopback 接口（本地环回接口）的 IP 地址。手工指定 OSPF Router-ID 的示例如下：

```
#为设备创建一个 Loopback 接口，并指定接口的 IP 地址：
[Router]interface loopback 0
[Router-LoopBack0]ip address 1.1.1.1 32
[Router-LoopBack0]quit

#创建一个 OSPF 进程，并指定该设备的 Router-ID 为 1.1.1.1（Loopback0 接口的地址）：
[Router]ospf 1 router-id 1.1.1.1
```

注意

Loopback 接口也即本地环回接口，是一种软件的、逻辑的接口，实际上不光是网络设备支持 Loopback 接口，很多主机（例如 Windows 或 Linux 主机）也同样支持。用户可以根据业务需求，在网络设备上创建 Loopback 接口，并为该接口配置 IP 地址。Loopback 接口非常稳定，除非人为地进行关闭或删除，否则是永远不会失效的。正因如此，Loopback 接口通常用于设备网管、网络测试、网络协议应用等。

以上配置中，在系统视图下执行的 **ospf 1 router-id 1.1.1.1** 命令用于创建一个 OSPF 进程，该进程的 Process-ID 为 1（Process-ID 即进程标识，用于在一台设备上标识一个 OSPF 进程），并且路由器在该 OSPF 进程中所使用的 Router-ID 为 1.1.1.1。无论是采用手工配置还是自动选取的方式，一旦 OSPF 确定了 Router-ID，之后如果再变更的话就需要将 OSPF 进程重启才能使新的 Router-ID 生效，用于重启 OSPF 进程的命令是：

```
<Router>reset ospf process
```

当然在实际的项目中这条命令需谨慎使用，因为一旦这条命令被执行，OSPF 的进程便会重启，该 OSPF 进程的所有邻接关系将会被重置，这会引发路由的动荡。

3.1.2　OSPF 的三张表

OSPF 使用三张表格以确保其正常运行。

1. 邻居表（Peer Table 或 Neighbor Table）

在 OSPF 交互链路状态通告之前，两台直连路由器需建立 OSPF 邻居关系。当一个接口激活 OSPF 后，该接口将周期性地发送 OSPF Hello 报文，同时也开始侦听 Hello 报文从而发现直连链路上的邻居。当 OSPF 在接口上发现邻居后，邻居的信息就会被写入路由器的 OSPF 邻居表，随后一个邻接关系的建立过程也就开始了。

在图 3-2 所示的网络中，R1、R2 及 R3 都运行了 OSPF。以 R2 为例，它将在自己的 GE0/0/0 及 Serial1/0/0 接口上分别发现 R1 及 R3，并最终与这两者都建立 OSPF 邻接关系，来看一下 R2 的邻居表：

```
[R2]display ospf peer
        OSPF Process 1 with Router ID 2.2.2.2
                Neighbors
Area 0.0.0.0 interface 10.1.12.2(GigabitEthernet0/0/0)'s neighbors
Router ID: 1.1.1.1          Address: 10.1.12.1
   State: Full   Mode:Nbr is   Slave   Priority: 1
   DR: 10.1.12.2   BDR: 10.1.12.1   MTU: 0
   Dead timer due in 39    sec
   Retrans timer interval: 5
   Neighbor is up for 00:01:39
   Authentication Sequence: [ 0 ]


                Neighbors
Area 0.0.0.0 interface 10.1.23.2(Serial1/0/0)'s neighbors
Router ID: 3.3.3.3          Address: 10.1.23.3
   State: Full   Mode:Nbr is   Master   Priority: 1
   DR: None     BDR: None     MTU: 0
   Dead timer due in 35    sec
   Retrans timer interval: 0
   Neighbor is up for 00:01:05
   Authentication Sequence: [ 0 ]
```

使用 **display ospf peer** 命令可查看设备的 OSPF 邻居表。从上面的输出可以看出，R2 已经与 R1 和 R3 建立了全毗邻的邻接关系，这点可以通过查看两个邻居的状态（State

都为 Full）来确认。掌握邻居表的查看是使用 OSPF 的基本技能之一，也是 OSPF 维护及故障定位的重要手段。实际上，每台 OSPF 路由器都与其邻居建立会话，每个会话都使用一个"邻居数据结构"来描述，这些数据结构是与路由器的接口相关联的，它们描述了这个邻居的状态、主/从（Master/Slave）关系、Router-ID、DR 优先级（若有）、接口 IP 地址等信息，OSPF 邻居表则汇总了这些信息，统一将路由器所有邻居的相关数据展示出来。

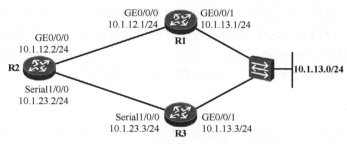

图 3-2　一个简单的 OSPF 网络

2. 链路状态数据库（Link-State Database，LSDB）

我们已经知道，运行链路状态路由协议的路由器在网络中泛洪链路状态信息，在 OSPF 中，这些信息被称为 LSA（Link-State Advertisement，链路状态通告），路由器将网络中的 LSA 搜集后装载到自己的 LSDB 中，因此 LSDB 可以当作是路由器对网络的完整认知。OSPF 定义了多种类型的 LSA，这些 LSA 都有各自的用途，当然最终的目的都是为了让路由器知晓网络的拓扑结构及网段信息并计算出最短路径树，从而发现到达全网各个网段的路由。理解 LSDB 中各种 LSA 是深入学习 OSPF 的必经之路。下面展示的是图 3-2 中 R2 的 LSDB（使用 **display ospf lsdb** 命令可以查看设备的 LSDB）。实际上由于 R1、R2 及 R3 的所有接口都属于同一个 OSPF 区域，因此三台路由器的 LSDB 都是一致的。

```
[R2]display ospf lsdb
        OSPF Process 1 with Router ID 2.2.2.2
            Link State Database
                Area: 0.0.0.0
    Type    LinkState ID    AdvRouter    Age    Len    Sequence    Metric
    Router    2.2.2.2         2.2.2.2      281    60     8000000C    1
    Router    1.1.1.1         1.1.1.1      236    48     80000009    1
    Router    3.3.3.3         3.3.3.3      245    60     8000000B    48
    Network   10.1.13.1       1.1.1.1      236    32     80000002    0
    Network   10.1.12.2       2.2.2.2      313    32     80000002    0
```

关于 LSDB 及 LSA 的深入探讨将在后续的章节中展开。

3. OSPF 路由表（Routing Table）

使用 **display ospf routing** 命令可以查看设备的 OSPF 路由表，也就是设备通过 OSPF 所发现的路由，以 R2 为例：

```
<R2>display ospf routing

        OSPF Process 1 with Router ID 2.2.2.2
            Routing Tables
```

Routing for Network					
Destination	Cost	Type	NextHop	AdvRouter	Area
10.1.12.0/24	1	Transit	10.1.12.2	2.2.2.2	0.0.0.0
10.1.23.0/24	48	Stub	10.1.23.2	2.2.2.2	0.0.0.0
10.1.13.0/24	2	Transit	10.1.12.1	3.3.3.3	0.0.0.0

Total Nets: 3
Intra Area: 3　　Inter Area: 0　　ASE: 0　　NSSA: 0

OSPF 根据 LSDB 中的数据，运行 SPF 算法并且得到一棵以自己为根的、无环的最短路径树，基于这棵树，OSPF 能够发现到达网络中各个网段的最佳路径，从而得到路由信息并将其加载到 OSPF 路由表中。当然，这些 OSPF 路由表中的路由最终是否会被加载到全局路由表，还要经过进一步比较路由优先级等过程。

3.1.3　度量值

每种路由协议对路由度量值的规定是不同的，OSPF 使用 Cost（开销）作为路由度量值，所谓开销，亦可理解为成本或者代价，Cost 值越小，则路径（路由）越优。首先每一个激活 OSPF 的接口都拥有一个接口级别的 Cost 值，这个值等于 OSPF 带宽参考值/接口带宽，取计算结果的整数部分，当结果小于 1 时，值取 1。以华为 AR 路由器为例，OSPF 带宽参考值缺省为 100Mbit/s，这个值是可以人为修改的，但是修改参考值将直接影响 Cost 值的计算，从而影响网络中 OSPF 路由的优选，因此需格外谨慎。

在图 3-3 所示的网络中，R1、R2 及 R3 在各自的接口上都激活了 OSPF（所有的接口都属于相同的 OSPF 区域，关于区域的概念将在后续的章节中介绍）。图中已经标出了每个接口的 Cost 值。每台路由器产生的 LSA 描述了自己直连接口的状况，其中就包括接口的 Cost。这些 LSA 的泛洪使得每台路由器都获知了网络中所有路由器的信息。一条 OSPF 路径的 Cost 等于从目的地到本地路由器沿途的所有入接口 Cost 的总和。以 R2 为例，它到达目标网段 10.1.13.0/24 有两条路径可选，一条是从 R1 到达，而另一条则是从 R3 到达。R2 在计算到达 10.1.13.0/24 的路由时就要做一个比较，优选 Cost 值更小的那一条路径。R2 从 R1 这条路径到达目标网段的话，Cost 等于 R1 的 GE0/0/1 接口的 Cost 加上 R2 的 GE0/0/0 接口的 Cost，也就是 2。而从 R3 到达目的网段的 Cost 则等于 R3 的 GE0/0/1 接口的 Cost 加上 R2 的 Serial1/0/0 接口的 Cost，也就是 49。很明显，前者的 Cost 要更小，因此 R2 经过计算，将 R1 视为到达 10.1.13.0/24 的最优下一跳，并将得出的路由加载到路由表中。

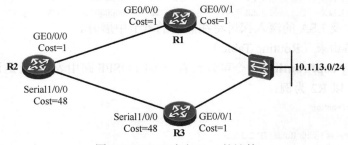

图 3-3　OSPF 路由 Cost 的计算

值得一提的是，OSPF 的接口 Cost 是可以手工调整的，在这个例子中，可以通过将 R2 的 GE0/0/0 接口的 Cost 值调大（至少要大于 48），从而让 R2 选择从 R3 到达 10.1.13.0/24。通过调节接口 Cost 从而影响 OSPF 路由计算，这种方法在实际的工程中常被用到。

3.1.4　报文类型及格式

OSPF 协议基于 IP 运行，协议的数据报文直接采用 IP 封装，在 IP 报文头部中对应的协议号为 89。多数情况下，OSPF 的协议报文使用组播地址作为目的 IP 地址，以下两个组播 IP 地址被保留专用于 OSPF。

- **224.0.0.5**：该组播 IP 地址意指所有的 OSPF 路由器。
- **224.0.0.6**：该组播 IP 地址意指所有的 OSPF DR 路由器。

OSPF 一共定义了五种报文，各有各的用途。表 3-1 罗列了这五种报文，以及报文的描述。

表 3-1　　　　　　　　　　　　　　　**OSPF 报文类型及描述**

类型	报文名称	报文描述
1	Hello	用于发现直连链路上的 OSPF 邻居，以及维护 OSPF 邻居关系
2	DD（Database Description，数据库描述）	用于描述 LSDB，该报文中携带的是 LSDB 中 LSA 的头部数据（也就是并非完整的 LSA 内容，仅仅是头部数据）
3	LSR（Link State Request，链路状态请求）	用于向 OSPF 邻居请求 LSA
4	LSU（Link State Update，链路状态更新）	用于发送 LSA，该报文中携带的是完整的 LSA 数据。LSA 是承载在 LSU 中进行泛洪的
5	LSAck（Link State Acknowledgment，链路状态确认）	设备收到 LSU 后，LSAck 用于对接收的 LSA 进行确认

路由器的接口一旦激活 OSPF，就会开始发送 Hello 报文。Hello 报文的一个重要功能就是发现直连链路上的 OSPF 邻居。当其发现邻居后，邻接关系的建立过程就开始了。在这个过程中，DD 报文用于发送 LSA 的头部摘要。通过 DD 报文的交互，路由器知道了对方所拥有的 LSA，而 LSR 用于向对方请求完整的 LSA。LSU 则用于对 LSR 进行回应，或者主动更新 LSA，在 LSU 中就承载着完整的 LSA 数据。LSAck 用于保证 OSPF 更新机制的可靠性。此外 Hello 报文还负责 OSPF 邻居关系的维护，两台直连路由器形成邻接关系后，双方依然周期性地发送 Hello 报文，以便告知对方自己的存活情况。

所有的 OSPF 报文都有统一的头部，这个头部的长度为 24byte，如图 3-4 所示。

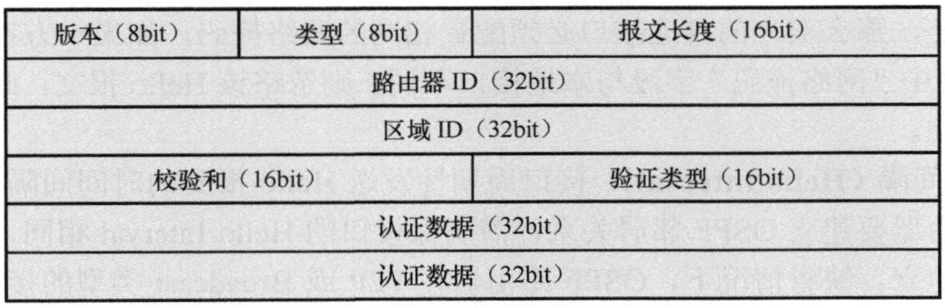

版本（8bit）	类型（8bit）	报文长度（16bit）
路由器 ID（32bit）		
区域 ID（32bit）		
校验和（16bit）	验证类型（16bit）	
认证数据（32bit）		
认证数据（32bit）		

图 3-4　OSPF 报文头部

- **版本（Version）**：对于 OSPFv2，该字段值恒为 2。
- **类型（Type）**：该 OSPF 报文的类型。该字段的值与报文类型的对应关系是：1-Hello；2-DD；3-LSR；4-LSU；5-LSAck。
- **报文长度（Packet Length）**：整个 OSPF 报文的长度（字节数）。
- **路由器 ID（Router Identification）**：路由器的 OSPF Router-ID。
- **区域 ID（Area Identification）**：该报文所属的区域 ID，这是一个 32bit 的数值。
- **校验和（Checksum）**：用于校验报文有效性的字段。
- **认证类型（Authentication Type）**：指示该报文使用的认证类型。
- **认证数据（Authentication Data）**：用于报文认证的内容。

1. Hello 报文

Hello 报文用于发现直连链路上的邻居，以及维护邻居关系。Hello 报文中携带着用于 OSPF 邻居关系建立的各项参数，在邻居关系的建立过程中，这些参数会被检查，只有参数匹配，两者才能正确地建立邻居关系。图 3-5 展示了 Hello 报文的格式。

版本 =2	类型 =1	报文长度（16bit）	
路由器 ID（32bit）			
区域 ID（32bit）			
校验和（16bit）		认证类型（16bit）	
认证数据（32bit）			
认证数据（32bit）			
网络掩码（32bit）			
Hello 间隔（16bit）		可选项（8bit）	路由器优先级（8bit）
路由器失效时间（32bit）			
指定路由器（32bit）			
备份指定路由器（32bit）			
邻居（32bit）			
⋮			
邻居（32bit）			

图 3-5　Hello 报文格式

- **网络掩码（Network Mask）**：一旦路由器的某个接口激活了 OSPF，该接口即开始发送 Hello 报文，该字段填充的是该接口的网络掩码。两台 OSPF 路由器如果通过以太网接口直连，那么双方的直连接口必须配置相同的网络掩码，如果一方在接口上收到的 Hello 报文中"网络掩码"字段与本地接口不同，则忽略该 Hello 报文，此时邻居关系无法正确建立。

- **Hello 间隔（Hello Interval）**：接口周期性发送 Hello 报文的时间间隔（单位为 s）。两台直连路由器要建立 OSPF 邻居关系，需确保接口的 Hello Interval 相同，否则邻居关系无法正常建立。缺省情况下，OSPF 路由器在 P2P 或 Broadcast 类型的接口上的 Hello 间隔为 10s，在 NBMA 及 P2MP 类型的接口上的 Hello 间隔为 30s。

注意

　　P2P、Broadcast、NBMA 及 P2MP 为 OSPF 定义的网络类型，本章将在"网络类型"一节中介绍相关概念。

- **可选项（Options）**：该字段一共 8bit，每个比特位都用于指示该路由器的某个特定的 OSPF 特性。路由器通过设置相应的 Options 比特位来通告自己支持某种特性或者拥有某种能力。OSPF 邻接关系建立过程中，Options 字段中的某些比特位会被检查，这有可能会直接影响到 OSPF 邻接关系的建立。
- **路由器优先级（Router Priority）**：路由器优先级，也叫 DR 优先级，该字段用于DR、BDR 的选举。在华为的数通产品上，缺省时 OSPF 接口的 DR 优先级为 1，这个值是可以通过命令修改的。OSPF 在多路访问网络中会进行 DR（Designated Router，指定路由器）和 BDR（Backup Designated Router，备用指定路由器）选举，而该字段的值将对选举结果产生影响。
- **路由器失效时间（Router Dead Interval）**：在邻居路由器被视为无效前，需等待收到对方 Hello 报文的时间（单位为 s）。两台直连路由器要建立 OSPF 邻居关系，需确保双方直连接口的 Router Dead Interval 相同，否则邻居关系无法正常建立。缺省情况下，OSPF 路由器接口的 Router Dead Interval 为该接口的 Hello Interval 的 4 倍。
- **指定路由器（Designated Router）**：网络中 DR 的接口 IP 地址。如果该字段值为0.0.0.0，则表示没有 DR，或者 DR 尚未选举出来。
- **备份指定路由器（Backup Designated Router）**：网络中 BDR 的接口 IP 地址。如果该字段值为 0.0.0.0，则表示网络中没有 BDR，或者 BDR 尚未选举出来。
- **邻居（Neighbor）**：在直连链路上发现的有效邻居，此处填充的是邻居的 Router-ID，如果发现了多个邻居，则包含多个邻居字段。

2. DD 报文

DD 报文用于描述 LSDB，该报文中携带的是 LSDB 中 LSA 的头部数据（也就是并非完整的 LSA 内容，仅仅是头部数据）。在 OSPF 路由器邻接关系的建立过程中，互为邻居的路由器之间会交互 DD 报文。在两台路由器开始使用 DD 报文描述自己的 LSDB之前，双方需要协商主/从（Master/Slave）。Master/Slave 的协商也是通过交互 DD 报文来完成的（Router-ID 更大的路由器成为 Master 路由器），但是这种 DD 报文中并不包含任何 LSA 的头部信息，可以理解为空的 DD 报文。

Master/Slave 确定后，双方就开始使用 DD 报文描述各自的 LSDB，在这种 DD 报文中包含着 LSDB 里的 LSA 的头部。路由器可以使用多个 DD 报文来描述 LSDB，为了确保 DD 报文传输的有序和可靠，"DD 序列号（DD Sequence Number）"字段就是关键。在 OSPF 路由器双方交互 DD 报文的过程中，Master 路由器发送 DD 报文给对端，对端的 Slave 路由器在发送自己的 DD 报文时需在该报文的"DD 序列号"字段中使用前者的序列号，也就是 Master 路由器主导整个 LSDB 描述过程。假设 Master 路由器发送一个DD 序列号为 1111 的 DD 报文，则 Slave 路由器在收到这个 DD 报文后开始发送自己的DD 报文，而且 DD 序列号使用 1111，而它在准备再次发送 DD 报文之前，必须先收到Master 路由器发送的下一个 DD 报文（DD 序列号为 1112）。这个过程会一直持续，直到

LSDB 描述完。图 3-6 展示了 DD 报文的格式。

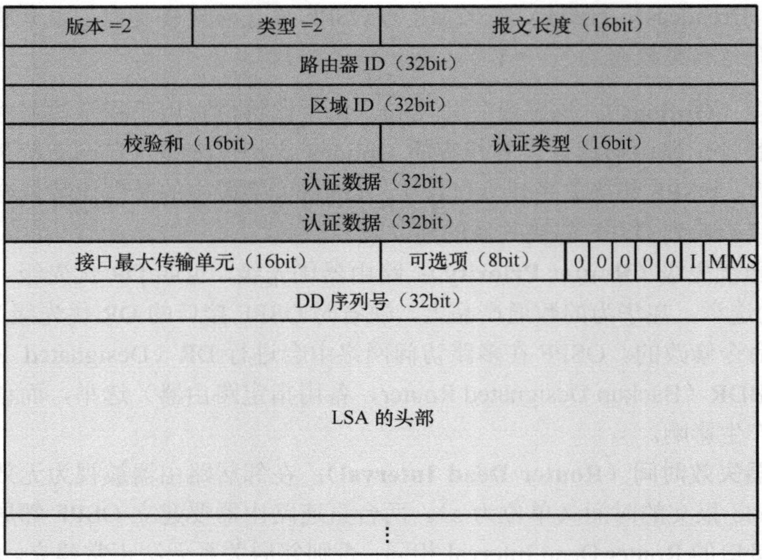

版本 =2	类型 =2	报文长度（16bit）
路由器 ID（32bit）		
区域 ID（32bit）		
校验和（16bit）		认证类型（16bit）
认证数据（32bit）		
认证数据（32bit）		
接口最大传输单元（16bit）	可选项（8bit）	0 0 0 0 0 I M MS
DD 序列号（32bit）		
LSA 的头部 ⋮		

图 3-6　DD 报文格式

- **接口最大传输单元（Interface Maximum Transmission Unit）**：接口的 MTU。以华为 AR2200 路由器为例，缺省时接口发送的 DD 报文中，无论该接口实际的 MTU 值是多少，该字段的值都为 0。
- **可选项（Options）**：路由器支持的 OSPF 可选项。
- **I 位（Initial Bit）**：也即初始化位，当该 DD 报文用于协商 Master/Slave 路由器时，该比特位被置 1，Master/Slave 选举完成后，该比特位被置 0。
- **M 位（More Bit）**：该比特位如果设置为 1，则表示后续还有更多的 DD 报文；如果被设置为 0，则表示这是最后一个 DD 报文。
- **MS 位（Master Bit）**：Master 路由器在自己发送的 DD 报文中将该比特位设置为 1，Slave 路由器则将其设置为 0。
- **DD 序列号（DD Sequence Number）**：DD 报文的序列号，在 DD 报文交互的过程中，DD 序列号被逐次加 1，用于确保 DD 报文传输的有序和可靠性。值得注意的是，DD 序列号必须是由 Master 路由器来决定的，而 Slave 路由器只能使用 Master 路由器发送的 DD 序列号来发送自己的 DD 报文。
- **LSA 头部（LSA Header）**：当路由器使用 DD 报文来描述自己的 LSDB 时，LSA 的头部信息被包含在此处。一个 DD 报文可能包含一条或多条 LSA 的头部。

3. LSR 报文

在与 OSPF 邻居交换 DD 报文之后，路由器就知晓了邻居的 LSDB 摘要，它将向邻居发送 LSR 报文来请求所需的 LSA 的完整数据。LSR 报文中的链路状态类型（Link-State Type）、链路状态 ID（Link-State ID）及通告路由器（Advertising Router）三个元素标识了路由器请求的 LSA。如果需请求多个 LSA，则 LSR 可能包含多个上述三元组。图 3-7 展示了 LSR 报文的格式。

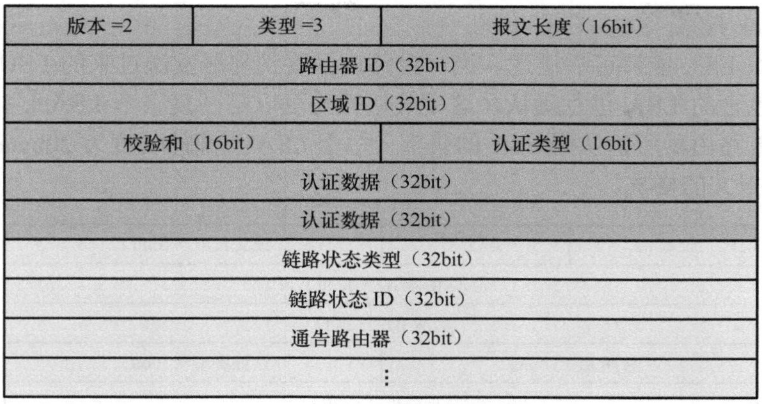

版本 =2	类型 =3	报文长度（16bit）
路由器 ID（32bit）		
区域 ID（32bit）		
校验和（16bit）		认证类型（16bit）
认证数据（32bit）		
认证数据（32bit）		
链路状态类型（32bit）		
链路状态 ID（32bit）		
通告路由器（32bit）		
⋮		

图 3-7　LSR 报文格式

- **链路状态类型（Link-State Type）**：指示本条 LSA 的类型。OSPF 定义了多种类型的 LSA，每种 LSA 用于描述 OSPF 网络的某个部分，而且使用不同的类型编号。常见的 LSA 类型值及 LSA 的名称如：1-Router LSA，2-Network LSA，3-Network Summary LSA，4-ASBR Summary LSA，5-AS External LSA。本章将在"LSA 详解"一节中详细介绍这几种 LSA。

- **链路状态标识（Link-State ID）**：LSA 的标识。不同的 LSA 类型，对该字段的定义是不同的。

- **通告路由器（Advertising Router）**：产生该 LSA 的路由器的 Router-ID。

4. LSU 报文

路由器收到邻居发送过来的 LSR 后，会以 LSU 报文进行回应，在 LSU 报文中就包含了对方请求的 LSA 的完整信息，一个 LSU 报文可以包含多个 LSA。另外，当路由器感知到网络发生变化时，也可以触发 LSU 报文的泛洪，以便将该变化通知给网络中的其他 OSPF 路由器。在多路访问网络中，非 DR、BDR 路由器向 224.0.0.6 这个组播地址发送 LSU 报文，而 DR 及 BDR 会侦听这个组播地址，DR 在接收 LSU 报文后向 224.0.0.5 发送 LSU 报文，从而将更新信息泛洪到整个 OSPF 区域，所有的 OSPF 路由器都会侦听 224.0.0.5 这个组播地址。图 3-8 展示了 LSU 报文的格式。

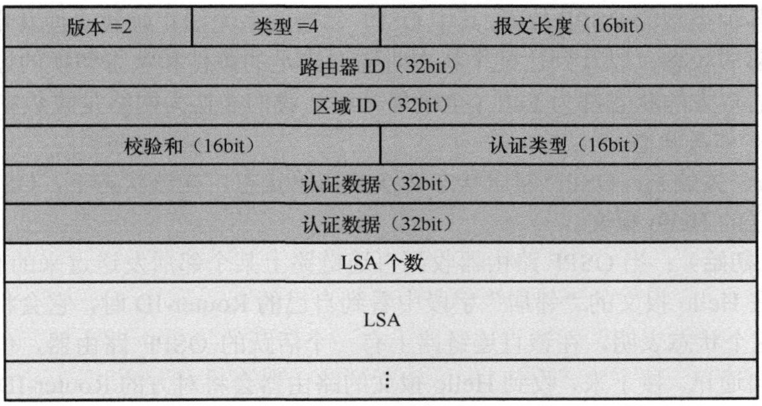

版本 =2	类型 =4	报文长度（16bit）
路由器 ID（32bit）		
区域 ID（32bit）		
校验和（16bit）		认证类型（16bit）
认证数据（32bit）		
认证数据（32bit）		
LSA 个数		
LSA		
⋮		

图 3-8　LSU 报文格式

5. LSAck 报文

为了确保 LSA 能够可靠送达，当一台路由器收到邻居发送过来的 LSU 报文时，需要对报文中包含的 LSA 进行确认，这个确认行为可以是回复一个 LSAck 报文。LSAck 报文中包含着路由器所确认的 LSA 的头部（每个 LSA 头部的长度为 20byte）。图 3-9 展示了 LSAck 报文的格式。

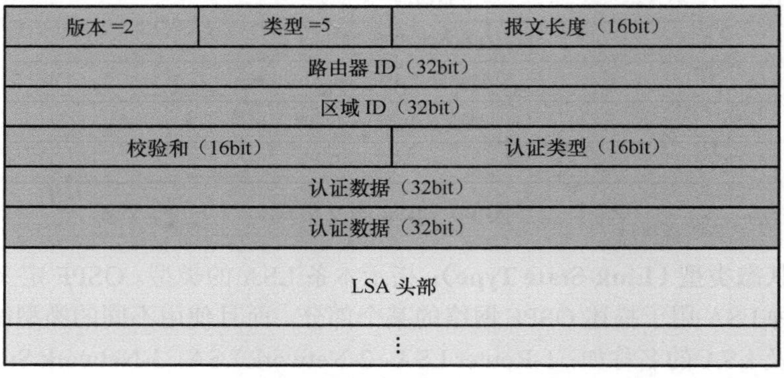

版本 =2	类型 =5	报文长度（16bit）
路由器 ID（32bit）		
区域 ID（32bit）		
校验和（16bit）		认证类型（16bit）
认证数据（32bit）		
认证数据（32bit）		
LSA 头部		
⋮		

图 3-9　LSAck 的报文格式

3.1.5　邻接关系

关于 OSPF，有两个概念需要特别说明：邻居关系和邻接关系。考虑一种最简单的网络拓扑：两台路由器通过网线直连，在双方互联的接口上激活 OSPF，路由器的接口激活 OSPF 后开始发送及侦听 Hello 报文，在通过 Hello 报文发现彼此并确认双向通讯后，这两者便形成了邻居关系。

但这只是一个开头，一系列的报文交互和邻居状态的切换会在接下来的过程中继续发生，两台路由器会开始交互空的 DD 报文协商 Master/Slave，再交互包含 LSA 头部的 DD 报文以便描述自己的 LSDB，然后通过 LSR 及 LSU 报文交互双方的 LSA。当两者的 LSDB 同步完成后，两台路由器形成了对网络拓扑的一致认知，并开始独立计算路由。此时，我们称这两台路由器形成了邻接关系。

深入地理解 OSPF 邻接关系的建立过程是非常有必要的，在实际的工程中大家经常可能会遇到各种类型的 OSPF 故障，其中 OSPF 邻接关系无法正确建立便其中之一。OSPF 定义了多种邻居状态，以及到达某个状态时需要满足的条件和状态切换的过程，一般来讲，只有邻居双方的状态都为 Full（全毗邻）时，我们才认为网络是收敛完毕的。

1. OSPF 邻居状态

● **Down（失效）**：OSPF 邻居状态切换的初始状态。在该状态下，OSPF 接口尚未收到邻居发送的 Hello 报文。

● **Init（初始）**：当 OSPF 路由器收到直连链路上某个邻居发送过来的有效 Hello 报文，但并未在 Hello 报文的"邻居"字段中看到自己的 Router-ID 时，它会将该邻居置为 Init 状态。这个状态表明，在该直连链路上有一个活跃的 OSPF 路由器，但是目前两者尚未确认双向通讯。接下来，收到 Hello 报文的路由器会将对方的 Router-ID 添加到自己发送的 Hello 报文中，以便告知对方："我已经发现你了"。

- **Attempt**（尝试）：该状态只在 NBMA 类型的接口中出现。在 NBMA 网络中，OSPF 邻居通常是采用手工的方式指定的，此时 OSPF 路由器往往通过单播的 Hello 报文与直连设备建立邻居关系。当路由器的 NBMA 接口激活后，邻居的状态将从 Down 过渡到 Attempt，在该状态下，路由器周期性地向邻居发送 Hello 报文，但是当前并未从邻居收到有效的 Hello 报文。当路由器收到邻居发送的 Hello 报文后（但是没有在该报文的"邻居"字段中看到自己的 Router-ID），则将邻居的状态切换到 Init。

- **2-Way**（双向通信）：当 OSPF 路由器收到直连链路上某个邻居发送过来的 Hello 报文并且在该报文的"邻居"字段中发现自己的 Router-ID 时，它会将该邻居置为 2-Way 状态，这表明它与邻居确认了双向通信。2-Way 状态可以视为 OSPF 的稳定状态之一，也是建立邻接关系的基础。

- **ExStart**（交换初始）：在该状态下，路由器发送空的 DD 报文以便协商 Master/Slave，Router-ID 最大的路由器会成为 Master 路由器，DD 序列号就是由 Master 路由器决定的。用于 Master/Slave 协商的报文是空的、不携带任何 LSA 头部的 DD 报文，在这些报文中，I 比特位被设置为 1。

- **Exchange**（交换）：在该状态下，路由器向邻居发送描述自己 LSDB 的 DD 报文，DD 报文中包含 LSA 的头部（而不是完整的 LSA 数据）。DD 报文逐个发送，每个报文中包含着 DD 序列号，DD 序列号是由 Master 路由器决定的，这个序列号在 DD 报文的交互过程中被递增，以确保 DD 报文交互过程的有序性和可靠性。

- **Loading**（加载）：在该状态下，路由器向邻居发送 LSR 以便请求 LSA 的完整数据。对方使用 LSU 报文进行回应，因此只有 LSU 报文里才有 LSA 的完整信息。在收到 LSU 报文后，路由器需要发送 LSAck 对其中的 LSA 进行确认。

- **Full**（全毗邻）：当接口上待请求的 LSA 列表为空时，表明路由器已经完成了与邻居的 LSDB 同步，没有再需要请求的 LSA 了，此时邻居的状态被置为 Full。

2. 邻接关系建立过程详解

在图 3-10 所示的例子中，存在两台路由器：R1 及 R2，两者的 Router-ID 分别是 1.1.1.1 及 2.2.2.2。两台路由器的 GE0/0/0 接口都已经激活了 OSPF。通过这个例子，大家将了解 OSPF 邻接关系的建立过程。

R1 的 GE0/0/0 接口激活 OSPF 后开始发送组播的 Hello 报文（目的 IP 地址为 224.0.0.5），在该报文的 OSPF 头部中，填写着 R1 的 Router-ID 及该接口的区域 ID。另外，该 Hello 报文的荷载中，填写着 R1 的 GE0/0/0 接口的网络掩码、Hello 间隔、路由器失效间隔，以及 R1 在该接口上所发现的邻居，由于此时 R1 并未在该接口上发现任何邻居，因此"邻居"字段为空。

R2 收到这个 Hello 报文后，首先会对该报文进行检查。由于双方使用以太网接口互联，在这种类型的接口上，OSPF 将会检查对接双方的网络掩码是否一致，因此，R2 将检查自己 GE0/0/0 接口的网络掩码与收到的 Hello 报文中的"网络掩码"字段是否一致，如果不一致，则会忽略该报文。此外，R2 还会检查其 GE0/0/0 接口的 Hello 间隔、路由器失效间隔与收到的 Hello 报文中对应的字段是否一致，如果不一致，也会忽略该报文。实际上，R2 对 Hello 报文的检查项并不局限在上述内容。当 Hello 报文检查通过后，R2 将 R1 的状态设置为 Init。

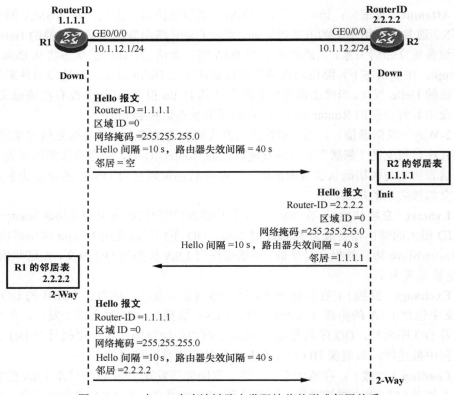

图 3-10　R1 与 R2 在直连链路上发现彼此并形成邻居关系

接下来，R2 在自己发送的 Hello 报文的"邻居"字段中写入 R1 的 Router-ID。而当 R1 收到 R2 发送过来的 Hello 报文并且在"邻居"字段中发现自己的 Router-ID 时，它意识到邻居 R2 已经发现了自己，并且认可了自己所发送的 Hello 报文中的相关参数，于是它将 R2 添加到自己的邻居表并且把 R2 的状态设置为 2-Way。

随后 R1 在自己发送的 Hello 报文的"邻居"字段中写入 R2 的 Router-ID，后者收到该报文后，在其邻居表中将 R1 的状态切换到 2-Way。至此，R1 与 R2 形成了邻居关系。

如果路由器的接口接入一个多路访问网络，那么 OSPF 邻居关系到达 2-Way 之后，将开始进行 DR 及 BDR 选举。在本例中，R1 及 R2 通过以太网接口互联，因此两者的 GE0/0/0 接口被视为接入同一个多路访问网络，此时 DR 及 BDR 的选举过程将在这里展开。关于 DR 及 BDR 的概念及作用，本章将在后续的小节中详细探讨。

接下来，在 ExStart 状态下 R1 及 R2 需要交互空的 DD 报文以便协商 Master/Slave（如图 3-11 所示）。由于 R2 的 Router-ID 更大，因此它胜出成为 Master 路由器。用于协商 Master/Slave 的 DD 报文并不携带任何 LSA 头部，而且 I 比特位被设置为 1。开始时两者都认为自己是 Master，因此各自都在 DD 报文中将 MS 比特位设置为 1。R1 在自己发送的 DD 报文中写入自己设定的 DD 序列号——200，并且将 MS 比特位设置为 1 以向对端宣告自己的身份是 Master。R2 收到这个 DD 报文后显然是不同意的，因为它的 Router-ID 比 R1 要大，因此在它发送的 DD 报文中，MS 比特位也被设置为 1，DD 序列号则被设置为它自己使用的序列号——300。

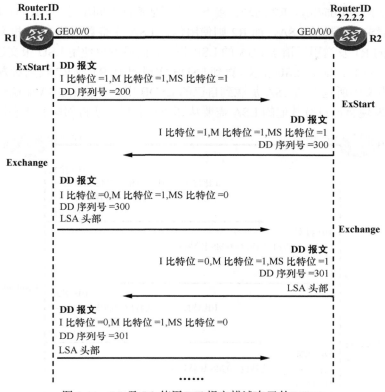

图 3-11 R1 及 R2 使用 DD 报文描述自己的 LSDB

R1 收到 DD 报文后接受了自己并非 Master 路由器的事实（因为自己的 Router-ID 确实要更小），然后将 R2 的状态切换到 Exchange 并发送带有 LSA 头部的 DD 报文，这个 DD 报文的 DD 序列号为 300（也就是 R2 发送过来的 DD 序列号），M 比特位设置为 1 表示后续还有更多的 DD 报文，而 MS 比特位设置为 0。接着 R2 收到了 R1 发送过来的 DD 报文，于是将 R1 的状态切换到 Exchange，随后自己也开始发送携带 LSA 头部的 DD 报文，此时 DD 报文的 DD 序列号为 301（在上一个序列号 300 的基础上加 1），M 及 MS 比特位均设置为 1。由于双方的 LSDB 中都包含较多 LSA，因此需交互多个 DD 报文，而在该过程中，Master 路由器 R2 将 DD 序列号逐次加 1，Slave 路由器 R1 则使用前者的 DD 序列号来发送自己的 DD 报文，如此这般有序的进行。

如图 3-12 所示，经过数次 DD 报文交互后，R2 发送的 DD 序列号达到 308，它继续在 DD 报文中发送自己剩余的 LSA 头部，R1 收到该 DD 报文后，使用该 DD 序列号发送了自己最后一个 DD 报文，在该报文中，它将 M 比特位设置为 0。R2 收到该 DD 报文后，继续发送自己的 DD 报文描述剩余 LSA 头部，而恰巧这也是它的最后一个 DD 报文，它在该报文中将 M 比特位设置为 0。当该报文到达 R1 后，虽然此时它已经描述完了自己的 LSDB，但是它依然需要确认 R2 所发送的最后一个 DD 报文，于是它向 R2 发送一个空的 DD 报文，该报文的 DD 序列号为 309。

R1 及 R2 收到对方发送的最后一个 DD 报文后，便彻底了解了对方的 LSDB 中所包含的 LSA（头部），此时它们需要从对方获取感兴趣的 LSA 的完整数据，因此 R1 将 R2

的邻居状态切换为 Loading，R2 同理。接下来，便是数据库同步过程，R1 向 R2 发送 LSR
报文，用于请求感兴趣的 LSA，而 R2 则使用包含 LSA 完整数据的 LSU 报文进行回应，
同理，R2 也向 R1 发送用于请求 LSA 的 LSR 报文，而后者也使用 LSU 报文进行回应。双
方可能会交互多个 LSR 及 LSU 报文，直到 LSDB 实现同步。R1 或 R2 收到对方发送的 LSU
报文后，将报文中所包含的 LSA 加载到自己的 LSDB 中，并使用 LSAck 确认这些 LSA。
当 R1 或 R2 发现自己没有其他的 LSA 需要从邻居获取后，便将邻居的状态切换为 Full。

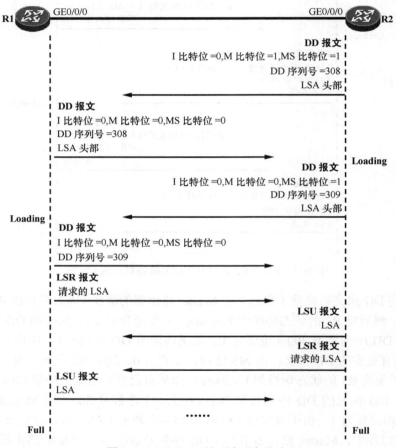

图 3-12　R1 及 R2 达到全毗邻状态

3.1.6　网络类型

OSPF 的许多功能或特性都是基于接口实现的，当一个接口激活 OSPF 后，该接口
会维护许多 OSPF 变量，例如其所接入的区域 ID、接口 Cost 值、DR 优先级、邻居列表、
认证类型等，接口的网络类型（Network-Type）也是其中之一，而且是一个非常重要的
变量。OSPF 接口的网络类型与该接口采用的数据链路层封装有关，在不同网络类型的
接口上 OSPF 的操作有所不同。

1．点对点类型（Point-to-Point，P2P）

点到点网络指的是在一段链路上只能连接两台路由器的环境。一个典型的例子是

PPP 链路，当两台路由器通过 PPP 链路直连时，设备接口上采用的封装协议就是 PPP，当这个接口激活 OSPF 后，OSPF 会自动根据该接口的数据链路层封装将其网络类型设置为 P2P。另外，当接口采用 HDLC 封装时，其 OSPF 网络类型缺省也为 P2P。OSPF 在网络类型为 P2P 的接口上以组播的方式（相应的组播 IP 地址为 224.0.0.5）发送协议报文（Hello 报文、DD 报文、LSR 报文、LSU 报文以及 LSAck 报文）。缺省情况下，P2P 类型的接口以 10s 为间隔周期性地发送 Hello 报文。

OSPF 在 P2P 类型的网络中不会选举 DR 及 BDR。

2．广播型多路访问类型（Broadcast Multi-Access，BMA）

BMA（或者称为 Broadcast）是一个支持广播的网络环境，该网络允许多台路由器接入，任意两台路由器之间都能直接进行二层通信，一台路由器发送出去的广播数据会被所有其他的路由器收到。以太网（Ethernet）是典型的广播型多路访问网络。当多台路由器接入到同一个 BMA 网络（例如多台路由器连接在同一台以太网二层交换机上）时，这些路由器的接口一旦激活 OSPF 便会开始发送组播的 Hello 报文从而发现网络中的其他路由器。如果路由器两两之间都建立全毗邻的邻接关系，这意味着每台路由器不得不维护大量的邻接关系。为了避免这个问题，OSPF 在这种网络中会进行 DR 和 BDR 的选举，所有非 DR、BDR 路由器仅与 DR 和 BDR 建立邻接关系。关于 DR 及 BDR 的概念，本章将在下一个小节中做深入的探讨。

OSPF 在 BMA 类型的接口上通常以组播的方式发送 Hello 报文、LSU 报文及 LSAck 报文，以单播的形式发送 DD 报文及 LSR 报文。当使用组播的方式发送协议报文时，有两个组播地址可能会被使用到——224.0.0.5 及 224.0.0.6。当路由器需要向 DR 以及 BDR 发送 OSPF 报文时，使用 224.0.0.6 这个组播地址作为报文的目的 IP 地址；当需要向所有的 OSPF 路由器发送报文时，使用 224.0.0.5。缺省情况下，Broadcast 类型的接口以 10s 为间隔周期性地发送 Hello 报文。

注意

当两台路由器在以太网接口上使用网线直接相连并且运行 OSPF 时，路由器缺省时将该接口的 OSPF 网络类型指定为 Broadcast，因为该接口的数据链路层封装为以太网，即使在该场景中，一条链路上只存在两台路由器，接口缺省的网络类型也应该是 Broadcast，而不是 P2P。

3．非广播型多路访问类型（Non-Broadcast Multi-Access，NBMA）

NBMA 网络也允许多台路由器接入，但是该网络不具备广播能力，正因为如此，基于组播发送的 Hello 报文在 NBMA 网络中可能就会遇到问题。在这种场景中，为了让 OSPF 路由器之间能够顺利地发现彼此并且正确地建立邻接关系，还需要进一步的配置，例如使用单播的方式来发送 OSPF 报文等。NBMA 网络的一个最为大家熟知的代表是帧中继（Frame-Relay），另一个例子是 X.25。OSPF 在 NBMA 网络中，也会进行 DR 及 BDR 的选举。缺省情况下，NBMA 类型的接口以 30s 为间隔周期性地发送 Hello 报文。

4．点对多点类型（Point-to-Multipoint，P2MP）

与前面介绍的几种网络类型不同，P2MP 并非路由器根据接口的数据链路层封装自动设置的，而是必须通过网络管理员手工指定的。P2MP 有点类似于将多条 P2P 链路的一端进行捆绑得到的网络。在 P2MP 网络中无需选举 DR、BDR。OSPF 在 P2MP 类型的接口上通常以组播的方式发送 Hello 报文，以单播的方式发送其他报文。缺省情况下，Hello 报文的发送间隔为 30s。

值得注意的是，两个路由器的直连接口即使网络类型不匹配，也能够建立起 OSPF 邻接关系，但是 OSPF 路由的计算却是极有可能出现问题的，这是因为接口的网络类型会影响到路由器产生的 LSA 中对该接口的描述，而这将关系到路由器对网络拓扑的理解以及路由的计算。因此，OSPF 邻居的互联接口网络类型必须一致。

前面已经说到，OSPF 的网络类型是协议根据接口的数据链路层封装自动设置的，在图 3-13 中，两台处于网络接入层的路由器 AS-R1 及 AS-R2 都通过双链路上联到核心层的路由器 CO-R1 及 CO-R2。四台路由器都在各自接口上激活 OSPF。由于这些路由器都是采用以太网接口互联，因此这些接口的网络类型缺省均为 Broadcast，于是在邻居关系的建立过程中，OSPF 会在每段以太网链路上选举 DR 及 BDR。然而，这实际上是没有必要而且浪费时间的（DR 及 BDR 的选举过程涉及一个等待计时器，这增加了直连路由器形成邻接关系的时间），因为这些链路其实从逻辑的角度看都是点对点的连接，选举 DR 或 BDR 实在是画蛇添足。因此为了提高 OSPF 的工作效率，加快邻接关系的建立过程，可以把这些互联接口的网络类型都修改为 P2P。

图 3-13　修改接口的 OSPF 网络类型

在接口配置视图中使用 **ospf network { p2p | p2mp | broadcast | nbma }** 即可修改该接口的网络类型。当然，在链路中某一侧的接口上修改了网络类型后，记得修改另一侧的接口，两边的网络类型需确保一致。

3.1.7　DR 及 BDR 的概念

通俗的讲，多路访问（Multiple-Access，简称 MA）网络指的是在同一个共享介质中连接着多个设备的网络，在这个网络中，任意两台设备之间都能够直接地进行二层通信。多路访问网络有两种，一种是广播型多路访问（Broadcast Multiple-Access，BMA）网络，例如以太网。另一种则是非广播型多路访问（Non-Broadcast Multiple-Access，NBMA）网络，例如帧中继。BMA 网络的一个典型示例是一台以太网交换机连接着多台路由器，这些路由器的接口具备从这个网络访问其他路由器的能力，若有一个广播数据被发出，则整个网络中的路由器都会收到。而在帧中继环境中，多台路由器同样可以通过帧中继链路构建一个 MA 网络，只不过帧中继链路并不支持广播，但不管怎样，这不影响一台路由器通过这个共享介质去访问其他设备，只要虚电路建立得当。

下面以 BMA 网络为例，讲讲 OSPF 需要面对的问题。现在假设有多台路由器接入到同一台以太网交换机，这些路由器的接口都配置同一个网段的 IP 地址（如图 3-14 所示），并且都在接口上激活 OSPF。完成上述操作后，组播 Hello 报文立即开始在网络中交互，设想一下如果这些路由器的接口两两建立 OSPF 邻接关系，这就意味着网络中共有 n(n-1)/2 个邻接关系（n 为路由器的个数）。维护如此多的邻接关系不仅仅额外消耗设备资源，也增加了网络中 LSA 的泛洪数量。为优化该场景下的 OSPF 邻接关系数量，并减少不必要的协议流量，OSPF 会在每一个 MA 网络中选举一个 DR（Designated Router，指定路由器）和一个 BDR（Backup Designated Router，备用指定路由器）。

图 3-14　BMA 网络中的 OSPF 邻接关系

我们把既不是 DR 又不是 BDR 的路由器称为 DROther，MA 网络中的所有 DROther 都只和 DR 以及 BDR 建立 OSPF 邻接关系（如图 3-15 所示），BDR 也与 DR 建立邻接关系，而 DROther 之间只停留在 2-Way 状态。如此一来，网络中的路由器所需维护的邻接关系数量便得到了优化。

DR 在网络中的 LSDB 同步方面有着关键性的作用，它负责侦听网络中的拓扑变更信息并将变更信息通知给其他路由器。它为网络生成 Type-2 LSA（一种 LSA 类型），在该 LSA 中显示出了连接在这个 MA 网络的所有 OSPF 路由器的 Router-ID，其中也包括 DR 自己。BDR 会监控 DR 的状态，并在当前 DR 发生故障时接替它的工作。

图 3-15　BMA 网络中的 DR 及 BDR

DR、BDR 的选举是通过 Hello 报文来实现的，选举过程发生在 2-Way 状态之后。路由器将自己接口的 DR 优先级填写在 Hello 报文的"DR 优先级"字段之中。华为数通产品的接口 DR 优先级缺省为 1，这个值可以通过 **ospf dr-priority** 命令修改（该命令需在接口视图下执行），取值范围是 0~255。DR 优先级为 0 的接口不具备 DR 及 BDR 选举资格。当接口激活 OSPF 后，它首先会检查网络上是否已经存在 DR，如果是则接受已经存在的 DR（因此 DR 的角色不具备可抢占性），否则拥有最高 DR 优先级的路由器将成为 DR，当 DR 优先级相等时，拥有最大 Router-ID 的路由器将成为 DR。除了 DR 的选举，OSPF 还会进行 BDR 的选举，BDR 的选举过程与 DR 类似，此处不再赘述。

值得注意的是，DR 及 BDR 是一个接口级别的概念，所以"某台路由器是 DR"的说法其实是不够严谨的，严格地说应该是："某台路由器的某个接口在这个 MA 网络中是 DR"。在一个 MA 网络中，DR 负责确保接入该网络中的所有 OSPF 路由器拥有相同的 LSDB，也就是确保这些 LSDB 的同步。DR 使用组播目的 IP 地址 224.0.0.5 向该网络中发送 LSU 报文，所有的 OSPF 路由器都会侦听这个目的 IP 地址，并与 DR 同步自己的 LSDB。而 DROther 感知到拓扑变化时，向 224.0.0.6 发送 LSU 报文以便通告这个变化，DR 及 BDR 会侦听这个组播地址。

在路由器上，使用 **display ospf interface** 命令可以查看某个特定接口的 OSPF 信息。例如：

```
<blacktea3>display ospf interface GigabitEthernet 0/0/0

        OSPF Process 1 with Router ID 1.1.1.1
            Interfaces


    Interface: 192.168.123.1 (GigabitEthernet0/0/0)
    Cost: 1        State: DROther     Type: Broadcast      MTU: 1500
    Priority: 1
    Designated Router: 192.168.123.3
    Backup Designated Router: 192.168.123.2
    Timers: Hello 10 , Dead 40 , Poll   120 , Retransmit 5 , Transmit Delay 1
```

以上输出的是某台路由器 GE0/0/0 接口的 OSPF 信息，从中大家能看到，该接口所连接的 MA 网络中，DR 是 192.168.123.3（此处指的是该 DR 设备的接口 IP 地址），BDR 是 192.168.123.2，并且该接口自身的角色是 DROther，且接口的 DR 优先级为 1。

3.1.8　区域的概念及多区域部署

假设有这么一座小城，城里和谐地居住着多户人家，所有的信息都是透明和开放的，每家每户把自己家门口相关情况、门口的马路甚至对门的邻居等信息都发布出来，这些信息在街坊邻居之间相互传播。如此一来，每家每户都对这座城有了全面的了解，相当于大家脑海中都拥有了这座城的地图，街坊邻居来来往往、走街串巷也能选择最近的路。当城市的规模还小的时候这自然是行得通的，但是随着城市的发展，其规模逐渐变大、住户逐渐增多，就必然会出现各种问题，譬如每户人家都得知晓家家户户的情况，不得不去关注城里各条街道的名字和脉络，记忆这些信息肯定非常费脑子的，更不用提还要在这错综复杂的街道、屋舍之间思考走哪一条路到每一个目的是最近的，大家都将生活得很疲惫。

我们把一系列连续的 OSPF 路由器组成的网络称为 OSPF 域（Domain），相当于上例中的这座城，为了保证每台路由器能够正确地计算路由，就不得不要求域内所有的路由器同步 LSDB，即拥有相同的 LSDB，从而达到对整个 OSPF 网络的一致认知。当网络的规模变得越来越大时，每台路由器所维护的 LSDB 也逐渐变得臃肿，而基于这个庞大的 LSDB 进行的计算也势必需要耗费更多的设备资源，这无疑将导致设备的负担加大。另外网络拓扑的变化将会引起整个域内所有路由器的重计算。而且域内路由无法进行汇总，随着网络规模的增大，每台路由器需要维护的路由表也越来越庞大，这又是一个不能被忽略的资源消耗。

基于上述考虑，OSPF 引入了区域（Area）的概念。域和区域的关系类似城市与其下辖的行政区的关系。在一个较大规模的网络中，我们会把整个 OSPF 域切割成多个区域，这就相当于一个城市拥有多个行政区。某些 LSA 的泛洪被限制在单个区域内部，同一个区域内的路由器维护一套相同的 LSDB，它们对这个区域内的网络有着一致的认知。每个区域独立地进行 SPF 计算。区域内的拓扑结构对于区域外部而言是不可见的，而且区域内部拓扑变化的通知可以被局限在该区域内，从而避免对区域外部造成影响。如果一台路由器的多个接口分别接入了多个不同的区域，则它将为每个区域分别维护一套 LSDB。多区域的设计极大程度地限制了 LSA 的泛洪，有效的把拓扑变化的影响控制在区域内，另外在区域边界路由器上可以通过执行路由汇总来减少网络中的路由条目数量。多区域提高了网络的可扩展性，有利于组建更大规模的网络。

　　OSPF 的每一个区域都有一个编号，不同的编号表示不同的区域，这个区域编号也被称为区域 ID（Area-ID）。OSPF 的区域 ID 是一个 32bit 的非负整数，按点分十进制的形式（与 IPv4 地址的格式一样）呈现，例如 Area0.0.0.1，为了简便起见，我们也会采用十进制的形式来表示，这里是几个例子：Area0.0.0.1 等同于 Area1，Area0.0.0.255 等同于 Area255，Area0.0.1.0 等同于 Area256。许多网络厂商的设备同时支持这两种区域 ID 配置及表示方式。

　　上文已经说到，一个 OSPF 域中允许存在多个区域，就像一个城市可以包含多个行政区，而每个城市都有一个中心区，类似于枢纽的概念，对于 OSPF 而言，这就是骨干区域——Area0（或者 Area0.0.0.0）。OSPF 要求域中的所有非骨干区域（区域 ID 不为 0 的区域）都必须与 Area0 相连。一个域中如果存在多个区域，那么必须有而且只能有一个 Area0，Area0 负责在区域之间发布路由信息。为避免区域间的路由形成环路，非骨干区域之间不允许直接相互发布区域间的路由。因此，所有的 ABR（Area Border Router，区域边界路由器）都至少有一个接口属于 Area0，所以 Area0 始终包含所有的 ABR。形

象一点的理解是，区域间的路由模型有点类似星型结构，骨干区域在中间，而每个非骨干区域是分支（如图 3-16 所示）。

　　任何一个非骨干区域都必须与 Area0 相连，而当网络中某个区域没有与 Area0 直接相连时，该区域的路由计算就会出现问题。在图 3-17 所示的网络中，Area1 已经与 Area0 直接相连，R2 可以利用其在 Area0 及 Area1 内收到的 LSA 计算出到达这两个区域的区域内部路由（Intra-Area Route）。另外，R2 也会将到达 Area1 内各个网段的 OSPF 区域间路由（Inter-Area Route）通告给 Area0、将到达 Area0 内各个网段的 OSPF 区域间路由通告给 Area1。如此一来这两个区域的设备之间相互

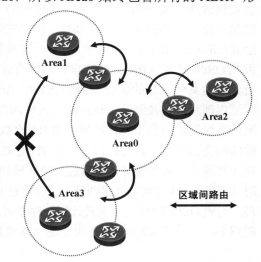

图 3-16　OSPF 的星形逻辑结构

通信就没有问题了。但是 Area2 的设计却存在问题，因为它并未与 Area0 直接相连。R3 的一个接口接入 Area1，另一个接口则接入 Area2，它并没有任何接口接入 Area0，因此它不会被允许将到达 Area2 的路由通告给 Area1，前文提到的规则：OSPF 的区域间路由都经由 Area0 做中转，任何两个非骨干区域之间是不允许直接交互区域间路由的，基于

这些原因，Area2 就变成了一个"孤岛"，该区域内的设备无法访问区域外部，当然区域外的设备也并不知晓到达 Area2 内的路由。

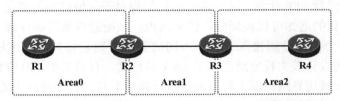

图 3-17　非骨干区域 Area2 没有与 Area0 直接相连

　　解决上述问题最好的方法即修改 OSPF 的网络设计，将 Area2 与 Area0 直接相连。在某些场景下，这个改动可能牵涉到网络改动成本等问题，因此我们可能会考虑一种临时的解决方案，那就是 OSPF 虚链路（Virtual Link）。Virtual Link 是一种逻辑的链路，并非一条真实的链路，您可以将它理解为骨干区域的一个延伸，通过搭建一条 Virtual Link，可以将原本没有与骨干区域直接相连的区域和后者连接起来。还是看图 3-17 所示的例子，可以在 R2 及 R3 之间建立一条穿越 Area1 的 Virtual Link，如此一来，R3 就可以通过这条 Virtual Link 与骨干区域相连，当然，Area2 也就与骨干区域相连了，现在区域间的路由就可以由 R3 来完成传递，Area2 的孤岛问题也就解决了。

　　另一个有可能遇到的问题是，骨干区域不连续或者被分割的情况。在图 3-18 所示的网络中，Area0 被 Area1 "切割"成了两部分，从而导致同一个 OSPF 域中出现不连续的骨干区域。这显然是有问题的，因为在这个域中存在两个 Area0。此时 R2 能够将其到达 GE0/0/0 接口所接入的 Area0 的区域间路由通告给 Area1，因为它是一台 ABR，R3 虽然会收到这些区域间路由，但此时它自己的 GE0/0/0 接口已经接入 Area0 并且在 Area0 中已建立起一个邻接关系（与 R4），如果它采纳通告自 R2 的区域间路由并且将路由通告给其 GE0/0/0 接口所连接的 Area0，这种行为在某些特殊的场景下容易引发路由环路。因此 OSPF 要求 ABR 只能将自己到达直连区域的区域内部路由通告给 Area0（而不能将自己到达其他区域的区域间路由通告给 Area0），另外，ABR 可以将自己到达直连区域的区域内部路由以及到达其他区域的区域间路由通告给非骨干区域。在本例中，R2 通告过来的区域间路由是不允许被通告给 R3 的 GE0/0/0 接口所连接的 Area0 的，只有到达 Area1 的路由会被通告。再者，由于此时 R3 已在 Area0 中与 R4 建立了邻接关系，因此它自己在计算路由时将忽略 R2 通告过来的区域间路由，仅当 R3 在 Area0 中没有任何邻接关系时（例如与 R4 之间的连接断开）才会将这些路由写入路由表。至此，由于网络规划的不合理，造成 OSPF 路由的传递及计算等存在诸多问题。解决这个问题的最好办法是修改 OSPF 的规划，当然在 R2 与 R3 之间创建一条穿越 Area1 的虚链路也可以临时解决这个问题。

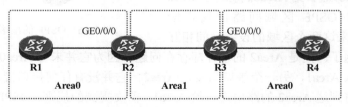

图 3-18　骨干区域不连续

值得一提的是，Virtual Link 并不作为一种常规的技术手段在实际的项目中被部署，而是一种临时性的方案，合理的 OSPF 网络规划依然是一个最佳的选择。关于 Virtual Link 的进一步内容，请查看本书相关章节。

3.1.9　OSPF 路由器的角色

在 OSPF 中，存在多种路由器角色，每种路由器在 OSPF 网络中都发挥着不同的作用。值得强调的是，OSPF 不仅仅能够被部署在路由器上，实际上这个公有协议在许多交换机、防火墙产品，甚至 Linux 主机上都能被实现，因此所谓的"OSPF 路由器"角色，实际上是以路由器作为代表。

- **内部路由器（Internal Router，IR）**：所有接口都接入同一个 OSPF 区域的路由器。例如图 3-19 中的 R1、R4 及 R5，它们所有直连接口都在同一个区域中激活 OSPF。
- **区域边界路由器（Area Border Router，ABR）**：接入多个区域的路由器。并非所有接入多个区域的路由器都是 ABR，它必须有至少一个接口在 Area0 中激活，同时还有其他接口在其他区域中激活。ABR 负责在区域之间传递路由信息，因此 ABR 必须连接到 Area0，同时连接着其他区域。例如图 3-19 中的 R2 及 R3。
- **骨干路由器（Backbone Router，BR）**：接入 Area0 的路由器。一台路由器如果所有的接口都接入 Area0，那么它就是一台骨干路由器，另外 ABR 也是骨干路由器。例如图 3-19 中的 R1、R2、R3 及 R6。
- **AS 边界路由器（AS Boundary Router，ASBR）**：工作在 OSPF 自治系统（Autonomous System，AS）边界的路由器。ASBR 将 OSPF 域外的路由引入本域，外部路由在整个 OSPF 域内传递。例如图 3-19 中的 R6，它是图中 OSPF 域的边界设备，除了接入 OSPF 网络，它还接入了一个 RIP 网络，并将自己路由表中通过 RIP 学习到的路由重分发到了 OSPF 中。并不是同时运行多种路由协议的 OSPF 路由器就一定是 ASBR，ASBR 一定是将外部路由重分发到 OSPF，或者执行了路由重分发操作的路由器。

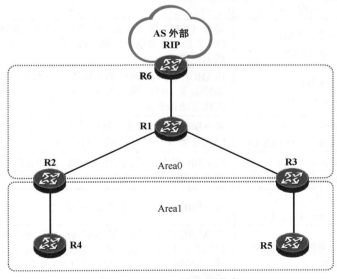

图 3-19　OSPF 路由器角色

3.2 LSA 及特殊区域

3.2.1 LSA 概述及常见 LSA 类型

　　大家已经知道，运行距离矢量路由协议的路由器之间交互的是路由信息，它们周期性地将自己的路由表泛洪出去，而在收到其他路由器通告过来的路由信息后，它们会更新自己的路由表，然后再继续将路由泛洪出去。我们形象地把这种行为称为"基于传闻的更新"，实际上每台路由器并不清楚网络的拓扑结构。相对的，运行链路状态路由协议的路由器并不直接交互路由信息，而是交互链路状态信息。所有的路由器都会产生用于描述自己直连接口状况的链路状态信息并且将其通告出去。路由器将网络中所泛洪的链路状态信息都收集起来并且存入 LSDB（Link-State Database，链路状态数据库）中，LSDB 可以被视为对整个网络拓扑结构及网段信息的描绘，LSDB 同步后，所有路由器拥有对网络的一致认知。接下来所有的路由器都独立进行 SPF（Shortest Path First）算法进行计算（SPF 算法也被称为 Dijkstra 算法），计算的结果是路由器得到一棵无环的最短路径树，这棵树以自己为根，并且可到达网络的各个角落，最终路由器将基于这棵树产生的路由加载到路由表中。

　　OSPF 是典型的链路状态路由协议，使用 LSA（Link State Advertisement，链路状态通告）来承载链路状态信息。LSA 是 OSPF 的一个核心内容，如果没有 LSA，OSPF 是无法描述网络的拓扑结构及网段信息的，也无法传递路由信息，更加无法正常工作。OSPF 定义了多种类型的 LSA，深入了解并掌握常见的 LSA 类型是非常有必要的。表 3-2 列举了几种常见的 LSA 类型。

表 3-2　　　　　　　　　　　　　常见的 OSPF LSA 类型及描述

类别	名称	描述
1	路由器 LSA（Router LSA）	每台 OSPF 路由器都会产生的 LSA，描述了该路由器所有 OSPF 直连接口的状况和 Cost 值，该 LSA 只能在接口所属区域内泛洪
2	网络 LA（Network LSA）	由 DR 产生，描述该 DR 所接入的 MA 网络中所有与之形成邻接关系的路由器，其中包括 DR 自身，该 LSA 只能在接口所属区域内泛洪
3	网络汇总 LSA（Network Summary LSA）	由 ABR 产生，描述了到达某个区域的目标网段的路由。该类 LSA 主要用于区域间路由的传递
4	ASBR 汇总 LSA（ASBR Summary LSA）	由 ABR 产生，用于描述 ASBR。ASBR 汇总 LSA 相当于一条到达 ASBR 的"主机路由"
5	AS 外部 LSA（AS External LSA）	由 ASBR 产生，用于描述本 AS 之外的外部路由
7	非完全末梢区域 LSA（NSSA LSA）	由 ASBR 产生，用于描述本 AS 之外的外部路由。NSSA LSA 仅仅在产生这个 LSA 的 NSSA 内泛洪，不能直接进入骨干区域。NSSA 的 ABR 会将 7 类 LSA 转换成 5 类 LSA 注入到骨干区域

3.2.2 节将向大家详细地阐述每种 LSA 的功能、特点以及它们的报文格式。在本书后续的内容中，Type-1 LSA（类型 1 LSA）指的是路由器 LSA（Router LSA），其他类型的 LSA 同理。

注意

细心的读者可能会发现，表 3-2 中并没有体现 Type-6 LSA，该类 LSA 被称为组成员 LSA（Group Membership LSA），这种 LSA 在 MOSPF（组播扩展 OSPF）中被使用，关于它的介绍超出了本书的范围。

3.2.2　LSA 头部

OSPF 的 LSU 报文用于发送链路状态更新，在该报文中包含着一个或多个 LSA，而且是 LSA 的完整数据（如图 3-20 所示）。OSPF 定义了多种类型的 LSA，但是这些 LSA 拥有相同的 LSA 头部。图 3-21 展示了 LSA 的头部。

图 3-20　在 LSU 报文中携带着一条或多条完整的 LSA

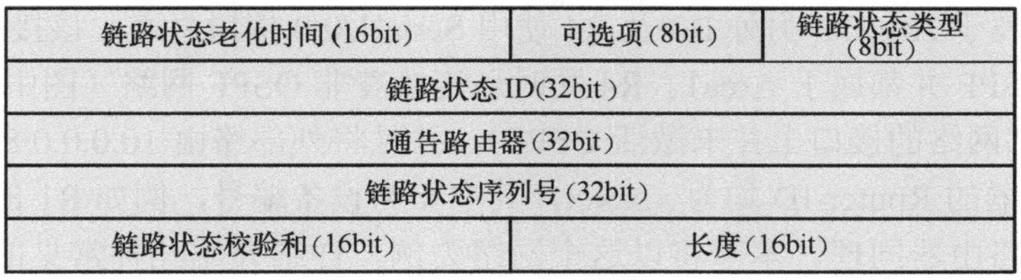

链路状态老化时间 (16bit)		可选项 (8bit)	链路状态类型 (8bit)
链路状态 ID(32bit)			
通告路由器 (32bit)			
链路状态序列号 (32bit)			
链路状态校验和 (16bit)		长度 (16bit)	

图 3-21　LSA 头部

LSA 头部一共 20byte，每个字段的含义如下。

- **链路状态老化时间（Link-State Age）**：指示该条 LSA 的老化时间，即它存在了多长时间，单位为秒，这是一个 16bit 的整数。当该 LSA 被始发路由器产生时，该值被设置为 0，之后随着该 LSA 在网络中被泛洪，它的老化时间逐渐累加。当某台路由器将 LSA 存储到自己的 LSDB 后，LSA 的老化时间也在递增，当老化时间增加到 MaxAge（最大老化时间）时，该 LSA 将不再被用于路由计算。
- **可选项（Options）**：总共 8bit，每一个比特位都对应了 OSPF 所支持的某种特性。
- **链路状态类型（Link-State Type）**：指示本条 LSA 的类型。OSPF 定义了多种类型的 LSA，每种 LSA 用于描述 OSPF 网络的某个部分，所有的 LSA 类型都定义了相应的类型编号。常见的 LSA 类型及 LSA 的名称见表 3-2。

- **链路状态 ID（Link-State ID）**：LSA 的标识。不同的 LSA 类型，对该字段的定义是不同的。
  - **通告路由器（Advertising Router）**：产生该 LSA 的路由器的 Router-ID。
  - **链路状态序列号（Link-Sate Sequence Number）**：该 LSA 的序列号，该字段用于判断 LSA 的新旧或是否存在重复。
  - **链路状态校验和（Link-State Checksum）**：校验和。
  - **长度（Length）**：LSA 的总字节长度。

每个 LSA 头部中的"链路状态类型""链路状态 ID"以及"通告路由器"这三个字段唯一地标识了一个 LSA。当然，在同一时间有可能在网络中会出现同一个 LSA 的多个实例，那么 LSA 头部中的"链路状态老化时间""链路状态序列号"及"校验和"字段就可以用来判断实例的新旧，本书将在"判断 LSA 的新旧"一节中详细介绍这个概念。

3.2.3　LSA 详解

OSPF 的 LSA 种类繁多，初学者在刚接触时难免会有点晕乎，单纯地讲解每种 LSA 的概念及功能显然不够直观的，因此本节将通过一个示例来逐一为大家介绍常见的几种 LSA。

图 3-22 展示了一个简单的网络，该网络中部署了 OSPF。R1、R2 及 R3 的 GE0/0/0 接口连接在同一台以太网二层交换机上，三者都在各自的 GE0/0/0 接口上激活 OSPF 并且都属于 Area0。缺省情况下，这些接口的 OSPF 网络类型为 Broadcast，因此需要选举 DR 及 BDR，我们通过调节接口 DR 优先级，使得 R3 的 GE0/0/0 接口成为这个网络的 DR。R1 和 R2 的 GE0/0/1 接口下连着一个终端网段，两者也都在各自 GE0/0/1 接口上激活 OSPF 并都属于 Area0。另外 R3 及 R4 使用 Serial1/0/0 接口直连，该接口采用 PPP 封装，都激活 OSPF 并都属于 Area1。R4 同时还连接着非 OSPF 网络（图中的外部网络，R4 在连接外部网络的接口上并未激活 OSPF），并且将外部路由 10.0.0.0/8 引入了 OSPF 域。所有路由器的 Router-ID 均为 x.x.x.x，其中 x 为设备编号，例如 R1 的 Router-ID 为 1.1.1.1，其他路由器同理。本节将以这个网络为例，详细介绍几种常见的 LSA 类型。表 3-2 列出了这些 LSA 类型。总体来说，每种 LSA 都有各自的功能，Type-1 LSA（Router LSA，路由器 LSA）及 Type-2 LSA（Network LSA，网络 LSA）描绘了区域内部的网络拓扑以及 IP 网段信息，它们只能在本区域内泛洪，有了这两种 LSA，区域内的路由器就得以计算出到达本区域内各个网段的路由，这些路由被称为区域内部路由。汇总 LSA（Summary LSA）有两种，其中 Type-3 LSA（Network Summary LSA，网络汇总 LSA）用于描述一个区域内的路由信息并在区域之间传递，换句话说，该类 LSA 用于告知某个区域到达其他区域的路由，这些路由被称为区域间路由。Type-4 LSA（ASBR Summary LSA，ASBR 汇总 LSA）则用于描述 ASBR。Type-5 LSA（AS External LSA，AS 外部 LSA）用于描述 OSPF 域外的路由。

完成图 3-22 中的 OSPF 部署后，首先看一下路由器的 LSDB，以 R3 为例，它有一个接口接入 Area1，另一个接口接入 Area0，因此它是一台 ABR，它分别为这两个区域各维护一个 LSDB。使用 **display ospf lsdb** 命令可以查看路由器的 LSDB。

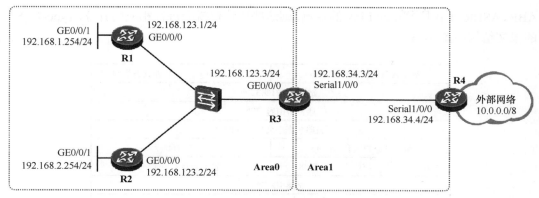

图 3-22　一个 OSPF 网络示例

```
<R3>dis ospf lsdb

        OSPF Process 1 with Router ID 3.3.3.3
            Link State Database

                    Area: 0.0.0.0
    Type        LinkState ID     AdvRouter      Age      Len     Sequence     Metric
    Router      2.2.2.2          2.2.2.2        7        48      80000014     1
    Router      1.1.1.1          1.1.1.1        7        48      80000012     1
    Router      3.3.3.3          3.3.3.3        6        36      80000015     1
    Network     192.168.123.3    3.3.3.3        6        36      80000009     0
    Sum-Net     192.168.34.0     3.3.3.3        162      28      80000001     48
    Sum-Asbr    4.4.4.4          3.3.3.3        130      28      80000001     48


                    Area: 0.0.0.1
    Type        LinkState ID     AdvRouter      Age      Len     Sequence     Metric
    Router      4.4.4.4          4.4.4.4        131      48      80000003     48
    Router      3.3.3.3          3.3.3.3        131      48      80000002     48
    Sum-Net     192.168.123.0    3.3.3.3        162      28      80000001     1
    Sum-Net     192.168.2.0      3.3.3.3        31       28      80000001     2
    Sum-Net     192.168.1.0      3.3.3.3        5        28      80000001     2


                AS External Database
    Type        LinkState ID     AdvRouter      Age      Len     Sequence     Metric
    External    10.0.0.0         4.4.4.4        131      36      80000001     1
```

从上面的输出可以看到 R3 的 LSDB，其中包含 Area1 及 Area0 中泛洪的各类 LSA，大家已经能观察到 Router LSA、Network LSA 以及 Network Summary LSA，另外还有在全域范围内泛洪的 AS External LSA。由于同一个区域内的路由器关于该区域的 LSDB 是一致的，因此就没有必要再去 R1、R2 及 R4 上查看 LSDB 了。

1. Type-1 LSA

路由器通过该 LSA 描述自己"家门口的状况"。每一台运行 OSPF 的路由器均会产生 Type-1 LSA，该 LSA 描述了路由器的直连接口状况和接口 Cost，同属一个区域的接口共用一个 Type-1 LSA 描述，当路由器有多个接口属于不同区域时，它将为每个区域单独产生一个 Type-1 LSA，并且每个 LSA 只描述接入该区域的接口。另外，Type-1 LSA 中也包含着一些特殊的比特位，用于指示该路由器的特殊角色，例如该路由器如果是

ABR、ASBR 或者是 Virtual Link 的端点，则这些比特位就会进行相应的置位。Type-1 LSA 的报文结构如图 3-23 所示：

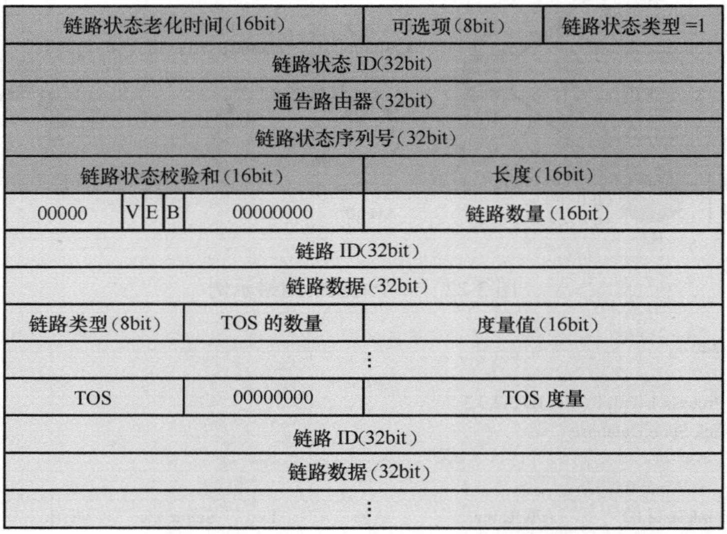

链路状态老化时间（16bit）		可选项（8bit）	链路状态类型 =1
链路状态 ID(32bit)			
通告路由器（32bit）			
链路状态序列号（32bit）			
链路状态校验和（16bit）		长度（16bit）	
00000 V E B 00000000		链路数量（16bit）	
链路 ID(32bit)			
链路数据（32bit）			
链路类型（8bit）	TOS 的数量	度量值（16bit）	
⋮			
TOS	00000000	TOS 度量	
链路 ID(32bit)			
链路数据（32bit）			
⋮			

图 3-23　Type-1 LSA 的报文格式

对于 Router LSA 而言，LSA 头部中的"链路状态类型"字段的值为 1，"链路状态 ID"字段的值是产生这个 Type-1 LSA 的路由器的 Router-ID。

● **V 位（Virtual Link Endpoint Bit）**：如果该比特位被设置为 1，则表示该路由器为 Virtual Link 的端点。

● **E 位（External Bit）**：如果 E 比特位被设置为 1，则表示该路由器为 ASBR。在 Stub 区域中，不允许出现 E 比特位被设置为 1 的 Type-1 LSA，因此 Stub 区域内不允许出现 ASBR。

● **B 位（Border Bit）**：如果 B 比特位被设置为 1，则表示该路由器为两个区域的边界路由器，字母 B 意为 Border（边界）。一台路由器如果同时连接两个或两个以上的区域，则其产生的 Type-1 LSA 会将 B 比特位设置为 1，即使它没有连接到 Area0。

● **链路数量（Links Number）**：该 Type-1 LSA 所描述的 Link（链路）数量。我们已经知道每台路由器都会产生 Type-1 LSA，而且该 LSA 描述了路由器直连接口的状况和 Cost 值，实际上路由器正是采用包含在 Type-1 LSA 中的 Link 来描述直连接口的。"链路数量"字段指明在该 Type-1 LSA 中，包含了几条 Link。每条 Link 均包含"链路类型""链路 ID""链路数据"以及"度量值"这几个关键信息。路由器可能会采用一个或者多个 Link 来描述某个接口。

● **链路类型（Link Type）**：本条 Link 的类型值，该值与 Link 的类型相关。前面的章节提到 OSPF 定义了多种网络类型（Network Type）：P2P、P2MP、Broadcast 以及 NBMA，当一个接口激活 OSPF 后，OSPF 会根据这个接口的封装协议来判断接口运行在什么类型的网络上。另一方面，OSPF 在其产生的 Type-1 LSA 中使用 Link 来描述自己的直连接口的状况，OSPF 定义了多种链路类型，这些链路类型与接口的网络类型也是有关的。需要格外注意的是，OSPF 的网络类型与链路类型是不同的概念，大家不要搞混淆。表 3-3 中罗列了 OSPF 定义的各种链路类型及对应的链路 ID、链路数据的描述。

- **链路 ID（Link ID）**：Link 的标识，不同的链路类型，对链路 ID 值的定义是不同的。
- **链路数据（Link Data）**：不同的链路类型对链路数据的定义是不同的。
- **度量值（Metric）**：Cost 值。

表 3-3 各种链路类型及其描述

链路类型	描述	链路 ID	链路数据
1	点对点连接到另一台路由器	邻居的 Router-ID	产生该 LSA 的路由器的接口 IP 地址
2	连接到一个传输网络	DR 的接口 IP 地址	产生该 LSA 的路由器的接口 IP 地址
3	连接到一个末梢网络	网络 IP 地址	网络掩码
4	虚链路	邻居的 Router-ID	产生该 LSA 的路由器的接口 IP 地址

说明
　　由于 TOS 及 TOS 度量值在 RFC2328 中不再支持（这些字段被保留仅是为了兼容早期的 OSPF 版本），因此虽然图 3-23 中显示了相关的字段，但是读者朋友们可忽略与 TOS 相关的字段。

　　现在来看图 3-22 所示的例子。网络中的每台路由器都会产生 Type-1 LSA。以 R1 为例，由于它的 GE0/0/0 及 GE0/0/1 接口均已激活 OSPF，而且这两个接口都接入了 Area0，因此它会产生一个 Type-1 LSA，在这个 LSA 中描述这两个接口的状况，并在 Area0 内泛洪该 LSA，如图 3-24 所示。R1 的 GE0/0/1 是一个以太网接口，并且使用的网段是 192.168.1.0/24，另外 R1 在这个接口上并没有建立 OSPF 邻接关系，因此在该 Type-1 LSA 中，OSPF 描述这个接口的 Link 的相关内容是：链路类型=3（表示连接到一个末梢网络），链路 ID=192.168.1.0（该接口的 IP 地址所属的网络地址），链路数据=255.255.255.0（该接口的网络掩码），度量值=1（接口的 Cost 值）。另一个接口 GE0/0/0 也是一个以太网接口，使用 192.168.123.0/24 网段，并且通过该接口，R1 与 R3 建立了邻接关系，因此描述这个接口的几个关键信息是：链路类型=2（表示连接到一个传输网络），链路 ID=192.168.123.3（DR 的接口 IP 地址，也即 R3 的接口 IP 地址），链路数据=192.168.123.1（本接口 IP 地址），度量值=1。综上，R1 在自己产生的这个 Type-1 LSA 中包含两个 Link，该 LSA 在整个 Area0 内泛洪。

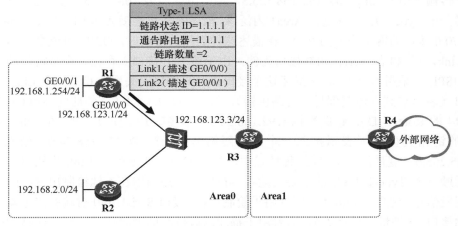

图 3-24　R1 产生的 Type-1 LSA

使用 **display ospf lsdb router** 命令可以查看 LSDB 中的 Type-1 LSA，如果在该命令后再增加 **originate-router** 关键字则可以查看指定的 OSPF 路由器产生的 Type-1 LSA，例如：

```
<R1>display ospf lsdb router originate-router 1.1.1.1

          OSPF Process 1 with Router ID 1.1.1.1
                   Area: 0.0.0.0
           Link State Database


      Type      : Router
      Ls id     : 1.1.1.1
      Adv rtr   : 1.1.1.1
      Ls age    : 296
      Len       : 48
      Options   : E
      seq#      : 80000013
      chksum    : 0xfef0
      Link count: 2
       * Link ID : 192.168.123.3          #用于描述 GE0/0/0 接口的 Link
         Data    : 192.168.123.1
         Link Type   : TransNet
         Metric     : 1
       * Link ID : 192.168.1.0            #用于描述 GE0/0/1 接口的 Link
         Data    : 255.255.255.0
         Link Type   : StubNet
         Metric  : 1
         Priority    : Low
```

以上所输出的就是 R1 产生的 Type-1 LSA，可以看到其中包含的两条 Link。再来看看 R3，R3 的情况比较特殊，它有两个接口分别连接到两个区域，其中 GE0/0/0 连接到了 Area0，而 Serial1/0/0 则连接了 Area1，很显然它是一台 ABR。它将产生两个 Type-1 LSA（如图 3-25 所示），一个用于在 Area0 内泛洪，描述的是其接入该区域的接口 GE0/0/0，这个 Type-1 LSA 中包含一个用于描述 GE0/0/0 接口的 Link，其链路类型=2（表示连接到一个传输网络），链路 ID=192.168.123.3，链路数据=192.168.123.3，度量值=1；R3 产生的另一个 Type-1 LSA 则是在 Area1 内泛洪，描述的是其连接 Area1 的接口 Serial1/0/0。Serial1/0/0 接口的网络类型为 P2P，在描述这种类型的接口时，OSPF 可能会采用一条或多条 Link。以 R3 的 Serial1/0/0 接口为例，由于该 P2P 接口上存在一个全毗邻的邻居，因此 OSPF 将采用两个 Link 来描述这个接口以及与邻居的关系。其中一个 Link 的链路类型=1（表示点到点连接到另一台路由器），链路 ID=4.4.4.4（该邻居的 Router-ID，也就是 R4 的 Router-ID），链路数据=192.168.34.3（本接口 IP 地址），度量值=48；另一个 Link 的链路类型=3（表示接入一个末梢网络），链路 ID=192.168.34.0，链路数据=255.255.255.0，度量值=48。在这种场景中，为何 OSPF 需要两个 Link 来描述一个接口呢？回顾一下 Type-1 LSA 的重要用途——帮助其他路由器在本地绘制出网络的拓扑并发现网段信息。这两个 Link 中，前者用于绘制拓扑（接口 Serial1/0/0 对端的路由器是谁？设备的接口 IP 地址是什么？），后者用于描述这段链路的网段信息（这段链路的网络地址及网络掩码）。

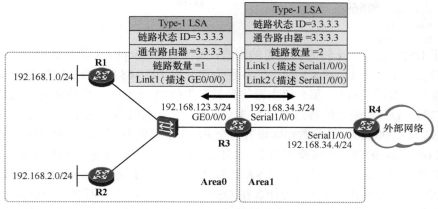

图 3-25 R3 产生的 Type-1 LSA

```
<R3>display ospf lsdb router originate-router 3.3.3.3

        OSPF Process 1 with Router ID 3.3.3.3
                Area: 0.0.0.0
            Link State Database

Type     : Router
Ls id    : 3.3.3.3
Adv rtr  : 3.3.3.3
Ls age   : 477
Len      : 36
Options  :  ABR  E
seq#     : 80000015
chksum   : 0x63f2
Link count: 1
 * Link ID : 192.168.123.3
   Data    : 192.168.123.3
   Link Type    : TransNet
   Metric : 1


            Area: 0.0.0.1
        Link State Database

Type     : Router
Ls id    : 3.3.3.3
Adv rtr  : 3.3.3.3
Ls age   : 602
Len      : 48
Options  :  ABR  E
seq#     : 80000002
chksum   : 0x2878
Link count: 2                          #这两个 Link 都是用于描述 Serial1/0/0 接口
 * Link ID: 4.4.4.4
   Data   : 192.168.34.3
   Link Type: P-2-P
   Metric : 48
 * Link ID : 192.168.34.0
   Data    : 255.255.255.0
```

```
Link Type       : StubNet
Metric : 48
Priority: Low
```

关于 OSPF 还有一个特别有意思的事情，那就是对 Loopback 接口的处理。假设我们为路由器创建了一个 Loopback 接口，并且为它分配 192.168.200.11/24 的 IP 地址，然后在这个接口上激活 OSPF，那么路由器将在其产生的 Type-1 LSA 中描述这个接口。在描述该接口时，OSPF 采用的链路类型为 3（接入一个末梢网络），链路 ID 为该接口的 IP 地址（192.168.200.11），链路数据则设置为全 F，表示掩码为 255.255.255.255（/32）——尽管该 Loopback 接口的真实掩码为 255.255.255.0（/24），另外度量值缺省为 0。因此区域中的其他 OSPF 路由器在基于该 LSA 计算路由时，关于这个 Loopback 接口便会计算出一条/32 的主机路由，这就是为什么在 OSPF 的实现中，无论网络管理员为 Loopback 接口分配什么网络掩码，在其他设备的路由表中，关于该接口始终得到一条主机路由。要想将路由的掩码恢复成 Loopback 接口的真实掩码，可以将该 Loopback 接口的 OSPF 网络类型修改为 Broadcast（或 NBMA）。

2．Type-2 LSA

经过 Type-1 LSA 的泛洪，区域内的路由器已经能够大致地描述出本区域内的网络拓扑，但是，要想完整地描述区域内的网络拓扑结构及网段信息，光有 Type-1 LSA 是不够的，留意到如果路由器的接口接入一个 MA 网络并且在该网络上存在形成了邻接关系的邻居，则用于描述该接口的 Link 的链路类型为 2，链路 ID 为 DR 的接口 IP 地址，而链路数据为本路由器接口的 IP 地址，但是这个 MA 网络的掩码呢？有多少路由器连接在这个 MA 网络上呢？这些信息暂时还是未知的（至少通过 Type-1 LSA 还无法知晓）。因此就需要用到 Type-2 LSA 了。

在 MA 网络中，OSPF 会选举 DR 及 BDR，所有的 DROther 路由器都只能和 DR 及 BDR 建立邻接关系，DROther 路由器之间不会建立全毗邻的 OSPF 邻接关系。DR 会在本区域内泛洪 Type-2 LSA，来列举出接入该 MA 网络的所有路由器的 Router-ID（其中包括 DR 自身），以及这个网络的掩码。因此 Type-2 LSA 仅存于拥有 MA 网络的区域中，该 LSA 由 DR 产生。Type-2 LSA 的格式如图 3-26 所示。

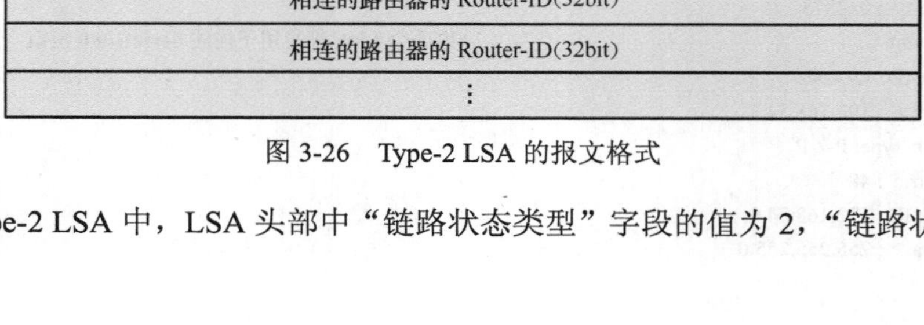

链路状态老化时间(16bit)		可选项(8bit)	链路状态类型 =2
链路状态 ID(32bit)			
通告路由器 (32bit)			
链路状态序列号(32bit)			
链路状态校验和(16bit)		长度(16bit)	
网络掩码 (32bit)			
相连的路由器的 Router-ID(32bit)			
相连的路由器的 Router-ID(32bit)			
⋮			

图 3-26　Type-2 LSA 的报文格式

在 Type-2 LSA 中，LSA 头部中"链路状态类型"字段的值为 2，"链路状态 ID"字段的值为产生这个 Type-2 LSA 的 DR 的接口 IP 地址。

● **网络掩码（Network Mask）**：该 MA 网络的网络掩码。

● **相连的路由器（Attached Router）的 Router-ID**：连接到该 MA 网络的路由器的 Router-ID（与该 DR 建立了邻接关系的邻居的 Router-ID，以及 DR 自己的 Router-ID），如果有多台路由器接入该 MA 网络，则使用多个字段描述。

回到本小节的例子，R1、R2 及 R3 三台路由器的 GE0/0/0 接口都接入同一台以太网二层交换机，另外它们的接口 IP 地址均属于相同网段——这三个接口处于同一个 MA 网络，DR、BDR 的选举过程将会在这里发生，最终由于 R3 的 GE0/0/0 接口的 DR 优先级被人为调高，因此它胜出成为这个 MA 网络的 DR。如此一来，它将在 Area0 内泛洪一个 Type-2 LSA，在该 LSA 中将包含 R1、R2 及 R3 三台路由器的 Router-ID，另外该 LSA 还会描述这个 MA 网络的掩码：255.255.255.0，如图 3-27 所示。

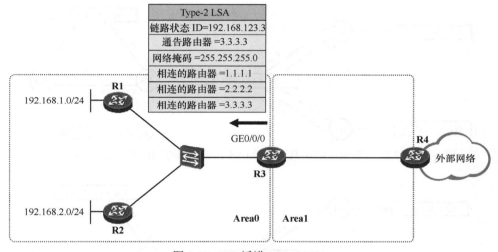

图 3-27　DR 泛洪 Type-2 LSA

在 R3 上使用 **display ospf lsdb network** 命令可以查看到网络中泛洪的 Type-2 LSA：

```
<R3>display ospf lsdb network

          OSPF Process 1 with Router ID 3.3.3.3
                  Area: 0.0.0.0
          Link State Database

    Type      : Network
    Ls id     : 192.168.123.3
    Adv rtr   : 3.3.3.3
    Ls age    : 1038
    Len       : 36
    Options   : E
    seq#      : 80000009
    chksum    : 0x1e24
    Net mask  : 255.255.255.0
    Priority  : Low
       Attached Router      3.3.3.3
       Attached Router      1.1.1.1
```

Attached Router   2.2.2.2
Area: 0.0.0.1
Link State Database

Area1 内没有 MA 网络，因此不存在 Type-2 LSA。

得益于 Type-1、Type-2 LSA 在区域内的泛洪，OSPF 就能够描绘出一个区域内的完整拓扑（详细到设备每个接口的 Cost）并发现各个网段的信息（网络地址及网络掩码）。一个区域内的所有路由器关于该区域的 LSDB 是完全一致的，只有这样，这些路由器才能准确地计算出到达区域内各个网段的路由。路由器将自己基于某个直连区域内泛洪的 Type-1 及 Type-2 LSA 计算得到的路由视为区域内部路由（Intra-Area Route）。

在本例中，R3 是一台 ABR，它有两个接口分别连接 Area0 及 Area1，因此它分别维护着这两个区域的 LSDB，这有助于它构建如图 3-28 所示的网络拓扑。接下来，R3 将以自己为根，运行 SPF 算法并最终获得到达各个网段的最短路径，如图 3-29 所示。

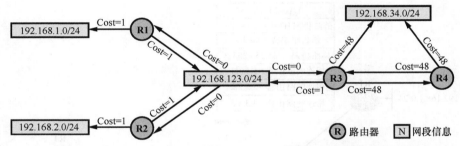

图 3-28　R3 根据 Type-1 LSA 及 Type-2 LSA 描绘出网络的拓扑结构及网段信息

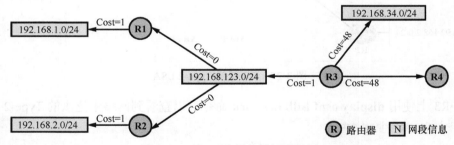

图 3-29　以 R3 为根的最短路径树

与 R3 不同，R1 及 R2 是区域内部路由器，它们只能根据区域内泛洪的 Type-1、Type-2 LSA 计算出到达 Area0 内各网段的路由，而到达 Area0 之外的路由，例如到达 192.168.34.0/24 网段的路由，目前它们暂时是无法知晓的。要实现区域间路由的传递，就必须借助 Type-3 LSA。

3. Type-3 LSA

前两类 LSA 解决了区域内路由计算的问题，那么区域间路由的计算呢？显然当一个 OSPF 网络中存在多个区域时，单凭 Type-1 及 Type-2 LSA 仅能解决单个区域内的路由计算问题，但是区域之间的路由传递目前依然有待解决，因为 Type-1 及 Type-2 LSA 只能在始发区域内泛洪，无法被泛洪到区域之外。Type-3 LSA 也就是网络汇总 LSA（Network Summary LSA），这里的"汇总"二字，其实理解为"归纳"更为贴切，它和路由汇总是完全不同的概念。Type-3 LSA 是由 ABR 产生的，用于解决区域之间的路由传递问题。由于 ABR 同时连接着非骨干区域以及 Area0，因此它分别为这些区域维护着 LSDB 并且计算出到达直连区域的区域内部路由，它向某个区域注入 Type-3 LSA，以便向该区域通告到达其他区域的区域间路由。Type-3 LSA 的格式如图 3-30 所示。

链路状态老化时间 (16bit)		可选项 (8bit)	类型 =3
链路状态 ID(32bit)			
通告路由器 (32bit)			
链路状态序列号 (32bit)			
链路状态校验和 (16bit)		长度 (16bit)	
网络掩码 (32bit)			
00000000	度量值		
TOS	TOS 度量值		
⋮			

图 3-30　Type-3 LSA 的报文格式

在 Type-3 LSA 中，"链路状态 ID"字段的值为区域间路由的目的网络地址，其他字段及其含义如下。

- **网络掩码（Netmask）**：区域间路由的目的网络掩码。
- **度量值（Metric）**：路由的 Cost。

说明

由于 TOS 及 TOS 度量值在 RFC2328 中不再支持（这些字段被保留仅是为了兼容早期的 OSPF 版本），因此读者朋友们可忽略与 TOS 相关的字段。

在本小节引用的例子中，R3 通过 Area0 及 Area1 内泛洪的 Type-1、Type-2 LSA 已经能够分别计算出到达 Area0 及 Area1 内各网段的区域内部路由。现在它会为这些区域内的路由产生 Type-3 LSA，并且将其注入另一个区域中。如图 3-31 所示，它将描述到达 Area1 内 192.168.34.0/24 网段的路由的 Type-3 LSA 注入 Area0，在这个 Type-3 LSA 中，链路状态 ID 为该路由的目的网络地址 192.168.34.0，网络掩码为 255.255.255.0，通告路由器自然是该 ABR（R3）的 Router-ID，另外这条路由的 Cost 为 48，实际上这个 Cost 是 R3 自己到达目的网段的路径 Cost，在这个拓扑中就是 R3 的 Serial1/0/0 接口的 Cost。

在收到这个 Type-3 LSA 后，R1 及 R2 就能够计算到达 192.168.34.0/24 网段的区域间路由，并且该区域间路由的 Cost 为 49（也即 48+1，其中 1 就是它们的 GE0/0/0 接口的 Cost，也就是说它们到达目标网段的路径 Cost，是在 R3 所通告的 Cost 的基础上，加上自己到达 R3 的 Cost）。

另一方面，R3 也会将描述到达 Area0 内三个网段（192.168.1.0/24、192.168.2.0/24 及 192.168.123.0/24）的路由的 Type-3 LSA 注入 Area1，如图 3-32 所示。这样一来，R4 就能够学习到这三条区域间路由。

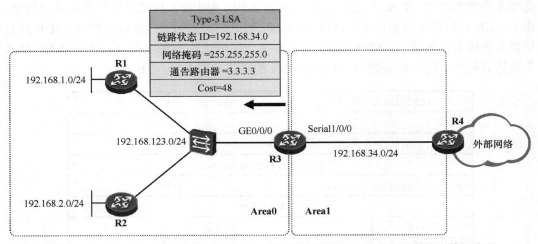

图 3-31 R3 向 Area0 内注入 Type-3 LSA，用于描述到达 Area1 内各网段的区域间路由

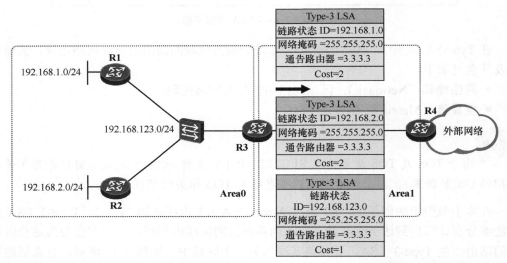

图 3-32 R3 向 Area1 内注入 Type-3 LSA，用于描述到达 Area0 内各网段的区域间路由

在 R3 上执行 **display ospf lsdb summary** 命令，可以查看其 LSDB 中的 Type-3 LSA：

```
<R3>display ospf lsdb summary

        OSPF Process 1 with Router ID 3.3.3.3
                Area: 0.0.0.0
        Link State Database


    Type      : Sum-Net
    Ls id     : 192.168.34.0
    Adv rtr   : 3.3.3.3
    Ls age    : 1370
    Len       : 28
    Options   : E
```

```
seq#         : 80000001
chksum       : 0xc9cb
Net mask     : 255.255.255.0
Tos 0   metric: 48
Priority     : Low
                      Area: 0.0.0.1
             Link State Database


Type         : Sum-Net
Ls id        : 192.168.123.0
Adv rtr      : 3.3.3.3
Ls age       : 1370
Len          : 28
Options      : E
seq#         : 80000001
chksum       : 0x1b50
Net mask     : 255.255.255.0
Tos 0   metric: 1
Priority     : Low


Type         : Sum-Net
Ls id        : 192.168.2.0
Adv rtr      : 3.3.3.3
Ls age       : 1335
Len          : 28
Options      : E
seq#         : 80000001
chksum       : 0x5d86
Net mask     : 255.255.255.0
Tos 0   metric: 2
Priority     : Low


Type         : Sum-Net
Ls id        : 192.168.1.0
Adv rtr      : 3.3.3.3
Ls age       : 1334
Len          : 28
Options      : E
seq#         : 80000001
chksum       : 0x687c
Net mask     : 255.255.255.0
Tos 0   metric: 2
Priority     : Low
```

接下来，本书将从宏观的层面进一步探讨 Type-3 LSA 的泛洪过程。首先临时性地将本小节的演示拓扑做一点小小的变更（该变更仅用于讲解 Type-3 LSA，如图 3-33 所示）：新增路由器 R5，R5 分别与 R1 及 R2 直连，直连网段分别为 192.168.1.0/24 及 192.168.2.0/24，并且接口都处于 Area2 中，拓扑中的其他内容不变。

说明　简单起见，图中的互联链路被忽略掉了，仅保留网段信息。

以从左到右的视角来分析，R1 及 R2 作为 ABR，它们都会为 Area0 注入两条 Type-3

LSA，分别用于描述到达 Area2 内 192.168.1.0/24 及 192.168.2.0/24 网段的路由。这样 R3
便能根据这些 Type-3 LSA 计算出到达这两个网段的区域间路由。再看看关于区域间路由
的 Cost 值问题，以 R1 为例，它向 Area0 中所泛洪的这两条 Type-3 LSA，会分别附加上
它自己到达这两个网段的 Cost，R3 收到这两条 Type-3 LSA 后即可进行区域间路由计
算——它到这两个目标网段的 Cost，是在 R1 所通告的 Cost 值的基础上，加上自己到
R1 的 Cost。R3 通过查询路由表获得自己到 R1 的 Cost（实际上这个 Cost 值的计算得益
于 Area0 中泛洪的 Type-1 及 Type-2 LSA）。

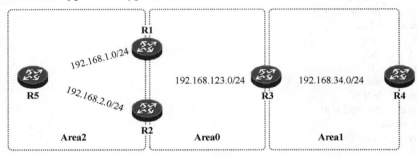

图 3-33　Type-3 LSA 的泛洪

注意

在一个区域中泛洪的 Type-3 LSA 描述的是到达该区域之外、但仍属于 OSPF 域
内的网段的路由，并且 Type-3 LSA 只能在一个区域内泛洪。因此 R1 及 R2 注入 Area0
的 Type-3 LSA 只能在 Area0 中泛洪，不能直接进入 Area1。R3 会重新向 Area1 中注入
Type-3 LSA，用于描述到达相应网段的区域间路由。

再看看 R3，它会产生三条 Type-3 LSA 注入 Area1，这三条 Type-3 LSA 分别用于描
述到达 Area0 中 192.168.123.0/24 网段的路由，以及到达 Area2 中 192.168.1.0/24 和
192.168.2.0/24 网段的路由。这三条 Type-3 LSA 中也都携带着 R3 自己到达相应网段的
Cost。R4 会收到这些 Type-3 LSA 并计算区域间路由，而它到这三个目标网段的 Cost，
就等于 R3 所通告的 Cost 值加上自己到 R3 的 Cost。

讲到现在，您可能已经发现了一些端倪：OSPF 区域间路由的传播过程与距离矢量
路由协议的路由传播过程非常相似。大家已经知道，距离矢量路由协议基于"传闻"的
路由更新行为非常容易引发路由环路，显然，对于区域间路由的传递，OSPF 也需要一
定的防环机制。

首先，OSPF 要求区域间路由必须通过 Area0 中转，这使得 OSPF 网络在逻辑上构成
一个以 Area0 为中心、其他区域为分支的星型逻辑结构，这在很大程度上减小了环路出
现的可能。当然，这也形成了 OSPF 区域设计的一条规矩——所有的非骨干区域必须与
骨干区域 Area0 直接相连。

另外，OSPF 要求 ABR 只能将自己到达所连接区域的区域内部路由通告给 Area0（区
域间路由则不被允许），另外，可以将其到达所连接区域的区域内部路由及到达其他区域
的区域间路由通告给非骨干区域。以图 3-33 显示的网络为例，对于 R3 而言，到达 Area0
中的 192.168.123.0/24 网段的路由便是区域内路由，而到达 Area2 中的 192.168.1.0/24 及

192.168.2.0/24 网段的这两条路由则是区域间路由，R3 会将这三条路由都通告到 Area1（非骨干区域）中，当然，它是通过向该区域注入 Type-3 LSA 来实现上述目的的。现在，假设 R4 增加一条与 R2 直连的链路并通过该链路与 R2 建立了邻接关系，而且该链路属于 Area0，如此一来 R4 也就成为了一台 ABR，则 R4 能够将到达直连区域 Area1 中 192.168.34.0/24 网段的路由通告给 Area0，但是却不能将其在 Area1 学习到的区域间路由 192.168.1.0/24、192.168.2.0/24 以及 192.168.123.0/24 通告给 Area0（给 R2），因为这些路由正是通告自 Area0 的，如果这些路由被通告给 Area0，则可能引发路由环路。

4. Type-4 LSA

利用 Type-1、Type-2 LSA，OSPF 路由器能够完成区域内部网络拓扑的绘制并发现区域内的网段信息，因此依赖这两种 LSA，单个区域内的路由计算是没有问题的。而得益于 Type-3 LSA 的泛洪，区域间的路由传递也可以顺利实现。因此，Type-1、Type-2 及 Type-3 LSA 这三类 LSA 解决了单个 OSPF 域内的路由计算问题。

现在来看看当外部路由被引入 OSPF 域后，OSPF 如何实现路由计算。首先，不妨通过一个例子来帮助大家理解外部路由的引入过程，假设有这么一座城，它被划分成了多个行政区，这座城市与外界完全隔绝，被封闭了起来，外面的信息进不来，里头的消息也出不去。有一天，这座城市在某个行政区开启了一个城门，这个城门成了城内居民去往城外的一个出口。现在，关于城外各种新奇事物的描绘经过这座城门被城内各个行政区的千家万户知晓了，大家都知道原来外面还有这么多好玩儿的地方。现在大家想要出城旅游了，目的地自然是这些城外的景点，但是要出城，就必须从城门走，那么大家就需要知道城门的所在。与城门同属一个行政区的居民能直接了解到城门的具体位置，这是因为同一个行政区内，所有的信息都是公开透明的。然而与城门不在同一个行政区的居民可就不知道城门的位置了，不知道城门的位置，自然就无法经过城门到达外面的世界。因此行政区的枢纽会将城门的信息通告给其他行政区，使得与城门不在同一个区的居民能够知晓到达城门的路径，最终，整个城市的居民都能够出城旅游了。

对应到 OSPF 的相关概念，上面所举的例子中，这座城市就是 OSPF 域，城市的行政区也就是 OSPF 区域，而城门则是 ASBR（Autonomous System Boundary Router，自治系统边界路由器），ASBR 将域外的路由（例如 RIP 路由、静态路由等）引入 OSPF，OSPF 使用 Type-5 LSA 描述这些外部路由，Type-5 LSA 能够在整个 OSPF 域内泛洪（除了一些特殊的区域），这样所有的路由器都能知晓这些到达外部的路由，但是光获知到达外部网络的路由还是不够的，还需要知道引入这些外部路由的 ASBR 的所在。与 ASBR 同属一个区域路由器能够通过区域内泛洪的 Type-1、Type-2 LSA 计算出到达 ASBR 的路由，然而这两种 LSA 只能在本区域内泛洪，那么其他区域的路由器如何知道到达该 ASBR 的路径？这就需要用到 Type-4 LSA 了。Type-4 LSA 被称为 ASBR 汇总 LSA（ASBR Summary LSA），由 ABR 产生，实际上是一条到达 ASBR 的主机路由。Type-4 LSA 的格式与 Type-3 LSA 是一致的。在 Type-4 LSA 中，"链路状态 ID"字段的值是 ASBR 的 Router-ID，而且"网络掩码"字段的值为全 0，另外，"度量值"字段填写的是该 ABR 自己到达 ASBR 的 Cost 值。

如图 3-34 所示，R4 作为 ASBR 将外部路由 10.0.0.0/8 引入了 OSPF 域。R4 产生 Type-5 LSA 描述这条外部路由。R3 由于和 R4 同属一个区域，因此它能直接通过 Area1 内泛洪的 Type-1 LSA 计算出从区域内到达 ASBR R4 的最佳路径。一旦我们在 R4 上执行 **import-route** 命令（该命令用于将外部路由引入 OSPF），R4 便会在其产生的 Type-1 LSA 中将 E 比特位设置为 1，用于宣告自己的 ASBR 的身份。然而对于 Area0 内的 R1 及 R2 而言，它们虽然能够通过 Type-5 LSA 知晓 10.0.0.0/8 这个外部网络，但是却无法进行路由计算，因为它们并不知道如何到达 ASBR（R4 产生的 Type-1 LSA 只在 Area1 内泛洪）。因此，R3 作为与 ASBR 同属一个区域的 ABR，会产生描述该 ASBR 的 Type-4 LSA 并在 Area0 内泛洪，从而 Area0 内的 R1 及 R2 便能够计算出到达 10.0.0.0/8 的外部路由并将其加载到路由表。在 R1 上执行 **display ospf lsdb asbr** 命令，可看到其 LSDB 中的 Type-4 LSA：

```
<R1>display ospf lsdb asbr

            OSPF Process 1 with Router ID 1.1.1.1
                    Area: 0.0.0.0
                Link State Database

    Type      : Sum-Asbr
    Ls id     : 4.4.4.4
    Adv rtr   : 3.3.3.3
    Ls age    : 22
    Len       : 28
    Options   : E
    seq#      : 80000001
    chksum    : 0x2ce3
    Tos 0   metric : 48
```

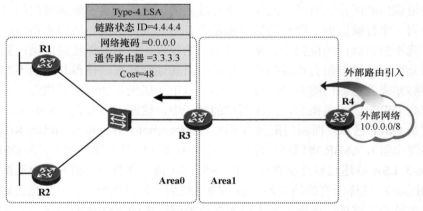

图 3-34   R3 作为 ABR 向 Area0 内注入 Type-4 LSA

    以上输出的就是 R3 所产生的 Type-4 LSA。实际上，Type-4 LSA 的最主要的作用，是为了帮助那些与 ASBR 不在同一个区域的路由器计算出到达 ASBR 的路由，值得注意的是，这些路由器并不将通过 Type-4 LSA 计算出来的到达 ASBR 的路由加载到全局路由表中，而只是存放在一个特殊的数据表里。在路由器上使用 **display ospf abr-asbr** 命令可以看到路由器发现的 ABR 及 ASBR。在 R1 上执行该命令，可看到如下输出：

```
[R1]display ospf abr-asbr

        OSPF Process 1 with Router ID 1.1.1.1
        Routing Table to ABR and ASBR
```

RtType	Destination	Area	Cost	Nexthop	Type
Intra-area	3.3.3.3	0.0.0.0	1	192.168.123.3	ABR
Inter-area	**4.4.4.4**	**0.0.0.0**	**49**	**192.168.123.3**	**ASBR**

5. Type-5 LSA（AS External LSA）

通过前文的描述我们已经知道，当 ASBR 将外部路由引入 OSPF 时，会产生 Type-5 LSA 用于描述这些外部路由，这种类型的 LSA 一旦被产生后，会在整个 OSPF 域内传播（除了一些特殊区域）。Type-5 LSA 也就是 AS 外部 LSA（AS External LSA）。图 3-35 显示了 Type-5 LSA 的报文格式。

图 3-35　Type-5 LSA 的报文格式

对于 Type-5 LSA，"链路状态 ID"字段的值是外部路由的目的网络地址。其他主要字段的描述如下。

- **网络掩码（Netmask）**：外部路由的目的网络掩码。
- **E 位**：用于表示该外部路由使用的度量值类型。OSPF 定义了两种外部路由度量值类型，分别是 Metric-Type-1 和 Metric-Type-2。如果该比特位被设置为 1，则表示外部路由使用的度量值类型为 Metric-Type-2，如果该比特位被设置为 0，则表示外部路由使用的度量值类型为 Metric-Type-1。关于这两种度量值类型的区别，本书将在下文中详细阐述。
- **度量值（Metric）**：该外部路由的 Cost。
- **转发地址（Forwarding Address，FA）**：当 FA 为 0.0.0.0 时，则到达该外部网段的流量会被发往引入这条外部路由的 ASBR。而如果 FA 不为 0.0.0.0，则流量会被发往这个转发地址。FA 这一概念的引入，使得 OSPF 在某些特殊的场景中得以规避次优路径问题。关于 FA 将在后续的小节中继续讨论。
- **外部路由标记（External Route Tag）**：这是一个只有外部路由才能够携带的标记，常被用于部署路由策略。举个例子，假设我们在 OSPF 域外有两种业务：办公及生产，现在 ASBR 把这两种业务各自的路由都引入 OSPF，用于描述这些外部路由的 Type-5 LSA 将在整个 OSPF 域内传播，现在如果需要在域内某个位置部署路由策略，分别对这些办公及生产的路由执行不同的策略，那么首先就要区分这些路由，如果单纯通过路由的目的网络地址及网络掩码进行区分显然是不够便捷的。而如果在 ASBR 上引入这些外部路由时，就分别为生产及办公路由打上相应的标记，那么在域内执行策略的时候就可以直接对相应的标记进行路由匹配，从而使得路由策略的部署更加方便。在华为的路由器上，缺省时该字段值被设置为 1。

说明

    由于 TOS 及 TOS 度量值在 RFC2328 中不再支持（这些字段被保留仅是为了兼容早期的 OSPF 版本），因此读者朋友们可忽略与 TOS 相关的字段。

    在 ASBR 将外部路由引入 OSPF 时，可以指定路由的外部 Cost 值，以及度量值类型。接下来继续看本节开始时提到的例子。R4 将外部路由 10.0.0.0/8 引入了 OSPF，图 3-36 描述了这个 LSA 大概的样子，这个 LSA 将在整个 OSPF 域内泛洪。使用 **display ospf lsdb ase** 命令能够查看到网络中泛洪的 Type-5 LSA：

```
<R1>display ospf lsdb ase

            OSPF Process 1 with Router ID 1.1.1.1
                  Link State Database


    Type              : External
    Ls id             : 10.0.0.0
    Adv rtr           : 4.4.4.4
    Ls age            : 1251
    Len               : 36
    Options           :  E
    seq#              : 80000001
    chksum            : 0x4b2
    Net mask          : 255.0.0.0
    TOS 0    Metric   : 1
    E type            : 2
    Forwarding Address : 0.0.0.0
    Tag               : 1
    Priority          : Low
```

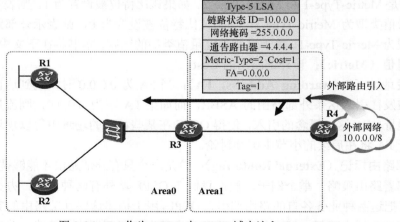

图 3-36　R4 作为 ASBR 向 OSPF 域内注入 Type-5 LSA

当一条外部路由被引入 OSPF 时，ASBR 除了会设置该路由的外部 Cost 值，还会设置其度量值类型，这两个值最终都会被写入 Type-5 LSA 的相关字段中。

一台路由器在收到 Type-5 LSA 后，需要检查引入该外部路由的 ASBR 是否可达，如果该 ASBR 可达，路由器才会使用该 Type-5 LSA 进行外部路由计算。另外，不同的外部路由度量值类型，路由的 Cost 值算法是不同的。假设一条 Type-5 LSA 的外部 Cost 为 B，而路由器 X 到达产生这条 Type-5 LSA 的 ABSR 的路径 Cost 为 A，则当 Type-5 LSA 的度量值类型为 Metric-Type-1 时，X 计算出的这条外部路由的 Cost 等于 A+B，但如果度量值类型为 Metric-Type-2，则路由的 Cost 等于 B。

6. Type-7 LSA

Type-7 LSA 也就是非完全末梢区域外部 LSA（Not-So-Stubby Area External LSA）。这是一种特殊的 LSA，也是用于描述 OSPF 外部路由，并且其报文格式与 Type-5 LSA 一致，但是它的泛洪范围却是有严格限制的——它只能够在 NSSA（Not-So-Stubby Area，非完全末梢区域）内泛洪，并且不能进入 Area0。关于 NSSA 的概念本书将在 3.2.4 节中详细探讨。

OSPF 除了定义常规区域外，还定义了几种特殊区域类型，NSSA 就是其中之一。NSSA 禁止来自 Area0 的 Type-5 LSA 进入，这使得该区域内泛洪的 LSA 在一定程度上减少了，当然，这也有助于减小 NSSA 中路由器的路由表规模，从而减小设备负担，而 ABR 为了让 NSSA 内的路由器能通过骨干区域访问被过滤掉的 Type-5 LSA 所描述的外部路由，会向 NSSA 中发布一条默认路由（使用 Type-7 LSA 描述）。另一方面，NSSA 允许本区域中的路由器引入少量外部路由，这些外部路由被引入后将使用 Type-7 LSA 描述，而且 Type-7 LSA 只能够在该 NSSA 内泛洪，不允许被注入 Area0。NSSA 的 ABR 会负责将 NSSA 内泛洪的 Type-7 LSA 转换成 Type-5 LSA，使得这些外部路由能够在 OSPF 域内传播。

在图 3-37 中，Area1 由原来的常规区域被修改为 NSSA。R4 将外部路由 10.0.0.0/8 引入 OSPF，它作为 ASBR 将会为 Area1 这个 NSSA 产生一条描述该路由的 Type-7 LSA，这样，Area1 内的其他路由器就能够根据这条 LSA 计算出到达 10.0.0.0/8 的外部路由。另外，NSSA 的 ABR——R3 会负责将这条 Type-7 LSA 转换成 Type-5 LSA，并将该 Type-5 LSA 注入 Area0，随后传播到整个 OSPF 域。

在 R3 上使用 **display ospf lsdb nssa** 命令可以查看到在 Area1 中泛洪的 Type-7 LSA。

```
<R3>display ospf lsdb nssa

          OSPF Process 1 with Router ID 3.3.3.3
                  Area: 0.0.0.0
              Link State Database


                  Area: 0.0.0.1
              Link State Database


     Type      : NSSA
     Ls id     : 0.0.0.0
     Adv rtr   : 3.3.3.3
     Ls age    : 527
     Len       : 36
     Options   : None
     seq#      : 80000001
```

```
chksum       : 0xa61e
Net mask     : 0.0.0.0
TOS 0   Metric   : 1
E type       : 2
Forwarding Address : 0.0.0.0
Tag          : 1
Priority     : Low

Type         : NSSA
Ls id        : 10.0.0.0
Adv rtr      : 4.4.4.4
Ls age       : 522
Len          : 36
Options      : NP
seq#         : 80000001
chksum       : 0xb16d
Net mask     : 255.0.0.0
TOS 0   Metric   : 1
E type       : 2
Forwarding Address : 192.168.34.4
Tag          : 1
Priority     : Low
```

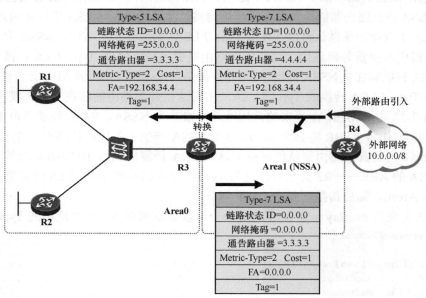

图 3-37　Type-7 LSA 的泛洪及 Type-7 LSA 转 Type-5 LSA 的动作

从上面的输出可以看到 Area1 中一共泛洪着两条 Type-7 LSA，其中的一条是由 ASBR——R4 产生的，用于描述外部路由 10.0.0.0/8，另一条则是由 ABR——R3 自动产生的，是一条默认路由，这条默认路由只能在 Area1 内传播。

R3 能够根据 R4 产生的这条 Type-7 LSA 计算出到达 10.0.0.0/8 的路由：

```
<R3>display ip routing-table protocol ospf
Route Flags: R - relay, D - download to fib
------------------------------------------------------------------------
Public routing table : OSPF
```

```
              Destinations : 3           Routes : 3

OSPF routing table status : <Active>
              Destinations : 3           Routes : 3

Destination/Mask       Proto     Pre    Cost        Flags   NextHop           Interface

     10.0.0.0/8        O_NSSA    150    1           D       192.168.34.4      Serial1/0/0
     192.168.1.0/24    OSPF      10     2           D       192.168.123.1     GigabitEthernet0/0/0
     192.168.2.0/24    OSPF      10     2           D       192.168.123.2     GigabitEthernet0/0/0

OSPF routing table status : <Inactive>
              Destinations : 0           Routes : 0
```

留意到 R3 的路由表中 10.0.0.0/8 的路由，Proto 为 O_NSSA，意味着这是一条根据 Type-7 LSA 计算得出的 NSSA 外部路由。

NSSA 的 ABR R3 会将 Type-7 LSA 转换成 Type-5 LSA 注入 Area0 中，使得其他 OSPF 区域能够计算出到达 10.0.0.0/8 的路由。在 R1 上查看这条 Type-5 LSA：

```
<R1>display ospf lsdb ase
          OSPF Process 1 with Router ID 1.1.1.1
              Link State Database

     Type         : External
     Ls id        : 10.0.0.0
     Adv rtr      : 3.3.3.3
     Ls age       : 169
     Len          : 36
     Options      : E
     seq#         : 80000004
     chksum       : 0x40e7
     Net mask     : 255.0.0.0
     TOS 0   Metric   : 1
     E type       : 2
     Forwarding Address : 192.168.34.4
     Tag          : 1
     Priority     : Low
```

R1 及 R2 能够根据这条 Type-5 LSA 计算出路由，以 R1 的路由表为例：

```
<R1>display ip routing-table protocol ospf
Route Flags: R - relay, D - download to fib
------------------------------------------------------------------------------
Public routing table : OSPF
              Destinations : 3           Routes : 3

OSPF routing table status : <Active>
              Destinations : 3           Routes : 3

Destination/Mask       Proto     Pre    Cost        Flags   NextHop           Interface

     10.0.0.0/8        O_ASE     150    1           D       192.168.123.3     GigabitEthernet0/0/0
     192.168.2.0/24    OSPF      10     2           D       192.168.123.2     GigabitEthernet0/0/0
     192.168.34.0/24   OSPF      10     49          D       192.168.123.3     GigabitEthernet0/0/0

OSPF routing table status : <Inactive>
              Destinations : 0           Routes : 0
```

3.2.4　区域类型及详解

OSPF 是目前使用最为广泛的 IGP 之一，能够支持大规模的网络，在实际的组网项目中几乎随处可见。大家已经知道 OSPF 作为一种链路状态路由协议，使用 LSA 来描述网络拓扑及网段信息，为了减少 LSA 的泛洪、减小路由器 LSDB 的规模，从而减小路由器的性能损耗，OSPF 引入了多区域的概念。将一个 OSPF 域划分成多个区域带来了许多利好。每个区域独立维护一套 LSDB，并且单独运行 SPF 算法，而且区域内的拓扑变更也不会对整个 OSPF 网络带来过大的影响，这些利好都使得 OSPF 能够支持更大规模的网络。然而仅仅这些是不够的，当 OSPF 被部署在一个大型网络中，实现数据互通的前提是要打通网络中的路由，而将路由信息传递到位只是第一步，此外还需考虑如何优化网络、如何进一步减少 LSA 在网络中的泛洪、如何减小路由器路由表的规模。

图 3-38 展示了一个企业网络的示例，这个网络的规模比较大，网络从逻辑架构上分了三个区块，分别是省公司、地市分公司以及区县公司，其中地市和区县公司的网络运行 OSPF 协议，处于同一个 OSPF 域。整个 OSPF 网络进行了层次化的设计，地市分公司的核心网络部署在 Area0，而每个区县公司被规划在了非 0 区域，CO-SW1 及 CO-SW2 是地市分公司的两台汇聚设备，用于连接地市分公司及下面的区县公司，这两台设备同时也是 ABR。每个区县公司规划了一个独立的区域，例如区县公司 1 在 Area1，区县公司 2 在 Area2，以此类推，图中只是给出了区县公司网络的简单示意。地市分公司的出口路由器（OR-R1 及 OR-R2）与省公司的 PE 路由器（PE1 及 PE2）对接，通过 BGP 交互路由信息，出口路由器 OR-R1 及 OR-R2 将自己从省公司学习到的 BGP 路由引入 OSPF，使得整个 OSPF 域内的路由器能够学习到这些外部路由，从而使得访问省公司的数据流量能够顺利地被路由到 PE 路由器。

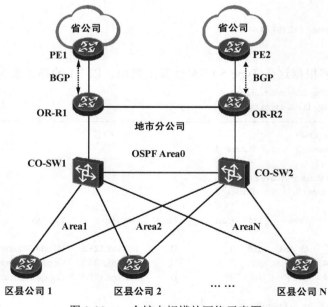

图 3-38　一个较大规模的网络示意图

> **说明**
> BGP 是一种外部网关路由协议（Exterior Gateway Protocol），主要被用于在 AS 之间交互路由信息。本书将在 "BGP" 一章中介绍该协议。

初始情况下，区县公司的路由器能够学习到整个 OSPF 域内的路由，当然，也会学习到 OR 路由器从 BGP 引入的所有外部路由。随着业务规模逐渐变大，省公司、地市公司的网络将变得更加庞大，区县公司可能也会逐渐增多，这些都将导致每个区县路由器的路由表变得臃肿，每台路由器将变得不堪重负。然而从这个网络大家可以直观地看出，实质上对于每个区县公司而言，并不用知晓 OSPF 域外，甚至 OSPF 区域外的路由细节，这些信息其实可以被屏蔽掉，因为每个区县公司都是一个末梢网络，它们的外出流量只需保证被送到地市分公司的汇聚设备就可以被顺利路由到目的地，无论这个目的地是域外的，还是其他区县公司的。

OSPF 设计了多种区域类型，以便满足多种业务需求。

1. 骨干区域（Backbone Area）

骨干区域是 Area0，是整个 OSPF 域的中心枢纽。一个 OSPF 域有且只能拥有一个 Area0，所有的区域间路由必须通过 Area0 中转。

2. 常规区域（Normal Area）

所有的 OSPF 区域缺省情况下都是常规区域，当然，Area0 是常规区域中比较特殊的一个。OSPF 要求所有的非骨干区域（非 0 常规区域）都必须与 Area0 直接相连。常规区域中允许 Type-1、Type-2、Type-3、Type-4 以及 Type-5 LSA 泛洪，Type-7 LSA 禁止出现在常规区域内。依然以本节开始时展示的网络为例，Area1 是一个非 0 常规区域，CO-SW1 及 CO-SW2 作为这个区域的 ABR，会将 Type-3、Type-4 以及 Type-5 LSA 都注入 Area1（如图 3-39 所示）。

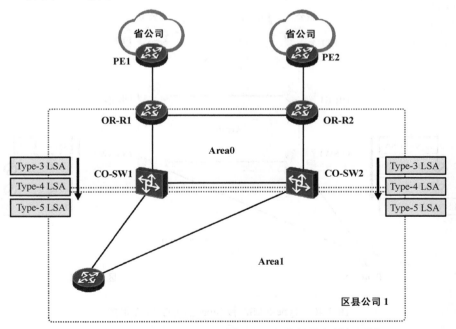

图 3-39　Type-3、Type-4 及 Type-5 LSA 能够进入常规区域

3. 末梢区域（Stub Area）

末梢区域也被称为 Stub 区域，当一个非 0 常规区域只有单一的出口（例如该区域只有一个 ABR），或者区域内的路由器不需要根据特定的外部路由来选择离开区域的出口时，该区域可以被配置为 Stub 区域。当一个区域被配置为 Stub 区域后，这个区域的 ABR 将阻挡 Type-5 LSA 进入该区域（禁止外部路由被发布到该区域），通过这种方式可减少区域内所泛洪的 LSA 数量，同时该区域的 ABR 自动下发一条使用 Type-3 LSA 描述的默认路由，使得区域内的路由器能够通过这条默认路由到达域外，因此既减小了区域内网络设备的路由表规模，又保证了其访问外部网络的数据可达性。在一个大量引入外部路由的 OSPF 网络中，将适当的区域配置为 Stub 区域可以极大地减小该区域内路由器的路由表规模，从而降低设备的资源消耗。另外，对于 Stub 区域而言，到达 OSPF 域内其他区域的路由依然能够被注入，即 ABR 依然会将描述区域间路由的 Type-3 LSA 注入到 Stub 区域中。

在图 3-40 中，Area1 被配置为 Stub 区域，这样 Area1 的 ABR（CO-SW1 及 CO-SW2）便不能再将 Type-5 LSA 注入这个区域。由于 Type-5 LSA 无法进入该区域，因此 Type-4 LSA 也就没有必要再在该区域内泛洪，所以 CO-SW1 及 CO-SW2 也就不会再向该区域内注入 Type-4 LSA，进而，Router-X 的路由表将不会再出现到达省公司（OSPF 域外）的具体路由，路由表的规模减小了，设备的资源消耗也就降低了。当然，Router-X 访问省公司的需求还是存在的，为了让 Router-X 发往省公司的流量能顺利到达目的地，ABR 会自动向 Area1 中注入默认路由，该条默认路由使用 Type-3 LSA 描述，CO-SW1 及 CO-SW2 都会下发默认路由，网络管理员可以通过把控默认路由的 Cost 从而控制 Router-X 选择的出口。Router-X 发往省公司的流量能够通过该默认路由先到达 CO-SW1 或 CO-SW2，再通过它们转发到省公司。

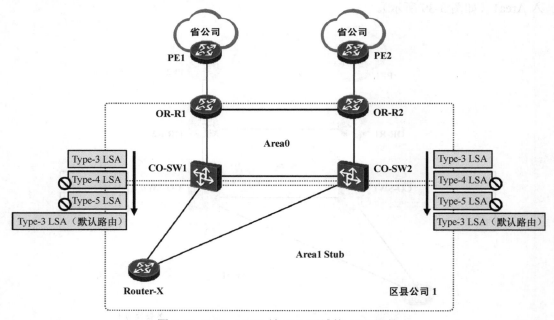

图 3-40　Type-5 LSA 被 Stub 区域的 ABR 阻挡

值得注意的是，OSPF 要求所有连接到 Stub 区域的路由器，对于该区域的 Stub 属性要有一致的认知，以图 3-40 为例，当我们在 CO-SW1 及 CO-SW2 上将 Area1 设置为 Stub 区域时，所有连接到 Area1 的路由器（例如 Router-X）都应该进行相应的配置，都应当将 Area1 视为 Stub 区域，否则 OSPF 邻接关系的建立将出现问题。

我们还能在 Stub 区域基础上进一步减少 LSA 的泛洪，即在 Stub 区域的 ABR 上，进一步阻挡描述区域间路由的 Type-3 LSA 进入该区域，区域内的路由器通过 ABR 向该区域下发的默认路由到达本区域之外的其他区域以及域外的网络。这样，这个特殊区域内将只有 Type-1、Type-2 LSA 以及描述默认路由的 Type-3 LSA 存在，这意味着区域内路由器的路由表都将只有到达区域内部的路由，以及指向 ABR 的默认路由，路由器的路由表被极大程度地精简了。这种特殊区域也被称为完全末梢区域（Totally Stub Area）。在本例中，可在 CO-SW1 及 CO-SW2 上进一步阻挡 Type-3 LSA 进入 Area1，这样 Router-X 将不会再学习到 Area1 之外的、到达其他区县的区域间路由，以及到达省公司的外部路由，Router-X 的路由表将极大程度地被简化。当然，Router-X 可以通过 ABR 下发的默认路由将外出的数据包送出去。

需要强调的是，Area0 不能够被配置为 Stub 区域，这是显而易见的。另外，当一个区域被指定为 Stub 区域后，这个区域将不再允许执行外部路由引入。

4. 非完全末梢区域（Not-So-Stubby Area）

Stub 区域的 ABR 能够阻挡 Type-4 LSA 及 Type-5 LSA 进入该区域，并且接入该区域的路由器禁止将外部路由引入该区域。以图 3-40 所示的网络为例，Area1 一旦被配置为 Stub 区域，那么 CO-SW1、CO-SW2 及 Router-X 均不能够再将外部路由引入该区域。

现在来考虑一种特殊的场景，假设 Router-X 路由器下挂着一个小型区县网络，这个网络的路由器采用 RIP 来实现路由的交互。现在这个小型网络需要访问地市公司及省公司的网络资源，那么我们便需要将两个路由域打通，在 Router-X 上执行路由重分发是一种立刻就能想到的方案，但是随后可能又会意识到此时 Area1 已经是 Stub 区域，因此 Router-X 不被允许执行外部路由引入，那么将 Area1 恢复成常规区域呢？这又丢失了 Stub 区域的优势，到达省公司的外部路由又全灌进 Area1。此时，另一个特殊区域——NSSA 也就闪亮登场了。

NSSA（Not-So-Stubby Area）即非完全末梢区域，可以理解为 Stub 区域的变种，它拥有 Stub 区域的特点——阻挡 Type-4 及 Type-5 LSA 进入，从而在一定程度上减少区域内泛洪的 LSA 数量，同时它还有另一个特点，那就是允许该区域的路由器将少量外部路由引入 OSPF。被引入的外部路由，以 Type-7 LSA 描述，并且这些 Type-7 LSA 只能够在当前的 NSSA 内泛洪，不允许直接进入 Area0。为了使这些被引入 NSSA 的外部路由能让 OSPF 域内的其他区域学习到，NSSA 的 ABR 会将 Type-7 LSA 转换成 Type-5 LSA 然后注入 Area0，从而泛洪到整个 OSPF 域。

图 3-41 展示了 NSSA 的一个应用实例。Area1 被配置成了 NSSA。这样 Area1 的 ABR 将阻挡 Type-5 LSA 进入这个区域。另一方面，Router-X 连接到一个 RIP 网络，它将路由表中的 RIP 路由引入 OSPF，这些被引入的外部路由以 Type-7 LSA 描述，这些 LSA 在 Area1 内泛洪，并且禁止进入 Area0。CO-SW1 及 CO-SW2 作为 NSSA 的 ABR，自然也是能收到这些 Type-7 LSA 的，它们能够根据这些 LSA 计算出到达 RIP 网络的路由。

另外它们也负责将 Type-7 LSA 转换成 Type-5 LSA 并将后者注入 Area0，这样这些外部路由便能够被整个 OSPF 域中的路由器学习到。另一方面，CO-SW1 及 CO-SW2 会向 NSSA 内下发一条 Type-7 LSA 的默认路由，使得 Router-X 能够通过这条默认路由到达省公司。

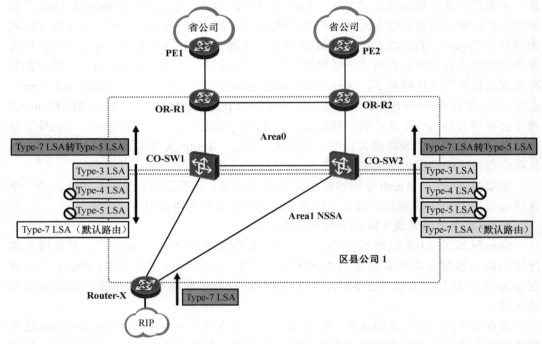

图 3-41　Area1 被配置为 NSSA

我们还可以在 NSSA 的基础上进一步减少 LSA 的泛洪。在 NSSA 的 ABR 上，可以进一步将 Type-3 LSA 阻挡掉，从而将区域间的路由都过滤掉，而 NSSA 的 ABR 会自动下发一条默认路由（使用 Type-3 LSA 描述）到该区域，使得区域内的路由器能够通过这条默认路由访问 OSPF 域内的其他区域，以及域外的网络。这种类型的特殊区域也被称为 Totally NSSA。

5. 各种区域类型中允许出现的 LSA

表 3-4 列举出了在每种 OSPF 区域类型中，允许出现以及禁止出现的 LSA。

表 3-4　　　　　　　　　　各种区域类型中允许出现的 LSA

	Type-1	Type-2	Type-3	Type-4	Type-5	Type-7
常规区域	√	√	√	√	√	×
Stub 区域	√	√	√	×	×	×
Totally Stub 区域	√	√	×[1]	×	×	×
NSSA	√	√	√	×	×	√
Totally NSSA	√	√	×[2]	×	×	√

（1）ABR 会自动下发一条 Type-3 LSA 的默认路由，除此之外其他的 Type-3 LSA 都被禁止。

（2）ABR 会自动下发一条 Type-3 LSA 的默认路由，除此之外其他的 Type-3 LSA 都被禁止。

3.2.5　判断 LSA 的新旧

LSA 是 OSPF 路由计算的核心，路由器只有搜集到了网络中完整的、最新的 LSA，才能够尽可能准确地计算出最佳路由。对于 OSPF 网络的收敛，LSA 的泛洪及更新是关键。OSPF 也像 RIP 那样，会周期性地泛洪更新信息，只不过 RIP 泛洪的是路由，而 OSPF 则泛洪 LSA，而且 RIP 的泛洪周期较短，OSPF 则以 1800s 为周期对 LSA 进行泛洪。采用更长的泛洪周期，可避免网络中的 OSPF 流量过大，以免造成不必要的带宽消耗。另一方面，当网络拓扑发生变更时，OSPF 也会执行 LSA 的触发更新，以便网络更快速地收敛。

OSPF 采用链路状态类型、链路状态 ID 以及通告路由器三元组来标识一个 LSA，这其实就是每个 LSA 的头部中的三个关键字段。

当路由器收到同一个 LSA 的两个不同实例时，例如路由器收到某个 LSA 并将其加载到自己的 LSDB 中，随后又从网络中再次收到该 LSA 的另一个实例（链路状态类型、链路状态 ID 以及通告路由器三元组均相同），并且 LSA 的内容可能有所不同，此时路由器该如何判断两个 LSA 实例孰新孰旧？从网络中收到的 LSA 是否应该替换 LSDB 中原有的 LSA？OSPF 使用链路状态序列号、老化时间以及校验和来做决策，它通过如下几个步骤判断一个 LSA 的新旧。

（1）首先，拥有更高链路状态序列号的 LSA 实例被认为更新，因为路由器每次在刷新 LSA 的时候，会将该 LSA 的链路状态序列号加 1，链路状态序列号越大，则 LSA 越新。

（2）如果 LSA 实例的链路状态序列号相同，那么拥有更大校验和的 LSA 实例被认为更新。

（3）如果 LSA 实例的链路状态序列号相同、校验和也相同，且某个实例的老化时间被设置为 MaxAge（最大老化时间，缺省 3600s），则该实例被认为最新。

> 说明
> MaxAge 是 OSPF 的一个常量，如果 LSA 的 LS Age 达到了 MaxAge，那么该 LSA 将被直接删除，不能再被用于 OSPF 路由计算。该常量被设定为 1h。

（4）如果 LSA 实例的链路状态序列号相同、校验和也相同，且没有任何一个实例的老化时间被设置为 MaxAge，那么当两个实例的老化时间相差超过 MaxAgeDiff 时，这两个实例被认为是不同的实例，且老化时间值越小的 LSA 被认为越新。

> 说明
> MaxAgeDiff 是 OSPF 的一个常量，它描述的是一个 LSA 的实例从其始发设备出发，直至被泛洪到整个 AS 边界所需的最长时间。该时间被设置为 15min。

（5）如果 LSA 实例的链路状态序列号相同、校验和也相同，另外，没有任何一个实例的老化时间被设置为 MaxAge，并且，两个实例的老化时间相等，或相差不超过 MaxAgeDiff，则它们被认为是相同的实例。

当设备的 LSDB 中已经存在某个 LSA 时，如果又从网络中收到了该 LSA 的另一个实例，则通过上述步骤来判断同一个 LSA 的两个不同实例的新旧，新的 LSA 实例会覆盖旧实例。

3.3　OSPF 协议特性

本节将介绍 OSPF 的几种协议特性，掌握这些特性是非常有必要的，学习完本节之后，我们应该能够：

- 掌握 OSPF 路由汇总的方法及其部署场景；
- 理解 Virtual Link 的概念及其部署要点；
- 理解 Silent-Interface 的概念及其部署场景；
- 掌握 OSPF 认证的类型及实现；
- 理解 FA 的概念；
- 熟悉 OSPF 的路由防环设计。

3.3.1　路由汇总

在一个大型的网络中部署路由协议时，需要考虑到各种细节。网络规模越大，IP 网段可能也就越多，为了实现全网互通，每台路由器就不得不维护到达全网的路由信息，它们的路由表将逐渐变得臃肿，进而设备资源的消耗势必增大，这将直接影响路由器的性能。另外，网络拓扑中的每一处变化，都有可能会导致相应的变更信息传播到全网。因此，在保证全网数据可达的前提下，减小网络中路由器的路由表规模就是一件必须考虑的事情，一个非常常见而又有效的办法就是使用路由汇总。路由汇总又被称为路由聚合，是将一组路由汇聚成一条路由，从而达到减小路由表规模以及优化设备资源利用率的目的，我们把汇聚之前的这组路由称为精细路由（或者明细路由），把汇聚之后的这个路由称为汇总路由（或者聚合路由）。

OSPF 并不像距离矢量路由协议（例如 RIP）那样支持路由自动汇总，为了让路由汇总实施起来更加可控，OSPF 的路由汇总需手工部署。OSPF 支持两种路由汇总方法，一种需要部署在 ABR 上，另一种则需要部署在 ASBR 上。

1.　在 ABR 上部署路由汇总

以图 3-42 所示的网络为例，核心路由器 CO、汇聚路由器 GS_R1 及 GS_R2 构成了 OSPF 网络的骨干区域，站点 1 及站点 2 两个网络被分别规划在 Area1 及 Area2，在两个站点中，各有一台网关交换机 GW_SW，而在 GW_SW 下分别挂着数个 IP 网段，当然这些网段都是经过合理规划的，比较有规律。这个网络完成基本的 OSPF 配置后，初始情况下骨干路由器 CO 会通过 OSPF 获知到达两个站点内所有网段的明细路由，随着站点内网段的数量增多，骨干区域路由器的路由表势必逐渐变得臃肿，此时可以在 ABR 上对区域内的路由进行汇总，例如在 Area1 的 ABR——GS_R1 上，对 Area1 内的路由进行汇总，将站点 1 内的明细路由汇总成 192.168.0.0/19 并只将这条汇总路由通告到 Area0，这样 Area0 内的 CO 以及 GS_R2 将只会学习到这条汇总路由，而不会学习到站点 1 内的明细路由。执行完这个操作后，只要站点 1 内这条汇总路由所涵盖的明细路由中有一条是有效的，GS_R1 便会向 Area0 通告该汇总路由，而当所有的明细路由全部失效时，GS_R1 便不会再向 Area0 通告该汇总路由。同理，对于 Area2，可以在 GS_R2 上执行路由汇总，将站点 2 内的明细路由汇总成 192.168.32.0/19。最终，CO 路由器将只会学习到关于站点 1 及站点 2 的两条汇总路由，它的路由表中路由表项被极大程度地精简了。

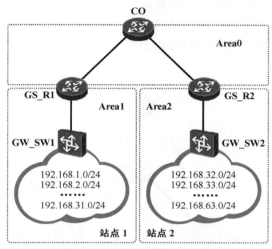

图 3-42 在 ABR 上部署路由汇总

GS_R1 的关键配置如下：

```
[GS_R1]ospf 1
[GS_R1-ospf-1]area 1
[GS_R1-ospf-1-0.0.0.1]abr-summary 192.168.0.0 255.255.224.0
```

GS_R2 的关键配置如下：

```
[GS_R2]ospf 1
[GS_R2-ospf-1]area 2
[GS_R2-ospf-1-0.0.0.2]abr-summary 192.168.32.0 255.255.224.0
```

有几个细节需要格外留意，那就是使用 **abr-summary** 命令进行路由汇总的部署时，只能够在 ABR 上完成这部分配置路由汇总才会生效，而且只能够对 ABR 直连区域的区域内部路由进行汇总。以站点 1 为例，如果在 GW_SW1 上完成相应的配置，试图对其下挂的网段进行路由汇总，配置是不会生效的，因为它并不是 ABR。另外如果不在 GS_R1 上部署路由汇总，而是在站点 1 的明细路由传递到 CO 或 GS_R2 后，试图在它们这里对这些路由进行汇总，配置也是不会生效的，因为 Area1 并非其直连区域，而且这些路由对于 CO 及 GS_R2 而言是区域间的路由，而并非区域内部路由。另外，使用 **abr-summary** 命令部署路由汇总时，可增加 **cost** 关键字并指定汇总路由的 Cost 值，缺省时，汇总路由的 Cost 值等于被汇总的明细路由的 Cost 值中最大的那个。

2. 在 ASBR 上部署路由汇总

当 ASBR 将外部路由引入 OSPF 时，也能够执行路由汇总。以图 3-43 所示的网络为例，CO 路由器有一条上联线路连接着 PE 路由器，CO 与 PE 之间建立 BGP 对等体关系，随后 PE 向 CO 通告 BGP 路由，而 CO 则将学习到的 BGP 路由引入 OSPF。BGP 通常用于承载大批量的路由信息，如果突然地把所有 BGP 路由全部引入 OSPF，是存在巨大风险的，因此我们势必会执行路由过滤，只将需要的路由引入进来。现在，如果 CO 将10.1.1.0/24、10.1.2.0/24、……、10.1.255.0/24 这些 BGP 路由都引入 OSPF，所有 OSPF设备的路由表规模将立即增大许多。网络管理员可以在 CO 上进行路由汇总，将这些外部路由汇总成 10.1.0.0/16，并将明细路由屏蔽，从而将原本的 255 条路由汇总成一条，极大程度地减小 OSPF 网络的压力，设备可以通过这条 OSPF 汇总路由到达 BGP 网络。此时，只要 10.1.0.0/16 汇总路由所涵盖的明细路由中有一条是活跃的，CO 便会向 OSPF发布该汇总路由，而如果所有的明细路由全部失效，则 CO 将立即撤销该汇总路由。

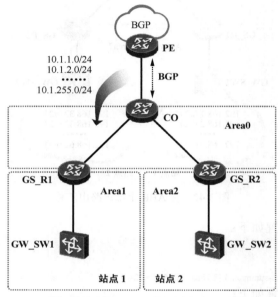

图 3-43   在 ASBR 上部署路由汇总

CO 的关键配置如下：

```
[CO]ospf 1
[CO-ospf-1]asbr-summary 10.1.0.0 255.255.0.0
```

需要强调的是，采用 **asbr-summary** 命令执行路由汇总的操作只能够在 ASBR 上进行才会生效，而且只针对由该 ASBR 引入的外部路由生效。另外，使用 **asbr-summary** 命令部署路由汇总时，可增加 **cost** 关键字并指定汇总路由的 Cost 值，缺省时，如果被汇总的明细路由的度量值类型为 Metric-Type-1，那么汇总路由的 Cost 等于明细路由的 Cost中的最大值；如果被汇总的明细路由的度量值类型为 Metric-Type-2，那么汇总路由的 Cost等于明细路由的 Cost 中的最大值加 1。

3.3.2 Virtual Link

OSPF 规定，当网络中存在多个区域时必须部署骨干区域 Area0，而且所有的非骨干区域必须与 Area0 直接相连。如果某个非骨干区域没有与 Area0 直接相连，那么 LSA 的泛洪就会出现问题，从而 OSPF 的路由计算也势必会出现问题。如果出现这种情况，通常建议的解决办法是修改 OSPF 的规划和配置，使得网络满足 OSPF 的要求。但是如果由于某些原因网络不宜做大的变更，则可以考虑另一种临时性的解决方案——Virtual Link（虚链路）。

　　OSPF Virtual Link 是一种虚拟的、逻辑的链路，被部署在两台 OSPF 路由器之间，它穿越某个非骨干区域，用于实现另一个非骨干区域与 Area0 的连接。Virtual Link 被视为 Area0 的一段延伸，当我们在两台路由器上穿越一个非骨干区域建立虚链路后，这两台路由器即开始在这条 Virtual Link 上尝试建立邻接关系，当基于 Virtual Link 的邻接关系建立起来后，Virtual Link 两端的路由器会在其产生的 Type-1 LSA 中描述这条 Virtual Link，在 Type-1 LSA 中，Virtual Link 采用类型 4 的 Link 来描述。需要强调的是，Virtual Link 不能被部署在 Stub 区域内。

　　图 3-44 展示了一个 Virtual Link 的部署案例。在这个网络中，Area2 并没有与 Area0 直接相连，因此 R3 并非实际意义上的 ABR，它也就无法向 Area1 中注入用于描述到达 Area2 内网段路由的 Type-3 LSA，当然也无法向 Area2 中注入用于描述到达 Area0 及 Area1 内网段路由的 Type-3 LSA，这样，Area2 就形成了一座孤岛。

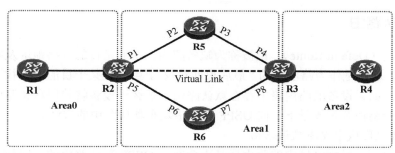

备注：P1、P2、P3 及 P4 的接口 Cost=1；P5、P6、P7 及 P8 的接口 Cost=48

图 3-44　Virtual Link

　　通过在 R2 及 R3 之间建立一条穿越 Area1 的 Virtual Link，可实现 Area2 与 Area0 的连接。Virtual Link 被视作 Area0 的一段延伸，R2 与 R3 会基于这条 Virtual Link 建立邻接关系，一旦这条 Virtual Link 建立起来，R2 及 R3 之间相当于就有一条隐形的通道，而 R3 也就成了一台 ABR，它会产生用于描述到达 Area2 内各个网段路由的 Type-3 LSA 并将其通告给 Area1，以及通过 Virtual Link 通告给 Area0，另外，Area0 内的 Type-1 LSA 及 Type-2 LSA 也会通过这条 Virtual Link 通告给 R3，而 R3 也会向 Area2 内注入用于描述到达 Area0 及 Area1 内的各网段路由的 Type-3 LSA。这样，网络中各台设备即可完成全网 OSPF 路由的计算。

　　在 Virtual Link 邻接关系建立起来后，链路两端依然会保持 Hello 报文的周期性发送，以便确定对端的存活情况。Virtual Link 的配置非常简单，在 OSPF 区域配置视图下使用 **vlink-peer** 命令指定 Virtual Link 对端的设备（Router-ID）即可，当然，Virtual Link 两个端点设备（图 3-44 中的 R2 及 R3）都要进行相应的配置。需要注意的是，在配置 Virtual Link 时，命令 **vlink-peer** 中指定的并不是对端路由器的某个接口 IP 地址，而是对端路由器的 Router-ID，初学者在这里往往会有一个疑惑，那就是 Virtual Link 是如何建立的？此时由于 R2 及 R3 已经通过 Area1 内泛洪的 Type-1、Type-2 LSA 描绘出了 Area1 的网络拓扑及网段信息，因此在明确了 Virtual Link 对端的路由器的 Router-ID 后，双方即可通过最短路径树来发现到达对端的最优路径。R2 及 R3 之间其实有两条物理路径，由于 R2-R5-R3 这条路径的 Cost 值更小，因此这条路径被选择作为承载 Virtual Link 通道流量的最优路径，明确了这个之后，当 R2 要发送 Virtual Link 通道数据前往 R3 的时候，数据包的源地址就是接口 P1 的 IP 地址，而数据包的目的地址就是 P4 的 IP 地址。

Virtual Link 的 Cost 值是不能直接地进行配置的，这个值跟用于承载 Virtual Link 的物理路径的 Cost 相关。因此 R2 从 Virtual Link 到达对端（R3）的 Cost 就是 P1 的 Cost 加上 P3 的 Cost。同理，R3 从 Virtual Link 到达对端的 Cost 就是 P4 的 Cost 加上 P2 的 Cost。

另外，Type-5 LSA 不会通过 Virtual Link 传播，否则可能造成 LSA 重复泛洪。

正如本节最开始的时候提到的，Virtual Link 应该始终作为一种临时的技术手段来解决非骨干区域没有与 Area0 直接相连的问题，实际上一个合理规划的 OSPF 网络不应该出现这样的问题。随意使用 Virtual Link 不仅会使得 OSPF 网络变得不易于维护和管理，也使得其逻辑结构更为复杂。另一个问题是，在网络中如果频繁部署 Virtual Link，则有可能引发环路。

3.3.3　默认路由

默认路由（Default Route），也被称为缺省路由，指的是目的网络地址及网络掩码都为 0 的路由，通常是作为路由器的"最后求助对象"。当去往某个目的网络找不到匹配的具体路由时，如果设备的路由表中存在默认路由，那么该设备将使用默认路由来转发数据。下面将介绍在各种场景下，向 OSPF 网络中发布默认路由的方法。

1. 在常规区域中发布默认路由

缺省情况下，常规区域中的路由器是不会发布 OSPF 默认路由的，即使它的路由表中存在一条默认路由（该默认路由可能是路由器通过其他协议发现的，例如 RIP 等），也需要通过相应的配置才能使得路由器将默认路由发布到 OSPF 网络中。

在图 3-45 所示的网络中，OR 是出口路由器，它连接着一条 Internet 出口线路，现在为了让内网用户访问 Internet 的数据流量能够被送达 OR 路由器，从而被转发到 Internet，需要让 OR 向 OSPF 域中下发一条默认路由。OR 上可能已经配置了一条静态的默认路由：**ip route-staitc 0.0.0.0 0.0.0.0 200.1.1.2**，但是显然这条静态路由对于 OSPF 域内的路由器而言肯定是不可见的，您可能会想到使用路由引入的方法（在 OSPF 配置视图下配置 **import-route static**）将这条静态的默认路由引入 OSPF，但是实际上这是不可行的，因为 OSPF 认为在执行路由重分发时如果把默认路由引入 OSPF 存在引发环路的风险，因此无论将静态路由或是其他动态路由协议的路由引入 OSPF，默认路由都不会被引入。

OSPF 定义了专门的命令用于引入默认路由，譬如现在要在 OR 上，将默认路由引入 OSPF，则 OR 的配置如下：

```
[OR]ospf 1
[OR-ospf-1]default-route-advertise cost 10 type 2
```

Default-route-advertise cost 10 type 2 这条命令用于向 OSPF 域发布一条默认路由，这条默认路由采用 Type-5 LSA 来描述，因此实际上是一条外部路由。在该命令中，**cost** 关键字用于指定该默认路由的 cost 值，**type** 关键字用于指定路由的 Metric-Type。需要强调的是，使用这种方式向 OSPF 发布默认路由的前提是 OR 的路由表中必须已经存在一条默认路由，这条默认路由可以是静态的，也可以是从其他动态路由协议（或者其他OSPF 进程）学习到的，只有满足这个条件，默认路由才会被顺利下发到该 OSPF 域。如果在 **default-route-advertise** 命令中增加 **always** 关键字，则无论 OR 的路由表中是否已经存在默认路由，它都将始终向 OSPF 网络下发默认路由。

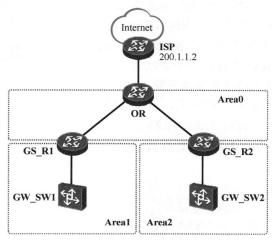

图 3-45　在常规区域中发布 OSPF 默认路由

2. 在 Stub 区域中发布默认路由

当一个 OSPF 区域被配置为 Stub 区域时，该区域内将不再允许 Type-5 LSA 进行泛洪，而该区域内部的路由器也就无法学习到 OSPF 域外的路由，那么这些路由器如何访问域外的网络呢？Stub 区域的 ABR 会自动向该区域下发一条默认路由（Type-3 LSA），这样 Stub 区域内的路由器就能够通过这条默认路由将访问域外的流量送达 ABR，再由 ABR 将流量转发出去。

缺省时，这条默认路由的 Cost 为 1，可以在这个 Stub 区域的 ABR 的 OSPF 区域配置视图下使用 **default-cost** 命令修改这个 Cost 值。

3. 在 Totally Stub 区域中发布默认路由

Totally Stub 区域在 Stub 区域的基础上进一步禁止 Type-3 LSA 在该区域内泛洪，该区域内的路由器无法学习到 OSPF 域外的路由以及其他 OSPF 区域的路由，Totally Stub 区域的 ABR 会自动向该区域发布一条默认路由（Type-3 LSA），这样一来区域内部的路由器就能够通过 ABR 到达其他区域以及 OSPF 域外。

缺省时，这条默认路由的 Cost 为 1，可以在这个 Totally Stub 区域的 ABR 的 OSPF 区域配置视图下使用 **default-cost** 命令修改这个 cost 值。

4. 在 NSSA 中发布默认路由

大家已经知道，当一个区域被配置为 NSSA 时，该区域将不再允许 Type-4 LSA 及 Type-5 LSA 进入，另一方面，NSSA 允许在区域本地引入少量的外部路由，这意味着 NSSA 内的路由器将不会学习到该区域之外引入的外部路由，NSSA 的 ABR 会自动向该 NSSA 下发一条默认路由（使用 Type-7 LSA 描述）。以图 3-46 为例，OR 连接着外部网络 NET1，它将到达 NET1 的静态路由引入 OSPF，这些路由被引入后以 Type-5 LSA 来描述，并且在整个 OSPF 域内泛洪，而当 Area1 被配置为 NSSA 后，R1（ABR）将阻挡这些 Type-5 LSA 进入 Area1。与此同时 R1 会向 Area1 内自动下发一条默认路由（使用 Type-7 LSA 描述），如此一来 NSSA 内路由器的路由表规模减小的同时，还能够通过这条默认路由到达 NET1。这条 Type-7 LSA 的默认路由只能够在该 NSSA 内传递，而且只有当 ABR 在 Area0 中存在一个全毗邻（Full）的邻接关系时，该条默认路由才会被下发。

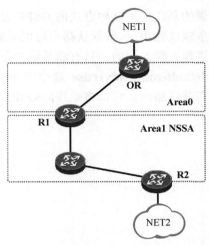

当然我们可能会面对另一种需求，就是 NSSA 内的路由器希望通过本区域的 ASBR（R2）来下发默认路由，那么就需要手工在 R2 上进行相关配置。R2 的关键配置如下：

图 3-46　向 NSSA 中注入默认路由

```
[R2]ospf 1
[R2-ospf-1]area 1
[R2-ospf-1-area-0.0.0.1]nssa default-route-advertise
```

完成上述配置后，R2 会向 NSSA 中注入一条使用 Type-7 LSA 描述的默认路由，这条默认路由只会在 NSSA 内传播，不会被 ABR 转换成 Type-5 LSA 进入 Area0。值得注意的是，仅当 NSSA 的 ASBR 在自己的路由表中已经存在一条默认路由时，使用上述命令才能够向 NSSA 注入默认路由，否则默认路由将不会被注入。

5. 在 Totally NSSA 中发布默认路由

Totally NSSA 禁止 Type-3、Type-4 及 Type-5 LSA 在该区域中泛洪，同时该区域的 ABR 会向该区域中自动下发一条默认路由（Type-3 LSA），这样 NSSA 内的路由器可以通过这条默认路由到达其他区域或者域外的网络。

3.3.4　报文认证

在数据网络中，一个数据包的转发路径是由转发设备的路由表决定的，因此我们通常将路由理解为控制层面的概念，只有当网络中的路由器拥有正确的路由信息时，数据通信才能够正常进行。所以路由层面的操作对于网络而言是非常重要的，各种动态路由协议均在可靠性、快速收敛、规避路由环路及安全性等层面做了考虑。以安全性为例，大多数动态路由协议都支持报文认证功能，以确保协议报文交互的安全性。在图 3-47 中，R1 及 R2 连接在同一台以太网二层交换机上，两者在各自的接口上激活 OSPF，并形成邻接关系。现在网络攻击者在交换机上又接入了一台非法的路由器 X，并且也在接口上激活 OSPF，由于 OSPF 在 Broadcast 网络中采用组播的 Hello 报文发现邻居，因此 R1 及 R2 很快在自己的 GE0/0/0 接口上发现 X，并且与 X 建立邻接关系。随后 X 开始向 OSPF 中灌入大量垃圾路由，从而导致整个 OSPF 网络的路由计算发生问题，而此时网络的数据转发必将受到严重影响。

为了避免类似问题，OSPF 设计了报文认证功能。所有的 OSPF 报文都有相同的报文头部格式，在 OSPF 的报文头部中，几个与认证相关的字段用于实现报文的认证功能，如图 3-48 所示。OSPF 支持三种类型的认证方式，分别是空认证（Null Authentication）、简单口令认证（Simple Password）、密文认证（Ctyptograhpic Authentication），这三种认证方式对应的"认证类型"字段值分别为 0、1 和 2。

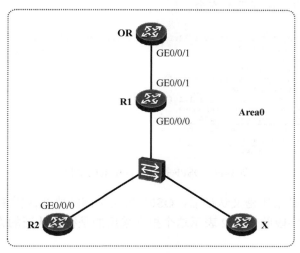

图 3-47　OSPF 报文交互的安全性

版本（8bit）	类型（8bit）	报文长度（16bit）
路由器ID（32bit）		
区域ID（32bit）		
校验和（16bit）		认证类型（16bit）
认证数据（32bit）		
认证数据（32bit）		

图 3-48　OSPF 报文头部中的"认证类型"及"认证数据"字段

1．空认证

缺省情况下，OSPF 的接口上使用的认证方式为空认证，这意味着对接口的 OSPF 报文收发不做认证（注意，虽然对报文不做认证，但是针对报文的校验和还是需要检查的，两者不可混淆），此时认证类型字段值为 0。

2．简单口令认证

简单口令认证又被称为明文认证，一个明文的口令被包含在认证数据字段中用于认证 OSPF 的报文收发，因此实际上这种认证方式并不安全，只要网络环境有条件进行报文窥探，即可对捕获下来的报文做分析，攻击者就能够直接看到包含在其中的明文口令。图 3-49 展示的是部署了简单口令认证后，路由器发送的一个 OSPF 报文，大家能从报文中读到认证类型字段的值为 1（抓包工具显示 Simple password），而认证数据字段则显示的是"hcnp"，这正是我们配置的口令，它以明文的形式填写在认证数据字段中。

3．密文认证

与简单口令认证不同，采用密文认证时，OSPF 报文中并不直接包含用于认证的明文形式的口令，而是包含一个哈希（Hash）值，这个哈希值是将用户配置的口令等内容经过 MD5 算法计算得到的结果。MD5 算法是一种理论上不可逆的散列算法，因此即使 OSPF 报文被捕获，也无法通过报文中包含的哈希值反推得到明文口令，所以这种认证方式显然要比简单口令认证更加安全。

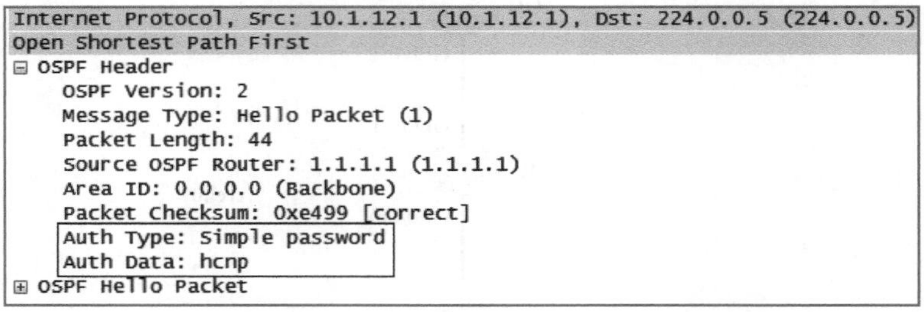

```
Internet Protocol, Src: 10.1.12.1 (10.1.12.1), Dst: 224.0.0.5 (224.0.0.5)
Open Shortest Path First
⊟ OSPF Header
    OSPF Version: 2
    Message Type: Hello Packet (1)
    Packet Length: 44
    Source OSPF Router: 1.1.1.1 (1.1.1.1)
    Area ID: 0.0.0.0 (Backbone)
    Packet Checksum: 0xe499 [correct]
    Auth Type: Simple password
    Auth Data: hcnp
⊞ OSPF Hello Packet
```

图 3-49　OSPF 报文头部中的明文口令

图 3-50 显示的是采用密文认证后，OSPF 报文头部的格式。需留意报文格式发生了变化，"认证类型"字段的值为 2 表示这个报文采用的是密文认证的方式，其他字段的描述如下。

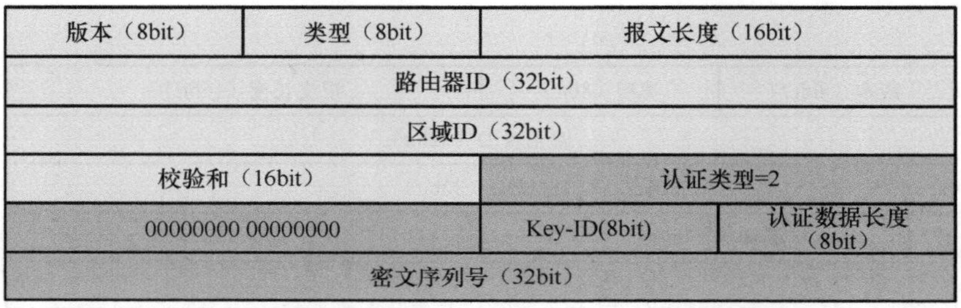

版本（8bit）	类型（8bit）	报文长度（16bit）	
路由器ID（32bit）			
区域ID（32bit）			
校验和（16bit）		认证类型=2	
00000000 00000000		Key-ID(8bit)	认证数据长度（8bit）
密文序列号（32bit）			

图 3-50　采用密文认证后 OSPF 报文头部的数据格式

- **Key-ID（Key-Identification）**：口令标识。两台直连的 OSPF 路由器如果都激活了报文认证，那么双方的 Key-ID 及口令必须一致。
- **认证数据长度（Authentication Data Length）**：将口令经过散列算法（例如 MD5）计算后得到的数据是追加在 OSPF 报文尾部的（不在 OSPF 报文头部中），它并不被当作是 OSPF 协议报文的一部分，所以 OSPF 报文头部中的"报文长度"字段所显示的值并不将认证数据纳入长度计算。"认证数据长度"字段显示了这个认证数据的长度。
- **密码序列号（Cryptographic Sequence Number）**：一个持续保持递增的序列号，用于 OSPF 报文的防重放攻击。假设一台以太网二层交换机上连接着两台路由器，这两台路由器在接口上激活 OSPF 并建立邻接关系，随后有一台非法的路由器接入到了该交换机上，这台路由器捕获其中一台路由器发送出来的 OSPF 报文，并开始发送自己伪造的 OSPF 报文给另一台路由器，它将所捕获到的 OSPF 报文中用于认证的相关字段的内容拷贝到伪造的报文中，试图将自己伪装成合法的 OSPF 邻居。在该场景中，密码序列号字段可提高网络的安全性，由于这个字段的值是只增不减的，因此当收到 OSPF 报文的密码序列号等于或小于目前的序列号时，路由器认为此报文为重放攻击报文，于是将其丢弃。

3.3.5　转发地址

在 OSPF 的 Type-5 LSA 及 Type-7 LSA 中包含着一个特别的字段——转发地址（Forwarding Address，FA），FA 的引入使得 OSPF 在某些特殊的场景下可以避免次优路径问题。

以图 3-51 所示的场景为例，R1、R2 及 R3 三台路由器连接在同一台以太网二层交换机上，三台路由器的接口 IP 地址均在相同网段上，R1 及 R2 为 OSPF 路由器，双方都在自己的 GE0/0/0 接口上激活 OSPF，而 R3 并不运行 OSPF，它只是与 R1 通过 RIP 交互路由信息，R3 将 3.0.0.0/8 路由通过 RIP 通告给 R1。为了让整个 OSPF 网络能够动态地学习到 3.0.0.0/8 路由（图中省略了 OSPF 网络中的其他路由器），R1 将 RIP 路由引入OSPF，3.0.0.0/8 路由被引入后，以 Type-5 LSA 的形式在整个 OSPF 域内泛洪。当 OSPF域内的路由器收到去往 3.0.0.0/8 的数据包时，它们会将数据包发往引入这条外部路由的

ASBR——R1。以 R4 为例，它将发往这个目的网段的数据包转发给 R2，而 R2 则将数据包转发给 R1，再由 R1 将数据包转发给R3。看到这里您可能已经发现，其实数据包完全没有必要经由 R1 转发到R3——这是典型的次优路径，为何不直接从 R2 转发给R3 呢？

OSPF 设计了 FA 字段，可解决上述次优路径问题。FA 字段只存在于 Type-5 LSA及 Type-7 LSA 当中，有点类似于通往外部网络的"出口（Exit）"的概念。以 Type-5 LSA为例，当一台路由器使用 Type-5 LSA 计算到达外部网段的路由时，它会根据 Type-5

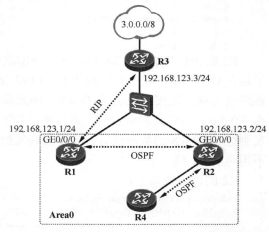

图 3-51　OSPF 如何使用 FA 规避次优路径问题

LSA 的链路状态 ID 及 LSA 中所包含的网络掩码进行与运算，从而得到路由的目的网络地址及掩码，此外，该路由器会检查产生这条 LSA 的 ASBR 的可达性，如果 ASBR 不可达，那么这条 Type-5 LSA 将不会用于计算路由，只有当 ASBR 可达时，这条 LSA 才被认为是有效的。此时如果 LSA 中所包含的 FA 为 0.0.0.0，则路由器认为到达目的网段的数据包应该发往该 ASBR，因此它将到达 ASBR 的下一跳地址作为这条外部路由的下一跳；而如果 FA 不为 0.0.0.0，则路由器认为到达目的网段的数据包应该发往这个 FA（所标识的设备），因此它将在自己的 OSPF 路由表中查询到达这个 FA 的路由，如果在 OSPF路由表中能够找到匹配这个 FA 的 OSPF 区域内部路由或 OSPF 区域间路由，则使用到达这个 FA 的下一跳地址作为这条外部路由的下一跳地址。如果没有符合上述条件的路由存在，那么这条 Type-5 LSA 将不会用于外部路由计算。

再回过头来看看图 3-51 所示的例子，当 R1 将外部路由 3.0.0.0/8 引入 OSPF 时，会在其产生的 Type-5 LSA 中设置 FA，将该字段的值设置为 R3 的接口地址 192.168.123.3，因为 R1 自己到达 3.0.0.0/8 的下一跳是 192.168.123.3，这就有点像，R1 告诉 OSPF 域内

的其他路由器："你们要访问 3.0.0.0/8 这个外部网段,要从 192.168.123.3 这个出口出去"。
我们可以看看 R1 产生的这条 Type-5 LSA：

```
<R1>display ospf lsdb ase 3.0.0.0

            OSPF Process 1 with Router ID 1.1.1.1
              Link State Database


      Type      : External
      Ls id     : 3.0.0.0
      Adv rtr   : 1.1.1.1
      Ls age    : 362
      Len       : 36
      Options   : E
      seq#      : 80000001
      chksum    : 0x5988
      Net mask  : 255.0.0.0
      TOS 0  Metric   : 1
      E type    : 2
      Forwarding Address : 192.168.123.3
      Tag       : 1
      Priority  : Low
```

R2 收到该 Type-5 LSA 后会进行外部路由的计算,它发现该 LSA 的 FA 不为 0.0.0.0,
于是在 OSPF 路由表中查询到达 FA（192.168.123.3）的路由,发现该 FA 通过自己的直
连路由（该直连接口激活了 OSPF,因此其实也是区域内路径）可达,因此它将外部路
由 3.0.0.0/8 加载到路由表时,将该路由的下一跳设置为 192.168.123.3。这样,当 R4 转
发到达 3.0.0.0/8 的数据包时,它将其转发给 R2,后者收到报文后,直接转发给 R3,而
不用再从 R1 绕一下。

R2 的路由表如下：

```
<R2>display ip routing-table protocol ospf
Route Flags: R - relay, D - download to fib
------------------------------------------------------------------------------
Public routing table : OSPF
         Destinations : 1          Routes : 1

OSPF routing table status : <Active>
         Destinations : 1          Routes : 1

Destination/Mask    Proto    Pre   Cost      Flags   NextHop         Interface

      3.0.0.0/8     O_ASE    150   1          D      192.168.123.3   GigabitEthernet0/0/0

OSPF routing table status : <Inactive>
         Destinations : 0          Routes : 0
```

当外部路由被 ASBR 引入 OSPF 时,一般情况下用于描述这些外部路由的 Type-5
LSA 的 FA 字段值被设置成 0.0.0.0,然而当满足某些特定的条件时,FA 字段也可以被
ASBR 设置成非 0.0.0.0 的值。这些条件是：

● 引入外部路由的 ASBR 在其连接外部网络的接口（外部路由的出接口）上激活
了 OSPF；

● 该接口没有被配置为 Silent-Interface；

- 该接口的网络类型为 Broadcast 或 NBMA；
- 该接口的 IP 地址落在 OSPF 协议配置的 **network** 命令范围内。

当同时满足上述四个条件时，FA 才允许被设置为非 0.0.0.0 的值，否则 FA 被设置为 0.0.0.0。

上述考虑的是非 NSSA 场景，在 NSSA 中，情况有所不同。

3.3.6 OSPF 路由防环机制

OSPF 与距离矢量路由协议不同，运行 OSPF 的路由器之间交互并不是路由信息，而是 LSA，而路由的计算正是基于网络中所泛洪的各种 LSA 进行的，所以实际上 OSPF 路由的环路避免机制还得依赖于 LSA 相关的诸多设计，本节将探讨 OSPF 在路由防环方面的一些机制。

1. 区域内部路由的防环

我们都知道，每台运行 OSPF 的路由器都会产生 Type-1 LSA，Type-1 LSA 用于描述路由器的直连接口的状况（接口 IP 信息或所连接的邻居，以及接口的 Cost 值等），而且只在接口所属的区域内泛洪。Type-2 LSA 则由 DR 产生，用于描述接入该 MA 网络的所有路由器（Router-ID），以及该 MA 网络的掩码信息。得益于区域内泛洪的 Type-1 及 Type-2 LSA，OSPF 路由器能够"在自己的脑海中"还原区域内的网络拓扑及网段信息。路由器为每个区域维护一个独立的 LSDB，并且运行一套独立的 SPF 算法。同一个区域内的路由器，拥有针对该区域相同的 LSDB，大家都基于这个 LSDB 计算出一棵以自己为根的、无环的最短路径树。之所以能做到无环，是因为路由器能够通过 LSA 描绘出区域的完整拓扑（包括所有接口的 Cost）及网段信息。

以图 3-52 所示的网络为例，R1、R2、R3 及 R4 的接口均在 Area0 中，四台路由器都会产生 Type-1 LSA 并且在区域内泛洪。另外由于以太网接口缺省是 Broadcast 网络类型，因此会进行 DR、BDR 的选举，DR 会产生 Type-2 LSA 并在区域内泛洪。在 LSDB 同步完成之后，每台路由器都知晓了整个区域的拓扑及网段信息，这些都是通过网络中泛洪的 Type-1 LSA 及 Type-2 LSA 拼凑出来的，如图 3-53 所示。

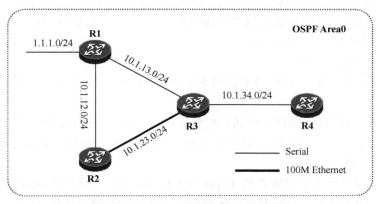

图 3-52　R1、R2、R3 及 R4 运行 OSPF

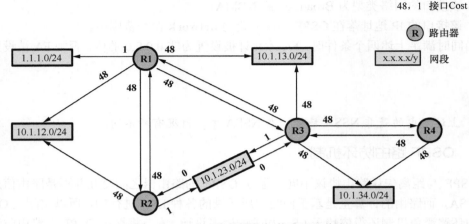

图 3-53　Area0 内的网络拓扑及网段信息

接下来，每台路由器都以自己为根，计算一棵无环的最短路径树，以 R3 为例，它的最短路径树可能像图 3-54 所示的样子。

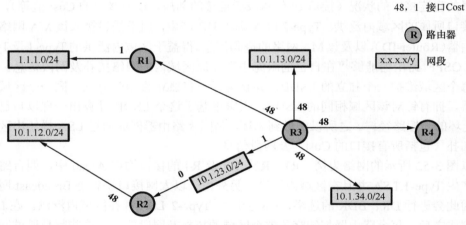

图 3-54　R3 计算出的最短路径树

所以，依赖 Type-1 及 Type-2 LSA，路由器能够描绘出区域内的拓扑及网段信息，从而运行 SPF 算法，计算出到达每个网段的最优路径，并将这些路径安装到路由表中，因此区域内的路由可以实现无环路。

2. 区域间路由的防环

（1）OSPF 要求所有的非骨干区域必须与 Area0 直接相连，区域间路由需经由 Area0 中转。

这个规则使得区域间的路由传递不能发生在两个非骨干区域之间，这在很大程度上规避了区域间路由环路的发生，也使得 OSPF 的区域架构在逻辑上形成了一个类似星型的拓扑，如图 3-55 所示。

（2）ABR 从非骨干区域收到的 Type-3 LSA 不能用于区域间路由的计算。

OSPF 对 ABR 有着严苛的要求，区域间路由传递的关键点在于 ABR 对 Type-3 LSA

的处理。OSPF 规定，ABR 在使用 Type-3 LSA
计算区域间的路由时，只会使用其在 Area0 内
所收到的 Type-3 LSA 进行计算，而从非骨干区
域内收到的 Type-3 LSA 是不会用于路由计算
的。这样可以有效地避免环路的发生。

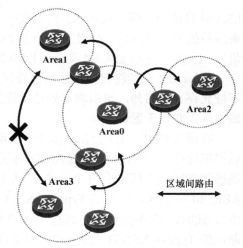

在图 3-56 中，R4 作为一台 ABR，它会将
描述到达 Area0 及 Area1 内各网段路由的
Type-3 LSA 注入到 Area2 中，由于 R3 在 Area2
中与 R4 建立了邻接关系，因此它能够在 Area2
中收到这些 Type-3 LSA 并且使用这些 LSA 来
计算区域间路由。

然而，如果 R3 与 R2 在 Area0 中建立起邻
接关系（如图 3-57 所示），那么此时 R3 便成为

图 3-55　区域间的路由传递

了一台 ABR。现在对于 R3 而言，虽然它会将其在 Area2 内收到的 Type-3 LSA 存储在自
己的 LSDB 中，但是并不会用这些 LSA 计算区域间的路由。它只可以使用自己在 Area0
内收到的 Type-3 LSA 进行区域间路由计算。因此最终对于 R3 而言，无论收到的流量是
访问 Area0 内各网段的，又或是访问 Area1 中的 1.1.1.0/24 网段的，都将其送往 R2，再
由 R2 将流量转发出去。

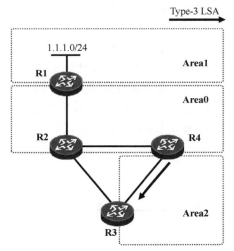

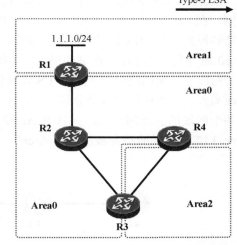

图 3-56　R3 并不是 ABR，因此它可以将其在
Area2 内收到的 Type-3 LSA 用于计算区域间路由

图 3-57　R3 作为一台 ABR，不会使用其从非骨干
区域内收到的 Type-3 LSA 进行区域间路由计算

这里有一个有意思的细节，就是如果 R3 连接 R2 的接口虽然激活了 OSPF（而且属
于 Area0），但是不与 R2 形成邻接关系（例如 R2 的接口不激活 OSPF），那么此时 R3 其
实并不算是严格意义上的 ABR（虽然它产生的 Type-1 LSA 中 B 比特位会被设置为 1，
但是它在 Area0 中并没有全毗邻的邻居），因此它可以将自己在 Area2 内收到的 Type-3
LSA 用于区域间路由计算，所以在 R3 的路由表中能看到区域间路由 1.1.1.0/24（下一跳
为 R4）。但是一旦 R2 与 R3 之间的邻接关系建立起来，R3 将不能再使用 R4 注入的 Type-3

LSA 计算路由，所以此时 R3 路由表中 1.1.1.0/24 路由的下一跳切换为 R2，而且即使这条路径的 Cost 要比从 R4 走更大（例如将 R3 连接 R2 的接口 Cost 调节成一个非常大的值），R3 也始终不会从 R4 到达 1.1.1.0/24。

（3）ABR 只能将自己到达所连接区域的区域内部路由注入骨干区域（区域间路由则不被允许），另外，可以将其到达所连接区域的区域内部路由及到达其他区域的区域间路由注入非骨干区域。

在图 3-57 中，R3 会在 Area2 中发现 Type-1 LSA（可能还会有 Type-2 LSA），R3 可以根据这些 LSA 计算出到达 Area2 的区域内路由，根据本条规则，R3 作为 ABR，会将描述这些区域内部路由的 Type-3 LSA 注入 Area0。除此之外，R3 也会在 Area2 中收到 ABR R4 向该区域注入的 Type-3 LSA（用于描述到达 Area0 及 Area1 内网段的区域间路由），此时，R2 不能够使用这些 Type-3 LSA 进行区域间路由计算，更不能再将描述这些路由的 Type-3 LSA 注入 Area0（本条规则的前半句话）。这样可以有效的防止区域间路由被倒灌回 Area0。

另一方面，R3 会在 Area0 内发现 Type-1 LSA（可能还会有 Type-2 LSA），也会收到描述区域间路由的 Type-3 LSA，R3 可以使用这些 LSA 计算到达 Area0 内各网段的区域内部路由，以及到达 Area1 内各网段的区域间路由，并且可以将描述这些路由的 Type-3 LSA 注入非骨干区域——Area2（本条规则的后半句）。

（4）ABR 不会将描述到达某个区域内网段路由的 Type-3 LSA 再注入回该区域。

实际上，OSPF 区域间路由的传递行为，很有点距离矢量路由协议的味道。以图 3-58 为例，在 Area1 中，R1 及 R2 都会产生 Type-1（可能还会有 Type-2 LSA），两台路由器都能够根据这些 LSA 计算出区域内路由，而 R2 作为 ABR 还担负着另一个责任，就是向 Area0 通告到达 Area1 的区域间路由，实际上它是向 Area0 中注入用于描述到达 Area1 内各个网段的区域间路由的 Type-3 LSA，而这些 Type-3 LSA 是不会被发回 Area1 的——类似距离矢量路由协议的水平分割规则。接下来 R3 利用这些 Type-3 LSA 计算出到达 Area1 内各个网段的区域间路由，并且为 Area2 注入新的 Type-3 LSA 用于描述它们，而这些 Type-3 LSA 同样的不会被注入回 Area0。

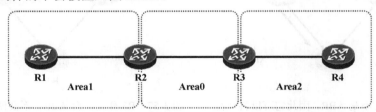

图 3-58   ABR 不会将描述到达某个区域内网段路由的 Type-3 LSA 再注入回该区域

综上，我们发现 OSPF 为了区域间的路由防环设计了诸多限制。Type-4 LSA 实际上与 Type-3 LSA 都是 Summary LSA，它们使用的防环机制是一致的，因此不再赘述。

（5）Type-3 LSA 还设计了 Down-Bit（一个特殊的比特位），用于在 MPLS VPN 环境下进行路由防环。 关于该比特位的描述超出了本书的范围。

3. 外部路由的防环

当一台 OSPF 路由器将外部路由引入 OSPF 域后，被引入的外部路由以 Type-5 LSA

在整个 OSPF 域内泛洪。一台路由器使用 Type-5 LSA 计算出路由有两个前提，其一是要收到 Type-5 LSA，其二是要知道如何到达产生这个 Type-5 LSA 的 ASBR。与 ASBR 接入同一个区域的路由器能够根据该区域内泛洪的 Type-1、Type-2 LSA 计算出到达该 ASBR 的最短路径，从而计算出外部路由。而其他区域的路由器就没有这么幸运了，因为 ASBR 产生的 Type-1 LSA 只能在其所在的区域内泛洪，所以才需要 Type-4 LSA。因此其他区域的路由器在收到 Type-4 LSA 后便能计算出到达 ASBR 的最优路径，进而利用该 ASBR 产生的 Type-5 LSA 计算外部路由。

Type-5 LSA 将会被泛洪到整个 OSPF 域，表面上看，它本身并不具有什么防环的能力，但是实际上，它并不需要，因为它可以依赖 Type-1 LSA、Type-2 LSA 及 Type-4 LSA 来实现防环。

另外，Type-5 LSA 中的"Route Tag"字段被用于在 MPLS VPN 环境下外部路由的防环。关于该字段的描述超出了本书的范围。

3.3.7　OSPF 路由类型及优先级

到目前为止，我们已经知道 OSPF 路由包含以下几种类型，它们的优先级按如下顺序排列：

- **区域内路由（Intra Area Route）**：区域内路由指的是路由器根据区域内泛洪的 Type-1、Type-2 LSA 计算得到的路由，使用这些路由，路由器可以到达其直连区域内的网段。
- **区域间路由（Inter Area Route）**：区域间路由指的是路由器根据 Type-3 LSA 计算得到的路由，使用这些路由，路由器可以到达其他区域的网段。
- **Type1 外部路由（Metric-Type-1 External Route）**：此处 Type1 外部路由指的是路由器根据 Type-5 LSA（Metric-Type-1）计算出的外部路由。
- **Type2 外部路由（Metric-Type-2 External Route）**：此处 Type2 外部路由指的是路由器根据 Type-5 LSA（Metric-Type-2）计算出的外部路由。

注意　关于 NSSA 外部路由的讨论超出了本书的范围，读者朋友们可自行查阅相关文档获取相应的知识。

以区域内路由与区域间路由为例，当关于同一个目的网段，某台路由器发现了一条区域内路由可以到达，此外还有一条区域间路由可以到达，那么无论这两条路由的度量值如何，该路由器都将始终优选前者，它将前面这条路由加载到路由表中使用，直到该路由失效，区域间路由才会被使用。

3.4　配置及实现

3.4.1　OSPF 基础配置命令

OSPF 的基础配置包含几个关键动作，一是在设备上创建 OSPF 进程并进入该进程的配置视图，二是创建 OSPF 区域，三是在特定的接口上激活 OSPF。

1. 创建 OSPF 进程

要在设备上创建一个 OSPF 进程，需在系统视图下使用 **ospf** 命令。在该命令中，有几个可选的参数，例如 Process-ID（进程号）以及 Router-ID。Process-ID 是该 OSPF 进程的标识符，OSPF 的 Process-ID 只具有本地意义，即只在该设备上有效，它用于在设备上标识一个 OSPF 进程。网络管理员可以在一台设备上创建多个 OSPF 进程，而 Process-ID 用于将这些进程加以区分。每个 OSPF 进程既相互独立，又都能够为该设备的路由表贡献路由。值得注意的是，由于 Process-ID 只具有本地意义，因此两台直连的设备建立 OSPF 邻居时，并不要求双方的 Process-ID 一致，当然，除非有特殊的需求，否则依然建议在网络中只存在一个连续的 OSPF 域时，所有的设备使用一致的 Process-ID，这也是考虑到网络管理及维护的便利性。在创建 OSPF 进程时，如果不特别指定 Process-ID，则系统会为该进程分配一个缺省值作为 Process-ID。

另外，在 **ospf** 命令中还可关联 **router-id** 关键字并指定该进程使用的 Router-ID。建议在创建 OSPF 进程时，采用该关键字手工配置 Router-ID，而不是让设备自动选取。关于 **ospf** 命令，一个简单的例子如下：

```
[Router]ospf 1 router-id 1.1.1.1
```

以上命令将在 Router 上创建一个 Process-ID 为 1 的 OSPF 进程并进入该进程的配置视图，另外，Router 在该进程中所使用的 Router-ID 是 1.1.1.1。

2. 创建 OSPF 区域

在设备上创建了 OSPF 进程后，需根据需要创建 OSPF 区域。在 OSPF 配置视图下，使用 **area** 命令即可创建一个区域，在该命令中需指定区域的 ID，区域 ID 可以使用十进制整数格式，或者点分十进制格式，例如：

```
[Router]ospf 1 router-id 1.1.1.1
[Router-ospf-1]area 1
```

上述命令在设备的 OSPF 进程 1 中创建了 Area1。以上 **area 1** 命令等同于 **area 0.0.0.1**。

3. 在接口上激活 OSPF

缺省时，设备的所有接口均未激活 OSPF，要在某个接口激活 OSPF，有两种配置方法，我们首先看第一种——在区域视图中激活 OSPF。使用这种配置方法，需首先进入 OSPF 进程的配置视图，然后再进入特定的区域视图，最后使用 **network** 命令指定 IP 地址及通配符掩码（Wildcard-Mask），只有满足条件的接口才会在相应的区域中激活 OSPF。例如 **network 192.168.1.0 0.0.0.255**，该命令指定了 IP 地址 192.168.1.0 以及通配符掩码 0.0.0.255。通配符掩码是一个用于决定 IP 地址中哪些比特位需严格匹配（通配符掩码中值为 0 的比特位表示需严格匹配），哪些比特无所谓（通配符掩码中值为 1 的比特位表示可以无需匹配）的 32bit 数值，它与同样是 32bit 长度的 IP 地址成对出现。例如 **network** 命令中 192.168.1.0 与通配符掩码 0.0.0.255 的组合，匹配的 IP 地址对象是 192.168.1.0 至 192.168.1.255 这个区间。计算的方法很简单：将 192.168.1.0 以二进制的形式进行书写，然后将通配符掩码 0.0.0.255 也换算成二进制，与前者的每个比特位一一对应，如图 3-59 所示。由于 0.0.0.255 的前面三个八位组为全 0，而最后一个八位组为全 1，这意味着被匹配的 IP 地址对象必须以 192.168.1 开头，而最后一个八位组则可以是 0 至 255 间的任意值，设备的接口 IP 地址如果在上述地址范围内，并且接口的 IP 地址网络掩码长度大

于或等于 **network** 命令中指定的掩码长度（可以简单地理解为 0 比特位的个数），那么该接口便会在相应的区域中激活 OSPF。

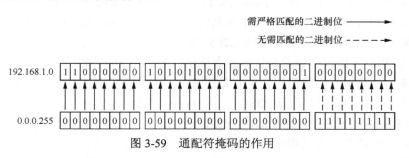

图 3-59　通配符掩码的作用

请读者务必注意将网络掩码与通配符掩码区分开来。网络掩码用于指示一个 IP 地址当中，哪些比特位是网络部分，哪些比特位是主机部分，显然，在概念的定义上，通配符掩码与网络掩码就是完全不一样的。

在图 3-60 所示的例子中，R1 有三个物理接口，接口编号及相应的 IP 地址如图所示。R1 的 OSPF Area0 的配置视图中，配置了 **network 172.16.1.0 0.0.0.255** 命令。大家已经知道 **network** 命令产生的最终结果是在设备的特定接口上激活 OSPF。那么当完成该条命令的配置后，R1 的哪些接口激活了 OSPF 呢？首先 **network** 命令中 IP 地址为 172.16.1.0，而通配符掩码为 0.0.0.255，这意味着被匹配的 IP 地址对象的前三个八位组必须是 172.16.1，最后一个八位组则无所谓，接口 GE0/0/0 的 IP 地址——172.16.1.1 正好能够被匹配住，并且该接口的网络掩码长度为 24，而 **network** 命令中指定的通配符掩码的长度为 24，因此 R1 将该接口在 Area0 中激活 OSPF。而 GE0/0/1 的 IP 地址为 172.16.2.1，其第三个八位组显然与 172.16.1.0 的相应数值不相同，因此该接口 IP 地址不满足条件，R1 也就不会在这个接口上激活 OSPF。GE0/0/2 接口也是一样的道理。

您可能已经注意到，接口 GE0/0/0 的 IP 地址为 172.16.1.0/24，网络掩码是 255.255.255.0，而本例中用于匹配该接口的通配符掩码是 0.0.0.255，正好是用 255.255.255.255"减去"网络掩码 255.255.255.0 的结果，所以，通配符掩码又常被称为反掩码。

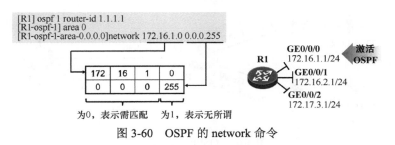

图 3-60　OSPF 的 network 命令

注意　有两种特殊的 **network** 命令书写方法，其一是 **network x.x.x.x 0.0.0.0**，例如 **network 192.168.1.1 0.0.0.0**，该命令将使得 IP 地址为 192.168.1.1 的接口在相应区域中激活 OSPF（无论该接口的网络掩码长度如何）。其二是 **network 0.0.0.0 255.255.255.255**，该命令则匹配的是任意 IP 地址，一旦设备配置了该条命令，则所有配置了 IP 地址的接口都可能会在相应区域中激活 OSPF。

当然实际上在本例中，使用 **network 172.16.1.1 0.0.0.0** 命令也可以在 R1 的 GE0/0/0 接口上激活 OSPF，这条命令在本例中起到的效果与 **network 172.16.1.0 0.0.0.255** 是相同的。而如果使用 **network 172.16.0.0 0.0.255.255** 命令，则 R1 会在 GE0/0/0 及 GE0/0/1 接口上都激活 OSPF，需要强调的是，该命令被执行后，R1 在 OSPF 中通告这两个接口时，通告的是该接口的实际网络掩码，也就是说 **network** 命令的作用仅仅是决定设备的哪些接口会激活 OSPF，而接口激活 OSPF 后，Type-1 LSA 总是描述接口的实际网络掩码（Loopback 接口是一个例外的情况），不会受 **network** 命令中的通配符掩码的影响。

以上提到的是在区域视图中激活 OSPF 的方法，采用该方法，网络管理员可以配置区域所包含的 IP 地址范围，从而使用一条命令在一个或多个接口上激活 OSPF。另一个激活 OSPF 的方法是在指定接口中激活 OSPF。采用这种方法时，网络管理员也需要首先在 OSPF 进程中使用 **area** 命令创建区域，然后进入需激活 OSPF 的接口，使用 **ospf enable** 命令将接口在特定的 OSPF 进程及区域中激活。例如在图 3-60 中，如果要将 R1 的 GE0/0/0 接口在 OSPF 进程 1 的 Area1 中激活 OSPF，完整的配置如下：

```
[R1]ospf 1 router-id 1.1.1.1                            #创建 OSPF 进程
[R1-ospf-1]area 1                                       #创建 Area1
[R1-ospf-1-area-0.0.0.1]quit
[R1-ospf-1]quit

[R1]interface GigabitEthernet 0/0/0                     #进入 GE0/0/0 接口视图
[R1-GigabitEthernet0/0/0]ospf enable 1 area 1           #激活 OSPF
```

3.4.2　案例 1：OSPF 单区域配置

在图 3-61 中，R1 有两个接口分别连接着 172.16.1.0/24 及 172.16.2.0/24 网段，另一个接口则连接着路由器 R2。R2 创建了一个 Loopback 接口并配置了 IP 地址 172.16.255.2/24，该接口将用于模拟 R2 直连的一个网段。我们将在 R1 及 R2 上运行 OSPF，使得网络中的 PC 都能够访问全网各个网段。

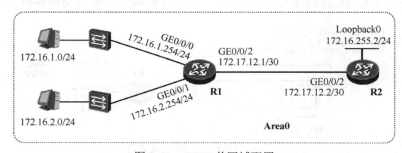

图 3-61　OSPF 单区域配置

R1 的配置如下：

```
#创建 OSPF 进程 1，并且设置其 router-ID 为 1.1.1.1；在 GE0/0/0、GE0/0/1 及 GE0/0/2 接口上激活 OSPF：
[R1]ospf 1 router-id 1.1.1.1
[R1-ospf-1]area 0
[R1-ospf-1-area-0.0.0.0]network 172.16.1.0 0.0.0.255
[R1-ospf-1-area-0.0.0.0]network 172.16.2.0 0.0.0.255
[R1-ospf-1-area-0.0.0.0]network 172.17.12.0 0.0.0.3
```

R2 的配置如下：

```
#创建 OSPF 进程 1，并且设置其 router-ID 为 2.2.2.2；在 GE0/0/2 及 Loopback0 接口上激活 OSPF：
[R2]ospf 1 router-id 2.2.2.2
[R2-ospf-1]area 0
[R2-ospf-1-area-0.0.0.0]network 172.17.12.0 0.0.0.3
[R2-ospf-1-area-0.0.0.0]network 172.16.255.0 0.0.0.255
```

完成上述配置后，R1 及 R2 即会开始建立 OSPF 邻接关系，并交换 LSA。

首先查看一下 R1 的 OSPF 邻居表：

```
<R1>display ospf peer

        OSPF Process 1 with Router ID 1.1.1.1
            Neighbors

 Area 0.0.0.0 interface 172.17.12.1(GigabitEthernet0/0/2)'s neighbors
 Router ID: 2.2.2.2           Address: 172.17.12.2
   State: Full    Mode:Nbr is   Master   Priority: 1
   DR: 172.17.12.2   BDR: 172.17.12.1   MTU: 0
   Dead timer due in 37   sec
   Retrans timer interval: 5
   Neighbor is up for 00:02:01
   Authentication Sequence: [ 0 ]
```

从邻居表中可以看出，R1 在 Area0 中发现了一个邻居，该邻居的 Router-ID 为 2.2.2.2，其接口 IP 地址为 172.17.12.2，另外，该邻居的状态为 Full，并且对端是 Master。由于两者基于以太网接口建立 OSPF 邻接关系，因此需要在这段链路上选举 DR、BDR，缺省情况下接口的 DR 优先级都为 1，那么 Router-ID 更大的 R2（GE0/0/2 接口）胜出成为 DR，而 R1（GE0/0/2 接口）则是 BDR。

再来查看一下 R1 的 OSPF 路由表：

```
<R1>display ospf routing

        OSPF Process 1 with Router ID 1.1.1.1
            Routing Tables

 Routing for Network
 Destination          Cost      Type       NextHop          AdvRouter          Area
 172.16.1.0/24        1         Stub       172.16.1.254     1.1.1.1            0.0.0.0
 172.16.2.0/24        1         Stub       172.16.2.254     1.1.1.1            0.0.0.0
 172.17.12.0/30       1         Transit    172.17.12.1      1.1.1.1            0.0.0.0
 172.16.255.2/32      1         Stub       172.17.12.2      2.2.2.2            0.0.0.0

 Total Nets: 4
 Intra Area: 4   Inter Area: 0   ASE: 0   NSSA: 0
```

值得注意的是 **display ospf routing** 命令查看的并非路由器的全局路由表，而是 OSPF 路由表。OSPF 将计算得出的 OSPF 路由首先存储在 OSPF 路由表中，而至于这些 OSPF 路由是否能够被加载到全局路由表从而作为数据转发的依据，那还要看路由优先级等因素。从上述输出中可以看出 R1 已经通过 OSPF 发现了 172.16.1.0/24、172.16.2.0/24、172.17.12.0/30 以及 172.16.255.2/32 四条路由。您可能已经发现了，R1 虽然已经通过 OSPF 学习到了 R2 的 Loopback0 接口路由，但学到的是一条主机路由，而实际上，R2 的 Loopback0 接口使用的网络掩码长度是 24，而非 32。之所以出现这样的现象，是因为

OSPF 将 Loopback 接口视为一个末梢网络，而且在该网络中只连接着一个节点，因此无论该接口实际配置的网络掩码是多少，OSPF 在 Type-1 LSA 中描述这个接口时，都以主机（网络掩码为 255.255.255.255）的形式进行通告。

查看一下 R2 产生的 Type-1 LSA：

```
<R2>display ospf lsdb router 2.2.2.2

          OSPF Process 1 with Router ID 2.2.2.2
                      Area: 0.0.0.0
                   Link State Database


    Type      : Router
    Ls id     : 2.2.2.2
    Adv rtr   : 2.2.2.2
    Ls age    : 119
    Len       : 48
    Options   : E
    seq#      : 80000009
    chksum    : 0x854f
    Link count: 2
     * Link ID : 172.17.12.2
       Data    : 172.17.12.2
       Link Type  : TransNet
       Metric : 1
     * Link ID        : 172.16.255.2
       Data    : 255.255.255.255
       Link Type   : StubNet
       Metric : 0
       Priority        : Medium
```

如果希望 R2 在其产生的 Type-1 LSA 中描述 Loopback 接口的实际网段信息（使用实际网络掩码），可以将该 Loopback 接口的 OSPF 网络类型修改为 Broadcast（或者 NBMA），例如：

```
[R2]interface LoopBack 0
[R2-LoopBack0]ospf network-type broadcast
```

完成上述配置后，再查看一下 R2 产生的 Type-1 LSA：

```
<R2>display ospf lsdb router 2.2.2.2

          OSPF Process 1 with Router ID 2.2.2.2
                      Area: 0.0.0.0
                   Link State Database


    Type      : Router
    Ls id     : 2.2.2.2
    Adv rtr   : 2.2.2.2
    Ls age    : 6
    Len       : 48
    Options   : E
    seq#      : 8000000c
    chksum    : 0x5380
    Link count: 2
     * Link ID : 172.17.12.2
```

```
          Data    : 172.17.12.2
          Link Type     : TransNet
          Metric : 1
        * Link ID : 172.16.255.0
          Data    : 255.255.255.0
          Link Type     : StubNet
          Metric : 0
          Priority        : Low
```

可以看到，R2 不再以主机的形式通告 Loopback0 接口了。

现在，来看一下 R1 的路由表中的 OSPF 路由：

```
<R1>display ip routing-table protocol ospf
Route Flags: R - relay, D - download to fib
------------------------------------------------------------------------
Public routing table : OSPF
         Destinations : 1        Routes : 1

OSPF routing table status : <Active>
         Destinations : 1        Routes : 1

Destination/Mask    Proto   Pre    Cost    Flags   NextHop         Interface
    172.16.255.0/24 OSPF   10      1       D       172.17.12.2     GigabitEthernet0/0/2
OSPF routing table status : <Inactive>
         Destinations : 0        Routes : 0
```

R1 将路由 172.16.255.0/24 加载到了路由表。当然，此时 R2 也已经通过 OSPF 获知到达 172.16.1.0/24 及 172.16.2.0/24 的路由。这样 PC 也就能够访问网络中的各个网段了。

3.4.3　案例 2：Silent-Interface

在图 3-61 中，R1 的 GE0/0/0 及 GE0/0/1 接口用于连接终端网段，在这两个网段中，只存在终端 PC，除此之外并无任何 OSPF 路由器存在。为了让 R2 能够通过 OSPF 学习到这两个接口网段的路由，我们使用 **network** 命令在这些接口上激活了 OSPF，这样 R1 便会在其产生的 Type-1 LSA 中描述这两个接口。而另一方面，由于激活了 OSPF，R1 便开始在 GE0/0/0 及 GE0/0/1 接口上周期性发送 Hello 报文，尝试在这两个接口上发现 OSPF 邻居，但是实际上正如前面所说，这两个直连网段中并无其他 OSPF 路由器，因此这些 Hello 报文实际上是增加了终端 PC 的困扰。可以将 R1 的 GE0/0/0 及 GE0/0/1 配置为静默接口（Silent-Interface），当接口被指定为 Silent-Interface 后，该接口将被禁止收发 Hello 报文。

R1 的关键配置如下：

```
[R1]ospf 1 router-id 1.1.1.1
[R1-ospf-1]area 0
[R1-ospf-1-area-0.0.0.0]network 172.16.1.0 0.0.0.255
[R1-ospf-1-area-0.0.0.0]network 172.16.2.0 0.0.0.255
[R1-ospf-1-area-0.0.0.0]network 172.17.12.0 0.0.0.3
[R1-ospf-1-area-0.0.0.0]quit
[R1-ospf-1]silent-interface GigabitEthernet 0/0/0
[R1-ospf-1]silent-interface GigabitEthernet 0/0/1
```

完成上述配置后，GE0/0/0 及 GE0/0/1 接口就变成了 Silent-Interface。使用 **display ospf brief** 命令，可以查看到这两个接口的 Silent-Interface 属性。虽然这两个接口被指定为

Silent-Interface，但是由于已经使用 **network** 命令激活 OSPF，因此 R2 依然能够通过 OSPF 学习到去往这两个接口所在网段的路由。

```
<R1>display ospf brief

            OSPF Process 1 with Router ID 1.1.1.1
                OSPF Protocol Information

    RouterID: 1.1.1.1              Border Router:
    Multi-VPN-Instance is not enabled
    Global DS-TE Mode: Non-Standard IETF Mode
    Graceful-restart capability: disabled
    Helper support capability    : not configured
    Applications Supported: MPLS Traffic-Engineering
    Spf-schedule-interval: max 10000ms, start 500ms, hold 1000ms
    Default ASE parameters: Metric: 1 Tag: 1 Type: 2
    Route Preference: 10
    ASE Route Preference: 150
    SPF Computation Count: 11
    RFC 1583 Compatible
    Retransmission limitation is disabled
    Area Count: 1    Nssa Area Count: 0
    ExChange/Loading Neighbors: 0
    Process total up interface count: 3
    Process valid up interface count: 3


    Area: 0.0.0.0            (MPLS TE not enabled)
    Authtype: None      Area flag: Normal
    SPF scheduled Count: 11
    ExChange/Loading Neighbors: 0
    Router ID conflict state: Normal
    Area interface up count: 3


    Interface: 172.16.1.254 (GigabitEthernet0/0/0)
    Cost: 1          State: DR        Type: Broadcast      MTU: 1500
    Priority: 1
    Designated Router: 172.16.1.254
    Backup Designated Router: 0.0.0.0
    Timers: Hello 10 , Dead 40 , Poll   120 , Retransmit 5 , Transmit Delay 1
    Silent interface, No hellos


    Interface: 172.16.2.254 (GigabitEthernet0/0/1)
    Cost: 1          State: DR        Type: Broadcast      MTU: 1500
    Priority: 1
    Designated Router: 172.16.2.254
    Backup Designated Router: 0.0.0.0
    Timers: Hello 10 , Dead 40 , Poll   120 , Retransmit 5 , Transmit Delay 1
    Silent interface, No hellos


    Interface: 172.17.12.1 (GigabitEthernet0/0/2)
    Cost: 1          State: BDR       Type: Broadcast      MTU: 1500
    Priority: 1
    Designated Router: 172.17.12.2
    Backup Designated Router: 172.17.12.1
    Timers: Hello 10 , Dead 40 , Poll   120 , Retransmit 5 , Transmit Delay 1
```

值得一提的是，R1 的 GE0/0/2 接口显然是不能够被配置为 Silent-Interface 的，因为 R1 需要在该接口上与 R2 建立 OSPF 邻接关系。

3.4.4　案例 3：OSPF 多区域配置

在图 3-62 中，R1 及 R2 是两台汇聚路由器，它们各自下挂着两个终端网段，同时上联核心路由器 Core-Router。我们计划在三台路由器上部署 OSPF，并且采用了多区域 OSPF 的设计，如图 3-62 所示。现在要完成三台路由器的配置，使得全网各个网段能够实现数据互通。

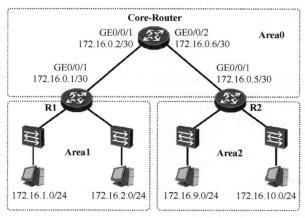

图 3-62　OSPF 多区域配置

R1 的配置如下：

```
[R1]ospf 1 router-id 1.1.1.1
[R1-ospf-1]area 1
[R1-ospf-1-area-0.0.0.1]network 172.16.1.0 0.0.0.255
[R1-ospf-1-area-0.0.0.1]network 172.16.2.0 0.0.0.255
[R1-ospf-1-area-0.0.0.1]quit
[R1-ospf-1]area 0
[R1-ospf-1-area-0.0.0.0]network 172.16.0.0 0.0.0.3
```

R2 的配置如下：

```
[R2]ospf 1 router-id 2.2.2.2
[R2-ospf-1]area 2
[R2-ospf-1-area-0.0.0.2]network 172.16.9.0 0.0.0.255
[R2-ospf-1-area-0.0.0.2]network 172.16.10.0 0.0.0.255
[R2-ospf-1-area-0.0.0.2]quit
[R2-ospf-1]area 0
[R2-ospf-1-area-0.0.0.0]network 172.16.0.4 0.0.0.3
```

Core-Router 的配置如下：

```
[Core-Router]ospf 1 router-id 3.3.3.3
[Core-Router-ospf-1]area 0
[Core-Router-ospf-1-area-0.0.0.0]network 172.16.0.0 0.0.0.3
[Core-Router-ospf-1-area-0.0.0.0]network 172.16.0.4 0.0.0.3
```

特别需要留意的是 R1 及 R2 的配置，由于这两台路由器都有接口在不同的区域中激活 OSPF，两者都是 ABR，需注意在正确的区域视图下配置 **network** 命令。

完成上述配置后，首先查看一下 Core-Router 的 OSPF 邻居表：

```
<Core-Router>display ospf peer

          OSPF Process 1 with Router ID 3.3.3.3
              Neighbors

  Area 0.0.0.0 interface 172.16.0.2(GigabitEthernet0/0/1)'s neighbors
  Router ID: 1.1.1.1               Address: 172.16.0.1
    State: Full    Mode:Nbr is    Slave   Priority: 1
    DR: 172.16.0.1    BDR: 172.16.0.2    MTU: 0
    Dead timer due in 37    sec
    Retrans timer interval: 5
    Neighbor is up for 00:00:41
    Authentication Sequence: [ 0 ]


              Neighbors

  Area 0.0.0.0 interface 172.16.0.6(GigabitEthernet0/0/2)'s neighbors
  Router ID: 2.2.2.2               Address: 172.16.0.5
    State: Full    Mode:Nbr is    Slave   Priority: 1
    DR: 172.16.0.5    BDR: 172.16.0.6    MTU: 0
    Dead timer due in 28    sec
    Retrans timer interval: 5
    Neighbor is up for 00:00:48
    Authentication Sequence: [ 0 ]
```

从以上输出可以看出，Core-Router 已经和 R1 及 R2 建立了全毗邻的邻接关系。接下来，再看看 Core-Router 的路由表：

```
<Core-Router>display ip routing-table protocol ospf
Route Flags: R - relay, D - download to fib
------------------------------------------------------------------------
Public routing table : OSPF
         Destinations : 4          Routes : 4

OSPF routing table status : <Active>
         Destinations : 4          Routes : 4

Destination/Mask     Proto   Pre  Cost   Flags   NextHop        Interface

     172.16.1.0/24    OSPF    10    2      D      172.16.0.1     GigabitEthernet0/0/1
     172.16.2.0/24    OSPF    10    2      D      172.16.0.1     GigabitEthernet0/0/1
     172.16.9.0/24    OSPF    10    2      D      172.16.0.5     GigabitEthernet0/0/2
    172.16.10.0/24    OSPF    10    2      D      172.16.0.5     GigabitEthernet0/0/2

OSPF routing table status : <Inactive>
         Destinations : 0          Routes : 0
```

Area0 内部路由器 Core-Router 已经学习到去往 R1 及 R2 下联的终端网段的 OSPF 路由。当然，这些路由都是区域间路由，它们是根据 R1 及 R2 在 Area0 内泛洪的 Type-3 LSA 计算得出的，而 Core-Router 在计算到达 Area1 及 Area2 的区域间路由时，除了要收到描述这些网段的 Type-3 LSA，还需要知道 ABR 的所在。作为 ABR，R1 及 R2 在泛洪 Type-1 LSA 时，会进行 B 比特位的置位。因此通过 Area0 内泛洪的 Type-1、Type-2 LSA，Core-Router 能计算出到达 ABR 的最佳路径。使用 **display ospf abr-asbr** 命令可查看到 ABR 和 ASBR 信息：

```
<Core-Router>display ospf abr-asbr

    OSPF Process 1 with Router ID 3.3.3.3
         Routing Table to ABR and ASBR

RtType       Destination     Area      Cost      Nexthop       Type
Intra-area   1.1.1.1         0.0.0.0   1         172.16.0.1    ABR
Intra-area   2.2.2.2         0.0.0.0   1         172.16.0.5    ABR
```

在 R1 及 R2 上查看路由表，可以看到两台路由器也都学习到了全网的路由，于是 R1 及 R2 下挂的 PC 可到达全网各个网段。

3.4.5　案例 4：调整 OSPF Cost 值

在图 3-63 所示的网络中，R1 的 GE0/0/1 及 R2 的 GE0/0/1 接口连接着一个相同的网段——192.168.100.0/24，同时两者下联路由器 R3。如果在 R1、R2 及 R3 的所有接口上都激活 OSPF（在相同的 Area 中），那么由于 R1 及 R2 都会在其产生的 Type-1、Type-2 LSA 中描述 192.168.100.0/24 网段，并且网络中所有接口的 Cost 又是缺省的（千兆以太网接口缺省的 Cost 为 1），那么最终在 R3 的路由表中，到达 192.168.100.0/24 的路由将会在 R1 及 R2 这两个下一跳执行等价负载分担：

```
<R3>display ip routing-table protocol ospf
Route Flags: R - relay, D - download to fib
--------------------------------------------------------------------------------
Public routing table : OSPF
         Destinations : 1          Routes : 2

OSPF routing table status : <Active>
         Destinations : 1          Routes : 2

Destination/Mask     Proto    Pre    Cost    Flags    NextHop        Interface

    192.168.100.0/24  OSPF     10     2       D        192.168.0.2    GigabitEthernet0/0/1
                      OSPF     10     2       D        192.168.0.6    GigabitEthernet0/0/2

OSPF routing table status : <Inactive>
         Destinations : 0          Routes : 0
```

这样当 R3 收到去往 192.168.100.0/24 的报文时，就有可能将它们在两条上行链路上进行转发，然而，如果希望这两条链路以主备的方式工作呢？即当网络正常时，R3 将到达 192.168.100.0/24 的报文转发给 R1，而当 R1 发生故障，又或者 R1-R3 之间的互联链路发生故障时，R3 自动将上行流量切换到 R2，该如何实现？实现这个需求的一个最简单的方法即调整 OSPF 接口 Cost 值，从而影响路由器对 OSPF 路由的优选。可以将 R3 的 GE0/0/2 接口的 Cost 值调大，这样当 R3 计算路由时，会优选

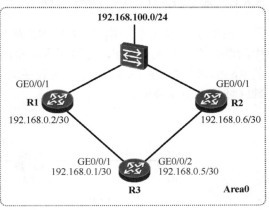

图 3-63　调整 OSPF Cost 值

Cost 更小的路径，也就是从 R1 到达目标网段。

R3 的关键配置如下：

```
[R3]interface GigabitEthernet 0/0/2
[R3-GigabitEthernet0/0/2]ospf cost 100
```

使用 **display ospf interface GigabitEthernet 0/0/2** 命令可以查看该接口的 OSPF 参数：

```
<R3>display ospf interface GigabitEthernet 0/0/2

        OSPF Process 1 with Router ID 3.3.3.3
            Interfaces

    Interface: 192.168.0.5 (GigabitEthernet0/0/2)
    Cost: 100      State: DR         Type: Broadcast     MTU: 1500
    Priority: 1
    Designated Router: 192.168.0.5
    Backup Designated Router: 192.168.0.6
    Timers: Hello 10 , Dead 40 , Poll  120 , Retransmit 5 , Transmit Delay 1
```

从以上输出可以看到 GE0/0/2 接口的 Cost 值变成了 100，此时，R3 的路由表如下：

```
<R3>display ip routing-table protocol ospf
Route Flags: R - relay, D - download to fib
------------------------------------------------------------------------
Public routing table : OSPF
        Destinations : 1        Routes : 1

OSPF routing table status : <Active>
        Destinations : 1        Routes : 1

Destination/Mask      Proto   Pre   Cost    Flags   NextHop       Interface

   192.168.100.0/24   OSPF    10    2       D       192.168.0.2   GigabitEthernet0/0/1

OSPF routing table status : <Inactive>
        Destinations : 0        Routes : 0
```

这是符合预期的，现在，当 R3 收到去往 192.168.100.0/24 的报文时，就会将它们转发给 R1。

3.4.6　案例 5：OSPF 特殊区域

在图 3-64 所示的网络中，R1、R2 及 R3 按图示要求运行 OSPF，R3 将自己路由表中的静态路由引入 OSPF，使得域内的路由器都能够学习到这些外部路由。所有路由器的 Router-ID 均为 x.x.x.x，其中 x 为设备编号。本节将在这个网络中，完成 OSPF 各种特殊区域的实验及验证。

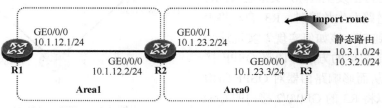

图 3-64　OSPF 特殊区域案例

1. 完成基础配置

R1 的配置如下：

```
[R1]ospf 1 router-id 1.1.1.1
[R1-ospf-1]area 1
[R1-ospf-1-area-0.0.0.1]network 10.1.12.0 0.0.0.255
```

R2 的配置如下：

```
[R2]ospf 1 router-id 2.2.2.2
[R2-ospf-1]area 1
[R2-ospf-1-area-0.0.0.1]network 10.1.12.0 0.0.0.255
[R2-ospf-1-area-0.0.0.1]quit
[R2-ospf-1]area 0
[R2-ospf-1-area-0.0.0.0]network 10.1.23.0 0.0.0.255
```

R3 的配置如下：

```
[R3]ip route-static 10.3.1.0 24 NULL0
[R3]ip route-static 10.3.2.0 24 NULL0

[R3]ospf 1 router-id 3.3.3.3
[R3-ospf-1]area 0
[R3-ospf-1-area-0.0.0.0]network 10.1.23.0 0.0.0.255
[R3-ospf-1-area-0.0.0.0]quit
[R3-ospf-1]import-route static
```

说明

ip route-static 10.3.1.0 24 NULL0 及 **ip route-static 10.3.2.0 24 NULL0** 命令用于在 R3 上创建两条静态黑洞路由。实际上就本例来说，这两条静态路由是没有具体意义的，我们仅仅是为了实验的目的在 R3 的路由表中写入这两条静态路由，方便 R3 将其引入 OSPF。

完成上述配置后，观察一下 R1 的路由表：

```
[R1]display ip routing-table protocol ospf
Route Flags: R - relay, D - download to fib
------------------------------------------------------------------------
Public routing table : OSPF
                Destinations : 3        Routes : 3

OSPF routing table status : <Active>
                Destinations : 3        Routes : 3

Destination/Mask    Proto    Pre  Cost  Flags   NextHop      Interface

     10.1.23.0/24   OSPF     10   2     D       10.1.12.2    GigabitEthernet0/0/0
     10.3.1.0/24    O_ASE    150  1     D       10.1.12.2    GigabitEthernet0/0/0
     10.3.2.0/24    O_ASE    150  1     D       10.1.12.2    GigabitEthernet0/0/0

OSPF routing table status : <Inactive>
                Destinations : 0        Routes : 0
```

从上述输出可以看出，R1 学习到了区域间路由及外部路由，它们分别是区域间的路由 10.1.23.0/24 以及 R3 引入的外部路由 10.3.1.0/24、10.3.2.0/24。两条外部路由在路由表中标记为 O_ASE（OSPF AS External）。接下来看看 R1 的 LSDB：

```
[R1]display ospf lsdb

        OSPF Process 1 with Router ID 1.1.1.1
```

Link State Database

Area: 0.0.0.1

Type	LinkState ID	AdvRouter	Age	Len	Sequence	Metric
Router	2.2.2.2	2.2.2.2	185	36	80000004	1
Router	1.1.1.1	1.1.1.1	183	36	80000005	1
Network	10.1.12.2	2.2.2.2	133	32	80000002	0
Sum-Net	10.1.23.0	2.2.2.2	181	28	80000001	1
Sum-Asbr	3.3.3.3	2.2.2.2	83	28	80000001	1

AS External Database

Type	LinkState ID	AdvRouter	Age	Len	Sequence	Metric
External	10.3.1.0	3.3.3.3	84	36	80000001	1
External	10.3.2.0	3.3.3.3	84	36	80000001	1

以上输出的是 R1 的 LSDB，从中可以看出在 Area1 内存在着 Type-1、Type-2、Type-3 及 Type-4 LSA，其中 Type-3 LSA 描述的是到达 10.1.23.0/24 的区域间路由，Type-4 LSA 描述的是到达 ASBR，也就是 R3 的路由，这条 LSA 由 ABR R2 产生。此外，在 R1 的 LSDB 中，还能看到两条 Type-5 LSA，这两条 LSA 是由 R3 产生、用于描述外部路由 10.3.1.0/24 及 10.3.2.0/24 的，并且它们将在整个 OSPF 域内泛洪。此时 R1 是拥有到达全网各个网段的路由信息的。

2. 将 Area1 配置为 Stub 区域，观察路由及 LSA 的变化

现在来验证一下 Stub 区域的相关特性，首先将 Area1 配置为 Stub 区域，R1 的 OSPF 配置修改如下：

```
[R1]ospf 1
[R1-ospf-1]area 1
[R1-ospf-1-area-0.0.0.1]stub                                #将 Area1 配置为 Stub 区域
```

R2 的 OSPF 配置修改如下：

```
[R2]ospf 1
[R2-ospf-1]area 1
[R2-ospf-1-area-0.0.0.1]stub                                #将 Area1 配置为 Stub 区域
```

注意，一旦某个区域被设计为 Stub 区域，则所有连接到这个区域的路由器都要将该区域配置为 Stub 区域，否则 OSPF 邻居关系无法正确建立。完成上述配置后，Area1 就变成了一个 Stub 区域。Stub 区域的 ABR（R2）会阻挡 Type-4、Type-5 LSA 进入该区域，如图 3-65 所示，这使得这个区域内 LSA 泛洪的数量在一定程度上被减少了，从而该区域中路由器的路由表规模也会相应的变小，设备负担将会有所降低，这个优势在 R3 引入大量的外部路由时尤其明显。

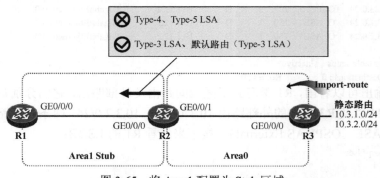

图 3-65　将 Area1 配置为 Stub 区域

现在 R1 将不会再学习到引入 OSPF 的外部路由。另外，R2 会向 Area1 下发一条使用 Type-3 LSA 描述的默认路由，使得 Area1 内的路由器能够使用这条默认路由、通过 R2 访问 OSPF 域外的网络。再来观察一下 R1 的路由表：

```
<R1>display ip routing-table protocol ospf
Route Flags: R - relay, D - download to fib
----------------------------------------------------------------------------
Public routing table : OSPF
             Destinations : 2        Routes : 2

OSPF routing table status : <Active>
             Destinations : 2        Routes : 2

Destination/Mask      Proto   Pre   Cost   Flags    NextHop          Interface

        0.0.0.0/0     OSPF    10    2      D        10.1.12.2        GigabitEthernet0/0/0
      10.1.23.0/24    OSPF    10    2      D        10.1.12.2        GigabitEthernet0/0/0

OSPF routing table status : <Inactive>
             Destinations : 0        Routes : 0
```

相比于 Area1 为常规区域的时候，该区域被设置为 Stub 区域后，R1 的路由表更简洁了。再来看看 R1 的 LSDB：

```
[R1]display ospf lsdb

            OSPF Process 1 with Router ID 1.1.1.1
                Link State Database

                     Area: 0.0.0.1
    Type      LinkState ID      AdvRouter       Age      Len     Sequence      Metric
    Router    2.2.2.2           2.2.2.2         133      36      80000005      1
    Router    1.1.1.1           1.1.1.1         137      36      80000005      1
    Network   10.1.12.2         2.2.2.2         133      32      80000002      0
    Sum-Net   0.0.0.0           2.2.2.2         182      28      80000001      1
    Sum-Net   10.1.23.0         2.2.2.2         182      28      80000001      1
```

显然，R1 的 LSDB 也精简了，此时在 R1 的 LSDB 中，Area1 内不再有 Type-4 LSA，LSDB 中也不会出现 Type-5 LSA，而仅有 Type-1、Type-2 及 Type-3 LSA。

3. 将 Area1 配置为 Totally-Stub 区域，观察路由及 LSA 的变化

如果希望进一步减少 Area1 内的 LSA 泛洪，则可以将 OSPF 区域间的路由也阻挡掉。在上一个需求的配置基础上，R2 的 OSPF 配置做如下修改：

```
[R2]ospf 1
[R2-ospf-1]area 1
[R2-ospf-1-area-0.0.0.1]stub no-summary
```

Stub no-summary 命令是需在 Area1 的 ABR 上配置的，**no-summary** 关键字的意义是阻挡 Summary LSA 进入该区域。这样 Area1 就变成了 Totally-Stub 区域，Area1 的 ABR（R2）将阻挡 Type-3、Type-4 及 Type-5 LSA 进入 Area1，这意味着 Area1 内的路由器将不会再学习到去往其他区域的路由，以及到达 OSPF 域外的路由，这使得它们的路由表的体积大大减小了。同时 R2 作为 Area1 的 ABR，会自动向 Area1 下发一条默认路由，这条默认路由是使用 Type-3 LSA 描述的，如图 3-66 所示。这样当 R1 要访

问本区域之外的网络时，就可以通过这条默认路由将数据转发到 ABR，再由 ABR 将数据转发出去。

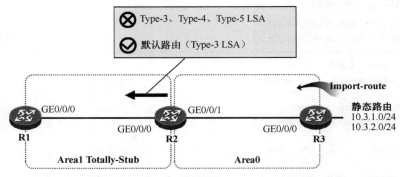

图 3-66　将 Area1 配置为 Totally-Stub 区域

完成配置后再看看 R1 此时的路由表：

```
<R1>display ip routing-table protocol ospf
Route Flags: R - relay, D - download to fib
--------------------------------------------------------------------------------
Public routing table : OSPF
        Destinations : 1        Routes : 1

OSPF routing table status : <Active>
        Destinations : 1        Routes : 1

Destination/Mask    Proto    Pre    Cost    Flags    NextHop        Interface

    0.0.0.0/0       OSPF     10     2       D        10.1.12.2      GigabitEthernet0/0/0

OSPF routing table status : <Inactive>
        Destinations : 0        Routes : 0
```

R1 的路由表已经被极大地简化了，现在只有一条 0.0.0.0/0 的默认路由，除此之外，区域间的路由 10.1.23.0/24 以及域外路由 10.3.1.0/24 和 10.3.2.0/24 都已经消失，R1 的负担将变得非常小，并且当它需要访问这些网络时，又可以通过这条默认路由到达。再来看看 R1 此时的 LSDB：

```
<R1>display ospf lsdb

        OSPF Process 1 with Router ID 1.1.1.1
            Link State Database

                Area: 0.0.0.1
    Type        LinkState ID    AdvRouter    Age    Len    Sequence    Metric
    Router      2.2.2.2         2.2.2.2      3      36     80000006    1
    Router      1.1.1.1         1.1.1.1      3      36     80000009    1
    Network     10.1.12.1       1.1.1.1      3      32     80000001    0
    Sum-Net     0.0.0.0         2.2.2.2      10     28     80000001    1
```

从以上输出可以看出 R1 的 LSDB 是非常简洁的。

4. 将 Area1 配置为 NSSA，并在 R1 上引入少量外部路由

现在网络需求发生了变化，由于 Area1 中的 R1 接着一个非 OSPF 的网络，它需要

将少量的外部路由引入 OSPF, 从而让域内的 OSPF 路由器能够获取到相应的外部路由, 但是又希望保持 Area1 的 Stub 区域特性, 那么可以将 Area1 配置为 NSSA。在上一个需求的配置基础上, R1 的配置修改如下:

```
[R1]ospf 1
[R1-ospf-1]area 1
[R1-ospf-1-area-0.0.0.1]undo stub
[R1-ospf-1-area-0.0.0.1]nssa
```

在上面的配置中, 我们首先取消了 Area1 的 Stub 特性, 然后将该区域配置为 NSSA。接下来即可在 R1 上将外部路由引入 OSPF, 在本案例中, 在 R1 上创建一条静态路由用于测试并将其引入 OSPF 即可:

```
[R1]ip route-static 10.1.1.0 24 NULL0         #用于模拟外部路由

[R1]ospf 1
[R1-ospf-1]import-route static
```

R2 的配置修改如下:

```
[R2]ospf 1
[R2-ospf-1]area 1
[R2-ospf-1-area-0.0.0.1]undo stub
[R2-ospf-1-area-0.0.0.1]nssa
```

注意, 一旦某个区域被指定为 NSSA, 则所有连接到这个区域的路由器都要进行相应的配置, 否则邻居关系的建立将出现问题。完成上述配置后, Area1 就变成了一个 NSSA。NSSA 的 ABR R2 将阻挡 Type-4、Type-5 LSA 进入该区域 (这个特点与 Stub 区域是一样的), 因此 Area1 内的路由器将不会学习到 R3 引入的外部路由。ABR R2 会向 Area1 下发一条 Type-7 LSA 的默认路由, 使得该区域内的路由器能够通过这条默认路由从 R2 到达域外网络。

另一方面, Area1 又被允许在该区域直接引入外部路由。当 R1 引入外部路由到 OSPF 时, R1 将产生 Type-7 LSA 用于描述这些外部路由, 这些 LSA 只在 Area1 内泛洪。Area1 的 ABR R2 会收到这些 Type-7 LSA, 并用于自己的外部路由计算, 同时, 它还会向 Area0 中注入 Type-5 LSA 用于描述 10.1.1.0/24 路由, 也就是类似于 Type-7 LSA 到 Type-5 LSA 的转换过程, 如图 3-67 所示, 从而 OSPF 域中其他区域内的路由器都能学习到 10.1.1.0/24 这条外部路由。

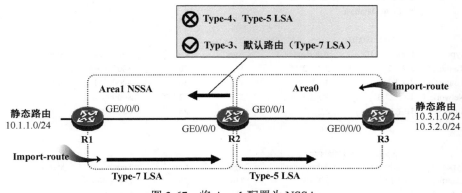

图 3-67 将 Area1 配置为 NSSA

首先查看一下 R1 的 LSDB：

```
[R1]display ospf lsdb

        OSPF Process 1 with Router ID 1.1.1.1
            Link State Database

                Area: 0.0.0.1
    Type      LinkState ID    AdvRouter       Age      Len      Sequence      Metric
    Router    2.2.2.2         2.2.2.2         67       36       8000000B      1
    Router    1.1.1.1         1.1.1.1         33       36       8000000C      1
    Network   10.1.12.1       1.1.1.1         63       32       80000002      0
    Sum-Net   10.1.23.0       2.2.2.2         287      28       80000001      1
    NSSA      10.1.1.0        1.1.1.1         151      36       80000001      1
    NSSA      0.0.0.0         2.2.2.2         287      36       80000001      1
```

从 R1 的 LSDB 可以看出，Area1 中泛洪的 LSA 有 Type-1、Type-2 及 Type-3 LSA，此外还有两条 Type-7 LSA，这两条 Type-7 LSA 中，一条是 R1 产生的，用于描述其自身引入的外部路由 10.1.1.0/24，另一条则是 R2 自动产生的，是一条默认路由。再看看 R1 的路由表：

```
<R1>display ip routing-table protocol ospf
Route Flags: R - relay, D - download to fib
------------------------------------------------------------------------------
Public routing table : OSPF
        Destinations : 2        Routes : 2

OSPF routing table status : <Active>
        Destinations : 2        Routes : 2

Destination/Mask    Proto    Pre    Cost    Flags    NextHop      Interface

        0.0.0.0/0   O_NSSA   150    1       D        10.1.12.2    GigabitEthernet0/0/0
     10.1.23.0/24   OSPF     10     2       D        10.1.12.2    GigabitEthernet0/0/0

OSPF routing table status : <Inactive>
        Destinations : 0        Routes : 0
```

再看看 R3 的 LSDB：

```
<R3>display ospf lsdb

        OSPF Process 1 with Router ID 3.3.3.3
            Link State Database

                Area: 0.0.0.0
    Type      LinkState ID    AdvRouter       Age      Len      Sequence      Metric
    Router    2.2.2.2         2.2.2.2         392      36       8000000D      1
    Router    3.3.3.3         3.3.3.3         375      36       8000000E      1
    Network   10.1.23.3       3.3.3.3         375      32       80000006      0
    Sum-Net   10.1.12.0       2.2.2.2         639      28       8000000A      1


                AS External Database
    Type      LinkState ID    AdvRouter       Age      Len      Sequence      Metric
    External  10.3.1.0        3.3.3.3         736      36       80000006      1
    External  10.3.2.0        3.3.3.3         736      36       80000006      1
    External  10.1.1.0        2.2.2.2         497      36       80000001      1
```

R3 的 LSDB 中包含着三条 Type-5 LSA，其中两条 LSA 是自己产生的，用于描述外部路由 10.3.1.0/24 及 10.3.2.0/24，而另外一条，则是 R2 产生的，用于描述外部路由 10.1.1.0/24，显然，R2 已将自己从 Area1 内收到的 Type-7 LSA 转换成了 Type-5 LSA 并注入到了 Area0 中。在 R3 的 LSDB 中，仔细观察您会发现并没有看到 Type-4 LSA，这是因为对于 Area0 而言，R2 及 R3 都是 ASBR，而且它们都连接在同一个区域 Area0 中，因此通过区域内的拓扑即可发现引入相应外部路由的 ASBR，所以无需 Type-4 LSA。

R3 的路由表如下：

```
<R3>display ip routing-table protocol ospf
Route Flags: R - relay, D - download to fib
------------------------------------------------------------------------
Public routing table : OSPF
          Destinations : 2        Routes : 2

OSPF routing table status : <Active>
          Destinations : 2        Routes : 2

Destination/Mask      Proto      Pre    Cost    Flags    NextHop        Interface
      10.1.1.0/24     O_ASE      150    1       D        10.1.23.2      GigabitEthernet0/0/0
      10.1.12.0/24    OSPF       10     2       D        10.1.23.2      GigabitEthernet0/0/0

OSPF routing table status : <Inactive>
          Destinations : 0        Routes : 0
```

5. 将 Area1 配置为 Totally NSSA，进一步阻挡 Type-3 LSA

现在，在上一个步骤的基础上，进一步阻挡到达其他区域的路由（区域间路由）进入 Area1，通过将 Area1 配置为 Totally NSSA 来实现这个需求。在之前所做的配置基础上，R2 增加如下配置：

```
[R2]ospf 1
[R2-ospf-1]area 1
[R2-ospf-1-area-0.0.0.1]nssa no-summary
```

Nssa no-summary 命令中的 **no-summary** 关键字将会使得 R2 不再向 Area1 内注入 Type-3 LSA（除了默认路由），这样 Area1 内将不会再存在描述区域间路由的 Type-3 LSA，R1 也就不会学习到任何区域间路由，如图 3-68 所示。来看一看 R1 的 LSDB：

```
<R1>display ospf lsdb

       OSPF Process 1 with Router ID 1.1.1.1
          Link State Database


                 Area: 0.0.0.1
  Type        LinkState ID      AdvRouter       Age       Len       Sequence      Metric
  Router      2.2.2.2           2.2.2.2         2         36        80000014      1
  Router      1.1.1.1           1.1.1.1         4         36        80000016      1
  Network     10.1.12.2         2.2.2.2         2         32        80000002      0
  Sum-Net     0.0.0.0           2.2.2.2         147       28        80000001      1
  NSSA        10.1.1.0          1.1.1.1         5         36        80000005      1
  NSSA        0.0.0.0           2.2.2.2         139       36        80000005      1
```

此时在 R1 的 LSDB 中，Area1 内就只有 Type-1 LSA、Type2-LSA、Type7-LSA 以及一条 Type-3 LSA 描述的默认路由。实际上您可能还会发现一条 Type-7 LSA 描述的默认路由，当 NSSA 内同时存在 Type-3 LSA 及 Type-7 LSA 描述的默认路由时，路由器会优先使用 Type-3 LSA 的默认路由进行计算，所以姑且忽略这条 Type-7 LSA 的默认路由。

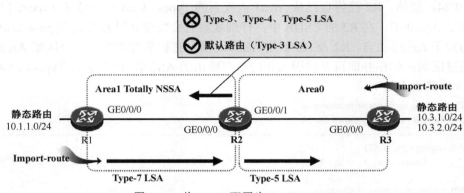

图 3-68　将 Area1 配置为 Totally NSSA

3.4.7　案例 6：Virtual Link 的配置

在图 3-69 中，R1、R2 及 R3 三台路由器运行了 OSPF，网络中规划了两个区域，其中 R2 及 R3 在 Area23 中建立了邻接关系。现在 R2 将直连接口 GE0/0/1 在 Area0 中激活 OSPF，这样 R2 在 Area0 中泛洪的 Type-1 LSA 将包含描述其直连接口 GE0/0/1 的信息。R3 可以通过 Area0 内泛洪的 Type-1、Type-2 LSA 计算出到达 192.168.2.0/24 的区域内路由。另一方面，R2 作为 ABR，也会将描述区域间路由 192.168.2.0/24 的 Type-3 LSA 注入 Area23。那么 R3 势必能够通过该 LSA 计算出到达 192.168.2.0/24 的区域间路由，现在，它就有两条路由可以到达这个目标网段，R3 究竟会选择通过 R1 还是 R2 到达该网段呢？答案是 R1。虽然，这条路径的 Cost 要更劣（相比于从 R2 到达）。造成这个结果的原因是，R3 是一台 ABR，它不能够使用自己在非 0 区域中收到的 Type-3 LSA 来计算区域间路由，因此无论路径的 Cost 如何，R3 将始终选择从 R1 到达 192.168.2.0/24。此时 R3 的 OSPF 路由表如下：

```
<R3>display ospf routing

    OSPF Process 1 with Router ID 3.3.3.3
        Routing Tables

Routing for Network
Destination          Cost      Type       NextHop          AdvRouter       Area
192.168.13.0/24      1         Transit    192.168.13.3     3.3.3.3         0.0.0.0
192.168.23.0/24      1         Transit    192.168.23.3     3.3.3.3         0.0.0.23
192.168.2.0/24       2         Stub       192.168.13.1     2.2.2.2         0.0.0.0
192.168.12.0/24      2         Transit    192.168.13.1     1.1.1.1         0.0.0.0

Total Nets: 4
Intra Area: 4    Inter Area: 0    ASE: 0    NSSA: 0
```

基于目前的情况，如果想让 R3 选择从 R2 到达 192.168.2.0/24，该怎样操作呢？一个简单直接的方法是，在 R2 及 R3 之间跨越 Area23 建立一条 Virtual Link，使得 R2 能够借助这条 Virtual Link 直接将 Type-1 LSA 发送给 R3。

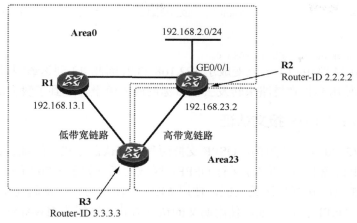

图 3-69　使用 Virtual Link 影响 OSPF 路径选择

R2 关键配置如下：

```
[R2]ospf 1
[R2-ospf-1]area 23
[R2-ospf-1-area-0.0.0.23]vlink-peer 3.3.3.3
```

R3 关键配置如下：

```
[R3]ospf 1
[R3-ospf-1]area 23
[R3-ospf-1-area-0.0.0.23]vlink-peer 2.2.2.2
```

完成上述配置后，R2 及 R3 即会建立一条 Virtual Link，这条 Virtual Link 穿越 Area23 建立，使用 **display ospf vlink** 命令可查看关于 Virtual Link 的相关信息：

```
<R3>display ospf vlink

    OSPF Process 1 with Router ID 3.3.3.3
        Virtual Links


Virtual-link Neighbor-id   -> 2.2.2.2, Neighbor-State: Full

Interface: 192.168.23.3 (GigabitEthernet0/0/2)
Cost: 1   State: P-2-P   Type: Virtual
Transit Area: 0.0.0.23
Timers: Hello 10 , Dead 40 , Retransmit 5 , Transmit Delay 1
GR State: Normal
```

从上述输出可以看出，R2 与 R3 之间的 Virtual Link 已经建立完毕，状态为 Full，而且 Cost 为 1。再来看一下此时 R3 的 OSPF 路由表：

```
<R3>display ospf routing

    OSPF Process 1 with Router ID 3.3.3.3
        Routing Tables


Routing for Network
Destination          Cost      Type       NextHop         AdvRouter       Area
192.168.13.0/24      1         Transit    192.168.13.3    3.3.3.3         0.0.0.0
192.168.23.0/24      1         Transit    192.168.23.3    3.3.3.3         0.0.0.23
192.168.2.0/24       1         Stub       192.168.23.2    2.2.2.2         0.0.0.23
192.168.12.0/24      2         Transit    192.168.13.1    1.1.1.1         0.0.0.0
```

192.168.12.0/24	2	Transit	192.168.23.2	2.2.2.2	0.0.0.23

Total Nets: 5
Intra Area: 5　Inter Area: 0　ASE: 0　NSSA: 0

192.168.2.0/24 路由的下一跳变成了 192.168.23.2，因此 R3 到达该网段的下一跳就切换到了 R2，即使用高带宽链路来转发去往目标网段的流量，达到了我们的预期。

3.4.8　案例 7：OSPF 报文认证

以华为 AR2220 路由器为例，OSPF 支持两种报文认证方式：区域认证及接口认证。在图 3-70 中，R1、R2、R3 及 R4 运行 OSPF，区域的规划如图 3-70 所示。为保证 Area0 的安全性，需在 Area0 开启区域认证，使用 MD5 的验证方式，密码为 Huawei123。R3 与 R4 之间开启 OSPF 接口认证，使用明文的认证方式，密码为 HWArea1。

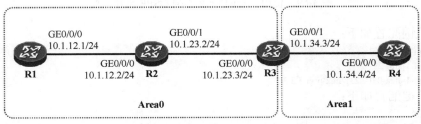

图 3-70　OSPF 报文认证

R1 的关键配置如下：

```
[R1]ospf 1
[R1-ospf-1]area 0
[R1-ospf-1-area-0.0.0.0]authentication-mode md5 1 cipher Huawei123
```

R2 的关键配置如下：

```
[R2]ospf 1
[R2-ospf-1]area 0
[R2-ospf-1-area-0.0.0.0]authentication-mode md5 1 cipher Huawei123
```

R3 的关键配置如下：

```
[R3]ospf 1
[R3-ospf-1]area 0
[R3-ospf-1-area-0.0.0.0]authentication-mode md5 1 cipher Huawei123
```

在 Area0 配置视图下使用 **authentication-mode md5 1 cipher Huawei123** 命令，将使得设备在该区域中激活 OSPF 的 MD5 认证。在该命令中，数值 1 为 Key-ID，Huawei123 是口令。上述命令将使设备上所有属于 Area0 的接口均激活 OSPF 报文认证功能，而且使用 MD5 的认证方式。

接下来配置 R3 与 R4 之间的接口认证。接口认证方式用于在直连的设备之间实现 OSPF 报文认证，它的优先级高于区域认证方式。

在 R3 上激活接口认证：

```
[R3] interface GigabitEthernet 0/0/1
[R3-GigabitEthernet0/0/1]ospf authentication-mode simple cipher HWArea1
```

在 R4 上激活接口认证：

```
[R4] interface GigabitEthernet 0/0/0
[R4-GigabitEthernet0/0/0]ospf authentication-mode simple cipher HWArea1
```

完成配置后，R3、R4 即可基于接口认证建立邻居关系。**Ospf authentication-mode simple cipher HWArea1** 命令中的 **simple** 关键字指的是认证方式为明文，即认证口令会以明文的形式包含在 OSPF 报文中，这显然是不安全的。因此推荐使用 MD5 的方式。

3.4.9　案例 8：OSPF 多进程

1. OSPF 进程及 Process-ID 的概念

在华为的数通产品上，OSPF 是支持多进程的。在系统视图下使用 **ospf** 命令并关联 Process-ID 即可在设备上创建一个 OSPF 进程。Process-ID 用于标识一个 OSPF 进程，当设备上存在多个 OSPF 进程时，需使用不同的 Process-ID 对不同的进程加以区分。Process-ID 只具有本地意义，换句话说，两台设备在使用 OSPF 进行对接时，双方的 Process-ID 是不要求一致的。在图 3-71 中，R1 及 R2 两台路由器直连，两者将建立 OSPF 邻接关系。R1 使用 Process-ID 100 创建了一个 OSPF 进程，并将 GE0/0/0 接口在 Area0 中激活了 OSPF，而 R2 则使用 Process-ID 200 创建了一个 OSPF 进程，同时将自己的 GE0/0/0 接口在 Area0 中激活 OSPF，虽然两者使用的 Process-ID 不一样，但是这完全不影响 R1 及 R2 之间 OSPF 邻接关系的建立，正如前文所说，Process-ID 只具有本地意义，只在一台设备上用于区分不同的 OSPF 进程，而且在路由器之间交互的所有 OSPF 报文都不会携带 Process-ID 信息。虽然两者的 Process-ID 可以不相同，但是互联接口的区域 ID 是必须相同的。

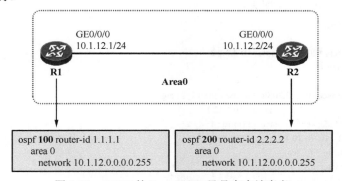

图 3-71　OSPF 的 Process-ID 只具有本地意义

虽然 Process-ID 只具有本地意义，然而在实际的网络部署中，如果全网只有一个 OSPF 域，则还是建议在设备上使用相同的 Process-ID，这样也方便网络管理及维护。

2. 运行 OSPF 多进程

当一台设备运行了多个 OSPF 进程，这些进程之间将相互独立，每个进程独立维护自己的 LSDB，而且不同进程的 LSDB 之间相互隔离，设备从一个 OSPF 进程学习到的 LSA 只会存储在该进程的 LSDB 中。

在图 3-72 中，R1、R2 及 R3 运行了 OSPF，值得注意的是，R2 作为两个网络的边界设备运行了两个 OSPF 进程，这两 OSPF 进程使用的 Process-ID 分别是 100 及 200。R2 使用 OSPF 进程 100 与 R1 对接，使用进程 200 与 R3 对接。上述操作将在网络中产生两个 OSPF 域，这两个域是相互隔离、相互独立的，因此每个 OSPF 域里都有自己的骨干区域及其他常规区域。在本书介绍 OSPF 区域的小节中曾经为大家打过一个比方，一个 OSPF 域就相当于一个城市，在这个城市中，可以规划多个行政区，每个城市都可以有自己的中央行政区。在本网络中，R2 就相当于两个城市的分界点。R2 分别为这两个 OSPF 进程独立维护一套 LSDB。

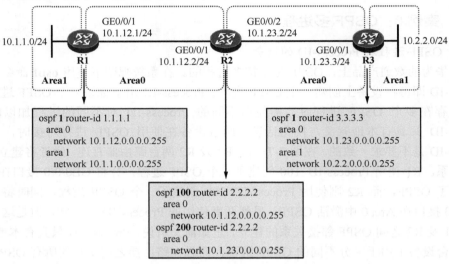

图 3-72　一个关于 OSPF 多进程的简单示例

首先查看一下 R2 的邻居表：

```
<R2>display ospf peer

        OSPF Process 100 with Router ID 2.2.2.2
            Neighbors

 Area 0.0.0.0 interface 10.1.12.2(GigabitEthernet0/0/1)'s neighbors
 Router ID: 1.1.1.1          Address: 10.1.12.1
   State: Full   Mode:Nbr is   Slave   Priority: 1
   DR: 10.1.12.2   BDR: 10.1.12.1   MTU: 0
   Dead timer due in 39   sec
   Retrans timer interval: 5
   Neighbor is up for 00:02:56
   Authentication Sequence: [ 0 ]


        OSPF Process 200 with Router ID 2.2.2.2
            Neighbors

 Area 0.0.0.0 interface 10.1.23.2(GigabitEthernet0/0/2)'s neighbors
 Router ID: 3.3.3.3          Address: 10.1.23.3
   State: Full   Mode:Nbr is   Master   Priority: 1
   DR: 10.1.23.3   BDR: 10.1.23.2   MTU: 0
   Dead timer due in 33   sec
   Retrans timer interval: 5
   Neighbor is up for 00:02:18
   Authentication Sequence: [ 0 ]
```

从以上输出可以看出，R1 及 R3 这两个 OSPF 邻居是分别属于进程 100 和 200 的。

再看一下 R2 的 LSDB：

```
<R2>display ospf lsdb

        OSPF Process 100 with Router ID 2.2.2.2
            Link State Database

            Area: 0.0.0.0
    Type        LinkState ID    AdvRouter       Age     Len     Sequence        Metric
    Router      2.2.2.2         2.2.2.2         262     36      80000004        1
    Router      1.1.1.1         1.1.1.1         266     36      80000005        1
    Network     10.1.12.2       2.2.2.2         262     32      80000002        0
    Sum-Net     10.1.1.0        1.1.1.1         273     28      80000001        0


        OSPF Process 200 with Router ID 2.2.2.2
            Link State Database

            Area: 0.0.0.0
    Type        LinkState ID    AdvRouter       Age     Len     Sequence        Metric
    Router      2.2.2.2         2.2.2.2         227     36      80000004        1
    Router      3.3.3.3         3.3.3.3         218     36      80000005        1
    Network     10.1.23.3       3.3.3.3         218     32      80000002        0
    Sum-Net     10.2.2.0        3.3.3.3         261     28      80000001        0
```

从以上输出可以看到，R2 为这两个进程分别维护着一个 LSDB。

值得注意的是，对于 R2 而言，虽然 OSPF 进程 100 与 OSPF 进程 200 相互隔离，然而这两个 OSPF 进程都能够为 R2 自身贡献路由。换句话说，R2 会基于 OSPF 进程 100 的 LSDB 进行路由计算，并获得到达 10.1.1.0/24 的路由，也会基于 OSPF 进程 200 的 LSDB 进行路由计算，并获得到达 10.2.2.0/24 的路由，然后将这些路由都装载进自己的路由表中。

查看一下 R2 的 OSPF 路由表：

```
<R2>display ospf routing

        OSPF Process 100 with Router ID 2.2.2.2
            Routing Tables

    Routing for Network
    Destination         Cost        Type        NextHop         AdvRouter       Area
    10.1.12.0/24        1           Transit     10.1.12.2       2.2.2.2         0.0.0.0
    10.1.1.0/24         1           Inter-area  10.1.12.1       1.1.1.1         0.0.0.0


    Total Nets: 2
    Intra Area: 1   Inter Area: 1   ASE: 0   NSSA: 0


        OSPF Process 200 with Router ID 2.2.2.2
            Routing Tables

    Routing for Network
    Destination         Cost        Type        NextHop         AdvRouter       Area
    10.1.23.0/24        1           Transit     10.1.23.2       2.2.2.2         0.0.0.0
    10.2.2.0/24         1           Inter-area  10.1.23.3       3.3.3.3         0.0.0.0


    Total Nets: 2
    Intra Area: 1   Inter Area: 1   ASE: 0   NSSA: 0
```

从以上输出可以看出，R2 分别为两个进程维护着一个 OSPF 路由表。虽然如此，但是这两个 OSPF 路由表都可以为 R2 的全局路由表贡献路由。看一下 R2 的路由表：

```
<R2>display ip routing-table protocol ospf
Route Flags: R - relay, D - download to fib
----------------------------------------------------------------
Public routing table : OSPF
        Destinations : 2        Routes : 2

OSPF routing table status : <Active>
        Destinations : 2        Routes : 2

Destination/Mask      Proto    Pre   Cost   Flags   NextHop      Interface

    10.1.1.0/24       OSPF     10    1      D       10.1.12.1    GigabitEthernet0/0/1
    10.2.2.0/24       OSPF     10    1      D       10.1.23.3    GigabitEthernet0/0/2

OSPF routing table status : <Inactive>
        Destinations : 0        Routes : 0
```

R2 已经学习到 10.1.1.0/24 及 10.2.2.0/24 的路由了，当然它自己到达这两个网段是没有任何问题的，毕竟路由都已经完整学习到了，然而 10.1.1.0/24 此时与 10.2.2.0/24 是无法互访的，以 R1 为例，它依然无法获知到达 10.2.2.0/24 的路由。因为 R2 缺省时并不会将 OSPF 进程 200 中的 LSA 注入进程 100，反之亦然。现在如果要求这两个网段能够实现互访，那么该如何操作？对于 R2 而言，它分别为 OSPF 进程 100 及 200 各维护着一张 OSPF 路由表，因此只要在 R2 上、在这两个 OSPF 进程之间相互进行路由重分发即可，即将 OSPF 进程 100 的路由引入进程 200，同时将 OSPF 进程 200 的路由引入进程 100。

首先将 OSPF 进程 200 的路由引入进程 100：

```
[R2]ospf 100
[R2-ospf-100]import-route ospf 200
```

如此一来，R2 便会将已经在 OSPF 进程 200 中激活了 OSPF 的接口的路由 10.1.23.0/24 以及通过进程 200 所学习到的 OSPF 路由 10.2.2.0/24 都引入 OSPF 进程 100 中。实际上，R2 是向进程 100 中注入了描述这两条外部路由的 Type-5 LSA。看看 R1 此时的 LSDB：

```
<R1>display ospf lsdb

        OSPF Process 1 with Router ID 1.1.1.1
            Link State Database

                Area: 0.0.0.0
    Type      LinkState ID    AdvRouter      Age     Len      Sequence      Metric
    Router    2.2.2.2         2.2.2.2        100     36       80000005      1
    Router    1.1.1.1         1.1.1.1        1590    36       80000005      1
    Network   10.1.12.2       2.2.2.2        1588    32       80000002      0
    Sum-Net   10.1.1.0        1.1.1.1        1597    28       80000001      0

                Area: 0.0.0.1
    Type      LinkState ID    AdvRouter      Age     Len      Sequence      Metric
    Router    1.1.1.1         1.1.1.1        1560    36       80000003      0
    Sum-Net   10.1.12.0       1.1.1.1        1649    28       80000001      1
    Sum-Asbr  2.2.2.2         1.1.1.1        99      28       80000001      1
```

		AS External Database				
Type	LinkState ID	AdvRouter	Age	Len	Sequence	Metric
External	**10.1.23.0**	**2.2.2.2**	**100**	**36**	**80000001**	**1**
External	**10.2.2.0**	**2.2.2.2**	**100**	**36**	**80000001**	**1**

已经出现了 Type-5 LSA 及 Type-4 LSA。再看看 R1 的路由表：

```
<R1>display ip routing-table protocol ospf
Route Flags: R - relay, D - download to fib
------------------------------------------------------------------------

Public routing table : OSPF
        Destinations : 2        Routes : 2

OSPF routing table status : <Active>
        Destinations : 2        Routes : 2

Destination/Mask      Proto    Pre    Cost   Flags   NextHop           Interface

     10.1.23.0/24     O_ASE    150    1      D       10.1.12.2         GigabitEthernet0/0/1
     10.2.2.0/24      O_ASE    150    1      D       10.1.12.2         GigabitEthernet0/0/1

OSPF routing table status : <Inactive>
        Destinations : 0        Routes : 0
```

R1 已经计算出了到达 10.1.23.0/24 及 10.2.2.0/24 的路由。

接下来，在 R2 上将 OSPF 进程 100 的路由引入进程 200：

```
[R2]ospf 200
[R2-ospf-200]import-route ospf 100
```

完成上述操作后，R3 即可通过 OSPF 学习到 10.1.1.0/24 及 10.1.12.0/24 路由，而 10.1.1.0/24 与 10.2.2.0/24 即可实现数据互通。

3. 什么时候会使用 OSPF 多进程

一般情况下，在一个网络中只部署一个 OSPF 进程，即整个网络都归属于同一个 OSPF 域。然而在一些场景中，单 OSPF 进程可能无法满足业务需求，此时便需要在网络中规划多个 OSPF 域、在特定设备上部署多 OSPF 进程。

图 3-73 展示了一个大型企业的网络拓扑，P-CO-SW1、P-CO-SW2、P-CO-R1 及 P-CO-R2 是省公司核心网的设备，S-CO-SW1 及 S-CO-SW2 是市公司的设备，P-CO-R1 及 P-CO-R2 还下联着区县站点设备（实际上有多个区县站点，此处只显示了一个）。为了实现市公司与各区县站点的网络互通，我们在市公司、区县站点的所有路由器上都配置了 OSPF 并且进行了多区域的规划。而省公司核心网内也需部署动态路由协议实现路由互通，省公司核心网还需与多个核心业务实现路由对接。

由于整个企业网络规模较大，要想打通全网的路由，使用一个 OSPF 域直接从区县站点往上部署到省公司核心网，已经无法满足当前的网络需求。一来整个 OSPF 域太大，路由数量太多，二来 OSPF 的多区域设计在面对这么大规模、多业务逻辑网络的时候显得还是有些力不从心，三来骨干网及省公司核心网并不希望学习到市公司以及下面的区县站点的路由明细，因此路由汇总势必是要考虑的，加之网络对业务流量的走向往往还有严格的要求，路由策略部署上的考虑也是一个关键性的内容。因此我们为省公司网络规划了另外一个 OSPF 域，在省公司核心网的边界设备 P-CO-R1 及 P-CO-R2 上创建两个 OSPF 进程，进程 100 面向省公司，进程 1 面向下面的市公司及区县站点。两个进程相互独立互不干扰，而 P-CO-R1 及 P-CO-R2 又能够通过这两个进程学习到省公司核心网、市公司及各个区县站点的路由，两个 OSPF 域可以独立规划，每个 OSPF 域内的区域设计变得更加宽松和灵活。

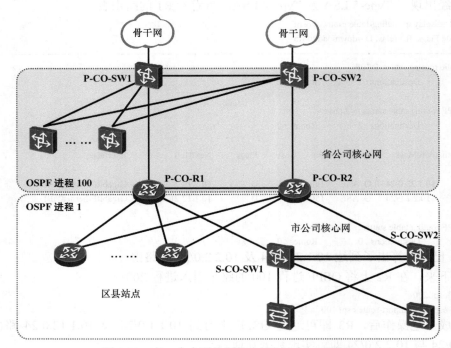

图 3-73   在一个大型的网络中规划 OSPF 多进程

当然，省公司以及市公司、区县站点是需要相互通信的，这时由于省公司的网络属于 OSPF 进程 100，而市公司及区县站点的网络属于 OSPF 进程 1，为了实现数据互通，就需要在 P-CO-R1 及 P-CO-R2 上执行 OSPF 进程之间的路由引入了。一旦把 P-CO-R1 及 P-CO-R2 设计为路由引入执行点，它们就变成了 ASBR，在路由引入的过程中，可以执行路由策略、路由过滤以及路由汇总等操作。当然，在这种场景下部署路由引入，需要格外小心，谨防路由环路等问题。

在一个大型的网络中应用 OSPF 时，采用多进程部署的方式是颇为常见的。下面再看看另一个 OSPF 多进程的例子：

在图 3-74 所示的某企业网络中，存在两个不同的业务：生产及办公，两个业务各有自己的服务器网络，路由器 SC-Router 及 BG-Router 分别与这两个业务的服务器网络对接，前者通过 OSPF 学习到生产服务器网络的路由，后者通过 OSPF 学习到办公服务器的路由。另外，网络中的生产 PC 及办公 PC 通过接入层交换机上联到网关路由器 GW。现在需使生产 PC 能够访问生产服务器网络，而办公 PC 能够访问办公服务器网络，那么首先 GW 就要分别从 SC-Router 及 BG-Router 学习到去往生产服务器及办公服务器网络的路由。另外，SC-Router 也需要从 GW 学习到去往生产 PC 网段的路由，而 BG-Router 需要从 GW 学习到去往办公 PC 网段的路由。为了实现生产与办公路由的隔离，可以在 GW 上创建两个 OSPF 进程——进程 1 及进程 2，在 OSPF 进程 1 中激活连接生产 PC 网段的接口，以及与 SC-Router 连接的接口，另外在 OSPF 进程 2 中激活连接办公 PC 网段的接口，以及与 BG-Router 连接的接口。

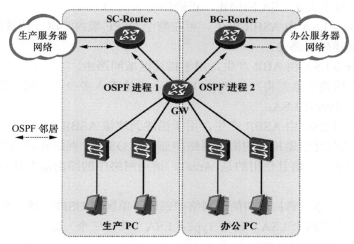

图 3-74　使用多 OSPF 进程为不同的业务服务

这的确是一种好方法，但是虽然 OSPF 进程 1 与 2 是隔离的，然而 GW 的全局路由表中却依然同时拥有到达生产网络及办公网络的路由，即两个业务的路由实际上在 GW 这个点上是打通的——显然不够安全。此时可以引入另一个重要的概念——VRF（Virtual Routing Forwarding，虚拟路由转发），VRF 也被称为 VPN 实例（VPN Instance），您可将其简单地理解为虚拟设备，通过在 GW 上创建 VRF 实例，并且将 OSPF 进程 1 关联到该 VRF 实例中，可以彻底将生产路由与办公路由进行隔离（办公路由及业务运行在根设备上，生产路由及业务运行在 VRF 实例上，两者完全隔离，可以想象成网络中存在两台 GW）。关于 VRF，本书将在 MPLS 相关章节中做深入探讨。

3.5　习题

1．（多选）以下关于 OSPF 的选项，正确的有（　　）

　　A．OSPF 是典型的链路状态路由协议，运行 OSPF 的路由器之间交互 LSA。

　　B．OSPF 的 Router-ID 只需保证区域内唯一即可。

　　C．两台设备使用以太网接口直接相连，当 OSPF 在双方的互联接口上被激活时，该接口的 OSPF 网络类型缺省为 P2P，因为该链路上只有这两台设备。

　　D．Area321 等同于 Area0.0.1.65。

2．（多选）以下关于 DR、BDR 的描述，正确的有（　　）

　　A．OSPF 在 P2MP 类型的接口上也会选举 DR、BDR。

　　B．在一个 MA 网络中，可以只有 DR，而没有 BDR。

　　C．当一个 MA 网络中已经存在 DR 时，如果有一台设备新接入该网络且其接口的 DR 优先级比当前的 DR 更高，那么它依然无法抢占当前 DR 的角色。

D. 在一个 MA 网络中，两台设备的接口如果都是 DRother，那么它们之间的邻居关系将停滞在 2-Way 状态。

3.（多选）以下关于 LSA 的描述，正确的有（　　）

A. Type-5 LSA 由 ASBR 产生，可在整个 OSPF 域内泛洪（特殊区域除外），用于描述外部路由。

B. Type-3 LSA 由 ABR 产生，用于描述区域间路由。

C. 所有的路由器都将产生 Type-1 LSA，无论接入多少个区域，设备都只会产生一个 Type-1 LSA。

D. Type-4 LSA 由 ASBR 产生，用于描述到达该 ASBR 的路径。

4. 一个由几台路由器构成的简单网络中部署了 OSPF，网络管理员在该 OSPF 网络中只规划了一个区域，而且使用的是 Area1，请问网络中的路由器在计算路由时是否会出现问题？

5. 一个由三台路由器构成的简单网络中部署了单区域 OSPF（该区域为 Area0），在该区域中，共计存在四个 LSA，其中 Type-1 LSA（共计三个）如下：

```
Type          : Router
Ls id         : 10.255.1.3
Adv rtr       : 10.255.1.3
Ls age        : 1272
Len           : 60
Options       : E
seq#          : 80000006
chksum        : 0xf760
Link count    : 3
 * Link ID    : 10.255.1.2
   Data       : 10.1.1.6
   Link Type  : P-2-P
   Metric     : 48
 * Link ID    : 10.1.1.4
   Data       : 255.255.255.252
   Link Type  : StubNet
   Metric     : 48
   Priority   : Low
 * Link ID    : 10.8.8.253
   Data       : 10.8.8.252
   Link Type  : TransNet
   Metric     : 1

Type          : Router
Ls id         : 10.255.1.2
Adv rtr       : 10.255.1.2
Ls age        : 1283
Len           : 72
Options       : E
seq#          : 80000005
chksum        : 0x5f3
Link count    : 4
 * Link ID    : 10.255.1.1
   Data       : 10.1.1.2
   Link Type  : P-2-P
```

```
        Metric       : 48
    *  Link ID      : 10.1.1.0
        Data         : 255.255.255.252
        Link Type    : StubNet
        Metric       : 48
        Priority     : Low
    *  Link ID      : 10.255.1.3
        Data         : 10.1.1.5
        Link Type    : P-2-P
        Metric       : 48
    *  Link ID      : 10.1.1.4
        Data         : 255.255.255.252
        Link Type    : StubNet
        Metric       : 48
        Priority     : Low


    Type            : Router
    Ls id           : 10.255.1.1
    Adv rtr         : 10.255.1.1
    Ls age          : 1268
    Len             : 60
    Options         :  E
    seq#            : 80000008
    chksum          : 0x9bc6
    Link count      : 3
    *  Link ID      : 10.255.1.2
        Data         : 10.1.1.1
        Link Type    : P-2-P
        Metric       : 48
    *  Link ID      : 10.1.1.0
        Data         : 255.255.255.252
        Link Type    : StubNet
        Metric       : 48
        Priority     : Low
    *  Link ID      : 10.8.8.253
        Data         : 10.8.8.253
        Link Type    : TransNet
        Metric       : 1
```

另外，网络中的 Type-2 LSA 如下：

```
    Type            : Network
    Ls id           : 10.8.8.253
    Adv rtr         : 10.255.1.1
    Ls age          : 1399
    Len             : 32
    Options         :  E
    seq#            : 80000003
    chksum          : 0xed2c
    Net mask        : 255.255.255.0
    Priority        : Low
    Attached Router      10.255.1.1
    Attached Router      10.255.1.3
```

除此之外，网络中没有其他 LSA，请根据以上信息，绘制出本网络的拓扑图。

第4章
IS-IS

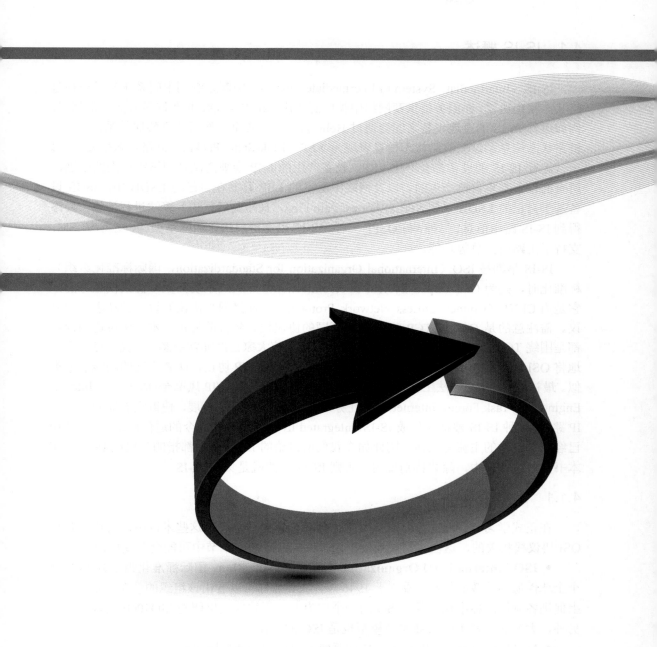

4.1　IS-IS 概述

IS-IS（Intermediate System to Intermediate System，中间系统到中间系统）是一种链路状态路由协议，在服务提供商网络中被广泛应用。IS-IS 与 OSPF 在许多方面非常相似，例如运行 IS-IS 的直连设备之间会通过 Hello 报文发现彼此，然后建立邻居关系，并交互链路状态信息，这些链路状态信息表现为 LSP（Link-State Packet，链路状态报文）。每一台运行 IS-IS 的设备都会产生 LSP，设备产生的 LSP 会被泛洪到网络中适当的范围，所有的设备都将自己产生的、以及网络中泛洪的 LSP 存储在自己的 LSDB 中。IS-IS 设备基于自己的 LSDB 采用 SPF（Shortest Path First，最短路径优先）算法进行计算，最终得到 IS-IS 路由信息。另外，与 OSPF 一样，IS-IS 也支持层次化的网络架构，支持 VLSM，支持手工路由汇总等功能。

IS-IS 早期被 ISO（International Organization for Standardization，国际标准化组织）标准化时，是为 OSI（Open System Interconnection，开放式系统互联）协议栈服务的，它是为 CLNP（ConnectionLess Network Protocol，无连接网络协议）设计的动态路由协议。需注意的是 OSI 与 TCP/IP 是两个不同的协议栈。到目前为止，本书所讨论的内容都是围绕 TCP/IP 协议栈展开的，关于该协议栈相信大家已经非常熟悉了。我们可以简单地将 OSI 协议栈中的 CLNP 理解为 TCP/IP 协议栈中的 IP 协议，两者实现的功能非常类似。最初的 IS-IS 是无法工作在 TCP/IP 环境中的，随着 TCP/IP 风靡全球，IETF（Internet Engineering Task Force，Internet 工程任务组）对 IS-IS 进行了扩展，使得它能够同时支持 IP 路由，这种 IS-IS 被称为集成 IS-IS（Integrated IS-IS）。由于在当今的通信网络中，TCP/IP 已经成了绝对的主流协议栈，因此如今我们所讨论的 IS-IS 几乎都指的是集成 IS-IS。在本书的后续章节中，除非特别说明，否则 IS-IS 指的就是集成 IS-IS。

4.1.1　常用术语

在正式学习 IS-IS 之前，有几个术语需要大家提前熟悉。这些术语中，有许多是与 OSI 协议栈相关的，这些术语被沿用下来，并且在后续的章节中可能会反复出现。

- **ISO（International Organization for Standardization，国际标准化组织）**：这是一个全球性质的非政府组织，成立于 1946 年，从其名称可以看出该组织的使命，即在国际上促进各领域的标准化实现。ISO 的一个广为人们所知的成果便是 ISO9000 质量体系，另外，大家非常熟悉的 OSI 参考模型也是 ISO 的杰作。
- **IS（Intermediate System，中间系统）**：指的是 OSI 中的路由器。
- **IS-IS（Intermediate System to Intermediate System，中间系统到中间系统）**：用于在 IS 之间实现动态路由信息交互的协议。
- **CLNP（Connection-Less Network Protocol，无连接网络协议）**：这是 OSI 的无连接网络协议，它与 TCP/IP 中的 IP 协议的功能类似。
- **LSP（Link-State Packet，链路状态报文）**：这是 IS-IS 用于描述链路状态信息的关键数据，类似 OSPF 的 LSA。IS 将网络中的 LSP 搜集后装载到自己的 LSDB（Link State

Database，链路状态数据库）中，然后基于这些 LSP 进行路由计算。LSP 分为两种：Level-1 LSP 及 Level-2 LSP。

4.1.2　OSI 地址

在 TCP/IP 协议栈中，IP 地址用于标识网络中的设备，从而实现网络层寻址。一台设备如果存在多个接口，那么该设备便可能拥有多个 IP 地址，每个接口均可使用一个独立的 IP 地址；当然，有的时候，在一台设备的某个接口上，可能还会存在多个 IP 地址。

在 OSI 协议栈中，NSAP（Network Service Access Point，网络服务接入点）被视为 CLNP 地址，它是一种用于在 OSI 协议栈中定位资源的地址。IP 地址只用于标识设备，而并不标识该设备的上层协议类型或服务类型，而 NSAP 地址中除了包含用于标识设备的地址信息，还包含用于标识上层协议类型或服务类型的内容，因此从这个层面上看，OSI 中的 NSAP 地址类似于 TCP/IP 中的 IP 地址与 TCP 或 UDP 端口号的组合。

一个 NSAP 地址由 IDP（Initial Domain Part，初始域部分）和 DSP（Domain Specific Part，域指定部分）两部分构成，而 IDP 及 DSP 这两部分又被进一步划分，如图 4-1 所示。在 NSAP 地址中，IDP 和 DSP 都是可变长的，这使得 NSAP 地址的总长度并不固定，最短为 8byte，最长则可以达到 20byte。

图 4-1　NSAP 地址结构

关于 IDP 及 DSP 中各个字段的含义，描述如下：

- **AFI（Authority and Format Identifier，授权组织和格式标识符）**：长度为 1byte，用于标识地址分配机构。另外，该字段值同时也指定了地址的格式。一个在实验室环境中经常被使用到的 AFI 值是 49，该值表示本地管理，也即私有地址空间。

- **IDI（Initial Domain Identifier，初始域标识符）**：该字段用于标识域（Domain），其长度是可变的。

- **DSP 高位部分（High Order DSP）**：也就是 DSP 中的高比特位部分（在二进制数值中，最靠近左边的比特位被视为高位），该字段的长度是可变的，它用于在一个域中进一步划分区域。

- **系统 ID（System Identification）**：用于在一个区域内标识某台设备。在华为路由器上，系统 ID 的长度固定为 6byte，而且通常采用 16 进制格式呈现，例如 0122.a2f1.0031。在网络部署过程中，必须保证域内设备的系统 ID 的唯一性。考虑到在以太网环境中，设备的 MAC 地址具有全局唯一性，而且正好长度也是 6byte，因此使用设备的 MAC 地址作为其系统 ID 也是一个不错的方案。

- **NSEL（NSAP-Selector）**：长度为 1byte，用于标识上层协议类型或服务类型。

在 IS-IS 中，基于路由的目的，NSAP 的 IDP 及 DSP 高位部分加在一起被称为区域地址，如图 4-2 所示，该地址是可变长的，最短为 1byte。对于 IS-IS 而言，区域地址就是区域 ID（Area Identification，区域标识符）。

图 4-2　　NSAP 中的区域地址

在 OSI 协议栈中，还有另外一种非常重要的地址，它就是 NET（Network Entity Title，网络实体名称），NET 用于在网络层标识一台设备，可以简单地看作 NSEL 为 0x00 的 NSAP。由于 NSEL 为 0x00，因此 NET 不标识任何上层协议（或服务）类型，只用于标识该设备本身。即使在纯 TCP/IP 环境中部署 IS-IS，我们也必须为每一台准备运行 IS-IS 的设备分配 NET，否则 IS-IS 将无法正常工作。一旦网络管理员为一台设备指定了 NET，该设备便可以从 NET 中解析出区域 ID，以及设备的系统 ID。通常情况下，我们只会为设备的一个 IS-IS 进程指定一个 NET，当然，在一些特殊场景中，我们也可能会为一个 IS-IS 进程指定多个 NET，此时这些 NET 中的系统 ID 必须相同。在 IS-IS 中，系统 ID 相当于 OSPF 中的 Router-ID。

说明

　　华为路由器支持多 IS-IS 进程，每个 IS-IS 进程使用本地唯一的 Process-ID 进行标识，这点与 OSPF 非常类似。

在 NET 中，区域 ID 的长度是可变的，因此 NET 的长度并不固定。那么，既然 NET 是可变长的，设备该如何从中识别出区域 ID 及系统 ID 呢？以 49.0001.4f3c.23ab.0001.00 这个 NET 为例，图 4-3 展示了它的结构。NET 的最后一个字节为 NSEL，它对应的值必须为 0x00，与 NSEL 相邻的 6 个字节为系统 ID，而其余的部分便是区域 ID，处于同一个区域的两台 IS-IS 设备，其 NET 中的区域 ID 必须相同，而系统 ID 则必须不同。

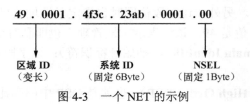

图 4-3　　一个 NET 的示例

在华为路由器上，创建一个 IS-IS 进程并为该进程分配 NET 的配置如下：

```
[Router]isis 1
[Router-isis-1]network-entity 49.ac21.32a1.00e0.fc43.f212.00
```

在以上配置中，**isis** 命令用于创建 IS-IS 进程并进入该进程的配置视图，**isis** 命令中可指定该进程的 Process-ID，本例中所创建的 IS-IS 进程的 Process-ID 为 1。如果使用 **isis** 命令创建 IS-IS 进程时未指定 Process-ID，则系统会自动为该进程分配一个缺省值作为 Process-ID。另外，在 IS-IS 进程的配置视图中，**network-entity** 命令用于为该进程分配 NET，在本例中我们为该进程分配的 NET 为 49.ac21.32a1.00e0.fc43.f212.00，其中设备的系统 ID 为 00e0.fc43.f212，该值实际上是取自该设备某个以太网接口的 MAC 地址；另外设备所属区域的区域 ID 为 49.ac21.32a1。从以上描述可以看出，在华为路由器上部署 IS-IS 并为设备分配 NET 时，基本上只需关注区域 ID 及系统 ID 这两个信息。

4.2　IS-IS 的基本概念

4.2.1　IS-IS 的层次化设计

在学习 OSPF 的过程中，相信大家已经体会到了多区域、层次化网络设计的好处。对于链路状态路由协议而言，运行了该协议的设备会向网络中通告链路状态信息，同时也收集网络中所泛洪的链路状态信息然后加以储存，并最终以这些信息为基础进行计算，从而得到路由信息。如果不采用多区域的部署方式，那么随着网络的规模逐渐增大，网络中所泛洪的链路状态信息势必会越来越多，所有的设备都将承受更重的负担，路由计算及收敛将逐渐变得更加缓慢，这也使得网络的可扩展性变差。

IS-IS 能够部署在规模非常大的运营商骨干网络中，这得益于它对层次化网络的支持。我们能够根据需要将一个 IS-IS 域（Domain）切割成多个区域，然后使用骨干路由器将这些区域连接起来。简单地说，IS-IS 采用两级分层结构：骨干网络及常规区域。

如图 4-4 所示，R1 及 R5 处于 Area 49.0001，R2 及 R6 处于 Area 49.0002，R3 处于 Area 49.0003，R4 则处于 Area 49.0004。IS-IS 的区域 ID 与 OSPF 是截然不同的。对于 IS-IS 来说，其骨干网络并不像 OSPF 那样是一个唯一的、具体的区域（Area0），而是由一系列连续的 Level-2 及 Level-1-2 路由器所构成的范围。在本例中，R1、R2、R3 及 R4 便构成了该 IS-IS 域的骨干网络。关于 Level-1、Level-1-2 及 Level-2 路由器的概念将在 4.2.2 节中介绍。

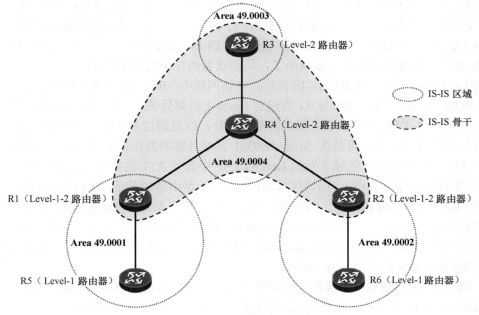

图 4-4　IS-IS 的骨干及区域

我们将连续的 Level-1（含 Level-1-2）路由器构成的区域称为 Level-1 区域，例如

图 4-4 中的 Area 49.0001 和 Area 49.0002；而 Area 49.0003 及 Area 49.0004 则为 Level-2 区域，一个 Level-2 区域由连续的、同属一个区域的 Level-2（含 Level-1-2）路由器构成。

在 OSPF 中，直连的设备之间如果要建立邻居关系，那么双方互联的接口必须在相同的区域中，两个直连接口如果不在相同的区域中激活 OSPF，那么邻居关系是无法建立的，而 IS-IS 则有所不同。IS-IS 的区域设定是体现在设备上的，当我们在一台设备上配置 IS-IS 时，就需要指定该设备所属的区域（区域 ID 在为该设备所分配的 NET 中体现，一个设备可以同时属于多个区域），值得注意的是，完成上述配置后，设备的所有接口都属于该区域。在本例中，R1 及 R5 同属一个区域，它们之间建立 Level-1 的 IS-IS 邻居关系，而 R3 及 R4 属于不同的区域，它们都是 Level-2 路由器，因此它们之间建立 Level-2 的邻居关系。

对于 OSPF 来说，两个区域的交界是出现在 OSPF 设备上的。例如一台拥有两个接口的路由器，如果分别将这两个接口在不同的 OSPF 区域（例如 Area0 及 Area1）中激活，那么该路由器就处于 Area0 及 Area1 的交界处。而对于 IS-IS 而言，两个区域的交界处却并不在设备上，而是在链路上，例如图 4-4 中 Area 49.0001 与 Area 49.0004 的交界处是在 R1 与 R4 之间的互联链路上。

需要强调的是，IS-IS 的每个 Level-1 区域必须与骨干网络直接相连，以 Area 49.0001 为例，该区域通过 Level-1-2 路由器 R1 连接到了骨干网络。IS-IS 的 Level-1 区域与 OSPF 中的 Totally NSSA 非常类似。Level-1-2 路由器作为 Level-1 区域与骨干网络之间的桥梁，将其通过 Level-1 区域内泛洪的 Level-1 LSP 计算得出的路由以 Level-2 LSP 的形式通告给骨干网络，使得骨干网络中的路由器能够计算出到达该区域内相应网段的路由。另一方面，缺省情况下 Level-1-2 路由器并不会将其从骨干网络学习到的路由，包括到达其他区域的路由向本地 Level-1 区域进行通告，就像 OSPF 不会向某个 Totally NSSA 下发描述区域间路由的 Type-3 LSA 一样。因此一个区域内的 Level-1 路由器仅知晓到达本区域内各个网段的路由，而对于区域外的网络，它是一无所知的，它只能通过指向本区域的 Level-1-2 路由器的默认路由来到达区域外部。IS-IS 的这个设计使得 Level-1 路由器的 LSDB 及路由表规模极大程度地减小了，从而设备的性能得到了优化。

图 4-5 展示了一个典型的 IS-IS 网络。在该网络中，R1、R2 及 R3 属于 Level-1 区域 Area 49.0001，R2 与 R1、R3 与 R1 均建立 Level-1 的邻居关系。R1 能够根据本区域内所泛洪的 Level-1 LSP 计算出本区域内的网络拓扑，以及到达本区域内各网段的路由。而缺省时，R2 及 R3 不会将到达 Area 49.0001 区域外部的路由信息注入到该区域中，R2 及 R3 都在其向 49.0001 区域下发的 Level-1 LSP 中设置 ATT 比特位（关于该比特位，本书将在后续的小节中介绍），而该区域内的 Level-1 路由器则基于该 Level-1 LSP 产生一条指向 R2 及 R3 的默认路由。因此 R1 不会学习到去往 Area 49.0002 的路由，但是它可以通过指向 R2 及 R3 的默认路由来到达 Area 49.0002 内的各个网段。与此同时，R1、R2 及 R3 是允许将外部路由引入 IS-IS 的。因此从以上所描述的特性来看，IS-IS 的常规区域的确很像 OSPF 的 Totally NSSA。

当然，在某些场景中，我们可能期望 Level-1 区域内的路由器获知到达其他区域的具体路由，IS-IS 考虑到了这种需求，它允许网络管理员通过特定的配置，向 Level-1 区域注入到达其他区域的路由，这个特性被称为路由渗透，本书将在"路由渗透"一节中介绍这个概念。

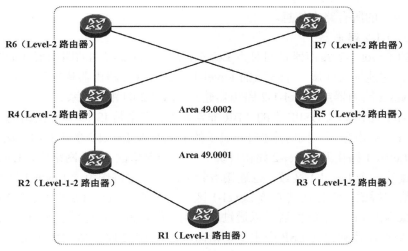

图 4-5　IS-IS 的区域

4.2.2　IS-IS 路由器的分类

运行了 IS-IS 的路由器，根据其全局 Level（级别）属性的不同，可以分为两种类型，分别是 Level-1 及 Level-2。一台 IS-IS 的路由器可以是 Level-1 类型，或者是 Level-2 类型，还可以同时是 Level-1 和 Level-2 类型，对于同时为 Level-1 和 Level-2 类型的 IS-IS 路由器，我们将其称为 Level-1-2 路由器，实际上这并不是一种单独的 IS-IS 路由器类型。

说明

不仅仅路由器能够支持 IS-IS，许多交换机、防火墙等产品也支持 IS-IS，因此路由器在这里仅是一个代表

1. Level-1 路由器

Level-1 路由器（如图 4-5 中的 R1）是一种 IS-IS 区域内部路由器，它只能够与同属一个区域的其他 Level-1 路由器，或者同属一个区域的 Level-1-2 路由器建立 IS-IS 邻居关系，我们将这种邻居关系称为 Level-1 邻居关系。Level-1 路由器无法与 Level-2 路由器建立邻居关系。

Level-1 路由器只维护 Level-1 的 LSDB，它能够根据 LSDB 中所包含的链路状态信息计算出区域内的网络拓扑及到达区域内各网段的最优路由。值得一提的是，Level-1 路由器必须通过 Level-1-2 路由器接入 IS-IS 骨干网络从而访问其他区域。

2. Level-2 路由器

Level-2 路由器（如图 4-5 中的 R4、R5、R6 及 R7）可以简单地视为 IS-IS 骨干网络路由器，实际上 IS-IS 的骨干网络是由一系列连续的 Level-2 路由器（及 Level-1-2 路由器）组成的。

Level-2 路由器只能与 Level-1-2 或 Level-2 路由器建立 IS-IS 邻居关系，我们将这种邻居关系称为 Level-2 邻居关系。Level-2 路由器只维护 Level-2 的 LSDB。在一个典型的 IS-IS 网络中，Level-2 路由器通常拥有整个 IS-IS 域（包括该域内所有的 Level-1 区域及

Level-2 区域）的所有路由信息。

3．Level-1-2 路由器

所谓的 Level-1-2 路由器是同时为 Level-1 及 Level-2 级别的路由器（如图 4-5 中的 R2 及 R3），它能够与同属一个区域的 Level-1、Level-1-2 路由器建立 Level-1 邻居关系，也可与 Level-2 路由器或 Level-1-2 路由器建立 Level-2 的邻居关系。

Level-1-2 路由器与 OSPF 中的 ABR 非常相似，它也是 IS-IS 骨干网络的一个组成部分。Level-1-2 路由器可以同时维护 Level-1 的 LSDB 及 Level-2 的 LSDB，这两个 LSDB 分别用于 Level-1 路由及 Level-2 路由计算。在一个典型的 IS-IS 网络中，Level-1-2 路由器通常连接着一个 Level-1 区域，也连接着骨干网络，它将作为该 Level-1 区域与其他区域实现通信的桥梁，它将在其向该 Level-1 区域下发的 Level-1 LSP 中设置 ATT 比特位，来告知区域内的 Level-1 路由器可以通过自己到达区域外部，而区域内的 Level-1 路由器则根据该 ATT 比特置位的 LSP 产生一条指向该 Level-1-2 路由器的默认路由。

在华为的路由器上配置 IS-IS 时，缺省时，路由器的全局 Level 为 Level-1-2，当然，可以通过命令修改该设备的类型。

4.2.3　度量值

IS-IS 使用 Cost（开销）作为路由度量值，所谓开销，亦可理解为成本或者代价，Cost 值越小，则路径（路由）越优。IS-IS 路由的 Cost 与设备的接口有关，与 OSPF 类似，每一个激活了 IS-IS 的接口都会维护接口 Cost。然而与 OSPF 不同的是，IS-IS 接口的 Cost 在缺省情况下并不与接口的带宽相关，无论该接口的带宽如何，缺省时其 Cost 值均为 10，当然，您可以根据实际需要修改接口的 Cost 值。这种接口 Cost 的设计显然在某些场景下会存在一些问题，例如可能会导致设备选择 Cost 更优的低带宽路径，而不是选择 Cost 更劣的高带宽路径。

一条 IS-IS 路由的 Cost 等于本路由器到目标网段沿途的所有出接口的 Cost 总和。在图 4-6 所示的网络中，如果全网运行了 IS-IS，则 R1 将通过 IS-IS 获知到达 3.3.3.0/24 的路由，而在 R1 的路由表中，3.3.3.0/24 路由的 Cost 值为 30，也就是 R3 的 GE0/0/0 接口 Cost 加上 R1 及 R2 的 GE0/0/0 接口 Cost。

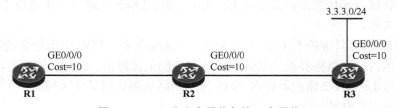

图 4-6　IS-IS 路由度量值与接口度量值

> **说明**
>
> 　　其实 IS-IS 定义了四种类型的度量值：缺省（Default）度量值、时延（Delay）度量值、开销（Expense）度量值以及差错（Error）度量值，其中时延、开销及差错度量值在现今的 IS-IS 实现中几乎都不再支持，本书讨论的度量值指的是缺省度量值，该种类型的度量值是每一台 IS-IS 设备都必须支持的。

　　缺省时，华为路由器使用的 IS-IS Cost 类型为 Narrow（窄），当使用该类 Cost 时，IS-IS 接口 Cost 的长度为 6bit，这意味着一个接口所支持的 Cost 值范围是 1～63。另外，IS-IS 路由 Cost 的长度为 10bit，这意味着接收到的路由最大的 Cost 值为 1023。显然，在面对大规模的网络时，这种 Cost 的限制会成为 IS-IS 的瓶颈。正因如此，IS-IS 引入了 Wide（宽）类型的 Cost，当 IS-IS 使用 Wide 类型的 Cost 时，接口 Cost 变成了 24bit，这使得设备的接口支持更大的 Cost 值范围，与此同时一条路由的 Cost 值范围也有了相当大的扩展。IS-IS 在 Cost 值上的扩展，使得它突破了前面所提到的瓶颈，从而能够支持更大规模的网络，而且在组网时，基于 Cost 的路由控制也变得更加灵活。

　　使用如下命令，可以将 IS-IS 的 Cost 类型修改为 Wide：

```
[Quidway]isis 1
[Quidway-isis-1]cost-style wide
```

　　缺省时，华为路由器使用的 IS-IS Cost 类型为 Narrow，这意味着路由器只能接收和发送 Cost 类型为 Narrow 的路由，使用 **cost-style wide** 命令将设备的 Cost 类型修改为 Wide 后，该设备只能接收和发送 Cost 类型为 Wide 的路由。在现实网络中，需确保 IS-IS 域内所有的路由器配置一致的 IS-IS Cost 类型。在华为路由器上，除了能将 IS-IS Cost 类型指定为 Narrow 或 Wide，还能将其指定为特定的兼容模式，关于这些兼容模式的介绍已经超出了本书的范围。

　　正如上文所说，在华为的路由器上部署 IS-IS 时，缺省状态下 IS-IS Cost 类型为 Narrow，并且接口的缺省 Cost 值为 10，无论接口的带宽是多少，其 Cost 值缺省均为 10，这在某些场景下可能会导致 IS-IS 的路由优选不尽如人意。其中一个简单的改进方法是，根据组网的实际需求去手工修改设备的接口 Cost。另一个可选的方法则是使用 IS-IS 自动计算接口 Cost 的功能。这个功能被激活后，设备将自动根据接口的带宽值进行该接口 Cost 值的计算，这与 OSPF 的接口度量值计算就非常相似了，设备将使用一个参考带宽值（缺省 100Mbps，可以在 IS-IS 配置视图下使用 **bandwidth-reference** 命令修改）除以接口的带宽值，再将所得结果乘以 10，得到接口的 Cost 值。例如千兆以太网接口缺省的带宽值为 1000Mbps，100/1000×10 得到的结果是 1，因此千兆以太网接口在激活 IS-IS 自动计算 Cost 值的功能后，Cost 值为 1。值得一提的是，只有当设备的 IS-IS Cost 类型指定为 Wide 或 Wide-compatible（宽度量兼容模式）时，上述计算才会发生，如果设备的 IS-IS Cost 类型为 Narrow、Narrow-compatible 或 Compatible，则激活了自动接口 Cost 计算功能后，设备将采用如表 4-1 所示的对应关系为接口设置缺省 Cost 值。在设备的 IS-IS 视图下，执行 **auto-cost enable** 命令，可激活自动计算接口 Cost 的功能。缺省时该功能未被激活。

表 4-1　　　　　　　　　　　　设备接口带宽与 **IS-IS** 度量值的对应关系

接口带宽范围	Cost 值
接口带宽≤10Mbit/s	60
10Mbit/s＜接口带宽≤100Mbit/s	50
100Mbit/s＜接口带宽≤155Mbit/s	40
155Mbit/s＜接口带宽≤622Mbit/s	30
622Mbit/s＜接口带宽≤2.5Gbit/s	20
2.5Gbit/s＜接口带宽	10

如需手工指定设备的接口 Cost 值，可在接口视图下使用 **isis cost** 命令，例如使用 **isis cost 20**，可将接口的 Cost 值从缺省值修改为 20。需注意的是该命令中有两个可选关键字，它们分别是 **level-1** 及 **level-2**，如果在 **isis cost** 命令中使用了 **level-1** 关键字，那么该命令配置的是接口的 Level-1 Cost 值，例如 **isis cost 20 level-1**。同理，如果在 **isis cost** 命令中使用了 **level-2** 关键字，那么该命令配置的是接口的 Level-2 Cost 值。而如果没有使用 **level-1** 或 **level-2** 关键字，那么该命令配置的是接口的 Level-1 及 Level-2 Cost 值。

4.2.4　IS-IS 的三张表

与 OSPF 非常类似，IS-IS 也维护着三张非常重要的数据表，它们分别是。

1. 邻居表

两台相邻的 IS-IS 设备首先必须建立邻居关系，然后才能够开始交互 LSP。IS-IS 设备将直连链路上发现的邻居加载到自己的邻居表中。在华为的路由器上，使用 **display isis peer** 命令可查看设备的 IS-IS 邻居表，在邻居表中，大家能看到邻居的系统 ID、状态、保活时间及类型等信息。

以图 4-7 为例，如果在 R2 上执行该条命令，可以看到如下输出：

```
<R2>display isis peer

                      Peer information for ISIS(1)

  System Id      Interface      Circuit Id        State  HoldTime  Type  PRI
  ------------------------------------------------------------------------------
  0000.0000.0001 GE0/0/0        0000.0000.0001.01 Up     8s        L1    64
  0000.0000.0003 GE0/0/1        0000.0000.0003.01 Up     23s       L2    64
```

从上述输出可以看到，R2 已经发现了两个邻居，它在接口 GE0/0/0 上发现了邻居 R1（系统 ID 为 0000.0000.0001），该邻居状态为 UP，保持时间还剩余 8 秒，而且该邻居的类型为 Level-1（Type 列），其接口 DIS 优先级为 64（PRI 列）；另外，R2 还在其接口 GE0/0/1 上发现了邻居 R3，并且该邻居的类型为 Level-2、接口 DIS 优先级为 64。

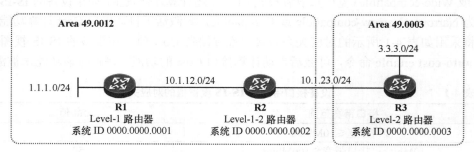

图 4-7　IS-IS 的三张表

2. LSDB（Link-State Database，链路状态数据库）

两台直连的 IS-IS 设备只有建立了邻居关系，才能够开始交互 LSP。IS-IS 设备将自己产生的、以及网络中所泛洪的 LSP 收集后存储在自己的 LSDB 中。与 OSPF 类似，

IS-IS 也使用 LSDB 存储链路状态信息，这些信息将被用于网络拓扑绘制及路由计算。

在华为路由器上，使用 **display isis lsdb** 命令可查看设备的 IS-IS LSDB。以 R1 为例：

```
<R1>display isis lsdb

                        Database information for ISIS(1)
                        -------------------------------

                        Level-1 Link State Database

LSPID                   Seq Num        Checksum   Holdtime   Length   ATT/P/OL
-------------------------------------------------------------------------------
0000.0000.0001.00-00*   0x00000009     0x133      1191       86       0/0/0
0000.0000.0001.01-00*   0x00000003     0xb1d9     1191       55       0/0/0
0000.0000.0002.00-00    0x0000000b     0xcd19     1170       86       1/0/0

Total LSP(s): 3
        *(In TLV)-Leaking Route, *(By LSPID)-Self LSP, +-Self LSP(Extended),
        ATT-Attached, P-Partition, OL-Overload
```

因为 R1 是一台 Level-1 路由器，所以它只维护 Level-1 LSDB，从以上输出可以看出，在 R1 的 Level-1 LSDB 中存在三个 LSP。

每个 LSP 都采用 LSP ID（Link-State Packet ID，链路状态报文标识）进行标识，LSP ID 由三部分组成：

- **6byte 的系统 ID**：产生该 LSP 的 IS-IS 路由器的系统 ID。
- **1byte 的伪节点 ID**：该字段的值存在 0 及非 0 两种情况。对于普通的 LSP，该字段的值总是 0；对于伪节点 LSP，DIS（Designated Intermediate System，指定中间系统）负责为该字段分配一个非 0 的值。关于 DIS 及伪节点的概念将在后续的章节中详细介绍。
- **1byte 的分片号**：如果一个 LSP 过大，导致始发设备需要对其进行分片，那么该设备通过为每个 LSP 分片设置不同的分片号来对它们进行标识及区分。同一个 LSP 的不同分片必须拥有相同的系统 ID 及伪节点 ID。

以 R1 产生的 LSP ID 为"0000.0000.0001.00-00"的 LSP 为例，图 4-8 将该 LSP ID 的三个组成部分描述了出来。

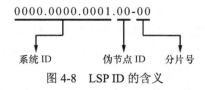

图 4-8　LSP ID 的含义

需要注意的是，在 R1 的 LSDB 中，有两个 LSP 在 LSP ID 后面设置了星号"*"，这个星号表示该 LSP 是本设备产生的，这两个 LSP 分别是 0000.0000.0001.00-00 及 0000.0000.0001.01-00，其中前者是 R1 产生的普通 LSP，而后者则是由该 LAN 中的 DIS 产生的伪节点 LSP。在伪节点 LSP 的 LSP ID 中，伪节点 ID 是一个非 0 的值，而对于普通 LSP（非伪节点 LSP），其 LSP ID 中的伪节点 ID 则必须为 0。由于 R1 被选举为 DIS，因此它负责产生伪节点 LSP。

LSDB 中 Seq Num 一列显示的是 LSP 的序列号，在 IS-IS 中，LSP 序列号的概念与 OSPF 中 LSA 序列号的概念非常类似，都可以用来表示一个 LSP 的新旧。

细心的读者可能已经发现，在 R1 的 LSDB 中，并没有 R3 所产生的 LSP，这是因为 R2 作为该 Level-1 区域的 Level-1-2 路由器，发挥着类似区域边界路由器的作用，它不会将其他区域的 LSP 泛洪到本地 Level-1 区域中。

由于 R2 是一台 Level-1-2 路由器，因此它会同时维护 Level-1 LSDB 及 Level-2 LSDB：

```
<R2>display isis lsdb

                        Database information for ISIS(1)
                        -------------------------------

                    Level-1 Link State Database

LSPID                    Seq Num         Checksum    Holdtime    Length    ATT/P/OL
-----------------------------------------------------------------------------------
0000.0000.0001.00-00     0x0000000a      0xfe34      356         86        0/0/0
0000.0000.0001.01-00     0x00000004      0xafda      356         55        0/0/0
0000.0000.0002.00-00*    0x0000000d      0xc91b      413         86        1/0/0

Total LSP(s): 3
        *(In TLV)-Leaking Route, *(By LSPID)-Self LSP, +-Self LSP(Extended),
        ATT-Attached, P-Partition, OL-Overload



                    Level-2 Link State Database

LSPID                    Seq Num         Checksum    Holdtime    Length    ATT/P/OL
-----------------------------------------------------------------------------------
0000.0000.0002.00-00*    0x00000011      0x83a       413         98        0/0/0
0000.0000.0003.00-00     0x00000008      0x3c5       402         70        0/0/0
0000.0000.0003.01-00     0x00000004      0xc3c0      402         55        0/0/0

Total LSP(s): 3
        *(In TLV)-Leaking Route, *(By LSPID)-Self LSP, +-Self LSP(Extended),
        ATT-Attached, P-Partition, OL-Overload
```

3. IS-IS 路由表

每台 IS-IS 设备都会基于自己的 LSDB 运行相应的算法，最终计算出最优路由。IS-IS 计算出的路由存放于 IS-IS 路由表中，在华为路由器上使用 **display isis route** 命令可以查看设备的 IS-IS 路由表。IS-IS 路由表中的路由未必最终一定被加载到设备的全局路由表中，这还取决于路由优先级等因素。

以图 4-7 为例，在 R1 上执行 **display isis route** 命令可看到如下输出：

```
<R1>display isis route

                        Route information for ISIS(1)
                        ----------------------------


                    ISIS(1) Level-1 Forwarding Table
                    --------------------------------
```

IPV4 Destination	IntCost	ExtCost	ExitInterface	NextHop	Flags
0.0.0.0/0	10	NULL	GE0/0/0	10.1.12.2	A/-/-/-
10.1.23.0/24	20	NULL	GE0/0/0	10.1.12.2	A/-/-/-
10.1.12.0/24	10	NULL	GE0/0/0	Direct	D/-/L/-
1.1.1.0/24	10	NULL	GE0/0/1	Direct	D/-/L/-

Flags: D-Direct, A-Added to URT, L-Advertised in LSPs, S-IGP Shortcut,
U-Up/Down Bit Set

由于 R1 是一台 Level-1 路由器，因此我们只能在其 IS-IS 路由表中观察到 Level-1
路由。

R2 的 IS-IS 路由表如下：

```
<R2>display isis route
```

Route information for ISIS(1)

ISIS(1) Level-1 Forwarding Table

IPV4 Destination	IntCost	ExtCost	ExitInterface	NextHop	Flags
10.1.23.0/24	10	NULL	GE0/0/1	Direct	D/-/L/-
10.1.12.0/24	10	NULL	GE0/0/0	Direct	D/-/L/-
1.1.1.0/24	20	NULL	GE0/0/0	10.1.12.1	A/-/L/-

Flags: D-Direct, A-Added to URT, L-Advertised in LSPs, S-IGP Shortcut,
U-Up/Down Bit Set

ISIS(1) Level-2 Forwarding Table

IPV4 Destination	IntCost	ExtCost	ExitInterface	NextHop	Flags
10.1.23.0/24	10	NULL	GE0/0/1	Direct	D/-/L/-
3.3.3.0/24	10	NULL	GE0/0/1	10.1.23.3	A/-/-/-
10.1.12.0/24	10	NULL	GE0/0/0	Direct	D/-/L/-

Flags: D-Direct, A-Added to URT, L-Advertised in LSPs, S-IGP Shortcut,
U-Up/Down Bit Set

除了通告到 IS-IS 的本地直连路由，R2 还通过 IS-IS 学习到了 Level-1 路由 1.1.1.0/24，
以及 Level-2 路由 3.3.3.0/24。R2 是一台 Level-1-2 路由器，因此它分别使用 Level-1 及
Level-2 路由表存储不同类型的 IS-IS 路由。

从以上的描述可以看出，IS-IS 将路由分为 Level-1 路由及 Level-2 路由。其中 Level-1
路由是设备根据 Level-1 LSDB 计算出的路由，而 Level-2 路由则是根据 Level-2 LSDB 计
算出的路由。当一台 IS-IS 设备发现了一条到达某个目的网段的 Level-1 路由，又发现了
到达相同目的网段的 Level-2 路由时，Level-1 路由将会被优选，即使其 Cost 劣于 Level-2
路由。

接下来再看 R2 的全局路由表，大家也能直观地看到 IS-IS 路由的类型：

```
<R2>display ip routing-table protocol isis
Route Flags: R - relay, D - download to fib
```

```
--------------------------------------------------------------------------------
Public routing table : ISIS
        Destinations : 2           Routes : 2

ISIS routing table status : <Active>
        Destinations : 2           Routes : 2

Destination/Mask      Proto     Pre  Cost   Flags    NextHop        Interface

         1.1.1.0/24   ISIS-L1   15   20     D        10.1.12.1      GigabitEthernet0/0/0
         3.3.3.0/24   ISIS-L2   15   10     D        10.1.23.3      GigabitEthernet0/0/1

ISIS routing table status : <Inactive>
        Destinations : 0           Routes : 0
```

4.2.5　协议报文

与 OSPF 报文采用 IP 封装不同，IS-IS 的协议报文直接采用数据链路层封装，所以 IS-IS 相比于 OSPF 少了 IP 层的封装，从这个层面上看，相比之下 IS-IS 报文的封装效率更高。在以太网环境中，IS-IS 报文载荷直接封装在以太网数据帧中。IS-IS 使用了以下几种 PDU（Protocol Data Unit，协议数据单元）。

1．IIH（IS-IS Hello）

IIH PDU 用于建立及维护 IS-IS 的邻居关系。在 IS-IS 中存在三种 IIH PDU：Level-1 LAN IIH、Level-2 LAN IIH 及 P2P IIH。其中 Level-1 LAN IIH 及 Level-2 LAN IIH 用于 Broadcast 类型的网络中，如果网络设备为 Level-1 设备，则它在 Broadcast 类型的接口上发送及侦听 Level-1 LAN IIH；如果网络设备为 Level-2 设备，则它在 Broadcast 类型的接口上发送及侦听 Level-2 LAN IIH；如果网络设备为 Level-1-2 设备，在缺省时，它在 Broadcast 类型的接口上发送及侦听这两种类型的 LAN IIH。P2P IIH 用于 P2P 类型的网络中。

关于 IS-IS 的网络类型，将在下一个小节中介绍。

2．LSP（Link-State Packet）

IS-IS 使用 LSP 承载链路状态信息。LSP 类似 OSPF 中的 LSA，只不过后者并非以独立报文的形式存在，必须使用 LSU 报文来承载，而 LSP 是一种独立的 PDU。

LSP 存在 Level-1 LSP 及 Level-2 LSP 之分，具体发送哪一种 LSP 视 IS-IS 邻居关系的类型而定。例如 A 与 B 建立了 Level-1 邻居关系，那么双方将交互 Level-1 LSP，而如果 A 与 B 同为 Level-1-2 路由器，并且建立了 Level-1 及 Level-2 两种邻居关系，则 Level-1 LSP 及 Level-2 LSP 均会在两者之间交互。

3．CSNP（Complete Sequence Number PDU，完全序列号报文）

CSNP 存在 Level-1 CSNP 与 Level-2 CSNP 之分，不同的 IS-IS 邻居关系交互不同类型的 CSNP。一个 IS-IS 设备发送的 CSNP 包含该设备 LSDB 中所有的 LSP 摘要。CSNP 主要用于确保 LSDB 的同步，在这个层面上看，CSNP 与 OSPF 的 DBD 报文的功能相似。

正如上文所说，CSNP 中包含始发设备的 LSDB 中所有 LSP 的摘要信息，一条 LSP 的摘要信息包括该 LSP 的 LSP ID、序列号、剩余生存时间以及校验和，这四个信息是 LSP 头部当中的关键元素。CSNP 使用 LSP 条目 TLV 来承载这些 LSP 摘要信息。关于 TLV 的概念，我们将在本节的后续内容中介绍。

4．PSNP（Partial Sequence Number PDU，部分序列号报文）

PSNP 存在 Level-1 PSNP 与 Level-2 PSNP 之分，与 CSNP 不同，PSNP 中只包含部分 LSP 的摘要信息（而不是全部）。PSNP 主要用于请求 LSP 更新。另外，PSNP 还用于在 P2P 网络中对收到的 LSP 进行确认（注：关于 IS-IS 的网络类型，将在后续的小节中介绍），因此从这个层面看，PSNP 实现了 OSPF 中的 LSR 及 LSAck 报文的功能。

关于 IS-IS PDU 报文结构的详细介绍超出了本书的范围，读者朋友们如果有兴趣，可以查阅相关标准文档。简单地说，IS-IS PDU 的报文结构主要包含 3 个部分：通用的头部、PDU 特有的头部以及可变长部分。其中通用的头部指的是所有 IS-IS PDU 都拥有的、相同格式的头部。除了这个头部之外，每种 PDU 还有自己特有的头部。另外，PDU 中的可变长部分包含该 PDU 中非常关键的内容，IS-IS 采用三元组的格式存储这些内容。实际上，IS-IS 之所以拥有如此高的可扩展性正是得益于这部分功能模块的设计。

设想一下，如果您希望在一个报文中携带一些关键信息，而且这些关键信息的内容及内容长度都各不相同的，此外，随着业务的发展，信息的类型也在不断变化，那么能否设计一种具有高可扩展性的方法，使得报文主体不做改变的情况下依然能够适应新的业务需求，依然能够承载新的关键信息？TLV（Type-Length-Value，类型—长度—值）的设计完美地解决了这个问题。所谓 TLV，顾名思义，就是类型、长度以及值的三元组，例如（颜色，两个字，黑色）便是一个典型的 TLV 的实例。

在 IS-IS 中，TLV 中的每个元素的描述如下。

● **类型（Type）**：该字段的长度为 1byte，它标识了这个 TLV 的类型，IS-IS 定义了丰富的 TLV 类型，不同的 TLV 类型用于携带不同的信息。

● **长度（Length）**：该字段的长度为 1byte，它存储的数据用于指示后面的第三元（值）的长度。由于不同的 TLV 类型所描述的信息不同，因此信息的长短可能也有所不同，本字段指示了该 TLV 中值的长度。

● **值（Value）**：该字段的长度是可变的，所占用的字节数在长度字段中描述。本字段的值就是该 TLV 所携带的有效内容。

在某些资料中，TLV 也被称为 CLV（Code-Length-Value，代码—长度—值）。

图 4-9 展示了 TLV 在 IS-IS PDU 中的应用。从图中能看到 PDU 通用头部、PDU 特有的头部，以及后面所携带的多个 TLV。实际上，IS-IS 的每种 PDU 都会携带一定数量的 TLV。TLV 的设计使得 IS-IS 的灵活性和可扩展性变得非常高。随着业务的发展，网络势必会对 IS-IS 不断提出新的需求，而 IS-IS 则可以在不对协议做大的改动的前提下，仅通过引入新的 TLV 来实现对新需求的支持，这就是 TLV 的魅力所在。

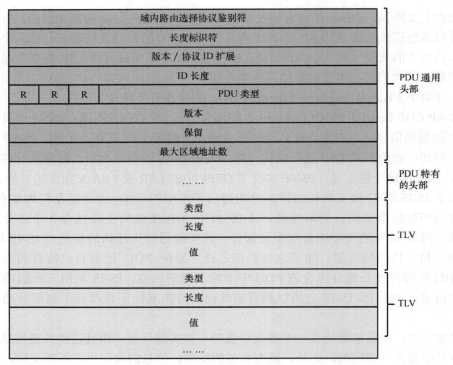

图 4-9　PDU 中的 TLV

IS-IS 定义了丰富的 TLV，表 4-2 中列举了几个常见的 TLV。

表 4-2　　　　　　　　　　　　　　　常见的 TLV

类型值	名称	使用该 TLV 的 PDU	备注
1	区域地址（Area Addresses）	IIH 及 LSP	描述设备所处区域的地址
2	IS 邻居（IS Neighbors）	LSP	描述设备的 IS-IS 邻居（的系统 ID），以及到达邻居的 Cost
6	IS 邻居（IS Neighbors）	LAN IIH	描述设备在该 LAN 上发现的 IS-IS 邻居（的接口 MAC 地址）
8	填充（Padding）	IIH	用于报文填充
9	LSP 条目（LSP Entries）	CSNP 及 PSNP	包含各条 LSP 的摘要信息（LSP ID、LSP 序列号、剩余生存时间及校验和）
10	认证（Authentication）	所有报文	用于存储认证信息
128	IP 内部可达性信息（IP Internal Reachability Information）	LSP	描述 IS-IS 域内的目的网段，以及到达该目的网段的度量值
130	IP 外部可达性信息（IP External Reachability Information）	LSP	描述 IS-IS 域外的目的网段，以及到达该目的网段的度量值
132	IP 接口地址（IP Interface Address）	IIH 及 LSP	设备的接口 IP 地址

4.2.6　LSP

我们已经知道，典型的 IS-IS 网络通常采用两级的层次结构，一层是由连续的 Level-1

及 Level-1-2 路由器组成的 Level-1 区域，Level-1 区域可能存在多个；另一层则是由连续的 Level-1-2 及 Level-2 路由器组成的网络骨干，IS-IS 网络骨干也可能覆盖多个 Level-2 区域。Level-1 路由器会产生 Level-1 LSP，该 LSP 只在始发 Level-1 区域内部泛洪，另外，Level-1 路由器会将自己产生的以及区域内其他路由器产生的 Level-1 LSP 存储在 Level-1 LSDB 中，然后基于这些 LSP 计算出区域内的拓扑和到达区域内各个网段的路由。Level-1 区域的 Level-1-2 路由器相当于区域边界路由器的角色，它会同时维护 Level-1 及 Level-2 LSDB，它根据 Level-1 LSDB 中的信息计算出该 Level-1 区域的拓扑及到达该区域内各个网段的路由，缺省时，它会将到达该 Level-1 区域的路由在自己注入骨干网络中的 Level-2 LSP 中进行通告，这使得 IS-IS 域内的骨干路由器都能够学习到去往这个 Level-1 区域的路由；另一方面，Level-1-2 路由器通过 Level-2 LSDB 计算出到达其他区域的路由，但是缺省时，它并不将这些路由通过自己在 Level-1 区域内泛洪的 Level-1 LSP 进行通告，关于这点在前面的章节中已经介绍过了，这里不再赘述。

OSPF 使用了多种类型的 LSA 来对网络的拓扑及网段信息进行描述，然而 IS-IS 只使用两种 LSP：Level-1 及 Level-2 LSP。图 4-10 展示了 LSP 的报文格式，在图中能看到 IS-IS PDU 通用的头部，在该头部后面便是 LSP 报文载荷。LSP 报文载荷包含两部分，第一部分是 LSP 特有的头部，另一部分则是 TLV。

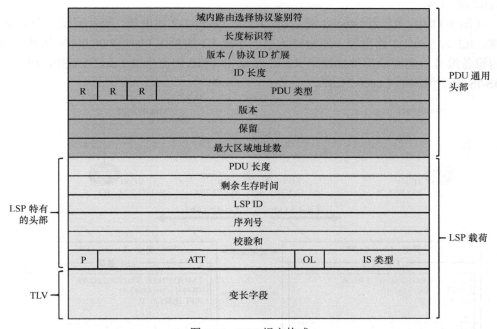

图 4-10　LSP 报文格式

LSP 中的主要字段及含义如下：
- **PDU 长度（PDU Length）**：指示该 PDU 的总长度（单位为字节）。
- **剩余生存时间（Remaining Lifetime）**：指示该 LSP 的剩余存活时间（单位为秒）。
- **LSP 标识符（LSP ID）**：LSP ID 由三部分组成：该设备的系统 ID、伪节点 ID 以及分片编号。关于 LSP ID，我们已经在前面的小节中讨论过了。

- 序列号（Sequence Number）：该 LSP 的序列号。在 IS-IS 中，LSP 序列号的作用与 OSPF 中 LSA 序列号的作用类似，主要用于区分 LSP 的新旧。
- 校验和（Checksum）：校验和。
- P（Partition Repair）：如果设备支持区域划分修复特性，则其产生的 LSP 中该比特位将被设置为 1。关于区域划分修复特性的介绍超出了本书的范围。
- ATT（Attached bits）：也即关联位，实际上该字段共包含四个比特位（分别对应四种度量值类型），但是华为数通产品只使用了其中一个比特位（Default Metric）。

在典型的 IS-IS 网络中，Level-1 区域的 Level-1-2 路由器作为区域边界路由器被使用，它一方面连接着该 Level-1 区域，另一方面连接着 IS-IS 骨干网络。当 Level-1-2 路由器连接着 IS-IS 骨干网络时，它会在自己产生的 Level-1 LSP 中，将 ATT 比特位设置为 1。

- OL（Overload bit）：也即过载位，通常情况下，IS-IS 设备产生的 LSP 中该比特位被设置为 0；如果该比特位被设置为 1，则意味着该 LSP 的始发设备希望通过该比特位声明自己已经"过载"，而收到该 LSP 的其他 IS-IS 设备在进行路由计算时，只会计算到达该 LSP 始发设备的直连路由，而不会计算穿越该设备、到达远端目的网段的路由。
- IS 类型（IS Type）：用于指示产生该 LSP 的路由器是 Level-1 还是 Level-2 类型，如果该字段的值为二进制的 01，则表示 Level-1 路由器；如果为二进制的 11，则表示 Level-2 路由器。

在图 4-11 中，R1 为 Level-1 路由器，R2 为 Level-1-2 路由器，两者同属一个 Level-1 区域；R3 为 Level-2 路由器。三台路由器的系统 ID 均采用 0000.0000.000X 格式，其中 X 为设备编号。图中简单地描绘了 R2 在 Area 49.0012 中产生的 Level-1 LSP，以及发送到 IS-IS 骨干网络的 Level-2 LSP。

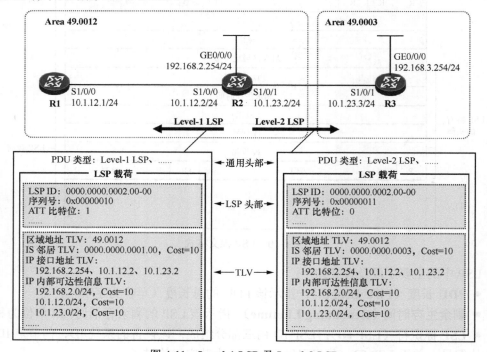

图 4-11   Level-1 LSP 及 Level-2 LSP

R2 的 IS-IS LSDB 如下：

```
<R2>display isis lsdb

                        Database information for ISIS(1)
                        --------------------


                        Level-1 Link State Database

LSPID                   Seq Num         Checksum        Holdtime        Length          ATT/P/OL
------------------------------------------------------------------------------------------------
0000.0000.0001.00-00    0x0000000a      0x498c          374             70              0/0/0
0000.0000.0002.00-00*   0x00000010      0x2051          519             102             1/0/0

Total LSP(s): 2
        *(In TLV)-Leaking Route, *(By LSPID)-Self LSP, +-Self LSP(Extended),
          ATT-Attached, P-Partition, OL-Overload


                        Level-2 Link State Database

LSPID                   Seq Num         Checksum        Holdtime        Length          ATT/P/OL
------------------------------------------------------------------------------------------------
0000.0000.0002.00-00*   0x00000011      0x4432          521             102             0/0/0
0000.0000.0003.00-00    0x0000000b      0xc390          518             86              0/0/0

Total LSP(s): 2
        *(In TLV)-Leaking Route, *(By LSPID)-Self LSP, +-Self LSP(Extended),
          ATT-Attached, P-Partition, OL-Overload
```

在 R2 的 Level-1 LSDB 中，我们可以看到 R1 产生的 Level-1 LSP（0000.0000.0001.00-00），以及 R2 自己产生的 Level-1 LSP（0000.0000.0002.00-00）。其中，后者的 ATT 比特位被设置为了 1（留意以上输出中的 ATT/P/OL 列）；在 R2 的 Level-2 LSDB 中，可以看到 R2 自己产生的 Level-2 LSP（0000.0000.0002.00-00），以及 R3 产生的 Level-2 LSP（0000.0000.0003.00-00）。

在 **display isis lsdb** 命令中增加 **verbose** 关键字可以查看 LSP 的详细信息，例如在 R2 上执行 **display isis lsdb 0000.0000.0002.00-00 verbose** 命令，可看到如下输出：

```
<R2>display isis lsdb 0000.0000.0002.00-00 verbose

                        Database information for ISIS(1)
                        --------------------


                        Level-1 Link State Database

LSPID                   Seq Num         Checksum        Holdtime        Length          ATT/P/OL
------------------------------------------------------------------------------------------------
0000.0000.0002.00-00*   0x00000010      0x1e52          1190            102             1/0/0
  SOURCE                0000.0000.0002.00
  NLPID                 IPV4
  AREA ADDR             49.0012
```

```
    INTF ADDR      192.168.2.254
    INTF ADDR      10.1.12.2
    INTF ADDR      10.1.23.2
    NBR   ID       0000.0000.0001.00   COST: 10
    IP-Internal    192.168.2.0     255.255.255.0     COST: 10
    IP-Internal    10.1.12.0       255.255.255.0     COST: 10
    IP-Internal    10.1.23.0       255.255.255.0     COST: 10

Total LSP(s): 1
    *(In TLV)-Leaking Route, *(By LSPID)-Self LSP, +-Self  LSP(Extended),
        ATT-Attached, P-Partition, OL-Overload


                        Level-2 Link State Database

LSPID                  Seq Num       Checksum      Holdtime    Length        ATT/P/OL
---------------------------------------------------------------------------------------
0000.0000.0002.00-00*  0x00000011    0x4233        1190        102           0/0/0
   SOURCE              0000.0000.0002.00
   NLPID               IPV4
   AREA ADDR           49.0012
   INTF ADDR           192.168.2.254
   INTF ADDR           10.1.12.2
   INTF ADDR           10.1.23.2
   NBR  ID             0000.0000.0003.00   COST: 10
   IP-Internal         192.168.2.0     255.255.255.0     COST: 10
   IP-Internal         10.1.12.0       255.255.255.0     COST: 10
   IP-Internal         10.1.23.0       255.255.255.0     COST: 10

Total LSP(s): 1
    *(In TLV)-Leaking Route, *(By LSPID)-Self LSP, +-Self  LSP(Extended),
        ATT-Attached, P-Partition, OL-Overload
```

以上输出的是 LSP ID 为 0000.0000.0002.00-00 的详细信息，从这些输出中，能直观地看到 LSP 所携带的 TLV。

4.2.7　网络类型

IS-IS 支持两种网络类型：Broadcast（广播）及 P2P（Point-to-Point，点对点）。当设备的接口激活 IS-IS 后，IS-IS 会自动根据该接口的数据链路层封装决定该接口的 IS-IS 网络类型。当 IS-IS 在以太网接口上被激活时，该接口的网络类型被指定为 Broadcast，而如果 IS-IS 在一些广域网接口上被激活（例如接口的封装类型为 PPP 或 HDLC 等），则接口的网络类型被指定为 P2P。对于不同的网络类型，IS-IS 的操作是存在较大差异的。

1. Broadcast 网络类型

1）在 Broadcast 网络中，IS-IS 会进行 DIS 的选举，DIS 是一个与 OSPF 中的 DR 非常类似的概念。我们将在"DIS 与伪节点"一节中介绍相关概念。

2）IS-IS 在 Broadcast 类型的接口上使用两种 IIH PDU，它们分别是 Level-1 LAN IIH

（目的 MAC 地址为组播地址 0180-c200-0014）和 Level-2 LAN IIH（目的 MAC 地址为组播地址 0180-c200-0015）。具体使用哪种 PDU，取决于设备接口的 Level（级别）。如果设备接口的 Level 为 Level-1，那么设备将在该接口上发送及侦听 Level-1 LAN IIH；如果设备接口的 Level 为 Level-2，那么设备将在该接口上发送及侦听 Level-2 LAN IIH；如果设备接口的 Level 为 Level-1-2，那么设备将在该接口上发送及侦听 Level-1 LAN IIH 以及 Level-2 LAN IIH。

说明

我们已经知道，运行 IS-IS 的设备将维护一个全局的 Level 属性，设备的全局 Level 属性可以是 Level-1、Level-2 或者同时为 Level-1 及 Level-2（也就是 Level-1-2）。对于 Level-1 设备，其所有激活了 IS-IS 的接口的 Level 为 Level-1；对于 Level-2 设备，其所有激活了 IS-IS 的接口的 Level 为 Level-2；而对于 Level-1-2 设备，其所有激活了 IS-IS 的接口的 Level 缺省为 Level-1-2，此时该接口可以同时发送及接收 Level-1 LAN IIH 及 Level-2 LAN IIH。如果 Level-1-2 设备的接口连接了一台 Level-1 设备，那么该接口发送 Level-2 LAN IIH 是没有意义的，此时可通过命令修改接口的 Level。

在华为数通产品上，在设备的接口视图下使用 **isis circuit-level** 命令可修改该接口的 IS-IS Level。该命令可以关联 **level-1**、**level-2** 或 **level-1-2** 关键字，例如执行 **isis circuit-level level-2** 命令，可以将接口的 Level 修改为 Level-2。该命令只在 Level-1-2 设备上有效。

两台直连的 Level-1 设备（必须属于同一个区域）在各自的直连接口（Broadcast 接口，下同）上激活 IS-IS 后，会开始发送及侦听 Level-1 LAN IIH，并建立 Level-1 的邻居关系；两台直连的 Level-2 设备在各自的直连接口上激活 IS-IS 后，会开始发送及侦听 Level-2 LAN IIH，并建立 Level-2 的邻居关系；而两台直连的 Level-1-2 设备在各自直连接口上激活 IS-IS 后，则分别发送及侦听 Level-1 及 Level-2 LAN IIH，此时如果两台设备同属一个区域，则它们将分别建立 Level-1 以及 Level-2 两种邻居关系，也即 Level-1 及 Level-2 的邻居关系独立建立，互不干扰。

3）在 Broadcast 类型的网络中，DIS 会周期性地泛洪 CSNP，以确保该网络中的 IS-IS 设备拥有一致的 LSDB。CSNP 中包含该 DIS 的 LSDB 中所有 LSP 的摘要信息。CSNP 使用 LSP 条目 TLV 来承载这些 LSP 摘要。同一个 Broadcast 网络中的其他 IS-IS 设备收到该 CSNP 后，将其中包含的 LSP 摘要与本地 LSDB 进行对比，如果发现两者一致，则忽略该 CSNP；如果发现本地 LSDB 中缺少了某条或某些 LSP，则向 DIS 发送 PSNP 来请求这些 LSP 的完整信息（PSNP 也使用 LSP 条目 TLV 来承载这些被请求的 LSP 的摘要信息）。而后者收到该 PSNP 后，从该 PSNP 的 LSP 条目 TLV 中解析出被请求的 LSP，然后将相应的 LSP 发送给对方。收到该 LSP 的一方将该 LSP 更新到自己的 LSDB 中，并且无需向 LSP 发送方进行确认（这点与 P2P 网络类型中的相关操作不同）。

2．P2P 网络类型

1）IS-IS 在 P2P 网络无需选举 DIS。

2）IS-IS 在 P2P 网络中使用 P2P IIH 发现及维护 IS-IS 邻居关系。缺省时，Hello 报文的发送间隔为 10 秒。

3）在 P2P 网络中，当 IS-IS 设备之间完成邻居关系建立后，便开始交互 LSP。设备从邻居收到 LSP 后，需使用 PSNP 进行确认，以便告知对方自己已经收到了该 LSP。从以上描述可以看出，在 P2P 网络中，LSP 的更新采用的是一种可靠的方式。如果一段时间后，对方没有收到用于确认的 PSNP，则它会对 LSP 进行重传。另外，CSNP 只在邻居关系建立完成后，双方进行一次交互，此后不会周期性地发送。IS-IS 设备收到邻居发送的 CSNP 后，将其中包含的 LSP 摘要与本地 LSDB 进行对比，如果发现两者一致，则忽略该 CSNP；如果发现本地 LSDB 中缺少了某条或某些 LSP，则向该邻居发送 PSNP 来请求这些 LSP 的完整信息。

3. IS-IS 在 NBMA 网络中的部署

细心的读者可能已经发现了，IS-IS 并不像 OSPF 那样支持 NBMA 网络类型。在诸如 Frame-Relay 等环境中部署 IS-IS 时，有一些问题需要格外关注。当 IS-IS 在采用 Frame-Relay 封装的接口上被激活时，华为路由器缺省在该接口上使用 P2P 的网络类型（而且不支持将该接口的网络类型修改为 Broadcast），此时如果路由器仅通过该 Frame-Relay 接口使用一条 PVC 连接一台设备，如图 4-12（左）所示，则与对端的 IS-IS 邻居关系可以正常建立，但是如果该接口使用多条 PVC 同时连接了多台设备，例如使用 Hub&Spoke（中心—分支）模型，如图 4-12（右）所示，那么 IS-IS 的邻居关系建立将会出现问题，因为当接口的网络类型为 P2P 时，IS-IS 只能通过该接口与一台设备建立邻居关系，这样一来，R1 只能在其 Serial1/0/0 接口上与 R2 或 R3 中的一台设备建立 IS-IS 邻居关系，而另一台设备则无法正常建立邻居关系。当面对这种场景时，我们需要在中心设备上使用子接口（必须为 P2P 类型的子接口）接入 NBMA 网络，然后在子接口中激活 IS-IS。如图 4-13 所示，在 R1 上，基于 Serial1/0/0 接口创建两个 P2P 子接口，然后 R1 分别使用这两个子接口与 R2 及 R3 建立点对点连接，此时 R1 便可分别通过这两个 P2P 类型的接口与 R2 及 R3 顺利地建立 IS-IS 邻居关系。

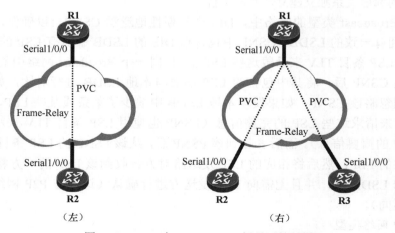

图 4-12　IS-IS 在 Frame-Relay 场景下的部署

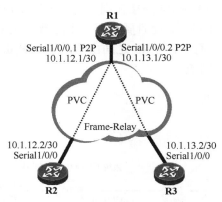

图 4-13　在 R1 上部署 P2P 子接口

4.2.8　DIS 与伪节点

当 IS-IS 在 Broadcast 类型的接口（例如以太网接口）上运行时，它会在该接口所连接的 LAN 中选举 DIS（Designated Intermediate System，指定中间系统）。DIS 是一个与 OSPF 中的 DR 颇为相似的概念，它主要用于在 LAN 中虚拟出一个伪节点（Pseudonodes），并产生伪节点 LSP。

伪节点并非一台真实的物理设备，它是 DIS 所产生的一台虚拟设备。如果 IS-IS 没有引入伪节点概念，那么接入同一个 LAN 中的每台 IS-IS 设备都需要在其泛洪的 LSP 中描述在该 LAN 中与自己建立邻居关系的所有其他 IS-IS 设备，当这些设备的数量特别多时，每台设备所产生的 LSP 的体积势必较大。而引入了伪节点后，设备仅需在其泛洪的 LSP 中描述自己与伪节点的邻居关系即可，无需再描述自己与其他非伪节点的邻居关系。伪节点 LSP 用于描述伪节点与 LAN 中所有设备（包括 DIS）的邻居关系，从而区域内的其他 IS-IS 设备能够根据伪节点 LSP 计算出该 LAN 内的拓扑。DIS 负责产生伪节点 LSP。从以上描述大家可以看出，伪节点 LSP 的功能与 OSPF 中的 Type-2 LSA 的功能非常相似。伪节点及伪节点 LSP 的引入减小了网络中所泛洪的 LSP 的体积，另外，当拓扑发生变更时，网络中需要泛洪的 LSP 数量也减少了，对设备造成的负担自然也就相应减小了。

为了确保 LSDB 的同步，DIS 会在 LAN 内周期性地泛洪 CSNP，LAN 中的其他设备收到该 CSNP 后，会执行一致性检查，以确保本地 LSDB 与 DIS 同步。

说明

缺省情况下，在 Broadcast 网络中，DIS 周期性发送 CSNP 的时间间隔为 10 秒，可以在 DIS 相应的接口上使用 **isis timer csnp** 命令修改该缺省值。该命令有两个可选关键字，它们分别是 **level-1** 及 **level-2**，需根据实际情况选择相应的关键字，例如如果要将接口的 Level-1 CSNP 的周期性发送间隔修改为 15 秒，则可使用 **isis timer csnp 15 level-1** 命令。而如果该命令中并未指定 **level-1** 或 **level-2** 关键字，则所配置的时间间隔将对当前级别的 IS-IS 进程生效。

在图 4-14 中，R1、R2、R3 及 R4 连接在同一台以太网交换机上，当网络中部署 IS-IS 后（所有路由器都是 Level-1 设备，而且属于同一个区域），这四台路由器所构成的 LAN 中就需要进行 DIS 的选举，而 R4 与 R5 之间由于采用 P2P 链路互联，因此该网段中无需选举 DIS，也不会存在伪节点。

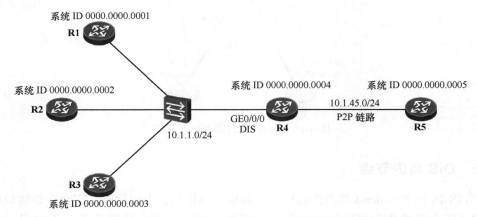

图 4-14　R4 的 GE0/0/0 接口成为直连网段中的 DIS

假设 R4 的 GE0/0/0 接口在直连的 LAN 中被选举为 DIS，那么 R4 将在该 LAN 中产生一个伪节点，并且负责生成伪节点 LSP，图 4-15 形象地展示了 R1 及 R4 所产生的 LSP，以及 R4 作为 DIS 所产生的伪节点 LSP。

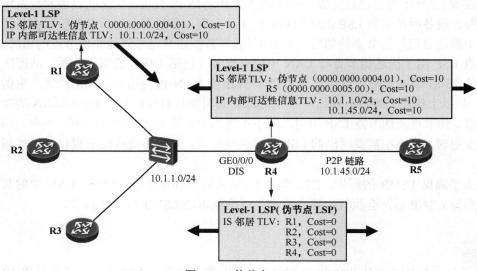

图 4-15　伪节点 LSP

首先查看一下 LSDB，由于本例中所有的设备都属于同一个区域，因此大家的 LSDB 是一致的。在 R1 上执行 **display isis lsdb** 命令可以看到如下输出：

```
<R1>display isis lsdb

                    Database information for ISIS(1)
```

```
                    --------------------

                Level-1 Link State Database

LSPID                 Seq Num      Checksum     Holdtime    Length    ATT/P/OL
--------------------------------------------------------------------------------
0000.0000.0001.00-00*  0x00000003   0x4fc        623         70        0/0/0
0000.0000.0002.00-00   0x00000004   0x18e5       622         70        0/0/0
0000.0000.0003.00-00   0x00000004   0x2ecd       626         70        0/0/0
0000.0000.0004.00-00   0x00000005   0xf656       622         97        0/0/0
0000.0000.0004.01-00   0x00000003   0xff68       624         77        0/0/0
0000.0000.0005.00-00   0x00000004   0xfda2       608         70        0/0/0

Total LSP(s): 6
     *(In TLV)-Leaking Route, *(By LSPID)-Self LSP, +-Self LSP(Extended),
               ATT-Attached, P-Partition, OL-Overload
```

从 R1 的 LSDB 中，大家能看到每台设备所产生的 Level-1 LSP。您可能已经发现了，R4 产生了两个 Level-1 LSP，这两个 LSP 的 LSP ID 分别为"0000.0000.0004.00-00"及"0000.0000.0004.01-00"，其中后者便是 R4 作为 DIS 所产生的伪节点 LSP。伪节点采用 DIS 的系统 ID 以及非 0 伪节点 ID（0000.0000.0004.01 末尾的 01）来标识。对于非伪节点 LSP 而言，其 LSP ID 中的伪节点 ID 为 0。

接下来观察一下 R1 产生的 LSP 的详细信息：

```
<R1>display isis lsdb 0000.0000.0001.00-00 verbose

                Database information for ISIS(1)
                    --------------------

                Level-1 Link State Database

LSPID                 Seq Num      Checksum      Holdtime      Length      ATT/P/OL
-----------------------------------------------------------------------------------
0000.0000.0001.00-00*  0x00000004   0x2fd         758           70          0/0/0
  SOURCE      0000.0000.0001.00
  NLPID       IPV4
  AREA ADDR   49.0001
  INTF ADDR   10.1.1.1
  NBR   ID    0000.0000.0004.01   COST: 10
  IP-Internal 10.1.1.0          255.255.255.0     COST: 10

Total LSP(s): 1
     *(In TLV)-Leaking Route, *(By LSPID)-Self LSP, +-Self LSP(Extended),
               ATT-Attached, P-Partition, OL-Overload
```

从上述输出可以看出，R1 在其所产生的 Level-1 LSP 中描述了 IS 邻居 0000.0000.0004.01（也就是伪节点），和一个区域内的 IP 网段 10.1.1.0/24。R2 及 R3 产生的 Level-1 LSP 类似。实际上，在该 LAN 中，每台路由器都与其他所有路由器建立了 IS-IS 邻居关系，但是由于伪节点的引入，LAN 中的路由器都只在自己产生的 LSP 中描述其与伪节点的邻居关系。

再看一下伪节点 LSP 的详细信息：

```
<R1>display isis lsdb 0000.0000.0004.01-00 verbose
```

```
                         Database information for ISIS(1)
                         -----------------------

                         Level-1 Link State Database

LSPID                    Seq Num        Checksum      Holdtime     Length       ATT/P/OL
------------------------------------------------------------------------------------------------
0000.0000.0004.01-00     0x00000005     0xfb6a        1191         77           0/0/0
  SOURCE                 0000.0000.0004.01
  NLPID                  IPV4
  NBR   ID               0000.0000.0004.00   COST: 0
  NBR   ID               0000.0000.0002.00   COST: 0
  NBR   ID               0000.0000.0001.00   COST: 0
  NBR   ID               0000.0000.0003.00   COST: 0

Total LSP(s): 1
    *(In TLV)-Leaking Route, *(By LSPID)-Self LSP, +-Self  LSP(Extended),
        ATT-Attached, P-Partition, OL-Overload
```

从以上输出可以看到 DIS（R4）产生了一个 Level-1 伪节点 LSP，并且在该 LSP 中描述伪节点与 R1、R2、R3 及 R4 的邻居关系，随着该 LSP 在区域内的泛洪，其他设备便能依据该 LSP 计算出该 LAN 内的拓扑。

IS-IS 使用如下顺序在一个 LAN 中选举 DIS：

● 接口 DIS 优先级最高的设备成为该 LAN 的 DIS。DIS 优先级的值越大，则优先级越高。

● 如果 DIS 优先级相等，则接口 MAC 地址最大设备将成为该 LAN 的 DIS。

说明

　　在华为路由器上运行 IS-IS 时，Broadcast 类型接口的缺省 DIS 优先级为 64，可以在接口视图下执行 **isis dis-priority** 命令修改接口的 DIS 优先级，DIS 优先级的取值范围是 0-127，如需修改接口的 Level-1 DIS 优先级，则需在该命令中增加 **level-1** 关键字；如需修改接口的 Level-2 DIS 优先级，则需使用 **level-2** 关键字。例如，在接口视图下执行 **isis dis-priority 100 level-1**，则可将接口的 Level-1 DIS 优先级设置为 100。如果 **isis dis-priority** 命令未指定 **level-1** 或 **level-2** 关键字，则视为同时配置 Level-1 及 Level-2 DIS 优先级。值得注意的是，即使设备的接口 DIS 优先级为 0，该设备依然会参与 DIS 竞选。

　　关于 IS-IS 的 DIS，大家还需要知道的是：

● 在一个 LAN 中部署 OSPF 时，接入该 LAN 的所有 DROther 路由器都只与 DR 及 BDR 建立全毗邻的邻接关系，而它们彼此之间的邻居关系将保持在 2-Way 状态。而在一个 LAN 中部署 IS-IS 时，接入该 LAN 的所有路由器均与 DIS 以及其他非 DIS 路由器建立邻居关系（此处均指同一个 Level 的 IS-IS 设备）。从这个角度看，IS-IS 的 DIS 设计其实并没有减少 LAN 中的邻居关系数量。

● 在一个 LAN 中，Level-1 及 Level-2 的 DIS 独立选举，互不干扰。完全有可能出现的一个情况是，在同一个 LAN 中，经选举后，Level-1 DIS 是接入该 LAN 中的 A 设备，而 Level-2 DIS 却是接入该 LAN 中的 B 设备。

● IS-IS 没有定义备份 DIS，当 DIS 发生故障时，立即启动新的 DIS 选举过程。

● DIS 具备可抢占性，例如在一个已经选举出 DIS 的 LAN 中，如果新加入一台 DIS 优先级更高的设备，则该设备将能抢占当前 DIS 的角色，成为新的 DIS。

4.2.9　邻居关系建立过程

IS-IS 在不同类型的网络中邻居关系的建立过程有所不同。下面将分别介绍 IS-IS 在 Broadcast 及 P2P 类型的网络中的邻居关系建立过程。

1. Broadcast 网络中的邻居关系建立过程

以图 4-16 中的网络为例，R1 及 R2 通过千兆以太网接口互联，这两台直连的 Level-1 路由器在 Broadcast 网络中的邻居关系建立过程如下：

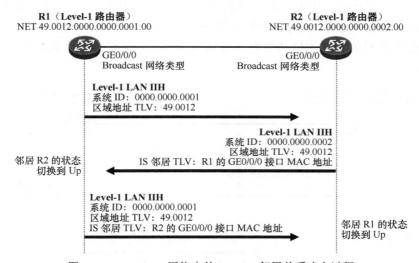

图 4-16　Broadcast 网络中的 Level-1 邻居关系建立过程

（1）假设 R1 率先在 GE0/0/0 接口上激活了 IS-IS，缺省时，该接口的网络类型为 Broadcast，由于 R1 是 Level-1 路由器，因此它的 GE0/0/0 接口的 Level 为 Level-1，它将在该接口上周期性地发送 Level-1 LAN IIH，这些 PDU 以组播的形式发送，目的 MAC 地址是 0180-c200-0014，该 Level-1 LAN IIH 中记录了 R1 的系统 ID（0000.0000.0001），此外，还包含多个 TLV，其中区域地址 TLV 记录了 R1 的区域 ID（49.0012）。

（2）R2 在其 GE0/0/0 接口上收到了 R1 发送的 Level-1 LAN IIH，它会针对 PDU 中的相关内容进行检查（例如检查对方与自己是否处于相同的区域），检查通过后，R2 在其 IS-IS 邻居表中将 R1 的状态设置为 Initial（初始化），并在自己从 GE0/0/0 接口发送的 Level-1 LAN IIH 中增加 IS 邻居 TLV，在该 TLV 中写入 R1 的接口 MAC 地址，用于告知 R1："我发现你了"。

（3）R1 收到该 Level-1 LAN IIH 后，在其 IS-IS 邻居表中将 R2 的状态设置为 Up，然后在自己从 GE0/0/0 接口发送的 Level-1 LAN IIH 中增加 IS 邻居 TLV，并在该 TLV 中写入 R2 的接口 MAC 地址。

（4）R2 收到该 IIH 后，在其 IS-IS 邻居表中将 R1 的状态设置为 Up。如此一来，两台路由器的 IS-IS 邻居关系就建立起来了。

　　邻居关系建立起来之后，R1 与 R2 依然会周期性交互 IIH，LSP 的交互及 LSDB 同步过程也将在邻居关系建立起来之后进行。此外，在 R1 及 R2 的邻居关系建立过程中，DIS 也会被选举产生。LSDB 完成同步后，DIS 会周期性地在该 Broadcast 网络中泛洪 CSNP。本例描述的是 Level-1 邻居关系的建立过程，Level-2 的情况类似，只不过设备之间使用 Level-2 LAN IIH 建立邻居关系，并且该 PDU 的目的 MAC 地址是另一个组播 MAC：0180-c200-0015。

　　2. P2P 网络中的邻居关系建立过程（两次握手）

　　在 P2P 网络中，IS-IS 邻居关系的建立过程存在两种方式：两次握手方式及三次握手方式。如果采用两次握手方式建立 IS-IS 邻居关系，那么邻居关系的建立过程是不存在确认机制的，只要设备在其接口上收到 P2P IIH，并且对 PDU 中的内容检查通过后，便单方面将该邻居的状态视为 Up，如图 4-17 所示，这显然是不可靠的，因为即使双方的互联链路存在单通故障，也依然会有一方认为邻居关系已经建立，此时网络就必然会出现问题。

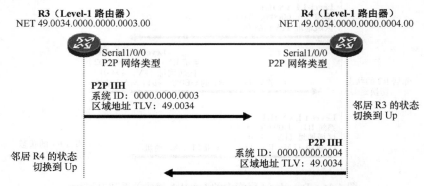

图 4-17　P2P 网络中的邻居关系建立过程（两次握手）

　　3. P2P 网络中的邻居关系建立过程（三次握手）

　　在 P2P 网络中，IS-IS 支持另一种更加可靠的邻居关系建立过程，那就是使用三次握手方式建立 IS-IS 邻居关系。当设备的 P2P 接口启动三次握手机制后，设备将在 P2P IIH 中增加一个特殊的 TLV——P2P 三向邻接 TLV（Point-to-Point Three-Way Adjacency TLV），用于实现三次握手机制。以图 4-18 为例。

　　（1）假设 R3 率先在接口上激活了 IS-IS，R3 的 Serial1/0/0 接口由于采用了 PPP 封装，因此它将该接口识别为 P2P 网络类型，它开始在该接口上发送 P2P IIH。在该 IIH 中，包含 R3 的系统 ID、区域 ID 等信息，此外还有一个关键的 TLV，也就是上面提到的 P2P 三向邻接 TLV，由于此时 R3 还没有在该接口上收到任何有效的 P2P IIH，也没有发现任何邻居，因此它将该 TLV 中的邻接状态（Adjacency State）设置为 Down。

　　（2）R4 将在其 Serial1/0/0 接口上收到 R3 发送的 P2P IIH，它会针对该 PDU 中的相关内容进行检查，检查通过后，R4 在其 IS-IS 邻居表中将邻居 R3 的状态设置为 Initial（初始化），并在自己从 Serial1/0/0 接口发送的 P2P IIH 的 P2P 三向邻接 TLV 中，将邻接状态设置为 Initializing（初始化中），并且在该 TLV 的邻居系统 ID 字段中写入 R3 的系统 ID。

（3）R3 收到该 P2P IIH 后，发现在该 PDU 中，P2P 三向邻接 TLV 的邻接状态为 Initializing，且邻居系统 ID 字段填写的正是自己的系统 ID，于是它认为自己与邻居 R4 完成了二次握手过程。接下来，它在自己发送的 P2P IIH 的 P2P 三向邻接 TLV 中，将邻接状态设置为 Up，然后在该 TLV 的邻居系统 ID 字段中写入 R4 的系统 ID。

（4）R4 收到 R3 发送的 P2P IIH 后，在该 PDU 的 P2P 三向邻接 TLV 中发现邻接状态为 Up，并且邻居系统 ID 字段填写的是自己的系统 ID，于是它认为自己与邻居 R3 完成了三次握手过程，便在 IS-IS 邻居表中，将该邻居的状态设置为 Up。接下来，它在自己发送的 P2P IIH 的 P2P 三向邻接 TLV 中，将邻接状态设置为 Up，然后在邻居系统 ID 字段中写入 R3 的系统 ID。

（5）R3 收到 R4 发送的 P2P IIH 后，也认为自己与对方完成了三次握手，便在 IS-IS 邻居表中，将该邻居的状态设置为 Up。到此，R3 与 R4 的邻居关系就建立了起来。

邻居关系建立起来后，双方开始交互 LSP，由于 R3 及 R4 都是 Level-1 路由器，因此双方交互 Level-1 LSP。

在华为路由器上，IS-IS 在 P2P 类型的接口上缺省采用三次握手方式建立邻接关系，如需修改为两次握手方式，可在 P2P 接口上执行 **isis ppp-negotiation 2-way** 命令（直连链路两端的接口上均需配置该命令）。

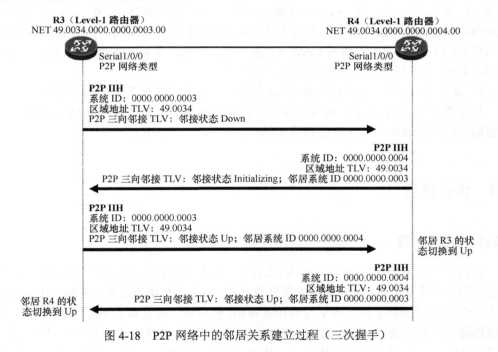

图 4-18　P2P 网络中的邻居关系建立过程（三次握手）

4.2.10　邻居关系建立须知

两台直连的 IS-IS 路由器建立邻居关系时，必须满足相应的要求，例如：

1. 建立 IS-IS 邻居关系的两台设备必须是同一个 Level 的设备

每一台运行 IS-IS 的网络设备都拥有一个全局的级别（Level），设备的级别可以是

Level-1、Level-1-2 或 Level-2。在网络规划及部署时，适当地为设备指定 Level 是非常有必要的。两台直连的 IS-IS 设备，如果 Level 配置不当，则可能影响到 IS-IS 邻居关系的建立。

此前已经强调过，只有相同 Level 的直连设备才能够建立 IS-IS 邻居关系，具体要求如下：

- Level-1 路由器只能与相同区域的 Level-1 或者 Level-1-2 路由器建立 Level-1 邻居关系；
- Level-2 路由器可以与 Level-2 或 Level-1-2 路由器建立 Level-2 邻居关系；此时该 Level-2 路由器可以与邻居路由器处于相同的区域，也可以处于不同的区域。
- Level-1 路由器不能与 Level-2 路由器建立邻居关系。

在华为路由器上运行 IS-IS 时，缺省时设备的全局 Level 为 Level-1-2，如需修改设备的全局 Level，可以在其 IS-IS 配置视图下执行 **is-level** 命令，该命令有三个关键字可供选择，它们分别是：**level-1**、**level-1-2** 及 **level-2**，请根据实际情况选择相应的关键字。

2. 两台直连设备如需建立 Level-1 邻居关系，则两者的区域 ID 必须相同

一个 Level-1 区域是由一系列连续的 Level-1 或 Level-1-2 路由器构成的，两台直连的 Level-1 设备必须配置相同的区域 ID，才能够正确地建立 Level-1 邻居关系。例如，如果 A 设备的 NET 为 49.0019.1928.a042.0211，而其直连的 B 设备的 NET 为 49.0020.3308.0002.0a0a，那么两者是无法建立 Level-1 邻居关系的，因为它们的区域 ID 并不相同。对于 Level-1 设备与 Level-1-2 设备之间的邻居关系，或者两台 Level-1-2 设备之间的 Level-1 邻居关系，同样需满足上述要求。

3. 建立 IS-IS 邻居关系的两台 IS-IS 设备，直连接口需使用相同的网络类型

如果两台 IS-IS 设备的直连接口中，一方为 P2P 类型，另一方为 Broadcast 类型，那么它们之间的邻居关系是无法正常建立的。

4.3 协议特性

4.3.1 路由渗透

我们已经知道，在 IS-IS 中 Level-1-2 路由器是连接 Level-1 区域与骨干网络的桥梁，它会将到达所在 Level-1 区域的路由信息通过 Level-2 LSP 通告到骨干网络，从而让其他的 Level-1-2 或 Level-2 路由器学习到相关路由，然而缺省时它却并不将到达其他 Level-1 区域的路由信息以及到达 Level-2 区域的路由信息通告到本 Level-1 区域中，这样虽然可以简化 Level-1 区域中设备的路由表，从而节省设备资源，但是这种特性在某些场景下却也会带来一些问题，例如次优路径问题等。

在图 4-19 中，网络中的设备已经运行了 IS-IS，所有设备的接口的 IS-IS Cost 值都是相等的。R4 及 R7 都连接着 8.8.8.0/24 网段，并且都将到达该网段的路由发布到了 IS-IS 中。缺省时，Level-1 路由器 R3 是无法学习到 8.8.8.0/24 路由的，R1 及 R2 作为 Level-1-2 路由器，会在它们向 Area 49.0123 下发的 Level-1 LSP 中设置 ATT 比特位，而 R3 则根

据该 ATT 比特位置位的 Level-1 LSP 生成默认路由。R3 会根据自己到达这两台路由器的度量值来决定默认路由的下一跳，由于 R3 到达 R1 及 R2 的 Cost 值相等，因此 R3 产生的默认路由将在 R1 及 R2 这两个下一跳执行等价负载分担。如此一来，R3 将认为从 R1 及 R2 均可到达区域外部，因此当其转发到达 8.8.8.0/24 的报文时，完全有可能将报文转发给 R2，报文将沿着 R2-R5-R6-R7 这条路径最终到达目的地，这就产生了次优路径问题。之所以出现这样的问题，是因为 R3 无法学习到去往 8.8.8.0/24 的路由，而且并不知晓从本地到达目的网段的实际 Cost 值。使用 IS-IS 的路由渗透功能可以解决该问题。在本例中，可以在 R1 及 R2 上部署路由渗透，将 Level-2 路由 8.8.8.0/24 渗透到本地 Level-1 区域，使得 R3 能够通过它们学习到 8.8.8.0/24 路由。

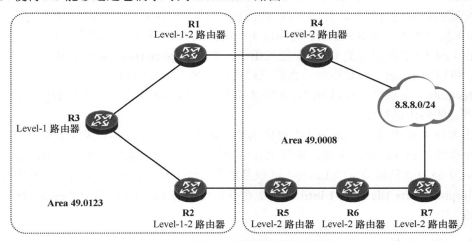

图 4-19　网络中存在的次优路径问题

下面再看看路由渗透功能的另一个应用场景。在图 4-20 中，完成 IS-IS 部署后，R1 及 R2 能够学习到去往 Area 49.0045 中的 X 业务网段的路由，然而它们并不会在自己向 Area 49.0123 下发的 Level-1 LSP 中描述关于这些网段的可达性信息。R3 通过产生指向 R1 及 R2 的默认路由来到达这些网段。

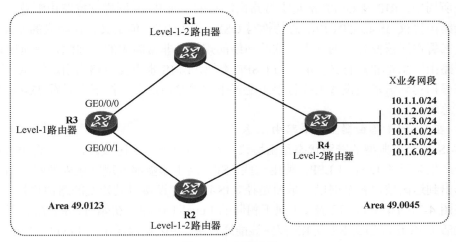

图 4-20　路由渗透

现在，该网络要求实现这样的需求：R3 转发到达 10.1.1.0/24、10.1.2.0/24 及 10.1.3.0/24 这三个 X 业务网段的报文时，将它们转发到 R1，而转发到达其他 X 业务网段的报文时，将其转发到 R2。由于缺省时，R3 只能够通过默认路由到达 X 业务网段，因此要实现上述需求，就必须让 R3 获得到达目标网段的具体路由，此时便可以使用 IS-IS 的路由渗透功能。我们可以在 R1 上部署路由渗透功能，将到达 10.1.1.0/24、10.1.2.0/24 及 10.1.3.0/24 这三个网段的路由渗透到 Area 49.0123 中，R1 通过向该区域下发描述这三条路由的 Level-1 LSP 来实现这个目的。这样一来，R3 便能够基于这些 LSP 计算出到达这三个网段的路由，并且路由的下一跳为 R1。现在，R3 转发去往这三个网段的报文时，根据最长前缀匹配原则，便会将报文发往 R1，而对于目的 IP 地址是 X 业务其他网段的报文，则匹配默认路由进行转发，此时可以通过将 R3 的 GE0/0/0 接口 IS-IS 度量值修改得比 GE0/0/1 接口更大，使 R3 将默认路由的下一跳指向 R2，来实现上述需求中的第二条。

在 Level-1-2 路由器的 IS-IS 配置视图中，执行 **import-route isis level-2 into level-1** 命令，可以将 Level-2 区域中的路由信息渗透到本地 Level-1 区域中。在该命令中可以增加 **filter-policy** 关键字，从而对渗透的路由进行筛选或过滤，也可以增加 **tag** 关键字，从而对渗透的路由进行标记。

需要特别说明的是，Level-1-2 路由器缺省时将自己从 Level-1 区域中学习到的路由信息全部通告到 Level-2 区域，实际上在这个过程中，我们也能够部署路由渗透，使得 Level-1-2 路由器只将特定的 Level-1 区域路由通告到 Level-2 区域。在 IS-IS 配置视图中使用 **import-route isis level-1 into level-2** 命令，可部署 Level-1 区域到 Level-2 区域的路由渗透。

4.3.2 路由汇总

在开始本小节之前，先来回顾一下路由汇总的概念。所谓路由汇总就是将一组有规律的路由汇聚成一条路由，从而达到减小路由表规模以及优化设备资源利用率的目的，我们把汇聚之前的这组路由称为明细路由，把汇聚之后的路由称为汇总路由（或聚合路由）。

众所周知，RIP 及 OSPF 都是支持路由汇总的，而 IS-IS 同样支持路由汇总；作为链路状态路由协议，IS-IS 的路由汇总特性与 OSPF 颇为类似，但是又存在明显的差异。IS-IS 被广泛部署在运营商骨干网络中，这些网络的规模是非常庞大的，因此合理地规划网络并部署路由汇总是非常有必要的。与 OSPF 类似，IS-IS 也不支持路由自动汇总，网络管理员需根据实际需求在设备上执行手工配置来实现路由汇总。接下来看看 IS-IS 的几种路由汇总场景。

1. 在 Level-1 路由器上部署路由汇总

IS-IS 是一种典型的链路状态路由协议，在一个 Level-1 区域内，每一台 IS-IS 路由器都会产生自己的 Level-1 LSP；使用这些 LSP，路由器能够发现区域内的网络拓扑，从而计算出到达区域内各个网段的最短路径。IS-IS 允许设备对其始发的路由执行汇总。

在图 4-21 中，R1、R2 及 R3 属于相同的 Level-1 区域，初始时，R1 在其所有接口上都激活了 IS-IS，那么 R2 及 R3 都应该能通过 R1 在区域内泛洪的 Level-1 LSP 计算出到达 192.168.1.0/24、192.168.2.0/24 及 192.168.3.0/24 网段的路由，此时为了简化 R2 及

R3 的路由表,可以在 R1 上部署路由汇总,将其发布的这三条路由汇总成 192.168.0.0/22。
在 R1 的 IS-IS 配置视图下使用 **summary 192.168.0.0 255.255.252.0 level-1** 命令即可实现
该需求。

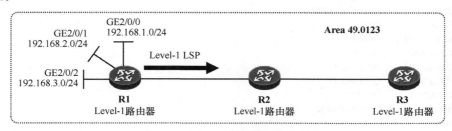

图 4-21　在 R1 上部署路由汇总

在 R1 部署路由汇总之前,它所产生的 Level-1 LSP 如下:

```
<R2>display isis lsdb 0000.0000.0001.00-00 verbose

                    Database information for ISIS(1)
                    -------------------

                    Level-1 Link State Database

LSPID              Seq Num        Checksum      Holdtime    Length    ATT/P/OL
-------------------------------------------------------------------------------
0000.0000.0001.00-00   0x0000000b     0x186d        1188        118       0/0/0
 SOURCE            0000.0000.0001.00
 NLPID             IPV4
 AREA ADDR         49.0123
 INTF ADDR         192.168.1.1
 INTF ADDR         192.168.2.1
 INTF ADDR         192.168.3.1
 INTF ADDR         10.1.12.1
 NBR   ID          0000.0000.0002.01   COST: 10
 IP-Internal       10.1.12.0           255.255.255.0     COST: 10
 IP-Internal       192.168.1.0         255.255.255.0     COST: 10
 IP-Internal       192.168.2.0         255.255.255.0     COST: 10
 IP-Internal       192.168.3.0         255.255.255.0     COST: 10

Total LSP(s): 1
      *(In TLV)-Leaking Route, *(By LSPID)-Self LSP, +-Self LSP(Extended),
      ATT-Attached, P-Partition, OL-Overload
```

从以上输出可以看出,R1 所产生的 Level-1 LSP 中,包含三个 IP 内部可达性信息
TLV,这三个 TLV 分别描述关于目的网段 192.168.1.0/24、192.168.2.0/24 以及 192.168.
3.0/24 的可达性信息。

R1 部署了路由汇总后,它不再在其产生的 Level-1 LSP 中描述到达这三个网段的路
由明细,而是描述一条汇总路由:

```
<R2>display isis lsdb 0000.0000.0001.00-00 verbose

                    Database information for ISIS(1)
                    -------------------

                    Level-1 Link State Database
```

LSPID	Seq Num	Checksum	Holdtime	Length	ATT/P/OL
0000.0000.0001.00-00	0x0000000c	0xcdaa	1087	94	0/0/0
SOURCE	0000.0000.0001.00				
NLPID	IPV4				
AREA ADDR	49.0123				
INTF ADDR	192.168.1.1				
INTF ADDR	192.168.2.1				
INTF ADDR	192.168.3.1				
INTF ADDR	10.1.12.1				
NBR ID	0000.0000.0002.01 COST: 10				
IP-Internal	10.1.12.0	255.255.255.0	COST: 10		
IP-Internal	**192.168.0.0**	**255.255.252.0**	**COST: 0**		

Total LSP(s): 1
    *(In TLV)-Leaking Route, *(By LSPID)-Self LSP, +-Self LSP(Extended),
       ATT-Attached, P-Partition, OL-Overload

　　如此一来，R2 及 R3 便能根据该 LSP 计算出汇总路由 192.168.0.0/22，而不会计算出三条明细路由，它们的路由表和 LSDB 都得到了简化。

　　值得注意的是，如果不是在 R1，而是在 R2 上执行 **summary 192.168.0.0 255.255.252.0 level-1** 命令试图对 R1 发布的这三条路由进行汇总，是不可行的，因为此时 R1 已经将 Level-1 LSP 发送了出来，R2 无权对其他设备所产生的 LSP 进行修改。

　　2．在 Level-1-2 路由器上执行路由汇总

　　在图 4-22 中，R2 是一台 Level-1-2 路由器，它在 Area 49.0012 中收到了 R1 所产生的 Level-1 LSP，并发现了其通告的 192.168.1.0/24、192.168.2.0/24 及 192.168.3.0/24 路由，接下来，R2 会将这些路由通告到骨干网络。R2 会向处于 Area 49.0003 的 R3 发送 Level-2 LSP，并在该 LSP 中描述到达上述三个目的网段的可达性信息。R3 收到该 LSP 后，即可计算出相关的明细路由。

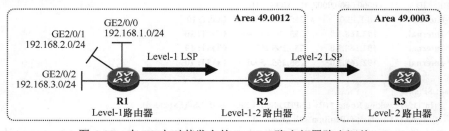

图 4-22　在 R2 上对其发布的 Level-2 路由部署路由汇总

　　此时可以在 R2 上部署路由汇总，将其通告给 R3 的 Level-2 路由 192.168.1.0/24、192.168.2.0/24 和 192.168.3.0/24 汇总成 192.168.0.0/22。在 R2 的 IS-IS 配置视图下执行 **summary 192.168.0.0 255.255.252.0 level-2** 命令即可实现该需求。完成上述配置后，R2 只会在其发送给 R3 的 Level-2 LSP 中描述汇总路由 192.168.0.0/22，而不再描述那三条明细路由。

　　注意

　　　　在以上场景中，假设 Area 49.0003 中还有其他 Level-2 路由器，例如 R4（图中并

未画出），此时如果 R2 并不执行路由汇总，那么我们是无法在 R3 上针对这三条明细路由部署路由汇总从而简化 R4 的路由表的，因为 R4 是根据 R2 所产生的 Level-2 LSP 计算得出的路由，而 R3 无权对其他设备所产生的 LSP 进行修改。

　　在 Level-1-2 路由器上执行路由汇总的另一种场景是在该路由器部署了路由渗透后，对渗透到 Level-1 区域的路由进行汇总。如图 4-23 所示，R2 将 R3 所通告的 Level-2 路由 172.16.1.0/24、172.16.2.0/24 及 172.16.3.0/24 渗透到了 Area 49.0012 中，此时可在 R2 的 IS-IS 配置视图下使用 **summary 172.16.0.0 255.255.252.0 level-1** 命令执行路由汇总，将上述三条路由汇总成 172.16.0.0/22。

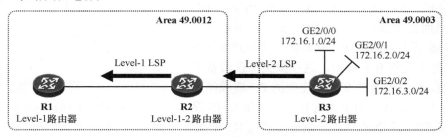

图 4-23　在 R2 上对其渗透的 Level-1 路由部署路由汇总

3. 在 Level-2 路由器上执行路由汇总

　　在图 4-24 中，R1 为 Level-2 路由器，它将所有接口全部激活了 IS-IS，在初始时，它会在其产生的 Level-2 LSP 中描述到达 192.168.1.0/24、192.168.2.0/24 及 192.168.3.0/24 的路由。R2 及 R3 都会学习到这三条路由。我们可以通过在 R1 上将其通告的这些 Level-2 路由汇总成 192.168.0.0/22，从而简化 R2 及 R3 的路由表。

图 4-24　在 Level-2 路由器上执行路由汇总

　　在 R1 的 IS-IS 配置视图下使用 **summary 192.168.0.0 255.255.252.0 level-2** 即可实现这个需求。完成上述配置后，R1 产生的 Level-2 LSP 不再描述这三条路由明细，而是描述汇总路由，因此 R2 及 R3 能够根据该 LSP 计算出汇总路由。

　　值得一提的是，由于 R1 所产生的 Level-2 LSP 将在整个 IS-IS 域的骨干网络中泛洪，因此 R2 及 R3 都会收到该 LSP，此时如果 R1 并不执行路由汇总操作，而 R2 试图对前者所通告的上述三条 Level-2 路由进行汇总，这个操作是不会生效的，因为相应的 Level-2 LSP 并非 R2 始发。

4.3.3　Silent-Interface

　　IS-IS 支持 Silent-Interface（静默接口）特性，当一台设备的接口激活 IS-IS 后，该接

口将会周期性地发送 IIH PDU，在某些场景下，我们可能只是希望将该接口的网段发布
到 IS-IS，而无需在这个接口上建立 IS-IS 邻居关系，那么就可以使用 Silent-Interface 特
性，来优化 IS-IS 配置。

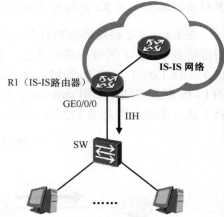

在图 4-25 中，IS-IS 路由器 R1 下联了一台二
层交换机 SW，同时还连接到一个 IS-IS 网络。SW
除了连接 R1 之外，还连接着许多 PC。现在为了
让 IS-IS 网络获知到达 R1 的 GE0/0/0 接口所在网
段的路由，就需要在该接口上激活 IS-IS，这个操
作一旦完成，R1 将在该接口上周期性地发送 IIH
PDU，然而这个接口所接入的网段中并不存在其
他的 IS-IS 设备，因此 R1 在该接口上发送的 IIH
PDU 实际上是没有意义的，这些报文不仅浪费了
网络带宽，而且还会对 SW 所连接的 PC 造成额外
的负担。另一方面，如果此时有一台非法 IS-IS 设

图 4-25   Silent-Interface

备接入了 SW，那么就有可能通过配置与 R1 形成邻居关系，从而对 IS-IS 网络造成威胁。

将 R1 的 GE0/0/0 接口配置为 Silent-Interface 即可解决上述问题，当该接口被配置为
Silent-Interface 后，它将不会再发送及接收 IS-IS 报文，但是这个接口的路由则依然会被
发布到 IS-IS，因此 IS-IS 网络中的设备还是能够获知到达该接口所在网段的路由的。在
设备的接口视图下，使用 **isis silent** 命令即可将该接口配置为 Silent-Interface。

例如，在 R1 上可进行如下配置：

```
[R1]interface GigabitEthernet 0/0/0
[R1-GigabitEthernet0/0/0]isis enable
[R1-GigabitEthernet0/0/0]isis silent
```

4.4   配置及实现

4.4.1   案例 1：IS-IS 基础配置

在图 4-26 中，R1、R2 及 R3 属于 Area 49.0123，其中 R3 是 Level-1 路由器，而 R1
及 R2 都是 Level-1-2 路由器，另外，R4 及 R5 属于 Area 49.0045，并且两者都是 Level-2
路由器。所有路由器的系统 ID 都采用 0000.0000.000X 格式，其中 X 为设备编号，以 R3
为例，其系统 ID 为 0000.0000.0003。下面了解一下 IS-IS 的基础配置。

R3 的配置如下：

```
[R3]isis 1
[R3-isis-1]network-entity 49.0123.0000.0000.0003.00
[R3-isis-1]is-level level-1
[R3-isis-1]quit

[R3]interface GigabitEthernet 0/0/0
[R3-GigabitEthernet0/0/0]isis enable 1
[R3-GigabitEthernet0/0/0]quit
```

```
[R3]interface GigabitEthernet 0/0/1
[R3-GigabitEthernet0/0/1]isis enable 1
```

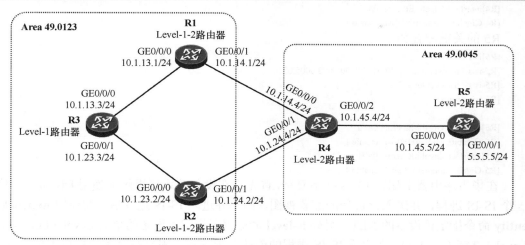

图 4-26   IS-IS 基础配置

R1 的关键配置如下：

```
[R1]isis 1
[R1-isis-1]network-entity 49.0123.0000.0000.0001.00
[R1-isis-1]is-level level-1-2
[R1-isis-1]quit

[R1]interface GigabitEthernet 0/0/0
[R1-GigabitEthernet0/0/0]isis enable 1
[R1-GigabitEthernet0/0/0]quit
[R1]interface GigabitEthernet 0/0/1
[R1-GigabitEthernet0/0/1]isis enable 1
```

R2 的关键配置如下：

```
[R2]isis 1
[R2-isis-1]network-entity 49.0123.0000.0000.0002.00
[R2-isis-1]is-level level-1-2
[R2-isis-1]quit

[R2]interface GigabitEthernet 0/0/0
[R2-GigabitEthernet0/0/0]isis enable 1
[R2-GigabitEthernet0/0/0]quit
[R2]interface GigabitEthernet 0/0/1
[R2-GigabitEthernet0/0/1]isis enable 1
```

R4 的关键配置如下：

```
[R4]isis 1
[R4-isis-1]network-entity 49.0045.0000.0000.0004.00
[R4-isis-1]is-level level-2
[R4-isis-1]quit

[R4]interface GigabitEthernet 0/0/0
[R4-GigabitEthernet0/0/0]isis enable 1
[R4-GigabitEthernet0/0/0]quit
[R4]interface GigabitEthernet 0/0/1
```

```
[R4-GigabitEthernet0/0/1]isis enable 1
[R4-GigabitEthernet0/0/1]quit
[R4]interface GigabitEthernet 0/0/2
[R4-GigabitEthernet0/0/2]isis enable 1
```

R5 的关键配置如下：

```
[R5]isis 1
[R5-isis-1]network-entity 49.0045.0000.0000.0005.00
[R5-isis-1]is-level level-2
[R5-isis-1]quit

[R5]interface GigabitEthernet 0/0/0
[R5-GigabitEthernet0/0/0]isis enable 1
[R5]interface GigabitEthernet 0/0/1
[R5-GigabitEthernet0/0/1]isis enable 1
```

在华为路由器上配置 IS-IS 并不复杂，首先需在设备的系统视图下使用 **isis** 命令创建一个 IS-IS 进程，并进入该进程的配置视图。创建并进入 IS-IS 进程后，需使用 **network-entity** 命令指定该设备的 NET。另外 **is-level** 命令用于指定该设备的全局 Level（Level-1、Level-1-2 或 Level-2）。在完成 IS-IS 进程的创建及配置后，需要在设备的接口上使用 **isis enable** 命令激活 IS-IS 并指定关联的 IS-IS Process-ID。

完成配置后，可使用命令 **display isis peer** 查看邻居关系的建立情况，以 R3 为例：

```
<R3>display isis peer

                  Peer information for ISIS(1)

  System Id       Interface     Circuit Id          State   HoldTime   Type    PRI
  ----------------------------------------------------------------------------------
  0000.0000.0001  GE0/0/0       0000.0000.0001.01   Up      8s         L1      64
  0000.0000.0002  GE0/0/1       0000.0000.0003.02   Up      24s        L1      64
```

使用 **display isis lsdb** 命令可查看设备的 IS-IS LSDB，以 R3 为例：

```
<R3>display isis lsdb

                Database information for ISIS(1)
                --------------------

                Level-1 Link State Database

  LSPID                   Seq Num       Checksum   Holdtime   Length   ATT/P/OL
  ----------------------------------------------------------------------------------
  0000.0000.0001.00-00    0x00000009    0x7a6f     916        86       1/0/0
  0000.0000.0001.01-00    0x00000004    0xcdb9     916        55       0/0/0
  0000.0000.0002.00-00    0x00000009    0x3f7c     884        86       1/0/0
  0000.0000.0003.00-00*   0x00000008    0xac94     633        97       0/0/0
  0000.0000.0003.02-00*   0x00000004    0xbaca     633        55       0/0/0

Total LSP(s): 5
    *(In TLV)-Leaking Route, *(By LSPID)-Self LSP, +-Self LSP(Extended),
          ATT-Attached, P-Partition, OL-Overload
```

接下来看一下 R3 的路由表中的 IS-IS 路由信息：

```
<R3>display ip routing-table protocol isis
Route Flags: R - relay, D - download to fib
----------------------------------------------------------------------------------
```

```
Public routing table : ISIS
        Destinations : 3        Routes : 4

ISIS routing table status : <Active>
        Destinations : 3        Routes : 4

Destination/Mask    Proto    Pre    Cost    Flags    NextHop       Interface

    0.0.0.0/0       ISIS-L1   15     10      D      10.1.13.1     GigabitEthernet0/0/0
                    ISIS-L1   15     10      D      10.1.23.2     GigabitEthernet0/0/1
 10.1.14.0/24       ISIS-L1   15     20      D      10.1.13.1     GigabitEthernet0/0/0
 10.1.24.0/24       ISIS-L1   15     20      D      10.1.23.2     GigabitEthernet0/0/1

ISIS routing table status : <Inactive>
        Destinations : 0        Routes : 0
```

R3 通过 IS-IS 学习到了 10.1.14.0/24 及 10.1.24.0/24 路由，但是在缺省时，它无法学习到去往 Area 49.0123 之外的路由，例如去往 10.1.45.0/24 及 5.5.5.0/24 的路由，这是因为本区域的 Level-1-2 路由器 R1 及 R2 缺省时并不向该区域下发描述到达区域外部的路由的 LSP，取而代之的是在其泛洪的 LSP 中将 ATT 比特位置位，从而使该区域内的路由器自动根据该比特位产生一条指向它们的默认路由，因此我们可以在 R3 的路由表中看到两条默认路由，下一跳分别为 R1 及 R2。

当然，在本例中，R1 及 R2 是能够学习到完整的路由信息的，以 R1 为例：

```
<R1>display ip routing-table protocol isis
Route Flags: R - relay, D - download to fib
----------------------------------------------------------------------------
Public routing table : ISIS
        Destinations : 4        Routes : 4

ISIS routing table status : <Active>
        Destinations : 4        Routes : 4

Destination/Mask    Proto    Pre    Cost    Flags    NextHop       Interface

    5.5.5.0/24      ISIS-L2   15     30      D      10.1.14.4     GigabitEthernet0/0/1
 10.1.23.0/24       ISIS-L1   15     20      D      10.1.13.3     GigabitEthernet0/0/0
 10.1.24.0/24       ISIS-L1   15     30      D      10.1.13.3     GigabitEthernet0/0/0
 10.1.45.0/24       ISIS-L2   15     20      D      10.1.14.4     GigabitEthernet0/0/1

ISIS routing table status : <Inactive>
        Destinations : 0        Routes : 0
```

4.4.2　案例 2：IS-IS 路由渗透

在图 4-26 中，缺省时 R3 是无法通过 IS-IS 学习到 5.5.5.0/24 路由的，因为 Level-1-2 路由器 R1 及 R2 并不会在它们向 Area 49.0123 下发的 Level-1 LSP 中描述关于该网段的可达性信息，即便如此，此刻 R3 也是能够访问 5.5.5.0/24 的，当其转发到达该网段的报文时，将使用路由表中的 IS-IS 默认路由。

接下来，我们将在 R1 上部署路由渗透，让它将 Level-2 路由渗透到 Level-1 区域，从而使得 Level-1 区域中的 R3 能够学习到 5.5.5.0/24 路由，并通过 R1 到达该目的网段。

```
[R1]isis 1
[R1-isis-1]import-route isis level-2 into level-1
```

在 IS-IS 视图下执行的 **import-route isis level-2 into level-1** 命令用于配置 Level-2 到 Level-1 的路由渗透。在 R1 上完成上述配置后，R1 便会将 Level-2 路由引入 Level-1 区域。

此时 R3 的路由表中的 IS-IS 路由信息如下：

```
<R3>display ip routing-table protocol isis
Route Flags: R - relay, D - download to fib
————————————————————————————————————————————————————————————————————

Public routing table : ISIS
         Destinations : 5          Routes : 6

ISIS routing table status : <Active>
         Destinations : 5          Routes : 6

Destination/Mask       Proto    Pre  Cost    Flags    NextHop         Interface

        0.0.0.0/0      ISIS-L1   15   10       D      10.1.23.2       GigabitEthernet0/0/1
                       ISIS-L1   15   10       D      10.1.13.1       GigabitEthernet0/0/0
        5.5.5.0/24     ISIS-L1   15   40       D      10.1.13.1       GigabitEthernet0/0/0
      10.1.14.0/24     ISIS-L1   15   20       D      10.1.13.1       GigabitEthernet0/0/0
      10.1.24.0/24     ISIS-L1   15   20       D      10.1.23.2       GigabitEthernet0/0/1
      10.1.45.0/24     ISIS-L1   15   30       D      10.1.13.1       GigabitEthernet0/0/0

ISIS routing table status : <Inactive>
         Destinations : 0          Routes : 0
```

R3 已经学习到了 5.5.5.0/24 及 10.1.45.0/24 路由，并且路由的下一跳都为 R1。

此时如果我们只希望 R1 将 5.5.5.0/24 路由引入 Level-1 区域，那么可以采用如下配置：

```
[R1]ip ip-prefix 1 permit 5.5.5.0 24

[R1]isis 1
[R1-isis-1]import-route isis level-2 into level-1 filter-policy ip-prefix 1
```

在以上配置中，**import-route isis level-2 into level-1** 命令关联了 **filter-policy** 关键字，并且该关键字调用了一个 IP 前缀列表，这使得 R1 只将 IP 前缀列表所允许的路由（5.5.5.0/24）渗透到 Level-1 区域，而其他未被允许的路由则不会被渗透到 Level-1 区域。

说明

　　IP 前缀列表是一个重要的路由策略工具，用于匹配特定的路由，以便执行路由策略。本书"路由策略与 PBR"一章将详细介绍 IP 前缀列表。

4.4.3　案例 3：IS-IS 默认路由

在 IS-IS 中，主要通过以下 3 种方式来控制默认路由的生成及发布。

1. 在 Level-1-2 设备上，控制其产生的 LSP 中 ATT 比特位的设置情况

众所周知，属于某个 Level-1 区域的 Level-1-2 路由器如果与骨干网络存在连接，那么它会在自己向该 Level-1 区域下发的 Level-1 LSP 中将 ATT 比特位设置为 1，区域内的 Level-1 路由器将自动根据该 LSP 生成默认路由。

我们可以在 Level-1-2 设备上，通过特定命令控制其产生的 LSP 中 ATT 比特位的置

位情况。

缺省时，当 Level-1 区域内的 Level-1-2 路由器与 IS-IS 骨干的连接断开时（例如该 Level-1-2 路由器的所有 Level-2 邻居关系全部失效），该 Level-1-2 路由器将立即修改它的操作，将其产生的 Level-1 LSP 中的 ATT 比特位设置为 0，此时，区域内的 Level-1 路由器将不会再自动根据该 LSP 生成默认路由。

在 Level-1-2 路由器的 IS-IS 配置视图下，如果执行 **attached-bit advertise always** 命令，则该 Level-1-2 路由器无论是否连接到 IS-IS 骨干网络，都始终在其产生的 Level-1 LSP 中将 ATT 比特位设置为 1。相反，如果配置 **attached-bit advertise never** 命令，则该路由器无论如何都将其产生的 Level-1 LSP 中的 ATT 比特位设置为 0。

2．在 Level-1 设备上，通过配置使其即使收到了 ATT 比特位置位的 Level-1 LSP 也不会自动生成默认路由

缺省时，当 Level-1 路由器在区域中收到 Level-1-2 路由器所产生的 Level-1 LSP，并发现该 LSP 中 ATT 比特位被设置为 1 时，该 Level-1 路由器会自动生成一条指向这台 Level-1-2 路由器的默认路由。如果在 Level-1 路由器的 IS-IS 配置视图下执行 **attached-bit avoid-learning** 命令，则即使收到了 ATT 比特位为 1 的 Level-1 LSP，该 Level-1 设备也不会生成默认路由。

3．在 IS-IS 中发布默认路由

华为路由器提供了 **default-route-advertise** 命令，用于在 IS-IS 中发布默认路由。在图 4-27 中，R1 连接着一个外部网络，它是整个 IS-IS 域的出口设备，现在为了使得整个 IS-IS 域中的设备都能访问该外部网络，可以通过 R1 向 IS-IS 发布一条默认路由，使得 R2、R3 及 R4 都能通过 IS-IS 学习到该默认路由，从而能够将发往外部网络的流量转发给 R1。

```
[R1]isis 1
[R1-isis-1]default-route-advertise level-2 cost 10
```

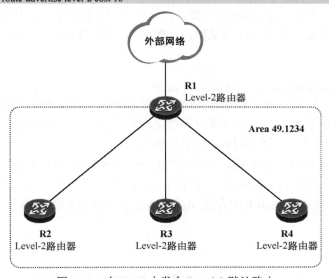

图 4-27　在 IS-IS 中发布 Level-2 默认路由

上面的命令将使 R1 在 IS-IS 发布一条 Level-2 的默认路由（如果不指定路由级别，

则缺省为 Level-2；如果希望发布 Level-1 默认路由，则使用 **level-1** 关键字），并且该路由的 Cost 为 10。完成上述操作后，R1 将产生一个 Level-2 LSP 用于描述这条默认路由：

```
<R1>display isis lsdb verbose

                    Database information for ISIS(1)
                    --------------------------------

                    Level-2 Link State Database

LSPID                    Seq Num        Checksum        Holdtime    Length    ATT/P/OL
-----------------------------------------------------------------------------------------
0000.0000.0001.00-00*    0x00000005     0xeae6          1088        124       0/0/0
  SOURCE                 0000.0000.0001.00
  NLPID                  IPV4
  AREA ADDR              49.1234
  INTF ADDR              10.1.12.1
  INTF ADDR              10.1.13.1
  INTF ADDR              10.1.14.1
  NBR   ID               0000.0000.0002.01    COST: 10
  NBR   ID               0000.0000.0004.01    COST: 10
  NBR   ID               0000.0000.0003.01    COST: 10
  IP-Internal            10.1.12.0       255.255.255.0   COST: 10
  IP-Internal            10.1.13.0       255.255.255.0   COST: 10
  IP-Internal            10.1.14.0       255.255.255.0   COST: 10


0000.0000.0001.00-01*    0x00000002     0x4799          1185        41        0/0/0
  SOURCE                 0000.0000.0001.00
  IP-Internal            0.0.0.0         0.0.0.0         COST: 10
......
```

R2、R3 及 R4 收到该 LSP 后，便可计算出指向 R1 的默认路由。

值得一提的是，当我们在 R1 上执行 **default-route-advertise level-2 cost 10** 命令后，系统会自动在该命令中增加 **always** 关键字，此时 R1 将无条件地向 IS-IS 发布默认路由，无论其自己的路由表中是否存在默认路由（例如静态默认路由等），而如果将 R1 的配置变更为：

```
[R1]isis 1
[R1-isis-1]default-route-advertise match default level-2 cost 10
```

则只有当 R1 的路由表中存在非 IS-IS 的默认路由（例如静态默认路由，或者通过 RIP、OSPF、BGP 等动态路由协议学习到的动态默认路由），或者从其他 IS-IS 进程学习到的默认路由，R1 才会向该 IS-IS 发布默认路由。

另外，**default-route-advertise** 命令还支持关联 **route-policy** 关键字，可使用该关键字调用一个定义好的 Route-Policy，并在该 Route-Policy 中匹配相应的路由，执行该操作后，IS-IS 路由器仅当其路由表中存在 Route-Policy 所允许的路由条目时，才会向 IS-IS 发布默认路由。

说明

Route-Policy 是一个重要的路由策略工具。本书"路由策略与 PBR"一章将详细介绍 Route-Policy。

4.4.4　案例 4：IS-IS 接口认证

IS-IS 支持的认证方式有三种，它们分别
是接口认证、区域认证和域认证，本节讨论
的是接口认证。缺省时，IS-IS 设备发送的 IIH
PDU 是不携带任何认证信息的，当它们在接
口上收到 IIH PDU 时，也只会针对报文的载
荷进行相应的检查。在图 4-28 中，IS-IS 路由
器 R1 及 R2 连接在同一台二层交换机上，它
们之间建立了 IS-IS 邻居关系。此时如果一个
攻击者也接入到了交换机 SW 上，并且在其
接口上激活 IS-IS，那么它便有可能与 R1、
R2 建立 IS-IS 邻居关系，从而对网络造成威
胁。我们可以通过在 R1 及 R2 的接口上激活
IS-IS 认证，从而提高 IS-IS 的安全性。

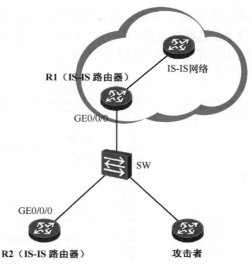

图 4-28　IS-IS 接口认证

R1 的配置如下：

```
[R1]isis 1
[R1-isis-1]network-entity 49.0192.0000.0000.0001.00
[R1-isis-1]is-level level-1-2
[R1-isis-1]quit

[R1]interface GigabitEthernet 0/0/0
[R1-GigabitEthernet0/0/0]isis enable 1
[R1-GigabitEthernet0/0/0]isis authentication-mode simple plain HCNP
```

R2 的配置如下：

```
[R2]isis 1
[R2-isis-1]network-entity 49.0192.0000.0000.0002.00
[R2-isis-1]is-level level-1-2
[R2-isis-1]quit

[R2]interface GigabitEthernet 0/0/0
[R2-GigabitEthernet0/0/0]isis enable 1
[R2-GigabitEthernet0/0/0]isis authentication-mode simple plain HCNP
```

在上述配置中，**isis authentication-mode simple plain HCNP** 命令用于在设备的接口
上激活 IS-IS 认证，其中 **simple** 关键字表示认证方式为明文认证，当采用这种认证方式
时，口令 HCNP 将以明文的形式在 IIH PDU 中被携带；另外，**plain** 关键字则表示密码
为明文类型，当使用该关键字时，命令后面输入的需是明文口令，而且该口令将以明文
的方式保存在设备的配置文件中，当用户读取该配置文件时，便能够看到明文的口令，
这显然是极不安全的；如果将 **plain** 关键字替换成 **cipher**，则命令后面可输入明文或密
文口令，且查看设备的配置文件时，将以密文的形式显示所键入的口令，因此安全性较高。

完成上述配置后，以 R1 为例，它将在自己发送的 IIH PDU 中附加认证 TLV
（Authentication TLV），并在该 TLV 中写入明文的口令"HCNP"。另外，当 R1 在该接口
收到 IIH PDU 时，也会解析该报文的认证 TLV，并且将该 TLV 中包含的口令与本地口

令进行比对，如果两者匹配，才会接收该报文，否则会丢弃。图 4-29 展示了 R1 发送的 IIH PDU，大家应该能轻松地从中找到认证 TLV，以及该 TLV 所携带的明文口令。由于采用的是明文认证，因此 IIH PDU 的认证 TLV 中将填写明文的口令，如果能够捕获 R1 及 R2 之间交互的 IIH PDU，即可轻松获取口令，从而对网络造成威胁，因此在现实网络中，不建议使用这种认证类型。

```
IEEE 802.3 Ethernet
Logical-Link Control
ISO 10589 ISIS InTRA Domain Routeing Information Exchange Protocol
  Intra Domain Routing Protocol Discriminator: ISIS (0x83)
  PDU Header Length: 27
  Version (==1): 1
  System ID Length: 6
  PDU Type          : L1 HELLO (R:000)
  Version2 (==1): 1
  Reserved (==0): 0
  Max.AREAs: (0==3): 3
⊟ ISIS HELLO
  Circuit type            : Level 1 and 2, reserved(0x00 == 0)
  System-ID {Sender of PDU} : 0000.0000.0001
  Holding timer: 9
  PDU length: 1497
  Priority                : 64, reserved(0x00 == 0)
  System-ID {Designated IS} : 0000.0000.0001.01
  ⊞ Area address(es) (4)
  ⊞ IS Neighbor(s) (6)
  ⊞ IP Interface address(es) (4)
  ⊞ Protocols Supported (1)
  ⊟ Authentication (5)
    clear text (1), password (length 4) = HCNP
  ⊞ Restart Signaling (3)
  ⊞ Multi Topology (2)
  Padding (255)
  Padding (255)
  Padding (255)
  Padding (255)
  Padding (255)
  Padding (144)
```

图 4-29　R1 发送的 IIH PDU

另一种认证方式是 MD5 认证，可将 R1 的配置修改如下：

```
[R1]interface GigabitEthernet 0/0/0
[R1-GigabitEthernet0/0/0]isis authentication-mode md5 cipher HCNP
```

将 R2 的配置修改如下：

```
[R2]interface GigabitEthernet 0/0/0
[R2-GigabitEthernet0/0/0]isis authentication-mode md5 cipher HCNP
```

完成上述操作后，R1 及 R2 将在其 IIH PDU 的认证 TLV 中携带密文形式的口令，安全性得到了提升。

4.5　习题

1.（单选）如果某台 IS-IS 设备配置了 NET：49.1524.2011.2102.0000.2192.00，那么该设备所属的区域 ID 是（　　）

　　A. 49.1524.2011.2102.0000.2192

　　B. 49.1524.2011.2102.0000

　　C. 49.1524.2011.2102

　　D. 49.1524.2011

2．（单选）图 4-30 中，不能正确形成 IS-IS 邻居关系的是（　　）

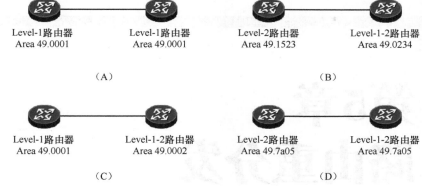

图 4-30　哪个选项的路由器之间不能正确地形成邻居关系

3．（多选）以下关于 IS-IS 路由器的类型，说法正确的是（　　）

A．Level-1 路由器可以与相同区域内的 Level-2 路由器建立邻居关系。

B．Level-2 路由器可以与相同或者不同区域内的 Level-2 路由器建立邻居关系。

C．Level-1-2 路由器只能与不同区域内的 Level-2 路由器建立邻居关系，如果对方与自己同属一个区域，则邻居关系无法正确建立。

D．Level-1 路由器无法与不同区域内的其他路由器建立邻居关系。

4．（多选）以下关于 DIS 说法正确的是（　　）

A．如果 LSP 的 ID 为 0000.0000.0004.01-00，则产生该 LSP 的设备是其所连接的 LAN 中的 DIS。

B．接口 DIS 优先级最高的设备（的接口）将成为 LAN 的 DIS，如果 DIS 优先级相等，则接口 MAC 地址最小的设备将成为该 LAN 的 DIS。

C．一个 LAN 中可能同时存在 Level-1 及 Level-2 的 DIS，并且两者可以是不同设备。

D．不存在备份 DIS，并且 DIS 不支持抢占。

5．（多选）以下关于 OSPF 与 IS-IS，说法正确的是（　　）

A．OSPF 及 IS-IS 都是链路状态路由协议。

B．OSPF 仅仅支持 IP 环境，而 IS-IS 支持 ISO CLNP 环境及 IP 环境。

C．对于 OSPF 而言，区域的交界落在路由器上，而对于 IS-IS 而言，区域的交界落在链路上。

D．OSPF 使用多种 LSA 类型来承载各种拓扑信息及网段信息，而 IS-IS 则使用具备高扩展性的 TLV 来承载。

第5章
路由重分发

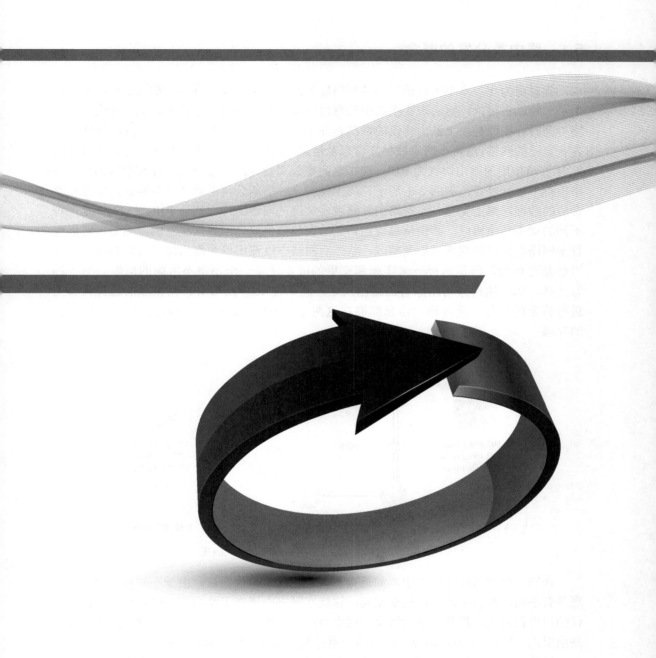

5.1　路由重分发的概念

　　到目前为止，本书所讨论的多数网络环境都有一个共同的特点，那就是在网络中只用了一种路由协议，然而现实生活中的商用网络往往要更加复杂和多元化，在同一个网络中同时存在两种以上路由协议的情况是非常常见的。举个例子，假设 A 公司与 B 公司各有自己的网络,这两个网络被独立管理及运维,A 公司的网络使用的路由协议为 OSPF，而 B 公司使用的路由协议为 RIP，现在这两家公司合并成一家公司，导致原有的两张网络不得不进行整合，如图 5-1 所示，为了使得合并后新公司的业务流量能够正常地在整合后的数据网络上交互，实现路由互通就是关键的问题之一。然而 RIP 和 OSPF 是两种不同的动态路由协议，路由信息肯定是无法在路由协议之间直接交互的，当然，可以进行全网路由协议的重新规划及整改，整改后网络中仅使用单个路由协议（如 OSPF）。这当然是可行的，但是这样一来实施和变更的成本便是一个不得不考虑的问题。另一种方式是，保持这两张网络原有的路由规划，然后在 RIP 及 OSPF 路由域的边界设备上进行特定的操作，使得路由信息能够在这两个动态路由协议之间传递，从而实现路由的互通。

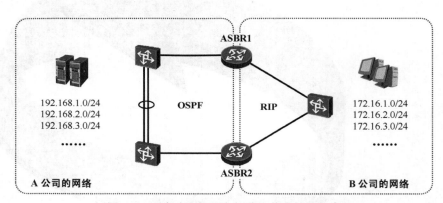

图 5-1　两个路由协议之间路由信息彼此隔离

　　在同一个网络拓扑结构中，如果存在多种不同的路由协议，由于不同路由协议的机理各有不同，对路由的处理也不相同，这就在网络中造成了路由信息的隔离，在路由协议的边界设备上，将某种路由协议的路由信息引入另一种路由协议中，这个操作被称为路由引入（Route Importation）或者路由重分发（Route Redistribution）。

　　当然在实际项目中，同一个网络中存在多种路由协议的情况不仅限于上文所介绍的网络合并的例子。在一个大型的企业中，由于网络规模十分庞大，选用单一的路由协议可能已经无法满足网络的需求，因此多种路由协议共存的情况颇为常见。再者出于业务逻辑的考虑，通过在不同的网络结构中设计、部署不同的路由协议，如图 5-2 所示，可以使路由的层次结构更加清晰和可控。另外，在执行路由重分发时，还可以部署路由策略，从而实现对业务流量的灵活把控，这也是路由重分发的魅力之一。

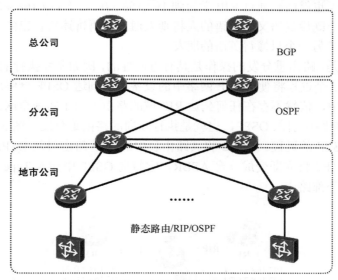

图 5-2　针对网络层次化的结构部署多种路由协议

在图 5-3 所示的网络中，存在两个动态路由协议。R1 与 R2 之间运行 RIP 以便交互路由信息，R2 能够通过 RIP 学习到 R1 通告的 192.168.1.0/24 及 192.168.2.0/24 路由并将它们加载到路由表。同时 R2 与 R3 又建立了 OSPF 邻接关系，R2 又通过 OSPF 学习到了路由 192.168.3.0/24 及 192.168.4.0/24。那么对于 R2 而言，它自己就分别通过这两种动态路由协议学习到了到达全网的路由，但是缺省时，它不会将其从 RIP 学习到的路由变成 OSPF 路由通告给 R3，也不会将其从 OSPF 学习到的路由变成 RIP 路由告诉给 R1。因此，R2 也就成了 RIP 及 OSPF 路由域的分界点。那么如何能够打通网络的路由呢？关键点在于 R2 上，通过在 R2 上部署路由重分发，可以实现路由信息在不同路由协议之间的传递。

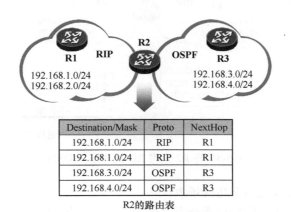

Destination/Mask	Proto	NextHop
192.168.1.0/24	RIP	R1
192.168.1.0/24	RIP	R1
192.168.3.0/24	OSPF	R3
192.168.4.0/24	OSPF	R3

R2的路由表

图 5-3　R2 运行了两种动态路由协议，它是两个路由域的边界

首先将 R2 路由表中的 OSPF 路由引入 RIP，如图 5-4 所示，如此一来 R2 的 RIP 进程就获知了这些来自 OSPF 的外部路由，它将这些被引入的路由放置在 Response 报文中

通告给 R1，而 R1 也就能够通过 RIP 学习到 192.168.3.0/24 及 192.168.4.0/24 路由了。这个过程就像是一个既懂汉语又懂英语的人将别人通过汉语讲述给自己的一个故事翻译成英语，并告诉给了另一个只懂得英语的朋友。

　　需要强调的是，路由重分发的操作是具有方向性的，例如刚才执行的动作是将 OSPF 路由引入 RIP，这个过程将使得 RIP 网络中的设备获知到达 OSPF 网络的路由，但是此时在 OSPF 网络中，依然不存在任何到达 RIP 域的路由，为了实现全网路由可达，还需要在 R2 上将 RIP 路由引入 OSPF，也就是执行双向的路由重分发。图 5-5 描述了 R2 将 RIP 路由引入 OSPF 的过程。当 R2 将其路由表中的 RIP 路由引入 OSPF 后，对于整个 OSPF 网络而言，R2 将立即变成一台 ASBR，它将向 OSPF 中注入 Type-5 LSA，用于描述这些被引入的外部路由。

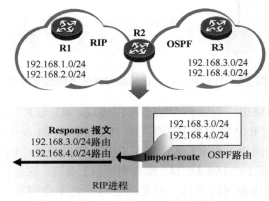

图 5-4　在 R2 上将 OSPF 路由引入 RIP

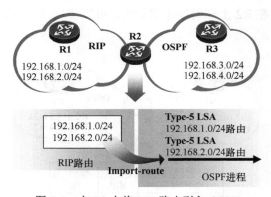

图 5-5　在 R2 上将 RIP 路由引入 OSPF

路由重分发主要涉及如下几种场景：

- 动态路由协议之间的路由重分发（例如本节所介绍的例子）；
- 将直连路由引入动态路由协议；
- 将静态路由引入动态路由协议。

接下来将为大家详细地介绍各种路由重分发的场景，以及配置的方法。

5.2 案例 1：RIP 与 OSPF 之间的路由重分发

最常见的路由重分发的场景之一，就是在两个动态路由协议域的边界上执行路由重分发操作，将路由信息从一个动态路由协议引入另一个路由协议中。在图 5-6 中，R2 同时运行了 RIP 及 OSPF 两个动态路由协议，显然它能够从 RIP 学习到 R1 通告的路由 192.168.1.0/24，也能够从 OSPF 获知到达 192.168.3.0/24 的路由，也就是说，此时 R2 的路由表中包含到达全网各个网段的路由信息，但是它所运行的 RIP 及 OSPF 是两个完全独立的路由协议，这两个协议所维护的路由信息也是完全隔离的。初始情况下，三台路由器的路由表如图 5-6 所示。现在为了让 OSPF 与 RIP 网络实现互通，就需要在 R2 上执行路由重分发。

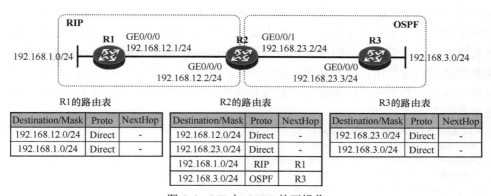

图 5-6　RIP 与 OSPF 的互操作

首先将 R2 路由表中的 OSPF 路由引入 RIP：

```
[R2]rip 1
[R2-rip-1]import-route ospf 1 cost 2
```

在 RIP、OSPF、IS-IS 及 BGP 等几乎所有的主流动态路由协议中，**import-route** 命令都被用于执行路由重分发。留意到现在的配置目标是要将 R2 路由表中的 OSPF 路由引入 RIP，因此该命令需要在 RIP 配置视图下执行。在上面的例子中，**import-route ospf 1 cost 2** 命令将使 R2 把自己路由表中通过 OSPF 进程 1 学习到的所有 OSPF 路由，以及在该 OSPF 进程中激活的本地接口的直连路由都引入 RIP（并且路由的度量值为 2）。因此实际上 R2 是将两条路由：192.168.23.0/24 以及 192.168.3.0/24 引入 RIP 中，如图 5-7 所示。

需要注意的是，路由重分发的过程是将设备路由表中的某种路由信息引入另一种路由协议中，例如本例中，当 R2 执行了 OSPF 到 RIP 的路由重分发后，R1 是能够获知到达 192.168.3.0/24 的 RIP 路由的，但是如果此时 192.168.3.0/24 网段失效，那么 OSPF 将立即收敛，R2 会把到达该网段的 OSPF 路由从其路由表中删除，这将直接对 R2 的路由重分发操作产生影响，此时 R2 会立即向 R1 发送一个 Response 报文，用于撤销关于该目的网段的路由通告。

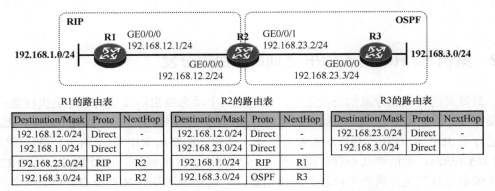

图 5-7　在 R2 将 OSPF 路由引入 RIP 后，R1 的路由表将发生变化

另一个需要留意的细节是路由的度量值。不同的路由协议对度量值的定义是不同的，OSPF 将开销作为路由的度量值，而 RIP 则定义了跳数作为其路由度量值，这显然是两种不同的设定。因此当一条路由被路由器从 OSPF 引入 RIP 时，路由器生成的 RIP 路由的度量值显然需要被重新定义，在上文配置的 **import-route** 命令中，关联了 **cost** 关键字来指定路由被引入之后的度量值。在 **import-route ospf 1** 后增加 **cost 2** 则意为将引入 RIP 的路由的度量值设置为 2 跳，如此一来，R2 将向 R1 发送 Response 报文，并在报文中包含被引入的这两条外部路由，它会将路由的度量值增加 1 跳再发给 R1。此时 R1 的路由表如下：

```
[R1]display ip routing-table protocol rip
Route Flags: R - relay, D - download to fib
--------------------------------------------------------------------------
Public routing table : RIP
         Destinations : 2        Routes : 2

RIP routing table status : <Active>
         Destinations : 2        Routes : 2

Destination/Mask    Proto   Pre    Cost    Flags    NextHop        Interface

      192.168.3.0/24    RIP    100     3      D       192.168.12.2    GigabitEthernet0/0/0
     192.168.23.0/24    RIP    100     3      D       192.168.12.2    GigabitEthernet0/0/0

RIP routing table status : <Inactive>
         Destinations : 0        Routes : 0
```

注意　如果要将其他路由协议的路由引入 RIP，并且在执行 **import-route** 命令时没有指定 **cost** 关键字及其参数，那么缺省时，被引入 RIP 的外部路由的 Cost 值为 0，路由器将该外部路由通告给其他路由器时，会将跳数设置为 1（也即 0 跳加上 1 跳）。可以在 RIP 配置视图下使用 **default-cost** 命令修改这个缺省值（范围是 0～15）。

在 R2 上部署了 OSPF 到 RIP 的路由重分发后，R1 已经通过 RIP 获知了到达 OSPF 网络中所有网段的路由。然而此时 192.168.1.0/24 的用户是无法与 R3 以及 192.168.3.0/24 的用户进行双向通信的，这是因为 R3 并没有发现到达 192.168.1.0/24 的路由。正如前面所说，路由重分发是有方向性的，为了使得全网各个网段能够互通，还需要在 R2 上将 RIP 路由引入 OSPF，配置如下：

```
[R2]ospf 1
[R2-ospf-1]import-route rip 1 cost 10 type 1
```

如以上的配置所示，要将 RIP 路由引入 OSPF，需要在 OSPF 的配置视图下执行相关命令。**Import-route rip 1 cost 10 type 1** 命令被执行后，R2 路由表中所有通过 RIP 进程 1 学习到的 RIP 路由，以及它已经在该 RIP 进程中激活的本地接口的直连路由都会被引入 OSPF，并且这些被引入 OSPF 的外部路由的度量值类型为 Metric-Type-1（由命令中的 **type** 关键字所指定，如果未配置该关键字，则被引入的外部路由的度量值类型缺省为 Metric-Type-2），另外度量值为 10（由命令中的 **cost** 关键字所指定，如果未配置该关键字，则被引入的外部路由的度量值缺省为 1）。

完成上述配置后，R3 的路由表如下：

```
<R3>display ip routing-table protocol ospf
Route Flags: R - relay, D - download to fib
----------------------------------------------------------------------
Public routing table : OSPF
            Destinations : 2          Routes : 2

OSPF routing table status : <Active>
            Destinations : 2          Routes : 2

Destination/Mask     Proto    Pre    Cost    Flags    NextHop           Interface

    192.168.1.0/24   O_ASE    150    11      D        192.168.23.2      GigabitEthernet0/0/0
    192.168.12.0/24  O_ASE    150    11      D        192.168.23.2      GigabitEthernet0/0/0

OSPF routing table status : <Inactive>
            Destinations : 0          Routes : 0
```

注意

执行 **import-route** 命令将其他路由协议的路由引入 OSPF 时，可以指定外部路由引入 OSPF 后的度量值、度量值类型、标记等信息，如果该命令中没有指定上述信息，那么路由器将会为路由的这些属性设置缺省值，在 OSPF 配置视图下，使用 **default** 命令可修改这些缺省值：

● **default cost 20**：外部路由被引入 OSPF 后，其度量值缺省被设置为 1，使用该命令可将缺省值修改为 20。

● **default cost inherit-metric**：执行该命令后，被引入 OSPF 的外部路由的度量值将继承其被引入前的值。

● **default type 1**：外部路由被引入 OSPF 后，其度量值类型缺省被设置为 Metric-Type-2，使用该命令可将缺省度量值类型设置为 Metric-Type-1。

● **default tag 10**：外部路由被引入 OSPF 后，其路由标记值缺省被设置为 1，使用该命令可将缺省标记值设置为 10。

在两个动态路由协议之间部署路由重分发是一种非常常见的场景，需要再次强调的是，将路由协议 A 的路由引入路由协议 B，需要在 B 的配置视图下执行 **import-route** 命令，而不是在 A 的配置视图下执行。

5.3 案例 2：重分发直连路由到 OSPF

在设备上部署 RIP 或 OSPF 时，如果希望该设备的直连接口路由能够被发布到 RIP 或 OSPF 协议中，从而被其他 RIP 或 OSPF 设备获知，就必须在 RIP 或 OSPF 的配置视图下执行 **network** 命令，从而在该接口上激活相应的动态路由协议。而对于 IS-IS 而言，大家已经知道，需在接口上执行 **isis enable** 命令，这样该接口的路由才能够被其他 IS-IS 设备学习到。

以 OSPF 为例，如果某个接口被用户使用 **network** 命令在特定的区域配置视图下激活，则设备将在其产生的 Type-1 LSA 中描述该直连接口的状况，如此一来，该 OSPF 网络内的其他设备即可通过网络中所泛洪的 LSA 计算出到达该接口所在网段的 OSPF 内部路由（区域内或区域间路由）。然而，如果该接口并未被 **network** 命令激活 OSPF，那么对于整个 OSPF 网络来说，这个接口的路由是无法被感知的，也就是说，该接口的路由此时对于整个 OSPF 网络而言是不可见的外部路由。

那么除了在设备的接口上激活动态路由协议，还有其他方法能够将设备的接口直连路由发布到动态路由协议中么？答案当然是有的，那便是将直连路由引入动态路由协议。如图 5-8 所示，R3 并未在其 GE0/0/1 接口上激活 OSPF，其初始配置如下：

```
[R3]ospf 1 router-id 3.3.3.3
[R3-ospf-1]area 0
[R3-ospf-1-area-0.0.0.0]network 192.168.23.0 0.0.0.255
```

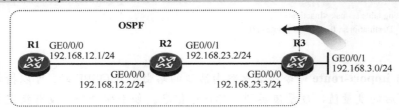

图 5-8 将直连路由引入 OSPF

此时整个 OSPF 网络并不知晓到达 192.168.3.0/24 的路由。接下来，可以在 R3 上执行路由重分发，将其路由表中的直连路由引入 OSPF：

```
[R3]ospf 1
[R3-ospf-1]import-route direct
```

在以上配置中，**import-route direct** 命令用于将本设备路由表中的所有直连路由引入 OSPF。正如上文所说，这条命令将会把 R3 路由表中所有直连路由都引入 OSPF，其中当然也包括 192.168.3.0/24 这条直连路由，如此一来，R2 的路由表中就出现了 192.168.3.0/24 路由，并且该路由的类型为 AS 外部路由（留意其 Proto 为 O_ASE）：

```
<R2>display ip routing-table protocol ospf
Route Flags: R - relay, D - download to fib
------------------------------------------------------------------------
Public routing table : OSPF
         Destinations : 1        Routes : 1
```

```
OSPF routing table status : <Active>
          Destinations : 1          Routes : 1

Destination/Mask     Proto      Pre   Cost   Flags     NextHop            Interface

     192.168.3.0/24  O_ASE      150   1      D         192.168.23.3       GigabitEthernet0/0/1

OSPF routing table status : <Inactive>
          Destinations : 0          Routes : 0
```

当然，R1 也能通过 OSPF 获知到达 192.168.3.0/24 的外部路由。值得注意的是，当 R3 的 GE0/0/1 接口故障时，其路由表中关于该接口的直连路由会失效，那么它将立即意识到此前引入 OSPF 的路由中 192.168.3.0/24 路由需要撤销，于是它向 OSPF 网络泛洪一个新的 Type-5 LSA 以便将此前通告的、用于描述该路由的 Type-5 LSA 老化。最终，R1 及 R2 将会把该路由从自己的路由表中移除。

将直连路由引入其他动态路由协议中，同样是使用 **import-route direct** 命令。

5.4　案例 3：重分发静态路由到 OSPF

对于动态路由协议而言，静态路由被视为域外的路由信息，这些路由并不被动态路由协议直接感知。此时如果希望该动态路由协议域内的所有设备都能通过这个路由协议学习到这些路由，就需将静态路由引入该动态路由协议。

在图 5-9 所示的网络中，R2 及 R3 运行了 OSPF 并且建立了邻接关系。R1 并不支持 OSPF，因此我们为它添加了一条默认路由且下一跳为 R2，另一方面，为了让 R2 能够到达 192.168.1.0/24，还需要在 R2 上配置静态路由：

```
[R2]ip route-static 192.168.1.0 24 192.168.12.1
```

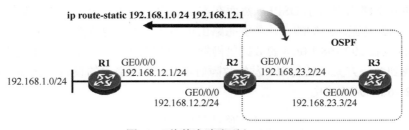

图 5-9　将静态路由引入 OSPF

现在 R2 已经能够将发往 192.168.1.0/24 的数据转发到 R1 了，这得益于上述静态路由的配置。但是这条静态路由对于 R3 以及整个 OSPF 网络而言是不可见的，是域外的路由，因此 R3 及 OSPF 域内的其他路由器初始时均无法访问 192.168.1.0/24。您可能会想到，在 R3 上也添加静态路由就能解决这个问题了，这的确是一个最直接的方法，但是却不是最高效和可扩展性最高的方法。设想一下，如果 OSPF 域内的路由器数量非常大呢？难道每台路由器都需要部署静态路由么？因此，这显然并非最佳的方案。实际上，通过在 R2 上将静态路由引入 OSPF 即可很好地解决这个问题。

R2 的关键配置如下：

```
[R2]ip route-static 192.168.1.0 24 192.168.12.1

[R2]ospf 1
[R2-ospf-1]import-route static
[R2-ospf-1]area 0
[R2-ospf-1-area-0.0.0.0]network 192.168.23.0 0.0.0.255
```

在 R2 的 OSPF 视图中执行的 **import-route static** 命令，用于将其路由表中的所有静态路由引入 OSPF。将静态路由引入其他动态路由协议中，同样是使用 **import-route static** 命令。

5.5　习题

1.（单选）以下关于路由重分发的说法，错误的是（　　）

    A. 在某台设备上，将其路由表中来源于 X 路由协议的路由引入 Y 路由协议，是在 Y 路由协议的配置视图下执行 **import-route** 命令。

    B. 设备 A 执行了 **import-route** 命令并成功将其接口 GE0/0/1 的直连路由引入 OSPF 后，该接口也就激活了 OSPF，并开始周期性地发送 Hello 报文。

    C. 在 OSPF 配置视图中，如果执行了 **import-route direct** 命令，则设备会把路由表中所有的直连路由都引入 OSPF，其中包括已经被 **network** 命令激活了 OSPF 的接口的直连路由。

    D. 在 OSPF 配置视图中，如果执行了 **import-route static** 命令，则设备会把路由表中所有的静态路由都引入 OSPF，失效的静态路由是不会被引入 OSPF 的。

2. 在图 5-10 中，R1 并不支持 OSPF，R2 与 R3 运行 OSPF 并建立了邻接关系。为了能够将到达 192.168.1.0/24 的数据包顺利转发到 R1，R2 配置了到达该网段的静态路由，并且它将该静态路由引入了 OSPF。然而在本场景中，存在一个小问题，即如果 R1 发生故障，那么 R2 是无法感知的，该条静态路由也不会消失，也依然会被引入 OSPF，此时 OSPF 网络内发往 192.168.1.0/24 的数据包仍然会被转发到 R2——这实际上是没有意义的。

尝试找到解决方案，使得 R1 发生故障时，OSPF 网络内的设备（例如）R3 不会再学习到 192.168.1.0/24 路由。

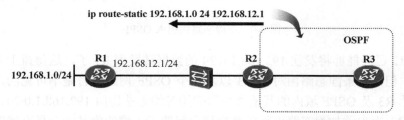

图 5-10　当 R1 发生故障时，R2 需将下一跳为 R1 的静态
路由删除，并且不再向 OSPF 引入该路由

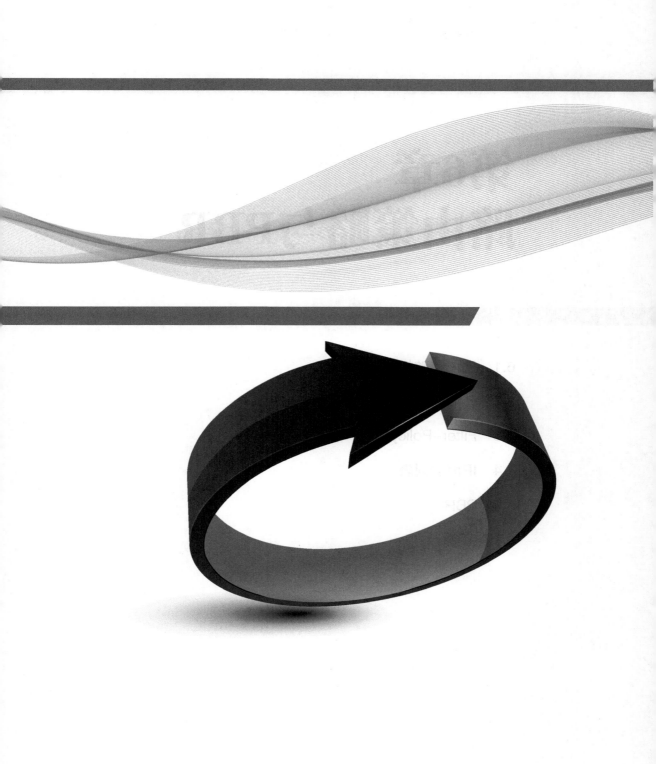

第6章
路由策略与PBR

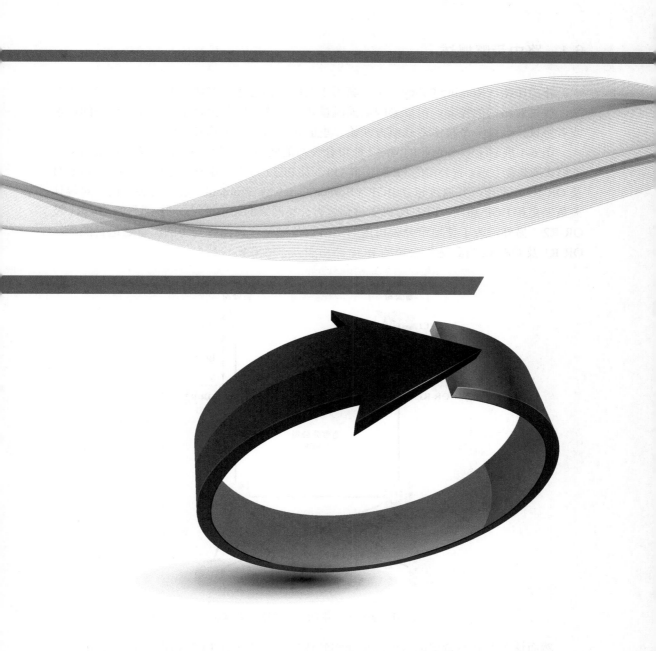

6.1 路由策略概述

路由策略（Routing Policy）是一套用于对路由信息进行过滤、属性设置等操作的方法，通过对路由的控制，可以影响数据流量转发操作。实际上路由策略并非单一的技术或者协议，而是一个技术专题或方法论，里面包含着多种工具及方法。

图 6-1 展示了一个企业的网络。地市分公司的网络内运行了 OSPF，这使得该网络内能够实现数据互通。省公司的 PE 路由器（PE1 及 PE2）与地市分公司的出口路由器（OR-R1 及 OR-R2）直连，并通过建立 BGP（Border Gateway Protocol，边界网关协议）对等体关系来交互 BGP 路由。PE1 及 PE2 将到达省公司网络的路由通过 BGP 通告给 OR-R1 及 OR-R2。另外，为了使地市分公司内的网络设备能够将发往省公司的流量送达目的地，OR-R1 及 OR-R2 将到达省公司的 BGP 路由引入了 OSPF。

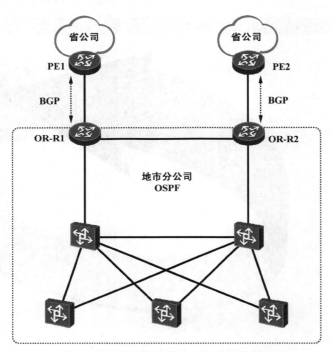

图 6-1　企业网络中的路由策略部署需求

然而该企业并不希望地市分公司获知到达省公司的所有 BGP 路由，而且 BGP 通常被用于承载大批量的路由信息，如果猛地把所有 BGP 路由全部引入 OSPF，将瞬间使得地市分公司的网络设备的路由表规模迅速增大，设备的性能势必受到极大挑战。

那么如何限制路由通告呢？如何有选择性地将 BGP 路由引入 OSPF 呢？网络管理员可以在省公司的 PE 路由器上执行路由过滤，只将特定的 BGP 路由通告给 OR-R1 及 OR-R2。另外，当 OR-R1 及 OR-R2 收到省公司通告的 BGP 路由时，为了让 OSPF 域内的其他设备能够学习到这些路由，可以在路由重分发过程中进行相应的配置，只将特定的路由引入 OSPF。

此外如果企业希望地市分公司访问省公司的部分网络资源时通过 OR-R1 到达,而访问另一部分网络资源时则通过 OR-R2 到达,网络管理员也可以通过适当地操控路由属性来实现上述需求。

综上所述,路由策略的应用是非常广泛的,也是非常重要的,我们主要通过部署路由策略来实现如下几种需求。

(1)网络设备在发布路由更新,或者接收路由更新时执行路由过滤。

(2)网络设备在执行路由重分发时,关联路由策略,只将特定的路由引入目标路由协议。

(3)针对不同的路由设置不同的路由属性(例如路由的度量值、路由的优先级或路由的标记等)。

后续的小节将陆续向大家介绍用于部署路由策略的几个工具。

6.2　Route-Policy

Route-Policy(路由-策略)是路由策略技术专题中的一个重要工具,它能在各种场合很好地完成路由策略的部署任务,而且功能非常强大,它既可以被用来执行路由过滤,又可以用于修改路由的属性。

在图 6-2 所示的网络中存在两个动态路由协议域——OSPF 及 RIP,而 R2 处于两个域的边界。R2 同时运行着 RIP 及 OSPF,为了让 R1 能学习到 OSPF 域中的路由信息,我们需要在 R2 上部署路由重分发,将 OSPF 路由引入 RIP。缺省情况下,R2 的路由表中所有的 OSPF 路由都会被引入 RIP,而且这些路由被引入后,它们的跳数都是统一的,是一个相同的值。如果希望 R2 只将特定的 OSPF 路由引入 RIP,而不是全部,并且对引入后的路由设置不同的跳数,该如何操作呢?此时就可以在路由重分发的过程中应用 Route-Policy。

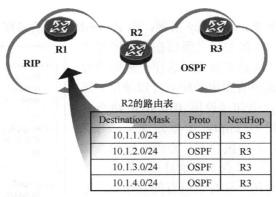

R2的路由表

Destination/Mask	Proto	NextHop
10.1.1.0/24	OSPF	R3
10.1.2.0/24	OSPF	R3
10.1.3.0/24	OSPF	R3
10.1.4.0/24	OSPF	R3

图 6-2　在执行路由重分发时应用 Route-Policy

实际上 Route-Policy 的应用不仅仅局限在上述场景,学习完本节之后,我们应该能够:

- 了解 Route-Policy 的基本概念；
- 掌握 Route-Policy 的基础配置；
- 掌握 Route-Policy 在各种场景下的应用。

6.2.1 Route-Policy 的基本概念

Route-Policy 是一个非常重要的路由策略工具，如图 6-3 所示，您可以把它想象成拥有一个或多个节点（Node）的列表，每一个节点都可以是一系列条件语句及执行语句的集合，这些节点按照编号从小到大的顺序排列。在每个节点中，用户可以定义条件语句及执行语句，这就有点像程序设计语言里的 If-Then（如果-则）组合。在 Route-Policy 被执行的时候，设备从编号最小的节点开始进行路由匹配，在本例中首先看节点 1（图 6-3 中，最小的节点编号为 1），设备对该节点中的条件语句进行匹配，如果被匹配的对象满足所有条件，则执行该节点中的执行语句，并且不会再继续往下一个节点进行匹配。而如果节点 1 中，有任何一个条件不满足，则前往下一个节点，也就是到节点 2 中去匹配条件语句，如果被匹配的对象满足所有条件，则执行该节点中的执行语句，如果不满足，则继续往下一个节点进行匹配，以此类推。

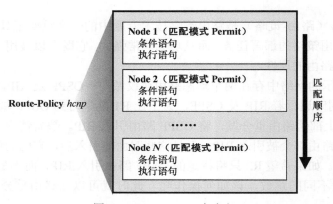

图 6-3 Route-Policy 初相识

图 6-4 展示了一个 Route-Policy 实例，该 Route-Policy 的名称为 hcnp，一共有三个节点，序号分别是 5，10 和 15。之所以在每个序号之间预留 4 个数，是为了考虑扩展性，这样一来用户如果需要插入新节点，则还有预留的序号可以使用。每个节点中都配置了条件语句（使用 **if-match** 命令定义）及执行语句（使用 **apply** 命令定义）。当该 Route-Policy 被调用且开始执行时，路由匹配的操作将从序号最小的节点——节点 5 开始进行。节点 5 中定义了多条 if-match 语句，只有当所有的 if-match 语句都满足时，才会执行 y1 所定义的动作。如果节点 5 中有任何一个条件不满足，则继续到下一个节点中进行匹配。

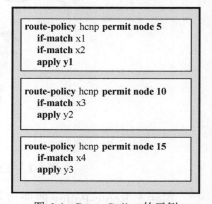

图 6-4 Route-Policy 的示例

6.2.2　基础配置

1．创建一个 Route-Policy 节点

route-policy *route-policy-name* { **permit** | **deny** } **node** *node*

在设备的系统视图中使用上述命令，即可创建一个 Route-Policy 节点，并进入该 Route-Policy 节点的配置视图。在该命令中，Route-Policy 的名称可以根据需要自行定义，在名称的后面，有两个关键字可以选择，它们用于指定该节点的匹配模式。

● **Permit**：指定该节点的匹配模式为允许。如果路由匹配的结果是满足该节点的所有 if-match 语句，则该路由被视为允许通过，该节点的 apply 语句将被执行，且不再进入下一个节点；如果该节点中有 if-match 语句不满足，则进入下一个节点继续匹配。

● **Deny**：指定节点的匹配模式为拒绝。如果节点的匹配模式为 deny，则该节点的 apply 语句将不被执行。如果路由匹配的结果是满足该节点的所有 if-match 语句，那么 Route-Policy 的匹配过程立即结束，不会再进入下一个节点，而且满足该节点条件的路由被视为拒绝通过。如果该节点下有 if-match 语句不满足，则进入下一个节点继续匹配。

以命令 **route-policy hcnp permit node 10** 为例，如果设备上不存在 Route-Policy hcnp，那么执行该命令后，设备将创建名称为 hcnp 的 Route-Policy，同时在该 Route-Policy 中创建一个节点，该节点的匹配模式为 permit，且编号为 10。

值得注意的是，当 Route-Policy 用于路由匹配时，被匹配对象（也就是路由条目）必须满足一个节点中的所有 if-match 语句，才被认为匹配该节点。如果某条路由没有被 Route-Policy 的任何节点匹配，则该路由被视为拒绝通过该 Route-Policy，也就是说，Route-Policy 的末尾隐含着一个类似拒绝所有的节点。当然，为了避免所有的路由都被拒绝通过，一个 Route-Policy 中必须至少有一个节点的匹配模式为 permit。

2．（可选）配置 if-match 语句

在 Route-Policy 的节点视图下，使用 **if-match** 命令可定义匹配条件，所匹配的对象是路由信息的一些属性，例如路由的目的网络地址或掩码长度、度量值、标记或下一跳 IP 地址等。以下是一些常用的 if-match 命令。

● 匹配 ACL：

if-match acl { *acl-number* | *acl-name* }

● 匹配 IP 前缀列表：

if-match ip-prefix *ip-prefix-name*

● 匹配路由的度量值：

if-match metric *metric*

● 匹配路由的出接口：

if-match interface *interface-type interface-number*

● 匹配路由的标记：

if-match tag *tag*

一个节点中可以包含多条 if-match 语句，这些 if-match 语句之间是"与"的关系，也就是说所有的 if-match 语句必须同时满足，被匹配对象才被视为匹配该节点，但是 **if-match route-type** 和 **if-match interface** 等除外，这些命令各自的 if-match 语句之间是

"或"的关系。

一个节点中可以不包含任何 **if-match** 语句，当这种情况出现时，则视为匹配所有，也就是任何的被匹配对象都满足该节点的条件。

3.（可选）配置 apply 语句

在 Route-Policy 的节点视图下，使用 **apply** 命令指定需执行的动作，这些动作主要是对所匹配的路由的某些属性进行修改，例如修改路由的度量值、优先级值、标记等。以下是一些常用的 apply 命令。

- 设置路由的度量值：

apply cost [+ | -] *cost*

- 设置路由的度量值类型：

设置 IS-IS 的度量值类型：**apply cost-type** { **external** | **internal** }

设置 OSPF 的度量值类型：**apply cost-type** { **type-1** | **type-2** }

- 设置路由的下一跳地址：

apply ip-address next-hop { *ipv4-address* | **peer-address** }

- 设置路由的优先级：

apply preference *preference*

- 设置路由的标记：

apply tag *tag*

一个节点中可以不包含任何 apply 语句，此时该节点只被用于执行路由过滤，而不用于设置路由的属性。

6.2.3 案例 1：在引入直连路由时调用 Route-Policy

在图 6-5 所示的网络中，R1 及 R2 在各自的 GE0/0/0 接口上激活 OSPF 并在 Area0 内建立邻接关系。R1 还有另外三个直连接口，这三个接口并没有使用 **network** 命令激活 OSPF。为了让 OSPF 域内的路由器能够学习到 R1 的 GE0/0/1 及 GE0/0/2 接口的路由（且路由的度量值为 20），就需要在 R1 上将直连路由引入 OSPF，但是这样一来，R1 所有的直连路由都会被引入，这显然并非我们期望看到的结果。

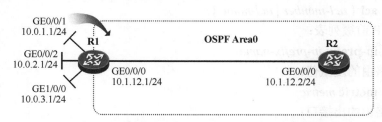

图 6-5　R1 将直连路由引入 OSPF 时应用 Route-Policy

R1 执行路由重分发时，可以调用 Route-Policy，在 Route-Policy 中匹配需要被引入的路由，从而实现本例的需求。

R1 的关键配置如下：

```
#定义 acl2000，用于匹配需要允许的路由：
[R1]acl 2000
```

```
[R1-acl-basic-2000]rule permit source 10.0.1.0 0.0.0.0
[R1-acl-basic-2000]rule permit source 10.0.2.0 0.0.0.0
[R1-acl-basic-2000]quit

#创建一个 Route-Policy，名字为 hcnp，同时配置第一个节点，节点编号为 10：
[R1]route-policy hcnp permit node 10
#在节点 10 中，定义一个 if-match 语句，调用 acl 2000：
[R1-route-policy]if-match acl 2000
#在节点 10 中，定义一个 apply 语句，设置路由的度量值为 20：
[R1-route-policy]apply cost 20
[R1-route-policy]quit

#配置 OSPF：
[R1]ospf 1
[R1-ospf-1]area 0
[R1-ospf-1-area-0.0.0.0]network 10.1.12.0 0.0.0.255
[R1-ospf-1-area-0.0.0.0]quit
[R1-ospf-1]import-route direct route-policy hcnp
```

在以上配置中，我们首先创建了 ACL2000，这个 ACL 用于匹配感兴趣的路由。在本案例中，R1 的两条直连路由：10.0.1.0/24 及 10.0.2.0/24 就是感兴趣的路由，也正是需要被 ACL2000 匹配的路由。您可能已经留意到 ACL2000 中配置了两条规则，值得注意的是，ACL 只能够匹配路由的目的网络地址，而无法对路由的目的网络掩码进行匹配，因此这里使用 **rule permit source 10.0.1.0 0.0.0.0** 命令来匹配路由条目 10.0.1.0/24 中的目的网络地址 10.0.1.0。另一条规则同理。

接下来，一个名称为 hcnp 的 Route-Policy 被创建，这个 Route-Policy 只有一个节点，其编号为 10。这个节点配置了一条 if-match 语句，这条 if-match 语句调用了 ACL2000，因此被匹配的对象只有满足 if-match 语句中的 ACL，才算是满足该 if-match 语句，路由才被允许通过，此时 apply 语句才会被执行。在该节点中，apply 语句设置为修改路由的度量值——将度量值修改为 20。

> **说明**
>
> 在本例中，使用 **if-match interface GigabitEthernet 0/0/1** 以及 **if-match interface GigabitEthernet 0/0/2** 命令可实现与 **if-match acl 2000** 命令相同的效果，它们都可以匹配路由 10.0.1.0/24 及 10.0.2.0/24。

最后在 OSPF 配置视图下，命令 **import-route direct route-policy hcnp** 被用于将直连路由引入 OSPF，在直连路由被引入 OSPF 时，由于该操作调用了 Route-Policy，因此直连路由被引入 OSPF 之前，需要先过 Route-Policy 这一关。由于路由 10.0.3.0/24 无法被 ACL2000 匹配，也就不满足 Route-Policy 的节点 10 中的 if-match 语句，因此该路由被 Route-Policy 拒绝，故不会被引入 OSPF。而 10.0.1.0/24 及 10.0.2.0/24 路由则顺利地被 R1 引入了 OSPF，而且路由的度量值被设置为 20。

6.2.4 案例 2：在引入静态路由时调用 Route-Policy

在图 6-6 所示的网络中，R1、R2 及 R3 运行了 OSPF，R3 下挂着一个终端网络。SW1 及 SW2 连接着服务器集群，这些服务器分为两类，一类是生产服务器，使用的 IP 网段是 10.0.1.0/24，另一类则是办公服务器，使用的 IP 网段是 10.0.2.0/24。SW1 及 SW2 并不运行 OSPF，因此为了使 R1 及 R2 收到 PC 发往服务器集群的数据包时能够将其转发到目的地，我们就需要在 R1 及 R2 上部署到达 10.0.1.0/24 及 10.0.2.0/24 的静态路由。

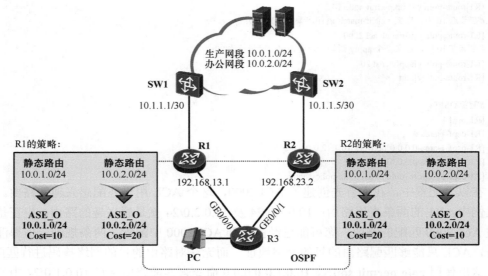

图 6-6　将静态路由引入 OSPF 时调用 Route-Policy

网络要求缺省时 PC 发往生产服务器的流量从 R3-R1-SW1 这条路径到达目的地，当 R1 发生故障时，或 R1-SW1 之间的链路发生故障时，又或者 R1-R3 之间的链路发生故障时，该流量要能够自动切换到 R3-R2-SW2 这条路径。另外，缺省时 PC 发往办公服务器的流量从 R3-R2-SW2 这条路径到达目的地，当 R2 发生故障时，或 R2-SW2 之间的链路发生故障时，又或者 R2-R3 之间的链路发生故障时，该流量能够自动切换到 R3-R1-SW1 这条路径。网络管理员该如何通过部署路由策略的方式实现上述需求呢？

先来整理一下思路，首先 R1 及 R2 都需要配置静态路由，以便其自身到达 10.0.1.0/24 及 10.0.2.0/24，为了让 OSPF 域内的其他路由器（如 R3）学习到这两条路由，R1 及 R2 就需要将静态路由引入 OSPF，然而路由被引入后度量值该如何把控？这便是问题的关键。为了实现该网络的需求，我们在 R1 及 R2 上部署路由重分发时，可调用 Route-Policy，总体的思路是 R1 将静态路由 10.0.1.0/24 引入 OSPF 时，将其度量值设置为 10，而 R2 将静态路由 10.0.1.0/24 引入 OSPF 时，将其度量值设置为 20，如此一来，R3 在计算到达 10.0.1.0/24 的外部路由时，就会优选度量值更小的路径——从 R1 到达。同理 R1 将 10.0.2.0/24 路由引入 OSPF 时，将其度量值设置为 20，而 R2 将 10.0.2.0/24 引入 OSPF 时，将其度量值设置为 10，如此一来 R3 经过计算后得出，到达 10.0.2.0/24 的外部路由的最优下一跳应该为 R2，因为相比之下这条路径的度量值更小。这就实现了本案例的需求。

R1 的关键配置如下：

```
#配置到达生产及办公服务器网段的静态路由：
[R1]ip route-static 10.0.1.0 24 10.1.1.1
[R1]ip route-static 10.0.2.0 24 10.1.1.1
```

#配置 ACL2000 及 ACL2001，分别用于匹配生产及办公服务器路由：
[R1]acl 2000
[R1-acl-basic-2000]rule permit source 10.0.1.0 0.0.0.0
[R1-acl-basic-2000]quit
[R1]acl 2001
[R1-acl-basic-2001]rule permit source 10.0.2.0 0.0.0.0
[R1-acl-basic-2001]quit

#配置 Route-Policy hcnp，该 Route-Policy 包含两个节点，分别针对生产及办公服务器路由设置不同的度量值：
[R1]route-policy hcnp permit node 10
[R1-route-policy]if-match acl 2000
[R1-route-policy]apply cost 10
[R1-route-policy]quit
[R1]route-policy hcnp permit node 20
[R1-route-policy]if-match acl 2001
[R1-route-policy]apply cost 20
[R1-route-policy]quit

#将静态路由引入 OSPF，并且调用 Route-Policy hcnp：
[R1]ospf 1
[R1-ospf-1]import-route static route-policy hcnp

R2 的关键配置如下：

[R2]ip route-static 10.0.1.0 24 10.1.1.5
[R2]ip route-static 10.0.2.0 24 10.1.1.5

[R2]acl 2000
[R2-acl-basic-2000]rule permit source 10.0.1.0 0.0.0.0
[R2-acl-basic-2000]quit
[R2]acl 2001
[R2-acl-basic-2001]rule permit source 10.0.2.0 0.0.0.0
[R2-acl-basic-2001]quit

[R2]route-policy hcnp permit node 10
[R2-route-policy]if-match acl 2000
[R2-route-policy]apply cost 20
[R2-route-policy]quit
[R2]route-policy hcnp permit node 20
[R2-route-policy]if-match acl 2001
[R2-route-policy]apply cost 10
[R2-route-policy]quit

[R2]ospf 1
[R2-ospf-1]import-route static route-policy hcnp

完成上述配置后，首先查看一下 R3 的 LSDB：

[R3]display ospf lsdb

```
        OSPF Process 1 with Router ID 3.3.3.3
                Link State Database
```

		Area: 0.0.0.0				
Type	LinkState ID	AdvRouter	Age	Len	Sequence	Metric
Router	2.2.2.2	2.2.2.2	9	36	80000005	1

Router	1.1.1.1	1.1.1.1	88	36	80000005	1
Router	3.3.3.3	3.3.3.3	117	48	80000007	1
Network	192.168.23.3	3.3.3.3	117	32	80000002	0
Network	192.168.13.3	3.3.3.3	128	32	80000002	0

	AS External Database					
Type	LinkState ID	AdvRouter	Age	Len	Sequence	Metric
External	**10.0.2.0**	**1.1.1.1**	**88**	**36**	**80000001**	**20**
External	**10.0.2.0**	**2.2.2.2**	**9**	**36**	**80000001**	**10**
External	**10.0.1.0**	**1.1.1.1**	**88**	**36**	**80000001**	**10**
External	**10.0.1.0**	**2.2.2.2**	**9**	**36**	**80000001**	**20**

从 R3 的 LSDB 中大家能观察到网络中泛洪的 Type-5 LSA，一共存在四条，R1（Router-ID 为 1.1.1.1）及 R2（Router-ID 为 2.2.2.2）各产生两条 Type-5 LSA。

再看看 R3 的路由表：

```
<R3>display ip routing-table protocol ospf
Route Flags: R - relay, D - download to fib
---------------------------------------------------------------------------

Public routing table : OSPF
        Destinations : 2         Routes : 2

OSPF routing table status : <Active>
        Destinations : 2         Routes : 2

Destination/Mask     Proto    Pre   Cost    Flags    NextHop          Interface

        10.0.1.0/24     O_ASE   150   10       D       192.168.13.1     GigabitEthernet0/0/0
        10.0.2.0/24     O_ASE   150   10       D       192.168.23.2     GigabitEthernet0/0/1

OSPF routing table status : <Inactive>
        Destinations : 0         Routes : 0
```

从 R3 的路由表可以看出，10.0.1.0/24 这条 OSPF 外部路由的下一跳为 192.168.13.1（R1），而 10.0.2.0/24 路由的下一跳为 192.168.23.2（R2），这是符合预期的。

6.2.5　案例 3：Route-Policy 在双点双向路由重分发场景中的部署

双点双向路由重分发是一种经典的路由模型，在大型网络中时常能见到它的部署及应用。单点路由重分发指的是在两个路由域之间的一台边界设备上执行路由重分发的场景，这种场景相对简单，然而却缺乏冗余性，一旦该边界设备发生故障，那么该设备所连接的这两个路由域之间的通信可能就会出现问题。关于双点双向路由重分发，图 6-7 展示了一个典型的案例，这是某企业的网络，GD_R1、GD_R2、GD_SW1 及 GD_SW2 是该企业在广东省公司的核心网设备，这几台设备运行了 BGP。GZ_SW1 及 GZ_SW2 是广州分公司的设备，与省公司的 GD_SW1 及 GD_SW2 运行 OSPF。

在该网络中，GD_SW1 及 GD_SW2 都是 OSPF 与 BGP 路由域的边界设备。为了将到达广州分公司的路由引入 BGP，也将到达省公司的路由引入 OSPF，我们就需要在 GD_SW1 及 GD_SW2 这两台设备上都进行路由重分发的操作，而且是双向重分发——既将 OSPF 路由引入 BGP，又将 BGP 路由引入 OSPF，这就是所谓的双点双向路由重分发。由于该模型中存在两台边界设备，而且这两台设备都执行了路由重分发的操作，因此可靠性更高。

双点双向路由重分发虽然增强了网络的可靠性，但是在双点（两台边界设备）上执行双向路由重分发后，次优路径、路由环路及路由倒灌等问题是非常容易被引发的，因此遇到类似的场景时需格外小心。当然，解决上述问题的方法是多样的，接下来我们将通过一个简单而又富有代表性的案例来讲解双点双向路由重分发的常用解决方案。

在图 6-8 所示的网络中，R1、R2 及 R3 运行 OSPF，R2、R3 及 R4 运行 RIPv2，其中 R2 及 R3 处于两个路由域的边界，它们同时运行 OSPF 及 RIPv2。R1 将直连路由 1.1.1.0/24 引入 OSPF（1.1.1.0/24 用于模拟某个业务网段）。为了让 OSPF 域内的路由器能学习到 RIP 域内的路由，也为了让 RIP 域内的路由器能够学习到 OSPF 域内的路由，需要在 R2 及 R3 上部署双向的路由重分发。要求完成配置后，所有的路由器在到达 1.1.1.0/24 时，不能出现次优路径。

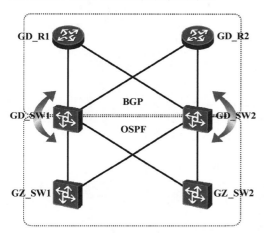

图 6-7 双点双向路由重分发模型

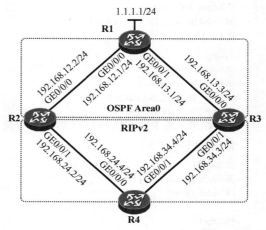

图 6-8 双点双向路由重分发案例

1. 所有的路由器完成基本配置

R1 的配置如下：

```
[R1]acl 2000
[R1-acl-basic-2000]rule permit source 1.1.1.0 0.0.0.0
[R1-acl-basic-2000]quit

[R1]route-policy hcnp permit node 10
[R1-route-policy]if-match acl 2000
[R1-route-policy]quit

[R1]ospf 1 router-id 1.1.1.1
[R1-ospf-1]import-route direct route-policy hcnp
[R1-ospf-1]area 0
[R1-ospf-1-area-0.0.0.0]network 192.168.12.0 0.0.0.255
[R1-ospf-1-area-0.0.0.0]network 192.168.13.0 0.0.0.255
```

R2 的配置如下：

```
[R2]ospf 1 router-id 2.2.2.2
[R2-ospf-1]area 0
[R2-ospf-1-area-0.0.0.0]network 192.168.12.0 0.0.0.255
[R2-ospf-1-area-0.0.0.0]quit
```

```
[R2-ospf-1]quit

[R2]rip 1
[R2-rip-1]version 2
[R2-rip-1]undo summary
[R2-rip-1]network 192.168.24.0
```

R3 的配置如下：

```
[R3]ospf 1 router-id 3.3.3.3
[R3-ospf-1]area 0
[R3-ospf-1-area-0.0.0.0]network 192.168.13.0 0.0.0.255
[R3-ospf-1-area-0.0.0.0]quit
[R3-ospf-1]quit

[R3]rip 1
[R3-rip-1]version 2
[R3-rip-1]undo summary
[R3-rip-1]network 192.168.34.0
```

R4 的配置如下：

```
[R4]rip 1
[R4-rip-1]version 2
[R4-rip-1]undo summary
[R4-rip-1]network 192.168.24.0
[R4-rip-1]network 192.168.34.0
```

2. 在 R2 及 R3 上执行双向路由重分发

R2 的配置如下：

```
[R2]ospf 1
[R2-ospf-1]import-route rip 1
[R2-ospf-1]quit

[R2]rip 1
[R2-rip-1]import-route ospf 1
[R2-rip-1]quit
```

R3 的配置如下：

```
[R3]ospf 1
[R3-ospf-1]import-route rip 1
[R3]rip 1
[R3-rip-1]import-route ospf 1
```

完成上述配置后，首先查看 R1 的路由表：

```
<R1>display ip routing-table protocol ospf
Route Flags: R - relay, D - download to fib
------------------------------------------------------------------------

Public routing table : OSPF
        Destinations : 3      Routes : 5

OSPF routing table status : <Active>
        Destinations : 2      Routes : 4
```

Destination/Mask	Proto	Pre	Cost	Flags	NextHop	Interface
192.168.24.0/24	O_ASE	150	1	D	192.168.13.3	GigabitEthernet0/0/1
	O_ASE	150	1	D	192.168.12.2	GigabitEthernet0/0/0
192.168.34.0/24	O_ASE	150	1	D	192.168.13.3	GigabitEthernet0/0/1

	O_ASE	150	1	D	192.168.12.2	GigabitEthernet0/0/0

OSPF routing table status : <Inactive>
　　　　Destinations : 1　　　Routes : 1

Destination/Mask	Proto	Pre	Cost	Flags	NextHop	Interface
1.1.1.0/24	O_ASE	150	1		192.168.12.2	GigabitEthernet0/0/0

　　在 R1 的路由表中，192.168.24.0/24 及 192.168.34.0/24 这两条到达 RIP 域的路由，都以 R2 及 R3 作为等价下一跳，执行等价负载分担，这是很合理的，因为 R2 和 R3 都执行了 RIP 到 OSPF 的路由重分发，而且引入进来的路由的度量值相等，如图 6-9 所示。

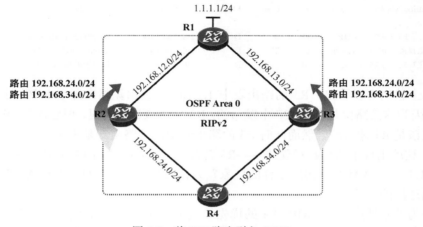

图 6-9　将 RIP 路由引入 OSPF

再看看 R4 的路由表：

```
<R4>display ip routing-table protocol rip
Route Flags: R - relay, D - download to fib
-------------------------------------------------------------------------------
Public routing table : RIP
        Destinations : 3        Routes : 5

RIP routing table status : <Active>
        Destinations : 3        Routes : 5
```

Destination/Mask	Proto	Pre	Cost	Flags	NextHop	Interface
1.1.1.0/24	RIP	100	1	D	192.168.24.2	GigabitEthernet0/0/0
192.168.12.0/24	RIP	100	1	D	192.168.34.3	GigabitEthernet0/0/1
	RIP	100	1	D	192.168.24.2	GigabitEthernet0/0/0
192.168.13.0/24	RIP	100	1	D	192.168.34.3	GigabitEthernet0/0/1
	RIP	100	1	D	192.168.24.2	GigabitEthernet0/0/0

```
RIP routing table status : <Inactive>
        Destinations : 0        Routes : 0
```

注意

　　此时 R4 的路由表中，1.1.1.0/24 路由的下一跳可能是 R2，也可能是 R3，这取决于设备的配置顺序。

　　查看 R4 的路由表时我们发现了一个奇怪的现象。到达 OSPF 域的路由 192.168.12.0/24 及 192.168.13.0/24 的确是出现了等价负载分担,这很好理解,但是 1.1.1.0/24 这条路由却没有出现该有的现象,这条路由下一跳只是 R2,那么 R3 呢?

　　到 R3 上再观察一下路由表:

```
<R3>display ip routing-table
Route Flags: R - relay, D - download to fib
------------------------------------------------------------------------
Routing Tables: Public
          Destinations : 13        Routes : 13

Destination/Mask      Proto   Pre    Cost    Flags    NextHop          Interface

        1.1.1.0/24    RIP     100    2       D        192.168.34.4     GigabitEthernet0/0/1
    192.168.12.0/24   OSPF    10     2       D        192.168.13.1     GigabitEthernet0/0/0
    192.168.24.0/24   RIP     100    1       D        192.168.34.4     GigabitEthernet0/0/1
……
```

　　从以上输出可以看出,R3 的路由表中 1.1.1.0/24 路由竟然来源于 RIP,这显然是有问题的,因为这条路由是在 OSPF 中发布的,R3 到达该目标网段,理应优选 OSPF 路由,下一跳应该是 R1 才合理。然而此时 R3 的路由表中该条路由却是来源于 RIP,而且下一跳为 R4,这就出现了次优路径现象——R3 转发到达 1.1.1.0/24 的数据时,使用的转发路径为 R4-R2-R1。为什么会出现这样的现象?为什么只有 1.1.1.0/24 这条 OSPF 外部路由才会出现这样的现象?

　　在华为的数通产品上,RIP 路由的优先级值是 100,而 OSPF 路由有两个优先级,其中内部路由的优先级值为 10,外部路由则为 150。接下来回到本案例中,首先看看 RIP 路由引入 OSPF 的过程,初始情况下,R2 和 R3 都能学习到 RIP 域内的路由并将其加载进路由表,这些路由的优先级值为 100。当 RIP 路由被 R2 引入 OSPF 后(假设我们率先在 R2 上完成路由重分发配置,然后才进行 R3 的配置),它在 OSPF 中注入相应的 Type-5 LSA,R3 将收到这些 LSA 并且进行路由计算。当然,R3 在完成配置后也会向 OSPF 注入相应的 Type-5 LSA,而 R2 也将收到这些 LSA 并且进行路由计算。以 R3 为例,一方面它会从 RIP 学习到去往 192.168.24.0/24 的路由,并且会自动发现直连路由 192.168.34.0/24;另一方面,它又会从 OSPF 学到(根据 R2 注入的 Type-5 LSA 计算得到)去往这两个网段的路由。对于 192.168.34.0/24 路由,它当然优选直连路由,而对于 192.168.24.0/24 路由,此时它会比较 OSPF(外部路由)和 RIP 路由的优先级,显然 RIP 路由的优先级更高,因此到达 RIP 域中这两个网段的路由,R3 会优选直连路由以及从 RIP 学习到的路由,这是合理的。R2 同理不再赘述。所以在 R2 及 R3 上将 RIP 路由引入 OSPF 并不会引发次优路径问题。

　　再来分析从 OSPF 到 RIP 的路由重分发过程。依然假设 R2 率先完成路由重分发操作,我们首先观察一下 R3 的路由表。先看到达 OSPF 域内的路由,例如 192.168.12.0/24,R3 会从 OSPF 学习到去往该网段的路由,同时由于 R2 将 OSPF 路由引入了 RIP,因此 R3 又会从 RIP 学习到去往该网段的路由,它将比较这两条路由的优先级,显然,OSPF 内部路由的优先级更高,因此 OSPF 内部路由在该场景中不会出现次优路径问题。

　　再来看看 OSPF 域外路由 1.1.1.0/24,这条路由是 R1 重分发到 OSPF 的,R3 能够通过 OSPF 学习到该条路由并将其加载进路由表。另一方面，R3 又会从 RIP 学习到 1.1.1.0/24 路由（如图 6-10 所示），这就出问题了，因为 RIP 路由的优先级要高于 OSPF 外部路由，因此最终到达 1.1.1.0/24，R3 会优选 RIP 路由，这样次优路径问题也就出现了。

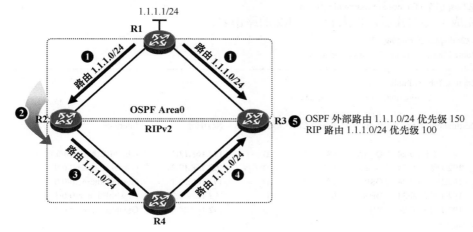

图 6-10　在 R3 上出现了次优路径现象

3. 解决次优路径问题

双点双向路由重分发是一个经典的课题，这种类型的网络很容易出现路由环路或者次优路径问题。解决的方法也是多种多样的，本节将为大家展示其中一种：修改路由优先级的方案。方案的核心思想是在 R2 及 R3 上，将 1.1.1.0/24 这条 OSPF 外部路由的优先级值调节得比 RIP 路由的优先级值更小（例如调整为 99）。

首先在 R2 及 R3 上创建一个 ACL 用于匹配 1.1.1.0/24 路由，然后在 Route-Policy hcnp 中调用该条 ACL，并将匹配这条 ACL 的路由的优先级值设置为 99，然后在 OSPF 的视图下使用 **preference** 命令调用 Route-Policy。OSPF 视图下的 **preference ase** 命令用于修改外部路由的优先级。

R2 的配置如下：

```
[R2]acl 2000
[R2-acl-2000]rule permit source 1.1.1.0 0.0.0.0
[R2-acl-2000]quit

[R2]route-policy hcnp permit node 10
[R2-route-policy]if-match acl 2000
[R2-route-policy]apply preference 99
[R2-route-policy]quit

[R2]ospf 1
[R2-ospf-1]preference ase route-policy hcnp
```

R3 的配置如下：

```
[R3]acl 2000
[R3-acl-2000]rule permit source 1.1.1.0 0.0.0.0
[R3-acl-2000]quit

[R3]route-policy hcnp permit node 10
[R3-route-policy]if-match acl 2000
```

```
[R3-route-policy]apply preference 99
[R3-route-policy]quit

[R3]ospf 1
[R3-ospf-1]preference ase route-policy hcnp
```

完成上述配置后，再来看一看 R2 的路由表：

```
<R2>display ip routing-table
Route Flags: R - relay, D - download to fib
------------------------------------------------------------------------
Routing Tables: Public
        Destinations : 13        Routes : 13

Destination/Mask      Proto    Pre    Cost    Flags    NextHop          Interface

        1.1.1.0/24    O_ASE    99     1       D        192.168.12.1     GigabitEthernet0/0/0
     192.168.12.0/24  Direct   0      0       D        192.168.12.2     GigabitEthernet0/0/0
     192.168.13.0/24  OSPF     10     2       D        192.168.12.1     GigabitEthernet0/0/0
     192.168.24.0/24  Direct   0      0       D        192.168.24.2     GigabitEthernet0/0/1
     192.168.34.0/24  RIP      100    1       D        192.168.24.4     GigabitEthernet0/0/1
…… ……
```

R3 的路由表：

```
[R3]display ip routing-table
Route Flags: R - relay, D - download to fib
------------------------------------------------------------------------
Routing Tables: Public
        Destinations : 13        Routes : 13

Destination/Mask      Proto    Pre    Cost    Flags    NextHop          Interface

        1.1.1.0/24    O_ASE    99     1       D        192.168.13.1     GigabitEthernet0/0/0
     192.168.12.0/24  OSPF     10     2       D        192.168.13.1     GigabitEthernet0/0/0
     192.168.13.0/24  Direct   0      0       D        192.168.13.3     GigabitEthernet0/0/0
     192.168.24.0/24  RIP      100    1       D        192.168.34.4     GigabitEthernet0/0/1
     192.168.34.0/24  Direct   0      0       D        192.168.34.3     GigabitEthernet0/0/1
…… ……
```

R2 及 R3 的路由表现在恢复正常了，此时 R4 的路由表如下：

```
<R4>display ip routing-table protocol rip
Route Flags: R - relay, D - download to fib
------------------------------------------------------------------------
Public routing table : RIP
        Destinations : 3        Routes : 6

RIP routing table status : <Active>
        Destinations : 3        Routes : 6

Destination/Mask      Proto    Pre    Cost    Flags    NextHop          Interface

        1.1.1.0/24    RIP      100    1       D        192.168.24.2     GigabitEthernet0/0/0
                      RIP      100    1       D        192.168.34.3     GigabitEthernet0/0/1
     192.168.12.0/24  RIP      100    1       D        192.168.24.2     GigabitEthernet0/0/0
                      RIP      100    1       D        192.168.34.3     GigabitEthernet0/0/1
     192.168.13.0/24  RIP      100    1       D        192.168.24.2     GigabitEthernet0/0/0
                      RIP      100    1       D        192.168.34.3     GigabitEthernet0/0/1
```

```
RIP routing table status : <Inactive>
        Destinations : 0          Routes : 0
```

6.2.6　案例 4：使用 Route-Policy 设置路由标记及过滤带标记的路由

路由标记（Route Tag）指的是路由所携带的一种标记信息，RIPv2、OSPF 以及 IS-IS 等动态路由协议都支持路由标记。在本书的"RIP"一章中，我们就曾经为大家介绍过路由标记的使用。适当地利用路由标记，能够让路由策略的执行更加灵活及简便。

在图 6-11 中，R1 通过 RIPv2 学习到了去往 RIP 域中的 A、B 业务网段的路由，为了让 OSPF 域内的路由器能够学习到去往这些业务网段的路由，R1 将其路由表中的 RIP 路由引入了 OSPF。现在 R3 也学习到了这些路由，由于 IS-IS 域内的路由器需要访问 A 业务，因此网络管理员需要在 R3 上部署路由重分发，将 OSPF 路由引入 IS-IS，然而 IS-IS 域内的路由器并不需要访问 B 业务，因此没有必要将到达 B 业务网段的路由引入。使用路由标记可以轻松地实现上述需求。

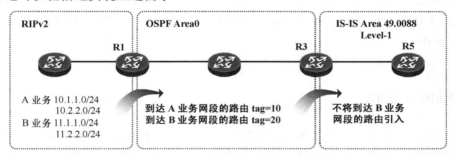

图 6-11　使用 Route-Policy 设置路由标记及过滤带标记的路由

R1 的关键配置如下：

```
[R1]acl 2000
[R1-acl-basic-2000]rule permit source 10.1.1.0 0
[R1-acl-basic-2000]rule permit source 10.2.2.0 0
[R1-acl-basic-2000]quit
[R1]acl 2001
[R1-acl-basic-2001]rule permit source 11.1.1.0 0
[R1-acl-basic-2001]rule permit source 11.2.2.0 0
[R1-acl-basic-2001]quit

[R1]route-policy hcnp permit node 10
[R1-route-policy]if-match acl 2000
[R1-route-policy]apply tag 10
[R1-route-policy]quit
[R1]route-policy hcnp permit node 20
[R1-route-policy]if-match acl 2001
[R1-route-policy]apply tag 20
[R1-route-policy]quit

[R1]ospf 1
[R1-ospf-1]import-route rip route-policy hcnp
```

在以上配置中，ACL2000 及 ACL2001 分别用于匹配去往 A 业务网段及 B 业务网段的路由。Route-Policy hcnp 中包含两个节点，节点 10 用于将去往 A 业务网段的路由设置路由标记（值为 10），而节点 20 则用于将去往 B 业务网段的路由设置路由标记（值为 20），该 Route-Policy 在 R1 执行路由重分发时被调用。如此一来，R1 将向 OSPF 注入描述这些外部路由的 Type-5 LSA，并且为每个 Type-5 LSA 设置相应的外部路由标记。

R3 的关键配置如下：

```
[R3]route-policy hcna deny node 10
[R3-route-policy]if-match tag 20
[R3-route-policy]quit
[R3]route-policy hcna permit node 20
[R3-route-policy]quit

[R3]isis 1
[R3-isis-1]import-route ospf 1 level-1 route-policy hcna
```

在以上配置中，Route-Policy hcna 包含两个节点，节点 10 的匹配模式为 deny，该节点用于过滤路由标记为 20 的路由，而节点 20 的匹配模式为 permit，该节点中没有定义任何 if-match 语句，因此该节点用于将其他所有路由放行。

完成上述配置后，R3 只会将其路由表中除了路由标记值为 20 的其他所有 OSPF 路由引入 IS-IS。

6.3　Filter-Policy

本节将介绍另外一款用于路由过滤的工具——Filter-Policy（过滤-策略），可以将其视为一种路由过滤器。图 6-12 展示了一个 Filter-Policy 的部署案例。R1、R2 及 CO_SW 运行了 RIPv2，CO_SW 将服务器集群的网段发布到了 RIP 中，并将路由通过 RIP 通告给 R1 及 R2，初始情况下，R1 及 R2 都能学习到所有到达服务器集群网段的路由。现在网络中增加了一个需求：要求 R1 下联的 PC 不能访问服务器集群中的 192.168.2.0/24 网段，但是仍可以访问其他服务器网段。

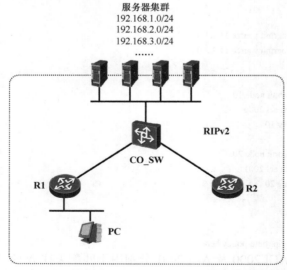

图 6-12　在 CO_SW 上部署 Filter-Policy 从而将通告给 R1 的 RIP 路由进行过滤

　　要实现上述需求其实有多种方法，Filter-Policy 便是其中之一。我们可以在 CO_SW 上部署 Filter-Policy，将其通告给 R1 的 RIP 路由进行过滤，把 192.168.2.0/24 从路由更新中过滤掉，如此一来 R1 将无法再通过 RIP 获知到达 192.168.2.0/24 的路由，那么 PC 用户也就无法再通过 R1 访问该网段了。

　　需要强调的是，Filter-Policy 只能够对路由信息进行过滤，而无法对 LSA 进行过滤。Filter-Policy 可以在 RIP、OSPF、IS-IS 以及 BGP 等常见的动态路由协议中应用。学习完本节之后，我们应该能够：

- 理解 Filter-Policy 的工作原理及使用场景；
- 掌握 Filter-Policy 在 RIP 中的应用；
- 掌握 Filter-Policy 在 OSPF 中的应用。

6.3.1　案例 1：Filter-Policy 对 RIP 发送的路由进行过滤

　　Filter-Policy 作为一个路由过滤工具，在 RIP 中应用时能够很好地执行路由过滤。在图 6-13 所示的网络中，R1、R2 及 R3 运行了 RIPv2，初始情况下，R2 能够学习到 192.168.1.0/24、192.168.2.0/24 及 192.168.3.0/24 这三条 RIP 路由，而 R3 也能够通过 RIP 学习到这三条路由，此外还会学习到 192.168.12.0/24 路由。现在希望禁止 R3 通过 RIP 学习到 192.168.2.0/24 路由，我们可以在 R2 上部署 Filter-Policy，将 192.168.2.0/24 路由从通告给 R3 的路由中过滤掉。

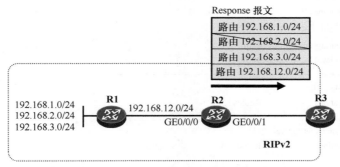

图 6-13　使用 Filter-Policy 对 RIP 发送的路由进行过滤

R2 的配置如下：

```
#创建 ACL2000，用于匹配路由：
[R2]acl 2000
[R2-acl-basic-2000]rule deny source 192.168.2.0 0.0.0.0
[R2-acl-basic-2000]rule permit
[R2-acl-basic-2000]quit

#对 RIP 发送的路由进行过滤：
[R2]rip 1
[R2-rip-1]filter-policy 2000 export GigabitEthernet 0/0/1
```

　　在上述配置中，我们创建了 ACL2000，在这个 ACL 中，首先定义了一条拒绝 192.168.2.0 的规则，随后又定义了一条允许所有的规则，因此该 ACL 将用于匹配除了 192.168.2.0 之外的其他路由。在 RIP 配置视图中的 **filter-policy** 命令对 RIP 发送的路由进行过滤。**Filter-policy 2000 export GigabitEthernet 0/0/1** 这条命令将对 R2 从 GE0/0/1 接口发送的路由更新执行过滤，过滤时调用 ACL2000，只有被该 ACL 允许的路由能够被通告。

由于在 R2 上所配置的 Filter-Policy 是部署在 export（出）方向，因此路由过滤的执行不会对 R2 自身产生影响，但其发送给 R3 的路由更新中，将不再包含 192.168.2.0/24 路由。

此时 R2 的路由表如下：

```
<R2>display ip routing-table protocol rip
Route Flags: R - relay, D - download to fib
--------------------------------------------------------------------------
Public routing table : RIP
        Destinations : 3        Routes : 3

RIP routing table status : <Active>
        Destinations : 3        Routes : 3

Destination/Mask    Proto   Pre   Cost   Flags   NextHop        Interface

    192.168.1.0/24   RIP    100    1      D      192.168.12.1   GigabitEthernet0/0/0
    192.168.2.0/24   RIP    100    1      D      192.168.12.1   GigabitEthernet0/0/0
    192.168.3.0/24   RIP    100    1      D      192.168.12.1   GigabitEthernet0/0/0

RIP routing table status : <Inactive>
        Destinations : 0        Routes : 0
```

R3 的路由表如下：

```
<R3>display ip routing-table protocol rip
Route Flags: R - relay, D - download to fib
--------------------------------------------------------------------------
Public routing table : RIP
        Destinations : 3        Routes : 3

RIP routing table status : <Active>
        Destinations : 3        Routes : 3

Destination/Mask    Proto   Pre   Cost   Flags   NextHop        Interface

    192.168.1.0/24   RIP    100    2      D      192.168.23.2   GigabitEthernet0/0/0
    192.168.3.0/24   RIP    100    2      D      192.168.23.2   GigabitEthernet0/0/0
   192.168.12.0/24   RIP    100    1      D      192.168.23.2   GigabitEthernet0/0/0

RIP routing table status : <Inactive>
        Destinations : 0        Routes : 0
```

从上述输出可以看到，R3 的路由表中，192.168.2.0/24 路由并不存在。

在使用 Filter-Policy 对 RIP 发送的路由进行过滤时，可以关联出接口，从而实现基于接口的路由过滤，一个接口只能配置一个 Filter-Policy，如果不指定接口，则被视为全局策略，也就是说，该过滤器将对所有接口生效。在 **filter-policy** 命令中，还可以关联协议参数，用于指定被引入的外部路由的类型。

在图 6-14 中，R1 连接着三个路由域：OSPF、IS-IS 及 RIPv2。R1 将 OSPF 及 IS-IS

路由引入了 RIP。现在我们希望通过在 R1 上部署 Filter-Policy，将其从 OSPF 引入 RIP 的路由进行过滤，把 192.168.11.0/24 和 192.168.12.0/24 这两条路由过滤掉。

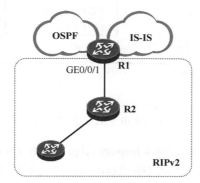

图 6-14　在 Filter-Policy 命令中指定协议类型

R1 的关键配置如下：

```
#创建 ACL2000：
[R1]acl 2000
[R1-acl-basic-2000]rule deny source 192.168.11.0 0
[R1-acl-basic-2000]rule deny source 192.168.12.0 0
[R1-acl-basic-2000]rule permit
[R1-acl-basic-2000]quit

#将 OSPF 及 IS-IS 路由引入 RIP，并对 RIP 发送的路由进行过滤：
[R1]rip 1
[R1-rip-1]import-route ospf 1
[R1-rip-1]import-route isis 1
[R1-rip-1]filter-policy 2000 export ospf 1
```

在以上配置中，**filter-policy 2000 export ospf 1** 这条命令的含义是，按照 ACL2000 所定义的规则，将 R1 从 OSPF 进程 1 引入 RIP 的外部路由执行路由过滤，只有被 ACL2000 的规则允许的 OSPF 路由才会被顺利发布到 RIP。

6.3.2　案例 2：Filter-Policy 对 RIP 接收的路由进行过滤

Filter-Policy 的另一种使用场景是对设备接收的路由进行过滤。在路由器上部署 Filter-Policy 对 RIP 接收的路由进行过滤时，过滤的结果将直接对该路由器自身产生影响，不仅如此，还会影响到它的下游路由器。以图 6-15 所示的网络为例，R1、R2 及 R3 均运行了 RIPv2，初始情况下，三台路由器都能够获知到达全网的路由。现在网络的需求是不希望 R2 再从 R1 学习到 RIP 路由 192.168.2.0/24，则 R2 可使用如下配置。

```
#创建 ACL2000：
[R2]acl 2000
[R2-acl-basic-2000]rule deny source 192.168.2.0 0.0.0.0
[R2-acl-basic-2000]rule permit
[R2-acl-basic-2000]quit

#对 RIP 接收的路由进行过滤：
[R2]rip 1
[R2-rip-1]filter-policy 2000 import GigabitEthernet 0/0/0
```

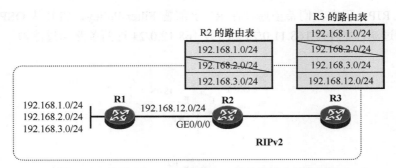

图 6-15　使用 Filter-Policy 对 RIP 接收的路由进行过滤

在以上配置中，**filter-policy 2000 import GigabitEthernet 0/0/0** 命令的含义是，按照 ACL2000 所定义的规则，对 R2 从 GE 0/0/0 接口所收到的 RIP 路由进行过滤，只有被 ACL2000 允许的 RIP 路由才会被 R2 加载到路由表，此时 R2 的路由表如下。

```
<R2>display ip routing-table protocol rip
Route Flags: R - relay, D - download to fib
------------------------------------------------------------------------
Public routing table : RIP
         Destinations : 2          Routes : 2

RIP routing table status : <Active>
         Destinations : 2          Routes : 2

Destination/Mask    Proto   Pre   Cost   Flags   NextHop        Interface

      192.168.1.0/24    RIP    100   1      D       192.168.12.1   GigabitEthernet0/0/0
      192.168.3.0/24    RIP    100   1      D       192.168.12.1   GigabitEthernet0/0/0

RIP routing table status : <Inactive>
         Destinations : 0          Routes : 0
```

另外，由于 RIP 是距离矢量路由协议，运行 RIP 的路由器将自己的路由表中的 RIP 路由通告给其他直连路由器，因此当 192.168.2.0/24 路由在 R2 的路由表中消失后，R2 也就不再通告该路由给 R3，所以在 R2 上部署的该 **filter-policy** 命令还会导致 R3 无法学习到 192.168.2.0/24 路由。

6.3.3　案例 3：Filter-Policy 对于向 OSPF 发布的路由进行过滤

当路由器将外部路由引入 OSPF 时，可以使用 Filter-Policy 对引入的路由在向 OSPF 发布前进行过滤。如此一来，该路由器只会将未被过滤的路由引入 OSPF。Filter-Policy 对于向 OSPF 发布的路由进行过滤只适用于上述场景，如果在 OSPF 域内的路由器上执行 Filter-Policy，试图对于向 OSPF 发布的区域内或者区域间路由进行过滤，这是无法生效的，因为 OSPF 区域内部路由、区域间路由的计算是通过 Type-1、Type-2 及 Type-3 LSA 来完成的，Filter-Policy 无法对向 OSPF 发布的 LSA 进行过滤。

在图 6-16 中，R1、R2 及 R3 运行了 OSPF。R1 将三条外部路由引入 OSPF，初始情况下，OSPF 域内的路由器都能学习到这三条外部路由。现在，我们希望 R1 在引入外部路由时，不向 OSPF 域通告 172.16.2.0/24 路由，这可以通过在 R1 上部署 Filter-Policy

实现。

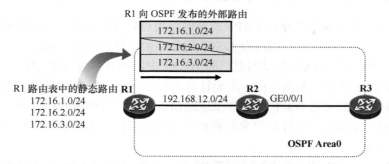

图 6-16 Filter-Policy 对 OSPF 发布的路由进行过滤

R1 的关键配置如下：

```
[R1]acl 2000
[R1-acl-basic-2000]rule deny source 172.16.2.0 0.0.0.0
[R1-acl-basic-2000]rule permit
[R1-acl-basic-2000]quit

[R1]ospf 1
[R1-ospf-1]import-route static
[R1-ospf-1]filter-policy 2000 export
```

完成上述配置后，R2 的路由表如下：

```
<R2>display ip routing-table protocol ospf
Route Flags: R - relay, D - download to fib
------------------------------------------------------------------------
Public routing table : OSPF
        Destinations : 2        Routes : 2

OSPF routing table status : <Active>
        Destinations : 2        Routes : 2

Destination/Mask    Proto    Pre   Cost   Flags    NextHop           Interface

    172.16.1.0/24   O_ASE    150    1       D      192.168.12.1      GigabitEthernet0/0/0
    172.16.3.0/24   O_ASE    150    1       D      192.168.12.1      GigabitEthernet0/0/0

OSPF routing table status : <Inactive>
        Destinations : 0        Routes : 0
```

R2 的路由表中，172.16.2.0/24 这条 OSPF 外部路由已经消失了，实际上这是由于 R1 部署了出方向（Export）的 Filter-Policy 后，R1 不再产生描述这条外部路由的 Type-5 LSA，因此整个 OSPF 域内的路由器都不会学习到这条外部路由。

需要再次强调的是，如果不在 R1 上部署 Filter-Policy，而是等待 R1 将外部路由引入 OSPF 之后，在 R2 上部署出方向的 Filter-Policy，试图使 R3 无法学习到 172.16.2.0/24 路由，这是无法实现的。正如前文所述，Filter-Policy 无法对 LSA 进行过滤，当外部路由被 R1 引入 OSPF 时，R1 将在 OSPF 域内注入 Type-5 LSA 用于描述这些外部路由，因此在 R2 上执行出方向的 Filter-Policy 试图对这些外部路由进行过滤是行不通的，Type-5 LSA 依然会被 R3 接收，而后者依然能够计算出外部路由。

6.3.4　案例 4：Filter-Policy 对 OSPF 接收的路由进行过滤

Filter-Policy 除了能够对于向 OSPF 发布的路由进行过滤，也能够对 OSPF 接收的路由进行过滤。大家已经知道，LSA 是 OSPF 用于路由计算的关键信息，一台 OSPF 路由器会把网络中所泛洪的 LSA 存储到自己的 LSDB 中，并且运行 SPF 算法，计算出一棵以自己为根的、无环的最短路径树，进而计算出到达网络中各个网段的路由，我们可以在路由器将所计算出来的 OSPF 路由加载进路由表之前，对路由进行过滤。需要强调的是，Filter-Policy 是对 OSPF 计算出来的路由（被加载到路由表之前）进行过滤，而不是对 LSA 进行过滤。

在图 6-17 中，R1、R2 及 R3 运行了 OSPF。在初始情况下，R2 的路由表中会出现 192.168.1.0/24、192.168.2.0/24 及 192.168.3.0/24 这三条 OSPF 区域内部路由，R3 的路由表中除了有上述三条路由外，还有 192.168.12.0/24 路由。现在网络的需求是不希望在 R2 的路由表中出现 192.168.2.0/24 这条路由，这可以通过在 R2 上部署入方向的 Filter-Policy 来实现。

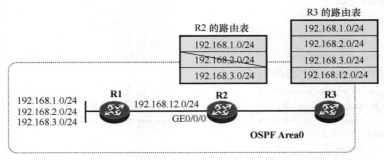

图 6-17　使用 Filter-Policy 对 OSPF 接收的路由进行过滤

R2 的关键配置如下：

```
[R2]acl 2000
[R2-acl-basic-2000]rule deny source 192.168.2.0 0.0.0.0
[R2-acl-basic-2000]rule permit
[R2-acl-basic-2000]quit

[R2]ospf 1
[R2-ospf-1]filter-policy 2000 import
```

完成上述配置后，R2 的路由表如下：

```
<R2>display ip routing-table protocol ospf
Route Flags: R - relay, D - download to fib
------------------------------------------------------------------------
Public routing table : OSPF
        Destinations : 2          Routes : 2

OSPF routing table status : <Active>
        Destinations : 2          Routes : 2


Destination/Mask     Proto   Pre   Cost   Flags   NextHop          Interface

    192.168.1.0/24   OSPF    10    1      D       192.168.12.1     GigabitEthernet0/0/0
```

```
         192.168.3.0/24    OSPF    10    1    D        192.168.12.1        GigabitEthernet0/0/0
OSPF routing table status : <Inactive>
         Destinations : 0        Routes : 0
```

从 R2 的路由表可以观察到，192.168.2.0/24 路由已经被过滤了。但是此时在 R2 的
LSDB 中，还是存储着相关的 LSA 的。实际上，R2 是通过 R1 产生的 Type-1 LSA 来计
算到达 192.168.2.0/24 的路由的，当 R2 使用 Filter-Policy 对其接收的 OSPF 路由进行过
滤时，是无法阻挡 LSA 加载进 R2 的 LSDB 以及传递给 R3 的。

在 R2 上使用 **display ospf lsdb router 1.1.1.1** 命令能够查看 R1 产生的 Type-1 LSA，
从输出的结果可以看到，R2 执行的路由过滤并未对 LSA 造成影响。

```
<R2>display ospf lsdb router 1.1.1.1

           OSPF Process 1 with Router ID 2.2.2.2
                   Area: 0.0.0.0
              Link State Database


    Type      : Router
    Ls id     : 1.1.1.1
    Adv rtr   : 1.1.1.1
    Ls age    : 92
    Len       : 72
    Options   :  E
    seq#      : 80000012
    chksum    : 0x1ac0
    Link count: 4
     * Link ID: 192.168.12.1
       Data    : 192.168.12.1
       Link Type: TransNet
       Metric : 1
     * Link ID: 192.168.1.0
       Data    : 255.255.255.0
       Link Type     : StubNet
       Metric : 0
       Priority      : Low
     * Link ID: 192.168.2.0
       Data    : 255.255.255.0
       Link Type     : StubNet
       Metric : 0
       Priority      : Low
     * Link ID: 192.168.3.0
       Data    : 255.255.255.0
       Link Type     : StubNet
       Metric : 0
       Priority      : Low
```

再看看 R3 的路由表：

```
<R3>display ip routing-table protocol ospf
Route Flags: R - relay, D - download to fib
-------------------------------------------------------------------
Public routing table : OSPF
         Destinations : 4        Routes : 4
```

OSPF routing table status : <Active>							
Destinations : 4			Routes : 4				
Destination/Mask	Proto	Pre	Cost	Flags	NextHop	Interface	
192.168.1.0/24	OSPF	10	2	D	192.168.23.2	GigabitEthernet0/0/0	
192.168.2.0/24	**OSPF**	**10**	**2**	**D**	**192.168.23.2**	**GigabitEthernet0/0/0**	
192.168.3.0/24	OSPF	10	2	D	192.168.23.2	GigabitEthernet0/0/0	
192.168.12.0/24	OSPF	10	2	D	192.168.23.2	GigabitEthernet0/0/0	
OSPF routing table status : <Inactive>							
Destinations : 0			Routes : 0				

　　由于 R3 依然能够收到 R1 发送的 Type-1 LSA，因此能够计算出到达 192.168.2.0/24 的路由。

　　再来看看另外一种场景。图 6-18 展示了修改后的网络，R1 及 R2 在 Area0 中建立邻接关系，而 R2 及 R3 则在 Area1 中建立邻接关系。初始情况下，R2 能够通过 R1 在 Area0 内泛洪的 Type-1 LSA 计算出到达 192.168.1.0/24、192.168.2.0/24 以及 192.168.3.0/24 的区域内路由，如果不希望 R2 的路由表中出现 192.168.2.0/24 路由，则可在 R2 上执行入方向的 Filter-Policy。完成配置后，R2 的路由表中将不会出现 192.168.2.0/24 路由，然而由于到达该网段的路由不可达，因此 R2 不会将描述 192.168.2.0/24 路由的 Type-3 LSA 注入 Area1，如此一来，R3 也就无法学习到区域间路由 192.168.2.0/24。从这个层面上看，OSPF 区域间路由的传递过程与距离矢量路由协议十分相似。

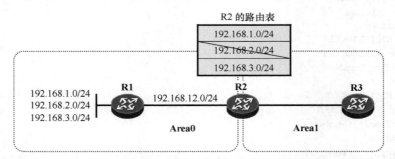

图 6-18　使用 Filter-Policy 对 OSPF 接收的路由进行过滤时，对区域间路由的传递产生的影响

6.4　IP 前缀列表

　　前面的章节已经向大家介绍了两种常用的路由策略工具，使用 Route-Policy 能够在执行路由重分发时过滤路由信息，或者修改路由属性，而 Filter-Policy 也能够完成路由过滤的任务。当然无论是采用何种工具，在执行路由策略时，首先需要将"感兴趣"的路由匹配出来，或者说区分出来，只有这样，才能够有针对性地进行路由属性修改或者路由过滤。本章之前所介绍的所有路由策略的案例中，均使用 ACL 来完成路由匹配的任务。ACL 确实能够在许多场合胜任这个工作，但也存在缺陷，它只能够匹配路由条目中的目的网络地址，而无法匹配路由的目的网络掩码。图 6-19 所示的案例可以很好地说明

ACL 的这个缺陷。

　　R3 与 R1 及 R2 建立 IS-IS 邻接关系，并通过 IS-IS 学习到数条路由，图 6-19 展示了 R3 路由表中的 IS-IS 路由。现在为了让 OSPF 域内的路由器能够通过 OSPF 学习到这些路由，R3 将其路由表中的 IS-IS 路由引入 OSPF。然而我们希望 R3 在路由引入的过程中，过滤掉 172.16.0.0/16 这条路由，您可能已经想到，使用 Route-Policy 可以解决这个问题。

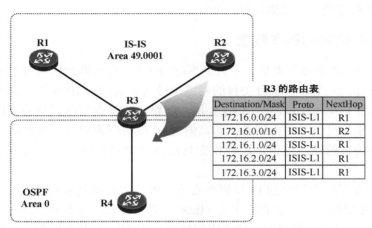

R3 的路由表

Destination/Mask	Proto	NextHop
172.16.0.0/24	ISIS-L1	R1
172.16.0.0/16	ISIS-L1	R2
172.16.1.0/24	ISIS-L1	R1
172.16.2.0/24	ISIS-L1	R1
172.16.3.0/24	ISIS-L1	R1

图 6-19　使用 ACL 匹配感兴趣路由时存在的缺陷

R3 的配置可能像下面这样：

```
[R3]acl 2000
[R3-acl-2000]rule deny source 172.16.0.0 0.0.0.0
[R3-acl-2000]rule permit
[R3-acl-2000]quit

[R3]route-policy hcnp permit node 10
[R3-route-policy]if-match acl 2000
[R3-route-policy]quit

[R3]ospf 1
[R3-ospf-1]import-route isis route-policy hcnp
```

然而在完成上述配置后，IS-IS 路由 172.16.0.0/24 及 172.16.0.0/16 都没有被引入 OSPF，也就是说，这两条路由都被 Route-Policy 过滤掉了。这显然与需求是不相符的。之所以出现这样的问题，是因为 ACL 只能用于匹配路由的目的网络地址，而对于目的网络掩码的匹配是无能为力的，因此目的网络地址为 172.16.0.0 的路由，无论目的网络掩码如何，都会被 ACL 规则 **rule deny source 172.16.0.0 0.0.0.0** 所匹配。

　　有些读者在验证本案例时，可能会采用下面的方式书写这个 ACL。

```
[R3]acl 2000
[R3-acl-2000]rule deny source 172.16.0.0 0.0.0.255
[R3-acl-2000]rule permit
```

需要注意的是，这种写法其实是不严谨的，再次强调一下，ACL 只能匹配路由的目的网络地址，因此上述配置中，**rule deny source 172.16.0.0 0.0.0.255** 这条规则实际上匹配的路由数量更多了，它不仅仅是将目的网络地址为 172.16.0.0 的路由匹配住了，实际上目的网络地址的前三个八位组为 172.16.0（最后一个八位组可以是任意值）的路由都会被该 ACL 匹配住。

　　无论如何，ACL 作为一个路由匹配工具，只能在一些较为简单的路由环境中使用，当面对更加复杂的路由匹配需求时，我们会考虑另一个工具，那就是 IP 前缀列表（IP Prefix List），学习完本节之后，我们应该能够。

- 理解 IP 前缀列表的工作原理及使用场景；
- 掌握 IP 前缀列表的基础配置。

6.4.1　IP 前缀列表的基本概念

　　从名字上看，IP 前缀列表是一个列表形态的工具。它所匹配的对象是 IP 地址前缀，也就是路由条目。一个路由条目由目的网络地址（也被称为 IP 前缀）及掩码长度（也被称为前缀长度）共同标识。使用 ACL 从一批路由中筛选出感兴趣的路由时，是无法指定被匹配对象的目的网络掩码长度的，但是 IP 前缀列表却可以做到，它除了能够指定被匹配对象的目的网络地址，还能指定目的网络掩码长度，从而实现对路由的精确匹配。

　　图 6-20 展示了一个简单的 IP 前缀列表的示例。IP 前缀列表可以包含一条或多条语句，每条语句都使用一个十进制的序号（Index）进行标识。在本例中，这个名称为 abcd 的 IP 前缀列表中只有一条语句，这条语句的序号为 10，正如前面所说，您可以为一个 IP 前缀列表创建多条语句，每条语句使用不同的序号，所有的语句按照序号从小到大依序排列，这与 ACL 非常类似。

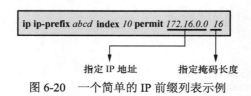

图 6-20　一个简单的 IP 前缀列表示例

　　在本例中，这条 IP 前缀列表的语句中指定了 IP 地址（172.16.0.0）以及掩码长度（16），如此一来，该语句就精确地匹配了路由 172.16.0.0/16。IP 前缀列表除了能够精确匹配一条路由，还能够匹配一组有规律的路由。

　　图 6-21 展示了 IP 前缀列表的另一个示例，该示例中增加了 **greater-equal**（大于或等于）及 **less-equal**（小于或等于）这两个关键字及参数，从而指定了掩码长度的范围。这条命令要求路由的目的网络地址的前 16 个比特位与 172.16.0.0 的前 16 个比特位相同。另外路由的目的网络掩码长度需大于或等于 24，同时小于或等于 32。只有满足上述条件的路由才会被该语句匹配。

　　如果一条语句中只是指定了 **greater-equal** 关键字（且没有指定 **less-equal** 关键字），则掩码长度的范围是大于或等于 **greater-equal** 关键字所指定的值，同时小于或等于 32。而如果只是指定了 **less-equal** 关键字（且没有指定 **greater-equal** 关键字），则掩码长度的范围是大于或等于命令中指定的掩码长度，同时小于或等于 **less-equal** 关键字指定的值。

　　当一个 IP 前缀列表开始进行路由匹配时，将从序号最小的语句开始依序匹配，如果路由不满足该语句中的条件，则继续匹配下一个语句。只要满足当前语句，便不再继续匹配后续的语句，被当前语句匹配住的路由，将根据该语句所定义的匹配模式（Permit 或 Deny）判断是否被允许通过，Permit 为允许，Deny 为拒绝。另外，在 IP 前缀列表的末尾隐含着一条拒绝所有的语句，因此一个对象若不满足任何一个语句，则该对象被视为不被该 IP 前缀列表允许通过。

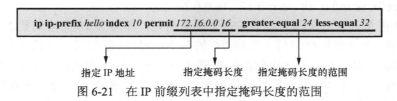

图 6-21　在 IP 前缀列表中指定掩码长度的范围

　　IP 前缀列表是一个重要的路由策略工具，能够作为路由过滤器被应用于各种场景，例如可以被 Route-Policy 调用，或者 Filter-Policy 调用等等，另外，也在 BGP 路由协议中被直接用于路由过滤。

【说明】　在创建 IP 前缀列表的一条语句时，可以手工指定该语句的序号，例如 **ip ip-prefix aa index 10 permit 172.16.0.0 24**，也可以不指定，例如 **ip ip-prefix aa permit 172.16.0.0 24**，如果不指定序号，则命令在输入后，系统会自动为该语句添加一个序号，如果该语句是本 IP 前缀列表的第一条语句，则缺省分配到的序号是 10，此后若再向该 IP 前缀列表中添加新的语句并且不指定序号，则新的语句缺省以 10 为步长进行序号的递增，也就是说第二条语句的序号为 20，第三条为 30，以此类推。

　　下面通过几个例子来加深大家对 IP 前缀列表的理解。假设有四条路由：172.16.0.0/16、172.16.0.0/24、172.16.0.0/30 及 172.16.1.1/32，它们都是用于测试的被匹配对象。通过不同的 IP 前缀列表可以达到不同的结果。

　　（1）**ip ip-prefix aa index 10 permit 172.16.0.0 24**

　　上述语句要求路由的目的网络地址的前 24 个比特位需与 172.16.0.0 的前 24 个比特位相同，并且路由的目的网络掩码长度必须为 24。因此 aa 这个 IP 前缀列表只允许了四条路由中的 172.16.0.0/24。

　　（2）**ip ip-prefix bb index 10 permit 172.16.0.0 16 less-equal 24**

　　上述语句要求路由的目的网络地址的前 16 个比特位需与 172.16.0.0 的前 16 个比特位相同，并且路由的目的网络掩码长度须大于或等于 16，且小于或等于 24。因此 bb 这个 IP 前缀列表允许了四条路由中的 172.16.0.0/16 及 172.16.0.0/24。

　　（3）**ip ip-prefix cc index 10 permit 172.16.0.0 16 greater-equal 24**

　　上述语句要求路由的目的网络地址的前 16 个比特位需与 172.16.0.0 的前 16 个比特位相同，并且路由的目的网络掩码长度须大于或等于 24（且小于或等于 32，系统会自动在该命令后添加 **less-equal 32**）。因此 cc 这个 IP 前缀列表允许了四条路由中的 172.16.0.0/24、172.16.0.0/30 以及 172.16.1.1/32。

（4）**ip ip-prefix dd index 10 permit 172.16.0.0 16 greater-equal 24 less-equal 30**

上述语句要求路由的目的网络地址的前 16 个比特位须与 172.16.0.0 的前 16 个比特位相同，并且路由的目的网络掩码长度须大于或等于 24，且小于或等于 30。因此 dd 这个 IP 前缀列表允许了四条路由中的 172.16.0.0/24 和 172.16.0.0/30。

（5）**ip ip-prefix ee index 10 deny 172.16.0.0 30**

ip ip-prefix ee index 20 permit 172.16.0.0 24

上述 IP 前缀列表的名称为 ee，它拥有两条语句。序号为 10 的语句要求路由的目的网络地址的前 30 个比特位须与 172.16.0.0 的前 30 个比特位相同，并且路由的目的网络掩码长度必须为 30，而由于该语句的匹配模式为 deny，因此四条路由中的 172.16.0.0/30 被该语句匹配住而且被拒绝。另外，序号为 20 的语句匹配路由 172.16.0.0/24。由于 IP 前缀列表末尾隐含拒绝所有，因此最终四条路由中只有 172.16.0.0/24 被该 IP 前缀列表所允许。

（6）**ip ip-prefix ff index 10 permit 0.0.0.0 0 less-equal 32**

上述语句中，IP 地址为 0.0.0.0，这种形式的 IP 地址被称为通配地址，也即该地址能匹配任意的目的网络地址。因此该语句并不关心被匹配路由的目的网络地址，但是要求路由的目的网络掩码长度须大于或等于 0，且小于或等于 32，实际上所有的路由都满足上述要求，因此，该条语句相当于"允许所有"。因此四条路由都将被允许。

（7）**ip ip-prefix gg index 10 deny 172.16.0.0 30**

ip ip-prefix gg index 20 permit 0.0.0.0 0 less-equal 32

上述 IP 前缀列表的名称为 gg，它拥有两条语句。序号为 10 的语句拒绝了路由 172.16.0.0/30，而序号为 20 的语句则为允许所有，因此四条路由中，除了 172.16.0.0/30 之外，其他所有路由都被允许。

（8）**ip ip-prefix hh index 10 permit 0.0.0.0 0 greater-equal 32 less-equal 32**

上述 IP 前缀列表将匹配网络掩码长度为 32 的任意路由，也就是匹配所有的主机路由，因此四条路由中，只有 172.16.1.1/32 被允许。

（9）**ip ip-prefix ii index 10 permit 0.0.0.0 0**

这是一个非常特殊的语句，该语句允许的是默认路由 0.0.0.0/0。

6.4.2   案例 1：在 Route-Policy 中调用 IP 前缀列表

在图 6-22 中，R3 配置了多条静态路由，以便到达 R1 及 R2 所连接的远端网络。现在，为了让 OSPF 域内的其他路由器能够学习到这些静态路由，就必须在 R3 上将静态路由引入 OSPF。这个操作将把 R3 路由表中所有的静态路由都引入 OSPF，如果此时该网络的需求是只将除了 172.16.0.0/16 之外的其他静态路由引入 OSPF，那么只要在 **import-route** 命令中关联 Route-Policy 即可。然而如果在该 Route-Policy 中调用 ACL 来实现感兴趣路由的匹配，显然是无法实现上述需求的，假设 R3 使用如下 ACL。

```
[R3]acl 2000
[R3-acl-basic-2000]rule deny source 172.16.0.0 0.0.0.0
[R3-acl-basic-2000]rule permit
```

则该 ACL 不仅仅将 172.16.0.0/16 路由拒绝，也将 172.16.0.0/24 路由拒绝了。在本例中，IP 前缀列表将是一个更好的选择。

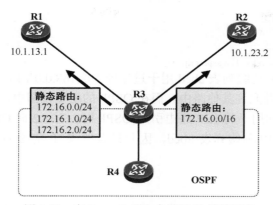

图 6-22　在 Route-Policy 中调用 IP 前缀列表

R3 的关键配置如下：

```
#创建名称为 abcd 的 IP 前缀列表：
[R3]ip ip-prefix abcd deny 172.16.0.0 16
[R3]ip ip-prefix abcd permit 0.0.0.0 0 less-equal 32

#创建名称为 hcnp 的 Route-Policy，在其节点 10 中调用 IP 前缀列表 acbd：
[R3]route-policy hcnp permit node 10
[R3-route-policy]if-match ip-prefix abcd
[R3-route-policy]quit

#将静态路由引入 OSPF，在这个过程中关联 Route-Policy hcnp 实现路由过滤：
[R3]ospf 1
[R3-ospf-1]import-route static route-policy hcnp
```

在以上配置中，首先创建了一个名称为 abcd 的 IP 前缀列表，在其中一共定义了两个语句，**ip ip-prefix abcd deny 172.16.0.0 16** 的含义是拒绝 172.16.0.0/16 这条路由，而 **ip ip-prefix abcd permit 0.0.0.0 0 less-equal 32** 则是允许所有。随后该 IP 前缀列表被 Route-Policy hcnp 的节点 10（匹配模式为 Permit）所调用。最后，在 OSPF 配置视图下，**import-route static** 命令被用于将静态路由引入 OSPF，该命令关联了 Route-Policy hcnp。完成上述配置后，R3 将本地路由表中除了 172.16.0.0/16 之外的其他所有静态路由都引入 OSPF。

6.4.3　案例 2：在 Filter-Policy 中调用 IP 前缀列表

IP 前缀列表除了能够被 Route-Policy 调用，还可以应用于 Filter-Policy。在图 6-23 中，R2 及 R3 建立了 OSPF 邻接关系，而 R1 与 R2 则通过 RIP 交互路由信息，R1 通过 RIP Response 报文向 R2 通告了一批路由，这些路由将被 R2 加载到自己的路由表中。留意到这些路由中，存在两种类型，其一是目的网络掩码长度为 24 的业务网段路由，另一类是目的网络掩码长度为 30 的互联网段路由（这些路由的前三个八位组是 192.168.0）。为了让 OSPF 域内的其他路由器学习到 RIP 网络中的业务网段路由，R2 需要将 RIP 引入 OSPF。此时如果要求 R2 只将业务网段路由引入 OSPF，而不将互联网段路由引入，则可以在 R2 上部署 Filter-Policy，从而对于向 OSPF 发布的路由进行过滤。

R2 的关键配置如下：

```
[R2]ip ip-prefix abcd deny 192.168.0.0 24 greater-equal 30 less-equal 30
[R2]ip ip-prefix abcd permit 0.0.0.0 0 less-equal 32
```

```
[R2]ospf 1
[R2-ospf-1]import-route rip
[R3-ospf-1]filter-policy ip-prefix abcd export rip
```

在以上配置中，IP 前缀列表 abcd 用于过滤掉 192.168.0.0/24 网络内的、掩码长度为 30 的互联网段路由，并允许其他路由。而在 OSPF 的配置视图中，**filter-policy ip-prefix abcd export rip** 命令则用于将 RIP 路由引入 OSPF 时，对 R2 向 OSPF 发布的路由进行过滤，该命令关联了 IP 前缀列表 abcd，因此只有被该 IP 前缀列表所允许的路由才会被通告。

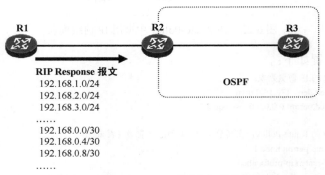

图 6-23   在 Filter-Policy 中调用 IP 前缀列表

6.5   PBR

首先让我们回顾一下传统 IP 路由的概念，所谓的路由，指的是当路由器（或其他支持路由功能的网络设备）收到一个 IP 报文时，在其路由表中查询该报文的目的 IP 地址，在找到最匹配的路由表项后，按照该表项所指示的出接口及下一跳 IP 地址转发该报文。从这个描述可以看出，路由行为只关心报文的目的 IP 地址，而并不关心其源 IP 地址。当面对一些特殊的需求时，传统的路由行为是存在短板的。

在图 6-24 中，R3 上联接了两台出口路由器：R1 及 R2，这两台出口路由器都通过各自的出口线路连接到一个服务器网络，这些服务器使用 10.1.1.0/24 网段的 IP 地址。PC1 及 PC2 是网络内部的设备。当 PC 访问 Server 时，上行流量会被送到 CoreSwitch，再由它转发给 R3，而 R3 则根据自己的路由表决定将报文转发给 R1 或是 R2。如果 R3 配置了如下路由条目。

```
[R3]ip route-static 10.1.1.0 24 10.1.13.1
```

那么无论是 PC1 或是 PC2 发往 Server 的报文，都会被 R3 转发给 R1，再被后者转发到服务器网络。也就是说无论报文的源 IP 地址如何，R3 都只根据其目的 IP 地址进行转发。如果希望设备根据报文的源 IP 地址执行数据分流，例如要求 192.168.1.0/24 网段的 PC 发往 Server 的报文经过 R1 到达服务器网络，而 192.168.2.0/24 网段的 PC 发往 Server 的报文则经过 R2 到达服务器网络，从而使得上行流量在两个出口设备实行分流，这个需求如果依赖传统的 IP 路由，显然是无法实现的。这时就需要用到策略路由了。

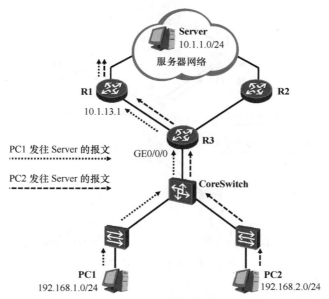

图 6-24　传统路由的短板

所谓的策略路由，即是基于策略的路由（Policy-Based Routing，PBR），本书为了将策略路由与路由策略区分开来，防止读者产生困扰，因此在所有的章节中统一使用 PBR 这个名称来称呼策略路由。PBR 被看做是一种"升级版"的路由机制，它使得网络设备不仅能够基于报文的目的 IP 地址进行数据转发，更能基于其他元素进行数据转发，例如源 IP 地址、源 MAC 地址、目的 MAC 地址、源端口号、目的端口号、VLAN-ID 等。还可以使用 ACL 匹配特定的报文，然后针对该 ACL 进行 PBR 部署。

需要强调的是，路由策略与 PBR 是存在根本性差异的，很多初学者会把两者搞混，表 6-1 描述了两者的区别。

表 6-1　　　　　　　　　　　　　　　路由策略与 PBR 的区别

名称	操作对象	描述
路由策略	路由信息	路由策略是一套用于对路由信息进行过滤、属性设置等操作的方法，通过对路由的操作或控制，来影响数据报文的转发路径
PBR	数据报文	PBR 直接对数据报文进行操作，通过多种手段匹配感兴趣的报文，然后执行丢弃或强制转发路径等操作

6.5.1　案例：PBR 基础实验

在图 6-25 中，网络的需求是，当网络正常时，从 192.168.1.0/24 发往 Server 的流量被 R3 转发到 R1，从 192.168.2.0/24 发往 Server 的流量被 R3 转发到 R2，从而实现数据分流，提高带宽利用率。另外，当 R1 发生故障时，要求从 192.168.1.0/24 发往 Server 的流量能够自动切换到 R2，同理当 R2 发生故障时，从 192.168.2.0/24 发往 Server 的流量能够自动切换到 R1。要实现上述需求，就需要在 R3 上部署 PBR。

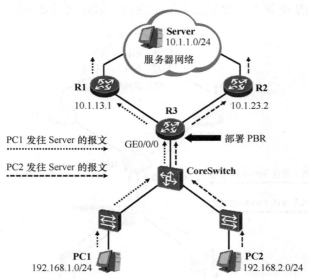

图 6-25　在 R3 上部署 PBR

R3 的关键配置如下：

```
#配置两条默认路由，分别指向两台出口设备：
[R3]ip route-static 0.0.0.0 0 10.1.13.1
[R3]ip route-static 0.0.0.0 0 10.1.23.2

#配置两个 ACL，分别用于匹配源地址段 192.168.1.0/24 及 192.168.2.0/24 发往 Server 的流量：
[R3]acl 3001
[R3-acl-adv-3001]rule permit ip source 192.168.1.0 0.0.0.255 destination 10.1.1.0 0.0.0.255
[R3-acl-adv-3001]quit
[R3]acl 3002
[R3-acl-adv-3002]rule permit ip source 192.168.2.0 0.0.0.255 destination 10.1.1.0 0.0.0.255
[R3-acl-adv-3002]quit

#配置两个流分类，在这两个流分类中分别调用已经定义好两个的 ACL：
[R3]traffic classifier c1
[R3-classifier-c1]if-match acl 3001
[R3-classifier-c1]quit
[R3]traffic classifier c2
[R3-classifier-c2]if-match acl 3002
[R3-classifier-c2]quit

#定义两个流行为，分别设置重定向的下一跳 IP 地址为 R1 及 R2：
[R3]traffic behavior be1
[R3-behavior-be1]redirect ip-nexthop 10.1.13.1
[R3-behavior-be1]quit
[R3]traffic behavior be2
[R3-behavior-be2]redirect ip-nexthop 10.1.23.2
[R3-behavior-be2]quit

#定义一个流策略，将上述流分类与流动作进行绑定：
[R3]traffic policy mypolicy
[R3-trafficpolicy-mypolicy]classifier c1 behavior be1
[R3-trafficpolicy-mypolicy]classifier c2 behavior be2
```

[R3-trafficpolicy-mypolicy]quit

\#将定义好的流策略应用在 R3 的 GE0/0/0 接口的入方向：
[R3]interface GigabitEthernet 0/0/0
[R3-GigabitEthernet0/0/0]traffic-policy mypolicy inbound

在以上配置中，R3 首先创建了两条默认路由，它们的下一跳 IP 地址分别是 10.1.13.1 及 10.1.23.2（也就是 R1 及 R2）。这两条默认路由都将被 R3 加载到路由表中，此时内网访问 Server 的上行流量将会被 R3 在 R1 及 R2 这两个下一跳进行负载分担。单凭这两条默认路由，是无法实现本案例的需求的。为了使得上行流量在 R3 这里实现基于源 IP 地址的分流，R3 便需要部署 PBR。

以华为 AR 系列路由器为例，其 PBR 是通过 MQC（Modular QoS Command-Line Interface，模块化 QoS 命令行）来实现的。MQC 的存在使得 PBR 的部署变得非常简单，命令也更加模块化。实际上，MQC 的功能是非常强大的，它主要用于部署 QoS（Quality of Service，服务质量），PBR 只是它所能够实现的诸多功能之一。MQC 包含三个要素：流分类（Traffic Classifier）、流行为（Traffic Behavior）和流策略（Traffic Policy），基本的思路是，使用流分类来匹配具有共同特征的流量，使用流行为定义所要执行的动作，然后通过流策略将前面定义好的流分类与流行为进行绑定，最后将流策略应用到设备上，从而实现"针对特定的流量执行特定的动作"这一目标。

在本例中，R3 部署 PBR 的思路主要如下（图 6-26）。

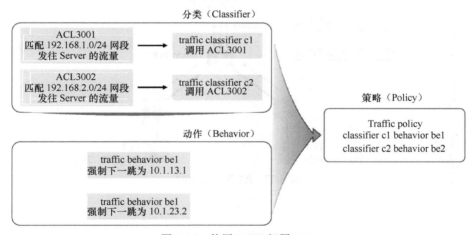

图 6-26　使用 MQC 部署 PBR

（1）首先创建 ACL3001，使用该 ACL 匹配 192.168.1.0/24 用户发往 Server 的流量，再创建 ACL3002，使用该 ACL 匹配 192.168.2.0/24 用户发往 Server 的流量。

（2）然后定义两个流分类：c1 及 c2，分别调用 ACL3001 及 ACL3002。

（3）接着定义两个流行为：be1 及 be2，分别配置将报文重定向到 10.1.13.1（R1）及 10.1.23.2（R2）。

（4）再定义一个流策略：mypolicy，将流分类 c1 与 流行为 be1 绑定，将流分类 c2 与流行为 be2 绑定。

（5）最后将流策略 mypolicy 应用在 GE0/0/0 接口的入方向。

　　如此一来，当 R3 在 GE0/0/0 接口上收到流量时，由于该接口入方向应用了流策略，因此 PC1 访问 Server 的流量会被强制转发给 R1，而 PC2 访问 Server 的流量会被强制转发给 R2，至于其他流量（例如内网可能还存在 192.168.1.0/24 及 192.168.2.0/24 之外的其他网段）并不匹配流策略中的任何一个流分类，因此这些流量将按照传统 IP 路由的方式，通过查询路由表进行转发。

　　再考虑一下网络发生故障的情况。当 R1 发生故障时（如图 6-27 所示），R3 将立即感知到该故障的发生，其连接 R1 的接口状态会变成 Down，这使得使用该接口作为出接口的默认路由立即失效，与此同时，be1 这个流行为也将失效，因为该流行为所定义的下一跳 IP 地址已经失效。此时当 PC1 访问 Server 时，上行流量到达 R3 后，R3 将依据路由表对这些报文进行转发，最终它将根据下一跳为 R2 的默认路由将报文转发给 R2。因此 PC1 发往 Server 的流量可以在 R1 发生故障时自动切换到 R2。R2 发生故障时同理。

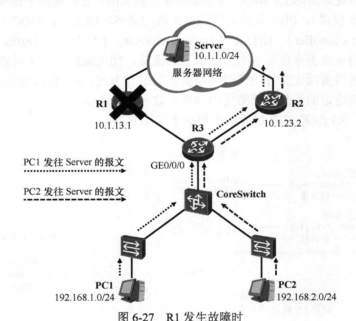

图 6-27　R1 发生故障时

6.6　习题

1．（单选）以下关于路由策略与 PBR 的说法，错误的是（　　）。
　　A．路由策略是一套用于对路由信息进行过滤、属性设置等操作的方法。
　　B．PBR 主要的操作对象是路由信息。
　　C．Route-Policy 是路由策略中非常重要的一个工具。
　　D．PBR 直接对数据报文进行操作，通过多种手段匹配感兴趣的报文，然后执行丢弃或强制转发路径的操作。
2．在图 6-28 中，R2 与 R3 建立了 OSPF 邻接关系，R1 与 R2 则通过 RIP 交互路由信息。R1 向 R2 通告了一些 RIP 路由，后者将这些路由加载到了自己的路由表中，随后 R2 将 RIP 路由引入 OSPF。如果 R2 采用如下配置：

```
[R2]acl 2000
[R2-acl-basic-2000]rule permit source 192.168.1.0 0.0.0.0
[R2-acl-basic-2000]rule permit source 192.168.2.0 0.0.0.0
[R2-acl-basic-2000]quit

[R2]route-policy hcnp permit node 10
[R2-route-policy]if-match acl 2000
[R2-route-policy]apply cost 80
[R2-route-policy]quit

[R2]ospf 1
[R2-ospf-1]import-route rip route-policy hcnp
```

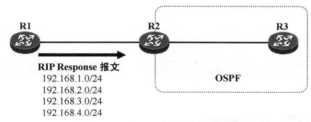

图 6-28　在 R2 上部署路由策略

那么 R2 完成上述配置后，R3 的路由表中，将出现哪几条 OSPF 外部路由（只考虑 R1 所通告的这些路由）？

3．在图 6-28 中，如果 R2 采用如下配置：

```
[R2]acl 2000
[R2-acl-basic-2000]rule permit source 192.168.1.0 0.0.0.0
[R2-acl-basic-2000]quit

[R2]route-policy hcnp deny node 10
[R2-route-policy]if-match acl 2000
[R2-route-policy]quit
[R2]route-policy hcnp permit node 20
[R2-route-policy]quit

[R2]ospf 1
[R2-ospf-1]import-route rip route-policy hcnp
```

那么 R2 完成上述配置后，R3 的路由表中，将出现哪几条 OSPF 外部路由（只考虑 R1 所通告的这些路由）？

第7章
BGP

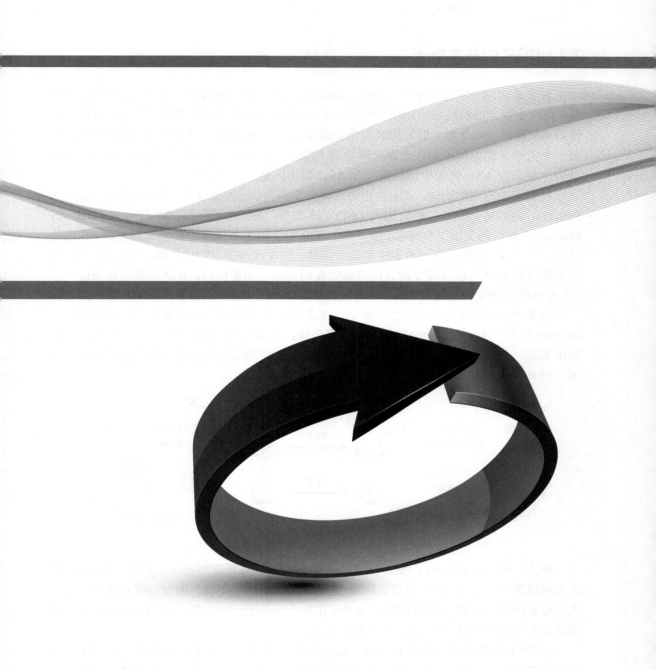

7.1 BGP 的基本概念

首先来回顾一下自治系统（Autonomous System，AS）的概念。关于 AS 的传统定义是：由一个单一的机构或组织所管理的一系列 IP 网络及其设备所构成的集合。可以简单地将 AS 理解为一个独立的机构或者企业所管理的网络，例如一家网络运营商的网络等。另一个关于 AS 的例子是，一家全球性的大型企业在其网络的规划上将全球各个区域划分为一个个的 AS，例如中国区是一个 AS，韩国区是另一个 AS。

根据工作范围的不同，动态路由协议可分为两类，一类被称为 IGP（Interior Gateway Protocol，内部网关协议），例如 RIP、OSPF、IS-IS 等。另一类被称为 EGP（Exterior Gateway Protocol，外部网关协议），例如 BGP 等。IGP 协议用于帮助路由器发现到达本 AS 内的路由，一个 AS 通常采用一种 IGP 协议，当然，仍存在许多大型的网络，它们在一个 AS 中采用多种 IGP 协议以便支撑该网络多元化的需求。无论如何，IGP 协议能够帮助一个 AS 内的路由器发现到达该 AS 各个网段的路由，从而实现 AS 内部的数据互通。然而在一个由多个 AS 构成的大规模的网络中，还需要 EGP 协议来完成 AS 之间的路由交互。Internet 就是一个包含多个 AS 的超大规模网络，在 Internet 的骨干节点上，正是运行着 EGP 协议，从而实现 AS 之间的路由交互，而 BGP 就是最为大家熟知和使用得最为广泛的一种 EGP 协议，如图 7-1 所示。

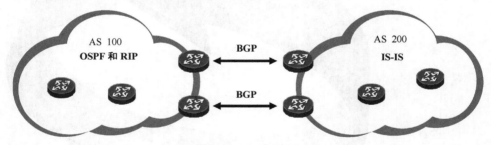

图 7-1   IGP 与 BGP

BGP（Border Gateway Protocol，边界网关协议）几乎是当前唯一被用于在不同 AS 之间实现路由交互的 EGP 协议。BGP 适用于大型的网络环境，例如运营商网络，或者大型企业网等。BGP 支持 VLSM、支持 CIDR（Classless Inter-Domain Routing，无类域间路由），支持自动路由汇总、手工路由汇总。

BGP 使用 TCP 作为传输层协议，这使得协议报文的交互更加可靠和有序。BGP 使用目的 TCP 端口 179，两台互为对等体的 BGP 路由器首先会建立 TCP 连接，随后协商各项参数并建立对等体关系，初始情况下，两者会同步双方的 BGP 路由表，在 BGP 路由表同步完成后，路由器不会周期性地发送 BGP 路由更新，而只发送增量更新或在需要时进行触发性更新，这大大地减小了设备的负担及网络带宽损耗，由于 BGP 往往被用于承载大批量的路由信息，如果依然像 IGP 协议那样，周期性地交互路由信息，显然是相当低效和不切实际的。

BGP 定义了多种路径属性（Path Attribute）用于描述路由，就像一个人拥有身高、体重、学历、特长和经历等属性一样，一条 BGP 路由同样携带着多种属性，路径属性将影响 BGP 路由的优选。BGP 还定义了丰富的路由策略工具，这些工具使得 BGP 具有强大的路由操控能力，这也是 BGP 的魅力之一。

BGP 的发展过程中，经历了数个版本，目前在 IPv4 环境中，BGPv4（BGP Version 4，BGP 版本 4）被广泛使用，该版本在 RFC4271（A Border Gateway Protocol 4）中描述。本章正是基于 BGPv4 进行讲解，因此除非特别说明，否则本章中的 BGP 指的是 BGPv4。

学习完本节之后，我们应该能够。

- 了解 BGP 的应用场景及协议特点；
- 熟悉 BGP 对等体关系的类型及区别；
- 熟悉 BGP 各种报文的功能及格式；
- 理解 BGP 对等体关系的建立过程；
- 理解 IBGP 水平分割的原理；
- 理解 BGP 路由黑洞问题，了解其解决办法。

7.1.1　BGP 对等体关系类型

回顾一下 IGP 协议的操作，以 OSPF 为例，当我们在两台直连路由器的直连接口激活 OSPF 后，这两个接口就开始收发 Hello 报文，在通过 Hello 报文发现了直连链路上的邻居后，一个邻接关系的建立过程也就开始了。IGP 协议要求需要建立邻居关系的两台路由器必须是直连的，然而 BGP 则大不相同。BGP 的对等体关系并不要求设备必须直连，BGP 采用 TCP 作为传输层协议，两台路由器只要具备 IP 连通性，并且能够顺利地基于 TCP179 端口建立连接，就可以建立 BGP 对等体关系，因此 BGP 的对等体关系是可以跨设备建立的。

我们将建立 BGP 邻居关系的路由器称为 BGP 对等体（Peer）。BGP 有两种对等体关系，一种是 EBGP，另一种是 IBGP。

1. EBGP 对等体关系（External BGP Peer）

如果建立对等体关系的两台 BGP 路由器位于不同的 AS，那么它们之间的关系被称为 EBGP 对等体关系。在图 7-2 中，显示了 3 个 AS 通过 BGP 对接的场景。图中对于这3 个 AS 内部的网络架构只是做了一个非常简单的描绘，实际上 AS 内部的网络可能是庞大而复杂的，只不过站在 BGP 的视角，它并不关心 AS 内部的网络结构。在 AS 100、AS 200 及 AS 300 中，各自运行着 IGP 协议，目的是为了实现 AS 内部的路由互通，而 AS 之间的路由信息交互则由 BGP 来完成。在本例中，R1 及 R2 运行了 BGP 并且两者建立了 EBGP 对等体关系，同样，R3 及 R4 之间也建立了 EBGP 对等体关系。

一条 BGP 路由在 EBGP 对等体之间传递时，会发生有趣的变化。在图 7-3 中，描述了 AS 200 中的一条路由——10.1.1.0/24 在 EBGP 对等体之间的传递情况。R2 将 AS 200中的 10.1.1.0/24 路由发布到了 BGP，它将这条路由通过 BGP 通告给自己的 EBGP 对等体 R1。每条 BGP 路由都携带着多个属性，这些属性被称为路径属性，其中一个非常重要的路径属性就是 AS_Path，AS_Path 是每条 BGP 路由都会携带的属性，它描述了一条BGP 路由在传递过程中所经过的 AS 的号码。R2 将始发于 AS 200 的路由 10.1.1.0/24 通告给 R1 时，将该路由的 AS_Path 设置为 200，而 R1 将这条路由通告给自己的 IBGP 对等体 R3 时，路由的 AS_Path 不发生改变。R3 将该路由通告给 EBGP 对等体 R4 时，则将路由的 AS_Path 修改为 100 200，也就是在原有的 AS_Path 基础上，插入自己所处 AS 的号码，当 R4 收到这条 BGP 路由更新时，它便知道要到达该目的网段，需要经过 100、200 这两个 AS——您可能已经发现了，BGP 路由在 EBGP 对等体之间的传递过程，很有点距离矢量路由协议的味道。实际上如果 R2 及 R4 之间也建立 EBGP 对等体关系的话，那么 R4 将会从 R2 直接收到 10.1.1.0/24 的路由更新，而这条路由的 AS_Path 为 200，单纯从 AS_Path 属性值的长度（包含的 AS 号码个数）来衡量，显然对于 R4 而言直接从 R2 到达目标网段要更"近"一点。因此，AS_Path 的长度会影响路由器对 BGP 路径的优选。

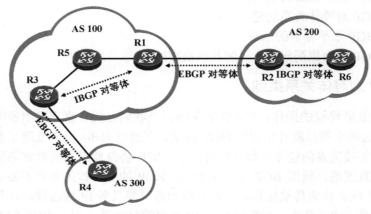

图 7-2　EBGP 及 IBGP 对等体关系

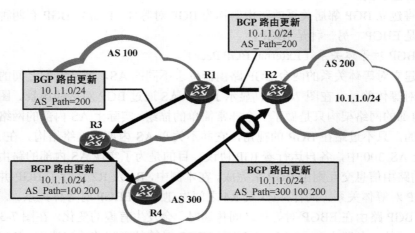

图 7-3　BGP 路由在 EBGP 对等体之间的传递

另外，路由在 EBGP 对等体之间传递时，AS_Path 还用于防止出现路由环路。R4 从 R3 收到 10.1.1.0/24 路由后，如果它与 R2 之间存在 EBGP 对等体关系，那么它会将该路由通告给 R2，此时路由的 AS_Path 为 300 100 200，如图 7-3 所示，R2 从 R4 收到该路由后，会忽略这条路由更新，因为它在收到的路由中看到了自己本地的 AS 号码，便意识到网络中出现了环路。

通常情况下，EBGP 对等体关系必须基于直连接口建立，例如本例中的 R1 及 R2，它们是直连的，此时双方便可使用直连接口来建立 EBGP 对等体关系。BGP 之所以要设定这样的规则，是因为缺省情况下，EBGP 对等体之间发送的 BGP 协议报文的 TTL 值为 1，这使得这些协议报文只能够被传送 1 跳。当然，在某些特殊的场景中我们可能需要在两台非直连的路由器之间建立 EBGP 对等体关系，那么就需要修改 EBGP 对等体的跳数限制，通过这个操作来修改协议报文中的 TTL 值。

2. IBGP 对等体关系（Internal BGP Peer）

如果建立对等体关系的两台 BGP 路由器位于相同的 AS，那么它们之间的关系被称为 IBGP 对等体关系。例如在图 7-2 所描述的网络中，AS 100 内存在两台运行着 BGP 的路由器：R1 及 R3，由于它们同属一个 AS，因此它们之间所建立的关系为 IBGP 对等体关系。同样的，AS 200 中的 R2 及 R6 也建立了 IBGP 对等体关系。值得注意的是，在两台路由器之间建立 IBGP 对等体关系时，并不要求它们必须直连，在本例中，AS 100 里的 R1 和 R3 就并未直连，得益于 AS 100 中运行的 IGP 协议（例如 OSPF 等），R1 及 R3 能够发现到达对方的路由，从而两者能够借助这些路由建立 TCP 连接，并进一步建立 IBGP 对等体关系。

不同的 BGP 对等体关系，对路由的操作是有明显区别的。例如 BGP 路由在 EBGP 对等体之间传递时，AS_Path 属性会发生改变，路由的发送方会在该条 BGP 路由原有 AS_Path 的基础上，插入自己所处 AS 的号码。而 BGP 路由在 IBGP 对等体之间传递时，AS_Path 不会发生改变。当然，EBGP 路由及 IBGP 路由在传播过程中的差异还不仅限于此，后续的内容将做进一步介绍。

7.1.2　IBGP 水平分割规则

我们已经知道，AS_Path 属性可以防止 BGP 路由在 EBGP 对等体之间传递时发生环路，然而当路由在 IBGP 对等体之间传递时，AS_Path 属性的值是不会发生改变的，也就是说当 BGP 路由在一个 AS 内传递时，是无法依赖 AS_Path 提供的防环能力的，那么此时路由环路就有可能发生，IBGP 水平分割规则就是用于解决这个问题的。

图 7-4 所示的网络中，R1 与 R2 和 R3 分别建立 EBGP 对等体关系，而 AS 64513 内的三台路由器则两两建立 IBGP 对等体关系。现在 R1 将 AS 64512 内的 10.1.1.0/24 路由发布到 BGP。R1 将这条路由通过 BGP 通告给自己的 EBGP 对等体 R2，当然，我们并不担心这条路由在 AS 64512 及 AS 64513 之间传递时会发生环路，因为 AS_Path 能够起到防环的作用。但是在 AS 内部的路由防环呢？当 R2 收到 R1 通告的 10.1.1.0/24 路由后，它将这条路由通告给自己的 IBGP 对等体 R3 及 R4，R4 会将该路由通告给 IBGP 对等体 R3，而 R3 又会将该路由通告给 R2，这就极有可能引发路由环路。

BGP 规定，当路由器从一个 IBGP 对等体学习到某条 BGP 路由时，它将不能再把这条路由通告给任何 IBGP 对等体，这就是 IBGP 水平分割规则。在本例中，R4 从 IBGP 对等体 R2 学习到的路由将不能再通告给 R3，因为 R3 也是它的 IBGP 对等体。同理，R3 从 R2 学习到的 BGP 路由也不能通告给 R4。

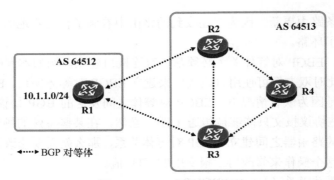

图 7-4　IBGP 水平分割规则

　　IBGP 水平分割规则是一个非常重要的设计，它可以在极大程度上规避 AS 内 BGP 路由传递时可能引发的路由环路问题。然而在某些场景中，它也会带来一些新的问题。

　　图 7-5 展示了一个示例，在这个网络中，R4 增加了一个 IBGP 对等体 R5。由于 IBGP 水平分割规则的限制，R4 是无法将学习自 IBGP 对等体 R2 的 10.1.1.0/24 路由再通告给另一个 IBGP 对等体 R5 的，因此这将造成 R5 无法学习到去往 AS 64512 的路由。实际上我们不可能放弃 IBGP 水平分割规则，因为它确实非常重要，但是在许多场景下又必须解决 IBGP 路由传递的问题。这个问题有多种解决办法，例如可以在 AS 内部建立 IBGP 对等体关系的全互联模型。以 AS 64513 为例，需在该 AS 中所有的 BGP 路由器两两之间建立 IBGP 对等体关系，如图 7-6 所示。

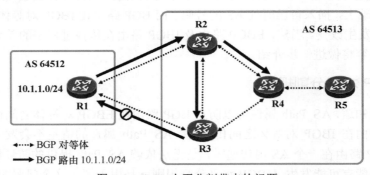

图 7-5　IBGP 水平分割带来的问题

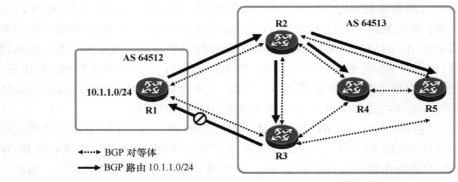

图 7-6　AS 内的 IBGP 对等体全互联模型

在一个 AS 内部实现 IBGP 对等体全互联是一种常规的解决方案。在本例中，R2 与 R5、R3 与 R5 可能并非直连的路由器，但是正如前文所说，它们无需直连，实际上 AS 64513 内的所有路由器可能已经运行了一个 IGP 协议，例如 OSPF，使得该 AS 内的路由器能够学习到去往本 AS 内所有网段的路由。如此一来，R2 与 R5，R3 与 R5 即可建立 TCP 连接并进一步建立 IBGP 对等体关系。虽然 R2 与 R5 之间直接建立起了 IBGP 对等体关系，但是其实两者交互的 BGP 协议报文依然需要通过物理路径来转发，例如可能需要经过 R4，只不过对于 R4 而言，它只是简单地转发这些报文，而不会对报文的内容感兴趣，因为报文的目的 IP 地址并非自己拥有的 IP 地址，而是 R2 或者 R5 的地址。

在一个 AS 内建立 IBGP 对等体全互联模型在许多场景中是可行的，但是在另一些场景中，却会带来问题，如果 AS 内的 BGP 路由器数量特别大时，所有的路由器两两之间建立 IBGP 对等体关系显然可能给网络及设备带来较大的负担，而且也降低了网络的可扩展性。好在 BGP 还有另外两种解决方案，它们是路由反射器及联邦。关于这两个解决方案将在后续的章节中介绍。

7.1.3 路由黑洞问题及 BGP 同步规则

我们已经知道，两台 BGP 路由器之间无需直连也可建立对等体关系，只要它们具备 IP 连通性并且可以建立 TCP 连接即可。BGP 的这个特点使得路由的传递更加灵活，然而稍有不慎，这个特性也可能带来一个麻烦，例如路由黑洞。

以图 7-7 为例，R1、R2、R3 及 R7 均是 BGP 路由器，并且按照图示建立 BGP 对等体关系。AS 34567 内已经部署了 OSPF，使得 AS 内部的路由器能够获知到达该 AS 内各个网段的路由信息。R4、R5 及 R6 并不运行 BGP，只运行 OSPF，得益于 AS 34567 内运行的 OSPF，R3 及 R7 实现了 IP 连通性（R3 及 R7 之间并没有直连的物理链路），并且建立起了 IBGP 对等体关系。

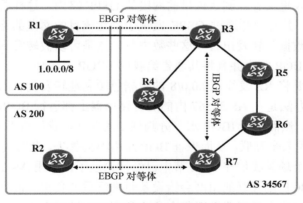

图 7-7　BGP 环境中路由黑洞的产生背景

现在 R1 将 AS 100 内的 1.0.0.0/8 路由发布到了 BGP，然后将这条路由通告给了 R3，而 R3 则将这条 BGP 路由通过 IBGP 连接直接通告给了 R7（假设 R3 在将该 BGP 路由通告给 R7 时，告知了 R7 需经自己到达该路由所指向的目的地，为了达到这个目的，R3 将该 BGP 路由的 Next_Hop 属性值设置为它自己的地址），R7 再将其通告给 R2，最终

R2 能够通过 BGP 学习到 1.0.0.0/8 这条来自 AS 100 的路由并将其加载到自己的路由表中。

　　现在 R2 收到一个去往 1.0.0.0/8 的数据包，它查询路由表后发现到达该目的地的下一跳为 R7，于是将数据包转发给 R7。R7 收到这个数据包后也进行路由表查询，结果发现到达该目的地的下一跳为 R3，然而 R3 并非它的直连路由器，它意识到下一跳路由器处于一个远端网段，因此它将继续在自己的路由表中查询到达 R3 的路由（也即递归查询）。由于 AS 34567 内已经运行了 OSPF，R7 发现可以通过 OSPF 路由到达 R3，而且下一跳是 R4（假设当网络正常时，R7 选择经 R4 到达 R3）。如此一来 R7 意识到要将数据包送达 1.0.0.0/8，需先将其转发给 R4。

　　当 R4 收到这个发往 1.0.0.0/8 的数据包时，它将在自己的路由表中查询到达该目的网段的路由，由于该路由是在 BGP 中被通告的（AS 34567 内运行的 OSPF 并不知晓到达这个目的网段的路由），而 R4 恰恰没有运行 BGP，至此在 R4 上就出现了路由黑洞，发往这个目的网段的数据包在 R4 这里被丢弃。同样的问题也可能发生在 R6 上，当 R4 发生故障时，R7 将会把到达 1.0.0.0/8 的报文转发给 R6，而后者同样存在路由黑洞问题。

　　为了规避路由黑洞问题，BGP 引入了同步规则（BGP Synchronization）。所谓的 BGP 同步规则指的是：当一台路由器从自己的 IBGP 对等体学习到一条 BGP 路由时（这类路由被称为 IBGP 路由），它将不能使用该条路由或把这条路由通告给自己的 EBGP 对等体，除非它又从 IGP 协议（例如 OSPF 等，此处也包含静态路由）学习到这条路由，也就是要求 IBGP 路由与 IGP 路由同步。同步规则主要用于规避 BGP 路由黑洞问题。

　　还是以图 7-7 为例，如果 R7 激活了 BGP 同步，那么当它收到 IBGP 对等体 R3 通告的 1.0.0.0/8 路由时，缺省是不会使用该路由的，当然也不会将其通告给 EBGP 对等体 R2，只有当 R7 又从 IGP 协议（例如 AS 34567 中运行的 OSPF）学习到 1.0.0.0/8 路由时，或者 R7 拥有到达 1.0.0.0/8 的静态路由时，它才会使用这条 BGP 路由，并且将该 BGP 路由通告给 R2。此时 R7 的"想法"是："我现在已经通过 BGP 学习到了去往 1.0.0.0/8 的路由，而我的路由表里又存在到达该目的网段的 OSPF 路由，这样看来网络中的设备应该都运行了 OSPF，并且也都通过 OSPF 发现了到达该目的网段的路由，那么如果我将到达目的网段的数据包转发出去，这些数据包应该是可以被转发到目的地的，因此我可以放心地使用该 BGP 路由并且将其通告给我的 EBGP 对等体了"。

　　在本案例中，要将 R2 发往 1.0.0.0/8 的数据包顺利地转发到目的地，可行的办法有几种。例如第一个办法是在 AS 34567 内的所有路由器上都运行 BGP，也就是让 R4、R5 及 R6 也运行 BGP。然而由于 IBGP 水平分割规则的存在，我们将不得不在 AS 34567 内实现 IBGP 对等体关系全互联，从而保证 BGP 路由不会丢失，此时需关闭设备上的 BGP 同步规则。关于这个场景我们在 7.1.2 节中已经讨论过了，如果 AS 34567 内的路由器数量特别大，那么 IBGP 全互联的组网会给设备带来沉重的负担，而且该网络的可扩展性也将受到制约。此时路由反射器及联邦会是两个不错的解决方案。

　　第二个办法是 R3 将 BGP 路由引入 AS 34567 中的 OSPF，从而让 OSPF 也能够获知到达 1.0.0.0/8 的路由。这样对于 R7 而言这条路由也就满足了同步规则～既从 IBGP 对等体学到，又从 IGP 协议获知，而 R4、R5 及 R6 也能够通过 OSPF 发现到达 1.0.0.0/8 的路由，因此路由黑洞的问题也就迎刃而解了。当然在 R3 上将 BGP 路由引入 OSPF 的操作需要非常谨慎地执行，因为 BGP 承载的路由信息往往是巨大的，如果不做任何限制地直接将 BGP 路由引入一个 IGP 协议，带来的影响会很大。基于上述分析，这种办法并非在所有场景中都适用。

第三个办法是采用 MPLS。MPLS（Multi-Protocol Label Switching，多协议标签交换）是一种标签交换技术，简单地说，就是在一个报文的 IP 头部之前、数据帧头部之后插入一个标签头部，由于 IP 头部"躲藏"在标签头部之后，因此在数据从源被转发到目的地的过程中，沿途的网络设备只需根据标签头部中的标签进行选路，如此一来即使转发设备没有到达目的网络的路由也不会影响数据转发，因为此时它们是基于标签信息对报文进行选路及转发的，而不是基于目的 IP 地址。

综上所述，解决 BGP 路由黑洞问题的方案很多，而且都比较成熟，在诸多成熟方案可供选择的情况下，依然激活同步规则也就显得没有意义了，因此在华为数通产品上，BGP 同步规则缺省是被关闭的。

7.1.4　路由通告

BGP 路由在对等体之间交互时，主要存在以下几个原则：

- 当一台路由器发现了多条可到达同一个目的网段的 BGP 路由时，该路由器会通过一个路由选择进程在这些路由中选择一条最优（Best）的路由。通常情况下，路由器只将最优的路由加载到路由表中使用（激活了负载分担功能的情况除外），而且只会将最优的路由通告给 BGP 对等体。

- 当一台路由器从自己的 EBGP 对等体学习到 BGP 路由时，缺省时它会将这些路由通告给所有 IBGP 对等体及所有 EBGP 对等体。

- 当一台路由器从自己的 IBGP 对等体学习到 BGP 路由时，它不会将这些路由通告给其他 IBGP 对等体——IBGP 的水平分割规则使然。

- 当一台路由器从自己的 IBGP 对等体学习到 BGP 路由时，如果 BGP 同步被激活，则路由器只有从 IGP 协议也学习到相应的路由时，才会将这些 BGP 路由通告给 EBGP 对等体；如果 BGP 同步被关闭，则即使没有从 IGP 协议学习到相应的路由，它也会将这些 BGP 路由通告给 EBGP 对等体。

华为路由器缺省关闭 BGP 同步规则。

要强调的是，以上讨论的所有情况，前提均是 BGP 路由的 Next-hop 属性所填充的下一跳地址可达。

7.1.5　Router-ID

BGP Router-ID 是网络设备的 BGP 协议标识符，长度为 32bit，与 IPv4 地址的格式相同，例如 192.168.32.1。在规划 BGP 网络时，需确保设备的 Router-ID 的唯一性。

BGP 的 Router-ID 可以通过两种方式获取，其一是让 BGP 自动选取，另一个方式则是通过手工配置的方式为设备指定。当然，从网络可靠性的角度考虑，在实际部署时，建议采用手工配置的方式指定设备的 Router-ID。

7.1.6　报文类型及格式

BGP 主要使用 4 种协议报文。我们已经知道，BGP 是工作在 TCP 之上的，使用 TCP 目的端口号 179。BGP 协议报文在传输层采用 TCP 封装。两台路由器如果要交互 BGP 路由信息，就必须建立 BGP 对等体关系，此时，双方能够正确地建立 TCP 连接是一个基本的前提，只有路由器之间完成了 TCP 连接的建立，才能开始交互 BGP 协议报文。

所有的 BGP 报文都有一个相同格式的头部，这个头部一共 19byte，如图 7-8 所示。

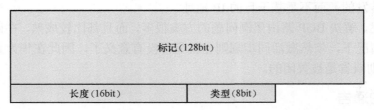

图 7-8　BGP 报文头部

- **标记（Marker）**：该字段被保留用于协议兼容性，没有其他特别的含义。
- **长度（Length）**：指示该 BGP 报文的长度（字节数）。
- **类型（Type）**：指示了该 BGP 报文的类型，常见的 BGP 报文类型与类型字段值的对应关系如下：1. Open 报文，2. Update 报文，3. Notification 报文，4. Keepalive 报文。

1．Open 报文

我们已经知道，两台 BGP 路由器要想交互 BGP 路由，就需要建立对等体关系，在此之前两者需首先建立 TCP 连接，一旦 TCP 连接被正确建立，双方便开始交换 Open 报文，Open 报文中包含设备所处的 AS 号、BGP 版本号、Router-ID 以及一些可选参数等信息（例如用于描述 BGP 所支持的一些协议特性的参数等），如果路由器认可对方发送过来的 Open 报文，则立即回送一个 Keepalive 报文以作确认。图 7-9 所示，展示了 Open 报文的格式，其中各个字段的描述如下。

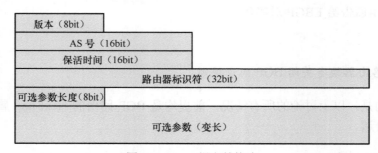

图 7-9　Open 报文的格式

- **版本（Version）**：BGP 协议的版本，本章介绍的是 BGPv4，因此该字段的值为 4。
- **AS 号（AS Number）**：该 BGP 报文发送方所处 AS 的号码。
- **保活时间（Hold Time）**：在多长时间（以秒为单位）内必须收到对方的 Keepalive 报文或 Update 报文，否则将该对等体视为无效。在两台 BGP 路由器建立对等体关系的过程中，保活时间需要双方进行协商，双方配置的值可以不同，但是最终双方均只认可值更小的保活时间。

- **路由器标识符（Router-ID）**：32bit 的 BGP 路由器标识符。
- **可选参数长度（Optional Parameters Length）**：指示了 BGP 报文中，可选参数字段的长度（字节数）。
- **可选参数（Optional Parameters）**：Open 报文里可以包含多个可选参数，每个可选参数使用类型（Type）、长度（Length）及值（Value）的三元组格式描述。在 Open 报文中，可选参数主要被用于宣告及协商 BGP 对等体的某些能力特性。

2. Update 报文

BGP 路由器使用 Update 报文向其对等体通告路由信息。BGP 在一个 Update 报文中通告一条或多条拥有相同路径属性的路由，拥有不同的路径属性的 BGP 路由需使用不同的 Update 报文来通告。Update 报文除了能够用于向对等体通告 BGP 路由，还能够用于撤销一条或多条 BGP 路由。

图 7-10 展示了 Update 报文的格式，其中各个字段的描述如下。

图 7-10　Update 报文格式

- **撤销路由的长度（Withdrawn Routes Length）**：Update 报文中可以包含 0 条、1 条或者多条准备撤销的 BGP 路由。该字段是一个无符号整数，它指示了 Update 报文中所包含的"撤销的路由条目"字段的长度（字节数）。
- **撤销的路由条目（Withdrawn Routes）**：这个字段用于存放需要被撤销的 BGP 路由前缀，如果有多条 BGP 路由需要使用这个 Update 报文来撤销，那么这个字段将包含一个 BGP 路由前缀的列表，每条 BGP 路由前缀包含两元，分别是前缀长度及路由前缀。
- **总路径属性长度（Total Path Attribute Length）**：这个字段指示了 Update 报文中路径属性的总长度。
- **路径属性（Path Attributes）**：当 BGP 路由器使用 Update 报文向邻居通告 BGP 路由时，该报文中就包含着路径属性字段。BGP 定义了丰富的路径属性类型。本章将在"路径属性"一节中详细介绍常见的 BGP 路径属性。
- **网络层可达信息（Network Layer Reachability Information）**：这个字段用于存放需要被被通告的 BGP 路由前缀，如果有多条 BGP 路由需要使用这个 Update 报文来通告，那么这个字段将包含一个 BGP 路由前缀的列表，每条 BGP 路由前缀包含两元，分别是前缀长度及路由前缀，当然，一个 Update 报文用于通告拥有相同路径属性的路由前缀。

3. Keepalive 报文

BGP 是基于 TCP 工作的，它可以依赖 TCP 实现协议的可靠性，但是它并不依赖 TCP 的保活机制，而是使用周期性发送的 Keepalive 报文来了解对等体的存活情况。BGP 路由器会为对等体维护一个保活计时器（Hold Timer），如果保活计时器超时，则 BGP 对等体被视为不可达，此时 BGP 对等体关系需要重新建立。对等体之间周期性交互的 Keepalive 报文可以刷新保活计时器，防止该计时器超时。BGP 路由器周期性发送 Keeaplive 报文的时间间隔缺省为 1/3 的保活计时器时间，在华为的数通产品上，保活计时器的时间缺省为 180s，因此缺省时，Keepalive 报文的周期性发送间隔为 60s。

在 BGP 对等体关系的建立过程中，Keepalive 报文还用于确认对方发送过来的 Open 报文。

4. Notification 报文

当 BGP 检测到一个错误时，它可以使用 Notification 报文来告知对等体。图 7-11 展示了 Notification 报文的格式。

| 错误代码（8bit） | 错误子代码（8bit） | 数据（变长） |

图 7-11　Notification 报文格式

- **错误代码（Error Code）**：该字段的值是一个无符号整数，指示了错误的类型。
- **错误子代码（Error Subcode）**：在错误代码的基础上进一步指示错误的类型。
- **数据（Data）**：这个字段用于描述错误的原因。

对于错误代码、错误子代码以及其所象征的含义，超出了本书的范围。

7.1.7　查看 BGP 对等体

两台 BGP 路由器需要首先建立对等体关系，然后才能够正常交互 BGP 路由。在 BGP 中，一台设备的 BGP 对等体需要网络管理员通过命令手工指定，也就是说 BGP 无法自动发现其他对等体。当两台需建立对等体关系的 BGP 路由器完成配置后，双方需首先建立 TCP 连接，TCP 连接建立完成后双方开始交换 Open 报文，如果一方认可对方发送过来的 Open 报文，则使用 Keepalive 报文进行回应。如果路由器收到了 BGP 对等体发来的、用于确认自己先前发送的 Open 报文的 Keepalive 报文，这意味着对方已经认可了自己所发的 Open 报文中的相关参数，则该路由器认为已经与对方完成了 BGP 对等体关系建立，此时双方便可以开始交互 Update 报文，而 Update 报文中便包含路由器所通告的路由信息。

在路由器上，使用 **display bgp peer** 命令可以看到该设备所指定的 BGP 对等体，以及当前所处的状态（State 列）：

```
<R1>display bgp peer

 BGP local router ID : 1.1.1.1
 Local AS number : 12
 Total number of peers : 2          Peers in established state : 2

 Peer         V    AS   MsgRcvd      MsgSent       OutQ    Up/Down    State        Pref
 Rcv
 10.1.12.2    4    12   9            9             0       00:06:12   Established  1
 10.1.13.3    4    12   9            9             0       00:05:19   Established  1
```

在以上输出中，R1 存在两个 IBGP 对等体（R1 的本地 AS 号与它们的 AS 号都相同），并且它与这两个对等体之间的状态为 Established，这意味着 R1 与它们已经完成了对等体关系建立。

7.1.8　BGP 路由表

当设备运行 BGP 后，它会维护 BGP 路由表（BGP Routing Table），BGP 路由表也被简称为 BGP 表，在该数据表中，存储着设备发现的所有 BGP 路由。当设备从其他对等体接收 BGP 路由后，它可以针对这些路由施加入方向（Import）的路由策略（例如路由过滤，或者修改路由的路径属性等），这些路由策略执行完后，被处理过的路由才会被加载到其 BGP 路由表中。

当设备发现了多条到达相同目的网段的 BGP 路由时，它会将这些路由都加载到自己的 BGP 路由表中，当然，无论到达同一个目的网段存在多少条路由，最终都将只有一条最优的路由会被选择，只有该条路由才具备被加载到设备全局路由表的资格（在没有配置 BGP 路由负载分担的情况下）。BGP 定义了一套详细的规则，用于进行最优路由的决策。

使用 **display bgp routing-table** 命令可以查看设备的 BGP 路由表，例如：

```
<Nihao>display bgp routing-table

BGP Local router ID is 2.2.2.2
Status codes: * - valid, > - best, d - damped,
              h - history,   i - internal, s - suppressed, S - Stale
              Origin : i - IGP, e - EGP, ? - incomplete


Total Number of Routes: 3
        Network              NextHop          MED        LocPrf       PrefVal     Path/Ogn

 *>i    172.16.1.0/24        1.1.1.1          0          100          0           i
 *                           10.1.23.3        0                       0           300i
 *>     192.168.3.0          10.1.23.3        0                       0           300i
```

以上输出的是某台系统名称为 Nihao 的设备的 BGP 路由表，从中大家能看到该设备发现的 BGP 路由。每条 BGP 路由都会被执行可用性检查，设备会计算每条 BGP 路由的 Next_Hop 的可达性，如果在其全局路由表中查询到了去往 Next_Hop 的路由，则该 BGP 路由被视为可用（Valid），否则视为不可用（Invalid）。在 BGP 路由表中，可用的 BGP 路由在行首会有星号"*"标记，相反，不可用的路由则没有该标记。

大家可能留意到了，Nihao 发现了两条到达目的网段 172.16.1.0/24 的 BGP 路由，这两条路由的 Next_Hop 分别为 1.1.1.1 及 10.1.23.3，设备会在这两条路由间进行决策，选择一条最优的路由，最优路由在行首会拥有尖括号">"标记，在本例中，Next_Hop 为 1.1.1.1 的 172.16.1.0/24 路由被优选。

Next_Hop 不可达的不可用路由是不会参与最优路由的竞争的。

另外，从 IBGP 对等体学习到的路由会标记"i"（i 意为 internal。注意该标记的位置，是在行首部，而不是尾部），如果该路由学习自 EBGP 对等体，则没有该标记。

从 BGP 路由表中，大家还能观察到每条路由的主要路径属性，例如 Next_Hop、MED、Local_Preference（LocPrf 列）、Preferred_Value（PrefVal 列）、AS_Path（Path 列）

及 Origin（Ogn 列）等。在 **display bgp routing-table** 命令中增加特定路由前缀，可以查看该路由的完整信息，例如：

```
<Nihao>display bgp routing-table 172.16.1.0

BGP local router ID : 2.2.2.2
Local AS number : 12
Paths:    2 available, 1 best, 1 select
BGP routing table entry information of 172.16.1.0/24:
From: 1.1.1.1 (1.1.1.1)
Route Duration: 00h17m23s
Relay IP Nexthop: 10.1.12.1
Relay IP Out-Interface: GigabitEthernet0/0/0
Original nexthop: 1.1.1.1
Qos information : 0x0
AS-path Nil, origin igp, MED 0, localpref 100, pref-val 0, valid, internal, best, select, active, pre 255, IGP cost 1
Advertised to such 1 peers:
    10.1.23.3
BGP routing table entry information of 172.16.1.0/24:
From: 10.1.23.3 (3.3.3.3)
Route Duration: 00h16m42s
Direct Out-interface: GigabitEthernet0/0/1
Original nexthop: 10.1.23.3
Qos information : 0x0
AS-path 300, origin igp, MED 0, pref-val 0, valid, external, pre 255, not preferred for AS-Path
Not advertised to any peer yet
```

以上是在 Nihao 上查看 172.16.1.0/24 路由的详细信息后得到的输出，由于到达该目的网段存在两条 BGP 路由，因此从输出的结果中大家能看到这两条路由，以及它们的各种路径属性。

7.1.9　将路由发布到 BGP

可以使用 3 种方法将路由发布到 BGP：使用 **network** 命令、使用 **import-route** 命令或使用 **aggregate** 命令。与 IGP 协议不同，BGP 并不自动发现路由，而是需要网络管理员通过这 3 种方法将路由发布到 BGP。

1. 使用 network 命令将路由发布到 BGP

第 1 种将路由发布到 BGP 的方法是在设备的 BGP 配置视图中，使用 **network** 命令将其路由表中的直连路由、静态路由或通过 IGP 协议学习到的路由发布到 BGP。

关于 **network** 命令，相信各位读者都不会陌生，我们熟知的 IGP 协议，诸如 RIP、OSPF 等都使用该命令。然而，IGP 协议中的 **network** 命令，与 BGP 中的 **network** 命令存在根本性差异。

以 OSPF 为例，如图 7-12 所示，当我们在 R2 的 OSPF 配置视图中，使用 **network** 命令指定 10.1.12.0/24 及 10.1.23.0/24 网段后，R2 将在其 GE0/0/0 及 GE0/0/1 接口上激活 OSPF，并且开始发送及侦听 Hello 报文，试图在直连链路上发现其他 OSPF 邻居。随后，R2 会在其 GE0/0/0 接口上与 R1 建立 OSPF 邻接关系、在 GE0/0/1 接口上与 R3 建立邻接关系，并开始泛洪 LSA，在其泛洪的 Type-1 LSA 中，包含关于直连接口 GE0/0/0 及 GE0/0/1 的描述，最终 R1 能够通过 OSPF 学习到 10.1.23.0/24 路由，而 R3 也能学习到

10.1.12.0/24 路由。

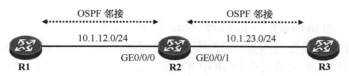

图 7-12　network 命令在 OSPF 中的使用

与 OSPF 不同，在 BGP 配置视图中执行的 **network** 命令并不用于在指定网段（接口）上激活 BGP，而是用于向 BGP 发布路由，而且 BGP 的 **network** 命令不仅仅能用于将直连路由发布到 BGP，实际上，该设备路由表中的直连路由、静态路由以及通过 IGP 协议学习到的动态路由都能使用 **network** 命令发布到 BGP。

在图 7-13 中，以 R1 与 R2 为例，它们之间如果要建立 BGP 对等体关系，则两台设备需分别使用 **peer** 命令指定对方，换句话说，BGP 无法像 OSPF 那样，自动发现邻居，而是需要网络管理员手工指定。另外，设备之间的 BGP 对等体关系建立完成后，BGP 是无法自动发现路由的，初始时 R1、R2 及 R3 的 BGP 路由表均为空。如果期望 R3 能够通过 BGP 获知到达 10.1.12.0/24 网段的路由，那么可以在 R2 的 BGP 配置视图中使用 **network** 命令将直连路由 10.1.12.0/24 发布到 BGP，从而通过 BGP Update 报文将路由通告给 R3。

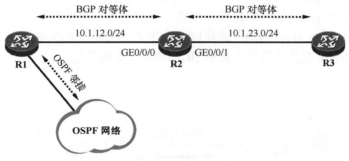

图 7-13　network 命令在 BGP 中的使用

再如，图 7-13 中 R1 与 R2 建立了 BGP 对等体关系，同时它又运行着 OSPF 并且与 OSPF 网络中的设备建立了邻接关系，那么 R1 可以在其 BGP 配置视图中使用 **network** 命令将其路由表中的 OSPF 路由发布到 BGP，从而使得 R2 及 R3 能够通过 BGP 学习到这些路由。需再次强调的是，BGP 中的 **network** 命令，只用于向 BGP 发布路由，而并不能够在设备的接口上激活 BGP，BGP 的对等体是需要显式地通过 **peer** 命令指定的。

2. 使用 import-route 命令将路由引入 BGP

另一个向 BGP 发布路由的方式是在设备的 BGP 配置视图中使用 **import-route** 命令将外部路由引入 BGP。BGP 中的 **import-route** 命令与 IGP 协议中的该条命令功能相同。**Import-route** 命令可以将设备路由表中的直连路由、静态路由或通过 IGP 协议学习到的动态路由引入 BGP。在图 7-13 中，我们可以在 R1 的 BGP 配置视图中使用 **import-route** 命令将其路由表中的 OSPF 路由引入 BGP。当然，使用 BGP 的 **network** 命令也可以将 R1 路由表中的 OSPF 路由发布到 BGP，只不过每发布一条 OSPF 路由到 BGP，便需要

使用一条 **network** 命令，如果需要发布大量 OSPF 路由到 BGP，使用 **import-route** 命令相对高效。

关于 BGP 中的 **network** 与 **import-route** 命令，还存在另一个差异。在 BGP 的众多路径属性中，有一个属性是所有 BGP 路由都必须携带的，那就是 Origin 属性，该属性用于描述一条路由是如何被发布到 BGP 的（路由的来源），使用以上两个命令将路由发布到 BGP 时，路由的 Origin 属性是不同的。

3．使用 aggregate 向 BGP 发布汇总路由

与众多动态路由协议一样，BGP 同样支持路由的手工汇总，在 BGP 配置视图中，使用 **aggregate** 命令，可执行 BGP 路由手工汇总。该命令生效的前提是，设备已经通过 BGP 学习到了明细路由，之后再使用该命令，则可使设备向 BGP 发布指定的汇总路由。

7.2 路径属性

任何一条 BGP 路由都拥有多个路径属性（Path Attributes），当路由器将 BGP 路由通告给它的对等体时，一并被通告的还有路由所携带的各个路径属性，如图 7-14 所示。以现实生活中的房子为例，每套房子都有各种属性，例如房子的总面积、房间数量、装修的豪华程度、楼层高度、房子的朝向以及周边配套设施等。在购买一套房子的时候，每个人心中自然是有自己的想法和需求，当然，房子的各项属性都有可能会影响购房者的购买决策。对于 BGP 而言，BGP 路径属性描述了该条路由的各项特征，同时，路由所携带的路径属性也将在某些场景下影响 BGP 路由优选的决策。

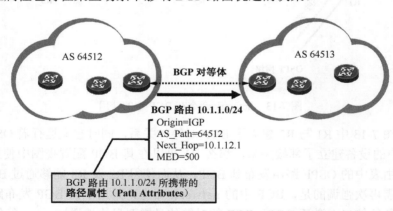

图 7-14　每条 BGP 路由都携带着多个路径属性

BGP 设计了丰富的路径属性，每条 BGP 路由都携带着多个路径属性，这些路径属性都有各自的定义及功能。当 BGP 发现了多条到达同一个目的网段的路由（或者说路径）时，每条 BGP 路由的路径属性值将会作为该路由是否被优选的依据，BGP 将按照一定的规则进行决策，最终在这些路由中选择一条最优的路由。当然我们可以根据实际业务需要，对 BGP 路由的路径属性进行修改，从而影响 BGP 路由优选的决策。BGP 提供了丰富了路由策略工具，使得我们针对路由的路径属性的操控更加地灵活和便捷。

　　RFC 4271 将 BGP 路径属性分为两大类：公认（Well-known）及可选（Optional），其中公认属性是所有 BGP 路由器必须都能够识别的路径属性，而可选属性则不要求所有的 BGP 路由器都必须能够识别。

　　公认属性里分了两个子类：强制（Mandatory）及自由决定（Discretionary），其中强制属性指的是当 BGP 路由器使用 Update 报文通告路由更新时必须携带的路径属性，而自由决定属性则不要求 Update 报文中必须携带。

　　可选属性里也分了两个子类：传递（Transitive）及非可传递（Non-transitive），其中对于传递属性，如果 BGP 路由器不能够识别该路径属性，那么也应该接受携带该路径属性的 BGP 路由更新，并且当路由器将该路由通告给其他对等体时必须携带该路径属性，而对于非可传递属性，如果 BGP 路由器不能够识别该属性，那么该路由器将会忽略携带该路径属性的 BGP 路由更新且不将该路由通告给其他 BGP 对等体。

　　综上，BGP 路径属性可分为 4 种类型，每种类型中包含的路径属性如下。

　　（1）公认强制（Well-known Mandatory）

- Origin
- AS_Path
- Next_Hop

　　（2）公认自由决定（Well-known Discretionary）

- Local_Preference
- Atomic_Aggregate

　　（3）可选传递（Optional Transitive）

- Community
- Aggregator

　　（4）可选非传递（Optional Non-transitive）

- MED
- Originator_ID
- Cluster_List

　　接下来的内容将向大家详细地介绍 BGP 的各种常见的路径属性。学习完本节之后，我们应该能够。

- 理解 Preferred_Value 属性；
- 理解 Local_Preference 属性；
- 理解 AS_Path 属性；
- 理解 Origin 属性；
- 理解 MED 属性；
- 理解 Next_Hop 属性；
- 理解 Atomic_Aggregate 及 Aggregator 属性；
- 理解 Community 属性。

7.2.1　Preferred_Value

　　Preferred_Value 是一个华为私有的路径属性，可以理解为路由的"权重"。该属性值的取值的范围是 0～65535，该值越大则路由的优先级越高。值得强调的是，Preferred_Value 只在本地有效，而且绝对不会被传递给其他对等体（不会出现在 Update 报文中）。所以对于这个属性，形象一点的理解是～"一条路由（路径）在我心中的权重值"，既然是在自己"心中"，那么这个属性值自然是不能传递给别人的，只有自己知道。

在图 7-15 所示的网络中，AS 100 中的 10.1.0.0/16 路由被 R1 通过 BGP 通告给了 EBGP 对等体 R2 及 R3，而 R2 及 R3 也都会将这条 BGP 路由通告给自己的对等体 R4。现在 R4 会分别从 R2 及 R3 各学习到一条到达该网段的 BGP 路由。此时 R4 会做一个决策，一个路由（或者说路径）优选的决策，也就是在这两条路径之间做比较，最终选择一条最优的路径。

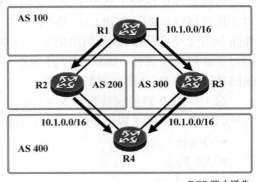

当路由器从其对等体学习到一条 BGP 路由时，它会在本地为这条路由分配一个 Preferred_Value 值，这个值缺省为 0。如果希望通过操控 Preferred_Value 从而使得 R4 优选 R2 这条路径，则可以在 R4 上部署 BGP 路由策略，将它从 R2 学习到的 BGP 路由的 Preferred_Value 值调节得更大（例如 6000）。

图 7-15   Preferred_Value 对路由优选的影响

如此一来 R4 将优选 R2 通告过来的 BGP 路由。需要注意的是，这个策略的部署只能够在 R4 上完成，而且只能对 R4 自身产生作用，如果此时 R4 另外连接着一个 BGP 对等体，那么当它将该 BGP 路由通告给该对等体时，是绝对不会携带 Preferred_Value 属性的。

7.2.2   Local_Preference

Local_Preference（本地优先级）属性是一个公认自由决定属性，该路径属性只能在 IBGP 对等体之间传递，当路由被通告给 EBGP 对等体时，是禁止携带该属性的。因此 Local_Preference 属性只能够在一个 AS 内部传递，这就是"本地"的含义。

如果一个 AS 拥有多个 BGP 出口，而且同一个 AS 内的 BGP 路由器通过这些出口均可到达同一个目的地，那么 Local_Preference 属性可被该 AS 用于告知本 AS 内的 BGP 路由器哪一个出口更优。Local_Preference 属性的取值范围是 0～4294967295，值越大则路由越有可能被优选。

在图 7-16 所示的网络中，R1 将 AS 100 内的 10.2.0.0/16 路由通过 BGP 通告给 EBGP 对等体 R2 及 R3。注意，这条 EBGP 路由在被通告给 R2 及 R3 时是不能携带 Local_Preference 属性的。当 R2 及 R3 从 EBGP 对等体学习到这条路由时，它们会为这条 EBGP 路由在本地关联一个 Local_Preference 属性值（这个值缺省为 100，可以在 BGP 配置视图下使用 **default local-preference** 命令修改该缺省值），而当它们将路由通告给 IBGP 对等体 R4 时，路由将携带该 Local_Preference 属性值。此时 R4 会分别从 R2 及 R3 学习到去往 10.2.0.0/16 的 BGP 路由，但是这两条路由的 Local_Preference 均为 100，因此 R4 无法根据该属性做出路由优选的决策。现在如果期望 R4 使用 R2 这条路径到达 10.2.0.0/16，那么就可以在 R2 上部署 BGP 路由策略，将其通告给 R4 的该路由的 Local_

Preference 设置为 200（比 R3 所通告路由的 Local_Preference 属性值更大），在其他条件相同的情况下，R4 将优选 Local_Preference 值更大的路径到达目标网段。

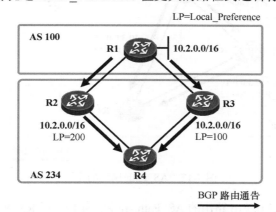

图 7-16　Local_Preference 对路由优选的影响

7.2.3　AS_Path

AS_Path 是公认强制属性，它描述了一条 BGP 路由在传递过程中所经过的 AS 的号码。一台路由器在将 BGP 路由通告给自己的 EBGP 对等体时，会将本地的 AS 号插入到该路由原有 AS_Path 之前。AS_Path 实际上是一个有长度的 AS 号码列表。从上面的描述也可以看出，BGP 路由的 AS_Path 只在 EBGP 对等体之间发生改变，当 BGP 路由在一个 AS 内传递时（路由被通告给自己的 IBGP 对等体），该路由所携带的 AS_Path 是不会发生改变的。

AS_Path 有两个非常重要的作用，一是可以实现 EBGP 路由的环路避免，如果路由器收到一条 BGP 路由并且发现该路由携带的 AS_Path 中出现了自己所在 AS 的 AS 号，它意识到从本地 AS 通告出去的 BGP 路由又被通告回了该 AS，如果它接收这条路由，那么就有可能引发路由环路，因此针对这种情况，BGP 将忽略关于该条路由的更新。AS_Path 的另一个功能是用于 BGP 路由优选的决策。我们知道 AS_Path 实际上是一个列表，AS_Path 的属性值呈现出来就是 0 个、1 个或多个 AS 号，那么既然是列表它就有长度，当 BGP 使用 AS_Path 作为路由优选的依据时，AS_Path 越短则该路由被视为越优，因为这条路径距离目的地所要经过的 AS 个数更少。

在图 7-17 中，R2 将路由 10.3.0.0/16 发布到 BGP 并通告给自己的 IBGP 对等体 R1，值得注意的是，此时该 BGP 路由所携带的 AS_Path 属性值为空，而且路由在 AS 12 内传递的过程中，其 AS_Path 不发生改变。接着 R1 将 10.3.0.0/16 路由通告给自己的 EBGP 对等体 R3 及 R4。由于此时这条 BGP 路由要被传出本地 AS，因此 R1 在路由原有的 AS_Path 的基础上插入本地的 AS 号 12，如此一来这条 EBGP 路由的 AS_Path 就只包含了一个 AS 号。R3 接收这条 EBGP 路由后，会将这条路由通告给自己的 EBGP 对等体 R4，它将本地 AS 号 300 插入到路由原有的 AS_Path 之前，那么该路由的 AS_Path 属性值变成了 300 12。这样 R4 将从 R1 及 R3 各学习到一条到达 10.3.0.0/16 的 EBGP 路由，它将在这两条路由中选择一条最优的路由。

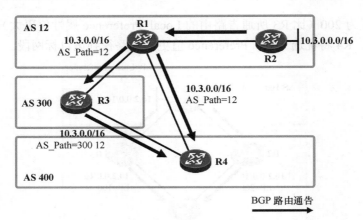

图 7-17   AS_Path 属性的作用

R1 通告过来的 10.3.0.0/16 路由的 AS_Path 属性值为 12，而 R3 通告过来的路由 AS_Path 属性值为 300 12，R4 认为从 R1 到达目标网段所要经过的 AS 个数比从 R3 到达目标网段所需经过的 AS 个数更少，因此在其他条件相同的情况下，从 R1 到达该网段的路径要更优。

再考虑另一种情况，如果 R2 与 R4 之间增加一条互联链路并且两者基于该链路建立 EBGP 对等体关系，那么 R4 从 R1 学习到的 10.3.0.0/16 路由是否又会被其通告给 R2，从而导致这条路由被发回 AS 12 呢？我们已经知道，当路由器收到一条 BGP 路由并且在该路由携带的 AS_Path 中发现了自己所处 AS 的号码时，它将忽略这条路由，因此不用担心 10.3.0.0/16 路由在这个场景中发生环路。

一条 BGP 路由被始发路由器发布到 BGP 时，该路由的 AS_Path 属性值缺省为空，当该路由被始发路由器通告给 IBGP 对等体时，AS_Path 属性必须被携带（虽然此时属性值为空），当然，当该路由被传出始发 AS 时，该 AS 的号码将被附加到路由原有的 AS_Path 属性值之前。一条 BGP 路由的 AS_Path 属性值（如果为非空）是由一种或者多种 AS_Path 片段（AS_Path Segment）组成的，AS 号码被填写在相应类型的 AS_Path 片段中。BGP 设计了 4 种 AS_Path 片段类型，其中两种是 AS_Sequence 及 AS_Set。平时大家接触得比较多的应该是 AS_Sequence 这种类型的 AS_Path 片段，该类型 AS_Path 片段中存储的是有序的 AS 号，例如本节中所描述的场景，R3 通告给 R4 的 10.3.0.0/16 路由的 AS_Path 属性值为 300 12，R4 收到该路由后便知道，要从 R3 到达 10.3.0.0/16，需依次经过 AS 300 及 AS 12。关于 AS_Set 类型的 AS_Path 片段，本书将在"Atomic_Aggregate 及 Aggregator"一节中介绍；关于 AS_Path 的另外两种类型的片段，本书将在"联邦"一节中介绍。

7.2.4   Origin

Origin 属性用于描述 BGP 路由的来源。当一条路由被发布到 BGP 后，Origin 属性便被发布该路由的路由器附加到这条路由上，并且在路由的传递过程中，缺省时 Origin 属性值不会发生改变。

Origin 是一个公认强制属性，这意味着每条 BGP 路由都必须携带这个属性值，并且 BGP 将路由通告给其他对等体时，必须携带 Origin 属性。

Origin 属性的值有 3 种类型。

- **IGP**：如果路由是由始发的 BGP 路由器使用 **network** 命令发布到 BGP 的，那么该 BGP 路由的 Origin 属性为 IGP。
- **EGP**：如果路由是通过 EGP 学习到的，那么该 BGP 路由的 Origin 属性为 EGP。

> **注意**　此处 EGP 指的是一个具体的路由协议，其名称为 EGP。这个路由协议现在已经不再被使用。

- **Incomplete**：如果路由是通过其他方式学习到的，则 Origin 属性为 Incomplete（不完整的）。例如通过 **import-route** 命令引入到 BGP 的路由。

当到达同一个目的网段存在多条 BGP 路由时，在其他条件相同的情况下，Origin 属性为 IGP 的路由最优，其次是 EGP，最后是 Incomplete。

7.2.5　MED

MED（Multi-Exit Discriminator）属性是一个可选非传递属性，是一种度量值。当到达同一个目的网段存在多条 BGP 路由时，在其他条件相同的情况下，MED 属性值最小的 BGP 路由将被优选。

当一个 AS（AS 1）拥有多条路径（多个出口）可以到达同一个相邻 AS（AS 2）时，一个常见的做法是从 AS 2 向 AS 1 执行路由策略，通过操控 MED 属性，从而告知后者从哪一个出口（Exit）到达 AS 2 更优。

假设一台路由器将一条设置了 MED 属性值的 BGP 路由通告给了一个 EBGP 对等体，后者在其所处的 AS 内通告该 BGP 路由时，缺省会携带该 MED 属性值，但是当该路由被传出该 AS 时，该 MED 属性不会被携带。

图 7-18 展示了 MED 属性的一个应用示例。为了让其他 AS 的用户能够访问 AS 12 中的 10.4.0.0/16 网段，R1 及 R2 将到达该网段的路由通过 BGP 发布了出去。对于 AS 300 中的 R3 而言，它将从 EBGP 对等体 R1 及 R2 分别学习到 10.4.0.0/16 路由，换句话说，R3 拥有两条路径可以进入 AS 12 从而访问目标网段。

现在，我们期望 AS 300 中的用户访问 10.4.0.0/16 时，流量始终往 R1 走，当 R1 发生故障时再自动切换到 R2，那么就可以通过 MED 属性来影响路由的优选，从而影响数据

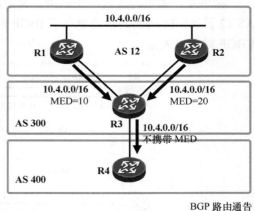

图 7-18　MED 属性的作用

流的走向。可以在 R1 上部署路由策略，将其通告给 R3 的 10.4.0.0/16 路由的 MED 属性值设置为 10，同理在 R2 上部署路由策略，将其通告给 R3 的 10.4.0.0/16 路由的 MED 属性值设置为 20，如此一来，当 R3 对这两条路由做决策时，在其他条件相同的情况下，它会优选 MED 属性值更小的路由，因此 R1 所通告的路由被优选。此时在 R3 的 BGP 路由表中，到达 10.4.0.0/16 是存在两条路径的，但是最优的路径只有一条（从 R1 到达），

R3 只将自己认为最优的路由通告给其他对等体。当 R3 将该路由通告给自己的 IBGP 对等体（若有）时，路由会携带 MED 属性（此时值为 10），但是当 R3 将这条路由通告给 EBGP 对等体 R4 时，路由缺省不会携带 MED 属性，正如前面所说：一个 AS 从其他 AS 接收的 MED 属性值只能够在本 AS 中传递，不会传出该 AS。

缺省情况下，只有当路由来自同一个相邻的 AS 时，BGP 才会进行 MED 属性的比较。在本例中，R3 分别从 R1 及 R2 这两个 EBGP 对等体学习到去往同一个目的网段的路由，这两条路由都是传递自 AS 12，因此是从同一个相邻 AS 收到的，在其他条件相同时，R3 会进行两条路由的 MED 属性值的比较。但是如果将拓扑修改一下，将 R1 置于 AS 100，而 R2 置于 AS 200，并且它们都向 R3 通告到达同一个目的网段的路由，则此时 R3 不再比较这两条路由的 MED 属性值，因为它们来自不同的相邻 AS。当然，BGP 设计了一个"开关"，我们可以通过一条简单的命令（在 BGP 配置视图下执行 **compare-different-as-med** 命令），使得 BGP 在这种情况下依然进行 MED 属性值的比较。

当我们在一台路由器上使用 **network** 或 **import-route** 命令将该路由器的路由表中的直连路由、静态路由或通过 IGP 路由协议学习到的路由发布到 BGP 后，缺省时，路由的 MED 属性将继承其 IGP 度量值。

7.2.6　Next_Hop

Next_Hop 是一个公认强制属性，所有的 BGP 路由都必须携带该属性。这个属性描述了到达目的网段的下一跳地址。BGP 路由所携带的 Next_Hop 属性值将在路由器计算路由时用于确认到达该路由的目的网段的实际下一跳 IP 地址和出接口。

1. Next_Hop 属性的缺省操作

接下来，本书将通过一个示例，来讲解 Next_Hop 属性的缺省操作。在图 7-19 中，AS 12 及 AS 34 内的路由器建立了 IBGP 对等体关系，另外，R2 及 R3、R4 及 R5 建立了 EBGP 对等体关系。

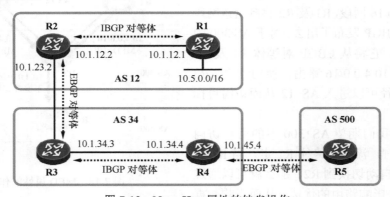

图 7-19　Next_Hop 属性的缺省操作

- 当路由器将本地路由表中的直连路由、静态路由或通过 IGP 协议学习到的动态路由使用 **network** 或 **import-route** 命令发布到 BGP 时，在该路由器的 BGP 路由表中，这些路由的 Next_Hop 属性显示 0.0.0.0（该路由器是这些路由的始发者）。
- 当 BGP 路由器使用 **aggregate** 命令通告一条 BGP 汇总路由时，在该路由器的 BGP

路由表中，该汇总路由的 Next_Hop 属性显示 127.0.0.1。

● 当路由器将本地始发的 BGP 路由通告给自己的 IBGP 对等体时，路由的 Next_Hop 属性值将被设置为这台路由器的 BGP 更新源 IP 地址（Update Source IP Address）；而当路由器将非本地始发的 IBGP 路由通告给自己的 IBGP 对等体时（这种情况在部署了路由反射器的场景中能够见到，关于路由反射器的概念，本书将在后续的章节中介绍），缺省情况下该路由原有的 Next_Hop 属性不会被改变。

● 当路由器将一条 EBGP 路由通告给自己的 IBGP 对等体时，缺省情况下，该路由器不会改变该路由原有的 Next_Hop 属性值。

● 当路由器将一条 BGP 路由通告给自己的 EBGP 对等体时，无论这条路由是否为该路由器始发，路由的 Next_Hop 属性值都被设置为这台路由器的更新源 IP 地址。

说明

　　BGP 的更新源 IP 地址也即设备发送 BGP 协议报文时所使用的源 IP 地址，该地址可以是设备直连接口的 IP 地址，也可以是设备的 Loopback 接口 IP 地址。

　　在本例中，R1 及 R2 通过直连接口建立了 IBGP 对等体关系，当 R1 将直连路由 10.5.0.0/16 发布到 BGP 后，在 R1 自己的 BGP 路由表中，该路由的 Next_Hop 属性显示为 0.0.0.0，当其将这条路由通告给 IBGP 对等体 R2 时，路由的 Next_Hop 属性值被设置为 R1 的更新源 IP 地址，也就是 10.1.12.1，如图 7-20 所示。

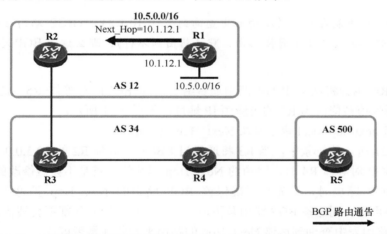

图 7-20　R1 将 10.5.0.0/16 路由发布到 BGP，并将路由通告给 IBGP 对等体 R2

　　在本例中，R2 及 R3 基于直连接口建立了 EBGP 对等体关系，当 R2 将 10.5.0.0/16 路由通告给 R3 时，该路由的 Next_Hop 属性值被设置为 10.1.23.2，也就是 R2 的更新源 IP 地址，如图 7-21 所示。

　　当 R3 将这条学习自 EBGP 对等体的路由通告给自己的 IBGP 对等体 R4 时，路由的 Next_Hop 属性值将保持不变，依然为 10.1.23.2。当 R4 在计算到达 10.5.0.0/16 的 BGP 路由时，会将该路由所携带的 Next_Hop 属性值 10.1.23.2 视为到达这个目的网段的下一跳，若这条 BGP 路由最终被优选并且加载到路由表，则在 R4 的路由表中，10.5.0.0/16 路由的下一跳为 10.1.23.2。您可能已经发现，10.1.23.2 这个 IP 地址对于 R4 而言并非直连可达，因此实际上 R4 需要对该下一跳地址进行递归查询，才能确定实际用于转发报文的下一跳地址和出接口，R4 在路由表中查询到达 10.1.23.2 的路由，并找到去往这个地址的下一跳（从图 7-21 中能够看出，下一跳应该为 R3）和出接口。

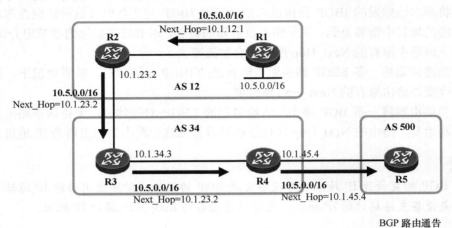

图 7-21　R2 将 10.5.0.0/16 路由通告给 EBGP 对等体 R3，R3 收到路由后将其通告给 R4，
而 R4 收到路由后则将其通告给 R5，留意 Next_Hop 属性值的变化

注意　　　如果 R4 未能在自己的路由表中查询到去往 10.1.23.2（BGP 路由 10.5.0.0/16 的 Next_Hop）的路由（必须是具体路由，默认路由则不行），那么该条 BGP 路由将被视为不可用。

另外，R4 也会将这条 IBGP 路由通告给自己的 EBGP 对等体 R5，此时该路由的 Next_Hop 属性值被修改为 R4 的更新源 IP 地址，如图 7-21 所示。

2. 使用 next-hop-local 命令修改 Next_Hop 属性值

在图 7-21 所示的场景中，当 R3 将通告自 EBGP 对等体 R2 的 10.5.0.0/16 路由通告给自己的 IBGP 对等体 R4 时，路由的 Next_Hop 属性值缺省是不会做修改的。当 R4 学习到这条 BGP 路由时，首先它要确保该 BGP 路由的 Next_Hop 是可达的，如果该 Next_Hop 不可达，则这条 BGP 路由是不可用的，也是无论如何都不会被优选的。R4 通过在自己的路由表中查询到达该 Next_Hop 的路由来判断其是否可达。

通常情况下，在一个 AS 内部可能运行着一个 IGP 协议（例如 OSPF），该 IGP 协议将用于实现 AS 内的路由互通。而 R2 及 R3 之间互联的链路，对于 AS 34 而言是外部链路，该链路使用的网段信息往往不会通过 AS 内的 IGP 进行扩散，换句话说，R4 也许并不能通过 IGP 协议学习到去往 10.1.23.2 的路由，如此一来，即使 R4 能够通过 BGP 学习到 10.5.0.0/16 路由，这条路由也无法被优选，更无法被 R4 使用。

解决这个问题的方法，一是可以在 IGP 协议中发布 R2 及 R3 之间互联网段的路由，二是使用 BGP 的 next-hop-local 特性。可以在 R3 上执行 **next-hop-local** 命令，如图 7-22 所示，该条命令应该被设置为对 R4 生效（具体命令是 **peer 10.1.34.4 next-hop-local**，在 R3 的 BGP 配置视图下执行），如此一来，当 R3 将 EBGP 路由通告给 R4 时，这些路由的 Next_Hop 属性值将被修改为 R3 的 BGP 更新源 IP 地址，也就是 10.1.34.3，而对于 R4 而言，这个地址是可以通过直连路由到达的，因此 BGP 路由的计算可以顺利进行。

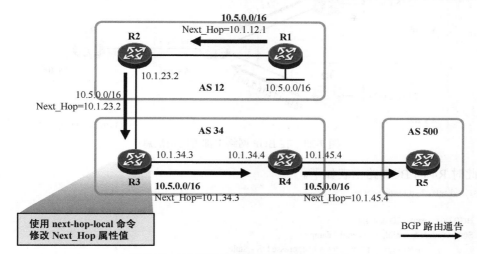

图 7-22　R3 对 R4 部署 next-hop-local 特性

7.2.7　Atomic_Aggregate 及 Aggregator

路由汇总是一个非常基础的路由协议特性，几乎所有的动态路由协议都支持路由汇总，BGP 也不例外。在一个 BGP 网络中部署路由汇总，能够有效地减少 BGP 路由器通告的路由条目数量，减小设备的路由表规模，并将拓扑变化产生的影响限制在一个相对更小的范围内。路由汇总的优势是非常明显的，然而执行路由汇总也有可能带来新的问题。在 BGP 中部署路由汇总后，原来被 BGP 通告出去的明细路由将被汇总路由取代，而汇总路由可能已经丢失了明细路由所携带的路径信息，这对于网络而言是存在问题的，因为路径信息（尤其是 AS_Path 属性）的丢失有可能会带来包括路由环路在内的各种隐患。

在图 7-23 所示的网络中，R1 在 BGP 中发布 172.16.1.0/24 路由，R2 在 BGP 中发布 172.16.2.0/24 路由，则 R3 能够通过 BGP 学习到这两条路由，并且将路由通告给 R4。现在为了优化网络中的路由，我们在 R3 部署 BGP 手工路由汇总，将 172.16.1.0/24 及 172.16.2.0/24 这两条明细路由汇总为 172.16.0.0/16。值得注意的是，一旦 R3 执行了路由汇总并且屏蔽了明细路由，它将在本地产生一条 172.16.0.0/16 汇总路由。172.16.0.0/16 是一条新的 BGP 路由，如果它丢失了这两条明细路由的路径属性，那么 R3 不仅会将该路由通告给 R4，还会将其通告给 R1 及 R2，并被它们接受，这将带来路由环路隐患。对于网络中的其他路由器来说，此时它们并不知道 172.16.0.0/16 是一条汇总路由且该路由存在路径属性的丢失。

BGP 在手工路由汇总的命令中，设计了 **as-set** 关键字，若 R3 执行路由汇总时使用了该关键字，则其产生的汇总路由将继承明细路由的路径属性，如此一来明细路由的 AS_Path 等属性将不会被丢失。这样汇总路由便不会再被传递回 AS 100 及 AS 200，因为该路由的 AS_Path 属性中包含 100 及 200 这两个 AS 号。

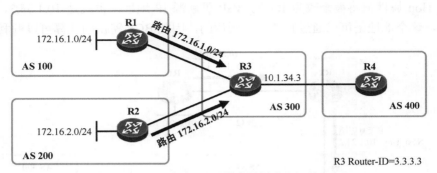

图 7-23　在 BGP 网络中部署路由汇总

此时 R4 的 BGP 路由表如下。

```
<R4>display bgp routing-table

 BGP Local router ID is 4.4.4.4
 Status codes: * - valid, > - best, d - damped,
               h - history,   i - internal, s - suppressed, S - Stale
               Origin : i - IGP, e - EGP, ? - incomplete


 Total Number of Routes: 1
      Network      NextHop         MED        LocPrf      PrefVal       Path/Ogn

 *>   172.16.0.0   10.1.34.3                              0             300 {100 200}i
```

留意到在 R4 的 BGP 路由表中，汇总路由的 AS_Path 为 300 {100 200}，实际上该 AS_Path 由两个片段（Segment）组成，其一是"300"，其二是"{100 200}"，这说明汇总路由被 R3 产生时，已经继承了明细路由 172.16.1.0/24 及 172.16.2.0/24 的 AS_Path 属性值（100 及 200）。需注意的是，这两条明细路由的 AS_Path 属性分别含有两个不同的 AS 号，那么当汇总路由继承这两条明细路由的 AS_Path 属性时，该如何安排这两个 AS 号的顺序？实际上，这两个 AS 号在该汇总路由的 AS_Path 中的顺序并不重要，因为继承这两个 AS 号的目的是为了路由防环。R3 首先将明细路由的 AS_Path 属性值都放置在一个特殊的 AS_Path 片段中（该片段的类型为 AS_Set，AS_Set 中存储的 AS 号码是无序的），当 R3 将汇总路由通告给 EBGP 对等体 R4 时，它为路由的 AS_Path 属性新增一个 AS_Sequence 类型的片段，并在其中写入本地 AS 号 300。在华为数通产品上，为了将 AS_Sequence 及 AS_Set 类型的片段区分开来，设备使用一对大括号囊括 AS_Set 类型的片段。

As-set 关键字的设计的确在很大程度上规避了汇总路由的环路隐患，但是我们依然需要考虑汇总路由可能丢失明细路由的 AS_Path 属性时的情况，例如有些网络可能在部署手工路由汇总时没有关联 **as-set** 关键字等。在这些情况下便需要一种"预警机制"，将路由汇总的发生以及路径属性的缺失告知给其他 BGP 路由器。

Atomic_Aggregate 是一个公认自由决定属性，它只相当于一种预警标记，而并不承载任何信息。当路由器收到一条 BGP 路由更新且发现该条路由携带 Atomic_Aggregate 属性时，它便知道该条路由可能出现了路径属性的丢失，此时该路由器把这条路由再通告给其他对等体时，需保留路由的 Atomic_Aggregate 属性。另外，收到该路由更新的路由器不能将这条路由再度明细化。

在本例中，若我们在 R3 上执行手工路由汇总使得它发布汇总路由 172.16.0.0/16 且屏蔽明细路由 172.16.1.0/24 及 172.16.2.0/24，那么它在生成汇总路由 172.16.0.0/16 时，会为该路由添加 Atomic_Aggregate 属性，并将该属性随着路由通告给其他对等体，如图 7-24 所示。

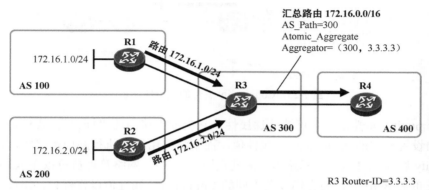

图 7-24　Atomic_Aggregate 及 Aggregator 属性

另一个重要的属性是 Aggregator，这是一个可选传递属性，当路由汇总被执行时，执行路由汇总操作的路由器可以为该汇总路由添加 Aggregator 属性，并在该属性中记录本地 AS 号及自己的 Router-ID，因此 Aggregator 属性用于标记路由汇总行为发生在哪个 AS 及哪台 BGP 路由器上，如图 7-24 所示。在 R4 上使用 **display bgp routing-table 172.16.0.0** 命令可以查看汇总路由 172.16.0.0/16 的完整信息：

```
<R4>display bgp routing-table 172.16.0.0

BGP local router ID : 4.4.4.4
Local AS number : 400
Paths:    1 available, 1 best, 1 select
BGP routing table entry information of 172.16.0.0/16:
From: 10.1.34.3 (3.3.3.3)
Route Duration: 00h00m28s
Direct Out-interface: GigabitEthernet0/0/0
Original nexthop: 10.1.34.3
Qos information : 0x0
AS-path 300, origin igp, pref-val 0, valid, external, best, select, active, pre
255
Aggregator: AS 300, Aggregator ID 3.3.3.3, Atomic-aggregate
Not advertised to any peer yet
```

7.2.8　Community

如图 7-25 所示，AS 600 内有大量的路由被发布到了 BGP，这些路由所指向的目的网段分别用于办公及生产两种业务。AS 600 的边界路由器将这些 BGP 路由通告给 AS 23，现在 AS 23 内的路由器基于某种需求，需要分别对到达生产及办公网段的路由执行不同的路由策略，那么该如何匹配感兴趣路由呢？使用 ACL 或者 IP 前缀列表一条一条地匹配路由么？那样的话效率就太低了，因为路由的数量相当多，而且 AS 23 可能未必知道

AS 600 中究竟具体哪些网段用于生产业务，哪些用于办公业务。Community 属性能够很好地解决这个问题。

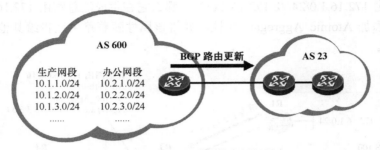

图 7-25　Community 属性的应用场景之一

Community 属性是一个可选传递属性，它类似于路由的"标记"，我们可以针对特定的路由设置特定的 Community 属性值，而下游路由器在执行路由策略时，可以通过 Community 属性值来匹配目标路由。因此在图 7-25 中，网络管理员可以在 AS 600 将这些路由发布到 BGP 时，为它们设置不同的 Community 属性值以作标记，例如将所有到达生产网段的路由附加 Community 属性值 600:11，将所有到达办公网段的路由附加 Community 属性值 600:22，这些 Community 属性值将随着路由一起被通告到 AS 23，而 AS 23 内的路由器需要分别针对到达生产及办公网段的路由执行策略时，只需根据相应的 Community 属性值来区分这些路由即可，例如匹配 Community 属性值为 600:11 的 BGP 路由时，也就匹配了所有到达生产网段的路由。

Community 属性的长度是可变的，网络管理员可以根据需要为一条 BGP 路由添加一个或多个 Community 属性值，例如某条路由的 Community 属性可以包含 64512:177 和 64512:300 这两个值甚至更多其他的值，每个 Community 属性值的长度为 4byte，通常采用类似"64512:177"的格式呈现，其中":"前后的字段各占据 2byte，它们的取值范围都是 0~65535。Community 属性值的前面 2byte 用于表示 AS 号，而后面 2byte 则可由网络设计者自定义。

RFC1997（BGP Communities Attribute）定义了几个公认的 Community 属性值：

● **0x00000000（或 0），又被称为"Internet"。**

所有 BGP 路由缺省都属于名称为"Internet"的 Community。如果我们使用路由过滤器匹配 Community 属性值为"Internet"的 BGP 路由，则任意的 BGP 路由都会被匹配。

● **0xFFFFFF02（或 4294967042），又被称为"No-Advertise"**

如果路由器从 BGP 对等体学习到一条携带了 Community 属性的 BGP 路由，并且 Community 属性中包含"No-Advertise"，则这条 BGP 路由仅能供该路由器自己使用，该路由器不能将该 BGP 路由通告给任何 BGP 对等体。

● **0xFFFFFF01（或 4294967041），又被称为"No-Export"**

如果路由器从 BGP 对等体学习到一条携带了 Community 属性的 BGP 路由，并且 Community 属性中包含"No-Export"，则这条 BGP 路由将不允许被传递到该路由器所处的 AS 之外，也就是不能通告给 EBGP 对等体（但是可以通告给联邦的 EBGP 对等体），换句话说，这条 BGP 路由只能在本地 AS 内传播。

如图 7-26 所示，R1 将一条 BGP 路由通告给 R2，同时为该路由附加了值为 "No-Export" 的 Community 属性值，则该路由进入 AS234 后，只能在该 AS 内传播。R4 收到该路由后，如果路由原有的 Community 属性未丢失，那么它不能将这条路由通告给 EBGP 对等体 R5。

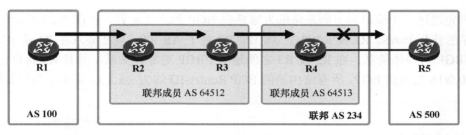

图 7-26　携带 No-Export Community 属性值的 BGP 路由的传播范围

- **0xFFFFFF03（或 4294967043），又被称为 "No-Export-Subconfed"**

如果路由器从 BGP 对等体学习到一条携带了 Community 属性的 BGP 路由，并且 Community 属性中包含 "No-Export-Subconfed"，则这条 BGP 路由将不允许被传递到该路由器所处的 AS 之外，如果该路由器位于联邦成员 AS 中，则这条路由不允许被传递到该联邦成员 AS 之外，也就是说，该条路由禁止传递给任何 EBGP 对等体（其中包括联邦 EBGP 对等体）。

如图 7-27 所示，R1 将一条 BGP 路由通告给 R2，同时为该路由附加了值为 "No-Export-Subconfed" 的 Community 属性。由于 R2 处于联邦成员 AS 64512 中，因此该路由只能在该 AS 内传播，R3 收到该路由后，不能将其通告给任何 EBGP 对等体（包括联邦 EBGP 对等体 R4）。

关于联邦的概念，本书将在后续的章节中介绍。

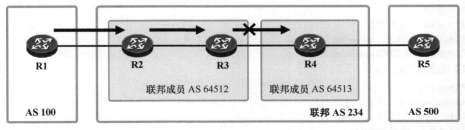

图 7-27　携带 No-Export-Subconfed 属性值的 BGP 路由的传播范围

7.3 配置及实现

7.3.1 案例 1：BGP 基础实验

　　首先通过一个简单的案例来帮助大家掌握 BGP 的基础配置。在图 7-28 所示的网络中，存在着两个 AS。R1 及 R2 处于 AS 12，R3 处于 AS 300。现在要求在 R1 及 R2 之间建立 IBGP 对等体关系，在 R2 及 R3 之间建立 EBGP 对等体关系，并且 R3 将直连路由 33.33.0.0/16 发布到 BGP。所有路由器的 BGP Router-ID 均为 x.x.x.x，其中 x 为设备编号。

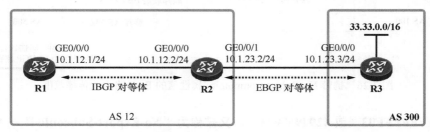

图 7-28　BGP 基础实验

　　R1 的配置如下：

```
[R1]bgp 12
[R1-bgp]router-id 1.1.1.1
[R1-bgp]peer 10.1.12.2 as-number 12
```

　　在上述配置中，**bgp** 命令用于创建 BGP 进程，并且指定本设备所处的 AS 号码。**router-id** 命令则用于指定路由器用于该 BGP 进程的 Router-ID。**peer** *peer-address* **as-number** *as-number* 命令用于配置一个 BGP 的对等体，并且指定该对等体所处的 AS。值得注意的是，与 IGP 协议（如 OSPF）不同，BGP 的对等体是需要手工指定的，设备需要通过命令明确地指出对等体的地址及其所处 AS 的号码。**peer 10.1.12.2 as-number 12** 命令便是为路由器配置了一个对等体，它的地址是 10.1.12.2，并且对方处于 AS 12 之中，所以这是一个 IBGP 对等体，因为 R1 自身也是处于 AS 12 中。

　　R2 的配置如下：

```
[R2]bgp 12
[R2-bgp]router-id 2.2.2.2
[R2-bgp]peer 10.1.12.1 as-number 12
[R2-bgp]peer 10.1.23.3 as-number 300
```

　　R3 的配置如下：

```
[R3]bgp 300
[R3-bgp]router-id 3.3.3.3
[R3-bgp]peer 10.1.23.2 as-number 12
[R3-bgp]network 33.33.0.0 16
```

　　在以上配置中，**network 33.33.0.0 16** 命令用于将本地路由表中的路由发布到 BGP。在此之前，需首先确认本地路由表中确实存在 33.33.0.0/16 路由，否则将该路由发布到 BGP 的操作将会失败。使用 **network** 命令将路由发布到 BGP 是一种非常常见的方法，要注意，当使用该命令时，命令所指定的网段及掩码长度必须与路由表中对应的路由完全一致。例如路由表中若存在 10.1.1.0/24 路由，则使用 **network 10.0.0.0 8** 命令是无法将该路由发布到 BGP 的，必须使用 **network 10.1.1.0 24** 命令。

注意

早期 BGP AS 号的长度为 2byte，因此 AS 号的范围是 1～65535，其中 1～64511 为公有 AS 号，如需使用这个区间的 AS 号，则需向特定的机构申请。另外，64512～65535 是私有 AS 号，这个区间的 AS 号可在私有网络内随意使用。随着网络飞速发展，2byte 的 AS 号已经无法满足需求，因此 4 字节的 AS 号被启用，它的范围是 1～4294967295。以华为 AR2220 路由器为例，支持 2byte 及 4byte 的 AS 号。

完成上述配置后，路由器之间便会开始 TCP 三次握手并建立 TCP 连接，然后进行 BGP 对等体关系的建立过程。通过 **display bgp peer** 命令可以查看路由器的 BGP 邻居表，例如 R1 的 BGP 邻居表如下：

```
<R1>display bgp peer

 BGP local router ID : 1.1.1.1
 Local AS number : 12
 Total number of peers : 1          Peers in established state : 1


 Peer        V    AS   MsgRcvd    MsgSent    OutQ    Up/Down    State          Pref
                                                                               Rcv
 10.1.12.2   4    12   9          9          0       00:06:12   Established     1
```

在上述输出中，"BGP local router ID" 显示了本路由器的 BGP Router-ID，"Local AS number" 显示的是本路由器所处的 AS 号码。我们看到 R1 存在一个对等体，"Peer" 列指示该对等体的地址为 10.1.12.2；"V" 列显示使用的 BGP 版本为 4；"AS" 列指示对方所处的 AS 号为 12；"MsgRcvd" 及 "MsgSent" 分别指示收到及发送的 BGP 报文数目；"OutQ" 显示的是等待发往对等体的报文数量，该值通常为 0；"Up/Down" 列显示 BGP 会话处于当前状态的时长；"State" 列显示 BGP 当前的对等体状态；"PrefRcv" 显示 R1 从该对等体收到的路由前缀数目。使用相同的方法在 R2 及 R3 上查看 BGP 邻居表，确保所有的 BGP 对等体关系都已经正确建立。

接下来，使用 **display bgp routing-table** 命令在路由器上查看一下 BGP 路由表。R3 的 BGP 路由表如下：

```
<R3>display bgp routing-table

 BGP Local router ID is 3.3.3.3
 Status codes: * - valid, > - best, d - damped,
               h - history,  i - internal, s - suppressed, S - Stale
               Origin : i - IGP, e - EGP, ? - incomplete


 Total Number of Routes: 1
       Network         NextHop      MED       LocPrf      PrefVal     Path/Ogn
 *>    33.33.0.0/16    0.0.0.0      0                     0           i
```

在上述输出中，可以看到 R3 的 BGP 路由表里已经出现了路由 33.33.0.0/16，该路由正是此前通过 **network** 命令发布到 BGP 的。BGP 路由表最左列显示了该条路由的状态，

"*>"中的星号表示该条 BGP 路由是可用的，另外，">"表示该条路由被优选，或者说是最优路由（Best），当 BGP 发现了多条到达相同目的网段的路由时，它会将所有路由都陈列在 BGP 路由表中，并从中选择一条最优的路由，只有最优的路由才会被放入设备的全局路由表，也只有最优的路由才会被通告给其他 BGP 对等体。"Network"列显示的是路由的目的网络地址及掩码长度。"NextHop"列显示的是 Next_Hop 属性值。"LocPrf"列显示的是 Local_Preference 属性值，"PrefVal"列显示的是 Preferred_Value 属性值，"Path"列显示的是 AS_Path 属性值，如果该列为空，则意味着路由携带的 AS_Path 属性值为空，也就是说这条路由起源于本 AS 内而不是 AS 之外。"Ogn"显示的是 Origin 属性值，如果此处显示"i"，则表示该路由是被 BGP 的 **network** 命令发布的，也就是 Origin 为 IGP，另外，如果此处显示"?"，则表示 Origin 为 Incomplete。

在 R2 上查看 BGP 路由表：

```
<R2>display bgp routing-table

BGP Local router ID is 2.2.2.2
Status codes: * - valid, > - best, d - damped,
              h - history,   i - internal, s - suppressed, S - Stale
              Origin : i - IGP, e - EGP, ? - incomplete


Total Number of Routes: 1
         Network          NextHop         MED        LocPrf      PrefVal       Path/Ogn
 *>      33.33.0.0/16     10.1.23.3       0                      0             300i
```

从 R2 的 BGP 路由表可以看出，它已经从 R3 学习到 BGP 路由 33.33.0.0/16，而且该条路由目前已经被优选，既然被优选，那么 R2 便会将这条路由加载到路由表中，来查看一下 R2 的路由表：

```
<R2>display ip routing-table protocol bgp
Route Flags: R - relay, D - download to fib
------------------------------------------------------------------------------
Public routing table : BGP
         Destinations : 1         Routes : 1

BGP routing table status : <Active>
         Destinations : 1         Routes : 1

Destination/Mask      Proto     Pre    Cost     Flags     NextHop       Interface

    33.33.0.0/16      EBGP      255    0        D         10.1.23.3     GigabitEthernet0/0/1

BGP routing table status : <Inactive>
         Destinations : 0         Routes : 0
```

从 R2 的路由表可以看到 33.33.0.0/16 路由，该路由的类型为 EBGP，优先级为 255，而且下一跳为 10.1.23.3。

R3 通告给 R2 的 BGP 路由 33.33.0.0/16 既然已经被优选，那么 R2 便会将这条 BGP 路由通告给自己的 IBGP 对等体 R1，R1 的 BGP 表：

```
<R1>display bgp routing-table

BGP Local router ID is 1.1.1.1
Status codes: * - valid, > - best, d - damped,
```

```
            h - history,   i - internal, s - suppressed, S - Stale
            Origin : i - IGP, e - EGP, ? - incomplete


Total Number of Routes: 1
        Network        NextHop         MED      LocPrf      PrefVal        Path/Ogn
   i    33.33.0.0/16   10.1.23.3       0        100         0              300i
```

　　您可能已经发现了，R1 的 BGP 表中确实已经存在 33.33.0.0/16 路由，然而这条路由没有"*"标记，这意味着该路由并不可用，路由既然不可用自然就不会被优选，因此也不会有">"标记。那么为什么路由会不可用呢？原因是该路由的 Next_Hop 不可达。当路由器将一条 EBGP 路由通告给自己的 IBGP 对等体时，该路由的 Next_Hop 属性值将保持不变，因此当 R2 将 R3 通告的 BGP 路由再通告给 R1 时，它不会修改路由的 Next_Hop 属性值，所以当 R1 收到这条 BGP 路由时，发现其 Next_Hop 属性值为 10.1.23.3，而该地址在 R1 的路由表中并无任何路由能够到达，它判断 Next_Hop 不可达，于是认为该 BGP 路由不可用。我们可以在 R1 上配置一条到达 10.1.23.0/24 的静态路由来解决上述问题，然而这并非最佳的解决办法，使用 BGP 的 **next-hop-local** 命令相比之下可能是一个更优的解决方案。R2 增加如下配置：

```
[R2]bgp 12
[R2-bgp]peer 10.1.12.1 next-hop-local
```

　　完成上述配置后，当 R2 将 EBGP 路由 33.33.0.0/16 路由通告给 IBGP 对等体 R1 时，它会将路由的 Next_Hop 属性值修改为自己的 IP 地址——10.1.12.2，而这个地址对于 R1 而言是可达的。

　　现在再查看一下 R1 的 BGP 表：

```
<R1>display bgp routing-table

BGP Local router ID is 1.1.1.1
Status codes: * - valid, > - best, d - damped,
            h - history,   i - internal, s - suppressed, S - Stale
            Origin : i - IGP, e - EGP, ? - incomplete


Total Number of Routes: 1
        Network        NextHop         MED      LocPrf      PrefVal        Path/Ogn
 *>i    33.33.0.0/16   10.1.12.2       0        100         0              300i
```

　　这条 BGP 路由已经变为可用了，而且已经被优选了。在 R1 的路由表中也就能看到这条 BGP 路由了：

```
<R1>display ip routing-table protocol bgp
Route Flags: R - relay, D - download to fib
------------------------------------------------------------------------
Public routing table : BGP
        Destinations : 1        Routes : 1

BGP routing table status : <Active>
        Destinations : 1        Routes : 1

Destination/Mask    Proto    Pre   Cost    Flags    NextHop          Interface

    33.33.0.0/16    IBGP     255   0       RD       10.1.12.2        GigabitEthernet0/0/0

BGP routing table status : <Inactive>
        Destinations : 0        Routes : 0
```

说明　完成上述所有配置后，R1 还是无法 ping 通 33.33.0.0/16 网段内的设备，这是因为去向的报文能够顺利到达目标网段，但是回程流量却无法顺利返回，因为此时 R3 并没有发现到达 R1（10.1.12.0/24 网段）的路由。要彻底实现两者的相互通信，可以在 R3 上增加下一跳为 R2 的静态默认路由，当然，也可以在 R2 上，将直连路由 10.1.12.0/24 发布到 BGP。

7.3.2　案例 2：指定 BGP 更新源 IP 地址

到目前为止，在本书为大家展示的所有配置案例中，BGP 对等体关系几乎都是基于直连接口建立的。在图 7-29 中，R1、R2 及 R3 处于 AS 123，现在要求在 R1 及 R3 上运行 BGP 并建立 IBGP 对等体关系。如果直接基于双方的 GE0/0/1 接口建立 IBGP 对等体关系，则意味着在 R1 上配置 IBGP 对等体 R3 时，使用的对等体地址是 10.1.13.3，而在 R3 上配置 IBGP 对等体 R1 时，使用的对等体地址是 10.1.13.1。完成配置后，以 R1 为例（假设它是 BGP 会话的发起方），它将在自己的路由表中查询到达对等体地址 10.1.13.3 的路由，结果发现直连即可到达，而且出接口为 GE0/0/1，于是，它尝试以 GE0/0/1 接口的地址为源 IP 地址、以 10.1.13.3 为目的 IP 地址发起 TCP 连接建立请求，随着 TCP 会话的建立，R1 后续发送的 BGP 报文也均以 GE0/0/1 接口的地址为源 IP 地址，我们将这个地址称为 R1 的 BGP 更新源 IP 地址——更新源 IP 地址缺省为 BGP 报文的出接口 IP 地址。

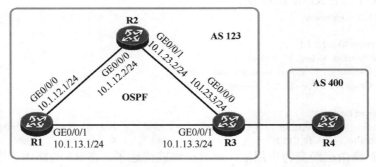

图 7-29　基于 Loopback 接口建立 IBGP 对等体关系

在这个场景中，R1 及 R3 的 IBGP 对等体关系乍看之下似乎没有问题，能够正常建立，但是却存在一个隐患，那就是如果 R1 及 R3 之间的互联链路发生故障时，两者的 GE0/0/1 接口都将立即关闭，与此同时 R1 及 R3 之间的 IBGP 对等体关系将会失效，因为双方的 BGP 会话随着各自更新源接口的失效而失效。然而，由于 AS 123 内部运行了 OSPF，因此虽然 R1 及 R3 之间的直连链路已经失效，但是实际上 R1 并未彻底丢失与 R3 的 IP 连通性，两者之间是存在冗余的路径的，它们可以从 R2 这一侧的路径来到达对方。

因此，一种可靠性更高的方案出现了，我们可以在 R1 及 R3 上各创建一个 Loopback0 接口，并分别为这个接口配置 IP 地址，R1 的 Loopback0 接口的 IP 地址为 1.1.1.1/32，R3 的 Loopback0 接口地址为 3.3.3.3/32，并且两者都将各自的 Looback0 接口在 OSPF 中

激活，使得 OSPF 域内的路由器能够学习到去往这两个 Loopback 接口的路由。现在 R1
及 R3 之间的 IBGP 对等体关系不再基于双方的直连接口来建立，而是通过 Loopback0
接口来建立，R1 的关键配置如下：

```
[R1]interface loopback0
[R1-Loopback0]ip address 1.1.1.1 32
[R1-Loopback0]quit

[R1]bgp 123
[R1-bgp]peer 3.3.3.3 as-number 123
[R1-bgp]peer 3.3.3.3 connect-interface LoopBack 0
```

上述配置中，忽略了 OSPF 的配置。

　　您可能已经留意到 BGP 配置的变化了，R1 在配置 IBGP 对等体 R3 时，使用的对等
体地址是 3.3.3.3，也就是 R3 的 Loopback0 接口 IP 地址。另外，**peer 3.3.3.3 connect-
interface Loopback0** 命令用于指定本设备使用 Loopback0 接口和 R3 建立 BGP 对等体关
系，换句话说就是 R1 使用 Loopback0 接口的 IP 地址作为其更新源 IP 地址。
　　R3 的关键配置如下：

```
[R3]interface loopback0
[R3-Loopback0]ip address 3.3.3.3 32

[R3]bgp 123
[R3-bgp]peer 1.1.1.1 as-number 123
[R3-bgp]peer 1.1.1.1 connect-interface LoopBack 0
```

　　完成上述配置后，R1 及 R3 将基于双方的 Loopback0 接口建立 IBGP 对等体关系。
R1 发往 R3 的 BGP 报文的源 IP 地址为 1.1.1.1，目的 IP 地址为 3.3.3.3，缺省时这些报文
沿着 R1 及 R3 之间的直连链路进行交互，当该链路失效时，丝毫不会影响双方 Loopback0
接口的 IP 连通性，随着 OSPF 路由的收敛，R1 及 R3 能够立即发现新的路由到达对方，
在这个过程中，双方的 BGP 会话不会受到影响，更加无需重建。
　　一般情况下，建议 IBGP 对等体关系基于 Loopback 接口建立，其原因及优势经过上
文的描述大家已经能够体会。而 EBGP 对等体关系则大多基于直连接口建立，因为在两
个 AS 边界运行一个 IGP 协议的情况还是相对少见的，AS 之间的连接也可能并不像上述
场景那样，能够通过 IGP 协议实现冗余性。当然，不排除有要求 EBGP 对等体关系基于
Loopback 接口建立的场景，在遇到这种场景时，有一个问题需要格外留意，本书将在 7.3.3
节为大家详细阐述。

7.3.3　案例 3：BGP 与非直连网络上的对等体建立 EBGP 会话

　　通常情况下，EBGP 对等体之间必须具备直连链路，而且 EBGP 对等体关系必须基
于直连接口建立。如果两台路由器之间存在其他三层设备，如图 7-30 的场景 1，或者采
用 Loopback 接口建立 EBGP 会话，如图 7-30 的场景 2，EBGP 对等体关系的建立都将遇
到问题。

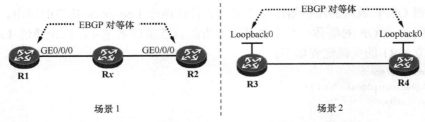

图 7-30　BGP 与非直连网络上的对等体建立 EBGP 会话

缺省时，EBGP 对等体之间交互的所有 BGP 报文的 TTL 都被设置为 1，受这个限制的影响，EBGP 对等体之间如果存在多跳，则无法正常建立 BGP 会话。以图 7-30 中的场景 1 为例，当 R1 发送出去的 BGP 报文到达 Rx 时，后者将该报文的 IP 头部中的 TTL 值减去 1，发现结果为 0，因此虽然报文的目的地是 R2，但是它也不会将报文转发出去，这就导致 R1 及 R2 永远无法收到对方发送的 BGP 报文，也就更加无法建立 BGP 会话了。

在 BGP 的配置视图下，使用 **peer ebgp-max-hop** 命令可以配置 BGP 允许与非直连的设备建立 EBGP 对等体关系，同时可以设置所允许的最大跳数，该跳数将直接影响 BGP 报文的 TTL 值。需要特别强调的是，当 BGP 使用 Loopback 接口建立 EBGP 对等体关系时，必须配置 **peer ebgp-max-hop** 命令（并且该命令后面所指定的最大跳数值必须大于或等于 2），否则 EBGP 对等体关系无法建立。

在图 7-31 所示的案例中，R3 及 R4 分别处于 AS 300 及 AS 400，现在两者要基于各自的 Loopback0 接口建立 EBGP 对等体关系，那么就必须在 R3 及 R4 上配置 **peer ebgp-max-hop** 命令。

R3 的配置如下：

```
[R3]bgp 300
[R3-bgp]peer 4.4.4.4 as-number 400
[R3-bgp]peer 4.4.4.4 connect-interface loopback0
[R3-bgp]peer 4.4.4.4 ebgp-max-hop 2
[R3-bgp]quit

[R3]ip route-static 4.4.4.4 32 10.1.34.4
```

R4 的配置如下：

```
[R4]bgp 400
[R4-bgp]peer 3.3.3.3 as-number 300
[R4-bgp]peer 3.3.3.3 connect-interface loopback0
[R4-bgp]peer 3.3.3.3 ebgp-max-hop 2
[R4-bgp]quit

[R4]ip route-static 3.3.3.3 32 10.1.34.3
```

R3 配置的 **peer 4.4.4.4 ebgp-max-hop 2** 命令用于允许本地与非直连的 4.4.4.4 建立 EBGP 对等体关系，并且最大跳数为 2 跳，R4 配置的命令同理。如此一来，双方即可基于 Loopback 接口建立对等体关系。需要注意的是，为了使得双方对等体关系的正确建立，必须保证路由器拥有到达对方 Loopback 接口的路由。

说明

peer 4.4.4.4 ebgp-max-hop 命令如果不设置具体的跳数，则等同于 **peer 4.4.4.4 ebgp-max-hop 255**，其中 255 为该参数的最大值。

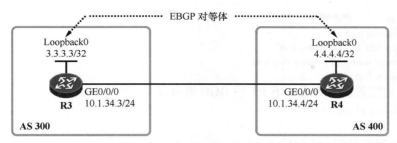

图 7-31　采用 Loopback 接口建立 EBGP 对等体关系

7.3.4　案例 4：BGP 路由自动汇总

路由汇总几乎是每一种动态路由协议都支持的功能，BGP 也不例外。BGP 支持路由自动汇总和手工汇总。对于 BGP 路由的自动汇总，是受限于特定的场景的，首先要求路由器打开 BGP 路由自动汇总的开关（通过在 BGP 配置视图下使用 **summary automatic** 命令开启，这条命令缺省未被配置），另外，BGP 的自动汇总功能仅对使用 **import-route** 方式引入 BGP 的路由有效。

在图 7-32 中，R1 及 R2 为 EBGP 对等体关系。R1 处于 AS 100，该 AS 内部运行着 OSPF，R1 通过 OSPF 获知到达 AS 内部网段的路由，现在为了让 AS 200 内的路由器能够通过 BGP 学习到这些路由，R1 将 OSPF 路由（目的网络地址以 172.16 开头，并且目的网络掩码长度为 24 的路由）引入 BGP。

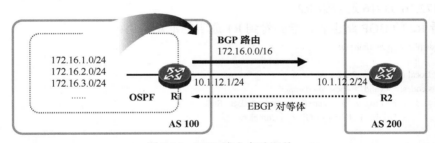

图 7-32　BGP 路由自动汇总

通过在 R1 上激活 BGP 路由自动汇总功能，可以让 R1 将引入 BGP 的路由进行汇总，原来的子网路由被按照主类网络进行自动汇总——汇总成 172.16.0.0/16。汇总路由被 R1 通告给 R2，但明细路由则不会被通告，从而网络中传递的路由条目数量也就相对减少了，R2 的路由表规模也就跟着减小了。

R1 的配置如下：

```
#创建 IP 前缀列表 1：
[R1]ip ip-prefix 1 permit 172.16.0.0 16 greater-equal 24 less-equal 24

#创建 Route-Policy hcnp，并创建节点 10，在其中调用 IP 前缀列表 1：
[R1]route-policy hcnp permit node 10
[R1-route-policy]if-match ip-prefix 1
[R1-route-policy]quit

#将感兴趣的 OSPF 路由引入 BGP，并激活 BGP 路由自动汇总功能：
```

```
[R1]bgp 100
[R1-bgp]router-id 1.1.1.1
[R1-bgp]peer 10.1.12.2 as-number 200
[R1-bgp]import-route ospf 1 route-policy hcnp
[R1-bgp]summary automatic
```

完成上述配置后，查看一下 R1 的 BGP 路由表：

```
<R1>display bgp routing-table

 BGP Local router ID is 1.1.1.1
 Status codes: * - valid, > - best, d - damped,
               h - history,  i - internal, s - suppressed, S - Stale
               Origin : i - IGP, e - EGP, ? - incomplete

 Total Number of Routes: 27
         Network          NextHop        MED        LocPrf      PrefVal     Path/Ogn
 *>      172.16.0.0       127.0.0.1                              0           ?
 s>      172.16.1.0/24    0.0.0.0        1                       0           ?
 s>      172.16.2.0/24    0.0.0.0        1                       0           ?
 s>      172.16.3.0/24    0.0.0.0        1                       0           ?
 …… ……
```

从以上输出可以看出，目的网络地址以 172.16 开头并且目的网络掩码长度为 24 的 OSPF 路由已经被引入 BGP，由于 R1 激活了 BGP 路由自动汇总功能，因此它会将这些子网路由汇总成 172.16.0.0/16，同时抑制所有的子网路由，这通过所有的子网路由前面的 "s" 标记可以看出，该标记的含义为 "Suppressed"，表示被抑制。R1 最终只是将汇总路由 172.16.0.0/16 通告给 R2。

查看 R2 的 BGP 路由表，能够看到 R1 通告的汇总路由：

```
<R2>display bgp routing-table

 BGP Local router ID is 2.2.2.2
 Status codes: * - valid, > - best, d - damped,
               h - history,  i - internal, s - suppressed, S - Stale
               Origin : i - IGP, e - EGP, ? - incomplete

 Total Number of Routes: 1
         Network          NextHop        MED        LocPrf      PrefVal     Path/Ogn
 *>      172.16.0.0       10.1.12.1                              0           100?
```

进一步查看详情：

```
<R2>display bgp routing-table 172.16.0.0

 BGP local router ID : 10.1.12.2
 Local AS number : 200
 Paths:    1 available, 1 best, 1 select
 BGP routing table entry information of 172.16.0.0/16:
 From: 10.1.12.1 (1.1.1.1)
 Route Duration: 00h01m07s
 Direct Out-interface: GigabitEthernet0/0/0
 Original nexthop: 10.1.12.1
 Qos information : 0x0
 AS-path 100, origin incomplete, pref-val 0, valid, external, best, select, active, pre 255
 Aggregator: AS 100, Aggregator ID 1.1.1.1        #1.1.1.1 为 R1 的 Router-ID
 Not advertised to any peer yet
```

可以观察到 Aggregator 属性。

7.3.5　案例 5：BGP 手工路由汇总

　　BGP 的路由自动汇总功能虽然能够在一定程度上减少网络中传递的路由条目数量、减小设备的路由规模，但这个功能是存在短板的。首先自动汇总功能仅对使用 **import-route** 命令引入到 BGP 的路由产生作用，其次 BGP 所产生的汇总路由只能是主类网络路由。当我们需要对路由汇总行为进行更为精确的把控时，手工路由汇总就是一个更佳的解决方案。BGP 支持手工路由汇总，而且配置非常简单，在 BGP 配置视图下使用 **aggregate** 命令即可配置手工路由汇总，**aggregate** 命令包含着多个可选的子关键字，每个关键字有着特定的含义。

　　在图 7-33 中，路由器按图示的要求建立 EBGP 对等体关系。R3 向 BGP 发布了 172.16.1.0/24 及 172.16.2.0/24 路由（当然，在实际的情况中 R3 发布的子网路由可能更多，简单起见此处只取了两个子网做代表）。R1 及 R2 能够通过 BGP 学习到这两条路由。接下来本书将向大家展示 **aggregate** 命令及其各个可选关键字的作用。

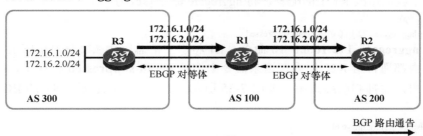

图 7-33　没有在网络中部署 BGP 路由汇总时的情况

　　1. 使用 aggregate 命令配置路由汇总
　　首先在 R1 为 172.16.1.0/24 及 172.16.2.0/24 这两条子网路由生成汇总路由。
　　R1 的关键配置如下：

```
[R1]bgp 100
[R1-bgp]aggregate 172.16.0.0 16
```

注意　　使用 **aggregate** 命令，用户可以灵活地指定汇总路由的目的网络掩码长度，而且不受网络地址类别的限制。此处为了简单起见，我们直接将汇总路由配置为 172.16.0. 0/16。

　　完成上述配置后，如果 R1 的 BGP 路由表中存在 172.16.0.0/16 这个网络下的子网路由，它便会产生 BGP 汇总路由 172.16.0.0/16，并且将这条汇总路由通告给所有的 BGP 对等体，包括 R3 及 R2，如图 7-34 所示。这里实际上存在两个问题，第一个问题是配置 **aggregate 172.16.0.0 16** 命令后，虽然 R1 的确产生了汇总路由，但是该汇总路由下的明细路由依然会被通告，也就是说 R2 将会学习到 172.16.1.0/24、172.16.2.0/24 路由以及汇总路由 172.16.0.0/16，因此实际上在 R1 上所做的路由汇总配置意义并不大，R1 所通告的路由前缀数量并未减少，R2 的路由表规模也并未减小。另一个问题是，R1 所产生的这条汇总路由，由于丢失了明细路由的路径信息（尤其是 AS_Path 属性），因此它们会被通告给 R3 并被它接收，而且加载到路由表，这样就产生了路由环路的隐患。

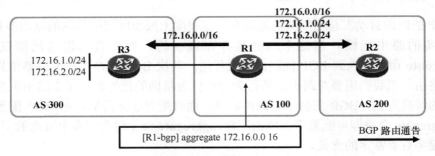

图 7-34　在 R1 上部署 aggregate 命令

BGP 通过 **aggregate** 命令的可选字关键字来解决上述问题。

2. 使用 aggregate detail-suppressed 命令配置路由汇总

现在，我们修改 R1 上的配置，将 aggregate 命令修改为：

```
[R1]bgp 100
[R1-bgp]aggregate 172.16.0.0 16 detail-suppressed
```

使用 **aggregate 172.16.0.0 16** 命令，R1 将产生汇总路由 172.16.0.0/16 并且将汇总及明细路由都通告给 R2，如果在这条命令中增加 **detail-suppressed** 关键字，R1 将只通告汇总路由，而抑制明细路由，如图 7-35 所示。完成上述配置后，R1 的 BGP 路由表如下：

```
<R1>display bgp routing-table

BGP Local router ID is 1.1.1.1
Status codes: * - valid, > - best, d - damped,
              h - history,   i - internal, s - suppressed, S - Stale
              Origin : i - IGP, e - EGP, ? - incomplete

Total Number of Routes: 3
       Network          NextHop          MED        LocPrf      PrefVal     Path/Ogn
 *>    172.16.0.0       127.0.0.1                                0           i
 s>    172.16.1.0/24    10.1.13.3        0                       0           300i
 s>    172.16.2.0/24    10.1.13.3        0                       0           300i
```

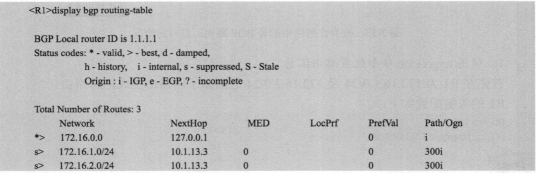

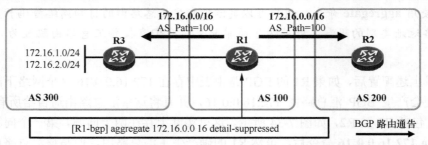

图 7-35　使用 aggregate detail-suppressed 命令配置路由汇总

在 R1 的 BGP 路由表中，明细路由 172.16.1.0/24 及 172.16.2.0/24 在行首都有 "s" 标记，这意味着这些明细路由已经被抑制，不再被通告给其他 BGP 对等体。

再看 R2 的 BGP 路由表：

```
<R2>display bgp routing-table

BGP Local router ID is 2.2.2.2
Status codes: * - valid, > - best, d - damped,
              h - history,   i - internal, s - suppressed, S - Stale
              Origin : i - IGP, e - EGP, ? - incomplete

Total Number of Routes: 1
     Network              NextHop         MED        LocPrf      PrefVal      Path/Ogn

 *>    172.16.0.0          10.1.12.1                              0           100i
```

从上述输出可以看到，R2 的 BGP 路由表已经变得更加简洁了，仅存在一条 BGP 汇总路由，如此一来，我们在 R1 上部署的路由汇总操作也就有了实际的意义。

在 R1 上使用 **display bgp routing-table 172.16.0.0** 命令可以查看该条 BGP 路由的详细信息：

```
<R1>display bgp routing-table 172.16.0.0

BGP local router ID : 1.1.1.1
Local AS number : 100
Paths:    1 available, 1 best, 1 select
BGP routing table entry information of 172.16.0.0/16:
Aggregated route.
Route Duration: 00h14m38s
Direct Out-interface: NULL0
Original nexthop: 127.0.0.1
Qos information : 0x0
AS-path Nil, origin igp, pref-val 0, valid, local, best, select, active, pre 255

Aggregator: AS 100, Aggregator ID 1.1.1.1, Atomic-aggregate
Advertised to such 2 peers:
    10.1.13.3
    10.1.12.2
```

上述输出显示 172.16.0.0/16 是一条汇总路由（Aggregated route），而且该条路由的 AS_Path 属性值显示 "Nil"，也就是为空，这意味着汇总路由丢失了明细路由的 AS_Path 属性，BGP 依赖 AS_Path 实现防环，因此 AS_Path 属性的丢失将带来路由环路隐患。BGP 设计了另一个关键字解决这个问题。

3．使用 aggregate detail-suppressed as-set 命令配置路由汇总

当使用 **aggregate** 命令配置 BGP 路由汇总时，如果增加 **as-set** 关键字，则产生的汇总路由将会继承明细路由的路径属性，其中 AS_Path 属性的继承最为关键。现在将 R1 的配置修改为如下：

```
[R1]bgp 100
[R1-bgp]aggregate 172.16.0.0 16 detail-suppressed as-set
```

完成上述配置后，R1 将抑制明细路由 172.16.1.0/24 及 172.16.2.0/24，只通告汇总路由 172.16.0.0/16（这得益于 **detail-suppressed** 关键字），而且由于命令中使用了 **as-set** 关键字，因此该条汇总路由将继承 172.16.1.0/24 及 172.16.10.0/24 这两条明细路由的路径属性。我们重点关注 AS_Path 属性的继承。首先查看一下 R2 的 BGP 路由表：

```
<R2>display bgp routing-table

BGP Local router ID is 2.2.2.2
Status codes: * - valid, > - best, d - damped,
              h - history,   i - internal, s - suppressed, S - Stale
              Origin : i - IGP, e - EGP, ? - incomplete

Total Number of Routes: 1
        Network            NextHop         MED        LocPrf      PrefVal     Path/Ogn
  *>    172.16.0.0         10.1.12.1                                 0         100 300i
```

从 R2 的 BGP 路由表可以看出，它从 R1 收到的这条汇总路由的 AS_Path 属性有了明显的变化，在使用 **as-set** 关键字之后，R1 产生的汇总路由将会继承明细路由 172.16. 1.0/24 及 172.16.2.0/24 的 AS_Path 属性值，因此 300 这个 AS 号被写入汇总路由的 AS_ Path，然后 R1 将汇总路由通告给 EBGP 对等体 R2 时，在该 AS_Path 之前插入本地 AS 号 100，这条汇总路由最终被加载到 R2 的 BGP 表中时，AS_Path 为 100 300，如图 7-36 所示。另一方面，由于 R1 所产生的这条汇总路由继承了明细路由的 AS_Path 属性，因此 R3 从 R1 收到关于该路由的更新后，在路由的 AS_Path 中将看到自己本地的 AS 号，于是它将忽略这个更新。如此一来，路由环路的隐患也就可以得到规避。

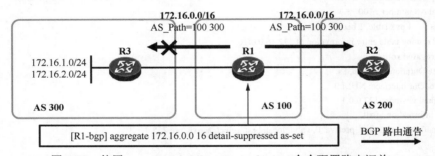

图 7-36   使用 aggregate detail-suppressed as-set 命令配置路由汇总

4. 在 aggregate 命令中使用 suppress-policy 关键字

在使用 **aggregate** 命令配置路由汇总时，还可以搭配 **suppress-policy** 关键字，这个关键字用于通告汇总路由以及被选定的明细路由（换句话说，就是有选择性地抑制明细路由）。

以图 7-37 为例，如果要求 R1 将汇总路由 172.16.0.0/16 以及除了 172.16.1.0/24 之外的其他明细路由都通告给 R2，使用 **suppress-policy** 便可以轻松实现这个需求，R1 的配置如下：

```
#创建 IP 前缀列表 no-subnet-1，在该前缀列表的语句中允许 172.16.1.0/24 路由：
[R1]ip ip-prefix no-subnet-1 permit 172.16.1.0 24

#创建 Route-Policy hcnp1，并创建节点 10，在其中调用 IP 前缀列表 no-subnet-1：
[R1]route-policy hcnp1 permit node 10
[R1-route-policy]if-match ip-prefix no-subnet-1
[R1-route-policy]quit

#部署 BGP 路由汇总：
[R1]bgp 100
[R1-bgp]aggregate 172.16.0.0 16 suppress-policy hcnp1
```

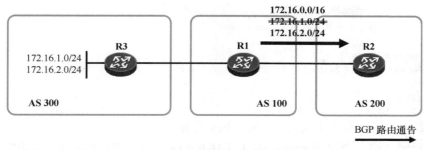

图 7-37　使用 suppress-policy 关键字通告汇总路由以及被选定的明细路由

在上述配置中，我们首先定义了一个名称为 no-subnet-1 的 IP 前缀列表，并使用这个 IP 前缀列表允许了路由 172.16.1.0/24。接着创建了一个名称为 hcnp1 的 Route-Policy，并在这个 Route-Policy 的节点 10 中调用已经定义好的 IP 前缀列表 no-subnet-1。最后，在 BGP 的配置视图下，使用 **aggregate 172.16.0.0 16 suppress-policy hcnp1** 命令通告汇总路由 172.16.0.0/16 以及被选定的明细路由（抑制 172.16.1.0/24 路由，放行其他明细路由）。

注意

　　suppress-policy 关键字意为"抑制策略"，因此该关键字所指定的 Route-Policy 中，被允许（Permit）的路由将会被抑制。留意到 IP 前缀列表 no-subnet-1 的这条语句的匹配模式为 Permit，而且 Route-Policy hcnp1 的节点 10 的匹配模式也为 Permit，所以只有 172.16.1.0/24 路由被"允许"。

　　因此最终 R2 将学习到汇总路由 172.16.0.0/16 以及除了 172.16.1.0/24 之外的其他明细路由。值得注意的是，**suppress-policy** 虽然调用了 Route-Policy，但是被调用的 Route-Policy 只能用于路由匹配（只能使用 **if-match** 命令），不能用于设置路由属性（不能配置 **apply** 命令）。此时，R1 的 BGP 表如下：

```
[R1]display bgp routing-table

BGP Local router ID is 1.1.1.1
Status codes: * - valid, > - best, d - damped,
              h - history,   i - internal, s - suppressed, S - Stale
              Origin : i - IGP, e - EGP, ? - incomplete

Total Number of Routes: 3
     Network          NextHop          MED        LocPrf       PrefVal      Path/Ogn

*>   172.16.0.0       127.0.0.1                                0            i
s>   172.16.1.0/24    10.1.13.3        0                       0            300i
*>   172.16.2.0/24    10.1.13.3        0                       0            300i
```

172.16.1.0/24 路由有"s"标记，表明该条路由被抑制。

R2 的 BGP 表如下：

```
<R2>display bgp routing-table

BGP Local router ID is 2.2.2.2
Status codes: * - valid, > - best, d - damped,
```

```
              h - history,   i - internal, s - suppressed, S - Stale
              Origin : i - IGP, e - EGP, ? - incomplete

    Total Number of Routes: 2
          Network            NextHop          MED          LocPrf        PrefVal        Path/Ogn

    *>    172.16.0.0         10.1.12.1                                     0            100i
    *>    172.16.2.0/24      10.1.12.1                                     0            100 300i
```

5. 在 aggregate 命令中使用 origin-policy 关键字

我们已经知道，当使用 **aggregate 172.16.0.0 16** 命令在 R1 上部署手工路由汇总时，只要 R1 的 BGP 路由表中存在有效的、172.16.0.0/16 内的子网路由，R1 便会通告汇总路由 172.16.0.0/16，这条汇总路由是为其所覆盖的明细路由而生的。只要 R1 能够顺利学习到 BGP 明细路由 172.16.1.0/24 或 172.16.2.0/24，那么它就会通告 172.16.0.0/16 汇总路由（两条明细路由只要存在一条即可触发汇总路由的产生），当然，如果 172.16.1.0/24 以及 172.16.2.0/24 同时失效，这意味着 R1 已经失去了 172.16.0.0/16 的所有子网路由，它将撤销汇总路由 172.16.0.0/16，并且仅在重新收到至少一条明细路由后，才会再次通告该条汇总路由。

在某些场景中，我们可能希望汇总路由的产生，只以某条或者某些特定的明细路由为触发条件，例如希望只有当 R1 的 BGP 路由表中存在有效的 172.16.1.0/24 路由时，才触发其产生汇总路由 172.16.0.0/16，而当明细路由 172.16.1.0/24 丢失，则 R1 不再通告该条汇总路由，那么就需要使用 **origin-policy** 关键字了。R1 的配置如下：

```
#创建 IP 前缀列表 subnet-1，在该前缀列表的语句中允许 172.16.1.0/24 路由：
[R1]ip ip-prefix subnet-1 permit 172.16.1.0 24

#创建 Route-Policy hcnp2，并创建节点 10，在其中调用 IP 前缀列表 subnet-1：
[R1]route-policy hcnp2 permit node 10
[R1-route-policy]if-match ip-prefix subnet-1
[R1-route-policy]quit

#执行路由手工汇总命令时，增加 origin-policy 关键字，并指定已经创建好的 Route-Policy hcnp2：
[R1]bgp 100
[R1-bgp]aggregate 172.16.0.0 255.255.0.0 origin-policy hcnp2
```

现在如果 172.16.1.0/24 网段失效，R3 将撤销 172.16.1.0/24 路由，这将导致 R1 丢失该条明细路由，由于 R1 所配置的汇总路由 172.16.0.0/16 被指定为与 172.16.1.0/24 路由强相关，因此当该条明细路由丢失时，R1 不再通告汇总路由。此时 R1 的 BGP 表如下：

```
[R1]display bgp routing-table

BGP Local router ID is 1.1.1.1
Status codes: * - valid, > - best, d - damped,
              h - history,   i - internal, s - suppressed, S - Stale
              Origin : i - IGP, e - EGP, ? - incomplete

Total Number of Routes: 1
      Network            NextHop          MED          LocPrf        PrefVal        Path/Ogn

*>    172.16.2.0/24      10.1.13.3        0                           0            300i
```

从上面的输出可以看到，虽然 R1 学习到了子网路由 172.16.2.0/24，它却没有产生汇总路由 172.16.0.0/16。

如果 R1 在 **aggregate 172.16.0.0 255.255.0.0 origin-policy hcnp2** 命令中增加 **detail-suppressed** 关键字，那么当 172.16.1.0/24 及 172.16.2.0/24 子网都有效时，R1 会把汇总路由 172.16.0.0/16 以及明细路由 172.16.2.0/24 都通告给 R2，也就是说，**detail-suppressed** 关键字只将明细路由 172.16.1.0/24 抑制了，这是由于使用了 **origin-policy hcnp2** 关键字后，只有 172.16.1.0/24 才被认为与该汇总路由强相关。

另外，如果 R1 在 **aggregate 172.16.0.0 255.255.0.0 origin-policy hcnp2** 命令中增加 **as-set** 关键字，那么 R1 所产生的汇总路由只会继承被 Route-Policy hcnp2 所允许的明细路由的路径属性。

6. 在 aggregate 命令中使用 attribute-policy 关键字

在 **aggregate** 命令中使用 **attribute-policy** 关键字调用一个 Route-Policy，可以设置汇总路由的路径属性。例如要将 R1 所产生的汇总路由的 MED 属性值设置为 200，如图 7-38 所示。那么 R1 的配置如下：

```
[R1]route-policy hcnp3 permit node 10
[R1-route-policy]apply cost 200
[R1-route-policy]quit

[R1]bgp 100
[R1-bgp]aggregate 172.16.0.0 255.255.0.0 detail-suppressed attribute-policy hcnp3
```

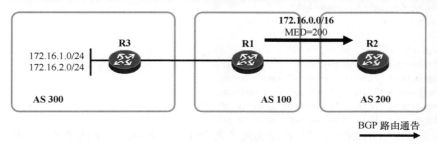

图 7-38　在 aggregate 命令中使用 attribute-policy 关键字

7.3.6　案例 6：在 network 命令中使用 Route-Policy 修改路径属性

Route-Policy 这个工具相信大家已经不陌生了，本书的"路由策略与 PBR"一章对 Route-Policy 做了深入的讲解。BGP 拥有丰富的路由策略工具，而 Route-Policy 便是非常关键的一个，它能在多种场景下提升 BGP 对路由的操控能力。

在图 7-39 所示的网络中，为了让 AS 200 及 AS 300 中的路由器能够学习到去往 R1 所直连的四个网段的路由，R1 将它们发布到了 BGP。由于 172.16.1.0/24 及 172.16.2.0/24 网段被业务 A 使用，而 172.16.3.0/24 及 172.16.4.0/24 网段被业务 B 使用，为了对这两种不同的业务的路由做区分，以便下游的路由器能够有针对性地进行路由控制，可以在 R1 上部署路由策略，使得其通告给 R2 的 BGP 路由携带 Community 属性，其中到达业务 A 网段的路由携带的 Community 属性值规划为 100:1，而到达业务 B 网段的路由携带的 Community 属性值规划为 100:2。如此一来，当 R2 或者 R3 要对到达业务 A 及业务 B 网段的路由执行路由控制或过滤时，它们便无需关心每个业务下所拥有的具体网段信息，而只需通过 Community 属性值来区分及匹配路由即可。

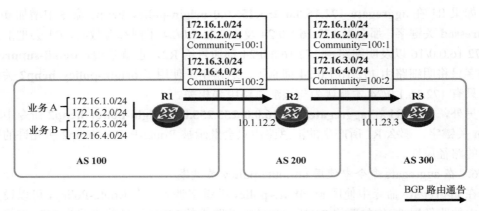

图 7-39　在 network 命令中使用 Route-Policy 设置路由的路径属性

R1 的关键配置如下：

```
[R1]route-policy applycommu1 permit node 10
[R1-route-policy]apply community 100:1
[R1-route-policy]quit

[R1]route-policy applycommu2 permit node 10
[R1-route-policy]apply community 100:2
[R1-route-policy]quit

[R1]bgp 100
[R1-bgp]peer 10.1.12.2 as-number 200
[R1-bgp]network 172.16.1.0 24 route-policy applycommu1
[R1-bgp]network 172.16.2.0 24 route-policy applycommu1
[R1-bgp]network 172.16.3.0 24 route-policy applycommu2
[R1-bgp]network 172.16.4.0 24 route-policy applycommu2
```

在上面给出的配置中，R1 首先创建了两个 Route-Policy，这两个 Route-Policy 均只有一个匹配模式为 Permit 的节点，而且都只配置了一条 apply 语句，applycommu1 的节点 10 中的 apply 语句是将 Community 值设置为 100:1，而 applycommu2 的节点 10 中的 apply 语句是将 Community 属性值设置为 100:2。随后在 BGP 配置视图下，四条路由被 **network** 命令发布到了 BGP，留意到在发布路由 172.16.1.0/24 及 172.16.2.0/24 的时候关联了 Route-Policy applycommu1，如此一来，这两条路由被发布到 BGP 时都将设置 Community 属性，且属性值为 100:1；而在发布路由 172.16.3.0/24 及 172.16.4.0/24 的时候关联了 Route-Policy applycommu2，因此这两条路由被发布到 BGP 时被设置了值为 100:2 的 Community 属性。

完成上述配置后，以 172.16.1.0/24 路由为例，在 R1 上使用 **display bgp routing-table 172.16.1.0** 命令可以查看该路由的详细信息：

```
<R1>display bgp routing-table 172.16.1.0

BGP local router ID : 10.1.12.1
Local AS number : 100
Paths:     1 available, 1 best, 1 select
BGP routing table entry information of 172.16.1.0/24:
Network route.
```

```
From: 0.0.0.0 (0.0.0.0)
Route Duration: 00h09m11s
Direct Out-interface: LoopBack1
Original nexthop: 172.16.1.1
Qos information : 0x0
Community:<100:1>
AS-path Nil, origin igp, MED 0, pref-val 0, valid, local, best, select, pre 0
Advertised to such 1 peers:
    10.1.12.2
```

从以上输出可以看到，172.16.1.0/24 这条 BGP 路由已经设置了 Community 属性，而且属性值为 100:1，这说明路由策略已经生效了，同理其他三条路由也都已经被设置了相应的 Community 属性值。R1 会将这四条 BGP 路由都通告给 EBGP 对等体 R2，但是缺省情况下，R1 并不会将这些路由的 Community 属性一并通告给 R2，此时还需要在 R1 上增加一条命令，使得 R1 在向 R2 通告 BGP 路由时，也将路由的 Community 属性通告出去。R1 需增加如下配置：

```
[R1]bgp 100
[R1-bgp]peer 10.1.12.2 advertise-community
```

完成上述配置后，可在 R2 上查看这四条 BGP 路由，以 172.16.1.0/24 路由为例：

```
<R2>display bgp routing-table 172.16.1.0

 BGP local router ID : 10.1.12.2
 Local AS number : 200
 Paths:    1 available, 1 best, 1 select
 BGP routing table entry information of 172.16.1.0/24:
 From: 10.1.12.1 (10.1.12.1)
 Route Duration: 00h00m14s
 Direct Out-interface: GigabitEthernet0/0/0
 Original nexthop: 10.1.12.1
 Qos information : 0x0
 Community:<100:1>
 AS-path 100, origin igp, MED 0, pref-val 0, valid, external, best, select, active, pre 255
 Advertised to such 2 peers:
    10.1.12.1
    10.1.23.3
```

从以上输出能看到，R2 已经学习到了 172.16.1.0/24 路由，而且路由也携带了 Community 属性。需要注意的是，R2 会将自己学习到的这四条 BGP 路由通告给 R3，当然，它的缺省行为也是在通告这些路由时不携带 Community 属性，所以如果希望 R3 在学习到这些路由时，也能够一并获知路由所携带的 Community 属性，那么 R2 也需要增加如下配置：

```
[R2]bgp 200
[R2-bgp]peer 10.1.23.3 advertise-community
```

7.3.7 案例 7：在 peer 命令中使用 Route-Policy 部署路由策略

在 7.3.6 节中，R1 使用 **network** 命令向 BGP 发布路由时关联了 Route-Policy，并通过该工具为路由设置路径属性，使得 R1 发布的 BGP 路由都携带了相应的 Community 属性值。现在我们要在 R2 上部署路由策略，首先对其从 R1 收到的 BGP 路由进行过滤，只将到达业务 A 网段的路由过滤掉，其次，要求它在向 R3 通告 BGP 路由时，为到达业务 B 网段的路由添加 No-Export 的 Community 属性值, 如图 7-40 所示, 使得该路由只能在 AS 300 内传播。设想一下, 如果没有 Community 属性, 此时便需要在 R2 上首先创建 ACL 或者 IP 前缀列表, 分别用于匹配到达业务 A 及业务 B 网段的路由, 而且如果这两个业务存在大量网段的话, 编写这些 ACL 或 IP 前缀列表就是一项繁重的工作。然而得益于 Community 属性, 此处不再需要关注特定的路由前缀, 只需根据路由的 Community 属性值即可将路由匹配出来。

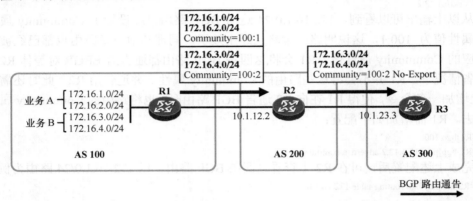

图 7-40　在 peer 命令中使用 Route-Policy 部署路由策略

本案例将为大家展示如何使用 Community 属性值来匹配路由, 以及如何针对特定的 BGP 对等体部署路由策略。

R2 的关键配置如下:

```
#定义两个 Community 属性过滤器:
[R2]ip community-filter 1 permit 100:1
[R2]ip community-filter 2 permit 100:2

#创建名称为 FromR1 的 Route-Policy, 并创建 2 个节点, 该 Route-Policy 用于部署路由过滤:
[R2]route-policy FromR1 deny node 10
[R2-route-policy]if-match community-filter 1
[R2-route-policy]quit
[R2]route-policy FromR1 permit node 20

#创建名称为 ToR3 的 Route-Policy
[R2]route-policy ToR3 permit node 10
[R2-route-policy]if-match community-filter 2
[R2-route-policy]apply community no-export additive
[R2-route-policy]quit

#R2 对 R1 执行入方向的路由策略、对 R3 执行出方向的路由策略:
[R2]bgp 200
[R2-bgp]peer 10.1.12.1 route-policy FromR1 import
[R2-bgp]peer 10.1.23.3 route-policy ToR3 export
[R2-bgp]peer 10.1.23.3 advertise-community
```

在以上配置中, R2 首先创建了两个 Community 过滤器 (也叫团体属性过滤器), Community 过滤器是一个用于匹配 BGP 路由的工具, 它能够根据 Community 属性值对路由进行匹配。以 **ip community-filter 1 permit 100:1** 这条命令为例, 该命令创建了一条名称为 1 的 Community 过滤器, 而且匹配的是 Community 属性值含 100:1 的路由, 该过滤器将用于匹配到达业务 A 网段的路由。同理 Community 过滤器 2 将用于匹配到达业务 B 网段的路由。接着 R2 在 Route-Policy FromR1 中定义了一个匹配模式为 Deny 的节点 10，并且在该节点中调用 Community 过滤器 1。Route-Policy FromR1 的节点 20 用于将所有其他的路由放行。R2 将该 Route-Policy 对 R1 执行并且用在了入方向（Import）。此外，R2 还在 Route-Policy ToR3 中定义了一个匹配模式为 Permit 的节点，并在该节点中调用 Community 过滤器 2，然后配置了 **apply community no-export additive** 命令，该命令用于在被匹配路由原有的 Community 属性值的基础上添加一个 No-Export 属性值（如果不在该命令中使用 **additive** 可选关键字，那么路由原有的 Community 属性值将被替换成该命令所指定的值）。R2 将 Route-Policy ToR3 对 R3 执行且用在了出方向（Export）。

完成上述配置后，首先看一下 R2 的 BGP 路由表：

```
<R2>display bgp routing-table

BGP Local router ID is 2.2.2.2
Status codes: * - valid, > - best, d - damped,
              h - history,   i - internal, s - suppressed, S - Stale
              Origin : i - IGP, e - EGP, ? - incomplete


Total Number of Routes: 2
        Network           NextHop          MED        LocPrf       PrefVal      Path/Ogn

 *>     172.16.3.0/24     10.1.12.1        0                       0            100i
 *>     172.16.4.0/24     10.1.12.1        0                       0            100i
```

从以上输出可以看出，R2 已经将 R1 所通告的、到达业务 A 网段的路由过滤掉了。接下来，在 R3 上查看 172.16.3.0/24 路由的详细信息：

```
<R3>display bgp routing-table 172.16.3.0

BGP local router ID : 3.3.3.3
Local AS number : 300
Paths:    1 available, 1 best, 1 select
BGP routing table entry information of 172.16.3.0/24:
From: 10.1.23.2 (2.2.2.2)
Route Duration: 00h00m50s
Direct Out-interface: GigabitEthernet0/0/0
Original nexthop: 10.1.23.2
Qos information : 0x0
Community:<100:2>, no-export
AS-path 200 100, origin igp, pref-val 0, valid, external, best, select, active,
pre 255
Not advertised to any peer yet
```

7.3.8　案例 8：在 peer 命令中使用 Filter-Policy 过滤路由

Filter-Policy 是一个用于路由信息过滤的工具，本书在"路由策略与 PBR"一章中曾向大家介绍过这个工具。包括 RIP、OSPF 在内的许多路由协议都支持 Filter-Policy，BGP 也是支持的。

在图 7-41 中，处于 AS 100 的 R1 在 BGP 中发布了四条路由，缺省情况下，R2 及 R3 都将学习到这四条 BGP 路由。现在要求 R2 将 BGP 路由通告给 R3 时，过滤掉

172.16.3.0/24 及 172.16.4.0/24 这两条路由，而放行其他路由。

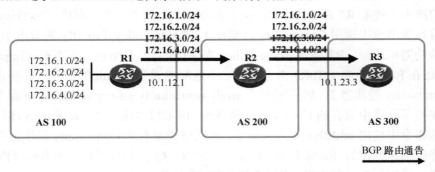

图 7-41　使用 Filter-Policy 命令过滤 BGP 路由

R2 的配置如下：

```
[R2]acl 2000
[R2-acl-basic-2000]rule deny source 172.16.3.0 0.0.0.0
[R2-acl-basic-2000]rule deny source 172.16.4.0 0.0.0.0
[R2-acl-basic-2000]rule permit
[R2-acl-basic-2000]quit

[R2]bgp 200
[R2-bgp]peer 10.1.12.1 as-number 100
[R2-bgp]peer 10.1.23.3 as-number 300
[R2-bgp]peer 10.1.23.3 filter-policy 2000 export
```

在以上配置中，我们首先定义了 ACL2000，在该 ACL 中拒绝了 172.16.3.0 及 172.16.4.0 路由，然后允许了其他路由。接着在 BGP 的配置视图中，**peer 10.1.23.3 filter-policy 2000 export** 命令用于在出方向对 R3 施加 Filter-Policy，从而调用前面定义好的 ACL2000 执行路由过滤。

完成上述配置后，R3 的 BGP 路由表如下：

```
<R3>display bgp routing-table

 BGP Local router ID is 10.1.23.3
 Status codes: * - valid, > - best, d - damped,
               h - history,  i - internal, s - suppressed, S - Stale
               Origin : i - IGP, e - EGP, ? - incomplete

 Total Number of Routes: 2
      Network          NextHop         MED        LocPrf        PrefVal     Path/Ogn

 *>   172.16.1.0/24    10.1.23.2                                 0          200 100i
 *>   172.16.2.0/24    10.1.23.2                                 0          200 100i
```

可以看到，R3 的 BGP 路由表中只有两条路由，而 172.16.3.0/24 及 172.16.4.0/24 已经被过滤掉了。

注意

在本案例中，R2 对 R3 执行了出方向的 Filter-Policy，在 BGP 中，Filter-Policy 也能被应用在入方向，此时只需将命令中的 **Export** 关键字换成 **Import** 即可。

另外，如果在 R2 上创建 Route-Policy 来允许或拒绝感兴趣路由，并通过 **peer** 命令调用该 Route-Policy，对 R3 应用在出方向，那么也可以实现本案例的路由过滤需求。

7.3.9　案例 9：在 peer 命令中使用 ip-prefix 过滤路由

图 7-41 中的案例，通过在 **peer** 命令使用 **ip-prefix** 关键字可以实现同样的需求。
R2 的配置如下：

```
[R2]ip ip-prefix a deny 172.16.3.0 24
[R2]ip ip-prefix a deny 172.16.4.0 24
[R2]ip ip-prefix a permit 0.0.0.0 0 less-equal 32

[R2]bgp 200
[R2-bgp]router-id 2.2.2.2
[R2-bgp]peer 10.1.12.1 as-number 100
[R2-bgp]peer 10.1.23.3 as-number 300
[R2-bgp]peer 10.1.23.3 ip-prefix a export
```

在以上配置中，IP 前缀列表 a 用于匹配感兴趣路由，它把路由 172.16.3.0/24 及
172.16.4.0/24 拒绝了，同时允许了其他路由。另外，在 BGP 配置视图下执行的 **peer
10.1.23.3 ip-prefix a export** 命令用于针对 R3 施加出方向的路由过滤策略，在该命令中调
用了已经定义好的 IP 前缀列表 a。如此一来，当 R2 向 R3 通告 BGP 路由时，这些路由
需首先通过 IP 前缀列表过滤器，只有被允许的路由才会被通告给 R3。在 BGP 中，IP 前
缀列表除了能像本例中这样用在对等体的出方向，也能用于入方向，对于后者，需在命
令中使用 **import** 关键字。

7.3.10　案例 10：使用 as-path-filter 匹配 BGP 路由

我们已经知道，AS_Path 是 BGP 的公认强制属性，所有的 BGP 路由都必须携带该
属性。这个路径属性描述了一条 BGP 路由在传递过程中所经过的 AS 的号码。AS_Path
属性值可以是零个、一个或多个 AS 号码的集合。以图 7-42 展示的网络为例，R3 将 BGP
路由 1.1.1.0/24 通告给 R4 时，该条路由的 AS_Path 属性值为 "300 200 100"，R4 收到这
条 BGP 路由后，它便知道要到达目标网段 1.1.1.0/24，需要经过 AS 300 及 AS 200，最
终到达 AS 100。实际上这个 AS_Path 属性值包含一串数字，其中每个数字代表一个 AS，
而且 AS 号码之间使用分隔符区隔开来。

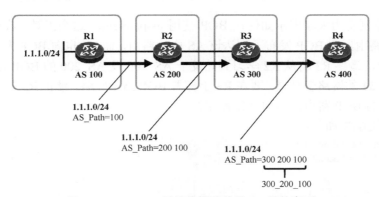

图 7-42　AS_Path 属性值描述的是 AS 号的序列

　　到目前为止本书已经介绍了数种用于匹配路由的方法。最开始大家了解了如何使用 ACL 来匹配路由，随后又掌握了使用 IP 前缀列表匹配路由的方法，而后通过匹配 Community 属性值来匹配 BGP 路由的方法也让我们眼前一亮。然而，如果面对这样一个需求："过滤掉从 AS 65501 始发的所有 BGP 路由"，显然前面几种路由匹配的方法就不太适用了。从 AS 65501 始发的所有 BGP 路由其实拥有一个共同的特点，那就是它们的 AS_Path 属性值的末尾（最右边的 AS 号）都是 65501 这个 AS 号，那么如果能够通过匹配 AS_Path 属性值从而匹配 BGP 路由，这个需求实现起来也就相当简单了。

　　BGP 确实拥有这样一个工具，它就是 as-path-filter（AS 路径过滤器）。使用 as-path-filter，再搭配正则表达式（Regular Expression），即可通过匹配 AS_Path 属性值从而匹配 BGP 路由。正则表达式是按照一定的规则来匹配特定内容的公式，常被用于程序开发中。我们日常上网的过程中也经常与正则表达式有交集（虽然您可能并没有意识到），例如在一个网站上注册账号时，用户在网页的文本框中输入手机号码后，页面程序如何确定该用户所输入的内容都是数字而不含字母？这时页面代码就可以使用正则表达式来执行计算。因此正则表达式的功能还是非常强大的。

　　图 7-43 展示了正则表达式的一个示例。图中有 A、B、C 及 D 四个待匹配的对象，如果使用如图所示的正则表达式，那么最终对象 B 将满足正则表达式的规则并被匹配住，因为该正则表达式要求字符串中包含"34"，而且在"34"的前后需各有一个分隔符（在正则表达式中，下划线"_"用于匹配分隔符，分隔符可以是空格或者逗号等），显然只有对象 B 匹配。对象 A 虽然拥有数字"34"，而且还出现了两次，但是第一次出现的"34"前面没有分隔符，另外数字"334"中虽然也出现了"34"，但是"34"前面也没有分隔符，因此对象 A 不匹配。同理，对象 C 及 D 也都不匹配。关于正则表达式的介绍超出了本书的范围，请读者们自行阅读相关资料补充这部分知识。

图 7-43　正则表达式的一个示例

　　下面的案例将为大家展示如何在 BGP 使用 as-path-filter 这个工具。在图 7-44 中，AS 100 中的路由器向 BGP 发布了到达该 AS 内的路由，而 R2 也向 BGP 发布了到达 AS 200 内的路由，最终 R3 将从 R2 学习到始发于 AS 100 及 AS 200 的 BGP 路由。现在如果您作为 AS 34 的网络管理员，要在 R3 上部署 BGP 路由策略，禁止 R3 从 R2 学习到始发于 AS 100 的 BGP 路由，该如何配置呢？

　　R3 可使用配置如下：

```
[R3]ip as-path-filter 1 deny _100$
[R3]ip as-path-filter 1 permit .*

[R3]bgp 34
[R3-bgp]peer 10.1.23.2 as-path-filter 1 import
```

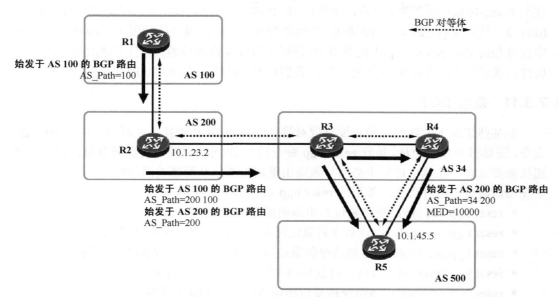

图 7-44　as-path-filter 在 BGP 中的运用

在上述配置中，我们首先创建了一个 as-path-filter，这个 as-path-filter 的名称为 1，并且拥有两条语句，它将用于匹配 BGP 路由的 AS_Path 属性值，其中 **ip as-path-filter 1 deny _100$**用于拒绝 AS_Path 属性值末尾为 100 的 BGP 路由，换句话说就是拒绝始发于 AS 100 的 BGP 路由。"_100$" 是一个正则表达式，"$" 表示行尾。此外，第二条语句 **ip as-path-filter 1 permit .*** 用于允许其他所有的 BGP 路由，".*" 也是一个正则表达式，等同于匹配任意内容。最后，在 R3 的 BGP 配置视图下执行的 **peer 10.1.23.2 as-path-filter 1 import** 命令用于针对 R3 从 R2 接收的 BGP 路由执行过滤，只有被 as-path-filter 1 允许的路由才会被 R3 接收，被拒绝的路由不会出现在 R3 的 BGP 路由表中。

As-path-filter 除了在上述场景中应用之外，也能够被 Route-Policy 调用，从而帮助路由器执行路由策略。依然是图 7-44 所展示的网络，如果要求 R4 向 R5 发送路由通告时，将所有始发于 AS 200 的 BGP 路由的 MED 属性值设置为 10000，那么 R4 可以使用如下配置：

```
[R4]ip as-path-filter 2 permit ^200$

[R4]route-policy hcnp permit node 10
[R4-route-policy]if-match as-path-filter 2
[R4-route-policy]apply cost 10000
[R4-route-policy]quit
[R4]route-policy hcnp permit node 20
[R4-route-policy]quit

[R4]bgp 34
[R4-bgp]peer 10.1.45.5 route-policy hcnp export
```

在上述配置中，我们首先新建了一个 as-path-filter，这个 as-path-filter 用于匹配 AS_Path 属性值为 200 的 BGP 路由，而且这些路由的 AS_Path 只能是 200。"^200$" 是一个正则表达式，其中 "^" 表示行首。随后我们又创建了一个名称为 hcnp 的 Route-Policy，这个 Route-Policy 包含两个节点，在节点 10 中 if-match 语句调用了已经定义好的 as-path-filter 2，然后 apply 语句将被匹配住的 BGP 路由的 MED 属性值设置为 10000。节点 20 中没有任何 if-match 语句，因此节点 20 仅用于将其他路由放通，并且不修改路由的任何属性。最后在 R4 的 BGP 配置视图下，我们对 R5 应用了 Route-Policy hcnp（出方向）。

7.3.11　复位 BGP

在某些情况下，我们可能需要复位对等体之间的 BGP 连接，此时可使用 **reset bgp** 命令，需要格外注意的是，执行 **reset bgp** 命令后 BGP 对等体关系将会被复位，此时 BGP 连接需要重建，在这个过程中必将导致路由重新收敛，从而影响网络业务，因此在现网中使用该命令需格外谨慎。常用的 **reset bgp** 命令如下。

- **reset bgp all**：该命令将复位路由器的所有 BGP 连接。
- **reset bgp** *as-number*：该命令将复位路由器与特定 AS 的 BGP 连接。
- **reset bgp** *peer-address*：该命令将复位路由器与特定对等体的 BGP 连接。
- **reset bgp internal**：该命令将复位路由器的所有 IBGP 连接。
- **reset bgp external**：该命令将复位路由器的所有 EBGP 连接。

当我们在路由器上部署 BGP 路由策略后，为了使策略能够立即生效，直接将 BGP 对等体关系复位代价往往太大，因为这样会导致 BGP 连接重建从而对网络造成较大影响。如果设备支持 Route-refresh 特性，那么可以使用 **refresh bgp** 命令对 BGP 连接进行软复位。所谓的软复位指的是在不重建 BGP 连接的情况下，刷新 BGP 路由从而使路由策略立即生效的方法。目前几乎所有的主流 BGP 实现都支持 Route-refresh 特性。支持 Route-refresh 特性的 BGP 设备之间建立对等体关系时，需使用 Open 报文协商双方的 Route-refresh 能力。

在路由器上使用 **display bgp peer verbose** 命令，可以查看 BGP 对等体的详细信息，并确认 Route-refresh 特性的协商结果：

```
<Huawei>display bgp peer verbose

      BGP Peer is 10.1.12.2,    remote AS 200
      Type: EBGP link
      BGP version 4, Remote router ID 2.2.2.2

… …
   Minimum route advertisement interval is 30 seconds
   Optional capabilities:
   Route refresh capability has been enabled
   4-byte-as capability has been enabled
   Send community has been configured
   Peer Preferred Value: 0
   Routing policy configured:
   No routing policy is configured
```

常用的 **refresh bgp** 命令如下。

- **refresh bgp all import**：该命令将使路由器的所有 BGP 连接在入方向触发软复位。
- **refresh bgp all export**：该命令将使路由器的所有 BGP 连接在出方向触发软复位。
- **reset bgp** *peer-address* **import**：该命令将使路由器针对特定的对等体在入方向触

发软复位。

* **reset bgp** *peer-address* **export**：该命令将使路由器针对特定的对等体在出方向触发软复位。
* **refresh bgp external import**：该命令将使路由器的所有 EBGP 连接在入方向触发软复位。
* **refresh bgp external export**：该命令将使路由器的所有 EBGP 连接在出方向触发软复位。
* **refresh bgp internal import**：该命令将使路由器的所有 IBGP 连接在入方向触发软复位。
* **refresh bgp internal export**：该命令将使路由器的所有 IBGP 连接在出方向触发软复位。

7.4　路由反射器

关于 BGP 的 AS_Path 属性大家已经非常熟悉了，这个公认强制属性的重要性是不言而喻的，BGP 在 AS 之间的路由防环正是依赖于 AS_Path 属性。当路由器收到一条 BGP 路由并且在该路由的 AS_Path 属性值中发现了自己所处 AS 的 AS 号时，它意识到从本 AS 传出的路由现在又被传递回了该 AS，它将忽略这条路由，这可以在极大程度上避免环路的发生。然而 AS_Path 属性只在 AS 之间发生改变，当路由在 IBGP 对等体之间传递时，AS_Path 缺省是不会发生改变的，这意味着在 AS 的内部，AS_Path 属性对于 BGP 路由的防环就无能为力了。

BGP 定义了 IBGP 水平分割规则，来防止 BGP 路由在 AS 内部产生环路。这个规则在很大程度上杜绝了 IBGP 路由产生环路的可能性，但是却也带来了新的问题——BGP 路由在 AS 内部只能传递一跳，这就可能造成 IBGP 路由无法被正确传递的问题。

在图 7-45 所示的网络中，R1 向 BGP 发布了 1.0.0.0/8 路由，R2 会从 R1 学习到该路由并且将其通告给 R3，但是 R3 从 R1 学习到的这条 IBGP 路由由于水平分割规则的存在故而不能够再被通告给 R4 及 R5，这就导致它们无法学习到 1.0.0.0/8 路由，从而无法访问这个目的网段。另外，R3 收到了 R4 发布的 BGP 路由后，也不能将其通告给 R2 或 R5，同理，R3 收到了 R5 发布的 BGP 路由后，也不能将其通告给 R2 或 R4，当然，R1 也无法学习到 R4 及 R5 发布的路由。

解决这个问题的一个简单的方法是在 AS 2345 内实现 IBGP 对等体关系的全互联。本例中，需在 R2 及 R4、R2 及 R5 之间增加 IBGP 对等体关系，如此一来路由的传递问题即可解决。

IBGP 对等体关系的全互联模型在某些场景下确实可行，但是当 AS 内 BGP 路由器数量较多时，若每台路由器需要与 AS 内的其他所有 BGP 路由器建立 IBGP 对等体关系，那么必然会加重设备的负担，同时降低了网络的可扩展性。值得庆幸的是，BGP 有两个解决方案能够应对这个问题，它们是路由反射器以及联邦。

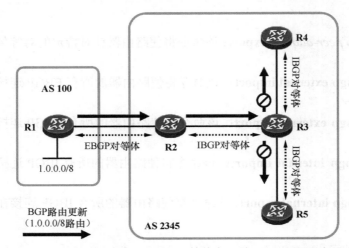

图 7-45   AS 2345 内并未实现 IBGP 对等体全互联，由于 IBGP 水平分割
规则的存在，该 AS 内的路由传递将会出现问题

学习完本节之后，我们应该能够。

- 理解路由反射器的概念及应用场景；
- 理解路由反射的规则及工作机制；
- 理解路由反射器的防环机制；
- 掌握路由反射器的基本配置。

7.4.1   路由反射器的基本概念

路由反射器（Route Reflector，RR）是一种用于解决 AS 内部 BGP 路由传递问题的
技术，在一些大型的 BGP 组网中常被应用。在本节开始时引入的案例中，如果 AS 2345
内不部署全互联的 IBGP 对等体关系，但是又要求路由传递不能出现问题，那么可使用
路由反射器这个解决方案。如图 7-46 所示，R3 被指定为路由反射器，而 R2、R4 及 R5
被指定为它的客户（Client），如此一来，R3 便会将自己学习到的 IBGP 路由在遵循一定
规则的情况下进行"反射"。

以 R1 发布的 BGP 路由为例，R2 收到该路由之后自然是可以直接将其通告给 R3 的，
R3 收到客户 R2 发送过来的路由后，将其反射给 R4 及 R5，您可以将 R3 想象成一面镜
子，现在有一束光从 R2 照射了过来，这束光被 R3 反射给了 R4 及 R5，这就是路由反射
技术。R4 及 R5 发布的 BGP 路由被通告给 R3 后，后者也会将这些路由进行反射。因此
在 AS 2345 内部署了路由反射器后，该 AS 内的 IBGP 路由传递问题将迎刃而解，而且
AS 内的路由器并未实现 IBGP 对等体的全互联，设备的处理资源得到了节约，如果 AS
内需新增 BGP 路由器，那么该网络的配置也仅需做一点简单的变更，因此网络的可扩展
性变得非常高。

BGP 路由反射器技术在 RFC4456（BGP Route Reflection: An Alternative to Full Mesh
Internal BGP）中定义。

我们将路由反射器以及它的客户所构成的系统称为路由反射簇（Cluster），在图 7-46
所示的网络中，路由反射器 R3 与其客户 R2、R4 及 R5 就构成了一个路由反射簇。路由

反射器与所有的客户建立 IBGP 对等体关系，而客户之间则无需建立 IBGP 对等体关系，这优化了网络中的 IBGP 对等体关系数量。实际上，路由反射器的配置是在充当反射器的 BGP 路由器上完成的，而路由反射器的客户设备并不需要做任何额外的配置，它甚至并不知道自己成为了某个路由反射器的客户（客户设备也无需支持路由反射器功能）。因此，路由反射器的配置是非常简单的，这一解决方案的引入，使得一个 AS 内 BGP 网络的部署变得更加简单，而且层次化路由反射簇的设计思维使得更大规模的 AS 内部 BGP 组网成为可能。

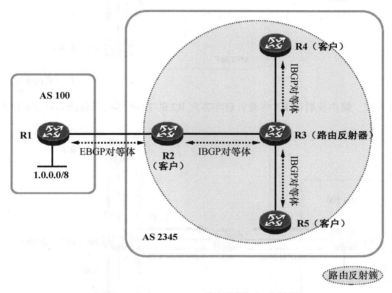

图 7-46　在 AS 2345 中部署路由反射器

值得注意的是，路由反射器并不是在任何场景下都会将 BGP 路由进行反射的，否则 IBGP 路由的传递将变得混乱不堪。路由反射器只在以下几种场景下才会反射 BGP 路由。

- **如果路由反射器从自己的非客户对等体学习到一条 IBGP 路由，则它会将该路由反射给所有客户**

如图 7-47 所示，我们将 R3 配置为路由反射器，而且将 R4 及 R5 指定为其客户（R2 并不是它的客户）。现在当 R3 从 IBGP 对等体 R2（非客户）收到一条 BGP 路由时，它将会把这条 IBGP 路由反射给客户 R4 及 R5。当然，如果此时 R3 还有一个非客户 IBGP 对等体 R6（在图中并未画出），那么这条路由是绝对不会被反射给 R6 的。

- **如果路由反射器从自己的客户学习到一条 IBGP 路由，则它会将该路由反射给所有非客户，以及除了该客户之外的其他所有客户**

如图 7-48 所示，路由反射器 R3 从客户 R4 学习到了一条 IBGP 路由，则它会将这条路由反射给客户 R5，以及非客户 R2。华为的路由器支持关闭路由在客户之间的反射行为，如果在 R3 上将这个行为关闭（在 BGP 配置视图下执行 **undo reflect between-clients** 命令），那么当它从客户学习到 IBGP 路由时，它只会把路由反射给非客户，而不会反射给其他客户。

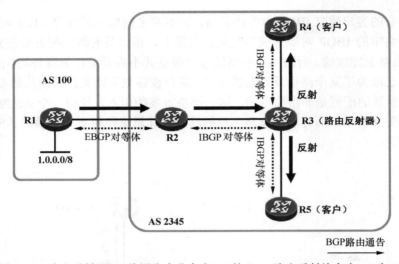

图 7-47　路由反射器 R3 将通告自非客户 R2 的 BGP 路由反射给客户 R4 和 R5

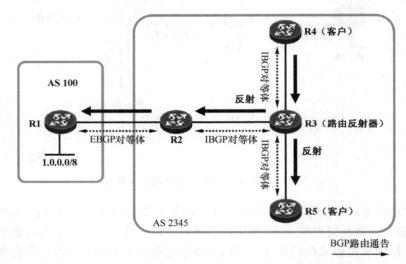

图 7-48　路由反射器 R3 将通告自客户 R4 的 BGP 路由反射给客户 R5 和非客户 R2

- 当路由反射器执行路由反射时，它只将自己使用的、最优的 **BGP** 路由进行反射

7.4.2　路由反射器环境下的路由防环

7.4.1 节中已经介绍过了路由反射器的几种行为，实际上路由反射器对 IBGP 路由的操作是突破了水平分割规则的，而 IBGP 路由又依赖水平分割规则来实现无环化，那么这里就存在一个问题，即如何在部署了路由反射器的场景下杜绝 IBGP 路由环路？BGP 设计了两个路径属性，它们是 Originator_ID 和 Cluster_List，这两个属性只在部署了路由反射器的环境中被使用，都是可选非传递属性，借助它们，BGP 能够在路由反射器的环境中实现路由防环。

1. Originator_ID 属性

Originator_ID 是一个可选非传递属性，该属性的长度为 32bit，其格式与 IPv4 地址的格式相同。当一条 BGP 路由被路由反射器反射给其他路由器时，如果该条路由已经携带了 Originator_ID 属性，则保留该属性，否则路由反射器为这条路由添加 Originator_ID 属性，并将属性值设置为该路由在本地 AS 内的始发路由器的 Router-ID。当路由器从 BGP 对等体收到一条 IBGP 路由，并且该路由所携带的 Originator_ID 属性值与自己的 BGP Router-ID 相同时，它意识到从自己这里始发的路由又被通告回来了，它将忽略这条路由的更新。

　　如图 7-49 所示，R3 被配置为路由反射器，R1 是它的客户。另外，R2 也被配置为路由反射器，而 R3 是它的客户，也就是说，在 AS 123 中存在两个路由反射簇，它们之间存在一种类似嵌套的关系。现在一条 BGP 路由 10.1.0.0/16 从 R1 始发，被通告给了 R3。R3 将这条来自客户的 BGP 路由反射给非客户 R2。由于该路由此前并不携带 Originator_ID 属性，因此 R3 将路由反射的同时为其添加该属性，并将属性值设置为 R1 的 Router-ID 1.1.1.1（实际上 R3 还为路由创建了 Cluster_List 属性，该属性将在下文讨论）。当 R2 从自己的客户 R3 收到 BGP 路由 10.1.0.0/16 后，将路由反射给非客户 R1，在反射路由时保持该路由中的 Originator_ID 属性。而当 R1 从 R2 收到关于 10.1.0.0/16 路由的通告时，发现该条路由携带了 Originator_ID 属性，并且属性值与自己的 Router-ID 相同，它将忽略这个路由更新。如此一来，路由环路隐患即可被规避。

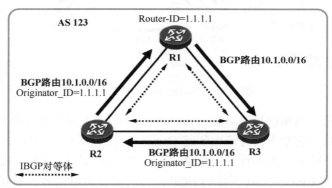

图 7-49　Originator_ID 属性的作用

　2.　Cluster_List 属性

　　Cluster_List 是一个可选非传递属性，该属性的值是可变长的，它可以包含一个或者多个 Cluster-ID（路由反射簇标识符）。大家已经知道，路由反射器与其客户在一起构成了一个路由反射簇，在一个 AS 内是可以存在多个路由反射簇的，每个簇都拥有自己的 Cluster-ID。所谓的 Cluster-ID 是一个可配置的、32bit 的数值，缺省时为路由反射器的 BGP Router-ID。当一条 BGP 路由被路由反射器执行反射时，如果该条路由已经存在 Cluster_List 属性，那么路由反射器将本地的 Cluster-ID 附加到路由的 Cluster_List 属性值之前，而如果该条路由并不存在 Cluster_List 属性，那么路由反射器为它创建 Cluster_List 属性并将本地的 Cluster-ID 插入 Cluster_List 属性值中。当一台路由反射器收到一条 BGP 路由后，若发现该条路由携带 Cluster_List 属性，并且 Cluster_List 属性值中包含着自己的 Cluster-ID 时，它意识到被自己反射出去的 BGP 路由又被通告回来了，此时它将忽略关于这条路由的更新。

在图 7-50 所示的场景中，我们配置了三台路由反射器，它们分别是 R1、R3 及 R2，其中 R4 是 R1 的客户，R1 是 R3 的客户，而 R3 是 R2 的客户。现在 R4 将 BGP 路由 10.1.0.0/16 通告给 R1，R1 则将这条来自客户的路由反射给非客户 R3，同时为被反射的路由创建 Originator_ID 属性，其值为 R4 的 Router-ID 4.4.4.4，另外也创建 Cluster_List 属性，其值为 1.1.1.1。当 R3 收到这条路由时，它会把路由反射给 R2，同时在路由的 Cluster_List 属性值的前面插入自己的 Cluster-ID 3.3.3.3。当 R2 收到这条路由时，它将路由反射给 R1，同时在路由的 Cluster_List 属性值的前面插入自己的 Cluster-ID 2.2.2.2。因此最终 R1 将从 R2 收到关于 10.1.0.0/16 路由的通告，而且该路由携带的 Cluster_List 属性值为 "2.2.2.2，3.3.3.3，1.1.1.1"，R1 在其中看到了自己的 Cluster-ID，它将忽略这条路由，如此就可以规避路由环路。

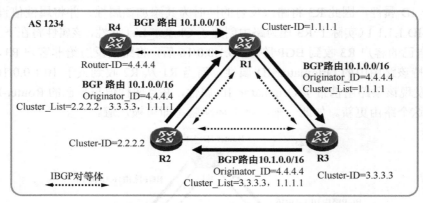

图 7-50　Cluster_List 属性的作用

值得强调的是，当路由反射器将一条从自己的 EBGP 对等体学习到的 BGP 路由通告给客户路由器时，它是不会为路由创建 Originator_ID 或 Cluster_List 属性的，因为这本质上并不是一个路由反射的行为，而是一个正常的路由通告行为。另外，当一条携带着 Originator_ID 及 Cluster_List 属性的 BGP 路由被通告给路由器的 EBGP 对等体时，这条路由的 Originator_ID 及 Cluster_List 属性会被该路由器移除。

当路由反射器执行路由反射时，除了可能会为路由附加 Originator_ID 及 Cluster_List 属性，或修改 Cluster_List 属性之外，对于其他路径属性缺省不做修改，例如 Local_Preference、AS_Path、MED、Next_Hop 等。

7.4.3　案例：路由反射器的基础配置

在图 7-51 中，AS 2345 内已经运行了 OSPF，该 AS 内的路由器都配置了 Loopback0 接口并为其分配 x.x.x.x/32 的 IP 地址（其中 x 为设备编号），它们都将自己 Loopback0 接口的路由发布到了 OSPF 中。现在，我们把 R3 配置为路由反射器，并将 R2、R4 及 R5 配置为其客户。AS 2345 内的 IBGP 对等体关系如图所示，这些 IBGP 对等体关系基于设备的 Loopback0 接口建立。

R3 的配置如下：

```
[R3]bgp 2345
[R3-bgp]router-id 3.3.3.3
```

```
[R3-bgp]peer 2.2.2.2 as-number 2345                           #2.2.2.2 是 R2 的地址
[R3-bgp]peer 2.2.2.2 connect-interface LoopBack0
[R3-bgp]peer 2.2.2.2 reflect-client
[R3-bgp]peer 4.4.4.4 as-number 2345                           #4.4.4.4 是 R4 的地址
[R3-bgp]peer 4.4.4.4 connect-interface LoopBack0
[R3-bgp]peer 4.4.4.4 reflect-client
[R3-bgp]peer 5.5.5.5 as-number 2345                           #5.5.5.5 是 R5 的地址
[R3-bgp]peer 5.5.5.5 connect-interface LoopBack0
[R3-bgp]peer 5.5.5.5 reflect-client
```

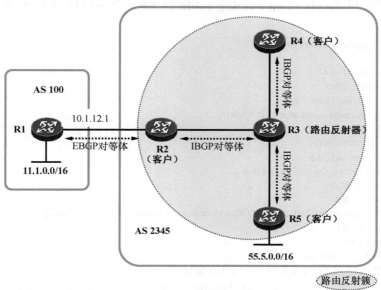

图 7-51　路由反射器的基础配置

在上面给出的配置中，**peer 2.2.2.2 reflect-client** 命令用于将 R3 配置为路由反射器，并且将 R2 配置为其客户。因此，路由反射器的配置只需在反射器上完成，至于客户路由器是无需任何额外配置的。

R2 的配置如下：

```
[R2]bgp 2345
[R2-bgp]router-id 2.2.2.2
[R2-bgp]peer 3.3.3.3 as-number 2345                           #3.3.3.3 是 R3 的地址
[R2-bgp]peer 3.3.3.3 connect-interface LoopBack0
[R2-bgp]peer 3.3.3.3 next-hop-local
[R2-bgp]peer 10.1.12.1 as-number 100
```

其他路由器的配置不再赘述。现在，R1 在 BGP 中发布 11.1.0.0/16 路由，而 R5 在 BGP 中发布 55.5.0.0/16 路由。

完成上述配置后，检查一下 R4 的 BGP 表：

```
<R4>display bgp routing-table

 BGP Local router ID is 4.4.4.4
 Status codes: * - valid, > - best, d - damped,
               h - history,   i - internal, s - suppressed, S - Stale
               Origin : i - IGP, e - EGP, ? - incomplete
```

```
Total Number of Routes: 2
      Network          NextHop       MED       LocPrf      PrefVal            Path/Ogn

*>i   11.1.0.0/16      2.2.2.2       0         100         0                  100i
*>i   55.5.0.0/16      5.5.5.5       0         100         0                  i
```

从上述输出可以看到，R4 已经学习到了 BGP 路由 11.1.0.0/16 及 55.5.0.0/16。由于 R3 已经是一台路由反射器，因此它会将学习自 R2 及 R5 的路由进行反射。

在 R4 上使用 **display bgp routing-table 11.1.0.0** 命令可以查看 BGP 路由的详细信息：

```
<R4>display bgp routing-table 11.1.0.0

 BGP local router ID : 4.4.4.4
 Local AS number : 2345
 Paths:     1 available, 1 best, 1 select
 BGP routing table entry information of 11.1.0.0/16:
 From: 3.3.3.3 (3.3.3.3)
 Route Duration: 00h01m43s
 Relay IP Nexthop: 10.1.34.3
 Relay IP Out-Interface: GigabitEthernet0/0/0
 Original nexthop: 2.2.2.2
 Qos information : 0x0
 AS-path 100, origin igp, MED 0, localpref 100, pref-val 0, valid, internal, best, select, active, pre 255, IGP cost 2
 Originator:   2.2.2.2
 Cluster list: 3.3.3.3
 Not advertised to any peer yet
```

从上述输出可以看到 R3 在将 11.1.0.0/16 路由反射给 R4 时，添加了 Originator_ID 及 Cluster_List 属性，并且这两个属性的值分别为 2.2.2.2 和 3.3.3.3。其中 2.2.2.2 是该条 BGP 路由在本 AS 内的始发路由器 R2 的 Router-ID，而 3.3.3.3 为路由反射簇的 Cluster-ID，缺省时 Cluster-ID 为路由反射器 R3 的 Router-ID 3.3.3.3（可在 R3 的 BGP 配置视图下使用 **reflector cluster-id** 命令修改）。

另外，R2 也将学习到 R3 反射给自己的 55.5.0.0/16 路由，当 R3 反射该路由时，同样会在路由中增加 Originator_ID 及 Cluster_List 属性：

```
<R2>display bgp routing-table 55.5.0.0

 BGP local router ID : 2.2.2.2
 Local AS number : 2345
 Paths:     1 available, 1 best, 1 select
 BGP routing table entry information of 55.5.0.0/16:
 From: 3.3.3.3 (3.3.3.3)
 Route Duration: 00h05m07s
 Relay IP Nexthop: 10.1.23.3
 Relay IP Out-Interface: GigabitEthernet0/0/1
 Original nexthop: 5.5.5.5
 Qos information : 0x0
 AS-path Nil, origin igp, MED 0, localpref 100, pref-val 0, valid, internal, best, select, active, pre 255, IGP cost 2
 Originator:   5.5.5.5
 Cluster list: 3.3.3.3
 Advertised to such 1 peers:
 10.1.12.1
```

但是，当 R2 将该路由通告给 EBGP 对等体 R1 时，它会将这两个路径属性删除：

```
<R1>display bgp routing-table 55.5.0.0

 BGP local router ID : 1.1.1.1
 Local AS number : 100
 Paths:     1 available, 1 best, 1 select
 BGP routing table entry information of 55.5.0.0/16:
 From: 10.1.12.2 (2.2.2.2)
 Route Duration: 00h05m28s
 Direct Out-interface: GigabitEthernet0/0/0
 Original nexthop: 10.1.12.2
 Qos information : 0x0
 AS-path 2345, origin igp, pref-val 0, valid, external, best, select, active, pre 255
 Not advertised to any peer yet
```

7.5　联邦

在一个 AS 内部署全互联的 IBGP 对等体关系确实可以很好地解决 IBGP 路由传递的问题，但这是一个低扩展性的做法，在大型的网络中会给设备带来沉重的负担。在前面的章节中大家已经掌握了使用路由反射器解决这个问题的方法，接下来我们将为大家讲解另一个解决方案，它就是联邦。联邦（Confederation）也被称为联盟，大致的思想是在一个大的 AS 内创建若干个小的 AS（类似子 AS 的概念），使得 AS 内部出现一种特殊的 EBGP 对等体关系，从而解决 IBGP 路由在 AS 内的传递问题。BGP 联邦在 RFC5065（Autonomous System Confederations for BGP）中定义。

学习完本节之后，我们应该能够。

- 理解联邦的基本概念；
- 理解联邦的环境下 BGP 路由传播的过程中 AS_Path 属性的变化；
- 掌握联邦的基础配置。

7.5.1　联邦的基本概念

在图 7-52 中，AS 3456 内并没有实现 IBGP 对等体全互联，这将导致该 AS 内的路由传递出现问题，这里可以随便举几个例子：

- R3 会将自己从 R1 学习到的 BGP 路由通告给 R4，但是后者不能将该路由通告给 R5，因此 R2、R5 及 R6 都无法学习到该路由。
- R3 发布的 BGP 路由会被其通告给 R1 及 R4，但是 R4 不能将该路由通告给 R5，因此 R2、R5 及 R6 都无法学习到该路由。
- R4 发布的 BGP 路由会被其通告给 R3 及 R5，但是 R5 不能将该路由通告给 R6，因此 R6 无法学习到该路由。
- ……

利用 BGP 联邦即可解决上述问题。如图 7-53 所示，我们在 AS 3456 内创建了两个"小 AS"——AS 64512 及 AS 64513，这就有点像一个大的城市被划分成了两个行政区。

此时 AS 3456 被称为联邦 AS（Confederation AS），3456 是该联邦的 AS 号，而 AS 64512 及 AS 64513 被称为成员 AS（Member AS）。如此一来，R3 与 R4 之间、R5 与 R6 之间依然保持 IBGP 对等体关系，而 R4 与 R5 之间的关系则变成联邦 EBGP 对等体关系。联邦 EBGP 对等体关系与传统的 EBGP 对等体关系有许多相似的地方，例如 IBGP 水平分割规则在这里不再起作用。当 R4 从 IBGP 对等体 R3 学习到 BGP 路由时，它可以将路由通告给其联邦 EBGP 对等体 R5——与传统的 EBGP 路由通告相似，而 R5 从 R4 学习到的 BGP 路由，当然也就能被通告给 EBGP 对等体 R2 以及 IBGP 对等体 R6。因此，通过在 AS 3456 内部部署联邦，即可在该 AS 内没有实现 IBGP 对等体全互联的情况下，解决路由传递的问题。

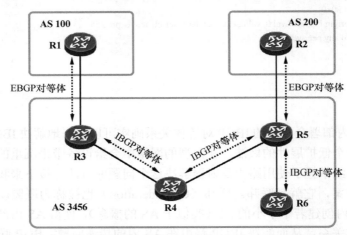

图 7-52   AS 3456 内没有实现 IBGP 对等体全互联，因此 IBGP 的路由传递将出现问题

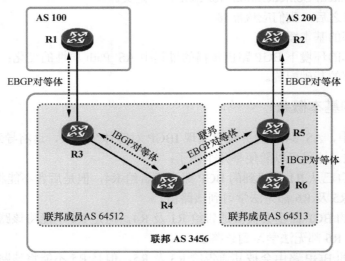

图 7-53   AS 3456 被设计为联邦 AS，并且在该 AS 内创建两个联邦成员 AS

值得注意的是，若在 AS 3456 内部部署联邦，R3、R4、R5 及 R6 创建 BGP 进程时所使用的 AS 号是其所属的成员 AS 号，而 R3 及 R5 作为联邦 AS 的边界路由器，需与联邦 AS 之外的其他 AS 建立 EBGP 对等体关系，它们需使用联邦 AS 号与 EBGP 对等体 R1 及 R2 对接。而对于联邦 AS 外部的网络而言，例如 AS 100 及 AS 200，它们并不知

晓成员 AS——AS 64512 及 AS 64513 的存在，也就是说联邦 AS 内部的成员 AS 对于联邦外部并不可见。

7.5.2　AS_Path 属性在联邦 AS 中的处理

值得注意的是，当 BGP 路由在联邦内传递时，联邦成员 AS 号才会出现在 AS_Path 属性中，当路由传出联邦 AS 时，成员 AS 号将被移除。因此联邦 AS 的外部是不知道联邦内成员 AS 的存在的。

我们已经知道，一条 BGP 路由的 AS_Path 属性值（如果为非空）是由一种或者多种 AS_Path 片段组成的，一条路由的 AS_Path 属性中可能只存在一种 AS_Path 片段，也可能同时存在多种。BGP 设计了 4 种 AS_Path 片段类型，它们分别是：

- AS_Sequence
- AS_Set
- AS_Confed_Sequence
- AS_Confed_Set

关于 AS_Sequence 及 AS_Set 我们在前面的章节中已经介绍过了。联邦使用了后面两种 AS_Path 片段类型，也就是 AS_Confed_Sequence 及 AS_Confed_Set，这两种片段类型分别与前面两种类似，只不过它们只被用于联邦。当路由在联邦 EBGP 对等体之间传递时，成员 AS 号被写入这些特殊类型的 AS_Path 片段中。而当路由被传出联邦时，成员 AS 号应该被移除，此时这两种片段类型将被设备从 AS_Path 属性中移除。

在图 7-54 中，R1 向 BGP 发布了 10.10.0.0/16 路由，它将路由通告给了 EBGP 对等体 R3，此时路由的 AS_Path 属性值为 100（该 AS_Path 属性只包含一个 AS_Path 片段，其类型为 AS_Sequence，该片段中只包含 100 这个 AS 号）。接下来 R3 将这条 BGP 路由通告给 IBGP 对等体 R4，此时路由的 AS_Path 属性值当然是不会发生改变的。而当 R4 将这条路由通告给联邦 EBGP 对等体 R5 时，它将在路由原有 AS_Path 属性的基础上，增加一个 AS_Confed_Sequence 类型的片段，专门用于存储联邦成员 AS 号，R4 将自己所处的成员 AS 号 64512 写入其中，并将路由通告给 R5，此时该条路由的 AS_Path 属性值为"（64512）100"，该 AS_Path 属性包含两种类型的 AS_Path 片段。当 R5 将该路由通告给 R6 时，它在 AS_Confed_Sequence 类型的片段中附加本地 AS 号 64513，R6 收到该路由时，路由的 AS_Path 为"（64513 64512）100"。而当 R5 将这条 BGP 路由通告给 EBGP 对等体 R2 时，它将路由的 AS_Path 属性中专门用于联邦的 AS_Confed_Sequence 片段移除，并在剩下的 AS_Sequence 片段中附加联邦 AS 号 3456。

R6 的 BGP 路由表如下：

```
<R6>display bgp routing-table

BGP Local router ID is 6.6.6.6
Status codes: * - valid, > - best, d - damped,
              h - history,   i - internal, s - suppressed, S - Stale
              Origin : i - IGP, e - EGP, ? - incomplete


Total Number of Routes: 1
    Network        NextHop          MED        LocPrf       PrefVal           Path/Ogn
```

*>i	10.10.0.0/16	3.3.3.3	0	100	0	(64513 64512) 100i

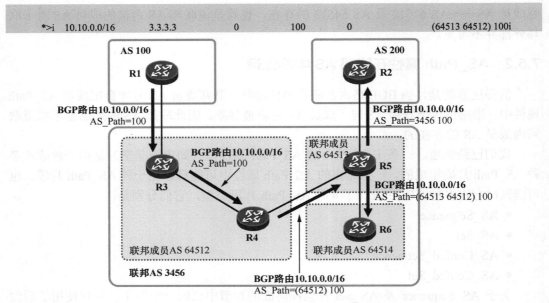

图 7-54   AS_Path 属性在联邦 AS 内的传递

在华为数通产品上，为了将 AS_Confed_Sequence 的片段区分开来，设备使用一对小括号囊括该类型的片段。

7.5.3   案例：联邦的基础配置

在图 7-55 中，AS 3456 内已经运行了 OSPF，该 AS 内的路由器都配置了 Loopback0 接口并为其分配 x.x.x.x/32 的 IP 地址（其中 x 为设备编号），它们都将自己 Loopback0 接口的路由发布到了 OSPF 中。我们将 AS 3456 规划为联邦 AS 并在其中创建两个联邦成员 AS，分别是 AS 64512 及 AS 64513。联邦 AS 3456 内的 BGP 对等体关系都基于 Loopback0 接口建立。R1 及 R3、R2 及 R5 的 EBGP 对等体关系基于直连接口建立。

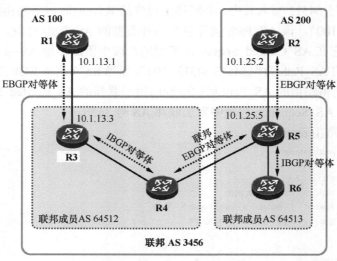

图 7-55   联邦的基础配置

R3 的配置如下：

```
[R3]bgp 64512                            #R3 创建 BGP 进程时使用的 AS 号是联邦成员 AS 号
[R3-bgp]router-id 3.3.3.3
[R3-bgp]confederation id 3456            #配置联邦 AS 号
[R3-bgp]peer 10.1.13.1 as-number 100
[R3-bgp]peer 4.4.4.4 as-number 64512
[R3-bgp]peer 4.4.4.4 connect-interface loopback0
[R3-bgp]peer 4.4.4.4 next-hop-local
```

在以上配置中，R3 创建了 BGP 进程并且配置了 AS 号，值得注意的是，R3 创建 BGP 进程时所指定的 AS 号为成员 AS 号，而并非联邦 AS 号。在创建 BGP 进程并进入 BGP 配置视图后，**confederation id 3456** 命令用于指定设备所处联邦的 AS 号。接下来 R3 指定了 EBGP 对等体 R1 以及 IBGP 对等体 R4。

关于 OSPF 的配置，此处不做罗列。

R4 的配置如下：

```
[R4]bgp 64512
[R4-bgp]router-id 4.4.4.4
[R4-bgp]confederation id 3456
[R4-bgp]confederation peer-as 64513       #指定同属一个联邦的相邻成员 AS
[R4-bgp]peer 3.3.3.3 as-number 64512
[R4-bgp]peer 3.3.3.3 connect-interface loopback0
[R4-bgp]peer 5.5.5.5 as-number 64513
[R4-bgp]peer 5.5.5.5 connect-interface loopback0
[R4-bgp]peer 5.5.5.5 ebgp-max-hop 2
```

在以上配置中，R4 除了使用 **confederation id** 命令指定了联邦 AS 号，还需使用 **confederation peer-as** 命令指定同属一个联邦的相邻成员 AS（64513），这条命令非常重要，因为 R4 连接着成员 AS 64513，如果不使用该命令明确相邻的联邦成员 AS，则 R4 将使用联邦 AS 号 3456 与 R5 建立 EBGP 对等体关系，这就会引发问题。另外，由于 R4 与 R5 之间建立的是联邦的 EBGP 对等体关系，因此如果双方基于 Loopback 接口建立对等体关系，就会遇到非直连对等体之间建立 EBGP 连接的问题，所以需使用 **peer ebgp-max-hop** 命令允许 BGP 与非直连网络上的对等体建立 EBGP 连接。

R5 的配置如下：

```
[R5]bgp 64513
[R5-bgp]router-id 5.5.5.5
[R5-bgp]confederation id 3456
[R5-bgp]confederation peer-as 64512
[R5-bgp]peer 4.4.4.4 as-number 64512
[R5-bgp]peer 4.4.4.4 connect-interface loopback0
[R5-bgp]peer 4.4.4.4 ebgp-max-hop 2
[R5-bgp]peer 4.4.4.4 next-hop-local
[R5-bgp]peer 6.6.6.6 as-number 64513
[R5-bgp]peer 6.6.6.6 connect-interface loopback0
[R5-bgp]peer 6.6.6.6 next-hop-local
[R5-bgp]peer 10.1.25.2 as-number 200
```

R6 的配置如下：

```
[R6]bgp 64513
[R6-bgp]router-id 6.6.6.6
```

```
[R6-bgp]confederation id 3456
[R6-bgp]peer 5.5.5.5 as-number 64513
[R6-bgp]peer 5.5.5.5 connect-interface loopback0
```

R1 的配置如下：

```
[R1]bgp 100
[R1-bgp]router-id 1.1.1.1
[R1-bgp]peer 10.1.13.3 as-number 3456
```

注意，R1 在配置 EBGP 对等体 R3 时，应该指定对方的联邦 AS 号，而不是成员 AS 号。R2 同理。

R2 的配置如下：

```
[R2]bgp 200
[R2-bgp]router-id 2.2.2.2
[R2-bgp]peer 10.1.25.5 as-number 3456
```

现在 R1 将路由 10.10.0.0/16 发布到 BGP（配置不再赘述），我们来观察一下这条路由在联邦 AS 内的传递情况。首先看一下 R4 的 BGP 表：

```
<R4>display bgp routing-table

 BGP Local router ID is 4.4.4.4
 Status codes: * - valid, > - best, d - damped,
               h - history,   i - internal, s - suppressed, S - Stale
               Origin : i - IGP, e - EGP, ? - incomplete

 Total Number of Routes: 1
      Network          NextHop        MED        LocPrf      PrefVal       Path/Ogn
 *>i  10.10.0.0/16     3.3.3.3        0          100         0             100i
```

R4 已经学习到了这条 BGP 路由，而且该路由已经被优选，因此它会将这条路由通告给自己的联邦 EBGP 对等体 R5。再看看 R5 的 BGP 路由表：

```
<R5>display bgp routing-table

 BGP Local router ID is 5.5.5.5
 Status codes: * - valid, > - best, d - damped,
               h - history,   i - internal, s - suppressed, S - Stale
               Origin : i - IGP, e - EGP, ? - incomplete

 Total Number of Routes: 1
      Network          NextHop        MED        LocPrf      PrefVal       Path/Ogn
 *>i  10.10.0.0/16     3.3.3.3        0          100         0             (64512) 100 i
```

R5 已经学习到了 R4 通告的 BGP 路由，而且该路由的 AS_Path 属性值为 "(64512) 100"，其实这个 AS_Path 属性包含着两个不同类型的片段，一个存储着联邦成员 AS 号 "64512"，另一个则存储着 AS 号 "100"。为了区分 AS_Path 属性值中的这两个片段，在上述输出中，填充着联邦成员 AS 号的片段被加上了括号。当这条 BGP 路由被传出联邦 AS 时，联邦成员 AS 号将被移除。R5 学习到该路由后，会将其通告给 R2 及 R6。

R2 的 BGP 路由表如下：

```
<R2>display bgp routing-table

 BGP Local router ID is 2.2.2.2
 Status codes: * - valid, > - best, d - damped,
               h - history,   i - internal, s - suppressed, S - Stale
               Origin : i - IGP, e - EGP, ? - incomplete
```

Total Number of Routes: 1					
Network	NextHop	MED	LocPrf	PrefVal	Path/Ogn
*> 10.10.0.0/16	10.1.25.5			0	3456 100i

从以上输出可以看出，R2 已经学习到了 10.10.0.0/16 路由，而且路由的 AS_Path 属性值为"3456 100"。

7.6　BGP 路由优选规则

BGP 是一个应用非常广泛的边界网关路由协议，在全球范围内被大量部署。它能够支持大规模的网络，能够在各种骨干数据网络中运载大批量的路由前缀。BGP 定义了多种路径属性，并且拥有丰富的路由策略工具，正是由于这些特点，使得 BGP 在路由操控和路径决策上变得非常机动和灵活。针对 BGP 路由的各种路径属性的操作都将可能影响路由的优选，从而对网络的流量产生影响，因此掌握 BGP 路由的优选规则十分重要。

当一台路由器学习到多条到达相同目的网段的 BGP 路由时，它将进行一个关于路由优选的决策，在这些路由中选择出一条最优的路由。BGP 只将最优的路由加载到全局路由表作为数据转发的依据（在不考虑路由负载分担的情况下），而且也只将最优的路由通告给其他对等体。如图 7-56 所示，路由器 A 同时学习到两条到达 31.25.0.0/16 的路由，它将在这两条路由之间进行比较，选择出最优的路由。

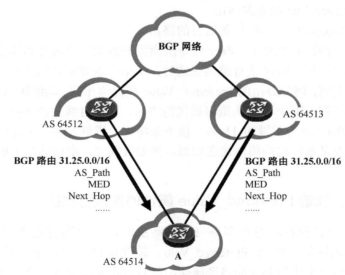

图 7-56　路由器 A 同时学习到两条到达 31.25.0.0/16 的 BGP 路由，
它将在这两条路由中选择一条最优的路由

BGP 定义了一整套详细的最优路径选择算法（Best Path Selection Algorithm），这使得路由器能够在任何复杂的、高冗余性的网络环境下选择出最优的路径。这套算法也经常被称作 BGP 路由优选规则，或者 BGP 选路原则。掌握这些路由优选规则是非常有必要的。值得注意的是，不同的厂商在这套规则的定义上是存在细微差异的，本书所介绍的路由优选规则基于华为的数通产品（VRP5.0）。

当到达同一个目的网段存在多条路由时，BGP 通过如下的次序进行路由优选。

注意 任何一条 BGP 路由在参与优选之前都必须先经过检查。设备会检查 BGP 路由的 Next_Hop 是否可达（在路由表中查询到达该 Next_Hop 的路由），如果不可达，则 BGP 路由被视为不可用，该路由将无论如何不会被优选，也不会被设备使用或通告给其他对等体。

（1）优选 Preferred_Value 属性值最大的路由。

（2）优选 Local_Preference 属性值最大的路由。

（3）本地始发的 BGP 路由优于从其他对等体学习到的路由。其中本地始发的路由类型按优先级从高到低的排列是：通过手工汇总的方式发布的路由、通过自动汇总的方式发布的路由、通过 **network** 命令发布的路由以及通过 **import-route** 命令发布的路由。

（4）优选 AS_Path 属性值最短的路由。

（5）优选 Origin 属性最优的路由。Origin 属性值按优先级从高到低的排列是：IGP、EGP 及 Incomplete。

（6）优选 MED 属性值最小的路由。

（7）优选从 EBGP 对等体学来的路由（EBGP 路由优先级高于 IBGP 路由）。

（8）优选到 Next_Hop 的 IGP 度量值最小的路由。

（9）优选 Cluster_List 最短的路由。

（10）优选 Router-ID 最小的设备通告的路由。

（11）优选具有最小 IP 地址（**Peer** 命令所指定的地址）的对等体通告的路由。

这些规则依序排列，BGP 进行路由优选时，从第一条规则开始执行，如果根据第一条规则无法作出判断，例如路由的 Preferred_Value 属性值相同，则继续执行下一条规则，如果根据当前的规则，BGP 能够决策出最优的路由，则不再继续往下执行。本书选取了 BGP 路由优选规则中最为关键的 11 条，接下来将逐一讲解并验证上述规则。在后续的内容中，如果提及某条特定的路由优选规则，例如规则 2，则指的是上面所罗列的路由优选规则 2。

7.6.1 案例 1：优选 Preferred_Value 属性值最大的路由

当到达同一个目的网段存在多条 BGP 路由时，路由器首先会比较这些路由的 Preferred_Value 属性值，优选 Preferred_Value 属性值最大的路由。值得强调的是，Preferred_Value 是一个华为私有的路径属性，而且只在本地有效，这个属性值不会被传递给任何 BGP 对等体。

在图 7-57 所示的网络中，AS 100 中的 R1 将路由 10.10.0.0/16 发布到 BGP，R2 及 R3 会通过 BGP 学习到这条路由，并且向 R4 进行通告。最终 R4 会从 R2 及 R3 都学习到去往 10.10.0.0/16 的路由。缺省时路由的 Preferred_Value 都为 0，所以此时依据该条规则设备无法作出判断。但是，我们可以通过控制路由的 Preferred_Value 属性，从而影响

R4 的路由优选，让其优选 R3 通告的路由，可以在 R4 上做如下配置：

```
[R4]bgp 400
[R4-bgp]peer 10.1.34.3 preferred-value 6000
```

在以上配置中，**peer 10.1.34.3 preferred-value 6000** 命令用于将对等体 10.1.34.3 通告过来的路由的 Preferred_Value 属性值（在本地）设置为 6000。如此一来，R4 将始终优选 R3 所通告的 BGP 路由。

R4 的 BGP 路由表：

```
<R4>display bgp routing-table

BGP Local router ID is 4.4.4.4
Status codes: * - valid, > - best, d - damped,
              h - history,   i - internal, s - suppressed, S - Stale
              Origin : i - IGP, e - EGP, ? - incomplete

Total Number of Routes: 2
        Network        NextHop        MED        LocPrf      PrefVal      Path/Ogn

 *>     10.10.0.0/16   10.1.34.3                             6000         300 100i
 *                     10.1.24.2                             0            200 100i
```

从 R4 的 BGP 路由表能够看到 R3 及 R2 通告的路由，R4 优选了 R3 通告的路由，因为该条路由的 Preferred_Value 属性值更大。使用 **display bgp routing-table 10.10.0.0** 命令能看到关于这条路由更详细的数据：

```
<R4>display bgp routing-table 10.10.0.0

BGP local router ID : 4.4.4.4
Local AS number : 400
Paths:    2 available, 1 best, 1 select
BGP routing table entry information of 10.10.0.0/16:          #R3 通告的路由
From: 10.1.34.3 (3.3.3.3)
Route Duration: 00h04m51s
Direct Out-interface: GigabitEthernet0/0/1
Original nexthop: 10.1.34.3
Qos information : 0x0
AS-path 300 100, origin igp, pref-val 6000, valid, external, best, select, active, pre 255
Advertised to such 2 peers:
    10.1.24.2
    10.1.34.3
BGP routing table entry information of 10.10.0.0/16:          #R2 通告的路由
From: 10.1.24.2 (2.2.2.2)
Route Duration: 00h06m00s
Direct Out-interface: GigabitEthernet0/0/0
Original nexthop: 10.1.24.2
Qos information : 0x0
AS-path 200 100, origin igp, pref-val 0, valid, external, pre 255, not preferred
for PreVal
Not advertised to any peer yet
```

在以上输出中，大家能看到 R3 通告的路由拥有 "best" 字样，这表明该条路由已经被优选。而 R2 通告的路由显示着 "not preferred for PreVal" 字样，这表明该条路由在 Preferred_Value 属性的比较上，输给了其他路由。

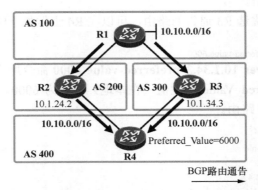

图 7-57　R4 分别从 R2 及 R3 学习到去往 10.10.0.0/16 的 BGP 路由

在本例中，R4 的 BGP 配置视图中执行的 **peer 10.1.34.3 preferred-value 6000** 命令用于将对等体 R3 通告过来的所有 BGP 路由的 Preferred_Value 属性值（在本地）设置为 6000，然而在某些情况下，我们可能只希望对 R3 通告过来的部分 BGP 路由进行 Preferred_Value 属性值的设置，此时可以使用 Route-Policy，配置非常简单，首先在 Route-Policy 的节点配置视图中，使用 **if-match** 命令匹配感兴趣路由，然后使用 **apply preferred-value** 命令设置路由的 Preferred_Value 属性值。完成 Route-Policy 的定义后，只需在 BGP 配置视图中使用 **peer** *peer-address* **route-policy** *route-policy-name* **import** 命令针对特定的对等体执行该 Route-Policy 即可。

7.6.2　案例 2：优选 Local_Preference 属性值最大的路由

当到达同一个目的网段存在多条 BGP 路由时，在其他条件相同的情况下，BGP 将优选这些路由中 Local_Preference 属性值最大的路由。如果路由在传递到本地时并不携带 Local_Preference 属性，则 BGP 在决策时使用缺省的 Local_Preference 属性值（100）来计算，这个缺省的值可以使用 **default local-preference** 命令修改。

在图 7-58 所示的网络中，R4 会从 R2 及 R3 都学习到一条到达 10.11.0.0/16 的路由，缺省时路由的 Local_Preference 属性值都为 100，所以此时依据该条规则设备无法作出判断。但是可以通过调整路由的 Local_Preference 属性值，从而让 R4 优选从 R3 学习到的 10.11.0.0/16 路由。在 R3 上完成如下配置：

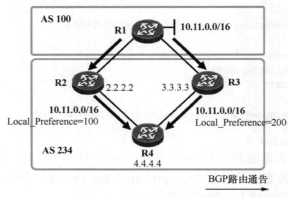

图 7-58　优选 Local_Preference 属性值最大的路由

```
    [R3]ip ip-prefix 1 permit 10.11.0.0 16

    [R3]route-policy hcnp permit node 10
    [R3-route-policy]if-match ip-prefix 1
    [R3-route-policy]apply local-preference 200
    [R3-route-policy]quit

    [R3]bgp 234
    [R3-bgp]peer 4.4.4.4 route-policy hcnp export
```

Router-Policy 中配置的 **apply local-preference 200** 命令用于设置路由的 Local_Preference 属性值。

完成上述配置后，检查一下 R4 的 BGP 路由表：

```
[R4]display bgp routing-table

BGP Local router ID is 4.4.4.4
Status codes: * - valid, > - best, d - damped,
              h - history,   i - internal, s - suppressed, S - Stale
              Origin : i - IGP, e - EGP, ? - incomplete

Total Number of Routes: 2
       Network          NextHop        MED        LocPrf      PrefVal     Path/Ogn

 *>i   10.11.0.0/16     3.3.3.3        0          200         0           100i
 * i                    2.2.2.2        0          100         0           100i
```

从上述输出可以看出，R4 分别从 R2 及 R3 学习到了去往 10.11.0.0/16 的 BGP 路由，这两条路由的 Preferred_Value 都是缺省值 0，因此根据第一条规则是无法作出判断的。最终 R4 优选 R3 通告的路由，从表中大家能看出该条路由的 Local_Preference 值为 200，比另一条路由更大。

可以通过 **display bgp routing-table 10.11.0.0** 命令确认一下是否 Local_Preference 属性对路由的优选起到决定性的作用：

```
[R4]display bgp routing-table 10.11.0.0

BGP local router ID : 4.4.4.4
Local AS number : 234
Paths:    2 available, 1 best, 1 select
BGP routing table entry information of 10.11.0.0/16:           #R3 通告的路由
From: 3.3.3.3 (3.3.3.3)
Route Duration: 00h04m58s
Relay IP Nexthop: 10.1.34.3
Relay IP Out-Interface: GigabitEthernet0/0/1
Original nexthop: 3.3.3.3
Qos information : 0x0
AS-path 100, origin igp, MED 0, localpref 200, pref-val 0, valid, internal, best
, select, active, pre 255, IGP cost 1
Not advertised to any peer yet

BGP routing table entry information of 10.11.0.0/16:           #R2 通告的路由
From: 2.2.2.2 (10.1.12.2)
Route Duration: 00h07m32s
Relay IP Nexthop: 10.1.24.2
Relay IP Out-Interface: GigabitEthernet0/0/0
```

```
Original nexthop: 2.2.2.2
Qos information : 0x0
AS-path 100, origin igp, MED 0, localpref 100, pref-val 0, valid, internal, pre
255, IGP cost 1, not preferred for Local_Pref
Not advertised to any peer yet
```

从以上输出可以看到，R2 通告的 BGP 路由显示着"not preferred for Local_Pref"字样，这说明该条路由是在 Local_Preference 属性的比较上，输给了其他路由。

7.6.3　案例 3：本地始发的 BGP 路由优于从其他对等体学习到的路由

当到达同一个目的网段存在多条 BGP 路由时，在其他条件相同的情况下，BGP 将优选本地始发的路由，而不是其他对等体通告过来的路由。如果这些路由都是从其他对等体学习到的，则进入下一条规则进行比较；如果这些路由都是从本地始发的，则 BGP 将按照如下顺序进行优选：通过手工汇总的方式发布的路由、通过自动汇总的方式发布的路由、通过 **network** 命令发布的路由、通过 **import-route** 命令发布的路由。

以图 7-59 展示的网络为例，AS 13 中的三台路由器首先都运行了 OSPF，R2 将直连网段 10.2.2.0/24 发布到了 OSPF 中，如此一来 R1 及 R3 都能通过 OSPF 获知到达该网段的路由。R1 及 R3 运行 BGP 并且建立 IBGP 对等体关系。接下来 R1 将 OSPF 路由 10.2.2.0/24 发布到 BGP，这样 R3 便能通过 BGP 学习到这条路由。随后 R3 也使用 **network** 的方式将路由表中的 OSPF 路由 10.2.2.0/24 发布到 BGP，那么 R3 的 BGP 路由表将出现两条到达 10.2.2.0/24 的路由，一条是学习自 R1 的，另一条，则是在本地发布到 BGP 的。由于本案例的配置比较简单，这里不做罗列。

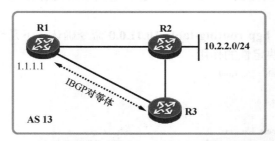

图 7-59　本地始发的 BGP 路由优于从其他对等体学习到的路由

检查一下 R3 的 BGP 路由表：

```
<R3>display bgp routing-table

BGP Local router ID is 3.3.3.3
Status codes: * - valid, > - best, d - damped,
              h - history,  i - internal, s - suppressed, S - Stale
              Origin : i - IGP, e - EGP, ? - incomplete


Total Number of Routes: 2
      Network          NextHop         MED        LocPrf       PrefVal       Path/Ogn

 *>   10.2.2.0/24      0.0.0.0         1                       0             i
 * i                   1.1.1.1         1          100          0             i
```

从 R3 的 BGP 路由表可以看到，关于目标网段 10.2.2.0/24，它发现了两条 BGP 路由，R3 优选的是本地始发的那条路由（Next_Hop 属性值为 0.0.0.0），这与我们的预期是相符的。

在 R3 上使用 **display bgp routing-table 10.2.2.0** 命令查看该路由的详细内容，可看到如下输出：

```
<R3>display bgp routing-table 10.2.2.0

BGP local router ID : 3.3.3.3
Local AS number : 13
Paths:     2 available, 1 best, 1 select
BGP routing table entry information of 10.2.2.0/24:          #使用 network 命令发布的路由
Network route.
From: 0.0.0.0 (0.0.0.0)
Route Duration: 00h33m22s
Direct Out-interface: GigabitEthernet0/0/0
Original nexthop: 10.1.23.2
Qos information : 0x0
AS-path Nil, origin igp, MED 1, pref-val 0, valid, local, best, select, pre 10
Advertised to such 1 peers:
    1.1.1.1
BGP routing table entry information of 10.2.2.0/24:          #R1 通告过来的路由
From: 1.1.1.1 (10.1.12.1)
Route Duration: 00h34m02s
Relay IP Nexthop: 10.1.13.1
Relay IP Out-Interface: GigabitEthernet0/0/1
Original nexthop: 1.1.1.1
Qos information : 0x0
AS-path Nil, origin igp, MED 1, localpref 100, pref-val 0, valid, internal, pre
255, IGP cost 1, not preferred for route type
Not advertised to any peer yet
```

从上述输出可以看到，R1 通告过来的 BGP 路由 10.2.2.0/24 显示着 "not preferred for route type" 字样，这说明由于路由类型的原因，R1 所通告的这条路由并没有被优选。

7.6.4　案例 4：优选 AS_Path 属性最短的路由

当路由器学习到多条去往相同目的网段的 BGP 路由时，在其他条件相同的情况下，例如这些路由拥有相同的 Preferred_Value 属性值、Local_Preference 属性值，而且都不是从本地始发的 BGP 路由，那么 BGP 将比较这些路由的 AS_Path 属性，并优选具有最短 AS_Path 属性的路由。

以图 7-60 展示的网络为例，R1 将路由 10.13.0.0/16 发布到了 BGP，最终 R3 将从 R1 及 R2 都学习到去往该网段的 BGP 路由。缺省情况下，R3 将优选 R1 所通告的 10.13.0.0/16 路由，因为这条路由所携带的 AS_Path 属性值为 100，而 R2 通告过来的路由的 AS_Path 属性值为 200 100，显然前者要更短（只有 1 个 AS 号）。

BGP 允许用户通过路由策略修改路由的 AS_Path 属性，从而影响路由优选。例如在 R1 上通过部署路由策略，使得其通告给 R3 的路由的 AS_Path 属性值变长（如增加 2 个 AS 号），则可以让 R3 优选 R2 通告的 BGP 路由，这样当 R3 转发到达 10.13.0.0/16 的数据包时，就会选择 R3-R2-R1 这条路径。

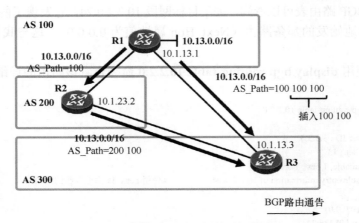

图 7-60　优选 AS_Path 属性最短的路由

R1 的关键配置如下：

```
[R1]ip ip-prefix 1 permit 10.13.0.0 16

[R1]route-policy hcnp permit node 10
[R1-route-policy]if-match ip-prefix 1
[R1-route-policy]apply as-path 100 100 additive
[R1-route-policy]quit

[R1]bgp 100
[R1-bgp]peer 10.1.13.3 route-policy hcnp export
```

在以上配置中，Route-Policy 中执行的 **apply as-path 100 100 additive** 命令用于在被匹配的 BGP 路由的 AS_Path 属性值中插入两个 AS 号 "100　100"。如此一来，当 R1 通告 BGP 路由 10.13.0.0/16 给 R3 时，由于它部署了出方向的 Route-Policy，因此该条路由的 AS_Path 属性首先会被插入 "100　100"，然后 R1 发现路由要被通告给一个 EBGP 对等体，它在上述 AS_Path 的基础上，在最左边插入本地的 AS 号 100，如此一来，这条路由的 AS_Path 就变成了 "100 100 100"。

检查一下 R3 的 BGP 表：

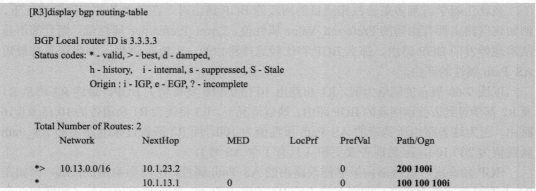

现在到达 10.13.0.0/16 的路由中，R3 优选的是从 R2 通告过来的路由，因为该路由的 AS_Path 长度为 2，相比于 R1 通告的路由要更短。值得强调的是，AS_Path 是 BGP 非常重要的属性，EBGP 路由的防环依赖于 AS_Path 属性的正常工作，因此如果出于影

响路由优选的目的修改 AS_Path 属性,操作需非常慎重,一般情况下,不建议修改 AS_Path 属性值。在本例中, 出于影响 BGP 路由优选的目的,我们将 R1 所通告的 BGP 路由的 AS_Path 属性加长,因此插入了两个值为 100 的 AS 号(而不是随意设置所插入的 AS 号),这样既加长了 AS_Path,对网络的影响又是最小的。

在 BGP 配置视图下执行 **bestroute as-path-ignore** 命令后, 路由器在 BGP 选路时,将忽略 AS_Path 的比较。

7.6.5　案例 5：优选 Origin 属性为 IGP 的路由（相比于 Origin 属性为 Incomplete 的路由）

当路由器学习到多条去往相同目的网段的 BGP 路由时, 在其他条件都相同的情况下,BGP 将选择 Origin 属性最优的路由。Origin 属性值按优先级从高到低的排列是：IGP、EGP、Incomplete。

在图 7-61 所示的网络中, R1、R2 及 R3 运行了 OSPF,R2 及 R3 能够通过 OSPF 学习到 10.14.0.0/16 路由。R2 及 R4,R3 及 R4 建立了 EBGP 对等体关系。现在为了让 R4 能够通过 BGP 学习到这条路由,可以让 R2 及 R3 将该路由发布到 BGP。假设 R2 采用 **network** 命令将路由发布到 BGP,而 R3 采用 **import-route** 的方式。则 R2 的关键配置如下：

```
[R2]bgp 23
[R2-bgp]network   10.14.0.0 16
```

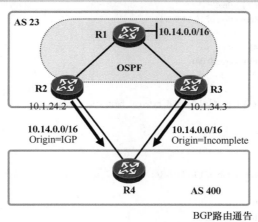

图 7-61　优选 Origin 属性为 IGP 的路由（相比于 Origin 属性为 Incomplete 的路由）

R3 的关键配置如下：

```
[R3]ip ip-prefix 1 permit 10.14.0.0 16

[R3]route-policy hcnp permit node 10
[R3-route-policy]if-match ip-prefix 1
[R3-route-policy]quit

[R3]bgp 23
[R3-bgp]import-route ospf 1 route-policy hcnp
```

完成上述配置后, 首先检查一下 R4 的 BGP 表：

```
<R4>display bgp routing-table

BGP Local router ID is 4.4.4.4
Status codes: * - valid, > - best, d - damped,
              h - history,   i - internal, s - suppressed, S - Stale
              Origin : i - IGP, e - EGP, ? - incomplete

Total Number of Routes: 2
        Network           NextHop          MED        LocPrf        PrefVal      Path/Ogn

 *>     10.14.0.0/16      10.1.24.2         1                        0            23i
 *                        10.1.34.3         1                        0            23?
```

从 R4 的 BGP 路由表可以看到，它已经分别从 R2 及 R3 学习到了 10.14.0.0/16 的 BGP 路由。这两条路由由于分别采用 **network** 与 **import-route** 命令发布到 BGP，因此路由的 Origin 属性值并不一样。R2 采用 **network** 命令将路由通告到 BGP，因此这条路由的 Origin 属性值为 IGP，而 R3 则采用 **import-route** 命令将路由通告到 BGP，因此该路由的 Origin 属性值为 Incomplete。在其他条件相同的情况下，R4 将优选 Origin 属性为 IGP 的路由。

在 R4 上使用 **display bgp routing-table 10.14.0.0** 命令可以查看到详细信息：

```
<R4>display bgp routing-table 10.14.0.0

BGP local router ID : 4.4.4.4
Local AS number : 400
Paths:     2 available, 1 best, 1 select
BGP routing table entry information of 10.14.0.0/16:
From: 10.1.24.2 (2.2.2.2)
Route Duration: 00h05m54s
Direct Out-interface: GigabitEthernet0/0/0
Original nexthop: 10.1.24.2
Qos information : 0x0
AS-path 23, origin igp, MED 1, pref-val 0, valid, external, best, select, active
, pre 255
Advertised to such 2 peers:
    10.1.24.2
    10.1.34.3
BGP routing table entry information of 10.14.0.0/16:
From: 10.1.34.3 (3.3.3.3)
Route Duration: 00h05m49s
Direct Out-interface: GigabitEthernet0/0/1
Original nexthop: 10.1.34.3
Qos information : 0x0
AS-path 23, origin incomplete, MED 1, pref-val 0, valid, external, pre 255, not
preferred for Origin
Not advertised to any peer yet
```

从以上输出中的"not preferred for Origin"字样可以看出，从 R3 通告过来的 BGP 路由 10.14.0.0/16 由于 Origin 属性的原因没有被优选。

注意

在 Route-Policy 的节点视图中，使用 apply origin 命令可以修改 BGP 路由的 Origin 属性。一般而言，不建议随意使用 Route-Policy 修改路由的 Origin 属性。

7.6.6　案例 6：优选 MED 属性值最小的路由

　　当路由器学习到多条去往相同目的网段的 BGP 路由时，在其他条件都相同的情况下，BGP 将比较这些路由的 MED 属性，并优选 MED 属性值最小的路由。

　　在图 7-62 所示的网络中，处于 AS 23 的 R2 及 R3 通过 OSPF 学习到了 10.15.0.0/16 路由，为了让 EBGP 对等体 R4 能够通过 BGP 学习到该条路由，R2 及 R3 将这条路由发布到了 BGP。现在，如果希望 R4 访问 10.15. 0.0/16 时，优先从 R2 到达，当 R2 发生故障时，流量能够自动切换到 R3，那么就需要部署路由策略了。通过操控路由的 MED 属性，可以轻松地实现这个需求。

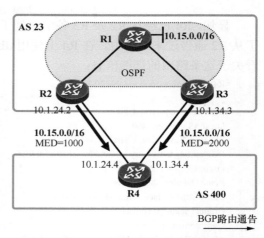

图 7-62　优选 MED 属性值最小的路由

　　R2 的关键配置如下：

```
[R2]ip ip-prefix 1 permit 10.15.0.0 16

[R2]route-policy hcnp permit node 10
[R2-route-policy]if-match ip-prefix 1
[R2-route-policy]apply cost 1000
[R2-route-policy]quit

[R2]bgp 23
[R2-bgp]peer 10.1.24.4 route-policy hcnp export
[R2-bgp]network    10.15.0.0 16
```

　　R3 的关键配置如下：

```
[R3]ip ip-prefix 1 permit 10.15.0.0 16

[R3]route-policy hcnp permit node 10
[R3-route-policy]if-match ip-prefix 1
[R3-route-policy]apply cost 2000
[R3-route-policy]quit

[R3]bgp 23
[R3-bgp]peer 10.1.34.4 route-policy hcnp export
[R3-bgp]network    10.15.0.0 16
```

　　完成上述配置后，检查一下 R4 的 BGP 表：

```
<R4>display bgp routing-table

BGP Local router ID is 4.4.4.4
Status codes: * - valid, > - best, d - damped,
              h - history,   i - internal, s - suppressed, S - Stale
          Origin : i - IGP, e - EGP, ? - incomplete



Total Number of Routes: 2
```

	Network	NextHop	MED	LocPrf	PrefVal	Path/Ogn
*>	10.15.0.0/16	10.1.24.2	**1000**		0	23i
*		10.1.34.3	**2000**		0	23i

显然，R4 已经从 R2 及 R3 各学习到了一条 10.15.0.0/16 的 BGP 路由，而且 R4 优选了从 R2 通告过来的路由。在 R4 上使用 **display bgp routing-table 10.15.0.0** 命令可以查看关于这条路由的详细信息：

```
<R4>display bgp routing-table 10.15.0.0

 BGP local router ID : 4.4.4.4
 Local AS number : 400
 Paths:    2 available, 1 best, 1 select
 BGP routing table entry information of 10.15.0.0/16:
 From: 10.1.24.2 (2.2.2.2)
 Route Duration: 00h03m26s
 Direct Out-interface: GigabitEthernet0/0/0
 Original nexthop: 10.1.24.2
 Qos information : 0x0
 AS-path 23, origin igp, MED 1000, pref-val 0, valid, external, best, select, active, pre 255
 Advertised to such 2 peers:
     10.1.24.2
     10.1.34.3
 BGP routing table entry information of 10.15.0.0/16:
 From: 10.1.34.3 (3.3.3.3)
 Route Duration: 00h01m40s
 Direct Out-interface: GigabitEthernet0/0/1
 Original nexthop: 10.1.34.3
 Qos information : 0x0
 AS-path 23, origin igp, MED 2000, pref-val 0, valid, external, pre 255, not preferred for MED
 Not advertised to any peer yet
```

从以上输出中的 "not preferred for MED" 字样可以看出，从 R3 通告过来的 BGP 路由 10.15.0.0/16 由于 MED 属性的原因没有被优选。

7.6.7　案例 7：EBGP 路由的优先级高于 IBGP 路由

当路由器学习到多条去往相同目的网段的 BGP 路由时，在其他条件都相同的情况下，BGP 将优选从 EBGP 对等体通告过来的路由（相比于从 IBGP 对等体通告过来的路由）。

在图 7-63 所示的网络中，位于 AS 100 的 R1 将 BGP 路由 10.23.0.0/16 通告给了 EBGP 对等体 R2 以及 R3，而 R2 收到这条 BGP 路由后，会将其通告给 R3，如此一来，R3 将从 EBGP 对等体以及 IBGP 对等体分别学习到去往相同目的网段的路由。大家可以观察一下 R3 的 BGP 路由表：

```
<R3>display bgp routing-table

 BGP Local router ID is 3.3.3.3
 Status codes: * - valid, > - best, d - damped,
               h - history,   i - internal, s - suppressed, S - Stale
               Origin : i - IGP, e - EGP, ? - incomplete
```

	Network	NextHop	MED	LocPrf	PrefVal	Path/Ogn
Total Number of Routes: 2						
*>	10.23.0.0/16	10.1.13.1	0		0	100i
* i		2.2.2.2	0	100	0	100i

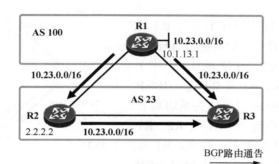

图 7-63 EBGP 路由优先级高于 IBGP 路由

从上述输出可以看出，R3 优选了通告自 R1 的 BGP 路由。使用 **display bgp routing-table 10.23.0.0** 命令可以查看关于这条路由的详细信息：

```
<R3>display bgp routing-table 10.23.0.0

BGP local router ID : 3.3.3.3
Local AS number : 23
Paths:    2 available, 1 best, 1 select
BGP routing table entry information of 10.23.0.0/16:
From: 10.1.13.1 (10.1.12.1)
Route Duration: 00h04m38s
Direct Out-interface: GigabitEthernet0/0/1
Original nexthop: 10.1.13.1
Qos information : 0x0
AS-path 100, origin igp, MED 0, pref-val 0, valid, external, best, select, active, pre 255
Advertised to such 1 peers:
    2.2.2.2
BGP routing table entry information of 10.23.0.0/16:
From: 2.2.2.2 (2.2.2.2)
Route Duration: 00h04m13s
Relay IP Nexthop: 10.1.23.2
Relay IP Out-Interface: GigabitEthernet0/0/0
Original nexthop: 2.2.2.2
Qos information : 0x0
AS-path 100, origin igp, MED 0, localpref 100, pref-val 0, valid, internal, pre
255, IGP cost 1, not preferred for peer type
Not advertised to any peer yet
```

从以上输出中的"not preferred for peer type"字样可以看出，从 R2 通告过来的 BGP 路由 10.23.0.0/16 由于对等体类型的原因没有被优选，这是因为 R2 是其 IBGP 对等体，而 R1 是其 EBGP 对等体，因此在其他条件相同时，BGP 将优选通告自 EBGP 对等体的路由。

7.6.8　案例 8：优选到 Next_Hop 的 IGP 度量值最小的路由

当路由器学习到多条去往相同目的网段的 BGP 路由时，在其他条件都相同的情况下，BGP 将比较从本地到达这些路由的 Next_Hop 的 IGP 度量值，优选 IGP 度量值最小的路由。

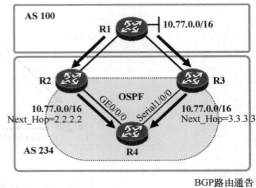

以图 7-64 为例，AS 234 中的 R2、R3 及 R4 运行了 OSPF，三台路由器均创建 Loopback0 接口并为其配置 x.x.x.x/32 的 IP 地址，其中 x 为设备编号。R2 及 R4、R3 及 R4 建立 IBGP 对等体关系，所有的 IBGP 对等体关系均基于设备的 Loopback0 接口建立。R1 及 R2、R1 及 R3 建立 EBGP 对等体关系。现在，R1 将路由 10.77.0.0/16 发布到 BGP，并通过 BGP 将该路由通告给 R2 及 R3，接下来 R2 及 R3 都会将该路由通告给 R4（R2 及 R3 均对 R4 执行了 **peer next-hop-local** 命令）。

图 7-64　优选到 Next_Hop 的 IGP 度量值最小的路由

现在观察一下 R4 关于这两条路由的优选情况。首先看看 R4 的 BGP 路由表：

```
<R4>display bgp routing-table

 BGP Local router ID is 10.1.24.4
 Status codes: * - valid, > - best, d - damped,
               h - history,   i - internal, s - suppressed, S - Stale
               Origin : i - IGP, e - EGP, ? - incomplete


 Total Number of Routes: 2
      Network          NextHop        MED        LocPrf      PrefVal     Path/Ogn

 *>i  10.77.0.0/16     2.2.2.2        0          100         0           100i
 * i                   3.3.3.3        0          100         0           100i
```

它优选了通告自 R2 的 10.77.0.0/16 路由，从 BGP 路由表中暂时看不出优选这条路由的原因，进一步检查这条路由的详细信息：

```
<R4>display bgp routing-table 10.77.0.0

 BGP local router ID : 10.1.24.4
 Local AS number : 234
 Paths:    2 available, 1 best, 1 select
 BGP routing table entry information of 10.77.0.0/16:
 From: 2.2.2.2 (2.2.2.2)
 Route Duration: 00h02m07s
 Relay IP Nexthop: 10.1.24.2
 Relay IP Out-Interface: GigabitEthernet0/0/0
 Original nexthop: 2.2.2.2
 Qos information : 0x0
 AS-path 100, origin igp, MED 0, localpref 100, pref-val 0, valid, internal, best
, select, active, pre 255, IGP cost 1
 Not advertised to any peer yet
```

```
BGP routing table entry information of 10.77.0.0/16:
From: 3.3.3.3 (3.3.3.3)
Route Duration: 00h02m14s
Relay IP Nexthop: 10.1.34.3
Relay IP Out-Interface: Serial1/0/0
Original nexthop: 3.3.3.3
Qos information : 0x0
AS-path 100, origin igp, MED 0, localpref 100, pref-val 0, valid, internal, pre
255, IGP cost 48, not preferred for IGP cost
Not advertised to any peer yet
```

从上述输出可以看到，到达 10.77.0.0/16 存在两条路由，其中 R2 所通告的 BGP 路由的 Next_Hop 属性值为 2.2.2.2，而 R4 已经通过 OSPF 学习到了去往 2.2.2.2 的路由，并且度量值为 1；另一边，R3 所通告的 BGP 路由的 Next_Hop 属性值为 3.3.3.3，R4 也通过 OSPF 学习到了去往 3.3.3.3 的路由，且度量值为 48。因此，R4 到达 2.2.2.2 的路由的度量值比到达 3.3.3.3 的路由的度量值要更小，最终它将优选通告自 R2 的 10.77.0.0/16 路由。

如果配置了 **bestroute igp-metric-ignore** 命令，那么 BGP 在执行路由优选时将忽略 IGP 度量值的比较。

7.6.9　案例 9：优选 Cluster_List 最短的路由

当路由器学习到多条去往相同目的网段的 BGP 路由时，在其他条件都相同的情况下，BGP 将比较这些路由的 Cluster_List 属性，并优选 Cluster_List 最短的路由。

在图 7-65 所示的网络中，AS 64512 内五台路由器首先运行了 OSPF，所有的路由器均创建 Loopback0 接口并为该接口配置 x.x.x.x/32 的 IP 地址（其中 x 为设备编号），这些接口的路由已经被发布到了 OSPF。R1 与 R2、R1 与 R3、R2 与 R5、R3 与 R4、R4 与 R5 均建立 IBGP 对等体关系，所有的 IBGP 对等体关系基于 Loopback0 接口建立。R2、R3 及 R4 均被配置为路由反射器，其中 R1 是 R2 的客户，也是 R3 的客户，R3 是 R4 的客户。

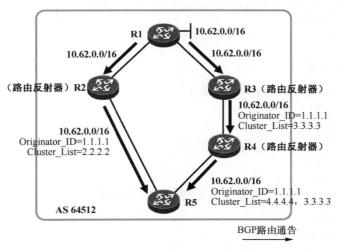

图 7-65　优选 Cluster_List 最短的路由

注意

从这个场景大家可以看到，路由反射器是支持嵌套的，一台设备可以被指定为路由反射器，并将别的设备指定为自己的客户，与此同时，它自己也可以是其他路由反射器的客户。

现在，R1 向 BGP 发布了路由 10.62.0.0/16。最终，R5 将从 R2 及 R4 各学习到一条 10.62.0.0/16 路由，R5 需要在其中进行优选。首先这两条路由的 Next_Hop 均是可达的（两条路由的 Next_Hop 属性值均为 1.1.1.1，R5 能够通过 OSPF 学习到去往 1.1.1.1 的路由），另外，两条路由的 Preferred_Value 及 Local_Preference 属性值都相等，且都是从其他 BGP 对等体学习过来的路由，AS_Path 属性一样长，Origin 及 MED 属性也相等，路由类型也相同，而 R5 到达这两条路由的 Next_Hop 的 IGP 度量值也相等（两条路由的 Next_Hop 属性值相同，不具有可比性），所以，依据选路规则 1～8 都无法做出决策。下一步，R5 会比较这两条路由的 Cluster_List 属性，优选 Cluster_List 属性最短的路由。由于 R2 通告过来的 10.62.0.0/16 路由的 Cluster_List 属性值要比 R4 所通告的该条路由的 Cluster_List 属性值更短，因此前者将被优选。

在 R5 上使用 **display bgp routing-table 10.62.0.0** 命令查看一下关于这条路由的详细信息：

```
[R5]display bgp routing-table 10.62.0.0

BGP local router ID : 5.5.5.5
Local AS number : 64512
Paths:     2 available, 1 best, 1 select
BGP routing table entry information of 10.62.0.0/16:
From: 2.2.2.2 (2.2.2.2)
Route Duration: 00h02m39s
Relay IP Nexthop: 10.1.25.2
Relay IP Out-Interface: GigabitEthernet0/0/0
Original nexthop: 1.1.1.1
Qos information : 0x0
AS-path Nil, origin igp, MED 0, localpref 100, pref-val 0, valid, internal, best
, select, active, pre 255, IGP cost 2
Originator:   1.1.1.1
Cluster list: 2.2.2.2
Not advertised to any peer yet

BGP routing table entry information of 10.62.0.0/16:
From: 4.4.4.4 (4.4.4.4)
Route Duration: 00h02m16s
Relay IP Nexthop: 10.1.25.2
Relay IP Out-Interface: GigabitEthernet0/0/0
Original nexthop: 1.1.1.1
Qos information : 0x0
AS-path Nil, origin igp, MED 0, localpref 100, pref-val 0, valid, internal, pre
255, IGP cost 2, not preferred for Cluster List
Originator:   1.1.1.1
Cluster list: 4.4.4.4, 3.3.3.3
Not advertised to any peer yet
```

从以上输出可以看到，R5 优选了从 R2 通告过来的 10.62.0.0/16 路由，这是由于该条路由的 Cluster_List 属性更短。

7.6.10　案例 10：优选 Router-ID 最小的对等体所通告的路由

当路由器学习到多条去往相同目的网段的 BGP 路由时，在其他条件都相同的情况下，BGP 将比较通告这些路由的对等体的 Router-ID，并优选 Router-ID 最小的对等体所通告的路由。

在图 7-66 所示的网络中，R2 及 R3 将它们通过 OSPF 学习到的 10.33.0.0/16 路由发布进了 BGP。如此一来 R4 便能分别从 R2 及 R3 学习到去往该网段的路由。在不部署任何路由策略的情况下，由于其他条件都相同，因此 R4 无法依据选路规则 1～9 做出路由优选的决策。

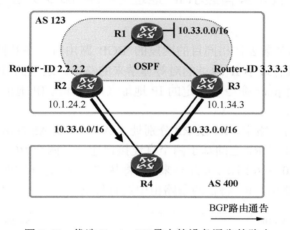

图 7-66　优选 Router-ID 最小的设备通告的路由

最终，R4 将优选 Router-ID 最小的对等体通告过来的路由，因此 R2 通告过来的路由将被优选。在 R4 上使用 **display bgp routing-table 10.33.0.0** 命令查看关于 10.33.0.0/16 路由的详细信息，输出如下：

```
<R4>display bgp routing-table 10.33.0.0

BGP local router ID : 4.4.4.4
Local AS number : 400
Paths:     2 available, 1 best, 1 select
BGP routing table entry information of 10.33.0.0/16:
From: 10.1.24.2 (2.2.2.2)                      #2.2.2.2 为 R2 的 BGP Router-ID
Route Duration: 00h00m52s
Direct Out-interface: GigabitEthernet0/0/0
Original nexthop: 10.1.24.2
Qos information : 0x0
AS-path 23, origin igp, MED 1, pref-val 0, valid, external, best, select, active
, pre 255
Advertised to such 2 peers:
    10.1.24.2
    10.1.34.3
BGP routing table entry information of 10.33.0.0/16:
From: 10.1.34.3 (3.3.3.3)
```

```
Route Duration: 00h00m49s
Direct Out-interface: Serial1/0/0
Original nexthop: 10.1.34.3
Qos information : 0x0
AS-path 23, origin igp, MED 1, pref-val 0, valid, external, pre 255, not preferred for router ID
Not advertised to any peer yet
```

以 R2 通告过来的路由为例，在其显示的信息中，"From: 10.1.24.2 (2.2.2.2)"这一行中的 10.1.24.2 为 R2 的接口 IP 地址，而 2.2.2.2 为 R2 的 Router-ID。由于 R2 的 Router-ID更小（相比于 R3 的 Router-ID 3.3.3.3），因此 R4 优选了 R2 通告过来的路由。

另外，针对本条规则，还有一点需要补充，那就是如果路由携带 Originator_ID 属性，那么在本条规则的比较过程中该条路由的 Originator_ID 将代替 Router-ID 参与计算。

7.6.11　案例 11：优选具有最小 IP 地址（Peer 命令所指定的地址）的对等体通告的路由

当路由器学习到多条去往相同目的网段的 BGP 路由时，在其他条件都相同的情况下，BGP 将优选从具有最小 IP 地址的对等体学来的路由。这里的 IP 地址指的是在配置BGP 对等体时，使用 **peer** 命令所指定的 IP 地址（对等体的 IP 地址），而不是对等体的Router-ID。

在图 7-67 所示的网络中，R1 及 R2 分别处于 AS 100 及 AS 200，两者之间存在两条互联链路，我们在 R1 及 R2 之间基于两个直连接口建立了两个 BGP 连接。接着，R1 在BGP 中发布了 10.52.0.0/16 路由，如此一来 R2 将从它与 R1 之间的两个 BGP 连接各学习到一条 10.52.0.0/16 路由，R2 将在两条路由中进行优选。

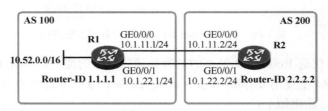

图 7-67　优选从具有最小 IP 地址的对等体学来的路由

在 R2 上使用 **display bgp routing-table 10.52.0.0** 命令查看关于该路由的详细信息：

```
<R2>display bgp routing-table 10.52.0.0

BGP local router ID : 2.2.2.2
Local AS number : 200
Paths:     2 available, 1 best, 1 select
BGP routing table entry information of 10.52.0.0/16:
From: 10.1.11.1 (1.1.1.1)
Route Duration: 00h01m22s
Direct Out-interface: GigabitEthernet0/0/0
Original nexthop: 10.1.11.1
Qos information : 0x0
AS-path 100, origin igp, MED 0, pref-val 0, valid, external, best, select, active, pre 255
Advertised to such 2 peers:
```

```
        10.1.11.1
        10.1.22.1
BGP routing table entry information of 10.52.0.0/16:
From: 10.1.22.1 (1.1.1.1)
Route Duration: 00h01m20s
Direct Out-interface: GigabitEthernet0/0/1
Original nexthop: 10.1.22.1
Qos information : 0x0
AS-path 100, origin igp, MED 0, pref-val 0, valid, external, pre 255, not preferred for peer address
Not advertised to any peer yet
```

在上述输出中，大家能看到 R2 分别从自己与 R1 所建立的两个 BGP 连接学习到去往 10.52.0.0/16 的路由，由于这两条路由所有的路径属性值都相同，而且都是通告自 R1 的 EBGP 路由，R2 无法根据选路规则 1～10 作出决策。此时，它只能依赖规则 11，由于 R1 用于建立 BGP 会话的两个地址分别是 10.1.11.1 及 10.1.22.1，显然前者要更小，因此最终 R2 优选了与前者建立的连接所通告过来的路由。

7.7　习题

1．（单选）以下关于 BGP 路由的接收及通告，说法错误的是（　　）

　　A．Next_Hop 不可达的 BGP 路由是无效的，这些路由将不会被优选。

　　B．当一台路由器发现了多条可到达同一个目的地的 BGP 路径，路由器只会选择一条最优的路径来使用，而且只将最优路径通告给对等体。

　　C．当一台路由器从自己的 EBGP 对等体学习到 BGP 路由时，它会将这些路由通告给 IBGP 及其他 EBGP 对等体。

　　D．只有可用的 BGP 路由（Next_Hop 可达的路由）才会被加载到设备的 BGP 路由表中。

2．（单选）以下报文用于承载 BGP 路由信息的是（　　）

　　A．Open　　　　　　B．Update　　　　　C．Notification　　　　　D．Keepalive

3．（单选）如果路由器收到了一条携带着值为 No-Export-Subconfed 的 Community 属性的 BGP 路由更新，那么它将如何操作（　　）

　　A．不能将该路由传出本地 AS，如果设备处于联邦成员 AS 内，则不能将该路由传出本成员 AS。

　　B．不能将该路由通告给任何对等体。

　　C．可以将该路由通告给 EBGP 对等体，但是不能通告给联邦 EBGP 对等体。

　　D．可以将该路由通告给 EBGP 对等体，也可以通告给联邦 EBGP 对等体。

4．（多选）以下关于 BGP 路径属性的说法，错误的是（　　）

　　A．您不能针对某个对等体施加出方向的 Route-Policy，从而为通告给它的 BGP 路由设置 Preferred_Value 属性。

　　B．一条路由所携带的 Community 属性只能包含一个值。

　　C．如果一条 BGP 路由始发于本 AS 内，该条路由在 AS 内被通告时不携带 AS_Path 属性。

D. 您不能针对某个 EBGP 对等体施加出方向的 Route-Policy，从而为通告给它的 BGP 路由设置 Local_Preference 属性。

5.（多选）以下关于 BGP 路由反射器的说法，错误的是（　　）

A. 在部署路由反射器时，客户设备无需进行特别的配置。

B. 如果路由反射器从自己的非客户对等体学习到一条 IBGP 路由，则它会将该路由反射给所有客户以及其他非客户对等体。

C. 角色为路由反射器的设备，也可以同时是其他路由反射器的客户。

D. 携带着 Originator_ID 及 Cluster_List 属性的 BGP 路由在被通告给 EBGP 对等体时，这些属性必须被保留，否则将可能引发路由环路。

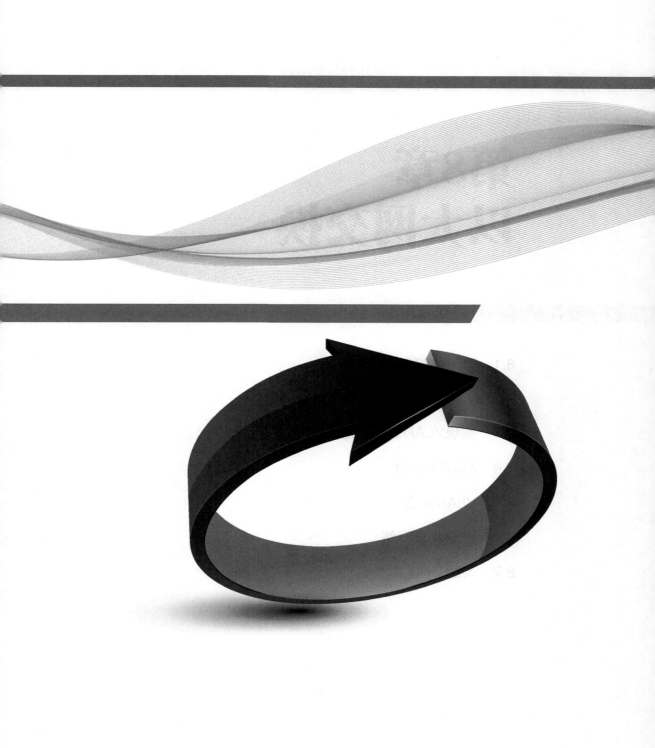

第8章
以太网交换

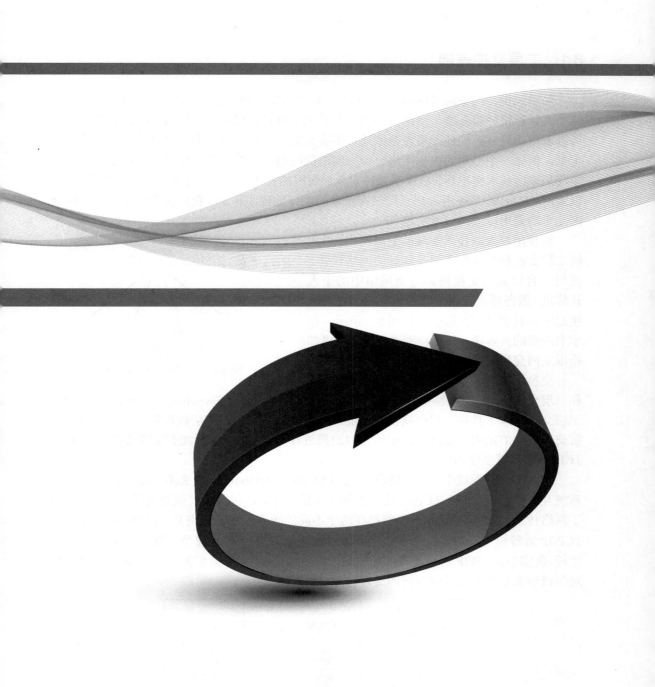

8.1　二层交换基础

简单地说，局域网（Local Area Network，LAN）指的是在一个局部的地理范围内，将个人计算机、服务器、网络打印机等各种电子设备连接起来的通信网络。从其名称就可以看出，局域网的地理覆盖范围通常不会太大。在现实生活中，局域网可以说是随处可见，例如一个公司的内部网络、一家网吧的网络、一个家庭网络等。自从 20 世纪 70 年代局域网技术提出后，出现了各种实现局域网的技术，而随着行业的发展及技术演进，以太网（Ethernet）逐渐占据了局域网技术的主导地位，现如今我们在生活中所见的局域网几乎均采用以太网技术实现。

在使用以太网技术实现的局域网中，以太网二层交换机是非常重要及基础的网络设备，使用一台以太网交换机即可将网络中的个人计算机、服务器以及网络打印机等电子设备连接起来并且实现相互通信，如图 8-1 所示。在本书后续的内容中，如无特别说明，交换机都指以太网交换机。

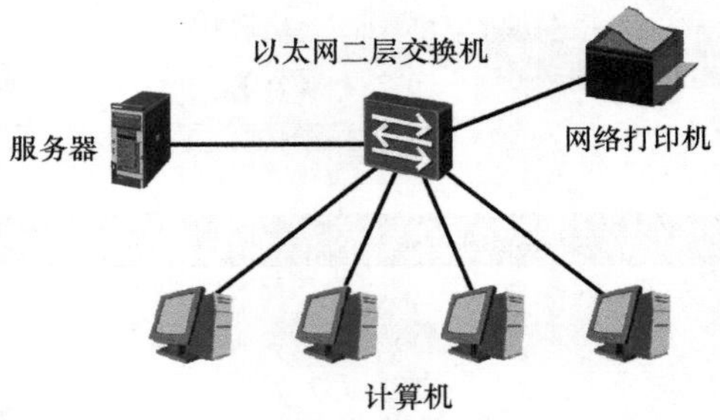

交换机通常以两种形态呈现：二层交换机和三层交换机。二层交换机指的是只具备二层交换（Layer 2 Switching）功能的交换设备。三层交换机除了具备二层交换机的功能，还具备三层路由和三层数据转发功能。所谓二层交换，指的是根据数据链路层信息对数据进行转发的行为，此处的数据链路层指的是 TCP/IP 对等模型中的第二层。

图 8-1　一个简单的局域网

在网络通信领域中，OSI 模型（Open System Interconnection Reference Model，开放系统互联参考模型）及 TCP/IP 模型都被大家所熟知，这些参考模型的出现，极大地推动了网络技术的发展。TCP/IP 模型存在两个不同的版本，它们分别是 TCP/IP 标准模型及 TCP/IP 对等模型。图 8-2 展示了 OSI 参考模型和 TCP/IP 对等模型、TCP/IP 标准模型的比较。现实中，TCP/IP 对等模型的使用最为广泛，因此在本书后续的内容中将使用 TCP/IP 对等模型来帮助大家理解数据的处理过程。

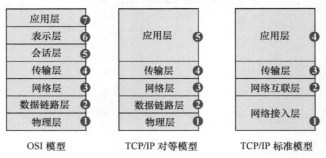

图 8-2　OSI 模型、TCP/IP 对等模型以及 TCP/IP 标准模型

在图 8-3 中，当 PC1 要发送一份数据给 PC2 时，PC1 的应用层协议会产生应用数据

（即有效载荷），而数据网络的基本功能就是要将这份数据传输到目的设备 PC2。当然这些数据不可能被直接扔到网络中进行传输，PC1 还需要对其进行层层封装，这就像邮寄一封信件时，你不可能直接将信件交付给邮局，而要先将其放入一个信封，在信封上填写相应的信息，例如寄件人、收件人及地址信息等，再将封装好的信件交给邮局，邮局则根据信封上的收件人及地址来进行信件的传递。以 HTTP 会话为例，数据发送方 PC1 的 HTTP 会产生应用数据载荷，在传输层（Transport Layer）这些数据载荷会被封装一个 TCP 的头部，接着在网络层（Network Layer）再被封装一个 IP 的包头，随后在数据链路层（Data Link Layer）则再被封装一个数据帧头部，在以太网中，该头部便是以太网帧头（由于数据链路层位于 TCP/IP 对等模型的第二层，因此数据链路层的头部也被称为二层头部），最后，完成封装的数据以电信号的方式通过网线传输到链路对端。由于 PC1 连接着一台交换机，当交换机从接口上接收到这些电信号时，首先会将它们还原成数据帧，然后会检查数据帧的完整性，并根据帧头中的目的 MAC 地址（Media Access Control Address）来转发该数据帧。每台二层交换机都维护着一个 MAC 地址表（MAC Address Table），交换机在转发数据帧时，会在 MAC 地址表中查询该数据帧的目的 MAC 地址，以便决定将其从哪一个接口发送出去。由于此时交换机是根据数据的二层头部中的信息来进行转发操作的，因此这种行为又被称为二层交换。在本例中，交换机在其 MAC 地址表中查询到匹配数据帧目的 MAC 地址的表项后，将数据帧转发给 PC2，后者收到数据帧后，将其进行层层解封装，最终得到 HTTP 载荷。

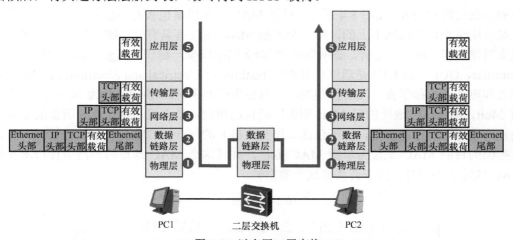

图 8-3　以太网二层交换

学习完本节之后，我们应该能够：

- 理解 MAC 地址的基本概念及用途；
- 熟悉以太网数据帧结构；
- 学会查看 MAC 地址表；
- 理解二层交换的基本工作原理。

8.1.1　MAC 地址

众所周知，网络层是 TCP/IP 对等模型的第三层，它最基本的功能是将数据包从源转发到目的地，为了实现数据包的转发，以及在数据网络中定位设备，网络层定义了逻辑地址，对于 IP 协议来说，这个地址就是 IP 地址。源设备在其发送的数据包的 IP 头部中写入源、目的 IP 地址，这样一来这个数据包被送入网络后，就能够被正确地转发到目的 IP 地址所定位的设备。当然，实际上这个数据包从源被转发到目的地的过程中，可能穿越了多段链路，为了保证数据能够从链路的一端传递到另一端，还需要额外的信息。

　　数据链路层是 TCP/IP 对等模型中的第二层，位于网络层和物理层之间，它最基本的功能是将源设备的网络层下发的数据传输到链路上的目的相邻设备。当然，为了保证数据能够准确地送达目的相邻设备，还需要借助一个第二层的地址。以太网是最常见的数据链路层技术之一，在以太网中，MAC 地址用于定位设备，也被用于第二层的数据寻址。MAC 地址是在 IEEE 802 标准中定义的，符合 IEEE 802 标准的接口必须拥有 MAC 地址。以太网标准是 IEEE 802 的一个子集，因此每一个以太网接口都必须拥有 MAC 地址，例如电脑的以太网接口，或者路由器的以太网接口等，这里所说的 MAC 地址指的是单播 MAC 地址。实际上，MAC 地址与 IP 地址类似，也有单播、组播及广播类型之分。MAC 地址的长度为 48bit，通常采用十六进制的格式来呈现，例如 0025-9ef8-9e7d（也可表示成 00-25-9e-f8-9e-7d）。

　　正如上文所说，MAC 地址分为三种，分别是单播 MAC 地址、组播 MAC 地址以及广播 MAC 地址：

● 单播 MAC 地址用于唯一地标识一台设备的某个接口，这种 MAC 地址第 1 个字节的最低比特位为 0，如图 8-4 所示。单播 MAC 地址通常也被称为硬件地址，因为它往往是被烧录在以太网网卡上的。每一个单播 MAC 地址都具有全球唯一性，厂商在生产以太网接口卡（网卡）之前，必须先得到 24bit 的组织唯一标识（Organizationally Unique Identifier，OUI），而 OUI 是通过向 IEEE（Institute of Electrical and Electronics Engineers，电气和电子工程师学会）注册得到的。厂商在生产网卡时，将 OUI 作为 MAC 地址的前面 24bit，而 MAC 地址的后 24bit 则由厂商自己指定。当主机（注：此处所说的主机，是指终端 PC 或路由器等，但不包括二层交换机）的网卡接口收到一个数据帧时，若该数据帧的目的 MAC 地址为单播 MAC 地址，并且这个 MAC 地址与该网卡接口本身的 MAC 地址不相同时，网卡会丢弃这个数据帧。

图 8-4　单播 MAC 地址

● 组播 MAC 地址标识了一组设备，这种 MAC 地址第 1 个字节的最低比特位为 1，例如 0100-5e-00ab。一个组播 MAC 地址所标识的一组设备有着共同的特点，那就是它们都加入了相同的组播组，这些设备将会侦听目的 MAC 地址为该组播 MAC 地址的数据帧。本书将在"组播"一章中详细介绍这种类型的 MAC 地址。只有单播 MAC 地址才能够被分配给一个以太网接口，组播或广播 MAC 地址是不能被分配给任何一个以太网接口的，换句话说，这两种类型的 MAC 地址不能作为数据帧的源 MAC 地址，而只能作为目的 MAC 地址。

● 广播 MAC 地址的所有比特位全都是 1（因此广播 MAC 地址就是 ffff-ffff-ffff），这种 MAC 地址标识了所有的以太网接口。因此当一个数据帧的目的 MAC 地址为 ffff-ffff-ffff，那么这就是一个广播数据帧，所有收到该数据帧的网卡都要处理它。

8.1.2　以太网数据帧

一个 IP 数据包要想在以太网链路上传输，就需要增加以太网的封装，从而形成一个以太网帧（Ethernet Frame）。以太网帧的格式有两种标准，一个是 IEEE 802.3 格式，另一个是 Ethernet II 格式，如图 8-5 所示。

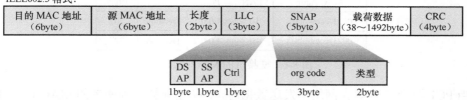

图 8-5　以太网数据帧格式

目前的网络设备及网卡兼容 IEEE 802.3 及 Ethernet II 两种格式的以太网帧，但是在现实网络中，大多数的以太网帧使用 Ethernet II 格式，因此本节主要探讨 Ethernet II 格式的以太网帧。Ethernet II 格式的以太网帧中各个字段的描述如下：

● **目的 MAC 地址（Destination MAC Address）**：标识了该数据帧的接收者。目的 MAC 地址可以是单播 MAC 地址、组播 MAC 地址或者广播 MAC 地址。

● **源 MAC 地址（Source MAC Address）**：标识了该数据帧的发送者。源 MAC 地址只能是单播 MAC 地址。

● **类型（Type）**：用来标识该数据帧头部后所封装的上层协议类型（载荷数据的类型）。该数据帧的接收方通过这个字段得知载荷数据是什么类型的数据。例如，如果类型字段值为 0x0800，则表示载荷数据是 IPv4 报文；如果类型字段值为 0x86dd，则表示载荷数据是 IPv6 报文。

● **载荷数据（Payload）**：载荷数据，其长度为 46～1500byte。

● **CRC（Cyclic Redundancy Check）**：循环冗余校验字段，用于检测数据帧在传输过程中是否发生损坏。

8.1.3　MAC 地址表

MAC 地址表是交换机能够正常工作的重要依据，它相当于交换机保存的一张"地图"。MAC 地址表中的每一个表项都包含着 MAC 地址、VLAN-ID 以及交换机接口等信息。在图 8-6 所示的网络中，交换机 SW 连接着两台 PC。初始情况下，SW 的 MAC 地址表是空的，当它的某个接口收到一份数据帧时，它会将该数据帧的源 MAC 地址学习到 MAC 地址表中，并且与收到该帧的接口以及该接口所加入的 VLAN 进行关联，从而形成一个表项。通过查看交换机的 MAC 地址表，能非常直观地看出哪一台设备连接在交换机的哪个接口。

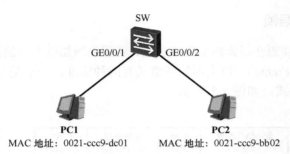

SW 的 MAC 地址表

MAC Addr.	VLAN	Port	Type	Timer
0021-ccc9-dc01	10	GE0/0/1	Dynamic	202
0021-ccc9-bb02	10	GE0/0/2	Dynamic	225

图 8-6　交换机的 MAC 地址表

当 PC1 及 PC2 开始在网络中发送数据时，SW 便能够学到两者的 MAC 地址并且在 MAC 地址表中形成相应的表项。交换机在接收数据帧时，通过检查数据帧从而自动学习到的 MAC 地址表项是动态表项，在 MAC 地址表中，这些表项的类型为 Dynamic（动态）。动态的 MAC 地址表项是存在老化时间的。在初始情况下，当 PC1 发送的数据帧到达 SW 的 GE0/0/1 接口时，SW 学习 PC1 的 MAC 地址并且与 GE0/0/1 接口进行关联，从而形成一个 MAC 地址表项，与此同时，SW 为这个表项启动一个计时器，这个计时器从缺省 300s 开始倒计时，当 PC1 的下一个数据帧到达 SW 的 GE0/0/1 接口时，该 MAC 地址表项被刷新，计时器复位并重新开始倒计时。如果 SW 一直没有收到 PC1 发送的新数据，并且该计时器计数到 0 时，这个 MAC 地址表项将被删除。这个机制使得交换机的 MAC 地址表不至于被大量陈旧的、无用的表项填充，毕竟该数据表的存储空间是有限的。除了动态的 MAC 地址表项之外，我们还能为交换机添加静态的表项，静态表项不会被老化。

MAC 地址表最重要的作用是作为交换机进行数据帧转发的依据。

8.1.4　二层交换的工作原理

当交换机在某个接口上收到一个单播数据帧时，它将首先读取数据帧的目的 MAC 地址，并且在自己的 MAC 地址表中查询该地址，如果查询不到匹配的表项，则将该数据帧进行泛洪（Flooding），所谓的泛洪是指将数据帧从除了收到该帧的接口之外的所有接口都发送一份拷贝。如果能够在 MAC 地址表中找到匹配的表项，并且收到该帧的接口与该表项中对应的接口不同时，则将数据帧从该表项中对应的接口转发出去；如果收到该帧的接口与该表项中对应的接口相同时，则丢弃该数据帧。

此外，当交换机收到一个数据帧时，它还会读取数据帧的源 MAC 地址，如果该地址在 MAC 地址表中并不存在相关表项，则交换机将创建一个 MAC 地址表项，并将该 MAC 地址及收到该数据帧的接口记录在该表项中，这就是交换机的 MAC 地址学习功能。

以图 8-7 为例，初始情况下，交换机的 MAC 地址表为空，现在来看看当 PC1 发送一个数据帧给 PC3 时，交换机的帧转发行为。

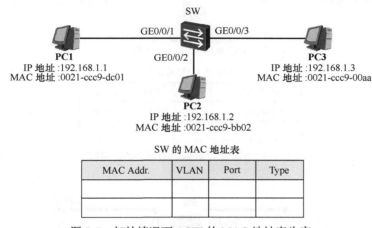

图 8-7　初始情况下，SW 的 MAC 地址表为空

（1）PC1 构造 IP 数据包，IP 头部里的源 IP 地址为本地 IP 地址 192.168.1.1，目的 IP 地址为 192.168.1.3。上述 IP 数据包要在以太网环境中传输，还需要封装一个以太网的帧头。在帧头中源 MAC 地址为 0021-ccc9-dc01，目的 MAC 地址为 0021-ccc9-00aa（这里姑且忽略 ARP 解析过程，假设 PC1 已经知晓了 PC3 的 MAC 地址）。PC1 将该数据帧发出。

（2）交换机 SW 收到这个数据帧后，首先借助数据帧尾部的 CRC 字段进行差错校验，确保该数据帧在传输过程中没有被损坏。接下来交换机读取数据帧的目的 MAC 地址，并且在其 MAC 地址表中查询该地址，结果发现并不存在匹配的表项，于是它将这个数据帧进行泛洪，如图 8-8 所示。泛洪的直接结果是，除了 GE0/0/1 接口外，交换机其他的所有接口（相同 VLAN 内的接口）所连接的设备都将会收到该数据帧的拷贝。然后 SW 还会进行源 MAC 地址的学习，它发现数据帧的源 MAC 地址在 MAC 地址表中并不存在，因此 SW 为该 MAC 地址创建一个新的 MAC 地址表项，由于这个数据帧是在接口 GE0/0/1 上接收，因此 MAC 地址 0021-ccc9-dc01 与接口 GE0/0/1 形成关联。

（3）PC2 收到交换机转发的数据帧后，发现该帧的目的 MAC 地址与自己的网卡接口 MAC 地址并不相同，因此它丢弃这个数据帧。而 PC3 则会接收这个数据帧，并且对数据帧进行解封装。

（4）现在，PC3 要回复一份数据给 PC1，它将数据封装成帧后，从网卡接口发出。该帧的源 MAC 地址为 0021-ccc9-00aa，目的 MAC 地址为 0021-ccc9-dc01，SW 在其 GE0/0/3 接口上收到这个帧。首先它读取数据帧的目的 MAC 地址，并且在其 MAC 地址表中查询该地址，它将在表中查询到一个匹配的表项，而且该表项的出接口为 GE0/0/1，于是它将这个数据帧从 GE0/0/1 接口转发出去。然后 SW 将数据帧的源 MAC 地址学习到 MAC 地址表中，如图 8-9 所示。

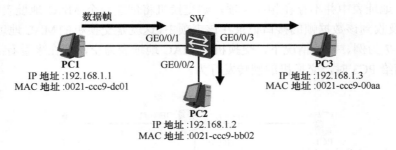

SW 的 MAC 地址表

MAC Addr.	VLAN	Port	Type
0021-ccc9-dc01	10	GE0/0/1	Dynamic

图 8-8　SW 学习数据帧的源 MAC 地址

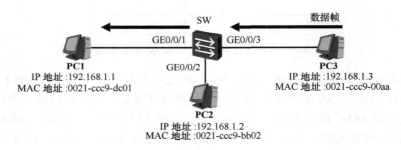

SW 的 MAC 地址表

MAC Addr.	VLAN	Port	Type
0021-ccc9-dc01	10	GE0/0/1	Dynamic
0021-ccc9-00aa	10	GE0/0/3	Dynamic

图 8-9　PC3 回送一个数据帧给 PC1

上述就是典型的二层交换机制。实际上对于二层交换的过程来说，数据帧从进入交换机，到其被交换机从某个接口转发出去，通常是没有任何改变的（插入 802.1Q Tag 的情况除外，本书将在"VLAN"一节中介绍 802.1Q Tag 的概念），因此我们通常将二层交换机的帧交换操作称为"透传"。

说明

在本节所展示的案例中，初始时如果 PC1 并不知道 PC3 的 IP 地址对应的 MAC 地址，那么它将向网络中发送一个广播的 ARP Request 数据帧，用于请求对方的 MAC 地址。这个广播帧将会被 SW 进行泛洪。PC2 收到该帧后需首先将数据帧解封装，然后将里面的 ARP 载荷上交 ARP 协议模块去处理,当该协议模块发现该 ARP 请求并非发给自己时,PC2 将忽略该 ARP 请求。而 PC3 收到该 ARP Request 数据帧后,会使用一个单播的 ARP Reply 数据帧进行回应,如此一来,PC1 便获知了 PC3 的 IP 地址对应的 MAC 地址。

当交换机收到一个广播数据帧(目的 MAC 地址为 ffff-ffff-ffff)时,交换机不会进行目的 MAC 地址查询,而是直接将其进行泛洪。

当交换机收到一个组播数据帧时(组播数据帧指的是目的 MAC 地址为组播 MAC 地址的数据帧,本书将在"组播"一章中介绍相关的概念),缺省情况下,交换机会对其进行泛洪处理,但是如果交换机部署了诸如 IGMP Snooping 这样的二层组播技术,那么组播数据帧将只会被交换机从特定的一些接口转发出去。

8.2　VLAN

8.2.1　VLAN 的概念及意义

对于一台交换机而言,缺省情况下它的所有接口都属于同一个广播域(Broadcast Domain),所谓广播域指的是一个广播数据所能到达的范围。当多台主机连接到同一台交换机时,它们可以直接进行通信(只需配置相同网段的 IP 地址),而且无需借助路由设备,这种通信行为被称为二层通信。由于这些主机都属于同一个广播域,因此当其中一台主机发出一份广播数据时,连接在交换机上的其他所有主机都会收到这份数据的拷贝,当然,如果交换机在某个接口上收到目的 MAC 地址未知的单播数据帧时,会将这个数据帧进行泛洪,如图 8-10 所示。然而并非所有的主机都需要这些数据帧,此时对于它们而言,这些广播帧或者目的 MAC 地址未知的单播帧实际上是增加了设备性能损耗,而且对网络带宽而言也是一种浪费。设想一下,如果存在一个由许多二层交换机构成的大型二层网络,那么在这个大规模的广播域中,一旦出现广播帧或目的 MAC 地址未知的单播帧便将引发大量的泛洪现象,从而给网络带来沉重的负担,如图 8-11 所示。

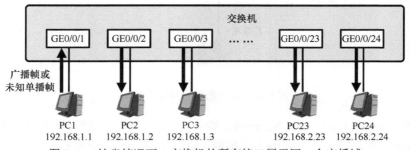

图 8-10　缺省情况下,交换机的所有接口属于同一个广播域

另外,实际的网络中经常存在这样的需求:连接在同一个交换机上的主机有可能属于不同的业务部门,用户希望对它们进行隔离或者以独立的网络单元、独立的广播域进

行管理，那么网络中就迫切地需要一种技术，一种能够在交换机上实现二层隔离的技术，否则网络管理员就不得不为不同的业务部门分配不同的交换机，并且搭配其他设备从而实现二层隔离。

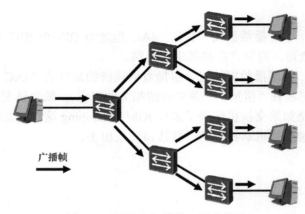

图 8-11　一个大规模的二层广播域

综上，当我们规划一个网络时，应该始终关注网络中广播域的大小，采用适当的技术将一个大的广播域切割成更小的单元。当然，您可能已经想到，可以使用路由器来实现这个目的，如图 8-12 所示。路由器的每个三层接口连接着一个独立的广播域。因此在网络中部署路由器确实可以起到隔绝广播的作用，毕竟一个广播数据缺省时会被终结在路由器的三层接口上，不会被透传。然而路由器接口资源相比于交换机更为有限，再者，为什么不能直接在交换机上实现广播域的隔离或划分呢？

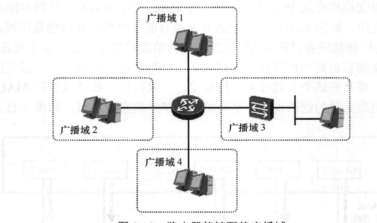

图 8-12　路由器能够隔绝广播域

VLAN（Virtual Local Area Network，虚拟局域网）就是这样一个技术，它能够将一个物理的 LAN 在逻辑上划分成多个广播域。如图 8-13 所示，交换机创建了两个 VLAN，这两个 VLAN 各有一个 ID（标识符），它们分别是 10 和 20。现在我们将交换机的 GE0/0/1、GE0/0/2 以及 GE0/0/3 接口加入 VLAN10，而 GE0/0/23 及 GE0/0/24 接口加入 VLAN20。如此一来，网络中原先存在的一个广播域被切割成两个小的并且独立的广播域。关于在交换机上将接口加入特定的 VLAN 这一操作，也被称为基于接口的 VLAN 划分，所谓 VLAN 划分其实就是将用户（或用户发出的数据）与特定的 VLAN 进行关联的操作。 VLAN 划分的方式有多种，上面所举的例子是基于交换机的接口来划分 VLAN 的，这是一种比较常用的方式，除此之外还有基于 MAC 地址、IP 网段、协议类型及策略等方式。 若在交换机上基于 MAC 地址来划分 VLAN，那么可以指定 MAC 地址与 VLAN 的对应关系，例如将 MAC-1 映射到 VLAN30，则当拥有 MAC-1 这个地址的 PC 接入交换机时，它所发送的数据会被自动关联到 VLAN30，不管这台 PC 是从交换机的哪一个接口接入。

　　一个 VLAN 就是一个广播域，同属一个 VLAN 的设备之间依然是能够直接进行二层通信的，数据的泛洪也被限制在 VLAN 内，因此在图 8-13 中，PC1、PC2 以及 PC3 可以进行二层通信，并且其中一台 PC 发送出来的广播数据，会被泛洪给其他两台 PC，当然，如果交换机收到某台 PC 发送出来的单播数据帧并且并不知晓目的 MAC 地址时，它会在所有属于该 VLAN 的接口上泛洪这个数据帧。需要特别强调的是，不同的 VLAN 之间无法进行二层通信。

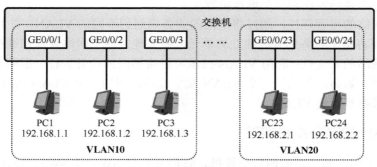

图 8-13　使用 VLAN 技术在网络中实现广播域的隔离

　　PC1 从网卡发出一个广播数据帧，如图 8-14 所示。这个数据帧到达交换机后，交换机发现这是一个来自 VLAN10（该帧在 GE0/0/1 接口上收到，而该接口加入了 VLAN10）的广播数据帧，因此它将该数据帧从所有加入 VLAN10 的接口泛洪出去，最后 PC2 及 PC3 都会收到这份数据，然而处于 VLAN20 的 PC23 及 PC24 是不会收到这个广播帧的。

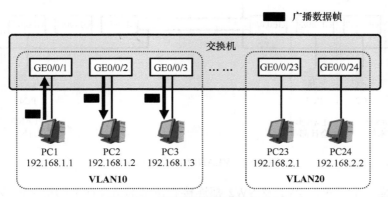

图 8-14　广播被限制在 VLAN 内

再看另一个例子，假设 PC23 发送一个单播数据帧给 PC24（假设此时 PC23 已经知道 PC24 的 MAC 地址），交换机收到这个数据帧并且发现这是一个单播数据帧，因此它在 MAC 地址表中查询数据帧的目的 MAC 地址，而且它只会查询那些与 VLAN20 关联的表项（MAC 地址表中的每个表项将 MAC 地址、VLAN-ID、接口等信息进行绑定），如果交换机查询不到与目的 MAC 地址匹配的表项，它会把这个数据帧从所有加入 VLAN20 的接口泛洪出去，因此 PC24 会收到这个帧，而处于 VLAN10 的 PC1、PC2 及 PC3 则不会受到影响。

VLAN 技术是二层交换领域中非常重要也是非常基础的技术，它能给网络带来诸多利好，例如：

● 隔绝广播：当交换机部署 VLAN 后，广播数据的泛洪被限制在 VLAN 内。利用 VLAN 技术可以将网络从原来的一个大的广播域切割成多个较小的广播域，从而减少了泛洪带来的带宽资源及设备性能的损耗。

● 提高网络组建的灵活度：VLAN 技术使得网络设计和部署更加灵活。同一个工作组的用户不再需要局限在同一个地理位置。

● 提高网络的可管理性：通过将不同的业务规划到不同的 VLAN，并且分配不同的 IP 网段，从而将每个业务划分成独立的单元，极大地方便了网络管理和维护。

● 提高网络的安全性：利用 VLAN 技术可以将不同的业务进行二层隔离。由于不同 VLAN 之间相互隔离，因此当一个 VLAN 发生故障，例如某个 VLAN 内发生 ARP 欺骗行为，不会影响到其他 VLAN。

8.2.2 VLAN 的跨交换机实现

在图 8-15 中，某公司的两台交换机，它们分别是 SW1 及 SW2，现在我们在 SW1 上创建两个 VLAN：10 及 20（分别将这两个 VLAN 分配给技术部与会计部），然后将 GE0/0/1 和 GE0/0/2 接口加入 VLAN10，如此一来，这两个接口所连接的 PC（PC1 及 PC2）也就加入了 VLAN10，现在它们属于同一个广播域，而 PC3 则属于另一个广播域（GE0/0/3 接口加入 VLAN20）。网络另一边的 SW2 上也有技术部与会计部的员工需要接入，因此我们在 SW2 上也创建了 VLAN10 及 VLAN20 并且将接口添加到相应的 VLAN 中。

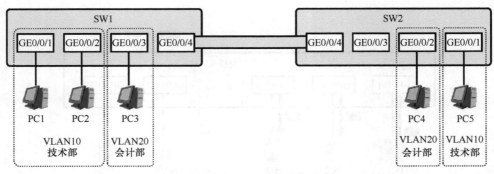

图 8-15　VLAN 的跨交换机实现

现在面临一个问题，SW1 及 SW2 都连接着技术部与会计部的员工电脑，这两台交换机可能分布在公司的不同楼层，该公司希望 SW1 所连接的技术部的员工可以与 SW2 所连接的技术部的员工进行二层通信，它们应该属于同一个广播域并且使用同一个 IP 网段，当然会计部也是同理，不过公司依然希望 SW1 所连接的技术部的员工与 SW2 所连接的会计部是互相隔离的。这样就涉及 VLAN 跨交换机实现的问题。

现在 PC1 给 PC5 发送了一个数据帧（姑且假设它已经获知了对方的 MAC 地址），交换机接收数据帧后，将其从 GE0/0/4 接口转发出去（此处姑且忽略交换机的 MAC 寻址过程），如果交换机直接将这个数据帧从 GE0/0/4 接口发出，链路对端的 SW2 收到这个数据帧时，它会如何判断该帧究竟是来自 VLAN10 还是 VLAN20，它究竟应把该数据帧放入本地的 VLAN10 还是 VLAN20 中，SW2 显然是无从判断的，因为数据帧本身没有任何信息能标识它的来源，这是一个传统的以太网数据帧。

SW1 及 SW2 之间的互联链路是非常关键的，因为它需要承载多个 VLAN 的数据流量，VLAN10 及 VLAN20 的流量都可能会在上面传输，这条链路被称为干道链路。由于多个 VLAN 的数据都需要在该链路上传输，因此链路两端的接口需要识别对端发送过来的数据帧究竟是属于哪一个 VLAN 的。我们需要一种"标记"手段，在 SW1 将属于某个 VLAN 的数据帧从 GE0/0/4 接口发送出去时，对数据帧进行特定的标记，而 SW2 的 GE0/0/4 接口在收到该数据帧时，又能借助这个标记来识别数据帧所属的 VLAN。

IEEE 802.1Q 标准也即虚拟桥接局域网（Virtual Bridged Local Area Networks）标准，该标准定义了实现上述"标记"的方法，使得 VLAN 能够跨交换机实现。IEEE 802.1Q 标准也常被称为 Dot1Q 标准，它对传统的以太网数据帧进行了修改，在数据帧头部中的源 MAC 地址和类型字段之间插入 4byte 的 802.1Q Tag（标记），如图 8-16 所示。

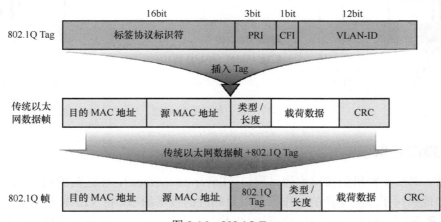

图 8-16 802.1Q Tag

802.1Q Tag 共计 4byte，包含多个字段，每个字段的描述如下：

- **标签协议标识符（Tag Protocol Identifier，TPI）**：表示数据帧的类型，如果该字段值为 0x8100，则表示该数据帧是 802.1Q 帧。
- **优先级（Priority，PRI）**：表示帧的优先级。该字段主要用于 QoS（Quality of Service，服务质量）。
- **标准格式指示符（Canonical Format Indicator，CFI）**：在以太网环境中，这个字

段始终为 0。

- **VLAN ID**：该数据帧所属的 VLAN-ID。

802.1Q 标准的提出使得 VLAN 跨交换机得以实现。如图 8-17 所示，PC1 发送了一份数据帧给 PC5，该数据帧被 PC1 发出时，是传统的以太网数据帧，也被称为无标记帧（Untagged Frame），主机的网卡通常只能发送和接收无标记帧。当这个数据帧到达 SW1后，由于 SW1 的 GE0/0/1 接口已经加入 VLAN10，因此它知道该数据帧归属 VLAN10，于是它将在数据帧头部内插入 Tag（此处 Tag 指的是 802.1 Tag，下文不再特别强调），在该 Tag 的 VLAN-ID 字段中填写数据帧的起源 VLAN 的 ID：10，如此一来这个数据帧就变成了一个标记帧（Tagged Frame）。实际上，在交换机内部，为了区分不同 VLAN 的数据帧，数据帧都是以标记帧的形式存在，至于该帧被交换机从某个接口发出去后是否携带 Tag，则要视具体的情况而定。接下来，交换机在其 MAC 地址表中查询数据帧的目的MAC 地址（只查询与 VLAN10 关联的表项），最终它发现该数据帧要从 GE0/0/4 接口送出，而这个接口连接着干道链路，因此，它将数据帧以标记帧的形式发送出去。SW2 的GE0/0/4 接口收到这个标记帧后，通过读取 Tag 中相应的字段，也就知道了这个数据帧所属的 VLAN，因此在 MAC 地址表中查询该帧的目的 MAC 地址时，只在与 VLAN10关联的表项中查询。最后，SW2 将数据帧中的 Tag 移除，将数据帧还原成无标记帧发送给 PC5。

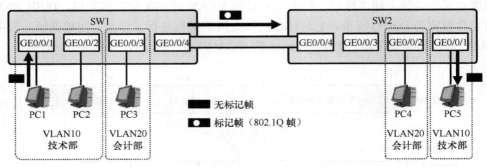

图 8-17　标记帧与无标记帧

8.2.3　接口类型

通常，二层交换机的接口均为二层口（Layer 2 Interface）。在之前的内容当中，我们已经详细地探讨了二层交换的工作原理以及相应的技术细节。在 VLAN 技术被引入交换体系后，数据帧在交换机上的转发都与 VLAN 息息相关。交换机的二层接口存在多种类型，在华为的交换机上也被称为链路类型（Link-Type），不同类型的二层接口对数据帧的处理方式是不同的。

值得一提的是，所有的二层接口无论其类型如何，都有一个缺省 VLAN-ID，这个缺省 VLAN-ID 被称为 PVID（Port Default VLAN ID），在华为的交换机上，PVID 缺省为 1。另外，出于提高数据帧处理效率的考虑，在交换机内部，数据帧一律携带 Tag。

1. Access 类型

Access 类型的二层接口通常用于连接终端设备，例如 PC、服务器等，这些终端设备的网卡通常只收发无标记帧。如图 8-18 中的 Port1、Port2、Port3、Port4 和 Port5 都可以配置为 Access 接口。当交换机的接口用于连接路由器时，如果路由器的接口工作在三层模式，而且没有部署子接口（Sub-Interface），则通常情况下交换机侧的接口也会被配置为 Access 类型，例如图中的 Port8。

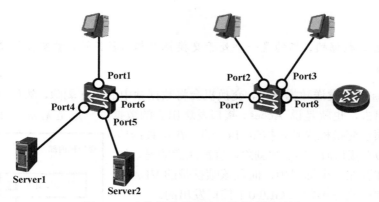

图 8-18　交换机的各种接口类型应用示例

如果采用基于接口划分 VLAN 的方式，那么交换机的一个 Access 接口只能加入一个 VLAN，一旦接口加入了特定的 VLAN，则该接口所连接的设备也就被视为属于该 VLAN。

- **Access 接口接收数据帧**

说明

接口接收数据帧，指的是一个来自交换机外部的数据帧，从交换机的某个接口到达并进入交换机内部的过程。

当 Access 接口收到一个无标记帧时，交换机会接收这个数据帧，并将数据帧打上接口缺省 VLAN 的 Tag。如图 8-19（左）所示，假设 GE0/0/1 接口被配置为 Access 接口，而且加入了 VLAN8，若 GE0/0/1 收到一个无标记帧，则该帧在进入交换机内部时交换机会为其打上 VLAN8 的 Tag。

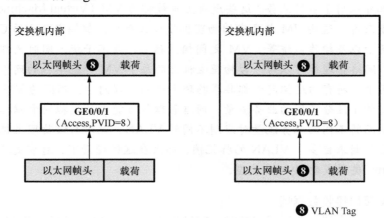

图 8-19　Access 接口接收数据帧

当 Access 接口收到一个标记帧时，如果该帧所携带的 VLAN-ID 与该接口的缺省 VLAN-ID 相同，那么交换机将接收这个数据帧，如图 8-19（右）所示；如果该帧所携带的 VLAN-ID 与该接口的缺省 VLAN-ID 不相同，那么交换机将丢弃这个数据帧。

- **Access 接口发送数据帧**

说明　接口发送数据帧，指的是一个处于交换机内部的数据帧，被交换机从某个接口发送出去的过程。

当 Access 接口发送数据帧时，交换机会将数据帧中的 Tag 剥除，然后再将数据帧从该接口发送出去，也就是说 Access 接口发送出去的数据帧一定是无标记帧。如图 8-20 所示，数据帧在交换机内部是携带 Tag 的，在该数据帧被发出 GE0/0/1 接口时，Tag 被剥除。值得注意的是，如果交换机内部存在一个标记帧，而且该帧携带的 VLAN-ID 不是 8，那么它是不能从 GE0/0/1 接口发出的。

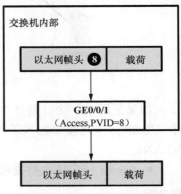

图 8-20　Access 接口发送数据帧

2. Trunk 类型

Trunk 类型的接口是可以接收或者发送多个 VLAN 的数据帧的接口。图 8-18 中的 Port6 及 Port7 如需承载多 VLAN 的数据帧，那么就可以配置为 Trunk 类型。因此 Trunk 类型的接口多见于交换机之间互联的接口，当然，两台交换机之间的互联接口未必就一定得是 Trunk 类型。

另外，图 8-18 中，如果路由器使用子接口的方式与交换机的 Port8 对接，那么 Port8 也可以配置为 Trunk 接口，此时一般不能配置为 Access 接口，因为该接口需要向对端发送标记帧。

说明　随着虚拟化技术的盛行，在如今的网络中，在主机上部署虚拟化技术的场景几乎随处可见。通过虚拟化技术，我们可以在一台主机上虚拟出多台逻辑主机，从而使得单一的物理主机可以用于多种业务。这些逻辑主机被称为 VM（Virtual Machine，虚拟机），从用户的角度来看，这些 VM 与真实的物理机没什么两样，都拥有自己的 CPU、内存、磁盘空间、网卡以及操作系统等，VM 之间相互独立、互不干扰，同时又都依赖于物理主机而存在。网络管理员可以为一台物理主机上的每个 VM 分配单独的网卡，这些网卡被称为虚拟网卡，所有的虚拟网卡都共享物理主机的物理网卡。不同的 VM 可能有不同的业务用途，为了区分不同的业务流量，网络管理员可能会让虚拟网卡以标记帧的方式处理数据，从而将不同的业务流量对应到不同的 VLAN。此时与该物理主机相连的交换机的接口将会收到来自多个 VLAN 的标记帧，那么在这种场景下，通常交换机侧的接口需配置为 Trunk 类型或者 Hybrid 类型。

- **Trunk 接口接收数据帧**

当 Trunk 接口收到一个无标记帧时，交换机会将数据帧打上缺省 VLAN 的 Tag，并检查该 VLAN-ID 是否在接口允许通过的 VLAN-ID 列表中，如果允许，则将标记帧接收，反之则丢弃该帧。而如果 Trunk 接口收到标记帧，交换机将判断该帧所携带的 VLAN-ID 是否在接口允许通过的 VLAN-ID 列表中，如果允许，则接收这个标记帧，反之则丢弃该帧。

如图 8-21（左），接口 GE0/0/24 被配置为 Trunk 类型，并且接口的 PVID 为 1（华为以太网交换机缺省时 Trunk 类型接口的 PVID 为 1，而且 VLAN1 缺省即被添加到了允许通过的 VLAN-ID 列表中），一个无标记帧在该接口到达，该帧被标记 VLAN1 的 Tag，然后交换机在该接口允许通过的 VLAN-ID 列表中查询是否有 VLAN1，如果有则接收该标记帧，反之则丢弃。

如图 8-21（右），接口 GE0/0/24 收到一个标记帧，交换机将在接口允许通过的 VLAN-ID 列表中查询该帧所携带的 VLAN-ID（也就是 8），如果 VLAN8 在列表中，那么这个标记帧将被接收，反之则被丢弃。

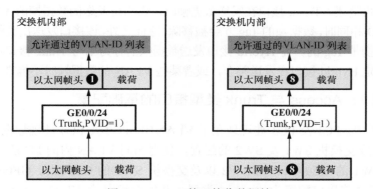

图 8-21 Trunk 接口接收数据帧

● **Trunk 接口发送数据帧**

当 Trunk 接口在发送数据帧时，如果该标记帧所携带的 VLAN-ID 与发送接口的 PVID 相同，并且该 VLAN-ID 又在接口允许通过的 VLAN-ID 列表中，那么这个数据帧的 Tag 将被剥除，然后从接口发出；如果该标记帧所携带的 VLAN-ID 与发送接口的 PVID 不同，并且该 VLAN-ID 又在接口允许通过的 VLAN-ID 列表中，那么这个标记帧将保持原有的 Tag，直接从接口发送出去。

如图 8-22（左），当 GE0/0/24 接口准备发送一个数据帧时，交换机发现数据帧所携带的 VLAN-ID 为 1，与发送接口 GE0/0/24 的 PVID 相同，而且 VLAN1 又在该接口允许通过的 VLAN-ID 列表中，因此交换机把数据帧的 Tag 剥除，然后将其从接口 GE0/0/24 发出。当然，如果 VLAN1 不在接口允许通过的 VLAN-ID 列表中，那么这个帧是不允许从 GE0/0/24 接口发出的。

如图 8-22（右）中，交换机准备发送的数据帧的 VLAN-ID 与发送接口 GE0/0/24 的 PVID 不相同，并且 VLAN8 又在该接口允许通过的 VLAN-ID 列表中，因此这个数据帧保持原有的 Tag，从接口 GE0/0/24 发出。注意此时如果 VLAN8 不在该接口允许通过的 VLAN-ID 列表中，则这个数据帧将不能从该接口发出。

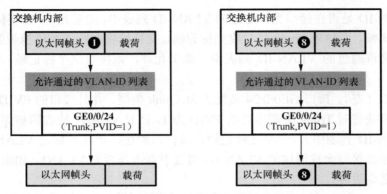

图 8-22   Trunk 接口发送数据帧

3. Hybrid 类型

Hybrid 接口也能承载多个 VLAN 的数据，它与 Trunk 接口在数据帧的接收行为上大体相同，这里不再赘述。Trunk 接口在发送数据帧时，仅当待发送的数据帧的 VLAN-ID 与发送接口的 PVID 相同时，数据帧的 Tag 才会被移除，除此之外，该接口发送出去的其他 VLAN 的数据帧都是携带 Tag 的。而 Hybrid 接口发送数据帧的行为则与 Trunk 接口不同。我们可以通过命令指定 Hybrid 接口在发送某个，或者某些 VLAN 的数据帧时不携带 Tag。

8.2.4   案例 1：Access 与 Trunk 类型接口的基础配置

在图 8-23 中，PC1 及 PC3 被规划在了 VLAN10，PC2 及 PC4 被规划在了 VLAN20，现在我们要完成交换机 SW1 及 SW2 的配置，使得相同 VLAN 内的 PC 能够实现通信。由于交换机 SW1 的 GE0/0/1、GE0/0/2 以及交换机 SW2 的 GE0/0/1、GE0/0/2 都连接着 PC，因此需将这些接口配置为 Access 类型，并加入相应的 VLAN。SW1 及 SW2 的 GE0/0/24 接口为互联接口，而且这两个接口需要承载多个 VLAN 的数据，因此可将这两个接口配置为 Trunk 类型并允许 VLAN10 和 VLAN20 的流量通行。

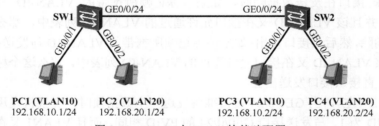

PC1 (VLAN10)   PC2 (VLAN20)   PC3 (VLAN10)   PC4 (VLAN20)
192.168.10.1/24   192.168.20.1/24   192.168.10.2/24   192.168.20.2/24

图 8-23   VLAN 与 Trunk 的基础配置

SW1 的配置如下：

```
#创建 VLAN10 及 VLAN20:
[SW1]vlan 10
[SW1-vlan10]description VLAN10                    #添加描述性的内容
[SW1-vlan10]quit
[SW1]vlan 20
[SW1-vlan20]description VLAN20
[SW1-vlan20]quit
```

```
#将接口配置为 Access 或 Trunk 类型，并加入相应的 VLAN：
[SW1]interface gigabitEthernet 0/0/1
[SW1-GigabitEthernet0/0/1]port link-type access          #将该接口配置为 Access 类型
[SW1-GigabitEthernet0/0/1]port default vlan 10           #接口添加到 VLAN10
[SW1-GigabitEthernet0/0/1]quit
[SW1]interface gigabitEthernet 0/0/2
[SW1-GigabitEthernet0/0/2]port link-type access
[SW1-GigabitEthernet0/0/2]port default vlan 20
[SW1-GigabitEthernet0/0/2]quit
[SW1]interface gigabitEthernet 0/0/24
[SW1-GigabitEthernet0/0/24]port link-type trunk          #将该接口配置为 Trunk 类型
[SW1-GigabitEthernet0/0/24]port trunk allow-pass vlan 10 20  #配置允许通过该接口的 VLAN
```

注意

以华为 S5700 交换机为例，Trunk 类型的接口缺省时已经配置了 **port trunk allow-pass vlan 1** 命令，也就是说 Trunk 类型的接口缺省已经允许 VLAN1 的流量通过。另外该类型的接口缺省还配置了 **port trunk pvid vlan 1**，也就是将 VLAN1 指定为该接口的缺省 VLAN，这样无标记的数据帧从链路上到达该接口时，会被识别为来自 VLAN1 的流量，另外，交换机从该接口向外发送 VLAN1 的流量时，以无标记帧的形式发送。

SW2 的配置如下：

```
[SW2]vlan batch 10 20                    #在 Vlan 命令中使用 batch 关键字可批量创建 VLAN

[SW2]interface gigabitEthernet 0/0/1
[SW2-GigabitEthernet0/0/1]port link-type access
[SW2-GigabitEthernet0/0/1]port default vlan 10
[SW2-GigabitEthernet0/0/1]quit
[SW2]interface gigabitEthernet 0/0/2
[SW2-GigabitEthernet0/0/2]port link-type access
[SW2-GigabitEthernet0/0/2]port default vlan 20
[SW2-GigabitEthernet0/0/2]quit
[SW2]interface gigabitEthernet 0/0/24
[SW2-GigabitEthernet0/0/24]port link-type trunk
[SW2-GigabitEthernet0/0/24]port trunk allow-pass vlan 10 20
```

完成上述配置后，可以在交换机上使用 **display vlan** 命令查看设备的 VLAN 信息：

```
<SW1>display vlan
The total number of vlans is : 3
--------------------------------------------------------------------------------
U: Up;          D: Down;        TG: Tagged;          UT: Untagged;
MP: Vlan-mapping;              ST: Vlan-stacking;
#: ProtocolTransparent-vlan;      *: Management-vlan;
--------------------------------------------------------------------------------

VID  Type   Ports
--------------------------------------------------------------------------------
1    common  UT:GE0/0/3(D)     GE0/0/4(D)      GE0/0/5(D)      GE0/0/6(D)
                GE0/0/7(D)      GE0/0/8(D)      GE0/0/9(D)      GE0/0/10(D)
                GE0/0/11(D)     GE0/0/12(D)     GE0/0/13(D)     GE0/0/14(D)
                GE0/0/15(D)     GE0/0/16(D)     GE0/0/17(D)     GE0/0/18(D)
                GE0/0/19(D)     GE0/0/20(D)     GE0/0/21(D)     GE0/0/22(D)
                GE0/0/23(D)     GE0/0/24(U)
```

```
10    common    UT:GE0/0/1(U)
                TG:GE0/0/24(U)
20    common    UT:GE0/0/2(U)
                TG:GE0/0/24(U)


VID   Status  Property   MAC-LRN    Statistics  Description
------------------------------------------------------------------

1     enable  default    enable     disable     VLAN 0001
10    enable  default    enable     disable     VLAN 0010
20    enable  default    enable     disable     VLAN 0020
```

从以上输出可以看到 SW1 一共存在三个 VLAN：1、10 及 20，其中 VLAN1 为缺省
VLAN，交换机出厂时该 VLAN 便已经存在。在缺省情况下，交换机的所有接口均加入
了 VLAN1。**Display vlan** 命令还显示了加入每个 VLAN 的接口，以及该接口以何种方式
处理 VLAN 的数据（标记还是无标记）。

使用 **display port vlan** 命令可查看接口的类型及所加入的 VLAN，以 SW1 为例：

```
<SW1>display port vlan
Port                  Link Type      PVID      Trunk VLAN List
--------------------------------------------------------------------

GigabitEthernet0/0/1  access         10        -
GigabitEthernet0/0/2  access         20        -
... ...
GigabitEthernet0/0/24 trunk          1         1 10 20
```

现在，同处于 VLAN10 的 PC1 与 PC3 即可相互通信，同样的，处于 VLAN20 的 PC2
与 PC4 也可相互通信。但是不同 VLAN 之间此时是无法通信的，因为交换机将这些流量
进行二层隔离。

8.2.5 案例 2：深入理解交换机对数据帧的处理过程

图 8-24 为我们展示了一个非常简单的场景，然而场景虽然简单，其中包含的问题却
也难倒了不少初学者。交换机 SW1 及 SW2 各下挂着一台 PC（PC1 与 PC2 使用相同的
IP 网段），此外二者还通过 GE0/0/24 接口互联。现在，如图中所示，SW1 的 GE0/0/1 及
GE0/0/24 都被配置为 Access 类型，并且均加入了 VLAN10，SW2 的 GE0/0/1 及 GE0/0/24
也都被配置为 Access 类型，但是加入了 VLAN20。完成上述操作后，PC1 与 PC2 能够
进行二层通信么？

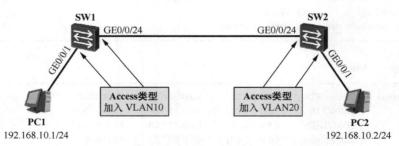

图 8-24 深入理解交换机对数据帧的处理过程

很多初学者的第一反应可能是 PC1 无法与 PC2 通信，因为两台 PC 处于不同的 VLAN，而不同的 VLAN 是不能进行二层通信的。然而，实际上在这个场景中 PC1 与 PC2 是可以通信的。这是为什么呢？

现在假设 PC1 发送了一个数据帧给 PC2（假设此时 PC1 已经知晓了 PC2 的 MAC 地址），这个数据帧从 PC1 的网卡发送出时显然是一个无标记帧，随后它进入 SW1 的 GE0/0/1 接口，被打上 Tag，VLAN-ID 为 10，接下来交换机在 MAC 地址表中查询这个数据帧的目的 MAC 地址（只在关联到 VLAN10 的表项中查询），找到匹配表项后将数据帧从 GE0/0/24 接口发出，由于这个接口是 Access 类型，而且最重要的是这个接口也加入了 VLAN10，因此数据帧的 Tag 被剥除然后再从该接口发出。接着 SW2 在 GE0/0/24 接口上收到这个数据帧，该帧进入交换机后被打上 Tag，VLAN-ID 为 20，然后 SW2 在 MAC 地址表中查询数据帧的目的 MAC 地址（只在关联到 VLAN20 的表项中查询），找到匹配表项后将数据帧从 GE0/0/1 口发出，此时数据帧的 Tag 被剥除。最终，PC1 发送出来数据帧是能够到达 PC2 的，如图 8-25 所示，反之亦然。综上所述，显然 PC1 与 PC2 是能够通信的。在这个场景中，实际上 SW1 及 SW2 都只是对数据帧进行透传而已，并不涉及两个不同 VLAN 之间的通信。当然，初始时 PC1 并未知晓 PC2 的 MAC 地址，因此它需要广播一个 ARP Request 请求对方的 MAC 地址，这个广播帧会在 SW1 的 GE0/0/1 接口上到达，并且被 SW1 从所有加入 VLAN10 的接口泛洪出去，而其中的一个拷贝会在 SW2 的 GE0/0/24 接口上到达，并被后者从所有加入 VLAN20 的接口泛洪出去，其 GE0/0/1 正是这些接口中的一个，因此 PC2 可以收到该 ARP Request 帧，而它回应的 ARP Reply 帧自然也是能够到达 PC1 的。

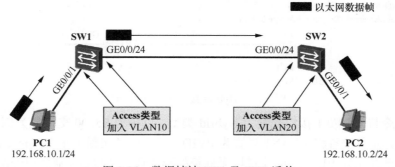

图 8-25　数据帧被 SW1 及 SW2 透传

现在，我们将上述场景做一点小小的改动，如图 8-26 所示，SW1 及 SW2 的 GE0/0/24 口均变成了 Trunk 类型，而且分别允许 VLAN10 及 VLAN20 的流量通过（以标记帧的形式）。经过这个改动后，PC1 与 PC2 将无法互访。以 PC1 访问 PC2 的数据帧为例，这些数据帧即便会从 SW1 的 GE0/0/24 接口发出，也必然会携带 VLAN10 的 Tag，也就是说，数据帧将以标记帧的形式在 SW2 的 GE0/0/24 接口上到达，而 SW2 的 GE0/0/24 却并未允许 VLAN10 的流量通过，因此数据帧被丢弃，即便是该接口允许 VLAN10 的流量通过，数据帧在进入 SW2 内部后（携带的 VLAN-ID 为 10）也依然无法从 GE0/0/1 接口发出，因为 GE0/0/1 接口加入的是 VLAN20，这是典型的 VLAN 跨交换机实现的示例，而在图 8-25 所示的例子中，实际上 VLAN 并没有跨交换机实现。

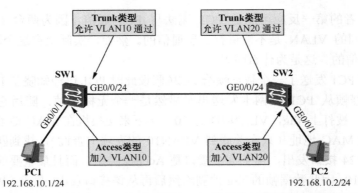

图 8-26　SW1 及 SW2 的 GE0/0/24 口变成了 Trunk 类型并且分别允许不同的 VLAN 通过

8.2.6　案例 3：Hybrid 接口的配置

Hybrid（混杂）是一种特殊的二层接口类型。与 Trunk 类型的接口类似，Hybrid 接口也能够承载多个 VLAN 的数据帧，而且用户可以灵活地指定特定 VLAN 的流量从该接口发送出去时是否携带 Tag。另一方面，Hybrid 接口还能用于部署基于 IP 地址的 VLAN 划分。下面将针对几种常见的场景，讲讲 Hybrid 接口的配置。

1. Hybrid 接口用于连接 PC

在图 8-27 中，PC1 连接在 SW1 的 GE0/0/1 接口上，SW1 的 GE0/0/15 接口则连接着一个交换网络（图中忽略了这部分网络），现在，SW1 通过 Hybrid 接口为 PC1 提供接入服务，它的配置如下：

```
[SW1]interface GigabitEthernet 0/0/1
[SW1-GigabitEthernet0/0/1]port link-type hybrid
```

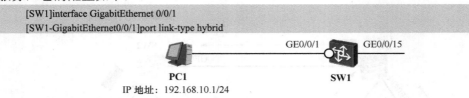

图 8-27　Hybrid 接口用于连接 PC

以上命令将 GE0/0/1 接口配置为 Hybrid 类型，以华为 S5700 交换机为例，接口缺省即为该类型，而且缺省将 VLAN1 设置为 PVID（缺省已经配置了命令：**port hybrid pvid vlan 1**），并已经允许 VLAN1 的流量以无标记的形式通过该接口（缺省已经配置了命令：**port hybrid untagged vlan 1**）。因此在这个场景中完成上述配置后，PC1 即可与 SW1 所连接的其他 VLAN1 的设备进行通信。此时 PC1 被认为属于 VLAN1。PC1 发出的数据帧为无标记帧，SW1 在其 GE0/0/1 接口上收到该帧后，为其打上缺省 VLAN（VLAN1）的 Tag，而由于 VLAN1 是该接口允许通过的 VLAN-ID，因此这个数据帧会被交换机接收。

如果期望将 PC1 规划在 VLAN10 中，而不是 VLAN1 中，那么 SW1 的配置修改如下：

```
[SW1]interface GigabitEthernet 0/0/1
[SW1-GigabitEthernet0/0/1]port link-type hybrid
[SW1-GigabitEthernet0/0/1]port hybrid pvid vlan 10
[SW1-GigabitEthernet0/0/1]port hybrid untagged vlan 10
```

在以上配置中，**port hybrid pvid vlan 10** 命令用于将接口的 PVID 修改为 10，这样当该接口收到无标记帧时，就会认为这些帧属于 VLAN10；而 **port hybrid untagged vlan**

10 命令则用于将该接口加入 VLAN10（也就是将 VLAN10 添加到接口允许通过的 VLAN-ID 列表中），使得 PC1 所发送的数据帧能够进入 GE0/0/1 接口从而进入交换机内部，另外，这条命令还使得交换机在从 GE0/0/1 接口向外发送 VLAN10 的数据帧时，以无标记帧的方式发送。完成上述配置后，PC1 被认为属于 VLAN10，并且能够与 SW1 所连接的其他 VLAN10 的设备进行通信。

值得注意的是，在 PC1 发送的数据帧进入交换机 SW1 之后、从 GE0/0/15 接口发出时是否携带 Tag，则要根据 GE0/0/15 接口的配置而定。

2. Hybrid 接口用于连接交换机

在图 8-28 中，SW1 及 SW2 分别连接着 PC1 及 PC2，这两台交换机的 GE0/0/1 接口均被配置为 Access 类型，并且都加入了 VLAN10。现在 SW1 的 GE0/0/15 被配置为 trunk 类型，并且放通了 VLAN10：

```
[SW1-GigabitEthernet0/0/15]port link-type trunk
[SW1-GigabitEthernet0/0/15]port trunk allow-pass vlan 10
```

图 8-28　Hybrid 接口用于连接交换机

而 SW2 的 GE0/0/15 接口如果配置为 Hybrid 类型（纯粹为了讲解 Hybrid 的配置而设计，通常链路两端的接口类型会配置为一致），该如何配置才能使得 PC1 与 PC2 可正常通信？由于对端接口（SW1 的 GE0/0/15）以标记帧的方式发送 VLAN10 的数据帧，因此 SW2 的 GE0/0/15 接口也必须将 VLAN10 的流量以标记帧的方式处理：

```
[SW2-GigabitEthernet0/0/15]port link-type hybrid
[SW2-GigabitEthernet0/0/15]port hybrid tagged vlan 10
```

在以上配置中，**port hybrid tagged vlan 10** 命令用于将 GE0/0/15 接口加入 VLAN10，并且 VLAN 的数据帧以标记帧方式通过接口。

现在考虑另一种情况，如图 8-29 所示。SW1 左侧连接着 VLAN10、20 以及 1000 这几个 VLAN，现在 SW1 的 GE0/0/15 做了如下配置：

```
[SW1-GigabitEthernet0/0/15]port link-type trunk
[SW1-GigabitEthernet0/0/15]port trunk allow-pass vlan 10 20 1000
[SW1-GigabitEthernet0/0/15]port trunk pvid vlan 1000
```

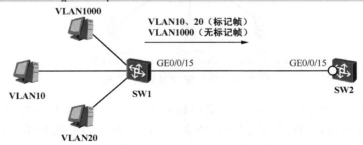

图 8-29　Hybrid 接口可以灵活指定针对特定 VLAN 的数据是否打标记

当 SW1 从 GE0/0/15 往外发送数据帧时，对于 VLAN10 及 VLAN20 的数据采用标记帧的形式发送，而对于 VLAN1000 的数据则采用无标记帧的形式发送，那么如果 SW2 采用 Hybrid 接口与其对接，此时该接口的配置应该如下：

```
[SW2-GigabitEthernet0/0/15]port link-type hybrid
[SW2-GigabitEthernet0/0/15]port hybrid tagged vlan 10 20
[SW2-GigabitEthernet0/0/15]port hybrid pvid vlan 1000
[SW2-GigabitEthernet0/0/15]port hybrid untagged vlan 1000
```

8.2.7　案例 4：基于 IP 地址划分 VLAN

通常在一个典型的局域网中，我们多采用基于接口划分 VLAN 的方式，也就是通过命令将交换机的接口加入某个或者某些特定的 VLAN。当然，除了可基于接口划分 VLAN，业界还存在基于 MAC 地址划分 VLAN、基于 IP 地址划分 VLAN、基于协议划分 VLAN 以及基于策略划分 VLAN 等方式（具体的交换机型号是否支持这些工作方式视该产品特性而定，并非所有的交换机都支持上述工作方式）。

在图 8-30 所示的网络中，SW2 下挂着三台服务器，其中 SW2 连接 Server1 及 Server2 的接口是 Access 类型，而且加入了 VLAN1；连接 Server3 的接口也是 Access 类型，但是加入 VLAN30。而 SW2 的上联接口（连接 SW1 的接口）则是 Trunk 类型，该接口在其允许通过的 VLAN-ID 列表中添加了 VLAN1 及 VLAN30，并且将 VLAN1 指定为缺省 VLAN。

如此一来，SW1 将会在其 GE6/0/15 接口上收到三种类型的上行流量，分别是源地址为 10.10.10.0/24 网段的无标记帧、源地址为 10.10.20.0/24 网段的无标记帧，以及 VLAN30 的标记帧。现在网络的需求是，将来自这三个网段的数据帧在 SW1 上根据规划（图 8-30 的表格）对应到相应的 VLAN，并且 SW1 转发这些帧给 CoreSwitch 时都携带 Tag。由于某种原因，SW2 的配置无法变更，因此要求只能在 SW1 上完成配置。

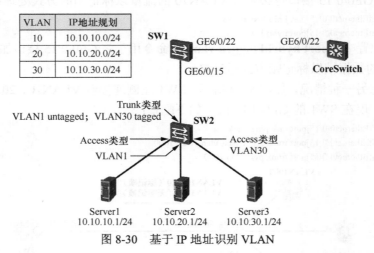

VLAN	IP地址规划
10	10.10.10.0/24
20	10.10.20.0/24
30	10.10.30.0/24

图 8-30　基于 IP 地址识别 VLAN

实际上，网络的需求是在 SW1 上完成相应的配置使得其在 GE6/0/15 接口上收到源地址为 10.10.10.0/24 网段的数据时，将其识别为 VLAN10 的数据，收到源地址为 10.10.20.0/24 网段的数据时，将其识别为 VLAN20 的数据，而 VLAN30 的数据则需以标记帧的形式处理。因此本例需在 SW1 上部署基于 IP 地址的 VLAN 划分。另外，为了让 SW2 顺利地接收相关数据帧，SW1 的 GE6/0/15 接口在发送 VLAN10 及 VLAN20 的数据帧时不能打标记，而在发送 VLAN30 的数据帧时则需要打标记。

SW1 的配置如下：

```
[SW1]vlan batch 10 20 30

[SW1]vlan 10
[SW1-vlan10]ip-subnet-vlan ip 10.10.10.0 24                #配置 IP 网段与 VLAN 的对应关系
[SW1-vlan10]quit
[SW1]vlan 20
[SW1-vlan20]ip-subnet-vlan ip 10.10.20.0 24                #配置 IP 网段与 VLAN 的对应关系
[SW1-vlan20]quit

[SW1]interface GigabitEthernet 6/0/15
[SW1-GigabitEthernet6/0/15]port link-type hybrid
[SW1-GigabitEthernet6/0/15]port hybrid untagged vlan 10 20
[SW1-GigabitEthernet6/0/15]port hybrid tagged vlan 30
[SW1-GigabitEthernet6/0/15]ip-subnet-vlan enable            #配置基于 IP 地址划分 VLAN
[SW1-GigabitEthernet6/0/15]quit

[SW1]interface GigabitEthernet 6/0/22
[SW1-GigabitEthernet6/0/22]port link-type trunk
[SW1-GigabitEthernet6/0/22]port trunk allow-pass vlan 10 20 30
```

在以上配置中，在 VLAN10 的配置视图下执行的 **ip-subnet-vlan ip 10.10.10.0 24** 命令用于将 10.10.10.0/24 这个 IP 网段与 VLAN10 进行关联，使得该网段发出的报文能够在 VLAN10 内传输。VLAN20 的配置视图下执行的相应命令同理。

留意到 SW1 的 GE6/0/15 接口配置了 **ip-subnet-vlan enable** 命令，该命令用于在这个接口下激活基于 IP 子网划分 VLAN 的功能。该命令只能在 Hybrid 类型的接口上应用。另外，GE6/0/15 接口被配置为加入 VLAN10、20 及 30，并且指定 VLAN10 及 20 的数据帧以无标记帧的形式通过该接口，而 VLAN30 则以标记帧的形式通过该接口。

另一方面，SW1 的 GE6/0/22 接口被指定为 Trunk 类型，并且放通了 VLAN10、20 及 30 的流量，这三个 VLAN 的数据帧将以标记帧的形式通过该接口。因此，对于 CoreSwitch 而言，它需将自己的 GE6/0/22 接口配置为 Trunk 类型，并且将 VLAN10、20 及 30 添加到该接口允许通行的 VLAN-ID 列表中。

8.2.8 案例 5：由于缺少 VLAN 信息导致通信故障

在图 8-31 所示的网络中，网络管理员在公司办公楼的 1、2 楼各放置了一台交换机，这两台交换机已经完成了相应的配置，并且工作正常。现在 3 楼新增了一个办公场地，网络管理员在该楼层增加了一台交换机，由于网线的长度有限，他将该交换机连接在了 2 楼的 SW2 上，并且期望 3 楼内的 VLAN83 的用户能够与 1 楼内的 VLAN83 的用户通信（VLAN83 为新增 VLAN）。

网络管理员将 SW1 的 GE0/0/1 接口及 SW3 的 GE0/0/1 接口配置为 Access 类型，并且加入 VLAN83。另外，SW1 的 GE0/0/20、SW2 的 GE0/0/21 及 GE0/0/22 以及 SW3 的 GE0/0/23 接口均采用如下配置：

```
port link-type trunk
port trunk allow-pass vlan all                      #允许所有 VLAN 通过
```

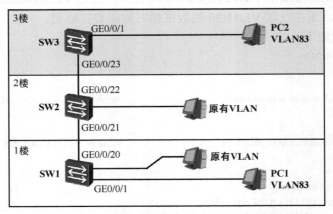

图 8-31   由于缺少 VLAN 信息导致通信故障

完成交换机的配置后，网络管理员发现 PC1 与 PC2 无法通信，他将基于当前的问题展开故障排除（Trouble Shooting）。最终，他采用如下操作找到了问题的根因，并且解决了该故障：

（1）从 PC1 ping PC2（两者在相同 IP 子网），发现无法 ping 通，查看 PC1 的 ARP表，发现 PC1 并没有获得对方的 ARP 信息，因此网络管理员初步判断 PC1 与 PC2 之间存在二层通信问题。

（2）检查 SW1、SW2 及 SW3 的各个接口的配置，没有发现问题。

（3）查看 SW1 的 MAC 地址表，发现存在关于 PC1 的网卡 MAC 地址的表项，这说明 PC1 发出的数据帧已经到达了 SW1 并且被正常接收。

（4）查看 SW2 的 MAC 地址表，发现并不存在关于 PC1 的网卡 MAC 地址的表项，这说明 PC1 发出的数据帧并没有到达 SW2 的 GE0/0/21 接口，或者被该接口拒收。

（5）再次检查交换机各个接口的配置，依然没有发现问题。网络管理员陷入思考：基于当前的配置，初始时，PC1 发出的 ARP Request 广播帧肯定能够到达 SW1，并且被SW1 泛洪，那么 SW2 便应该能够收到该帧。从 1 楼及 2 楼中原有 VLAN 通信正常的情况来看，SW1 及 SW2 之间的网线肯定是正常的，因此网络管理员判断 SW2 已经在GE0/0/21 接口上收到了 PC1 发出的数据帧，但是并没有接收该帧。

（6）检查 SW2 的配置，发现并没有部署任何数据帧过滤技术，但是通过 **display vlan**命令的输出，网络管理员发现 SW2 上并不存在 VLAN83，原来，由于 2 楼并不存在VLAN83 的用户，因此他在此前的设备配置过程中，没有在 SW2 上创建 VLAN83，导致 SW2 无法处理该 VLAN 的数据帧。

（7）在 SW2 的系统视图下执行 **vlan 83** 命令创建 VLAN83，问题解决。

网络故障定位及故障排除是一项非常重要的技能，也是网络从业者的必备技能。在现实中，网络故障是千奇百怪的。作为一名专业的网络工程师，或者网络管理员，首先需具备扎实的理论功底，当面对网络故障时，要有清晰的故障定位思路，同时需熟练地使用各种定位手段或技术，例如设备丰富的 **display** 命令、**debug**（调试）命令、报文捕获工具等等，来完成故障分析及定位并最终找到故障的根因、解决网络故障。当然，这需要长时间的训练，并通过大量的实际案例来积累经验。在日常的工作中，我们应该有意识地加强这方面的学习及技能训练。

8.3　实现 VLAN 之间的通信

通过前面的学习大家已经知道，VLAN 是交换领域非常基础的一项技术，它使得交换网络的部署更加灵活，也使得网络规划变得更加合理。在一个交换网络中部署 VLAN，能够将一个大的广播域切割成多个更小的广播域，一个 VLAN 就是一个独立的广播域，广播以及数据帧的泛洪被限制在 VLAN 内部，不同的 VLAN 之间二层隔离，这对于交换网络而言实在是一个令人欣喜的功能。

通常在一个园区网络中，我们会基于业务类型或者基于用户类型进行不同 VLAN 的

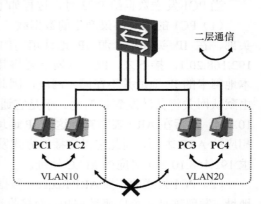

规划，例如在部署一个企业的园区网络时，可能会将该企业不同的部门规划到不同的 VLAN，而且不同的 VLAN 会分配不同的 IP 网段，这样一来，每个部门在网络中就会成为单个逻辑单元，管理起来十分方便。由于每个部门被规划在了不同的 VLAN 内，因此二层通信被限制在部门内部。然而在实际的网络中时常需要在部门之间实现数据通信，那么这就涉及到 VLAN 之间的通信问题了。但是正如前面所说，不同的 VLAN 之间是无法进行二层通信的，如图 8-32 所示，因此要实现 VLAN 之间的通信，就需要通过三层设备（具备三层功能，也就是路由功能的设备）来实现了。

图 8-32　同一个 VLAN 内的设备可以进行二层通信，而不同 VLAN 的设备之间则是禁止二层通信的

8.3.1　使用以太网子接口实现 VLAN 之间的通信

既然不同的 VLAN 是不同的广播域，通常也使用不同的 IP 网段，所以 VLAN 之间无法直接进行二层通信，那么要实现 VLAN 之间的互通，您可能已经想到了，可以在网络中增加路由器来实现，因为路由器是具备路由功能的，它能够连接不同的广播域，并且实现数据的三层转发。如图 8-33 所示，交换机创建了两个 VLAN：VLAN10 及 20，并将 GE0/0/1 接口加入 VLAN10，将 GE0/0/2 接口加入 VLAN20，如此一来 PC1 及 PC2 就处于两个不同的 VLAN，它们互不影响，也无法进行二层通信。现在网络中增加了一台路由器，由于要连接两个广播域（VLAN），因此路由器需要贡献两个物理接口与交换机对接，其中 GE0/0/1 接口配置与 PC1 相同网段的 IP 地址，而 GE0/0/0 接口则配置与 PC2 相同网段的 IP 地址。最后交换机将 GE0/0/23 接口配置为 Access 类型并且加入 VLAN10、将 GE0/0/24 接口配置为 Access 类型并且加入 VLAN20。由于 PC1 与路由器的 GE0/0/1 接口同属一个广播域，因此它们可以直接进行二层通信，PC2 与路由器的

GE0/0/0 接口同理。PC1 将默认网关设置为路由器 GE0/0/1 接口的地址，而 PC2 则将默认网关设置为路由器 GE0/0/0 接口的地址。

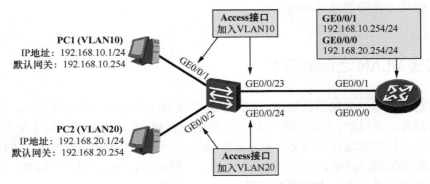

图 8-33　通过路由器实现 VLAN 间的通信

当 PC1 发送数据给 PC2 时，过程如下：

（1）PC1 的上层协议产生的数据载荷到了网络层，数据载荷在网络层被封装一个 IP 头部，在 IP 头部中，源 IP 地址填写的是 192.168.10.1，而目的 IP 地址则填写的是 192.168.20.1。接下来，PC1 的网卡要将其封装成帧。PC1 发现数据包的目的 IP 地址与本地网卡的 IP 地址并不在同一网段，因此它判断需要将这个数据包先转发到默认网关，由默认网关将其转发到目的地。于是它通过网卡配置信息得到网关的 IP 地址 192.168.10.254，然后在 ARP 表中查询这个 IP 地址对应的 MAC 地址。初始情况下，PC1 并没有相应的 ARP 表项，因此它以广播的方式发送一个 ARP Request 数据帧，该数据帧用于请求 192.168.10.254 对应的 MAC 地址。

（2）PC1 发送的广播 ARP Request 数据帧到达了交换机，交换机读取数据帧目的 MAC 地址，发现这是一个广播数据帧，而接收这个数据帧的接口 GE0/0/1 又加入了 VLAN10，因此交换机在 VLAN10 内泛洪这个数据帧。GE0/0/23 接口也加入了 VLAN10，因此交换机也会从这个接口发送一份拷贝出去。当然 GE0/0/2 接口并未加入 VLAN10，交换机则不从该接口泛洪这个数据帧。另外，交换机还会学习数据帧的源 MAC 地址，并将该地址与 GE0/0/1 接口绑定。

（3）路由器的 GE0/0/1 接口收到了这个 ARP Request 数据帧，由于 ARP Request 中填充着发送者 PC1 的 IP 地址及 MAC 地址，因此路由器为 PC1 创建一个 ARP 表项，然后构造一个单播的 ARP Reply 数据帧回复给 PC1。

（4）ARP Reply 数据帧到达交换机后，交换机在 MAC 地址表中查询这个数据帧的目的 MAC 地址，发现 MAC 地址表中已经有匹配的表项，且该表项的出接口为 GE0/0/1，因此它将该数据帧从 GE0/0/1 接口发送出去。另外，交换机还会学习数据帧的源 MAC 地址，并将该地址与 GE0/0/23 接口绑定。

（5）PC1 收到了 ARP Reply 数据帧，根据报文中的内容形成 192.168.10.254 以及相应 MAC 地址的 ARP 表项，然后将待发送给 PC2 的数据包封装成数据帧，帧头中目的 MAC 地址为路由器 GE0/0/1 接口的 MAC 地址。数据帧从网卡发出。

（6）数据帧到达交换机后，交换机通过 MAC 地址表查询，发现该帧的目的 MAC

地址在表中存在匹配的表项，而且出接口为 GE0/0/23，因此它将数据帧从该接口发出。

（7）路由器收到这个数据帧后，读取数据帧的目的 MAC 地址，发现目的 MAC 地址正是 GE0/0/1 接口的 MAC 地址，它意识到这个数据帧是发送给自己的，通过帧头里的"类型"字段，路由器发现数据帧里封装的是一个 IP 报文，于是它将数据帧解除封装，然后将里面的报文交给 IP 协议模块去处理。上层 IP 协议模块检查报文的 IP 头部中的目的 IP 地址，发现目的 IP 地址为 192.168.20.1，并非本设备的 IP 地址，于是它在路由表中查询这个 IP 地址，发现该地址匹配本地直连路由 192.168.20.0/24，出接口为 GE0/0/0，它意识到这个数据包是要发往本地直连的一个网段。因此它重新将数据包封装成帧，帧头里源 MAC 地址填写的是路由器 GE0/0/0 接口的 MAC 地址（因为数据包将从这个接口发出），目的 MAC 地址是 PC2 的网卡 MAC 地址（初始时路由器可能并不知道 PC2 的 IP 地址对应的 MAC 地址，因此将触发 ARP 解析过程，此处不再赘述）。然后它将数据帧从 GE0/0/0 接口发出。

（8）交换机转发该数据帧的过程此处不再赘述。最后 PC2 收到了这个数据帧，它检查数据帧的目的 MAC 地址，发现填写的是本地网卡的 MAC 地址，于是将数据帧解除封装，将里面的载荷上交给 IP 协议模块，IP 协议模块检查数据包头部，发现目的 IP 地址填写的正是本地网卡的 IP 地址，因此确认该报文是发送给自己的，它通过 IP 包头的"协议"字段判断 IP 头部里包裹的上层数据类型，再将其上交给对应的协议去处理。如此一来，PC1 发送给 PC2 的数据最终就完成了转发过程，到达了目的地。

到目前为止，通过路由器实现 VLAN 间通信的方案的确是可行的，然而有一个问题却不得不被考虑：一个园区网内的 VLAN 数量往往不止两个，规模大一点的网络中，数十上百个 VLAN 的场景是很常见的，如果一个 VLAN 就需要占用路由器的一个物理接口，那么十个 VLAN 的话，路由器岂不是要拿出十个物理接口。重要的是路由器的接口资源是非常宝贵的，这显然是不太合理的。

但是，用以太网子接口（Sub-Interface）可以解决这个问题。所谓的以太网子接口，指的是基于以太网物理接口所创建的逻辑接口。子接口是软件的、逻辑的接口，是物理上并不存在的，它的状态又依赖于对应的物理接口。您可以在一个物理接口上创建多个子接口，而每一个子接口即可与一个 VLAN 对接，从而缓解上面提到的问题。在物理接口上创建子接口，就像是在一个大管道里开设许多小管道，这些小管道都依赖于大管道，并且彼此之间互不干扰。

以图 8-34 所示的场景为例，路由器仅使用一条链路与交换机直连。现在我们在路由器的物理接口 GE0/0/1 上创建两个子接口：GE0/0/1.10 及 GE0/0/1.20，这两个子接口的状态与物理接口 GE0/0/1 息息相关，当 GE0/0/1 被关闭或者发生故障时，基于该物理接口所创建的所有子接口都将无法正常工作。请留意子接口的标识，以"GE0/0/1.10"为例，GE0/0/1 指的是物理接口类型及编号，而小数点"."后面的数字则是子接口的编号，这个编号是自定义的，没有特殊的含义。以华为 AR2200 路由器为例，在一个千兆以太网接口上最多可以创建 4096 个子接口。值得注意的是，子接口被创建后，需指定其对接的 VLAN-ID，当该子接口向外发送数据帧时，数据帧将会被打上相应 VLAN 的 Tag。为了能够与交换机顺利对接，路由器 GE0/0/1 对端的交换机接口必须配置为 Trunk 类型（或 Hybrid 类型），而且要放通相应的 VLAN 并以标记帧的形式处理相关数据。路由器会把子接口当成是一个普通接口来对待。通过子接口的方式可以大大节省硬件成本。

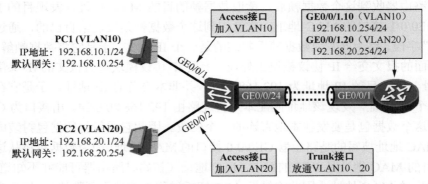

图 8-34　在路由器的物理接口 GE0/0/1 上创建子接口

在本例中，路由器的 GE0/0/1.10 子接口被指定了 VLAN-ID 10，而 GE0/0/1.20 则被指定了 VLAN-ID 20。接下来，我们看看在路由器部署了子接口之后，PC1 与 PC2 的数据通信过程，如图 8-35 所示，以 PC1 发往 PC2 的数据为例，重点关注数据帧在交换机与路由器之间交互时的细节。

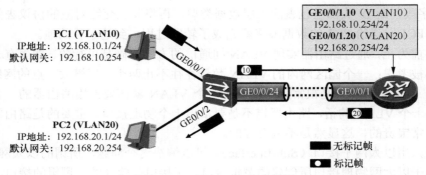

图 8-35　PC1 向 PC2 发送数据

（1）PC1 要发送数据给 PC2，它判断出 PC2 并不在本地网段，因此将数据发往网关 192.168.10.254。PC1 发往 PC2 的数据帧（无标记帧）从 PC1 的网卡发出，其目的 IP 地址是 192.168.20.1，但是目的 MAC 地址是路由器的接口 MAC 地址（假设此时它已经知晓了网关的 MAC 地址）。

（2）交换机收到了这个数据帧，由于该帧在 GE0/0/1 接口到达，而该接口加入了 VLAN10，因此它在 VLAN10 的 MAC 地址表项中查询这个数据帧的目的 MAC 地址，假设交换机找到一个匹配的表项，并且该表项的出接口为 GE0/0/24。于是它将数据帧从这个接口发出，由于该接口为 Trunk 类型，并且放通了 VLAN10 的流量，因此数据帧以标记帧的形式发出。

（3）路由器在 GE0/0/1 接口上收到这个标记帧，根据数据帧携带的 Tag，路由器判断出这个标记帧来源于 VLAN10，这意味着这个数据帧需要交给子接口 GE0/0/1.10 处理，路由器将数据帧的 Tag 剥除，将帧头解封装，然后读取 IP 头部，发现目的 IP 地址并非本地所有，于是在路由表中查询目的 IP 地址。路由器发现目的 IP 地址匹配本地直连路由 192.168.20.0/24，而且该直连路由的出接口是 GE0/0/1.20，于是它重新将数据包封装成帧，此时帧头中的源 MAC 地址是路由器 GE0/0/1 接口的 MAC 地址，而目的 MAC 地址则是 PC2 的 MAC 地址。由于数据将要从子接口 GE0/0/1.20 送出，而该子接口又指定了 VLAN-ID 20，因此路由器在数据帧中插入 Tag，其中 VLAN-ID 为 20，然后将这个标记帧发送出去。

（4）交换机收到这个标记帧，从 Tag 中读取 VLAN-ID，发现该帧来源于 VLAN20，随后在 MAC 地址表中查询目的 MAC 地址，交换机只会在 VLAN20 中查询该 MAC 地址，最终，它查询到匹配的表项，并将数据帧的 Tag 剥除，然后将无标记帧从 GE0/0/2 接口转发出去。

（5）数据帧到达 PC2。

> 在许多场合中，路由器在一个物理接口上部署子接口从而实现多个 VLAN 互通的场景，也被称为"单臂路由"，其中单臂指的是路由器的一个物理接口，或者一条物理链路。而当路由器使用多个物理接口，并且每个物理接口单独与某个 VLAN 对接的场景，则被称为"多臂路由"。

8.3.2　案例 1：路由器子接口的配置

在图 8-36 中，我们将在路由器的 GE0/0/1 接口上创建两个子接口，并完成交换机的配置，最终使得处于 VLAN10 的 PC1 与处于 VLAN20 的 PC2 能够通信。

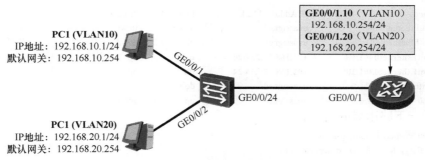

图 8-36　路由器子接口的配置

路由器的配置如下：

```
[Router]interface GigabitEthernet 0/0/1.10
[Router-GigabitEthernet0/0/1.10]dot1q termination vid 10
[Router-GigabitEthernet0/0/1.10]ip address 192.168.10.254 24
[Router-GigabitEthernet0/0/1.10]quit
[Router]interface GigabitEthernet 0/0/1.20
[Router-GigabitEthernet0/0/1.20]dot1q termination vid 20
[Router-GigabitEthernet0/0/1.20]ip address 192.168.20.254 24
```

以子接口 GE0/0/1.10 为例，使用 **interface GigabitEthernet 0/0/1.10** 命令即可在 GE0/0/1 接口上创建一个编号为 10 的子接口，并进入该子接口的配置视图。另外 **dot1q termination vid** 命令用来指定子接口的 VLAN-ID。最后别忘记为子接口分配 IP 地址。

交换机的配置如下：

```
[Huawei]vlan batch 10 20
[Huawei]interface GigabitEthernet 0/0/1
[Huawei-GigabitEthernet0/0/1]port link-type access
[Huawei-GigabitEthernet0/0/1]port default vlan 10
[Huawei-GigabitEthernet0/0/1]quit
[Huawei]interface GigabitEthernet 0/0/2
[Huawei-GigabitEthernet0/0/2]port link-type access
[Huawei-GigabitEthernet0/0/2]port default vlan 20
[Huawei-GigabitEthernet0/0/2]quit
[Huawei]interface GigabitEthernet 0/0/24
[Huawei-GigabitEthernet0/0/24]port link-type trunk
[Huawei-GigabitEthernet0/0/24]port trunk allow-pass vlan 10 20
```

再次强调一下，由于交换机的 GE0/0/24 接口与路由器的子接口对接，因此交换机上的这个接口必须以标记帧的形式处理相关 VLAN 的数据，那么这个接口就必须是 Trunk 或 Hybrid 类型。

查看一下路由器的接口 IP 信息：

```
<Router>display ip interface brief
*down: administratively down
^down: standby
(l): loopback
(s): spoofing
The number of interface that is UP in Physical is 4
The number of interface that is DOWN in Physical is 2
The number of interface that is UP in Protocol is 3
The number of interface that is DOWN in Protocol is 3

Interface                      IP Address/Mask        Physical    Protocol
GigabitEthernet0/0/0           unassigned             down        down
GigabitEthernet0/0/1           unassigned             up          down
GigabitEthernet0/0/1.10        192.168.10.254/24      up          up
GigabitEthernet0/0/1.20        192.168.20.254/24      up          up
GigabitEthernet0/0/2           unassigned             down        down
NULL0                          unassigned             up          up(s)
```

查看一下路由器的路由表：

```
<Router>display ip routing-table
Route Flags: R - relay, D - download to fib
------------------------------------------------------------------------
Routing Tables: Public
         Destinations : 10        Routes : 10

Destination/Mask      Proto    Pre  Cost  Flags     NextHop           Interface

   192.168.10.0/24    Direct   0    0     D         192.168.10.254    GigabitEthernet0/0/1.10
   192.168.20.0/24    Direct   0    0     D         192.168.20.254    GigabitEthernet0/0/1.20
... ...
```

现在 PC1 与 PC2 即可互相通信。

8.3.3　使用 VLANIF 实现 VLAN 之间的通信

经过前面几个小节的介绍，相信大家已经掌握了使用路由器实现 VLAN 间通信的方法。当路由器使用多臂的方式实现 VLAN 间的通信时，路由器的接口资源将受到极大的挑战，当 VLAN 数量特别多时，这显然是不具备可行性的，而且这种方式的可扩展性并不高。而路由器采用单臂的方式实现 VLAN 间通信的解决方案在现网中是一种更佳的选择，因为后者的可扩展性更高、更经济。然而单臂的解决方案也存在一定的短板。一个直接的短板是，路由器与交换机之间的链路由于需承载所有 VLAN 间的通信数据，因此它的负载将变得非常高，尤其是当 VLAN 的数量特别多、VLAN 间通信的流量特别大时，这段链路将变得不堪重负。另外，单臂链路也不具备冗余性，一旦链路发生故障，VLAN 之间的通信也就无法再正常进行。

说明　有不少方法可以提高单臂路由的可靠性，一个常见的方法是在路由器与交换机之间采用多链路互联，然后将这些链路进行聚合（Link Aggregation），而路由器则在聚合接口上创建子接口。链路聚合一方面增加了路由器这条"手臂"的带宽，另一方面也增加了它的可靠性。

接下来将为大家介绍一种在实际网络中用于实现 VLAN 间通信的更为常用的解决方案，那就是使用三层交换机（Layer 3 Switch）。对于二层交换机的概念及功能，相信大家已经很清楚了，而所谓的三层交换机，简单地理解是同时具备二层功能及三层功能的交换机。华为的 S5700、S6700、S7700、S9700 及 S12700 等系列交换机都是三层交换机。

三层交换机除了能够实现二层交换机所有功能，还支持路由功能。三层交换机除了拥有二层接口外，还拥有三层接口。VLANIF（VLAN Interface，VLAN 接口）就是一种非常重要的三层接口，这是一种逻辑接口，物理上并不存在。当我们在一台三层交换机上创建了一个 VLAN 时，就可以将交换机的物理接口（例如 GE0/0/1）加入到该 VLAN 中，此时这些物理接口都是二层接口（某些交换机支持配置物理接口的工作模式，接口可以在二层及三层模式之间切换，关于这点此处暂不涉及）。与此同时我们还能在交换机上配置这个 VLAN 对应的 VLANIF，也就是这个 VLAN 对应的三层接口，该接口能够与同处于这个 VLAN 内的设备进行二层通信。VLANIF 作为一个三层接口，可以进行 IP 地址配置，而通常情况下，这个 IP 地址会作为 VLAN 中设备的默认网关地址。

图 8-37 展示了一台三层交换机的逻辑图。该交换机拥有两个 VLAN，分别是 VLAN10 及 VLAN20，物理接口 GE0/0/1、GE0/0/2 及 GE0/0/3 都被配置为 Access 类型，其中 GE0/0/1 及 GE0/0/2 接口加入了 VLAN10，而 GE0/0/3 接口则加入了 VLAN20。另外，VLANIF10 配置了 IP 地址 192.168.10.254，VLANIF20 则配置了 IP 地址 192.168.20.254。各 VLAN 内的 PC 都将其默认网关地址配置为相应 VLAN 的 VLANIF IP 地址。

从图 8-37 中可以看到，三层交换机同时拥有交换模块以及路由模块。首先来看一下在三层交换机上，相同 VLAN 内 PC 的通信过程，以 PC1 发送一份数据给 PC2 为例，大致的过程如下：

（1）PC1 的上层协议产生的数据载荷到了网络层，数据载荷被封装 IP 头部，在 IP 头部中，源 IP 地址是 192.168.10.1，而目的 IP 地址是 192.168.10.2。数据载荷被封装好 IP 头部后，下送到了 PC1 的网卡，现在网卡要为其进行数据链路层封装，将其封装成以太网数据帧，该数据帧的源 MAC 地址为 PC1 的网卡 MAC 地址，而目的 MAC 地址为 192.168.10.2 这个 IP 地址对应的 MAC 地址。PC1 查询 ARP 表试图寻找相应的 ARP 表项，初始时 PC1 的 ARP 表中并没有相应的表项，因此 PC1 发送一个广播的 ARP Request 去请求 PC2 的 MAC 地址。

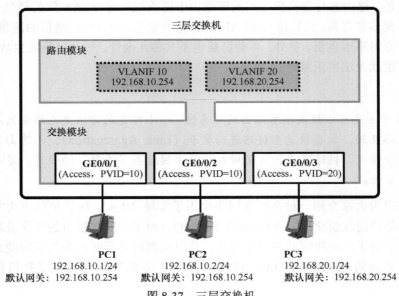

图 8-37　三层交换机

（2）这个广播的 ARP Request 到达了交换机的 GE0/0/1 接口，被打上 VLAN10 的 Tag。交换机通过读取数据帧头部，发现这是一个广播数据帧，因此一方面将其在所有加入 VLAN10 的接口上泛洪，另一方面将数据帧解封装后上送到自己的 ARP 协议模块（交换机通过数据帧头部的"类型"字段发现该帧内封装着一个 ARP 报文），而 ARP 模块发现这个 ARP 报文请求的是 192.168.10.2 这个 IP 地址的 MAC 地址，该 IP 地址并非自己所有，因此它直接忽略这个数据帧。

（3）由于交换机在 VLAN10 内泛洪了 PC1 发送的 ARP Request，因此 PC2 会收到这个数据帧，它将记录相应的 ARP 表项，并发送一个单播的 ARP Reply 帧进行回应。

（4）交换机收到这个数据帧，通过查询 MAC 地址表并找到目的 MAC 地址所关联的出接口，将数据帧从 GE0/0/1 接口发出。

（5）PC1 收到了这个 ARP Reply，获知了 192.168.10.2 对应的 MAC 地址，因此继续封装数据帧，然后将数据帧从网卡发出。

（6）交换机收到这个数据帧，发现这是一个单播数据帧，于是在 MAC 地址表中查询目的 MAC 地址，找到匹配的表项后，将该帧从 GE0/0/2 接口发出。

（7）最后，PC2 收到这个数据帧。

接着来看在三层交换机上，不同 VLAN 的 PC 的通信过程，以 PC1 发送一份数据给 PC3 为例，大致的过程如下：

（1）PC1 的上层协议产生的数据载荷到了网络层，数据载荷被封装 IP 头部，然后下送到了 PC1 的网卡，现在网卡要将其封装成以太网数据帧，由于数据包的目的 IP 地址与本机不在相同网段，这意味着 PC1 需要先把报文发送到默认网关，因此数据帧的目的 MAC 地址需填写网关（192.168.10.254）的 MAC 地址。PC1 在 ARP 表中查询 192.168.10.254，发现并没有匹配的表项，因此它发送一个广播的 ARP Request 试图查询网关的 MAC 地址。

（2）这个广播的 ARP Request 到达了交换机的 GE0/0/1 接口，被打上 VLAN10 的 Tag。交换机通过读取数据帧头部，发现这是一个广播数据帧，因此一方面将其在加入 VLAN10 的接口上进行泛洪，另一方面将数据帧解封装后上送到自己的 ARP 协议模块，ARP 模块发现这个 ARP 报文请求的是 192.168.10.254 这个 IP 地址的 MAC 地址，而 VLANIF10 的 IP 地址就是 192.168.10.254，因此它直接发送一个 ARP Reply 给 PC1。

（3）PC1 收到了这个 ARP Reply，获知了 192.168.10.254 对应的 MAC 地址，因此继续封装数据帧，然后将数据帧从网卡发出。

（4）交换机收到这个数据帧，发现这是一个单播数据帧，而且该帧的目的 MAC 地址正是本机的 MAC 地址，因此交换机将数据帧解封装，并将里面的数据上送到 IP 模块进行处理。IP 模块读取数据包的目的 IP 地址后，发现目的 IP 地址并非本机的 IP 地址，于是它在路由表中查询这个地址，结果发现有一条本地直连路由匹配，而该直连路由的出接口是 VLANIF20，因此交换机重新将这个数据包封装成帧，这个新的以太网帧头中，源 MAC 地址填写的是交换机的 MAC 地址，而目的 MAC 则需填写 192.168.20.1 的 MAC 地址，如果交换机的 ARP 表中没有相关的表项，那么它需要在 VLAN20 中发送广播 ARP Request 去请求 PC3 的 MAC 地址，这个过程不再赘述。数据帧封装好后，交换机将其从 GE0/0/3 接口发出。

（5）最后，PC3 收到这个数据帧。

8.3.4　案例 2：三层交换机配置案例

在图 8-38 中，SW1 是二层交换机，SW2 是三层交换机。SW1 下联着终端用户，上联 SW2，在该网络中 SW2 作为汇聚层交换机，是终端用户的网关所在。内网为了区隔用户规划了两个 VLAN，分别是 VLAN10 及 VLAN20。现在要完成各设备的配置，使得 VLAN10 及 VLAN20 的用户能够进行相互通信，而且都能访问 192.168.100.0/24。

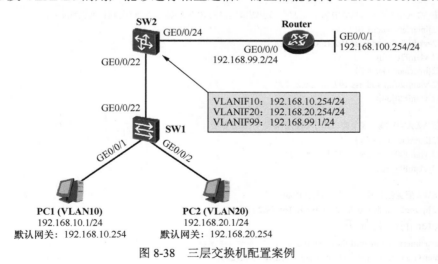

图 8-38　三层交换机配置案例

值得注意的是，网络中一共存在三个 VLAN，分别是 VLAN10、VLAN20 及 VLAN99。其中，VLAN10 及 VLAN20 是为终端用户规划的 VLAN，而 VLAN99 则是交换机 SW2 与 Router 互联的 VLAN。为了实现 SW2 与 Router 的对接，需将 SW2 的 GE0/0/24 接口配置为 Access 类型，并且添加到 VLAN99，同时配置交换机的 VLANIF99。

SW1 的配置如下：

```
#创建 VLAN10 及 VLAN20，将连接 PC1、PC2 的接口配置为 Access 类型并添加到相应的 VLAN 中：
[SW1]vlan batch 10 20
[SW1]interface GigabitEthernet 0/0/1
[SW1-GigabitEthernet0/0/1]port link-type access
[SW1-GigabitEthernet0/0/1]port default vlan 10
[SW1-GigabitEthernet0/0/1]quit
[SW1]interface GigabitEthernet 0/0/2
[SW1-GigabitEthernet0/0/2]port link-type access
[SW1-GigabitEthernet0/0/2]port default vlan 20
[SW1-GigabitEthernet0/0/2]quit

#将连接 SW2 的接口配置为 Trunk 类型并放通 VLAN10 及 VLAN20：
[SW1]interface GigabitEthernet 0/0/22
[SW1-GigabitEthernet0/0/22]port link-type trunk
[SW1-GigabitEthernet0/0/22]port trunk allow-pass vlan 10 20
```

SW2 的配置如下：

```
[SW2]vlan batch 10 20 99

#将连接 SW1 的接口配置为 Trunk 类型，并放通 VLAN10 及 VLAN20：
[SW2]interface GigabitEthernet 0/0/22
[SW2-GigabitEthernet0/0/22]port link-type trunk
[SW2-GigabitEthernet0/0/22]port trunk allow-pass vlan 10 20
[SW2-GigabitEthernet0/0/22]quit

#将连接路由器的接口配置为 Access 类型，并加入 VLAN99：
[SW2]interface GigabitEthernet 0/0/24
[SW2-GigabitEthernet0/0/24]port link-type access
[SW2-GigabitEthernet0/0/24]port default vlan 99
[SW2-GigabitEthernet0/0/24]quit

#配置 VLANIF10 及 VLANIF20，这两个三层逻辑接口的 IP 地址将作为 PC 的默认网关地址：
[SW2]interface vlanif 10
[SW2-vlanif10]ip address 192.168.10.254 24
[SW2-vlanif10]quit
[SW2]interface vlanif 20
[SW2-vlanif20]ip address 192.168.20.254 24
[SW2-vlanif20]quit

#配置 VLANIF99，这个接口用于和路由器进行三层对接：
[SW2]interface vlanif 99
[SW2-vlanif99]ip address 192.168.99.1 24
[SW2-vlanif99]quit

#为 SW2 配置默认路由，下一跳是 Router：
[SW2]ip route-static 0.0.0.0 0.0.0.0 192.168.99.2
```

Router 的配置如下：

```
[Router]interface GigabitEthernet 0/0/0
[Router-GigabitEthernet0/0/0]ip address 192.168.99.2 24
```

```
[Router-GigabitEthernet0/0/0]quit
[Router]interface GigabitEthernet 0/0/1
[Router-GigabitEthernet0/0/1]ip address 192.168.100.254 24
[Router-GigabitEthernet0/0/1]quit

#为路由器配置到达 VLAN10 及 VLAN20 对应的网段的静态路由:
[Router]ip route-static 192.168.10.0 24 192.168.99.1
[Router]ip route-static 192.168.20.0 24 192.168.99.1
```

关于本案例中的网络,一种更形象的理解如图 8-39 所示。完成上述配置后可先做几个检查。首先看一下 SW1 的接口 VLAN 信息:

```
<SW1>display port vlan
Port                    Link Type      PVID       Trunk VLAN List
———————————————————————————————————————————————————————————————————
GigabitEthernet0/0/1    access         10         -
GigabitEthernet0/0/2    access         20         -
GigabitEthernet0/0/3    hybrid         1          -
… …
GigabitEthernet0/0/22   trunk          1          1 10 20
… …
```

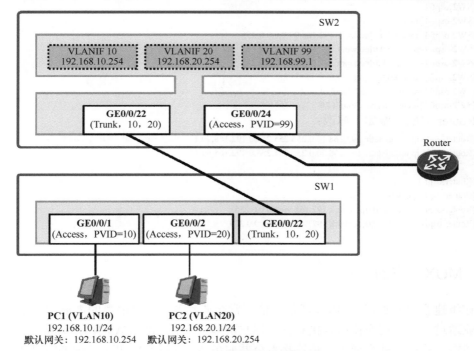

图 8-39   更加形象地理解图 8-38 所示的案例

再查看一下 SW2 的路由表:

```
<SW2>display ip routing-table
Route Flags: R - relay, D - download to fib
——————————————————————————————————————————————————————————————————————
Routing Tables: Public
          Destinations : 9        Routes : 9

Destination/Mask     Proto    Pre   Cost    Flags   NextHop              Interface
```

0.0.0.0/0	Static	60	0	RD	192.168.99.2	Vlanif99
192.168.10.0/24	Direct	0	0	D	192.168.10.254	Vlanif10
192.168.20.0/24	Direct	0	0	D	192.168.20.254	Vlanif20
192.168.99.0/24	Direct	0	0	D	192.168.99.1	Vlanif99
… …						

在 SW2 的路由表中能看到 192.168.10.0/24、192.168.20.0/24 以及 192.168.99.0/24 这三条直连路由，它们分别关联到了 VLANIF10、VLANIF20 及 VLANIF99。另外还有一条静态默认路由。

现在 PC1 已经能够 ping 通 PC2，当然，PC1 及 PC2 也能够 ping 通 192.168.100.0/24 中的设备。

在本例中，SW2 与 Router 可以使用静态路由实现网络中各网段之间的数据互通，也可使用动态路由协议，以 S5700 交换机为例，除了支持静态路由，还支持各种动态路由协议。例如，我们可以在 SW2 与 Router 之间部署 OSPF。

SW2 的配置做如下修改：

```
[SW2]undo ip route-static 0.0.0.0 0.0.0.0 192.168.99.2

[SW2]ospf 1
[SW2-ospf-1]area 0
[SW2-ospf-1-area-0.0.0.0]network 192.168.99.0 0.0.0.255
[SW2-ospf-1-area-0.0.0.0]network 192.168.10.0 0.0.0.255
[SW2-ospf-1-area-0.0.0.0]network 192.168.20.0 0.0.0.255
[SW2-ospf-1-area-0.0.0.0]quit
[SW2-ospf-1]silent-interface Vlanif 10
[SW2-ospf-1]silent-interface Vlanif 20
```

Router 的配置做如下修改：

```
[Router]undo ip route-static 192.168.10.0 255.255.255.0 192.168.99.1
[Router]undo ip route-static 192.168.20.0 255.255.255.0 192.168.99.1

[Router]ospf 1
[Router-ospf-1]area 0
[Router-ospf-1-area-0.0.0.0]network 192.168.99.0 0.0.0.255
[Router-ospf-1-area-0.0.0.0]network 192.168.100.0 0.0.0.255
```

8.4 MUX VLAN

在组建企业的数据网络时，我们可能经常会遇到各种流量隔离的需求。例如图 8-40，该企业通过一台二层交换机连接着三个用户群体，分别是部门 A 的用户、部门 B 的用户以及访客，除此之外交换机上还连接着公共服务器（Server）。现在企业的需求是：

● A 部门内的用户之间能够进行二层通信，B 部门同理。但是 A、B 部门的用户之间不能进行二层通信。您可能已经想到了，这个需求可以通过将 A、B 部门规划到两个不同的 VLAN 来实现。

● 要求部门 A 以及部门 B 的用户都能访问公共服务器 Server。

这是需面对的第一个疑难点。因为部门 A 及部门 B 如果被规划到了不同的 VLAN 中，而这两个 VLAN 现在都要访问 Server，那么究竟该把 Server 放置在哪一个 VLAN 呢？如果将 Server 放置在与部门 A 相同的 VLAN 中，那么部门 B 的用户将无法访问

Server，此时就不得不借助三层设备，例如路由器来实现 VLAN 间的通信，这就增加了经济成本。

- 要求访客区的任意一台 PC 除了能访问 Server 外，不能访问任何其他设备，包括其他访客 PC。

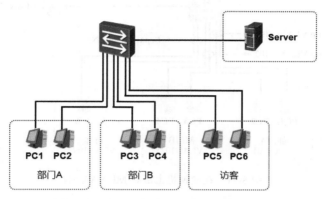

图 8-40　企业网络中对于流量隔离的需求

这又是另一个难题。如何解决任何访客 PC 之间的流量隔离问题？如果将每一台访客 PC 都放置在不同的 VLAN 中，将不得不配置大量的 VLAN，这显然是不合理的，另外，访客又如何与 Server 直接通信呢？

MUX VLAN（Multiplex VLAN）可以实现上述需求。MUX VLAN 实现了二层流量的弹性管控。我们先熟悉一下 MUX VLAN 的几个基本概念。

- **主 VLAN（Principal VLAN）**

加入 Principal VLAN 的接口也即 Principal Port，它们可以和 MUX VLAN 内的所有接口进行通信。

- **从 VLAN（Subordinate VLAN）**

Subordinate VLAN 分为两种，一种是互通型 Subordinate VLAN（Group VLAN），另一种是隔离型 Subordinate VLAN（Separate VLAN）。每个 Group VLAN 及 Separate VLAN 必须与一个 Principal VLAN 绑定。

加入 Separate VLAN 的接口也即 Separate Port，Separate Port 只能与 Principal Port 通信，而无法与其他类型的接口通信（包括同属一个 Separate VLAN 的其他 Separate Port）。

加入 Group VLAN 的接口也即 Group Port，Group Port 可以和 Principal Port 通信，属于同一个 Group VLAN 的用户之间能够进行二层通信，而属于不同 Group VLAN 的用户之间就无法通信了，另外 Group Port 也无法与 Separate Port 通信。

回到本节开始时提到的案例，在该网络中部署 MUX VLAN 即可实现相关需求。如图 8-41 所示，交换机创建了四个 VLAN，它们分别是 100、101、102 以及 109，这四个 VLAN 分别给 Server、部门 A、部门 B 以及访客使用。现在 VLAN100 被配置为 Principal VLAN，VLAN101 以及 VLAN102 被配置为 Principal VLAN 100 的 Group VLAN，如此一来，A 部门内的用户之间能够进行二层通信，B 部门同理，而这两个部门的用户之间则无法通信，同时由于 VLAN101 及 VLAN102 都是 VLAN100 的 Group VLAN，因此两个部门的用户都能与处于 VLAN100 的 Server 通信。接下来将 VLAN109 配置为 Principal VLAN 100 的 Separate VLAN，如此一来，属于 VLAN109 的访客只能够与 Server 通信，而无法与其他任何接口通信，包括 VLAN109 中的其他访客。

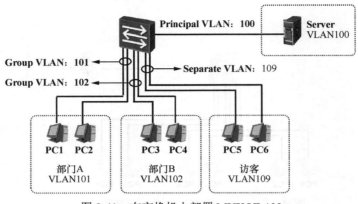

图 8-41　在交换机上部署 MUX VLAN

8.4.1　案例：MUX VLAN 基础配置

在图 8-42 中，交换机将部署 MUX VLAN。将 VLAN100 配置为 Principal VLAN，将 VLAN101、102 配置为 VLAN100 的 Group VLAN，将 VLAN109 配置为 VLAN100 的 Separate VLAN。最后将连接 PC 或 Server 的接口加入到相应的 VLAN。

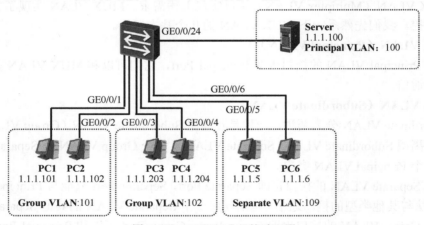

图 8-42　MUX VLAN 基础配置

交换机的配置如下：

```
#批量创建相关 VLAN：
[Quidway]vlan batch 100 101 102 109

#配置 MUX VLAN 中的 Group VLAN 和 Separate VLAN：
[Quidway]vlan 100
[Quidway-vlan100]mux-vlan                      #将当前 VLAN 指定为 Principal VLAN
[Quidway-vlan100]subordinate group 101 102     #指定当前 VLAN 的 Group VLAN
[Quidway-vlan100]subordinate separate 109      #指定当前 VLAN 的 Separate VLAN
[Quidway-vlan100]quit
```

```
#配置接口加入 VLAN 并使能 MUX VLAN 功能:
[Quidway]interface gigabitethernet 0/0/1
[Quidway-GigabitEthernet0/0/1]port link-type access
[Quidway-GigabitEthernet0/0/1]port default vlan 101
[Quidway-GigabitEthernet0/0/1]port mux-vlan enable
[Quidway-GigabitEthernet0/0/1]quit
[Quidway] interface gigabitethernet 0/0/2
[Quidway-GigabitEthernet0/0/2]port link-type access
[Quidway-GigabitEthernet0/0/2]port default vlan 101
[Quidway-GigabitEthernet0/0/2]port mux-vlan enable
[Quidway-GigabitEthernet0/0/2]quit
[Quidway] interface gigabitethernet 0/0/3
[Quidway-GigabitEthernet0/0/3]port link-type access
[Quidway-GigabitEthernet0/0/3]port default vlan 102
[Quidway-GigabitEthernet0/0/3]port mux-vlan enable
[Quidway-GigabitEthernet0/0/3]quit
[Quidway]interface gigabitethernet 0/0/4
[Quidway-GigabitEthernet0/0/4]port link-type access
[Quidway-GigabitEthernet0/0/4]port default vlan 102
[Quidway-GigabitEthernet0/0/4]port mux-vlan enable
[Quidway-GigabitEthernet0/0/4]quit
[Quidway] interface gigabitethernet 0/0/5
[Quidway-GigabitEthernet0/0/5]port link-type access
[Quidway-GigabitEthernet0/0/5]port default vlan 109
[Quidway-GigabitEthernet0/0/5]port mux-vlan enable
[Quidway-GigabitEthernet0/0/5]quit
[Quidway]interface gigabitethernet 0/0/6
[Quidway-GigabitEthernet0/0/6]port link-type access
[Quidway-GigabitEthernet0/0/6]port default vlan 109
[Quidway-GigabitEthernet0/0/6]port mux-vlan enable
[Quidway-GigabitEthernet0/0/6]quit
[Quidway]interface gigabitethernet 0/0/24
[Quidway-GigabitEthernet0/0/24]port link-type access
[Quidway-GigabitEthernet0/0/24]port default vlan 100
[Quidway-GigabitEthernet0/0/24]port mux-vlan enable
[Quidway-GigabitEthernet0/0/24]quit
```

完成上述配置后，可以在交换机上查看一下配置结果：

```
<quidway>display mux-vlan
Principal Subordinate Type          Interface
-----------------------------------------------------------------------------
100         -          principal    GigabitEthernet0/0/24
100         109        separate     GigabitEthernet0/0/5 GigabitEthernet0/0/6
100         101        group        GigabitEthernet0/0/1 GigabitEthernet0/0/2
100         102        group        GigabitEthernet0/0/3 GigabitEthernet0/0/4
-----------------------------------------------------------------------------
```

8.5 VLAN 聚合

我们已经知道，在一个交换网络中，一个 VLAN 就是一个广播域，不同的 VLAN 属于不同的广播域，一般而言，不同的 VLAN 也会使用不同的 IP 网段。当一个园区网络中存在一定数量的 VLAN 时，通常情况下，网络管理员需要为该网络分配与 VLAN 数量相当的 IP 网段。然而，在实际的部署中，某些 VLAN 内的主机数量可能非常少，当 IP 地址紧缺时，为这几台属于同一个 VLAN 的主机单独分配一个大的 IP 网段将显得非常浪费，即使可以利用 VLSM，为这些 VLAN 分配一个掩码长度较长的 IP 子网，每个 IP 子网也会被网络地址、广播地址以及网关地址等至少占据数个 IP 地址，这在一定程度上也造成了 IP 地址的浪费。而且如果 IP 网段中的地址分配得过于紧致，也会为日后 VLAN 内的设备扩容造成不便。

在图 8-43 所示的网络中存在三个 VLAN，这三个 VLAN 各包含一定数量的 PC，我们当然可以为这三个 VLAN 各分配一个 C 类 IP 地址段，然而如果网络管理员只被允许使用一个 C 类 IP 地址段，例如 192.168.8.0/24 用于该网络，那么他就不得不将这个 IP 地址空间进行子网划分，然而这样一来，就不得不面对上文提到的几个问题。

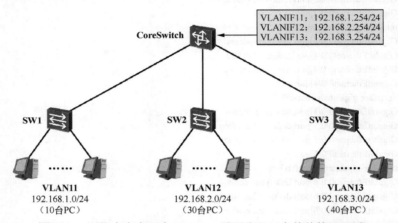

图 8-43　网络中存在三个 VLAN，需要分配三个单独的 IP 网段

简单地说，VLAN 聚合（VLAN Aggregation）技术允许网络管理员将一个 IP 网段用于多个 VLAN，例如将 192.168.8.0/24 同时用于 VLAN11、12 及 13，如图 8-44 所示，从而避免一个 VLAN 单独占据一个 IP 网段的情况，节省了 IP 地址，也保证了网络的可扩展性。VLAN 聚合也被称为超级 VLAN（Super VLAN）。

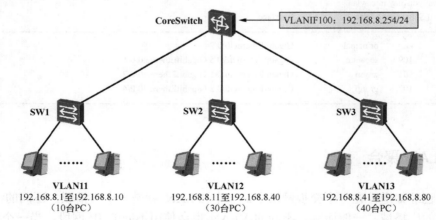

图 8-44　在网络中部署 VLAN 聚合

在 VLAN 聚合中，有两种类型的 VLAN：

- **Super-VLAN**：Super-VLAN 类似"父 VLAN"的概念，用户创建 Super-VLAN 后，需将 Sub-VLAN 关联到该 Super-VLAN 中。Super-VLAN 并不包含任何物理接口，它只用于将 Sub-VLAN 进行聚合，并且提供对应的三层接口（VLANIF）。
- **Sub-VLAN**：Sub-VLAN 必须被关联到对应的 Super-VLAN，也就是被 Super-VLAN 聚合，因此 Sub-VLAN 类似"子 VLAN"的概念。网络管理员可以向 Sub-VLAN 中添加物理接口，但是不能创建 Sub-VLAN 对应的 VLANIF。同一个 Super-VLAN 内的 Sub-VLAN 之间彼此依然二层隔离，但是这些 Sub-VLAN 共用 Super-VLAN 的 VLANIF，也就是说，所有 Sub-VLAN 内的主机使用相同的 IP 网段，并且这些主机都可以将缺省网关设置为 Super-VLAN 的 VLANIF。

在图 8-44 所示的网络中，网络管理员部署了 VLAN 聚合，其中 VLAN100 是 Super-VLAN，而 VLAN11、12 及 13 是该 Super-VLAN 的 Sub-VLAN。VLAN11、12 及 13 内都拥有一定数量的主机，这些主机都使用 192.168.8.0/24 地址段，它们能够与相同 Sub-VLAN 内的主机进行二层通信，但是缺省情况下，无法与其他 Sub-VLAN 中的主机直接通信。网络管理员在 CoreSwitch 上创建了 Super-VLAN100 的 VLANIF，该三层接口的地址将作为所有 Sub-VLAN 内主机的缺省网关，当主机需要访问外部网络时，流量首先被发往 VLANIF100，再由 CoreSwitch 转发出去。当 Sub-VLAN 内的主机数量增加时，例如 VLAN11 内需要增加两台主机，那么这两台新增的主机可以直接使用例如 192.168.8.81/24、192.168.8.82/24 这样的空闲地址，因此网络的可扩展性是比较高的。

8.5.1　案例：VLAN 聚合基础配置

我们将在图 8-45 的网络中部署 VLAN 聚合，将 VLAN100 指定为 Super-VLAN，在 CoreSwitch 上配置其 VLANIF 作为 PC 的默认网关；将 VLAN11 及 VLAN12 指定为 VLAN100 的 Sub-VLAN。

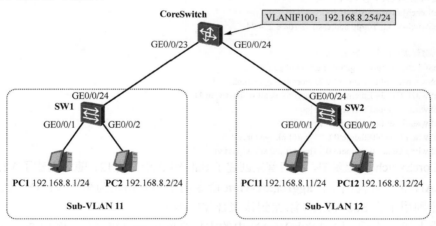

图 8-45　VLAN 聚合的基础配置

SW1 的配置如下：

```
[SW1]vlan batch 11
```

```
[SW1]interface GigabitEthernet 0/0/1
[SW1-GigabitEthernet0/0/1]port link-type access
[SW1-GigabitEthernet0/0/1]port default vlan 11
[SW1-GigabitEthernet0/0/1]quit
[SW1]interface GigabitEthernet 0/0/2
[SW1-GigabitEthernet0/0/2]port link-type access
[SW1-GigabitEthernet0/0/2]port default vlan 11
[SW1-GigabitEthernet0/0/2]quit
[SW1]interface GigabitEthernet 0/0/24
[SW1-GigabitEthernet0/0/24]port link-type trunk
[SW1-GigabitEthernet0/0/24]port trunk allow-pass vlan 11
```

SW2 的配置如下：

```
[SW2]vlan batch 12
[SW2]interface GigabitEthernet 0/0/1
[SW2-GigabitEthernet0/0/1]port link-type access
[SW2-GigabitEthernet0/0/1]port default vlan 12
[SW2-GigabitEthernet0/0/1]quit
[SW2]interface GigabitEthernet 0/0/2
[SW2-GigabitEthernet0/0/2]port link-type access
[SW2-GigabitEthernet0/0/2]port default vlan 12
[SW2-GigabitEthernet0/0/2]quit
[SW2]interface GigabitEthernet 0/0/24
[SW2-GigabitEthernet0/0/24]port link-type trunk
[SW2-GigabitEthernet0/0/24]port trunk allow-pass vlan 12
```

CoreSwitch 的配置如下：

```
#创建 Sub-VLAN：
[CoreSwitch]vlan batch 11 12

#创建 Super-VLAN100，并将 VLAN11 及 12 指定为 VLAN100 的 Sub-VLAN：
[CoreSwitch]vlan 100
[CoreSwitch-vlan100]aggregate-vlan                       #将 VLAN100 设置为 Super-VLAN
[CoreSwitch-vlan100]access-vlan 11 12

#配置 Super-VLAN 的 VLANIF：
[CoreSwitch]interface Vlanif 100
[CoreSwitch-Vlanif100]ip address 192.168.8.254 24

#完成物理接口的基础配置：
[CoreSwitch]interface GigabitEthernet 0/0/23
[CoreSwitch-GigabitEthernet0/0/23]port link-type trunk
[CoreSwitch-GigabitEthernet0/0/23]port trunk allow-pass vlan 11
[CoreSwitch-GigabitEthernet0/0/23]quit
[CoreSwitch]interface GigabitEthernet 0/0/24
[CoreSwitch-GigabitEthernet0/0/24]port link-type trunk
[CoreSwitch-GigabitEthernet0/0/24]port trunk allow-pass vlan 12
```

　　在 CoreSwitch 的配置中，我们首先创建了 Sub-VLAN11 及 12，随后创建了 VLAN100，在该 VLAN 的配置视图下，**aggregate-vlan** 命令用于将其指定为聚合 VLAN，而 **access-vlan** 命令则用于将 Sub-VLAN 添加到该聚合 VLAN 中。

　　完成上述配置后，相同 Sub-VLAN 内的主机之间可以直接通信。例如 PC1 可以直接与 PC2 进行二层通信，而所有的 PC 如果需要发送数据到外部网络，则流量首先会到达 VLANIF100，再由 CoreSwitch 负责将流量转发出去。有一点需要强调的是，缺省情况下，不同 Sub-VLAN 的 PC 之间是无法互访的，在本例中，PC1 无法与 PC11 或 PC12 互访。

众所周知，不同的 Sub-VLAN 之间二层隔离，因此要实现 Sub-VLAN 之间的通信，必须借助三层设备，例如图中的 CoreSwitch。

假设 PC1 需要发送数据给 PC11，PC1 发现目的 IP 地址 192.168.8.11 与本机网卡在同一个 IP 网段内，因此它认为目的 PC 与自己处于同一个二层网络，于是它向网络中发送一个广播的 ARP Request，试图获得 PC11 的 MAC 地址。这个广播数据帧会在 VLAN11 内泛洪，但是不会到达 VLAN12，因此 PC11 永远无法收到这个数据帧，更加不会回应它，于是 PC1 无法将到达 PC11 的数据帧发出。此时可以通过在 CoreSwitch 上激活 Super-VLAN 的 VLANIF（VLANIF100）的代理 ARP 功能来解决这个问题。

CoreSwitch 增加如下配置：

```
[CoreSwitch]interface Vlanif 100
[CoreSwitch-Vlanif100]arp-proxy inter-sub-vlan-proxy enable
```

在以上配置中，**arp-proxy inter-sub-vlan-proxy enable** 命令用于将 VLANIF100 的代理 ARP 功能激活，这样一来，当 VLANIF100 收到 PC1 发送的该 ARP Request 后，它将使用 ARP Reply 进行回应，将自己的 MAC 地址告知对方，PC1 收到该回应后，创建 ARP 表项，将 192.168.8.11 与 CoreSwitch 的 VLANIF100 的 MAC 地址进行绑定，然后它将到达 PC11 的数据帧发给 CoreSwitch，后者将该帧转发到 PC11。完成以上配置后，Sub-VLAN11 及 12 之间即可实现通信。

8.6 企业交换网络

以太网交换技术在企业园区网络中有着广泛的应用。传统的企业园区网络通常采用三层架构，如图 8-46 所示。

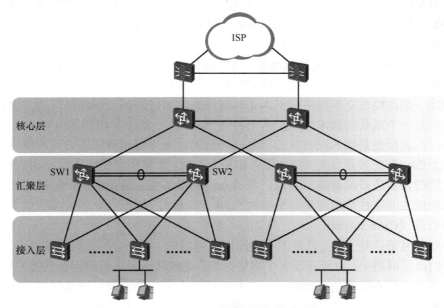

图 8-46　典型的园区网三层结构

- **接入层（Access Layer）**

接入层可被视为网络的边界，主要的功能是提供终端用户接入网络的入口，它负责将终端用户发往外部网络，或者发往其他 VLAN 的流量上交给汇聚层处理。一个典型园区网络的接入层往往连接着多种终端设备，例如 PC、服务器、网络打印机、无线 AP（Wireless Access Point，无线接入点）等。

工作在接入层的设备主要是接入层交换机，这些交换机通常仅具备二层功能。在接入层交换机上应用的技术主要有 VLAN、Trunk、生成树（本书将在"STP"一章中介绍该技术）、Smart Link 等，另外可能也会应用一些安全技术，例如 ACL（Access Control List，访问控制列表）、接口安全技术（本书将在"以太网安全"一章中介绍该技术）、NAC（Network Admission Control，网络接入控制）等。由于大型网络中，终端设备的数量比较大，因此网络中的接入层交换机势必非常多，如何有效地管理这些交换机便是网络设计者和管理者不得不考虑的问题，使用堆叠（Stacking）技术可以将多台物理交换机组合成一个整体，形成一台具体更高接口密度的"大交换机"，这不但简化了网络的管理方式，也使网络的逻辑拓扑更加简单。

- **汇聚层（Aggregation Layer）**

汇聚层顾名思义是流量的汇聚地，通常是终端设备的默认网关所在。三层交换机通常被部署在汇聚层，而这些交换机将作为各个用户 VLAN 的终结点（来自终端设备的二层流量在这里终止）以及默认网关。

内网中各个 VLAN 之间的数据互通是在汇聚层实现的。正如上文所说，汇聚层的交换机通常作为终端设备的默认网关，它们通过配置 VLANIF 提供服务。由于网关设备地位非常关键，因此其可靠性的保障是非常有必要的。一般而言，在典型的园区网络中，在汇聚层通常会采用多台汇聚层交换机实现冗余。在中小型组网中，采用两台交换机实现网关冗余是较为常见的，例如图 8-46 中的 SW1 及 SW2，这两台交换机可以通过例如 VRRP（Virtual Router Redundancy Protocol，虚拟路由器冗余协议。本书将在"VRRP"一章中介绍）这样的技术实现热备份。

大多数情况下，接入层交换机与汇聚层交换机构成一个园区网络中的二层交换网络。为了保证网络的高可靠性，接入层交换机与汇聚层交换机之间往往通过冗余的链路互联，如此一来，便在交换网络中引入了二层环路，如何解决二层环路问题并保证网络的高可靠性是一个重要的技术课题，本书将在"STP"一章中介绍相关内容。

另外，汇聚层也是接入层与核心层之间的桥梁，当终端设备需要访问网络外部，或者访问位于核心层的重要设备（例如服务器资源）时，汇聚层负责将流量路由到核心层，因此汇聚层的设备还需部署路由协议，与核心层的设备交互路由信息。汇聚层交换机与核心层交换机之间往往会组建三层交换网络。

- **核心层（Core Layer）**

核心层是网络的骨干，在许多中小型的园区网络中，核心层与汇聚层常被合二为一，但在大型的园区网络中，可能涉及多个网络区块，这些网络区块都使用各自的汇聚设备，在这种场景下，核心层就是必须的了，它负责将各个区块的汇聚层连接起来，实现区块之间的数据交互。核心层负责高速的数据转发，而且必须充分考虑高可靠性、高容错性等等方面的设计。

8.7　习题

1．（单选）以下 MAC 地址中，是组播 MAC 地址的是（　　）
   A．0025-9efb-1954　　　　　　B．384c-4f65-b602
   C．0100-5efc-aa01　　　　　　D．a000-bf57-2412

2．（单选）以下关于 VLAN 的描述，错误的是（　　）
   A．VLAN 可以隔绝广播，一个 VLAN 是一个独立的广播域。
   B．不同 VLAN 的设备，如果使用同一 IP 网段的 IP 地址，也可实现二层互通。
   C．不同的 VLAN 之间通常无法直接互通，需借助具备路由功能的设备。
   D．VLAN 主要在交换机上实现。

3．（单选）以下关于交换机基本工作原理的描述，错误的是（　　）
   A．每台交换机都会维护 MAC 地址表，MAC 地址表项会罗列出 MAC 地址、
      VLAN-ID 以及接口等信息的关联情况。
   B．当交换机收到一个目的 MAC 地址未知的单播数据帧时，它会将该数据帧进
      行泛洪，所谓的泛洪也就是将数据帧从交换机的所有接口都发送出去，其中
      包括收到该帧的接口。
   C．当交换机收到一个广播数据帧时，它会将数据帧在加入了相同 VLAN 的接口
      上进行泛洪。
   D．如果交换机 MAC 地址表出现紊乱，那么势必影响交换机的数据帧转发功能，
      有可能导致网络通信出现问题。

4．（多选）以下关于交换机二层接口类型的描述，正确的是（　　）
   A．交换机的二层接口类型有 Access、Trunk 及 Hybrid。
   B．Access 接口只能加入一个 VLAN，而 Trunk 及 Hybrid 接口则可以允许多个
      VLAN 的流量通过。
   C．Trunk 接口缺省允许 VLAN1 的流量通过，而且以无标记帧的形式接收及发送。
   D．在 Hybrid 接口上可通过命令指定接口在发送特定 VLAN 的流量时，是否携
      带 Tag。

5．在图 8-47 中，PC1 与 PC2 是否能够正常通信（图中没有明确描述的配置均采用
缺省配置）？

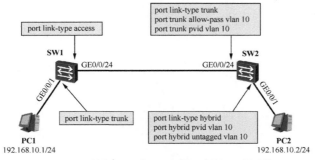

图 8-47　判断 PC1 与 PC2 是否能够正常通信

第9章
以太网安全

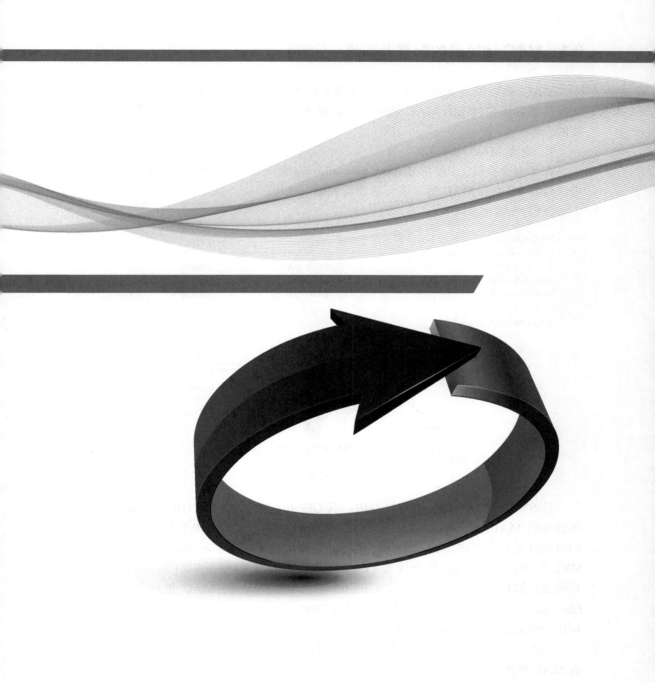

9.1 MAC 地址表的配置及管理

MAC 地址表是交换机进行数据帧转发时所使用的一个非常关键的数据表。每一台交换机都会维护自己的 MAC 地址表，掌握 MAC 地址表的相关配置及管理是非常有必要的。

1. 查看 MAC 地址表

在华为交换机上，使用 **display mac-address** 命令可查看设备的 MAC 地址表。图 9-1 中，查看 SW1 的 MAC 地址表可能会看到如下输出：

```
<SW1>display mac-address
-----------------------------------------------------------------------------------
MAC Address          VLAN/VSI              Learned-From          Type
-----------------------------------------------------------------------------------
4c1f-ccab-ea87       200/-                 Eth-Trunk1            dynamic
5489-985b-17af       10/-                  GE0/0/1              dynamic
5489-987e-10d0       20/-                  GE0/0/2              dynamic
-----------------------------------------------------------------------------------
Total items displayed = 3
```

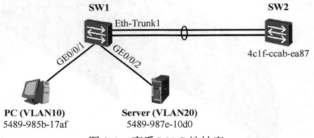

图 9-1　查看 MAC 地址表

从 SW1 的 MAC 地址表可以看出，其 GE0/0/1 接口在 VLAN10 中连接着一台设备，该设备的 MAC 地址为 5489-985b-17af（图中的 PC），其 GE0/0/2 接口连接着一台加入 VLAN20 的设备（图中的 Server），其 MAC 地址为 5489-987e-10d0。另一方面 SW1 与 SW2 之间还部署了链路聚合技术（Link Aggregation），这使得 SW1 与 SW2 之间的多个互联接口被聚合成一个逻辑接口（Eth-trunk1）。从 SW1 的 MAC 地址表可以看出，其 Eth-trunk1 接口连接着一台处于 VLAN200 的设备，且该设备的 MAC 地址为 4c1f-ccab-ea87，这是 SW2 的 MAC 地址。

因此，当这些设备之间需要相互通信时，数据帧在到达 SW1 后，SW1 便可通过查询 MAC 地址表进行数据转发。

2. 配置动态 MAC 表项的老化时间

在图 9-1 中，初始时，SW1 的 MAC 地址表是空的，随着网络中的各台设备陆续开始发送数据，交换机也在各个接口上学习 MAC 地址，并持续维护自己的 MAC 地址表。当网络稳定后，我们便能够在 SW1 的 MAC 地址表中看到 PC、Server 以及 SW2 的 MAC 地址，而这些 MAC 地址表项都是动态的（类型为 dynamic）。一个动态的 MAC 地址表项被加载到交换机的 MAC 地址表后，其老化计时器也就随即启动，并开始倒计时，当该计时器计数到 0 时，这个 MAC 表项将被删除。在交换机每收到一个数据帧时，MAC 地址表中与该数据帧的源 MAC 地址对应的表项也会被刷新，该表项的老化计时器将被复位并重新开始倒计时。

华为的交换机缺省的动态 MAC 地址表项老化时间为 300s，在系统视图下执行 **mac-address aging-time** 命令可修改动态 MAC 表项的老化时间。在实际的网络中不建议随意修改该老化时间。

3. 配置静态 MAC 表项

我们已经知道交换机的 MAC 地址学习过程是自动进行的，所学习到的 MAC 地址表项是动态的，这在某种场景下是不可靠的。以图 9-1 所示的场景为例，假设 SW1 的 GE0/0/3 接口连接一台 PC，该 PC 以 Server 的 MAC 地址为源进行数据帧伪造，然后持续不断地向交换机发送这些非法的数据帧，那么在 SW1 的 MAC 地址表中，关于该 MAC 地址的表项将会不断地在 GE0/0/3 及 GE0/0/2 之间来回出现，这种现象被称为 "MAC 地址漂移"。可以肯定的是，当交换机将这个 MAC 地址关联到 GE0/0/3 接口时，所有发往 Server 的数据帧将无法准确地到达目的地，业务势必会受到影响。

通过为 SW1 配置静态 MAC 表项可以规避上述问题。SW1 的配置如下：

```
[SW1]mac-address static 5489-987e-10d0 GigabitEthernet 0/0/2 vlan 20
```

上述命令为 SW1 创建了一个静态（Static）的 MAC 表项，完成上述配置后再来看看 SW1 的 MAC 地址表：

```
<SW1>display mac-address
-------------------------------------------------------------------------------
MAC Address          VLAN/VSI          Learned-From          Type
-------------------------------------------------------------------------------
4c1f-ccab-ea87       200/-             Eth-Trunk1            dynamic
5489-985b-17af       10/-              GE0/0/1              dynamic
5489-987e-10d0       20/-              GE0/0/2              static
-------------------------------------------------------------------------------
Total items displayed = 3
```

SW1 的 MAC 地址表中出现了一个静态的表项，静态的 MAC 表项是永远不会被老化的，而且其优先级比动态表项更高，这样一来，当 SW1 再从 GE0/0/3 接口收到以 Server 的 MAC 地址为源的数据帧时，SW1 会将这些数据帧丢弃。因此，通过设置静态 MAC 表项，可以确保与交换机固定连接的可信任节点的安全通信。

4. 限制 MAC 地址学习数量

交换机 MAC 地址表的容量是有限的，当网络中存在 MAC 地址泛洪攻击时，交换机的 MAC 地址表可能会瞬间被大量垃圾 MAC 地址表项填满，在很短的时间内，MAC 地址表项资源可能就会被耗尽，因此当交换机收到合法的数据帧时，就无法再进行 MAC 地址学习了，数据帧的转发必将产生问题。为了应对这个问题，可以在交换机上限制 MAC 地址学习数量，当 MAC 地址数量达到所设的上限时，它将不再学习 MAC 地址。

在特定接口的配置视图下：

● 执行 **mac-limit maximum** *max-num* 命令，可限制该接口的 MAC 地址学习数量。参数 *max-num* 的取值范围是（0～32767）。

● 执行 **mac-limit action** { **discard** | **forward** } 命令，可配置当 MAC 地址数量达到限

制后，交换机对数据帧执行的操作。这条命令有两个可选参数，可选参数如下所示。

■ 当指定的 action 为 discard 时，在 MAC 地址表项数量达到限制后，若该接口收到的数据帧的源 MAC 地址为新的 MAC 地址时，丢弃这些帧。缺省时，action 为 discard。

■ 当指定的 action 为 forward 时，在 MAC 地址表项数量达到限制后，若该接口收到的数据帧的源 MAC 地址为新的 MAC 地址时，转发这些帧，但是不记录 MAC 地址表项。

● 执行 **mac-limit alarm** { **disable** | **enable** }命令，可配置当 MAC 地址数量达到限制后是否进行告警，如果在该命令中使用 **enable** 关键字，则当 MAC 地址数量达到限制后进行告警；如果使用 **disable** 关键字，则不告警。缺省时，交换机会进行告警。

交换机还支持基于 VLAN 限制 MAC 地址学习数量，以及基于槽位限制 MAC 地址学习数量，此处不再赘述。

9.2　接口安全

图 9-2 展示的是一个对安全性要求较高的网络，某企业搭建了这个网络。员工将该企业分配的 PC 连接到接入层交换机（Access-Switch）上，从而获得与核心网络（Core Network）的 IP 连通。企业期望在接入层交换机上对员工用户进行基本的安全管控。出于安全考虑，企业要求接入层交换机上每个连接终端设备的接口均只允许一台 PC 接入网络，也就是说，如果有用户试图在某个接口下级联一台小型交换机或者集线器从而扩展上网接口，那么这种行为应该被发现而且被禁止。另外，只有可信赖的终端发送的数据帧才允许被交换机转发到上层网络，员工不能私下更换位置（将 PC 从接入层交换机的某个接口变更至其他接口）。

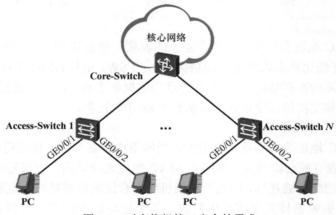

图 9-2　对交换机接口安全的需求

接口安全（Port Security）可用于实现上述需求。通过在交换机的特定接口上部署接口安全，可以限制接口的 MAC 地址学习数量，并配置当出现违规行为时的惩罚机制。另外，部署了 Port Security 的接口可以将其学习到的 MAC 地址变为安全 MAC 地址，从而阻止除了安全地址之外的其他 MAC 地址通过该接口接入网络。

Port Security 接口开始工作后,会解析交换机在接口上收到的数据帧的源 MAC 地址,并进行 MAC 地址学习,学习到的 MAC 地址会被交换机转换为动态安全 MAC 地址,该接口将只允许这些 MAC 地址接入网络。当交换机接口学习到的 MAC 地址达到 Port Security 设置的上限后,交换机将不在该接口上继续学习 MAC 地址,因此其他非信任的终端将无法通过该接口进行通信。动态安全 MAC 地址表项是不会被老化的,但是交换机重启后,这些 MAC 地址表项将丢失,因此交换机不得不重新学习动态安全 MAC 地址。另一种安全 MAC 地址表项是 Sticky MAC 表项,这种表项也是不会被老化的,而且若交换机保存配置后重启,表项也不会丢失。

9.2.1　案例 1:接口安全基础配置

在图 9-3 中,我们将在 SW 上部署 Port Security,将 GE0/0/1 至 GE0/0/3 接口都激活 Port Security。其中 GE0/0/1 及 GE0/0/2 接口将学习 MAC 地址的数量限制为 1,即这两个接口各自只允许连接一台 PC。当该接口连接其他 PC 时,交换机需发出告警,且要求此时接口依然能够正常转发合法 PC 的数据帧。另外,GE0/0/3 接口将学习 MAC 地址的数量限制为 2,并且当学习到的 MAC 地址数超出接口限制数时,交换机需发出告警并将该接口关闭。

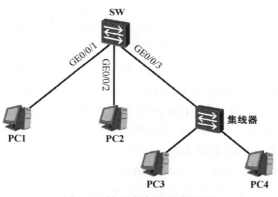

图 9-3　接口安全的基础配置

SW 的配置如下:

```
[SW]interface GigabitEthernet 0/0/1
[SW-GigabitEthernet0/0/1]port-security enable
[SW-GigabitEthernet0/0/1]port-security max-mac-num 1
[SW-GigabitEthernet0/0/1]port-security protect-action restrict
[SW-GigabitEthernet0/0/1]quit
[SW]interface GigabitEthernet 0/0/2
[SW-GigabitEthernet0/0/2]port-security enable
[SW-GigabitEthernet0/0/2]port-security max-mac-num 1
[SW-GigabitEthernet0/0/2]port-security protect-action restrict
[SW-GigabitEthernet0/0/2]quit
[SW]interface GigabitEthernet 0/0/3
[SW-GigabitEthernet0/0/3]port-security enable
[SW-GigabitEthernet0/0/3]port-security max-mac-num 2
[SW-GigabitEthernet0/0/3]port-security protect-action shutdown
```

在上述配置中,在接口视图下配置的 **port-security enable** 命令用于将该接口设置为安全接口。而 **port-security max-mac-num 1** 命令用于配置该接口的动态安全 MAC 地址学习限制数量，该条命令是可选的，如果不配置这条命令，则该接口缺省的动态安全 MAC 地址学习限制数为 1。另外，**port-security protect-action** 命令用于配置当接口学习到的 MAC 地址数达到限制后的保护动作，这条命令后面有三个可选关键字如下。

- **protect**：当该安全接口学习到的 MAC 地址数量达到限制数量时，它将丢弃源 MAC 地址不与该接口的安全 MAC 地址匹配的数据帧。
- **restrict**：当该安全接口学习到的 MAC 地址数量达到限制数量时，它将丢弃源 MAC 地址不与该接口的安全 MAC 地址匹配的数据帧，同时发出告警。缺省即为 **restrict**。
- **shutdown**：当该安全接口学习到的 MAC 地址数量达到限制数量时，如果该接口学习到新的 MAC 地址，它将被立即关闭（置为 Error-Down 状态），同时设备将发出告警。

完成上述配置后，当 PC1 及 PC2 接入 SW 并且开始发送数据时，在 SW 上能看到如下输出：

```
[SW]display mac-address security
MAC address table of slot 0:
-----------------------------------------------------------------------------------
MAC Address     VLAN/         PEVLAN   CEVLAN   Port        Type       LSP/LSR-ID
                VSI/SI                                                 MAC-Tunnel
-----------------------------------------------------------------------------------
5489-981a-1b11  1             -        -        GE0/0/2     security   -
5489-9808-750e  1             -        -        GE0/0/1     security   -
-----------------------------------------------------------------------------------
Total matching items on slot 0 displayed = 2
```

SW 已经在 GE0/0/1 接口上学习到 PC1 的 MAC 地址 5489-9808-750e，在 GE0/0/2 接口上学习到 PC2 的 MAC 地址 5489-981a-1b11，并将这两个动态 MAC 地址表项转换成了安全 MAC 地址表项。现在 PC1 及 PC2 都能通过相应的交换机接口进行通信。

现在，我们将 PC1 进行更换，将其他的终端接入 SW 的 GE0/0/1 接口并尝试进行通信，当这台新的终端发送的数据帧到达 SW 时，SW 解析数据帧的源 MAC 地址并发现该 MAC 地址与 GE0/0/1 接口的安全 MAC 地址表项不符，而且该接口已经达到了 MAC 地址学习数量的上限，因此新加入的终端将触发违例惩罚，由于 GE0/0/1 接口上配置的 protect-action 是 restrict，因此交换机会丢弃该终端发送的数据帧，并且弹出如下告警：

```
Aug  5 2015 17:45:56-08:00 SW L2IFPPI/4/PORTSEC_ACTION_ALARM:OID 1.3.6.1.4.1.2011
.5.25.42.2.1.7.6 The number of MAC address on interface (6/6) GigabitEthernet0/0/1 reaches the limit, and the port status is : 1.
(1:restrict;2:protect;3:shutdown)
```

接下来，再观察一下 SW 的 GE0/0/3 接口，该接口连接着一台集线器，PC3 及 PC4 通过它连接到 SW。当 PC3 及 PC4 开始发送数据时，在 SW 上可观察到如下 MAC 地址表：

```
<SW>display mac-address
MAC address table of slot 0:
-----------------------------------------------------------------------------------
MAC Address     VLAN/         PEVLAN   CEVLAN   Port        Type       LSP/LSR-ID
                VSI/SI                                                 MAC-Tunnel
-----------------------------------------------------------------------------------
5489-981d-2f8a  1             -        -        GE0/0/3     security   -
5489-980c-52ab  1             -        -        GE0/0/3     security   -
5489-981a-1b11  1             -        -        GE0/0/2     security   -
```

5489-9808-750e	1	-	-		GE0/0/1	security	-

Total matching items on slot 0 displayed = 4

SW 在 GE0/0/3 接口上学习到了 PC3 及 PC4 的 MAC 地址，并且将这两个地址转换成了安全 MAC 地址，此时该接口也达到了安全 MAC 地址学习的上限。现在如果 PC5 也连接到了该集线器，并且它也开始发送数据帧到 SW，那么当 SW 在 GE0/0/3 接口上收到 PC5 发送的数据帧时，它将解析这个数据帧的源 MAC 地址，并发现该 MAC 地址不在 GE0/0/3 接口的安全 MAC 地址中，而且当前该接口已经达到了安全 MAC 地址学习数量的上限，由于该接口配置的保护动作是 shutdown，因此 SW 会将 GE0/0/3 关闭，并输出如下告警：

```
Aug  5 2015 18:13:18-08:00 SW L2IFPPI/4/PORTSEC_ACTION_ALARM:OID 1.3.6.1.4.1.2011
.5.25.42.2.1.7.6 The number of MAC address on interface (8/8) GigabitEthernet0/0/3 reaches the limit, and the port status is : 3.
(1:restrict;2:protect;3:shutdown)
Aug  5 2015 18:13:19-08:00 SW %%01PHY/1/PHY(l)[0]:      GigabitEthernet0/0/3: change status to down
```

此时 SW 的 MAC 地址表如下：

```
<SW>display mac-address
MAC address table of slot 0:
```

MAC Address	VLAN/ VSI/SI	PEVLAN	CEVLAN	Port	Type	LSP/LSR-ID MAC-Tunnel
5489-981a-1b11	1	-	-	GE0/0/2	security	-
5489-9808-750e	1	-	-	GE0/0/1	security	-

Total matching items on slot 0 displayed = 2

而 GE0/0/3 的接口状态如下：

```
<SW>display interface brief
PHY: Physical
*down: administratively down
(l): loopback
(s): spoofing
(b): BFD down
(e): ETHOAM down
(dl): DLDP down
(d): Dampening Suppressed
InUti/OutUti: input utility/output utility
```

Interface	PHY	Protocol	InUti	OutUti	inErrors	outErrors
GigabitEthernet0/0/1	up	up	0%	0%	0	0
GigabitEthernet0/0/2	up	up	0%	0%	0	0
GigabitEthernet0/0/3	***down**	**down**	**0%**	**0%**	**0**	**0**

… …

通过查看 GE0/0/3 接口的当前配置可以发现该接口被系统自动添加了一条 shutdown 命令：

```
<SW>display current-configuration interface GigabitEthernet 0/0/3
#
interface GigabitEthernet0/0/3
 shutdown
 port-security enable
 port-security protect-action shutdown
 port-security max-mac-num 2
```

现在，假设集线器所连接的用户知晓了自己的违例行为，并且进行了纠正：将新增的 PC5 移除。缺省情况下，处于 Error-Down 状态的接口状态自动恢复为 Up 的功能并未被激活，因此 SW 的 GE0/0/3 将一直处于 Error-Down 状态。在 SW 的系统视图下配置 **error-down auto-recovery cause port-security interval** 命令可以激活接口自动恢复为 Up 的功能，该命令中的 **interval** 关键字后面需配置相应的时间参数作为接口自动恢复为 Up 的延迟时间。例如在交换机上增加如下配置：

```
[SW] error-down auto-recovery cause port-security interval 30
```

那么当 SW 由于感知到违例行为将接口 GE0/0/3 切换到 Error-Down 状态后，如果违例行为消除，SW 将在 30 秒后自动将该接口恢复到 Up 状态。注意，通过上述命令所设置的接口自动恢复为 Up 的功能，对于已经处于 Error-Down 状态的接口不生效，只对配置该命令后发生 Error-Down 的接口生效。如果想要让接口 GE0/0/3 立即恢复到 Up 状态，可以进入该接口的配置视图，并使用 **undo shutdown** 命令。

9.2.2　案例 2：Sticky MAC 地址

在交换机的接口激活 Port Security 后，该接口上所学习到的合法的动态 MAC 地址被称为动态安全 MAC 地址，这些 MAC 地址缺省不会被老化（在接口视图下使用 **port-security aging-time** 命令可设置动态安全 MAC 地址的老化时间），然而这些 MAC 地址表项在交换机重启后会丢失，因此交换机不得不重新学习 MAC 地址。交换机能够将动态 MAC 地址转换成 Sticky MAC 地址，Sticky MAC 地址表项在交换机保存配置后重启不会丢失。

在图 9-4 中，SW 的 GE0/0/1、GE0/0/2 及 GE0/0/3 都用于连接终端 PC。现在我们将在这三个接口上部署 Port Security，对于 GE0/0/1 及 GE0/0/2 将学习 MAC 地址的数量限制为 1，并将交换机在这两个接口上所学习到的合法的动态安全 MAC 地址转化为 Sticky MAC 地址；对于 GE0/0/3 将学习 MAC 地址的数量限制为 1，但是通过手工的方式为该接口创建一

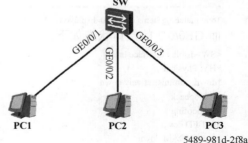

图 9-4　Sticky MAC 地址

个 Sticky MAC 地址表项，将该接口与 MAC 地址 5489-981d-2f8a 进行绑定。

SW 的配置如下：

```
[SW]interface GigabitEthernet 0/0/1
[SW-GigabitEthernet0/0/1]port-security enable
[SW-GigabitEthernet0/0/1]port-security max-mac-num 1
[SW-GigabitEthernet0/0/1]port-security mac-address sticky
[SW-GigabitEthernet0/0/1]quit
[SW]interface GigabitEthernet 0/0/2
[SW-GigabitEthernet0/0/2]port-security enable
[SW-GigabitEthernet0/0/2]port-security max-mac-num 1
[SW-GigabitEthernet0/0/2]port-security mac-address sticky
[SW-GigabitEthernet0/0/2]quit
[SW]interface GigabitEthernet 0/0/3
[SW-GigabitEthernet0/0/3]port-security enable
[SW-GigabitEthernet0/0/3]port-security max-mac-num 1
```

```
[SW-GigabitEthernet0/0/3]port-security mac-address sticky
[SW-GigabitEthernet0/0/3]port-security mac-address sticky 5489-981d-2f8a vlan 1
```

在以上配置中，**port-security mac-address sticky** 命令用于激活该接口的 Sticky MAC 功能。在接口激活 Sticky MAC 功能后，交换机便会将该接口学习到的动态安全 MAC 地址转换为 Sticky MAC 地址。当然，您也可以在接口上手工配置 Sticky MAC 地址，GE0/0/3 接口上所配置的 **port-security mac-address sticky 5489-981d-2f8a vlan 1** 命令即在 MAC 地址表中为该接口添加一个 Sticky MAC 地址表项。

完成上述配置后首先查看一下交换机的 MAC 地址表：

```
<SW>display mac-address
MAC address table of slot 0:
-------------------------------------------------------------------------------
MAC Address      VLAN/      PEVLAN   CEVLAN    Port            Type      LSP/LSR-ID
                 VSI/SI                                                  MAC-Tunnel
-------------------------------------------------------------------------------
5489-981d-2f8a   1          -        -         GE0/0/3         sticky    -
-------------------------------------------------------------------------------
Total matching items on slot 0 displayed = 1
```

从以上输出可以看到，交换机的 MAC 地址表中已经存在一个表项，而且该表项是 Sticky MAC 地址表项，这是我们在 GE0/0/3 接口上手工创建的。此时 PC3 已经能够通过交换机正常通信。

接下来，PC1 及 PC2 开始向交换机发送数据帧，当这些数据帧到达交换机的 GE0/0/1 及 GE0/0/2 接口后，交换机解析这些数据帧的源 MAC 地址并在 MAC 地址表中形成 Sticky MAC 地址表项。此时 SW 的 MAC 地址表如下所示：

```
<SW>display mac-address
MAC address table of slot 0:
-------------------------------------------------------------------------------
MAC Address      VLAN/      PEVLAN   CEVLAN    Port      Type      LSP/LSR-ID
                 VSI/SI                                            MAC-Tunnel
-------------------------------------------------------------------------------
5489-981d-2f8a   1          -        -         GE0/0/3   sticky    -
5489-981a-1b11   1          -        -         GE0/0/2   sticky    -
5489-9808-750e   1          -        -         GE0/0/1   sticky    -
-------------------------------------------------------------------------------
Total matching items on slot 0 displayed = 3
```

现在只需在交换机上执行 **save** 命令保存配置即可，这样即使交换机重启，Sticky MAC 地址表项也不会丢失。

9.3　MAC 地址漂移与应对

对于一个园区网络来说，交换机是一个非常重要且常见的设备。然而在二层交换网络的组建过程中很容易引发各种问题，网络设计者和建设者需要格外留意并设法解决它们。MAC 地址漂移（MAC address flapping）是在二层交换网络中常见的问题之一。同一个 MAC 地址在交换机的某个接口上被学习到之后，又在相同 VLAN 的另一个接口上学习到，这种现象被称为 MAC 地址迁移，少数的几次 MAC 地址迁移往往并不被认为是 MAC 地址漂移,例如运行了 VRRP(Virtual Router Redundancy Protocol,虚拟路由器冗余协议,详细内容请查阅本书相关章节)的路由器在发生主备切换时,会引发 MAC 地址迁移,而这被视为正常现象,只有在短时间内发生大量的 MAC 地址迁移时,才被认为是 MAC 地址漂移。当然,一个规划合理、正常工作的网络是不会在短时间内出现大量 MAC 地址漂移的。实际上引发 MAC 地址漂移现象的可能性有多个,例如网络中存在二层环路,或者存在攻击行为等。

在图 9-5 中,网络管理员错误地在 SW2 及 SW3 之间连接了一条线缆,而 SW1、SW2 及 SW3 所有接口都加入了相同的 VLAN,于是三台交换机就构成了一个三角形的二层环路。当 PC1 要发送数据给网络中的某个设备时,初始情况下它会以广播的方式发送一个 ARP Request 报文以请求对方的 MAC 地址,来看看接下来会发生什么事情。

(1)PC1 发送的 ARP Request 到达了 SW1,SW1 读取数据帧头部,发现其目的 MAC 地址为 ffff-ffff-ffff,于是意识到这是一个广播数据帧,它将对其进行泛洪。SW1 将该数据帧从 GE0/0/2 及 GE0/0/3 接口转发出去,与此同时 SW1 还会学习该数据帧的源 MAC 地址 5489-986e-29ad,并在 MAC 地址表中创建一个表项,该 MAC 地址被关联到 GE0/0/1 接口。

(2)SW2 在 GE0/0/2 接口收到 SW1 泛洪的 ARP Request 后,同样对其进行泛洪,它将该数据帧从 GE0/0/4 接口发送出去,与此同时 SW2 还会在 MAC 地址表中创建一个表项,记录该帧的源 MAC 地址并与接口 GE0/0/2 关联。

(3)SW3 在 GE0/0/3 接口收到 SW1 泛洪的 ARP Request 后,它将该帧从 GE0/0/4 接口发送出去,并学习该帧的源 MAC 地址,该地址与接口 GE0/0/3 关联。图 9-6 描述了上述过程。

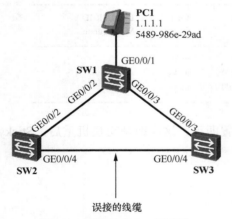

图 9-5　网络中存在二层环路

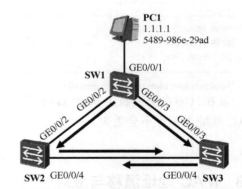

图 9-6　广播风暴在网络中形成,MAC 地址漂移现象出现

(4)SW2 在 GE0/0/4 接口上收到 ARP Request 数据帧,它解析数据帧的源、目的 MAC 地址,由于数据帧的目的 MAC 地址是 ffff-ffff-ffff,因此 SW2 对该数据帧进行泛洪(从接口 GE0/0/2 发出),并刷新 MAC 地址表项,将该数据帧的源 MAC 地址 5489-986e-29ad 与接口 GE0/0/4 进行关联(后学习到的 MAC 地址表项覆盖原先的 MAC 地址表项)。此时 SW2 上就已经出现了 MAC 地址迁移现象了。因为源 MAC 地址

5489-986e-29ad 在 GE0/0/2 接口上出现，随后转而在接口 GE0/0/4 接口上出现。

（5）SW3 在接口 GE0/0/4 上收到 ARP Request 后，处理过程与 SW2 类似，此时 MAC 地址 5489-986e-29ad 在 SW3 的 GE0/0/3 与 GE0/0/4 接口之间发生了迁移。

（6）接下来，SW1 会在自己的 GE0/0/2 及 GE0/0/3 接口上收到 ARP Request，假设它首先在 GE0/0/2 接口上收到帧，那么它会把该帧进行泛洪，从 GE0/0/1 及 GE0/0/3 接口发出，并刷新自己的 MAC 地址表，把 MAC 地址 5489-986e-29ad 与接口 GE0/0/2 进行关联。紧接着，SW1 又在接口 GE0/0/3 收到了 ARP Request，于是它泛洪该广播帧，将其从 GE0/0/1 及 GE0/0/2 接口发出，并刷新自己的 MAC 地址表，把 MAC 地址 5489-986e-29ad 与接口 GE0/0/3 进行关联。如此一来，5489-986e-29ad 这个 MAC 地址就在 GE0/0/1、GE0/0/2 及 GE0/0/3 接口之间发生了迁移。

（7）到这里事情还没有结束，由于 SW1 对其在 GE0/0/2 和 GE0/0/3 接口上收到的广播 ARP Request 数据帧进行了泛洪，因此 SW2 及 SW3 将继续收到 ARP Request 数据帧，它们也会泛洪该帧，如此一来，这个广播的 ARP Request 数据帧将不停地在 SW1、SW2 及 SW3 所构成的这个三角形二层环路中泛洪，这就形成了广播风暴。

（8）由于网络中出现了二层环路，导致广播风暴产生，以 SW1 为例，MAC 地址 5489-986e-29ad 在极短的时间内不停地在它的 GE0/0/1、GE0/0/2 及 GE0/0/3 接口之间迁移，大量连续出现的 MAC 地址迁移就构成了 MAC 地址漂移现象。由于华为交换机缺省开启 MAC 地址漂移检测功能，因此三台交换机都将产生相应的告警信息。

SW2 产生的告警信息如下：

```
Aug  6 2015 10:33:03-08:00 SW2 L2IFPPI/4/MFLPVLANALARM:OID 1.3.6.1.4.1.2011.5.25.160.3.7 MAC move detected, VlanId = 1, MacAddress = 5489-986e-29ad, Original-Port = GE0/0/2, Flapping port = GE0/0/4. Please check the network accessed to flapping port.
```

SW3 产生的告警信息如下：

```
Aug  6 2015 10:33:03-08:00 SW3 L2IFPPI/4/MFLPVLANALARM:OID 1.3.6.1.4.1.2011.5.25.160.3.7 MAC move detected, VlanId = 1, MacAddress = 5489-986e-29ad, Original-Port = GE0/0/3, Flapping port = GE0/0/4. Please check the network accessed to flapping port.
```

SW1 产生的告警信息如下：

```
Aug  6 2015 10:33:03-08:00 SW1 L2IFPPI/4/MFLPVLANALARM:OID 1.3.6.1.4.1.2011.5.25.160.3.7 MAC move detected, VlanId = 1, MacAddress = 5489-986e-29ad, Original-Port = GE0/0/1, Flapping port = GE0/0/2 and GE0/0/3. Please check the network accessed to flapping port.
```

广播风暴的产生会对整个交换网络带来极其恶劣的影响，大量的数据帧将瞬间消耗掉链路带宽，并将占用大量的设备资源，降低设备的处理性能，甚至导致网络瘫痪。二层环路是引发广播风暴的罪魁祸首之一，因此破除网络中的二层环路是网络设计者及建设者必须考虑的一项内容，在网络中部署生成树协议（一种解决二层环路问题的技术）是一个不错的选择。

MAC 地址漂移时常是由二层环路导致的，此外网络攻击行为也有可能引发 MAC 地址漂移。例如交换机 X 的 GE0/0/5 接口连接着合法终端 A，那么在网络正常情况下，交换机会从 GE0/0/5 接口收到 A 所发送的数据帧，并学习该数据帧的源 MAC 地址，从而形成正确的 MAC 地址表项。现在一个攻击者连接到交换机的 GE0/0/6 接口，它伪造 A 的 MAC 地址并以该 MAC 地址为源发送数据帧，如此一来交换机将在 GE0/0/5 及 GE0/0/6 接口上不断收到源 MAC 地址相同的数据帧，MAC 地址漂移现象便会发生，当然此时 A

的通信将极有可能出现问题。

综上所述，二层环路以及网络攻击行为均有可能引发 MAC 地址漂移，当然，对于二层环路这个诱因，最好的解决办法就是消除二层环路，例如使用生成树技术或者其他手段，而对于网络攻击行为则需要采用技术或者管理手段进行干预。除上述解决方案外，华为交换机还支持几个安全特性，用于应对 MAC 地址漂移问题。

9.3.1　案例 1：配置接口 MAC 地址学习优先级

华为交换机支持在接口上配置 MAC 地址学习优先级，以防止出现 MAC 地址漂移。当 MAC 地址在交换机的两个接口之间发生漂移时，可以将其中一个接口的 MAC 地址学习优先级调高，而高优先级的接口学习到的 MAC 地址表项将覆盖低优先级接口学习到的表项，因此便可以规避 MAC 地址漂移问题。缺省时，所有接口的 MAC 地址学习优先级为 0，使用 **mac-learning priority** 命令可以调节接口的 MAC 地址学习优先级，优先级的值越大，则优先级越高。

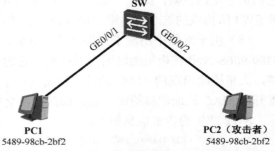

在图 9-7 中，交换机 SW 的 GE0/0/1 接口连接着一台 PC，它的 MAC 地址为 5489-98cb-2bf2。现在一个攻击者控制了 PC2，并且伪造 PC1 的 MAC 地址开始向交换机发送数据帧，因此，5489-98cb-2bf2 这个 MAC 地址将在交换机的 GE0/0/1 及 GE0/0/2 之间发生漂移。此时交换机的 MAC 地址表是动荡

图 9-7　PC2 是攻击者，伪造 PC1 的 MAC 地址发送数据

的，当然，在这种情况下，发往 PC1 的数据帧很可能无法正确到达 PC1，因为交换机上 5489-98cb-2bf2 的 MAC 地址表项可能会被 PC2 发送的数据帧刷新。

可以在交换机上完成如下配置：

```
[SW]interface GigabitEthernet 0/0/1
[SW-GigabitEthernet0/0/1]mac-learning priority 3
```

通过在 GE0/0/1 接口上配置 **mac-learning priority 3** 命令，可将该接口的 MAC 地址学习优先级调整为 3，如此一来该接口的优先级便比 GE0/0/2 更大（GE0/0/2 的优先级缺省为 0）。完成上述配置后，即使交换机在 GE0/0/2 收到 PC2 以 MAC 地址 5489-98cb-2bf2 为源发送的数据帧，也不会覆盖掉 GE0/0/1 接口的表项。

9.3.2　案例 2：配置不允许相同优先级接口 MAC 地址漂移

缺省时，交换机接口的 MAC 地址学习优先级均为 0，虽然优先级更高的接口学习到的 MAC 地址表项不会被优先级低的接口学习到的表项覆盖，但是相同优先级的接口之间，还是会相互覆盖，从而产生 MAC 地址漂移现象。使用 **undo mac-learning priority** *priority-id* **allow-flapping** 命令可以禁止相同优先级的接口发生 MAC 地址覆盖，从而规避 MAC 地址漂移问题，提高网络的安全性。

以图 9-7 为例，缺省情况下，SW 的 GE0/0/1 及 GE0/0/2 接口的 MAC 地址学习优先级均为 0，如果 PC1 率先接入 SW，并且 SW 已经在 GE0/0/1 接口上学习到了其 MAC 地

址，那么可以在 SW 上完成如下配置：

```
[SW]undo mac-learning priority 0 allow-flapping
```

完成上述配置后，交换机将不再允许 MAC 地址学习优先级均为 0 的接口之间发生 MAC 地址漂移。因此由于 GE0/0/1 接口先学习到了 MAC 地址 5489-98cb-2bf2，此时如果攻击者连接到 GE0/0/2 接口并且伪造该 MAC 地址发送数据帧，SW 不会将原有的表项覆盖。

当然，如果 PC1 下电，则交换机的接口 GE0/0/1 将会切换为 down，此时当其在 GE0/0/2 接口上收到 PC2 发送的非法数据帧时，由于 MAC 地址表中没有关于 5489-98cb-2bf2 的表项，因此它会学习该 MAC 地址并且与接口 GE0/0/2 进行关联。现在如果 PC1 又上电了，由于交换机的 MAC 地址表中已经存在相关表项，因此 SW 将无法学习到合法的 MAC 地址表项，从而发往 PC1 的数据帧将被 SW 从 GE0/0/2 接口转发出去，所以 **undo mac-learning priority** *priority-id* **allow-flapping** 命令需谨慎配置。

9.3.3　案例 3：配置基于 VLAN 的 MAC 地址漂移检测

华为交换机支持 MAC 地址漂移检测功能，该功能可以在 VLAN 下激活。我们可以通过相应的配置，使得当交换机在 VLAN 中检测到 MAC 地址漂移时，执行如下动作：

- 仅仅产生告警；
- 将产生 MAC 地址漂移的接口阻塞；
- 将产生漂移的 MAC 地址阻塞，而不是将接口阻塞。

VLAN 配置视图下的 **loop-detect eth-loop** 命令用于在特定 VLAN 中开启 MAC 地址漂移检测功能，缺省情况下该功能并未开启。以图 9-8 所示的场景为例，交换机 SW 的 GE0/0/1 接口连接着 PC1，而 GE0/0/2 接口则连接着一台非可网管交换机，SW 的所有接口都加入了 VLAN10。为了检测到 VLAN10 内是否发生 MAC 地址漂移，可以在 SW 上完成如下配置：

```
[SW]vlan 10
[SW-vlan10]loop-detect eth-loop alarm-only
```

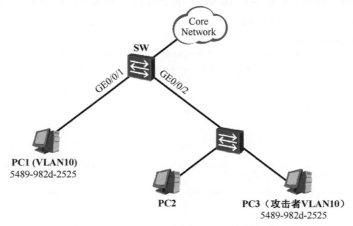

图 9-8　在 SW 上部署 MAC 地址漂移检测功能

在 VLAN10 的配置视图下执行的 **loop-detect eth-loop alarm-only** 命令将在 VLAN10 中开启 MAC 地址漂移检测，一旦交换机检测到该 VLAN 内发生了 MAC 地址漂移，则交换机仅仅产生相应的告警信息（不会阻塞发生 MAC 地址漂移的接口）。

　　另外，交换机还支持在检测到 MAC 地址漂移时，对产生漂移的接口进行阻塞，SW 可变更配置如下：

```
[SW]vlan 10
[SW-vlan10]loop-detect eth-loop block-time 10 retry-times 2
```

　　在以上配置中，**loop-detet eth-loop** 命令中使用了 **block-time** 及 **retry-times** 关键字，该条命令将使得当 SW 检测到 VLAN10 内产生 MAC 地址漂移时，将产生漂移的接口直接阻塞。接口将被阻塞 10s（该时长使用 **block-time** 关键字指定），接口被阻塞时是无法正常收发数据的。10s 之后接口会被放开并重新进行检测，此时该接口可以正常收发数据，如果 20s 内没有再检测到 MAC 地址漂移，则接口的阻塞将被彻底解除；而如果 20s 内再次检测到 MAC 地址漂移，则再次将该接口阻塞，如此重复 2 次（该次数使用 **retry-times** 关键字指定），如果交换机依然能检测到该接口发生 MAC 地址漂移，则永久阻塞该接口。

　　在图 9-8 中，当网络正常时，SW 能够学习到 PC1 的 MAC 地址并形成 MAC 地址表项。此时，PC1 能够通过 SW 与外界正常通信。现在攻击者 PC3 连接到了网络中的非可网管交换机上，它开始伪造 PC1 的 MAC 地址发送数据帧，由于 SW 在 VLAN10 内开启了 MAC 地址漂移检测功能，因此 SW 很快便发现 GE0/0/2 接口上发生了 MAC 地址漂移并弹出如下告警：

```
Aug 11 2015 17:54:19-08:00 SW L2IFPPI/4/MFLPVLANALARM:OID 1.3.6.1.4.1.2011.5.25.160.3.7 MAC move detected,
VlanId = 10, MacAddress = 5489-982d-2525, Original-Port = GE0/0/1, Flapping port = GE0/0/2. Please check the network accessed
to flapping port.
```

　　在检测到 GE0/0/2 接口上发生 MAC 地址漂移后，SW 将把该接口阻塞 10s，此时 GE0/0/2 接口将无法正常收发数据帧。阻塞 GE0/0/2 接口时 SW 会弹出如下告警信息以知会管理员：

```
Aug 11 2015 17:54:18-08:00 SW L2IFPPI/4/MFLPIFBLOCK:OID 1.3.6.1.4.1.2011.5.25.160.3.1 Loop exists in vlan 10,
Interface GigabitEthernet0/0/2 blocked, block-time is 10 for mac-flapping, Mac Address is 5489-982d-2525.
```

　　此时使用 **display loop-detect eth-loop** 命令可以查看被 MAC 地址漂移检测功能所阻塞的接口及阻塞剩余时间等信息：

```
<SW>display loop-detect eth-loop
VLAN              Block-time          RetryTimes          Block-action
――――――――――        ――――――――――         ――――――――――          ――――――――――
10                10                  2                   block-port

Total items:1

Blocked ports:

PortName             Vlan        Status            Expire(s)          Leave times
――――――――――――         ―――――――     ――――――――――        ――――――――――         ――――――――

GigabitEthernet0/0/2   10        Block             6                  1

Total items:1
……
```

　　从上面的输出可以看到，GE0/0/2 接口目前处于阻塞（Block）状态，而且阻塞的剩余时间还有 6s，Leave times 表示接口从本次阻塞恢复后，允许再次出现 MAC 漂移的次数。阻塞 10s 之后，SW 会把 GE0/0/2 接口恢复，接下来的 20s，相当于是 SW 对该接口的考察期。在 SW 上继续使用 **display loop-detect eth-loop** 命令可以看到 GE0/0/2 接口的状态（状态切换到 Retry）：

```
<SW>display loop-detect eth-loop
VLAN              Block-time        RetryTimes        Block-action
---------------   --------------    --------------    ---------------
10                10                2                 block-port

Total items:1

Blocked ports:

PortName                  Vlan        Status          Expire(s)         Leave times

----------------------    -------     --------------  --------------    --------

GigabitEthernet0/0/2      10          Retry           19                1


Total items:1
……
```

　　如果 20s 内，SW 没有在 GE0/0/2 接口上再检测到 MAC 地址漂移的发生，则彻底放开 GE0/0/2。此时使用 **display loop-detect eth-loop** 命令也就不会再看到该接口。SW 彻底放开 GE0/0/2 时，会产生如下日志：

　　Aug 11 2015 17:54:48-08:00 SW L2IFPPI/4/MFLPIFRESUME:OID 1.3.6.1.4.1.2011.5.25.160.3.2 Loop does not exist in vlan 10, Interface GigabitEthernet0/0/2 resumed, block-time is 10 for mac-flapping disappeared.

　　而如果 20s 内，SW 再次在 GE0/0/2 接口上检测到 MAC 地址漂移，则会再次阻塞该接口：

```
<SW>display loop-detect eth-loop
VLAN              Block-time        RetryTimes        Block-action
---------------   --------------    --------------    ---------------
10                10                2                 block-port

Total items:1

Blocked ports:

PortName                  Vlan        Status          Expire(s)         Leave times

----------------------    -------     --------------  --------------    --------

GigabitEthernet0/0/2      10          Block           6                 0


Total items:1
……
```

10s 后,接口再次被放开,并开始新一轮检测。在上述输出中,我们看到"Leave times"为 0,这意味着如果在接下来的 20s 内,SW 若再次检测到 GE0/0/2 发生 MAC 地址漂移,则永久阻塞该接口。现在,如果 PC3 依然在伪造 PC1 的 MAC 地址发送数据帧,那么 SW 将永久阻塞 GE0/0/2 接口:

```
<SW>display loop-detect eth-loop
VLAN                    Block-time          RetryTimes              Block-action
----------------        ---------------     ----------------        ----------------
10                      10                  2                       block-port

Total items:1

Blocked ports:

PortName                        Vlan        Status          Expire(s)           Leave times
-----------------               -------     -----------     ----------------    ---------


GigabitEthernet0/0/2            10          Block forever   -                   -


Total items:1
......
```

从上面的输出可以看到,GE0/0/2 接口的状态变成了"Block forever",也就是永久阻塞。被永久阻塞的接口是无法自动恢复的,只能通过命令 **reset loop-detect eth-loop** 来解除:

```
[SW]reset loop-detect eth-loop vlan 10 interface GigabitEthernet 0/0/2
```

实际上,**loop-detect eth-loop block-time 10 retry-times 2** 命令是比较"野蛮的",因为交换机只要检测到 MAC 地址漂移的发生,便会将发生漂移的接口进行阻塞,因此该接口所连接的其他设备可能也会受到影响(例如本例中的合法设备 PC2)。可以通过配置,使得交换机在检测到 MAC 地址漂移时,只阻塞 MAC 地址,而不是将整个接口进行阻塞。SW 的配置修改如下:

```
[SW]vlan 10
[SW-vlan10]loop-detect eth-loop block-mac block-time 10 retry-times 2
```

在上述配置中,**loop-detect eth-loop** 命令使用了 **block-mac** 关键字,因此,当攻击者 PC3 连接到网络中时,SW 将检测到 5489-982d-2525 这个 MAC 地址发生漂移,于是将漂移的 MAC 地址阻塞,此时如果 GE0/0/2 接口下连接着其他合法的 PC(例如 PC2),那么这些 PC 的通信是不会受到影响的。下面来看一下整个过程:当 SW 第一次检测到 GE0/0/2 接口出现 5489-982d-2525 这个 MAC 地址的漂移现象时,SW2 将该 MAC 地址阻塞,于此同时它将产生如下告警:

```
Aug 11 2015 18:34:49-08:00 SW L2IFPPI/4/MFLPMACBLOCK:OID 1.3.6.1.4.1.2011.5.25.160.3.9 Loop exists in vlan 10,
Mac Address 5489-982d-2525 blocked, block-time is 10, the former Interface GigabitEthernet0/0/1, the latter Interface
GigabitEthernet0/0/2, for mac-flapping.
```

注意,由于交换机将 5489-982d-2525 这个 MAC 地址阻塞,因此拥有该 MAC 地址的合法 PC(PC1)以及攻击者 PC3 都无法使用该 MAC 地址进行通信。在交换机上使用 **display loop-detect eth-loop** 命令,可以看到如下输出:

```
[SW]display loop-detect eth-loop
VLAN                 Block-time            RetryTimes          Block-action
───────────────      ──────────────        ──────────────      ──────────────
10                   10                    2                   block-mac

Total items:1

Blocked ports:

PortName                        Vlan       Status          Expire(s)            Leave times

──────────────────              ───────    ──────────────  ──────────────       ────────

Total items:0

Blocked Mac Address:

Mac Address                     Vlan       Status          Expire(s)            Leave times

──────────────────              ───────    ──────────────  ──────────────       ────────

5489-982d-2525                  10         Block           7                    1

Total items:1
```

10s 后，SW 将该 MAC 地址解除阻塞，MAC 地址进入 20s 的观察期。如果此时 SW 再次检测到该 MAC 地址发生了漂移，则将再次阻塞该 MAC 地址。10s 后，MAC 地址被放开，并进入 20s 的观察期，此时"Leave times"已经为 0，当 SW 再次检测到该 MAC 地址发生漂移时，便彻底阻塞该 MAC 地址：

```
[SW]display loop-detect eth-loop
VLAN                 Block-time            RetryTimes          Block-action
───────────────      ──────────────        ──────────────      ──────────────
10                   10                    2                   block-mac

Total items:1

Blocked ports:

PortName                        Vlan       Status          Expire(s)            Leave times

──────────────────              ───────    ──────────────  ──────────────       ────────

Total items:0

Blocked Mac Address:

Mac Address                     Vlan       Status          Expire(s)            Leave times

──────────────────              ───────    ──────────────  ──────────────       ────────
```

| 5489-982d-2525 | 10 | Block forever | - | - |

Total items:1

此时只能使用如下命令将 MAC 地址恢复：

```
[SW]reset loop-detect eth-loop vlan 10 mac-address 5489-982d-2525
```

9.3.4 案例 4：配置全局 MAC 地址漂移检测

在上一个案例中，大家了解了如何在华为交换机上部署基于 VLAN 的 MAC 地址漂移检测，该功能缺省时并未激活。除此之外，华为交换机还支持全局 MAC 地址漂移检测，该功能通过在系统视图下，使用命令 **mac-address flapping detection** 配置，缺省情况下全局 MAC 地址漂移检测功能已经激活。因此缺省时交换机便会对设备上的所有 VLAN 进行 MAC 地址漂移检测。全局 MAC 地址漂移检测功能及基于 VLAN 的 MAC 地址检测功能都能在一定程度上应对 MAC 地址漂移问题，建议只选用其中一种，以免造成系统资源的浪费。

下面来看看全局 MAC 地址检测功能的几种使用场景。

1．在设备上开启全局 MAC 地址漂移检测功能

在图 9-7 所示的场景中，当攻击者 PC2 出现在网络中并开始向交换机发送数据时，交换机之所以能够检测到 GE0/0/1 及 GE0/0/2 接口之间发生 MAC 地址漂移，是因为交换机已经缺省开启了全局 MAC 地址漂移检测功能：

```
[SW]mac-address flapping detection
```

由于这是一个缺省配置，因此在交换机上使用 **display current-configuration** 命令不会看到该条命令。在交换机检测到 MAC 漂移后，会弹出如下告警：

```
Aug 11 2015 11:35:08-08:00 SW L2IFPPI/4/MFLPVLANALARM:OID 1.3.6.1.4.1.2011.5.25.160.3.7 MAC move detected,
VlanId = 1, MacAddress = 5489-98cb-2bf2, Original-Port = GE0/0/1, Flapping port = GE0/0/2. Please check the network accessed
to flapping port.
```

使用 **display mac-address flapping record** 命令，可以查看 MAC 地址漂移的历史记录：

```
[SW]display mac-address flapping record
 S  : start time
 E  : end time
(Q) : quit vlan
(D) : error down
-----------------------------------------------------------------------------------
Move-Time            VLAN      MAC-Address       Original-Port    Move-Ports     MoveNum

-----------------------------------------------------------------------------------

S:2015-08-11 11:35:50  1        5489-98cb-2bf2    GE0/0/1          GE0/0/2        1089
E:2015-08-11 11:38:03


-----------------------------------------------------------------------------------
Total items on slot 0: 1
```

以上显示了从 2015-08-11 11:35:50 开始到 2015-08-11 11:38:03 结束的 MAC 地址漂移记录，从记录中可以看出，5489-98cb-2bf2 这个 MAC 地址在 GE0/0/1 及 GE0/0/2 接口之间发生了漂移，而且漂移的次数达 1089 次之多。

2. 配置 MAC 地址漂移检测的 VLAN 白名单

一旦交换机开启了全局 MAC 漂移检测,那么交换机将对本机所有 VLAN 进行 MAC 地址漂移检测。然而网络中可能存在一些特殊的场景,如图 9-9 所示,Server 存在两张网卡,它们都通过网线连接到交换机 SW,Server 在这两张网卡上部署了负载分担模式的网卡绑定,即将 Eth1 及 Eth2 捆绑成一个逻辑接口,并且将外出的流量在 Eth1 及 Eth2 这两个物理接口上进行负载分担。由于这些流量都使用相同的源 MAC 地址,因此当 SW 收到这些流量时,便会检测到 GE0/0/1 及 GE0/0/2 接口上发生 MAC 地址漂移,然而实际上,这种现象对网络而言是无害的,因为网络中并不存在二层环路。

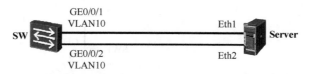

图 9-9 Server 的两张网卡都与 SW 连线

所以,在该场景中,在 VLAN10 内检测 MAC 地址漂移是没有必要的,因此可以将 VLAN10 添加到 MAC 地址漂移检测的白名单中,从而不对 VLAN10 进行检测。

```
[SW]mac-address flapping detection exclude vlan 10
```

完成上述配置后,VLAN10 内发生的 MAC 地址漂移将不会产生告警,也不会显示在 MAC 地址漂移记录中。

使用 **display mac-address flapping** 命令可以看到生效的配置:

```
[SW]display mac-address flapping
Mac-address Flapping Configurations :
----------------------------------------
Flapping detection            : Enable
Aging   time(sec)             : 300
Quit-vlan Recover time(min)   : 10
Exclude vlan-list             : 10
```

说明 解决上述问题还可以采用另一种方法,即在交换机上将 GE0/0/1 及 GE0/0/2 接口进行聚合,此时无论 Server 发送的数据在哪一个接口上到达,交换机都统统认为是在聚合接口上到达的,因此不存在 MAC 地址迁移或漂移的现象。

3. 配置指定 VLAN 中 MAC 地址漂移检测的安全级别

前文中提到 MAC 地址迁移及 MAC 地址漂移的概念和区别。当交换机开启全局 MAC 地址检测时,交换机为所有 VLAN 缺省设置的 MAC 地址漂移检测的安全级别是 middle,也即当检测到 MAC 地址发生 10 次迁移后,便认为该 MAC 地址发生了漂移,于是上报告警。当然这个安全级别是可以修改的。交换机支持三种安全级别的设定。

- **高(High)**:MAC 地址发生 3 次迁移后,即认为发生了 MAC 地址漂移。
- **中(Middle)**:MAC 地址发生 10 次迁移后,即认为发生了 MAC 地址漂移。
- **低(Low)**:MAC 地址发生 50 次迁移后,即认为发生了 MAC 地址漂移。

例如,将 VLAN11 的 MAC 地址漂移检测安全级别设置为 High:

```
[SW] mac-address flapping detection vlan 11 security-level high
```

4. 配置发生漂移后接口的处理动作及优先级

在开启全局 MAC 地址漂移检测后，如果交换机检测到 MAC 地址漂移，在缺省情况下，它只是简单地上报告警，并不会采取其他动作。

我们可以在接口上配置发生漂移后的处理动作及优先级。在图 9-10 所示的网络中，SW1、SW2 及 SW3 构成一个三角形的二层环路，如果网络设备并未运行解决二层环路的协议或使用相关技术，那么一旦网络中的 PC 开始发送数据，就极有可能产生广播风暴并引发 MAC 地址漂移。

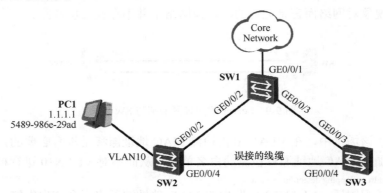

图 9-10　在 SW1 的接口上配置发生漂移后的处理动作及优先级

以 SW1 为例，可以配置接口发生 MAC 漂移后的处理动作：

```
[SW1]mac-address flapping detection
[SW1]interface gigabitethernet 0/0/2
[SW1-GigabitEthernet0/0/2]mac-address flapping action error-down
[SW1]interface gigabitethernet 0/0/3
[SW1-GigabitEthernet0/0/3]mac-address flapping action error-down
```

完成上述配置后，一旦 PC1 开始发送广播数据帧，这个数据帧将立即在图中的三角形环路中被泛洪。假设 SW1 先在 GE0/0/2 接口上学习到 PC1 的 MAC 地址，随后在 GE0/0/3 接口上检测到 MAC 地址漂移，由于 GE0/0/2 及 GE0/0/3 接口都配置了发生 MAC 漂移后的处理动作（动作为 Error-Down），因此检测到 MAC 地址漂移的接口 GE0/0/3 将被置为 Error-Down，不再转发数据，如此一来，该接口相当于被阻塞，于是网络中的二层环路也就被打破了。

在 SW1 将 GE0/0/3 设置为 Error-Down 时，它会上报如下告警：

```
Aug 11 2015 14:29:32+08:00 SW1 %%01ERRDOWN/4/ERRDOWN_DOWNNOTIFY(l)[14]:Notify interface to change status to error-down. (InterfaceName=GigabitEthernet0/0/3, Cause=mac-address-flapping)
```

在 SW1 上使用 **display mac-address flapping record** 命令也能查看到相应的变化：

```
[SW1]display mac-address flapping record
 S  : start time
 E  : end time
(Q) : quit vlan
(D) : error down
---------------------------------------------------------------------------------
Move-Time              VLAN MAC-Address        Original-Port    Move-Ports      MoveNum
---------------------------------------------------------------------------------
S:2015-08-11 14:29:11  10   5489-986e-29ad     GE0/0/2          GE0/0/3(D)      317
E:2015-08-11 14:29:32
```

从上述输出可以看到，GE0/0/3 接口被设置了"D"标记，这意味着该接口已经被置为 Error-Down 状态。使用 **display interface GigabitEthernet 0/0/3** 命令，也可以进一步确认该接口当前的状态：

```
[SW1]display interface GigabitEthernet 0/0/3
GigabitEthernet0/0/3 current state : ERROR DOWN(mac-address-flapping)
Line protocol current state : DOWN
Description:
Switch Port, PVID :      1, TPID : 8100(Hex), The Maximum Frame Length is 1600
... ...
```

除了 Error-Down，还能将接口检测到发生 MAC 地址漂移后的处理动作设置为 quit-vlan（离开 VLAN），例如将 SW1 的配置修改为：

```
[SW1]mac-address flapping detection
[SW1]interface gigabitethernet 0/0/2
[SW1-GigabitEthernet0/0/2]mac-address flapping action quit-vlan
[SW1]interface gigabitethernet 0/0/3
[SW1-GigabitEthernet0/0/3]mac-address flapping action quit-vlan
```

如此一来，一旦 PC1 开始发送广播数据帧，那么 SW1 将可能率先在 GE0/0/2 接口上学习到 PC1 的 MAC 地址，随后在 GE0/0/3 接口上检测到 MAC 地址漂移，此时它将使后者（漂移后接口）退出 VLAN10，从而使得 VLAN10 的流量在网络中不会存在二层环路，此时在交换机上能看到如下告警：

```
Aug 11 2015  14:54:23+08:00 SW1 L2IFPPI/4/MFLPQUITVLANALARM:OID 1.3.6.1.4.1.2011.5.25.160.3.11 (vlan=10)
Interface GE0/0/3 leaved from vlan 10 because mac move detected.
```

在 SW1 上使用 **display mac-address flapping record** 命令也能查看到相应的变化：

```
[SW1]display mac-address flapping record
 S   : start time
 E   : end time
(Q) : quit vlan
(D) : error down
----------------------------------------------------------------------------------------
Move-Time           VLAN      MAC-Address       Original-Port    Move-Ports     MoveNum
----------------------------------------------------------------------------------------
S:2015-08-11 14:31:16   10    5489-986e-29ad    GE0/0/2          GE0/0/3(Q)     83
E:2015-08-11 14:32:27
```

实际上在接口的配置视图中除了能配置发生 MAC 地址漂移后的处理动作，还能配置发生 MAC 地址漂移时接口动作的优先级。缺省时，接口的优先级为 127，使用 **mac-address flapping action priority** *priority* 命令可以修改这个值（取值范围是 0～255，值越大，则优先级越高）。当交换机检测到两个或者两个以上的接口发生 MAC 地址漂移并且接口都配置了处理动作时，它将把优先级最低的接口关闭或退出 VLAN，而如果这些接口的优先级都相等，那么漂移后接口将执行相应的动作，如果漂移后的接口并没有配置 **mac-address flapping action**，那么漂移前接口执行动作。值得注意的是，接口优先级只在相同的动作间发挥作用，例如两个接口都将 **mac-address flapping action** 设置为 error-down，那么优先级将在二者间发挥作用，而如果两个接口中，一个配置了 **error-down**，另一个配置了 **quit- vlan**，那么一旦发生 MAC 地址漂移，无论这两个接口的优先级如何，它们都将执行各自所配置的动作。

5. 恢复被惩罚接口

缺省时，如果接口由于发生了 MAC 地址漂移从而被设置为 Error-Down，是不会自动恢复的，此时需要在接口配置视图下先执行 **shutdown** 命令，再执行 **undo shutdown** 命令，从而将接口恢复到正常工作的状态。此外，也可以在接口配置视图下执行 **restart** 命令重启接口。当然，这两种方法都需要网络管理员通过手工的方式进行操作，如果希望处于 Error-Down 的接口能够自动恢复，那么可以在系统视图下配置如下命令：

```
[SW]error-down auto-recovery cause mac-address-flapping interval 30
```

上述命令将使得由于发生 MAC 地址漂移从而被设置为 error-down 的接口在延迟 30s 后自动恢复为 UP。

另外，缺省时，如果接口由于发生了 MAC 地址漂移，从而被设置为离开 VLAN，那么接口可以自动恢复，延迟时间为 10min，可以在系统视图下使用 **mac-address flapping quit-vlan recover-time** *time-value* 命令修改该时间。

9.4   DHCP Snooping

DHCP（Dynamic Host Configuration Protocol，动态主机配置协议）是一种非常常见的技术，用于对设备的 IP 地址等信息进行自动分配和管理。在 IP 网络中，诸如个人电脑、手机或者其他终端设备，都必须拥有 IP 地址才能够进行正常通信，而获得 IP 地址的途径主要有两个，一是通过手工配置的方式，即静态 IP 地址配置，这种方式适用于终端设备较少的场景，或者从网络管理及安全的角度考虑，对设备与 IP 地址的绑定关系存在严格要求的场景等。另外，服务器及大多数网络设备通常有稳定的通信及控制需求，因此往往采用静态 IP 地址的方式进行配置。另一种方式则是通过 DHCP 来分配及管理 IP 地址。在终端设备的数量较多，而且网络对 IP 地址没有严格管控需求的场景中，或者在诸如访客网络这样的，频繁有匿名用户上、下线的场景中，DHCP 是一个非常不错的选择，它可以极大限度地简化网络管理，满足通信需求。

IP 地址及默认网关地址、DNS 服务器地址等配置信息对于一台终端设备而言是非常重要的，在一个网络中，如果终端设备接入网络后，获取的 IP 地址或默认网关地址等信息有误，那么势必造成通信中断或业务受影响。DHCP 的工作机制导致该协议在工作的过程中可能存在漏洞，最典型的问题之一是非法 DHCP Server 接入网络后，可能导致大量 DHCP 客户端获取错误的 IP 地址信息从而无法正常连接网络。

DHCP Snooping 是一种 DHCP 安全技术，用于确保 DHCP 客户端从合法的 DHCP 服务器获取正确的 IP 地址信息。学习完本节之后，我们应该能够：

- 理解 DHCP Snooping 的工作机制；
- 掌握 DHCP Snooping 的基础配置。

9.4.1   DHCP Snooping 基本机制

首先回顾一下 DHCP 的工作原理。

（1）如图 9-11 所示，PC1 的网卡设置了通过 DHCP 的方式自动获取 IP 地址等信息。当该网卡启动后，PC1 从网卡发送 DHCP Discover 报文，这是一个广播报文，目的 IP 地址是 255.255.255.255，这意味着同处一个广播域（在本例中，意为相同 VLAN 内）的其他设备也会收到这个报文。DHCP Discover 报文用于发现广播域中的 DHCP 服务器。

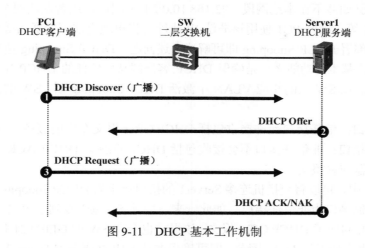

图 9-11　DHCP 基本工作机制

（2）DHCP 服务器 Server1 收到 PC1 发送的 DHCP Discover 报文后，从地址池中挑选一个可用的 IP 地址，然后向 PC1 发送 DHCP Offer 报文，在该报文中携带着计划分配给该 PC 的 IP 地址、地址的租约期限等信息（其他的还可能有诸如默认网关 IP 地址、DNS 服务器 IP 地址等）。值得注意的是，网络中可能除了 Server1 之外，还存在其他 DHCP 服务器（姑且不管这些服务器的合法性），那么这些 DHCP 服务器都会收到 PC1 发送的 DHCP Discover 广播，并且都可能会向 PC1 发送 DHCP Offer。

（3）PC1 可能会从多个 DHCP 服务器收到 DHCP Offer，它将选择第一个到达的 DHCP Offer 报文中所提供的 IP 地址等信息（假设是 Server1）。为了告知这些 DHCP 服务器自己的选择，它从网卡发送一个广播的 DHCP Request 报文，该报文中携带了 Server1 的标识（IP 地址）。

（4）除了 Sever1 之外的其他 DHCP 服务器（若有）收到 PC1 发送的 DHCP Request 报文后，知道客户端没有选择自己提供的 IP 地址，因此将此前预留的地址回收；Server1 收到该 DHCP Request 报文后，进行基本的信息检查，检查通过后向 PC1 发送 DHCP ACK 报文以做确认；检查不通过则发送 DHCP NAK 报文。PC1 只有在收到 Server1 发送的 DHCP ACK 报文后才能使用分配给它的 IP 地址，在正式使用该地址之前，它可能会做一个 IP 地址冲突检查，即从网卡发送广播的免费 ARP 报文，用于检查该广播域内是否有其他设备已经占用了这个 IP 地址，在一定时间后如果没有收到任何回应，PC1 才能够开始使用该 IP 地址。

回顾完 DHCP 的基本工作原理后，您可能已经发现了其中不可靠的地方，一旦网络中出现非法的 DHCP 服务器，那么客户端的通信极可能会受到影响。在图 9-12 中，DHCP 客户端 PC1 与网关路由器 GW 连接在同一台二层交换机上，网络中部署了 DHCP 服务器 Server1，用于向用户分配 IP 地址。然而此时交换机上接入了一台非法的 DHCP 服务器，该服务器可能是攻击者恶意部署的，也可能是网络管理员的无心之失，误将安装了 DHCP 服务端软件的设备接入到了网络中。当 PC1 通过 DHCP 请求 IP 地址时，Server1 及 Server2 都将回应 DHCP Offer，此时完全有可能出现的情况是 PC1 选择了 Server2 提供的 IP 地址并最终启用该地址（例如 Server2 率先回应 DHCP Offer 报文），由于该 IP 地址是非法的，例如并不在本地网段 192.168.10.0/24 范围内，或者默认网关 IP 地址并非 192.168.10.254 等，因此 PC1 使用该非法 IP 地址后将出现无法正常通信等问题。

在 SW 上部署 DHCP Snooping 即可解决上述问题。DHCP Snooping 被视为 DHCP 的一个安全特性，基本的功能之一是确保 DHCP 客户端从可信任的 DHCP 服务器获取合法 IP 地址等信息。在 SW 上的相应 VLAN 中激活 DHCP Snooping 后，SW 的接口将存在两种角色。

- **信任接口**：信任接口允许接收包括 DHCP Offer 报文在内的服务器应答报文。
- **非信任接口**：非信任接口不会接收包括 DHCP Offer、DHCP ACK、DHCP NAK 等在内的服务器应答报文。

在图 9-12 中，可以将交换机连接 Server1 的接口指定为 DHCP Snooping 的信任接口，除此之外，其他接口为非信任接口。如此一来，即使 Server2 收到了 PC1 泛洪的 DHCP Discover 报文并回应了 DHCP Offer 报文，该报文也会在 SW 的 GE0/0/21 接口上被丢弃，SW 不会将该报文转发给 PC1，因此，即可确保非法 DHCP 服务器 Server2 不会对网络造成影响。

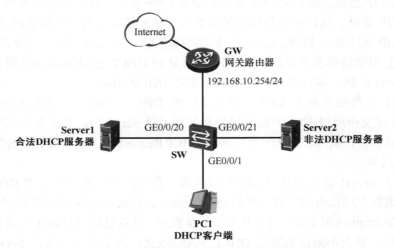

图 9-12   网络中出现非法 DHCP 服务器

DHCP Snooping 除了以上描述的基本功能外，还支持攻击防范功能，例如可防止 DHCP Server 拒绝服务攻击、DHCP 报文泛洪攻击、仿冒 DHCP 报文攻击等。

9.4.2 案例：DHCP Snooping 的基础配置

在图 9-12 中，在 SW 上部署 DHCP Snooping，其关键配置如下：

```
[SW]dhcp enable
[SW]dhcp snooping enable

[SW]vlan 10
[SW-vlan10]dhcp snooping enable
[SW-vlan10]quit
```

```
[SW]interface GigabitEthernet 0/0/20
[SW-GigabitEthernet0/0/20]dhcp snooping trusted
```

在上述配置中,**dhcp enable** 命令用于全局激活 DHCP 功能,系统视图下执行的 **dhcp snooping enable** 命令用于全局激活 DHCP Snooping 功能(缺省时该功能并未开启),而 VLAN 视图下执行的 **dhcp snooping enable** 命令,则用于在特定的 VLAN 中激活 DHCP Snooping。因此光在系统视图下全局激活 DHCP Snooping 是不够的,还需要在特定的 VLAN 下激活才行。由于本例中,PC1 及两台服务器均属于 VLAN10,因此需在 VLAN10 中激活 DHCP Snooping。

在接口配置视图下执行的 **dhcp snooping trusted** 命令用于将特定接口指定为信任接口,缺省时,接口为非可信任。完成上述配置后,PC1 即可从合法的 DHCP 服务器 Server1 获取 IP 地址,SW 由于激活了 DHCP Snooping 功能,因此会侦听 DHCP 报文的交互过程并将其记录下来,形成如下表项:

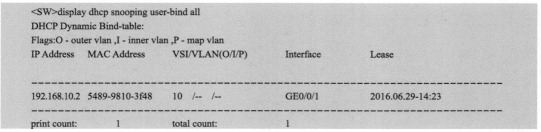

```
<SW>display dhcp snooping user-bind all
DHCP Dynamic Bind-table:
Flags:O - outer vlan ,I - inner vlan ,P - map vlan
IP Address    MAC Address      VSI/VLAN(O/I/P)        Interface        Lease
--------------------------------------------------------------------------------
192.168.10.2  5489-9810-3f48     10   /--  /--         GE0/0/1          2016.06.29-14:23
--------------------------------------------------------------------------------
print count:        1        total count:              1
```

9.5 习题

1.(单选)以下关于 MAC 地址表的说法,错误的是(　　)

　　A.MAC 地址表相当于交换机的一张"地图",当交换机收到数据帧时,会在 MAC 地址表中查询该帧的目的 MAC 地址,如果找到了匹配的表项,并且收到该帧的接口与该表项中对应的接口不同时,则将该帧从该表项中对应的接口转发出去。

　　B.交换机的 MAC 地址表需要占据设备的存储空间,因此它不能无限扩大。

　　C.MAC 地址表项有静态及动态之分,静态 MAC 地址表项需要网络管理员手工配置,并且永不老化。

　　D.MAC 地址表中的所有表项保存在交换机的内存中,重启之后表项不会丢失。

2.(单选)当交换机弹出如下告警信息时,它将会(　　)

```
Aug   5 2015 17:45:56-08:00 SW L2IFPPI/4/PORTSEC_ACTION_ALARM:OID 1.3.6.1.4.1.2011
.5.25.42.2.1.7.6 The number of MAC address on interface (6/6) GigabitEthernet0/0/1
reaches the limit, and the port status is : 1. (1:restrict;2:protect;3:shutdown)
```

　　A.丢弃源 MAC 地址不与 GE0/0/1 接口的安全 MAC 地址匹配的数据帧。

　　B.将 GE0/0/1 接口关闭。

　　C.仅仅弹出该告警信息,不做其他任何操作。

　　D.维持 GE0/0/1 接口的打开状态,但是禁止该接口再接收任何数据帧。

3.(单选)以下关于 DHCP 的描述,错误的是(　　)

A. 如果在同一个网段内存在两台 DHCP 服务器，那么可能导致网段内的 DHCP 客户端获取的 IP 地址出现紊乱。因此一个网段内通常只允许存在一台 DHCP 服务器。

B. DHCP 客户端在通过 DHCP 自动获取 IP 地址前，必须知道 DHCP 服务器的地址。

C. 在交换机上全局激活 DHCP Snooping 后，还需在具体的 VLAN 中激活 DHCP Snooping。在接口视图下执行的 **dhcp snooping trusted** 命令用于将特定接口指定为信任接口，缺省时，接口为非可信任。

D. DHCP Snooping 非信任接口不会接收包括 DHCP Offer、DHCP ACK、DHCP NAK 等在内的服务器应答报文。

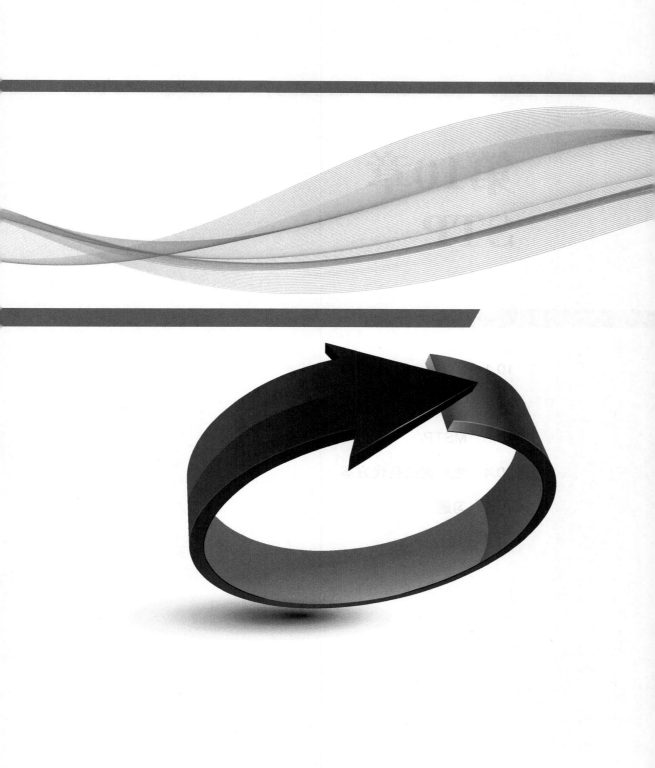

第10章
STP

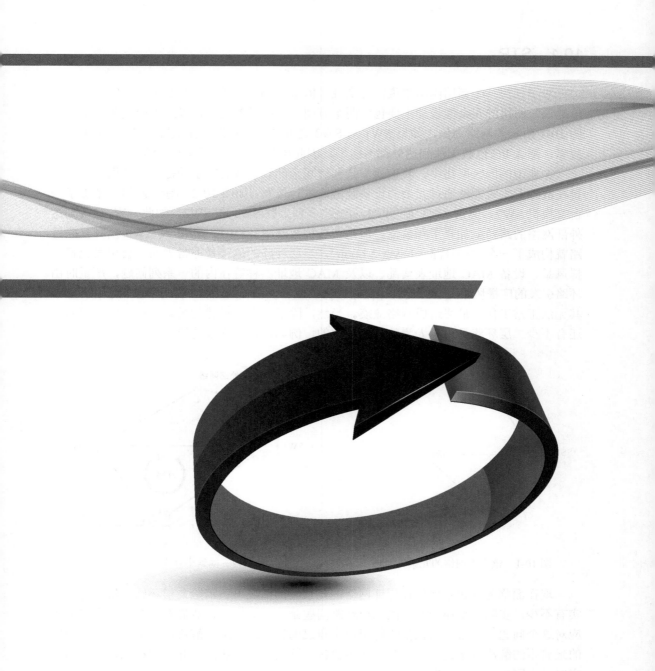

10.1   STP

对于任何一个商用网络来说，冗余性（Redundancy）都是一个必须考虑的问题。简单地说，网络的冗余性设计主要包含两个方面：关键设备冗余，以及关键链路冗余。以图 10-1 所示的网络为例，如果 SW1 与 SW3 之间的互联链路发生故障，或者 SW1 发生故障，那么 PC 也就无法到达外部网络了，因此该交换网络的冗余性较差。

在典型的园区网络中，我们通常会部署冗余的设备或者冗余的链路，从而使业务流量在故障发生时能够通过冗余的设备及链路进行转发。如图 10-2 所示，网络中增加了一台交换机 SW2，然后 SW3 通过以太网链路分别上联 SW1 和 SW2。如此一来，PC 到达外部网络的路径就拥有了冗余性。但是在这种组网中，SW1、SW2 及 SW3 及其互联链路就构成了一个二层环路（Layer 2 Loop）。二层环路的危害是非常大的，会引发包括广播风暴、设备 MAC 地址表紊乱、以及 MAC 地址漂移等在内的一系列问题，严重时由环路引发的广播风暴更有可能耗尽链路带宽，或者使设备的 CPU 利用率急剧攀升并导致其无法正常工作，最终造成网络瘫痪。当然，除了上面所描述的场景，在实际的网络中还有不少二层环路是由于人为的疏忽导致的，例如误接网络线缆等。

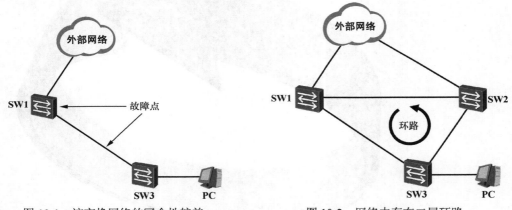

图 10-1   该交换网络的冗余性较差   图 10-2   网络中存在二层环路

现在面临的问题是如何在保证网络的冗余性的情况下，消除二层环路。解决方案其实有不少，实际上交换网络中的二层环路问题是一个大课题，业界有许多解决方案可以应对这个问题，设备厂商也都纷纷提出了自己的技术或标准。解决以太网二层环路问题的最典型的解决方案之一，就是生成树协议，这是一个经典的、开放的技术，专门用于应对以太网二层环路问题。

简单地说，当网络中部署生成树之后，交换机之间便会开始交互相关协议报文，并在网络中进行一系列计算，经计算得到一个无环的网络拓扑。当网络中存在环路时，生成树会将网络中的一个或多个接口进行阻塞（Block），从而打破二层环路。如图 10-3 所示，被生成树阻塞的接口不能再转发数据，这样一来网络中的二层环路问题便可迎刃而解。在此之后，生成树依然会监视网络的拓扑状况，当网络拓扑发生变更时，它能够及时感知，并且动态地调整被阻塞接口，这个过程无需人工干预。如图 10-4 所示，当 SW1 与 SW3 之间的互联链路发生故障时，生成树能感知到变化的发生，并且将原先被阻塞的接口切换到转发状态，这样一来，SW3 的上行流量又可以从右侧的链路进行转发，因此生成树不仅可以在网络中解决二层环路问题，还可以保证网络的冗余性。

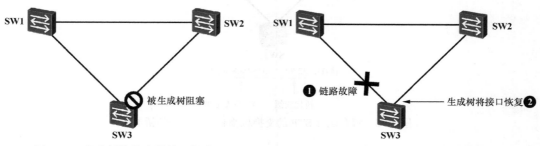

图 10-3　生成树将特定的接口阻塞　　　　　图 10-4　生成树能够感知网络拓扑的
　　　　　　　　　　　　　　　　　　　　　　　　　　变更并及时调整被阻塞接口

随着网络的发展，生成树协议也在不断地更新，STP（Spanning Tree Protocol，生成树协议）是早期的生成树协议，它在 IEEE 802.1D 中定义。在此之后，IEEE 802.1w 中定义了 RSTP（Rapid Spanning Tree Protocol，快速生成树协议），RSTP 在许多方面对 STP 进行了优化，它的收敛速度更快，而且能够兼容 STP。后来 IEEE 802.1s 中定义的 MSTP（Multiple Spanning Tree Protocol，多生成树协议）逐渐成了传统园区网杜绝二层环路的主要手段之一，MSTP 能够兼容 STP 及 RSTP。

本节主要讨论的是 IEEE 802.1D 标准的 STP。学习完本节之后，我们应该能够。

- 理解 STP 的基本概念；
- 读懂 BPDU，并理解报文中各个字段的含义；
- 理解 STP 的几种计时器及其作用；
- 理解 STP 拓扑计算过程；
- 理解 STP 的各种接口状态及其含义；
- 掌握 STP 的基础配置。

10.1.1　STP 基本概念

1. 桥 ID（Bridge Identification）

早期的交换机被称为"桥（Bridge）"，或者"网桥"，受限于当时的技术，早期交换机的接口数量少得可怜，通常只有两个接口，交换机仅能实现数据帧在这两个接口之间的交换，这也是"桥"这一称呼的由来。生成树技术在网桥时代就已经被提出并且被应用，随着网络的发展，交换机能够支持的接口数量越来越多，因此上述称呼逐渐不再被使用，然而在生成树等技术领域中，"桥"或"网桥"的称呼却一直被沿用下来，直至今日我们在生成树中依然会用它们来称呼交换机。

每一台运行 STP 的交换机都拥有一个唯一的桥 ID（Bridge Identification），如图 10-5 所示。桥 ID 一共 8byte，包含 16bit 的桥优先级（Bridge Priority）和 48bit 的桥 MAC 地址，其中桥优先级占据桥 ID 的高 16bit，而 MAC 地址占据其余的 48bit。

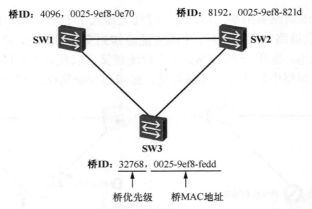

图 10-5　每台运行 STP 的交换机都有一个唯一的桥 ID

2. 根桥（Root Bridge）

STP 的主要作用之一是在整个交换网络中计算出一棵无环的"树"（STP 树），这棵树一旦形成，网络中的无环拓扑也就形成了。对于这棵树而言，树根是非常重要的，树根一旦明确了，"树枝"才能沿着网络拓扑进行延展，STP 的根桥就是这棵树的树根，如图 10-6 所示，它的角色至关重要，STP 的一系列计算均以根桥为参考点。当 STP 开始工作后，第一件事情就是在网络中选举出根桥。在一个交换网络中，根桥只会有一个。

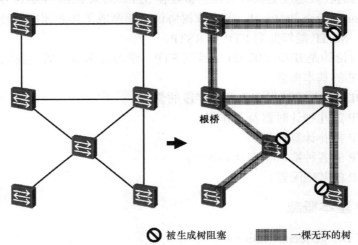

图 10-6　在交换网络中计算出无环的拓扑

网络中拥有最小桥 ID 的交换机将成为根桥。在比较桥 ID 时，首先比的是桥优先级，桥优先级的值最小的交换机将胜出成为根桥，如果桥优先级相等，那么 MAC 地址最小的交换机将成为根桥。

华为交换机缺省的桥优先级为 32768，可在系统视图下使用 **stp priority** 命令修改，优先级的取值范围是 0～61440，并且必须为 4096 的倍数，例如 0、4096、8192 等。

3. 开销（Cost）与根路径开销（Root Path Cost，RPC）

每一个激活了 STP 的接口都维护着一个 Cost 值，接口的 Cost 主要用于计算 RPC，也就是计算到达根的开销。接口的缺省 Cost 除了与其速率、工作模式有关，还与交换机使用的 STP Cost 计算方法有关。华为的交换产品支持 3 种计算方法，它们分别是 IEEE 802.1D-1998 标准方法、IEEE 802.1t 标准方法以及华为私有的计算方法（以 S5700 交换机为例，缺省使用 IEEE 802.1t 标准）。

表 10-1 展示了接口速率与接口缺省 Cost 的对应关系。以 1Gbps 的接口为例，如果交换机使用 802.1t 的计算方法，那么该接口的缺省 Cost 为 20000。

表 10-1 接口速率与缺省 cost 的对应关系

接口速率	接口模式	STP Cost		
		IEEE 802.1D-1998 标准方法	IEEE 802.1t 标准方法	华为计算方法
10Mbps	Half-Duplex	100	2,000,000	2000
	Full-Duplex	99	1,999,999	1999
100Mbps	Half-Duplex	19	200,000	200
	Full-Duplex	18	199,999	199
1Gbps	Full-Duplex	4	20,000	20
10Gbps	Full-Duplex	2	2000	2
40Gbps	Full-Duplex	1	500	1

在交换机的系统视图下使用 **stp pathcost-standard** 命令，可修改其 Cost 计算方法，该命令有 3 个可选关键字。

- **dot1d-1998**：IEEE 802.1D-1998 标准方法。
- **dot1t**：IEEE 802.1t 标准方法。
- **legacy**：华为计算方法。

例如执行 **stp pathcost-standard legacy** 命令，则交换机的 Cost 计算方法将被修改为华为计算方法。当然，修改交换机的 Cost 计算方法需要非常谨慎，如果确实需要修改，那么需保证交换网络中所有 STP 设备使用一致的计算方法。

接口 Cost 是一个非常重要的变量，它将影响 STP 对于链路的优选。在 STP 的拓扑计算过程中，一个非常重要的环节就是"丈量"交换机某个接口到根桥的"成本"，我们将这个"成本"称为 RPC（Root Path Cost，根路径开销）。以图 10-7 所示的网络为例，SW2 与根桥 SW1 直连，因此其通过 Port1 到达根桥的 RPC 为 20，也即 Port1 的接口 Cost。SW3 通过 Port2 接口与根桥直连，因此其通过该接口到达根桥的 RPC

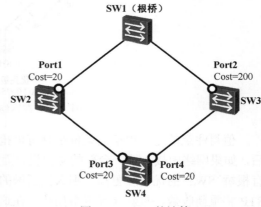

图 10-7 RPC 的计算

为 200。而对于 SW4 而言，其通过 Port3 到达根桥的 RPC 为 Port1 的 Cost 与 Port3 的 Cost 之和，也即 40；通过 Port4 到达根桥的 RPC 为 Port2 的 Cost 与 Port4 的 Cost 之和，也即 220。RPC 是一个衡量链路优劣的重要指标，在本案例中，对于 SW4 而言，其 Port3 相比于 Port4 到达根桥的 RPC 要更小，因此从这个层面看，Port3 这一侧的链路要更优。

4. 接口 ID（Port Identification）

运行 STP 的交换机使用接口 ID 来标识每个接口，接口 ID 主要用于在特定场景下选举指定接口。接口 ID 长度为 16bit，由两部分组成，其中高 4bit 是接口优先级，低 12bit 是接口编号。以华为 S5700 交换机为例，缺省时接口优先级为 128，可在接口视图下使用 **stp port priority** 命令修改，优先级的取值范围是 0～240，并且必须是 16 的倍数，例如 0、16、32 等。

10.1.2 STP 的基本操作过程

STP 通过 4 个步骤来保证网络中不存在二层环路：

1. 在交换网络中选举一个根桥（Root Bridge，RB）

关于根桥的概念，上文已经阐述过了，STP 的计算需要一个参考点，而根桥就是这个参考点，它是 STP 经计算得到的这棵无环的树的树根。桥 ID 最小的交换机将成为根桥。对于一个交换网络而言，正常情况下只会存在一个根桥。

以图 10-8 所示的网络为例，SW1、SW2 及 SW3 的桥优先级都是 32768，因此 MAC 地址最小的 SW1 成为网络中的根桥。STP 的正常工作依赖于该协议所使用的报文的正常交互，这种报文就是 BPDU（Bridge Protocol Data Unit，网桥协议数据单元），BPDU 中包含着几个重要的数据，这些数据是 STP 进行无环拓扑计算的关键。

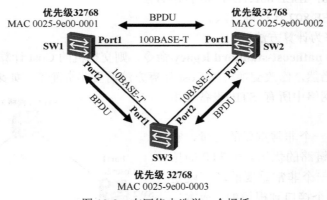

图 10-8   在网络中选举一个根桥

值得注意的是，根桥的地位是具有可抢占性的，以图 10-8 为例，在 STP 完成收敛后，如果网络中接入了一台新的交换机，而且这台新增的交换机的优先级为 4096，比现有根桥 SW1 的优先级更高，那么该新增的交换机将成为网络中的新根桥，与此同时，STP 将重新收敛、重新计算网络拓扑，在这个过程中有可能引发网络震荡，从而对业务流量的正常转发造成影响，可见根桥角色的稳定性是多么重要。

2. 在每个非根桥上选举一个根接口（Root Port，RP）

在一个交换网络中，除了根桥之外的其他交换机都是非根桥，STP 将为每个非根桥选举一个根接口，所谓根接口，实际上是非根桥上所有接口中收到最优 BPDU 的接口，可以简单地将其理解为交换机在 STP 树上"朝向"根桥的接口。非根桥可能会有一个或多个接口接入同一个交换网络，STP 将在这些接口之中选举出一个（而且只会选一个）

根接口。

在 STP 收敛完成之后，根桥依然会周期性地向网络中发送 BPDU，而非根桥则会周期性地在自己的根接口上收到 BPDU，并沿着 STP 树向下游转发。

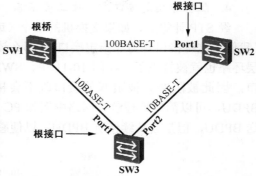

图 10-9　在每台非根桥上选举一个根接口

在图 10-9 中，SW2 及 SW3 均为非根桥，以 SW3 为例，在 STP 收敛过程中，它在自己的 Port1 及 Port2 接口上都会收到 BPDU，SW3 会将这两个 BPDU 进行比较，收到最优 BPDU 的接口 Port1 将成为根接口。所谓的 BPDU 优劣，是通过一套比较规则计算得出的结果，这部分内容将在后续的小节中详细介绍。最终，SW2 的 Port1 及 SW3 的 Port1 成为了根接口。

3. 选举指定接口（Designated Port，DP）

STP 将在每个网段中选举一个指定接口，这个接口是该网段内所有接口中到达根桥的最优接口。此外，指定接口还负责向该网段发送 BPDU。

对于非根桥而言，其所有接口中收到最优 BPDU 的接口将成为该设备的根接口，随后该非根桥使用自己接收的最优 BPDU，为本设备上的其他接口各计算一个 BPDU，然后使用计算出的 BPDU 与接口上所维护的 BPDU（接口自身也会从网络中收到 BPDU，并将 BPDU 保存起来）进行比较，如果前者更优，那么该接口将成为指定接口，并且其所保存的 BPDU 也被前者替代，交换机将替代后的 BPDU 从该指定接口转发给下游交换机；如果后者更优，那么该接口将成为非指定接口（非指定接口指的是既不是根接口，又不是指定接口的接口）。

综上所述，对于非根桥而言，根接口的选举过程是非根桥将自己所收到的所有 BPDU 进行比较，而指定接口的选举过程则是非根桥用自己计算出的 BPDU 跟别的设备发过来的 BPDU 进行比较。

在图 10-10 中，在 SW1 与 SW2 之间的网段中，SW1 的 Port1 被选举为指定接口；在 SW1 与 SW3 之间的网段中，SW1 的 Port2 被选举为指定接口。一般而言，根桥的所有接口都是指定接口。另外，STP 还会在 SW2 及 SW3 之间的网段中选举一个指定接口，最终 SW2 的 Port2 接口胜出，成为该网段的指定接口。

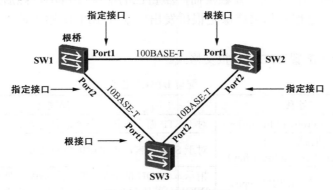

图 10-10　选举指定接口

4. 阻塞非指定接口，打破二层环路

经 STP 计算后，如果交换机的某个（或者某些）接口既不是根接口又不是指定接口（我们将这种接口称为非指定接口），那么该接口将会被 STP 阻塞，如此一来网络中的二层环路也就被打破了。在图 10-11 中，SW3 的 Port2 由于既不是根接口，又不是指定接口，因此被阻塞。被阻塞的接口既不会接收也不会转发业务数据（业务数据有别于 BPDU，可以简单地理解为网络中例如 PC 等设备发送的应用数据），另外该接口不会发送 BPDU，但是会持续侦听 BPDU，以便感知网络拓扑的变更情况。

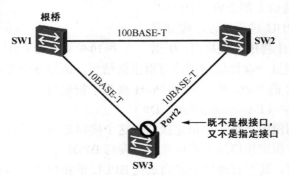

图 10-11　阻塞非指定接口，打破二层环路

10.1.3　STP 报文

在一个交换网络中，STP 能够正常工作的基本前提是 BPDU 的正常交互。STP 的 BPDU 有两种类型：配置 BPDU（Configuration BPDU）及 TCN BPDU（Topology Change Notification BPDU）。两种 BPDU 各有各的用途。BPDU 载荷被直接封装在以太网数据帧中，数据帧的目的 MAC 地址是组播 MAC 地址：0180-c200-0000。

1. 配置 BPDU

配置 BPDU 是 STP 进行拓扑计算的关键。在交换网络的初始化过程中，每台交换机都从自己激活了 STP 的接口向外发送配置 BPDU。当 STP 收敛完成后，只有根桥才会周期性地发送配置 BPDU（缺省时，以 2s 为周期发送配置 BPDU，可以在设备的系统视图下使用 **stp timer hello** 命令修改发送周期），而非根桥则会在自己的根接口上收到上游发送过来的配置 BPDU，并立即被触发而产生自己的配置 BPDU，然后从自己的指定接口发送出去。这一过程看起来就像是根桥发出的配置 BPDU 逐跳地"经过"了其他的交换机。

表 10-2 展示了配置 BPDU 的报文格式。

表 10-2　　　　　　　　　　　　　　　　配置 BPDU 格式

字节数	字段	描述
2	协议 ID（Protocol Identifier）	对于 STP 而言，该字段的值总为 0
1	协议版本 ID（Protocol Version Identifier）	对于 STP 而言，该字段的值总为 0
1	BPDU 类型（BPDU Type）	指示本 BPDU 的类型，若值为 0x00，则表示本报文为配置 BPDU；若值为 0x80，则本报文为 TCN BPDU

（续表）

字节数	字段	描述
1	标志（Flag）	对于 STP 而言，该字段（共 8bit）用于网络拓扑变化标志。STP 只使用了该字段的最高及最低两个比特位，最低位是 TC（Topology Change，拓扑变更）标志，最高位是 TCA（Topology Change Acknowledgment，拓扑变更确认）标志
8	根桥 ID（Root Identifier）	根桥的桥 ID
4	根路径开销（Root Path Cost）	到达根桥的 STP 路径开销，也就是根路径开销
8	网桥 ID（Bridge Identifier）	发送本 BPDU 的交换机的桥 ID
2	接口 ID（Port Identifier）	发送本 BPDU 的接口的接口 ID
2	消息寿命（Message age）	本 BPDU 的寿命。实际上这并不是一个时间值。在根桥所发送的 BPDU 中，该字段值为 0，此后 BPDU 每经过一个交换设备，该字段值增加 1，因此实际上这个字段指示的是 BPDU 所经过的交换设备的个数
2	最大寿命（Max age）	BPDU 的最大存活时间，也被称为老化时间，缺省为 20s
2	Hello 时间（Hello time）	BPDU 的发送时间间隔，缺省为 2s
2	转发延迟（Forward Delay）	接口在侦听和学习状态所停留的时间，缺省为 15s

2. TCN BPDU

TCN BPDU 的格式非常简单，只有表 10-2 的"协议 ID"、"协议版本 ID"以及"BPDU 类型"三个字段，并且"BPDU 类型"字段的值为 0x80。TCN BPDU 用于在网络拓扑发生变化时向根桥通知变化的发生。

对于 STP 而言，当拓扑发生变更时，远离变更点的交换机无法直接感知到变化的发生，此时它们的 MAC 地址表项还是老旧的，如果依然通过这些 MAC 地址表项来指导数据转发，便有可能出现问题。因此 STP 需要一种机制，用于在网络中发生拓扑变更时促使全网的交换机尽快老化自己的 MAC 地址表项，以便适应新的网络拓扑。当拓扑稳定时，网络中只会出现配置 BPDU，而当拓扑发生变更时，STP 会使用 TCN BPDU，以及两种特殊的配置 BPDU。

（1）TCN BPDU

正如上文所说，TCN BPDU 用于在网络拓扑发生变化时向根桥通知变化的发生。TCN BPDU 需要从发现拓扑变更的交换机传递到根桥，而该交换机与根桥之间可能隔着多台交换机，感知到拓扑变化的交换机会从其根接口发送 TCN BPDU，也就是朝着根桥的方向发送 TCN BPDU，该报文会一跳一跳（每一跳就是一台上游交换机）地向上游传递，直至抵达根桥，如图 10-12 所示。

（2）"标志"字段中 TCA 比特位被设置为 1 的配置 BPDU

STP 要求 TCN BPDU 从发现拓扑变更的交换机传递到根桥的过程是可靠的，因此当一台交换机收到下游发送上来的 TCN BPDU 后，需使用"标志"字段中 TCA 比特位被设置为 1 的配置 BPDU 回应对方并向自己的上游发送 TCN BPDU。这个过程将一直持续，直到根桥收到该 TCN BPDU。

（3）"标志"字段中 TC 比特位被设置为 1 的配置 BPDU

根桥收到 TCN BPDU 后，也就意识到了拓扑变化的发生，接下来它要将该变化通知到全网，它将向网络中泛洪"标志"字段中 TC 比特位被设置为 1 的配置 BPDU，网络中的交换机收到该配置 BPDU 后，会立即将其 MAC 地址表的老化时间从原有的值调整为一个较小的值（该值等于转发延迟时间），使 MAC 地址表能够尽快刷新，以便适应新的网络拓扑。

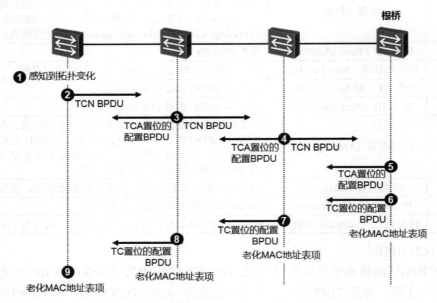

图 10-12　STP 拓扑变更与相关的 BPDU

10.1.4　STP 的时间参数

STP 定义了三个重要的时间参数。

● **Hello Time**（Hello 时间）：运行了 STP 的交换机发送配置 BPDU 的时间间隔，缺省为 2s。如需修改 STP 发送配置 BPDU 的时间间隔，那么必须在根桥上修改，修改完成后，所有的非根桥都与根桥对齐该时间值。

● **Forward Delay**（转发延迟）：运行了 STP 的接口从侦听状态进入学习状态，或者从学习状态进入转发状态的延迟时间，缺省为 15s。为了避免在生成树收敛过程中网络中可能出现的临时环路，或者短暂的数据帧泛洪现象，STP 定义了侦听及学习这两种接口状态，并要求接口从阻塞状态进入转发状态前必须先经历这两个状态，而且分别在这两个状态各停留一个转发延迟时间。这意味着对于 STP 而言，一个被阻塞的接口被选举为根接口或指定接口后，进入转发状态之前至少需要经历 30s 的时间。

● **Max Age**（最大生存时间）：BPDU 的最大生存时间，也被称为 BPDU 的老化时间，缺省为 20s。以非根桥的根接口为例，该设备将在这个接口上保存来自上游的最优 BPDU，这个 BPDU 关联着一个最大生存时间，如果在该 BPDU 到达最大生存时间之前，接口再一次收到了 BPDU，那么其最大生存时间将会被重置，而如果接口一直没有再收到 BPDU 从而导致该接口上保存的 BPDU 到达最大生存时间，那么该 BPDU 将被老化，此时设备将会重新在接口上选择最优 BPDU，也就是重新进行根接口的选举。

受限于几个时间参数的设计，一个 STP 接口要从阻塞状态进入转发状态可能需花费约 30～50s 左右的时间，而在这段时间内，网络中的业务可能就会受到影响。

10.1.5　BPDU 的比较原则

对于 STP 而言，最重要的工作就是在交换网络中计算出一个无环拓扑，并在网络中存在二层环路的情况下打破环路。在拓扑计算的过程中，一个非常重要的内容就是配置 BPDU 的比较。在配置 BPDU 中，有四个字段非常关键，它们是"根桥 ID"、"RPC"、"网桥 ID"以及"接口 ID"，这四个字段便是交换机进行配置 BPDU 比较的关键内容。

STP 按照如下顺序选择最优的配置 BPDU。

- 最小的根桥 ID；
- 最小的 RPC；
- 最小的网桥 ID；
- 最小的接口 ID。

在这四条原则中（每条原则都对应配置 BPDU 中的相应字段），第一条原则主要用于在网络中选举根桥，后面的原则主要用于选举根接口及指定接口。假设有两个 BPDU，第一个 BPDU 中"根桥 ID"、"RPC"、"网桥 ID"以及"接口 ID"字段的内容分别是："32768 0025-9ef8-0e70、20000、32768 0025-0201-0132、128 15"，另一个 BPDU 是："32768 0025-9ef8-0e70、20000、32768 0025-0201-a298、128 19"，首先这两个配置 BPDU 的"根桥 ID"字段都相同，其次"RPC"字段也相同，而前者的"网桥 ID"字段值小于后者（网桥 MAC 地址更小），因此前者更优。

10.1.6　BPDU 的交互与拓扑计算

初始情况下，交换网络中的所有交换机都认为自己是根桥，这些设备开始运行后从自己所有激活了 STP 的接口发送 BPDU（在本书后续的内容中，如果没有特别说明，那么 BPDU 指的是配置 BPDU）。如图 10-13 所示，SW1 及 SW2 均在自己的接口上发送自己的 BPDU，图中只为大家展示了 BPDU 中最重要的四个字段。

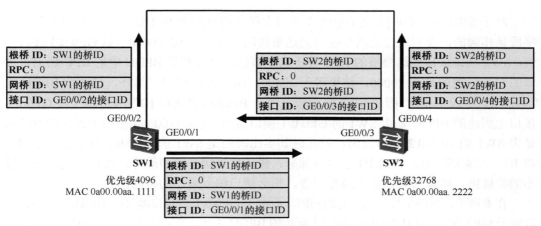

图 10-13　初始时 BPDU 的交互

（1）由于两者都认为自己是根桥，因此在它们各自发送的 BPDU 中，"根桥 ID"字段均填写的是自己的桥 ID，而"RPC"字段则填写的是 0。根桥发出的 BPDU 中 RPC

始终为 0，毕竟根桥到达自己无需付出任何成本。另外"网桥 ID"字段填写的是该 BPDU 发送者的桥 ID，而"接口 ID"字段则填写的是发送该 BPDU 的接口的接口 ID。

（2）SW1 及 SW2 都将收到对方发送过来的 BPDU 并开始进行 BPDU 的比较——将对方的 BPDU 与自己接口上的 BPDU 进行比较，按照"BPDU 的比较原则"一节中介绍的原则依序进行。实际上，在第一个原则（最小的根桥 ID）的比较中，SW2 便已经判断出对方发送的 BPDU 要比本地的更优。现在 SW2 接受了 SW1 为根桥的事实，而 SW1 则认定自己是根桥，它将忽略 SW2 发送的 BPDU，并继续周期性地从自己的接口发送 BPDU。

（3）接下来，SW2 将开始根接口选举。由于 SW2 在 GE0/0/3 及 GE0/0/4 接口上收到的 BPDU 都比自己本地的 BPDU 更优，因此它使用对方的 BPDU 更新自己本地的 BPDU，如图 10-14 所示。然后 SW2 将比较自己所有接口上的 BPDU，拥有最优 BPDU 的接口将成为其根接口。

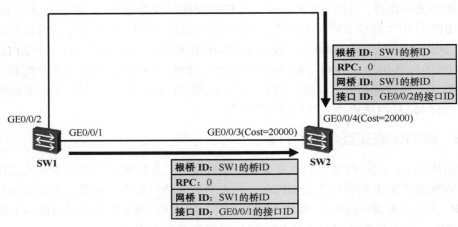

图 10-14　SW2 选举根接口

对于 SW2 在 GE0/0/3 及 GE0/0/4 接口上保存的这两个 BPDU，它们的"根桥 ID"字段是相同的，而它通过这两个接口到达根桥的 RPC 又都是 20000（以 GE0/0/3 接口为例，SW2 从该接口到达根桥的 RPC 等于它在该接口上收到的 BPDU 中的 RPC 加上该接口的 Cost，也就是 0+20000，结果等于 20000。GE0/0/4 同理）。另外，这两个 BPDU 的"网桥 ID"字段也相同，因此 SW2 将比较这两个 BPDU 的"接口 ID"字段。由于在 GE0/0/3 接口上到达的 BPDU 是由 SW1 的 GE0/0/1 接口发出，而在 GE0/0/4 接口上到达的 BPDU 是由 SW1 的 GE0/0/2 接口发出，故此时其实比较的是 SW1 的 GE0/0/1 及 GE0/0/2 的接口 ID。大家都知道，接口 ID 包含两部分：接口优先级和接口编号，接口优先级的值最小的将胜出，而如果接口优先级都相等，那么接口编号最小的将胜出。

在本例中，这两个接口的优先级相同，而由于 GE0/0/1 的接口编号比 GE0/0/2 更小，所以对于 SW2 而言，在其 GE0/0/3 接口上到达的 BPDU 更优，于是该接口成为 SW2 的根接口。

（4）SW2 的根接口选举出来后，它使用当前在根接口上保存的最优 BPDU 为其他接口计算 BPDU。以 SW2 为其 GE0/0/4 接口计算的 BPDU 为例，具体的做法是，如图 10-15 所示。

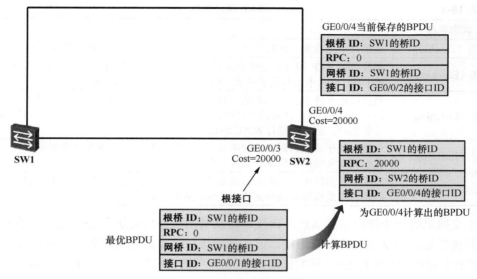

GE0/0/4当前保存的BPDU

| 根桥 ID：SW1的桥ID |
| RPC：0 |
| 网桥 ID：SW1的桥ID |
| 接口 ID：GE0/0/2的接口ID |

GE0/0/4
Cost=20000

GE0/0/3
Cost=20000

| 根桥 ID：SW1的桥ID |
| RPC：20000 |
| 网桥 ID：SW2的桥ID |
| 接口 ID：GE0/0/4的接口ID |

为GE0/0/4计算出的BPDU

根接口

最优BPDU

| 根桥 ID：SW1的桥ID |
| RPC：0 |
| 网桥 ID：SW1的桥ID |
| 接口 ID：GE0/0/1的接口ID |

计算BPDU

图 10-15　SW2 选举指定接口

- 在"根桥 ID"字段中写入最优 BPDU 中的根桥 ID，也就是 SW1 的桥 ID。
- 在"RPC"字段中写入最优 BPDU 中的 RPC 与根接口（GE0/0/3）的 Cost 之和，也就是 20000。
- 在"网桥 ID"字段中写入本设备的桥 ID，也就是 SW2 的桥 ID。
- 在"接口 ID"字段中写入本接口的 ID，也就是 GE0/0/4 接口的 ID。

完成上述操作后，SW2 将其为 GE0/0/4 计算出的 BPDU 与该接口当前保存的 BPDU 进行比较，很明显后者更优，于是 SW2 将该接口认定为非指定接口。SW2 继续在 GE0/0/4 接口上保存 SW1 发送的 BPDU，并且持续侦听该 BPDU。

（5）到目前为止，网络的拓扑已经计算完毕，SW2 的 GE0/0/4 接口将被阻塞，从而网络中的二层环路被打破，如图 10-16 所示。

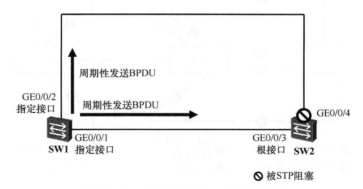

GE0/0/2
指定接口

周期性发送BPDU

周期性发送BPDU

GE0/0/1

GE0/0/4

GE0/0/3
根接口

SW1　指定接口

SW2

⊘ 被STP阻塞

图 10-16　STP 完成收敛，环路被打破

10.1.7　STP 接口状态

STP 除了定义了接口角色（根接口及指定接口），同时还定义了五种接口状态，见表 10-3。

表 10-3　　　　　　　　　　　　　STP 接口状态

状态名称	状态描述
禁用（Disable）	该接口不能收发 BPDU，也不能收发业务数据帧，例如接口为 down
阻塞（Blocking）	该接口被 STP 阻塞。处于阻塞状态的接口不能发送 BPDU，但是会持续侦听 BPDU，而且不能收发业务数据帧，也不会进行 MAC 地址学习
侦听（Listening）	当接口处于该状态时，表明 STP 初步认定该接口为根接口或指定接口，但接口依然处于 STP 计算的过程中，此时接口可以收发 BPDU，但是不能收发业务数据帧，也不会进行 MAC 地址学习
学习（Learning）	当接口处于该状态时，会侦听业务数据帧（但是不能转发业务数据帧），并且在收到业务数据帧后进行 MAC 地址学习
转发（Forwarding）	处于该状态的接口可以正常地收发业务数据帧，也会进行 BPDU 处理。接口的角色需是根接口或指定接口才能进入转发状态

当交换机的一个接口被激活后，该接口将从禁用状态自动进入阻塞状态。处于阻塞状态的接口如果被交换机选举为根接口或者指定接口，那么它将从阻塞状态进入侦听状态，并且在侦听状态停留 15s（转发延迟时间）。有些读者可能会感到很好奇，为什么接口不允许从阻塞状态直接进入转发状态，而要先进入侦听状态呢？设想一下，在 STP 的收敛过程中，BPDU 泛洪到全网是需要一定时间的，STP 完成全网拓扑计算同样需要时间，因此接口在侦听状态停留的这 15s 将给予 STP 充分的时间进行全网拓扑计算，避免网络中出现临时的环路。在侦听状态停留 15s 后，如果该接口依然是根接口或指定接口，那么它将进入学习状态，并且在该状态下也停留 15s（转发延迟时间）。由于此时交换机在接口上并未学习到任何 MAC 地址，因此如果接口从侦听状态立即进入转发状态的话，就有可能在短时间内导致网络中出现不必要的数据帧泛洪现象。所以，STP 规定接口从侦听状态进入学习状态后，也需停留 15s，在这段时间内交换机会在该接口持续侦听业务数据帧并学习 MAC 地址，为进入转发状态做好准备。图 10-17 描述了 STP 接口状态的切换过程。

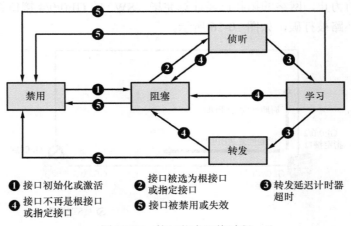

图 10-17　接口状态切换过程

10.1.8　案例：STP 的基础配置

在图 10-18 中，三台交换机构成了一个简单的交换网络，而且网络中存在二层环路。

为了实现该交换网络的破环，网络中的交换机将部署 STP。

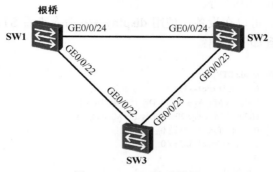

图 10-18　STP 基础配置

SW1 的配置如下：

```
[SW1]stp mode stp
[SW1]stp enable
```

SW2 的配置如下：

```
[SW2]stp mode stp
[SW2]stp enable
```

SW3 的配置如下：

```
[SW3]stp mode stp
[SW3]stp enable
```

在以上配置中，**stp mode** 命令用于修改交换机的工作模式（或者说，协议类型），以华为 S5700 系列交换机为例，缺省时设备的生成树工作模式为 MSTP，**stp mode stp** 命令用于将工作模式修改为 STP。另外，**stp enable** 命令用于在设备上激活生成树（缺省时，生成树已经处于激活状态，因此该命令为可选）。

在网络初始化过程中，STP 会选举根桥、根接口及指定接口。三台交换机中，桥 ID 最小的交换机将成为根桥。当然，所有的交换机缺省的桥优先级均为 32768，这样一来拥有最小 MAC 地址的交换机将成为网络中的根桥，这显然带有一定的随机性，在实际的网络部署中，我们往往会通过修改某台设备（通常情况下是网络中处于关键位置且性能较高的设备）的优先级，确保它成为该网络的根桥，从而保证 STP 的稳定性。例如在这个例子中，可以将 SW1 规划为网络中的主根桥（Primary Root Bridge），将 SW2 规划为它的备份，也就是次根桥（Secondary Root Bridge）。

SW1 增加如下配置：

```
[SW1]stp root primary
```

SW2 增加如下配置：

```
[SW2]stp root secondary
```

在 SW1 上执行的 **stp root primary** 命令将使得它成为网络中的主根桥，实际上该命令是把当前交换机的优先级值设置为最小值 0，而且该优先级不能修改。因此在本例中，SW1 使用替代命令 **stp priority 0** 也能实现相同的效果。另外在 SW2 上执行的 **stp root secondary** 命令用于将设备指定为网络中的次根桥，实际上该命令是把当前交换机的优先级值设置为 4096，而且该优先级不能修改。因此在 SW2 使用替代命令 **stp priority 4096** 也能实现相同的效果。在设备的系统视图下使用 **stp priority** 命令可修改该设备的 STP

优先级，需注意的是，使用该命令所指定的优先级的取值范围是 0～61440，而且需是 4096 的倍数，例如 0、4096、8192 等。

完成以上配置后，可以在设备上使用 **display stp** 命令查看 STP 的状态，在 SW1 上执行该命令，可以看到如下输出：

```
<SW1>display stp
-------[CIST Global Info][Mode STP]-------
CIST Bridge             :0        .4c1f-ccc1-3333
Config Times            :Hello 2s MaxAge 20s FwDly 15s MaxHop 20
Active Times            :Hello 2s MaxAge 20s FwDly 15s MaxHop 20
CIST Root/ERPC          :0        .4c1f-ccc1-3333 / 0
CIST RegRoot/IRPC       :0        .4c1f-ccc1-3333 / 0
CIST RootPortId         :0.0
BPDU-Protection         :Disabled
CIST Root Type          :Primary root
TC or TCN received      :6
TC count per hello      :0
STP Converge Mode       :Normal
Time since last TC      :0 days 0h:1m:33s
Number of TC            :3
Last TC occurred        :GigabitEthernet0/0/22
......
```

从以上信息可以看出，本交换机的桥 ID 为 0.4c1f-ccc1-3333，其中 0 为交换机的优先级值，这显然是命令 **stp root primary** 的作用。4c1f-ccc1-3333 是本设备的 MAC 地址。而且当前的根桥的 MAC 也是 4c1f-ccc1-3333，这就表明，本交换机就是根桥。

另外，使用 **display stp brief** 命令能查看接口的 STP 状态，在 SW1 上执行该命令可看到如下输出：

```
<SW1>display stp brief
MSTID    Port                    Role    STP State        Protection
0        GigabitEthernet0/0/22   DESI    FORWARDING       NONE
0        GigabitEthernet0/0/24   DESI    FORWARDING       NONE
```

由于 SW1 是根桥，因此它的所有接口均是指定接口，通常情况下，根桥的所有接口都将处于转发状态。

您可能已经猜到了哪台交换机的接口会被阻塞。在本网络中 SW3 的 GE0/0/23 接口将会被阻塞。

```
<SW3>display stp brief
MSTID    Port                    Role    STP State        Protection
0        GigabitEthernet0/0/22   ROOT    FORWARDING       NONE
0        GigabitEthernet0/0/23   ALTE    DISCARDING       NONE
```

说明　　细心的读者可能会发现，在以上输出中，SW3 的 GE0/0/23 的接口状态为 Discarding（丢弃），而不是 Blocking（阻塞），其实 STP 是一个相对古老的协议，在现今的网络中已经用得不多了，被使用得更多的是 RSTP 和 MSTP。以华为交换机 S5700 为例，缺省时即已激活了 MSTP，当用户使用命令将生成树的模式修改为 STP 时，设备的接口状态依然保持与 MSTP 一致，而在 MSTP 中，Discarding 状态也意味着接口被阻塞。因此，大家姑且将此处的 Discarding 理解为阻塞即可。此外，以上输出中的接口角色（Role）也是 MSTP 中的概念。

　　为什么网络中被 STP 阻塞的接口是 SW3 的 GE0/0/23 接口？道理非常简单：首先 SW3 的 GE0/0/22 接口是其根接口，它在该接口上收到的 BPDU 是最优的，此后它会根据该最优 BPDU，为 GE0/0/23 接口计算 BPDU，并且将其与该接口收到的 BPDU 进行比较，由于 SW3 的 GE0/0/23 接口所收到的 BPDU 比它为该接口计算出的 BPDU 更优，因此该接口被阻塞。如果我们此时希望 SW3 被阻塞的不是 GE0/0/23，而是 GE0/0/22 接口，那么可以设法让 GE0/0/23 成为 SW3 的根接口，例如将 GE0/0/22 接口的 Cost 调大，使得 SW3 从该接口到达根桥的 RPC 比另一条路径更大。

　　SW3 增加如下配置：

```
[SW3]interface GigabitEthernet 0/0/22
[SW3-GigabitEthernet0/0/22]stp cost 50000
```

完成上述配置后，再观察一下 SW3 的接口状态：

```
<SW3>display stp brief
 MSTID  Port                   Role   STP State     Protection
   0    GigabitEthernet0/0/22  ALTE   DISCARDING    NONE
   0    GigabitEthernet0/0/23  ROOT   FORWARDING    NONE
```

10.2　RSTP

　　IEEE 802.1D 中定义的 STP，是一个比较老旧的标准，在现今的交换网络中，几乎已经很少能够见到它的部署了。STP 存在诸多短板，例如收敛慢、端口状态定义繁冗、对拓扑变化的感知依赖计时器等。

　　IEEE 802.1w 中定义的 RSTP（Rapid Spanning Tree Protocol，快速生成树协议）可以视为 STP 的改进版本，RSTP 在许多方面对 STP 进行了优化，它的收敛速度更快，而且能够兼容 STP。

　　RSTP 引入了新的接口角色，其中替代接口的引入使得交换机在根接口失效时，能够立即获得新的路径到达根桥。RSTP 引入了 P/A 机制，使得指定接口被选举产生后能够快速地进入转发状态，而不用像 STP 那样经历转发延迟时间。另外，RSTP 还引入了边缘接口的概念，这使得交换机连接终端设备的接口在初始化之后能够立即进入转发状态，提高了工作效率。

　　学习完本节之后，我们应该能够。

- 熟悉 RSTP 接口的角色；
- 熟悉 RSTP 接口的状态；
- 熟悉 BPDU 在 RSTP 中的变化；
- 理解 P/A 机制；
- 理解边缘接口的概念及意义；
- 理解各种保护功能。

10.2.1　RSTP 接口角色

　　RSTP 在 STP 的基础上，增加了两种接口角色，它们是替代（Alternate）接口和备份（Backup）接口。因此，在 RSTP 中，共有 4 种接口角色：根接口、指定接口、替代接口和备份接口。其中替代接口及备份接口的定义如下。

1. 替代接口

替代接口可以简单地理解为根接口的备份，它是一台设备上，由于收到了其他设备所发送的 BPDU 从而被阻塞的接口。如果设备的根接口发生故障，那么替代接口可以成为新的根接口，这加快了网络的收敛过程。在图 10-19 中，SW1 是网络中的根桥，对于 SW3 而言，它有两个接口接入了该网络，由于从 GE0/0/22 接口到达根桥的 RPC 更小，因此该接口成为该设备的根接口。而 GE0/0/23 则由于收到了 SW2 所发送的 BPDU，并且经 SW3 计算后决定阻塞，成为该设备的替代接口。

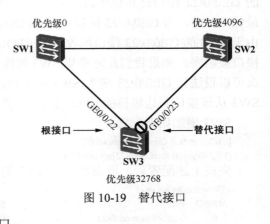

图 10-19　替代接口

此时在 SW3 上执行 **display stp brief** 命令能看到如下输出：

MSTID	Port	Role	STP State	Protection
	\<SW3\>display stp brief			
0	GigabitEthernet0/0/22	ROOT	FORWARDING	NONE
0	**GigabitEthernet0/0/23**	**ALTE**	**DISCARDING**	**NONE**

在以上输出中，ALTE 意为 Alternate，也即替代。

说明

一台设备如果是非根桥，那么它有且只能有一个根接口，但是该设备可以没有替代接口，也可以有，当存在替代接口时，可以存在一个或多个。当设备的根接口发生故障时，最优的替代接口将成为新的根接口。

2. 备份接口

备份接口是一台设备上由于收到了自己所发送的 BPDU 从而被阻塞的接口。如果一台交换机拥有多个接口接入同一个网段，并且在这些接口中有一个被选举为该网段的指定接口，那么这些接口中的其他接口将被选举为备份接口，备份接口将作为该网段到达根桥的冗余接口。通常情况下，备份接口处于丢弃状态。

在图 10-20 中，SW1 是网络中的根桥，对于 SW2 而言，它的 GE0/0/20 及 GE0/0/21 接口形成了自环，RSTP 能够检测到这个环路，并且在这两个接口中选择一个进行阻塞。缺省时，由于 GE0/0/20 接口的接口 ID 更小，因此该接口成为指定接口，而 GE0/0/21 接口则成为备份接口，备份接口将被阻塞。

此时在 SW2 上执行 **display stp brief** 命令应该能看到如下输出：

MSTID	Port	Role	STP State	Protection
	\<SW2\>display stp brief			
0	GigabitEthernet0/0/24	ROOT	FORWARDING	NONE
0	GigabitEthernet0/0/20	DESI	FORWARDING	NONE
0	**GigabitEthernet0/0/21**	**BACK**	**DISCARDING**	**NONE**

图 10-20 的场景似乎没有什么实际意义，毕竟通过一条链路进行自环看起来确实没有什么必要，这可能是由于人为的疏忽误接线缆造成的。图 10-21 展示了另一个存在备

份接口的场景，SW2 使用两个接口连接在同一台集线器（Hub）上，由于集线器在一个接口上收到的数据会被拷贝到其他所有接口（而且它并不支持 STP/RSTP），因此 SW2 从 GE0/0/20 接口发出的 BPDU 会被集线器接收并发往 SW2 的 GE0/0/21 接口，反之亦然。

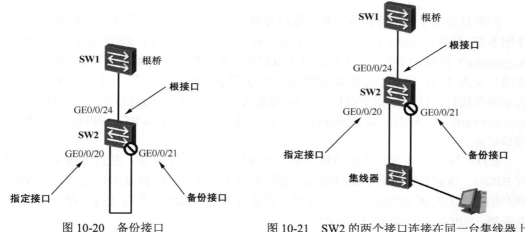

图 10-20　备份接口　　　　　　　　图 10-21　SW2 的两个接口连接在同一台集线器上

当 SW2 的指定接口 GE0/0/20 发生故障时，备份接口 GE0/0/21 将继续它的工作，负责与相应的网段实现数据交互。

10.2.2　RSTP 接口状态

STP 定义了五种接口状态，它们分别是禁用、阻塞、侦听、学习和转发，而 RSTP 简化了接口状态，将 STP 的禁用、阻塞及侦听状态简化为丢弃（Discarding）状态，于是，RSTP 与 STP 的接口状态对比如表 10-4 所示。

表 10-4　　　　　　　　　STP 与 RSTP 的接口状态对应关系

STP 的接口状态	RSTP 的接口状态
禁用（Disabled）	丢弃（Discarding）
阻塞（Blocking）	
侦听（Listening）	
学习（Learning）	学习（Learning）
转发（Forwarding）	转发（Forwarding）

在 RSTP 中，处于丢弃状态的接口既不会转发业务数据帧，也不会学习 MAC 地址。

10.2.3　BPDU

RSTP 的配置 BPDU 被称为 RST BPDU（Rapid Spanning Tree BPDU），它的格式与 STP 的配置 BPDU 大体相同，只是其中个别字段做了修改，以便适应新的工作机制和特性。对于 RST BPDU 来说，"协议版本 ID"字段的值为 0x02，"BPDU 类型"字段的值也为 0x02。最重要的变化体现在"标志"字段中，该字段一共 8bit，STP 只使用了其中的最低比特位和最高比特位，而 RSTP 在 STP 的基础上，使用了剩余的 6 个比特位，并且分别对这些比特位进行了定义，如图 10-22 所示。

TCA (1bit)	Aggrement (1bit)	Forwarding (1bit)	Learning (1bit)	Port Role (2bit)	Proposal (1bit)	TC (1bit)

图 10-22　RST BPDU 中的"标志"字段

STP 只使用了该字段的最高及最低比特位，在 RST BPDU 中这两个比特位的定义及作用不变。另外，Aggrement（同意）及 Proposal（提议）比特位用于 RSTP 的 P/A（Proposal/Aggrement）机制，该机制大大地提升了 RSTP 的收敛速度。Port Role（接口角色）比特位的长度为 2bit，它用于标识该 RST BPDU 发送接口的接口角色，01 表示根接口，10 表示替代接口，11 表示指定接口，而 00 则被保留使用（以上的值都是二进制格式）。最后，Forwarding（转发）及 Learning（学习）比特位用于表示该 RST BPDU 发送接口的接口状态。

RSTP 与 STP 不同，在网络稳定后，无论是根桥还是非根桥，都将周期性地发送配置 BPDU，也就是说对于非根桥而言，它们不用在根接口上收到 BPDU 之后，才被触发而产生自己的配置 BPDU，而是自发地、周期性发送 BPDU。在后续的内容中，除非特别强调，BPDU 指的是 RST BPDU。

RSTP 在 BPDU 的处理上的另一点改进是对于次优（Inferior）BPDU 的处理。运行 STP 的交换机在每个接口上保存一份 BPDU，对于根接口及非指定接口而言，交换机保存的是发送自上游交换机的 BPDU，而对于指定接口而言，交换机保存的是自己根据根接口的 BPDU 所计算出的 BPDU。如果接口收到一份 BPDU，而且该接口当前所保存的 BPDU 比接收的 BPDU 更优，那么后者对于前者而言，就是次优 BPDU，在 STP 中，当指定接口收到次优 BPDU 时，它将立即发送自己的 BPDU，而对于非指定接口，当其收到次优 BPDU 时，它将等待接口所保存的 BPDU 老化之后，再重新计算新的 BPDU，并将新的 BPDU 发送出去，这将导致非指定接口需要最长约 20s 的时间才能启动状态迁移。在 RSTP 中，无论接口的角色如何，只要接口收到次优 BPDU，便立即发送自己的 BPDU，这个变化使得 RSTP 的收敛更快。

10.2.4　边缘接口

我们已经知道，运行了 STP 的交换机，其接口在初始启动之后，首先会进入阻塞状态，如果该接口被选举为根接口或指定接口，那么它还需经历侦听及学习状态，最终才能进入转发状态，也就是说，一个接口从初始启动之后到进入转发状态至少需要耗费约 30 秒的时间。对于交换机上连接到交换网络的接口而言，经历上述过程是必要的，毕竟该接口存在产生环路的风险，然而有些接口引发环路的风险是非常低的，例如交换机连接终端设备（PC 或服务器等）的接口，这些接口如果启动之后依然要经历上述过程那就太低效了，而且用户当然希望将一台 PC 接入交换机后 PC 能够立即连接到网络，而不用耗费时间去等待。

可以将交换机的接口配置为边缘接口（Edge Port）来解决上述问题。如图 10-23 所示，交换机 SW2 的 GE0/0/1、GE0/0/2 及 GE0/0/3 均可被配置为边缘接口。边缘接口缺省不参与生成树计算，当边缘接口被激活之后，它可以立即切换到转发状态并开始收发业务流量，而不用经历转发延迟时间，因此工作效率大大提升了。另外，边缘接口的关闭或激活并不会触发 RSTP 拓扑变更。

在实际项目中，我们通常会把用于连接终端设备的接口配置为边缘接口。

以 SW2 为例，将其 GE0/0/1 接口配置为边缘接口的命令如下：

```
[SW2]interface GigabitEthernet 0/0/1
[SW2-GigabitEthernet0/0/1]stp edged-port enable
```

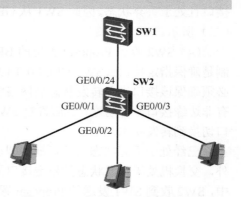

值得注意的是，由于人为疏忽，边缘接口也可能会被误接交换设备，一旦交换设备连接到边缘接口，那么便引入了环路隐患。因此如果边缘接口连接了交换设备并且收到了 BPDU，则该接口立即变成一个普通的生成树接口，在这个过程中，可能引发网络中的 RSTP 重计算，从而对网络造成影响。此时可在该接口上部署 BPDU 保护功能，本书将在"保护功能"一节中介绍该功能。

一个接口被配置为边缘接口后，该接口依然会周期性地发送 BPDU，然而正如上文所述，边缘接口通常用于连接终端设备，BPDU 对于这些设备而言其实是多余的，此时可以在接口的配置

图 10-23　SW2 的 GE0/0/1、GE0/0/2 和 GE0/0/3 接口用于连接终端设备，可配置为边缘接口

视图下增加 **stp bpdu-filter enable** 命令，这条命令用于激活该接口的 BPDU 过滤功能，在交换机的接口上激活 BPDU 过滤功能后，该接口将不再发送 BPDU，而当其收到 BPDU 时，也会直接忽略。

10.2.5　P/A 机制

如图 10-24 所示，网络管理员在 SW1 与 SW2 之间新增了一条链路，由于 SW1 是此时网络中桥优先级最高的交换机，因此它将成为该网络的根桥，它的 GE0/0/1 接口将成为指定接口，而 SW2 的 GE0/0/2 接口将成为根接口。如果网络中运行 STP，那么虽然这两个接口的角色分别是指定接口及根接口，但是它们必须经历侦听和学习状态之后才能进入转发状态，在这段时间内，PC2 显然是无法与 PC1 通信的。而如果网络中运行的是 RSTP，那么这个过程可能仅仅需要耗费数秒。

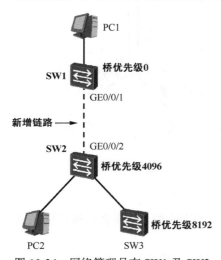

图 10-24　网络管理员在 SW1 及 SW2 之间增加了一条新的链路

RSTP 通过 Proposal/Agreement（提议/同意）机制来保证一个指定接口得以从丢弃状态快速进入转发状态，从而加速了生成树的收敛。Proposal/Agreement 机制也被简称为 P/A 机制，它是交换机之间的一种握手机制。

如果网络中运行的是 RSTP，当 SW1 与 SW2 之间新增了一条链路后。

（1）SW1 及 SW2 立即在各自的接口上发送 BPDU，初始时双方都认为自己是根桥，如图 10-25（一）所示。

（2）经过 BPDU 交互后，SW2 将认为 SW1 才是当前的根桥，此时 SW1 的 GE0/0/1 接口是指定接口，而 SW2 的 GE0/0/2 接口则成为根接口，该接口将立即停止发送 BPDU。这两个接口当前都处于丢弃状态。

（3）接下来 P/A 过程将在 SW1 与 SW2 之间发生。由于 SW1 的 GE0/0/1 接口为指定接口且处于丢弃状态，因此 SW1 从 GE0/0/1 接口发送 Proposal 置位的 BPDU，如图 10-25（二）所示。

（4）SW2 收到 Proposal 置位的 BPDU 后，立即启动一个同步过程。此时 RSTP 的机制是确保指定接口（SW1 的 GE0/0/1）能够快速地进入转发状态，为了达到这个目的，必须确保该接口进入转发状态后网络中不存在环路，因此 SW2 的思路是：先将本地的所有非边缘接口全部阻塞，然后答复 SW1 它这里并不存在环路，后者可以放心大胆地将接口切换到转发状态。

已经处于丢弃状态的接口缺省即已完成同步，而边缘接口则不参与该过程，除此之外，交换机处于转发状态的指定接口需切换到丢弃状态以便完成同步。在图 10-25（二）中，SW2 收到 SW1 发送的 Proposal 置位的 BPDU 后便立即启动同步过程，假设 GE0/0/3 接口被配置为边缘接口，GE0/0/4 接口是非边缘指定接口，那么 GE0/0/3 接口不参与该过程，而 GE0/0/4 接口则被立即切换到丢弃状态。

（5）现在 SW2 的所有接口均已完成了同步，SW2 清楚地知道本地的接口不存在环路，它立即将根接口 GE0/0/2 切换到转发状态，并从该接口向 SW1 发送 Agreement 置位的 BPDU，如图 10-25（三）所示。

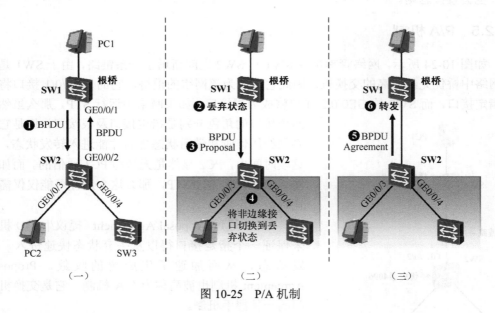

图 10-25　P/A 机制

（6）SW1 在 GE0/0/1 接口上收到 Agreement 置位的 BPDU 后，立即将该接口切换到转发状态，此时 PC2 与 PC1 便可以实现通信了。

整个 P/A 过程以非常快的速度完成，在新增链路出现后的极短时间内，PC2 即可与 PC1 实现通信。另外，由于 SW2 的指定接口 GE0/0/4 此时依然处于丢弃状态，因此该接口也将向下游交换机发起一个 P/A 过程，具体操作不再赘述。

从以上描述大家可以看到，P/A 机制的引入使得 RSTP 的收敛效率大大地提升了。

10.2.6　保护功能

华为交换机支持多种保护功能，这些功能提升了生成树协议的稳定性。

1.　BPDU 保护（BPDU Protection）

当边缘接口收到 BPDU 后，该接口将立即变成一个普通的 RSTP 接口，这个过程可能引发网络中的 RSTP 重新计算，从而对网络造成影响。边缘接口通常用于连接终端设备，理论上说是不应该收到 BPDU 的，然而如果由于人为的疏忽导致接口误接了交换设备，那么该接口便有可能收到 BPDU，这种疏忽同时也引入了二层环路的隐患。另外，如果攻击者连接到了边缘接口，并针对该接口发起 BPDU 攻击，也将对网络造成极大影响。

通过在交换机上激活 BPDU 保护功能即可解决上述问题。当交换机激活该功能后，如果边缘接口收到 BPDU，则交换机会立即把接口关闭（置为 Error-Down），同时触发告警。

以图 10-26 为例，可在交换机 SW2 上采用如下配置：

```
[SW2]interface GigabitEthernet 0/0/1
[SW2-GigabitEthernet0/0/1]stp edged-port enable

[SW2]interface GigabitEthernet 0/0/2
[SW2-GigabitEthernet0/0/2]stp edged-port enable

[SW2]interface GigabitEthernet 0/0/3
[SW2-GigabitEthernet0/0/3]stp edged-port enable

[SW2]stp bpdu-protection
```

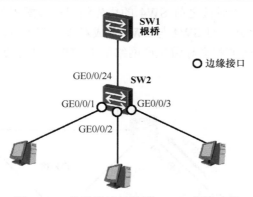

图 10-26　为边缘接口激活 BPDU 保护功能

在交换机的系统视图下执行 **stp bpdu-protection** 命令，可以在所有边缘接口上激活 BPDU 保护功能。完成上述配置后可先查看一下交换机的 RSTP 接口状态：

```
<SW2>display stp brief
```

MSTID	Port	Role	STP State	Protection
0	GigabitEthernet0/0/1	DESI	FORWARDING	BPDU
0	GigabitEthernet0/0/2	DESI	FORWARDING	BPDU

0	**GigabitEthernet0/0/3**	**DESI**	**FORWARDING**	**BPDU**
0	GigabitEthernet0/0/24	ROOT	FORWARDING	NONE

由于 GE0/0/1、GE0/0/2 及 GE0/0/3 都被配置为边缘接口，因此这些接口都将激活 BPDU 保护功能（Protection 列显示 BPDU 字样），而 GE0/0/24 并非边缘接口，因此不会激活 BPDU 保护功能。

此时假设 SW2 的 GE0/0/1 接口收到了 BPDU，交换机将立即产生如下告警信息，并将 GE0/0/1 接口关闭：

```
Aug 25 2016 10:55:32-08:00 SW2 %%01MSTP/4/BPDU_PROTECTION(l)[22]:This edged-port
 GigabitEthernet0/0/1 that enabled BPDU-Protection will be shutdown, because it
received BPDU packet!
Aug 25 2016 10:55:33-08:00 SW2 %%01PHY/1/PHY(l)[23]:       GigabitEthernet0/0/1: change status to down
```

如果受保护的边缘接口由于收到了 BPDU 而被关闭，缺省时是不会自动恢复的，网络管理员需在该接口的配置视图下先后执行 **shutdown** 及 **undo shutdown** 命令，或者直接使用 **restart** 命令来恢复接口。除了使用上述命令手工恢复接口，还可以让接口自动恢复。在系统视图下执行 **error-down auto-recovery cause bpdu-protection interval** *interval-value* 命令即可配置接口的自动恢复功能，执行上述命令后，接口在被关闭后将会延迟 **interval** 关键字所指定的时间（取值范围是 30～86400s）然后自动恢复。

2. 根保护（Root Protection）

对于一个部署了 RSTP 的交换网络来说，根桥的地位是至关重要的，毕竟 RSTP 所计算出的无环拓扑与根桥是息息相关的。在一个 RSTP 已经完成收敛的网络中，如果根桥发生变化，那么势必导致 RSTP 重新计算，此时该网络所承载的业务流量必将受到影响。一般来说，我们会选择网络中性能最优的设备，同时也是位置最关键的设备作为根桥，将其优先级设置为最小值 0，然而这个措施未必能绝对保证该设备永远是网络中的根桥，毕竟根桥的角色是可抢占的。在图 10-27 中，SW1 的优先级被设置为 0，它将成为生产网络中的根桥，现在一个第三方网络为了实现与生产网络的通信，将该网络中的 SW4 连接到了 SW1。由于对接之前 SW4 的优先级已经被配置为 0，而且恰巧其 MAC 地址较之 SW1 更小，因此一旦 SW4 与 SW1 完成对接，前者将抢占 SW1 的地位成为网络中新的根桥，而这个改变将会导致生产网络的 RSTP 重新计算，从而对生产网络造成影响。

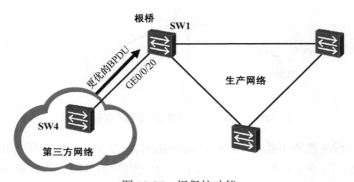

图 10-27　根保护功能

在 SW1 的相关接口上部署根保护功能，即可规避上述问题。当根桥的指定接口激活根保护功能后，该接口如果收到更优的 BPDU，则会忽略这些 BPDU，并将接口切换到丢弃状态，如此一来，根桥的地位就得以保持。

SW1 可做如下配置：

```
[SW1]interface GigabitEthernet 0/0/20
[SW1-GigabitEthernet0/0/20]stp root-protection
```

完成上述配置后，可首先查看一下 SW1 的接口 RSTP 状态：

```
<SW1>display stp brief
  MSTID      Port                         Role       STP State              Protection
    0        GigabitEthernet0/0/20        DESI       FORWARDING             ROOT
......
```

现在当 SW4 发送的 BPDU 到达 SW1 的 GE0/0/20 接口后，SW1 将立即把接口切换到丢弃状态：

```
<SW1>display stp brief
  MSTID      Port                         Role       STP State              Protection
    0        GigabitEthernet0/0/20        DESI       DISCARDING             ROOT
......
```

值得注意的是，根保护功能只有在指定接口上激活才会有效。当激活了根保护功能的指定接口收到更优的 BPDU 时，它将忽略这些 BPDU，并立即将接口切换到丢弃状态。如果接口不再收到更优的 BPDU，则一段时间后（通常为两倍的转发延迟时间），它将会自动恢复到转发状态。

3．环路保护（Loop Protection）

在图 10-28 中，SW1 是网络中的根桥，SW3 的 GE0/0/22 是根接口，GE0/0/23 是替代接口并处于丢弃状态。以 SW3 的 GE0/0/23 接口为例，该接口虽然处于丢弃状态，但是会持续侦听 BPDU，当网络正常时，SW3 会在该接口上周期性地收到 BPDU。假设 SW2 及 SW3 之间通过光纤互联，现在该光纤出现了单向故障，例如从 SW2 到 SW3 的通路发生了故障，但是从 SW3 到 SW2 的通路则是正常的。此时 SW2 发送的 BPDU 将无法正常到达 SW3 的 GE0/0/23 接口，这将导致 SW3 认为 GE0/0/23 接口的上游设备发生了故障，因此一段时间后，该接口将会成为指定接口并切换到转发状态，然后开始发送业务流量。值得注意的是，此时 SW2 并未发生故障，因此一旦 SW3 的 GE0/0/23 接口切换到转发状态，网络中便出现了环路。

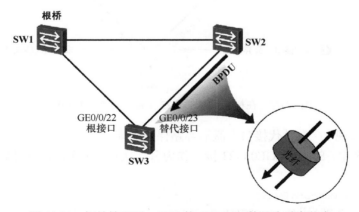

图 10-28　初始情况下，SW3 的 GE0/0/23 接口为丢弃状态

交换机的根接口以及处于丢弃状态的替代接口都可能出现上述问题。在网络正常时，这些接口将持续收到 BPDU，而当网络中出现链路单向故障或者网络拥塞等问题时，这些接口将无法正常地接收 BPDU，这便会导致交换机进行 RSTP 重计算，此时接口的角色及状态便会发生改变，这就有可能在网络中引入环路。使用环路保护功能可以规避上述问题。

① 在根接口上激活了环路保护功能后，如果该接口长时间没有收到 BPDU，那么交换机将会重新选举根接口并将该接口的角色调整为指定接口，此时交换机会将该接口的状态切换到丢弃状态，从而避免环路的发生。

② 在替代接口上激活了环路保护功能后，如果该接口长时间没有收到 BPDU，那么交换机会将该接口的角色调整为指定接口，但是将其状态保持在丢弃状态，从而避免环路的出现。

（1）配置实现 1：在根接口上激活环路保护功能

在图 10-28 中，当网络完成收敛后，SW3 的 GE0/0/22 接口将成为根接口并处于转发状态，而 GE0/0/23 接口则被选举为替代接口并处于丢弃状态。

可以使用如下命令在 SW3 的 GE0/0/22 接口激活环路保护功能：

```
[SW3]interface GigabitEthernet 0/0/22
[SW3-GigabitEthernet0/0/22]stp loop-protection
```

完成上述配置后，在 SW3 上执行 **display stp brief** 命令可看到如下输出：

```
<SW3>display stp brief
```

MSTID	Port	Role	STP State	Protection
0	GigabitEthernet0/0/22	ROOT	FORWARDING	**LOOP**
0	GigabitEthernet0/0/23	ALTE	DISCARDING	NONE

此时如果 GE0/0/22 接口长时间没有收到 BPDU，交换机会将该接口调整为指定接口，并将其切换到丢弃状态（如图 10-29 所示），直到该接口再次收到 BPDU。

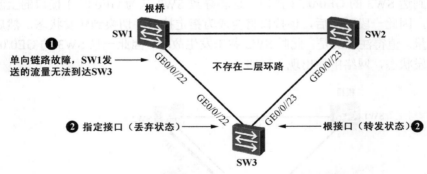

图 10-29   在根接口 GE0/0/22 上部署环路保护功能

（2）配置实现 2：在替代接口上激活环路保护功能

在图 10-28 中，SW3 的 GE0/0/23 接口作为替代接口，也可以激活环路保护功能，配置如下：

```
[SW3]interface GigabitEthernet 0/0/23
[SW3-GigabitEthernet0/0/23]stp loop-protection
```

在 SW3 上执行 **display stp brief** 命令可看到如下输出：

```
<SW3>display stp brief
MSTID    Port                        Role    STP State        Protection
  0      GigabitEthernet0/0/22       ROOT    FORWARDING       LOOP
  0      GigabitEthernet0/0/23       ALTE    DISCARDING       LOOP
```

完成上述配置后，如果 SW3 的 GE0/0/23 接口长时间没有收到 BPDU，交换机会将该接口调整为指定接口，但是不会将其切换到转发状态，而是保持在丢弃状态，从而避免环路的出现。

4. 拓扑变更保护（TC Protection）

一个稳定的交换网络是不会频繁地出现拓扑变更的，一旦网络拓扑出现变更，TC BPDU（此处指的是 TC 比特置位的 BPDU）将会被泛洪到全网，而这些 TC BPDU 将会触发网络中的交换机执行 MAC 地址表删除操作。设想一下，如果网络环境极端不稳定导致 TC BPDU 频繁地泛洪，又或者网络中存在攻击者，而攻击者发送大量的 TC BPDU 对网络进行攻击，那么交换机的性能将受到极大损耗。

交换机激活拓扑变更保护功能后，将在单位时间内只进行一定次数的 TC BPDU 处理，如果交换机在该时间内收到超过所设上限的 TC BPDU，那么它只会按照规定的次数进行处理，而对于超出的部分，则必须等待一段时间后才进行处理。

在交换机的系统视图下执行 **stp tc-protection** 命令即可激活拓扑变更保护功能，该功能激活后，交换机在单位时间内（缺省时，该时间等于 Hello Time，也即 2s，可通过 **stp tc-protection interval** 命令修改）只会处理 1 次（该次数可通过 **stp tc-protection threshold** 命令修改）TC BPDU，如果在该时间内，收到了更多的 TC BPDU，则这些报文只能等前面提及的时间超时后才会被处理。

10.2.7 案例 1：RSTP 基础配置

在图 10-30 中，我们将在 SW1、SW2、SW3 及 SW4 上部署 RSTP。要求完成配置后，SW4 的 GE0/0/20 接口被阻塞。

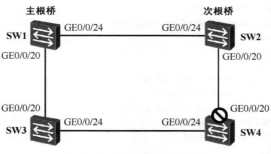

图 10-30　RSTP 的基础配置

SW1 的配置如下：

```
[SW1]stp mode rstp
[SW1]stp root primary
[SW1]stp enable
```

SW2 的配置如下：

```
[SW2]stp mode rstp
[SW2]stp root secondary
[SW2]stp enable
```

SW3 的配置如下：

```
[SW3]stp mode rstp
[SW3]stp enable
```

SW4 的配置如下：

```
[SW4]stp mode rstp
[SW4]stp enable
```

完成上述配置后，SW4 的 GE0/0/24 接口将会处于 Discarding 状态。为了保证 RSTP 阻塞的是 SW4 的 GE0/020 接口，而不是 GE0/0/24 接口，可在 SW4 上完成如下配置：

```
[SW4]interface GigabitEthernet 0/0/20
[SW4-GigabitEthernet0/0/20]stp cost 100000
```

在 SW4 上查看 STP 接口状态，可看到如下输出：

```
[SW4]display stp brief
 MSTID   Port                        Role      STP State        Protection
   0     GigabitEthernet0/0/20       ALTE      DISCARDING       NONE
   0     GigabitEthernet0/0/24       ROOT      FORWARDING       NONE
```

在 SW4 上使用 display stp interface GigabitEthernet 0/0/20 命令，可以查看 GE0/0/20 接口的详细信息：

```
<SW4>display stp interface GigabitEthernet 0/0/20
-------[CIST Global Info][Mode RSTP]-------
CIST Bridge           :32768.4c1f-cc6b-5ea5
Config Times          :Hello 2s MaxAge 20s FwDly 15s MaxHop 20
Active Times          :Hello 2s MaxAge 20s FwDly 15s MaxHop 20
CIST Root/ERPC        :0       .4c1f-cc7b-3cae / 40000
CIST RegRoot/IRPC     :32768.4c1f-cc6b-5ea5 / 0
CIST RootPortId       :128.24
BPDU-Protection       :Disabled
TC or TCN received    :42
TC count per hello    :0
STP Converge Mode     :Normal
Time since last TC    :0 days 0h:1m:10s
Number of TC          :13
Last TC occurred      :GigabitEthernet0/0/24
 ---- [Port20(GigabitEthernet0/0/20)][DISCARDING]  ----
Port Protocol         :Enabled
Port Role             :Alternate Port
Port Priority         :128
Port Cost(Dot1T )     :Config=100000 / Active=100000
Designated Bridge/Port           :4096.4c1f-ccd1-148f / 128.20
Port Edged            :Config=default / Active=disabled
Point-to-point        :Config=auto / Active=true
Transit Limit         :147 packets/hello-time
Protection Type       :None
Port STP Mode         :RSTP
Port Protocol Type               :Config=auto / Active=dot1s
BPDU Encapsulation               :Config=stp / Active=stp
PortTimes             :Hello 2s MaxAge 20s FwDly 15s RemHop 0
TC or TCN send        :2
TC or TCN received               :9
BPDU Sent             :4
       TCN: 0, Config: 0, RST: 4, MST: 0
BPDU Received         :95
       TCN: 0, Config: 0, RST: 95, MST: 0
```

10.2.8　案例 2：RSTP 错误地阻塞接口导致网络故障

图 10-31 中展示了两个网络通过三层交换机对接的场景，A、B 网络需实现数据互通。A 网络通过 A-SW1 及 A-SW2 两台三层交换机与 B 网络的 B-SW1 及 B-SW2 对接，客户要求这四台交换机按图示建立 OSPF 邻接关系。在本案例中，四台交换机构成了一个"口字型"的物理拓扑，为了不在该"口字型"网络中引入环路，网络工程师将四条互联链路分别规划在了不同的 VLAN 内。四台交换机分别在互联 VLAN 的 VLANIF 中配置 IP 地址，每段互联链路均规划了一个 30 位掩码长度的 IP 子网。如此一来，这四台交换机就构成了一个三层交换网络。

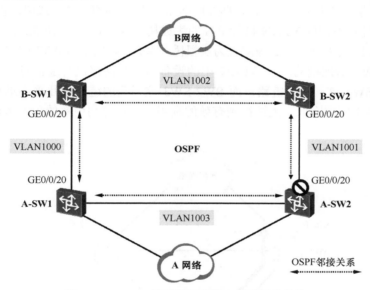

图 10-31　RSTP 错误地阻塞接口导致网络故障

在对接过程中，A-SW2 与 B-SW2 之间的 OSPF 邻接关系无法建立，经定位后，网络工程师发现这两台交换机无法通过 VLANIF1001 直接通信，进一步排查后，他发现 A-SW2 的 GE0/0/20 接口被 RSTP 阻塞，进而影响到 OSPF 邻接关系建立。您可能会感到疑惑，从 VLAN 的角度看，这里并不存在二层环路，但是为什么 RSTP 会将拓扑中的某个接口阻塞呢？

实际上，无论是 STP，还是 RSTP，在配置 BPDU 中并没有任何字段承载 VLAN 信息，而且 RSTP 并不是基于 VLAN 计算生成树的。由于这四台交换机都激活了 RSTP，RSTP 仅基于物理拓扑进行计算，它经过 BPDU 的交互及计算后"认为"网络中存在二层环路，因此将拓扑中的某个接口阻塞（恰巧 A-SW2 的 GE0/0/20 接口被阻塞），这就是问题的根因。

解决该问题的方法非常简单，由于工程师已经在 VLAN 的规划上下了功夫，该"口字型"网络中实际并不存在二层环路，因此 RSTP 在 A、B 两个网络的对接场景下并没有存在的必要，故可以在四台交换机的 GE0/0/20 接口上，使用 **stp disable** 命令将生成树禁用。

10.3   MSTP

大家都知道，STP 是一个相对老旧的标准，RSTP 虽然在 STP 的基础上进行了一定程度的优化，但是依然与 STP 一样存在一个较大的短板，那就是当它们被部署在交换网络中时，所有的 VLAN 共用一棵生成树。这个短板将使得网络中的流量无法在所有可用链路上实现负载分担，导致链路带宽利用率、设备资源利用率较低。

在图 10-32 的网络中，如果 SW1、SW2 及 SW3 都运行 STP，或者都运行 RSTP，那么无论网络中存在多少个 VLAN，这些 VLAN 都使用一棵相同的生成树，也就是说 STP、RSTP 并不会针对不同的 VLAN 执行单独的生成树计算，正如图 10-32 中所示，SW1 被配置为全网的主根桥，而 SW2 被配置为次根桥，那么 SW3 的 GE0/0/23 接口将会被阻塞，如此一来，SW3 所连接的所有 VLAN 中的设备与外部网络进行通信时，业务流量都始终只走 SW1-SW3 这一侧的链路，而 SW2-SW3 这一侧的链路则几乎不承载业务流量，SW2 也就相当于闲置在此，无法得到有效的利用，从资源利用率的角度考虑，这是难以接受的。

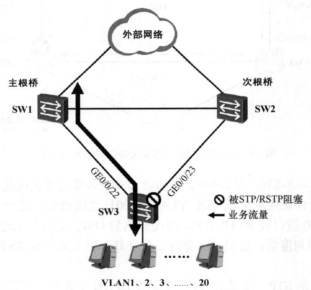

图 10-32   STP/RSTP 的短板

现在换一种思路，如果存在这样一种生成树协议，它基于 VLAN 进行生成树的计算，那么这种技术存在什么优缺点呢？首先优点自然是不言而喻的，当交换机运行这种生成树协议后，它会针对每一个 VLAN 单独计算一棵生成树，如图 10-33 所示，网络管理员可以针对每个 VLAN 的生成树独立配置根桥，当然，也可以通过相应的配置，使得不同 VLAN 的生成树阻塞不同的接口，如图 10-33 中所示，对于 VLAN1 而言，该 VLAN 的生成树阻塞的是 SW3 的 GE0/0/23 接口，因此该 VLAN 内的 PC 与外部网络通信的流量可以通过 SW1-SW3 之间的链路转发，而对于 VLAN2 而言，该 VLAN 的生成树阻塞的是 SW3 的 GE0/0/22 接口，因此该 VLAN 内的 PC 与外部网络通信的流量可以通过另一侧链路进行转发——业务流量实现了负载分担。其他 VLAN 同理。

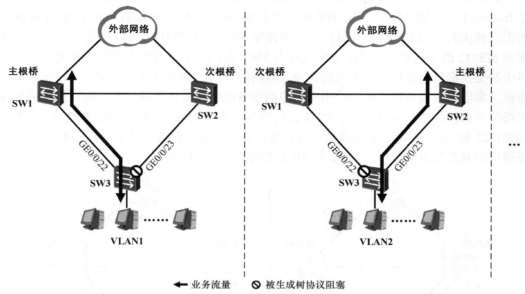

图 10-33　每个 VLAN 独立计算一棵生成树

使用基于 VLAN 的生成树协议，自然可以将生成树的可操控性发挥到极致，然而这种技术也是存在一定短板的，设想一下，如果网络中 VLAN 的数量特别大，那么所有的交换机将不得不为每个 VLAN 都计算一棵生成树，那么设备的资源消耗将变得非常大，为了进行大规模的生成树计算，设备将变得不堪重负，甚至有可能影响到正常业务流量的处理。

IEEE 发布的 802.1s 标准解决了上述问题，它定义了一种新的生成树协议——MSTP（Multiple Instances Spanning Tree Protocol，多实例生成树协议），MSTP 能够兼容 STP 及 RSTP，在该协议中，生成树不是基于 VLAN 运行的，而是基于 Instance（实例）运行的。所谓 Instance，也即一个或多个 VLAN 的集合。

网络管理员可以将一个或多个 VLAN 映射到一个 Instance，然后 MSTP 基于该 Instance 计算生成树。基于 Instance 的生成树被称为 MSTI（Multiple Spanning Tree Instance，多生成树实例），MSTP 为每个 Instance 维护独立的 MSTI。映射到同一个 Instance 的 VLAN 将共享同一棵生成树。网络管理员可根据实际需要，在交换机上创建多个 Instance，然后将特定的 VLAN 映射到相应的 Instance。需要注意的是，一个 Instance 可以包含多个 VLAN，但是一个 VLAN 只能被映射到一个 Instance。

MSTP Instance 使用 Instance-ID 进行标识，在华为交换机上，Instance-ID 的取值范围是 0～4094，其中 Instance0 是缺省便已经存在的，而且缺省时，交换机上所有的 VLAN 都映射到了 Instance0。

在创建了 Instance 之后，我们可以针对 MSTI 进行主根桥、次根桥、接口优先级或 Cost 等相关配置。这样一来，如果网络中存在大量 VLAN，那么我们便可以将这些 VLAN

按照一定规律分别映射到不同的 Instance 中，从而通过 MSTP 实现负载分担，而且交换机仅需针对这几个 Instance 进行生成树计算，设备资源消耗大大降低。

　　在图 10-34 中，网络中的交换机都部署了 MSTP，该网络中 VLAN1 至 10 被映射到了 Instance1，而 VLAN11 至 20 则被映射到了 Instance2。SW1 被配置为 MSTI1（Instance1 的生成树实例）的主根桥，并且在该生成树中 SW3 的 GE0/0/23 接口被阻塞；SW2 被配置为 MSTI2 的主根桥，并且在该生成树中 SW3 的 GE0/0/22 接口被阻塞。如此一来，网络中的交换机只需维护两棵生成树，而且这两组 VLAN 内的 PC 与外部网络通信的业务流量又实现了负载分担。此外，当网络中的设备或链路发生故障时，MSTP 还能够实现网络的冗余性，例如当 SW1 与 SW3 之间的互联链路发生故障时，MSTP 会将 SW3 的 GE0/0/23 接口在 MSTI1 上切换到转发状态，如此一来 VLAN1 至 10 内的 PC 与外部网络通信的业务流量就可以在 SW2 与 SW3 之间的链路上传输。

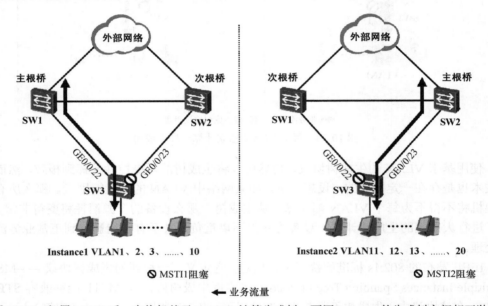

图 10-34　部署 MSTP 后，交换机基于 Instance 计算生成树，不同 Instance 的生成树之间相互独立

　　MSTP 引入了域（Region）的概念，我们可以将一个大型的交换网络划分成多个 MST 域（Multiple Spanning Tree Region，多生成树域），一个 MST 域内可以包含一台或多台交换机，同属一个 MST 域的交换机必须配置相同的域名（Region Name）、相同的修订级别（Revision Level），以及相同的 VLAN 与 Instance 的映射关系。当然，对于一些小型网络而言，全网的交换设备属于一个域也未尝不可。

10.3.1　案例 1：MSTP 单实例

　　在图 10-35 中，三台交换机构成了一个三角形的二层环路，通过部署 MSTP 可实现网络的无环化。由于网络的规模较小，因此我们计划部署单个 MST 域（域名为 HCNP），并且所有的 VLAN 均保持在缺省的 Instance0 中，SW1 及 SW2 是两台关键设备，因此分别将其规划为网络中的主根桥及次根桥。

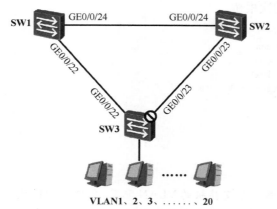

VLAN1、2、3、……、20

图 10-35   MSTP 单实例基础配置

每个 MST 域内都存在一棵 IST（Internal Spanning Tree，内部生成树），缺省时，交换机上的所有 VLAN 都属于 Instance0，而 IST 则是 MST 域内的交换机针对 Instance0 计算出的一棵生成树。

SW1 的配置如下：

```
[SW1]stp region-configuration
[SW1-mst-region]region-name HCNP
[SW1-mst-region]revision-level 1
[SW1-mst-region]active region-configuration
[SW1-mst-region]quit

[SW1]stp mode mstp
[SW1]stp root primary
[SW1]stp enable
```

在以上配置中，**stp region-configuration** 命令用于进入设备的 MST 域视图，针对 MST 域的相关配置需在该视图下进行。**region-name HCNP** 命令用于将 MST 域名修改为 HCNP，缺省时，MST 域名是交换设备主控板上管理网口的 MAC 地址。**revision-level 1** 命令用于将 MST 域的修订级别修改为 1，缺省时，MST 域的修订级别为 0，该条命令为可选配置，但是需要注意的是，同属一个 MST 域的交换机必须配置相同的修订级别。在 MST 域视图下执行上述命令后，缺省时这些命令并不生效，需执行 **active region-configuration** 命令来进行激活。另外，**stp root primary** 命令等同于 **stp instance 0 root primary**，即将 SW1 指定为 MSTI0 的主根桥。

SW2 的配置如下：

```
[SW2]stp region-configuration
[SW2-mst-region]region-name HCNP
[SW2-mst-region]revision-level 1
[SW2-mst-region]active region-configuration
[SW2-mst-region]quit

[SW2]stp mode mstp
[SW2]stp enable
[SW2]stp root secondary
```

在以上配置中 **stp root secondary** 命令等同于 **stp instance 0 root secondary**，即将

SW2 指定为 MSTI0 的次根桥。

SW3 的配置如下：

```
[SW3]stp region-configuration
[SW3-mst-region]region-name HCNP
[SW3-mst-region]revision-level 1
[SW3-mst-region]active region-configuration
[SW3-mst-region]quit

[SW3]stp mode mstp
[SW3]stp enable
```

注意

以上配置中忽略了各交换机的 VLAN 配置、各接口的 Link-type 配置以及将 VLAN 添加到接口允许通行的 VLAN 列表中的配置。

完成上述配置后查看一下 SW3 的接口状态：

```
<SW3>display stp brief
  MSTID    Port                          Role    STP State       Protection
    0      GigabitEthernet0/0/22         ROOT    FORWARDING      NONE
    0      GigabitEthernet0/0/23         ALTE    DISCARDING      NONE
```

可以看到，在 MSTI0 中，SW3 的 GE0/0/23 接口角色为替代接口，而且状态为丢弃，这是符合我们预期的。

执行 **display stp region-configuration** 命令可查看当前生效的 MST 域配置信息，以 SW3 为例：

```
<SW3>display stp region-configuration
 Oper configuration
   Format selector      :0
   Region name          :HCNP
   Revision level       :1

   Instance         VLANs Mapped
      0             1 to 4094
```

10.3.2   案例 2：MSTP 多实例

对于图 10-36 中的交换网络，客户要求 VLAN2 至 10 内的 PC 与外部网络互通的业务流量能够在 SW1-SW3 之间的链路传输，而 VLAN11 至 20 内的 PC 与外部网络互通的业务流量能够在 SW2-SW3 之间的链路传输。我们计划部署单域 MSTP（域名为 HCNP），并创建两个新的实例：Instance1 及 Instance2，将 VLAN2 至 10 映射到 Instance1，将 VLAN11 至 20 映射到 Instance2，其余 VLAN 则保持在缺省的 Instance0。

为了使得 VLAN2 至 10 的业务流量能够在 SW1-SW3 之间的链路传输，可将 SW1 规划为 MSTI1 的主根桥、SW2 则规划为次根桥。同理，为了使得 VLAN11 至 20 的业务流量能够在 SW2-SW3 之间的链路传输，可将 SW2 规划为 MSTI2 主根桥，而 SW1 则规划为次根桥。Instance0 不再赘述。

SW1 的配置如下：

```
[SW1]stp region-configuration
[SW1-mst-region]region-name HCNP
```

```
[SW1-mst-region]instance 1 vlan 2 to 10
[SW1-mst-region]instance 2 vlan 11 to 20
[SW1-mst-region]active region-configuration
[SW1-mst-region]quit

[SW1]stp mode mstp
[SW1]stp instance 0 root primary
[SW1]stp instance 1 root primary
[SW1]stp instance 2 root secondary
[SW1]stp enable
```

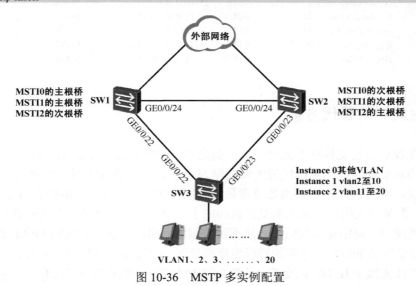

图 10-36　MSTP 多实例配置

SW2 的配置如下：

```
[SW2]stp region-configuration
[SW2-mst-region]region-name HCNP
[SW2-mst-region]instance 1 vlan 2 to 10
[SW2-mst-region]instance 2 vlan 11 to 20
[SW2-mst-region]active region-configuration
[SW2-mst-region]quit

[SW2]stp mode mstp
[SW2]stp instance 0 root secondary
[SW2]stp instance 1 root secondary
[SW2]stp instance 2 root primary
[SW2]stp enable
```

SW3 的配置如下：

```
[SW3]stp region-configuration
[SW3-mst-region]region-name HCNP
[SW3-mst-region]instance 1 vlan 2 to 10
[SW3-mst-region]instance 2 vlan 11 to 20
[SW3-mst-region]active region-configuration
[SW3-mst-region]quit

[SW3]stp mode mstp
[SW3]stp enable
```

注意　以上配置中忽略了各交换机的 VLAN 配置、各接口的 Link-type 配置以及将 VLAN 添加到接口允许通行的 VLAN 列表中的配置。

完成上述配置后，可检查一下 SW3 的接口状态：

```
<SW3>display stp brief
MSTID     Port                        Role      STP State        Protection
0         GigabitEthernet0/0/22       ROOT      FORWARDING       NONE
0         GigabitEthernet0/0/23       ALTE      DISCARDING       NONE
1         GigabitEthernet0/0/22       ROOT      FORWARDING       NONE
1         GigabitEthernet0/0/23       ALTE      DISCARDING       NONE
2         GigabitEthernet0/0/22       ALTE      DISCARDING       NONE
2         GigabitEthernet0/0/23       ROOT      FORWARDING       NONE
```

10.4　生成树的替代方案

如何在保证二层交换网络冗余性的前提之下，消除网络中的二层环路，一直是传统园区网络的重要课题。当然，经过本章的学习，您的第一反应中想到的解决方案应该是生成树协议，不可否认，它的确是最常见的解决方案之一。如图 10-37 所示，在传统园区网络中，汇聚层交换机与接入层交换机构成了一个二层交换网络，在该网络中部署生成树协议已经成为了司空见惯的做法。然而随着园区网络的发展，STP/RSTP/MSTP 技术已经逐渐无法适应新的需求，它们的短板也逐渐显现。收敛速度慢是一个明显的短板，由于生成树的工作依赖于 BPDU 的交互，虽然 RSTP/MSTP 对 STP 进行了改良，但是在毫秒级切换的高要求下，生成树还是显得力不从心。再者生成树破环的基本原理是将环路中的某个或者某些接口进行阻塞，这将直接导致被阻塞的链路无法承载业务流量，从而造成网络资源的浪费。当然 MSTP 在这方面进行了改良，使得不同 VLAN 的流量可以在不同的链路上进行负载分担，然而对于单个 VLAN 而言，始终存在某条或者某些链路无法承载其流量的情况。在现代园区网络中，许多其他技术或者解决方案已经被用于替代生成树技术。

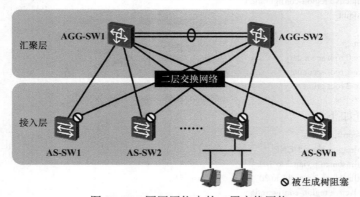

图 10-37　园区网络中的二层交换网络

1. Smart Link

Smart Link 是一种为双上行组网量身定做的解决方案。在图 10-38 中，交换机 SW3

通过一条上行链路连接 SW1，并且通过另一条上行链路连接 SW2。这就是典型的双上行组网，这种组网是非常适合部署 Smart Link 的。以 SW3 为例，如果在该设备上创建 Smart Link 组，然后将这两个上行接口添加到该组中，并将 GE0/0/22 指定为 Master 接口、将 GE0/0/23 指定为 Slave 接口，则缺省时，只有 Master 接口是活跃的（Active），该接口可以正常收发业务流量，而 GE0/0/23 接口则被阻塞（Inactive）。如此一来，网络中的二层环路将被打破。

当 SW3 的 GE0/0/22 接口发生故障，或者其直连链路发生故障时，如图 10-39 所示，Smart Link 将立即感知变化的发生，并且可以实现毫秒级的迅速切换，GE0/0/23 接口将立即过渡到 Active 状态，并开始收发业务流量。在 Smart Link 切换过程中，SW3 还可以使用 Flush 报文去刷新上联设备（SW1 及 SW2）的 MAC 地址表等数据表，使得网络加速收敛。

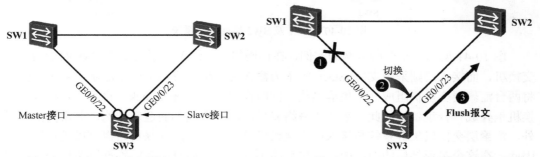

图 10-38　在 SW3 上部署 Smart Link，
　　　　　可实现毫秒级的切换

图 10-39　Smart Link 的切换过程

Smart Link 配置简单，而且切换时间非常快。当然，受限于该技术的工作机制，Smart Link 只适用于特定的组网场景。在本例中，SW1、SW2 及 SW3 构成的二层环路使用了 Smart Link 进行防环，因此生成树技术也就无需再使用。

2. iStack/CSS

iStack 是华为盒式交换机的堆叠技术，所谓堆叠，指的是多台物理交换机通过特定的线缆连接并通过相应的配置组成逻辑上的一台设备的技术。而 CSS（Cluster Switch System，集群交换系统）的概念与 iStack 类似，只不过它针对的是华为的框式交换机，例如 S9300 交换机等。本节以 iStack 为例。

在图 10-40 中，如果不使用堆叠技术，那么 SW1、SW2 及 SW3 将构成一个三角形的二层环路，此时该网络将不得不使用 STP/RSTP/MSTP 或 Smart Link 等技术来破环，而这些技术无一例外都采用阻塞特定接口的方式来实现网络的无环化，这就使得网络资源得不到充分利用。但是一旦引入堆叠/集群技术，情况就大不相同了。如果图中的 SW1 及 SW2 都支持 iStack，那么可以将 SW1 及 SW2 使用堆叠线缆进行连接，然后组建堆叠系统，堆叠系统建立完成后，SW1 及 SW2 不再是两台单独的交换机，而是一个整体，您可以简单地将其想象为一台拥有两个槽位的框式交换机（假设 SW1 及 SW2 均是盒式交换机）。如此一来，网络的结构将大大地简化，由于此时 SW1 及 SW2 组建的堆叠系统是一个整体，在逻辑上是一台设备，因此设备的管理及配置将变得更加简单。另外，SW1 及 SW3，SW2 及 SW3 之间的链路，此时可以看做是两台设备之间的两根互联链路，那么我们大可以将这两条链路进行聚合，这样网络中将不会再存在二层环路，也无需部署之前提及的防环技术。

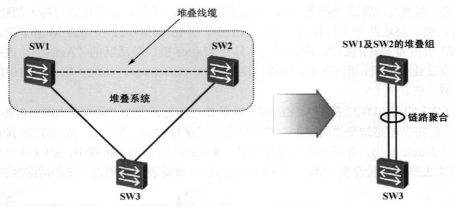

图 10-40　SW1 及 SW2 组建堆叠系统

图 10-41 展示了一个园区网的实例，在该网络中，汇聚层采用支持 CSS 的华为框式交换机，而接入层则采用支持 iStack 的华为盒式交换机。我们可以在汇聚层部署 CSS，将两台汇聚层交换机组成一个集群系统，同时在接入层部署 iStack，将每一对接入层交换机堆叠成一台设备，如此一来，该网络将呈现出一个星形的逻辑结构，非常简洁。另外，汇聚层交换机集群系统与接入层交换机堆叠系统之间的互联链路也可以进行聚合。因此，在这个星形结构的网络中，二层环路不复存在，而且所有的物理链路均处于工作状态，没有任何接口被阻塞，设备资源及链路资源的利用率将被最大化。

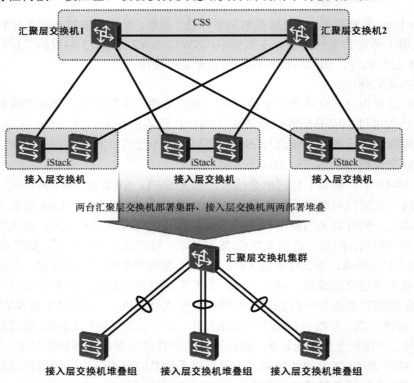

图 10-41　CSS 及 iStack 技术在园区网络中的应用

3．无二层环路场景

在某些网络中，我们可能会人为地将网络中的二层环路打破，从而规避生成树技术的应用。例如图 10-42 所示的网络，汇聚层交换机 AGG-SW1、AGG-SW2 与接入层交换机 AS-SW1、AS-SW2 构成了一个"倒 U 型"组网，需注意的是，AS-SW1 与 AS-SW2 之间并未连线，因此这个由四台交换机组成的网络中，并不存在二层环路。由于网络中并不存在二层环路，也就无需使用生成树技术或其他防环技术了。

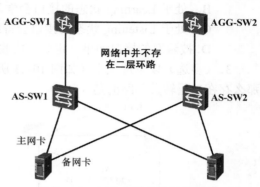

图 10-42　网络中无生成树的场景

在该网络中，服务器使用了双上行链路，服务器的两张网卡以主备的方式工作，缺省时，连接到 AS-SW1 的网卡为主网卡。在这个网络中，虽然已经通过人为的方式解决了环路的问题，然而却引入了另一个问题，那就是冗余性问题。设想一下，如果此时 AS-SW1 连接 AGG-SW1 的链路发生故障，那么服务器显然是无法感知到该故障的发生的，它们依然会从主网卡发送业务数据，而这些数据将在到达 AS-SW1 后被丢弃。因此这个网络是存在冗余性问题的。一个可行的解决方案是，通过某种技术使得 AS-SW1 的上行链路发生故障时，服务器能够感知到故障的发生，例如在服务器上部署相应的应用程序，通过该应用程序周期性地从主网卡发送探测报文，来探测其到默认网关（AGG-SW1 及 AGG-SW2 被配置为服务器的默认网关）的可达性，如果发现从主网卡到默认网关不可达，则自动将流量切换到备网卡。

此外，华为的 Monitor Link 技术也可以被用于本场景中。Monitor Link 是一种接口联动技术，该技术被部署在交换机上后，交换机会持续监控 Monitor Link 的上行接口（由网络管理员指定具体的接口），当上行接口发生故障时，交换机立即将下行接口（由网络管理员指定具体的接口）关闭。在本例中，以 AS-SW1 为例，可部署 Monitor Link 技术，并将其连接 AGG-SW1 的接口配置为上行接口、将其连接服务器网卡的接口配置为下行接口。如此一来，当 AS-SW1 的上行接口发生故障时，交换机立即将其连接服务器的下行接口关闭，从而使得服务器立即感知到故障的发生，然后将其连接 AS-SW2 的网卡切换成主网卡，并在新的主网卡上发送数据。

10.5　习题

1．（单选）以下说法错误的是（　　）
A．MSTP 在 802.1s 标准中定义。
B．交换网络中，桥 ID 最小的设备成为根桥，其中桥 ID 由优先级和接口 MAC 组成。
C．两台交换机，如果优先级相同，那么 MAC 地址为 4c1f-cc8c-21f5 的交换机将比 MAC 地址为 4c1f-ccb5-6360 的交换机更有可能成为根桥。

　　D．对于一台非根桥而言，其收到最优 BPDU 的接口为根接口。

2．（单选）以下关于 STP 接口状态的说法，错误的是（　　　）

　　A．被阻塞的接口不会侦听，也不发送 BPDU。

　　B．处于 Learning 状态的接口会学习 MAC 地址，但是不会转发数据。

　　C．处于 Listening 状态的接口会持续侦听 BPDU。

　　D．被阻塞的接口如果一定时间内收不到 BPDU，则会自动切换到 Listening 状态。

3．（多选）以下选项中（如图 10-43 所示），如果所有的交换机都关闭生成树功能，那么存在二层转发环路的是（　　　）

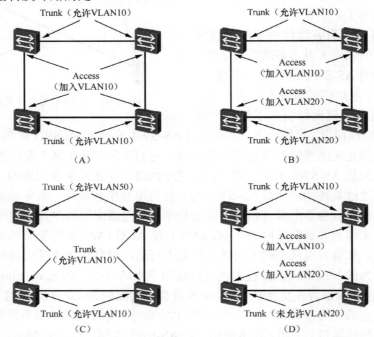

图 10-43　找出存在二层环路的选项

4．图 10-44 所示的网络中，如果运行 STP，则根接口、指定接口以及被阻塞的接口分别是？

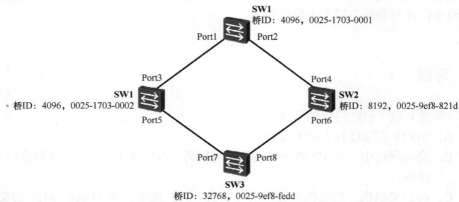

图 10-44　识别各个接口的角色及状态

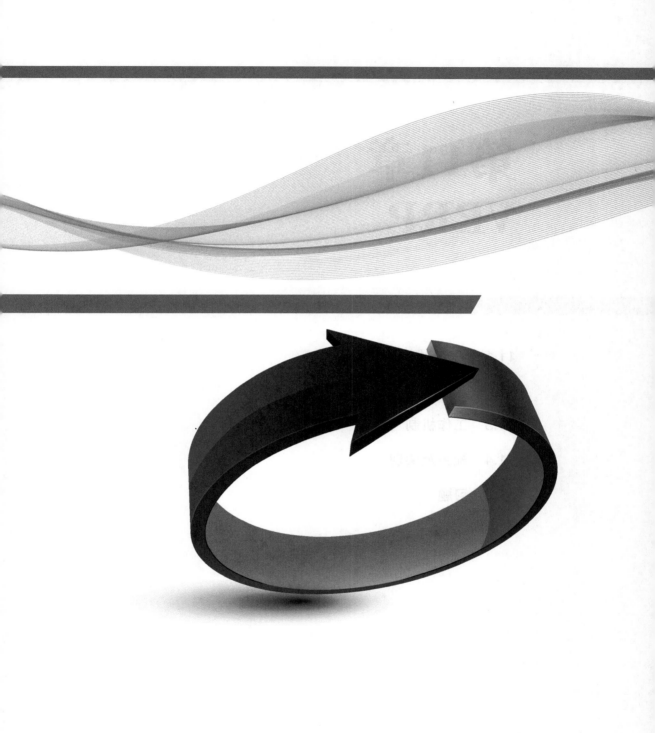

第11章
VRRP

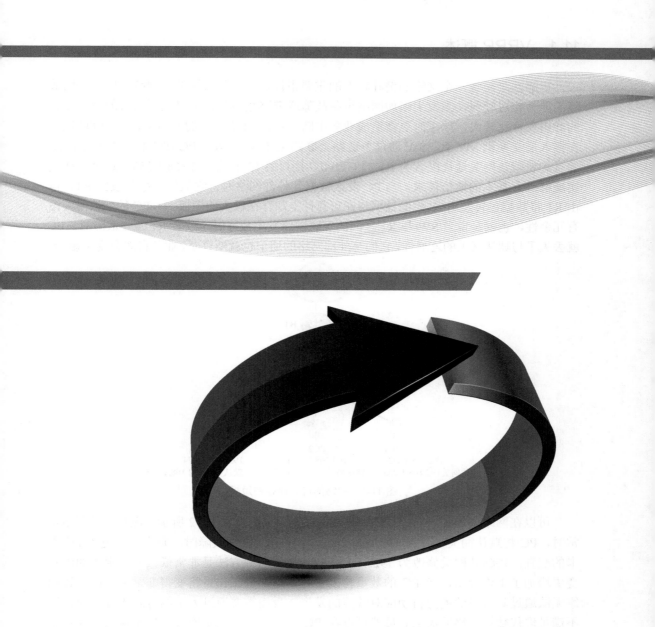

11.1　VRRP 概述

可靠性是衡量一个网络的健壮程度的重要指标，一个可靠性差的网络，应对网络故障的能力相对较弱，当发生诸如网络设备故障或链路故障时，网络上所承载的业务受到的冲击往往比较大，严重时更会造成业务中断。在图 11-1 所示的网络中，多台 PC 连接在接入层交换机 SW 上，SW 通过单链路上联路由器 R1。这些 PC 属于相同的 IP 网段，并且均将默认网关地址配置为 R1 的 GE0/0/0 接口的 IP 地址 192.168.1.253。这个网络确实能够满足基本的通信需求，当 PC 发送数据到外部网络时，它们将数据包发给 R1，再由 R1 将数据包转发出去。然而该网络在可靠性上却存在极大的短板——PC 的默认网关没有冗余性，也就是说当 SW 与 R1 之间的互联链路发生故障时，或者 R1 发生故障时，PC 就丢失了与默认网关的连通性，它们与外部网络的通信也就断开了，业务自然会受到影响。

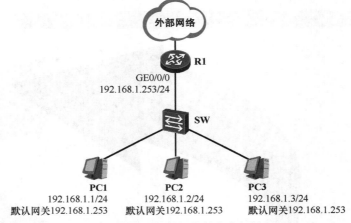

图 11-1　网络的可靠性存在短板

可以在网络中增加一台路由器，作为冗余的网关，如图 11-2 所示。现在，当网络正常时，PC 将默认网关设置为 192.168.1.253，而当 R1 发生故障时，则由用户更改 PC 网卡的配置，将默认网关修改为 192.168.1.252。显然这种方法是非常低效的，手工的配置变更增加了工作成本，当 PC 的数量特别多时，这部分工作量将变得非常大。而且该网络无法通过其自身的能力自动应对故障的发生，反而需要通过人工的方式进行响应，这不满足现代数据网络的需求。虽然可以在 PC 网卡上配置冗余网关，但是这同样增加了 PC 端的配置复杂度，也增加了维护工作量。我们需要的解决方案是通过网络设备（网关）自身的能力实现冗余性，从而提升网络的可靠性，当故障发生时，网络要能够自动感知并且实现自动切换，网络对故障的响应过程对业务无影响，PC 端对此无感知。

VRRP（Virtual Router Redundancy Protocol，虚拟路由器冗余协议）就是一个应对该问题的绝佳解决方案。VRRP 使得多台同属一个广播域的网络设备能够协同工作，实现设备冗余，从而提高网络的可靠性。VRRP 在实际网络中已被广泛部署，它目前有两个版本：VRRPv2 和 VRRPv3，其中 VRRPv2 仅适用于 IPv4 网络，而 VRRPv3 适用于

IPv4 和 IPv6 两种网络。本书将围绕 VRRPv2 进行讲解。

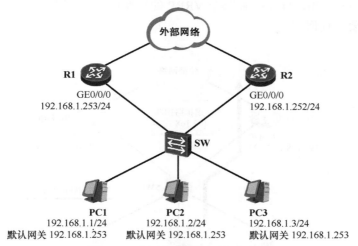

图 11-2 在网络中增加一台路由器

如图 11-3 所示，在 R1 及 R2 的 GE0/0/0 接口上部署 VRRP，使得两者能够协同工作，可以实现网关冗余。当 VRRP 开始工作后，它将产生一台虚拟路由器（Virtual Router），这台虚拟路由器的 IP 地址为 192.168.1.254（该地址由网络管理员指定），PC 将自己的默认网关设置为该虚拟路由器的 IP 地址，如此一来，当 PC 向外部网络发送数据时，数据将被发送给虚拟路由器。

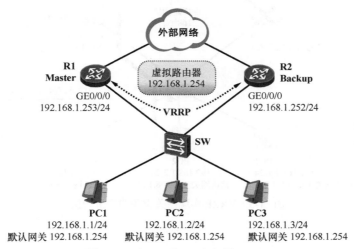

图 11-3 在 R1 及 R2 上部署 VRRP

值得注意的是，虚拟路由器是一台逻辑设备，它只是 VRRP 虚拟出来的一台路由器，当 VRRP 开始工作后，R1 及 R2 会进行"选举"，胜出的路由器成为 Master（主）路由器，其他的路由器则成为 Backup（备份）路由器。Master 路由器承担虚拟路由器的具体工作，如此一来当 PC 需要发送数据包到外部网络时，数据包实际被发给 Master 路由器 R1（如图 11-4），而当 R1 发生故障时，通过 VRRP 协议的运作，R2 能够感知到当前的

Master 路由器发生了故障，从而将自己的状态自动地切换到 Master，接下来它将接替原来属于 R1 的工作（如图 11-5）。在整个 VRRP 的切换过程中，用户是完全无感知的，PC 的配置也不需要做任何变更。

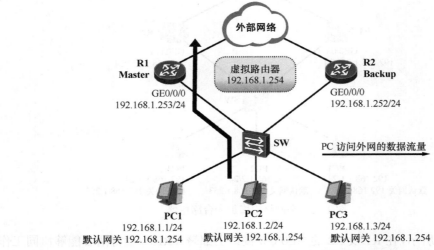

图 11-4　R1 作为 Master 路由器负责转发 PC 发往外部网络的数据

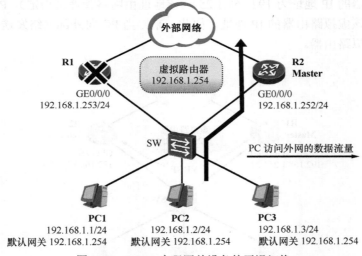

图 11-5　VRRP 实现网关设备的平滑切换

11.2　基本概念

1. VRRP 路由器

我们将运行 VRRP 的路由器称为 VRRP 路由器。实际上，VRRP 是配置在路由器的接口上的，而且也是基于接口来工作的。如图 11-6 所示，R1 及 R2 均在各自的 GE0/0/0 上配置了 VRRP，VRRP 一旦被激活，路由器的接口便开始发送及侦听 VRRP 协议报文。

需要协同工作的 VRRP 路由器（的接口）必须属于同一个广播域，否则 VRRP 报文无法正常交互。在本例中，R1 的 GE0/0/0 接口与 R2 的 GE0/0/0 接口连接在同一台二层交换机上，而且交换机连接这两台路由器的接口属于相同的 VLAN，因此 R1 及 R2 的这两个接口即属于相同的广播域。一旦交换机上的 VLAN 配置错误导致 R1 及 R2 属于不同VLAN，那么 VRRP 的工作也将出现问题。

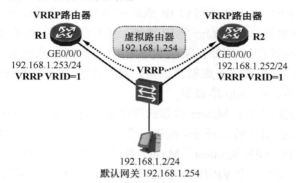

图 11-6　在 R1 及 R2 的接口上配置 VRRP，两者加入相同的 VRRP 组

注意　不仅路由器能够支持 VRRP，许多交换机、防火墙产品同样支持 VRRP，因此路由器在此仅作为一个代表性的设备。

2．VRRP 组及 VRID

一个 VRRP 组（VRRP Group）由多台协同工作的路由器（的接口）组成，使用相同的 VRID（Virtual Router Identifier，虚拟路由器标识符）进行标识。属于同一个 VRRP组的路由器之间交互 VRRP 协议报文并产生一台虚拟路由器。一个 VRRP 组中只能出现一台 Master 路由器。

在图 11-6 中，R1 的 GE0/0/0 接口及 R2 的 GE0/0/0 接口协同工作，为 PC 实现冗余网关，因此这两个接口需加入同一个 VRRP 组，如果 R1 使用的 VRID 为 1，那么 R2 在进行 VRRP 的相关配置时也必须使用相同的 VRID。

一个接口可以加入单个 VRRP 组，也可以加入多个 VRRP 组。当然，不同的 VRRP组需使用不同的 VRID 进行区分。

3．虚拟路由器、虚拟 IP 地址及虚拟 MAC 地址

VRRP 为每一个组抽象出一台虚拟路由器（Virtual Router），该路由器并非真实存在的物理设备，而是由 VRRP 虚拟出来的逻辑设备。它拥有自己的 IP 地址以及 MAC 地址，其中虚拟路由器的 IP 地址（虚拟 IP 地址）由网络管理员在配置 VRRP 时指定，一台虚拟路由器可以有一个或多个 IP 地址。而虚拟 MAC 地址的格式是"0000-5e00-01xx"，其中 xx 为 VRID，例如当 VRID 为 1 时，则虚拟 MAC 地址为"0000-5e00-0101"。一个 VRRP组只会产生一台虚拟路由器。

当 Master 路由器收到请求虚拟路由器 MAC 地址的 ARP Request 时，它在 ARP Reply中回应的 MAC 地址是虚拟 MAC 地址，而不是其物理接口的 MAC 地址。

在图 11-6 所示的网络中，R1 的 GE0/0/0 接口的 IP 地址为 192.168.1.253，R2 的 GE0/0/0

接口的 IP 地址为 192.168.1.252，而 VRRP 所产生的虚拟路由器的 IP 地址为 192.168.1.254，实际上 192.168.1.254 不属于本网络中的任何一个物理接口，它专用于 VRRP 虚拟路由器，该地址将作为 PC 的默认网关地址。对于 PC 而言，R1 及 R2 的存在并不重要，重要的是虚拟路由器，当 PC 访问外部网络时，数据包被发往 192.168.1.254，而实际上接收及转发这些数据包的路由器就是 Master 路由器 R1。

通常情况下，VRRP 路由器的接口 IP 地址不会与虚拟路由器的 IP 地址重叠，也就是说我们会为虚拟路由器单独规划一个 IP 地址，而不会使用某台路由器的接口 IP 地址。当然也存在一个特殊的情况，例如在某些网络中 IP 地址资源比较紧缺，那么也有可能会将某台路由器的接口 IP 地址用于虚拟路由器，此时该路由器将无条件成为 Master。

4. Master 路由器、Backup 路由器

Master 路由器是接口处于 Master 状态的路由器，也被称为主路由器。Master 路由器在一个 VRRP 组中承担报文转发任务。在每一个 VRRP 组中，只有 Master 路由器才会响应针对虚拟 IP 地址的 ARP Request。Master 路由器会以一定的时间间隔周期性地发送 VRRP 报文，以便通知同一个 VRRP 组中的 Backup 路由器关于自己的存活情况。

Backup 路由器是接口处于 Backup 状态的路由器，也被称为备份路由器。Backup 路由器将会实时侦听 Master 路由器发送出来的 VRRP 报文，它随时准备接替 Master 路由器的工作。

VRRP 首先通过优先级（Priority）来从一个组中"选举"出 Master 路由器。VRRP 优先级的值越大则路由器越有可能成为 Master 路由器。在优先级相等的情况下，接口 IP 地址越大的路由器越有可能成为 Master 路由器。

5. 抢占模式（Preempt Mode）

如果 Backup 路由器激活了抢占功能，那么当它发现 Master 路由器的优先级比自己更低时，它将立即切换至 Master 状态，成为新的 Master 路由器，而如果 Backup 路由器没有激活抢占功能，那么即使它发现 Master 路由器的优先级比自己更低，也只能依然保持 Backup 状态，直到 Master 路由器失效。

11.3 工作机制

11.3.1 报文格式

VRRP 协议的正常工作依赖于 VRRP 报文的正确收发。VRRP 只定义了一种报文格式，即通告（Advertisement）报文，它被封装在 IP 报文中，IP 头部的协议号字段值为 112，报文的目的 IP 地址是组播地址 224.0.0.18。在本书后续的内容中，VRRP 报文指的便是通告报文。图 11-7 展示了 VRRP 报文的格式。

各个字段的含义如下。

- **版本（Version）**：对于 VRRPv2 来说，该字段的值恒为 2。
- **类型（Type）**：VRRP 只定义了通告报文这一种报文类型。该字段的值恒为 1。
- **虚拟路由器 ID（VRID）**：虚拟路由器的标识符，取值范围是 1～255，属于同一个 VRRP 组的路由器需使用相同的 VRID。

版本 （4bit）	类型 （4bit）	VRID（8bit）	优先级（8bit）	IP 地址个数（8bit）
认证类型（8bit）		通告间隔（8bit）	效验和（16bit）	
IP 地址（32bit）				
...				
IP 地址（32bit）				
认证数据（32bit）				
认证数据（32bit）				

图 11-7　VRRP 报文格式

- **优先级（Priority）**：取值范围是 0～255，该值越大，则 VRRP 优先级越高，路由器也就越有可能成为 Master。在华为路由器上，缺省的 VRRP 优先级为 100。
- **IP 地址个数（Count IP Address）**：VRRP 组中虚拟 IP 地址的个数。这个字段的值指示了该报文后续的"IP 地址"字段的个数。
- **认证类型（Authentication Type）**：VRRP 报文的认证类型，有以下三种情况：
  - 当该字段为 0 时，表示无认证（Non Authentication）；
  - 当该字段为 1 时，表示明文认证方式（Simple Text Password）；
  - 当该字段为 2 时，表示 MD5 认证方式（IP Authentication Header）。
- **通告间隔（Advertisement Interval）**：VRRP 报文的发送时间间隔（单位为秒），缺省情况下，VRRP 的报文发送时间间隔为 1s。
- **校验和（Checksum）**：校验和。
- **IP 地址（IP Address）**：VRRP 虚拟 IP 地址。
- **认证数据（Authentication Data）**：VRRP 认证数据，当 VRRP 明文认证或 MD5 认证被激活时，该字段则填充相应的数据。

11.3.2　状态机

VRRP 定义了三种状态，RFC3768（Virtual Router Redundancy Protocol）详细地描述了这些状态。

1. Initialize（*初始状态*）

Initialize 状态是 VRRP 的初始状态。在接口配置 VRRP 后，如果该接口是 Down 的（例如接口被关闭，或者没有连接任何线缆），那么该接口的 VRRP 状态将会停滞在 Initialize。

当接口 Up 之后，如果其 VRRP 优先级为 255（这种情况发生在该接口的实际 IP 地址是 VRRP 虚拟 IP 地址的情况），那么接口的 VRRP 状态将由 Initialize 切换到 Master，而如果接口的 VRRP 优先级不为 255，则进入 Backup 状态。

2. Backup（*备份状态*）

处于 Backup 状态的路由器是 VRRP 组中的备份路由器，作为一台备份设备，它并不会参与数据转发工作，但是它会实时监控当前 Master 路由器的状态，并随时准备接替它的工作。Backup 路由器会进行如下工作。

- 对关于 VRRP 虚拟 IP 地址的 ARP 请求不予回应。
- 丢弃目的 MAC 地址为 VRRP 虚拟 MAC 地址的数据帧。

- 不接收目的 IP 地址为 VRRP 虚拟 IP 地址的数据包。
- 实时侦听 Master 路由器发送的 VRRP 报文，以便了解其工作状态。
- 当其收到一个 VRRP 报文时。
  - 若该 VRRP 报文的优先级为 0（这可能意味着当前 Master 路由器希望主动放弃 Master 状态），则将 Master_Down_Timer 设置为 Skew_Time。
  - 若该 VRRP 报文的优先级不为 0，则当抢占模式（Preempt Mode）未激活时，或者当 VRRP 报文中的优先级大于或等于本接口优先级时，将 Master_Adver_Interval 设置为 VRRP 报文中的 Advertisement Interval，并重置 Master_Down_Timer，将 Master_Down_Timer 的时间设置为 Master_Down_Interval。
  - 若该 VRRP 报文的优先级不为 0，则当抢占模式激活并且 VRRP 报文中的优先级小于本接口优先级时，忽略该 VRRP 报文，立即切换到 Master 状态。

> **说明**
>
> **Master_Adver_Interval**：Master 路由器所发送的 VRRP 报文中，Advertisement Interval 字段所填充的值，缺省时该值为 1s。该时间间隔即 Master 路由器周期性发送 VRRP 报文的间隔。
>
> **Master_Down_Timer**：Backup 路由器将持续接收来自当前 Master 路由器的 VRRP 报文，每当报文到达时，Backup 路由器上的 Master_Down_Timer 会被重置。如果一定时间内没有收到来自 Master 路由器的 VRRP 报文并导致 Master_Down_Timer 超时，那么 Backup 路由器将认为 Master 路由器已经失效。
>
> **Master_Down_Interval**：一定时间没有收到来自 Master 路由器的 VRRP 报文后，Backup 路由器可认为当前 Master 路由器已经失效。Master_Down_Interval=（3×Master_Adver_Interval）+Skew_time。
>
> **Skew_time**：一个偏移时间，Skew_Time=（（256 − VRRP 优先级）×Master_Adver_Interval）/256。

- 当 Master_Down_Timer 超时（这意味着它认为当前的 Master 路由器已经失效）。
  - 将接口的状态切换到 Master。
  - 开始从接口发送自己的 VRRP 报文。
  - 从接口发送一个免费 ARP Request（Gratuitous ARP Request）广播帧，该 ARP Request 携带了 VRRP 虚拟 IP 地址及虚拟 MAC 地址的绑定信息，用于刷新该接口所直连的广播域内的设备的 ARP 表、MAC 地址表。

3．Master（主状态）

处于 Master 状态的路由器是当前 VRRP 组的主路由器，它承担数据转发任务。Master 路由器会进行如下工作。

- 当收到关于虚拟 IP 地址的 ARP 请求时，以虚拟 MAC 地址进行回应。
- 转发目的 MAC 地址为虚拟 MAC 地址的报文。
- 周期性地发送 VRRP 报文，时间间隔缺省为 1s。
- 当其收到一个 VRRP 报文时。
  - 若该 VRRP 报文的优先级为 0，则继续发送自己的报文。

　　■ 若该 VRRP 报文的优先级不为 0，并且比本接口的 VRRP 优先级值更大，或者 VRRP 优先级相等但是 VRRP 报文的源 IP 地址比本接口 IP 地址更大，则将接口的状态切换到 Backup。

　　■ 若该 VRRP 报文的优先级不为 0，并且比本接口的 VRRP 优先级值更小，则忽略该 VRRP 报文。

11.3.3　Master 路由器的"选举"

　　在一个 VRRP 组中，正常情况下只能存在一台 Master 路由器。VRRP 根据优先级和 IP 地址来决定哪台路由器充当 Master。优先级的范围是 0～255，优先级的值越大，则路由器越有可能成为 Master，其中 0 及 255 是两个特殊的优先级，不能被直接配置。当路由器的接口 IP 地址与 VRRP 虚拟 IP 地址相同时，它的优先级将自动变成最大值 255，此时该路由器被称为 IP 地址拥有者（IP Address Owner）。0 是另一个特殊的优先级，它出现在 Master 路由器主动放弃 Master 角色时，例如当接口的 VRRP 配置被手工删掉时，该 Master 路由器会立即发送一个优先级为 0 的 VRRP 报文，用来通知网络中的 Backup 路由器。

　　当一个激活了 VRRP 的接口 Up 之后，如果接口的 VRRP 优先级为 255，那么其 VRRP 状态将直接从 Initialize 切换到 Master，而如果接口的 VRRP 优先级不为 255，则首先切换到 Backup 状态，然后再视竞争结果决定是否能够切换到 Master 状态。

　　如果在同一个广播域的同一个 VRRP 组内出现了两台 Master 路由器，那么它们将比较自己与对方的优先级，优先级的值更大的设备胜出，继续保持 Master 状态，而竞争失败的路由器则切换到 Backup 状态。如果这两台 Master 路由器的优先级相等，那么接口 IP 地址更大的路由器接口将会保持 Master 状态，而另一台设备则切换到 Backup 状态。当然，一个网络在稳定运行时，同一个 VRRP 组内不应该同时出现两台 Master 路由器。

　　处于 Master 状态的路由器会周期性地发送 VRRP 报文，并在报文中描述自己的优先级、IP 地址等信息。同一个广播域中、同一个 VRRP 组的 Backup 路由器会侦听这些报文。如果此时网络中新出现了一台 Backup 路由器（其优先级高于当前 Master 路由器），激活了抢占功能，那么它会忽略收到的 VRRP 报文，并且切换到 Master 状态，同时发送自己的 VRRP 报文并在报文中描述其优先级等信息，而此前的 Master 路由器在收到了该 VRRP 报文后，则切换到 Backup 状态。

11.3.4　工作过程

　　接下来通过一个简单的例子讲解 VRRP 的基本工作过程。以图 11-8 所示的网络为例，PC、R1 及 R2 连接在同一台交换机上，它们都处于同一个广播域中。VRRP 的工作过程如下。

　　（1）假设 R1 率先启动，其 GE0/0/0 接口的 VRRP 首先进入 Initialize 状态，当接口 Up 后，其 VRRP 状态将从 Initialize 切换到 Backup，并且在 Master_Down_Timer 超时后切换到 Master 状态，R1 将成为 Master 路由器。随后它会立即发送一个免费 ARP 报文，PC 在收到这个 ARP 报文后，就获悉了虚拟 IP 地址（192.168.27.254）与虚拟 MAC 地址（0000-5e00-011b）的对应关系，当然交换机也会学习到关于该虚拟 MAC 地址的 MAC 表项（如图 11-9 所示）。此后 R1 将以 1 秒为间隔，周期性地发送 VRRP 报文。

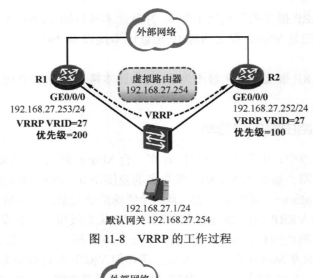

图 11-8   VRRP 的工作过程

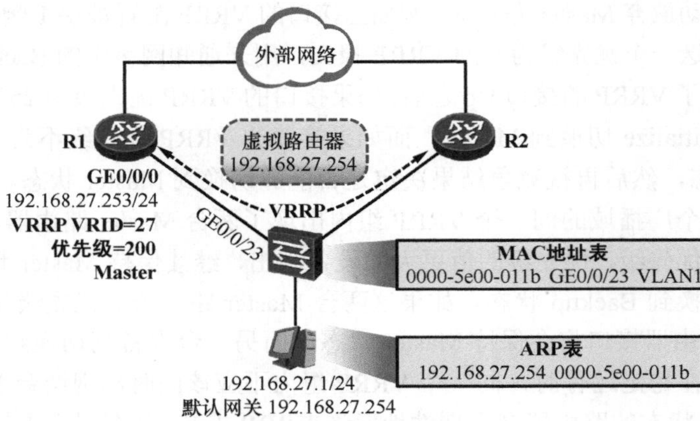

图 11-9   R1 成为 Master 路由器

（2）R2 开始工作后，它的 GE0/0/0 接口将从 Initialize 状态切换到 Backup 状态，并且会收到 R1 所发送的 VRRP 报文，从这些报文中，它得知自己的 VRRP 优先级小于对方的优先级，因此它将其 VRRP 状态保持在 Backup。

（3）现在 PC 要发送数据给外部网络，由于目的 IP 地址并不在本地网段中，因此它将数据包发往自己的默认网关，也就是 192.168.27.254，查询 ARP 表后，它发现网关的 IP 地址对应的 MAC 地址为 0000-5e00-011b，于是为报文封装以太网帧头，该数据帧的目的 MAC 地址是 0000-5e00-011b。接下来数据帧被发往交换机，交换机查询 MAC 表后，将该帧从相应的接口转发给 R1。最后 R1 将数据转发到外部网络。

（4）当 R1 与交换机的互联链路发生故障时（或者当 R1 发生故障时），R2 将无法再收到前者发送的 VRRP 报文，在 Master_Down_Timer 超时后，R2 将 VRRP 状态切换到 Master，于是它成为了新的 Master 路由器，它立刻从 GE0/0/0 接口发送一个免费 ARP 报文，如此一来交换机的 MAC 地址表将被立即刷新，VRRP 虚拟 MAC 地址 0000-5e00-011b 的表项会关联到新的接口上，PC 发往该目的 MAC 地址的数据帧将被引导至 R2。整个过程对于 PC 而言是无感知的。

（5）接下来，R1 及其与交换机的互联链路从故障中恢复，R1 的 GE0/0/0 接口的 VRRP

状态将从 Initialize 切换到 Backup，同时它将收到 R2 发送的 VRRP 报文，并发现对方的优先级比自己更低，此时如果 R1 激活了抢占功能，那么它会忽略 R2 所发送的 VRRP 报文，并且将 VRRP 状态切换到 Master，同时从 GE0/0/0 接口发送一个免费 ARP 报文（用于刷新交换机的 MAC 地址表项），并开始从 GE0/0/0 接口发送 VRRP 报文。缺省情况下 VRRP 的抢占功能就处于激活状态，而且抢占的延迟时间为 0 秒，也就是立即执行抢占。经过上述过程后，R1 成为新的 Master 路由器。当然，如果 R1 没有激活抢占功能，那么它将保持 Backup 状态。

（6）R2 在收到 R1 发送的 VRRP 报文后，发现自己的优先级比对方更低，因此它从 Master 状态切换到 Backup 状态。

11.4　配置及实现

11.4.1　案例 1：基础 VRRP

以图 11-10 所示的网络为例，PC、R1 及 R2 连接在同一台交换机上，处于同一个广播域中。IP 地址及 VRRP 相关数据的规划如图所示。我们将在 R1 及 R2 上完成相应的配置，使得它们能够为 PC 实现网关冗余。

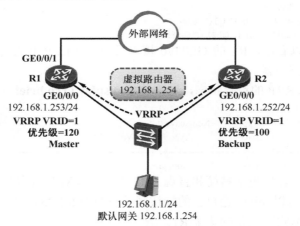

图 11-10　VRRP 基础配置

R1 的配置如下：

```
[R1]interface GigabitEthernet0/0/0
[R1-GigabitEthernet0/0/0]ip address 192.168.1.253 24
[R1-GigabitEthernet0/0/0]vrrp vrid 1 virtual-ip 192.168.1.254
[R1-GigabitEthernet0/0/0]vrrp vrid 1 priority 120
[R1-GigabitEthernet0/0/0]vrrp vrid 1 preempt-mode timer delay 60
```

在以上配置中，**vrrp vrid 1 virtual-ip 192.168.1.254** 命令用于创建一个 VRID 为 1 的 VRRP 组，其中虚拟 IP 地址为 192.168.1.254。**Vrrp vrid 1 priority 120** 命令用于配置该接口在这个 VRRP 组中的优先级（缺省时，优先级为 100）。缺省情况下 VRRP 的抢占机制已经激活（可以使用 **vrrp vrid 1 preempt-mode disable** 命令关闭抢占功能），**vrrp vrid**

1 preempt-mode timer delay 60 命令用于将抢占的延迟时间设置为 60 秒。

R2 的配置如下：

```
[R2]interface GigabitEthernet0/0/0
[R2-GigabitEthernet0/0/0]ip address 192.168.1.252 24
[R2-GigabitEthernet0/0/0]vrrp vrid 1 virtual-ip 192.168.1.254
```

需注意的是，由于 R2 与 R1 被规划在同一个 VRRP 组中，因此两者需使用相同的 VRID，并且配置相同的虚拟 IP 地址。另外，R2 的 VRRP 优先级并未配置，因此保持缺省值 100。

完成配置后，在 R1 上使用 **display vrrp** 检查一下配置结果：

```
[R1]display vrrp
  GigabitEthernet0/0/0 | Virtual Router 1
    State : Master
    Virtual IP : 192.168.1.254                    #虚拟 IP 地址
    Master IP : 192.168.1.253                     #当前的 Master 路由器的接口 IP 地址
    PriorityRun : 120                             #本设备运行中的优先级
    PriorityConfig : 120                          #本设备所配置的优先级
    MasterPriority : 120                          #当前的 Master 路由器的优先级
    Preempt : YES    Delay Time : 60 s            #抢占机制已激活，抢占延迟时间为 60s
    TimerRun : 1 s
    TimerConfig : 1 s
    Auth type : NONE
    Virtual MAC : 0000-5e00-0101                  #虚拟 MAC 地址
    Check TTL : YES
    Config type : normal-vrrp
    Backup-forward : disabled
    Create time : 2015-07-01 16:08:17 UTC-08:00
    Last change time : 2015-07-01 16:08:21 UTC-08:00
```

从以上输出可以看出，R1 的 GE0/0/0 接口目前的 VRRP 状态为 Master，因此它是 VRRP 组的 Master 路由器。

在 R2 上检查 VRRP 的运行状态，这次使用 **display vrrp brief** 命令：

```
<R2>display vrrp brief
Total:1      Master:0      Backup:1      Non-active:0
VRID        State         Interface     Type          Virtual IP
--------------------------------------------------------------------------------
1           Backup        GE0/0/0       Normal        192.168.1.254
```

相比之下，以上输出更加精简和直观。R2 当前的 VRRP 状态为 Backup。

现在 PC 已经可以 ping 通自己的默认网关 192.168.1.254。当然，PC 发送到网关 192.168.1.254 的数据实际上是到达了 R1。

11.4.2　案例 2：监视上行链路

上文中已介绍，Master 路由器会周期性地发送 VRRP 报文，以便告知同一个 VRRP 组中的 Backup 路由器自己的存活情况。在图 11-10 中，当 R1 的 GE0/0/0 接口或者 R1 整机发生故障时，R2 能够通过 VRRP 报文感知该变化并且实现主备切换，但是如果是 R1 的 GE0/0/1 接口或者该接口所连接的上行链路发生故障的话，缺省时 VRRP 是无法感知的，因此 R1 的 GE0/0/0 接口依然在该 VRRP 组中处于 Master 状态，PC 到达外部网络的上行数据还是会被牵引至 R1，但是此时 R1 已经丢失了与外部网络的连通性，数据包将在这里被丢弃。

我们可以在 R1 上部署 VRRP 监视（Track）功能，通过这个功能来监视上行接口 GE0/0/1，当 R1 感知到这个接口的状态切换到 Down 时，会自动将 VRRP 的优先级减去一个值，从而"退位让贤"。

R1 的配置如下：

```
[R1]interface GigabitEthernet0/0/0
[R1-GigabitEthernet0/0/0]ip address 192.168.1.253 24
[R1-GigabitEthernet0/0/0]vrrp vrid 1 virtual-ip 192.168.1.254
[R1-GigabitEthernet0/0/0]vrrp vrid 1 priority 120
[R1-GigabitEthernet0/0/0]vrrp vrid 1 track interface GigabitEthernet0/0/1 reduced 30
```

R2 的配置如下：

```
[R2]interface GigabitEthernet0/0/0
[R2-GigabitEthernet0/0/0]ip address 192.168.1.252 24
[R2-GigabitEthernet0/0/0]vrrp vrid 1 virtual-ip 192.168.1.254
```

在 R1 上部署的配置中，**vrrp vrid 1 track interface GigabitEthernet0/0/1 reduced 30** 命令用于配置监视功能，这条命令被配置后，R1 将会监视其 GE0/0/1 接口，如果该接口的状态变为 Down（无论是协议状态还是物理状态），那么 VRRP 优先级将被立即减去 30，变为 90，R1 将在其从 GE0/0/0 接口发送出去的 VRRP 报文中携带这个新的 VRRP 优先级。如此一来，当 R2 收到 R1 发送的 VRRP 报文后，它意识到自己的优先级（100）比对方更高，由于抢占功能缺省已激活，因此它将自动切换到 Master 状态，成为新的 Master 路由器并发送自己的 VRRP 报文，而 R1 则会在收到 R2 发送的 VRRP 报文后切换到 Backup 状态。

网络正常时，R1 的 VRRP 状态如下：

```
<R1>display vrrp
  GigabitEthernet0/0/0 | Virtual Router 1
    State : Master
    Virtual IP : 192.168.1.254
    Master IP : 253.1.168.192
    PriorityRun : 120
    PriorityConfig : 120
    MasterPriority : 120
    Preempt : YES      Delay Time : 0 s
    TimerRun : 1 s
    TimerConfig : 1 s
    Auth type : NONE
    Virtual MAC : 0000-5e00-0101
    Check TTL : YES
    Config type : normal-vrrp
    Backup-forward : disabled
    Track IF : GigabitEthernet0/0/1      Priority reduced : 30
                                         #监视 GE0/0/1 接口，当接口 Down 掉时，自动将优先级减 30
    IF state : UP
    Create time : 2015-07-01 16:22:37 UTC-08:00
  Last change time : 2015-07-01 17:17:56 UTC-08:00
```

现在我们将 R1 的 GE0/0/1 接口 shutdown，来模拟接口故障的情况。

此时 R1 的 VRRP 状态如下：

```
[R1]display vrrp
  GigabitEthernet0/0/0 | Virtual Router 1
    State : Backup                       #状态为 Backup
    Virtual IP : 192.168.1.254
    Master IP : 192.168.1.252            #当前的 Master 路由器是 R2
```

```
PriorityRun : 90                         #当前运行中的优先级为 90，在配置的优先级基础上减去 30
PriorityConfig : 120                     #配置的优先级为 120
MasterPriority : 100                     #当前 Master 路由器的优先级为 100
Preempt : YES      Delay Time : 0 s
TimerRun : 1 s
TimerConfig : 1 s
Auth type : NONE
Virtual MAC : 0000-5e00-0101
Check TTL : YES
Config type : normal-vrrp
Backup-forward : disabled
Track IF : GigabitEthernet0/0/1     Priority reduced : 30
IF state : DOWN
Create time : 2015-07-01 16:22:37 UTC-08:00
Last change time : 2015-07-01 17:22:22 UTC-08:00
```

VRRP 的监视功能非常强大，不仅仅能够监视某个接口的状态，还能够监视 IP 路由前缀，也可以与 BFD、NQA 联动，实现更强大的监视能力。

11.4.3　案例 3：在路由器子接口上部署 VRRP

在图 11-10 中，正常情况下从 PC 到达外部网络的数据始终被发往 Master 路由器 R1，而在 R1 发生故障之前，Backup 路由器 R2 始终不承担数据转发任务，交换机与 R2 之间的这段链路也不会承载业务数据，这就造成了设备资源和链路带宽的浪费。在某些网络中，网关路由器的性能以及链路的带宽足以承载所有的业务流量，这种一主一备的 VRRP 工作方式确实能够满足需求，然而当业务流量特别大而路由器的性能及链路带宽又存在瓶颈时，就不得不考虑让另一台路由器也参与到业务流量转发的工作中来。

在图 11-11 中，交换机 SW 连接着两个用户 VLAN，它们分别是 VLAN10 及 VLAN20。SW 同时还连接着两台路由器：R1 及 R2，这两台路由器将充当 PC 的默认网关，它们连接着外部网络。该网络的需求是：正常情况下，VLAN10 内的 PC 通过 R1 到达外部网络，而当 R1 发生故障时，这些 PC 访问外部网络的上行流量需自动切换到 R2；VLAN20 内的 PC 则通过 R2 到达外部网络，当 R2 发生故障时，这些 PC 访问外部网络的上行流量需自动切换到 R1。

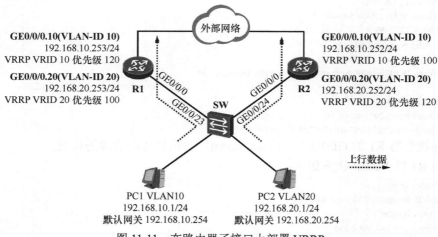

图 11-11　在路由器子接口上部署 VRRP

在本案例中，SW 的配置不再赘述，需注意的是，SW 的 GE0/0/23 及 GE0/0/24 接口需被配置为 Trunk 类型，并且允许 VLAN10 及 VLAN20 的流量通行。

以 R1 为例，其 GE0/0/0 接口需处理 VLAN10 及 VLAN20 的标记帧，因此我们要在该接口上创建两个子接口，分别对应这两个 VLAN，R2 同理。另外，为了实现 VLAN10 及 VLAN20 的网关冗余，还需在 R1 及 R2 的两个子接口上各部署一组 VRRP，并且对优先级进行合理把控。

R1 的配置如下：

```
[R1]interface GigabitEthernet0/0/0.10
[R1-GigabitEthernet0/0/0.10]dot1q termination vid 10
[R1-GigabitEthernet0/0/0.10]ip address 192.168.10.253 24
[R1-GigabitEthernet0/0/0.10]vrrp vrid 10 virtual-ip 192.168.10.254
[R1-GigabitEthernet0/0/0.10]vrrp vrid 10 priority 120


[R1]interface GigabitEthernet0/0/0.20
[R1-GigabitEthernet0/0/0.20]dot1q termination vid 20
[R1-GigabitEthernet0/0/0.20]ip address 192.168.20.253 24
[R1-GigabitEthernet0/0/0.20]vrrp vrid 20 virtual-ip 192.168.20.254
```

在以上配置中，我们基于 R1 的 GE0/0/0 接口创建了两个子接口，它们分别是 GE0/0/0.10 及 GE0/0/0.20，其中子接口 GE0/0/0.10 对应 VLAN10，该子接口加入了一个 VRRP 组，其 VRID 为 10，虚拟 IP 地址为 192.168.10.254，并且优先级为 120。另外，GE0/0/0.20 子接口对应 VLAN20，它加入了另一个 VRRP 组，VRID 为 20，虚拟 IP 地址为 192.168.20.254，并且优先级保持缺省，也就是 100。

R2 的配置如下：

```
[R2]interface GigabitEthernet0/0/0.10
[R2-GigabitEthernet0/0/0.10]dot1q termination vid 10
[R2-GigabitEthernet0/0/0.10]ip address 192.168.10.252 24
[R2-GigabitEthernet0/0/0.10]vrrp vrid 10 virtual-ip 192.168.10.254

[R2]interface GigabitEthernet0/0/0.20
[R2-GigabitEthernet0/0/0.20]dot1q termination vid 20
[R2-GigabitEthernet0/0/0.20]ip address 192.168.20.252 24
[R2-GigabitEthernet0/0/0.20]vrrp vrid 20 virtual-ip 192.168.20.254
[R2-GigabitEthernet0/0/0.20]vrrp vrid 20 priority 120
```

R2 的配置与 R1 相呼应，以上配置基于其 GE0/0/0 接口创建了两个子接口，其中子接口 GE0/0/0.10 对应 VLAN10，该子接口加入了一个 VRRP 组，VRID 为 10（必须与 R1 对应的子接口使用相同的 VRID），虚拟 IP 地址为 192.168.10.254，并且优先级保持缺省，这使得 R1 的 GE0/0/0.10 子接口成为该 VRRP 组的 Master。GE0/0/0.20 这个子接口对应 VLAN20，它加入了另一个 VRRP 组，VRID 为 20，虚拟 IP 地址为 192.168.20.254，并且优先级为 120，而这则使得该子接口成为这个 VRRP 组的 Master。

完成上述配置后，R1 的 VRRP 状态如下：

```
<R1>display vrrp
  GigabitEthernet0/0/0.10 | Virtual Router 10
    State : Master
    Virtual IP : 192.168.10.254
    Master IP : 192.168.10.253
    PriorityRun : 120
```

```
    PriorityConfig : 120
    MasterPriority : 120
    Preempt : YES      Delay Time : 0 s
    TimerRun : 1 s
    TimerConfig : 1 s
    Auth type : NONE
    Virtual MAC : 0000-5e00-010a
    Check TTL : YES
    Config type : normal-vrrp
    Backup-forward : disabled
    Create time : 2015-07-02 12:09:53 UTC-08:00
    Last change time : 2015-07-02 12:10:25 UTC-08:00

  GigabitEthernet0/0/0.20 | Virtual Router 20
    State : Backup
    Virtual IP : 192.168.20.254
    Master IP : 192.168.20.252
    PriorityRun : 100
    PriorityConfig : 100
    MasterPriority : 120
    Preempt : YES      Delay Time : 0 s
    TimerRun : 1 s
    TimerConfig : 1 s
    Auth type : NONE
    Virtual MAC : 0000-5e00-0114
    Check TTL : YES
    Config type : normal-vrrp
    Backup-forward : disabled
    Create time : 2015-07-02 12:09:40 UTC-08:00
    Last change time : 2015-07-02 12:11:13 UTC-08:00
```

再看一下 R2 的 VRRP 简要状态：

```
<R2>display vrrp brief
Total:2      Master:1      Backup:1      Non-active:0
VRID   State      Interface          Type        Virtual IP
--------------------------------------------------------------------------
10     Backup     GE0/0/0.10         Normal      192.168.10.254
20     Master     GE0/0/0.20         Normal      192.168.20.254
```

11.4.4　案例 4：在三层交换机上部署 VRRP

前面介绍了在华为路由器上实现 VRRP 的一些场景，实际上，许多交换机（例如华为 S5700 系列交换机）及防火墙产品也是支持 VRRP 的。在传统的双核心园区网络中，企业会部署两台核心层交换机作为内网用户的网关设备，并在这两台交换机上采用 VRRP 来实现网关的冗余，这已经成为一个经典的解决方案。图 11-12 为我们展示了一个简单的示例，接入层交换机 SW3 下挂着 2 个 VLAN，它们分别是 VLAN10 及 VLAN20，核心层交换机 SW1 及 SW2 作为这两个 VLAN 的网关设备。企业要求当网络正常时，VLAN10 的用户通过 SW1 到达外部网络，而当 SW1 发生故障时，上行流量需自动切换到 SW2；VLAN20 的用户在网络正常时则通过 SW2 到达外部网络，当 SW2 发生故障时，上行流量需自动切换到 SW1。

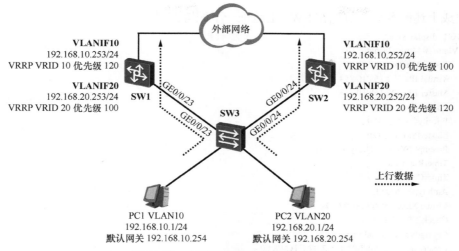

图 11-12　在三层交换机上部署 VRRP

SW1 的配置如下：

```
[SW1]vlan batch 10 20
[SW1]interface GigabitEthernet 0/0/23
[SW1-GigabitEthernet0/0/23]port link-type trunk
[SW1-GigabitEthernet0/0/23]port trunk allow-pass vlan 10 20
[SW1-GigabitEthernet0/0/23]quit

[SW1]interface Vlanif 10
[SW1-Vlanif10]ip address 192.168.10.253 24
[SW1-Vlanif10]vrrp vrid 10 virtual-ip 192.168.10.254
[SW1-Vlanif10]vrrp vrid 10 priority 120
[SW1-Vlanif10]quit
[SW1]interface Vlanif 20
[SW1-Vlanif20]ip address 192.168.20.253 24
[SW1-Vlanif20]vrrp vrid 20 virtual-ip 192.168.20.254
```

SW2 的配置如下：

```
[SW2]vlan batch 10 20
[SW2]interface GigabitEthernet 0/0/24
[SW2-GigabitEthernet0/0/24]port link-type trunk
[SW2-GigabitEthernet0/0/24]port trunk allow-pass vlan 10 20
[SW2-GigabitEthernet0/0/24]quit

[SW2]interface Vlanif 10
[SW2-Vlanif10]ip address 192.168.10.252 24
[SW2-Vlanif10]vrrp vrid 10 virtual-ip 192.168.10.254
[SW2-Vlanif10]quit
[SW2]interface Vlanif 20
[SW2-Vlanif20]ip address 192.168.20.252 24
[SW2-Vlanif20]vrrp vrid 20 virtual-ip 192.168.20.254
[SW2-Vlanif20]vrrp vrid 20 priority 120
```

注意
　　SW3 的 GE0/0/23 及 GE0/0/24 接口需配置为 Trunk 类型，并且放通 VLAN10 及 VLAN20 的流量。

完成上述配置后，首先在 SW1 上验证一下配置结果：

```
<SW1>display vrrp
  Vlanif10 | Virtual Router 10
    State : Master
    Virtual IP : 192.168.10.254
    Master IP : 192.168.10.253
    PriorityRun : 120
    PriorityConfig : 120
    MasterPriority : 120
    Preempt : YES    Delay Time : 0 s
    TimerRun : 1 s
    TimerConfig : 1 s
    Auth type : NONE
    Virtual MAC : 0000-5e00-010a
    Check TTL : YES
    Config type : normal-vrrp
    Create time : 2015-07-02 13:17:07 UTC-08:00
    Last change time : 2015-07-02 15:00:31 UTC-08:00

  Vlanif20 | Virtual Router 20
    State : Backup
    Virtual IP : 192.168.20.254
    Master IP : 192.168.20.252
    PriorityRun : 100
    PriorityConfig : 100
    MasterPriority : 120
    Preempt : YES    Delay Time : 0 s
    TimerRun : 1 s
    TimerConfig : 1 s
    Auth type : NONE
    Virtual MAC : 0000-5e00-0114
    Check TTL : YES
    Config type : normal-vrrp
    Create time : 2015-07-02 15:02:11 UTC-08:00
    Last change time : 2015-07-02 15:03:38 UTC-08:00
```

再了解一下 SW2 的 VRRP 简要状态：

```
[SW2]display vrrp brief
VRID      State      Interface      Type      Virtual IP
---------------------------------------------------------------------------
10        Backup     Vlanif10       Normal    192.168.10.254
20        Master     Vlanif20       Normal    192.168.20.254
---------------------------------------------------------------------------
Total:2    Master:1    Backup:1    Non-active:0
```

11.4.5 案例 5：VRRP+MSTP 典型组网方案

在"以太网交换"一章中，大家已经了解了典型的园区网三层结构（如图 11-13 所示），11.4.5 节重点关注汇聚层及接入层部分。在一个典型的双汇聚园区网中，接入层交换机连接着终端设备，例如 PC、服务器或者无线 AP（Wireless Access Point，无线接入点）等，另一方面也连接着两台汇聚层交换机。在图 11-14 中，接入层交换机 AS-SW1 通过双链路分别上联汇聚层交换机 DS-SW1 及 DS-SW2，两台汇聚层交换机之间使用聚合链路互联，这两台交换机将作为 PC 的网关设备。有几个问题需要考虑，首先是 PC 的网关冗余性,其可以通过在两台汇聚层交换机上部署 VRRP 解决。当然,为了充分利用好这两台交换机及链路带宽,可以考虑结合多组 VRRP 实现负载分担,正如案例 4 中所述的那样。其次是二层环路问题,两台汇聚层交换机与接入层交换机构成了一个三角形的二层环路,对于任何一个网络而言,二层环路的存在始终是非常危险的,因此消除环路是必须考虑的一项课题。在传统的园区网络中,生成树是用于消除二层环路的常用技术,大型网络中 VLAN 的数量往往非常多,而二层流量的负载分担需求又使得我们必须针对特定的 VLAN 进行生成树规划,于是 MSTP 也就成为多数大型园区网络的选择。

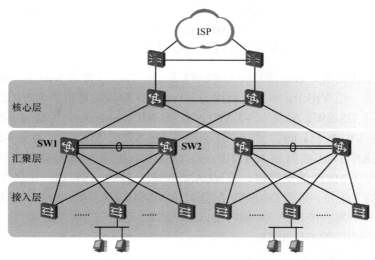

图 11-13　典型的园区网三层结构

综上,为了保证网关的冗余性,可在两台汇聚层交换机上部署 VRRP,当然,为了实现终端用户上行数据的负载分担,需要在每个 VLAN 中各部署一组 VRRP 并且视情况调整两台交换机的 VRRP 优先级。另一方面,使用 MSTP 作为防环协议,同时也利用 MSTP 实现负载分担。本案例中最关键的要点是 VRRP 与 MSTP 的协同工作。

图 11-15 进一步展示了本案例的一些细节信息。DS-SW1 及 DS-SW2 拥有到达外部网络的路径(在图中并未画出)。内网中存在 20 个 VLAN,它们分别是 VLAN11、12、……、30,至于网络的需求,从 VLAN11-20 这 10 个 VLAN 的 PC 到达外部网络的数据通过链路 1 发往 DS-SW1;从 VLAN21-30 这 10 个 VLAN 的 PC 到达外部网络的数据则通过链路 2 发往 DS-SW2。同时,DS-SW1 及 DS-SW2 要求互为热备份。

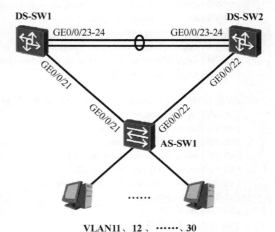

图 11-14　典型园区网中的接入层与汇聚层示例

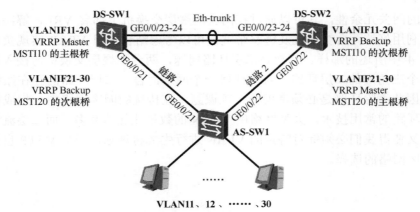

图 11-15　VRRP+MSTP 典型案例

为了实现上述需求，首先需要在 DS-SW1 及 DS-SW2 上部署 VRRP，并且是在每个 VLAN 中各部署一组 VRRP，本案例使用与 VLAN-ID 相同的数值作为 VRID，方便管理及维护。然后将 DS-SW1 配置为 VLAN11-20 的 VRRP Master，而将 DS-SW2 配置为 VLAN21-30 的 VRRP Master。另外，还需要在 DS-SW1、DS-SW2 及 AS-SW1 上部署 MSTP，将 VLAN11-20 映射到 MSTI10，将 DS-SW1 配置为该 MSTI 的主根桥，而将 DS-SW2 配置为该 MSTI 的次根桥。将 VLAN21-30 映射到 MSTI20，并且将 DS-SW2 配置为该 MSTI 的主根桥，而将 DS-SW1 配置为该 MSTI 的次根桥。如此一来对于 MSTI10 而言，被 MSTP 阻塞的接口是 AS-SW1 的 GE0/0/22，而对于 MSTI20 而言，被 MSTP 阻塞的接口是 AS-SW1 的 GE0/0/21。

AS-SW1 的配置如下：

```
#创建 VLAN，并将接口加入相应的 VLAN：
[AS-SW1]vlan batch 11 to 30
[AS-SW1]interface GigabitEthernet0/0/21
[AS-SW1-GigabitEthernet0/0/21]port link-type trunk
[AS-SW1-GigabitEthernet0/0/21]port trunk allow-pass vlan 11 to 30
[AS-SW1-GigabitEthernet0/0/21]quit
[AS-SW1]interface GigabitEthernet0/0/22
[AS-SW1-GigabitEthernet0/0/22]port link-type trunk
[AS-SW1-GigabitEthernet0/0/22]port trunk allow-pass vlan 11 to 30
[AS-SW1-GigabitEthernet0/0/22]quit

#配置 MSTP，将 VLAN11-20 映射到 Instance10，将 VLAN21-30 映射到 Instance20：
[AS-SW1]stp mode mstp
[AS-SW1]stp region-configuration
[AS-SW1-mst-region]region-name hcnp
[AS-SW1-mst-region]instance 10 vlan 11 to 20
[AS-SW1-mst-region]instance 20 vlan 21 to 30
[AS-SW1-mst-region]active region-configuration
[AS-SW1-mst-region]quit
[AS-SW1]stp enable
```

DS-SW1 的配置如下：

```
[DS-SW1]vlan batch 11 to 30

[DS-SW1]interface Eth-Trunk 1
[DS-SW1-Eth-Trunk1]trunkport GigabitEthernet 0/0/23
```

[DS-SW1-Eth-Trunk1]trunkport GigabitEthernet 0/0/24
[DS-SW1-Eth-Trunk1]port link-type trunk
[DS-SW1-Eth-Trunk1]port trunk allow-pass vlan 11 to 30
[DS-SW1-Eth-Trunk1]quit
[DS-SW1]interface GigabitEthernet0/0/21
[DS-SW1-GigabitEthernet0/0/21]port link-type trunk
[DS-SW1-GigabitEthernet0/0/21]port trunk allow-pass vlan 11 to 30
[DS-SW1-GigabitEthernet0/0/21]quit

#配置 MSTP，将 VLAN11-20 映射到 Instance10，将 VLAN21-30 映射到 Instance20，将 DS-SW1 配置为 MSTI10 的主根桥、MSTI20 的次根桥：
[DS-SW1]stp mode mstp
[DS-SW1]stp region-configuration
[DS-SW1-mst-region]region-name hcnp
[DS-SW1-mst-region]instance 10 vlan 11 to 20
[DS-SW1-mst-region]instance 20 vlan 21 to 30
[DS-SW1-mst-region]active region-configuration
[DS-SW1-mst-region]quit
[DS-SW1]stp instance 10 root primary
[DS-SW1]stp instance 20 root secondary
[DS-SW1]stp enable

#配置 vlanif11、vlanif12、……、vlanif30，并分别加入 VRRP 组 11、12、……、30：
[DS-SW1]interface Vlanif 11
[DS-SW1-vlanif11]ip address 192.168.11.253 255.255.255.0
[DS-SW1-vlanif11]vrrp vrid 11 virtual-ip 192.168.11.254
[DS-SW1-vlanif11]vrrp vrid 11 priority 120
[DS-SW1-vlanif11]quit
[DS-SW1]interface Vlanif 12
[DS-SW1-vlanif12]ip address 192.168.12.253 255.255.255.0
[DS-SW1-vlanif12]vrrp vrid 12 virtual-ip 192.168.12.254
[DS-SW1-vlanif12]vrrp vrid 12 priority 120
[DS-SW1-vlanif12]quit
……
[DS-SW1]interface Vlanif 20
[DS-SW1-vlanif20]ip address 192.168.20.253 255.255.255.0
[DS-SW1-vlanif20]vrrp vrid 20 virtual-ip 192.168.20.254
[DS-SW1-vlanif20]vrrp vrid 20 priority 120
[DS-SW1-vlanif20]quit
[DS-SW1]interface Vlanif 21
[DS-SW1-vlanif21]ip address 192.168.21.253 255.255.255.0
[DS-SW1-vlanif21]vrrp vrid 21 virtual-ip 192.168.21.254
[DS-SW1-vlanif21]quit
[DS-SW1]interface Vlanif 22
[DS-SW1-vlanif22]ip address 192.168.22.253 255.255.255.0
[DS-SW1-vlanif22]vrrp vrid 22 virtual-ip 192.168.22.254
[DS-SW1-vlanif22]quit
……
[DS-SW1]interface Vlanif 30
[DS-SW1-vlanif30]ip address 192.168.30.253 255.255.255.0
[DS-SW1-vlanif30]vrrp vrid 30 virtual-ip 192.168.30.254

DS-SW2 的配置如下：

[DS-SW2]vlan batch 11 to 30

[DS-SW2]interface Eth-Trunk 1

```
[DS-SW2-Eth-Trunk1]trunkport GigabitEthernet 0/0/23
[DS-SW2-Eth-Trunk1]trunkport GigabitEthernet 0/0/24
[DS-SW2-Eth-Trunk1]port link-type trunk
[DS-SW2-Eth-Trunk1]port trunk allow-pass vlan 11 to 30
[DS-SW2-Eth-Trunk1]quit
[DS-SW2]interface GigabitEthernet0/0/22
[DS-SW2-GigabitEthernet0/0/22]port link-type trunk
[DS-SW2-GigabitEthernet0/0/22]port trunk allow-pass vlan 11 to 30
[DS-SW2-GigabitEthernet0/0/22]quit

[DS-SW2]stp mode mstp
[DS-SW2]stp region-configuration
[DS-SW2-mst-region]region-name hcnp
[DS-SW2-mst-region]instance 10 vlan 11 to 20
[DS-SW2-mst-region]instance 20 vlan 21 to 30
[DS-SW2-mst-region]active region-configuration
[DS-SW2-mst-region]quit
[DS-SW2]stp instance 20 root primary
[DS-SW2]stp instance 10 root secondary
[DS-SW2]stp enable

[DS-SW2]interface Vlanif 11
[DS-SW2-vlanif11]ip address 192.168.11.252 255.255.255.0
[DS-SW2-vlanif11]vrrp vrid 11 virtual-ip 192.168.11.254
[DS-SW2-vlanif11]quit
[DS-SW2]interface Vlanif 12
[DS-SW2-vlanif12]ip address 192.168.12.252 255.255.255.0
[DS-SW2-vlanif12]vrrp vrid 12 virtual-ip 192.168.12.254
[DS-SW2-vlanif12]quit
......
[DS-SW2]interface Vlanif 20
[DS-SW2-vlanif20]ip address 192.168.20.252 255.255.255.0
[DS-SW2-vlanif20]vrrp vrid 20 virtual-ip 192.168.20.254
[DS-SW2-vlanif20]quit
[DS-SW2]interface Vlanif 21
[DS-SW2-vlanif21]ip address 192.168.21.252 255.255.255.0
[DS-SW2-vlanif21]vrrp vrid 21 virtual-ip 192.168.21.254
[DS-SW2-vlanif21]vrrp vrid 21 priority 120
[DS-SW2-vlanif21]quit
[DS-SW2]interface Vlanif 22
[DS-SW2-vlanif22]ip address 192.168.22.252 255.255.255.0
[DS-SW2-vlanif22]vrrp vrid 22 virtual-ip 192.168.22.254
[DS-SW2-vlanif22]vrrp vrid 22 priority 120
[DS-SW2-vlanif22]quit
......
[DS-SW2]interface Vlanif 30
[DS-SW1-vlanif30]ip address 192.168.30.252 255.255.255.0
[DS-SW2-vlanif30]vrrp vrid 30 virtual-ip 192.168.30.254
[DS-SW2-vlanif30]vrrp vrid 30 priority 120
[DS-SW1-vlanif30]quit
```

完成上述配置后，首先在 AS-SW1 上验证一下各个接口的 STP 状态：

```
[AS-SW1]display stp brief
 MSTID   Port                       Role    STP State        Protection
......
   0     GigabitEthernet0/0/21      DESI    FORWARDING       NONE
```

0	GigabitEthernet0/0/22	DESI	FORWARDING	NONE
10	GigabitEthernet0/0/21	ROOT	FORWARDING	NONE
10	**GigabitEthernet0/0/22**	**ALTE**	**DISCARDING**	**NONE**
20	**GigabitEthernet0/0/21**	**ALTE**	**DISCARDING**	**NONE**
20	GigabitEthernet0/0/22	ROOT	FORWARDING	NONE

再到 DS-SW1 上看看 VRRP 组的状态：

```
<DS-SW1>display vrrp brief
VRID   State    Interface          Type       Virtual IP
-----------------------------------------------------------------
11     Master   Vlanif11           Normal     192.168.11.254
12     Master   Vlanif12           Normal     192.168.12.254
......
20     Master   Vlanif20           Normal     192.168.20.254
21     Backup   Vlanif21           Normal     192.168.21.254
22     Backup   Vlanif22           Normal     192.168.22.254
......
30     Backup   Vlanif30           Normal     192.168.30.254
-----------------------------------------------------------------
```

DS-SW2 的 VRRP 状态如下：

```
<DS-SW2>display vrrp brief
VRID   State    Interface          Type       Virtual IP
-----------------------------------------------------------------
11     Backup   Vlanif11           Normal     192.168.11.254
12     Backup   Vlanif12           Normal     192.168.12.254
......
20     Backup   Vlanif20           Normal     192.168.20.254
21     Master   Vlanif21           Normal     192.168.21.254
22     Master   Vlanif22           Normal     192.168.22.254
......
30     Master   Vlanif30           Normal     192.168.30.254
-----------------------------------------------------------------
```

11.5　习题

1．（单选）以下说法错误的是（　　　）

A．在同一个 VRRP 组中，正常情况下只会存在一个 Master 设备。

B．同属一个 VRRP 组的设备必须使用相同的 VRID。

C．一个 VRRP 组只能设置一个虚拟 IP 地址。

D．设备的接口 IP 地址可以被选择作为 VRRP 的虚拟 IP 地址。

2．（单选）以下说法错误的是（　　　）

A．VRRP 优先级的值越大，则设备越有可能成为 Master。

B．当网络正常时，Backup 设备不参与数据转发。

C．如果 Master 设备收到 VRRP 报文，并且发现报文中的 VRRP 优先级值比本
地优先级值更大，则设备将接口切换到 Backup 状态。

D．VRRP 报文载荷直接采用 IP 封装，IP 头部的协议号字段值为 112，另外报文
采用组播的方式发送，目的 IP 地址为 224.0.0.2。

3．在什么情况下，设备发送的 VRRP 报文中优先级为 0？在什么情况下为 255？

第12章
组播

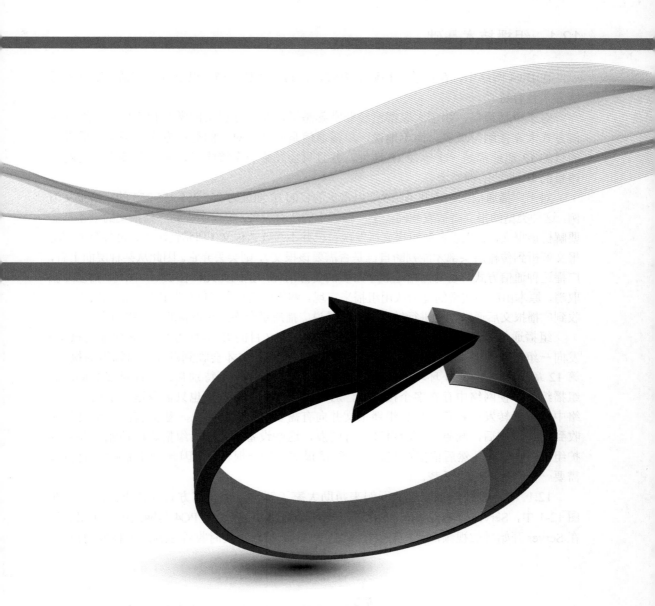

12.1　组播技术基础

在 IPv4 网络中，存在着三种通信方式，它们分别是单播、组播以及广播。这三种通信方式各有特点。

对于单播通信，相信大家都已经非常熟悉了，毕竟在日常的学习和工作中，这种通信方式大家接触得最多。简单地说，单播通信是一种一对一的通信方式，每个单播报文的目的 IP 地址都是一个单播 IP 地址，并且只会发给一个接收者，而这个接收者也就是该目的 IP 地址的拥有者。

对于广播通信大家也并不陌生，以常见的目的 IP 地址为 255.255.255.255 的广播报文为例，这种类型的报文将被发往同一个广播域中的所有设备，每一个收到广播报文的设备都需要解析该报文，如果设备解析报文后发现自己并不需要该报文（通常情况下，设备至少需将报文解析到传输层头部才能判断自己是否需要该报文），则会丢弃它。因此从某种层面上看，广播这种通信方式容易对网络造成不必要的资源消耗，正因如此，在 IPv6 中，广播已经被取消，原本由广播实现的能力改用组播来实现。网络中的设备（例如路由器）的三层接口在收到广播报文后通常不会进行转发，也就是说广播流量会终结在设备的三层接口上。

组播通信是一种一对多的通信方式，组播报文（目的 IP 地址为组播 IP 地址的报文）发向一组接收者，这些接收者需要加入到相应的组播组中才会收到发往该组播组的报文。第 12 章探讨的是 IPv4 环境中的组播，在后续的内容中不再特别强调。针对某个特定的组播组，即使网络中存在多个接收者，对于组播源而言，每次也只需发送一份报文，网络中的组播转发设备负责拷贝组播报文并向有需要的接口转发。一般而言，网络设备在收到组播报文后，缺省并不会对其进行转发，这些设备需要激活组播路由功能，并且维护组播路由表项，然后依据这些表项对组播报文进行合理转发。因此，组播流量的传输，需要一个组播网络来承载。

12.1 节将通过一个简单的示例来帮助大家了解这三种通信方式的特点及区别。在图 12-1 中，Server 是一台多媒体服务器，而 PC1、PC2、PC3 及 PC4 是网络中的主机。现在 Server 开始播放视频，用户期望在 PC1、PC2 及 PC3 上实时收看 Server 所播放的视频。

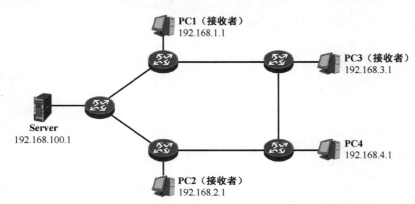

图 12-1　PC1、PC2 及 PC3 期望看到 Server 直播的视频节目

这是一种典型的一对多的通信模型。简单地说，在每一个时刻，Server 需要将相同的数据同时发送给多个接收者。如果采用单播的方式来实现上述需求，那么由于网络中存在多个接收者，对于 Server 而言，就需要为每个接收者各创建一份数据，每一份数据都被发往一台单独的 PC（如图 12-2 所示）。设想一下如果网络中存在大规模的接收者，那么 Server 就不得不每次都创建大量的数据拷贝，而且每份拷贝的内容是完全相同的，只是目的 IP 地址各不相同，这显然是极其低效的，同时也造成了链路带宽及设备性能的浪费。不仅如此，Server 在发送数据前，还需要明确所有接收者的 IP 地址，否则它将无法构造数据包，而如果用户要求 PC 可以自由地接入或离开，或者 PC 的 IP 地址并不固定，那么显然单播通信在该场景中就不适用了。

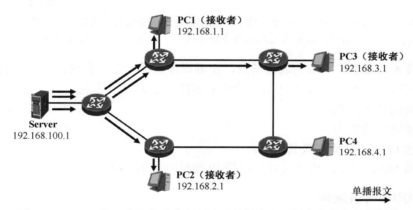

图 12-2　Server 为三个接收者分别创建一份报文，而报文的内容是相同的

如果 Server 采用广播的方式发送这些数据，那么所有的接收者就不得不与 Server 处在相同的广播域内，因为广播报文在网络中的泛洪范围非常有限。再者从网络优化角度考虑，广播流量又是应该尽可能被减少的，毕竟，这些流量会造成其他设备不必要的性能损耗，因此在这种场景中使用广播通信显然并非最佳方案。

接下来看看组播是如何解决这个问题的。当 Server 开始播放视频时，组播报文从 Server 源源不断地被发送出来，无论网络中存在多少接收者，Server 每次都仅需发送一份数据。Server 发出的组播报文的源 IP 地址是 192.168.100.1，而目的 IP 地址则是组播 IP 地址（此处以 224.1.1.1 为例）。如图 12-3 所示，Server 发送的组播报文到达路由器 R1 后，R1 将组播报文进行拷贝，然后将组播报文从有需要的接口转发出去（给 R2 及 R3），至于不需要该报文的接口，路由器是不会向其转发组播报文的。R2 及 R3 收到组播报文后，继续进行拷贝及转发，直到报文到达接收者。只有加入组播组 224.1.1.1 的接收者才会收到这些组播报文。PC1、PC2 及 PC3 需要通过某种机制宣告自己加入组播组 224.1.1.1。组播源并不关心一个组播组中存在多少个接收者，或者这些接收者处于网络中的什么位置、它们的 IP 地址是什么，它只管将组播报文发送出去，组播网络设备负责将组播报文根据需要进行拷贝及转发。在图 12-3 中，没有加入组播组 224.1.1.1 的 PC4 是不会收到组播流量的，事实上 R5 并没有连接任何接收者，因此它自己也不会收到发往该组播组的流量，R3 及 R4 不会将组播流量转发给它。

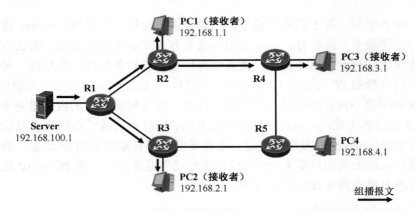

图 12-3　Server 不需要为每一个接收者单独创建报文，它每次只需发送一份报文即可，
网络中的组播设备会对组播报文进行拷贝并转发到需要该报文的接口

组播技术适用于一对多的通信场景，在多媒体直播、在线会议、股票金融等领域有着广泛的应用。学习完 12.1 节之后，我们应该能够了解以下几点。

- 组播的基本概念；
- 组播网络的架构；
- 组播 IP 地址的概念及其特点；
- 组播 MAC 地址的概念及其与组播 IP 地址的映射关系。

12.1.1　组播网络架构

图 12-4 展示了一个典型的组播网络架构，从图中可以直观地看出，整个架构大体上可以分为三个部分。

首先有几个角色大家需要了解清楚。

- **组播源（Multicast Source）**：组播流量的发送源，一个典型例子是多媒体服务器。图 12-4 中，服务器 Source 就是组播源。在典型的组播实现中，组播源不需要激活任何组播协议。
- **组播接收者（Multicast Receiver）**：期望接收特定组播组流量的终端 PC 或者其他类型的设备，例如图 12-4 中的 PC1、PC2 及 PC3。我们也将组播接收者称为组播组的成员，在本书中，组播接收者及组播组成员、组成员这些称呼的含义是相同的。只有加入特定组播组的接收者，才会收到发往该组的组播流量。
- **组播组（Multicast Group）**：采用一个特定的组播 IP 地址标识的群组，例如 239.1.1.1，这个 IP 地址标识了一个组播组，我们可以将其想象成一个电视频道，当您在收看电视时，可能有很多频道（多个组播组，不同的组播组使用不同的组播 IP 地址标识）可以选择，此时您只要通过遥控器调至某一个频道，即可观看该频道的节目，如此一来，您（的电视）就是该频道的组成员之一（同一时间可能有多台电视在收看该频道），当然，如果您从该频道离开，那么也就不再是其组成员了，便不会再看到这个频道的节目。
- **组播路由器（Multicast Router）**：激活了组播路由功能的路由器。实际上，不仅仅路由器能够支持组播路由，许多交换机、防火墙等产品也支持组播路由，因此路由器在这里仅是一个代表。在组播路由器构成的组播网络中，有两种角色是大家需要额外关注的，其中之一是第一跳路由器（First-hop Router），在图 12-4 中，R1 就是第一跳路由器。第一跳路由器是直接面对组播源的组播路由器，它将直接从组播源接收组播流量，也就是说，它是组播流量进入组播网络的入口。另一个需要额外关注的角色是最后一跳路由器（Last-hop Router），如图 12-4 中的 R2、R3、R4 及 R5。最后一跳路由器是直接面对组播接收者的路由器，它除了负责将其从组播网络中收到的组播流量从存在接收者的接口转发出去，同时也负责维护其直连网络中的组成员关系。

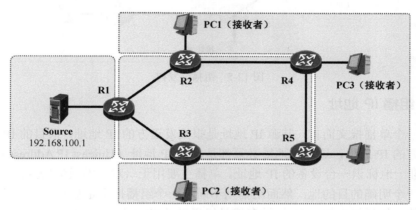

图 12-4　组播网络架构

在组播网络架构中，组播源与第一跳组播路由器构成了第一部分。组播源无需运行任何组播协议，只需将组播报文发送出来。组播报文在传输层通常采用 UDP 封装，在网络层采用 IP 封装，在本例中，组播源 Source 发送出来的组播报文的源 IP 地址为其网卡 IP 地址 192.168.100.1（单播 IP 地址），而目的 IP 地址则必须是一个组播 IP 地址。当第一跳路由器 R1 收到这些报文后，该组播报文在网络中的传输也就开始了。

第二个部分是由网络中的组播路由器所构成的组播网络。为了能够正确地转发组播报文，路由器需要维护组播路由表。正如单播路由表通过单播路由协议来维护，组播路由表则使用组播路由协议来维护，组播路由协议为路由器贡献组播表项。常见的组播路由协议有 PIM、MOSPF、MBGP 等。形象地说，组播路由协议的主要功能之一就是在网络中形成一棵无环的树，它被称为组播分发树（Multicast Distribution Tree），这棵树便是组播流量的传输路径，而树的末梢就是组播组的接收者所在的网段，如图 12-5 所示。此外，组播路由协议还需关注组播报文转发过程中的防环问题，它必须拥有相应的机制确保组播报文在正确的接口上到达、并从正确的接口转发出去。

最后一跳路由器与组播接收者构成了组播网络的第三个部分。在图 12-4 中，R2、R3、R4 及 R5 作为连接着终端网段的组播路由器，它们需要通过某种机制查询及发现其直连的网段中是否存在组成员。只有当最后一跳路由器获知其直连网段中存在某个组播组的成员时，它才会向该网段转发该组的组播流量，否则，路由器将不会把该组播组的流量转发到这个网段。而对于终端设备（例如本例中的 PC1、PC2 及 PC3）而言，如果它们希望收到发往某个组播组的流量，那么它们也需要一种机制，来确保本地网络中的组播路由器（最后一跳路由器）知晓自己作为组成员的存在。IGMP（Internet Group Management Protocol，因特网组管理协议）便是用于实现上述功能的。

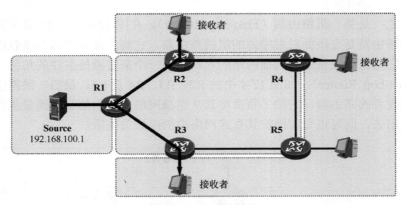

图 12-5　组播分发树

12.1.2　组播 IP 地址

对于一个单播报文而言，其源 IP 地址是报文发送方的 IP 地址，而目的 IP 地址则是报文接收方的 IP 地址，这两个地址必须都是单播 IP 地址（Unicast IP Address）。单播 IP 地址，是唯一地标识一台设备的 IP 地址。单播主要用于一对一的通信场景，一个单播报文被发往一个明确的目的地；然而组播则不同，一个组播报文是被发给某个组播组的所有接收者的，组播报文的源 IP 地址自然是组播源的 IP 地址，这毫无疑问是一个单播 IP 地址，然而报文的目的 IP 地址呢？我们该如何标识一组接收者？

在 IPv4 地址空间中，A、B 及 C 类 IP 地址用于单播通信，它们可以被分配给一台设备的某个接口。组播报文的目的 IP 地址当然不能是 A、B 及 C 类 IP 地址，因为它被发往一组接收者，IANA（Internet Assigned Numbers Authority，互联网数字分配机构）规定 D 类 IPv4 空间 224.0.0.0/4 用于组播通信，D 类 IP 地址空间包含的地址范围是224.0.0.0 到 239.255.255.255，D 类 IP 地址也就是组播 IP 地址（Multicast IP Address）。组播 IP 地址用于标识一组接收者。

与 A、B 及 C 类 IP 地址不同，D 类 IP 地址不能作为源 IP 地址使用，只能作为目的 IP 地址使用，换句话说，我们不能将组播 IP 地址分配给一台设备的任何接口。另外，D 类 IP 地址是不能进行子网划分的。IANA 对组播 IP 地址空间进行了进一步的划分，几种主要的组播 IP 地址分类见表 12-1。

表 12-1　组播 IP 地址分类

地址范围	描　　述
224.0.0.0～224.0.0.255	IANA 将这些地址分配于特殊用途。该类组播 IP 地址为永久组地址，其工作范围只限于链路本地，而不能用于组播转发。目的 IP 地址为此类地址的组播报文在 IP 头部中的 TTL 值通常为 1。这类组播 IP 地址中，有一些已经被大家所熟知，例如： ● 224.0.0.1——所有节点组播地址 ● 224.0.0.2——所有路由器组播地址 ● 224.0.0.5——所有 OSPF 路由器组播地址 ● 224.0.0.6——所有 OSPF DR 组播地址 ● 224.0.0.9——所有 RIPv2 路由器组播地址 ● 224.0.0.13——所有 PIMv2 路由器组播地址 ● 224.0.0.18——VRRP 组播地址

（续表）

地址范围	描　述
224.0.1.0～231.255.255.255 233.0.0.0～238.255.255.255	该类 IP 地址为临时组地址，这种类型的组播地址全局有效
232.0.0.0～232.255.255.255	SSM（Source Specific Multicast，特定源组播）组地址，该类 IP 地址为临时组地址，这些地址被用于特定源组播，关于特定源组播的概念我们将在后续内容中介绍
239.0.0.0～239.255.255.255	本地管理组地址，在 RFC2365（Administratively Scoped IP Multicast）中定义。该范围的组播地址仅在本地管理域内有效，从这个层面上看，该范围的地址与私有 IPv4 地址的概念有些类似

12.1.3　组播 MAC 地址

一个应用层协议产生的数据载荷要想被正确地发送到目的地，需要增加相应的封装。在传输层，如果该应用基于 UDP 协议，那么数据载荷需要被封装一个 UDP 头部，然后交由网络层的 IP 协议模块处理；在 IP 层，上层数据被封装一个 IP 头部。对于单播报文而言，其 IP 头部中写入的目的 IP 地址是目的设备的单播 IP 地址，而对于组播报文而言，报文的目的 IP 地址即为组播组的 IP 地址。接下来，在数据链路层，上层数据需要再增加一层封装，在以太网环境中，它将被封装以太网的帧头及帧尾。

对于以太网单播帧而言，帧头中写入的目的 MAC 地址是该帧在链路层面上的目的设备的 MAC 地址，该目的 MAC 地址必定是一个单播 MAC 地址，这个地址属于唯一的设备。广播数据帧的目的 MAC 地址为广播地址（ffff-ffff-ffff），这些数据帧被发往同一个广播域内的所有设备。而组播数据帧是发往一组接收者的，其目的 MAC 地址必须是组播 MAC 地址。

综上所述，MAC 地址存在三种类型，它们分别是单播 MAC 地址、组播 MAC 地址以及广播 MAC 地址。一个 MAC 地址共计 48bit，也就是 6 个八位组，其中第一个八位组的最低比特位标识了该 MAC 地址的类型，如果该比特位为 0，那么意味着这是一个单播 MAC 地址，如果为 1 则是组播 MAC 地址（如图 12-6 所示），而广播 MAC 地址是一个特殊的组播 MAC 地址。因此实际上组播 MAC 地址共有 2^{47} 个，占据了整个 MAC 地址空间的一半。

图 12-6　第一个八位组的最低比特位标识该 MAC 地址是单播或组播 MAC 地址

对于组播 MAC 地址，相信大家并不会太陌生，通过本书的"STP"一章的学习，我们已经知道 BPDU 载荷被直接封装在以太网数据帧中，并且数据帧的目的 MAC 地址为 0180-c200-0000，这就是一个组播 MAC 地址，类似这样的例子还有很多，此处不再一一列举，这些组播 MAC 地址并不与组播 IP 地址存在关联。除此之外，还有一类组播 MAC 地址是需要格外关注的，那就是与组播 IP 地址存在映射关系的组播 MAC 地址。

正如上文所述，在以太网环境中，组播 IP 报文需被封装成以太网数据帧以便在链路上传输，而这些数据帧的目的 MAC 地址必须是组播 MAC 地址，并且必须与该报文的组播目的 IP 地址相对应。与组播 IPv4 地址相对应的组播 MAC 地址的高 25bit 是固定的（其中高 24bit 是 0x01005e，第 25 个比特位为 0），而剩余的 23bit 则从其对应的组播 IPv4 地址的低 23bit 拷贝得来，因此与组播 IPv4 地址相对应的组播 MAC 地址的范围是 0100-5e00-0000 至 0100-5e7f-ffff，这是整个组播 MAC 地址空间的一个子集。

注意

与组播 IPv6 地址相对应的组播 MAC 地址的高 16bit 是固定的 33-33，剩余的 32bit 从对应的 IPv6 地址的低 32bit 拷贝而来，这部分内容超出了本书的范围，本书只讨论 IPv4 中的组播。

图 12-7 展示了一个组播 IP 地址 230.20.88.76 对应的组播 MAC 地址该如何计算的示例。首先将该 IP 地址换算成二进制格式，然后将其低 23bit 拷贝到 MAC 地址的低 23bit，而 MAC 地址的高 25bit 是固定的，这就得到了组播 IP 地址 230.20.88.76 对应的组播 MAC 地址：0100-5e14-584c。

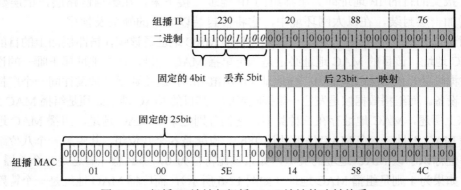

图 12-7   组播 IP 地址与组播 MAC 地址的映射关系

值得注意的是，由于组播 IP 地址的前 4bit 是固定的"1110"，而其最后 23bit 被拷贝到对应的组播 MAC 地址中，因此组播 IP 地址中有 5bit 没有被映射到组播 MAC 地址，这样就存在每 2^5 个组播 IP 地址共享一个组播 MAC 地址的现象，这个现象在某些场景下可能对网络造成影响，因此网络管理员在进行组播网络设计的时候需考虑到这一点。细心的读者可能会问：组播 IP 地址与组播 MAC 地址的映射关系为何不设计成——对应关系？感兴趣的读者不妨用"IP 组播为什么只有 23 位是映射的"为输入条件到网上去搜索一下，相信一定会得到满意的答案。

12.1.4 IGMP 概述

在组播网络中，最后一跳路由器与组播接收者之间运行着一个非常重要的协议——IGMP（Internet Group Management Protocol，因特网组管理协议），IGMP 主要实现以下几个功能。

- 最后一跳路由器通过 IGMP 报文向其直连的终端网络进行查询，以便发现该网络中的组播组的成员。例如图 12-8 中所示，R1 的 GE0/0/1 接口直连着一个终端网络，在其 GE0/0/1 接口激活 IGMP 后，它会通过接口所发送的 IGMP 报文查询该终端网络中是否存在组播组成员。R1 会维护一个 IGMP 组表，在其中陈列出已经发现了组成员的组播组。缺省情况下，路由器不会向该终端网络转发组播流量，除非它在该网络中发现了组播组成员。

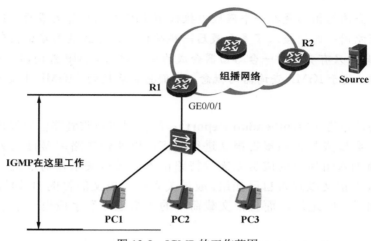

图 12-8　IGMP 的工作范围

● 终端设备使用 IGMP 报文宣布自己成为某个组播组的成员。在图 12-8 中，假设 PC3 期望加入组播 239.1.1.1，那么它将向网络中发送一个 IGMP 报文，以便宣告自己加组，R1 将在其 GE0/0/1 接口上收到这个报文并发现 PC3 的加组行为。

IGMP 报文采用 IP 封装，IP 头部中的协议号为 2，而且 TTL 字段值通常为 1，这使得 IGMP 报文只在本地网段内传播。截止目前，IGMP 一共有三个版本。

● IGMPv1，在 RFC 1112（Host Extensions for IP Multicasting）中定义。
● IGMPv2，在 RFC 2236（Internet Group Management Protocol, Version 2）中定义。
● IGMPv3，在 RFC 3376（Internet Group Management Protocol, Version 3）中定义。

IGMPv1 是一个相对老旧的版本，它只定义了基本的组成员查询及组成员关系报告机制。IGMPv2 在 IGMPv1 的基础上做了一些改进，其中包括定义了组成员离开机制、支持特定组播组查询以及定义了查询器选举机制等。IGMPv3 在之前的版本基础上增加了组成员对特定组播源的限制功能，另外，IGMPv3 也是 SSM（Source-Specific Multicast，特定源组播）的重要组件之一。高版本的 IGMP 具有向前兼容性。在后续的内容中，我们将分别为大家介绍 IGMP 的这三个版本。

12.2　IGMPv1

12.2.1　报文类型

IGMPv1 定义了两种报文。

● **成员关系查询（Membership Query）**：IGMP 查询器使用该报文向直连网段进行查询，以便确认该网段中是否存在组播组成员。成员关系查询报文的目的 IP 地址是 224.0.0.1（所有节点组播地址）。

说明　IGMP 查询器指的是在一个网段中执行 IGMP 查询操作的最后一跳路由器。在一个网段中可能同一时间接入了多台最后一跳路由器，并且这些路由器都在接口上激活了 IGMP，此时只有其中的一台路由器会成为该网段的 IGMP 查询器，并在该网段中执行查询操作。关于 IGMP 查询器的概念，我们将在后续的"IGMPv1 查询器"一节中详细介绍。

● **成员关系报告（Membership Report）**：组播组成员收到路由器发送的成员关系查询报文后，会以成员关系报告报文进行回应，以便告知路由器自己所加入的组播组。当然，新加入组播组的成员无需等待路由器的成员关系查询报文，可以直接发送成员关系报告报文以宣告自己加组。成员关系报告报文的目的 IP 地址是主机期望加入的组播组的 IP 地址，而且报文载荷中的"组地址"字段也记录了该组播组的 IP 地址。

IGMPv1 的报文格式如图 12-9 所示。

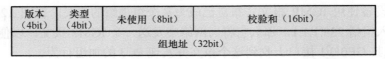

图 12-9　IGMPv1 报文格式

各字段的含义如下。
● **版本（Version）**：对于 IGMPv1，该字段恒为 1。
● **类型（Type）**：指示了该 IGMPv1 报文的类型。对于成员关系查询报文，该字段的值为 1；对于成员关系报告报文，该字段的值为 2。
● **校验和（Checksum）**：校验和。
● **组地址（Group Address）**：对于 IGMPv1 成员关系查询报文，该字段的值被设置为 0.0.0.0；对于 IGMPv1 成员关系报告报文，该字段的值被设置为主机所加入的组播组地址。

12.2.2　IGMPv1 查询及响应

在图 12-10 中，PC1、PC2、PC3 以及 R1 连接到了同一台二层交换机，并且都属于相同的 VLAN，使用相同的 IP 网段。现在 R1 的 GE0/0/1 接口激活了 IGMPv1。PC1 及 PC3 是组播组 239.1.1.1 的成员，而 PC2 是组播组 239.1.1.2 的成员。R1 激活 IGMPv1 后，它将在 GE0/0/1 接口上周期性地（缺省以 60 秒为周期）发送 IGMPv1 成员关系查询报文，该报文的目的 IP 地址是 224.0.0.1（所有节点组播地址），并且报文中"组地址"字段的值为 0.0.0.0，该查询面向所有组播组。R1 发送的 IGMPv1 成员关系查询报文到达交换机后，会被后者进行泛洪，因此 PC1、PC2 及 PC3 都会收到该报文。

为了使自己能够正常地收到组播流量,组成员收到 IGMPv1 成员关系查询报文后需要使用 IGMPv1 成员关系报告报文进行回应,以便刷新 IGMP 路由器的相关表项。然而当网段中同一个组播组存在多个成员时,如果所有的成员都使用成员关系报告回应该查询,那么将会产生多余的 IGMP 流量。其实在一个组播组中只需要一个组成员对成员关系查询进行回应即可,毕竟 IGMP 路由器只需要知道直连网段中存在某个组播组的成员,而至于存在多少个组成员,它并不关心。IGMP 考虑到了这个问题,并且给出了解决方案。

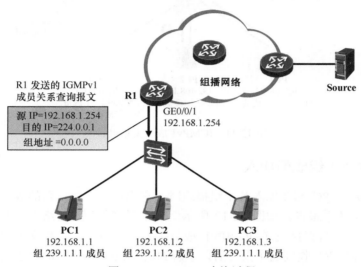

图 12-10 IGMPv1 查询过程

在本例中,连接在交换机上的 PC 都会收到 R1 发送的 IGMPv1 成员关系查询报文,所有的 PC 都会在本地启动一个报告延迟计时器(Report Delay Timer),计时器的值被设置为 0 至 10 秒之间的一个随机数,当该计时器超时的时候,PC 便立即发送 IGMPv1 成员关系报告报文。假设 PC1 的计时器率先超时,那么它将立即发送 IGMPv1 成员关系报告报文,这个报文的目的 IP 地址是 239.1.1.1,也就是其加入的组播组的 IP 地址(如图 12-11 所示),这个组播报文被封装成帧并发往交换机,交换机将这个数据帧进行泛洪,R1 及其他 PC 都会收到该帧。

R1 收到这个 IGMP 报文后,了解到其 GE0/0/1 接口上存在组播组 239.1.1.1 的成员,于是它将维护相关 IGMP 组表项及 IGMP 路由表项,当它收到发往 239.1.1.1 的组播流量后,便将这些组播流量从该接口转发出去。

另一方面,当 PC3 收到 PC1 发送的 IGMPv1 成员关系报告报文后(此时它的报告延迟计时器并未超时),发现后者所加入的组播组与自己相同,于是它将抑制自己的成员关系报告,如此即可减少网络中多余的 IGMP 流量。

PC2 加入的组播组是 239.1.1.2,与 PC1 不在同一个组,因此它的计时器超时后,将自行发送成员关系报告报文,该报文的目的 IP 地址是 239.1.1.2。路由器收到该报文后,了解到接口 GE0/0/1 上还存在着另一个组播组 239.1.1.2 的成员,因此当其收到发往该组播组的流量时,便会将流量从该接口转发出去。

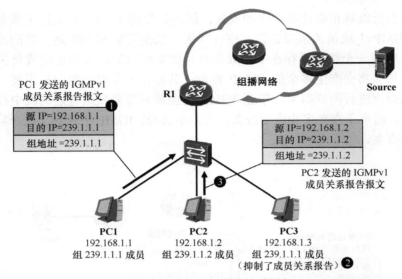

图 12-11　IGMPv1 成员关系报告

12.2.3　IGMPv1 组成员加入

当网络中某个 PC 想要加入某个组播组时，它无需等待路由器的成员关系查询，可以直接发送成员关系报告。如图 12-12 所示，PC4 新接入到该网络中，此时它加入了组播组 239.1.1.3，它将直接发送 IGMPv1 成员关系报告报文，该报文的目的 IP 地址为 239.1.1.3。路由器 R1 收到这个报文后，了解到其 GE0/0/1 接口的直连网段中出现了组 239.1.1.3 的成员，于是它将维护相关 IGMP 组表项及 IGMP 路由表项，当它收到发往 239.1.1.3 的组播流量时，便会将这些流量转发到该网络中。

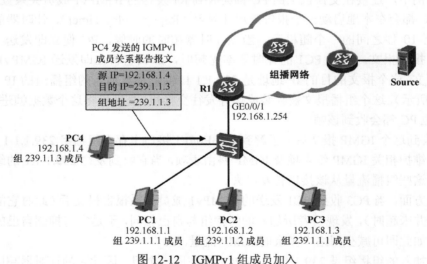

图 12-12　IGMPv1 组成员加入

12.2.4　IGMPv1 组成员离开

IGMPv1 并没有明确定义组成员离开组播组的机制，当组成员离开组播组时，它只是简单地不再回应成员关系查询，因此我们也常说，在 IGMPv1 中，组成员是"默默"地离开的。

在图 12-12 中，当 PC1 离开组播组 239.1.1.1 后，它将对 R1 发送的 IGMPv1 成员关系查询报文不再回应。然而由于组播组 239.1.1.1 中还存在着组成员 PC3，而 PC3 会对该查询进行回应，因此 PC1 的离开并不会对网络产生实质性的影响。而当 PC3 也离开组播组时，该网络中将不会再有 239.1.1.1 的组成员回应 R1 的成员关系查询，因此 R1 将在一定时间（缺省 130 秒）后认为该网络中不再存在组 239.1.1.1 的成员，因此不会再向该网络转发组播组 239.1.1.1 的流量。

12.2.5　IGMPv1 查询器

设想一下，如果在同一个网段中连接着多台组播路由器，并且这些路由器都在接入该网段的接口上激活 IGMPv1，且都向该网段发送 IGMPv1 成员关系查询报文，这显然会增加网络中的多余 IGMP 流量。在 IGMP 中，查询器（Querier）负责在网段中发送 IGMP 查询报文，而非查询器则不会发送。

如图 12-13 所示，R1 及 R2 这两台最后一跳组播路由器都在各自的 GE0/0/1 接口上激活了 IGMPv1，它们会进行竞争，胜出的路由器（的接口）将成为该网段的 IGMP 查询器。假设 R1 胜出，那么 R1 将以缺省 60 秒为周期，向该网段发送 IGMPv1 成员关系查询报文，而 R2 则不会发送这些报文，它只是默默地在一旁侦听 R1 发送的 IGMPv1 成员关系查询报文，当 R1 发生故障时，R2 可随时接替其工作。

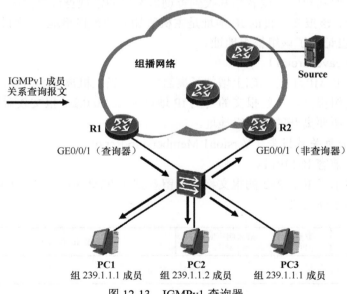

图 12-13　IGMPv1 查询器

实际上 IGMPv1 并没有定义查询器的选举机制，它只能求助于 PIM（Protocol Independent Multicast，协议无关组播）这样的组播路由协议，在本例中，如果 R1 及 R2 的 GE0/0/1 接口除了激活了 IGMPv1，还激活了 PIM，那么 PIM 选举产生的 DR（Designated Router，指定路由器）将充当 IGMPv1 的查询器。

12.3　IGMPv2

12.3.1　报文类型

在 IGMPv2 中，一共有四种报文。

1．成员关系查询（Membership Query）

IGMPv2 定义了两种成员关系查询报文的子类型：常规查询（General Query）报文及特定组查询（Group-Specific Query）报文。

● **常规查询**：IGMP 查询器使用该报文向直连网段进行查询，以确认该网段中是否存在组播组成员。由于该报文查询的是所有组播组，因此也被称为普遍组查询报文。常规查询报文的目的 IP 地址为 224.0.0.1。

● **特定组查询**：运行 IGMPv2 的主机在离开其所加入的组播组时，会主动发送一个 IGMPv2 离组报文，用于宣告自己离开组播组，当网络中的查询器收到这个离组报文后，需要确认该组播组中是否存在其他成员，此时该查询器便会发送特定组查询报文，该报文只针对特定的组播组进行查询，报文的目的 IP 地址为其所查询的组播组地址，而且报文载荷中的"组地址"字段也记录了这个组播组地址。

2．成员关系报告（Membership Report）

当主机加入组播组时，或者当其收到查询器发送的常规查询报文时，主机将发送成员关系报告报文，该报文的目的 IP 地址是主机所加入的组播组地址，而且报文载荷中的"组地址"字段也记录了该组播组地址。

3．离组（Leave Group）

IGMPv2 在 IGMPv1 的基础上增加了离组报文，当主机离开其所加入的组播组时，便会主动发送离组报文。离组报文的目的 IP 地址为 224.0.0.2，报文载荷中的"组地址"字段记录了主机所要离开的组播组地址。

4．版本 1 成员关系报告（Version1 Membership Report）

该报文用于兼容 IGMPv1。

图 12-14 显示了 IGMPv2 的报文格式，留意到在 IGMPv1 报文中未被使用的 8bit，在 IGMPv2 中被重新定义了。

版本 （4bit）	类型 （4bit）	最大响应时间 （8bit）	校验和（16bit）
组地址（32bit）			

图 12-14　IGMPv2 报文格式

各字段的含义如下。

● **类型（Type）**：对于成员关系查询报文，该字段的值为 0x11；对于成员关系报告（IGMPv2）报文，该字段值为 0x16；对于离组报文，该字段值为 0x17；对于版本 1 成员关系报告报文，该字段值为 0x12。

- **校验和（Checksum）**：校验和。
- **最大响应时间（Max Response Time）**：该字段指的是主机使用成员关系报告来响应该成员关系查询报文的最长等待时间。该字段只在成员关系查询报文中被设置，在其他 IGMPv2 报文中被设置为 0。
- **组地址（Group Address）**：对于常规查询报文，该字段值被设置为 0.0.0.0；对于特定组查询报文，该字段值被设置为所查询的特定组播组的 IP 地址。对于离组报文，该字段的值被设置为主机离开的组播组的 IP 地址。

12.3.2　IGMPv2 查询及响应

IGMPv2 的查询与响应机制与 IGMPv1 大体相同。具体的操作过程不再赘述，12.3.2 节主要讨论的是 IGMPv2 的不同点。首先，IGMPv2 定义了协议自己的查询器选举机制，而不再像 IGMPv1 那样，需要依赖组播路由协议进行查询器的选举。关于 IGMPv2 的查询器选举机制，我们将在 12.3.4 节中介绍。

另外，在 IGMPv1 中，我们已经探讨了成员关系报告的抑制机制，这个机制的存在减少了网络中多余的 IGMP 流量。IGMPv2 的成员关系报告抑制机制与 IGMPv1 有一点细微的差异。IGMPv2 增加了最大响应时间（Max Response Time）参数，这是一个可配置的值，通过该值，可以调节组成员响应查询的速度。查询器发送的 IGMPv2 常规查询报文中所携带的最大响应时间缺省为 10 秒（可在接口视图下，使用 **igmp max-response-time** 命令修改该时间值），当主机收到该报文时，会读取该报文中的"最大响应时间"字段的值，并启动一个报告延迟计时器，该计时器的时间被设置为一个随机数，取值范围是 0～最大响应时间。当该计时器超时的时候，主机便立即发送成员关系报告，当然，如果在此之前，主机收到了同一个组播组内的其他成员发送的成员关系报告，则会抑制自己的报告。

12.3.3　IGMPv2 组成员离开

IGMPv2 定义了组播组成员的离开机制。与 IGMPv1 组成员的默默离开不同，在 IGMPv2 中，组成员离开组播组时，会主动发送 IGMPv2 离组报文。在图 12-15 中，我们首先了解 PC1 离开组播组 239.1.1.1 时的情况。

（1）PC1 离开组播组 239.1.1.1，它将发送一个 IGMPv2 离组报文，该报文的目的 IP 地址是 224.0.0.2（所有路由器组播地址），报文中的"组地址"字段的值被设置为 239.1.1.1。

（2）R1 收到了这个离组报文后，得知有组成员要离开组播组 239.1.1.1，于是它立即针对该组发送 IGMPv2 特定组查询报文，以确认该组播组中是否还有其他成员。如果在很短的时间内没有主机回应该查询，则 R1 将再次发送一个 IGMPv2 特定组查询报文。

说明　R1 缺省以 1 秒为间隔发送特定组查询报文，一共发送 2 次（发送时间间隔及发送次数均是可配置的）。

值得一提的是，为了让可能存在的组成员尽快响应该特定组查询报文，路由器将该报文中的最大响应时间设置成上文提及的发送间隔时间（缺省为 1 秒）。

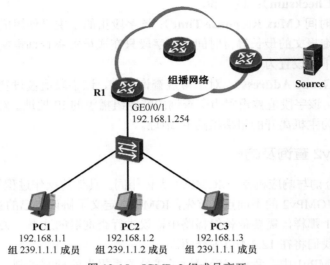

PC1　　　　　　　PC2　　　　　　　PC3
192.168.1.1　　　192.168.1.2　　　192.168.1.3
组 239.1.1.1 成员　组 239.1.1.2 成员　组 239.1.1.1 成员

图 12-15　IGMPv2 组成员离开

（3）PC3 收到了 R1 发送的 IGMPv2 特定组查询报文后，它发现 R1 正在查询的就是自己所加入的组播组，因此它立即发送一个 IGMPv2 组成员关系报告报文用于通告自己的存在。

（4）R1 收到了 PC3 发送的组成员关系报告后，便知道了组播组 239.1.1.1 中还存在着其他成员，因此它将继续维护该组的成员关系，并继续向该网段转发 239.1.1.1 的组播流量。

再来看看 PC2 离开组播组 239.1.1.2 时的情况。

（1）PC2 发送一个 IGMPv2 离组报文。

（2）R1 收到了这个离组报文后，得知有组成员要离开组播组 239.1.1.2，于是它立即针对该组发送 IGMPv2 特定组查询报文。

（3）由于组播组 239.1.1.2 中已经没有其他组员了，因此不会有任何 PC 对 R1 发送的特定组查询报文进行回应，在一段时间后，R1 将认为该网段中组播组 239.1.1.2 已经不存在任何成员了，因此它将不再向该网段转发 239.1.1.2 的组播流量。

12.3.4　IGMPv2 查询器

如果一个网段中存在多台最后一跳路由器，这些路由器都在其接入该网段的接口上激活 IGMP，并且都向该网段发送查询报文，那就显得非常多余，这种情况下 IGMP 会在这些路由器（的接口）中选举出一台查询器（Querier），由查询器负责在这个网段中执行查询操作。IGMPv1 没有定义查询器的选举机制，而 IGMPv2 则定义了查询器的选举机制：接口 IP 地址最小的路由器成为该网段的 IGMPv2 查询器，它将负责向这个网段执行查询操作。

在图 12-16 中，R1 及 R2 都是最后一跳路由器，两者都在各自的 GE0/0/1 接口上激活了 IGMPv2。在初始情况下，双方都认为自己是 GE0/0/1 接口所直连的网段的 IGMPv2 查询器，因此都向该网段发送 IGMPv2 常规查询报文。R1 及 R2 都会收到对方发送的常规查询报文，它们将报文的源 IP 地址与自己的接口 IP 地址进行比较，由于 R1 的接口 IP 地址更小，因此在本例中 R1 胜出成为查询器，而 R2 则是非查询器（Non-Querier）。R1 的 GE0/0/1 接口继续周期性地发送常规查询报文，而 R2 则停止发送。

非查询器会为当前的查询器启动一个其他查询器存活计时器（Other Querier Present Timer），该计时器的时间缺省为 125 秒，可在接口配置视图下使用 **igmp timer other-querier-present** 命令修改。每次收到查询器发送的查询报文时，该计时器将被重置。而如果长时间没有收到查询器发送的查询报文并导致该计时器超时，那么非查询器将认为当前的查询器已经发生故障，此时新一轮查询器的选举过程将被触发。

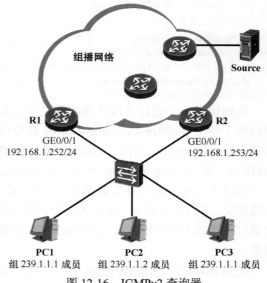

图 12-16　IGMPv2 查询器

12.3.5　案例 1：IGMPv2 基础配置

在图 12-17 中，我们将在 R1 及 R2 的 GE0/0/1 接口上激活 IGMPv2。在本案例中暂时忽略组播路由协议的配置。

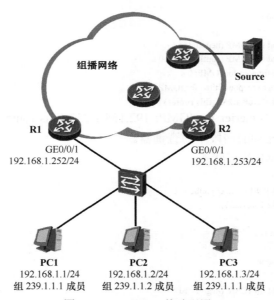

图 12-17　IGMPv2 基础配置

R1 的配置如下：

```
[R1]multicast routing-enable
[R1]interface GigabitEthernet 0/0/1
[R1-GigabitEthernet0/0/1]ip address 192.168.1.252 24
[R1-GigabitEthernet0/0/1]igmp enable
```

```
[R1-GigabitEthernet0/0/1]igmp version 2
```

R2 的配置如下：

```
[R2]multicast routing-enable
[R2]interface GigabitEthernet 0/0/1
[R2-GigabitEthernet0/0/1]ip address 192.168.1.253 24
[R2-GigabitEthernet0/0/1]igmp enable
[R2-GigabitEthernet0/0/1]igmp version 2
```

在网络设备上进行 IGMP 的配置之前，需要先在设备上激活 IP 组播路由功能，在系统视图下使用 **multicast routing-enable** 命令可激活设备的 IP 组播路由功能。接口视图下的命令 **igmp enable** 用于在该接口激活 IGMP，缺省时该命令激活的 IGMP 版本是 IGMPv2，使用 **igmp version** 命令能够修改 IGMP 的版本。

完成上述配置后，在初始情况下，R1 及 R2 都会从 GE0/0/1 接口发送 IGMPv2 常规查询报文，当 R2 收到 R1 所发送的查询报文后，发现报文的源 IP 地址为 192.168.1.252，比自己的接口 IP 地址更小，它意识到 R1 才是该网段的查询器，因此它将不再发送查询报文。

使用 **display igmp interface** 命令可以查看设备激活了 IGMP 的接口及其状态，例如在 R1 上查看 IGMP 接口状态：

```
<R1>display igmp interface
Interface information of VPN-Instance: public net
 GigabitEthernet0/0/1(192.168.1.252):
   IGMP is enabled
   Current IGMP version is 2
   IGMP state: up
   IGMP group policy: none
   IGMP limit: -
   Value of query interval for IGMP (negotiated): -
   Value of query interval for IGMP (configured): 60 s
   Value of other querier timeout for IGMP: 0 s
   Value of maximum query response time for IGMP: 10 s
   Querier for IGMP: 192.168.1.252 (this router)
```

从以上输出中的"Querier for IGMP: 192.168.1.252 (this router)"可以判断出该设备是其 GE0/0/1 接口所连接的网段中的查询器。

在 R2 上查看 IGMP 接口状态：

```
[R2]display igmp interface
Interface information of VPN-Instance: public net
 GigabitEthernet0/0/1(192.168.1.253):
   IGMP is enabled
   Current IGMP version is 2
   IGMP state: up
   IGMP group policy: none
   IGMP limit: -
   Value of query interval for IGMP (negotiated): -
   Value of query interval for IGMP (configured): 60 s
   Value of other querier timeout for IGMP: 91 s
   Value of maximum query response time for IGMP: 10 s
   Querier for IGMP: 192.168.1.252
```

从以上输出可以看出，R2 已经接受了 192.168.1.252 作为 IGMPv2 查询器的事实，并且为该查询器设置了其他查询器存活计时器，该计时器从 125 秒开始倒计时，每次收到 R1 发送的查询报文时计时器重置到 125 秒并重新开始倒计时。如果此时 R1 发生故障，那么由于一直未收到 R1 发出的查询报文，该计时器将会超时，此时 R2 将接替 R1，成为新的查询器。

接下来观察一下 IGMPv2 的加组过程。假设 PC1 率先加入组播组 239.1.1.1，那么它将发送一个 IGMPv2 成员关系报告报文，这个报文将被交换机进行泛洪，R1 及 R2 都会收到该报文。由于 PC1 是组播组 239.1.1.1 的第一个成员，因此 R1 及 R2 会为该组播组创建一个 IGMP 组表项。

首先来看看 R1 的 IGMP 组表：

```
<R1>display igmp group
Interface group report information of VPN-Instance: public net
 GigabitEthernet0/0/1(192.168.1.252):
  Total 1 IGMP Group reported
   Group Address       Last Reporter       Uptime          Expires
   239.1.1.1           192.168.1.1         00:27:18        00:01:51
```

从上述输出可以看到，R1 为组播组 239.1.1.1 创建了一个 IGMP 组表项，在该表项中，最近发送成员关系报告的组成员是 192.168.1.1，Uptime 列显示了该表项已经存在的时间，Expires 列则显示了该表项超时的时间，这个时间缺省从 2 分 10 秒（也即 130 秒）开始倒计时，当该时间达到 0 时，表项会被删除，当然如果在此之前收到该组播组内任意一个成员的成员关系报告，则该时间将被刷新。

在 R2 上执行 **display igmp group** 命令可以查看到类似的数据，R2 维护相关数据的目的是为了当 R1 发生故障时，它能够平滑地接替前者的 IGMP 查询及组成员管理工作。

当 PC2 加入组播组 239.1.1.2 时，它将发送 IGMPv2 成员关系报告，此时可以在 R1 及 R2 上看到 IGMP 组表项的变化，以 R1 为例：

```
<R1>display igmp group
Interface group report information of VPN-Instance: public net
 GigabitEthernet0/0/1(192.168.1.252):
  Total 2 IGMP Groups reported
   Group Address       Last Reporter       Uptime          Expires
   239.1.1.1           192.168.1.1         00:40:48        00:01:21
   239.1.1.2           192.168.1.2         00:01:42        00:01:21
```

而当 PC3 加入组播组 239.1.1.1 时，它也会发送 IGMPv2 成员关系报告，此时由于 R1 及 R2 的 IGMP 组表中已经存在 239.1.1.1 的表项，因此它们仅仅修改该表项的 Last Reporter，将其变更为 PC3 的 IP 地址 192.168.1.3，并刷新该表项的超时时间：

```
<R1>display igmp group
Interface group report information of VPN-Instance: public net
 GigabitEthernet0/0/1(192.168.1.252):
  Total 2 IGMP Groups reported
   Group Address       Last Reporter       Uptime          Expires
   239.1.1.1           192.168.1.3         00:43:15        00:02:06
   239.1.1.2           192.168.1.2         00:04:09        00:01:54
```

在某些场景下，我们可能需要在设备的接口上限制主机能够加入的组播组范围。例如在本例中，假设组播组 239.1.1.1、239.1.1.2 及 239.1.1.3 被认为是合法的组播组，我们希望 PC 只能加入这三个组播组并接收发往这些组播组的流量，除此之外，不允许 PC 加入其他组播组，那么可以在 R1 上增加如下配置：

```
[R1]acl 2000
[R1-acl-basic-2000]rule permit source 239.1.1.1 0
```

```
[R1-acl-basic-2000]rule permit source 239.1.1.2 0
[R1-acl-basic-2000]rule permit source 239.1.1.3 0
[R1-acl-basic-2000]rule deny

[R1]interface GigabitEthernet 0/0/1
[R1-GigabitEthernet0/0/1]igmp group-policy 2000
```

同样，在 R2 上也增加如下配置：

```
[R2]acl 2000
[R2-acl-basic-2000]rule permit source 239.1.1.1 0
[R2-acl-basic-2000]rule permit source 239.1.1.2 0
[R2-acl-basic-2000]rule permit source 239.1.1.3 0
[R2-acl-basic-2000]rule deny

[R2]interface GigabitEthernet 0/0/1
[R2-GigabitEthernet0/0/1]igmp group-policy 2000
```

完成上述配置后，如果一台新的 PC 接入到交换机上，并宣称加入组播组 239.1.1.4，那么由于 R1 及 R2 都配置了 **igmp group-policy**，而组播组 IP 地址 239.1.1.4 并没有被 ACL2000 允许，因此 R1 及 R2 将忽略该 PC 发送的成员关系报告。

12.3.6　案例 2：配置静态组播组

考虑这样一种场景：组播路由器的某个接口连接着一个终端网络，在该网络中存在某个组播组的、稳定的组成员，如果我们希望组播路由器能够持续地转发该组播组的流量到这个接口，那么就可以在路由器上进行静态组播组的配置。

在路由器上配置静态组播组还能解决接口所连接的终端无法通过 IGMP 成员关系报告宣布加组但是又需要接收组播流量的问题。

在路由器上，静态组播组的配置如下：

```
[Router]multicast routing-enable
[Router]interface GigabitEthernet 0/0/2
[Router-GigabitEthernet0/0/2]igmp enable
[Router-GigabitEthernet0/0/2]igmp static-group 239.1.1.10
```

在以上配置中，**igmp static-group 239.1.1.10** 命令用于在 Router 的 GE0/0/2 接口添加一个静态的 IGMP 组表项，而且这个表项将永远不会被老化。

完成上述配置后，使用 **display igmp group static** 命令可以查看设备的 IGMP 静态组播组：

```
[Router]display igmp group static
Static join group information of VPN-Instance: public net
  Total 1 entry, Total 1 active entry
    Group Address    Source Address    Interface    State    Expires
    239.1.1.10       0.0.0.0           GE0/0/2      UP       never
```

在 **igmp static-group 239.1.1.10** 命令中还可以增加其他关键字，例如增加 **source** 关键字，则可以指定组播源，如果在设备上进行如下配置：

```
[Router-GigabitEthernet0/0/2]igmp static-group 239.1.1.10 source 10.10.10.1
```

那么 Router 将会把组播源 10.10.10.1 发往组播组 239.1.1.10 的流量都转发到 GE0/0/2 接口。此时 Router 的 IGMP 静态组表项如下：

```
<Router>display igmp group static
Static join group information of VPN-Instance: public net
  Total 2 entries, Total 2 active entries
```

Group Address	Source Address	Interface	State	Expires
239.1.1.10	10.10.10.1	GE0/0/2	UP	never

12.4　IGMPv3

IGMPv3 在 IGMPv2 的基础上主要增加了组播接收者对组播源的过滤功能，简单地说就是主机可以通过 IGMPv3 宣告自己期望加入的组播组，并限定或过滤特定的组播源。

ASM（Any-Source Multicast，任意源组播）及 SSM（Source-Specific Multicast，特定源组播）是两种不同的组播服务模型，它们之间的差异主要在于组播接收者对于组播源的选择能力。

- 在 ASM 中，任意的设备都可以成为组播源并向网络中发送组播流量，对于接收者而言，它们事先并不知晓组播源的地址，只要它们加入了组播组，当任意的源向该组播组发送组播流量时，接收者即会收到这些流量，接收者无法对组播源进行选择。IGMPv1、IGMPv2 及 IGMPv3 都支持 ASM。

- 在 SSM 中，组播接收者加入组播组时，可指定接收或者拒绝特定组播源发往某个组播组的流量，特定源组播因此得名。当然，对于 SSM 而言，组播接收者要求事先知道组播源的地址。IGMPv3 是 SSM 的重要组件之一，而 IGMPv1 及 IGMPv2 则需借助其他手段才能够在 SSM 中应用。关于 SSM，本书将在"SSM"一节中介绍。

IGMPv3 能够兼容 IGMPv1 及 IGMPv2。

12.4.1　报文类型

IGMPv3 定义了两种类型的协议报文（除去用于兼容 IGMPv1 及 IGMPv2 的几种报文）。

1. 成员关系查询（Membership Query）

图 12-18 显示了 IGMPv3 成员关系查询报文格式，其中各个字段的含义如下。

- **类型（Type）**：对于 IGMPv3 成员关系查询报文，该字段的值为 0x11。

- **校验和（Checksum）**：校验和。

- **最大响应时间（Max Response Time）**：主机使用 IGMPv3 成员关系报告来响应该成员关系查询报文的最长等待时间。

- **组地址（Group Address）**：对于常规查询报文，该字段值被设置为 0.0.0.0；对于特定组查询报文及特定组/源查询报文，该字段值被设置为所查询的特定组播组的地址。

- **S（Suppress Router-Side Processing，抑制路由器侧处理）标志位**：这是一个特殊的标志位，其值为 1 或 0 时具有不同的功能。关于该标志位的介绍超出了本书的范围。

- **QRV（Querier's Robustness Variable，查询器健壮系数）**：健壮系数是一个变量，这个变量将影响组成员关系的超时时间等。IGMPv3 查询器在自己发送的查询报文中设置 QRV，缺省时，QRV 被设置为 2。

- **QQIC（Querier's Query Interval Code，查询器查询间隔）**：IGMPv3 查询器发送常规查询的时间间隔，缺省时该值为 60 秒。

- **组播源个数（Number of Sources）**：该查询报文中所包含的组播源个数。在常规查询报文或特定组查询报文中，该字段的值为 0，此时该报文将不包含任何组播源地址信息。而在特定组/源查询报文中，该字段的值为非 0，此时该报文所包含的组播源地址个数取决于本字段。
- **组播源地址（Source Address）**：组播源地址。

类型（8bit）	最大响应时间（8bit）	校验和（16bit）	
组地址（32bit）			
保留（4bit）	S	QRV（3bit）	QQIC（8bit）	组播源个数（16bit）
组播源地址（32bit）			
……			
组播源地址（32bit）			

图 12-18　IGMPv3 成员关系查询报文格式

IGMPv3 成员关系查询报文共包含如下三种类型，RFC3376 详细地描述了这些报文及其功能。

- **常规查询（General Query）**：IGMPv3 查询器周期性地发送常规查询报文，对网络中的所有组播组进行查询，以便维护组成员关系。由于该报文被用于查询任意的组播组中是否存在成员，因此也被称为普遍组查询报文。在 IGMPv3 常规查询报文中，"组地址"字段的值为 0.0.0.0，另外"组播源个数"字段的值也为 0。
- **特定组查询（Group-Specific Query）**：特定组查询报文只针对特定的组播组进行查询。在该报文中，"组地址"字段的值为该组播组的地址，另外"组播源个数"字段的值也为 0。
- **特定组/源查询（Group-and-Source-Specific Query）**：特定组/源查询报文用于查询网络中是否存在期望接收特定组播源发往特定组播组的流量的组成员。在该报文中，"组地址"字段的值为该组播组的地址，另外，"组播源个数"字段填充的是报文所包含的组播源地址个数，而"组播源地址"字段则填充的是报文所查询的组播源。

2. 成员关系报告（Membership Report）

当主机加入组播组时，或者当其收到路由器发送的成员关系查询报文时，主机将发送成员关系报告报文，该报文的目的 IP 地址是 224.0.0.22，这是 IANA 分配给 IGMP 协议的组播地址。IGMPv3 中没有专门定义离组报文，IGMPv3 组成员离开组播组时，使用特殊的成员关系报告报文宣告自己离开，具体的操作将在 12.4.3 节中介绍。图 12-19 展示了 IGMPv3 成员关系报告报文的格式。

在 IGMPv1 或者 IGMPv2 中，组成员只能使用成员关系报告报文宣告自己期望加入的组播组，而无法对组播源进行指定。IGMPv3 增加了组成员对组播源的过滤模式，因此组成员不仅能够宣告自己期望加入的组播组，还能够对组播源进行指定，例如通过 IGMPv3 成员关系报告宣告自己只接收从源 S1 及 S2 发往组播组 G1 的组播流量，也可宣告自己只接收除了 S3 及 S4 之外的其他源发往组播组 G2 的组播流量。

类型（8bit）	保留（8bit）	校验和（16bit）
保留（16bit）		组记录个数（16bit）
组记录		
……		
组记录		

图 12-19　IGMPv3 成员关系报告报文格式

各字段的含义如下。

- **类型（Type）**：对于 IGMPv3 成员关系报告报文，该字段的值为 0x22。
- **校验和（Checksum）**：校验和。
- **组记录个数（Number of Group Records）**：该 IGMPv3 成员关系报告报文中所包含的组记录的个数。
- **组记录（Group Record）**：每个组记录实际上包含了多个字段，一个 IGMPv3 成员关系报告可能包含多个组记录。图 12-20 展示了组记录的格式。

记录类型（8bit）	附加数据长度 （8bit）	组播源个数（16bit）
组播地址（32bit）		
组播源地址（32bit）		
……		
组播源地址（32bit）		
附加数据		

图 12-20　组记录的格式

组记录中，各字段的含义如下。

- **记录类型（Record Type）**：指示该组记录的类型。IGMPv3 定义了 6 种组记录类型，分别用于不同的用途。关于这些记录类型，将在下文介绍。
- **附加数据长度（Auxiliary Data Length）**：指示本报文中"附加数据"字段的长度，一般而言，该字段的值为 0，因此通常 IGMPv3 成员关系报告报文不包含附加数据。
- **组播源个数（Number of Sources）**：指示报文中所包含的组播源的个数。
- **组播地址（Multicast Address）**：组播组地址。
- **组播源地址（Source Address）**：组播源地址。

在 IGMPv3 中，组成员使用 IGMPv3 成员关系报告报文宣告自己所加入的组播组，以及该组播组的源过滤模式。IGMPv3 定义了 Include（包含）及 Exclude（排除）两种过滤模式。组成员可以使用成员关系报告宣告自己只希望接收特定源发往某个组播组的流量（过滤模式为 Include），也可以宣告自己只希望接收除了特定源之外的其他源发往某个组播组的流量（过滤模式为 Exclude）。当然，该组成员也可以在事后对此前宣告的过滤模式进行变更。IGMPv3 在成员关系报告中定义了组记录，用于承载这些信息。

表 12-2 展示了 IGMPv3 的 6 种组记录类型。

表 12-2　　　　　　　　　　　　**IGMPv3 组记录类型**

分类	说明	组记录类型
当前状态记录（Current-State Record）	用于对成员关系查询进行回应，并宣告当前状态	Mode_Is_Include
		Mode_Is_Exclude
过滤模式改变记录（Filter-Mode-Change Record）	用于宣告过滤模式发生变化	Change_To_Include_Mode
		Change_To_Exclude_Mode
源列表改变记录（Source-List-Change Record）	用于宣告源列表发生变化	Allow_New_Sources
		Block_Old_Sources

这六种组记录类型的含义如下。

- **Mode_Is_Include**：表示过滤模式为 Include，也就是说该组成员期望只接收该组记录中的组播源（组播源可能有多个，下文不再特别说明）发往特定组播组的流量。

- **Mode_Is_Exclude**：表示过滤模式为 Exclude，也就是说该组成员期望接收除了该组记录中的组播源之外的其他组播源发往特定组播组的流量。

- **Change_To_Include_Mode**：表示过滤模式由 Exclude 变更为 Include。

- **Change_To_Exclude_Mode**：表示过滤模式由 Include 变更为 Exclude。

- **Allow_New_Sources**：表示在当前的基础上，在组播组中增加新的被允许的组播源。

- **Block_Old_Sources**：表示在当前的基础上，在组播组中过滤指定的组播源。

12.4.2　IGMPv3 查询及响应

在图 12-21 中，R1 及 R2 的 GE0/0/1 接口激活 IGMPv3 后，它们便开始在接口上发送 IGMPv3 常规查询报文，查询器选举过程将会被触发，IGMPv3 使用与 IGMPv2 相同的查询器选举机制，因此接口 IP 地址更小的 R1 成为该网段的查询器。随后 R1 将周期性地在 GE0/0/1 接口上发送 IGMPv3 常规查询报文。

PC1 只期望接收组播源 Source1 发往组播组 239.1.1.3 的组播流量，因此收到 R1 发送的 IGMPv3 常规查询报文后，它将使用 IGMPv3 成员关系报告进行回应（当然，PC1 也可主动发送成员关系报告）。在 PC1 发送的成员关系报告中，可以包含一个 Mode_Is_Include 类型的组记录，在该组记录中，组地址为 239.1.1.3，组播源只有一个，即 10.1.1.1。图 12-22 显示了 PC1 发送的这个报文。

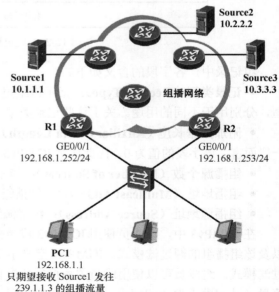

图 12-21　IGMPv3 加组过程

```
Internet Protocol, Src: 192.168.1.1 (192.168.1.1), Dst: 224.0.0.22 (224.0.0.22)
Internet Group Management Protocol
  [IGMP Version: 3]
  Type: Membership Report (0x22)
  Header checksum: 0xe1f6 [correct]
  Num Group Records: 1
⊟ Group Record : 239.1.1.3  Mode Is Include
    Record Type: Mode Is Include (1)
    Aux Data Len: 0
    Num Src: 1
    Multicast Address: 239.1.1.3 (239.1.1.3)
    Source Address: 10.1.1.1 (10.1.1.1)
```

图 12-22　PC1 通过 Mode_Is_Include 类型的组记录宣告自己只期望接收 10.1.1.1 发往
239.1.1.3 的组播流量

　　R1 收到该成员关系报告后，便知道其 GE0/0/1 接口的直连网段中，存在组播组 239.1.1.3 的成员，并且该成员只接收组播源 10.1.1.1 发往该组播组的流量，当它收到这些组播流量时，便会将这些流量从该接口转发出去。而如果 R1 收到了组播源 10.2.2.2 或 10.3.3.3 发往 239.1.1.3 的组播流量，那么它不会将这些流量从 GE0/0/1 接口转发出去。

12.4.3　IGMPv3 组成员离组

　　IGMPv3 没有专门定义离组报文，当组成员想要离开当前的组播组时，使用特殊的组记录来实现。例如图 12-21 中，假设 PC1 已经是组播组 239.1.1.3 的成员（PC1 通过 Mode_Is_Include 类型的组记录宣告自己只接收 10.1.1.1 发往 239.1.1.3 的组播流量），现在它不再期望接收该组播组的流量，于是它发送一个 IGMPv3 成员关系报告，在该报告中包含 Change_To_Include_Mode 类型的组记录，并且在该组记录中，组地址为 239.1.1.3、组播源为空。图 12-23 展示了 PC1 所发送的这个 IGMPv3 成员关系报告报文。

```
Internet Protocol, Src: 192.168.1.1 (192.168.1.1), Dst: 224.0.0.22 (224.0.0.22)
Internet Group Management Protocol
  [IGMP Version: 3]
  Type: Membership Report (0x22)
  Header checksum: 0xeaf9 [correct]
  Num Group Records: 1
⊟ Group Record : 239.1.1.3  Change To Include Mode
    Record Type: Change To Include Mode (3)
    Aux Data Len: 0
    Num Src: 0
    Multicast Address: 239.1.1.3 (239.1.1.3)
```

图 12-23　PC1 通过 Change_To_Include_Mode 类型的组记录宣告自己期望离开组 239.1.1.3

　　R1 收到该报文后，将立即启动特定组/源查询过程，从 GE0/0/1 接口发送 IGMPv3 特定组/源查询报文，以便确认该网段中是否有其他成员期望接收组播源 10.1.1.1 发往 239.1.1.3 的组播流量，由于当前网段中没有其他成员，因此很短的一段时间后，R1 将删除相关 IGMP 组表项，不会再向该网段转发相关组播流量。

12.4.4　案例：IGMPv3 基础配置

　　在图 12-21 中，R1 及 R2 使用 IGMPv3 对其直连网段内的组成员进行管理。接下来简单地看一下 IGMPv3 的基础配置。

　　R1 的配置如下：

```
[R1]multicast routing-enable
[R1]interface GigabitEthernet 0/0/1
```

```
[R1-GigabitEthernet0/0/1]ip address 192.168.1.252 24
[R1-GigabitEthernet0/0/1]igmp enable
[R1-GigabitEthernet0/0/1]igmp version 3
```

R2 的配置如下：

```
[R2]multicast routing-enable
[R2]interface GigabitEthernet 0/0/1
[R2-GigabitEthernet0/0/1]ip address 192.168.1.253 24
[R2-GigabitEthernet0/0/1]igmp enable
[R2-GigabitEthernet0/0/1]igmp version 3
```

在以上配置中，**igmp version 3** 命令用于将设备接口所运行的 IGMP 版本指定为 3。完成上述配置后，R1 及 R2 会开始进行 IGMP 查询器选举，最终 R1 的 GE0/0/1 接口胜出成为该网段的查询器。

```
<R1>display igmp interface
Interface information of VPN-Instance: public net
 GigabitEthernet0/0/0(192.168.1.252):
   IGMP is enabled
   Current IGMP version is 3
   IGMP state: up
   IGMP group policy: none
   IGMP limit: -
   Value of query interval for IGMP (negotiated): 60 s
   Value of query interval for IGMP (configured): 60 s
   Value of other querier timeout for IGMP: 0 s
   Value of maximum query response time for IGMP: 10 s
   Querier for IGMP: 192.168.1.252 (this router)
   Total 1 IGMP Group reported
```

当 PC1 发送包含 Mode_Is_Include 类型组记录的成员关系报告，宣称期望接收 Source1 发往 239.1.1.3 的组播流量时，我们能够在 R1 上观察到如下表项：

```
<R1>display igmp group verbose
Interface group report information of VPN-Instance: public net
 Limited entry of this VPN-Instance: -
 GigabitEthernet0/0/0(192.168.1.252):
 Total entry on this interface: 1
 Limited entry on this interface: -
 Total 1 IGMP Group reported
   Group: 239.1.1.3
     Uptime: 00:07:13
     Expires: off
     Last reporter: 192.168.1.1
     Last-member-query-counter: 0
     Last-member-query-timer-expiry: off
     Group mode: include
     Version1-host-present-timer-expiry: off
     Version2-host-present-timer-expiry: off
     Source list:
       Source: 10.1.1.1
         Uptime: 00:07:13
         Expires: 00:02:03
         Last-member-query-counter: 0
         Last-member-query-timer-expiry: off
```

而如果现在 PC1 出现了变化，它期望接收除了 Source1 之外的其他源发往 239.1.1.3 的组播流量时，可以发送一个新的成员关系报告，在该报告中包含 Change_To_

Exclude_Mode 类型的组记录，在该组记录中，组地址为 239.1.1.3，组播源为 10.1.1.1，此时 R1 的 IGMP 组表项变更如下：

```
<R1>display igmp group verbose
Interface group report information of VPN-Instance: public net
 Limited entry of this VPN-Instance: -
 GigabitEthernet0/0/0(192.168.1.252):
  Total entries on this interface: 2
  Limited entry on this interface: -
  Total 1 IGMP Group reported
   Group: 239.1.1.3
    Uptime: 00:08:10
    Expires: 00:02:07
    Last reporter: 192.168.1.1
    Last-member-query-counter: 0
    Last-member-query-timer-expiry: off
    Group mode: exclude                              #注意过滤模式变为 exclude
    Version1-host-present-timer-expiry: off
    Version2-host-present-timer-expiry: off
    Source list:
     Source: 10.1.1.1
       Uptime: 00:08:10
       Expires: off
       Last-member-query-counter: 0
       Last-member-query-timer-expiry: off
```

12.5 组播路由协议基础

我们已经知道，组播报文是由组播源产生并且发向一组接收者的，组播报文一旦进入组播网络后，组播网络设备（例如组播路由器等）负责拷贝及转发这些报文，直至报文到达接收者。那么组播路由器如何知道应该将组播报文转发到哪里（从设备的哪个或者哪些接口转发出去）？组播报文在网络中的传输路径如何？如何确保组播报文在转发的过程中不存在环路？这就要用到组播路由协议了。

每一台组播路由器都维护一个非常重要的数据表，这个数据表便是组播路由表，组播路由表中包含的组播路由表项将用于指导组播报文转发。

在一个组播网络中，组播路由协议的主要作用如下。

• 在每台路由器上确定朝向组播源（或者 RP）的接口，该接口也被称为上游接口。在每台组播路由器的每一个组播路由表项中，如果存在上游接口，那么上游接口只会有一个，只有在该接口上到达的组播流量才被视为合法的。

• 在每台路由器上确定朝向组播接收者的接口，该接口也被称为下游接口。当组播流量在上游接口到达时，组播路由器负责将流量从下游接口转发出去。需要强调的是，组播流量永远不会从上游接口转发出去，因为这有可能在网络中造成环路。在一个组播路由表项中，下游接口列表中可能包含零个、一个或多个接口。

• 维护组播路由表项。每一个组播路由表项都以一对二元组（组播源及组播组）进行标识，而且每一个组播路由表项都包含上游、下游接口信息。从宏观的层面看，组播路由协议的工作成果是在网络中构建一棵无环的"树"，组播流量沿着这棵无环树从上游向下游转发，最终到达接收者所在的网段，而网络中的每一台组播路由器，便是这棵树上的节点。关于组播分发树的概念，本书将在 12.5.1 节中介绍。

12.5.1　组播分发树

在一个组播网络中，组播路由协议扮演着非常关键的角色。组播路由协议最重要的工作之一就是为组播网络生成一棵无环的树，这棵树也是组播流量在网络中的传输路径，我们称之为组播分发树（Multicast Distribution Tree），简称为组播树。常用的组播分发树有以下两种。

1．SPT（Shortest-Path Tree，最短路径树）

SPT 也被称为源树，是以组播源为树根的组播分发树，而组播组的接收者则可以看作是这棵树的树叶。组播流量从树根（源）出发，沿着枝干传播，最终到达树叶，也即接收者所在的终端网络，如图 12-24 所示。

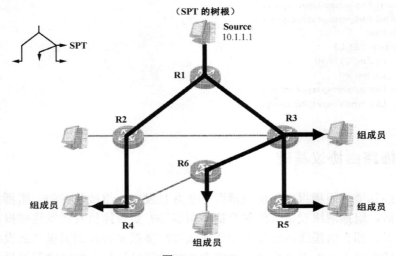

图 12-24　SPT

实际上图 12-24 所描绘的组播分发树仅是一个形象化的概念，对于组播网络中的每一台路由器而言，它们并不清楚"整棵树"的完整形态，组播分发树体现到每一台组播路由器上其实就是组播路由表中的相关表项。每一台组播路由器都维护着组播路由表，该数据表用于指导组播流量转发。在实际的网络中，组播路由表可能包含多个表项，每个表项都存在四个关键信息：组播源地址、组播组地址、上游接口以及下游接口。

组播路由表项分为两种类型：（S，G）和（*，G）。其中 S 表示具体的某个组播源 IP 地址，G 表示具体的某个组播组 IP 地址，而*则表示任意的组播源。

对于 SPT 而言，使用的是（S，G）表项，每一个（S，G）表项在网络中都对应了一棵独立的 SPT。以图 12-24 为例，当 SPT 建立完成后，我们就能在每台路由器上观察到（S，G）表项，其中 S 为组播源的 IP 地址，例如图 12-24 中的 10.1.1.1，假设该组播源向组播组 239.1.1.13 发送组播流量，那么网络中组播路由器所维护的（S，G）表项就是（10.1.1.1，239.1.1.13）。每台路由器的（10.1.1.1，239.1.1.13）表项都包含上游及下游接口信息，在 SPT 中，上游接口是设备朝向组播源的接口，例如在 R3 的（10.1.1.1，239.1.1.13）

表项中,上游接口是其连接 R1 的接口,而下游接口有三个,分别是其连接 R5、R6 以及直连网段中存在组成员的那个接口。当 R3 从上游接口收到 10.1.1.1 发往 239.1.1.13 的组播流量时,就会将这些流量按照(10.1.1.1,239.1.1.13)表项的指示,拷贝三份并分别从三个下游接口转发出去,因此形象的理解就是:这些组播流量沿着 SPT 转发了下去。

对于 SPT 而言,组播流量从源到接收者的过程走的是最短路径,这也是该组播分发树被称为最短路径树的原因。然而由于 SPT 使用的组播路由表项是(S,G)表项,这意味着每台组播路由器都不得不为每个组播组中的不同组播源创建单独的(S,G)表项,在一个大型的组播网络中,当存在大量的组播源及组播组时,路由器的内存空间将被臃肿的组播路由表占据,进而导致性能下降。

2. RPT(Rendezvous Point Tree,共享树)

RPT 与 SPT 不同,它不以组播源为树根,而是以 RP(Rendezvous Point)为根。RP 类似于一个汇聚点的概念,在一个典型的组播网络中,通常是一台性能较好的网络设备。多个组播组可以共用一个 RP,期望接收组播流量的路由器通过组播路由协议在自己与 RP 之间建立一段 RPT 的分支。组播流量首先需要从源发送到 RP,然后再由 RP 将组播流量分发下来,组播流量顺着 RPT 最终到达各个接收者所在的终端网络,如图 12-25 所示。在本例中,组播源 Source 与 RP 之间建立了 SPT,Source 通过这棵 SPT 将组播流量发送到 RP,而 RP 再将组播流量沿着 RPT 转发到组播接收者。

RPT 主要使用的是(*,G)表项,其中"*"表示的是任意的组播源。换句话说,对于 RPT 而言,路由器对于每个组播组仅需维护一个(*,G)组播路由表项,无论有多少个组播源在向该组播组发送组播流量。

由于在网络中指定了 RP,组播流量需要先从源发往 RP,再由 RP 沿着组播树分发下来,这就势必存在这样一种情况:对于某些接收者而言,组播流量传输的路径可能并不是最优路径,如图 12-25 中,组播流量从 Source 转发到 RP,再由 RP 转发到 R2,显然对于 R2 而言这条路径并非最优,这就有可能引入额外的时延。当然,组播路由协议也有相应的机制来规避这种次优路径问题。

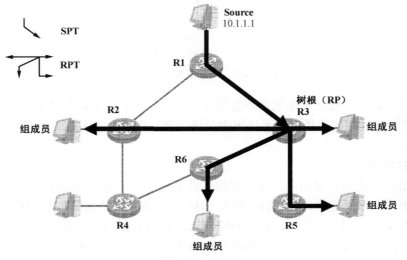

图 12-25　RPT

12.5.2　认识组播相关表项

对于组播而言，有几个数据表是大家需要熟悉和理解的。它们分别是 IGMP 组表、IGMP 路由表、组播协议路由表、组播路由表及组播转发表。在深入讲解组播之前，学会读懂这几张数据表并掌握相应的查看方法是非常有必要的。

1. IGMP 组表

一旦设备在某个接口上激活了 IGMP，该设备就会开始维护 IGMP 组表。初始情况下该数据表是空的，当设备在接口上收到直连网段中的主机发送出来的 IGMP 成员关系报告时，设备就会在 IGMP 组表中创建一个新的表项。以图 12-26 为例，我们在 R3 的 GE0/0/0 接口上激活了 IGMPv2，现在 PC1 发送 IGMPv2 成员关系报告以宣告自己加入组播组 239.1.1.9，R3 在 GE0/0/0 接口上收到该报文后，将会创建如下表项：

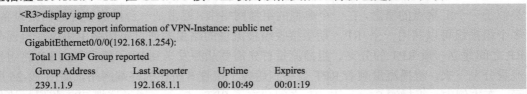

```
<R3>display igmp group
Interface group report information of VPN-Instance: public net
 GigabitEthernet0/0/0(192.168.1.254):
   Total 1 IGMP Group reported
   Group Address     Last Reporter     Uptime      Expires
   239.1.1.9         192.168.1.1       00:10:49    00:01:19
```

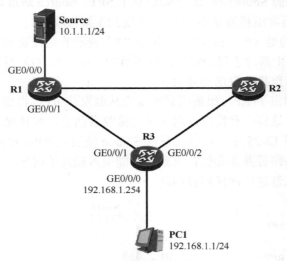

Source
10.1.1.1/24

GE0/0/0

R1　　　　　　　　　　　　　　　R2
GE0/0/1

R3
GE0/0/1　　　GE0/0/2

GE0/0/0
192.168.1.254

PC1
192.168.1.1/24

图 12-26　几张重要的数据表

对于这个表项，相信大家已经不会陌生了，本书在前文中已经做过介绍。设备将其通过 IGMP 协议发现的组播组以及该组中最近一次发送成员关系报告的成员 IP 地址记录在该表中。

2. IGMP 路由表

对于最后一跳路由器而言，通常有接口直连着存在组播成员的终端网络，而这个接口并不一定需要激活组播路由协议（例如 PIM），但是一般必须激活 IGMP。如果路由器的接口没有激活组播路由协议，那么协议将无法把这个接口识别为组播协议路由表项的下游接口，这样一来就需要使用 IGMP 路由表中的接口信息作为组播路由表项的下游接口的扩展。使用 **display igmp routing-table** 命令可以查看设备的 IGMP 路由表，如图 12-26

中的 R3，假设它并没有在 GE0/0/0 接口上激活组播路由协议，但是激活了 IGMP，那么当 PC1 发送 IGMP 成员关系报告宣告加入组播组 239.1.1.9 后，R3 将维护如下 IGMP 路由表项：

```
<R3>display igmp routing-table
Routing table of VPN-Instance: public net
 Total 1 entry

 00001. (*, 239.1.1.9)
        List of 1 downstream interface
        GigabitEthernet0/0/0 (192.168.1.254),
                Protocol: IGMP
```

3. 组播协议路由表

在设备上激活组播路由协议后，组播路由协议会维护自己的路由表，这个路由表被称为组播协议路由表，它维护着设备通过该组播协议发现的组播路由表项。如果设备运行了多个组播路由协议，那么每个协议单独维护自己的路由表。组播协议路由表实际上是为设备的组播路由表及组播转发表提供数据的。

还是以图 12-26 为例，如果 R1、R2 及 R3 都运行了 PIM（使用密集模式，在该模式中使用的组播分发树是 SPT），那么这三台路由器都会维护自己的 PIM 路由表。假设 PC1 是组播组 239.1.1.9 的成员，而 Source 是该组播组的源，那么当 Source 开始向 239.1.1.9 发送组播流量后，每台路由器的 PIM 路由表中将会出现（10.1.1.1，239.1.1.9）的组播路由表项。

以 R3 为例，它的 PIM 路由表如下：

```
<R3>display pim routing-table
 VPN-Instance: public net
 Total 1 (*, G) entry; 1 (S, G) entry

 ......

 (10.1.1.1, 239.1.1.9)
        Protocol: pim-dm, Flag: EXT ACT
        UpTime: 00:00:07
        Upstream interface: GigabitEthernet0/0/1
            Upstream neighbor: 10.1.13.1
            RPF prime neighbor: 10.1.13.1
        Downstream interface(s) information: None
```

从上述输出可以看出，R3 已经创建了（S，G）表项：（10.1.1.1，239.1.1.9），在该表项中，Protocol 字段显示组播协议为 PIM-DM，Flag 是该路由表项的标志，这些字符拥有着特殊的含义。Upstream interface 显示该路由器的上游接口是 GE0/0/1，Downstream interface(s)是该表项的下游接口列表，下游接口可以是零个、一个或多个，在本例中该表项的下游接口列表为空。

注意

由于 R3 并未在 GE0/0/0 接口上激活 PIM-DM，因此该接口无法成为 PIM 路由表项的下游接口。此时 R3 将通过 IGMP 路由表项来扩展下游接口。

R1 的 PIM 路由表如下：

```
<R1>display pim routing-table
 VPN-Instance: public net
```

```
Total 0 (*, G) entry; 1 (S, G) entry

(10.1.1.1, 239.1.1.9)
    Protocol: pim-dm, Flag: LOC
    UpTime: 00:06:17
    Upstream interface: GigabitEthernet0/0/0
        Upstream neighbor: NULL
        RPF prime neighbor: NULL
    Downstream interface(s) information:
    Total number of downstreams: 1
        1: GigabitEthernet0/0/1
            Protocol: pim-dm, UpTime: 00:06:17, Expires: never
```

从以上输出可以看出，R1 也创建了（10.1.1.1，239.1.1.9）表项，并且该表项的上游接口为 GE0/0/0，而下游接口列表中包含一个接口，那便是 GE0/0/1。因此当 R1 在上游接口 GE0/0/0 上收到组播源 10.1.1.1 发往 239.1.1.9 的组播流量时，它便会将流量转发到下游接口 GE0/0/1。

4．组播路由表

如果设备运行了多种组播路由协议，那么每种路由协议都将维护自己的组播协议路由表，而优选出来的表项则会出现在设备的组播路由表中。组播路由表中的表项将作为组播转发表的数据输入。

在图 12-26 中，R3 的组播路由表可能如下所示：

```
<R3>display multicast routing-table
Multicast routing table of VPN-Instance: public net
 Total 1 entry

 00001. (10.1.1.1, 239.1.1.9)
        Uptime: 00:04:24
        Upstream Interface: GigabitEthernet0/0/1
        List of 1 downstream interface
            1:  GigabitEthernet0/0/0
```

在 R3 的组播路由表中，大家能看到（S，G）表项：（10.1.1.1，239.1.1.9），这个表项实际上是 R3 所运行的组播路由协议 PIM 贡献的。在该表项中，Upstream Interface 显示的是上游接口，只有在该接口到达的（10.1.1.1，239.1.1.9）流量才被认为是合法的，才会被转发给下游接口，也就是 downstream interface 所罗列的接口，本例中下游接口只有 GE0/0/0，也就是连接着组成员的接口，该接口取自 IGMP 路由表中对应表项的下游接口。

5．组播转发表

在本书关于单播路由的章节中曾经介绍过单播路由表与 FIB 表的区别，实际上组播路由表与组播转发表的区别与此非常类似。组播路由表中的表项作为组播转发表的数据输入，前者的路由表项会被下载到后者，以作为指导组播数据转发的直接依据。

在图 12-26 中，R3 的组播转发表可能如下所示：

```
<R3>display multicast forwarding-table
Multicast Forwarding Table of VPN-Instance: public net
Total 1 entry, 1 matched

00001. (10.1.1.1, 239.1.1.9)
    MID: 0, Flags: ACT
    Uptime: 00:01:03, Timeout in: 00:02:38
```

```
Incoming interface: GigabitEthernet0/0/1
List of 1 outgoing interfaces:
   1: GigabitEthernet0/0/0
     Activetime: 00:01:03
Matched 2924872728581 packets(3884952538061436 bytes), Wrong If 4 packets
Forwarded 2907692859393 packets(3861416117273932 bytes)
```

在上述输出中可以看到（10.1.1.1，239.1.1.9）表项的相关信息，如上游接口（表项中的 Incoming interface）以及下游接口（表项中的 outgoing interfaces）等。另外，Matched packets 显示的是匹配该路由表项的组播报文个数以及字节数，这些数据可为组播故障定位提供重要依据。Wrong If 显示的是在错误的接口上（也就是非上游接口）收到的组播报文个数。Forwarded packets 显示的是根据该转发项转发的报文个数和字节数。

12.5.3　RPF

当路由器收到一个单播报文时，它将在自己的单播路由表中查询该报文的目的 IP 地址，并通过匹配的路由表项来决定将报文转发给哪个下一跳设备，以及从哪个接口发出。在传统的 IP 路由中，报文的源 IP 地址通常是不被关心的。路由器在转发单播报文时，有一个问题不得不考虑，那就是报文转发的防环，如何才能确保网络中的路由器在转发报文时不会出现环路？如果网络中运行了动态路由协议，那么动态路由协议将依赖自身的能力实现路由的无环化，从而使得数据转发不会发生环路。几乎所有的单播动态路由协议都拥有路由防环的设计，例如，RIP 的路由防环很大程度上依赖水平分割规则等；OSPF 的路由防环依赖 LSDB、SPF 算法以及对各种 LSA 的传播限制和路由计算要求等；BGP 的路由防环则依赖 AS_Path 路径属性及 IBGP 水平分割规则等。

单播报文是发往单一接收者的，若在转发过程中出现环路，对网络尚且会带来巨大影响；而组播报文是发往一组接收者的，一旦出现环路，后果可想而知。与单播路由不同，路由器转发组播报文时，除了会关注报文的目的地址，还会特别关心该报文的来源。

组播路由器通过一种被称为 RPF（Reverse Path Forwarding，反向路径转发）的机制来实现组播报文转发的无环化。RPF 机制确保组播报文在正确的接口到达，只有这些组播报文才会被路由器沿着组播分发树进行转发，如果报文在错误的接口到达，路由器将丢弃这些报文，因此 RPF 确保了组播流量转发路径的唯一性，这里所谓正确的接口，其实就是 RPF 接口（通过 RPF 检查的接口），也就是我们经常说的上游接口。

网络设备上的单播路由、MBGP 路由以及组播静态路由都可以作为 RPF 检查的依据。通常情况下，我们采用单播路由进行 RPF 检查。当设备收到一个组播报文时，它将在其单播路由表中查询到达该报文的源 IP 地址的路由，也就是查询到达组播源的单播路由，并检查该单播路由表项的出接口与接收该报文的接口是否一致，如果不一致，则认为报文未通过 RPF 检查并将其丢弃；如果一致，则认为报文通过 RPF 检查并对其进行转发。

以图 12-27 为例，假设 R1、R2 及 R3 都运行了单播路由协议，例如 OSPF，OSPF 收敛完成后，三台路由器都将获知到达全网各个网段的路由。R3 的单播路由表如下：

```
<R3>display ip routing-table
Route Flags: R - relay, D - download to fib
------------------------------------------------------------------
Routing Tables: Public
           Destinations : 15          Routes : 16
```

Destination/Mask	Proto	Pre	Cost	Flags	NextHop	Interface
10.1.1.0/24	**OSPF**	**10**	**2**	**D**	**10.1.13.1**	**GigabitEthernet0/0/1**
10.1.12.0/24	OSPF	10	2	D	10.1.13.1	GigabitEthernet0/0/1
	OSPF	10	2	D	10.1.23.2	GigabitEthernet0/0/2
10.1.13.0/24	Direct	0	0	D	10.1.13.3	GigabitEthernet0/0/1
10.1.23.0/24	Direct	0	0	D	10.1.23.3	GigabitEthernet0/0/2
192.168.1.0/24	Direct	0	0	D	192.168.1.254	GigabitEthernet0/0/0
......						

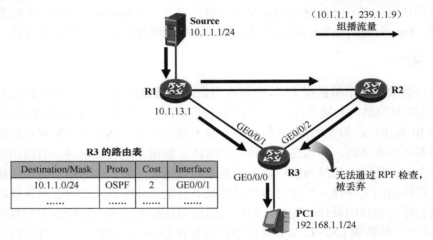

图 12-27　RPF 检查

当组播源 Source 开始向组播组 239.1.1.9 发送组播流量时，R3 将可能在其 GE0/0/1 及 GE0/0/2 接口上都收到这些流量，它需要对这些流量进行 RPF 检查。当 R3 在其 GE0/0/2 接口上收到该组播流量时（假设本网络使用 SPT），它将在自己的单播路由表中查询到达组播报文的源 IP 地址 10.1.1.1 的路由，经过路由表查询后，它发现路由表中存在一条匹配的路由，并且该路由的出接口为 GE0/0/1，这说明 GE0/0/1 才是 R3"朝向"Source 的接口（RPF 接口），因此从 GE0/0/2 接口到达的（10.1.1.1，239.1.1.9）组播流量被认为无法通过 RPF 检查，该流量将被丢弃。而当源 10.1.1.1 发往组播组 239.1.1.9 的组播流量在 GE0/0/1 接口上到达时，由于到达接口正是 RPF 接口，因此这些组播流量被 R3 接收，并转发到下游接口。

从 R3 的组播路由表也能够看到 RPF 接口信息：

```
<R3>display multicast routing-table
Multicast routing table of VPN-Instance: public net
 Total 1 entry

 00001. (10.1.1.1, 239.1.1.9)
     Uptime: 00:00:03
     Upstream Interface: GigabitEthernet0/0/1
     List of 1 downstream interface
       1:  GigabitEthernet0/0/0
```

需要格外强调的是，对于 SPT 及 RPT，组播路由器在执行 RPF 检查时是存在区别的：

- 当组播路由器在 SPT 上接收组播流量时，将使用组播报文的源 IP 地址，也就是组播源的 IP 地址进行 RPF 检查，因为组播源是 SPT 的树根。

本节所描述的例子就是路由器在 SPT 上接收组播流量时的 RPF 操作。

- 当组播路由器在 RPT 上接收组播流量时，将使用 RP 的 IP 地址进行 RPF 检查（在单播路由表中查询到达 RP 的路由表项，并将该路由表项的出接口指定为 RPF 接口），因为 RP 是 RPT 的树根。

12.5.4 PIM 概述

对于一个组播网络而言，组播路由协议是非常关键的一环。在组播的架构中，组播路由协议运行在网络中的组播设备上，组播路由协议的主要功能之一就是在网络中构建组播分发树，而实际上体现在每台设备上的结果就是组播协议路由表项。

PIM（Protocol Independent Multicast，协议无关组播）是目前行业中使用得最为广泛的域内组播路由协议，也是本书将要重点讨论的组播路由协议。目前 PIM 存在两个版本，其中 PIMv1 几乎已经不用了，而 PIMv2 则是目前主要使用的版本。本书将针对 PIMv2 展开讲解，因此在后续的内容中，PIM 指的是 PIMv2。

PIM 协议的工作需要依赖设备的单播路由表，它使用设备的单播路由表进行 RPF 检查以及构建组播分发树，与此同时，其不关心设备具体运行的是哪一种或者哪些单播路由协议，静态路由、OSPF、IS-IS、RIP、BGP 等均可为 PIM 提供服务。所谓"协议无关"，指的是 PIM 的运行机制与具体使用什么样的单播路由协议没有关系。

PIM 主要存在两种工作模式，它们是密集模式（Dense Mode）以及稀疏模式（Sparse Mode），这两种模式分别适用于不同的网络场景。

12.6 PIM-DM

PIM-DM（PIM Dense Mode）是 PIM 的密集模式，它适用于组播接收者较为密集的紧凑型网络。PIM-DM 开始工作后，假定网络中的每一个分支均存在组播接收者，因此当源开始发送组播流量后，组播流量首先被扩散（Flood）到全网各个分支，此时 PIM-DM 所形成的组播分发树（PIM-DM 使用的组播分发树是 SPT）将覆盖全网。完成组播流量的全网扩散后，存在组播接收者的分支自然会立即收到所需的组播流量，然而网络中也很可能存在没有任何接收者的分支，它们对这些组播流量并不感兴趣，此时不需要这些组播流量的网络设备采用一种剪枝（Prune）的方式将自己从组播分发树上剪除。

在图 12-28 中，全网的路由器都激活了 PIM-DM。当组播源 Source 开始向组播组 239.1.1.56 发送组播流量时，R1 作为第一跳路由器将率先收到组播流量，由于 R1 运行的是 PIM-DM，因此在确定组播流量从朝向源的上游接口（RPF 接口）收到后，它将组播流量从所有存在 PIM 邻居的接口（除了上游接口）转发出去。R2、R3 及 R4 都将收到 R1 转发的（10.1.1.1，239.1.1.56）组播流量。这些路由器收到组播流量后，也都执行

RPF 检查，检查通过后继续向下游转发。这就是 PIM-DM 的扩散过程。初始时 PIM-DM 将组播流量"粗犷"地扩散到网络中的各个角落。然而 R3 并不需要这些组播流量，因此它将发起一个剪枝过程，将自己从 SPT 上剪除。

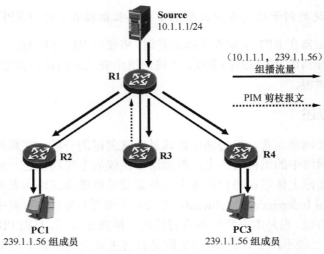

图 12-28   PIM-DM 的扩散及剪枝过程

PIM-DM 的另一个重要的工作机制是嫁接（Graft），在本例中，如果 R3 下联了一个网络，并且网络中出现了 239.1.1.56 的组成员，那么它将立即发起一个嫁接过程，将自己所在的分支嫁接到 SPT 上，从而获得组播流量。

从以上的描述可以看出，PIM-DM 的操作是比较粗犷的，这个特点使得 PIM-DM 只能用于一些小规模的、组播接收者分布比较密集的组播网络。

学习完 12.6 节之后，我们应该能够收获以下几点。

- 了解 PIM-DM 的特点及适用的网络场景；
- 掌握 PIM-DM 的基础工作机制：扩散过程、剪枝过程、嫁接过程以及断言机制等；
- 掌握 PIM-DM 的基础配置。

12.6.1   协议报文

PIM 的协议报文直接采用 IP 封装，在 IP 报文头部中协议号字段的值为 103。PIM-DM 及 PIM-SM 使用的协议报文类型有所不同。对于 PIM-DM 而言，使用表 12-3 罗列的几种类型的报文。

表 12-3   PIM-DM 使用的几种类型报文

报文类型	报文功能
Hello	用于 PIM 邻居发现、协议参数协商，以及 PIM 邻居关系维护等
Join/Prune（加入/剪枝）	加入报文用于加入组播分发树，剪枝报文则用于修剪组播分发树。加入及剪枝报文在 PIM 中使用相同的报文格式，只不过报文载荷中的字段内容有所不同
Graft（嫁接）	用于将设备所在的分支嫁接到组播分发树
Graft-ACK（嫁接确认）	用于确认嫁接报文
Assert（断言）	用于断言机制

12.6.2　邻居关系

当路由器的接口激活了 PIM 后，该接口便开始周期性地发送 PIM Hello 报文，报文的源 IP 地址为路由器的接口 IP 地址，而目的 IP 地址是组播 IP 地址 224.0.0.13（所有 PIMv2 路由器组播地址）。缺省时，Hello 报文的发送间隔是 30 秒，该时间间隔可以通过 **pim timer hello** 命令修改，这条命令可以在接口视图或 PIM 视图下配置，如果两者同时配置，那么以接口视图下所配置的值为准。

路由器通过 Hello 报文发现直连链路上的 PIM 邻居，也依赖 Hello 报文维持 PIM 邻居关系。此外，PIM 的 DR 选举也是依赖 Hello 报文的交互来完成的。

当路由器通过 Hello 报文发现了一个 PIM 邻居后，会为该邻居启动一个计时器，该计时器的时间设置为对方的 Hello 报文中所携带的 Holdtime（缺省为 105 秒），如果在计时器超时之前再次收到了该邻居发送的 Hello 报文，则刷新该计时器，如果一直未收到邻居的 Hello 报文，导致该计时器超时，则该邻居将立即被删除。

> 说明
>
> Holdtime 指的是路由器等待接收其 PIM 邻居发送 Hello 报文的超时时间。

使用 **pim hello-option holdtime** 命令，可修改 Hello 报文中的 Holdtime。该命令同样可以在接口视图或 PIM 视图下配置，如果两者同时配置，那么以接口视图下所配置的值为准。

在图 12-29 中，路由器都在各自的接口上激活了 PIM。以 R1 为例，它将在 GE0/0/0、GE0/0/1 及 GE0/0/2 接口上分别发现 PIM 邻居 R2、R3 及 R4。

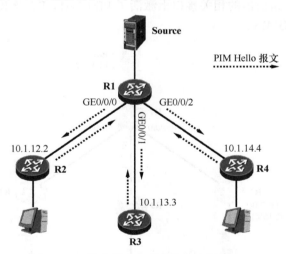

图 12-29　路由器在各自的接口上激活 PIM

使用 **display pim neighbor** 命令可以查看设备的 PIM 邻居表，以 R1 为例：

```
<R1>display pim neighbor
  VPN-Instance: public net
  Total Number of Neighbors = 3
```

Neighbor	Interface	Uptime	Expires	Dr-Priority	BFD-Session
10.1.12.2	GE0/0/0	00:21:31	00:01:44	1	N
10.1.13.3	GE0/0/1	00:00:52	00:01:23	1	N
10.1.14.4	GE0/0/2	00:00:34	00:01:41	1	N

在 **display pim neighbor** 命令中可继续增加 **interface** 及 **verbose** 关键字，以 R1 的 GE0/0/0 接口为例：

```
<R1>display pim neighbor interface GigabitEthernet 0/0/0 verbose
  VPN-Instance: public net

  Total Number of Neighbors on this interface   = 1

  Neighbor: 10.1.12.2
      Interface: GigabitEthernet0/0/0
      Uptime: 00:23:23
      Expiry time: 00:01:22
      DR Priority: 1
      Generation ID: 0XCFD94D4D
      Holdtime: 105 s
      LAN delay: 500 ms
      Override interval: 2500 ms
      State refresh interval: 60 s
      Neighbor tracking: Disabled
      PIM BFD-Session: N
```

12.6.3 扩散过程

接下来详细地分析一下 PIM-DM 的扩散过程。在图 12-30 所示的网络中，我们首先在每台路由器上部署了 OSPF，使得它们都能够通过 OSPF 学习到去往全网各个网段的路由，随后又在每台路由器的相关接口上激活了 PIM-DM。R2 及 R4 都在其连接终端网段的接口上激活了 IGMPv2。

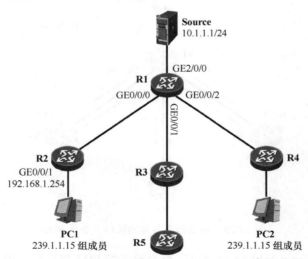

图 12-30 网络中部署了 PIM-DM

PC1 及 PC2 是组播组 239.1.1.15 的成员，它们通过发送 IGMPv2 成员关系报告宣告自己加入该组播组。R2 及 R4 将分别收到 PC1 及 PC2 发送的 IGMP 报文并创建相关 IGMP

组表项及 IGMP 路由表项。

以 R2 为例，它将维护如下 IGMP 路由表项：

```
<R2>display igmp routing-table
Routing table of VPN-Instance: public net
 Total 1 entry

 00001. (*, 239.1.1.15)
        List of 1 downstream interface
        GigabitEthernet0/0/1 (192.168.1.254),
                Protocol: IGMP
```

现在一切都已经准备就绪。当组播源 Source 开始向组播组 239.1.1.15 发送组播流量时，组播流量的扩散过程就开始了。

（1）Source 开始向组播组 239.1.1.15 发送组播流量，这些组播流量其实就是大量的组播报文。以多媒体直播为例，Source 通过软件直播多媒体影像，影像内容被软件编码并在 Source 的网卡上形成一个个组播报文。组播报文大多采用 UDP 封装。在本例中，Source 所产生的组播报文的源 IP 地址为 10.1.1.1，也即 Source 的地址，而目的 IP 地址为 239.1.1.15。在实际应用中，UDP 目的端口号以及组播地址通常都是可以自定义的。当然，PC1、PC2 作为接收者，也需要开启相应的软件，并侦听对应的 UDP 端口及组播地址。

（2）当一个组播报文到达 R1 的 GE2/0/0 接口时，R1 首先对报文进行 RPF 检查。由于报文的源地址是 10.1.1.1，该 IP 地址在 R1 的 GE2/0/0 接口的直连网段中，因此在该接口到达的组播报文通过 RPF 检查。R1 在其 PIM 路由表中创建一个（10.1.1.1，239.1.1.15）表项，并将直连 Source 的 GE2/0/0 接口指定为该表项的上游接口，同时将所有连接 PIM 邻居的接口（GE0/0/0、GE0/0/1 及 GE0/0/2）都指定为该表项的下游接口。然后 R1 将组播报文进行拷贝，并从下游接口转发出去，如图 12-31 所示。

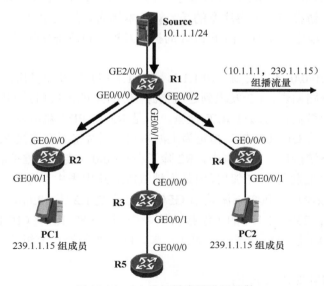

图 12-31　R1 将组播流量进行扩散

注意

R1 并不是每次在 GE2/0/0 接口上收到组播报文都执行 RPF 检查，那样效率太低，而且也增加了 R1 的负担。实际上，当首个（10.1.1.1，239.1.1.15）组播报文到达 GE2/0/0 接口时，R1 将会执行 RPF 检查，检查通过后创建（10.1.1.1，239.1.1.15）表项，并在该表项中标记上游接口 GE2/0/0，后续的（10.1.1.1，239.1.1.15）组播报文到达 R1 的 GE2/0/0 接口后，R1 将首先查询组播转发表，由于这些报文就是在（10.1.1.1，239.1.1.15）表项的上游接口到达的，因此 R1 直接根据该表项的指引将报文从下游接口转发出去，而不用再次执行 RPF 检查。

此时 R1 的 PIM 路由表项如下：

```
[R1]display    pim routing-table
 VPN-Instance: public net
 Total 0 (*, G) entry; 1 (S, G) entry

 (10.1.1.1, 239.1.1.15)
     Protocol: pim-dm, Flag: LOC ACT
     UpTime: 00:00:04
     Upstream interface: GigabitEthernet2/0/0
       Upstream neighbor: NULL
       RPF prime neighbor: NULL
     Downstream interface(s) information:
     Total number of downstreams: 3
       1: GigabitEthernet0/0/0
          Protocol: pim-dm, UpTime: 00:00:04, Expires:   -
       2: GigabitEthernet0/0/1
          Protocol: pim-dm, UpTime: 00:00:04, Expires:   -
       3: GigabitEthernet0/0/2
          Protocol: pim-dm, UpTime: 00:00:04, Expires:   -
```

从上面的输出以看出，R1 已经创建了（10.1.1.1，239.1.1.15）PIM 路由表项，而且该表项包含三个下游接口。值得注意的是，对于本例而言，上述呈现的内容仅仅会持续一瞬间，在实际环境中测试时，由于 PIM 的扩散及剪枝过程非常迅速，因此可能难以观察到以上现象。

（3）R2 在 GE0/0/0 接口收到（10.1.1.1，239.1.1.15）组播流量后，首先进行 RPF 检查，通过查询单播路由表，R2 发现到达组播源 10.1.1.1 的出接口是 GE0/0/0，因此从该接口到达的组播流量被认为通过 RPF 检查。于是 R2 在 PIM 路由表中创建（10.1.1.1，239.1.1.15）表项，将 GE0/0/0 接口指定为上游接口，同时将所有连接 PIM 邻居的接口都指定为该表项的下游接口。在本例中，R2 除了在 GE0/0/0 接口上维护着 PIM 邻居之外，并没有在其他接口上发现 PIM 邻居，但是本地 IGMP 路由表中存在(*,239.1.1.15)IGMP 路由表项，而且该表项中包含下游接口 GE0/0/1，于是 R2 将 GE0/0/1 接口添加到组播路由表项（10.1.1.1，239.1.1.15）的下游接口列表中。接下来，R2 将（10.1.1.1，239.1.1.15）组播流量从 GE0/0/1 接口转发出去，如此一来，PC1 便获得了该组播流量，如图 12-32 所示。

此时 R2 的 PIM 路由表如下：

```
<R2>display pim routing-table
 VPN-Instance: public net
```

```
Total 1 (*, G) entry; 1 (S, G) entry

......

(10.1.1.1, 239.1.1.15)
    Protocol: pim-dm, Flag: EXT ACT
    UpTime: 00:01:09
    Upstream interface: GigabitEthernet0/0/0
        Upstream neighbor: 10.1.12.1
        RPF prime neighbor: 10.1.12.1
    Downstream interface(s) information: None
```

R2 的组播路由表如下：

```
<R2>display multicast routing-table
Multicast routing table of VPN-Instance: public net
 Total 1 entry

 00001. (10.1.1.1, 239.1.1.15)
    Uptime: 00:01:37
    Upstream Interface: GigabitEthernet0/0/0
    List of 1 downstream interface
        1:  GigabitEthernet0/0/1
```

（4）R4 的操作过程与 R2 类似，此处不再赘述。最终，它将创建（10.1.1.1，239.1.1.15）组播路由表项，并将（10.1.1.1，239.1.1.15）组播流量转发到 GE0/0/1 接口。

（5）R3 在 GE0/0/0 接口收到（10.1.1.1，239.1.1.15）组播流量后，首先进行 RPF 检查，通过查询单播路由表，R3 发现到达组播源 10.1.1.1 的出接口是 GE0/0/0，因此从该接口到达的组播流量被认为通过 RPF 检查。于是 R3 在 PIM 路由表中创建（10.1.1.1，239.1.1.15）表项，将 GE0/0/0 接口指定为上游接口，同时将所有连接 PIM 邻居的接口都指定为该表项的下游接口。在本例中，R3 的 GE0/0/1 接口将被添加到（10.1.1.1，239.1.1.15）表项的下游接口列表中。接下来，R3 将（10.1.1.1，239.1.1.15）组播流量从 GE0/0/1 接口转发出去，如图 12-32 所示。

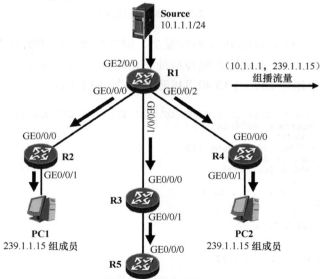

图 12-32　初始扩散过程

综上，当 Source 开始向网络中发送组播流量后，这些流量在初始时被 PIM-DM 扩散到了全网。

12.6.4 剪枝过程

在图 12-32 中，当 Source 开始发送（10.1.1.1，239.1.1.15）组播流量后，开始时这些组播流量将被 PIM-DM 扩散到全网。PC1 及 PC2 需要这些组播流量，因此它们可以在第一时间接收该流量。然而，R5 并不直连任何 239.1.1.15 成员，因此它并不需要这些流量。此时 R5 的（10.1.1.1，239.1.1.15）表项的下游接口列表为空，它将通过向上游 PIM 邻居发送 PIM 剪枝报文，将自己从 SPT 上剪除（如图 12-33 所示）。

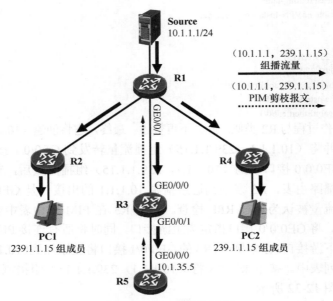

图 12-33 PIM 剪枝过程

图 12-34 展示了 R5 发送的 PIM 剪枝报文。留意到该报文的源 IP 地址为 R5 的接口 IP 地址 10.1.35.5，而目的 IP 地址为组播地址 224.0.0.13。在报文中的 PIM 载荷内，写入了 R5 剪枝的组播组地址 239.1.1.15 和组播源 IP 地址 10.1.1.1。

```
Internet Protocol, Src: 10.1.35.5 (10.1.35.5), Dst: 224.0.0.13 (224.0.0.13)
Protocol Independent Multicast
  0010 .... = Version: 2
  .... 0011 = Type: Join/Prune (3)
  Reserved byte(s): 00
  Checksum: 0xb0d4 [correct]
□ PIM parameters
  Upstream-neighbor: 10.1.35.3
  Groups: 1
  Holdtime: 210
  □ Group 0: 239.1.1.15/32
    Join: 0
    □ Prune: 1
      IP address: 10.1.1.1/32
```

图 12-34 R5 向 R3 发送的剪枝报文

　　R3 在 GE0/0/1 接口收到该剪枝报文后，在其（10.1.1.1，239.1.1.15）表项中将该接口从下游接口列表中移除，同时为该接口的剪枝状态启动一个计时器，当该计时器超时的时候，接口的剪枝状态将被取消，然后 R3 又将继续从该接口下发（10.1.1.1，239.1.1.15）组播流量，在计时器超时之前，如果接口再次收到 R5 发送过来的剪枝报文，那么计时器将会重置。因此，R5 将周期性地向 R3 发送剪枝报文，以便持续刷新 R3 的 GE0/0/1 接口的剪枝状态。

　　如果 PIM 路由器不得不在无需组播流量的链路上持续周期性地发送剪枝报文，这显然是低效的，状态刷新（State Refresh）机制优化了这个过程。关于状态刷新的描述超出了本书的范围。

　　由于此时 R3 的（10.1.1.1，239.1.1.15）表项中下游接口列表为空，因此它意识到自己并不需要（10.1.1.1，239.1.1.15）的组播流量，于是它从上游接口向上游 PIM 邻居发送剪枝报文，如图 12-33 所示。

　　R1 在 GE0/0/1 接口上收到 R3 发送的剪枝报文后，将该接口从（10.1.1.1，239.1.1.15）表项的下游接口列表中删除。

　　完成修剪过程后，R1 只会将（10.1.1.1，239.1.1.15）组播流量转发给 R2 及 R4，而 R3 及 R5 则不会再收到该组播流量。

12.6.5　嫁接过程

　　大家已经知道，PIM-DM 在初始化过程中，组播流量被扩散到全网各个角落，不需要组播流量的组播路由器需通过 PIM 剪枝报文将自己所在的分支从 SPT 上剪除，那么，在此之后，如果某个已经被剪枝的分支现在又需要组播流量了，不可能等上游设备接口的剪枝状态超时后，才能再次接收组播流量。为此，PIM-DM 定义了嫁接机制，使得组播路由器在需要组播流量时，可以主动将自己所在的分支嫁接到 SPT 中。

　　在图 12-35 中，五台路由器构成了一个组播网络，每台路由器都运行了 PIM-DM，R1 连接着组播源 Source，而 R3 则连接着组播组 239.1.1.81 的接收者。网络初始化过程中，Source 发出的（10.1.1.1，239.1.1.81）组播流量将被推送到全网，由于 R4 及 R5 并不需要（10.1.1.1，239.1.1.81）组播流量，因此它们各自向上游邻居发送 PIM 剪枝报文。网络稳定后，组播流量按照图中所示的路径转发。现在，R5 所直连的网络中，出现了组播组 239.1.1.81 的成员 PC2（如图 12-36 所示），为了将自己拉回 SPT，R5 将向其上游邻居 R4 发送一个嫁接报文。下面分析一下整个过程。

　　（1）R5 通过 PC2 发送的 IGMP 成员关系报告发现直连网络中出现了组 239.1.1.81 的成员，于是向上游邻居 R4 发送一个 PIM 嫁接报文，这是一个单播报文（如图 12-37 所示），该报文的源 IP 地址是 R5 的接口地址 10.1.45.5，目的 IP 地址是上游邻居 R4 的接口地址 10.1.45.4，报文中填充着（10.1.1.1，239.1.1.81）的信息。

　　R5 为上游接口 GE0/0/1 启动一个嫁接计时器（缺省 3 秒），如果在该计时器超时后依然没有收到上游邻居发回的 PIM 嫁接确认报文则继续发送嫁接报文。

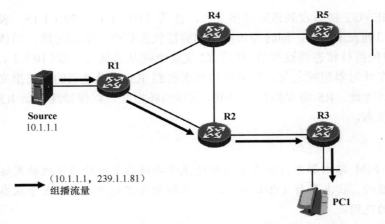

图 12-35　（10.1.1.1，239.1.1.81）的组播流量沿着 SPT 转发

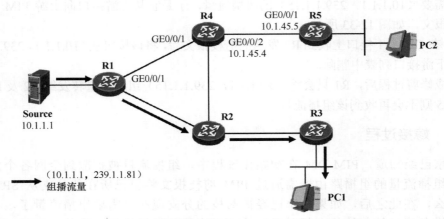

图 12-36　R5 直连的网络中出现了 239.1.1.81 的成员

```
Internet Protocol, Src: 10.1.45.5 (10.1.45.5), Dst: 10.1.45.4 (10.1.45.4)
Protocol Independent Multicast
  0010 .... = Version: 2
  .... 0110 = Type: Graft (6)
  Reserved byte(s): 00
  Checksum: 0xa463 [correct]
⊟ PIM parameters
  Upstream-neighbor: 10.1.45.4
    Groups: 1
    Holdtime: 0
  ⊟ Group 0: 239.1.1.81/32
    ⊟ Join: 1
       IP address: 10.1.1.1/32
      Prune: 0
```

图 12-37　R5 发给 R4 的嫁接报文

（2）R4 将在其 GE0/0/2 接口上收到 R5 发送的嫁接报文，由于该接口当前处于剪枝状态，因此 R4 将其切换到转发状态，并将该接口添加到（10.1.1.1，239.1.1.81）表项的下游接口列表中，然后向 R5 发送一个嫁接确认报文。此时由于 R4 自己并未接收到（10.1.1.1，239.1.1.81）组播流量，因此它需要继续往自己的上游发送嫁接报文。R4 的上

游接口 GE0/0/1 当前处于剪枝状态，R4 将其切换到转发状态，并从该接口发送单播的嫁接报文给 R1。R4 为该接口启动嫁接计时器，并等待 R1 的嫁接确认报文。

（3）R1 在 GE0/0/1 接口上收到 R4 发送的嫁接报文后，它将原来处于剪枝状态的 GE0/0/1 接口切换到转发状态，并将该接口添加到（10.1.1.1，239.1.1.81）表项的下游接口列表中，然后向 R4 发送一个嫁接确认报文。此时由于 R1 已经获得了（10.1.1.1，239.1.1.81）组播流量，因此 R1 直接将组播流量拷贝到下游接口 GE0/0/1。图 12-38 描述了这个过程。

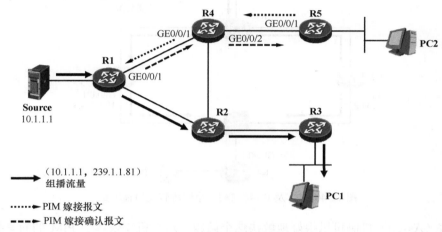

图 12-38　PIM 嫁接及嫁接确认过程

（4）现在，新的 SPT 已经构建完成，组播流量沿着新的 SPT 从源转发到接收者，如图 12-39 所示。

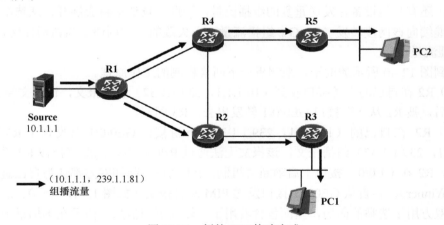

图 12-39　新的 SPT 构建完成

12.6.6　断言机制

在图 12-40 所示的网络中存在 4 台组播路由器，它们都运行了 PIM-DM，其中 R2、R3 及 R4 各自有一个接口连接到同一台二层交换机。PC 是组播组 239.1.1.37 的成员，当组播源 Source 开始向 239.1.1.37 发送组播流量时，R1 会将组播流量转发给 R2 及 R3，R2 及 R3 各自对接收的组播流量进行 RPF 检查，检查通过后将流量从自己的 GE0/0/1 接口转发出去。这样，R3 及 R4 会收到 R2 从 GE0/0/1 接口发出的组播流量，R3 同理。结果便是 R4 将在自己的 GE0/0/1 接口收到两份重复的组播报文。这显然是没有意义的，况且大量重复的组播流量还会造成网络带宽及设备资源的浪费。

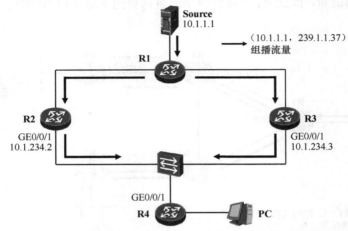

图 12-40　R2 及 R3 都向同一个网段转发组播流量

　　断言（Assert）机制可以很好地解决这个问题。这个机制依赖于 PIM 的断言报文，该机制在 PIM-DM 及 PIM-SM 中均被使用。断言机制能够防止多台组播路由器向同一个网段转发重复的组播流量。当路由器的某个接口被指定为（S，G）表项的下游接口，并且该接口收到了（S，G）的组播流量时，断言机制将被触发，这种现象意味着在同一个网段内，还有其他设备在发送重复的组播流量，因此一场选举将会展开，从选举中胜出的一方继续向该网段转发（S，G）组播流量，而失败的一方则停止向该网段转发（S，G）组播流量。

　　回到图 12-40 所示的例子，来解析一下断言机制的工作原理。

　　（1）R2 在自己的上游接口收到（10.1.1.1，239.1.1.37）组播报文，该报文经 RPF 检查通过后，被 R2 从下游接口 GE0/0/1 转发出去；R3 同理。

　　（2）R2 在自己的（10.1.1.1，239.1.1.37）下游接口 GE0/0/1 上收到了 R3 转发的（10.1.1.1，239.1.1.37）组播报文，该报文无法通过 RPF 检查，因此直接被 R2 丢弃，与此同时，R2 在 GE0/0/1 接口上启动断言机制。R3 同理。起初双方都认为自己是胜利的一方（Winner），各自从 GE0/0/1 接口发送 PIM 断言报文（如图 12-41 所示）。这个报文就像是双方用于选举的简历，里面包含着用于一较高下的信息。假设在本场景中 R2 通过 OSPF 获知到达 Source 的路由（OSPF 内部路由），并且路由的度量值为 2，而 R3 则并未运行 OSPF，而是配置了到达 Source 的静态路由，静态路由的缺省度量值为 0。

　　R2 发送出去的断言报文，源 IP 地址即 R2 的接口 IP 地址，目的 IP 地址为组播地址 224.0.0.13，而报文中的 PIM 载荷部分包含 4 个关键字段：组播组地址、组播源地址、优先级和度量值，其中组播组地址为 239.1.1.37，组播源地址为 10.1.1.1，优先级则是 R2

到达 Source 的单播路由的优先级，此处值为 10（因为 R2 是通过 OSPF 发现到达 10.1.1.1 的路由，OSPF 内部路由的缺省优先级值为 10），度量值则为 2。另一方面，R3 发出的断言报文中，优先级值为 60（静态路由缺省优先级值为 60），度量值为 0。

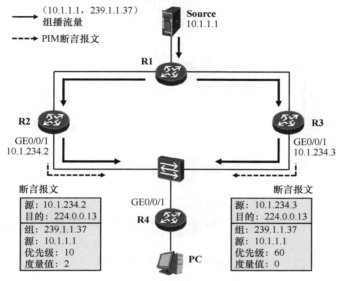

图 12-41　断言机制

（3）R2 及 R3 收到对方发送的断言报文后，便会进行比较，比较的内容及顺序如下。

- 比较双方到达组播源的单播路由优先级，优选值最小一方；
- 比较双方到达组播源的单播路由度量值，优选值最小的一方；
- 比较双方的接口 IP 地址，优选 IP 地址最大的一方。

（4）根据上面的比较顺序，首先 R2 到达 Source 的单播路由优先级值为 10，而 R3 该值为 60，值更小的一方胜出，因此 R2 在本次选举中胜出。R2 的 GE0/0/1 接口作为胜出的一方，保持转发状态，继续向直连网段转发（10.1.1.1，239.1.1.37）组播流量，而选举失败的 R3 则不再从自己的 GE0/0/1 接口转发（10.1.1.1，239.1.1.37）组播流量。

12.6.7　案例：PIM-DM 基础配置

在图 12-42 中，4 台路由器构成了一个组播网络，R1 作为第一跳路由器，直连着组播源 Source，R4 作为最后一跳路由器，直连着组播组 239.1.1.62 的成员。为了使得 Source 发往 239.1.1.62 的组播流量能够被 PC 顺利接收，首先在 4 台路由器上部署 OSPF，使得每台路由器都能获知到达全网各个网段的单播路由。然后在每台路由器上部署 PIM-DM，并在 R4 的 GE0/0/0 接口上激活 IGMPv2。本例聚焦组播相关配置，OSPF 的配置不再赘述。

R1 的配置如下：

```
[R1]multicast routing-enable
[R1]interface GigabitEthernet 0/0/0
[R1-GigabitEthernet0/0/0]pim dm
[R1]interface GigabitEthernet 0/0/1
```

```
[R1-GigabitEthernet0/0/1]pim dm
[R1]interface GigabitEthernet 0/0/2
[R1-GigabitEthernet0/0/2]pim dm
```

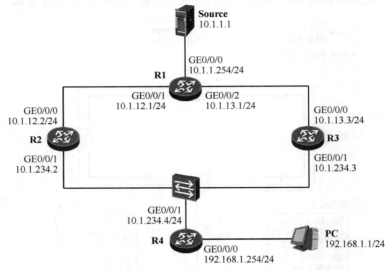

图 12-42　PIM-DM 基础配置

R2 的配置如下：

```
[R2]multicast routing-enable
[R2]interface GigabitEthernet 0/0/0
[R2-GigabitEthernet0/0/0]pim dm
[R2]interface GigabitEthernet 0/0/1
[R2-GigabitEthernet0/0/1]pim dm
```

R3 的配置如下：

```
[R3]multicast routing-enable
[R3]interface GigabitEthernet 0/0/0
[R3-GigabitEthernet0/0/0]pim dm
[R3]interface GigabitEthernet 0/0/1
[R3-GigabitEthernet0/0/1]pim dm
```

R4 的配置如下：

```
[R4]multicast routing-enable
[R4]interface GigabitEthernet 0/0/1
[R4-GigabitEthernet0/0/1]pim dm
[R4]interface GigabitEthernet 0/0/0
[R4-GigabitEthernet0/0/0]igmp enable
```

在上述配置中，**multicast routing-enable** 命令用于激活设备的组播路由功能，**pim dm** 命令用于在特定接口上激活 PIM-DM。完成上述配置后，路由器的相应接口便会开始周期性地发送 PIM Hello 报文并尝试建立 PIM 邻居关系。

首先了解 R1 的 PIM 邻居表：

```
<R1>display pim neighbor
    VPN-Instance: public net
    Total Number of Neighbors = 2

    Neighbor        Interface    Uptime    Expires    Dr-Priority    BFD-Session
```

| 10.1.12.2 | GE0/0/1 | 00:15:00 | 00:01:44 | 1 | N |
| 10.1.13.3 | GE0/0/2 | 05:09:06 | 00:01:44 | 1 | N |

R1 已经与 R2、R3 建立了关系。再了解 R4 的 PIM 邻居表：

```
<R4>display pim neighbor
 VPN-Instance: public net
 Total Number of Neighbors = 2
```

Neighbor	Interface	Uptime	Expires	Dr-Priority	BFD-Session
10.1.234.3	GE0/0/1	05:09:03	00:01:24	1	N
10.1.234.2	GE0/0/1	05:09:01	00:01:17	1	N

R4 在 GE0/0/1 接口上分别与 R2 及 R3 建立了 PIM 邻居关系。

现在，PC 通过发送 IGMP 成员关系报告，宣布加入组播组 239.1.1.62，R4 会在其 GE0/0/0 接口上收到这个报文，并在 IGMP 组表中形成如下表项：

```
<R4>display igmp group
 Interface group report information of VPN-Instance: public net
  GigabitEthernet0/0/0(192.168.1.254):
   Total 1 IGMP Group reported
```

Group Address	Last Reporter	Uptime	Expires
239.1.1.62	**192.168.1.1**	**05:25:37**	**00:01:23**

当组播源 Source 开始向组播组 239.1.1.62 发送组播流量时，流量首先会被推送到全网，随后 PIM-DM 开始剪枝过程。网络稳定后，组播流量的转发路径如图 12-43 所示。之所以组播流量是从 R3 到达 R4，而不是从 R2 到达 R4，其实是受到了 R2 的 GE0/0/1 接口与 R3 的 GE0/0/1 接口的断言结果的影响，R2 及 R3 都通过 OSPF 发现到达 10.1.1.1 的路由，并且路由的度量值相等，因此接口 IP 地址更大的 R3 在断言机制中胜出，组播流量由 R3 转发给 R4。而 R2 则向上游邻居 R1 发送 PIM 剪枝报文，将自己从 SPT 上剪除。

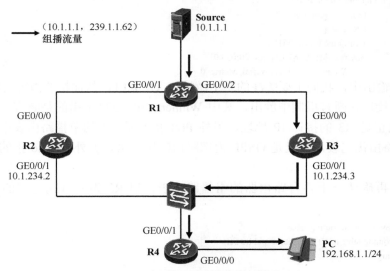

图 12-43　网络稳定后组播流量的转发路径

在 R3 上使用 **display pim routing-table fsm** 命令可以查看其 PIM 路由表项的有限状态机信息：

```
<R3>display pim routing-table fsm
 VPN-Instance: public net
```

```
Total 0 (*, G) entry; 1 (S, G) entry

Abbreviations for FSM states and Timers:
    NI - no info, J - joined, NJ - not joined, P - pruned,
    NP - not pruned, PP - prune pending, W - winner, L - loser,
    F - forwarding, AP - ack pending, DR - designated router,
    NDR - non-designated router, RCVR - downstream receivers,
    PPT - prunepending timer, GRT - graft retry timer,
    OT - override timer, PLT - prune limit timer,
    ET - join expiry timer, JT - join timer,
    AT - assert timer, PT - prune timer

(10.1.1.1, 239.1.1.62)
    Protocol: pim-dm, Flag: ACT
    UpTime: 00:07:16
    Upstream interface: GigabitEthernet0/0/0
        Upstream neighbor: 10.1.13.1
        RPF prime neighbor: 10.1.13.1
        Join/Prune FSM: [F, OT Expires: 00:00:01]
    Downstream interface(s) information:
    Total number of downstreams: 1
        1: GigabitEthernet0/0/1
            Protocol: pim-dm, UpTime: 00:07:16, Expires: never
            DR state: [NDR]
            Join/Prune FSM: [NI]
            Assert FSM: [W, AT Expires: 00:03:00]
                Winner: 10.1.234.3, Pref: 10, Metric: 2

    FSM information for non-downstream interfaces:
        1: GigabitEthernet0/0/0
            Protocol: pim-dm
            DR state: [DR]
            Join/Prune FSM: [NI]
            Assert FSM: [L, AT Expires: 00:03:00]
                Winner: 10.1.13.1, Pref: 0, Metric: 0
```

在上述输出中，我们主要关注的是下游接口 GE0/0/1，从加粗的内容可以看出，R3
的 GE0/0/1 接口在断言机制中胜出，其中 Winner：10.1.234.3 指的是断言胜利者的接口
IP 地址，这正是 R3 的接口 IP 地址，另外 Pref 指的是 R3 的单播路由表中到达组播源
10.1.1.1 的路由优先级，也就是 OSPF 内部路由的优先级，另外 Metric 指的是该路由的
度量值。

最后，再确认一下各台路由器的组播路由表，以 R3 为例，此时它的组播路由表
如下：

```
<R3>display multicast routing-table
Multicast routing table of VPN-Instance: public net
 Total 1 entry

 00001. (10.1.1.1, 239.1.1.62)
      Uptime: 01:17:19
      Upstream Interface: GigabitEthernet0/0/0
      List of 1 downstream interface
          1:   GigabitEthernet0/0/1
```

12.7 PIM-SM

PIM-DM 适用于组播接收者较为密集的网络，它采用一种粗犷的方式将组播流量先扩散到全网，不需要组播流量的分支而是通过剪枝的方式将自己从 SPT 上剪除。这个特点使得 PIM-DM 只适用于一些规模较小的网络。与 PIM-DM 不同，PIM-SM（PIM Sparse Mode，PIM 稀疏模式）则适用于组播接收者较为分散、规模较大的网络。初始过程中，PIM-SM 并不会像 PIM-DM 那样主动向网络中扩散组播流量，那些需要组播流量的分支必须主动通过朝着 RP 的方向发送 PIM 加入报文，将自己拉到 RPT 上，从而形成 RPT 的一个分支，然后才能从 RPT 上接收组播流量。

在部署 PIM-SM 时，有一个关键设备需要格外关注，那就是 RP（Rendezvous Point），这是一个类似于组播流量汇聚点的概念，通常是网络中某台性能较好的设备。RP 是 RPT 的树根，以它为分界点，可以将组播网络划分为两部分，一部分是从 RP 到接收者，另一部分则是从源到 RP。RP 的作用非常重要，一方面它从组播源接收组播流量，另一方面，需要组播流量的组播路由器朝着 RP 的方向发送 PIM 加入报文，从而在自己与 RP 之间构建 RPT 的一段分支，随后 RP 负责将其从源接收的组播流量沿着 RPT 转发下去。一个 RP 可以同时为多个组播组服务。

在图 12-44 中，R2 被指定为组播组 G 的 RP，网络中的所有组播路由器都知晓这个对应关系。现在组播源 Source 开始向组播组 G 发送组播流量。当第一跳路由器 R1 收到组播流量后，会将其封装在单播报文中发往 RP，这个过程被称为组播源注册过程。如果组播报文持续以这种方式从 R1 发往 RP 显然是非常低效的，因此如果 RP 需要这些组播流量（已经有组播路由器向其申请组播流量），那么接下来它会在自己与第一跳路由器之间构建一棵 SPT，以便从后者直接接收组播流量（而不是被封装在单播报文中的组播流量）。SPT 构建完成后，从 Source 发出的组播流量直接沿着 SPT 转发到 RP。

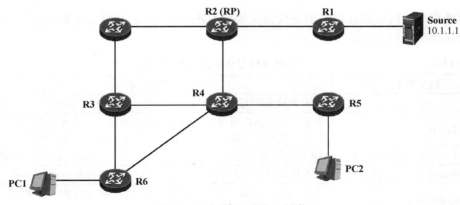

图 12-44 一个 PIM-SM 网络

RP 收到组播流量后，如果网络中没有任何接收者，那么这些流量将直接被丢弃。现在，PC1 宣布加入组播组 G，R6 发现该组成员后，开始朝着 RP 的方向构建 RPT 的分支。

它向上游邻居 R4 发送（*，G）PIM 加入报文，之所以向 R4 发送这个报文，是因为 R6 通过查询自己的单播路由表发现到达 RP 的下一跳是 R4，因此它试图通过 R4 将自己拉到 RPT。R4 收到这个加入报文后，向自己的上游邻居 R2 发送（*，G）PIM 加入报文（如图 12-45 所示），而 R2 本身就是 RP，如此一来，RPT 的一段分支就构建好了。

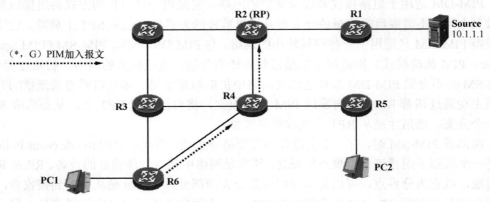

图 12-45   RPT 的加入过程

现在 Source 发出的组播流量到达 RP 后，RP 将它们沿着 RPT 转发下去，直至流量到达接收者。

学习完 12.7 节之后，我们应该能够掌握以下几点。

- 理解 PIM-SM 的特点及适用的网络场景；
- 掌握 PIM-SM 的基础工作机制：RPT 的加入过程、RPT 的剪枝过程、源的注册过程、RPT 到 SPT 的切换过程等；
- 理解 PIM-SM DR 的概念及作用；
- 掌握 PIM-SM 的基础配置。

12.7.1 协议报文

PIM-SM 与 PIM-DM 使用的协议报文类型有所不同。对于 PIM-SM 而言，使用表 12-4 罗列的几种类型的报文。

表 12-4   **PIM-SM 使用的几种类型报文**

报文类型	报文功能
Hello	用于 PIM 邻居发现、协议参数协商，以及 PIM 邻居关系维护等
Register（注册）	用于实现源的注册过程。这是一种单播报文，在源的注册过程中，组播数据被第一跳路由器封装在单播注册报文中发往 RP
Register-Stop（注册停止）	RP 使用该报文通知第一跳路由器停止通过注册报文发送组播流量
Join/Prune（加入/剪枝）	加入报文用于加入组播分发树，剪枝则用于修剪组播分发树
Bootstrap（自举）	用于 BSR 选举。另外 BSR 也使用该报文向网络中扩散 C-RP（Candidate-RP，候选 RP）的汇总信息
Assert（断言）	用于断言机制
Candidate-RP-Advertisement（候选 RP 通告）	C-RP 使用该报文向 BSR 发送通告，报文中包含该 C-RP 的 IP 地址及优先级等信息

12.7.2 RPT 加入过程

PIM-SM 与 PIM-DM 的工作方式不同，PIM-SM 不会像 PIM-DM 那样，直接将组播流量推送到全网，运行 PIM-SM 的路由器需要使用 PIM 加入报文构建 RPT 的分支。图 12-46 展示了一个 PIM-SM 组播网络，这个网络包含 6 台路由器，它们都运行着 PIM-SM。R4 及 R6 各自连接着一个终端网络，而 R1 则连接着组播源 Source，初始情况下，Source 发出的组播流量不会被转发给网络的任何分支，除非 RPT 已经建立了起来。

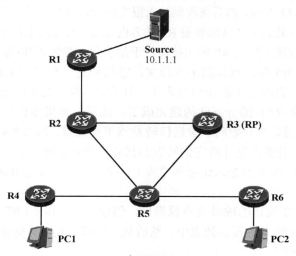

图 12-46　PIM-SM 组播网络

下面分析一下 RPT 的加入过程。由于此时网络中的 RPT 没有任何分支，因此 RP 在收到组播流量后，会直接将其丢弃。

（1）PC1 宣告加入组播组 239.1.1.87，它通过发送 IGMP 成员关系报告宣告自己加组，如图 12-47 所示。

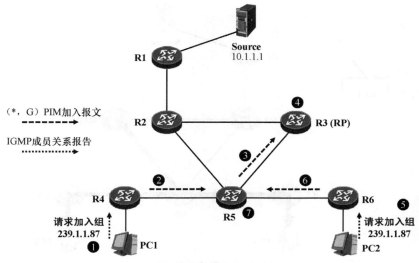

图 12-47　RPT 的加入过程

（2）最后一跳路由器 R4 收到这个 IGMP 成员关系报告后在自己的 PIM 路由表中创建（*，239.1.1.87）表项，将收到 IGMP 报文的接口添加到该组播表项的下游接口列表中，并朝着 RP 的方向发送（*，239.1.1.87）PIM 加入报文。值得注意的是，此时网络中已经实现了单播路由的互通（全网的路由器已经运行了单播路由协议，例如 OSPF），R4 在其单播路由表中查询到达 RP 的路由，从而得到上游接口，以及上游 PIM 邻居的地址（也即 R5 的接口 IP 地址）。

（3）R5 收到了 R4 发送的加入报文后，知道后者想要加入 RPT，于是在其 PIM 路由表中创建（*，239.1.1.87）表项，然后将收到加入报文的接口添加到该表项的下游接口列表中。由于自己并非 RP，因此它需要继续朝着 RP 的方向发送（*，239.1.1.87）加入报文。通过查询单播路由表，R5 发现了到达 RP 的出接口，于是它向上游邻居 R3 发送加入报文。

（4）R3 收到了 R5 发送过来的加入报文，它将创建（*，239.1.1.87）表项，将收到该报文的接口添加到表项的下游接口列表中，由于它本身就是 RP，因此从最后一跳路由器 R4 到 RP 的这段 RPT 的分支就构建完成了。此后，如果 RP 从 Source 收到了发往 239.1.1.87 的组播流量，便开始向下游接口转发该组播流量，那么 R4 就能够在 RPT 上接收（*，239.1.1.87）组播流量并将它们转发到接收者所在的接口。

（5）现在，假设 PC2 也加入组播组 239.1.1.87，于是它发送 IGMP 成员关系报告以宣告自己加组。

（6）R6 收到 PC2 发送的成员关系报告后，创建（*，239.1.1.87）表项，并且将相应的接口添加到该表项的下游接口列表中，然后从上游接口向 R5 发送（*，239.1.1.87）加入报文，请求加入 RPT。

（7）R5 收到 R6 发送的（*，239.1.1.87）加入报文后，发现本地已经存在（*，239.1.1.87）表项，于是将接收该报文的接口加入到（*，239.1.1.87）表项的下游接口列表中，并开始将（*，239.1.1.87）组播流量转发到这个接口。图 12-47 清楚地描述了上述全部过程。

最终 PIM-SM 构建起来的 RPT 如图 12-48 所示。当 RP 收到 Source 发往 239.1.1.87 的组播流量后，便会将该流量沿着 RPT 转发下去。

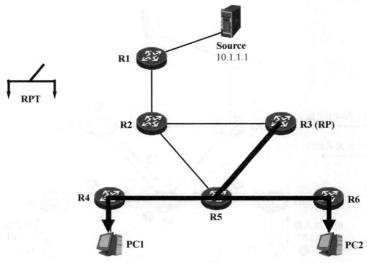

图 12-48 网络中的 RPT

12.7.3 RPT 剪枝过程

随着 RPT 在网络中逐渐成型，组播流量从 RP 沿着 RPT 向下游转发，直至到达每一个接收者所在网段。不在 RPT 上的组播路由器如果需要组播流量，则要朝着 RP 的方向发送 PIM 加入报文，而如果已经处于 RPT 上的组播路由器不再需要组播流量，则要进行 RPT 剪枝过程，将自己从 RPT 上修剪掉。接下来看看 PC2 及 PC1 相继离组的过程。

（1）PC2 不再是组播组 239.1.1.87 的成员，它将发送 IGMP 离组报文，宣告自己离开组播组 239.1.1.87。

（2）R6 收到这个报文后，会在接收报文的接口上进行特定组查询，由于 R6 的直连网段中并不存在 239.1.1.87 组的其他成员，因此它将该接口从组播表项（*，239.1.1.87）的下游接口列表中删除。完成这个操作后，R6 发现（*，239.1.1.87）表项的下游接口列表已经为空，这意味着自己不再需要（*，239.1.1.87）的组播流量，于是从上游接口发送一个（*，239.1.1.87）的 PIM 剪枝报文，试图将自己从 RPT 上剪除。

（3）R5 收到这个剪枝报文后，在自己的（*，239.1.1.87）表项的下游接口列表中将接收该报文的接口删除。执行完这个操作后，由于下游接口列表中还有另外的接口，因此 R5 自己显然还需要（*，239.1.1.87）组播流量，它将会保持现状。

（4）一段时间后，PC1 也离开组播组 239.1.1.87，它通过发送 IGMP 离组报文宣告自己离组。

（5）R4 收到这个报文后，针对该组播组进行查询，查询后发现，这个接口上已经没有 239.1.1.87 组播组的其他成员了，因此它将该接口从（*，239.1.1.87）表项的下游接口列表中删除。完成这个操作后，R4 发现该表项的下游接口列表已经为空，于是从上游接口发送（*，239.1.1.87）剪枝报文，试图将自己从 RPT 中剪除。

（6）R5 收到这个报文后，将接收该报文的接口从自己的（*，239.1.1.87）表项的下游接口列表中删除，如此一来下游接口列表也就为空了，因此 R5 从自己的上游接口发送（*，239.1.1.87）剪枝报文，将自己从 RPT 中剪除。

（7）R3 收到 R5 发送的剪枝报文后，将接收该报文的接口从自己的（*，239.1.1.87）表项的下游接口列表中删除，而执行完这个操作后，它发现该表项的下游接口列表已经为空，如此一来，网络中当前已经不存在 RPT 的任何分支，因此自己也不再需要（*，239.1.1.87）组播流量了，它将 Source 发送过来的（*，239.1.1.87）流量丢弃。

图 12-49 描述了上述过程。

12.7.4 源的注册过程

我们已经知道，在 PIM-SM 网络中，RP 是非常关键的角色。以 RP 为参考点，可以将组播网络划分为两部分，一部分是从 RP 到接收者，另一部分则是从源到 RP。组播源将组播流量发往 RP，而 RP 则将组播流量沿着 RPT 向下游转发，组播流量最终到达每一个接收者所在的网段。

12.7.2～12.7.3 节讨论的实际上是 RP 与接收者之间的这部分网络产生的活动，无论是 RPT 加入还是剪枝过程，都是在维护网络中的 RPT。那么对于另一部分，也就是组播源到 RP 之间存在什么工作机制？组播源是如何将组播流量发送到 RP 的？这将是本节所要讨论的问题。

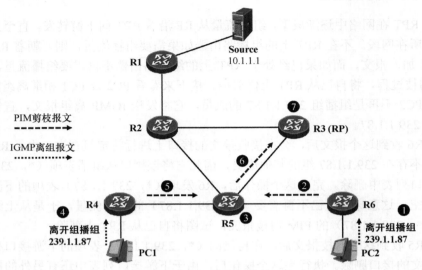

图 12-49 共享树剪枝

以图 12-50 为例，本节聚焦 Source 与 RP，来看看源的注册过程。

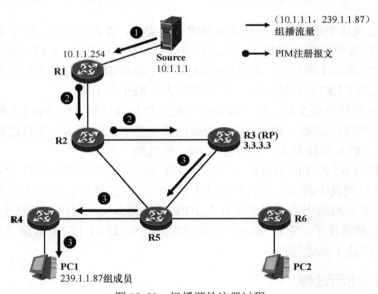

图 12-50 组播源的注册过程

（1）当组播源 Source 开始向组 239.1.1.87 发送组播报文后，这些组播报文首先被第一跳路由器 R1 收到，后者现在要将组播报文发向 RP。R1 将启动一个注册（Register）过程以便将组播报文送达 RP。R1 必须事先知道组播组 239.1.1.87 与 RP（3.3.3.3）的映射关系，然后它通过查询自己的单播路由表寻找到达 RP 的路径。为了确保组播报文能够准确到达 RP，R1 将其收到的组播报文进行封装，它将组播报文封装在 PIM 注册报文中。注册报文是单播报文，缺省时其源 IP 地址为 R1 的接口 IP 地址 10.1.1.254，目的 IP

地址是 RP 的 IP 地址 3.3.3.3。图 12-51 展示了 R1 发送的某个注册报文，我们能直观地
看到该报文中封装的组播报文。

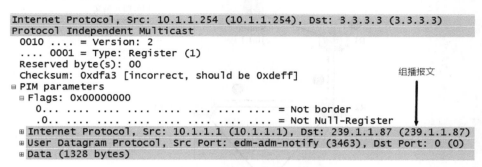

```
Internet Protocol, Src: 10.1.1.254 (10.1.1.254), Dst: 3.3.3.3 (3.3.3.3)
Protocol Independent Multicast
  0010 .... = Version: 2
  .... 0001 = Type: Register (1)
  Reserved byte(s): 00
  Checksum: 0xdfa3 [incorrect, should be 0xdeff]                      组播报文
⊟ PIM parameters
  ⊟ Flags: 0x00000000
      0... .... .... .... .... .... .... .... = Not border
      .0.. .... .... .... .... .... .... .... = Not Null-Register
⊞ Internet Protocol, Src: 10.1.1.1 (10.1.1.1), Dst: 239.1.1.87 (239.1.1.87)
⊞ User Datagram Protocol, Src Port: edm-adm-notify (3463), Dst Port: 0 (0)
⊞ Data (1328 bytes)
```

图 12-51　R1 发出的单播 PIM 注册报文

说明

很多读者可能并不理解，为什么 R1 不直接将组播报文转发到 RP，而是采用注
册的方式，将组播报文封装之后再通过单播的形式发送给 RP？设想一下，R1 是要将组
播报文转发到 RP，如果它采用扩散的方式，将组播报文直接推送出去，显然是不合适的，
因为这些报文的目的地非常明确，就是 RP。而如果将组播报文沿着 R1 与 RP 之间的一
条最优路径（在 R1 与 RP 之间事先建立一条组播分发树的分支）来传递，这也是无法办
到的，因为在 Source 发送组播流量之前，RP 并不知道组播源的所在，因此不可能事先
建立一段组播分发树的分支。

（2）封装着组播报文的注册报文被 R1 发送给 R2，再被 R2 转发到 R3（实际上对于
R2 而言，这只是一个发往 R3 的普通单播报文），现在报文达到了 RP。

（3）RP 将注册报文解封装，得到里面的组播报文，它将这个组播报文沿着 RPT 转
发下去（假设当前 RPT 已经建立完成，PC1 是组播组 239.1.1.87 的成员）。

正如前面所说，第一跳路由器 R1 将 Source 发送的组播报文封装在单播报文中发往
RP 实际上是一个无奈的办法。然而，Source 发送的组播报文会源源不断地被 R1 收到，
如果 R1 对每一个收到的组播报文都封装成注册报文发往 RP，这显然是非常低效的，而
且也加重了 R1 及 RP（RP 需要对每一个注册报文进行解封装）的负担。实际上，当 RP
收到第一个注册报文并成功解封装后，它就已经知道了组播源 Source 的 IP 地址。因此
按照我们之前的分析，此时 RP 完全具备了在自己与组播源之间建立组播分发树的条件。

（4）RP 在自己的单播路由表中查询到达 Source 的路径及出接口，然后朝着 Source
的方向发送（10.1.1.1，239.1.1.87）PIM 加入报文，试图在自己与源之间构建一棵 SPT。
这个加入报文被 RP 发往自己的上游邻居 R2，如图 12-52 所示。

（5）R2 收到这个（10.1.1.1，239.1.1.87）加入报文后，创建（10.1.1.1，239.1.1.87）
表项，并将接收该报文的接口添加到下游接口列表中，然后继续向自己的上游邻居 R1
发送（10.1.1.1，239.1.1.87）加入报文。

（6）R1 收到 R2 发送的（10.1.1.1，239.1.1.87）加入报文后，将接收该报文的接口
添加到（10.1.1.1，239.1.1.87）表项的下游接口列表中。如此一来，R1 到 RP 之间的 SPT

就构建完成了。

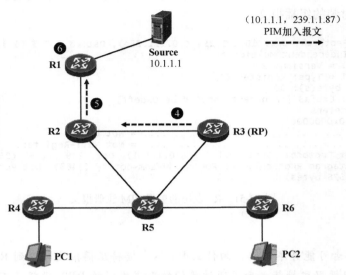

图 12-52　RP 与 Source 之间 SPT 的形成

（7）现在，当 R1 再收到 Source 发往 239.1.1.87 的组播报文时，由于（10.1.1.1，239.1.1.87）表项的下游接口列表为非空，因此 R1 将组播报文从下游接口转发出去。另一方面，R1 依然将组播报文封装在注册报文中，通过单播的方式发往 RP。

（8）R2 收到 R1 发送的组播报文后，发现组播报文是在（10.1.1.1，239.1.1.87）表项的上游接口到达，因此该报文通过了 RPF 检查，R2 将其从自己的下游接口转发给 R3。而单播的注册报文也会被 R2 转发给 R3。

（9）此时对于 R3 而言，一方面会在 SPT 上收到（10.1.1.1，239.1.1.87）组播报文，另一方面对注册报文解封装后，又会得到同一组播报文的另一份拷贝，这是两份相同的组播报文，显然，这是没有意义的。实际上由于 SPT 已经构建完成，RP 已经能够直接从 SPT 接收组播流量，因此 R1 没有必要再将组播报文封装在注册报文中发往 RP。RP 通过向 R1 发送一个 PIM 注册停止报文，以便让 R1 停止向其发送注册报文。

（10）R1 收到注册停止报文后，不再将组播报文封装在注册报文中发往 RP。于是，组播报文只是顺着 SPT 从 R1 转发到 RP。

12.7.5　RPT 到 SPT 的切换过程

在图 12-53 中，PC1 是组播组 239.1.1.87 的接收者，R4 在自己与 RP 之间建立了一段 RPT 的分支，而 RP 则在自己与 R1 之间建立了 SPT。如此一来，组播流量将从 Source 发出，沿着 SPT 先到达 RP，然后由 RP 将组播流量沿着 RPT 转发下去。细心的读者可能已经发现了这里存在的问题：网络中组播流量的转发路径并非最优，组播流量从 R1 出发，流经 R2，然后到 R3，再到 R5，这实际上是一条次优路径，一个更优的方案是，组播流量到达 R2 后，直接被转发给 R5，而不用从 RP 绕一下。网络中存在的另一个问题是，所有的组播流量都需先经由 RP 进行分发，当流量特别大时，RP 的负担将变得非常重，当然也就容易引发故障。

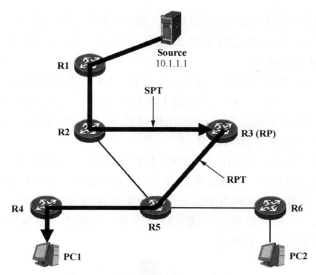

图 12-53 网络中存在 SPT 以及 RPT

PIM-SM 的 SPT 切换机制可以很好地解决这个问题。以图 12-53 中的 R4 为例，当其在 RPT 上收到组播报文时，便立即知晓了组播源的 IP 地址（也就是该报文的源 IP 地址），既然已经知道了组播源的 IP 地址，那么 R4 便可以在自己与组播源之间建立一段 SPT 的分支，然后通过该 SPT 的分支直接从 Source 获取组播流量，由于该 SPT 分支是直接建立在自己与 Source 之间的，因此接收组播流量的路径必定是最优的。

值得注意的是，SPT 切换机制是发生在与组播接收者直连的最后一跳路由器上的。缺省时，R4 在 RPT 上收到第一份组播报文后立即触发 SPT 切换，具体过程如下（图 12-54 描述了这个过程）。

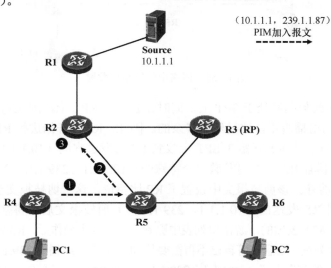

图 12-54 R4 触发 SPT 切换

（1）组播报文沿着 RPT 到达最后一跳路由器 R4，R4 收到组播报文后，它便知晓了 Source 的地址，它将立即启动 SPT 切换（可以通过在 R4 上设置组播流量的速率阈值，使得当组播流量的速率达到指定的阈值后，才触发 SPT 切换。缺省时，最后一跳路由器只要一收到组播报文，便立即进行 SPT 切换）。R4 朝着 Source 的方向发送（10.1.1.1，239.1.1.87）的 PIM 加入报文。

（2）上游邻居 R5 收到 R4 的（10.1.1.1，239.1.1.87）加入报文后，将接收该报文的接口添加到（10.1.1.1，239.1.1.87）表项的下游接口列表中。然后在单播路由表中查询到达 Source 的路由，明确了到达 Source 的出接口及下一跳 IP 地址后，R5 向上游邻居 R2 发送（10.1.1.1，239.1.1.87）加入报文。

（3）R2 此时已经存在（10.1.1.1，239.1.1.87）表项，它将收到加入报文的接口添加到该表项的下游接口列表中。现在，R2 的（10.1.1.1，239.1.1.87）表项的下游接口列表存在两个接口，一个是连接 RP 的接口，另一个则是连接 R5 的接口。当它再从 R1 接收（10.1.1.1，239.1.1.87）组播流量时，便会将该流量从这两个下游接口转发出去。此时网络中的组播分发树如图 12-55 所示。

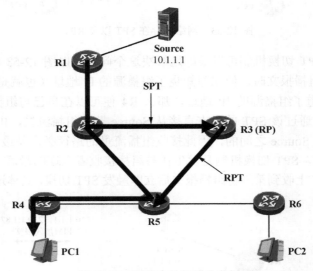

图 12-55　网络中的组播分发树

（4）由于 R5 此刻已经处于 SPT 上，同时，它还在 RPT 上，因此它会分别在 SPT 及 RPT 上收到重复的组播流量，这显然是多余的。因此，R5 会开始进行 RPT 修剪过程，将自己从 RPT 上剪除。当 R5 开始在 SPT 上收到 R2 转发过来的（10.1.1.1，239.1.1.87）组播流量后，R5 将朝着 RP 的方向发送一个特殊的（10.1.1.1，239.1.1.87）剪枝报文，试图将自己从 RPT 上剪除。该剪枝报文中设置了 RP 比特位，这个剪枝报文会一路发往 RP。

（5）R3 收到 R5 发送的（10.1.1.1，239.1.1.87）剪枝报文后，将接收报文的接口从（10.1.1.1，239.1.1.87）表项的下游接口列表中删除。完成这个操作后，R3 发现此时该表项的下游接口列表已经为空，这意味着自己不再需要从 SPT 上接收组播组 239.1.1.87 的组播流量，因此它朝着 Source 的方向发送（10.1.1.1，239.1.1.87）剪枝报文，试图将自己从 SPT 上剪除。

（6）R2 收到 R3 发送的（10.1.1.1，239.1.1.87）剪枝报文后，将接收该报文的接口从（10.1.1.1，239.1.1.87）表项的下游接口列表中删除。到目前为止，该网络中的组播分发树已经完成刷新。组播流量将沿着 SPT 从 Source 流向 PC1。

12.7.6 PIM-SM DR

在图 12-56 中，假设网络中已经部署了 PIM-SM，R1 及 R2 都连接到了同一台交换机上，两台路由器的 GE0/0/0 接口处于同一个广播域并且使用相同的 IP 网段。当组播源 Source 开始向网络中发送组播流量时，R1 及 R2 都将在它们的 GE0/0/0 接口上收到这些流量。在这个拓扑中，R1 及 R2 都是直连组播源的第一跳路由器，设想一下，如果在收到组播流量后，二者都向 RP 发起注册过程，那么 RP 将收到重复的组播流量，这不仅没有意义，而且还造成了设备资源及网络带宽的浪费。另一边的 R5 及 R6 也存在问题，这两台路由器的 GE0/0/1 接口，以及组播接收者 PC1 都连接到了同一台交换机，当 PC1 需要组播流量时，它会向网络中发送 IGMP 成员关系报告以宣告自己加组，R5 及 R6 都会收到这个 IGMP 报文。由于 R5 及 R6 都是直连着组成员的最后一跳路由器，设想一下，如果两者都执行 RPT 加入过程，都朝着 RP 的方向发送 PIM 加入报文，那么造成的结果是 R5 及 R6 都将与 RP 建立一段 RPT 的分支，而组播流量将沿着这两段分支分别到达 R5 及 R6，当然，初始时 R5 及 R6 都会将组播流量从自己的 GE0/0/1 接口发出，而后启动断言机制，假设 R5 在断言机制中落败，它便会将自己从 RPT 上剪除。实际上，对于 R5 及 R6 而言，只需一台路由器（例如 R6）启动 RPT 加入机制即可。

PIM 设计了 DR 来解决上述问题。DR 主要用于以下两种场景。

（1）组播源所在网段中的 DR 负责向 RP 发起组播源注册过程；

（2）组成员所在网段中的 DR 负责向 RP 发起 RPT 加入过程。

在图 12-57 中，组播源 Source 所在的网段中连接着两台第一跳路由器：R1 及 R2，这两台路由器的 GE0/0/0 接口都已经激活了 PIM，PIM 将在该网段中选出一台 DR。如果 R2（的 GE0/0/0 接口）胜出成为该网段的 DR，那么当 Source 开始发送组播流量时，将由 R2 向 RP 发送注册报文、启动注册过程，而 R1（的 GE0/0/0 接口）由于在 DR 选举中落败，因此不向 RP 发起注册过程。

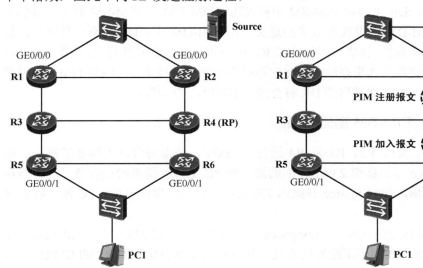

图 12-56 组播源及组播接收者所在的网段中 接入了多台组播路由器

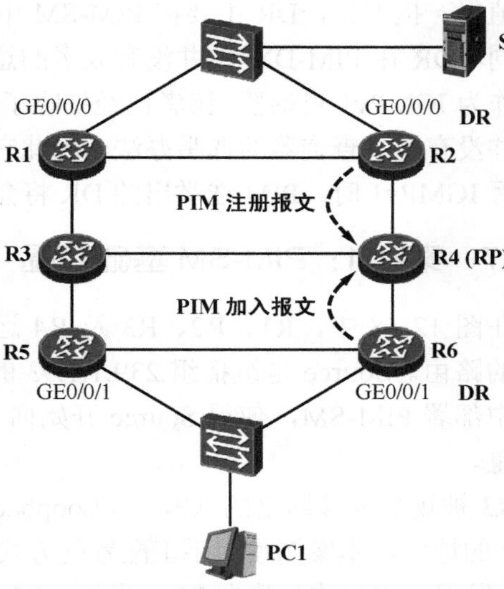

图 12-57 组播网络中的 DR

另一方面，R5 的 GE0/0/1 接口、R6 的 GE0/0/1 接口与组成员处于同一个网段，如果 R6（的 GE0/0/1 接口）胜出成为该网段的 DR，那么当 PC1 宣告加入组播组时，将由 R6 向 RP 发送加入报文、执行 RPT 加入过程。

DR 的选举依赖于 PIM 的 Hello 报文，当设备的接口激活 PIM 后，该接口便开始发送 Hello 报文，PIM 使用 Hello 报文发现并建立邻居关系，Hello 报文中携带着接口的 DR 优先级以及 IP 地址等信息。当设备在接口上收到其他邻居发送过来的 Hello 报文后，便会将自己的 DR 优先级和 IP 地址与报文中的内容进行比较，从而选举出该网段中的 DR。

DR 的选举规则如下。

（1）当网络中的设备都支持 DR 优先级时，DR 优先级最高的设备（的接口）将胜出成为该网段的 DR。DR 优先级的值越大，则优先级越高。

（2）如果 DR 优先级相同，或者接入该网段的设备中至少有一台设备不支持在 Hello 报文中携带 DR 优先级，那么接口 IP 地址最大的设备将成为该网段的 DR。

说明

如果设备收到邻居发来的 Hello 报文后，发现该报文中并未携带 DR 优先级字段，它将意识到对方不支持 DR 优先级，此时它将不再使用自己的 DR 优先级与对方进行竞争，而是采用接口 IP 地址与对方的 IP 地址进行比较，IP 地址更大者胜出。

DR 的角色是可抢占的，这意味着，如果一个网段中已经存在 DR，而后又出现了一台新的设备，且该设备的接口 DR 优先级要高于当前 DR，那么它将会抢占其角色，成为该网段的新 DR。华为网络设备缺省的接口 DR 优先级值为 1，当然，这是可以通过命令修改的（可在接口视图下使用 **pim hello-option dr-priority** 命令修改该接口的 DR 优先级），为了保证一个网段中 DR 角色的稳定，建议根据网络实际情况选择 DR 设备，并将该设备的接口 DR 优先级调高。

值得一提的是，DR 主要在 PIM-SM 中被使用。PIM-DM 与 PIM-SM 的工作机制大不相同，DR 在 PIM-DM 中并没有太多的意义。在 PIM-DM 中，DR 仅有一种作用，那便是作为 IGMPv1 查询器。读者已经知晓了 IGMP 查询器的概念及其意义，由于 IGMPv1 标准并没有定义查询器的选举办法，因此它不得不求助于组播协议，例如 PIM。当网络中运行 IGMPv1 时，PIM 选举出的 DR 将会成为 IGMPv1 查询器。

12.7.7 案例 1：PIM-SM 基础配置

在图 12-58 中，R1、R2、R3 及 R4 运行了 OSPF，使得每台路由器都了解了到达全网的路由。Source 是组播组 239.1.1.93 的源，而 PC 是该组播组的接收者。现在需在网络中部署 PIM-SM，使得 Source 开始向 239.1.1.93 发送组播流量后，PC 能够收到这些流量。

R3 被规划为该网络的 RP，其 Loopback0 接口地址为 3.3.3.3/32，这个 IP 地址将作为 RP 的地址，本案例使用手工配置的方式告知每台组播路由器关于 RP 的 IP 地址，这种 RP 发现方式被称为静态 RP。当然，R3 的 Loopback0 接口地址需要在 OSPF 中发布，以便所有的组播路由器都能通过 OSPF 发现到达 RP 的路由。

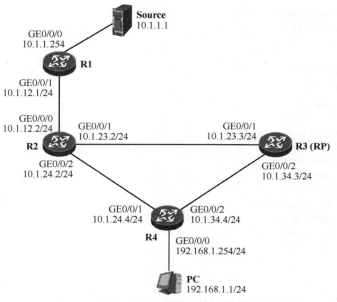

图 12-58　PIM-SM 基础配置

R1 的配置如下：

```
[R1]multicast routing-enable
[R1]interface GigabitEthernet 0/0/0
[R1-GigabitEthernet0/0/0]pim sm
[R1-GigabitEthernet0/0/0]quit
[R1]interface GigabitEthernet 0/0/1
[R1-GigabitEthernet0/0/1]pim sm
[R1-GigabitEthernet0/0/1]quit

[R1]pim
[R1-pim]static-rp 3.3.3.3
```

R2 的配置如下：

```
[R2]multicast routing-enable
[R2]interface GigabitEthernet 0/0/0
[R2-GigabitEthernet0/0/0]pim sm
[R2-GigabitEthernet0/0/0]quit
[R2]interface GigabitEthernet 0/0/1
[R2-GigabitEthernet0/0/1]pim sm
[R2-GigabitEthernet0/0/1]quit
[R2]interface GigabitEthernet 0/0/2
[R2-GigabitEthernet0/0/2]pim sm
[R2-GigabitEthernet0/0/2]quit

[R2]pim
[R2-pim]static-rp 3.3.3.3
```

R3 的配置如下：

```
[R3]multicast routing-enable
[R3]interface GigabitEthernet 0/0/1
[R3-GigabitEthernet0/0/1]pim sm
[R3-GigabitEthernet0/0/1]quit
[R3]interface GigabitEthernet 0/0/2
```

```
[R3-GigabitEthernet0/0/2]pim sm
[R3-GigabitEthernet0/0/2]quit

[R3]pim
[R3-pim]static-rp 3.3.3.3
```

R4 的配置如下：

```
[R4]multicast routing-enable
[R4]interface GigabitEthernet 0/0/1
[R4-GigabitEthernet0/0/1]pim sm
[R4-GigabitEthernet0/0/1]quit
[R4]interface GigabitEthernet 0/0/2
[R4-GigabitEthernet0/0/2]pim sm
[R4-GigabitEthernet0/0/2]quit
[R4]interface GigabitEthernet 0/0/0
[R4-GigabitEthernet0/0/0]pim sm
[R4-GigabitEthernet0/0/0]igmp enable
[R4-GigabitEthernet0/0/0]quit

[R4]pim
[R4-pim]static-rp 3.3.3.3
```

在上述配置中，PIM 视图内执行的 **static-rp 3.3.3.3** 命令用于手工指定 RP 的地址，这种 RP 发现方式相对而言比较简单，但是存在一定的缺陷，即如果 RP 的地址发生了变更，网络管理员就必须在所有的组播路由器上手工修改 RP 地址。而且如果网络要求 RP 发生故障时实现动态切换，那么静态 RP 的方式就无法胜任了，此时可以使用动态 RP，本书将在后续的内容中介绍动态 RP。

接口视图下执行的 **pim sm** 命令用于在接口上激活 PIM-SM，接口一旦激活 PIM-SM，便会开始发送 PIM Hello 报文。

完成上述配置后，首先检查一下各台路由器的 PIM 邻居表，以 R4 为例，其 PIM 邻居表如下：

```
<R4>display pim neighbor
 VPN-Instance: public net
 Total Number of Neighbors = 2

 Neighbor      Interface   Uptime     Expires    Dr-Priority  BFD-Session
 10.1.24.2     GE0/0/1     00:06:32   00:01:43   1            N
 10.1.34.3     GE0/0/2     00:06:16   00:01:20   1            N
```

R4 已经在其 GE0/0/1 及 GE0/0/2 接口上各发现了一个 PIM 邻居。所有的 PIM 路由器之间需根据需要建立正确的 PIM 邻居关系。

此外，使用 **display pim rp-infor** 命令，可以看到路由器所发现的 RP（在一个大型网络中，RP 可能不止一个），以 R4 为例：

```
<R4>display pim rp-info
 VPN-Instance: public net
 PIM SM static RP Number:1
  Static RP: 3.3.3.3
```

而使用 **display pim rp-info 239.1.1.93** 命令，则可以查看组播组 239.1.1.93 映射的 RP。在本例中，R3 作为 RP 面向所有的组播组服务，因此任意的组播组对应的 RP 都是 R3。

现在，假设 PC 开始加入组播组 239.1.1.93，它将向网络中发送 IGMP 成员关系报告，以宣告自己加组，R4 将在自己的 GE0/0/0 接口上收到这些 IGMP 报文，并创建 IGMP 路由表项。此外，R4 还会创建（*，239.1.1.93）的 PIM 路由表项，并将 GE0/0/0 接口添加到该表项的下游接口列表中。R4 在其单播路由表中查询到达 RP（3.3.3.3）的路由，它发现了一条匹配的路由：

```
<R4>display ip routing-table 3.3.3.3
Route Flags: R - relay, D - download to fib
------------------------------------------------------------------
Routing Table : Public
Summary Count : 1
Destination/Mask        Proto    Pre   Cost  Flags NextHop      Interface
     3.3.3.3/32         OSPF     10    1     D     10.1.34.3    GigabitEthernet0/0/2
```

因此它将 GE0/0/2 接口指定为（*，239.1.1.93）表项的上游接口，然后从上游接口发送 PIM 加入报文。

此时 R4 的 PIM 路由表项如下：

```
<R4>display pim routing-table
 VPN-Instance: public net
 Total 1 (*, G) entry; 0 (S, G) entry

 (*, 239.1.1.93)
     RP: 3.3.3.3
     Protocol: pim-sm, Flag: WC
     UpTime: 00:00:03
     Upstream interface: GigabitEthernet0/0/2
         Upstream neighbor: 10.1.34.3
         RPF prime neighbor: 10.1.34.3
     Downstream interface(s) information:
     Total number of downstreams: 1
         1: GigabitEthernet0/0/0
             Protocol: igmp, UpTime: 00:00:03, Expires: -
```

上游 PIM 邻居 R3 收到 R4 发送的加入报文后，创建 PIM 路由表项，将其收到该报文的接口 GE0/0/2 添加到该表项的下游接口列表中，由于它自己就是 RP，因此无需再发送加入报文。此时 R3 的 PIM 路由表如下：

```
<R3>display pim routing-table
 VPN-Instance: public net
 Total 1 (*, G) entry; 0 (S, G) entry

 (*, 239.1.1.93)
     RP: 3.3.3.3 (local)
     Protocol: pim-sm, Flag: WC
     UpTime: 00:02:02
     Upstream interface: Register
         Upstream neighbor: NULL
         RPF prime neighbor: NULL
     Downstream interface(s) information:
     Total number of downstreams: 1
         1: GigabitEthernet0/0/2
             Protocol: pim-sm, UpTime: 00:02:02, Expires: 00:03:28
```

由于到目前为止，暂时未有组播源向该 RP 注册，因此，此时上游接口依然为空。

现在，Source 开始向组播组 239.1.1.93 发送组播流量，第一跳路由器 R1 将在其 GE0/0/0 接口上收到这些流量，随后立即开始注册过程。

R1 将首先在单播注册报文中封装这些组播报文，将它们发往 RP。R3 解封装这些报文后，将组播报文沿着 RPT 向下游转发。随后 R3 立即朝着 Source 的方向发送（10.1.1.1，239.1.1.93）加入报文，试图在自己与 R1 之间建立一段 SPT 的分支，一棵途经 R3、R2、R1 的 SPT 将会建立起来，组播流量将沿着这棵 SPT 发往 RP。

在 SPT 上收到组播流量后，R3 将立即向 R1 发送注册停止报文以停止源的注册过程。源向 RP 注册的过程发生得非常快，在 Source 开始发送组播流量之后的极短时间内，R3 与 R1 之间的 SPT 分支就已经建立好了。此外，R4 作为最后一跳路由器，当其在 RPT 上收到 RP 转发过来的第一个目的地址为 239.1.1.93 的组播报文时，R4 将首先对该报文进行 RPF 检查。值得注意的是，由于此时 R4 依然在 RPT 上，针对自己在 RPT 上接收的组播流量，R4 将会在其单播路由表中查询到达 RP 的路由，并将路由的出接口作为 RPF 接口（图中的 GE0/0/2）。由于组播报文的确是在正确的接口上收到的，因此报文通过 RPF 检查，R4 将其转发到下游接口 GE0/0/0。与此同时，由于设备缺省从 RPT 收到第一个组播数据包后立即进行 SPT 切换，因此 R4 立即在单播路由表中查询到达 Source 的路由，将到达 Source 的路由的出接口 GE0/0/1 指定为（10.1.1.1，239.1.1.93）表项的上游接口，并从该接口向上游发送（10.1.1.1，239.1.1.93）加入报文，试图在自己与源之间建立一段 SPT 的分支。R2 将在其 GE0/0/2 接口上收到这个报文，由于它已经存在（10.1.1.1，239.1.1.93）表项，因此它将接口 GE0/0/2 添加到该表项的下游接口列表中，并开始向该接口转发（10.1.1.1，239.1.1.93）组播流量。当 R4 开始在其 GE0/0/1 接口上接收（10.1.1.1，239.1.1.93）组播流量时，它立即发起 RPT 修剪过程，将自己从 RPT 上剪除。实际上，在网络中发生的 RPT 到 SPT 的切换过程也是非常迅速的，因此读者想要观察到相关过程可能同样困难。

网络稳定后，观察一下各设备的 PIM 组播表项：

```
<R4>display pim routing-table
 VPN-Instance: public net
 Total 1 (*, G) entry; 1 (S, G) entry

 (*, 239.1.1.93)
     RP: 3.3.3.3
     Protocol: pim-sm, Flag: WC
     UpTime: 03:33:48
     Upstream interface: GigabitEthernet0/0/2
         Upstream neighbor: 10.1.34.3
         RPF prime neighbor: 10.1.34.3
     Downstream interface(s) information:
     Total number of downstreams: 1
         1: GigabitEthernet0/0/0
             Protocol: igmp, UpTime: 03:33:48, Expires: -

 (10.1.1.1, 239.1.1.93)
     RP: 3.3.3.3
     Protocol: pim-sm, Flag: RPT SPT ACT
     UpTime: 01:17:15
     Upstream interface: GigabitEthernet0/0/1
         Upstream neighbor: 10.1.24.2
         RPF prime neighbor: 10.1.24.2
     Downstream interface(s) information:
     Total number of downstreams: 1
```

```
1: GigabitEthernet0/0/0
    Protocol: pim-sm, UpTime: 01:17:15, Expires: -
```

R4 的 PIM 组播路由表如上所示，我们看到它既存在（*，239.1.1.93）表项，也存在（10.1.1.1，239.1.1.93）表项。实际上，当前用于指导组播数据转发的是（10.1.1.1，239.1.1.93）表项，该表项中的 ACT 标志意味着这是一个已经有数据到达的组播表项。

缺省情况下，与组播组接收者直连的 DR 在 RPT 上收到第一份组播报文后便会立即触发 RPT 到 SPT 的切换过程，正如本节中的例子，R4 作为 DR，当其在 RPT 上收到第一份组播报文后，立即朝着 Source 的方向发送（10.1.1.1，239.1.1.93）加入报文。实际上，DR 触发 SPT 切换的条件是可配置的，在 R4 的 PIM 视图下，使用 **spt-switch-threshold** 命令可以修改组成员侧的 DR 加入 SPT 的组播报文速率阈值。例如，如果想将 DR 配置为永远不进行 SPT 切换，则可使用如下命令（以 R4 为例）：

```
[R4]pim
[R4-pim]spt-switch-threshold infinity
```

又或者，如果希望当 DR 接收的组播流量速率超过 300kbit/s 时触发 SPT 切换，则可使用如下命令：

```
[R4]pim
[R4-pim]spt-switch-threshold 300
```

另外，**timer spt-switch** 命令用来配置在 RPT 切换到 SPT 前检查组播数据速率是否达到阈值的时间间隔，该间隔的缺省值为 15 秒。

12.7.8　案例 2：DR 的选举与控制

经过前文的讲解，读者已经熟悉了 DR 的概念及作用，在组播网络中，对于 PIM-SM 而言，DR 的作用是颇为重要的。在进行网络规划时，为了保证网络的可控，我们时常会人为干预 DR 的选举。在图 12-59 中，R5 及 R6 是两台最后一跳路由器，它们的 GE0/0/1 接口都接入同一台以太网交换机，该交换机还连接着组播成员。如果此时期望确保 R5 的 GE0/0/1 接口能够成为该网段的 DR，那么可以调节其

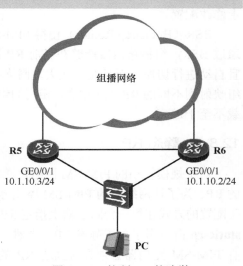

图 12-59　控制 DR 的选举

接口的 DR 优先级，将该优先级调整成一个较大的值。例如：

```
[R5]multicast routing-enable
[R5-GigabitEthernet0/0/1]ip add 10.1.10.3 24
[R5-GigabitEthernet0/0/1]pim sm
[R5-GigabitEthernet0/0/1]pim hello-option dr-priority 1000000
```

在接口视图下执行的 **pim hello-option dr-priority** 命令用于修改该接口的 DR 优先级（缺省值为 1）。完成上述配置后，可以使用 **display pim interface** 命令查看配置是否生效：

```
<R5>display pim interface
 VPN-Instance: public net
 Interface        State    NbrCnt    HelloInt    DR-Pri     DR-Address
 GE0/0/1          up       1         30          1000000    10.1.10.3 (local)
```

从以上输出可以看出，R5 的 GE0/0/1 接口的 DR 优先级已经被顺利修改，而且该接

口已经成为网段中的 DR，DR-Address 列显示了 DR 的地址，local 字样说明本设备（的接口）就是 DR。

12.8 RP 的发现

RP 在 PIM-SM 网络中的地位是非常关键的。PIM-SM 路由器可以通过两种方式发现网络中的 RP。

- 通过手工配置的方式。
- 通过 BSR 动态发现。

通过手工配置的方式为 PIM-SM 路由器指定 RP 的地址是一种简单直接的方法，这种方式配置的 RP 被称为静态 RP，该方式适用于规模较小的组播网络，网络管理员仅需在所有的 PIM-SM 路由器上使用一条简单的命令即可为设备指定 RP 的地址。在一个大型的 PIM-SM 网络中，考虑到组播路由器的数量比较庞大，在每台设备都进行相应的配置是比较繁琐的，而且当 RP 的地址发生变化时，网络管理员又不得不手工在每台设备上修改配置。

BSR（Bootstrap Router）使得 PIM-SM 路由器能够动态地发现与组播组对应的 RP。通过 BSR，组播路由器能够在当前 RP 出现故障的情况下动态地感知到变化的发生，并且自动进行切换。而且在一些大型网络中，可能存在多个 RP，BSR 能够将不同的组播组映射到不同的 RP 上（注意，相同的组播组必须映射到同一个 RP），使得单个 RP 的负载不至于过高。

12.8.1 静态 RP

对于规模较小的 PIM-SM 网络，通常我们会在网络设备中指定其中一台作为组播组的 RP。为了让网络中的 PIM-SM 路由器都知晓 RP 的地址，一个最简单的方式是使用手工配置的方式在每一台路由器上指定 RP 的地址。在 PIM-SM 路由器的 PIM 配置视图中，**static-rp** 命令用于配置静态 RP。当然，为了确保 RP 能够正确地发挥作用，网络中的所有 PIM-SM 路由器必须具备到达 RP 的正确单播路由信息，否则即便路由器知晓了 RP 的地址，也无法构建 RPT，或者向 RP 发起注册过程。

在一个实际网络中，作为 RP 的设备往往同时有多个接口接入组播网络，如图 12-60 所示，R3 被选择作为网络中的 RP，它的 GE0/0/0、GE0/0/1 及 GE0/0/2 接口都连接到网络中，那么究竟该选择哪一个接口的地址作为 RP 的地址呢？假设选择 GE0/0/0 的 IP 地址，即 10.1.13.3/24 作为 RP 地址，那么一旦该接口发生故障，或者该接口所直连的链路发生故障，该地址将变为不可达，RP 自然也就无法被正常访问。使用 GE0/0/1 或者 GE0/0/2 接口的 IP 地址为作为 RP 的地址同样存在类似的问题。实际上，在该网络中，为了确保所有的 PIM-SM 路由器都具备到达 RP 的路由信息，路由器很可能都部署了诸如 OSPF 之类的动态路由协议。当 R3 的某个接口发生故障时，网络中的 PIM-SM 路由器可以通过其他接口访问 R3，换而言之，到达 R3 的路径可以借助动态路由协议实现冗余性。因此一个更佳的解决方案是，在 R3 上创建 Loopback 接口，为该接口分配一个 IP 地址，例如 3.3.3.3/32，然后将该地址通告到动态路由协议中。这样，全网的 PIM-SM 路由器都能通过动态路由协议了解去往 3.3.3.3/32 的路由，接下来所有的 PIM-SM 路由器都将组播组映射到 3.3.3.3/32。由于 Loopback 接口是稳定可靠的，加上网络中存在动态路由协议，因此只要 R3 还有一个活跃的接口在正常工作，网络中的 PIM-SM 路由器就依然能够通过这个接口到达 3.3.3.3/32，从而保持与 RP 的连通性。值得一提的是，作为静态 RP 的接口不必激活 PIM-SM。例如本例中，R3 使用其 Loopback0 接口地址作为 RP 的地址，那么其 Loopback0 接口可以不必激活 PIM-SM。

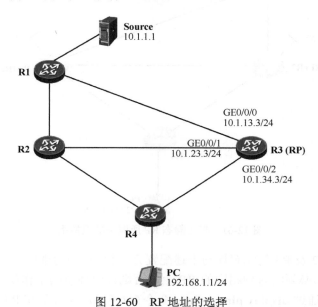

图 12-60　RP 地址的选择

在 PIM-SM 中使用 **static-rp** 命令时，静态 RP 的 IP 地址是必须填写的参数，此外还有一些其他的可选参数。例如，**static-rp** 命令可以关联一个 ACL，用于控制静态 RP 所服务的组播组。在配置这个功能时，需要先定义一个 ACL，在 ACL 中匹配特定的组播组地址，然后在 **static-rp** 命令中指定静态 RP 的地址并关联该 ACL，这样这个静态 RP 将只为该 ACL 中所匹配的组播组服务。如果 **static-rp** 命令中并没有关联任何 ACL，那么该命令所配置的静态 RP 将为所有的组播组服务。

在图 12-61 中，假设该网络使用了多个组播组（239.0.0.0/24），为了避免所有的组播组都映射到单一的 RP 上导致该 RP 负担过重，网络中规划了两个 RP，它们分别是 R2 及 R3。R2 及 R3 各自创建一个 Loopback0 接口，并分别配置 IP 地址 2.2.2.2/32 及 3.3.3.3/32。二者都将各自的 Loopback0 接口的直连路由通告到网络中所运行的单播动态路由协议中。接下来，可以将组播组 239.0.0.0/25 映射到 R2，将 239.0.0.128/25 映射到 R3。以 R4 为例，它的静态 RP 配置如下：

```
[R4]acl 2000
[R4-acl-basic-2000]rule permit source 239.0.0.0 0.0.0.127

[R4]acl 2001
[R4-acl-basic-2001]rule permit source 239.0.0.128 0.0.0.127
```

```
[R4]pim
[R4-pim]static-rp 2.2.2.2 2000
[R4-pim]static-rp 3.3.3.3 2001
```

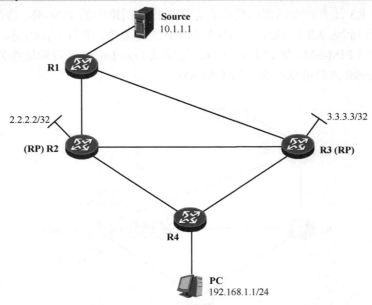

图 12-61 指定静态 RP 所服务的组播组

当然，R1、R2 及 R3 的配置均与上述配置完全相同，对于同一个组播组，网络中所有 PIM-SM 路由器必须映射到相同的 RP 上，否则该组播组的工作就会出现问题。完成上述配置后，可以通过 **display pim rp-info** 命令查看生效情况，如在 R4 上执行这条命令，可以看到如下输出：

```
<R4>display pim rp-info
 VPN-Instance: public net
 PIM SM static RP Number:2
     Static RP: 2.2.2.2
         Configured ACL: 2000
     Static RP: 3.3.3.3
         Configured ACL: 2001
```

我们也可以在 **display pim rp-info** 命令中增加组播组 IP 地址，从而查询该组播组映射到的 RP 地址。例如在 R4 上执行 **display pim rp-info 239.0.0.177** 命令，可以看到如下输出：

```
<R4>display pim rp 239.0.0.177
 VPN-Instance: public net
 Static RP Address is: 3.3.3.3
     Configured ACL: 2001
 RP mapping for this group is: 3.3.3.3
```

组播组 239.0.0.177 映射到了 RP 3.3.3.3，这与我们的规划是相符的。

在 12.8 节开始的时候，读者已经了解到，PIM-SM 路由器存在两种发现 RP 的机制，一种是静态 RP 方式，另一种则是采用 BSR 的方式，让网络中的 PIM-SM 路由器自动发现 RP。在一台 PIM-SM 路由器上，允许同时部署这两种 RP 发现机制。此时对于同一个组播组地址，通过这两种 RP 发现机制映射的 RP 地址如果不同，缺省情况下，路由器将优先选择 BSR 发现的动态 RP。当该动态 RP 失效时，则自动切换到手工配置的静态 RP。当然，可以通过命令改变这种优选顺序。如果在使用 **static-rp** 命令配置静态 RP 时，增加 **preferred** 关键字，那么路由器将优选手工配置的静态 RP。

    static-rp 命令可以在一台路由器上多次执行，但是同一个 ACL 只能映射到一个静态 RP。如果 **static-rp** 命令不关联任何 ACL，那么只能配置一个静态 RP。

    需要再次强调的是，RP 的地位在 PIM-SM 网络中是非常关键的。针对 RP 有如下要求。

    ● 所有 PIM-SM 路由器（包括 RP 本身）需要有针对 RP 完全一致的认知。同一个组播组，在所有的 PIM-SM 路由器上必须映射到相同的 RP。

    ● 一个特定的组播组只能被映射到唯一的 RP 上。如果在同一个 PIM-SM 网络中，一个组播组被映射到了不同的 RP，那么组播的工作显然是会出现问题的。

12.8.2　BSR 概述

    RP 相当于组播网络中的一个组播数据汇聚中心，而 BSR（BootStrap Router）则相当于组播网络中的管理中心，它管理着动态选举 RP 的整个过程。BSR 的工作机制并不复杂。首先网络中会选举出一台 BSR，BSR 被选举出来之后，它将向整个网络通告自己的存在。网络中的 PIM-SM 路由器会侦听 BSR 所泛洪的通告并保存 BSR 的相关信息，而 C-RP（Candidate-RP，候选 RP）则纷纷向 BSR 发送自己的候选通告。BSR 收集所有 C-RP 发送过来的候选通告后，将这些通告加以汇总，然后将汇总的信息向全网进行泛洪。网络中所有的 PIM-SM 路由器都会收到这个汇总信息，然后各自基于这些信息，采用相同的算法进行计算，最终得到组播组与 RP 的映射关系。由于每台 PIM-SM 路由器所收到的 C-RP 信息集合是一致的，而且基于这些信息采用相同的算法进行计算，因此得出的组播组与 RP 的映射关系必然也是相同的。

    在网络中部署 BSR 后，网络中将存在以下几种设备类型。

    1．C-BSR

    网络中允许存在一台或者多台 C-BSR，C-BSR（Candidate-BSR，候选 BSR）是 BSR 的候选者，它们都有意愿成为 BSR，在成为 BSR 之前，它们之间要进行选举，胜出的 C-BSR 成为该网络的 BSR。BSR 的选举是通过 PIM 自举（Bootstrap）报文进行的，报文中包含 C-BSR 的优先级、哈希掩码长度，以及其 IP 地址等信息。网络中优先级值最大的 C-BSR 胜出成为 BSR，如果优先级相等，那么拥有最大 IP 地址的 C-BSR 将会胜出。

    2．BSR

    在一个 PIM-SM 网络中，可以存在一台或多台 C-BSR，但只会存在一台 BSR，它是从所有 C-BSR 中选举产生的。BSR 周期性地向网络中泛洪自举报文，以通告自己的信息。所有 C-RP 都会知晓 BSR 的地址。BSR 负责收集 C-RP 发送过来的信息，将 C-RP 信息汇总后泛洪到整个 PIM-SM 网络中。从这个层面可以看出，实际上 BSR 并不决定组播组与 RP 的映射关系，它只是简单地将 C-RP 的信息汇总并扩散，而决定组播组与 RP 映射关系的是每一台 PIM-SM 路由器自己。

    3．C-RP

    C-RP 是 RP 的候选者，网络中允许存在一台或多台 C-RP，这些 C-RP 可以为不同的组播组范围服务，而且组播组范围可以有重叠。C-RP 获知 BSR 的地址后，将自己负责的组播组范围、RP 优先级及 IP 地址等信息以单播的形式发送给 BSR。

4. RP

关于 RP 的概念此处不再多介绍，读者已经非常熟悉了。如果 PIM-SM 路由器采用 BSR 自动发现 RP，那么每一台 PIM-SM 路由器会基于 BSR 泛洪的、关于所有 C-RP 的信息进行计算，最终将组播组映射到 RP。所有 PIM-SM 路由器针对相同的组播组，都会映射到同一台 RP。

一台 PIM-SM 路由器可以是 C-BSR，同时又是一台 C-RP，当然，路由器也可以既不是 C-BSR，又不是 C-RP，此时它将不会参与 BSR 的竞选，也不会参与 RP 的竞选，但是它们会侦听 BSR 通告的 C-RP 汇总信息。

12.8.3　BSR 工作机制

在图 12-62 中，所有的路由器都运行了 PIM-SM，其中 R3 及 R5 是 C-BSR，R2 及 R4 是 C-RP。下面简单地讲解一下 BSR 的工作过程。假设 R5 的 BSR 优先级值为 100，R3 的 BSR 优先级值为 50。

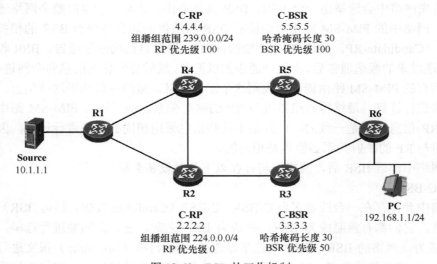

图 12-62　BSR 的工作机制

（1）初始时，R3 及 R5 都认为自己是 BSR，它们都向网络中泛洪 PIM 自举报文（如图 12-63 所示），该报文以组播的方式发送，目的 IP 地址是组播 IP 地址 224.0.0.13。自举报文会被扩散到全网（实际上自举报文是逐跳地传遍整个网络的），这使得所有的 C-BSR 都能知晓网络中其他 C-BSR 的信息。自举报文中包含着多个重要信息，其中有两个信息在这个过程中发挥着关键作用，一是发送该报文的 C-BSR 的优先级，二是该 C-BSR 的 IP 地址。

以 R5 为例，它会从自己连接 R3、R4 及 R6 的接口都发送自举报文，其中，从连接 R4 的接口发出的自举报文的源地址为 10.1.45.5，目的 IP 地址是 224.0.0.13。图 12-64 描述了这个报文的结构。值得注意的是，该报文的 TTL 值为 1，也就是只会传递 1 跳。

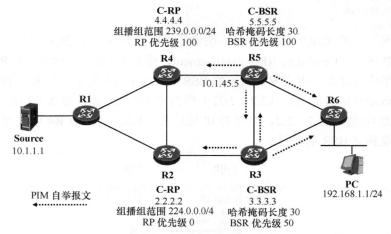

图 12-63 R3 及 R5 向网络中泛洪自举报文（图中只显示了报文扩散的第一跳）

```
Internet Protocol, Src: 10.1.45.5 (10.1.45.5), Dst: 224.0.0.13 (224.0.0.13)
Protocol Independent Multicast
  0010 .... = Version: 2
  .... 0100 = Type: Bootstrap (4)
  Reserved byte(s): 00
  Checksum: 0x3f7f [correct]
⊟ PIM parameters
    Fragment tag: 0x7312
    Hash mask len: 30
    BSR priority: 100
    BSR: 5.5.5.5
```

图 12-64 R5 发给 R4 的自举报文

再以 R4 为例，它收到这个自举报文后，会记录报文中的相关信息，并重新产生自举报文，然后继续向其连接 R1 及 R2 的接口泛洪。R4 在其连接 R1 的接口上泛洪的自举报文，源 IP 地址为该接口的 IP 地址，目的 IP 地址为 224.0.0.13，报文中承载着 C-BSR R5 的信息，当然，这个报文的 TTL 值也是为 1，这就是所谓的逐跳传递。R3 及 R5 的 C-BSR 信息随着自举报文的逐跳传递，最终扩散到全网。

（2）现在，R3 及 R5 都知道了对方的存在，也知道了对方的 BSR 优先级和 IP 地址。接下来开始 BSR 的选举过程。由于 R5 的优先级更高，因此它胜出成为该网络的 BSR。在选举胜出后，R5 将继续周期性（缺省发送间隔为 60 秒）地向网络中泛洪自举报文，而 R3 则不再发送包含自己 C-BSR 信息的自举报文。

在路由器上使用 **display pim bsr-info** 命令可以查询当前的 BSR 信息，例如在 R4 上执行该命令，可以看到如下输出：

```
<R4>display pim bsr-info
  VPN-Instance: public net
  Elected AdminScoped BSR Count: 0
  Elected BSR Address: 5.5.5.5
    Priority: 100
    Hash mask length: 30
    State: Accept Preferred
```

```
Scope: Not scoped
Uptime: 00:09:02
Expires: 00:02:08
C-RP Count: 0
```

（3）当网络中的 C-RP（R2 及 R4）明确了当前的 BSR 后，便立即开始周期性地发送 PIM C-RP 通告（Candidate-RP-Advertisement，候选 RP 通告）报文。C-RP 通告报文是以单播的形式发送的，报文发往当前的 BSR。如图 12-65 所示，以 R2 为例，假设 R2 使用其 Loopback0 接口的地址（2.2.2.2/32）作为 C-RP 的地址，那么 R2 所产生的 C-RP 通告报文的源 IP 地址为 2.2.2.2，而目的 IP 地址为 5.5.5.5。R2 及 R4 通过查询自己的单播路由表获取到达 BSR 的路径。

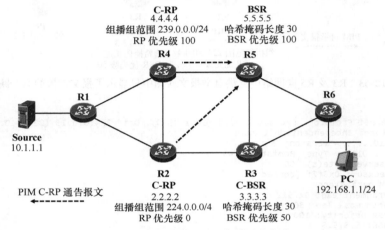

图 12-65　C-RP 向 BSR 发送通告报文

图 12-66 显示了 R2 发往 BSR 的 C-RP 通告报文，该报文中包含一些用于 RP 选举的信息，其中"Priority"字段填写的是该 C-RP 的优先级，这个优先级的值越大，则优先级越低；"Holdtime"字段则指示 BSR 等待接收该 C-RP 发送的 C-RP 通告报文的超时时间；"RP"字段填写的是该 C-RP 的 IP 地址；"Group"字段填写的是 C-RP 所服务的组播组范围。

```
Internet Protocol, Src: 2.2.2.2 (2.2.2.2), Dst: 5.5.5.5 (5.5.5.5)
Protocol Independent Multicast
  0010 .... = Version: 2
  .... 1000 = Type: Candidate-RP-Advertisement (8)
  Reserved byte(s): 00
  Checksum: 0xf060 [correct]
⊟ PIM parameters
    Prefix-count: 1
    Priority: 0
    Holdtime: 150
    RP: 2.2.2.2
    Group 0: 224.0.0.0/4
```

图 12-66　R2 发往 BSR 的 C-RP 通告报文

（4）BSR 收到了 C-RP 发送过来的通告后，便知晓了每台 C-RP 的信息，它将这些信息进行汇总，然后封装在自己的自举报文中，周期性地向网络中泛洪。图 12-67 描述了这个过程。

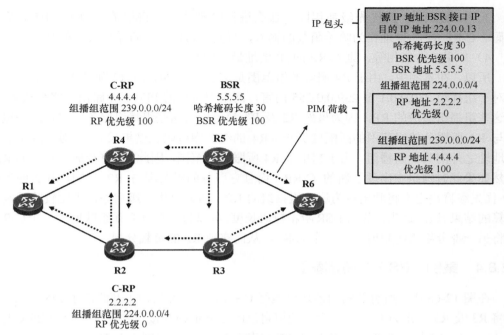

图 12-67 BSR 将 C-RP 的汇总信息泛洪到全网

　　最终，全网的 PIM-SM 路由器都发现了网络中所有的 C-RP 及其相关信息。需要强调的是，由于 PIM-SM 路由器都是从同一台 BSR 接收了 C-RP 的汇总信息，因此每台 PIM-SM 路由器最终获取到的信息是一致的。以 R1 为例，使用 **display pim rp-info** 命令可以看到如下输出：

```
<R1>display pim rp-info
 VPN-Instance: public net
 PIM-SM BSR RP Number:2
 Group/MaskLen: 224.0.0.0/4
   RP: 2.2.2.2
   Priority: 0
   Uptime: 00:45:31
   Expires: 00:01:59
 Group/MaskLen: 239.0.0.0/24
   RP: 4.4.4.4
   Priority: 100
   Uptime: 00:46:11
   Expires: 00:01:59
```

　　从上述信息可以看出，R1 发现了两个 C-RP，服务于组播组范围 224.0.0.0/4（所有组播组）的 C-RP 有一个：2.2.2.2，服务于组播组范围 239.0.0.0/24 的 C-RP 也有一个：4.4.4.4。其中 2.2.2.2 的优先级值为 0，4.4.4.4 的优先级值为 100。实际上网络中所有的 PIM-SM 路由器都拥有一致的信息。

　　（5）最后，每台 PIM-SM 路由器都基于 C-RP 汇总信息，使用相同的算法进行计算，得到每个组播组对应的 RP。采用的算法如下。

　　1）C-RP 所服务的组播组范围与该组播组地址匹配度最长的 C-RP 胜出。

　　2）如果 C-RP 所服务的组播组范围相同，则 C-RP 优先级值最小的胜出。

3）如果 C-RP 的优先级都相同，那么进行哈希计算，将组播组地址、BSR 哈希掩码、C-RP 的 IP 地址作为哈希函数的输入，得到哈希结果，哈希值最大的胜出。

4）如果哈希值相等，则 C-RP 的 IP 地址最大的胜出。

所以，在本例中，由于 R4 服务的组范围是 239.0.0.0/24，而 R2 则是 224.0.0.0/4，因此对于组播组 239.0.0.1 至 239.0.0.255 而言，网络中所有的 PIM-SM 路由器将会认为 R4 是这些组播组对应的 RP，因为虽然 R2 及 R4 都可以为这些组播组服务，但是这些组地址与 R4 所服务的组范围的匹配度更长（R4 的组范围掩码长度更长）。而对于除了上述组地址之外的其他组播组，由于超出了 R4 所服务的范围，因此 R2 将会成为它们的 RP。当然如果此时网络中出现了新的 C-RP，而且它服务的组范围与 R2 相同，那么两者的 RP 优先级将决定谁将胜出成为这些组播组的 RP。而如果优先级相等，则比较哈希函数计算的结果。通过适当地设置 BSR 哈希掩码长度，可以将一部分组播组映射到一个 C-RP，而将另一部分组播组映射到另一个 C-RP，从而实现 RP 的负载分担。

12.8.4　案例：BSR 的基础配置

在图 12-68 中，所有的路由器均已运行 OSPF，并且在接口上都激活了 PIM-SM。现在将 R3 及 R5 指定为 C-BSR，它们使用自己的 Loopback0 接口的地址作为 C-BSR 的地址（Loopback0 接口的路由已经在 OSPF 中发布）。为了使得网络正常时，R5 成为 BSR，故将其 BSR 优先级值调整成 100，而 R3 则保持缺省值 0。另外，将 R2 及 R4 均指定为 C-RP，它们也都使用各自的 Loopback0 接口地址作为 C-RP 的 IP 地址。

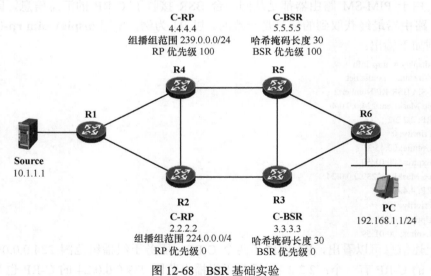

图 12-68　BSR 基础实验

R3 的配置如下：

```
[R3]interface LoopBack 0
[R3-LoopBack0]ip address 3.3.3.3 32
[R3-LoopBack0]pim sm

[R3]pim
[R3-pim]c-bsr LoopBack 0
```

R5 的配置如下：

```
[R5]interface LoopBack 0
[R5-LoopBack0]ip address 5.5.5.5 32
[R5-LoopBack0]pim sm

[R5]pim
[R5-pim]c-bsr priority 100
[R5-pim]c-bsr LoopBack 0
```

在 PIM 的配置视图中，**c-bsr** 命令用于将该设备配置为 BSR 的候选者。该命令需关联本地的接口（例如本例中的 Loopback 接口），而这个接口的 IP 地址便是 C-BSR 的 IP 地址。被 **c-bsr** 命令指定的接口必须激活 PIM-SM。另外，**c-bsr** 命令还能够指定哈希掩码长度（注：使用 c-bsr hash-length 命令可指定哈希掩码长度，哈希掩码长度的取值范围是 0~32），为了简单起见，本例中 R3 及 R5 均未指定 C-BSR 的哈希掩码长度，缺省时，该掩码长度为 30。哈希掩码将作为哈希函数的输入之一，影响 RP 的选举。完成上述配置后，R3 及 R5 便会向网络中泛洪自举报文并开始 BSR 选举，最终由于 R5 的 BSR 优先级值更大，因此它将胜出，成为该网络的 BSR。

R2 的配置如下：

```
[R2]interface LoopBack 0
[R2-LoopBack0]ip address 2.2.2.2 32
[R2-LoopBack0]pim sm

[R2]pim
[R2-pim]c-rp LoopBack 0
```

R4 的配置如下：

```
[R4]interface LoopBack 0
[R4-LoopBack0]ip address 4.4.4.4 32
[R4-LoopBack0]pim sm

[R4]acl 2000
[R4-acl-basic-2000]rule permit source 239.0.0.0 0.0.0.255
[R4-acl-basic-2000]quit

[R4]pim
[R4-pim]c-rp LoopBack0 group-policy 2000 priority 100
```

在 PIM 的配置视图中，**c-rp** 命令用于将设备配置为 RP 的候选者。该命令需关联一个本地的接口，而这个接口的 IP 地址就是 C-RP 的 IP 地址。被 **c-rp** 命令指定的接口必须激活 PIM-SM。另外 **c-rp** 命令还有一些可选参数。例如可以指定该 C-RP 所服务的组播组范围，在 **c-rp** 命令中使用 **group-policy** 关键字，然后指定一个已经创建好的 ACL，即可配置该 C-RP 所服务的组播组范围，缺省时，C-RP 为所有的组播组（224.0.0.0/4）服务。此外，该命令还可以关联 **priority** 关键字，该关键字用于指定该 C-RP 的优先级，优先级的值越大，则优先级越低，缺省时，该值为 0。

完成上述配置后，首先检查一下 BSR 的选举情况，使用 **display pim bsr-info** 命令，可以查看到当前的 BSR，以 R2 为例，执行该命令后可看到如下输出：

```
<R2>display pim bsr-info
  VPN-Instance: public net
  Elected AdminScoped BSR Count: 0
  Elected BSR Address: 5.5.5.5
    Priority: 100
```

```
Hash mask length: 30
State: Accept Preferred
Scope: Not scoped
Uptime: 00:13:34
Expires: 00:01:37
C-RP Count: 2
```

此时所有的 PIM-SM 路由器都认为 R5 是当前的 BSR。此外，使用 **display pim rp-info** 命令，可以查看 RP 信息，以 R1 为例，执行该命令后可看到如下输出：

```
<R1>display pim rp-info
 VPN-Instance: public net
 PIM-SM BSR RP Number:2
 Group/MaskLen: 224.0.0.0/4
   RP: 2.2.2.2
   Priority: 0
   Uptime: 00:14:33
   Expires: 00:01:57
 Group/MaskLen: 239.0.0.0/24
   RP: 4.4.4.4
   Priority: 100
   Uptime: 00:11:28
   Expires: 00:01:57
```

R1（以及网络中其他的 PIM-SM 路由器）已经发现了网络中存在的两个 C-RP。R1 将执行特定的算法，从而将特定的组播组映射到某个 RP。当然，对于同一个组播组，网络中所有的 PIM-SM 路由器都会将其映射到同一个 RP。

12.9　SSM

12.9.1　SSM 概述

到目前为止，本书讨论的都是组播服务模型中的 ASM（Any-Source Multicast，任意源组播），在 ASM 中，对于每个组播组而言，任意的设备都可以成为组播源。对于接收者而言，它们事先并不知晓组播源的地址，只要它们加入了一个组播组，当任意的源向该组发送组播流量时，接收者会收到这些流量。

PIM-DM 及 PIM-SM 都支持 ASM。PIM-DM 适用于组成员分布较为密集的小型网络，而 PIM-SM 则适用于组成员分布较为稀疏的大型网络。以 PIM-SM 为例，由于事先并不知晓组播源的地址，因此最后一跳路由器在发现其直连网络中出现组成员之后，首先朝着 RP 的方向构建一段 RPT 的分支从而在 RPT 上接收组播流量，然后为了确保在到达组播源的最优路径上接收组播流量，还需在获知组播源的 IP 地址后进行 SPT 的切换，这显然是存在优化空间的。此外，在 ASM 中，为了保证组播流量在接收者这里不会产生冲突，同一个组播组地址在同一时间只能够被一个组播应用使用，即同一时间只允许一个组播源向某个特定的组播组发送组播流量。这个限制将直接造成组播 IP 地址紧缺。

SSM（Source-Specific Multicast，特定源组播）的出现为我们敞开了另一扇大门。在 SSM 中，组播接收者在加入组播组时，即可指定接收或者拒绝来自特定组播源的组播流量——特定源组播因此得名。换句话说，组播接收者通过 IGMP 成员关系报告加组时，除了指定期望加入的组播组地址，还能够指定组播源的地址。显然，为了实现这样的需求，IGMPv1 及 IGMPv2 都是无法直接胜任的，而 IGMPv3 则天然拥有这方面的能力。SSM+IGMPv3 的组合，使得最后一跳路由器在初始时就知晓了组播源的地址，并且直接朝着源的方向构建 SPT 的分支，于是组播流量就能够沿着构建好的 SPT 直接到达接收者，而不用经过 RP，实际上该场景完全不需要用到 RP。另外，SSM 也缓解了组播 IP 地址紧缺的问题，在 SSM 中，在同一时间内，不同的组播源可以向同一个组播 IP 地址发送数据，因此，每个组播应用无需独占一个组播 IP 地址。

在 SSM 中，两个关键组件是 SSM 及 IGMPv3。另外，IANA 规定，232.0.0.0/8 这个组播地址段专门用于 SSM。SSM 在 PIM-SM 的基础上实现，以华为 AR 路由器为例，部署 SSM 时，只需要在设备上激活 PIM-SM 即可，最后一跳路由器根据组播组地址来选择 PIM-SM 或 PIM-SSM 工作模式，缺省情况下，针对 232.0.0.0/8 地址范围的组播组不执行 RPT 加入过程。

PIM-SSM 的出现，解决了 ASM 存在的诸多短板，也体现了诸多优势。

（1）由于组播接收者在宣告自己加入组播组的时候，同时还指定了组播源的地址，因此最后一跳路由器在最开始的时候便知晓了组播源的地址，它可以直接朝着源的方向建立 SPT 的分支，而不用朝着 RP 的方向建立 RPT 的分支，然后等待组播流量到达之后再进行 SPT 切换，效率得到了提升。

（2）由于组播接收者明确了其感兴趣的组播源，因此如果存在其他组播源向该组播组发送流量，那么这些流量将不会被转发给组播接收者。

（3）在 SSM 中，多个不同的组播应用，可以使用相同的组播组地址。因为有了组播源的加入，组播网络可以在目的 IP 地址相同的组播流量中，根据源 IP 地址区分不同的应用。这个特点极大地缓解了组播 IPv4 地址短缺的问题。

12.9.2　PIM-SSM 的工作机制

在图 12-69 中，R1、R2、R3 及 R4 是 PIM-SM 组播路由器，这些路由器都运行了 OSPF，并通过 OSPF 获知了到达全网各个网段的路由。其中 R4 在自己连接终端 PC 的接口上激活了 IGMPv3。下面讲解一下 SSM 的基础工作机制：

（1）PC 希望接收组播源 10.1.1.1 发往组播组 232.1.1.1 的流量，PC 运行的 IGMPv3 使得这个需求的实现变得非常简单。它向网络中发送一个 IGMPv3 成员关系报告报文，在该报文中，包含一个组记录，该组记录的类型为 Mode_Is_Include，组地址为 232.1.1.1，而组播源为 10.1.1.1。

（2）最后一跳路由器 R4 收到这个 IGMPv3 报文后，意识到其接口直连的网络中出现了组播组 232.1.1.1 的接收者，并且该接收者指定的组播源为 10.1.1.1。由于组地址 232.1.1.1 是 SSM 地址，因此 R4 采用 PIM-SSM 模式进行后续的工作。

R4 在自己的单播路由表中查询到达组播源 10.1.1.1 的路由，记录下路由的出接口，然后立即在其 PIM 路由表中创建（10.1.1.1，232.1.1.1）表项，将到达 10.1.1.1 的路由的出接口作为上游接口，将收到 IGMPv3 成员关系报告报文的接口添加到下游接口列表。随后，R4 将在自己与组播源之间建立一段 SPT 的分支。它从上游接口发送一个（10.1.1.1，232.1.1.1）的 PIM 加入报文。

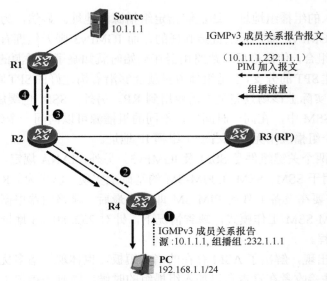

图 12-69   SSM 的基础工作原理

> **说明**
>
> 从以上描述大家可以看出，PM-SSM 的工作无需 RP，也不用执行 RPT 加入过程。

（3）R2 收到下游 PIM 邻居 R4 发送的（10.1.1.1，232.1.1.1）加入报文后，在其 PIM 路由表中创建（10.1.1.1，232.1.1.1）表项，将接收加入报文的接口添加到该表项的下游接口列表中，将到达组播源 10.1.1.1 的接口作为上游接口。然后，R2 从上游接口向上游邻居 R1 发送（10.1.1.1，232.1.1.1）加入报文。

（4）第一跳路由器 R1 收到 R2 发送的（10.1.1.1，232.1.1.1）加入报文后，如果已经存在（10.1.1.1，232.1.1.1）表项，则将收到加入报文的接口添加到该表项的下游接口列表中。当 10.1.1.1 开始向 232.1.1.1 发送组播流量时，组播流量便能够沿着已经建立好的 SPT 流向 PC。

12.9.3   案例：PIM-SSM 的基础配置

在图 12-70 所示的网络中，R1、R2、R3 及 R4 均运行了 OSPF，使得网络实现了全网路由互通。Source 是组播源，PC 期望接收 Source 发送的组播流量。为了使得网络中的组播业务更高效，我们决定部署 SSM。

R1 的配置如下：

```
[R1]multicast routing-enable
[R1]interface GigabitEthernet 0/0/0
[R1-GigabitEthernet0/0/0]pim sm
[R1-GigabitEthernet0/0/0]quit
[R1]interface GigabitEthernet 0/0/1
[R1-GigabitEthernet0/0/1]pim sm
```

R2 的配置如下：

```
[R2]multicast routing-enable
[R2]interface GigabitEthernet 0/0/0
[R2-GigabitEthernet0/0/0]pim sm
```

```
[R2-GigabitEthernet0/0/0]quit
[R2]interface GigabitEthernet 0/0/1
[R2-GigabitEthernet0/0/1]pim sm
[R2-GigabitEthernet0/0/1]quit
[R2]interface GigabitEthernet 0/0/2
[R2-GigabitEthernet0/0/2]pim sm
```

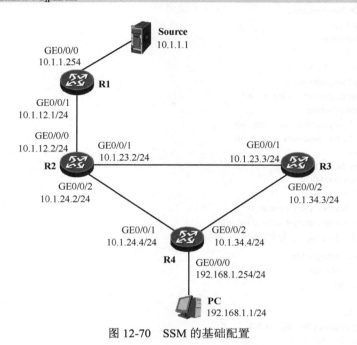

图 12-70　SSM 的基础配置

R3 的配置如下：

```
[R3]multicast routing-enable
[R3]interface GigabitEthernet 0/0/1
[R3-GigabitEthernet0/0/1]pim sm
[R3-GigabitEthernet0/0/1]quit
[R3]interface GigabitEthernet 0/0/2
[R3-GigabitEthernet0/0/2]pim sm
```

R4 的配置如下：

```
[R4]multicast routing-enable
[R4]interface GigabitEthernet 0/0/1
[R4-GigabitEthernet0/0/1]pim sm
[R4-GigabitEthernet0/0/1]quit
[R4]interface GigabitEthernet 0/0/2
[R4-GigabitEthernet0/0/2]pim sm
[R4-GigabitEthernet0/0/2]quit
[R4]interface GigabitEthernet 0/0/0
[R4-GigabitEthernet0/0/0]pim sm
[R4-GigabitEthernet0/0/0]igmp enable
[R4-GigabitEthernet0/0/0]igmp version 3
```

在上述配置中，需要格外关注的是，R4 的 GE0/0/0 接口需激活 IGMPv3。

现在，PC 开始发送 IGMPv3 成员关系报告，表示期望加入组播组 232.1.1.1，并且限定源为 10.1.1.1。在 R4 上能观察到如下 IGMP 组表项：

```
<R4>display igmp group verbose
Interface group report information of VPN-Instance: public net
 Limited entry of this VPN-Instance: -
 GigabitEthernet0/0/0(192.168.1.254):
  Total entry on this interface: 1
  Limited entry on this interface: -
  Total 1 IGMP Group reported
   Group: 232.1.1.1
     Uptime: 00:00:39
     Expires: off
     Last reporter: 192.168.1.1
     Last-member-query-counter: 0
     Last-member-query-timer-expiry: off
     Group mode: include
     Version1-host-present-timer-expiry: off
     Version2-host-present-timer-expiry: off
     Source list:
      Source: 10.1.1.1
        Uptime: 00:00:39
        Expires: 00:01:31
        Last-member-query-counter: 0
        Last-member-query-timer-expiry: off
```

此时 R4 的 PIM 路由表如下：

```
<R4>display pim routing-table
 VPN-Instance: public net
 Total 1 (S, G) entry

 (10.1.1.1, 232.1.1.1)
     Protocol: pim-ssm, Flag: SG_RCVR
     UpTime: 00:00:12
     Upstream interface: GigabitEthernet0/0/1
        Upstream neighbor: 10.1.24.2
        RPF prime neighbor: 10.1.24.2
     Downstream interface(s) information:
     Total number of downstreams: 1
       1: GigabitEthernet0/0/0
           Protocol: igmp, UpTime: 00:00:12, Expires: -
```

在上述输出中，protocol 显示的是 PIM-SSM 字样，表示这是一个 PIM-SSM 表项。
R2 的 PIM 路由表如下：

```
<R2>display pim routing-table
 VPN-Instance: public net
 Total 1 (S, G) entry

 (10.1.1.1, 232.1.1.1)
     Protocol: pim-ssm, Flag:
     UpTime: 00:00:22
     Upstream interface: GigabitEthernet0/0/0
        Upstream neighbor: 10.1.12.1
        RPF prime neighbor: 10.1.12.1
     Downstream interface(s) information:
     Total number of downstreams: 1
       1: GigabitEthernet0/0/2
           Protocol: pim-ssm, UpTime: 00:00:22, Expires: 00:03:08
```

R1 的 PIM 路由表如下：

```
<R1>display pim routing-table
 VPN-Instance: public net
 Total 1 (S, G) entry

 (10.1.1.1, 232.1.1.1)
     Protocol: pim-ssm, Flag: LOC
     UpTime: 00:00:27
     Upstream interface: GigabitEthernet0/0/0
         Upstream neighbor: NULL
         RPF prime neighbor: NULL
     Downstream interface(s) information:
     Total number of downstreams: 1
         1: GigabitEthernet0/0/1
             Protocol: pim-ssm, UpTime: 00:00:27, Expires: 00:03:03
```

当然，由于 R3 并不在 SPT 的分支上，因此此时它的 PIM 路由表为空。

12.10　IGMP Snooping

在一个交换网络中，如果部署了组播业务，那么组播数据将不可避免地经过一些交换设备，在这种场景下，有一些问题需要格外关注。在图 12-71 中，以太网二层交换机 SW 通过自己的 GE0/0/20 接口连接到组播路由器 R1，同时它还连接着一些 PC。在这些 PC 中，PC1 及 PC2 是某个组播组的成员，它们将会向网络中发送 IGMP 成员关系报告宣告自己加组，在此之后，如果 R1 收到发往该组播组的流量便会将这些流量转发到该交换网络，那么组成员 PC1 及 PC2 都会收到所需的组播流量，但是，由于缺省情况下，当交换机在某个 VLAN 内收到目的 MAC 地址未知的单播帧、组播帧或广播帧时，它都会将这些数据帧在相同 VLAN 内进行泛洪，因此 SW 将会把发往该组播组的流量从自己的 GE0/0/1、GE0/0/2 及 GE0/0/3 等接口都转发出去（假设这些接口都属于相同的 VLAN），这么一来，即使有些 PC（例如图中的 PC3）不是该组播组的成员，它们也将收到组播流量，这就造成了网络带宽和设备性能的浪费。

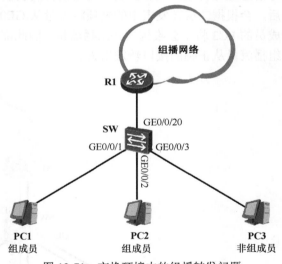

图 12-71　交换环境中的组播转发问题

12.10.1　IGMP Snooping 简介

IGMP Snooping（Internet Group Management Protocol Snooping）技术主要用于在交换机上优化组播流量的转发行为。IGMP 是组播中颇为重要的一个协议，组播路由器通过 IGMP 管理组成员，而组播接收者也通过 IGMP 宣告加组及离组。当路由器与组成员之间存在二层交换机时，缺省时，交换机只是简单地转发网络中的 IGMP 报文，不会对这些报文的内容感兴趣。此外，当交换机在某个 VLAN 内收到组播流量时，它会将这些流量在相同 VLAN 内所有接口上进行泛洪（如图 12-72 所示）。

而当交换机部署了 IGMP Snooping 之后，它将会侦听组成员与 IGMP 查询器之间交互的 IGMP 报文，并解析 IGMP 报文中的相关信息，然后结合这些信息与接口、VLAN-ID 等建立二层组播转发表项，这些转发表项将用

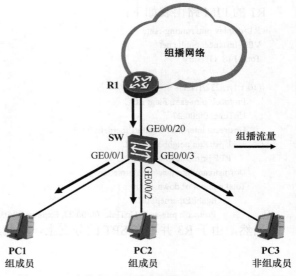

图 12-72　交换机 SW 没有部署 IGMP Snooping 时

于指导组播流量转发，确保流量只被转发到正确的接口上。

在图 12-73 中，在 SW 部署了 IGMP Snooping 之后，当组成员 PC1 及 PC2 通过 IGMP 成员关系报告报文宣告自己加组时，SW 除了将这些报文转发给组播路由器 R1 之外，还会解析报文中的内容，将报文中的组播组地址与接口 GE0/0/1、GE0/0/2，以及 VLAN-ID 等信息进行绑定，从而创建二层组播转发表项。现在，当 SW 收到 R1 发送的组播流量后，会根据二层转发表中的表项将流量从 GE0/0/1 及 GE0/0/2 接口转发出去，此时非组成员的 PC3 将不会收到这些组播流量。因此部署了 IGMP Snooping 之后，交换机只会将组播流量从正确的接口转发出去。

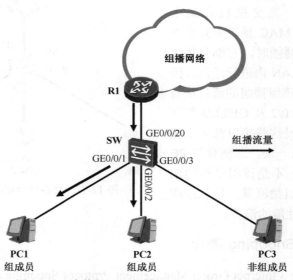

图 12-73　交换机 SW 部署了 IGMP Snooping 之后

12.10.2 IGMP Snooping 基本术语

在进一步讲解 IGMP Snooping 的工作机制之前,了解其中的一些接口角色是非常有必要的。

1. 路由器接口(Router Port)

所谓路由器接口,指的是运行了 IGMP Snooping 的交换机朝向上游组播路由器的接口。例如图 12-73 中 SW 的 GE0/0/20 接口。路由器接口可通过动态的方式自动发现,也可通过手工配置的方式静态指定。对于前者而言,IGMP Snooping 交换机会将其收到 IGMP 常规查询报文或者 PIM Hello 报文的接口视为动态路由器接口。交换机将在路由器接口上收到上游组播路由器转发的组播流量。

2. 成员接口(Member Port)

成员接口是 IGMP Snooping 交换机朝向组播组成员的接口,例如图 12-73 中的 GE0/0/1 及 GE0/0/2。成员接口可通过动态的方式自动发现,也可通过手工配置的方式静态指定。对于前者而言,IGMP Snooping 交换机会将其收到 IGMP 成员关系报告的接口视为动态成员接口。

3. 二层组播转发表(Layer 2 Multicast Forwarding Table)

运行 IGMP Snooping 的交换机会侦听 IGMP 查询器与组成员之间交互的 IGMP 报文,并维护一个重要的数据表——二层组播转发表,该表格中的表项将用于指导交换机转发组播流量。在二层组播表项中包含组播组地址、接口信息(路由器接口、成员接口)以及 VLAN-ID 等信息。在交换机上使用 **display l2-multicast forwarding-table** 命令即可查看其二层组播转发表。下面是一个具体的例子:

```
<Switch> display l2-multicast forwarding-table vlan 10
VLAN ID : 10, Forwarding Mode : IP
----------------------------------------------------------------------------
             (Source, Group)    Interface                 Out-Vlan
----------------------------------------------------------------------------
             Router-port        GigabitEthernet0/0/24     10
             (*, 239.1.1.1)     GigabitEthernet0/0/1      10
                                GigabitEthernet0/0/2      10
                                GigabitEthernet0/0/3      10
             (*, 239.1.1.2)     GigabitEthernet0/0/7      10
                                GigabitEthernet0/0/8      10
----------------------------------------------------------------------------
Total Group(s) : 3
```

从上面的输出可以看出,交换机 Switch 在 VLAN10 中的路由器接口是 GE0/0/24。当其在 GE0/0/24 接口上收到发往 239.1.1.1 的组播流量时,它会将这些组播流量转发到 GE0/0/1、GE0/0/2 及 GE0/0/3 接口,而同样处于 VLAN10 中的其他接口,则不会收到该组播流量。同理,如果交换机收到发往 239.1.1.2 的流量时,它只会将流量转发到 GE0/0/7 及 GE0/0/8 接口。

12.10.3 IGMP Snooping 的工作机制

本节将通过一个简单的案例来讲解 IGMP Snooping 的工作机制。在图 12-74 中,R1

是最后一跳组播路由器，其连接交换机 SW 的接口已经激活了 IGMP（本节以 IGMPv2 为例）。SW 是一台以太网二层交换机，该交换机已经部署了 IGMP Snooping，SW 的所有接口都加入了 VLAN10。初始时 SW 的二层组播转发表是空的，因此即使其收到 R1 转发的组播流量，它也不会将流量转发到任何接口。

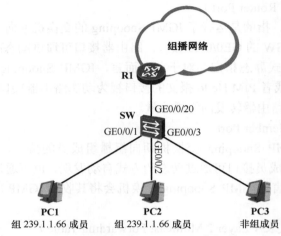

图 12-74   IGMP Snooping 工作机制

（1）R1 的接口激活 IGMP 后，开始周期性地发送 IGMP 常规查询报文。

（2）SW 将在其 GE0/0/20 接口收到 R1 发送的 IGMP 常规查询报文，由于此时 SW 的 IGMP Snooping 路由器接口列表为空，因此它将 GE0/0/20 添加到该列表中，也就是将这个接口指定为动态路由器接口，同时为路由器接口启动一个老化计时器（该计时器的时间缺省为 180 秒）。此后如果 SW 再次在该接口上收到 IGMP 常规查询报文，则刷新这个计时器。然后，SW 将该 IGMP 常规查询报文从 VLAN10 中、除了 GE0/0/20 接口之外的所有接口泛洪出去，如图 12-75 所示。

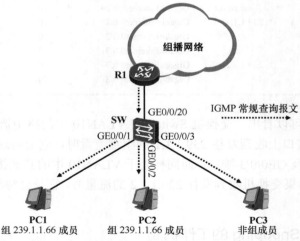

图 12-75   SW 将 IGMP 常规查询报文从 VLAN10 中、除了 GE0/0/20 接口之外的所有接口转发出去

（3）PC1、PC2 及 PC3 都将收到 SW 泛洪的 IGMP 常规查询报文。由于 PC3 并非任

何组播组的成员，因此它只是简单地丢弃该报文，不会做任何回应。而 PC1 及 PC2 是组播组 239.1.1.66 的成员，因此它们各自发送 IGMP 成员关系报告报文。

注意

当 PC1 及 PC2 首次加入组播组 239.1.1.66 时，它们可以主动发送 IGMP 成员关系报告，而无需等待 IGMP 常规查询。

接下来 SW 将在自己的 GE0/0/1 及 GE0/0/2 接口上收到 IGMP 成员关系报告报文，由于激活了 IGMP Snooping，因此 SW 将解析其所收到的 IGMP 成员关系报告报文，它意识到 GE0/0/1 及 GE0/0/2 接口所连接的用户需要加入组播组 239.1.1.66，于是它在自己的二层组播转发表中创建 239.1.1.66 表项，将 GE0/0/1 及 GE0/0/2 接口指定为该表项的动态成员接口，并分别为这两个接口启动老化计时器。此后 SW 如果再次在这两个接口上收到 IGMP 成员关系报告报文，则刷新该计时器。紧接着，SW 将其收到的 IGMP 成员关系报告报文从路由器接口 GE0/0/20 转发出去，如图 12-76 所示。

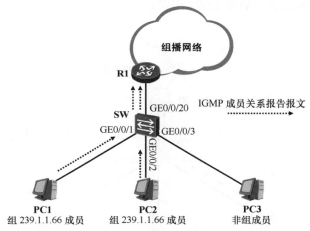

图 12-76　SW 收到 IGMP 成员关系报告后，会将该报文从所有路由器接口转发出去

此处有一个细节需要特别关注，本书前文曾经介绍过 IGMP 成员关系报告的抑制机制，这个机制的存在避免了网段中出现多余的 IGMP 成员关系报告。当 IGMP 查询器向一个网段发送 IGMP 常规查询报文时，如果所有的组成员都使用 IGMP 成员关系报告报文进行回复，显然是多余的。为了避免这种情况，当组成员收到 IGMP 常规查询报文后，会启动一个时间随机的报告延迟计时器，当该计时器超时后，组成员才会发送 IGMP 成员关系报告，而同网段中其他同组的成员如果收到这个 IGMP 成员关系报告并且其报告延迟计时器尚未超时，则会抑制自己的成员关系报告。需要注意的是，这个机制在 IGMP Snooping 环境中可能引发一些问题。设想一下，在本例中如果 PC1 率先使用 IGMP 成员关系报告回应 R1 的查询，由于 IGMP 成员关系报告报文本质上是一个组播报文，因此 SW 若将这个报文泛洪到 VLAN10 中的所有接口，那么 PC2 也将会收到该报文，而如果此时它的报告延迟计时器尚未超时，那么它将抑制自己的 IGMP 成员关系报告，这样一来，SW 的 GE0/0/2 接口将无法收到 IGMP 成员关系报告并导致老化计时器超时，SW 会将该接口从成员接口列表中删除，因此当其收到发往 239.1.1.66 的组播流量时，也就不

会再向 GE0/0/2 接口转发,而 PC2 也就无法接收到组播流量了。

IGMP Snooping 考虑到了这个场景,并且提出了应对的办法。运行了 IGMP Snooping 的交换机收到 IGMP 成员关系报告报文后,会将该报文从所有路由器接口转发出去,但是不会将该报文从成员接口转发出去,这就保证一个组播组内的成员不会收到其他成员发送的 IGMP 成员关系报告,这就解决了上面提到的问题。

(4)R1 收到 SW 转发上来的 IGMP 成员关系报告报文后,它将维护相关组播表项,并在收到发往 239.1.1.66 的组播流量后向 SW 进行转发。而 SW 在自己的 GE0/0/20 接口收到发往 239.1.1.66 的组播流量后,将首先查询自己的二层组播转发表项,并发现存在匹配的表项,而且该表项中存在 GE0/0/1 及 GE0/0/2 这两个成员接口,因此它将组播流量从这两个接口转发出去,而不是该组播组成员的 PC3 则不会收到这些组播流量。

(5)现在,PC1 要离开组播组 239.1.1.66,它向网络中发送一个 IGMP 离组报文。SW 将在其 GE0/0/1 接口上收到这个报文。SW 查询自己的二层组播转发表后发现,该接口是组播组 239.1.1.66 的成员接口,因此它将这个报文从所有的路由器接口(也就是 GE0/0/20 接口)转发出去,如图 12-77 所示。

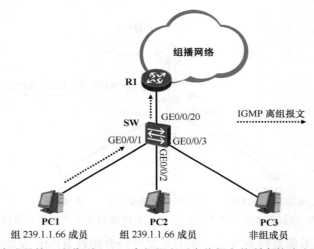

图 12-77   SW 在成员接口上收到 IGMP 离组报文后会将报文从所有的路由器接口转发出去

(6)R1 收到 PC1 发送的 IGMP 离组报文后,立即发送 IGMP 特定组查询报文。

(7)SW 将在其 GE0/0/20 接口上收到这个 IGMP 特定组查询报文,它将这个报文从除了 GE0/0/20 接口之外的、VLAN10 中的所有接口转发出去。

(8)PC2 收到这个 IGMP 特定组查询报文后,发现查询器所查询的正是自己所在的组播组,于是它立即回应 IGMP 成员关系报告报文。

(9)SW 将在其 GE0/0/2 接口上收到这个 IGMP 成员关系报告报文,它查询自己的二层组播转发表项后发现,接口 GE0/0/2 已经是组播组 239.1.1.66 的成员接口,因此它刷新该接口的老化计时器,然后将 IGMP 成员关系报告从路由器接口(GE0/0/20)转发出去。

(10)R1 收到 PC2 发送的 IGMP 成员关系报告后,意识到网段中还存在 239.1.1.66 的组成员,因此继续向该网段转发 239.1.1.66 的组播流量。

（11）由于 PC1 已经离开了组播组 239.1.1.66，因此它不再发送 IGMP 成员关系报告报文。一段时间后，成员接口 GE0/0/1 的老化计时器将会超时，于是 SW 将其从组播组 239.1.1.66 的成员接口列表中删除，此后，SW 不再向 GE0/0/1 接口转发该组播组的流量。

12.10.4 IGMP Snooping 代理

IGMP Snooping 固然可以优化交换网络中的组播流量转发行为，然而它同时也带来了一些问题。在图 12-78 中，R1 连接 SW 的接口作为该网段的 IGMP 查询器周期性地向下游发送 IGMP 常规查询报文，大家已经知道 SW（已经激活了 IGMP Snooping）收到该报文后会向相同 VLAN 中所有的接口进行转发。组成员收到 IGMP 常规查询报文后，会立即发送 IGMP 成员关系报告报文，而 SW 只是简单地将这些 IGMP 成员关系报告报文原封不动地从自己的路由器接口转发出去。如此一来，R1 将收到大量的 IGMP 成员关系报告，然而实际上对于 R1 而言它只需知道自己的直连接口上存在组播组的成员即可，换句话说，它只需要在每个组播组内收到一份 IGMP 成员关系报告即可，多余的报告只是徒增 R1 的处理负担，是没有意义的。

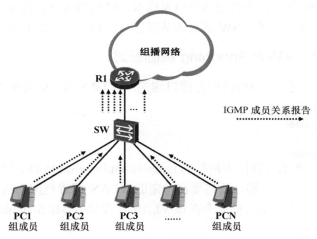

图 12-78　SW 将组成员发送的 IGMP 成员关系报告报文或离组报文原封不动地从路由器接口转发出去

IGMP Snooping 代理（IGMP Snooping Proxy）功能可以解决上述问题。当交换机部署 IGMP Snooping 代理后，它将变成 IGMP 查询器与组成员之间的"代理人"，并通过一些操作减少网络中的 IGMP 报文数量。

IGMP Snooping 代理主要有两个功能。

（1）代替上游 IGMP 查询器，自己生成 IGMP 查询报文并向下游的组成员进行查询；

（2）代替下游组成员，自己生成 IGMP 成员关系报告报文或 IGMP 离组报文并发送给上游组播路由器。

依然以图 12-78 为例，如果在 SW 上部署 IGMP Snooping 并激活 IGMP Snooping 代理功能，会产生以下情况。

（1）当 SW 在其接口上收到 R1 发送的 IGMP 常规查询报文时，SW 将该报文从相同 VLAN 中、除了接收该报文的接口之外的所有接口转发出去。如果此时 SW 的二层组播转发表项中，存在某个组播组的成员接口，这意味着 SW 连接着该组播组的至少一个成员，于是 SW 自己生成一个 IGMP 成员关系报告报文并从路由器接口发送出去。R1 收到该报文后将刷新自己的相关转发表项。

（2）当 SW 收到下游的组成员发送的 IGMP 成员关系报告报文时，如果 SW 的二层组播转发表中已经存在相关转发表项，并且收到该报文的接口已经是该表项的成员接口，那么它只是刷新成员接口的老化计时器，而不会向路由器接口转发这些 IGMP 报文。如果 SW 存在相关转发表项但是收到该报文的接口并非该表项的成员接口，那么它只将该接口添加到成员接口列表中，并且不会向路由器接口转发这些 IGMP 报文。如果 SW 的二层组播转发表并不存在相关转发表项，则创建对应的转发表项，然后将收到该报文的接口添加到成员接口列表中，并向路由器接口转发该 IGMP 成员关系报告报文。

（3）当 SW 在成员接口上收到 IGMP 离组报文时，SW 将代理 IGMP 查询器立即从该成员接口发送 IGMP 特定组查询报文，如果一定时间后，依然没有在该接口上收到 IGMP 成员关系报告报文，则 SW 确定该接口下不再存在该组播组的成员，于是将该接口从相应表项的成员接口列表中删除。如果这个操作完成之后，该组播组依然存在其他成员接口，那么 SW 将不会从路由器接口发送 IGMP 离组报文，而如果此时该组播组已经没有其他成员接口了，那么 SW 将立即从路由器接口发送 IGMP 离组报文。

12.10.5 案例 1：IGMP Snooping 基础配置

在图 12-74 中，假设 SW 的所有接口均加入 VLAN10，那么在 SW 上部署 IGMP Snooping 的配置如下：

```
[SW]igmp-snooping enable
[SW]vlan 10
[SW-vlan10]igmp-snooping enable
```

在上述配置中，在系统视图下执行的 **igmp-snooping enable** 命令用于全局激活 IGMP Snooping，完成这一步还不够，还需要在特定的 VLAN 配置视图下执行 **igmp-snooping enable** 命令，如此一来，交换机即会在该 VLAN 中激活 IGMP Snooping，并维护二层组播转发表项。

缺省情况下，激活交换机的 IGMP Snooping 功能后，它可以处理 IGMPv1 及 IGMPv2 的报文，但是无法处理 IGMPv3 的报文，因此如果需要使设备能够处理 IGMPv1、IGMPv2 及 IGMPv3 报文，则需在设备的 VLAN 配置视图下执行 **igmp-snooping version 3** 命令。

当 IGMP Snooping 开始工作后，可以在交换机上查看相关数据，首先，使用 **display igmp-snooping port-info** 命令可以查看组播组的成员接口列表，例如：

```
<SW> display igmp-snooping port-info vlan 10
---------------------------------------------------------------------
                      (Source, Group)      Port              Flag
  Flag: S:Static      D:Dynamic            M: Ssm-mapping
---------------------------------------------------------------------
  VLAN 10, 3 Entry(s)
                      (*, 239.1.1.66)      GE0/0/1           -D-
                                           GE0/0/2           -D-
                                           2 port(s)
---------------------------------------------------------------------
```

从上述输出可以看出，组 239.1.1.66 中存在两个成员接口，它们分别是 GE0/0/1 及 GE0/0/2，而这两个接口都是动态发现的，这通过接口的标记（Flag）可以得知，这里的 D 表示 Dynamic（动态）。

在交换机上使用 **display l2-multicast forwarding-table vlan** 命令，则可查看该交换机的二层组播转发表，例如在 SW 上执行该命令，可以看到如下输出：

```
<SW> display l2-multicast forwarding-table vlan 10
VLAN ID : 10, Forwarding Mode : IP
-------------------------------------------------------------------------
               (Source, Group)     Interface             Out-Vlan
-------------------------------------------------------------------------
               Router-port         GigabitEthernet0/0/20    10
               (*, 239.1.1.66)     GigabitEthernet0/0/1     10
                                   GigabitEthernet0/0/2     10
-------------------------------------------------------------------------
Total Group(s) : 1
```

从上述输出可以看出，在 VLAN10 中，交换机发现了路由器接口 GE0/0/20，而在组播组 239.1.1.66 中，存在 GE0/0/1 及 GE0/0/2 这两个成员接口。交换机可以自动地发现路由器接口（动态接口），它会将收到 IGMP 常规查询报文或 PIM Hello 报文的接口自动识别为路由器接口。除了动态的方式，交换机还支持手工指定路由器接口。在接口配置视图下，使用 **igmp-snooping static-router-port** 命令，即可将特定的接口指定为静态路由器接口。

12.10.6　案例 2：使用静态接口实现二层组播

在图 12-74 中，PC1 及 PC2 是组播组 239.1.1.66 的成员。假设交换机所连接的 239.1.1.66 的组成员在网络中长期存在，它们希望能够长期、稳定地接收该组播组的流量，因此 R1 在其连接交换机的接口上配置了 **igmp static-group 239.1.1.66** 命令，从而将该接口静态地加入组播组 239.1.1.66，并且 R1 并没有在其连接 SW 的接口上激活 IGMP。

在上述背景之下，为了控制二层交换网络中组播流量的泛洪，SW 部署了 IGMP Snooping。由于 R1 并未激活 IGMP，因此组成员 PC1 及 PC2 很可能只在首次加组时发送一次 IGMP 成员关系报告之后，就不再向网络中发送该报文了（因为没有收到 IGMP 查询报文），这就会导致 SW 因为长时间无法在其 GE0/0/1 及 GE0/0/2 接口上收到 IGMP 成员关系报告，而将这两个接口从对应的二层组播转发表项的成员接口列表中删除，如此一来 SW 便不会再将发往 239.1.1.66 的组播流量转发到这两个接口，PC1 及 PC2 自然就无法再收到组播流量了。

为了确保 PC1 及 PC2 能够持续、稳定地接收组播流量。在本例中，在 SW 上激活 IGMP Snooping 后，可以通过手工配置的方式为 SW 指定静态路由器接口及静态成员接口。

```
#IGMP Snooping 的配置：
[SW]igmp-snooping enable
[SW]vlan 10
[SW-vlan10]igmp-snooping enable
[SW-vlan10]quit

#配置静态路由器接口：
```

```
[SW]interface gigabitethernet 0/0/20
[SW-GigabitEthernet0/0/20]igmp-snooping static-router-port vlan 10
[SW-GigabitEthernet0/0/20]quit

#配置静态成员接口：
[SW]interface gigabitethernet 0/0/1
[SW-GigabitEthernet0/0/1]l2-multicast static-group group-address 239.1.1.66 vlan 10
[SW-GigabitEthernet0/0/1]quit
[SW]interface gigabitethernet 0/0/2
[SW-GigabitEthernet0/0/2]l2-multicast static-group group-address 239.1.1.66 vlan 10
```

在上述配置中，**igmp-snooping static-router-port** 命令用于将交换机的接口指定为静态路由器接口。**l2-multicast static-group group-address** 命令则用于将接口配置为特定组播组（可以是单个组播组，也可以是一个组播组的范围）的静态成员接口。

在 SW 上使用 **display igmp-snooping router-port** 命令可以查看特定 VLAN 中的路由器接口：

```
<SW> display igmp-snooping router-port vlan 10
Port Name              UpTime            Expires          Flags
-----------------------------------------------------------------------------
VLAN 10, 1 router-port(s)
GE0/0/20               00:00:09          --               STATIC
```

接下来再看看 SW 的成员接口信息：

```
<Switch> display igmp-snooping port-info vlan 10
-----------------------------------------------------------------------------
                   (Source, Group)      Port              Flag
Flag: S:Static     D:Dynamic            M: Ssm-mapping
-----------------------------------------------------------------------------
VLAN 10, 1 Entry(s)
                   (*, 239.1.1.66)      GE0/0/1           S—
                                        GE0/0/2           S—
                                        2 port(s)
-----------------------------------------------------------------------------
```

从上述输出可以看到，SW 在组播组 239.1.1.66 中存在 GE0/0/1 及 GE0/0/2 两个静态成员接口，这两个接口的标记都为 S，意思是静态（Static）。

现在，您应该已经想象到 SW 的二层组播转发表是什么内容了：

```
<SW> display l2-multicast forwarding-table vlan 10
VLAN ID : 10, Forwarding Mode : IP
-----------------------------------------------------------------------------
                   (Source, Group)      Interface              Out-Vlan
-----------------------------------------------------------------------------
                   Router-port          GigabitEthernet0/0/20   10
                   (*, 239.1.1.66)      GigabitEthernet0/0/1    10
                                        GigabitEthernet0/0/2    10
-----------------------------------------------------------------------------
Total Group(s) : 1
```

12.10.7　案例 3：IGMP Snooping 代理

在图 12-78 中，R1 是最后一跳路由器，SW 是一台以太网二层交换机，SW 下联着大量的组成员（运行 IGMPv2），由于组成员数量太多，因此可在 SW 上部署 IGMP Snooping 代理，来减轻 R1 的负担。

SW 的配置如下:

```
[SW]igmp-snooping enable
[SW]vlan 10
[SW-vlan10]igmp-snooping enable
[SW-vlan10]igmp-snooping proxy
```

在 VLAN10 的配置视图下执行 **igmp-snooping proxy** 命令后,SW 将在 VLAN10 中激活 IGMP Snooping 代理功能。在 SW 上执行 **display igmp-snooping statistics** 命令,可查看 IGMP Snooping 的报文统计信息,通过这些信息的输出,可以观察到 IGMP Snooping 代理的工作情况:

```
<SW> display igmp-snooping statistics vlan 10
 IGMP Snooping Packets Counter
   Statistics for VLAN 10
     Recv V1 Report   0
     Recv V2 Report   83
     Recv V3 Report   0
     Recv V1 Query    0
     Recv V2 Query    0
     Recv V3 Query    0
     Recv Leave       82
     Recv Pim Hello   0
     Send Query(S=0) 0
     Send Query(S!=0)0
     Suppress Report        0
     Suppress Leave         0
     Proxy Send General Query          116
     Proxy Send Group-Specific Query        79
     Proxy Send Group-Source-Specific Query 0
```

从以上统计信息可以看出,IGMP Snooping 代理已经在工作过程当中。

12.11 习题

1.(单选)以下关于 IGMP 的说法,错误的是(   )

   A. IGMP 主要用于最后一跳组播路由器与组成员之间。

   B. IGMPv1 没有具体定义组成员离开机制。IGMPv2 组成员离开组播组时,可以主动发送离组报文。

   C. 组成员收到 IGMPv2 普遍组查询报文时,为了第一时间让 IGMP 查询器知晓自己的存在,会立即回应 IGMPv2 成员关系报告报文。

   D. 当一个网段内存在多台 IGMPv2 查询器时,接口 IP 地址最小的路由器会成为该网段的 IGMP 查询器。

2.(单选)以下关于 PIM 的说法,错误的是(   )

   A. PIM-DM 适用于规模较小、组成员分布较为密集的网络。

   B. PIM-SM 适用于组成员分布较为稀疏的网络。

   C. PIM-DM 的工作无需 RP。

   D. PIM-SM 只使用 RPT,不使用 SPT。

3.（多选）（*，G）组播路由表项中，包含（　　）

　　A．组播源地址　　　　　　　　　　　　B．组播组地址

　　C．上游接口　　　　　　　　　　　　　D．下游接口

4.（多选）PIM-SM 的工作机制中，包含（　　）

　　A．RPT 加入过程　　　　　　　　　　　B．组播源的注册过程

　　C．扩散及剪枝　　　　　　　　　　　　D．RPT 到 SPT 的切换过程

5.（多选）以下关于 IGMP Snooping，正确的是（　　）

　　A．缺省情况下，以太网二层交换机不会分析 IGMP 报文，但是运行 IGMP
　　　　Snooping 后，会开始侦听并分析 IGMP 报文，并维护二层组播转发表项。

　　B．在 IGMP Snooping 中，路由器接口指的是交换机朝向上游组播路由器的接口，
　　　　成员接口则是交换机朝向组播组成员的接口。IGMP Snoopng 路由器接口或
　　　　成员接口都支持自动发现及手工指定两种方式。

　　C．运行 IGMP Snooping 的交换机会维护二层组播转发表，该表中的表项将用于
　　　　指导交换机转发组播流量。在二层组播表项中，包含着几个重要信息：组播
　　　　组地址、接口信息以及 VLAN-ID 等。

　　D．在系统视图下执行 **igmp-snooping enable** 命令，即可全局激活 IGMP Snooping，
　　　　此时交换机将在所有 VLAN 中自动激活 DHCP Snooping。

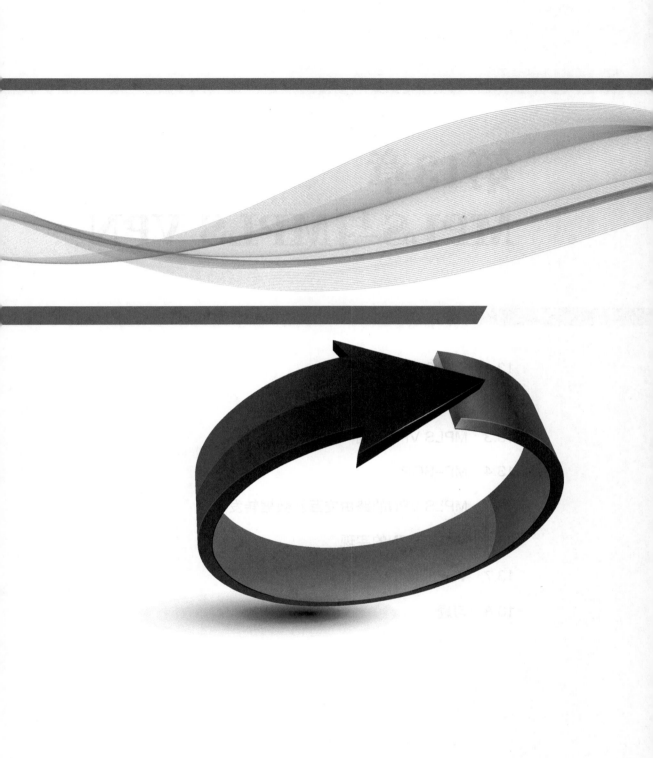

第13章
MPLS与MPLS VPN

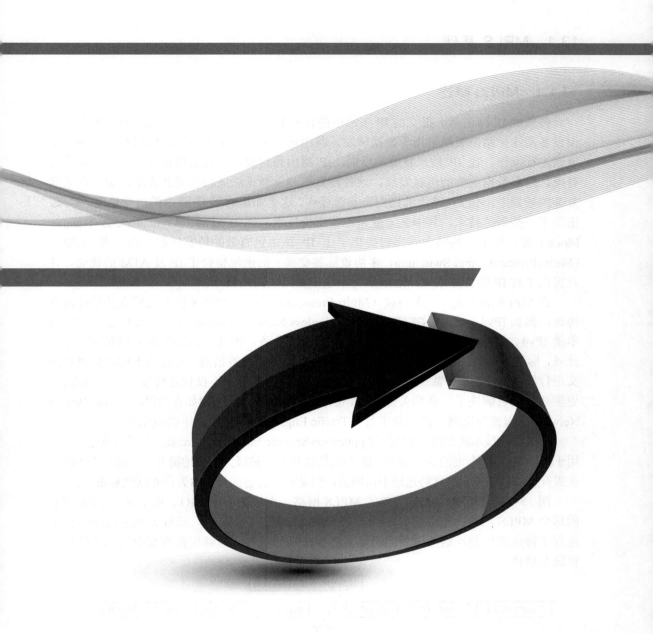

13.1   MPLS 基础

13.1.1   MPLS 概述

传统的 IP 路由基于报文的 IP 头部中的目的 IP 地址进行寻址及转发操作，所有的路由设备需维护路由表用于指导数据转发。路由设备执行路由查询时，依据最长前缀匹配原则进行操作。在 IP 技术发展的早期，IP 路由查询操作依赖软件进行，工作效率非常有限，随着数据业务的迅猛发展，这种转发机制逐渐无法适应当时的需求，加上在某些复杂的场景中，还涉及路由的递归查询等操作，这更加影响了 IP 路由的执行速度。后来，出现了一些新的技术，其中之一就是标签交换技术，例如 ATM（Asynchronous Transfer Mode）等，标签交换技术在当时提供了比 IP 路由更高效的转发机制。再后来，MPLS（Multi-Protocol Label Switching，多协议标签交换）的出现整合了 IP 及 ATM 的优势，并且提供了对 IP 的良好集成，逐渐成为一项重要且热门的技术。

在 MPLS 的定义中，多协议（Multi-Protocol）指的是 MPLS 技术能够支持多种网络协议，例如 IPv4、IPv6、CLNP（Connectionless Network Protocol）等。MPLS 能够承载单播 IPv4、组播 IPv4、单播 IPv6、组播 IPv6 等业务，因此支持的业务类型非常丰富；此外，标签交换指的是 MPLS 设备能够为 IP 报文增加标签信息，并且基于标签信息对报文进行转发，这提高了数据的转发效率。当然 MPLS 的优势不仅仅是转发效率上的提升，更重要的是它解决了一系列关键问题、带来了一些新的应用，例如在 VPN（Virtual Private Network，虚拟专用网）及流量工程（Traffic Engineering，TE）中的应用等。

随着硬件技术的突破，ASIC（Application Specific Integrated Circuit，专用集成电路）被用于提升 IP 路由查询的执行效率，IP 路由的执行速度被极大程度地提升了，现如今 MPLS 在提升转发效率方面的优势已经不再明显，但是它的其他优势依然为行业创造着重大价值。

图 13-1 展示了一个非常简单的 MPLS 网络，在该示例中，R1、R2、R3 及 R4 构成的这个 MPLS 网络，我们将其称为 MPLS 域（MPLS Domain），或者 MPLS 网络。由于运行了特定的机制，这些设备因而具备标签交换的能力，能够根据报文中的标签信息进行转发操作。

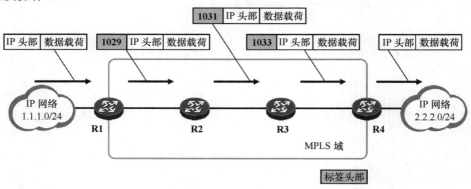

图 13-1   MPLS 概述

　　简单地说，MPLS 技术其实就是在原有 IP 报文的基础之上增加 MPLS 标签头部，标签头部被压入到报文的二层头部之后、三层头部（通常就是 IP 头部）之前。在 MPLS 域中，携带了标签头部的报文是基于该头部中标签进行转发的，这使得转发设备无需层层解封装该报文，直至它们看到报文的目的 IP 地址。再者，由于原始报文被压入了标签头部，因此 IP 头部以及报文载荷被"隐藏"在标签头部后面，这就可以解决诸多问题，例如路由黑洞（转发设备无需知晓关于报文目的 IP 地址的路由信息）等。

　　MPLS 的典型应用主要有。

- 基于 MPLS 的 VPN；
- 基于 MPLS 的流量工程等。

13.1.2　MPLS 术语

● LSR（Label Switch Router，标签交换路由器）

　　LSR 指的是激活了 MPLS 的路由器，或者说激活了 MPLS 标签交换功能的路由器，这些路由器维护着用于指导标签报文转发的信息，并且能够依据这些信息对标签报文进行处理。此外，它们也能根据需要，将 IP 报文处理成标签报文，或者将标签报文处理成 IP 报文。

　　实际上 MPLS 不仅仅能够被部署在路由器上，它同样能够被应用在三层交换机等设备上（要求设备具备相关功能）。严格的说，LSR 指的是激活了标签交换能力的网络设备，路由器在此处仅是一个代表性的设备。在图 13-1 中，R1、R2、R3 及 R4 均是 LSR。

● Ingress LSR（入站 LSR）

　　入站 LSR 通常指的是将 IP 报文进行处理，压入标签头部并生成标签报文的 LSR。入站 LSR 往往处于 MPLS 域的边界，例如图 13-1 中的 R1。当 1.1.1.0/24 网络中的设备发送 IP 报文给 2.2.2.0/24 网络时，IP 报文到达 R1 后，R1 首先在自己的 FIB 表中查询目的 IP 地址，当它意识到该 IP 报文需要进入 MPLS 域并执行标签转发后，R1 在报文的 IP 头部之前插入 MPLS 标签头部，在该标签头部中写入标签值 1029，然后将标签报文转发出去。因此对于 R1 而言，它是 1.1.1.0/24 网络到达 2.2.2.0/24 网络时的入站 LSR。

● Transit LSR（中转 LSR）

　　中转 LSR 指的是将标签报文进行处理，例如执行标签置换等操作（在"MPLS 标签基本操作类型"一节中介绍），然后将处理后的标签报文继续在 MPLS 域内转发的 LSR。在图 13-1 中，R2 及 R3 便是 1.1.1.0/24 网络到达 2.2.2.0/24 网络时的中转 LSR。当 1.1.1.0/24 网络中的设备发送 IP 报文给 2.2.2.0/24 网络时，入站 LSR（R1）将 IP 报文处理后形成标签报文，并转发给下一跳设备 R2，R2 收到该标签报文后，在相应的数据表中查询该报文携带的标签值（1029），根据查询的结果将报文的标签进行置换（置换成 1031），然后将标签报文转发给 R3，后者收到该标签报文后同样进行标签置换操作，将标签 1031 置换为 1033，然后转发给 R4。对于 R2 及 R3 而言，它们对标签报文的 IP 头部中的信息并不感兴趣。

● Egress LSR（出站 LSR）

　　出站 LSR 通常指的是将标签报文中的标签头部移除，并将报文还原为 IP 报文的 LSR。当 1.1.1.0/24 网络中的设备发送 IP 报文给 2.2.2.0/24 网络时，报文进入 MPLS 域并经由 R3 转发给 R4 后，R4 将报文的标签头部移除后，还原成原始的 IP 报文然后转发到 2.2.2.0/24 网络，因此 R4 此时便是一台出站 LSR。其实入站及出站 LSR 是一个相对的概念。对于从 1.1.1.0/24 网络到达 2.2.2.0/24 网络的流量而言，R1 是入站 LSR，R4 是出站 LSR，而对于回程的流量而言，R4 便是入站 LSR，而 R1 则是出站 LSR。

- **Label（标签）**

当一个 IP 报文进入 MPLS 域时，MPLS 标签头部被压入到了报文的 IP 头部之前、二层头部之后。标签头部的长度是固定的，在标签头部中，"标签"字段填写的便是相应的标签值。在 MPLS 域内，中转 LSR 根据报文所携带的标签进行数据转发，它们不会关心标签报文中的 IP 头部信息（不关心报文的目的 IP 地址）。

一个标签报文可能包含一个标签头部，也可能包含多个，这些标签头部按照一定的顺序排列，此时该报文所携带的标签头部就构成了一个标签栈（Label Stack），实际上当报文仅含一层标签头部时，该标签头部也可被理解为标签栈，只不过它既是栈底同时又是栈顶。关于 MPLS 标签，本书将在下一小节中详细介绍。

- **FEC（Forwarding Equivalence Class，等价转发类）**

FEC 指的是具有相同特征的报文，这些报文在 LSR 转发过程中采用相同的方式进行处理。MPLS 标签通常是与 FEC 相对应的，网络管理员必须通过某种机制使得 MPLS 网络中的 LSR 能够获得关于 FEC 的标签信息。FEC 可以通过多种方式进行划分，例如通过目的网络地址及网络掩码、DSCP 等特征来划分。

在实际应用中，关于 FEC 的最常见的例子之一是：目的 IP 地址匹配同一条路由的报文，这些报文被认为属于同一个 FEC。在图 13-1 中，所有发往 2.2.2.0/24 的报文都被认为属于同一个 FEC，当 R1 在自己的接口上收到发往该网段的报文后，R1 为它们压入相同的标签，MPLS 域中所有的 LSR 都采用相同的方式来处理这些报文。因此在本例中，路由 2.2.2.0/24 就对应了一个 FEC。R1、R2、R3 及 R4 都必须拥有关于该 FEC 的标签转发信息。

- **LSP（Label Switched Path，标签交换路径）**

LSP 指的是报文在 MPLS 域内的转发过程中所经过的路径。LSP 需要在数据转发开始之前建立完成，只有这样报文才能够顺利穿越 MPLS 域。同一个 FEC 的报文通常采用相同的 LSP 穿越 MPLS 域，对于同一个 FEC 的报文，LSR 总是使用固定的标签来转发。一条 LSP 包含一台入站 LSR、一台出站 LSR，以及数量可变的中转 LSR。

另外，LSP 是单向的，因此如果一个应用涉及到双向的数据交互，那么便要求在通信双方之间建立双向的 LSP。图 13-2 展示了一个关于 LSP 的例子，从 10.1.1.0/24 网络发往 10.2.2.0/24 网络的报文使用如图所示的 LSP，R7、R8、R9 及 R10 都必须维护关于路由 10.2.2.0/24 的标签信息。

- **标签分发协议**

在一个流量能够顺利穿越 MPLS 域之前，该流量所对应的 FEC 的 LSP 必须已经建立完成。LSP 的建立可以通过两种方式实现：静态及动态。

建立一条 LSP 的最简单的方式是采用手工配置的方式，采用这种方式建立的 LSP 被称为静态 LSP。静态 LSP 的建立无需使用任何标签分发协议，但是网络管理员需要在 LSP 沿途的每一台 LSR 上为每一个 FEC 手工配置标签。当然，这在小型的 MPLS 网络中或许可行，但是随着 MPLS 网络规模越来越大，完全通过手工配置的方式建立 LSP 显然是不切实际的，加上静态 LSP 无法动态地适应网络拓扑变化，因此在实际的应用中，我们通常会借助一些协议来实现 LSP 的建立、维护及标签分发，这就是标签分发协议。

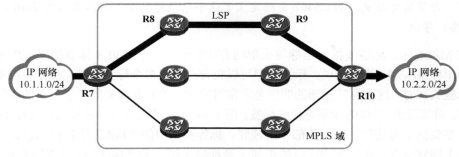

图 13-2　LSP

通过标签分发协议建立的 LSP 被称为动态 LSP。常见的标签分发协议有：LDP（Label Distribution Protocol）、RSVP（Resource Reservation Protocol）及 MP-BGP（Multiprotocol Border Gateway Protocol）。本书将会分别介绍 LDP 及 MP-BGP。

13.1.3　MPLS 标签

一个 IP 报文进入 MPLS 域之前，会被入站 LSR 压入 MPLS 标签头部（以下简称标签头部），形成一个 MPLS 标签报文（以下简称标签报文），如图 13-3 所示。一个标签报文可以包含一个标签头部，也可以包含多个标签头部。一个标签头部的长度为固定的 32bit，共包含四个字段：

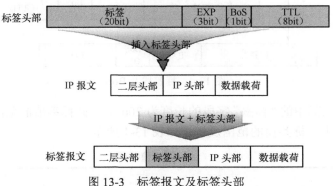

图 13-3　标签报文及标签头部

- **标签（Label）**：用于存储标签值。
- **EXP**：主要用于 CoS（Class of Service）。
- **BoS（Bottom of Stack）**：也被称为栈底位，如果该字段的值为 1，则表示本标签头部为标签栈的栈底，这意味着本标签头部后便是 IP 头部；如果该字段值为 0，则表示本标签头部并非栈底。
- **TTL（Time To Live）**：用于防止当网络中出现环路时，标签报文被无限制转发。该字段与 IP 报文头部中的 TTL 字段的作用是非常类似的。

说明

以上字段中，"EXP"被称为试验性的字段（Experimental Field），这个字段的称呼在早期的 MPLS 相关标准中被定义，并一直被使用，正如上文所述，该字段主要被用于 CoS，为了避免歧义，RFC5462 重新定义了这个字段的名字，将其更名为 Traffic Class（流分类）字段。

在 MPLS 中，标签栈指的是标签头部的有序集合。一个 MPLS 标签报文可以包含一个或多个标签头部，换句话说，标签栈中可以包含一个或多个标签头部。当标签栈中包含多个标签头部时，这些标签头部的顺序是非常讲究的，最靠近报文的二层头部的标签是栈顶标签，最靠近 IP 头部的标签是栈底标签。图 13-4 展示了携带三个标签头部的标签报文，其中标签头部 1 为栈顶，标签头部 3 为栈底。标签头部中的"BoS"字段指出该标签头部是否处于栈底位置，在本例中，标签头部 1 及标签头部 2 的"BoS"字段值均为 0，而标签头部 3 的"BoS"字段值则为 1。如此一来，处理该标签报文的 LSR 在读取值为 1 的"BoS"字段后，便意识到这是最后一层标签了，在标签头部后面即 IP 头部。

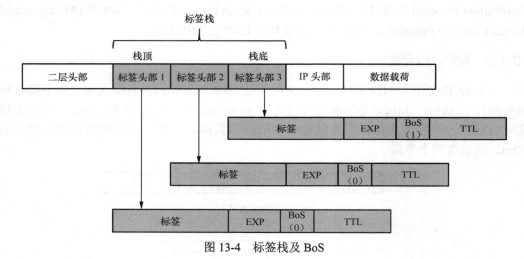

图 13-4　标签栈及 BoS

MPLS 标签头部中的"标签"字段的长度为 20bit，因此标签值的范围是比较可观的。在华为数通产品上，标签值的范围及规划如表 13-1 所示：

表 13-1　　　　　　　　　　　　　　　标签取值范围

标签值	描　　述
0～15	被定义为特殊标签，这些标签值有着特殊的用途。例如标签值 0 被定义为 IPv4 显式空标签（IPv4 Explicit NULL Label），而标签值 3 被定义为隐式空标签（Implicit NULL Label），关于隐式空标签，我们将在"PHP 机制"一节中介绍
16～1023	用于静态 LSP、静态 CR-LSP
1024 及以上	用于 LDP、RSVP-TE、MP-BGP 等标签分发协议

13.1.4　MPLS 标签的基本操作类型

LSR 对报文执行的 MPLS 标签处理动作主要有以下几种。

- **压入（Push）**

压入操作也被称为插入（Insert）操作，指的是一个 IP 报文进入 MPLS 网络时，入站 LSR 在报文的二层头部之后、IP 头部之前压入标签，如图 13-5（1、2）所示；或者 LSR 针对一个已经存在标签头部的标签报文，在栈顶再压入一个新的标签头部，如图 13-5（3）所示。

- **置换（Swap）**

置换操作指的是在 MPLS 网络中，LSR 转发标签报文时，将标签头部置换成下游 LSR 所分配的标签，如图 13-5（4）所示。当标签报文存在多层标签时，置换操作通常只对栈顶的标签进行，如图 13-5（5）所示。

- **弹出（Pop）**

弹出操作指的是标签报文离开 LSP 时，出站 LSR 将标签报文的栈顶标签移除。如果移除栈顶标签后，该报文不再存在其他标签头部，则 LSR 针对该报文执行传统的 IP 路由操作，如图 13-5（7、9）所示；弹出操作的另一种情况是 MPLS 域中的 LSR 在转发标签报文时，将栈顶标签移除后（报文还存在其他标签头部），继续转发给下游 LSR，如图 13-5（6、8）所示。

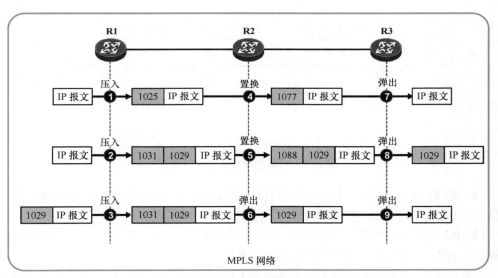

图 13-5　MPLS 标签的基本操作类型

13.1.5　MPLS 转发

在理解 MPLS 时，我们通常从两个层面入手：控制层面及数据层面。下面将通过一个典型的例子，帮助大家简单地理解一下 MPLS 转发过程。在本例中，我们使用标签分发协议构建 LSP。

（1）在图 13-6 所示的网络中，R1、R2、R3 及 R4 构成了一个简单的 MPLS 网络。一个 IGP 协议，例如 OSPF 或 ISIS，在该 MPLS 网络中被部署，使得域内的路由实现互通。

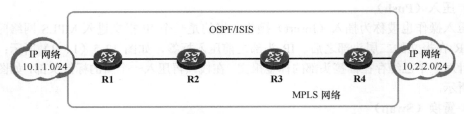

图 13-6　构建一个简单的 MPLS 网络

（2）接下来，四台路由器都激活了 MPLS 标签交换功能，成为 LSR。然后，一个标签分发协议（例如 LDP）在四台路由器上被部署。标签分发协议将完成 MPLS 控制层面的工作——为 FEC（在此处是路由前缀）分配标签以及动态地建立 LSP。

在 MPLS 架构中，在控制层面，IGP 协议及标签分发协议是两个非常关键的组件。IGP 协议的运行确保 MPLS 网络中的 LSR 拥有相应的路由信息，而标签分发协议则针对 LSR 路由表中的路由信息（FEC）进行标签分配。

R4 在本地为路由前缀 10.2.2.0/24（FEC）分配了标签：1031，然后通过标签分发协议报文将该路由前缀与标签的映射通告给 R3，如图 13-7 所示。

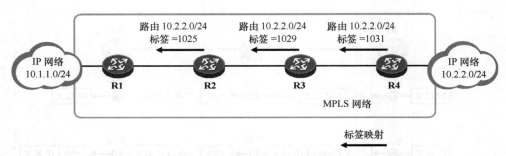

图 13-7　标签分发及标签映射通告

（3）R3 收到 R4 通告过来的标签映射后，将该标签存储起来，接着为该 FEC 分配一个标签：1029，并将自己的标签映射通告给 R2。

（4）R2 收到 R3 通告过来的标签映射后，将该标签存储起来，然后为该 FEC 分配一个标签：1025，再将自己的标签映射通告给 R1。

如此一来，一条关于 10.2.2.0/24 路由的 LSP 就构建起来了。到目前为止，MPLS 在控制层面的工作就已经完成了。

（5）接下来，10.1.1.0/24 网段中的某个用户要访问 10.2.2.2，它所产生的 IP 报文的目的 IP 地址为 10.2.2.2，R1 收到这个 IP 报文后，在其 FIB 表中查询报文的目的 IP 地址，并意识到需对报文执行标签压入操作，于是在报文的二层头部之后、IP 头部之前压入一个标签头部，而标签头部中的"标签"字段值为 1025，也就是下游 LSR R2 为 10.2.2.0/24 路由所分配的标签（此处下游 LSR 指的是在 R1 的路由表中 10.2.2.0/24 路由的下一跳设备），然后将标签报文转发给 R2，如图 13-8 所示。

（6）R2 收到该标签报文后，将报文原有的标签 1025 置换成 1029——也就是 R3 为 10.2.2.0/24 路由所分配的标签，然后将报文转发给 R3。

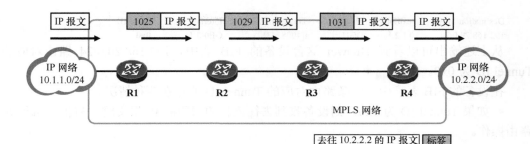

图 13-8　MPLS 数据转发过程

注意

R2 收到 R1 转发的标签报文后，并不会解析报文的 IP 头部，更加不会在其 FIB 表中查询该报文的目的 IP 地址。R2 能够通过报文的二层头部中的相关信息判断出该二层头部后封装的是一个 MPLS 标签报文，而不是一个 IP 报文，因此它将报文的二层头部移除后，将会解析里面的标签头部，并在特殊的数据表中查询报文所携带的标签值，然后根据相关表项的指引决定下一步操作。

在以太网环境中，一个 MPLS 标签报文在链路上传输之前，会被增加以太网帧头及帧尾，而在帧头中（以 Ethernet II 帧为例），"类型"字段用于指示帧头后面的载荷数据的类型，如果"类型"字段的值为 0x0800，则表示载荷数据为 IPv4 报文，而如果"类型"字段的值为 0x8847，则表示载荷数据为 MPLS 单播报文。对于其他类型的二层头部，例如 PPP（Point-to-Point Protocol，点对点协议）等，同样拥有相应的字段用于指示帧头后面的载荷数据是否为 MPLS 单播报文，如果是，那么该字段的值将被设置为一个约定的值。

综上所述，LSR 可以通过报文的二层头部中的相关信息判断出该报文的类型，当一台 LSR 收到一个 IP 报文时，会在其 FIB 表中查询报文的目的 IP 地址，并根据匹配的表项进行数据转发；而当其收到一个标签报文时，则不会在 FIB 表中执行查询操作，而是在特殊的数据表中获取相关信息用于指导数据转发，本节后续的内容中介绍了这部分知识。

（7）R3 收到该标签报文后，将报文原有的标签 1029 置换成 1031——也就是 R4 为 10.2.2.0/24 路由所分配的标签，然后将报文转发给 R4。

（8）R4 收到该标签报文后，将报文的标签头部弹出，得到原始的 IP 报文，然后执行 IP 路由操作，将报文转发出去。

以上仅仅给大家笼统地介绍了一下 MPLS 转发过程，实际的操作过程要远比这复杂。

在一个 MPLS 网络中，每一台 LSR 都可能维护着以下的数据：

（1）Tunnel ID（隧道标识）

Tunnel ID 是一个长度为 32bit，且只具有本地意义的隧道标识，这是设备为各种隧道所分配的一个 ID。在 MPLS 中，Tunnel ID 还用于将 FIB、ILM 及 NHLFE 进行关联。

在设备上查看 FIB 表项，能看到 Tunnel ID，以下呈现的是某台设备关于路由 192.168.20.0/24 的 FIB 表项：

```
<Huawei>display fib 192.168.20.0 24
Route Entry Count: 1
```

Destination/Mask	Nexthop	Flag	TimeStamp	Interface	**TunnelID**
192.168.20.0/24	10.1.2.1	DGU	t[4008243]	GE0/0/1	**0x0**

从上述输出可以看到 Huawei 这台设备的 FIB 表中，192.168.20.0/24 路由对应的 Tunnel ID 为 0x0。

在设备的 FIB 表项中，一条路由对应的 Tunnel ID 值存在两种情况。

• 如果 Tunnel ID 为 0x0，则设备收到去往该目的网段的 IP 报文时，将报文执行 IP 路由操作。

• 如果 Tunnel ID 不为 0x0，则设备将报文执行 MPLS 转发操作。设备将在 NHLFE 中查询该 Tunnel ID 值，从而找到匹配的表项并依照表项的指示进行操作。

（2）NHLFE（Next Hop Label Forwarding Entry，下一跳标签转发表项）

NHLFE 用于指导 MPLS 标签报文转发。每个 NHLFE 都包含着 Tunnel ID、出站接口、下一跳 IP 地址、出站标签、标签操作类型等信息，表 13-2 展示了两个 NHLFE 的示例：

表 13-2 NHLFE 示例

Tunnel ID	出站接口	下一跳 IP 地址	出站标签	标签操作
0x16	GE0/0/1	10.1.12.2	1066	Push
0x21	GE0/0/1	10.1.12.2	1099	Push

（3）ILM（Incoming Label Map，入标签映射）

ILM 体现的是入站标签到 NHLFE 的映射关系，ILM 包含 Tunnel ID、入站标签、入站接口、标签操作等信息，表 13-3 展示了两个 ILM 的示例：

表 13-3 ILM 示例

Tunnel ID	入站标签	入站接口	标签操作
0x33	1071	GE0/0/3	Swap
0x14	1038	GE0/0/3	Swap

当 LSR 收到一个标签报文时，会在 ILM 的入站标签中查询该报文所携带的标签值，找到匹配的表项后，也就得到了对应的 Tunnel ID，从而根据 Tunnel ID，在设备的 NHLFE 中再次进行查询，得到下一步操作的信息，例如下一跳 IP 地址及出站标签等。

现在，回到本节的例子，再来详细地探讨一下 MPLS 数据转发过程。

（1）当 10.1.1.0/24 网段中的 PC 发送数据给 10.2.2.2 时，IP 报文首先被发往 R1。R1 收到报文后，从报文的二层头部的"类型"字段判断出（假设本例中所有的设备均使用以太网链路互联），载荷数据是 IP 报文，因此接下来 R1 在自己的 FIB 表中查询与报文的目的 IP 地址 10.2.2.2 相匹配的表项，根据最长匹配原则，找到路由表项 10.2.2.0/24，并且发现该表项的 Tunnel ID 为 0x13，如图 13-9 所示。R1 意识到需要将报文送入隧道，但是目前还缺乏足够的转发信息，因此它继续在 NHLFE 中查询 Tunnel ID 0x13，发现的确有一个匹配该 Tunnel ID 的表项，该表项的出站接口为 GE0/0/1、下一跳 IP 地址为 10.1.12.2、出站标签为 1025，而且标签操作为 Push。于是 R1 根据 NHLFE 表项的指示，在报文的 IP 头部之前压入一个标签头部，标签值为 1025。接着 R1 重新将该报文封装成帧，将数据帧从 GE0/0/1 接口转发给 R2。

R2 收到了 R1 转发过来的标签报文后，它从报文的二层头部的"类型"字段判断出，载荷数据是 MPLS 标签报文，因此 R2 将不会在 FIB 表中查询该报文的目的 IP 地址，而是根据报文所携带的标签获取转发信息。R2 将二层帧头剥除，读取顶层标签值 1025（实际上，目前该报文仅有一层标签），然后在 ILM 中查询该标签值，结果找到了匹配的表项，如图 13-10 所示，该表项的 Tunnel ID 为 0x19，且标签操作为 Swap。R2 继续在 NHLFE 中查询 Tunnel ID 0x19 并找到了一个匹配的表项，该表项的出站接口为 GE0/0/1，下一跳 IP 地址为 10.1.23.3，出站标签为 1029。

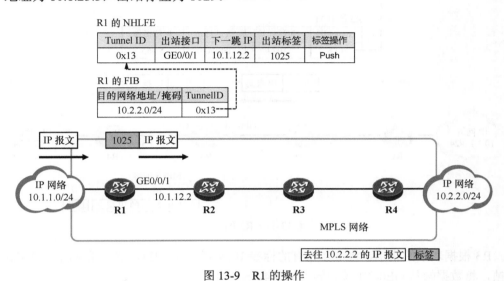

图 13-9　R1 的操作

R2 根据表项的指示，将报文原有的标签 1025 置换为 1029，接着重新将该报文封装成帧，并将数据帧从 GE0/0/1 接口转发给 R3。

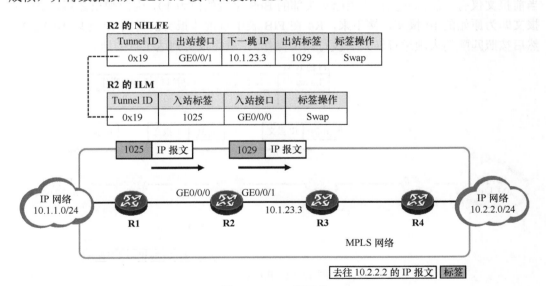

图 13-10　R2 的操作

（2）R3 收到了 R2 转发过来的标签报文后，它将帧头剥除，读取标签值 1029，然后在 ILM 中查询该标签值，结果找到了匹配的表项，如图 13-11 所示，该表项的 Tunnel ID

为 0xf，R3 继续在 NHLFE 中查询这个 Tunnel ID 并找到了一个匹配的表项，该表项的出站接口为 GE0/0/1、下一跳 IP 地址为 10.1.34.4、出站标签为 1031，且标签操作为 Swap。

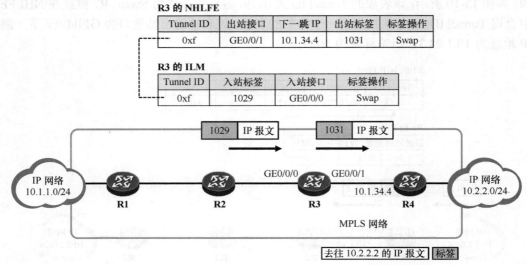

R3 的 NHLFE

Tunnel ID	出站接口	下一跳 IP	出站标签	标签操作
0xf	GE0/0/1	10.1.34.4	1031	Swap

R3 的 ILM

Tunnel ID	入站标签	入站接口	标签操作
0xf	1029	GE0/0/0	Swap

图 13-11　R3 的操作

R3 根据表项的指示，将报文原有的标签 1029 置换为 1031，然后重新将该报文封装成帧，将数据帧从 GE0/0/1 接口转发给 R4。

（3）R4 收到标签报文后，在 ILM 中查询报文所携带的标签 1031，如图 13-12 所示，从匹配的表项中，R4 发现对应的标签操作为弹出，于是它将报文的标签头部弹出，由于当前报文仅有一层标签头部（该标签头部的 BoS 字段的值为 1），因此弹出之后，得到的报文即为原始的 IP 报文，接下来，R4 在 FIB 表中查询该报文的目的 IP 地址 10.2.2.2，然后按照匹配的表项进行转发（执行路由操作）。最终报文到达了目的地。

R4 的 ILM

Tunnel ID	入站标签	入站接口	标签操作
0x0	1031	GE0/0/0	Pop

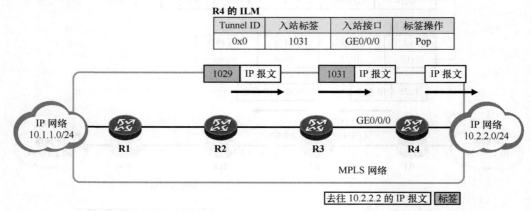

图 13-12　R4 的操作

13.1.6　案例：静态 LSP 的建立

经过前面的讲解，相信大家对 MPLS 已经有了一个基本的认知。我们知道，在 MPLS

网络中，一个流量要能够被设备顺利地执行标签转发，对应 FEC 的 LSP 在流量开始发送之前就应该建立完成。实际上，LSP 的建立过程颇有一点面向连接的（Connection-oriented）味道。

　　LSP 的建立可以通过两种方式实现，一是采用手工配置的方式在 MPLS 网络中建立，这种 LSP 被称为静态 LSP。另一种则是通过标签分发协议动态地建立，这种 LSP 被称为动态 LSP。静态 LSP 的建立，需要网络管理员在 LSP 沿途的所有 LSR 上进行配置，任何一个环节出现错误都可能导致流量转发的中断。而且静态 LSP 无法根据拓扑的变化进行自动调整，当网络拓扑发生变更时，网络管理员不得不手工修改设备上的配置。因此静态 LSP 仅适用于规模较小并且拓扑稳定的小型网络。

　　在图 13-13 中，R1、R2、R3 及 R4 构成了一个简单的 MPLS 网络。现在我们要在该 MPLS 网络中建立两条静态 LSP，使得 10.1.1.0/24 及 10.2.2.0/24 网段的用户能够通过中间的 MPLS 网络互访（LSP 是单向的，为了实现这两个网段的双向互访，就需要在 MPLS 网络中创建两条 LSP）。设备的接口 IP 地址规划如图 13-13 所示。

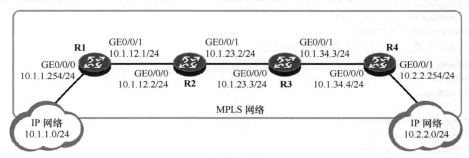

图 13-13　静态 LSP 的建立

　　首先在 R1 及 R4 上完成静态路由配置。以 R1 为例，它必须拥有到达 10.2.2.0/24 网段的路由，因为它是从 10.1.1.0/24 网段到达 10.2.2.0/24 网段的 IP 报文的入站 LSR，在其 FIB 表中需存在相关表项用于指导数据转发。R4 同理，必须拥有到达 10.1.1.0/24 网段的路由。

　　在静态 LSP 中，对于某个 FEC 而言，所有 LSR 的入站、出站标签都需要网络管理员手工分配。中转 LSR（如本例中的 R2 及 R3）无需拥有到达目标网段的路由，因为它们将会基于报文所携带的标签进行转发操作。

　　R1 的静态路由配置如下：

```
[R1]ip route-static 10.2.2.0 24 10.1.12.2
```

　　R4 的静态路由配置如下：

```
[R4]ip route-static 10.1.1.0 24 10.1.34.3
```

接下来开始 MPLS 的配置。

在 R1 上配置 LSR ID 并激活 MPLS：

```
[R1]mpls lsr-id 1.1.1.1
[R1]mpls
[R1-mpls]quit

[R1]interface GigabitEthernet 0/0/0
[R1-GigabitEthernet0/0/0]mpls
```

```
[R1]interface GigabitEthernet 0/0/1
[R1-GigabitEthernet0/0/1]mpls
```

在 R2 上配置 LSR ID 并激活 MPLS：

```
[R2]mpls lsr-id 2.2.2.2
[R2]mpls
[R2-mpls]quit

[R2]interface GigabitEthernet 0/0/0
[R2-GigabitEthernet0/0/0]mpls
[R2]interface GigabitEthernet 0/0/1
[R2-GigabitEthernet0/0/1]mpls
```

在 R3 上配置 LSR ID 并激活 MPLS：

```
[R3]mpls lsr-id 3.3.3.3
[R3]mpls
[R3-mpls]quit

[R3]interface GigabitEthernet 0/0/0
[R3-GigabitEthernet0/0/0]mpls
[R3]interface GigabitEthernet 0/0/1
[R3-GigabitEthernet0/0/1]mpls
```

在 R4 上配置 LSR ID 并激活 MPLS：

```
[R4]mpls lsr-id 4.4.4.4
[R4]mpls
[R4-mpls]quit

[R4]interface GigabitEthernet 0/0/0
[R4-GigabitEthernet0/0/0]mpls
[R4]interface GigabitEthernet 0/0/1
[R4-GigabitEthernet0/0/1]mpls
```

在上述配置中，**mpls lsr-id** 命令用于设置设备的 LSR ID，在激活设备的 MPLS 功能之前，必须为设备配置 LSR ID，出于协议稳定性的考虑，我们通常会为设备创建一个 Loopback 接口，并使用该接口的 IP 地址作为设备的 LSR ID。在系统视图下执行的 **mpls** 命令用于全局激活设备的 MPLS 功能，但是全局激活之后，还必须在需激活 MPLS 的接口的接口视图中再执行 **mpls** 命令激活该接口的 MPLS 功能。完成上述配置后，即可在设备上继续进行静态 LSP 的配置。

现在开始创建第一条静态 LSP，使得 10.1.1.0/24 网段的用户发往 10.2.2.0/24 网段的流量能够顺利地穿越 MPLS 网络到达目的地。在静态 LSP 中，需要提前规划 LSP 沿途的各台设备的入站及出站标签值。第一条静态 LSP 的标签规划如图 13-14 所示。

R1 是该 LSP 的入站 LSR，它的配置如下：

```
[R1]static-lsp ingress 1to2 destination 10.2.2.0 24 nexthop 10.1.12.2 out-label 1002
```

在以上配置中，**static-lsp ingress** 命令用于在入站 LSR 上配置静态 LSP，其中 1to2 是该 LSP 的名称（该名称可自定义），**destination** 关键字用于指定目的 IP 地址及掩码，**nexthop** 关键字用于指定下一跳 IP 地址，而 **out-label** 关键字则用于指定出站标签值。值得注意的是，**nexthop** 关键字所指定的下一跳 IP 地址必须与 R1 的路由表中 10.2.2.0/24 路由的下一跳 IP 地址相同。

R2 是中转 LSR，它的配置如下：

```
[R2]static-lsp transit 1to2 incoming-interface GigabitEthernet 0/0/0 in-label 1002 nexthop 10.1.23.3 out-label 1003
```

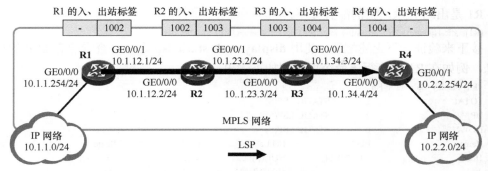

图 13-14　第一条静态 LSP 的规划

在以上配置中，**static-lsp transit** 命令用于在中转 LSR 上配置静态 LSP，其中 **incoming-interface** 关键字用于指定标签报文的入站接口，**in-label** 及 **out-label** 关键字分别用于指定入站及出站标签。对于本案例的第一条 LSP 而言，R1 的出站标签必须与 R2 的入站标签相同，R2 的出站标签则必须与 R3 的入站标签相同，以此类推。

R3 是中转 LSR，它的配置如下：

```
[R3]static-lsp transit 1to2 incoming-interface GigabitEthernet 0/0/0 in-label 1003 nexthop 10.1.34.4 out-label 1004
```

R4 是出站 LSR，它的配置如下：

```
[R4]static-lsp egress 1to2 incoming-interface GigabitEthernet 0/0/0 in-label 1004
```

在以上配置中，**static-lsp egress** 命令用于在出站 LSR 上配置静态 LSP。

对于静态 LSP 而言，入站 LSR、中转 LSR 及出站 LSR 的配置各有不同，除了 **static-lsp** 命令中，**ingress**、**egress** 及 **transit** 关键字的区别，还应特别注意入站、出站标签的配置，总的来说，应该遵循的原则是：顺着 LSP 的方向，本设备的出站标签必须等于下一跳设备的入站标签。

接着创建第二条静态 LSP，使得 10.2.2.0/24 网段的用户发往 10.1.1.0/24 网段的流量能够顺利到达目的地。该条 LSP 的规划如图 13-15 所示。

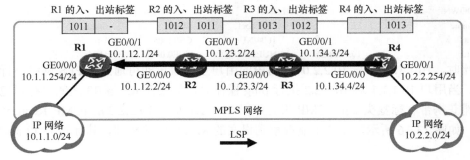

图 13-15　第二条静态 LSP 的规划

R4 是该 LSP 的入站 LSR，它的配置如下：

```
[R4]static-lsp ingress 2to1 destination 10.1.1.0 24 nexthop 10.1.34.3 out-label 1013
```

R3 是中转 LSR，它的配置如下：

```
[R3]static-lsp transit 2to1 incoming-interface GigabitEthernet 0/0/1 in-label 1013 nexthop 10.1.23.2 out-label 1012
```

R2 是中转 LSR，它的配置如下：

```
[R2]static-lsp transit 2to1 incoming-interface GigabitEthernet 0/0/1 in-label 1012 nexthop 10.1.12.1 out-label 1011
```

R1 是出站 LSR，它的配置如下：

```
[R1]static-lsp egress 2to1 incoming-interface GigabitEthernet 0/0/1 in-label 1011
```

接下来验证一下上述配置，使用 **display mpls static-lsp** 命令可查看静态 LSP 的相关信息，例如在 R1 上执行该命令可看到如下输出：

```
<R1>display mpls static-lsp
TOTAL           :    2        STATIC LSP(S)
UP              :    2        STATIC LSP(S)
DOWN            :    0        STATIC LSP(S)
Name              FEC              I/O Label        I/O If           Status
1to2              10.2.2.0/24      NULL/1002        -/GE0/0/1        Up
2to1              -/-              1011/NULL        GE0/0/1/-        Up
```

从上述输出可以看出，R1 上存在两条状态为 Up 的 LSP。

再去中转 LSR R2 上看看：

```
<R2>display mpls static-lsp
TOTAL           :    2        STATIC LSP(S)
UP              :    2        STATIC LSP(S)
DOWN            :    0        STATIC LSP(S)
Name              FEC              I/O Label        I/O If           Status
1to2              -/-              1002/1003        GE0/0/0/GE0/0/1  Up
2to1              -/-              1012/1011        GE0/0/1/GE0/0/0  Up
```

R3 的静态 LSP 信息如下：

```
<R3>display mpls static-lsp
TOTAL           :    2        STATIC LSP(S)
UP              :    2        STATIC LSP(S)
DOWN            :    0        STATIC LSP(S)
Name              FEC              I/O Label        I/O If           Status
1to2              -/-              1003/1004        GE0/0/0/GE0/0/1  Up
2to1              -/-              1013/1012        GE0/0/1/GE0/0/0  Up
```

R4 的静态 LSP 信息如下：

```
<R4>display mpls static-lsp
TOTAL           :    2        STATIC LSP(S)
UP              :    2        STATIC LSP(S)
DOWN            :    0        STATIC LSP(S)
Name              FEC              I/O Label        I/O If           Status
1to2              -/-              1004/NULL        GE0/0/0/-        Up
2to1              10.1.1.0/24      NULL/1013        -/GE0/0/0        Up
```

此时，10.1.1.0/24 与 10.2.2.0/24 网段的用户互访流量即可通过 MPLS 网络进行标签转发。当用户 10.1.1.1 对 10.2.2.2 执行 ping 操作时，如果在 R2 与 R3 之间进行抓包，则可以捕获携带着标签头部的 ICMP 报文，以 10.1.1.1 发往 10.2.2.2 的 ICMP Request 报文为例，如图 13-16 所示，在图中能观察到报文的 MPLS 标签头部，其标签值（Label）为 1003。

```
Ethernet II, Src: HuaweiTe_49:67:44 (00:e0:fc:49:67:44), Dst: HuaweiTe_d6:09:e8 (00:e0:fc:d6:09:e8)
MultiProtocol Label Switching Header, Label: 1003, Exp: 0, S: 1, TTL: 126
Internet Protocol, Src: 10.1.1.1 (10.1.1.1), Dst: 10.2.2.2 (10.2.2.2)
Internet Control Message Protocol
  Type: 8 (Echo (ping) request)
  Code: 0
  Checksum: 0x7594 [correct]
  Identifier: 0x10e8
  Sequence number: 2 (0x0002)
  Sequence number (LE): 512 (0x0200)
⊞ Data (32 bytes)
```

图 13-16　10.1.1.1 发往 10.2.2.2 的 ICMP Request 报文（在 R2 及 R3 之间被捕获的报文）

13.2　LDP

对于一个小型的 MPLS 网络而言，采用静态 LSP 的方式或许可以满足需求，然而，静态 LSP 虽然配置简单，但无法根据拓扑的变化进行自动调整，再者，MPLS 网络的规模往往比较大，采用手工配置的方式为每个 FEC 建立静态 LSP 显然不太现实。标签分发协议可以提供一个更佳的解决方案。本节将为大家介绍一个被广泛应用的标签分发协议：LDP（Label Distribution Protocol，标签分发协议）。

LDP 被视为 MPLS 体系中最重要的协议之一，在各种类型的 MPLS 网络中被广泛部署。作为一个 MPLS 体系中控制层面的关键协议，LDP 能够为 FEC 分配标签，而运行 LDP 的 LSR 也能够通过 LDP 的协议报文交换 FEC 与标签的映射，最终完成 LSP 的建立。

两台互相建立 LDP 会话并通过 LDP 交互 FEC 与标签映射信息的 LSR，被称为 LDP 对等体。运行了 LDP 的 LSR 之间必须先建立对等体关系，然后才能交互标签映射。

LDP 是公有标准，最初在 RFC3036（LDP Specification）中被定义，该版本的 RFC 已经被废弃不用，目前普遍被行业遵循的 LDP 标准是 RFC5036（LDP Specification）。

学习完本节之后，我们应该能够：

- 理解 LDP 协议的基本工作机制；
- 理解 LSR ID、LDP ID 的概念；
- 熟悉 LDP 对等体关系建立过程；
- 理解 LDP 传输地址的概念；
- 理解 PHP 机制；
- 掌握 MPLS 及 LDP 的基础配置；
- 掌握利用 MPLS 解决 BGP 路由黑洞的方法。

13.2.1　LDP 的基本工作机制

图 13-17 展示了一个典型的 MPLS 网络示例。首先一个 IGP 协议（例如 OSPF 或 IS-IS 等）在 MPLS 网络中被部署，通过该 IGP 协议，MPLS 网络内可实现路由互通。

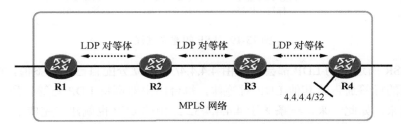

图 13-17　MPLS 网络中的设备激活 MPLS 及 LDP 后，直连的设备之间形成 LDP 对等体关系

以 4.4.4.4/32 路由为例，依赖 MPLS 网络内部运行的 IGP 协议，R1、R2 及 R3 都能够学习到该路由。接下来，MPLS 网络中的路由器将激活 MPLS 及 LDP 功能。之后这些路由器将成为 LSR，LDP 对等体关系将在直连的 LSR 之间形成。LDP 会自动地为设备

的路由表中的路由前缀（FEC）分配标签，如图 13-18 所示，R4 激活 LDP 后，LDP
为本地直连路由 4.4.4.4/32 分配了标签：1061，接下来，LDP 的另一个非常重要的功
能——标签映射通告将会登场。R4 通过 LDP 协议报文，将 4.4.4.4/32 路由及标签 1061
的映射通告给 LDP 对等体 R3。

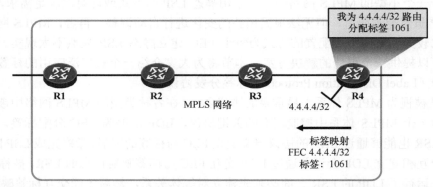

图 13-18　LDP 为 FEC 分配标签，并且将 FEC 与标签的映射通告给其他 LDP 对等体

　　R3 收到 R4 通告的关于 4.4.4.4/32 路由的标签映射后，将该标签映射存储起来，然
后它为该路由分配自己的标签：1082，并且通过 LDP 协议报文将自己为 4.4.4.4/32 路由
所分配的标签通告给 LDP 对等体 R2。同理，R2 收到 R3 通告的关于 4.4.4.4/32 路由的标
签映射后，将该标签映射存储起来，然后在本地为 4.4.4.4/32 路由分配标签：1025，并
向 R1 通告自己为该路由所分配的标签，如图 13-19 所示。

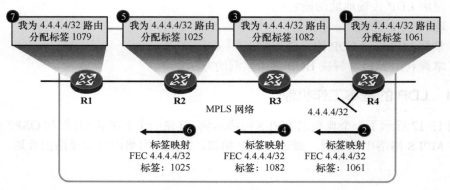

图 13-19　LSP 的建立过程

　　每台 LSR 所运行的 LDP 都会为路由 4.4.4.4/32 独立分配自己的标签值，并将自己为
该路由分配的标签通告给其他 LDP 对等体。每台路由器都将 LDP 对等体所通告的标签
映射存储起来，如此一来，一条关于 4.4.4.4/32 路由的 LSP 也就建立完成了。当 LSR 转
发到达 4.4.4.4/32 的标签报文时，在转发出去的报文中所设置的标签总是下一跳 LDP 对
等体（也就是下游邻居 LSR）为该 FEC 所通告的标签。

　　在一条 LSP 上，沿着标签报文转发的方向，一台设备被视为下一跳设备的上游，相
对的，下一跳设备被视为本设备的下游。在本例中，对于 FEC 4.4.4.4/32 而言，R4 是 R3
的下游 LSR 邻居，R3 是 R2 的下游 LSR 邻居。相对的，R3 是 R4 的上游 LSR 邻居，R2

是 R3 的上游 LSR 邻居。

> **注意**
>
> 　　在华为路由器上运行 LDP 时，如果运行了 LDP 的 LSR 是某个 FEC 的出站 LSR，那么它可以主动为该 FEC 分配标签；如果该 LSR 不是某个 FEC 的出站 LSR，则它必须等待收到下游邻居 LSR 通告的关于该 FEC 的标签映射之后，才能触发自己为该 FEC 分配标签，而且，此时要求该 LSR 必须已经学习到关于 FEC 的路由（且上述提及的下游邻居 LSR 是该路由表项的下一跳设备）。

　　在本例中，R4 是 4.4.4.4/32 路由的出站 LSR，因此它可以主动为该路由分配标签，而 R3 只有在收到路由 4.4.4.4/32 的下一跳 LSR R4 通告过来的、关于该路由的标签映射之后，才能触发自己为该路由分配标签。值得注意的是，如果此时 IGP 协议配置出现问题，导致 R3 没有学习到 4.4.4.4/32 路由，或者 4.4.4.4/32 路由的下一跳不是 R4，而是一台没有运行 LDP 的设备，那么即使 R4 将该路由的标签映射通告给了 R3，后者也无法为该路由分配标签。可见 IGP 协议对于 LDP 的标签分发是多么重要。

　　此外，在华为路由器上运行 LDP 时，运行了 LDP 的 LSR 为 FEC 分配了标签之后，会将标签映射通告给所有邻居 LSR，而无需等待邻居 LSR 发起请求。在本例中，R4 为 4.4.4.4/32 路由分配了标签后，可以主动将标签映射通告给 LSR 邻居 R3，而不用等待 R3 发起请求。再以 R2 为例，当它收到下游邻居 LSR R3 通告的关于 4.4.4.4/32 路由的标签映射后，便立即为该路由分配自己的标签，并将标签映射通告给所有 LSR 邻居，其中包括 R2 及 R3——虽然，这个标签映射对于 R3 而言并没有实际意义。

　　对于一台 LSR，关于某个 FEC，它很有可能从多个 LDP 对等体都收到标签映射，缺省时，该 LSR 将把这些 LDP 对等体所通告的标签映射都存储起来，但是它只会使用其中一个 LDP 对等体所通告的标签进行数据转发。LSR 通过查询自己的路由表来获得该 FEC 对应的路由条目的下一跳，而它所使用的出站标签则是这个下一跳 LSR（下游邻居 LSR）所通告的标签。

13.2.2　LDP ID

　　每一台运行了 MPLS 的 LSR 必须拥有一个域内唯一的 LSR ID（Label Switch Router Identification，标签交换路由器标识符），在华为路由器上激活 MPLS 之前，必须为设备指定 LSR ID（在系统视图下使用 **mpls lsr-id** 命令为设备指定 LSR ID），否则 MPLS 无法顺利激活。LSR ID 的长度为 32bit，与 IPv4 地址的格式相同，例如 1.1.1.1。通常情况下，我们会使用设备的某个 Loopback 接口地址作为该设备的 LSR ID。

　　每一台运行了 LDP 的 LSR 必须拥有 LDP ID（Label Distribution Protocol Identification，标签分发协议标识符），LDP ID 的长度为 48bit，该标识符由 32bit 的 LSR ID，以及 16bit 的 Label Space ID（标签空间标识符）构成。LDP ID 以 "LSR ID:Label Space ID" 的格式表示，以 "1.1.1.1:0" 为例，其中 "1.1.1.1" 为设备的 LSR ID，而 "0" 为该设备的 Label Space ID。

　　Label Space ID 通常以两种形态呈现：0 或非 0。其中 0 表示基于设备（或基于平台）的标签空间，而非 0 则表示基于接口的标签空间。关于 Label Space ID 的描述超出了本书的范围，在本书的所有小节中，LSR 均使用基于设备的标签空间，因此 Label Space ID 均为 0。

13.2.3　LDP 会话建立过程

LDP 对等体之间需首先建立 LDP 会话，然后才能互相通告标签映射。本节将介绍 LDP 对等体之间的会话建立过程。

1. LDP 设备发现

LDP 对等体之间的会话存在两种类型，一种是本地 LDP 会话（Local LDP Session），另一种则是远程 LDP 会话（Remote LDP Session）。

本地 LDP 会话指的是直连的 LDP 设备之间所建立的 LDP 会话，建立该种会话的 LDP 设备必须直连，设备采用组播的 Hello 报文发现直连链路上的其他 LDP 对等体。对于本地 LDP 会话，在配置 LDP 设备时，无需手工指定 LDP 对等体的 IP 地址。而对于远程 LDP 会话，则不要求建立会话的 LDP 设备之间必须直连，在配置 LDP 设备时，必须手工指定对等体的 IP 地址。本节将围绕本地 LDP 会话展开介绍。

当设备的接口激活 LDP 后，接口便开始发送 Hello 报文。LDP 的 Hello 报文采用 UDP 封装，源 UDP 端口号及目的 UDP 端口号均是 646，另外，Hello 报文采用组播的方式发送，目的 IP 地址为 224.0.0.2。

TCP 及 UDP 端口号 646 均被 IANA 指定为 LDP 协议专用的端口号。

在图 13-20 中，R1 及 R2 的 GE0/0/1 接口激活 LDP 后，两台设备便各自在接口上周期性地发送 LDP Hello 报文。以 R1 为例，当其 GE0/0/1 接口激活 LDP 后，该接口便开始周期性地发送 Hello 报文，R1 在其发送的 Hello 报文中携带自己的 LDP ID 以及传输地址（Transport Address）等信息，其中传输地址将在后续用于 LDP 会话建立。

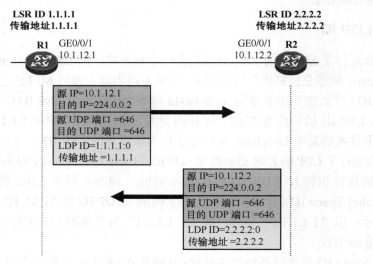

图 13-20　LDP 设备发现

R2 在自己的 GE0/0/1 接口上收到 R1 发送的 Hello 报文后，它便在该接口上发现了 LDP 对等体 R1，并且通过该报文知晓了 R1 的传输地址。在设备上使用 **display mpls ldp peer** 命令可查看该设备发现的 LDP 对等体。

以 R2 为例：

```
<R2>display mpls ldp peer

LDP Peer Information in Public network
A '*' before a peer means the peer is being deleted.
------------------------------------------------------------------
PeerID              TransportAddress          DiscoverySource
------------------------------------------------------------------
1.1.1.1:0           1.1.1.1                   GigabitEthernet0/0/1
------------------------------------------------------------------
TOTAL: 1 Peer(s) Found.
```

缺省情况下，LDP 设备采用其 LSR ID 作为传输地址，它在自己发送的 Hello 报文中，将传输地址告知对方。在接口视图下，使用 **mpls ldp transport-address** 命令，可以修改该接口用于建立 LDP 会话的传输地址，例如执行 **mpls ldp transport-address loopback 2** 命令，则该接口将使用本设备的 Loopback2 接口的 IP 地址作为传输地址。

2. LDP 会话建立

R1 及 R2 使用 Hello 报文发现彼此后，接下来将进入设备之间 LDP 会话的建立过程。

在上一个阶段中，LDP 对等体之间所交互的 Hello 报文使双方都知晓了对方的传输地址，接下来，双方将基于该传输地址建立 TCP 会话，如图 13-21 所示。传输地址大的一方发起 TCP 连接建立请求，在本例中，R2 的传输地址更大，因此 TCP 连接建立请求由它发起。

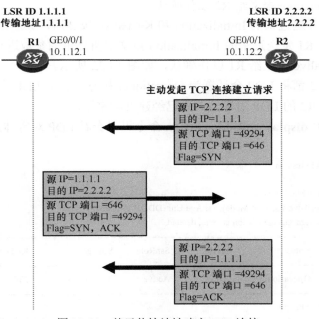

图 13-21　基于传输地址建立 TCP 连接

R2 发送的 TCP 报文的目的 IP 地址是 R1 的传输地址 1.1.1.1，目的 TCP 端口号是 646，源 IP 地址是它自己的传输地址 2.2.2.2，源端口号随机。值得注意的是，为了保证 LDP 对等体之间能够顺利地基于传输地址建立 TCP 会话，需确保 LDP 对等体双方均拥有到达对方传输地址的路由。也就是说，R1 必须能够在自己的路由表中查询到去往 2.2.2.2 的路由，而 R2 则必须能够在自己的路由表中查询到去往 1.1.1.1 的路由。

说明

在典型的 MPLS 网络中，我们往往会在每台 LSR 上创建一个 Loopback 接口，并为该接口配置一个掩码长度为 32 的 IP 地址，然后将该 IP 地址指定为设备的 LSR ID。缺省情况下，这个 Loopback 接口的 IP 地址也将被指定为该设备的 LDP 传输地址。通常情况下，在 MPLS 网络中往往会率先部署一个 IGP 协议，例如 OSPF 或 IS-IS 等，该 IGP 协议一方面用于实现 MPLS 网络内部的路由互通，另一方面也为 LDP 的标签分发做准备，因为 LDP 在 LSR 上被激活后，它只会为该路由表中的存在的路由条目分配标签，因此 LDP 的正常工作往往与网络中路由息息相关。此外，该 IGP 协议还可用于保证 LDP 对等体关系的正确建立，每台 LSR 上所创建的上述 Loopback 接口的路由将会被发布到该 IGP 协议中，从而使得 LDP 对等体能够通过该 IGP 协议获知到达其他对等体的传输地址的路由。

完成邻居发现及 TCP 三次握手之后，拥有更大传输地址的 R2 将主动发送一个 Initialization（初始化）报文给 R1，该报文中包含 R2 的一些协议参数，例如 LDP 协议版本号、保活时间、标签通告方式、LSR ID 及标签空间等。R1 收到这个报文后，会对其中的参数进行检查，如果对这些参数表示认可，则立即发送自己的 Initialization 报文，同时回送一个 Keepalive 报文给 R2 以作确认。

R2 收到对方发送过来的 Initialization 和 Keepalive 报文后，知道 R1 认可了自己的参数，于是它也会对 R1 发送过来的 Initialization 报文中所携带的参数进行检查，如果认可，则回送一个 Keepalive 报文给 R1 以作确认，如图 13-22 所示。

此时 R1 及 R2 都将 LDP 会话置为 Operational 状态（表示 LDP 会话建立成功）。到目前为止，R1 与 R2 的 LDP 对等体关系已经建立起来了。

在设备上使用 **display mpls ldp session** 命令可以查看 LDP 对等体之间的会话状态。以 R2 为例：

```
<R2>display mpls ldp session

 LDP Session(s) in Public Network
 Codes: LAM(Label Advertisement Mode), SsnAge Unit(DDDD:HH:MM)
 A '*' before a session means the session is being deleted.
 ------------------------------------------------------------------------------
 PeerID            Status         LAM      SsnRole    SsnAge        KASent/Rcv
 ------------------------------------------------------------------------------
 1.1.1.1:0         Operational    DU       Active     0000:00:05    23/23
 ------------------------------------------------------------------------------
 TOTAL: 1 session(s) Found.
```

在 **display mpls ldp session** 命令中增加 **verbose** 关键字，可以查看 LDP 会话建立情况及详细信息。

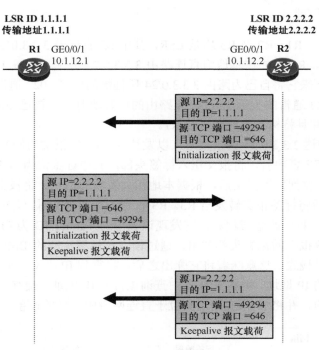

图 13-22　LDP 会话建立过程

3. 通告标签映射

LDP 对等体关系建立完成后，双方即可开始使用 Label Mapping（标签映射）报文相互通告标签映射，如图 13-23 所示。在 LDP 标签映射报文中，就包含着 FEC（路由前缀）以及该 LSR 为这个 FEC 所分配的标签值。

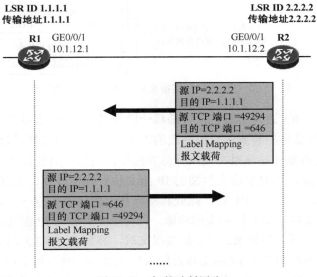

图 13-23　标签映射通告

13.2.4   PHP 机制

在图 13-24 中，R1、R2 及 R3 均是 LSR，其中 R3 直连着 3.3.3.0/24 网段。这三台路由器激活 LDP 后，R3 首先在本地为直连路由 3.3.3.0/24 分配了标签 1027，它是该 FEC 的出站 LSR，接下来它将自己为路由 3.3.3.0/24 所捆绑的标签 1027 通告给了上游 LSR 邻居 R2。R2 收到 R3 通告的关于 3.3.3.0/24 路由的标签映射后，自己在本地为该条路由分配了标签 1025，并且将标签映射通告给 R1。

当 R1 转发到达 3.3.3.0/24 的报文时（以发往 3.3.3.3 的报文为例），它通过查询自己的 FIB 表及 NHLFE 表项后，将报文压入标签头部，其中标签值为 1025，然后将标签报文转发给 R2。R2 收到标签报文后，根据本地相关表项的指示，将报文原有的标签 1025 置换成 1027，然后将标签报文转发给 R3。R3 收到该标签报文时，首先在 ILM 表中查询入站标签值 1027，找到匹配表项后，它发现该表项的 Tunnel ID 为 0x0、标签操作为弹出，于是它将标签报文的标签头部弹出，通过读取该标签头部的 BoS 字段，R3 意识到该标签头部已经是栈底，这意味着将它弹出之后，将得到 IP 报文，于是 R3 开始读取 IP 报文头部中的目的 IP 地址，并在 FIB 表中查询该目的 IP 地址。最终，R3 将在 FIB 表中查询到匹配的表项，并将 IP 报文路由到位于直连网段中的目的设备。

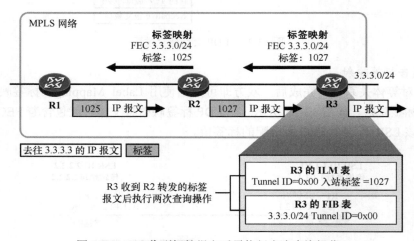

图 13-24   R3 收到标签报文后需执行多次查询操作

在这个场景中，R3 做为出站 LSR（最后一跳设备），实际上也是直连目的网段的设备，在其路由表中势必维护着到达目的网段的路由，当其收到 R2 转发过来的、去往 3.3.3.3 的标签报文时，它需要针对该报文先执行标签操作，明确了对该报文采取的动作后，将报文的标签头部移除，再对里面所封装的 IP 报文执行路由操作，在这个过程中，R3 需先查询 ILM 表项，再查询 FIB 表。此处其实存在可优化的地方——为什么位于上游的 LSR 邻居 R2 不直接将报文的标签头部移除，只将里面封装的 IP 报文转发给最后一跳路由器 R3 呢？设想一下，如果 R2 转发标签报文时，将到达 3.3.3.3 的标签报文的标签头部率先移除，将里面所封装的 IP 报文转发给 R3，那么 R3 收到这个报文之后，仅需做一次查询操作，即在 FIB 表中查询报文的目的 IP 地址，转发效率将得到提升。

PHP（Penultimate Hop Poppoing，次末跳弹出）机制解决了这个问题。PHP 也被称为倒数第二跳弹出，在本节的例子中，R3 是到达 3.3.3.0/24 网段的最后一跳 LSR，而 R2 则是次末跳（倒数第二跳），所谓 PHP，指的是次末跳 LSR 在转发标签报文时，率先将报文的标签头部移除，将里面所封装的报文转发给最后一跳 LSR 的操作。典型的 PHP 机制是，最后一跳 LSR 在向倒数第二跳 LSR 通告标签映射时，将标签值设置为 3。

在 MPLS 的标签空间中，3 是一个有着特殊意义的标签值，它被称为隐式空标签（Implicit Null Label）。LSR 在转发标签报文时，如果发现该报文的入站标签对应的出站标签为 3，则将标签头部弹出，并将里面所封装的报文转发给最后一跳 LSR。

如图 13-25 所示，R3 作为 3.3.3.0/24 的出站 LSR，为该路由分配的标签值为 3，它将该路由的标签映射通告给其他 LSR 邻居。当 R2 收到发往 3.3.3.3 的标签报文时，它经过 NHLFE 表项的查询，发现报文的出站标签是 3，于是它将报文的标签头部弹出，然后将里面所封装的 IP 报文转发给 R3，后者收到这个 IP 报文后，直接查询 FIB 表，然后将报文转发到目的设备。

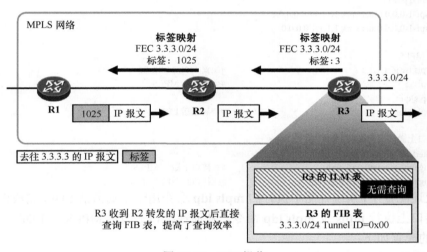

图 13-25　PHP 操作

华为路由器缺省已经激活了 PHP 特性，因此出站 LSR 缺省向倒数第二跳 LSR 分配隐式空标签。

13.2.5　案例 1：LDP 基础实验

在图 13-26 中，R1、R2、R3 及 R4 将构成一个简单的 MPLS 网络，这些路由器将部署 MPLS 及 LDP。首先为了保证 MPLS 网络内实现路由互通，我们选择在四台路由器上部署 OSPF。所有的路由器都创建 Loopback0 接口，Loopback0 接口的地址将作为设备的 OSPF Router-ID 及 MPLS LSR-ID。由于该网络将部署 LDP，而 LDP 的会话又是基于传输地址建立的，传输地址缺省为该设备的 LSR-ID，因此为了确保直连设备之间的 LDP 会话能够正常建立，Loopback0 接口的路由需被发布到 OSPF 中，也就是说，路由器需要通过 OSPF 获知到达其他设备 Loopback0 接口的路由。

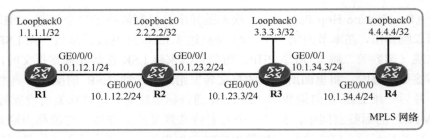

图 13-26　LDP 基础实验

R1 的配置如下：

```
#配置 Loopback0：
[R1]interface loopback0
[R1-Loopback0]ip address 1.1.1.1 32

#配置 OSPF：
[R1]ospf 1 router-id 1.1.1.1
[R1-ospf-1]area 0
[R1-ospf-1-0.0.0.0]network 10.1.12.0 0.0.0.255
[R1-ospf-1-0.0.0.0]network 1.1.1.1 0.0.0.0

#配置 MPLS：
[R1]mpls lsr-id 1.1.1.1                      #配置 MPLS LSR ID
[R1]mpls                                     #全局激活 MPLS
[R1-mpls]quit
[R1]mpls ldp                                 #全局激活 LDP

#在接口上激活 MPLS 及 LDP：
[R1]interface GigabitEthernet 0/0/0
[R1-GigabitEthernet0/0/0] mpls              #在接口上激活 MPLS
[R1-GigabitEthernet0/0/0] mpls ldp          #在接口上激活 LDP
```

　　在上述配置中，系统视图中执行的 **mpls ldp** 命令用于全局激活 LDP，完成该配置后，还需在接口上执行 **mpls** 及 **mpls ldp** 命令，从而在接口上激活 MPLS 及 LDP。

　　R2 的配置如下：

```
#配置 Loopback0：
[R2]interface loopback0
[R2-Loopback0]ip address 2.2.2.2 32

#配置 OSPF：
[R2]ospf 1 router-id 2.2.2.2
[R2-ospf-1]area 0
[R2-ospf-1-0.0.0.0]network 10.1.12.0 0.0.0.255
[R2-ospf-1-0.0.0.0]network 10.1.23.0 0.0.0.255
[R2-ospf-1-0.0.0.0]network 2.2.2.2 0.0.0.0

#配置 MPLS：
[R2]mpls lsr-id 2.2.2.2
[R2]mpls
[R2-mpls]quit
[R2]mpls ldp
[R2-mpls-ldp]quit
```

```
[R2]interface GigabitEthernet 0/0/0
[R2-GigabitEthernet0/0/0]mpls
[R2-GigabitEthernet0/0/0]mpls ldp
[R2]interface GigabitEthernet 0/0/1
[R2-GigabitEthernet0/0/1]mpls
[R2-GigabitEthernet0/0/1]mpls ldp
```

R3 的配置如下：

```
#配置 Loopback0：
[R3]interface loopback0
[R3-Loopback0]ip address 3.3.3.3 32

#配置 OSPF：
[R3]ospf 1 router-id 3.3.3.3
[R3-ospf-1]area 0
[R3-ospf-1-0.0.0.0]network 10.1.23.0 0.0.0.255
[R3-ospf-1-0.0.0.0]network 10.1.34.0 0.0.0.255
[R3-ospf-1-0.0.0.0]network 3.3.3.3 0.0.0.0

#配置 MPLS：
[R3]mpls lsr-id 3.3.3.3
[R3]mpls
[R3-mpls]quit
[R3]mpls ldp
[R3-mpls-ldp]quit
[R3]interface GigabitEthernet 0/0/0
[R3-GigabitEthernet0/0/0]mpls
[R3-GigabitEthernet0/0/0]mpls ldp
[R3]interface GigabitEthernet 0/0/1
[R3-GigabitEthernet0/0/1]mpls
[R3-GigabitEthernet0/0/1]mpls ldp
```

R4 的配置如下：

```
#配置 Loopback0：
[R4]interface loopback0
[R4-Loopback0]ip address 4.4.4.4 32

#配置 OSPF：
[R4]ospf 1 router-id 4.4.4.4
[R4-ospf-1]area 0
[R4-ospf-1-0.0.0.0]network 10.1.34.0 0.0.0.255
[R4-ospf-1-0.0.0.0]network 4.4.4.4 0.0.0.0

#配置 MPLS：
[R4]mpls lsr-id 4.4.4.4
[R4]mpls
[R4-mpls]quit
[R4]mpls ldp
[R4-mpls-ldp]quit

[R4]interface GigabitEthernet 0/0/0
[R4-GigabitEthernet0/0/0]mpls
[R4-GigabitEthernet0/0/0]mpls ldp
```

完成上述配置后，首先应该查看各台设备的 LDP 对等体关系的建立情况。使用 **display mpls ldp peer** 命令可以查看设备的 LDP 邻居表，以 R1 为例：

```
<R1>display mpls ldp peer

 LDP Peer Information in Public network
 A '*' before a peer means the peer is being deleted.
 -------------------------------------------------------------------------------
 PeerID                    TransportAddress          DiscoverySource
 -------------------------------------------------------------------------------
 2.2.2.2:0                 2.2.2.2                   GigabitEthernet0/0/0
 -------------------------------------------------------------------------------
 TOTAL: 1 Peer(s) Found.
```

从上述输出可以看出，R1 在自己的 GE0/0/0 接口上发现了一个 LDP 对等体，其 LSR ID 为 2.2.2.2，传输地址也是 2.2.2.2。在 **display mpls ldp peer** 命令后增加 **verbose** 关键字，可以查看 LDP 对等体的详细信息：

```
<R1>display mpls ldp peer verbose

 LDP Peer Information in Public network
 -------------------------------------------------------------------------------
 Peer LDP ID            : 2.2.2.2:0
 Peer Max PDU Length    : 4096        Peer Transport Address   : 2.2.2.2
 Peer Loop Detection    : Off         Peer Path Vector Limit   : ----
 Peer FT Flag           : Off         Peer Keepalive Timer     : 45 Sec
 Recovery Timer         : ----        Reconnect Timer          : ----
 Peer Type              : Local

 Peer Label Advertisement Mode  : Downstream Unsolicited
 Peer Discovery Source          : GigabitEthernet0/0/0
 Peer Deletion Status           : No
 Capability-Announcement        : Off
 Peer P2MP Capability           : Off
 -------------------------------------------------------------------------------
```

另外，在设备上使用 **display mpls ldp session** 命令，可以查看 LDP 对等体的会话信息。例如在 R1 上执行该命令，可以看到如下输出：

```
<R1>display mpls ldp session

 LDP Session(s) in Public Network
 Codes: LAM(Label Advertisement Mode), SsnAge Unit(DDDD:HH:MM)
 A '*' before a session means the session is being deleted.
 -------------------------------------------------------------------------------
 PeerID            Status        LAM     SsnRole    SsnAge       KASent/Rcv
 -------------------------------------------------------------------------------
 2.2.2.2:0         Operational   DU      Passive    0000:00:22   90/90
 -------------------------------------------------------------------------------
 TOTAL: 1 session(s) Found.
```

从上述输出可以看出，R1 的 LDP 对等体 2.2.2.2（R2）当前的状态为 Operational，这表示 R1 与该邻居的 LDP 会话已经建立成功。在 **display mpls ldp session** 命令中增加 **verbose** 关键字，能够看到关于 LDP 会话的更多信息：

```
<R1>display mpls ldp session verbose

 LDP Session(s) in Public Network
```

```
---------------------------------------------------------------------
 Peer LDP ID          : 2.2.2.2:0          Local LDP ID      : 1.1.1.1:0
 TCP Connection       : 1.1.1.1 <- 2.2.2.2
 Session State        : Operational        Session Role      : Passive
 Session FT Flag      : Off                MD5 Flag          : Off
 Reconnect Timer      : ---                Recovery Timer    : ---
 Keychain Name        : ---

 Negotiated Keepalive Hold Timer   : 45 Sec
 Configured Keepalive Send Timer   : ---
 Keepalive Message Sent/Rcvd       : 111/111 (Message Count)
 Label Advertisement Mode          : Downstream Unsolicited
 Label Resource Status(Peer/Local) : Available/Available
 Session Age                       : 0000:00:27 (DDDD:HH:MM)
 Session Deletion Status           : No

 Capability:
   Capability-Announcement         : Off
   P2MP Capability                 : Off

 Outbound&Inbound Policies applied : NULL

 Addresses received from peer: (Count: 3)
 2.2.2.2            10.1.12.2           10.1.23.2
---------------------------------------------------------------------
```

　　接下来看看 LSP 的建立情况。当 R1、R2、R3 及 R4 运行 OSPF 后，MPLS 网络内已经实现了路由互通，也就是每台路由器都拥有到达网络内各个网段的路由，其中包括到达各互联链路及各设备 Loopback0 接口的路由。OSPF 在网络中的运行除了使得 LDP 邻居关系的建立能够顺利进行，也为后续的 LDP 标签分配提供了重要依据。

　　当这四台路由器激活 MPLS 和 LDP 后，每台设备基于自己路由表中的路由前缀进行标签分配，并且将自己为路由前缀（FEC）所分配的标签通告给 LDP 邻居。

　　接下来重点观察 R4 的直连接口路由 4.4.4.4/32。在 R4 上使用 **display mpls ldp lsp** 命令，可以查看使用 LDP 所创建的 LSP 的相关信息。

```
<R4>display mpls ldp lsp

LDP LSP Information

-----------------------------------------------------------------------------
DestAddress/Mask    In/OutLabel     UpstreamPeer      NextHop       OutInterface
-----------------------------------------------------------------------------

1.1.1.1/32          NULL/1024       -                 10.1.34.3     GE0/0/0
1.1.1.1/32          1024/1024       3.3.3.3           10.1.34.3     GE0/0/0
2.2.2.2/32          NULL/1025       -                 10.1.34.3     GE0/0/0
2.2.2.2/32          1025/1025       3.3.3.3           10.1.34.3     GE0/0/0
3.3.3.3/32          NULL/3          -                 10.1.34.3     GE0/0/0
3.3.3.3/32          1026/3          3.3.3.3           10.1.34.3     GE0/0/0
4.4.4.4/32          3/NULL          3.3.3.3           127.0.0.1     InLoop0
*4.4.4.4/32         Liberal/1026                      DS/3.3.3.3
......
```

　　细心的读者应该能从上述输出中看到一个规律——这些表项都对应着 32 位掩码长度的主机路由，而网络中互联网段的路由却并没有在此出现，这是因为在华为路由器上，

LDP 缺省只为设备路由表中的主机路由分配标签（可以通过在 MPLS 配置视图下使用 **lsp-trigger** 命令修改该缺省行为），这是为了防止当路由条目过多时，导致 LSP 的数量太大、设备负担过重。

　　观察以上输出可以发现，路由 4.4.4.4/32（R4 的 Loopback0 接口的直连路由）的入站标签（InLabel）为 3，出站标签（OutLabel）为 NULL。值得强调的是，在一台 LSR 上，某个 FEC 的入站标签实际上就是 LSR 自己为该 FEC 所分配的标签，LSR 将自己为 FEC 所分配的标签通告给其他邻居 LSR，而后者向该 LSR 转发标签报文时，所使用的出站标签正是该标签。因此，从该表项可以看出，R4 为本地直连路由 4.4.4.4/32 分配了标签值 3，显然，这是 PHP 机制的作用——R4 希望上游 LSR 邻居在转发到达 4.4.4.4 的标签报文时，将标签头部弹出。

　　R4 将把 4.4.4.4/32 路由与标签值 3 的映射通告给了 R3。在 R3 上执行 **display mpls ldp lsp** 可以看到如下输出：

```
<R3>display mpls ldp lsp

   LDP LSP Information

   -----------------------------------------------------------------------------
   DestAddress/Mask      In/OutLabel      UpstreamPeer      NextHop      OutInterface
   -----------------------------------------------------------------------------

   1.1.1.1/32            NULL/1029        -                 10.1.23.2    GE0/0/0
   1.1.1.1/32            1028/1029        2.2.2.2           10.1.23.2    GE0/0/0
   1.1.1.1/32            1028/1029        4.4.4.4           10.1.23.2    GE0/0/0
  *1.1.1.1/32            Liberal/1028     DS/4.4.4.4
   2.2.2.2/32            NULL/3           -                 10.1.23.2    GE0/0/0
   2.2.2.2/32            1027/3           2.2.2.2           10.1.23.2    GE0/0/0
   2.2.2.2/32            1027/3           4.4.4.4           10.1.23.2    GE0/0/0
  *2.2.2.2/32            Liberal/1027     DS/4.4.4.4
   3.3.3.3/32            3/NULL           4.4.4.4           127.0.0.1    InLoop0
   3.3.3.3/32            3/NULL           2.2.2.2           127.0.0.1    InLoop0
  *3.3.3.3/32            Liberal/1026     DS/4.4.4.4
  *3.3.3.3/32            Liberal/1027     DS/2.2.2.2
   4.4.4.4/32            NULL/3           -                 10.1.34.4    GE0/0/1
   4.4.4.4/32            1026/3           4.4.4.4           10.1.34.4    GE0/0/1
   4.4.4.4/32            1026/3           2.2.2.2           10.1.34.4    GE0/0/1
  *4.4.4.4/32            Liberal/1028     DS/2.2.2.2
   ……
```

　　从上述输出可以看出，R3 在本地为路由 4.4.4.4/32 分配了标签 1026。当然，它会将自己为该路由所分配的标签通告给其他 LSR 邻居。

　　在 LSR 上执行 **display mpls lsp** 命令可以查看 LSP 信息，该命令中输出的 LSP 信息不仅仅是创建于 LDP 的，其他标签分发协议创建的 LSP 信息也能够通过该命令查看。在现实中，该命令会经常被我们使用，但是就本例而言，由于仅仅使用了 LDP 这一个标签分发协议，因此执行该命令后显示出来的内容也就只会有 LDP 所创建的 LSP 信息。

　　以 R3 为例，执行该命令可以看到如下输出：

```
<R3>display mpls lsp

   -----------------------------------------------------------------------------
                          LSP Information: LDP LSP
   -----------------------------------------------------------------------------
```

FEC	In/Out Label	In/Out IF	Vrf Name
2.2.2.2/32	NULL/3	-/GE0/0/0	
2.2.2.2/32	1027/3	-/GE0/0/0	
1.1.1.1/32	NULL/1029	-/GE0/0/0	
1.1.1.1/32	1028/1029	-/GE0/0/0	
3.3.3.3/32	3/NULL	-/-	
4.4.4.4/32	NULL/3	-/GE0/0/1	
4.4.4.4/32	**1026/3**	**-/GE0/0/1**	

在 R2 上执行 **display mpls lsp** 命令可看到如下输出：

```
<R2>display mpls lsp
------------------------------------------------------------------------
                    LSP Information: LDP LSP
------------------------------------------------------------------------
FEC              In/Out Label     In/Out IF            Vrf Name
3.3.3.3/32       NULL/3           -/GE0/0/1
3.3.3.3/32       1027/3           -/GE0/0/1
4.4.4.4/32       NULL/1026        -/GE0/0/1
4.4.4.4/32       1028/1026        -/GE0/0/1
2.2.2.2/32       3/NULL           -/-
1.1.1.1/32       NULL/3           -/GE0/0/0
1.1.1.1/32       1029/3           -/GE0/0/0
```

从上述输出可以看出，R2 在本地为路由 4.4.4.4/32 分配了标签 1028，它会将自己为该路由所分配的标签通告给 R1。因此在 R1 上能看到如下输出：

```
<R1>display mpls lsp
------------------------------------------------------------------------
                    LSP Information: LDP LSP
------------------------------------------------------------------------
FEC              In/Out Label     In/Out IF            Vrf Name
3.3.3.3/32       NULL/1027        -/GE0/0/0
3.3.3.3/32       1027/1027        -/GE0/0/0
4.4.4.4/32       NULL/1028        -/GE0/0/0
4.4.4.4/32       1028/1028        -/GE0/0/0
2.2.2.2/32       NULL/3           -/GE0/0/0
2.2.2.2/32       1029/3           -/GE0/0/0
1.1.1.1/32       3/NULL           -/-
```

此外，在 LSR 上执行 **display mpls lsp verbose** 命令可以看到 LSP 的详细信息。例如在 R2 上执行该命令，可看到如下输出：

```
<R2>display mpls lsp verbose
------------------------------------------------------------------------
                    LSP Information: LDP LSP
------------------------------------------------------------------------
......
  No                   : 4
  VrfIndex             :
  Fec                  : 4.4.4.4/32
  Nexthop              : 10.1.23.3
  In-Label             : 1028
  Out-Label            : 1026
  In-Interface         : ----------
  Out-Interface        : GigabitEthernet0/0/1
  LspIndex             : 6147
  Token                : 0xa
  FrrToken             : 0x0
```

```
LsrType              : Transit
Outgoing token       : 0x0
Label Operation      : SWAP
Mpls-Mtu             : 1500
TimeStamp            : 5834sec
Bfd-State            : ---
BGPKey               : ------
......
```

从以上信息可以看出，当 R2 收到携带了标签值 1028 的标签报文时，会将报文的标签进行置换，将标签值置换成 1026，然后将报文从 GE0/0/1 接口转发出去。

现在来测试一下，从 R1 tracert 4.4.4.4：

```
<R1>tracert lsp ip 4.4.4.4 32
  LSP Trace Route FEC: IPV4 PREFIX 4.4.4.4/32 , press CTRL_C to break.
  TTL       Replier          Time        Type        Downstream
  0                                      Ingress     10.1.12.2/[1028 ]
  1         10.1.12.2        30 ms       Transit     10.1.23.3/[1026 ]
  2         10.1.23.3        30 ms       Transit     10.1.34.4/[3 ]
  3         4.4.4.4          40 ms       Egress
```

从 tracert 的结果可以看出数据包的转发路径，以及标签的变化过程，如图 13-27 所示：

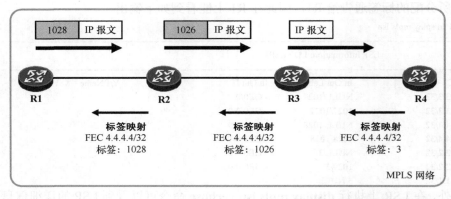

图 13-27　R1 发往 4.4.4.4 的报文的转发过程

13.2.6　案例 2：利用 MPLS 解决 BGP 路由黑洞问题

本书的"BGP"一章曾经介绍过 BGP 的路由黑洞问题；与 OSPF 等路由协议不同，BGP 设备之间无需直连也可建立对等体关系，仅需确保两者之间路由可达并能正确建立起 TCP 连接即可。在部署跨设备的 BGP 对等体关系时，路由黑洞问题是需要格外关注的。

在图 13-28 中，R1、R2、R3 及 R4 是 AS64519 中的四台路由器，这些路由器首先运行了 OSPF，实现了 AS 内部的路由互通（10.1.1.0/24 及 10.2.2.0/24 这两个网段并没有被发布到 OSPF 中）。

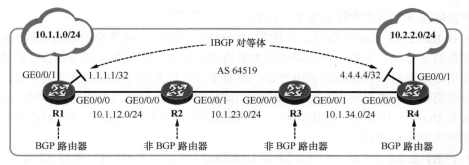

图 13-28　R1 及 R4 跨设备建立 IBGP 对等体关系

现在，一个 IBGP 对等体关系在 R1 及 R4 之间被建立，值得注意的是，R2 及 R3 并没有运行 BGP，因此 R1 及 R4 的 IBGP 对等体关系跨越了 R2 及 R3。R1 及 R4 通过 AS 内所运行的 OSPF 获知到达对方的路由。现在 R4 将路由 10.2.2.0/24 发布到 BGP，BGP 将这条路由通告给 R1，如此一来 R1 便能通过 BGP 学习到该路由，同理，R1 将路由 10.1.1.0/24 发布到 BGP 后，R4 也能够通过 BGP 学习到该条路由。那么问题来了，此时 10.1.1.0/24 网段与 10.2.2.0/24 网段能够实现互访么？显然不行。设想一下，假设现在 10.1.1.0/24 网段内有用户要访问 10.2.2.2 这个 IP 地址，该用户发出的报文到达 R1 后，R1 在自己的路由表中查询目的 IP 地址 10.2.2.2，结果发现有一条 BGP 路由匹配该目的 IP 地址，而该条 BGP 路由的下一跳为 4.4.4.4（假设 R1 及 R4 的 BGP 对等体关系基于双方的 Loopback 接口建立，而 R4 的 Loopback 接口 IP 地址为 4.4.4.4），R1 进一步在自己的路由表中查询到达 4.4.4.4 的路由（递归查询），发现存在匹配的条目（OSPF 路由），且下一跳为 10.1.12.2（R2 的直连接口 IP 地址），于是 R1 将报文转发给 R2。R2 收到报文后，在路由表中查询到达 10.2.2.2 的路由，结果发现没有任何路由条目匹配该目的 IP 地址，因此报文在 R2 这里便被丢弃了，如图 13-29 所示。显然，由于 R2 及 R3 并未运行 BGP，因此它们当然是无法学习到 R1 及 R4 在 BGP 中所通告的路由的，于是 R2 及 R3 这里出现了黑洞。

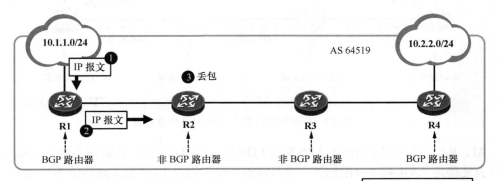

图 13-29　BGP 路由黑洞问题

在上述场景中，要解决 BGP 黑洞问题，使得 10.1.1.0/24 网段与 10.2.2.0/24 网段中的用户能够相互通信，方法有很多。例如：

 • 在 R2 及 R3 上运行 BGP，并且在 AS64519 中的所有 BGP 路由器间实现 IBGP 对等体关系的全互联。当然，考虑到维护大量的 IBGP 对等体关系可能增加设备的负担，可以采用路由反射器或联邦等解决方案。然而采用这种方案可能就违背了网络设计的初衷——网络设计者没有在 R2 及 R3 上运行 BGP 的打算，可能是并不希望这些设备因为维护太多 BGP 路由而导致负担过重，一个理想的情况是 R2 及 R3 专注于数据转发，而不必维护大批量路由前缀。

 • 在 R1 及 R4 上，将 10.1.1.0/24 及 10.2.2.0/24 路由引入 OSPF，使得 R2 及 R3 能够通过 OSPF 学习到这两个网段的路由，从而解决黑洞问题。当然，如果采用这种解决方案，那么 BGP 也就没有在 R2 及 R3 上运行的必要了。然而，本案例的拓扑仅是一个被简化的示意图，设想一下如果 R1 及 R4 所连接的并非单一的网段，而是一个拥有大量网段的大规模网络，难道要将到达这些网段的路由统统都引入 OSPF 中么？

有必要再重申一下本网络的诉求：BGP 路由可以在 R1 及 R4 之间直接传递，而出于安全性的考虑，或者出于优化设备性能的考虑，R2 及 R3 并不运行 BGP，它们只能通过 OSPF 学习到 AS64519 内的路由，与此同时还需解决数据转发的黑洞问题。

MPLS 技术为该场景提供了一种全新的解决方案。设想一下，如果 10.1.1.0/24 及 10.2.2.0/24 网段互访的报文在穿越 AS64519 时，以标签报文的形态而不是以 IP 报文的形态出现，即 IP 报文被封装在 MPLS 标签头部之后，那么 R2 及 R3 也就无需维护到达这两个网段的路由了，它们可以基于标签对报文进行转发，而无需关心报文的目的 IP 地址。

为了实现这个目的，我们需要在 AS64519 中的 R1、R2、R3 及 R4 上激活 MPLS，当然，为了使得整个解决方案的可扩展性更高，可以进一步在四台路由器上激活 LDP，路由器之间按图 13-30 所示建立 LDP 对等体关系。

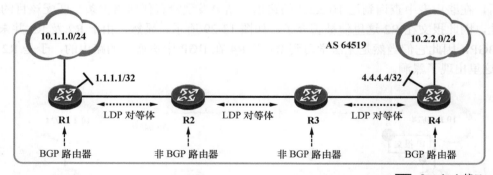

图 13-30　在四台路由器上激活 MPLS 及 LDP

R1、R2、R3 及 R4 激活了 MPLS 及 LDP 后，以 R4 为例，它将在本地为 Loopback 接口直连路由 4.4.4.4/32 分配标签，并且将标签映射通过 LDP 报文通告给 R3，R3 收到该标签映射后，在本地为该路由分配自己的标签，然后继续向自己的上游 LSR R2 通告该标签映射。R2 同理，在收到 R3 通告的标签映射后，在本地为该路由分配标签，并将标签映射通告给 R1。如此一来，一条关于 4.4.4.4/32 路由的 LSP 便建立了起来。同理，网络中也会建立起一条关于 1.1.1.1/32 路由的 LSP。

现在，R4 通过 BGP 将 10.2.2.0/24 路由通告给 R1。在 R1 的路由表中，10.2.2.0/24 路由的下一跳是 R4 的 Loopback 接口 IP 地址 4.4.4.4（即 R4 的 BGP 更新源 IP 地址），此时当 R1 转发到达 10.2.2.0/24 网段的报文时，它可以在报文中压入标签头部，由于该报文的下一跳是 4.4.4.4，因此 R1 首先想到的便是将报文送达下一跳设备，于是 R1 所使用的出站标签便是 4.4.4.4/32 路由的标签，也就是下游 LSR 邻居 R2 所通告的关于 4.4.4.4/32 路由的标签。R2 收到标签报文后，将标签进行置换，然后将报文转发给 R3，R3 是次末跳，如果启用了 PHP 机制，那么 R3 便将标签头部弹出然后将里面封装的 IP 报文转发给 R4，报文到达 R4 后，R4 将对其执行路由操作，在自己的 FIB 表中查询到达目的 IP 地址的路由，然后将报文转发出去。

当 10.2.2.0/24 网段的用户发送 IP 报文给 10.1.1.0/24 时，同理，报文被送达 R4 后，R4 在报文中压入标签头部，由于该报文的下一跳是 1.1.1.1，因此 R4 所使用的标签便是 1.1.1.1/32 路由的出站标签，也就是 R3 通告过来的关于 1.1.1.1/32 路由的标签。报文送出后，经由 R3 进行标签置换，然后送达 R2，R2 是次末跳，它将标签头部弹出，将里面封装的 IP 报文转发给 R1，最后 R1 对该报文执行路由操作，通过查询 FIB 表将报文转发出去。

接下来看看各台设备的配置。

R1 的配置如下：

```
#配置 Loopback0:
[R1]interface loopback0
[R1-Loopback0]ip address 1.1.1.1 32

#OSPF 的配置:
[R1]ospf router-id 1.1.1.1
[R1-ospf-1]area 0
[R1-ospf-1-area-0.0.0.0]network 10.1.12.0 0.0.0.255
[R1-ospf-1-area-0.0.0.0]network 1.1.1.1 0.0.0.0

#BGP 的配置:
[R1]bgp 64519
[R1-bgp]router-id 1.1.1.1
[R1-bgp]peer 4.4.4.4 as-number 64519
[R1-bgp]peer 4.4.4.4 connect-interface LoopBack 0
[R1-bgp]network 10.1.1.0 24

#MPLS 及 LDP 的配置:
[R1]mpls lsr-id 1.1.1.1
[R1]mpls
[R1-mpls]quit
[R1]mpls ldp

[R1]interface GigabitEthernet 0/0/0
[R1-GigabitEthernet0/0/0]mpls
[R1-GigabitEthernet0/0/0]mpls ldp
[R1]interface GigabitEthernet 0/0/1
[R1-GigabitEthernet0/0/1]mpls
```

R2 的关键配置如下：

```
#配置 Loopback0:
[R2]interface loopback0
[R2-Loopback0]ip address 2.2.2.2 32
```

```
#OSPF 的配置:
[R2]ospf 1 router-id 2.2.2.2
[R2-ospf-1]area 0
[R2-ospf-1-area-0.0.0.0]network 10.1.12.0 0.0.0.255
[R2-ospf-1-area-0.0.0.0]network 10.1.23.0 0.0.0.255
[R2-ospf-1-area-0.0.0.0]network 2.2.2.2 0.0.0.0

#MPLS 及 LDP 的配置:
[R2]mpls lsr-id 2.2.2.2
[R2]mpls
[R2-mpls]quit
[R2]mpls ldp

[R2]interface GigabitEthernet 0/0/0
[R2-GigabitEthernet0/0/0]mpls
[R2-GigabitEthernet0/0/0]mpls ldp
[R2]interface GigabitEthernet 0/0/1
[R2-GigabitEthernet0/0/1]mpls
[R2-GigabitEthernet0/0/1]mpls ldp
```

R3 的关键配置如下:

```
#配置 Loopback0:
[R3]interface loopback0
[R3-Loopback0]ip address 3.3.3.3 32

#OSPF 的配置:
[R3]ospf 1 router-id 3.3.3.3
[R3-ospf-1]area 0
[R3-ospf-1-area-0.0.0.0]network 10.1.23.0 0.0.0.255
[R3-ospf-1-area-0.0.0.0]network 10.1.34.0 0.0.0.255
[R3-ospf-1-area-0.0.0.0]network 3.3.3.3 0.0.0.0

#MPLS 及 LDP 的配置:
[R3]mpls lsr-id 3.3.3.3
[R3]mpls
[R3-mpls]quit
[R3]mpls ldp

[R3]interface GigabitEthernet 0/0/0
[R3-GigabitEthernet0/0/0]mpls
[R3-GigabitEthernet0/0/0]mpls ldp
[R3]interface GigabitEthernet 0/0/1
[R3-GigabitEthernet0/0/1]mpls
[R3-GigabitEthernet0/0/1]mpls ldp
```

R4 的关键配置如下:

```
#配置 Loopback0:
[R4]interface loopback0
[R4-Loopback0]ip address 4.4.4.4 32

#OSPF 的配置:
[R4]ospf 1 router-id 4.4.4.4
[R4-ospf-1]area 0
[R4-ospf-1-area-0.0.0.0]network 10.1.34.0 0.0.0.255
[R4-ospf-1-area-0.0.0.0]network 4.4.4.4 0.0.0.0
```

```
#BGP 的配置:
[R4]bgp 64519
[R4-bgp]router-id 4.4.4.4
[R4-bgp]peer 1.1.1.1 as-number 64519
[R4-bgp]peer 1.1.1.1 connect-interface LoopBack 0
[R4-bgp]network 10.2.2.0 24

#MPLS 及 LDP 的配置:
[R4]mpls lsr-id 4.4.4.4
[R4]mpls
[R4-mpls]quit
[R4]mpls ldp

[R4]interface GigabitEthernet 0/0/0
[R4-GigabitEthernet0/0/0]mpls
[R4-GigabitEthernet0/0/0]mpls ldp
[R4]interface GigabitEthernet 0/0/1
[R4-GigabitEthernet0/0/1]mpls
```

接下来验证一下相关配置。我们重点关注从 10.1.1.0/24 发往 10.2.2.0/24 的报文的转发过程。

首先看一下 R1 的路由表:

```
<R1>display ip routing-table
Route Flags: R - relay, D - download to fib
------------------------------------------------------------------------------
Routing Tables: Public
        Destinations : 17        Routes : 17

Destination/Mask       Proto      Pre   Cost      Flags      NextHop      Interface

      2.2.2.2/32       OSPF       10    1         D          10.1.12.2    GigabitEthernet0/0/0
      3.3.3.3/32       OSPF       10    2         D          10.1.12.2    GigabitEthernet0/0/0
      4.4.4.4/32       OSPF       10    3         D          10.1.12.2    GigabitEthernet0/0/0
      10.1.23.0/24     OSPF       10    2         D          10.1.12.2    GigabitEthernet0/0/0
      10.1.34.0/24     OSPF       10    3         D          10.1.12.2    GigabitEthernet0/0/0
      10.2.2.0/24      IBGP       255   0         RD         4.4.4.4      GigabitEthernet0/0/0
... ...
```

R1 已经通过 BGP 学习到了 10.2.2.0/24 路由,并且该路由的下一跳为 4.4.4.4,显然 4.4.4.4 并非直连可达,因此 R1 需要对该路由进行递归查询,从路由表中可以看出, 4.4.4.4/32 路由的下一跳为 10.1.12.2,这是 R2 的接口 IP 地址,很明显如果 R1 直接将 IP 报文转发到下一跳设备 R2,那么该报文在 R2 这里就必然会被丢弃。

在设备上使用 **display mpls lsp** 命令,可以查看 LSP 信息,R1 的 LSP 信息如下:

```
<R1>display mpls lsp
------------------------------------------------------------------------------
                  LSP Information: LDP LSP
------------------------------------------------------------------------------
FEC              In/Out Label      In/Out IF              Vrf Name
3.3.3.3/32       NULL/1027         -/GE0/0/0
3.3.3.3/32       1027/1027         -/GE0/0/0
4.4.4.4/32       NULL/1028         -/GE0/0/0
4.4.4.4/32       1028/1028         -/GE0/0/0
2.2.2.2/32       NULL/3            -/GE0/0/0
```

```
2.2.2.2/32          1029/3               -/GE0/0/0
1.1.1.1/32          3/NULL               -/-
```

在以上输出中，In/Out Label 列展示了每条 FEC（路由前缀）的入站及出站标签，其中出站标签是由下游的 LSR 邻居为该 FEC 所分发的。从 R1 的 LSP 信息可以看出，关于 4.4.4.4/32 这条路由，R1 获得了下游 LSR 邻居 R2 所通告的标签，值为 1028。因此，如果 R1 将到达 10.2.2.0/24 网段的 IP 报文压入标签头部（标签值设置为 1028），然后将其转发给下游 LSR R2，那么 R2 便能根据标签进行报文转发，最终将报文送达 4.4.4.4，而 R4 收到报文后，自然知道如何处理。

R2 的 LSP 信息如下：

```
<R2>display mpls lsp
-----------------------------------------------------------------------------
                    LSP Information: LDP LSP
-----------------------------------------------------------------------------
FEC                 In/Out Label         In/Out IF            Vrf Name
1.1.1.1/32          NULL/3               -/GE0/0/0
1.1.1.1/32          1024/3               -/GE0/0/0
2.2.2.2/32          3/NULL               -/-
3.3.3.3/32          NULL/3               -/GE0/0/1
3.3.3.3/32          1025/3               -/GE0/0/1
4.4.4.4/32          NULL/1026            -/GE0/0/1
4.4.4.4/32          1028/1026            -/GE0/0/1
```

R3 的 LSP 信息如下：

```
<R3>dis mpls ls
-----------------------------------------------------------------------------
                    LSP Information: LDP LSP
-----------------------------------------------------------------------------
FEC                 In/Out Label         In/Out IF            Vrf Name
1.1.1.1/32          NULL/1027            -/GE0/0/0
1.1.1.1/32          1027/1027            -/GE0/0/0
2.2.2.2/32          NULL/3               -/GE0/0/0
2.2.2.2/32          1028/3               -/GE0/0/0
3.3.3.3/32          3/NULL               -/-
4.4.4.4/32          NULL/3               -/GE0/0/1
4.4.4.4/32          1026/3               -/GE0/0/1
```

值得注意的是，缺省时，非标签公网 BGP 路由及静态路由只能递归到出接口及下一跳，而不会递归到隧道（例如 MPLS 的 LSP 隧道），因此对于 R1 而言，BGP 路由 10.2.2.0/24 不会被递归到 4.4.4.4/32 的 LSP 隧道，那么其发往 10.2.2.0/24 的报文依然是以 IP 报文的形态发送。此时需在 R1 上配置 **route recursive-lookup tunnel** 命令，来激活递归隧道功能。当然，R4 也需要进行相应的配置。

R1 的配置如下：

```
[R1]ip ip-prefix 1 permit 10.2.2.0 24
[R1]route recursive-lookup tunnel ip-prefix 1
```

R4 的配置如下：

```
[R4]ip ip-prefix 1 permit 10.1.1.0 24
[R4]route recursive-lookup tunnel ip-prefix 1
```

完成上述配置后，10.1.1.0/24 与 10.2.2.0/24 网段的用户即可互通。

查看一下 R1 的 FIB 表中的相关表项：

```
<R1>display fib 10.2.2.0 24
```

Route Entry Count: 1					
Destination/Mask	Nexthop	Flag	TimeStamp	Interface	TunnelID
10.2.2.0/24	10.1.12.2	DGU	t[81]	GE0/0/0	0x9

留意到，关于 10.2.2.0/24 的 FIB 表项中，Tunnel ID 字段的值为非 0。因此当 R1 收到去往 10.2.2.2 的 IP 报文后，通过查询 FIB 表，它便知道需要将该报文执行 MPLS 转发操作。它将使用该 Tunnel ID 值继续找到对应的 NHLFE 表项，然后明确出站标签及出站接口等信息。

在 R1 上执行 **display mpls lsp verbose** 命令可看到如下输出：

```
<R1>display mpls lsp verbose
-----------------------------------------------------------------------
                    LSP Information: LDP LSP
-----------------------------------------------------------------------
......
  No                  : 3
  VrfIndex            :
  Fec                 : 4.4.4.4/32
  Nexthop             : 10.1.12.2
  In-Label            : NULL
  Out-Label           : 1028
  In-Interface        : ----------
  Out-Interface       : GigabitEthernet0/0/0
  LspIndex            : 6146
  Token               : 0x9
  FrrToken            : 0x0
  LsrType             : Ingress
  Outgoing token      : 0x0
  Label Operation     : PUSH
......
```

以 10.1.1.0/24 网段的用户发往 10.2.2.2 的报文为例，报文的转发过程如图 13-31 所示：

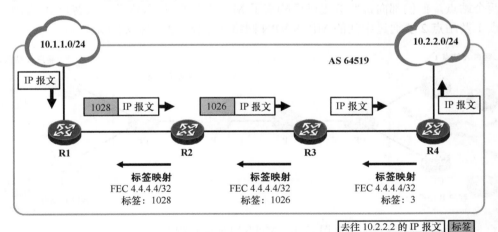

图 13-31　去往 10.2.2.2 的报文的转发过程

13.3　MPLS VPN 基础

VPN（Virtual Private Network，虚拟专用网络）指的是在一个公共网络中实现虚拟的专用网络，从而使得用户能够基于该专用网络实现通信的技术。举个简单的例子，Internet 是目前最大的公共网络之一，全球有大量的用户接入该网络，Internet 上充满了各种安全威胁，如果企业的站点之间直接通过 Internet 传输私密数据，显然是存在极大的安全隐患的，然而 Internet 接入线路非常廉价，抛弃 Internet，转而选择站点间直接互联的专线确实能够带来更高的安全性，但是也给企业带来了额外的经济成本。因此许多企业选择基于 Internet 这个公共网络，利用 VPN 技术，在站点之间建立一个专用的通信网络，该网络可能利用加密技术对流量进行处理，从而提高了通信的安全性，这就是 VPN 技术的应用示例。

实际上，VPN 并不是一种单一的技术，而是一个技术领域，它涵盖了众多具体的技术，常见的如 IPSec VPN（Internet Protocol Security VPN）、GRE（Generic Routing Encapsulation），L2TP（Layer Two Tunneling Protocol）等。

MPLS VPN 也是 VPN 技术中的一种。需要强调的是，本书所介绍的 MPLS VPN 指的是 BGP/MPLS IP VPN，这是一种被业界广泛使用的三层 VPN 技术，从其名称上可以看出，这种技术是 BGP 与 MPLS 的有机结合。在本书后续的章节中，除非特别指出，否则 MPLS VPN 即指 BGP/MPLS IP VPN。

13.3.1　MPLS VPN 基本架构

图 13-32 展示了一个典型的 MPLS VPN 应用场景，当然，为了讲解方便，本书简化了各部分网络中的设备，在一个实际的服务提供商 MPLS VPN 骨干网络中，各种网络设备是大量存在的，远远不止图中呈现的这么简单。另一方面，客户站点的网络也被极大程度地简化了，每个站点仅使用两台设备作为代表。在本例中，客户 A 及客户 B 分别存在两个站点，他们都向该服务提供商购买了 MPLS VPN 接入服务。以客户 A 为例，其站点 1 及站点 2 要通过中间的 MPLS VPN 网络实现路由及数据的互通。

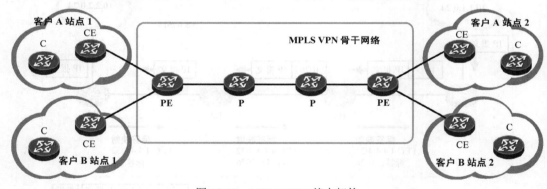

图 13-32　MPLS VPN 基本架构

说明

关于站点（Site），可以简单地理解为同属一个企业或机构的、位于不同地理位置的 IP 网络（当然，位于不同地理位置的 IP 网络未必就是不同的站点）。例如企业 A 在深圳及北京分别有一家分公司，那么该企业在深圳及北京的分公司的网络就是两个不同的站点。该企业可以通过购买 VPN 服务将两个站点的网络实现联通。

在路由层面，客户 A 的站点 1 将到达本站点的路由信息通过 MPLS VPN 网络传递到远在另一个城市甚至另一个国家的站点 2，反过来，站点 2 也是如此。对于客户而言，他们希望自己的站点路由在服务提供商的 MPLS VPN 网络内是不可见的，而且必须是独立传输、不会存在冲突的，他们不关心 MPLS VPN 骨干网络的具体形态。对于服务提供商而言，他们希望自己骨干网络内的传输设备能够专注于数据转发，而不参与客户路由的学习及交互，从而避免维护大规模路由表而导致设备负担过重。更重要的是，MPLS VPN 网络允许大量客户同时接入，那么同一时间骨干网络中势必存在大量不同客户的路由在交互，服务提供商必须保证不同客户的路由在同一个网络中完全隔离而且独立交互、不会相互影响。

在数据层面，当客户 A 的站点 1 将发往站点 2 的 IP 报文送入 MPLS VPN 骨干网络时，报文在 MPLS VPN 网络边界被压入标签头部，并最终被送达远端 PE 设备，再由该 PE 设备将其还原成 IP 报文后转发到该客户的站点 2。显然，客户并不希望自己站点间相互通信的数据在 MPLS VPN 网络中被暴露，标签化的数据交互过程起到一定的安全作用，它使得共享式的 MPLS VPN 网络能够允许大量的客户同时接入，这些客户的数据不会在服务提供商的网络内出现冲突或者紊乱。

在 MPLS VPN 架构中，存在四种典型的设备：

1. PE（Provider Edge，服务提供商边界）设备

PE 设备是服务提供商 MPLS VPN 骨干网络的边界设备，该设备一方面接入 MPLS VPN 骨干网络，另一方面为不同的客户提供 VPN 接入服务。PE 设备是整个 MPLS VPN 架构中非常关键的一环，它直接与客户的边缘设备对接，通过与客户设备之间运行的动态路由协议（或静态路由）交互客户的路由。由于需要同时为不同的客户提供服务，PE 设备必须实现不同客户间路由的完全隔离。VRF（Virtual Routing and Forwarding，虚拟路由转发）被部署在 PE 设备上，用于实现客户的路由及数据的隔离。

另外，由于要负责将客户的路由从一个站点跨越 MPLS VPN 骨干网络运载到另一个站点，因此 PE 设备必须使用一个特殊的动态路由协议，该路由协议要能够在 MPLS VPN 场景中承载大批量的客户路由，并且支持丰富的路由属性，以及拥有灵活的路由策略工具，显然，这么重要的工作几乎只有 BGP 能够胜任。当然，传统的 BGP 无法完全承担这个重担，需要对它进行扩展，以便它能够在 MPLS VPN 中满足相应的要求。扩展后的 BGP 被称为 MP-BGP（Multiprotocol-Border Gateway Protocol，多协议 BGP），MP-BGP 在传统的 BGP 基础之上实现了 IPv6、VPNv4、VPNv6 等路由的运载能力。在 MPLS VPN 架构中，PE 设备需要与远端 PE 设备或某些 P 设备维护 MP-BGP 对等体关系，从而交互 VPNv4 路由（注：VPNv4 路由的概念将在 "MPLS VPN 概述" 一节中介绍）。

2. P（Provider，服务提供商）设备

P 设备是服务提供商 MPLS VPN 骨干网中的设备，它们并不连接 CE 设备。在图 13-32 中，我们仅仅看到两台 P 路由器，这当然是做了极大简化的，在实际的服务提供商网络中，P 设备的数量往往是非常庞大的。

P 设备最重要的功能之一就是负责转发标签报文，它们将标签报文沿着标签分发协议建立好的 LSP 进行转发。P 设备并不参与客户的路由交互，而仅仅聚焦报文快速转发过程，在它们的路由表中，通常不会存在客户的路由，而仅仅存在 MPLS VPN 骨干网络

内部的路由，这使得设备的路由表更加精简。

3. CE（Customer Edge，客户边界）设备

CE 设备是客户的设备，而且是客户网络的边界设备，该设备被用于跟服务提供商的 PE 设备对接。作为 CE 设备，它自己当然拥有到达本站点内网的路由信息，一个典型的场景是，CE 设备与 PE 设备之间运行一个动态路由协议，例如 OSPF、IS-IS，或者 BGP 等，CE 设备通过该动态路由协议将站点路由通告给 PE 设备，由 PE 设备通过 MPLS VPN 网络将路由传递到远端站点的 CE 设备；另外，CE 设备也通过该动态路由协议从 PE 设备学习到达远端站点的路由。

4. C（Customer，客户）设备

C 设备是客户网络内的设备，与 CE 设备不同，C 设备不与 PE 设备直接相连，它在 MPLS VPN 中并不扮演实质性的角色，只在客户网络中实现数据通信。

13.3.2　MPLS VPN 概述

图 13-33 展示了 MPLS VPN 的典型应用场景。某服务提供商搭建了一个 MPLS VPN 网络，用于向不同的客户提供 VPN 服务，使得客户的路由能够通过该网络进行传递，传递的过程完全隔离、互不影响，而同一个客户不同站点间互相通信的数据也能够通过该网络进行传输，不同客户的数据在 MPLS VPN 网络中完全隔离。客户 A 及客户 B 各有两个站点，现在，这两个客户都租用了该服务提供商的 MPLS VPN 线路，客户期望将自己的两个站点网络连接起来。

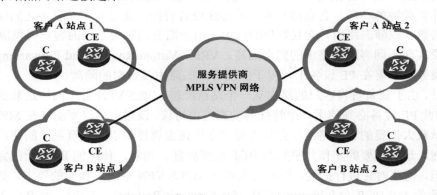

图 13-33　典型的 MPLS VPN 应用场景

以客户 A 为例，它希望自己的站点 1 及站点 2 的路由能通过服务提供商的 MPLS VPN 网络进行交互，并且两个站点能利用 MPLS VPN 网络实现数据互通。从路由的角度看（以站点 1 到站点 2 的路由传递过程为例），站点 1 的 CE 设备将到达本站点的路由通告给 MPLS VPN 网络（的 PE 设备），而 MPLS VPN 网络负责将该路由传递给客户 A 的站点 2 的 CE 设备，换句话说，客户需要将自己的路由信息交付给服务提供商，由服务提供商负责实现站点间路由的传递，如图 13-34 所示。

当然，实现路由交互的最终目的是为了实现站点间数据的交互，客户 A 站点 2 的 CE 设备作为本站点连接 MPLS VPN 线路的出口设备，负责将本站点发往站点 1 的流量送入 MPLS VPN 网络，而 MPLS VPN 网络则负责将这些流量转发到站点 1，如图 13-35 所示。

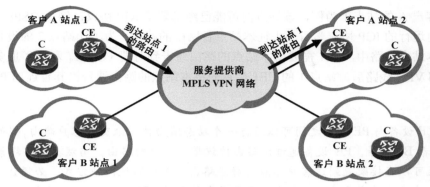

图 13-34　站点间的路由通过 MPLS VPN 网络实现交互

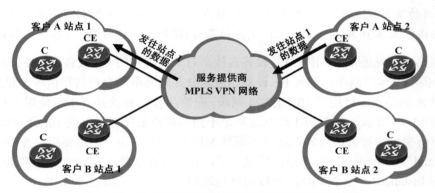

图 13-35　站点间通过 MPLS VPN 网络实现数据互通

由于服务提供商的 MPLS VPN 网络是一个公共网络，因此同一时间可能存在大量的客户接入到该网络中，如何实现客户的路由及数据隔离，是 MPLS VPN 整体设计需要关注的重点。

在图 13-36 中，服务提供商的 MPLS VPN 网络也被呈现了出来，大家能从图中看到 PE 及 P 设备。简单起见，本书极大地简化了整个网络。接下来按照从左往右的方向来解读路由传递过程。

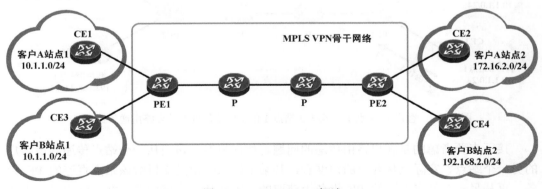

图 13-36　MPLS VPN 概述

　　以客户 A 的站点 1 为例，该站点内可能已经部署了 IGP 协议，例如 OSPF，CE1 通过站点内运行的 IGP 协议学习到去往本站点各网段的路由，为了让站点 2 的设备能够获知到达本站点的路由，CE1 需要将本站点的路由通告到对端（CE2）。租用了服务提供商的 MPLS VPN 线路后，站点 1 的 CE1 会首先将本站点的路由通告给其直连的 PE1。

> **说明**　　CE 设备与 PE 设备之间可以运行一个动态路由协议来交互客户路由，例如 OSPF、IS-IS 或者 BGP 等，PE 设备通过该路由协议学习客户的路由。当然在某些场景中，PE 设备甚至可以直接配置到达客户站点的静态路由。无论通过何种方式，必须让 PE 设备知晓其直连客户的客户路由。客户之间是完全独立的，PE 设备可以根据客户的需求，灵活地选择"PE-CE 间的路由交互方式"。当然，同一个客户的不同站点也可选用不同的"PE-CE 间的路由交互方式"，例如客户 A 站点 1 的 CE 设备采用 OSPF 与直连的 PE 设备交互路由，而客户 A 站点 2 的 CE 设备则采用 BGP 与直连的 PE 设备交互路由。

　　现在第一个问题来了，由于 PE 设备直接面对不同客户的 CE 设备，而且又需要从这些 CE 设备学习客户路由，那么 PE 设备如何区分并隔离不同客户的路由呢？设想一下，如果客户 A 的站点 1 使用了 10.1.1.0/24 网段，而恰巧客户 B 的站点 1 也使用了相同的网段，如图 13-37 所示，那么 PE1 将从这两个不同的客户那里都学习到 10.1.1.0/24 路由，它该如何解决路由冲突的问题？这就要提到 MPLS VPN 中的一个重要组件 VRF（Virtual Routing and Forwarding，虚拟路由转发）了，在华为路由器上，VRF 也被称为 VPN 实例（VPN Instance）。一个 VRF，可以简单地理解为"一台虚拟设备"，在 PE1 上创建两个 VRF 后，PE1 便可以同时面向客户 1 及客户 2 提供服务。这两个 VRF 相当于两台虚拟设备，它们各自拥有独立的路由表、FIB 表、动态路由协议进程以及接口等等，由于两台虚拟设备完全独立，因此即使分别从两个不同的客户那里学习到目的网络地址及网络掩码相同的路由也不用担心出现冲突。

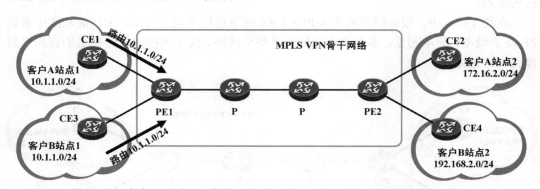

图 13-37　客户 A 站点 1、客户 B 站点 1 的 CE 设备将本站点路由通告给 PE1

　　接下来要考虑的是客户路由传递的问题。如何将客户路由从一个站点传递到该客户的另一个站点？实际上从客户的角度看，其某个站点路由是交付给该站点直连的 PE 设备，再从另一个站点直连的 PE 设备上获取的，因此从这个层面看，客户路由最终需要从一台 PE 设备传递到另一台 PE 设备。当然，选择一个动态路由协议来实现客户路由传递是一个最佳的解决方案。在典型的 MPLS VPN 架构中,BGP 是在 MPLS VPN 骨干网络中用于实现客户路由传递的不二选择。BGP 可承载大批量的路由前缀,被广泛应用于各种大型的网络。另外,BGP 还支持丰富的路径属性,在路由策略方面也拥有卓越的能力。而且,BGP 还有一个非常突出的优势,那就是它是基于 TCP 工作的,与 OSPF 等路由协议不同,建立对等体关系的 BGP 设备无需直连,因此在本例中,服务提供商可以在 PE1 及 PE2 之间直接建立 BGP 对等体关系,如此一来,客户的路由即可直接在 PE1 及 PE2 之间通过 BGP 会话进行传递,而服务提供商骨干网络中的 P 设备则无需运行 BGP。由于 P 设备无需运行 BGP,因此这些 P 设备不会维护客户的路由,而仅需维护骨干网络内部的路由,这样设备的路由表可以保持精简,设备的转发性能得以大大提高。

当然,为了让 PE1 及 PE2 能够顺利地建立起 BGP 对等体关系,服务提供商需要首先实现 MPLS VPN 骨干网络内部的路由互通,使得 PE1 与 PE2 互访的流量能够到达对方,注意,在此过程中必须要将 MPLS VPN 骨干网内的路由与客户路由进行区分,实际上,两者必须是完全隔离的。在 MPLS VPN 骨干网络内的 P 及 PE 设备上部署 IGP 协议(一般会选择 OSPF 或 IS-IS),即可实现骨干网络内的路由互通,从而为 BGP 会话的建立做好铺垫,更为后续的站点间数据传输做好铺垫。

现在 PE1 及 PE2 之间建立了 BGP 对等体关系,以 PE1 为例,它可将自己通过 PE-CE 间所运行的路由协议学习到的客户路由通过 BGP 通告给 PE2,如图 13-38 所示。此时又出现了一个亟待解决的问题,在 PE 设备上,VRF 被用于实现客户路由隔离并解决 IP 地址空间冲突的问题,但是当 PE 设备使用 BGP 来传递客户的路由时,BGP 如何对所运载的路由进行区分?当不同的客户使用了相同的 IP 地址空间时如何保证路由不发生冲突?MPLS VPN 引入了 RD(Route Distinguisher,路由区分码)用于解决该问题。关于 RD,本书将在后续的小节中详细介绍,现阶段读者只需知道它的主要作用是确保使用相同 IPv4 地址空间的客户的路由在 MPLS VPN 网络中传递时不会出现冲突即可。要解决路由冲突的问题,就必须对 IPv4 路由前缀做扩展。MPLS VPN 采用 RD 对 IPv4 路由前缀进行扩展,简单地说,就是在 32bit 的 IPv4 路由前缀的基础之上增加一个 64bit 的 RD,从而形成 96bit 的 VPN-IPv4 路由前缀(我们也将该路由前缀简称为 VPNv4 路由前缀)。一个关于 VPNv4 路由的例子是 64519:100:172.16.18.0/24,其中 172.16.18.0 为 IPv4 地址,而 64519:100 为 RD 值。

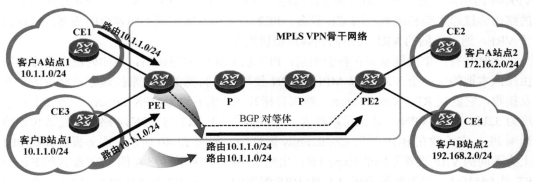

图 13-38 在 PE1 与 PE2 之间建立 BGP 对等体关系

注意

　　　传统的 BGP 无法运载 VPNv4 路由，因此 MP-BGP（Multi-Protocol BGP，多协议 BGP）便被派上了用场。MP-BGP 也被称为基于 BGPv4 的多协议扩展，传统的 BGP 只能运载 IPv4 路由前缀，而 MP-BGP 则可以支持包括 VPN-IPv4、IPv6 等在内的多种路由前缀。于是，此时在 PE1 及 PE2 之间所建立的 BGP 会话便不再是传统的 BGP 会话，而是激活了 VPNv4 路由运载能力的 BGP 会话。基于该 BGP 会话所传递的 BGP 路由前缀不是 IPv4 单播路由前缀，而是 VPNv4 路由前缀。

　　　在图 13-39 中，PE1 通过 PE-CE 间的路由协议分别学习到客户 A 站点 1 及客户 B 站点 1 的路由，它通过不同的 VRF 来区分不同客户的路由。接下来，PE1 将这两个客户的路由引入 MP-BGP，从而形成 VPNv4 路由。两个不同的 RD 被分别附加到了这两条路由前缀前面，这就形成了两条 VPNv4 路由，由于 VPNv4 路由前缀多了 RD 这么一个信息，因此即使两个客户的 IPv4 地址空间相同，它们对应的 VPNv4 路由也不会存在冲突的情况。客户 A 站点 1 的 10.1.1.0/24 路由被 PE1 引入 MP-BGP 时，PE1 为该路由附上 64519:100 的 RD 值，从而形成 VPNv4 路由 64519:100:10.1.1.0/24，而客户 B 站点 1 的 10.1.1.0/24 路由被 PE1 引入 MP-BGP 时，它为该路由附上另一个 RD 值 64520:200，从而形成 VPNv4 路由 64520:200:10.1.1.0/24。由于 RD 值各不相同，因此这是两条不同的 VPNv4 路由。

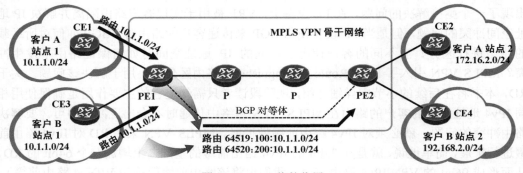

图 13-39　RD 值的作用

　　　现在，PE1 将这两条 VPNv4 路由通过 MP-BGP 通告给了 PE2，后者则负责在收到 VPNv4 路由后，将该路由附加的 RD 移除，然后将 IPv4 路由前缀通过 PE-CE 间所运行的路由协议通告给相应客户的 CE 设备。PE2 为了在本地实现不同客户的隔离，也部署了 VRF，通过不同的 VRF 为不同的客户提供服务。

　　　此时又有一个问题暴露在我们面前：PE2 从 PE1 收到路由后，该如何决定将哪些路由注入本地的哪一个 VRF 呢？MPLS VPN 使用一种特殊的数值来控制客户路由的发布及接收，它就是 RT（Route Target，路由目标），RT 也被称为 VPN Target。一个 RT 的长度为 32bit，一条 VPNv4 路由可以包含一个或多个 RT。RT 与 VPNv4 路由一起被传递给远端 PE，它承载在 BGP 扩展 Community 属性中。如图 13-40 所示，服务提供商在 PE1 上为不同的 VRF 设置不同的 Export RT（出站 RT），为服务于客户 A 的 VRF 配置的 Export RT 是 64519:1，而为服务于客户 B 的 VRF 配置的 Export RT 是 64520:2，如此一来，当 PE1 将客户 A 的路由引入 MP-BGP 中形成 VPNv4 路由时，路由被附加扩展 Community

属性（RT），属性值写入 64519:1，当该 VPNv4 路由通过 MP-BGP 传递给 PE2 时，扩展 Community 属性会被一并携带。同理，PE1 将客户 B 的路由引入 MP-BGP 中形成 VPNv4 路由时，路由也被附加扩展 Community 属性（RT），属性值写入 64520:2，当该 VPNv4 路由通过 MP-BGP 传递给 PE2 时，扩展 Community 属性也会被一并携带。这两条携带着 RT 的路由被传递给了 PE2，后者可根据本地配置的 Import RT（入站 RT）来决定将所接收的客户路由发布到本地的哪一个 VRF 中，例如将 RT 为 64519:1 的 BGP 路由发布到为客户 A 服务的本地 VRF 中，进而将这些路由通过 PE-CE 间的路由协议通告给客户 A 站点 2 的 CE2，而将 RT 为 64520:2 的 BGP 路由发布到为客户 B 服务的本地 VRF 中，进而将这些路由通过 PE-CE 间的路由协议通告给客户 B 站点 2 的 CE4。

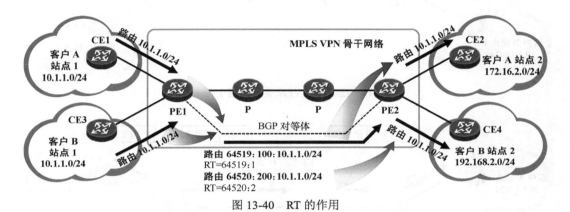

图 13-40　RT 的作用

　　到目前为止，客户 A 站点 1 的路由已经顺利通过 MPLS VPN 网络传递到了客户 A 站点 2，客户 B 的路由也完成了传递过程。实际上，以上只是解决了路由层面的问题，路由学习到了，数据就能被正常转发吗？设想一下，此时 CE2 已经获知了到达站点 1 的路由，若它把去往 10.1.1.0/24 的 IP 报文发送给 PE2，那么后者该如何处理这些报文？姑且不考虑其他，如果 PE2 直接将报文转发出去，那么报文势必在相邻的第一台 P 设备处就被丢弃，因为 P 设备并不维护客户路由。

　　一个解决方案逐渐在我们脑海中浮现出来，为什么不采用标签来转发数据呢？对于客户而言，报文经由 CE 设备转发给了直连的 PE 设备，而后者负责将报文转发到远端 PE 设备，MPLS VPN 骨干网络需要考虑如何将报文顺利地从一台 PE 设备转发到另一台 PE 设备，而且需在沿途的 P 设备并不维护关于目的 IP 地址的路由的情况下实现这个需求。利用 MPLS 技术，采用标签来转发这些报文是一个绝佳的解决方案。

　　以图 13-41 为例，服务提供商在 MPLS VPN 骨干网络中的设备上激活了 MPLS 及 LDP，并且在设备间建立了 LDP 对等体关系。由于此前服务提供商已经在 MPLS VPN 骨干网络中部署了 IGP 协议，因此 LDP 对等体关系的建立，以及针对骨干网络内部的路由前缀的标签分发操作可以顺利进行。以 PE1 为例，骨干网络内的设备能借助 IGP 协议获知到达该设备的路由，然后为该路由分配标签，一条关于 PE1 直连路由的 LSP 得以建立，沿着该条 LSP，设备能够将标签报文转发到 PE1。如图 13-42 所示，由于 LDP 已经为到达 PE1 的路由分配好了标签，因此 PE2 转发到达客户 A 站点 1 的 10.1.1.0/24 网段的报文时，便可将报文压入一个标签头部，使用的标签值是下游 P 设备为到达 PE1 的路由所分配的标签 1082。下游 P 设备收到标签报文后，将报文的标签进行置换，然后继续向下游转发该报文，直至报文到达 PE1。

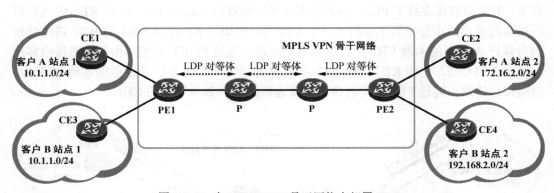

图 13-41　　在 MPLS VPN 骨干网络中部署 LDP

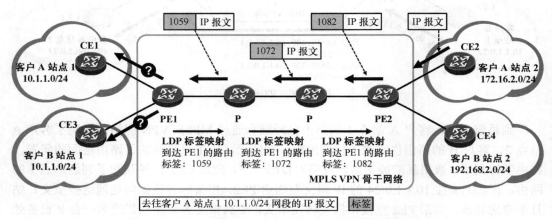

图 13-42　　PE2 利用 LDP 建立好的 LSP 将报文转发到 PE1

说明

以上描述的过程忽略了 PHP 特性。

现在，PE1 收到了这个标签报文，接下来它的操作自然是将报文的标签头部弹出，然后将报文路由到目的地。这里还有一个问题：PE1 该把报文转发给 CE1 还是 CE3？它无法判断该报文究竟是发往哪一个客户的（报文归属哪一个 VRF）。

在典型的 MPLS VPN 架构中，报文在 MPLS VPN 骨干网络内转发时采用两层标签。如图 13-43 所示，PE2 转发到达客户 A 站点 1 的 10.1.1.0/24 网段的报文时，将报文压入两层标签，其中外层标签（或者说顶层标签）被称为公网标签，公网标签由 LDP 分发，用于将报文转发到 PE1。内层标签（或者说底层标签）被称为私网标签，私网标签则由 MP-BGP 分发，用于将报文在 PE1 上对应到具体的 VRF，或者某一个直连的 CE 设备。为了实现私网标签的分发，PE1 通过 MP-BGP 将 VPNv4 路由通告给 PE2 时，除了携带该路由的 RT，还会将其为该路由所分配的私网标签一并携带。

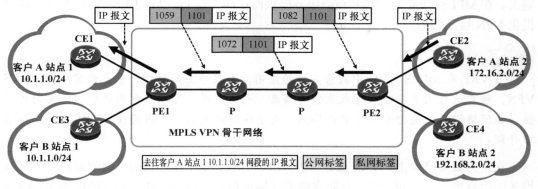

图 13-43 采用两层标签转发数据

PE2 将带有两层标签的报文转发到 MPLS VPN 骨干网络后，网络中的 P 设备根据报文的公网标签（外层标签）将其转发到 PE1，在报文的转发过程中，公网标签被逐跳修改，但是私网标签则不会发生改变。PE1 收到报文后，先将公网标签弹出，然后根据内层的私网标签将该报文对应到本地的 VRF（由于该私网标签由 PE1 所分配，因此它知道这个标签值所对应的 VRF），最后将私网标签弹出，把里面所封装的 IP 报文转发给 CE1。

综上所述，我们可以看出，一个典型的 MPLS VPN 实现，大致需要如下组件。

• 在 PE 设备上，使用 VRF 来区分不同的客户、维护不同客户的路由。

• 在 PE 设备上，使用基于 VRF 的路由协议（PE-CE 间的路由协议）与其直连的 CE 设备交互客户路由。

• 在 MPLS VPN 骨干网络内的设备上（PE 设备及 P 设备），需要运行一个 IGP 协议，通过该协议实现骨干网内的路由互通。

• 在 PE 设备之间，根据需要建立 MP-BGP 会话，PE 设备将自己从 CE 设备学习到的路由引入 MP-BGP 形成 VPNv4 路由并通告给远端 PE 设备，并且将其从远端 PE 设备所学习到的 VPNv4 路由注入本地相应的 VRF 中，从而通过 PE-CE 间的路由协议将客户路由通告给本地直连的 CE 设备。

• 为了让客户的数据能够穿越 MPLS VPN 骨干网络，需要骨干网络的 PE 设备及 P 设备都激活 MPLS 及标签分发协议（通常是 LDP）。

13.3.3 虚拟路由转发实例

在 MPLS VPN 中，不同客户的路由及数据可以在同一台 PE 设备上被处理，而且这些客户路由和数据又是完全隔离和相互独立的，即使不同的客户使用了相同的 IP 地址空间也不存在冲突的问题，这得益于 PE 设备上的一项关键技术——虚拟路由转发。

VRF（Virtual Routing and Forwarding，虚拟路由转发）是 MPLS VPN 架构中的关键技术，是一种类似设备虚拟化的概念。VRF 是对物理设备的一个逻辑划分，通过部署 VRF，我们可以在一台物理设备（例如路由器、交换机或防火墙等，当然，前提是设备支持相应的功能）上创建多台虚拟设备（或者称为虚拟路由转发实例），每台虚拟设备就像一台独立的设备一样工作。每台虚拟设备拥有独立的路由表、独立的 FIB 表、独立的动态路由选择进程及专属于该实例的接口等。利用 VRF，可以实现路由、数据或业务的隔离。在 MPLS VPN 中，VRF 使得服务提供商在同一台 PE 设备上能够同时为多个客户提供 VPN 接入服务。

说明

VRF 在 MPLS VPN 中有着关键的应用，而在企业网络中，它也经常脱离 MPLS VPN，被广泛应用于实现数据或业务的隔离，也就是说，可以只利用其虚拟化实例的特性，在网络设备上进行业务或数据隔离，关于这部分内容，本书将在"VRF Lite"一节中介绍。

在华为数通产品上，VRF 也被称为 VPN 实例（VPN Instance）。缺省时，一个网络设备的所有接口（例如路由器及防火墙的三层接口或子接口，或三层交换机的 VLANIF 等）都属于同一个转发实例——设备的根实例，或者说属于根设备。如果在网络设备上创建了一个 VRF，那么就等于拥有了一台虚拟设备，我们可以将特定的接口分配给该 VRF，如此一来，该接口便从根设备脱离并专门服务于这个 VRF。每个 VRF 使用独立于根设备的路由表、FIB 表等，它们存在于不同的数据转发平面，这使得设备在某个 VRF 的接口上接收的流量，不会被转发到其他 VRF 或者根实例。

图 13-44 形象地展示了一台 PE 设备的"内部逻辑结构"，该 PE 设备的 GE0/0/1 接口及 GE0/0/2 接口分别连接着客户 A 及客户 B 的 CE 设备。MPLS VPN 网络的基本功能便是帮助客户"运载"路由，要实现这个目的，PE 设备就需要从客户处获取路由信息，然后将这些路由信息注入 MPLS VPN 骨干网络并运载到同一客户的其他站点。缺省时，该 PE 设备的所有接口均属于设备的根实例，与此同时，设备从客户 A 及客户 B 的 CE 设备学习到的路由都会被加载到全局路由表中。设想一下，如果客户 A 及客户 B 恰巧使用了相同的 IP 地址空间（实际上这种可能性非常高），如图 13-45 所示，客户 A 及客户 B 都使用了 172.16.1.0/24 网段，然后客户 A 及客户 B 的 CE 设备都将 172.16.1.0/24 路由通告给 PE 设备，那么冲突便会发生。对于 PE 设备而言，它将无法区分这两条路由，该 PE 设备会根据路由优先级或度量值对这两条路由进行优选，这显然是我们不愿意看到的。当然，我们不可能要求客户使用不存在冲突的 IP 地址空间，因为客户当然有权利自行规划自己的 IP 网络。

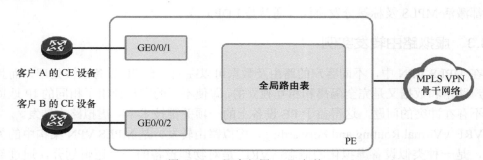

图 13-44　没有部署 VRF 之前

另一个需要格外关注的问题是安全问题，即使客户 A 及客户 B 没有使用相同的 IP 地址空间，由于 PE 设备将在自己的全局路由表中加载这两个客户的路由，因此不同客户的路由在 PE 设备的同一个路由转发平面将实现互通，如此一来，客户 A 及客户 B 的网络在 PE 设备上出现了"交集"，一个客户的设备可以通过该 PE 设备去访问另一个客户的设备，这在安全上显然是应该被绝对禁止的。

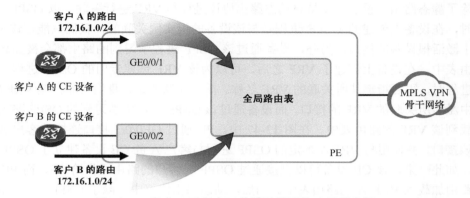

图 13-45　客户 A 及客户 B 使用了相同的 IP 地址空间

在 PE 设备上部署 VRF，即可完美地解决上述问题。在 PE 设备上针对不同的客户部署不同的 VRF，即可实现对客户的专有服务，以及客户的路由及数据的隔离。如图 13-46 所示，我们在 PE 上创建两个 VRF：VRF A 及 VRF B，分别对应客户 A 及客户 B，这就相当于在 PE 上创建了两台虚拟设备。VRF A 及 VRF B 将分别维护各自的路由表、FIB 表等。以路由表为例，VRF A 的路由表、VRF B 的路由表及 PE 的全局路由表均是完全隔离的。当然初始时，这两台虚拟设备没有任何接口资源，因此它们的路由表此时也是空的。将 PE 的 GE0/0/1 接口分配给 VRF A、将 GE0/0/2 接口分配给 VRF B后，GE0/0/1 接口的直连路由将出现在 VRF A 的路由表中，同理 GE0/0/2 接口的直连路由将出现在 VRF B 的路由表中。PE 将学习自客户 A 的路由加载到 VRF A 的路由表中，而将学习自客户 B 的路由加载到 VRF B 的路由表中。由于 A、B 两个 VRF 的路由表完全独立，因此即使客户 A 与客户 B 使用相同的 IP 地址空间，也完全不同担心路由冲突的问题。

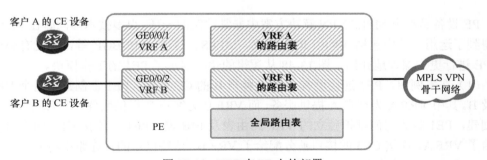

图 13-46　VRF 在 PE 上的部署

将设备的接口分配给相应的 VRF 后，接下来要考虑的就是如何让 PE 设备获取客户的路由，PE 设备只有获取了客户的路由，并将其加载到相应的 VRF 路由表中，才能进一步将路由通过 MPLS VPN 骨干网络运载到其他站点。一个最简单的方法是通过手工配置的方式为 VRF 添加到达客户网络的静态路由。为了将静态路由写入 VRF 路由表，而不是写入全局路由表，我们需要在使用 **ip route-static** 命令配置静态路由时增加 **vpn-instance** 关键字并指定 VRF 的名称。

除了静态路由，设备还支持将动态路由协议进程与 VRF 进行关联。以 OSPF 为例，缺省时，在设备上创建的 OSPF 进程是与该设备的根实例关联的，我们只能在该 OSPF 进程中激活根设备的接口，另外，设备通过该 OSPF 进程学习到的路由都会被加载到全局路由表中。在设备上创建了 VRF 之后，可以为该 VRF 创建专门的 OSPF 进程，在创建该进程时，需要指定其所关联的 VRF 名称。需要注意的是，我们只能在该 VRF OSPF 进程中激活所关联的 VRF 的接口，而设备通过该 OSPF 进程所学习到的 OSPF 路由都会被加载到该 VRF 的路由表中。在图 13-47 中，PE 通过 GE0/0/1 接口连接着客户 A，它通过该接口，并使用与 VRF A 绑定的 OSPF 进程与客户 A 的 CE 设备建立了 OSPF 邻接关系，如此一来，该 CE 设备可以直接通过 OSPF 将客户的路由通告给 PE，而 PE 则将这些路由加载到 VRF A 的路由表中。当然，动态路由协议中，除了 OSPF 之外，RIP、ISIS 等路由协议同样支持多进程，也支持将路由进程与 VRF 进行关联，而 BGP 当然也是支持多路由进程的，只不过它是采用地址族（Address Family）实现的。一个 VRF 可以同时采用静态路由以及动态路由协议来维护自己的路由表。

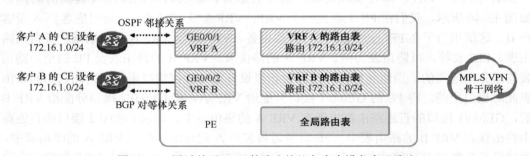

图 13-47　通过基于 VRF 的路由协议与客户设备交互路由

13.3.4　深入理解 PE 设备

PE 设备是整个 MPLS VPN 解决方案中非常关键的一环，很多技术都同时在 PE 设备上得到了运用，其中包括 VRF、IGP 协议、MPLS、LDP、MP-BGP 等，因此有必要针对 PE 进行更加深入地介绍。图 13-48 从逻辑的角度展示了 PE1 的工作模块。

（1）在本例中，PE1 连接着客户 A 及客户 B 的 CE 设备，PE1 上创建了两个 VRF：A 及 B。其中 VRF A 为客户 A 提供服务，而 VRF B 为客户 B 提供服务。一旦这两个 VRF 被创建，PE1 将为它们维护独立的 VRF 路由表及 FIB 表。PE1 上连接 CE1 的接口被分配给了 VRF A，连接 CE3 的接口被分配给了 VRF B，这些接口的直连路由将分别出现在 VRF A 及 VRF B 的路由表中。在每个 VRF 中，RD 及 RT 等关键参数被指定。

（2）为了实现客户路由的传递，PE1 需从 CE1 及 CE3 处获取客户路由。最简单的方法当然是在 PE1 的 VRF 路由表中手工添加静态路由，当然在绝大多数场景中，采用动态路由协议可能是更好的办法。PE-CE 之间可以选择的动态路由协议非常多，例如 RIP、OSPF、IS-IS 或 BGP 等，需注意的是，PE-CE 间运行的动态路由协议的进程必须与相应的 VRF 绑定，PE1 将其从 CE1 及 CE3 学习到的客户路由分别加载到相应的 VRF 路由表中。

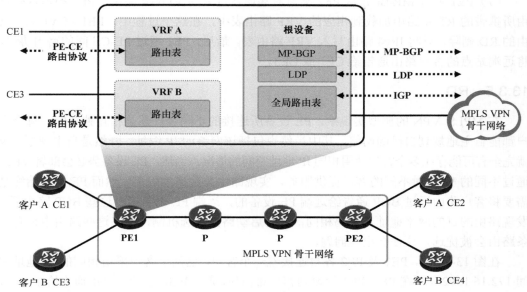

图 13-48 PE1 的逻辑结构

（3）PE1 通过属于根实例的接口接入 MPLS VPN 骨干网络。为了实现骨干网络内的路由互通，也为了给后续的 LDP 对等体关系建立、MP-BGP 对等体关系建立及 LDP 标签分发做铺垫，还需要在骨干网络中的 P 及 PE 设备上运行一个 IGP 协议，例如 OSPF或 IS-IS 等。当然，对于 PE 设备而言，这个 IGP 工作在其根实例上，PE1 通过该路由协议所获取的路由信息将加载到设备的全局路由表中。

（4）在 MPLS VPN 骨干网络中部署 IGP 协议后，PE1 便拥有了到达骨干网络内各个网段的路由信息。接下来 PE1 与 PE2 之间将建立 MP-BGP 对等体关系。客户的路由得以通过这个 MP-BGP 对等体关系在 PE 设备间进行传递。

（5）PE1 通过 PE-CE 间的路由协议学习 CE1 及 CE3 所通告的客户路由，它将客户路由加载到相应的 VRF 路由表中，此时这些路由在 VRF 路由表中的形态依然是 IPv4 路由，PE1 需将这些路由引入 MP-BGP。客户所通告的 IPv4 路由被引入 MP-BGP 后，RD被粘附到了该路由前缀的前面，构成 VPNv4 路由前缀。PE1 将 VPNv4 路由通过 MP-BGP通告给 PE2。除了 VPNv4 路由之外，一并被通告的还有该条路由的其他 BGP 路径属性，其中包括路由的 RT（使用 BGP 的扩展 Community 属性存储）以及 Next_Hop 属性等，此外还有 PE1 为客户路由所分配的私网标签。

（6）为了确保客户的不同站点间相互通信的数据可通过 MPLS VPN 网络顺利交互，MPLS VPN 骨干网络中的设备需激活 MPLS，并激活 LDP，然后建立 LDP 对等体关系。由于在此之前骨干网络中已经完成了 IGP 协议的部署并实现了路由互通，因此 LDP 能够为骨干网络内的路由顺利地分配标签，并将标签映射通告给其他 LDP 对等体，从而建立起 LSP。我们已经知道，在典型的 MPLS VPN 实现中，客户数据在进入 MPLS VPN 网络时，入站 PE 会为这些数据压入两层标签，其中外层标签由 LDP 负责分发，该标签用于确保客户数据能够从本地站点直连的 PE 设备转发到远端 PE 设备。

（7）PE1 通过 MP-BGP 从 PE2 学习对端通告过来的 VPNv4 路由。PE1 根据这些路由所携带的 RT 将路由加载到相应的 VRF 路由表中，在这个过程中，PE1 将 VPNv4 路由的 RD 剥除，只将 IPv4 路由写入 VRF 路由表。最后，PE1 通过 PE-CE 间的路由协议，将远端站点的客户路由通告给 CE1 或 CE3。

13.3.5　RD

在 MPLS VPN 的典型实现中，PE 设备所连接的不同客户都是相互独立的，每个客户都能自主地规划自己的网络，其中当然也包括该网络的 IP 编址。既然是自主规划，也就完全有可能存在多个客户使用相同 IP 地址空间的情况。当然，PE 设备势必会部署 VRF，通过不同的 VRF 对不同的客户提供服务，实现路由及数据的隔离。然而 PE 设备始终是需要将客户路由通过 BGP 通告给远端 PE 设备的，远端 PE 设备接收这些 BGP 路由后，发现路由的目的网络地址及掩码相同，便会启动路由优选机制，最终这些路由中只有一条路由会被优选，这便会出现问题。

在图 13-49 中，PE1 及 PE2 各自连接着一个客户，这两个客户采用相同的 IP 地址空间 172.16.1.0/24，现在 PE1、PE2 学习到客户路由后，通过 BGP 会话将路由通告给了 PE3，如此一来，PE3 将分别从两个 BGP 对等体学习到目的网络地址及掩码相同的 BGP 路由，PE3 便会执行路由优选，二选一，最终只有一条路由会被优选，另一条则不被使用，这显然是我们不愿看到的。

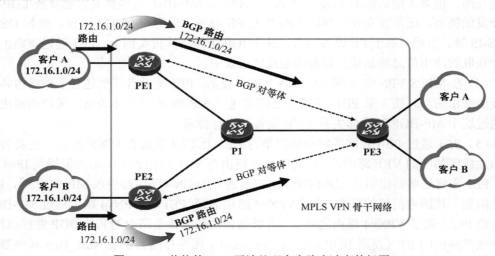

图 13-49　传统的 BGP 无法处理客户路由冲突的问题

要解决路由冲突的问题，就必须对 IPv4 地址前缀做扩展。MPLS VPN 采用 RD（Route Distinguisher，路由区分码）对 IPv4 地址前缀进行扩展。如图 13-50 所示，在 IPv4 地址的前面附加 64bit 的 RD，即可形成 96bit 的 VPN-IPv4 地址，我们也将该地址称为 VPNv4 地址。有了 RD，便可以确保相同的 IPv4 路由在 MPLS VPN 网络中不会产生冲突。

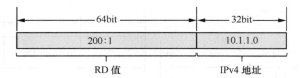

图 13-50　RD 附加在 IPv4 地址前构成 96bit 的 VPNv4 地址

在图 13-51 中，PE1 从客户 A 学习到的是 IPv4 路由 172.16.1.0/24，它将该路由加载到自己的 VRF 路由表中，然后将其引入 MP-BGP，在这个过程中，它将 VRF 的 RD 附加到 IPv4 路由前缀的前面，构成 VPNv4 路由，然后通过 MP-BGP 将 VPNv4 路由通告给 PE3，PE2 同理。PE3 收到 VPNv4 路由后，再将 RD 值移除，然后将路由添加到相应的 VRF 路由表中，最后将其通告给直连的 CE 设备。

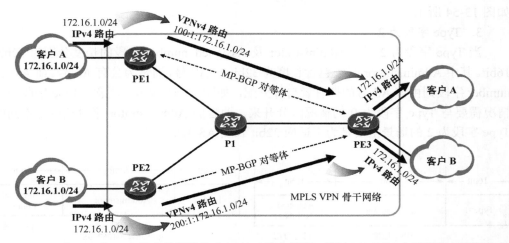

图 13-51　PE1 及 PE2 将 IPv4 路由前缀转换成 VPNv4 路由前缀，通过 MP-BGP 会话将路由通告出去

实际上，RD 仅仅是一个数值，该数值被附加在 IPv4 前缀之前，构成全局唯一的 VPNv4 前缀，从而在 MPLS 网络内解决 IPv4 地址空间冲突的问题。除此之外，RD 并不携带其他信息，例如 RD 并不用于标识该路由的起源 VRF，也不用于决定将该路由注入哪一个目标 VRF。

PE 创建 VRF 时就需要指定该 VRF 的 RD。64bit 长度的 RD 值实际上包含 3 个字段，它们分别是 Type（类型）字段、Administrator（管理员）字段以及 Assigned Number（分配号）字段，如图 13-52 所示。其中 Type 字段的长度是固定的 16bit，而其他两个字段的长度则与 Type 字段的取值有关。此外，Type 字段的取值还决定了 Administrator 字段所表达的含义，不同的 Type 字段取值，对应不同含义的 Administrator 字段。RFC4364（BGP/MPLS IP Virtual Private Networks）定义了 3 个 Type 字段值。

1．Type 字段为 0

当 Type 字段为 0 时，Administrator 及 Assigned number 字段的长度分别为 16bit 及 32bit。其中 Administrator 必须包含 AS 号，通常为公有 AS 号，也就是必须向权威机构申请的 AS 编号。而 Assigned number 字段则由该 AS 号的拥有者自行分配，如图 13-53 所示。

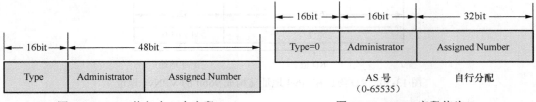

图 13-52　RD 值包含 3 个字段　　　　　　　　图 13-53　Type 字段值为 0

2. Type 字段为 1

当 Type 字段为 1 时，Administrator 及 Assigned number 字段的长度分别为 32bit 及 16bit。其中 Administrator 必须是一个 IPv4 地址，通常为公有 IP 地址，也就是必须向权威机构申请的 IP 地址。而 Assigned number 字段则由该 IP 地址的拥有者自行分配，如图 13-54 所示。

3. Type 字段为 2

当 Type 字段为 2 时，Administrator 及 Assigned number 字段的长度分别为 32bit 及 16bit。其中 Administrator 必须包含长度为 32bit 的 AS 号，通常为公有 AS 号。而 Assigned number 字段则由该 AS 号的拥有者自行分配，如图 13-55 所示。注意，Type 字段为 2 的情况需要与 Type 字段为 0 的情况区分开来，两者的 Administrator 字段长度是不同的。Type 字段为 2 的场景主要是为了适应 32bit 长度 AS 号的需求。

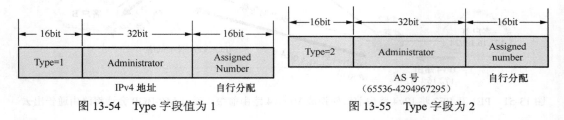

图 13-54　Type 字段值为 1　　　　　　　　图 13-55　Type 字段为 2

在现实中，我们通常采用"AS:NN"的格式来设置 RD 值，例如"200:1"，在该 RD 值中，冒号前面的"200"为 AS 号，而"1"则是一个自定义的数值，此时 Type 字段值为 0。

实际上，在华为路由器上为 VRF 配置 RD 时，并不用关心 Type 字段值，系统会根据用户输入的 RD 值自动判断其 Type 字段值。例如，如果为 VRF 设置的 RD 值为 202.101.1.1:100，那么该 RD 值的 Type 字段值为 1，Administrator 及 Assigned number 字段值分别为 202.101.1.1 及 100；如果为 VRF 设置的 RD 值为 65536，那么该 RD 值的 Type 字段值为 2，Administrator 及 Assigned number 字段值分别为 65536 及 88，留意到 Administrator 的值大于 65535，因此系统自动判断出须使用 Type 字段值为 2 的 RD 来承载。

传统的 BGP 并不能运载 VPNv4 的路由前缀，但是扩展之后的 BGP，也就是 MP-BGP 则可以做到。正如前文所述，MP-BGP 被用于在 MPLS VPN 网络中运载 VPNv4 路由前缀。MP-BGP 支持多种类型的地址族（Address Families），通过引入不同地址族，MP-BGP 得以实现对各种类型路由的支持，例如 IPv4 路由、IPv6 路由、VPNv4 路由等等。VPN-IPv4 地址族（VPN-IPv4 Address Family）被用于实现对 VPNv4 路由的支持。本书将在

"MP-BGP" 一节中详细介绍 MP-BGP 及地址族的相关概念。

13.3.6　RT

我们已经知道，RD 被用于附加在 IPv4 路由前缀之前，构成全局唯一的 VPNv4 路由前缀，从而在 MPLS VPN 网络中解决路由冲突问题。RD 并不用于标识该路由的起源 VRF，也不用于决定将该路由注入哪一个目标 VRF。MPLS VPN 定义了 RT（Route Target）来控制 VPN 路由信息在不同站点间的发布及接收。RT 在华为数通产品上也被称为 VPN Target。

可以形象地将 RT 理解为给 VPNv4 路由所设置的"标记"，一台 PE 设备从远端 PE 设备接收多条 VPNv4 路由后（这些 VPNv4 路由可能来源于不同的客户，或者说来源于不同的 VRF），可以根据这些路由所携带的 RT 来决定将哪些路由注入本地的哪一个 VRF。

一个 RT 值的长度为 32bit，一条 VPNv4 路由可以携带一个或多个 RT 值。VPNv4 路由是通过 MP-BGP 进行传递的，而 RT 则是装载在 BGP 的 Community 属性中，并且是一种扩展的 Community 属性，正如前文所述，一个 RT 属性可以包含一个或多个 RT 值。

在 MPLS VPN 中，存在两种 RT：Import RT（入站 RT）及 Export RT（出站 RT），在 PE 上创建 VRF 时，通常都需要指定该 VRF 的这两种 RT 值。两者的定义及区别如下。

1. Export RT：

当 PE 设备从其直连的 CE 设备收到 IPv4 客户路由后将路由转换成 VPNv4 路由时，它会为这些 VPNv4 路由设置 RT，该 RT 的值便是相应 VRF 中所设置的 Export RT。当 VPNv4 路由通过 MP-BGP 会话发往远端 PE 设备时，RT 被保存在路由的扩展 Community 属性中，与路由一并传递给对端。

> *说明*
> 　　如果 VRF 中定义了多个 Export RT，那么当该 VRF 对应的 VPNv4 路由被通告给远端 PE 时，这些 Export RT 都会被携带。

2. Import RT

当 PE 设备从远端 PE 设备收到 VPNv4 路由时，会检查这些路由所携带的 RT，并与本地的各个 VRF 所指定的 Import RT 进行比对，如果 VPNv4 路由所携带的 RT 中包含本地某个 VRF 所指定的 Import RT，那么 PE 设备便将路由注入该 VRF 中。

> *说明*
> 　　与 Export RT 一样，VRF 的 Import RT 也可以设置一个或多个值。例如某个 VRF 的 Import RT 为 64512:1 及 64512:200，那么只要所收到的某一条 VPNv4 路由的 RT 中包含 64512:1 或 64512:200，该路由便会被注入该 VRF 中。

图 13-56 展示了一个简单的例子，在这个例子中，我们只考虑客户路由从 PE1 传递到 PE2 的过程。在 PE1 上，VRF A 指定了 Export RT 100:1（使用 **vpn-target 100:1**

export-extcommunity 命令指定），而在 PE2 上，VRF A 则指定了 Import RT 100:1（使用 **vpn-target 100:1 import-extcommunity** 命令指定）。PE1 收到 CE1 通告过来的 IPv4 路由 10.3.2.0/24 后将路由存储在 VRF A 的路由表中，然后将该路由转换成 VPNv4 路由，并为路由设置 RT，该 RT 的值等于 100:1（即 VRF A 所设置的 Export RT）。PE1 将 VPNv4 路由 100:1326:10.3.2.0/24 通过 MP-BGP 通告给 PE2，后者收到该路由后，将其携带的 RT 与本地 VRF 的 Import RT 进行比对，结果发现本地的 VRF A 的 Import RT 与该路由的 RT 相匹配，因此认为该路由可以被本地的 VRF A 接收。PE2 将 VPNv4 路由的 RD 剥除，将 IPv4 路由 10.3.2.0/24 注入 VRF A 的路由表中，最后将该路由通告给 CE2。

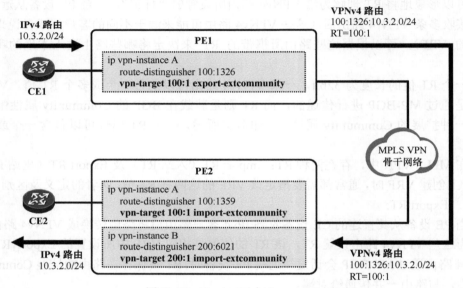

图 13-56　Export RT 与 Import RT

注意

　　在实际的 MPLS VPN 部署中，PE 设备通常需同时发送及接收 VPNv4 路由，因此 PE 的 VRF 中需指定 Export RT 及 Import RT。

13.4　MP-BGP

　　本书"BGP"一章为大家介绍的是 BGPv4（BGP Version 4），目前大多数 BGPv4 都是基于 RFC4271 实现的。BGPv4 被广泛部署在纯 IPv4 的网络环境中，用于交互 IPv4 路由信息。

　　大家已经知道，在 MPLS VPN 中，BGP 用于在 PE 设备之间传递客户路由，客户的原始路由是 IPv4 的路由，但是这些路由在 MPLS VPN 网络中传递时，需被附加 RD，从而形成 VPNv4 路由，而 BGPv4 是无法运载 VPNv4 路由的。MP-BGP（Multi-Protocol BGP）在 BGPv4 的基础上，增加了对于多协议的支持。RFC4760（Multiprotocol Extensions for BGP-4）详细地描述了 BGP 的多协议扩展。

13.4.1　MP-BGP 在 MPLS VPN 中的应用

在 BGP 中，Update 报文用于发送 BGP 路由更新，在 Update 报文中，NLRI（Network Layer Reachability Information，网络层可达性信息）用于承载 IPv4 路由更新，然而它无法承载诸如 VPNv4 路由在内的其他类型的路由。为了使得 MP-BGP 能够支持多种路由类型，MP-BGP 引入了两种新的路径属性，这两个新增的路径属性都是可选非传递属性：

- **MP_REACH_NLRI（Multiprotocol Reachable Network Layer Reachability Information，多协议可达 NLRI）**：用于通告路由更新及下一跳信息。
- **MP_UNREACH_NLRI（Multiprotocol Unreachable Network Layer Reachability Information，多协议不可达 NLRI）**：用于撤销路由更新。

MP_REACH_NLRI 及 MP_UNREACH_NLRI 均拥有如下两个字段：

- **AFI（Address Family Identifier，地址族标识符）**：用于标识网络层协议类型，例如 IPv4、IPv6、IPX 等。
- **SAFI（Subsequent Address Family Identifier，后续地址族标示符）**：用于在 AFI 的基础上进一步标识 NLRI 的类型。

AFI 及 SAFI 的组合用于指示该 MP_REACH_NLRI 或 MP_UNREACH_NLRI 路径属性中所包含的是什么类型的路由前缀，例如 AFI=1（表示 IPv4 协议）且 SAFI=128（表示 MPLS 标签 VPN 地址）时，表示其中包含的是 VPNv4 路由前缀。

在图 13-57 中，PE1 学习到了客户 A 站点 1 的客户路由 192.168.10.0/24，现在，它要将该路由通过 MP-BGP 通告给 PE2。PE1 通过一个 BGP Update 报文实现这个目的。在该 Update 报文中，PE1 插入一个 MP_REACH_NLRI 路径属性来通告 VPNv4 路由 123:1:192.168.10.0/24（其中 123:1 为 RD 值），另外，MP_REACH_NLRI 中还包含着这条 VPNv4 路由的下一跳 IP 地址 1.1.1.1（PE1 的 BGP 更新源 IP 地址），以及 PE1 为该 VPNv4 路由所分配的私网标签 1026。

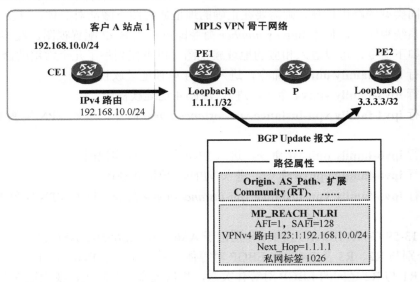

图 13-57　PE1 将客户路由通过 BGP Update 报文传递给 PE2

　　图 13-58 展示了 PE1 向 PE2 所发送的这个 MP-BGP Update 报文，在该报文中，能直观地看到其所携带的各种路径属性，其中包括 MP_REACH_NLRI 路径属性。从 MP_REACH_NLRI 路径属性的 AFI 及 SAFI 字段可知该报文携带着 VPNv4 路由前缀。

```
Border Gateway Protocol
⊟ UPDATE Message
    Marker: 16 bytes
    Length: 91 bytes
    Type: UPDATE Message (2)
    Unfeasible routes length: 0 bytes
    Total path attribute length: 68 bytes
  ⊟ Path attributes
    ⊞ ORIGIN: INCOMPLETE (4 bytes)
    ⊞ AS_PATH: empty (3 bytes)
    ⊞ MULTI_EXIT_DISC: 0 (7 bytes)
    ⊞ LOCAL_PREF: 100 (7 bytes)
    ⊟ EXTENDED_COMMUNITIES: (11 bytes)
      ⊟ Flags: 0xc0 (Optional, Transitive, Complete)
        Type code: EXTENDED_COMMUNITIES (16)
        Length: 8 bytes
      ⊟ Carried Extended communities
        UnknownRoute Target: 100:1
    ⊟ MP_REACH_NLRI (36 bytes)
      ⊞ Flags: 0x90 (Optional, Non-transitive, Complete, Extended Length)
        Type code: MP_REACH_NLRI (14)
        Length: 32 bytes
        Address family: IPv4 (1)
        Subsequent address family identifier: Labeled VPN Unicast (128)
      ⊟ Next hop network address (12 bytes)
        Next hop: Empty Label Stack RD=0:0 IPv4=1.1.1.1 (12)
        Subnetwork points of attachment: 0
      ⊟ Network layer reachability information (15 bytes)
        ⊟ Label Stack=1026 (bottom) RD=123:1, IPv4=192.168.10.0/24
          MP Reach NLRI Prefix length: 112
          MP Reach NLRI Label Stack: 1026 (bottom)
          MP Reach NLRI Route Distinguisher: 123:1
          MP Reach NLRI IPv4 prefix: 192.168.10.0 (192.168.10.0)
```

图 13-58　在 BGP Update 报文中通告 VPNv4 路由

13.4.2　MP-BGP 的地址族视图

　　我们已经知道，MP-BGP 采用地址族来区分不同的网络层协议，要在 BGP 对等体之间交互不同类型的路由信息，则需要在正确的地址族视图下激活对等体，以及发布 BGP 路由。在系统视图下，使用 **bgp** *as-number* 命令即可进入 BGP 配置视图，在该视图中，继续使用如下命令，可以进入相应的地址族视图（以下仅列举了几个常用的命令）。

- 执行 **ipv4-family unicast** 命令，进入 IPv4 单播地址族视图。
- 执行 **ipv4-family vpnv4** 命令，进入 VPNv4 地址族视图。
- 执行 **ipv4-family vpn-instance** *vpn-instance-name* 命令，进入 VPN 实例 IPv4 地址族视图。
- 执行 **ipv6-family unicast** 命令，进入 IPv6 单播地址族视图。
- 执行 **ipv6-family vpnv6** 命令，进入 VPNv6 地址族视图。
- 执行 **ipv6-family vpn-instance** *vpn-instance-name* 命令，进入 VPN 实例 IPv6 地址族视图。

　　在图 13-59 中，R1、R2、R3 及 R4 分别位于 AS65501、AS65502、AS65503 及 AS65504，R1 需要分别与 R2、R3 及 R4 建立 EBGP 对等体关系，并交互 BGP 路由。

　　对于 R1 与 R2 之间的 EBGP 对等体关系，相信大家不会陌生，我们通常会在 R1 上采用如下配置：

```
[R1]bgp 65501
[R1-bgp]peer 10.1.12.2 as-number 65502
```

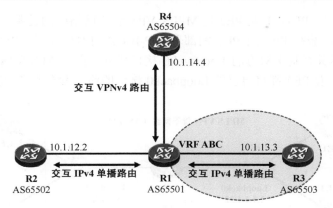

图 13-59　在正确的地址族配置视图中激活对等体、发布 BGP 路由

实际上，上述配置等同于：

```
[R1]bgp 65501
[R1-bgp]peer 10.1.12.2 as-number 65502
[R1-bgp]ipv4-family unicast
[R1-bgp-af-ipv4]peer 10.1.12.2 enable
```

也就是说，在 R1 的 BGP 视图下执行 **peer 10.1.12.2 as-number 65502** 命令指定对等体 R2 后，系统会自动在 IPv4 单播地址族视图下增加 **peer 10.1.12.2 enable** 命令，该命令用于激活对等体之间交互 IPv4 单播路由的特性。完成对等体关系建立后，R1 与 R2 之间便可以通过 BGP 开始交互单播 IPv4 路由。对于 R1 而言，如果它要向 R2 通告本地的单播 IPv4 路由，可以直接在 BGP 配置视图下使用 **network** 或 **import-route** 命令发布 BGP 路由，例如执行如下命令：

```
[R1]bgp 65501
[R1-bgp]network 11.1.1.0 24
```

系统会自动将上述命令调整为：

```
[R1]bgp 65501
[R1-bgp]ipv4-family unicast
[R1-bgp-af-ipv4]network 11.1.1.0 24
```

接下来看 R1 与 R3，两者之间也需要交互 IPv4 单播路由，只不过，R1 用于连接 R3 的接口被分配给了 VRF ABC，因此当 R1 与 R3 建立 BGP 对等体关系时，需要在 R1 的 VPN 实例 IPv4 地址族视图（或者说 IPv4 VRF 地址族视图）下指定对等体 R3。

R1 的配置如下：

```
[R1]bgp 65501
[R1-bgp]ipv4-family vpn-instance ABC
[R1-bgp-ABC]peer 10.1.13.3 as-number 65503
```

而 R1 与 R4 之间需要交互 VPNv4 路由，因此双方需要在 VPNv4 地址族视图中将对方激活，以 R1 的配置为例：

```
[R1]bgp 65501
[R1-bgp]peer 10.1.14.4 as-number 65504          #首先配置 BGP 对等体
[R1-bgp]ipv4-family vpnv4
[R1-bgp-af-vpnv4]peer 10.1.14.4 enable          #激活对等体之间交互 VPNv4 路由的特性
```

13.4.3 案例：MP-BGP 在 MPLS VPN 中的基础配置

在图 13-60 中，PE1、P 及 PE2 是 MPLS VPN 骨干网络中的设备。现在，为了实现客户路由的传递，需在 PE1 及 PE2 间部署 MP-IBGP 对等体关系，PE1 及 PE2 之间的 MP-IBGP 对等体关系基于双方的 Loopback0 接口建立。在该 MPLS 网络中已经运行了 OSPF，并且 PE1 及 PE2 都将自己的 Loopback0 接口的路由发布到了 OSPF 中。

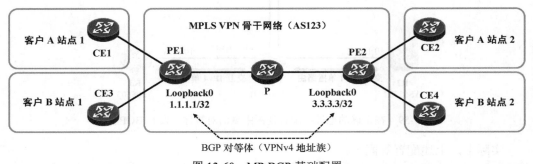

图 13-60   MP-BGP 基础配置

PE1 的关键配置如下：

```
[PE1]bgp 123
[PE1-bgp]router-id 1.1.1.1
[PE1-bgp]undo default ipv4-unicast
[PE1-bgp]peer 3.3.3.3 as-number 123
[PE1-bgp]peer 3.3.3.3 connect-interface LoopBack 0
[PE1-bgp]ipv4-family vpnv4 unicast
[PE1-bgp-af-vpnv4]peer 3.3.3.3 enable
```

PE2 的关键配置如下：

```
[PE2]bgp 123
[PE2-bgp]router-id 3.3.3.3
[PE2-bgp]undo default ipv4-unicast
[PE2-bgp]peer 1.1.1.1 as-number 123
[PE2-bgp]peer 1.1.1.1 connect-interface LoopBack 0
[PE2-bgp]ipv4-family vpnv4 unicast
[PE2-bgp-af-vpnv4]peer 1.1.1.1 enable
```

在 BGP 的配置视图下使用 **peer** 命令指定一个 BGP 对等体后，缺省时设备会将该对等体在其 BGP 的 IPv4 单播地址族中激活。在本例中，由于 PE1 与 PE2 之间只需交互 VPNv4 路由，而无需交互 IPv4 路由，因此无需在各自的 IPv4 地址族中激活对方。如果设备所创建的 BGP 对等体不需要在 IPv4 单播地址族中激活，可使用 **undo default ipv4-unicast** 命令关闭上述缺省操作。

在 BGP 配置视图下，执行 **ipv4-family vpnv4 unicast** 命令后，进入设备的 VPNv4 地址族，在该地址族视图下，执行 **peer** *peer-address* **enable** 命令，可以激活对等体之间交互 VPNv4 路由的特性。

完成上述配置后，可在设备上使用 **display bgp vpnv4 all peer** 命令查看 BGP 对等体的状态，以 PE1 为例：

```
<PE1>display bgp vpnv4 all peer
```

BGP local router ID : 1.1.1.1
Local AS number : 123
Total number of peers : 1   Peers in established state : 1

Peer	V	AS	MsgRcvd	MsgSent	OutQ	Up/Down	State	PrefRcv
3.3.3.3	4	123	5	8	0	00:03:36	Established	0

13.5　MPLS VPN 的路由交互及数据转发

要充分理解 MPLS VPN，从控制层面及数据转发层面来剖析是非常有必要的。在控制层面，MPLS VPN 需要解决客户路由在站点之间传递的问题，同时还要解决标签分发的问题。对于前者而言，主要是 PE-CE 之间的协议及 MP-BGP 的工作任务，而对于后者，实现标签分发能力的是两个协议：LDP 及 MP-BGP，它们分别完成公网及私网标签的分发。控制层面的工作完成后，数据转发任务才能够顺利启动。站点间互访的流量在入站 LSR——本站点直连的 PE 处被压入标签栈，然后开始标签报文的转发之旅。

13.5.1　MPLS VPN 路由交互过程

在典型的 MPLS VPN 解决方案中，MPLS VPN 骨干网络是一个公共网络，任何客户都能接入该网络并享受其服务。客户通过 MPLS VPN 网络实现各个站点之间的路由交互及数据互通。从路由交互的层面上看，客户的 CE 设备采用 IGP 协议或 BGP（通常是 EBGP）与直连的 PE 设备交互客户路由，如图 13-61 所示，而 PE 设备则将其所接收的 IPv4 客户路由转换成 VPNv4 路由并通过 MP-BGP 通告给远端 PE 设备，因此 PE 设备之间采用 MP-BGP 交互路由。

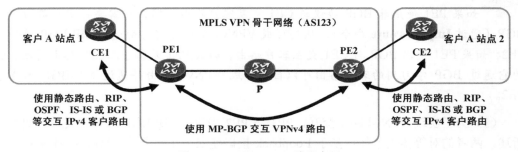

图 13-61　MPLS VPN 路由交互

下面通过一个简单的例子，讲解一下 MPLS VPN 网络中的客户路由传递过程。

（1）对于 CE 设备而言，MPLS VPN 骨干网络内部的结构对其是不可见的，当然它也无需关心。CE 设备一方面通过站点内部署的路由协议获知到达站点内各网段的路由，另一方面通过 PE-CE 间运行的路由协议与直连的 PE 设备交互 IPv4 客户路由。在它看来，穿越 MPLS VPN 网络，对面就是另一个站点的 CE 设备。以图 13-62 中的客户 A 站点 1 内的 CE1 为例，它将到达本地站点内 192.168.10.0/24 网段的路由通告给 PE1。

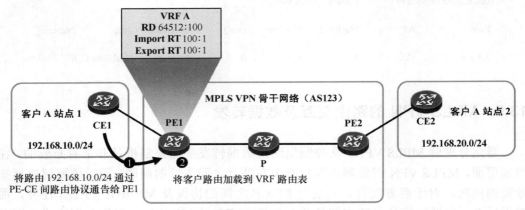

图 13-62　CE1 将客户路由通告给 PE1

（2）PE1 需要同时为多个客户提供 VPN 服务，因此它创建了多个 VRF，其中一个专门服务于客户 A（VRF A）。在创建 VRF 时，PE1 需指定该 VRF 的 RD 及 RT（含 Import RT 及 Export RT）。PE1 将其连接 CE1 的接口分配给了 VRF A。如果 PE1 采用动态路由协议与 CE1 对接，则该动态路由协议必须与 VRF A 绑定，如此一来，PE1 通过该路由协议从 CE1 学习到的客户路由便会被加载到 VRF A 的路由表中。接下来，PE1 需要将这些 IPv4 客户路由转换成 VPNv4 路由。客户路由 192.168.10.0/24 将被附加 RD，形成 VPNv4 路由 64512:100:192.168.10.0/24，并且添加一个扩展 Community 属性用于承载 RT（值为 VRF A 中所设定的 Export RT 100:1），另外，MP-BGP 还会为该 VPNv4 路由分配私网标签。

注意
　　如果 PE1 使用非 BGP 协议与 CE1 交互客户路由，那么它需要将客户路由引入 BGP（通过 **Import-route** 命令），从而形成 VPNv4 路由并将路由通过 MP-BGP 通告给 PE2；如果 PE1 使用 BGP 与 CE1 交互客户路由，那么 PE1 无需手工配置路由引入，因为它通过 BGP 学习到的客户路由可以自动形成 VPNv4 路由并通过 MP-BGP 通告给 PE2。

（3）为了实现 VPNv4 路由交互，PE1 与 PE2 需建立 MP-BGP 对等体关系。如前文所述，两者的对等体关系往往基于 Loopback 接口建立。在此之前，MPLS VPN 骨干网络内部署 IGP 协议（例如 OSPF 或 IS-IS）是非常有必要的。因此 PE1 需要在根设备上部署 IGP 协议，该 IGP 协议用于交互 MPLS VPN 骨干网络内部的路由，为 MP-BGP 对等体关系的建立做铺垫，当然，也为后续 LDP 对等体关系的建立及 LDP 标签分发做铺垫。

PE1 及 PE2 之间的 MP-BGP 对等体关系建立好之后，VPNv4 路由即可通过 MP-BGP 从 PE1 传递给 PE2，如图 13-63 所示，PE1 使用 Loopback0 接口的 IP 地址作为 MP-BGP 更新源的 IP 地址。

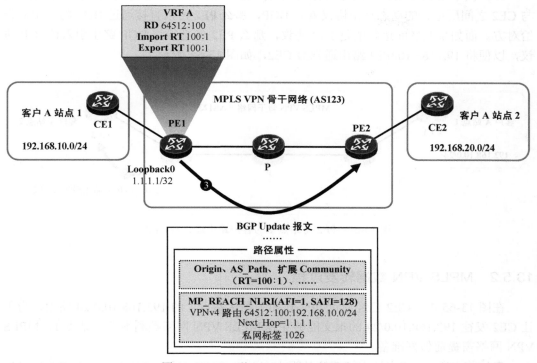

图 13-63　PE1 将 VPNv4 路由传递给 PE2

（4）PE2 也在自己本地创建了 VRF，其中 VRF A 专门服务于客户 A，它将其连接客户 A 站点 2 的 CE2 的接口分配给该 VRF。PE2 收到 PE1 传递过来的 VPNv4 路由后，在本地 VRF 的 Import RT 中查询 VPNv4 路由所携带的 RT 值（100:1），由于 PE2 的 VRF A 的 Import RT 匹配该值，因此 PE2 将 VPNv4 路由前缀的 RD 剥除，然后将 IPv4 路由 192.168.10.0/24 加载到 VRF A 的路由表中，如图 13-64 所示，此时该路由的类型为 BGP。

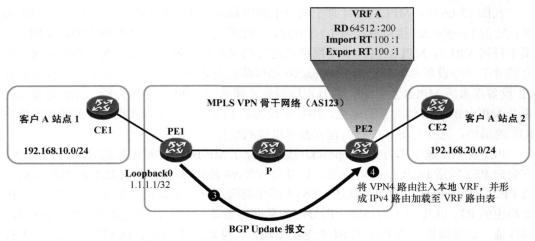

图 13-64　PE2 将 VPNv4 路由注入本地 VRF

（5）接下来 PE2 要将 VRF A 路由表中的 192.168.10.0/24 路由通告给 CE2。如果 PE2 与 CE2 之间所运行的动态路由协议就是 BGP，那么 PE2 可以直接通过 BGP 将路由通告给对方。而如果两者间运行的是 IGP 协议，那么 PE2 便必须将 BGP 路由引入该 IGP 协议，以便将 192.168.10.0/24 路由通告给 CE2，如图 13-65 所示。

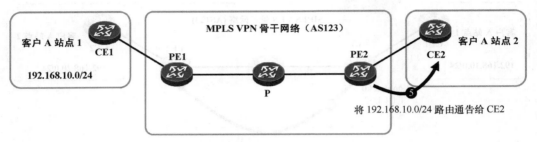

图 13-65　PE2 将站点 1 的客户路由通告给 CE2

13.5.2　MPLS VPN 数据转发过程

在图 13-65 中，CE2 已经通过 PE2 获知了到达站点 1 的 192.168.10.0/24 路由，为了让 CE2 发往 192.168.10.0/24 的报文能够穿越 MPLS VPN 网络顺利地抵达站点 1，MPLS VPN 网络需提前做好准备。

正如前文所说，客户站点间互访的报文在 MPLS VPN 网络中是以标签报文的形式处理的，IP 报文进入 MPLS VPN 骨干网络时被压入两层标签。首先是内层标签，内层标签又被称为私网标签，由 MP-BGP 分配。在图 13-66 中，PE1 的 MP-BGP 为客户路由 192.168.10.0/24 所分配的私网标签是 1026，它将该路由通过 MP-BGP 通告给 PE2 时，所分配的标签值也被一并通告给了后者，PE2 学习到该路由后，将标签值存储起来。另一层标签是外层标签，也就是公网标签，该层标签由 LDP 分配，外层标签用于将标签报文从一个 PE 转发到远端 PE。

在图 13-66 中，MPLS VPN 骨干网络中的设备均创建了 Loopback0 接口，以 PE1 为例，它的 Loopback0 接口地址为 1.1.1.1/32，需注意的是，该接口属于 PE1 的根实例（不属于任何 VRF）。MPLS VPN 骨干网络内运行的 IGP 使得网络内部实现了路由互通，所有的骨干网络设备都将自己的 Loopback0 接口路由发布到该 IGP。接下来，所有的 P 及 PE 设备都激活 MPLS 及 LDP，并且直连设备之间建立 LDP 对等体关系。LDP 对等体关系及 MP-BGP 对等体关系的建立，均基于设备的 Loopback0 接口实现，有了骨干网络内 IGP 的铺垫，这些对等体关系的建立都可以顺利进行。

PE1 及 PE2 基于双方的 Loopback0 接口建立了 MP-BGP 对等体关系后，以 PE1 为例，它会向 PE2 发送 BGP Update 报文，以便将 VPNv4 路由 64512:100:192.168.10.0/24 通告给 PE2。该 Update 报文除了描述 VPNv4 路由前缀之外，还有几个非常重要的信息，例如路由的 RT，以及 PE1 为该路由所分配的私网标签等。另外，还有这条路由的 Next_Hop 属性值，该值被设定为 PE1 的 BGP 更新源地址，也就是其 Loopabck0 接口地址 1.1.1.1，这个地址至关重要。PE2 收到 PE1 通告过来的 VPNv4 路由后，会检查路由的 Next_Hop

是否可达，只有当 Next_Hop 可达时，PE2 才会进行后续的处理动作。

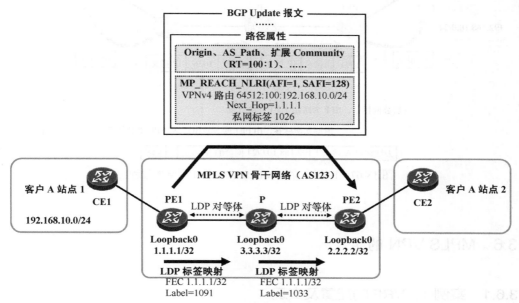

图 13-66 激活 MPLS 及 LDP 并建立 LDP 对等体关系

另一方面，当 MPLS VPN 骨干网络内的设备完成 LDP 对等体关系建立后，LDP 标签分发也就开始了。以 1.1.1.1/32 路由为例，PE1 为该路由分配了标签 1091（此时如果 PE1 激活了 PHP 特性，那么将为该路由分配标签值 3，在本节的案例中，我们姑且忽略 PHP 特性），它将该标签映射通告给位于上游的 P，P 收到该标签映射后，保存 PE1 所通告的标签值，然后自己为该路由分配标签 1033，并将标签映射通告给位于上游的 PE2。如此一来，一条关于 1.1.1.1/32 路由的 LSP 也就建立起来了。

现在，当站点 2 发往 192.168.10.0/24 的 IP 报文到达 CE2 后，CE2 将报文路由到 PE2，PE2 将在其连接 CE2 的接口上收到这些报文，由于该接口被分配给了 VRF A，因此 PE2 在其 VRF A 的 FIB 表中查询该报文的目的 IP 地址（在设备上使用 **display fib vpn-instance** 命令可查看 VRF FIB 表），并得到对应的 Tunnel ID。接下来，PE2 在报文中先压入一个标签头部（私网标签，标签值为 1026，也即 PE1 的 MP-BGP 为 64512:100:192.168.10.0/24 路由分配的标签），再根据 Tunnel ID 找到相应的隧道，由于该 Tunnel ID 对应的隧道是一个 LSP，因此在报文标签栈的栈顶再压入一个新的标签头部（公网标签，标签值为 1033，也即 P 为 1.1.1.1/32 路由分配的标签），最后将标签报文转发给 P，如图 13-67 所示。从这里可以看出，PE 使用 VPNv4 路由的 Next_Hop 地址对应的 LDP 标签作为标签报文的外层标签。P 收到 PE2 转发过来的标签报文后，只会查看该报文的外层标签，它将该标签置换成 1091（也即位于下游的 PE1 为路由 1.1.1.1/32 分配的标签），然后将标签报文转发给 PE1。PE1 收到该标签报文后，将外层标签弹出，然后根据内层标签值将报文对应到本地 VRF，最后将内层标签弹出，将 IP 报文转发给 CE1。

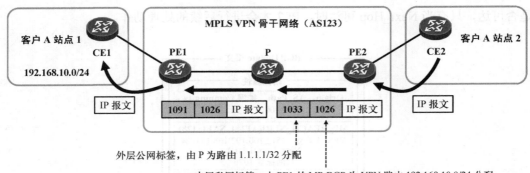

图 13-67　IP 报文穿越 MPLS VPN 骨干网络的过程

13.6　MPLS VPN 的实现

13.6.1　案例 1：VRF 的配置及实现

在 PE 设备上，VRF 的配置是非常关键的。PE 通常使用不同的 VRF 为不同的客户提供服务、与不同客户的 CE 设备对接。以图 13-68 为例，PE1 分别通过自己的 GE0/0/1 及 GE0/0/2 接口与客户 A 站点 1 的 CE1，以及客户 B 站点 1 的 CE2 对接。

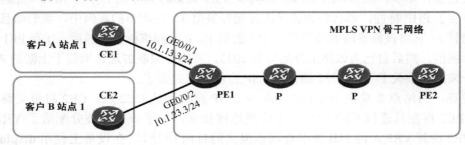

图 13-68　VRF 的基础配置

在 PE1 上创建服务于客户 A 的 VRF，并将其接口 GE0/0/1 分配给该 VRF：

```
[PE1]ip vpn-instance customer_A
[PE1-vpn-instance-customer_A]route-distinguisher 123:100
[PE1-vpn-instance-customer_A-af-ipv4]vpn-target 123:1 export-extcommunity
[PE1-vpn-instance-customer_A-af-ipv4]vpn-target 123:1 import-extcommunity
[PE1-vpn-instance-customer_A-af-ipv4]quit
[PE1-vpn-instance-customer_A]quit

[PE1]interface GigabitEthernet 0/0/1
[PE1-GigabitEthernet0/0/1]ip binding vpn-instance customer_A
[PE1-GigabitEthernet0/0/1]ip address 10.1.13.3 24
```

在上述配置中，**ip vpn-instance** 命令用于创建一个 VRF 并进入其配置视图。在 VRF（在华为路由器上，VRF 也被称为 VPN-Instance）的配置视图下，**route-distinguisher** 命令用于配置该 VRF 的 RD 值，**vpn-target export-extcommunity** 及 **vpn-target import-extcommunity** 命令则分别用于配置该 VRF 的 Export RT 及 Import RT 值。

注意

在华为数通产品上，VRF 的名称是大小写敏感的，因此 VRF A 与 VRF a 是两个不同的 VRF。另外，一旦 VRF 指定了 RD 值，那么该 VRF 的 RD 将不能再被修改，如需在 VRF 中修改 RD，则需先在系统视图下执行 **undo ip vpn-instance** 命令将指定的 VRF 删除，然后重新创建 VRF 并为其指定新的 RD。

VRF customer_A 被成功创建后，我们需将设备的接口分配给它，在接口视图下，使用 **ip binding vpn-instance** 命令，可以将该接口分配给指定的 VRF。在以上配置中，设备的 GE0/0/1 接口被分配给了 VRF customer_A。需注意的是，如果接口原来已经存在 IP 地址等配置，则将其分配给 VRF 后，这些配置将会被清空，此时需重新为接口配置 IP 地址。

接下来继续在 PE1 上创建服务于客户 B 的 VRF，并将接口 GE0/0/2 分配给它：

```
[PE1]ip vpn-instance customer_B
[PE1-vpn-instance-customer_B]route-distinguisher 456:200
[PE1-vpn-instance-customer_B-af-ipv4]vpn-target 456:2 export-extcommunity
[PE1-vpn-instance-customer_B-af-ipv4]vpn-target 456:2 import-extcommunity
[PE1-vpn-instance-customer_B-af-ipv4]quit
[PE1-vpn-instance-customer_B]quit

[PE1]interface GigabitEthernet 0/0/2
[PE1-GigabitEthernet0/0/2]ip binding vpn-instance customer_B
[PE1-GigabitEthernet0/0/2]ip address 10.1.23.3 24
```

完成上述配置后，PE1 便拥有了两个 VRF，并且其连接 CE1 及 CE2 的接口都已经分别被分配给了相应的 VRF。

使用 **display ip vpn-instance** 命令可以查看 VRF 的配置信息：

```
<PE1>display ip vpn-instance
  Total VPN-Instances configured        : 2
  Total IPv4 VPN-Instances configured   : 2
  Total IPv6 VPN-Instances configured   : 0

  VPN-Instance Name           RD              Address-family
  customer_A                  123:100         IPv4
  customer_B                  456:200         IPv4
```

在 **display ip vpn-instance** 命令中增加 **verbose** 关键字可以进一步查看详细信息：

```
[PE1]display ip vpn-instance verbose
  Total VPN-Instances configured        : 2
  Total IPv4 VPN-Instances configured   : 2
  Total IPv6 VPN-Instances configured   : 0

  VPN-Instance Name and ID : customer_A, 1
    Interfaces : GigabitEthernet0/0/1
  Address family ipv4
    Create date : 2016/04/09 14:35:21 UTC-08:00
    Up time : 0 days, 00 hours, 01 minutes and 13 seconds
    Route Distinguisher     :     123:100
```

```
     Export VPN Targets        :       123:1
     Import VPN Targets        :       123:1
     Label Policy              :       label per route
     Log Interval              :       5

  VPN-Instance Name and ID : customer_B, 2
     Interfaces : GigabitEthernet0/0/2
  Address family ipv4
     Create date : 2016/04/09 14:35:44 UTC-08:00
     Up time : 0 days, 00 hours, 00 minutes and 50 seconds
     Route Distinguisher       :       456:200
     Export VPN Targets        :       456:2
     Import VPN Targets        :       456:2
     Label Policy              :       label per route
     Log Interval              :       5
```

使用 **display ip routing-table vpn-instance** 命令可查看 VRF 的路由表。当然，此时 PE1 并未从任何 CE 设备学习到任何客户路由，所以 VRF 路由表中仅存在直连接口的路由。以 customer_A 为例，其路由表中此时只有 GE0/0/1 接口的直连路由：

```
[PE1]display ip routing-table vpn-instance customer_A
Route Flags: R - relay, D - download to fib
------------------------------------------------------------------------

Routing Tables: customer_A
        Destinations : 4          Routes : 4

 Destination/Mask         Proto      Pre   Cost     Flags     NextHop      Interface

       10.1.13.0/24       Direct     0     0        D         10.1.13.3    GigabitEthernet0/0/1
       10.1.13.3/32       Direct     0     0        D         127.0.0.1    GigabitEthernet0/0/1
     10.1.13.255/32       Direct     0     0        D         127.0.0.1    GigabitEthernet0/0/1
  255.255.255.255/32      Direct     0     0        D         127.0.0.1    InLoopBack0
```

13.6.2　案例 2：在 PE-CE 之间部署静态路由

在 MPLS VPN 解决方案中，对于 CE 设备而言，需要从 PE 设备获取远端站点的路由；对于 PE 设备而言，需要从直连的 CE 设备获取本地站点的客户路由。PE-CE 之间所部属的路由协议便是为了实现这个目的。

一个最简单的方法是，在 PE-CE 之间部署静态路由。在 PE 设备上，将其连接 CE 设备的接口分配给相应的 VRF 后，便可以直接在 VRF 的路由表中添加到达该 CE 设备所在站点的客户路由，路由的下一跳为该 CE 设备；而 CE 设备则直接配置到达远端站点的静态路由，路由的下一跳为该 PE 设备。

在图 13-69 中，PE1 连接着 A、B 两个客户的 CE 设备，以 PE1 的配置为例，首先需在该设备上创建两个 VRF：customer_A 及 customer_B，分别对应客户 A 及客户 B。PE1 的 GE0/0/1 接口被分配给了 customer_A，而 GE0/0/2 接口则被分配给了 customer_B，这部分配置不再赘述。

PE1 的静态路由配置如下：

```
[PE1]ip route-static vpn-instance customer_A 172.16.1.0 24 172.16.0.2
[PE1]ip route-static vpn-instance customer_B 192.168.1.0 24 192.168.0.2
```

ip route-static 命令用于在设备的路由表中添加静态路由，如果在该命令中使用

vpn-instance 关键字，则可将静态路由添加到设备的 VRF 路由表中，例如以上配置中的 **ip route-static vpn-instance customer_A 172.16.1.0 24 172.16.0.2** 命令，则是在 VRF customer_A 的路由表中添加到达 172.16.1.0/24 网段的静态路由，并且该路由的下一跳为 172.16.0.2。

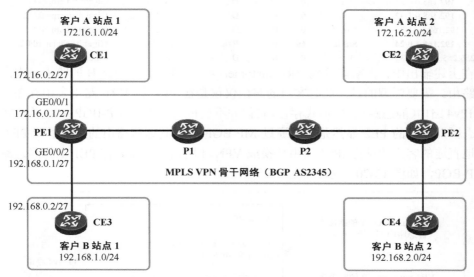

图 13-69　在 PE-CE 之间部署静态路由

　　而对于两个客户的 CE 设备而言，它们需要将去往各自远端站点的流量转发到 PE1，就需要有路由来指引，在该场景中，CE 设备需添加到达远端网络的静态路由。

　　CE1 的配置如下：

```
[CE1]ip route-static 172.16.2.0 24 172.16.0.1
```

　　CE3 的配置如下：

```
[CE3]ip route-static 192.168.2.0 24 192.168.0.1
```

　　PE2、CE2 及 CE4 的配置同理，不再赘述。

　　完成上述配置后，在 PE1 上查看 VRF customer_A 的路由表：

```
<PE1>display ip routing-table vpn-instance customer_A
Route Flags: R - relay, D - download to fib
-------------------------------------------------------------------------
Routing Tables: customer_A
         Destinations : 5        Routes : 5

Destination/Mask      Proto    Pre  Cost      Flags   NextHop       Interface

     172.16.0.0/27    Direct   0    0         D       172.16.0.1    GigabitEthernet0/0/1
     172.16.0.1/32    Direct   0    0         D       127.0.0.1     GigabitEthernet0/0/1
    172.16.0.31/32    Direct   0    0         D       127.0.0.1     GigabitEthernet0/0/1
     172.16.1.0/24    Static   60   0         RD      172.16.0.2    GigabitEthernet0/0/1
 255.255.255.255/32   Direct   0    0         D       127.0.0.1     InLoopBack0
```

　　再查看 VRF customer_B 的路由表：

```
<PE1>display ip routing-table vpn-instance customer_B
Route Flags: R - relay, D - download to fib
-------------------------------------------------------------------------
Routing Tables: customer_B
```

Destinations : 5		Routes : 5					
Destination/Mask	Proto	Pre	Cost	Flags	NextHop	Interface	
192.168.0.0/27	Direct	0	0	D	192.168.0.1	GigabitEthernet0/0/2	
192.168.0.1/32	Direct	0	0	D	127.0.0.1	GigabitEthernet0/0/2	
192.168.0.31/32	Direct	0	0	D	127.0.0.1	GigabitEthernet0/0/2	
192.168.1.0/24	**Static**	**60**	**0**	**RD**	**192.168.0.2**	**GigabitEthernet0/0/2**	
255.255.255.255/32	Direct	0	0	D	127.0.0.1	InLoopBack0	

在上述输出中，大家能看到 VRF customer_A 及 VRF customer_B 的路由表中出现的静态路由。需要强调的是，此时客户的路由仅仅是在 PE1 的 VRF 路由表中存在，并且是以 IPv4 路由（静态路由）的形式存在，它们并不会被自动引入 MP-BGP 从而形成 VPNv4 路由。因此远端的 PE2 显然是无法通过 MP-BGP 学习到这些路由的。为了让 PE1 将到达本地直连的客户的站点 IPv4 路由转换成 VPNv4 路由，还需要在 PE1 上将静态路由引入 MP-BGP，如图 13-70 所示。

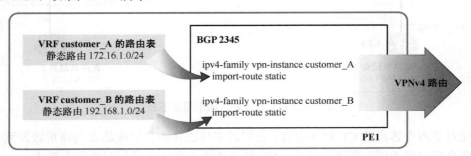

图 13-70　将 VRF 路由表中的静态路由引入 MP-BGP

PE1 的关键配置如下：

```
[PE1]bgp 2345
[PE1-bgp]ipv4-family vpn-instance customer_A
[PE1-bgp-customer_A]import-route static
[PE1-bgp]ipv4-family vpn-instance customer_B
[PE1-bgp-customer_B]import-route static
```

由于 PE1 创建了两个 VRF，并且我们分别在这两个 VRF 的路由表中添加了到达客户站点的路由，因此若 PE1 要将这些客户路由引入 MP-BGP，就必须在 MP-BGP 的配置视图中先进入相应 VRF 的 IPv4 地址族视图，然后再执行路由引入操作。例如要将 VRF customer_A 的路由表中的静态路由引入 MP-BGP，就必须在 BGP 配置视图下，执行 **ipv4-family vpn-instance customer_A** 命令进入 VRF customer_A 的 IPv4 地址族，然后在该地址族的配置视图中执行 **import-route static** 命令将 VRF 路由表中的静态路由引入 BGP。

13.6.3　案例 3：在 PE-CE 之间部署 OSPF

在图 13-69 中，如果客户站点的网络规模较小，在 PE-CE 之间部署静态路由的确可行，但是一旦客户站点网络规模变大，静态路由的可扩展性就将受到挑战，网络管理员的工作量也将相应增加；再者，当站点网络发生变更时（例如增加或删除网段），PE 设备是无法动态感知的，因此在多数场景下，在 PE-CE 间部署动态路由协议要显得更加实际。

　　OSPF 是 PE-CE 间动态路由协议的可选方案之一，也是最常见的方案之一。依然以图 13-69 所示的网络为例，我们将在 PE1 与 CE1、CE3 之间部署 OSPF，使得 PE 设备与 CE 设备能够通过 OSPF 交互客户路由。以 CE1 为例，它将本地网段发布到 OSPF，使得 PE1 能够通过 OSPF 学习到站点路由，另外，CE1 也通过 OSPF 学习到 PE1 通告过来的远端站点路由。

　　CE1 的配置如下：

```
[CE1]ospf 1
[CE1-ospf-1]area 0
[CE1-ospf-1-area-0.0.0.0]network 172.16.0.0 0.0.0.31
[CE1-ospf-1-area-0.0.0.0]network 172.16.1.0 0.0.0.255
```

　　CE3 的配置如下：

```
[CE3]ospf 1
[CE3-ospf-1]area 0
[CE3-ospf-1-area-0.0.0.0]network 192.168.0.0 0.0.0.31
[CE3-ospf-1-area-0.0.0.0]network 192.168.1.0 0.0.0.255
```

　　从以上内容可以看出，CE1 及 CE3 的配置均是传统的 OSPF 配置。接下来重点讲解 PE1 的配置，此时假设 PE1 已经创建了 VRF customer_A 及 VRF customer_B，这两个 VRF 分别服务于客户 A 及客户 B，此外 PE1 连接 CE 设备的接口也已经被分配给了相应的 VRF，这部分配置不再赘述。

　　PE1 的 VRF OSPF 配置如下：

```
[PE1]ospf 1 vpn-instance customer_A
[PE1-ospf-1]area 0
[PE1-ospf-1-area-0.0.0.0]network 172.16.0.0 0.0.0.31

[PE1]ospf 2 vpn-instance customer_B
[PE1-ospf-2]area 0
[PE1-ospf-2-area-0.0.0.0]network 192.168.0.0 0.0.0.31
```

　　在上述配置中，PE1 创建了两个 OSPF 进程，这两个进程使用的 Process-ID 分别是 1 和 2。大家已经知道，在华为路由器上可以创建多个 OSPF 进程，每个 OSPF 进程使用唯一的 Process-ID 进行标识。同一台网络设备上的不同 OSPF 进程之间相互独立，互不影响。设备会分别为这些 OSPF 进程维护不同的 LSDB，从一个进程学习到的 LSA 仅仅存储在该进程的 LSDB 中。如果没有在 **ospf** 命令中使用 **vpn-instance** 关键字，那么被创建的 OSPF 进程是部署在设备的根实例中的，设备通过该进程所获悉的 OSPF 路由会被加载到其全局路由表中。在 PE1 的配置中，**ospf** 命令中指定了 **vpn-instance** 关键字，这意味着该命令所创建的 OSPF 进程被绑定到了某个 VRF，而不再属于根实例。例如执行 **ospf 1 vpn-instance customer_A** 命令后，PE1 将会在设备上创建一个 Process-ID 为 1 的 OSPF 进程，并且该进程被绑定到了 VRF customer_A，设备在该进程中学习到的 OSPF 路由将会被加载到 VRF customer_A 的路由表中。

　　完成上述配置后，PE1 便会分别与 CE1 及 CE3 建立 OSPF 邻接关系。

```
<PE1>display ospf peer

          OSPF Process 1 with Router ID 172.16.0.1
                Neighbors

     Area 0.0.0.0 interface 172.16.0.1(GigabitEthernet0/0/1)'s neighbors
```

```
Router ID: 172.16.0.2        Address: 172.16.0.2
  State: Full   Mode:Nbr is  Slave  Priority: 1
  DR: 172.16.0.2  BDR: 172.16.0.1  MTU: 0
  Dead timer due in 33   sec
  Retrans timer interval: 5
  Neighbor is up for 00:11:15
  Authentication Sequence: [ 0 ]


    OSPF Process 2 with Router ID 192.168.0.1
        Neighbors

 Area 0.0.0.0 interface 192.168.0.1(GigabitEthernet0/0/2)'s neighbors
  Router ID: 192.168.0.2       Address: 192.168.0.2
  State: Full   Mode:Nbr is  Master  Priority: 1
  DR: 192.168.0.2  BDR: 192.168.0.1  MTU: 0
  Dead timer due in 30   sec
  Retrans timer interval: 5
  Neighbor is up for 00:10:20
  Authentication Sequence: [ 0 ]
```

在 PE1 上观察 VRF customer_A 的路由表：

```
<PE1>display ip routing-table vpn-instance customer_A
Route Flags: R - relay, D - download to fib
------------------------------------------------------------------------
Routing Tables: customer_A
        Destinations : 5        Routes : 5
```

Destination/Mask	Proto	Pre	Cost	Flags	NextHop	Interface
172.16.0.0/27	Direct	0	0	D	172.16.0.1	GigabitEthernet0/0/1
172.16.0.1/32	Direct	0	0	D	127.0.0.1	GigabitEthernet0/0/1
172.16.0.31/32	Direct	0	0	D	127.0.0.1	GigabitEthernet0/0/1
172.16.1.0/24	**OSPF**	**10**	**1**	**D**	**172.16.0.2**	**GigabitEthernet0/0/1**
255.255.255.255/32	Direct	0	0	D	127.0.0.1	InLoopBack0

再看一下 VRF customer_B 的路由表：

```
<PE1>display ip routing-table vpn-instance customer_B
Route Flags: R - relay, D - download to fib
------------------------------------------------------------------------
Routing Tables: customer_B
        Destinations : 5        Routes : 5
```

Destination/Mask	Proto	Pre	Cost	Flags	NextHop	Interface
192.168.0.0/27	Direct	0	0	D	192.168.0.1	GigabitEthernet0/0/2
192.168.0.1/32	Direct	0	0	D	127.0.0.1	GigabitEthernet0/0/2
192.168.0.31/32	Direct	0	0	D	127.0.0.1	GigabitEthernet0/0/2
192.168.1.0/24	**OSPF**	**10**	**1**	**D**	**192.168.0.2**	**GigabitEthernet0/0/2**
255.255.255.255/32	Direct	0	0	D	127.0.0.1	InLoopBack0

　　PE1 已经分别从两个 OSPF 进程中学习到了 CE1 及 CE3 所通告的本站点路由。

　　当然，目前 PE1 虽然通过 OSPF 获知了到达直连站点的客户路由，但是这些 OSPF 路由仅仅被加载在 PE1 的 VRF 路由表中，我们还需做进一步的配置，使得 PE1 将这些 OSPF 客户路由引入 MP-BGP，从而形成 VPNv4 路由并通告给远端的 PE2，如图 13-71

所示。

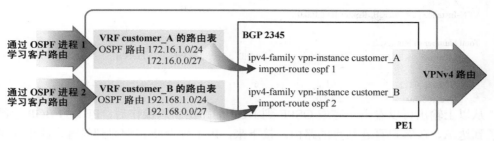

图 13-71　将 OSPF 路由引入 MP-BGP

PE1 的配置如下：

```
[PE1]bgp 2345
[PE1-bgp]ipv4-family vpn-instance customer_A
[PE1-bgp-customer_A]import-route ospf 1
[PE1-bgp]ipv4-family vpn-instance customer_B
[PE1-bgp-customer_B]import-route ospf 2
```

需强调的是，为了达到上述目的，直接在 BGP 的配置视图下执行 **import-route** 命令是不行的，因为这个操作只会将 PE1 的全局路由表中的 OSPF 路由引入 BGP，这显然与需求不符。要将 PE1 学习到的客户 A 的路由引入 MP-BGP，就必须在 BGP 配置视图中，先执行 **ipv4-family vpn-instance customer_A** 命令进入相应的地址族视图，然后再执行 **import-route ospf 1** 命令将 PE1 的 VRF customer_A 路由表中通过 OSPF 进程 1 学习到的 OSPF 路由引入 BGP。客户 B 的路由同理。

完成上述操作后，可在 PE1 上查看 VRF 的 BGP 路由信息，执行 **display bgp vpnv4 vpn-instance customer_A routing-table** 命令可以看到如下输出：

```
<PE1>display bgp vpnv4 vpn-instance customer_A routing-table

 BGP Local router ID is 0.0.0.0
 Status codes: * - valid, > - best, d - damped,
               h - history,   i - internal, s - suppressed, S - Stale
               Origin : i - IGP, e - EGP, ? - incomplete


 VPN-Instance customer_A, Router ID 0.0.0.0:

 Total Number of Routes: 2
     Network          NextHop      MED      LocPrf      PrefVal      Path/Ogn

 *>   172.16.0.0/27    0.0.0.0      0                    0            ?
 *>   172.16.1.0/24    0.0.0.0      2                    0            ?
```

执行 **display bgp vpnv4 vpn-instance customer_B routing-table** 命令可以看到如下输出：

```
<PE1>display bgp vpnv4 vpn-instance customer_B routing-table

 BGP Local router ID is 0.0.0.0
 Status codes: * - valid, > - best, d - damped,
               h - history,   i - internal, s - suppressed, S - Stale
               Origin : i - IGP, e - EGP, ? - incomplete
```

```
VPN-Instance customer_B, Router ID 0.0.0.0:

Total Number of Routes: 2
     Network              NextHop          MED          LocPrf       PrefVal      Path/Ogn

*>   192.168.0.0/27       0.0.0.0          0                         0            ?
*>   192.168.1.0          0.0.0.0          2                         0            ?
```

从以上输出可以看出，完成 OSPF 到 BGP 的路由引入操作后，PE1 的 BGP 已经获知了到达 A、B 客户直连站点的路由。接下来，PE1 便会将其学习到的客户路由转换成 VPNv4 路由发往 PE2。

另一个需要考虑的问题是，如果 PE2 将其直连的客户站点的路由通过 MP-BGP 通告给了 PE1，那么后者如何将客户路由通过 PE-CE 间的路由协议通告给相应的 CE 设备？在本例中，PE1 从 PE2 获取到的远端站点的客户路由是 VPNv4 路由，PE1 收到这些 VPNv4 路由后，首先根据本地 VRF 所配置的 Import RT 将到达客户 A 站点 2 的路由注入本地 VRF customer_A 的路由表中（剥除 RD 值，只将 IPv4 路由注入），将客户 B 站点 2 的路由注入本地 VRF customer_B 的路由表中。缺省时，这些路由的协议类型为 BGP，它们并不会被自动地引入 OSPF，而需要分别在 OSPF 进程 1 及进程 2 中将 BGP 路由引入本 OSPF 进程。

PE1 的关键配置如下：

```
[PE1]ospf 1
[PE1-ospf-1]import-route bgp

[PE1]ospf 2
[PE1-ospf-2]import-route bgp
```

注意

此时 OSPF 进程 1 及进程 2 已经创建完成，因此再次进入这两个进程的配置视图则无需在 **ospf** 命令中使用 **vpn-instance** 关键字。

PE2 与 CE2 和 CE4 如果也采用 OSPF 交互客户路由，则配置类似，不再赘述。

13.6.4 案例 4：在 PE-CE 之间部署 BGP

除了前面提到的静态路由及 OSPF，在 PE-CE 之间另一个非常常见的动态路由协议便是 BGP。由于 PE 设备已经使用 MP-BGP 与远端 PE 交互 VPNv4 路由，因此在 PE 设备与 CE 设备间使用 BGP 交互客户路由将使配置变得更加整齐。值得注意的是，PE-CE 间的 BGP 交互的是 IPv4 路由，而 PE-PE 之间的 BGP 交互的却是 VPNv4 路由。

由于 PE 设备采用不同的 VRF 对接不同的客户，因此 PE 设备与客户的 CE 设备建立 BGP 对等体关系时，必须在 VRF 的 IPv4 地址族中指定对等体。另外，与使用 OSPF 等动态路由协议交互路由的场景不同，当 PE-CE 之间使用 BGP 交互客户路由时，无需手工执行路由引入操作。PE 设备通过 BGP 从其直连 CE 设备所学习到的 BGP 路由，可直接转换成 VPNv4 路由，然后通告给远端 PE 设备；而其从远端 PE 设备学习到的 VPNv4 路由，也无需手工执行引入操作，可直接转换成 IPv4 路由，然后通过 PE-CE 间的 BGP

对等体关系，通告给相应的 CE 设备。

在图 13-72 中，我们将在 PE1 上采用 BGP 分别与客户 A 及客户 B 的 CE 设备对接。此处假设 PE1 已经创建了 VRF customer_A 及 VRF customer_B，这两个 VRF 分别服务于客户 A 及客户 B，此外 PE1 连接 CE 设备的接口也已经被分配给了相应的 VRF。

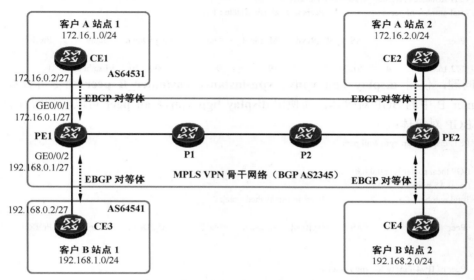

图 13-72 在 PE-CE 之间部署 BGP

PE1 的配置如下：

```
[PE1]bgp 2345
[PE1-bgp]ipv4-family vpn-instance customer_A
[PE1-bgp-customer_A]router-id 172.16.0.1
[PE1-bgp-customer_A]peer 172.16.0.2 as-number 64531
[PE1-bgp-customer_A]quit
[PE1-bgp]ipv4-family vpn-instance customer_B
[PE1-bgp-customer_B]router-id 192.168.0.1
[PE1-bgp-customer_B]peer 192.168.0.2 as-number 64541
```

CE1 的配置如下：

```
[CE1]bgp 64531
[CE1-bgp]router-id 172.16.0.2
[CE1-bgp]peer 172.16.0.1 as-number 2345
[CE1-bgp]network 172.16.1.0 24                    #发布客户路由
```

CE3 的配置如下：

```
[CE3]bgp 64541
[CE3-bgp]router-id 192.168.0.2
[CE3-bgp]peer 192.168.0.1 as-number 2345
[CE3-bgp]network 192.168.1.0 24
```

完成上述配置后，PE1 将分别与 CE1 及 CE3 建立 EBGP 对等体关系。在 CE1 及 CE3 上可使用 **display bgp peer** 命令查看对等体关系的建立情况，但是在 PE1 上，由于 BGP 对等体关系归属于 VRF，因此使用上述命令将无法看到对等体的相关信息，此时需使用 **display bgp vpnv4 vpn-instance customer_A peer** 命令查看 VRF customer_A 中的 BGP 对等体：

```
<PE1>display bgp vpnv4 vpn-instance customer_A peer

 BGP local router ID : 0.0.0.0
 Local AS number : 2345

 VPN-Instance customer_A, Router ID 172.16.0.1:
 Total number of peers : 1          Peers in established state : 1

   Peer           V    AS    MsgRcvd   MsgSent   OutQ   Up/Down      State       PrefRcv

   172.16.0.2     4   64531 20         19        0      00:17:10     Established   1
```

同理，使用 **display bgp vpnv4 vpn-instance customer_B peer** 命令可查看 VRF customer_B 中的 BGP 对等体。而使用 **display bgp vpnv4 all peer** 可以看到所有的 VRF 中的 BGP 对等体：

```
<PE1>display bgp vpnv4 all peer

 BGP local router ID : 0.0.0.0
 Local AS number : 2345
 Total number of peers : 2          Peers in established state : 2

   Peer           V    AS    MsgRcvd   MsgSent   OutQ   Up/Down      State       PrefRcv


 Peer of IPv4-family for vpn instance :

 VPN-Instance customer_A, Router ID 172.16.0.1:
   172.16.0.2     4    64531 25        24        0      00:22:31     Established   1

 VPN-Instance customer_B, Router ID 192.168.0.1:
   192.168.0.2    4    64541 19        18        0      00:16:49     Established   1
```

接下来，在 PE1 上查看 BGP 路由的学习情况，使用 **display bgp vpnv4 vpn-instance customer_A routing-table** 命令，可查看 VRF customer_A 的 BGP 路由表：

```
<PE1>display bgp vpnv4 vpn-instance customer_A routing-table

 BGP Local router ID is 0.0.0.0
 Status codes: * - valid, > - best, d - damped,
               h - history,  i - internal, s - suppressed, S - Stale
               Origin : i - IGP, e - EGP, ? - incomplete


 VPN-Instance customer_A, Router ID 172.16.0.1:

 Total Number of Routes: 1
     Network           NextHop          MED      LocPrf     PrefVal    Path/Ogn

 *>   172.16.1.0/24     172.16.0.2       0                   0         64531i
```

VRF customer_B 同理。

通过 PE-CE 间的 EBGP 对等体关系学习到客户路由后，PE1 会自动将这些 IPv4 的 BGP 路由转换成 VPNv4 路由，然后通过 BGP 通告给 PE2，如图 13-73 所示。

而 PE1 通过 BGP 从 PE2 学习到 VPNv4 路由后，首先会根据本地 VRF 的 Import RT 将客户 A 站点 2 的路由注入 VRF customer_A 的路由表中（剥除 RD 值，只将 IPv4 路由注入），将客户 B 站点 2 的路由注入 VRF customer_B 的路由表中，最后通过 PE-CE 间的 EBGP 将路由通告给相应的 CE。

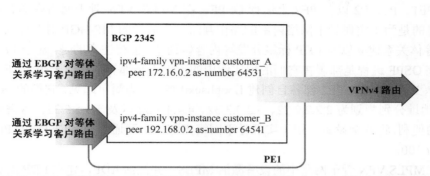

图 13-73　PE1 将其通过 EBGP 学习到的 IPv4 客户路由转换成 VPNv4 路由并通告给 PE2

注意　　本节聚焦的是 PE-CE 间 EBGP 的基本配置，忽略了关于 PE1 与 PE2 之间基于 VPNv4 地址族的 BGP 对等体关系建立及相关配置。在下一个小节中，我们将会系统地介绍 MPLS VPN 的整体配置过程。

如果 PE2 与 CE2 和 CE4 也采用 BGP 交互客户路由，则配置类似，不再赘述。

13.6.5　案例 5：MPLS VPN 基础实验

此前的数个小节分模块介绍了 MPLS VPN 基本架构中的相关配置，在本小节中，这些模块将被整合，通过这个案例，大家将会完整地了解到一个 MPLS VPN 基本组网的实现过程。

在图 13-74 中，PE1、P1、P2 及 PE2 是 MPLS VPN 骨干网络中的设备，PE1 连接着客户 A 站点 1 的 CE1，而 PE2 则连接着该客户站点 2 的 CE2。客户 A 期望通过 MPLS VPN 实现两个站点的路由及数据互通。

在本案例中，PE1 与 CE1 之间采用 BGP 交互客户路由，PE2 与 CE2 之间采用 OSPF 交互客户路由。最终的需求是：172.16.1.0/24 网段能够与 172.16.2.0/24 网段实现相互通信。

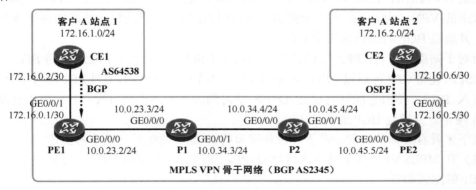

图 13-74　MPLS VPN 基础配置

实现步骤如下：

（1）在 MPLS VPN 骨干网络内运行 OSPF，实现骨干网络内的路由互通

在 PE1、P1、P2 以及 PE2 上运行 OSPF。在 MPLS VPN 骨干网络内部署这个 IGP 协议的目的是为了实现骨干网络内部的路由互通，为后续的 MP-BGP 对等体关系建立、LDP 对等体关系建立以及 LDP 标签分发等内容做铺垫。值得注意的是，对于 PE1 及 PE2 而言，该 OSPF 进程是部署在它们的根实例中的，而不是部署在任何一个 VRF 中。

PE1、P1、P2 以及 PE2 都各自创建 Loopback0 接口，为简单起见，它们的 Loopback0 接口 IP 地址分别规划为 2.2.2.2/32、3.3.3.3/32、4.4.4.4/32 以及 5.5.5.5/32。考虑到配置及区分上的便利，将各个设备上用于实现骨干网络内部路由互通的 OSPF 进程的 Process-ID 统一定为 100。

（2）MPLS VPN 骨干网络中的设备激活 MPLS，并激活 LDP，建立 LDP 对等体关系

在 PE1、P1、P2 以及 PE2 上激活 MPLS 及 LDP，并在相应的接口上建立 LDP 对等体关系。LDP 开始工作后，缺省情况下会为 32 位掩码长度的主机路由分配标签，并将标签映射通告给其他 LDP 对等体。MPLS VPN 骨干网络内的四台路由器的 Loopback0 接口路由都会建立 LSP，这为后续的客户数据转发提供了基础。

（3）在 PE1 及 PE2 上创建 VRF，将连接 CE 设备的接口分配给相应的 VRF，然后配置 PE-CE 间的动态路由协议

为了实现客户路由的交互及传递，需在 PE1 及 PE2 上创建 VRF，例如 VRF A，并将连接客户 A 的 CE 设备的接口分配给该 VRF。然后 PE1 需与 CE1 建立基于 VRF 的 BGP 对等体关系，而在 PE2 上，则需要部署 OSPF，并与 CE2 形成邻接关系，该 OSPF 进程必须与 VRF 绑定，而且需与该设备已经存在的 OSPF 进程 100 进行区分，即使用不同的 Process-ID。

（4）在 PE1 及 PE2 上配置 MP-BGP，并且在两者之间建立 MP-IBGP 对等体关系

PE1 及 PE2 的 BGP 采用相同的 AS 号 2345，并且双方基于各自的 Loopback0 接口建立 MP-IBGP 对等体关系。

（5）在 PE 设备上根据实际情况配置路由引入，实现 IPv4 客户路由与 VPNv4 路由的转换过程

对于站点 1 而言，由于 PE1 与 CE1 建立了 BGP 对等体关系，因此 PE1 可通过 BGP 获知到达该站点的 IPv4 客户路由，并且无需执行路由引入，PE1 会直接将其通过 BGP 学习到的 IPv4 路由转换成 VPNv4 路由，并将该路由通告给 PE2。另外，当 PE1 收到 PE2 通告过来的 VPNv4 路由后，同样无需执行路由引入，PE1 会自动将这些路由转换成 IPv4 路由，并通过 BGP 将路由通告给 CE1。

而对于站点 2 来说，PE2 与 CE2 之间运行了 OSPF，因此在 PE2 上，需将 BGP 路由引入 OSPF，使得 CE2 可通过 OSPF 学习到去往站点 1 的客户路由，另外 PE2 还需将 OSPF 路由引入 BGP，使得它能够将通过 OSPF 学习到的本地站点的 IPv4 客户路由转换成 VPNv4 路由，并通过 BGP 通告给 PE1。

接下来看看具体的配置。关于各设备接口的 IP 地址的配置这里不再赘述。

（1）在 MPLS VPN 骨干网络内运行 OSPF，实现骨干网络内的路由互通

PE1 的配置如下：

```
[PE1]ospf 100 router-id 2.2.2.2
```

```
[PE1-ospf-100]area 0
[PE1-ospf-100-area-0.0.0.0]network 2.2.2.2 0.0.0.0
[PE1-ospf-100-area-0.0.0.0]network 10.0.23.0 0.0.0.255
```

P1 的配置如下：

```
[P1]ospf 100 router-id 3.3.3.3
[P1-ospf-100]area 0
[P1-ospf-100-area-0.0.0.0]network 3.3.3.3 0.0.0.0
[P1-ospf-100-area-0.0.0.0]network 10.0.23.0 0.0.0.255
[P1-ospf-100-area-0.0.0.0]network 10.0.34.0 0.0.0.255
```

P2 的配置如下：

```
[P2]ospf 100 router-id 4.4.4.4
[P2-ospf-100]area 0
[P2-ospf-100-area-0.0.0.0]network 4.4.4.4 0.0.0.0
[P2-ospf-100-area-0.0.0.0]network 10.0.34.0 0.0.0.255
[P2-ospf-100-area-0.0.0.0]network 10.0.45.0 0.0.0.255
```

PE2 的配置如下：

```
[PE2]ospf 100 router-id 5.5.5.5
[PE2-ospf-100]area 0
[PE2-ospf-100-area-0.0.0.0]network 5.5.5.5 0.0.0.0
[PE2-ospf-100-area-0.0.0.0]network 10.0.45.0 0.0.0.255
```

完成上述配置后，需检查各设备的路由表。以 PE1 为例：

```
<PE1>display ip routing-table protocol ospf
Route Flags: R - relay, D - download to fib
-------------------------------------------------------------------------
Public routing table : OSPF
        Destinations : 5          Routes : 5

OSPF routing table status : <Active>
        Destinations : 5          Routes : 5

Destination/Mask    Proto   Pre    Cost     Flags     NextHop          Interface

        3.3.3.3/32   OSPF    10     1        D         10.0.23.3        GigabitEthernet0/0/0
        4.4.4.4/32   OSPF    10     2        D         10.0.23.3        GigabitEthernet0/0/0
        5.5.5.5/32   OSPF    10     3        D         10.0.23.3        GigabitEthernet0/0/0
     10.0.34.0/24    OSPF    10     2        D         10.0.23.3        GigabitEthernet0/0/0
     10.0.45.0/24    OSPF    10     3        D         10.0.23.3        GigabitEthernet0/0/0

OSPF routing table status : <Inactive>
        Destinations : 0          Routes : 0
```

PE1 已经通过 OSPF 学习到了去往 MPLS VPN 骨干网络内各个网段的路由，关于其他设备不再赘述。

（2）MPLS VPN 骨干网络中的设备激活 MPLS，并激活 LDP，建立 LDP 对等体关系

PE1 的配置如下：

```
[PE1]mpls lsr-id 2.2.2.2
[PE1]mpls
[PE1-mpls]quit
[PE1]mpls ldp
[PE1]interface GigabitEthernet 0/0/0
[PE1-GigabitEthernet0/0/0]mpls
[PE1-GigabitEthernet0/0/0]mpls ldp
```

P1 的配置如下：

```
[P1]mpls lsr-id 3.3.3.3
[P1]mpls
[P1-mpls]quit
[P1]mpls ldp
[P1]interface GigabitEthernet 0/0/0
[P1-GigabitEthernet0/0/0]mpls
[P1-GigabitEthernet0/0/0]mpls ldp
[P1]interface GigabitEthernet 0/0/1
[P1-GigabitEthernet0/0/1]mpls
[P1-GigabitEthernet0/0/1]mpls ldp
```

P2 的配置如下：

```
[P2]mpls lsr-id 4.4.4.4
[P2]mpls
[P2-mpls]quit
[P2]mpls ldp
[P2]interface GigabitEthernet 0/0/0
[P2-GigabitEthernet0/0/0]mpls
[P2-GigabitEthernet0/0/0]mpls ldp
[P2] interface GigabitEthernet 0/0/1
[P2-GigabitEthernet0/0/1]mpls
[P2-GigabitEthernet0/0/1]mpls ldp
```

PE2 的配置如下：

```
[PE2]mpls lsr-id 5.5.5.5
[PE2]mpls
[PE2-mpls]quit
[PE2]mpls ldp
[PE2]interface GigabitEthernet 0/0/0
[PE2-GigabitEthernet0/0/0]mpls
[PE2-GigabitEthernet0/0/0]mpls ldp
```

完成配置后，需确保所有的 LDP 邻居关系都已正确建立，以 PE1 为例：

```
<PE1>display mpls ldp session

 LDP Session(s) in Public Network
 Codes: LAM(Label Advertisement Mode), SsnAge Unit(DDDD:HH:MM)
 A '*' before a session means the session is being deleted.
 ------------------------------------------------------------------------
 PeerID          Status        LAM      SsnRole     SsnAge        KASent/Rcv

 3.3.3.3:0       Operational   DU       Passive     0000:00:02    10/10
 ------------------------------------------------------------------------
 TOTAL: 1 session(s) Found.
```

PE1 已经与 P1 成功地建立了 LDP 会话，其他设备不再赘述。

另一个重要的检查项是 LSP 的建立，尤其是关于 2.2.2.2/32 以及 5.5.5.5/32 这两条路由的 LSP 建立情况，需要格外留意，因为这两个 IP 地址将是 VPNv4 路由的下一跳 IP 地址，在两个站点通信时，需要用到关于这些路由的 LSP。

在 PE1 上查看 MPLS LSP 信息，可以看到如下输出：

```
[PE1]display mpls lsp
 ------------------------------------------------------------------------
              LSP Information: LDP LSP
 ------------------------------------------------------------------------
```

FEC	In/Out Label	In/Out IF	Vrf Name
3.3.3.3/32	NULL/3	-/GE0/0/0	
3.3.3.3/32	1024/3	-/GE0/0/0	
2.2.2.2/32	**3/NULL**	**-/-**	
4.4.4.4/32	NULL/1025	-/GE0/0/0	
4.4.4.4/32	1025/1025	-/GE0/0/0	
5.5.5.5/32	**NULL/1026**	**-/GE0/0/0**	
5.5.5.5/32	**1026/1026**	**-/GE0/0/0**	

我们看到，5.5.5.5/32 路由的 LSP 已经建立，出站标签为 1026。此外，PE1 为 2.2.2.2/32 路由分配了标签值 3。关于其他设备的 LSP 信息，此处不再赘述。

（3）在 PE1 及 PE2 上创建 VRF，将连接 CE 的接口分配给相应的 VRF，然后配置 PE-CE 间的动态路由协议

PE1 的 VRF 配置如下：

```
[PE1]ip vpn-instance A
[PE1-vpn-instance-A]route-distinguisher 64538:100
[PE1-vpn-instance-A-af-ipv4]vpn-target 64538:1 export-extcommunity
[PE1-vpn-instance-A-af-ipv4]vpn-target 64539:2 import-extcommunity
[PE1-vpn-instance-A-af-ipv4]quit
[PE1-vpn-instance-A]quit

[PE1]interface GigabitEthernet 0/0/1
[PE1-GigabitEthernet0/0/1]ip binding vpn-instance A
[PE1-GigabitEthernet0/0/1]ip address 172.16.0.1 30
```

在上述配置中，VRF A 的 RD 值被指定为 64538:100，并且 Export RT 及 Import RT 分别为 64538:1 及 64539:2。另外，PE1 的 GE0/0/1 接口被分配给了 VRF A。

接下来，PE1 需与 CE1 建立 EBGP 对等体关系：

```
[PE1]bgp 2345
[PE1-bgp]ipv4-family vpn-instance A
[PE1-bgp-A]router-id 172.16.0.1
[PE1-bgp-A]peer 172.16.0.2 as-number 64538
```

CE1 的配置如下，对于 CE1 的 BGP 配置相信大家已经能够非常熟练地进行：

```
[CE1]bgp 64538
[CE1-bgp]router-id 172.16.0.2
[CE1-bgp]peer 172.16.0.1 as-number 2345
[CE1-bgp]network 172.16.1.0 24                        #将 172.16.1.0/24 路由发布到 BGP
```

PE2 的配置如下：

```
[PE2]ip vpn-instance A
[PE2-vpn-instance-A]route-distinguisher 64539:200
[PE2-vpn-instance-A-af-ipv4]vpn-target 64538:1 import-extcommunity
[PE2-vpn-instance-A-af-ipv4]vpn-target 64539:2 export-extcommunity
[PE2-vpn-instance-A-af-ipv4]quit
[PE2-vpn-instance-A]quit

[PE2]interface GigabitEthernet 0/0/1
[PE2-GigabitEthernet0/0/1]ip binding vpn-instance A
[PE2-GigabitEthernet0/0/1]ip address 172.16.0.5 30

[PE2]ospf 1 vpn-instance A
[PE2-ospf-1]area 0
[PE2-ospf-1-area-0.0.0.0]network 172.16.0.4 0.0.0.3
```

注意

　　为了保证 PE1 通过 MP-IBGP 通告给 PE2 的客户路由能够被后者顺利地加载到本地 VRF 路由表中（反之亦然），需确保双方配置相匹配的 RT 值。

CE2 的配置如下：

```
[CE2]ospf 1 router-id 6.6.6.6
[CE2-ospf-1]area 0
[CE2-ospf-1-area-0.0.0.0]network 172.16.0.4 0.0.0.3
[CE2-ospf-1-area-0.0.0.0]network 172.16.2.0 0.0.0.255
```

完成上述配置后，需分别在 PE1 及 PE2 上检查一下 VRF A 的路由表。

在 PE1 上 VRF A 的路由表如下：

```
<PE1>display ip routing-table vpn-instance A
Route Flags: R - relay, D - download to fib
```

```
Routing Tables: A
        Destinations : 5        Routes : 5
```

Destination/Mask	Proto	Pre	Cost	Flags	NextHop	Interface
172.16.1.0/24	EBGP	255	0	D	172.16.0.2	GigabitEthernet0/0/1

......

PE1 已经通过与 CE1 之间运行的 BGP 学习到了客户路由 172.16.1.0/24。

在 PE2 上 VRF A 的路由表如下：

```
<PE2>display ip routing-table vpn-instance A
Route Flags: R - relay, D - download to fib
```

```
Routing Tables: A
        Destinations : 5        Routes : 5
```

Destination/Mask	Proto	Pre	Cost	Flags	NextHop	Interface
172.16.2.0/24	OSPF	10	1	D	172.16.0.6	GigabitEthernet0/0/1

......

PE2 也通过 OSPF 学习到了 CE2 所通告的客户路由 172.16.2.0/24。

（4）在 PE1 及 PE2 上配置 MP-BGP，并且在两者之间建立 MP-IBGP 对等体关系

PE1 的配置如下：

```
[PE1]bgp 2345
[PE1-bgp]router-id 2.2.2.2
[PE1-bgp]undo default ipv4-unicast
[PE1-bgp]peer 5.5.5.5 as-number 2345
[PE1-bgp]peer 5.5.5.5 connect-interface LoopBack 0
[PE1-bgp]ipv4-family vpnv4 unicast
[PE1-bgp-af-vpnv4]peer 5.5.5.5 enable
```

在上述配置中，PE1 指定了对等体 5.5.5.5（PE2）及其所处的 AS 号，并且在 VPNv4 单播地址族中激活了该对等体。由于 PE1 与 PE2 之间仅需交互 VPNv4 路由，无需交互 IPv4 路由，因此使用 **undo default ipv4-unicast** 命令配置 BGP 缺省不在 IPv4 单播地址族中激活对等体。

PE2 的配置如下：

```
[PE2]bgp 2345
[PE2-bgp]router-id 5.5.5.5
```

```
[PE2-bgp]undo default ipv4-unicast
[PE2-bgp]peer 2.2.2.2 as-number 2345
[PE2-bgp]peer 2.2.2.2 connect-interface LoopBack 0
[PE2-bgp]ipv4-family vpnv4 unicast
[PE2-bgp-af-vpnv4]peer 2.2.2.2 enable
```

完成上述配置后，首先在 PE1 及 PE2 上查看 BGP 对等体关系的建立情况，在 PE1 上执行 **display bgp vpnv4 all peer** 可以看到如下输出：

```
<PE1>display bgp vpnv4 all peer

BGP local router ID : 2.2.2.2
 Local AS number : 2345
 Total number of peers : 2        Peers in established state : 1

  Peer          V    AS      MsgRcvd    MsgSent    OutQ   Up/Down    State        PrefRcv

  5.5.5.5       4   2345      4          6          0    00:00:17    Established   0

 Peer of IPv4-family for vpn instance :

 VPN-Instance A, Router ID 172.16.0.1:
   172.16.0.2   4   64538     7          7          0    00:02:49    Established   1
```

从以上输出可以看出，PE1 与 PE2 的 BGP 对等体关系已经正确建立。

（5）在 PE 设备上根据实际情况配置路由引入，实现 IPv4 客户路由与 VPNv4 路由的转换过程

对于站点 1 而言，由于 PE1 与 CE1 建立了 BGP 对等体关系，因此 PE1 可通过 BGP 获知到达该站点的客户路由，并且无需部署路由引入，PE1 可直接将通过 BGP 学习到的 IPv4 路由转换成 VPNv4 路由，并将路由通告给 PE2。

现在可以在 PE1 上查看客户路由，使用 **display bgp vpnv4 vpn-instance A routing-table** 命令，可以在 PE1 上查看 VRF A 的 BGP 路由表：

```
<PE1>display bgp vpnv4 vpn-instance A routing-table

BGP Local router ID is 2.2.2.2
Status codes: * - valid, > - best, d - damped,
              h - history,   i - internal, s - suppressed, S - Stale
              Origin : i - IGP, e - EGP, ? - incomplete


VPN-Instance A, Router ID 172.16.0.1:

Total Number of Routes: 1
    Network         NextHop       MED       LocPrf      PrefVal     Path/Ogn

*>  172.16.1.0/24   172.16.0.2      0                     0        64538i
```

客户路由 172.16.1.0/24 出现在了 PE1 的 BGP 路由表中，接下来 PE1 会自动地将这条 IPv4 路由转换成 VPNv4 路由。

使用 **display bgp vpnv4 all routing-table** 命令，可以查看设备所有的 VPNv4 路由信息：

```
[PE1-bgp]display bgp vpnv4 all routing-table

BGP Local router ID is 2.2.2.2
```

```
Status codes: * - valid, > - best, d - damped,
              h - history,   i - internal, s - suppressed, S - Stale
              Origin : i - IGP, e - EGP, ? - incomplete


Total number of routes from all PE: 1
Route Distinguisher: 64538:100
```

	Network	NextHop	MED	LocPrf	PrefVal	Path/Ogn
*>	172.16.1.0/24	172.16.0.2	0		0	64538i

```
VPN-Instance A, Router ID 172.16.0.1:

Total Number of Routes: 1
```

	Network	NextHop	MED	LocPrf	PrefVal	Path/Ogn
*>	172.16.1.0/24	172.16.0.2	0		0	64538i

由于 PE2 还未执行路由引入操作，因此此时 PE1 暂时无法学习到去往站点 2 的客户路由 172.16.2.0/24。

接下来，在 PE2 进行如下配置：

```
[PE2]bgp 2345
[PE2-bgp]ipv4-family vpn-instance A
[PE2-bgp-A]import-route ospf 1        #将 VRF A 路由表中的 OSPF 路由引入 BGP

[PE2]ospf 1
[PE2-ospf-1]import-route bgp
```

完成上述配置后，在 PE2 上查看 VPNv4 路由信息：

```
<PE2>display bgp vpnv4 all routing-table


BGP Local router ID is 5.5.5.5
Status codes: * - valid, > - best, d - damped,
              h - history,   i - internal, s - suppressed, S - Stale
              Origin : i - IGP, e - EGP, ? - incomplete


Total number of routes from all PE: 3
Route Distinguisher: 64538:100
```

	Network	NextHop	MED	LocPrf	PrefVal	Path/Ogn
*>i	172.16.1.0/24	2.2.2.2	0	100	0	64538i

```
Route Distinguisher: 64539:200
```

	Network	NextHop	MED	LocPrf	PrefVal	Path/Ogn

	Network	NextHop	MED		LocPrf	PrefVal	Path/Ogn
*>	172.16.0.4/30	0.0.0.0	0			0	?
*>	172.16.2.0/24	0.0.0.0	2			0	?

VPN-Instance A, Router ID 5.5.5.5:

Total Number of Routes: 3

	Network	NextHop	MED	LocPrf	PrefVal	Path/Ogn
*>	172.16.0.4/30	0.0.0.0	0		0	?
*>i	172.16.1.0/24	2.2.2.2	0	100	0	64538i
*>	172.16.2.1/32	0.0.0.0	2		0	?

从以上输出可以看到，PE2 已经通过 MP-BGP 学习到了 VPNv4 路由 64538:100:172.16.1.0/24，并且也将该路由转换成了 IPv4 路由。接下来 PE2 将 BGP 路由 172.16.1.0/24引入 OSPF，并通过 OSPF 通告给 CE2：

```
[CE2]display ip routing-table protocol ospf
Route Flags: R - relay, D - download to fib
-----------------------------------------------------------------------
Public routing table : OSPF
        Destinations : 1        Routes : 1

OSPF routing table status : <Active>
        Destinations : 1        Routes : 1

Destination/Mask       Proto     Pre   Cost  Flags      NextHop          Interface

   172.16.1.0/24       O_ASE     150   1     D          172.16.0.5       GigabitEthernet0/0/0

OSPF routing table status : <Inactive>
        Destinations : 0        Routes : 0
```

在 PE1 上执行 **display bgp vpnv4 all routing-table** 命令可看到如下输出：

```
<PE1>display bgp vpnv4 all routing-table


BGP Local router ID is 2.2.2.2
Status codes: * - valid, > - best, d - damped,
              h - history,   i - internal, s - suppressed, S - Stale
              Origin : i - IGP, e - EGP, ? - incomplete




Total number of routes from all PE: 3
Route Distinguisher: 64538:100



        Network         NextHop         MED      LocPrf    PrefVal    Path/Ogn

 *>     172.16.1.0/24   172.16.0.2      0                  0          64538i

Route Distinguisher: 64539:200



        Network         NextHop         MED      LocPrf    PrefVal    Path/Ogn
```

*>i	172.16.0.4/30	5.5.5.5	0	100	0	?
*>i	**172.16.2.0/24**	**5.5.5.5**	**2**	**100**	**0**	**?**

VPN-Instance A, Router ID 172.16.0.1:

Total Number of Routes: 3

	Network	NextHop	MED	LocPrf	PrefVal	Path/Ogn
*>i	172.16.0.4/30	5.5.5.5	0	100	0	?
*>	172.16.1.0/24	172.16.0.2	0		0	64538i
*>i	**172.16.2.0/24**	**5.5.5.5**	**2**	**100**	**0**	**?**

　　PE1 已经学习到了 VPNv4 路由 64539:200:172.16.2.0/24，它将该路由转换为 IPv4 路由 172.16.2.0/24 并加载到 VRF A 的路由表中，同时通过 BGP 通告给 CE1。

　　如果想要查看 MP-BGP 为客户路由分配的标签，有多种方法，例如查看 PE1 为 172.16.1.0/24 所分配的标签，可在 PE1 执行 **display mpls lsp** 命令：

```
[PE1]display mpls lsp
----------------------------------------------------------------------
                  LSP Information: BGP   LSP
----------------------------------------------------------------------
FEC                    In/Out Label    In/Out IF        Vrf Name
172.16.1.0/24          1027/NULL       -/-              A
----------------------------------------------------------------------
                  LSP Information: LDP LSP
----------------------------------------------------------------------
FEC                    In/Out Label    In/Out IF        Vrf Name
3.3.3.3/32             NULL/3          -/GE0/0/0
3.3.3.3/32             1024/3          -/GE0/0/0
2.2.2.2/32             3/NULL          -/-
4.4.4.4/32             NULL/1025       -/GE0/0/0
4.4.4.4/32             1025/1025       -/GE0/0/0
5.5.5.5/32             NULL/1026       -/GE0/0/0
5.5.5.5/32             1026/1026       -/GE0/0/0
```

　　或者使用 **display bgp vpnv4 all routing-table 172.16.1.0** 命令：

```
<PE1>display bgp vpnv4 all routing-table 172.16.1.0


 BGP local router ID : 2.2.2.2
 Local AS number : 2345

 Total routes of Route Distinguisher(64538:100): 1
 BGP routing table entry information of 172.16.1.0/24:
 Label information (Received/Applied): NULL/1027
 From: 172.16.0.2 (172.16.0.2)
 Route Duration: 00h12m52s
 Direct Out-interface: GigabitEthernet0/0/1
 Original nexthop: 172.16.0.2
 Qos information : 0x0
 Ext-Community:RT <64538 : 1>
 AS-path 64538, origin igp, MED 0, pref-val 0, valid, external, best, select, pr
e 255
 Advertised to such 1 peers:
    5.5.5.5
```

VPN-Instance A, Router ID 172.16.0.1:

Total Number of Routes: 1
BGP routing table entry information of 172.16.1.0/24:
From: 172.16.0.2 (172.16.0.2)
Route Duration: 00h12m52s
Direct Out-interface: GigabitEthernet0/0/1
Original nexthop: 172.16.0.2
Qos information : 0x0
AS-path 64538, origin igp, MED 0, pref-val 0, valid, external, best, select, ac
tive, pre 255
Not advertised to any peer yet

现在客户 A 站点 1 的 172.16.1.0/24 网段已经能够与站点 2 的 172.16.2.0/24 网段相互通信了。

13.7　VRF Lite

VRF 是 MPLS VPN 中非常重要的一项技术，基于 VRF，一台 PE 可以实现多转发实例，并且同时为多个不同的客户提供服务。在现实的网络中，VRF 技术不仅能够在 MPLS VPN 场景下的 PE 设备上应用，也可以脱离 MPLS VPN 单独部署，例如，在一台普通网络设备上部署 VRF，使得该设备能够虚拟出多个转发实例，从而为多个不同的客户或多个不同的业务服务，这种实现方式被称为 VRF Lite。

图 13-75 展示了一个简单的企业网络，在该网络中，VLAN100 及 VLAN200 分别用于生产及办公 PC。CoreSwitch 为网络中的核心交换机，它是办公及生产 PC 的网关设备，用户在 CoreSwitch 上创建了 VLANIF100 及 VLANIF200，并为这两个三层接口配置了 IP 地址，办公及生产 PC 将各自的默认网关地址设置为相应 VLAN 的 VLANIF。另外，CoreSwitch 还上联路由器 R1 及 R2，它能够通过这两台路由器到达生产及办公网络。

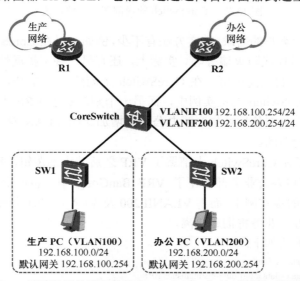

图 13-75　办公及生产 PC 的默认网关设备均为 CoreSwitch，初始时两者可通过 CoreSwitch 实现互通

　　用户的需求是：生产 PC 需要与 R1 所连接的生产网络进行通信，而办公 PC 则需要与 R2 所连接的办公网络进行通信，而生产业务的设备（生产 PC 以及生产网络中的设备）与办公业务的设备（办公 PC 以及办公网络中的设备）之间需要完全隔离。

　　图 13-76 展示了 CoreSwitch 的内部逻辑（注：VLANIF101 及 VLANIF201 分别用于跟 R1 及 R2 对接）。CoreSwitch 的所有 VLANIF 的直连路由均已自动写入了设备的路由表。并且，如果 CoreSwitch 配置了到达生产网络 1.1.1.0/24 网段及办公网络 2.2.2.0/24 网段的静态路由，那么这些路由将皆存于 CoreSwitch 的路由表中，此时办公 PC 是可以直接访问生产 PC 的。而且办公网络中的设备，在 R1、R2 采用适当配置的情况下，也完全有可能通过 CoreSwitch 访问生产 PC。这显然是极为不安全的，毕竟用户的期望是将生产及办公设备完全隔离。

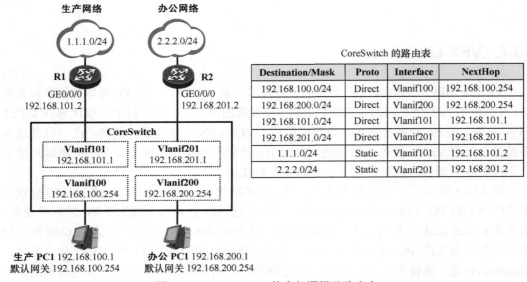

图 13-76　CoreSwitch 的内部逻辑及路由表

　　要实现本案例中客户的需求，其实方法有不少，例如可以在 CoreSwitch 上部署 ACL，或者将 CoreSwitch 替换成防火墙等等。实际上，还有另一种可扩展性更高、更加经济的方法，那便是 VRF，我们完全可以在 CoreSwitch 上创建一个 VRF，将生产或办公业务中的一个放置在 CoreSwitch 的根实例中，而另一个则放置在 VRF 中，这样便可以将两种业务完全隔离，而且即使后续生产或办公业务增加新的 VLAN 及 IP 地址段，涉及的配置变更也是非常简单的。

　　图 13-77 展示了在 CoreSwitch 上部署了 VRF 之后其内部逻辑，以及其全局路由表、VRF 路由表。我们将办公业务部署在了 VRF BanGong 中，也即保持 VLANIF100 及 VLANIF101 在设备的根实例中，而将 VLANIF200 及 VLANIF201 分配给 VRF BanGong，如此一来，生产及办公业务将彻底隔离。

　　CoreSwitch 的配置如下：

```
[CoreSwitch]ip vpn-instance BanGong
[CoreSwitch-vpn-instance-BanGong]route-distinguisher 10:1
[CoreSwitch-vpn-instance-BanGong-af-ipv4]quit
```

```
[CoreSwitch-vpn-instance-BanGong]quit

[CoreSwitch]interface Vlanif 100
[CoreSwitch-Vlanif100]ip address 192.168.100.254 24
[CoreSwitch-Vlanif100]quit
[CoreSwitch]interface Vlanif 101
[CoreSwitch-Vlanif101]ip address 192.168.101.1 24
[CoreSwitch-Vlanif101]quit
[CoreSwitch]interface Vlanif 200
[CoreSwitch-Vlanif200]ip binding vpn-instance BanGong
[CoreSwitch-Vlanif200]ip address 192.168.200.254 24
[CoreSwitch-Vlanif200]quit
[CoreSwitch]interface Vlanif 201
[CoreSwitch-Vlanif201]ip binding vpn-instance BanGong
[CoreSwitch-Vlanif201]ip address 192.168.201.1 24
[CoreSwitch-Vlanif201]quit

[CoreSwitch]ip route-static 1.1.1.0 24 192.168.101.2
[CoreSwitch]ip route-static vpn-instance BanGong 2.2.2.0 24 192.168.201.2
```

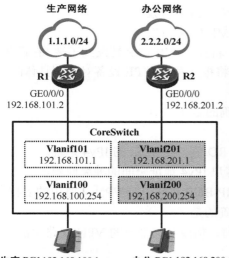

CoreSwitch 的全局路由表（根设备路由表）

Destination/Mask	Proto	Interface	NextHop
192.168.100.0/24	Direct	Vlanif100	192.168.100.254
192.168.101.0/24	Direct	Vlanif101	192.168.101.1
1.1.1.0/24	Static	Vlanif101	192.168.101.2

CoreSwitch 的 VRF BanGong 路由表

Destination/Mask	Proto	Interface	NextHop
192.168.200.0/24	Direct	Vlanif200	192.168.200.254
192.168.201.0/24	Direct	Vlanif201	192.168.201.1
2.2.2.0/24	Static	Vlanif201	192.168.201.2

图 13-77　在 CoreSwitch 上部署 VRF 后

　　需注意的是，即使脱离了 MPLS VPN 单独部署 VRF，但是在创建 VRF 时，依然需要指定其 RD 值（RT 值为可选），否则该 VRF 将无法正常工作，虽然 RD 值在这个场景中并无实际意义。

　　此外，如果客户要求 CoreSwitch 与 R1 及 R2 之间通过动态路由协议交互路由，例如，CoreSwitch 使用 OSPF 分别与 R1 及 R2 交互路由，那么可以在 CoreSwitch 上创建两个 OSPF 进程，然后将其中一个 OSPF 进程与 VRF BanGong 进行绑定，该进程用于和 R2 对接，而另一个 OSPF 进程则关联到设备的根实例，用于和 R1 对接。如此一来，CoreSwitch 通过与 R1 对接的 OSPF 进程所学习到的生产网络路由将会被加载到设备的全局路由表中，而它通过与 R2 对接的 VRF OSPF 进程所学习到的办公网络路由，则会被加载到设备的 VRF BanGong 的路由表中，两种路由实现了隔离。

13.8　习题

1. （单选）以下关于 MPLS 标签头部，错误的是（　　）

   A. 一个标签报文可以包含一个 MPLS 标签头部，也可以包含多个 MPLS 标签头部。

   B. 在 MPLS 标签头部中，BoS 是栈底位，当该字段的值为 0 时，则表示本标签头部为标签栈的栈底。

   C. 在 MPLS 的标签范围中，3 是一个有着特殊意义的标签值，它被称为隐式空标签，一般应用于 PHP 机制。

   D. 在标签报文中，MPLS 标签栈位于数据的二层头部之后、IP 头部之前。

2. （多选）在典型的 MPLS VPN 架构中，标签报文通常包含两层，其中（　　）

   A. 内层标签由 MP-BGP 分发，外层标签由 LDP 分发。

   B. 内层标签由 LDP 分发，外层标签由 MP-BGP 分发。

   C. 外层标签也被称为公网标签，被用于将报文沿着 LSP 转发到远端 PE 设备。

   D. 内层标签也被称为私网标签，被用于将报文在远端 PE 设备对应到具体的 CE 设备。

3. （多选）以下关于 VPNv4 地址的描述正确的是（　　）

   A. VPNv4 地址一共 96bit。

   B. VPNv4 地址由两部分组成：64bit 的 RD 值，及 32bit 的 IPv4 地址。

   C. RD 用于在 MPLS VPN 网络中解决客户 IPv4 地址空间的冲突问题。

   D. 传统 BGP 无法承载 VPNv4 路由，MP-BGP 实现了对 VPNv4 路由的支持。

4. （多选）以下关于 RD 及 RT 的描述，正确的是（　　）

   A. RD 被用于附加在 IPv4 路由前缀之前，构成全局唯一的 VPNv4 路由前缀，从而解决 IPv4 地址空间冲突的问题。

   B. RD 值并不用于标识该路由的起源也不用于决定将该路由注入哪一个目标 VRF 路由表。

   C. 一台 PE 从远端 PE 接收多条 VPNv4 路由后，可以根据这些路由所携带的 RD 值来决定将哪些路由注入哪一个 VRF。

   D. 一个 VPNv4 前缀只能包含一个 RD 值，并且只能携带一个 RT 值。

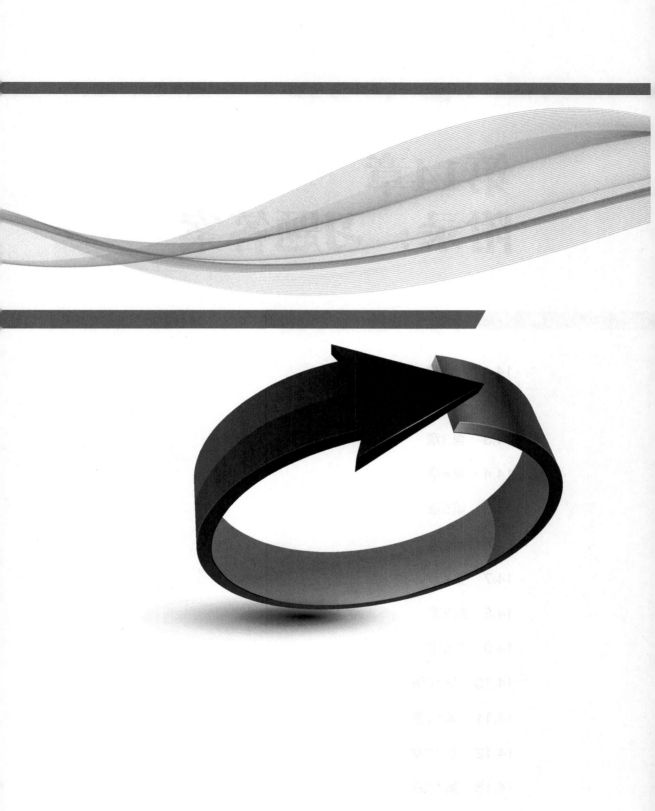

第14章
附录：习题答案

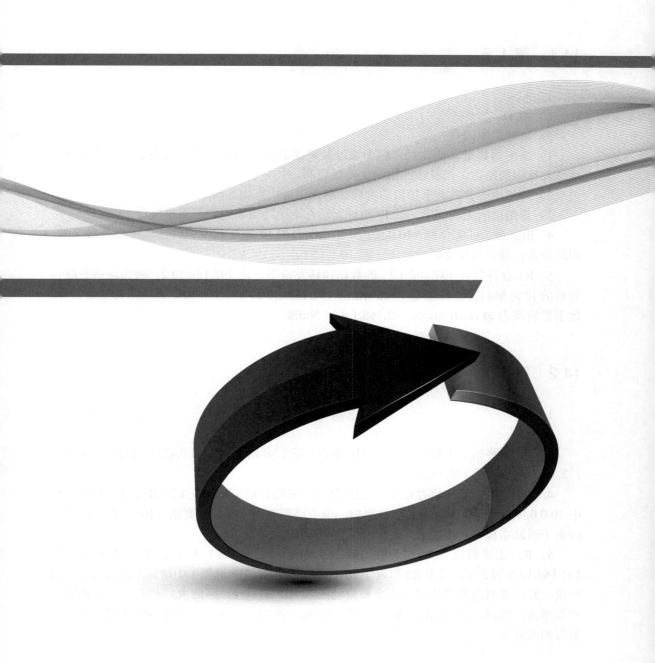

14.1 第 1 章

1．A。

2．ACD。

3．可能的原因有：

1）路由器通过其他途径（例如通过某种动态路由协议）也获取到了相同目的网络地址及掩码的路由，而且该路由的优先级更高。

2）该路由所关联的出接口的物理状态或协议状态为 down。

3）该路由所关联的下一跳 IP 地址无法在本地路由表递归得到出接口。

4．根据最长匹配原则，10.9.9.0/24 路由与目的 IP 地址 10.9.9.33 的匹配度是最高的，因此该路由器会将报文转发给下一跳 10.1.12.1。

5．R1 会将发往 192.168.1.31 的数据包转发给下一跳 192.168.12.2，因为这些数据包的目的 IP 地址与静态路由 **ip route-static 192.168.1.0 27 192.168.12.2** 的匹配长度最长（相比于黑洞路由 **ip route-static 192.168.1.0 24 Null0**）。

14.2 第 2 章

1．BC。

2．AD。

3．R2 的路由表中将存在 4 条 RIP 路由，它们分别是 172.16.0.4/30、172.16.1.0/24、172.16.2.0/24 以及 172.16.3.0/24。

4．R4 的路由表中将存在 2 条 RIP 路由，它们分别是 10.0.0.0/21 及 10.0.8.0/30。其中 10.0.0.0/21 是 R3 所产生的汇总路由，由于该汇总路由没能"囊括"10.0.8.0/30，因此该条子网路由被 R3 通告给了 R4。

5．R1 无法通过 RIP 学习到 192.168.23.0/24 路由，R3 也无法通过 RIP 学习到 192.168.12.0/24 路由。因为 R2 部署了 RIP 多进程，它在 RIP 进程 1 中通告 192.168.12.0/24 网段，到达该网段的路由缺省不会被自动注入 RIP 进程 2，因此 R3 无法通过 RIP 学习到该路由；同理，R2 在 RIP 进程 2 中通告 192.168.23.0/24 网段，因此 R1 无法通过 RIP 学习到该路由。

14.3 第 3 章

1．AD。

2．BCD。

3．AB。

4．当一个 OSPF 网络中只存在一个区域时，该区域可以不是 Area0，因为网络中不涉及区域间路由的交互。区域内的路由器完全可以借助 Type-1、Type-2 LSA 计算区域内的路由。当然，这种网络规划依然不被建议，使用 Area0 才是最合理的方案。

5．网络的拓扑结果如图 14-1 所示。

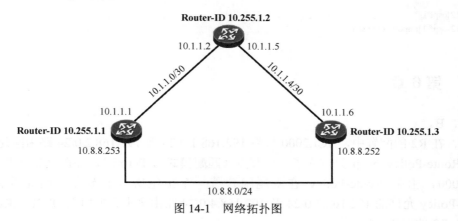

图 14-1　网络拓扑图

14.4　第 4 章

1．D。

2．C。

3．BD。

4．AC。

5．ABCD。

14.5　第 5 章

1．B。

2．解决方案其实很简单，可以在 R2 上创建一个 NQA 实例，用于探测 R1 的可达性，并将该 NQA 实例与到达 192.168.1.0/24 的静态路由进行关联即可。当 NQA 实例检测到 R1 失效时，与之关联的静态路由就会失效，也就是从路由表中消失，此时 R2 将不再把该静态路由引入 OSPF，R3 也就不会再通过 OSPF 学习到 192.168.1.0/24 路由。

R2 的配置如下：

```
[R2]nqa test-instance admin test1
[R2-nqa-admin-test1]test-type icmp
[R2-nqa-admin-test1]destination-address ipv4 192.168.12.1
[R2-nqa-admin-test1]frequency 6
[R2-nqa-admin-test1]probe-count 2
[R2-nqa-admin-test1]interval seconds 2
```

```
[R2-nqa-admin-test1]timeout 2
[R2-nqa-admin-test1]start now
[R2-nqa-admin-test1]quit

[R2]ip route-static 192.168.1.0 24 192.168.12.1 track nqa admin test1

[R2]ospf 1
[R2-ospf-1]import-route static
```

14.6　第 6 章

1．B。

2．在 R2 的配置中，ACL2000 只将 192.168.1.0/24 及 192.168.2.0/24 路由匹配住了，而且 Route-Policy hcnp 只定义了一个节点（匹配模式为 Permit），并在该节点中调用了 ACL2000，由于 Route-Policy 在末尾隐含着一个拒绝所有的节点，因此没有被该 Route-Policy 允许的 192.168.3.0/24 及 192.168.4.0/24 路由将不会被引入 OSPF，也就不会出现在 R3 的路由表中了。

3．在 R2 的配置中，ACL2000 只将 192.168.1.0/24 路由匹配住，在 Route-Policy hcnp 的节点 10 中，调用了 ACL2000，并且由于该节点的匹配模式为 Deny，因此路由 192.168.1.0/24 将被视为不被该 Route-Policy 允许。此外 Route-Policy hcnp 还存在节点 20，该节点中没有任何 **if-match** 命令，因此视为匹配所有，另外该节点的匹配模式为 Permit，所以除了路由 192.168.1.0/24 之外的其他三条路由将被允许，它们将被 R2 引入 OSPF，最终 R3 的路由表中只有这三条外部路由。

14.7　第 7 章

1．D。

2．B。

3．A。

4．BC。

5．BD。

14.8　第 8 章

1．C。

2．B。

3．B。

4．ABCD。

5. PC1 可以与 PC2 正常通信。

14.9　第 9 章

1. D。
2. A。
3. B。

14.10　第 10 章

1. B。
2. A。
3. AB。

4. SW1 的桥 ID 最小，因此它是根桥；Port3、Port4 及 Port7 是根接口；Port1、Port2、Port5 及 Port6 是指定接口；Port8 将被阻塞。

14.11　第 11 章

1. C。
2. D。

3. 在 VRRP 中，0 及 255 是两个特殊的优先级，不能被直接配置。当设备的接口 IP 地址与 VRRP 虚拟 IP 地址相同时，它的优先级将自动变成最大值 255。当 Master 设备主动放弃 Master 角色时，例如当接口的 VRRP 配置被手工删除掉时，该 Master 设备会立即发送一个优先级为 0 的 VRRP 报文，用来通知网络中的 Backup 设备。

14.12　第 12 章

1. C。
2. D。
3. BCD。
4. ABD。
5. ABC。

14.13　第 13 章

1. B。
2. ACD。
3. ABCD。
4. AB。